新药化学全合成路线手册

陈清奇 主编

U0389792

Total Synthesis
of
New Drugs

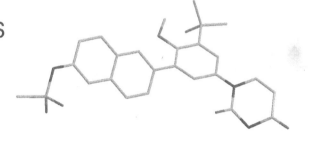

化学工业出版社
·北京·

本书归纳和综述了新药的化学合成路线。覆盖范围为近 5 年美国 FDA 批准上市的新分子实体药共 109 个。针对每一个药物，本书给出了药物简介，药物化学结构信息，产品上市信息，药品专利保护和市场独占权保护信息，化学全合成路线和参考文献等。这些合成路线大多是目前制药工业中正在使用的化学合成工艺，有较高的实用性和学术价值。对参与反应的起始原料、中间体、反应产物都给出了详细的化学结构。每一步化学合成反应都给出了重要的化学试剂、催化剂、所使用的溶剂、合成反应条件及文献出处等。本书的特点是：作者从浩如烟海的科技文献中，精心挑选出最新、最好和最有实用价值的合成方法，汇编成化学合成路线图，内容简洁，深入浅出，逻辑性强，容易理解，以最少的篇幅表达最多的技术信息，可帮助读者很快找到他们需要的药物合成方法及最可靠的原始科学论文。

读者对象：

1. 任何从事与化学合成、药物合成、精细化工相关专业的科研人员、企业管理人员。

2. 有机化学专业、药学专业、生物制药专业等大专院校的高年级学生、研究生、教师及科研人员。

3. 从事客户委托的药物原料与药物中间体合成的科研人员、企业管理人员。

图书在版编目（CIP）数据

新药化学全合成路线手册/陈清奇主编.—北京：化学工业出版社，2017.5（2019.8重印）
ISBN 978-7-122-29461-6

Ⅰ.①新… Ⅱ.①陈… Ⅲ.①新药-化学合成-手册
Ⅳ.①TQ460.31-62

中国版本图书馆 CIP 数据核字（2017）第 073765 号

责任编辑：成荣霞　　　　　　　　　　文字编辑：丁建华
责任校对：吴　静　　　　　　　　　　装帧设计：王晓宇

出版发行：化学工业出版社（北京市东城区青年湖南街 13 号　邮政编码 100011）
印　　装：北京虎彩文化传播有限公司
787mm×1092mm　1/16　印张 39　字数 1109 千字　2019 年 8 月北京第 1 版第 2 次印刷

购书咨询：010-64518888　　　　　　　售后服务：010-64518899
网　　址：http://www.cip.com.cn
凡购买本书，如有缺损质量问题，本社销售中心负责调换。

定　　价：298.00 元

编写人员名单

（按姓氏汉语拼音排序）

陈清奇　美国 MedKoo 生物医药科技公司
邓　并　海南三亚学院
李江胜　长沙理工大学
王进军　烟台大学
王天宇　中国科学院化学研究所
许启海　美国北卡罗来纳大学教堂山分校
张德晖　美国北卡罗来纳大学教堂山分校
张继振　江苏理工学院
周　文　上海交通大学药学院

前　言

　　药品是人类赖以生存和繁衍的必备物质。人类社会发展至今，我们越来越期盼好药，特别是具有神奇疗效的新药，我们对药物的依赖也越来越强，对药物的需求也越来越大，这是因为一方面由于人类寿命越来越长，地球上的人口越来越多，用药人口总数会逐年增加；另一方面由于环境恶化，人们生活习惯和食物结构的改变，人类的怪病和新型疾病层出不穷，而已有药物对这些疾病疗效低或者根本无效。因此新药研发一直是发达国家科技发展战略中的重中之重。然而，纵观过去几十年全球新药研发的历史，可以看出，新药研发的难度越来越大，费用也越来越高，新药研发的周期也是越来越长。此外，新药研发产业的投入产出比例远低于其他高科技产业。因此新药研发也成了风险最大、费用最高、周期最长的科技产业之一。一种新药被批准上市，往往是历经千锤百炼和无情淘汰的结果，毫无疑问，一种新药的诞生不但是人类智慧的结晶，也是巨额资金投入的产物，同时也代表人类医药科技发展水平的一个新的里程碑。

　　自改革开放以后，医药产业历经 30 多年的发展，使我国成为化学合成药物的世界强国，我国的原料药总量目前已经在全球化学合成药物市场领域中占绝对支配地位，原料药出口也成为世界第一，据保守估计，目前全球化学药物的原料供应，60% 以上是直接或者间接来源于中国。中国目前不但拥有全球最多的药物合成化学家和化工工程师，而且还拥有全球最多的药物化学合成企业和产业基地。某些过去极为昂贵的原料药，由于中国化学家和药企的不懈努力和勇于创新，成功地优化了生产工艺，使其生产成本和售价不断下降，让全球广大患者受益。新药，特别是化学合成药，被批准上市后，就会吸引很多中国药物合成化学家和医药生产企业积极主动地研究开发这些药物的生产工艺。本书就是为了顺应国内的行业要求和广大读者的急切需要而编写的。首先，了解国外最新批准的新药信息对于我国的新药研发有直接的帮助作用和间接的指导意义。我们可以从中吸取经验和教训，避免走弯路，减少浪费和降低损失。其次，研究已知药物合成路线，对于改善现有的合成工艺路线、降低生产成本、合理地设计新的药物合成路线将有很大帮助。对于制药企业而言，一个好的药物合成路线，可以缩短生产周期，简化生产工艺，降低生产成本，节约能源，减少或消除对环境的化学污染与排放，其经济效益及社会效益都是极为显著的。

　　书中所选的全合成路线多数是国外制药厂目前正在使用的生产工艺。一个被制药工业最后采用的药物化学全合成路线通常都是从实验室的小规模开始，经过数次优化后，再进行公斤级中试合成。中试成功后，再进行试生产，最后逐步完善到大量生产。整个过程需要有机合成化学家、化工工程师、质量检测和质量控制专家、工厂技术人员和管理人员的密切配合。所以每一个成功的药物合成工艺都是众多科学家和工程技术人员共同的智慧结晶。本书所收集和介绍的药品合成路线是全球众多有机化学家及药物化学家的心血与智慧的产物，可从一个侧面反映出人类药物合成技术的最高水准。

　　过去 10 年，我主编并先后出版了《新药化学全合成手册》(1999—2007) 和《新药化学全合成手册》(2007—2010)，受到国内同行的欢迎和肯定，一些读者朋友也给我提出了很多好的建议，并希望我继续编写续集。本书能够顺利出版，得益于众多朋友和同行的大力支持、热情鼓励和无私帮助。我要特别感谢本书的共同作者：邓井、李江胜、王进军、王天宇、许启海、张德晖、张继振、周文等博士、教授。正是由于这些科学家的艰苦努力和对科学的无私奉献精神，本书才能顺利诞生。按中国的文化传统，我现在已经进入了"知天命"的年纪了，在感慨时光快速流逝之余，更怀念和感激那些曾经帮助我成长的多位科学前辈和导师，包括金声、马金石、姜贵吉、李成政、李强国、Henz Falk、David Lightner、David Dolphin 等。他们有的已经退休，有的已经过世。我希望将此书奉献给他们。此外我还要借此机会感谢所有帮助和关心我的朋友和亲人，他们无私的帮助，热情的鼓励和真挚的友谊成为我坚持为理想而奋斗的动力。此外我还要感谢我的家人，没有他们的大力支持、关心、照顾和鼓励，我不可能在过去的一年内花上大量业余时间潜心编写本书。最后我还要感谢美国北卡罗来纳大学图书馆为我提供的多种免费的专业数据库。

虽然我竭尽全力希望把本书编写得尽善尽美，但限于知识水平，加之时间仓促，书中不足与疏漏之处难免，恳请同行和读者批评指正。

陈清奇　博士
MedKoo Biosciences, Inc.
2017 年 5 月于美国北卡罗来纳州教堂山市
(Chapel Hill, North Carolina, USA)

使 用 说 明

本书共包含了近 5 年美国食品药品监督管理局（FDA）批准上市的新分子实体药，共 109 个。针对每一个药物，作者在全面而系统的文献检索的基础上，从大量的科学论文和专利说明书中精心地挑选最新、最好、最有实用价值的化学合成方法。全书以合成路线图的方式描述药物的合成工艺和流程。这些合成路线大多是目前制药工业中正在使用的化学合成工艺，有较高的实用性与可靠性。对参与反应的起始原料、中间体、反应产物都给出了详细的化学结构。每一步化学合成反应都给出了重要的化学试剂、催化剂、所使用的溶剂、合成反应条件及详尽的科技文献出处与专利文献号。除此之外，针对每一个药物分子，本书给出该药物的英文通用名、中文通用名、商品名、化学结构、化学式、相对分子质量、精确分子质量、元素分析、美国化学会登记号（CAS 登记号）、申报机构、批准日期、药物简介等。其中"药物简介"部分简单介绍了该药物的作用机制。全书共包含了数千个有机合成反应，数百种药物中间体的合成制造方法，数个非常有用的附录，因此可作为有机合成、药物化学、药物合成、生物制药等专业的科研及教学的参考书。为了让读者更好地使用本书，现将本书中的有关条目作详细说明：

1. 本书的读者对象

如果下列任何一条适合于您，本书将对您有参考价值：

• 您是正在从事新药基础研究和临床研究的科研、生产、管理和教学人员。

• 您是药物化学专业的科研和教学人员，包括该专业的高年级学生、硕士生、博士生、博士后等；或者您是生物制药、生物有机、有机合成专业的科研和教学人员，包括该专业的高年级学生、硕士生、博士生、博士后等。

• 您是科技情报人员、政府管理人员、制药企业的决策人员，而且您关心国际上抗癌新药研究开发领域中的最新发展动态和发展趋势，并想了解全球同行竞争对手情况。

• 您是从事药物合作研发组织（Collaboration Research Organization, CRO）业务的科研和管理人员，希望了解新的潜在客户，并希望开拓新的业务领域。

2. 药物英文名

本书按药物的英文通用名称的字母顺序编排。药物通用名又称为药物的学名或国际非专有名称，是由各国政府规定的、国家药典或药品标准采用的法定药物名。对某一特定的药物分子，通用名是唯一的。通用名的命名不能暗示该药物的疗效，但一定程度上可隐含或暗示药物分子的化学结构。

3. 药物中文名

中文通用名大多系英文通用名的音译，且以四字居多，现在使用的简体中文通用名均收录在由中华人民共和国国家药典委员会编纂的《中国药品通用名称》中，该文件规定中文药物通用名，具有法律性质。本书中的药物中文通用名以《中华人民共和国药典》的现行版和《中国药品通用名称》为准。由于本书的研究对象是新分子实体药，其中有不少药物目前尚没有收入《中华人民共和国药典》和《中国药品通用名称》。对于这些药物的中文名称，则主要从医药专业刊物和医药中文网站所提供的中文名称中挑选。选择的依据是国家药典委员会的《中国药品通用名称命名原则》，详见国家药典委员会的相关网页。由于本书的内容主要是新药，有不少药物在《中华人民共和国药典》《中国药品通用名称》、公开刊物及医药网页中没有收入的，我们将依据国家药典委员会的《中国药品通用名称命名原则》提供试译名供读者参考，并加注"参考译名"字样。

4. 美国化学会 CAS 登记号❶

CAS 登记号相当于一个化合物的身份证，是该物质的唯一数字识别号码。美国化学会的化学文摘服务社（Chemical Abstracts Service，简称为 CAS）负责为每一种出现在文献中的化学物质分配一个 CAS 登记号，其目的是为了避免化学物质因有多种名称而引起的混乱，使数据库的检索更为方便。目前几乎所有的化学数据库都可以使用 CAS 登记号检索。CAS 登记号以流水账形式登记，没有任何内在含义。目前很多国家在申报化学物品进出口海关时，也会要求提供化学物质 CAS 登记号，由此可明显看出其重要性了。截至 2015 年 4 月 13 日，CAS 已经登记了接近 1 亿种有机和无机化合物，0.66 亿种生物序列。并且还以每天 12000 多种的速度增加。

一个 CAS 登记号以连字符"-"分为三部分，第一部分有 2~6 位数字，第二部分有 2 位数字，第三部分有 1 位数字作为校验码。校验码的计算方法如下：CAS 顺序号（第一、二部分数字）的最后一位乘以 1，最后第二位乘以 2，依此类推，然后再把所有的乘积相加，再把和除以 10，其余数就是第三部分的校验码。举例来说，水（H_2O）的 CAS 登记号前两部分是 7732-18，则其校验码 = $(8 \times 1 + 1 \times 2 + 2 \times 3 + 3 \times 4 + 7 \times 5 + 7 \times 6)$ mod 10 = 105mod 10 = 5（mod 是求余运算符）。不同的同分异构体分子有不同的 CAS 登记号。 少数情况下也有用同一个 CAS 登记号来表示一类分子。

5. 申报机构

指该药物临床试验完成后，向 FDA 申请上市的申请人。

6. FDA 批准日期

指该药物获得 FDA 批准上市的日期。

7. 化学结构，化学式，精确分子量，分子量，元素分析

药物的化学结构可以从以下几个免费数据库中获得：

（1）美国国家医学图书馆 （U. S. National Library of Medicine）的化学身份证高级数据库（CHEMIDPLUS ADVACED）。其网页是 http: //chem. sis. nlm. nih. gov/chemidplus/。目前该数据库共含有 40 多万种化合物。可使用的检索方法有： 药品通用名，学名，商品名，美国化学会登记号，分子式，药物分类号，定位代码等。

（2）药品说明书网页，www. rxlist. com 和 www. drugs. com 几乎收集了所有药品的说明书。可使用药品的商品名或通用名检索。

（3）药品生产企业的产品介绍网页，及随药品包装的产品说明。

（4）生物大分子药物的化学结构信息，可从加拿大的药品银行网页中查找。其网页是: http: //redpoll. pharmacy. ualberta. ca/drugbank/index. html。该数据库目前收集了 FDA 批准的小分子药物 1600 多个，生物大分子药物 160 多个，正在人体临床试验的药物 6000 多个。

化学式、精确分子量和分子量、元素分析是使用美国 Cambridgesoft 公司的 ChemBioDraw Ultra 2010 软件计算得到。

8. 其他名称

一般的药品除了具备通用名还拥有商品名，商品名是药品生产厂商为树立品牌形象而编制的，具有商标的性质，也是药物合法的名称，但不是药物的唯一名称。当每一药物的专利过期后就会有很多其他制药厂商仿制该药，通常这些制药厂也会给其仿制药品申请一个商品名。另外本书还给出了药物化学名称，需要说明的是这些化学名是直接摘自该药的药品说明书，并不一定符合国际纯粹与应用化学联合会（IUPAC, International Union of Pure and Applied Chemistry）的统一化学命名法。

---

❶ 本部分内容摘自维基百科网页 http://zh. wikipedia. org 和美国化学会（CAS）的官方网页 https://www. cas. org/content/chemical-substances/faqs。

9. 药物简介

药物简介中介绍了该药物的作用机制。这部分内容主要从该药品的生产厂家产品说明书中摘录。药品说明书除了从 FDA 的橙色数据库和生产厂家的官方网页中查阅外，还可以从一些专业网站中查阅。

以下几个网站收集了大量英文药品说明书：

美国处方药名录：www.rxlist.com

美国药品网：www.drugs.com

美国 FDA 新药数据库入门网页：http://www.accessdata.fda.gov/scripts/cder/drugsatfda/index.cfm 或 http://www.fda.gov/cder/drug/DrugSafety/DrugIndex.htm

美国 FDA "橙色药品数据库" 入门网页：http://www.fda.gov/cder/ob/default.htm

10. 药品上市申报信息

这部分内容主要介绍该药物的上市情况，包括剂型或给药途径、规格等。这些内容是从美国 FDA 的药品数据库中查阅而来。数据库的入门网页有：http://www.accessdata.fda.gov/scripts/cder/drugsatfda/index.cfm 或 http://www.drugfuture.com/fda/。

11. 合成路线

化学合成路线主要是依据多种大型化学和药品数据库的系统检索结果，再参考原始研究论文编写而成的。全书所有的化学结构和有机合成路线图都采用美国 Cambridgesoft 公司的 ChemOffice Ultra 2010 按统一格式绘制而成。

12. 参考文献

关于参考文献中所使用的期刊和专利代码缩写，本书采用国际上通用的缩写方法，为了方便读者查阅，本书还附上了期刊和专利代码缩写表。

目　录

Abiraterone Acetate（醋酸阿比特龙）

药物基本信息

英文通用名	Abiraterone Acetate
中文通用名	醋酸阿比特龙
商品名	Zytiga®
CAS 登记号	154229-18-2
FDA 批准日期	2011/04/28
化学名	(3S,10R,13S)-10,13-dimethyl-17-(pyridin-3-yl)-2,3,4,7,8,9,10,11,12,13,14,15-dodecahydro-1H-cyclopenta[a]phenanthren-3-yl acetate
SMILES 代码	CC(O[C@H]1CC[C@]2(C)C3CC[C@]4(C)C(C5=CC=CN=C5)=CCC4C3CC=C2C1)=O

化学结构和理论分析

化学结构	理论分析值
	化学式：$C_{26}H_{33}NO_2$ 精确分子量：391.25113 分子量：391.56 元素分析：C，79.76；H，8.50；N，3.58；O，8.17

药品说明书参考网页

生产厂家产品说明书：http://www.zytiga.com/

美国药品网：http://www.drugs.com/ppa/abiraterone-acetate.html

美国处方药网页：http://www.rxlist.com/zytiga-drug.htm

药物简介

Zytiga 是一种 CYP17[1] 抑制剂，与泼尼松联用，可用于治疗曾经接受过多西他赛化疗的转移雄激素抵抗性前列腺癌[2]患者。醋酸阿比特龙是一种前体药，进入体内后，可转化成阿比特龙，后者是一种雄激素生物合成抑制剂，通过抑制 CYP17 酶的活性，进而抑制雄激素生物合成而发挥疗效。CYP17 酶是一种雄激素生物合成所必需的酶。这种酶主要表达于睾丸、肾上腺和前列腺肿瘤组织中。

药品上市申报信息

该药物目前有 1 种产品上市。

---

[1] CYP17 的全称是：17α-hydroxy/C17，20-lyase（17α-羟化酶/C17，20-裂解酶缺陷症）

[2] 其英文全称是：metastatic castration-resistant prostate cancer。国内很多药品说明书翻译成：转移去势难治性前列腺癌。

药品名称	ZYTIGA		
申请号	202379	产品号	001
活性成分	Abiraterone Acetate(醋酸阿比特龙)	市场状态	处方药
剂型或给药途径	口服片剂	规格	250mg
治疗等效代码		参比药物	是
批准日期	2011/04/28	申请机构	JANSSEN BIOTECH INC
化学类型	新分子实体药(NME)	审评分类	优先评审药物

药品专利或独占权保护信息

美国专利号或 独占权代码	专利或独占权 过期日期	专利保护类型、专利名称或市场独占权保护内容
5604213	2016/12/13	化合物专利,产品专利,专利用途代码 U-1126
5604213	2016/12/13	化合物专利,产品专利,专利用途代码 U-1314
I-663	2015/12/10	参见本书附录关于独占权代码部分
NCE	2016/04/28	参见本书附录关于独占权代码部分

合成路线一

　　本方法来源于中山大学鲁桂等人发表的专利文献（CN102816200A），其特点是以醋酸脱氢表雄酮为起始原料，将酮羰基转化成腙，再经历碘代、Suzuki 偶联反应直接合成醋酸阿比特龙。此合成路线操作简便，3 步反应总收率 34.7%，产品纯度 98.5%，且后处理均无需柱色谱分离纯化，适合工业化生产。

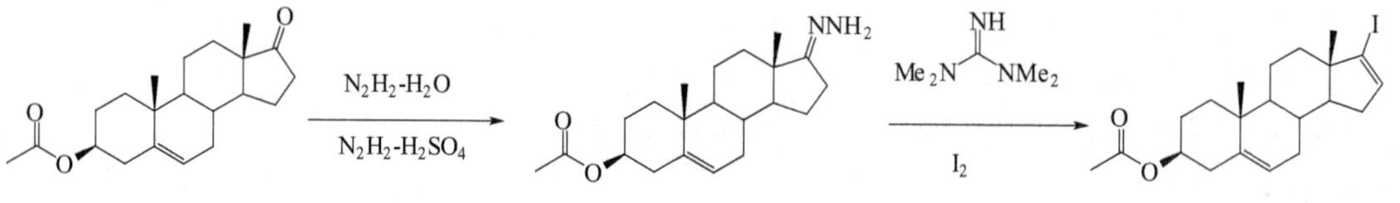

　　醋酸脱氢表雄酮（**2**）与水合肼和硫酸肼发生亲核加成和消去反应，得到相应的中间体 **3**，经碘代反应得到中间体 **4**。

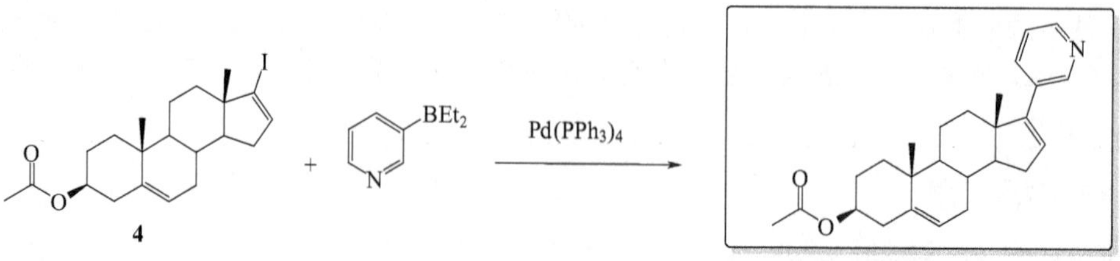

　　中间体 **4** 与二乙基（3-吡啶基）硼烷，在钯催化剂 Pd(PPh₃)₄ 和碱的存在下，经过 Suzuki 偶联反应可得到醋酸阿比特龙粗品，经过纯化后最后可得到醋酸阿比特龙目标化合物，其产率为 43.5%。

原始文献

CN102816200A.

合成路线二

本合成方法来源于 Biomarin Pharmaceutical Inc 发表的专利文献 WO 2012083112，其特点是以化合物 **1** 为原料，与三氟甲磺酸酐反应得到中间体 **2**，经 Suzuki 偶联反应可得到醋酸阿比特龙。

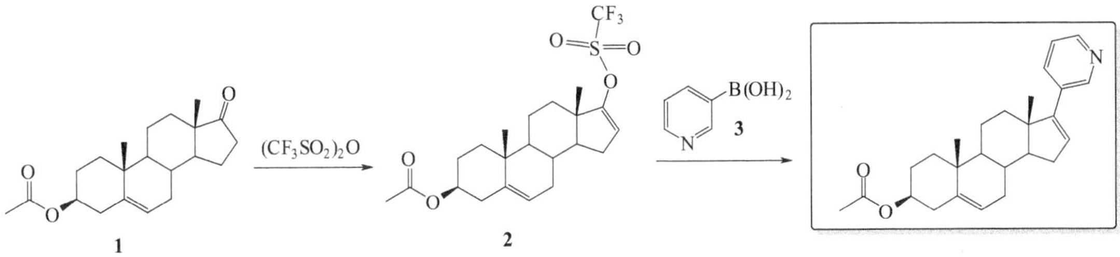

化合物 **1** 在三乙胺和三氟甲磺酸酐（trifluoromethane sulfonic anhydride，Tf_2O）的作用下转化为相应的三氟甲磺酸酯 **2**，产率为 35.7%。化合物 **2** 在 $Pd(dppf)Cl_2$ 的催化下与化合物 **3** 反应，得到目标产物 **4**，产率为 73%。

原始文献

WO2012083112.

合成路线三

本合成路线来源于北京万全阳光医药科技有限公司发表的专利文献（CN 102838649 A）。该专利包含下述步骤：在有机溶剂中，化合物 **1** 乙酰化得到化合物 **2**。化合物 **2** 与卤代吡啶偶联得到目标产物。本发明提供了一种醋酸阿比特龙的制备方法，降低成本。

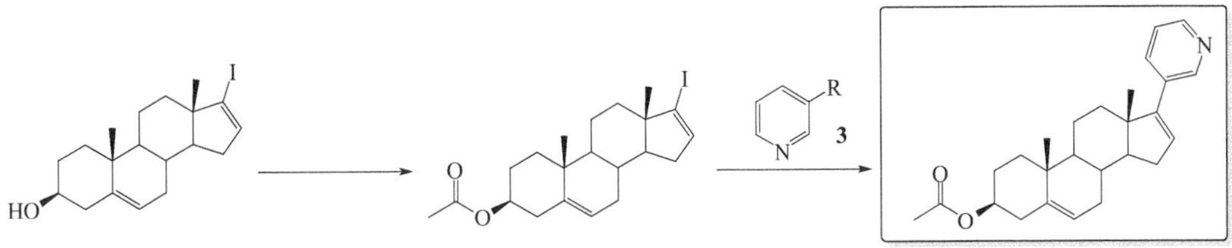

17-碘代-阿比特龙-5，16-二烯-3β-醇（**1**）乙酰化得到化合物 **2**。化合物 **2** 与卤代吡啶（**3**）进行偶联得到醋酸阿比特龙（**4**）。

原始文献

CN 102838649 A.

合成路线四

该合成方法来源于苏州明锐医药科技有限公司许学农发表的专利文献（CN 103450313 A）。该专利描述了一种醋酸阿比特龙（**4**）的合成方法，包括如下步骤：以醋酸脱氢表雄酮（**1**）为原料，与 3-吡啶基锂（**2**）发生加成反应生成 17-(3-吡啶)-17-羟基-雄甾-5-烯-3β-醇醋酸酯（**3**）；中间体 **3** 在伯吉斯（Burgess）试剂作用下发生消去反应得到醋酸阿比特龙（**4**）。

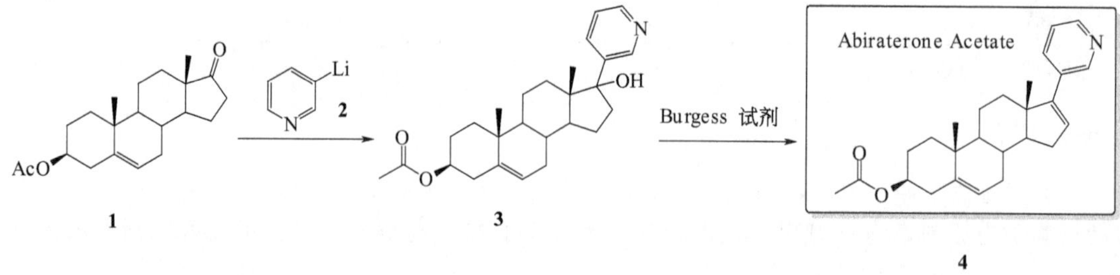

醋酸脱氢表雄酮（**1**）与 3-吡啶基锂（**2**）发生加成反应生成中间体 17-（3-吡啶）-17-羟基-雄甾-5-烯-3β-醇醋酸酯（**3**），其产率为 87%，中间体 **3** 在伯吉斯试剂［*N*-（三乙基铵磺酰）氨基甲酸甲酯，Burgess reagent］作用下发生消去反应得到醋酸阿比特龙（**4**），产率为 90%。

原始文献

CN 103450313 A.

合成路线五

以下合成方法来源于英国 British Tech Group 发表的专利文献。该方法的特点是以脱氢表雄酮（**1**）为原料，经酰化得到化合物 **2**。中间体 **2** 再转化成三氟甲磺酸酯（**3**）。后者再与二乙基（3-吡啶基）硼烷（**4**）发生偶联反应制得醋酸阿比特龙（**5**）。依据中国专利第 CN101044155 号研究指出，由于三氟甲磺酸酯制备过程中使用了碱性催化剂 2,6-二叔丁基-4-甲基吡啶（DTBMP），容易发生乙酰消去反应得到化合物 **6**，使得收率降低且很难纯化，影响该工艺的产业化效果。

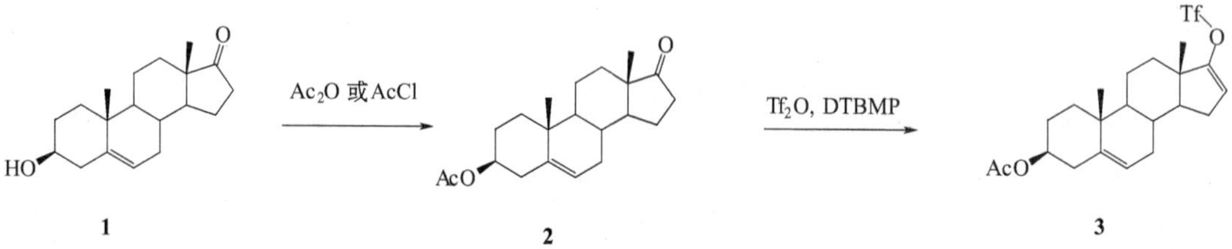

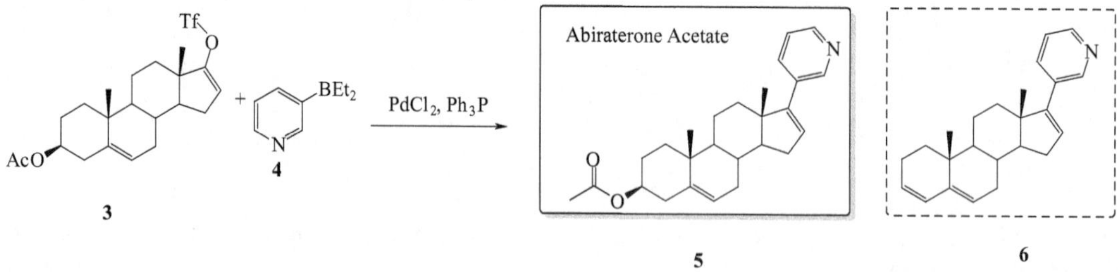

原始文献

WO 1993020097 A1.

合成路线六

以下合成路线来源于山东新时代药业有限公司王红波、赵志全等发表的专利文献（CN 102627681 A）。其特点是以脱氢表雄酮（**1**）为原料，先后与水合肼、碘反应，得到 17-碘-雄甾-5,16-二烯-3β-醇（**3**），然后在四三苯膦基钯的催化下与 3-吡啶卤化锌发生 Negishi 偶联反应制得阿比特龙，最后用乙酰氯或乙酸酐酯化，得到目标产物醋酸阿比特龙（**5**）。

脱氢表雄酮（**1**）在稀硫酸催化下和水合肼反应，得到脱氢表雄酮-17-腙（**2**），脱氢表雄酮-17-腙（**2**）在四甲基胍的催化下与碘反应，得到 17-碘-雄甾-5,16-二烯-3β-醇（**3**）。

17-碘-雄甾-5,16-二烯-3β-醇（**3**）在四三苯基膦钯的催化下与 3-吡啶氯化锌偶联得到阿比特龙（**4**）。在二异丙基乙胺（DIEA）存在下，阿比特龙（**4**）与乙酰氯或乙酸酐反应得到醋酸阿比特龙（**5**）。

原始文献

CN 102627681 A.

参考文献

[1] Bury P S. Process for the preparation of 17-0-vinyl-triflates as intermediates in the synthesis of steroid derivatives. WO2006021777A1，2006.

[2] Chu D，Wang B，Ye T. Preparation of steroidal CYP11B，CYP17，and/or CYP21 inhibitors for treating androgen-dependent conditions. WO2012083112A2，2012.

[3] Derrien Y，Poirier P，Forcato M，Pintus T，Cotarca L，Meunier S，Graindorge L. Process for preparing 17-substituted steroids from dehydroepisoandrosterone. WO2013053691A1，2013.

[4] Haidar S，Hartmann R W. C16 and C17 substituted derivatives of pregnenolone and progesterone as inhibitors of 17α-hydroxylase-/C17，20-lyase：Synthesis and biological evaluation. Arch Pharm（Weinheim，Ger），2003，335（11-12）：526-534.

[5] Hunt N J. Preparation of methanesulfonate salts of abiraterone 3-esters and recovery of salts of abiraterone 3-esters from solution in methyl tert-butyl ether. WO2006021776A1，2006.

[6] Lu G，Yan H，Chen H，Tang Y，Zhang L. Large-scale method for preparing Abiraterone acetate with dehydroepi-androsterone acetate as starting material. CN102816200A，2012.

[7] Perez Encabo A，Turiel Hernandez J A，Gallo Nieto F J，Lorente Bonde-Larsen A，Sandoval Rodriguez C M. Synthesis of abiraterone and related compounds. WO2013030410A2，2013.

[8] Potter G A，Hardcastle I R. Synthesis of 17-(3-pyridyl) steroids. GB2282377A，1995.

[9] Qian J，Qin H，Liu F，Chen Y，Zhang G，Fan X. Method for commercial process to prepare Abiraterone acetate. CN102558274A，2010.

[10] Qian J，Zhu Y，Qin H，Li R，Yin Z，Zhang G. Method for purifying Abiraterone acetate. CN102030798A，2010.

[11] Wang H，Zhao J，Zhang J. Method for purifying Abiraterone acetate. CN102731605A，2012.

[12] Zhai F，Wang C，Bian S，Chen Y. Method for preparation of Abiraterone acetate. CN102838649A，2012.

[13] Zhao Z，Wang H. Method for preparation of Abiraterone acetate with dehydroepiandrosterone. CN102627681A，2012.

（陈清奇）

Aclidinium Bromide（阿克利溴铵）

药物基本信息

英文通用名	Aclidinium Bromide
中文通用名	阿克利溴铵
商品名	Tudorza Pressair
CAS 登记号	320345-99-1
FDA 批准日期	2012/7/23
化学名	[(8R)-1-(3-phenoxypropyl)-1-azoniabicyclo[2.2.2]octan-8-yl] 2-hydroxy-2,2-dithiophen-2-ylacetate bromide
SMILES 代码	O=C(O[C@H]1C[N+]2(CCCOC3=CC=CC=C3)CCC1CC2)C(C4=CC=CS4)(O)C5=CC=CS5.[Br-]

化学结构和理论分析

化学结构	理论分析值
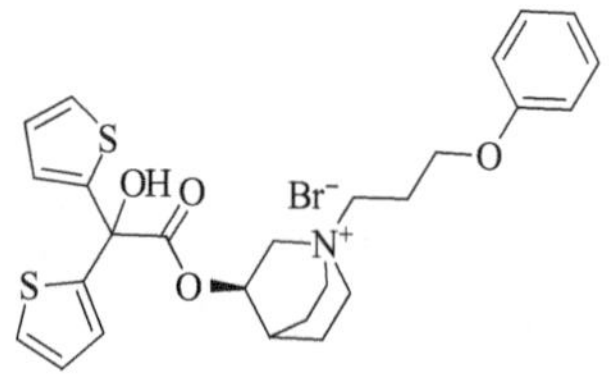	化学式：$C_{26}H_{30}BrNO_4S_2$ 精确分子量：563.0800 分子量：564.55 元素分析：C,55.31;H,5.36;Br,14.15;N,2.48;O,11.34;S,11.36

药品说明书参考网页

生产厂家产品说明书：http://www.tudorza.com/
美国药品网：http://www.drugs.com/monograph/aclidinium-bromide.html
美国处方药网页：http://www.rxlist.com/tudorza-pressair-drug.htm

药物简介

Tudorza Pressair（阿克利溴铵，Aclidinium Bromide）适用于长期、伴随慢性阻塞性肺病（COPD）支气管痉挛的维持治疗，包括慢性支气管炎和肺气肿。阿克利溴铵是一种吸入、长效、选择性毒蕈体碱性胆碱能受体拮抗剂（M受体拮抗剂），对 M1～M5 毒蕈碱受体亚型有相似的亲和力，通过抑制在平滑肌的 M3 受体的药理作用导致支气管扩张。阿克利溴铵是继异丙托溴铵和噻托溴铵后，第 3 个上市的抗胆碱能支气管扩张药，其起效速度比噻托溴铵快，且安全、耐受性好，不良反应少。

药品上市申报信息

该药物目前有 1 种产品上市。

药品名称	TUDORZA PRESSAIR		
申请号	202450	产品号	001
活性成分	Aclidinium Bromide（阿克利溴铵）	市场状态	处方药
剂型或给药途径	计量吸入粉剂	规格	每次吸入 0.375mg
治疗等效代码		参比药物	是
批准日期	2012/07/23	申请机构	FOREST LABORATORIES INC

药品专利或独占权保护信息

美国专利号或独占权代码	专利或独占权过期日期	专利保护类型、专利名称或市场独占权保护内容
6750226	2020/09/05	化合物专利、产品专利、用途专利代码 U-1264
7078412	2020/07/16	化合物专利、产品专利、用途专利代码 U-1263
6681768	2022/08/07	产品专利
8051851	2027/04/22	产品专利
6071498	2016/06/21	产品专利
5840279	2016/06/21	产品专利
NCE	2017/07/23	参见本书附录关于独占权代码部分

合成路线一

以下介绍的化学合成路线来源于西班牙 Almirall 公司的论文［J Med Chem，2009，52（16）：5076-5092］。该合成路线一共有三步：

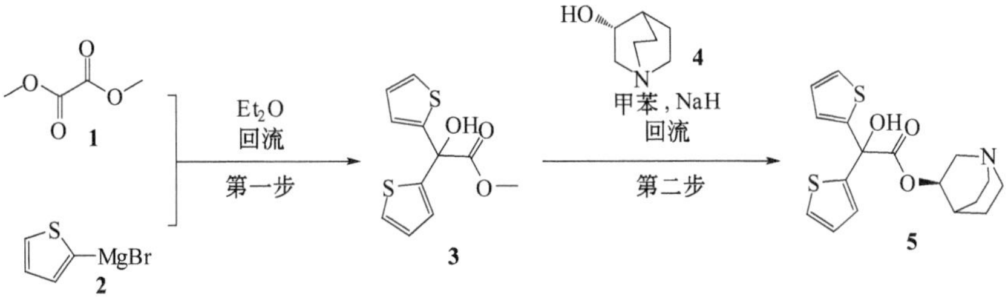

2-噻吩溴化镁（**2**）（通过 2-溴噻吩与镁粉反应制备而来）在乙醚中和氮气保护下与草酸二甲酯（**1**）反应，可得到化合物 **3**，产率为 36％。中间体化合物 **3** 与化合物 **4** 在甲苯中与氢化钠反应，可得化合物 **5**，产率为 50％。

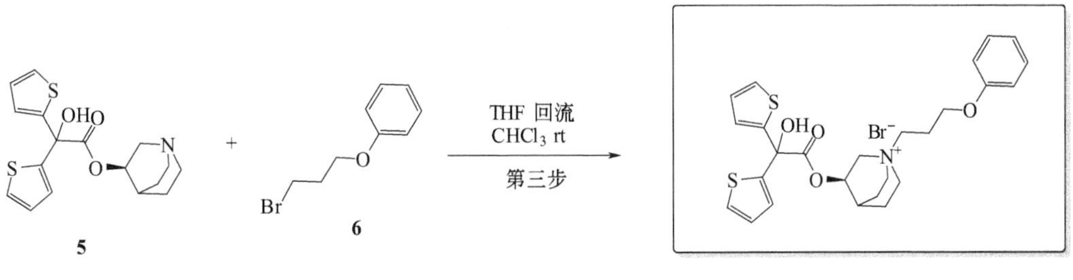

Aclidinium Bromide

化合物 **5** 在 THF 和氯仿中与化合物 **6** 反应可得到目标化合物。产率为 89％。

原始文献

J Med Chem，2009，52（16）：5076-5092.

合成路线二

以下合成路线来源于万特制药（海南）有限公司徐艳等发表的专利文献（CN 103755698 A）。该工艺以（R）-3-奎宁环醇（**2**）、2,2-二噻吩基乙醇酸甲酯（**1**）及 3-苯氧基丙基溴（**3**）为原料，采用一锅煮法制备阿克利溴铵。其特征在于氮气保护下，（R）-3-奎宁环醇（**2**）与 2,2-二噻吩基乙醇酸甲酯（**1**）溶于非质子溶剂，碱性条件下加热回流 4h 左右；冷却至室温，滴加 3-苯氧基丙基溴（**3**），滴加完毕后升温至 60～65℃搅拌反应，反应完全后冷却至室温，分离提纯即为目标产物（**4**）。

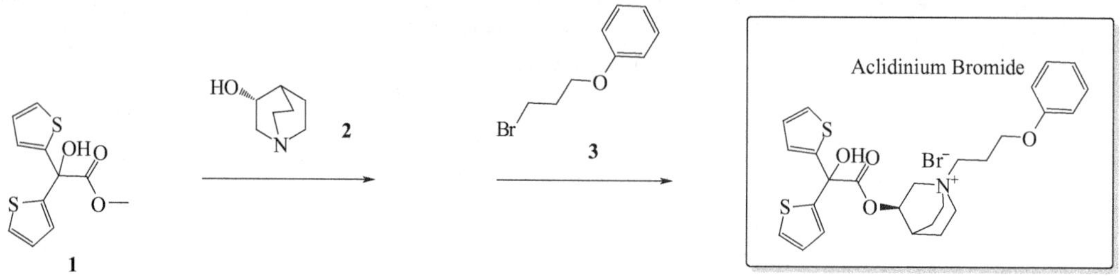

原始文献

CN 103755698 A.

合成路线三

以下合成路线来源于万特制药（海南）有限公司苟远诚等发表的专利文献（CN 103755699 A）。该专利主要描述了重要中间体化合物 **5** 的合成。（R）-3-奎宁环醇（**2**）与草酰氯反应得到草酸二奎宁-3（R）-基酯（**3**）；化合物 **3** 与两分子 2-噻吩溴化镁（**4**）经亲核加成取代得到化合物 **5**。化合物 **5** 与化合物 **6** 反应就可以得到目标化合物 **7**。该工艺路线短，反应条件温和，原料简单易得，具体反应路线如下。

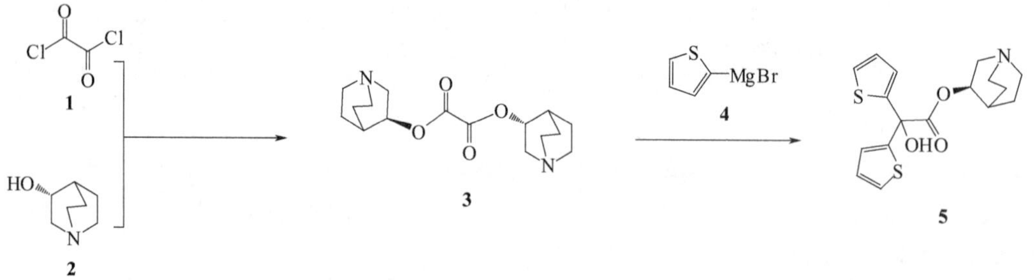

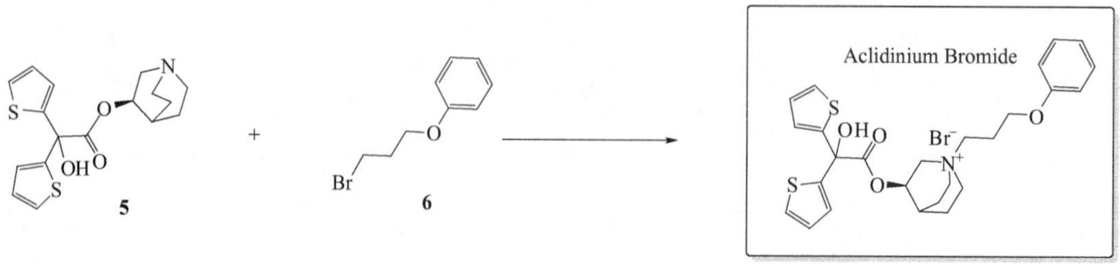

原始文献

CN 103755699 A.

参考文献

［1］ Busquets Baque N，Pajuelo Lorenzo F. Process for manufacturing （3R）-（2-hydroxy-2,2-dithien-2-ylacetoxy)-1-（3-phenoxypropyl)-1-azoniabicyclo［2.2.2］octane bromide. WO2008009397A1，2008.

［2］ Fernandez Forner D，Prat Quinones M，Buil Albero M A. Synthesis of novel quinuclidine derivatives for the manufacture of medicament for use as antimuscarinic agents. WO2001004118A2，2001.

［3］ Prat M，Fernandez D，Buil M A，Crespo M I，Casals G，Ferrer M，Tort L，Castro J，Monleon J M，Gavalda A，Miralpeix M，Ramos I，Domenech T，Vilella D，Anton F，Huerta J M，Espinosa S，Lopez M，Sentellas S，Gonzalez M，Alberti J，Segarra V，Cardenas A，Beleta J，Ryder H. Discovery of Novel Quaternary Ammonium Derivatives of （3R）-Quinuclidinol Esters as Potent and Long-Acting Muscarinic Antagonists with Potential for Minimal Systemic Exposure after Inhaled Administration：Identification of （3R）-3-{［Hydroxy(di-2-thienyl)acetyl］oxy}-1-（3-phenoxypropyl)-1-azoniabicyclo［2.2.2］octane Bromide （Aclidinium Bromide）. J Med Chem，2009，52 （16）：5076-5092.

（陈清奇）

Afatinib（阿法替尼）

药物基本信息

英文通用名	Afatinib
中文通用名	阿法替尼
商品名	Gilotrif，Tomtovok，Tovok
CAS 登记号	850140-72-6
FDA 批准日期	2013/7/12
化学名	N-［4-［（3-Chloro-4-fluorophenyl)amino]-7-［［(3S)-tetrahydro-3-furanyl］oxy]-6-quinazolinyl]-4(dimethylamino)-2-butenamide
SMILES 代码	O=C(NC1=CC2=C(NC3=CC=C(F)C(Cl)=C3)N=CN=C2C=C1O[C@@H]4COCC4)/C=C/CN(C)C

化学结构和理论分析

化学结构	理论分析值
	化学式：$C_{24}H_{25}ClFN_5O_3$ 精确分子量：485.16300 分子量：485.94 元素分析：C，59.32；H，5.19；Cl，7.30；F，3.91；N，14.41；O，9.88

药品说明书参考网页

生产厂家产品说明书：http://www.gilotrif.com/

美国药品网：http://www.drugs.com/drug-interactions/afatinib.html

美国处方药网页：http://www.rxlist.com/gilotrif-drug.htm

药物简介

阿法替尼适用于晚期非小细胞肺癌（NSCLC）的一线治疗及 HER2 阳性的晚期乳腺癌患者。阿法替尼是一种口服有效的、不可逆 ErbB 家族阻断剂，可通过同时抑制多个 ErbB 家族成员（如 EGFR，HER2，ErbB3 及 ErbB4）而发挥疗效。阿法替尼是首个用于表皮生长因子受体抑制剂治疗失败后的肺癌治疗药物。

药品上市申报信息

该药物目前有 3 种产品上市。

产品一

药品名称	GILOTRIF		
申请号	201292	产品号	001
活性成分	Afatinib Dimaleate（马来酸阿法替尼）	市场状态	处方药
剂型或给药途径	口服片剂	规格	20mg
治疗等效代码		参比药物	否
批准日期	2013/07/12	申请机构	BOEHRINGER INGELHEIM

产品二

药品名称	GILOTRIF		
申请号	201292	产品号	002
活性成分	Afatinib Dimaleate（马来酸阿法替尼）	市场状态	处方药
剂型或给药途径	口服片剂	规格	30mg
治疗等效代码		参比药物	否
批准日期	2013/07/12	申请机构	BOEHRINGER INGELHEIM

产品三

药品名称	GILOTRIF		
申请号	201292	产品号	003
活性成分	Afatinib Dimaleate（马来酸阿法替尼）	市场状态	处方药
剂型或给药途径	口服片剂	规格	40mg
治疗等效代码		参比药物	是
批准日期	2013/07/12	申请机构	BOEHRINGER INGELHEIM

药品专利或独占权保护信息

美国专利号或 独占权代码	专利或独占权 过期日期	专利保护类型、专利名称或市场独占权保护内容
6251912	2018/07/29	化合物专利、产品专利、用途专利代码 U-1067
RE43431	2022/01/22	化合物专利、产品专利
8545884	2029/12/19	产品专利
8426586	2029/10/10	化合物专利、产品专利
ODE	2020/07/12	参见本书附录关于独占权代码部分
NCE	2018/07/12	参见本书附录关于独占权代码部分

合成路线一

以下合成路线来源于 Boehringer Ingelheim 公司的专利申请书（WO 2007085638 A1）。阿法替尼的合成共有 7 步：

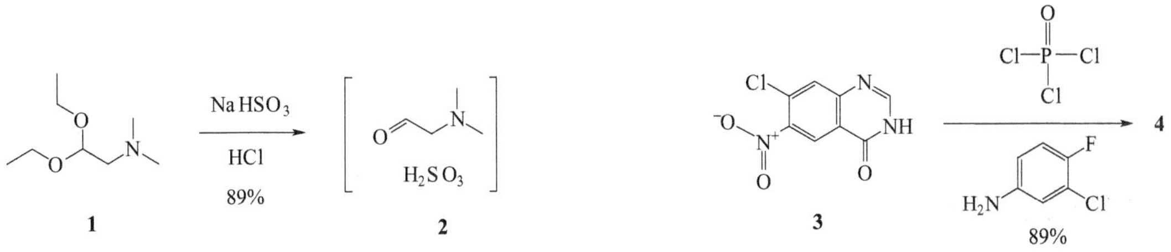

化合物 1 在 HCl/NaHSO₃ 作用下变成相应的亚硫酸加合物 2。化合物 3 在 POCl₃ 作用下变成相应的活性中间体，再与 4-氟-3-氯-苯胺反应，得到化合物 4，其产率为 89%。

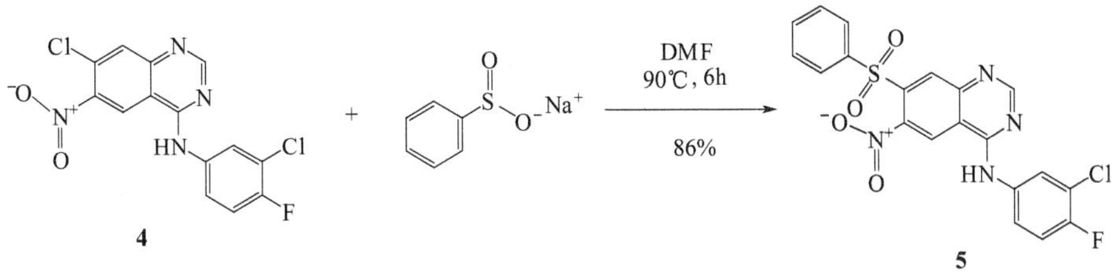

化合物 4 与苯亚磺酸钠在 DMF 溶剂中 90℃，反应 6h 可得到化合物 5，产率为 86%。

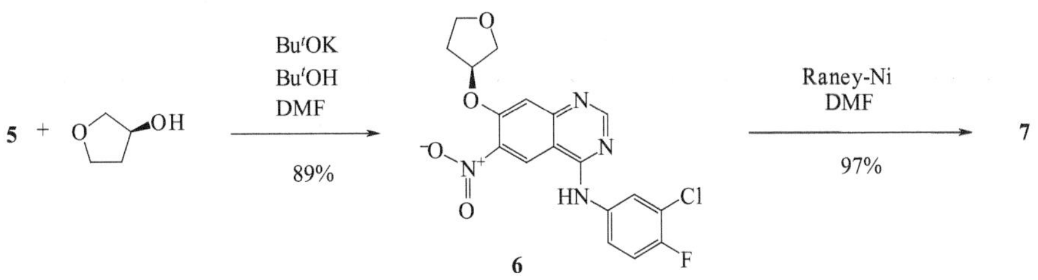

化合物 5 与 3-羟基四氢呋喃在 DMF 溶剂中在 BuᵗOK/BuᵗOH 的作用下，可得到化合物 6，产率为 89%。化合物 6 经 Raney-Ni 催化氢化后，可得到化合物 7，产率为 97%。

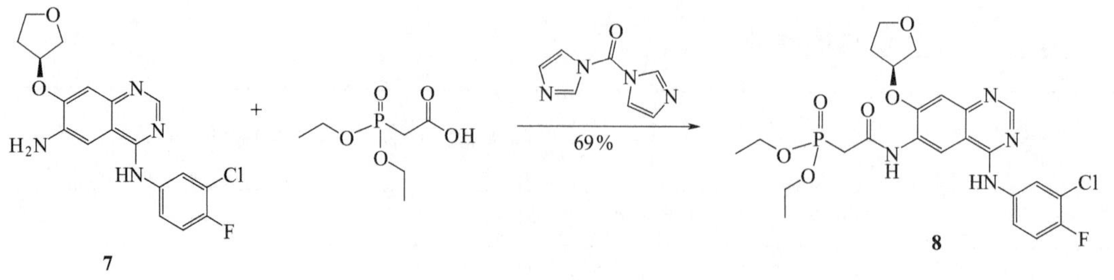

化合物 7 与 2-(二乙基膦酸酯) 乙酸 （diethylphosphonoacetic acid） 反应后可得到化合物 **8**，产率为 69%。

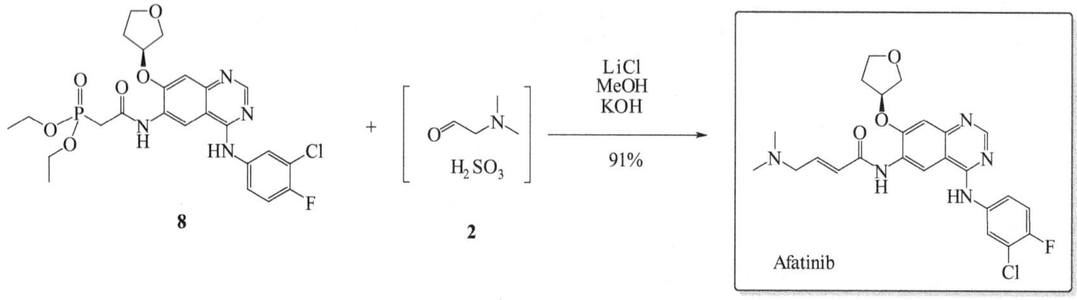

化合物 **8** 与化合物 **2** 在 KOH 催化下，可得到目标化合物阿法替尼，其产率为 91%。

原始文献

WO2012121764A1.

合成路线二

以下合成路线来源于苏州明锐医药科技有限公司许学农发表的专利文献 （CN 103254183 A）。该合成路线的步骤如下：化合物 **1** 和 *N*,*N*-二甲基甲酰胺二甲基缩醛 （DMF-DMA） 进行缩合反应形成中间体化合物 **2**，该化合物无需分离，直接和 4-氟-3-氯苯胺 （**3**） 进行环合反应制得阿法替尼 （**4**）。该制备方法使得阿法替尼的制造步骤明显减少，成本大幅降低。

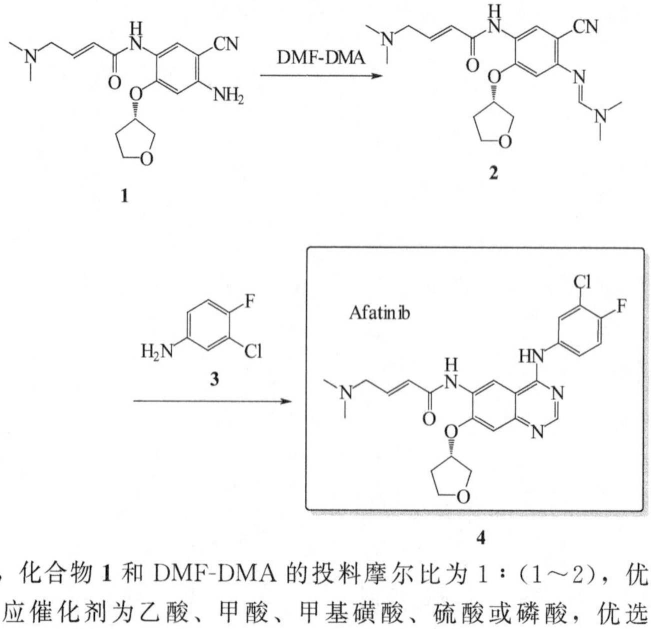

依据专利文献，化合物 **1** 和 DMF-DMA 的投料摩尔比为 1∶（1～2），优选 1∶（1.3～1.5）。化合物 **2** 的合成反应催化剂为乙酸、甲酸、甲基磺酸、硫酸或磷酸，优选乙酸；反应温度为

105～115℃；溶剂为甲苯、二甲苯、二氧六环、1,2-二氯乙烷、二甲亚砜或四氢呋喃，优选甲苯。化合物 **2** 的收率为 92.4%。第 2 步环合反应的溶剂为乙酸、甲酸或上述两种酸分别与甲苯形成的混合溶剂，优选乙酸或乙酸和甲苯的混合溶剂，反应温度为 120～130℃。化合物 **4** 的收率为 77.0%。

原始文献

CN 103254183 A.

合成路线三

以下合成路线来源于苏州明锐医药科技有限公司许学农发表的专利文献（CN 103242303 A）。包括如下步骤：4-氯-6-氨基-7-羟基喹唑啉（**1**）和（S）-3-羟基四氢呋喃（**2**）发生醚化反应生成 4-氯-6-氨基-7-［(S)-(四氢呋喃-3-基) 氧基］喹唑啉（**3**），该化合物（**3**）与 4-(N,N-二甲基氨基)-2-烯-丁酰氯（**4**）进行酰化反应生成 4-氯-6-{［4-(N,N-二甲基氨基)-1-氧代-2-丁烯-1-基］氨基}-7-［(S)-(四氢呋喃-3-基) 氧基］喹唑啉（**5**），化合物 **5** 与 4-氟-3-氯苯胺（**6**）进行缩合反应制得目标化合物阿法替尼（**7**）。

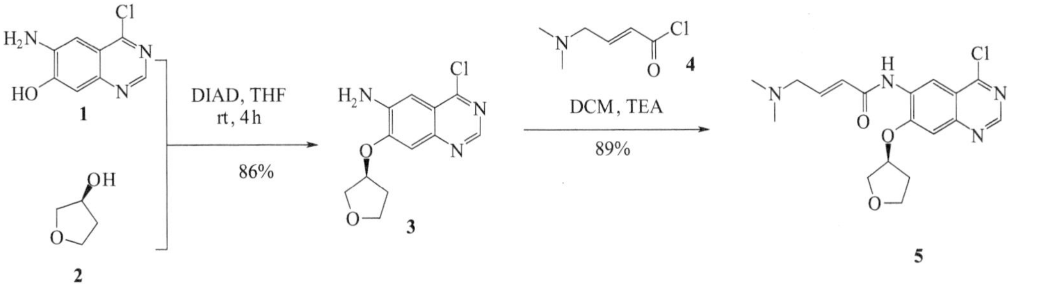

化合物 **3** 的合成反应中，催化剂可为偶氮二羧酸二乙酯（DEAD）、偶氮二羧酸二异丙酯（DIAD）、偶氮二羧酸二丙酯（DPAD）、偶氮二羧酸二甲酯（DMAD）、偶氮二羧酸二对氯苄基（DCAD）、N,N,N′,N′-四甲基偶氮二羧酰胺（TMAD）、N,N,N′,N′-四异丙基偶氮二羧酰胺（TIPA）或偶氮二甲酰二哌啶（ADDP），优选偶氮二羧酸二乙酯（DEAD）或偶氮二羧酸二异丙酯（DIAD）。溶剂为甲苯、二甲苯、乙酸乙酯、乙酸异丙酯、乙酸丁酯、二氧六环、二氯甲烷、氯仿、1,2-二氯乙烷、二甲亚砜、乙腈、N,N-二甲基甲酰胺、丙酮或四氢呋喃，优选二氯甲烷或四氢呋喃。化合物 **3** 的收率为 86%。

化合物 **5** 的合成反应中，需要使用缚酸剂，可选择的试剂有：三乙胺、N-甲基吗啡啉、二异丙基乙胺、甲醇钠、氢氧化钠、氢氧化钾、碳酸钠、碳酸氢钠或碳酸钾，优选三乙胺或碳酸钾。化合物 **5** 的收率为 89%。

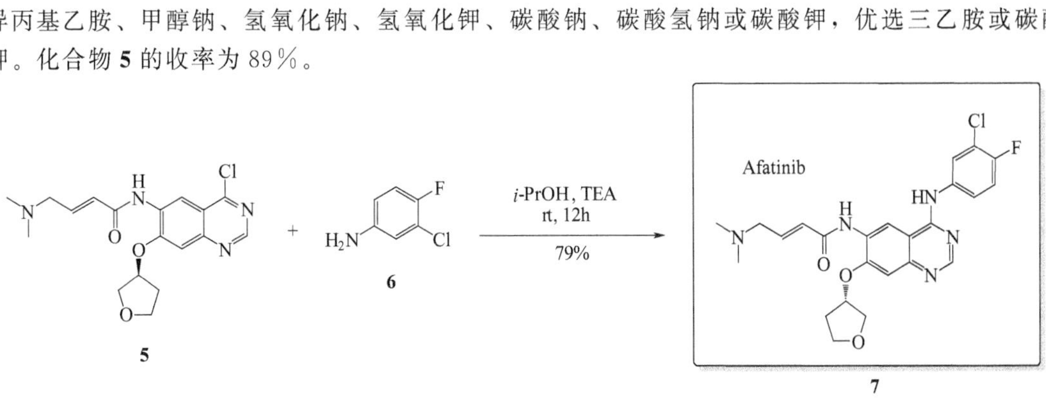

化合物 **7** 的合成反应中，化合物 **5** 和 **6** 的投料摩尔比为 1∶(1～1.3)。可以选择的缚酸剂有三乙胺、吡啶、N-甲基吗啡啉、二异丙基乙胺、甲醇钠、氢氧化钠、氢氧化钾、碳酸钠、碳酸氢钠或碳酸钾，优选三乙胺或吡啶。该合成反应可选择的溶剂有甲醇、乙醇、异丙醇、二氯甲烷、三氯甲烷、1,2-二氯乙烷、乙腈、N,N-二甲基甲酰胺、N,N-二甲基乙酰胺、甲苯、二甲苯、乙醚、异丙醚、二氧六环、四氢呋喃或甲基叔丁基醚，优选异丙醇或甲苯。化合物 **7** 的收率为 79%。

原始文献

许学农. 阿法替尼的制备方法. CN 103242303 A，2013.

参考文献

[1] Gidwani R M，Hiremath C，Yadav M D，Albrecht W，Fischer D. Salts and polymorphic forms of afatinib. WO2012121764A1，2012.

[2] Schroeder J，Dziewas G，Fachinger T，Jaeger B，Reichel C，Renner S. A process for producing aminocrotonylamino-substituted quinazoline derivatives and their intermediates. WO2007085638A1，2007.

[3] Soyka R，Rall W，Schnaubelt J，Sieger P，Kulinna C. Synthesis of (oxobutenyl) quinazolines and derivatives for treating cancer and other diseases. US20050085495A1，2005.

（陈清奇）

Alcaftadine（阿卡他定）

药物基本信息

英文通用名	Alcaftadine
中文通用名	阿卡他定
商品名	Lastacaft
CAS 登记号	147084-10-4
FDA 批准日期	2010/07/28
化学名	11-(1-methylpiperidin-4-ylidene)-6,11-dihydro-5H-benzo[d]imidazo[1,2-a]azepine-3-carbaldehyde
SMILES 代码	O＝CC1＝CN＝C2/C(C3＝CC＝CC＝C3CCN12)＝C4CCN(C)CC/4

化学结构和理论分析

化学结构	理论分析值
	化学式：$C_{19}H_{21}N_3O$ 精确分子量：307.16846 分子量：307.39 元素分析：C,74.24;H,6.89;N,13.67;O,5.20

药品说明书参考网页

生产厂家产品说明书：http://www.allergan.com/products/eye_care/lastacaft.htm

美国药品网：http：//www.drugs.com/cdi/alcaftadine-drops.html

美国处方药网页：http：//www.rxlist.com/lastacaft-drug.htm

药物简介

阿卡他定可用于预防过敏性结膜炎引起的瘙痒。阿卡他定是一种组胺 H1-受体拮抗剂和肥大细胞稳定剂，能通过抑制肥大细胞释放组胺并阻止组胺发挥作用，从而减轻过敏反应。但阿卡他定滴眼液不能用于角膜接触镜相关的刺激症状的治疗。

药品上市申报信息

该药物目前有 1 种产品上市。

药品名称	LASTACAFT		
申请号	022134	产品号	001
活性成分	Alcaftadine（阿卡他定）	市场状态	处方药
剂型或给药途径	眼科用滴眼液	规格	0.25%
治疗等效代码		参比药物	是
批准日期	2010/07/28	申请机构	ALLERGAN INC

药品专利或独占权保护信息

美国专利号或独占权代码	专利或独占权过期日期	专利保护类型、专利名称或市场独占权保护内容
8664215	2029/10/05	用途专利代码：U-1493
5468743	2016/04/20	化合物专利、产品专利
NCE	2015/07/28	参见本书附录关于独占权代码部分

合成路线一

以下合成路线来源于 Janssen 制药公司的专利文献（US 5468743）：

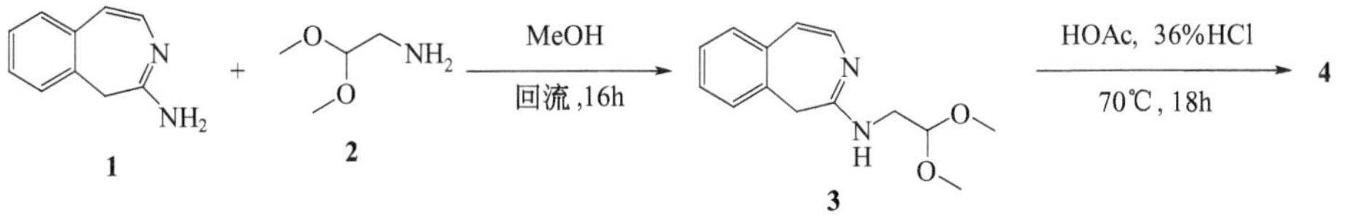

化合物 **1** 和化合物 **2** 在 MeOH 中回流 16h 可得到化合物 **3**，产率为 100%。化合物 **3** 在 HOAc 和 HCl 中 70℃反应 18h，可得到化合物 **4**，不过这一步合成反应的产率较低（28%）。

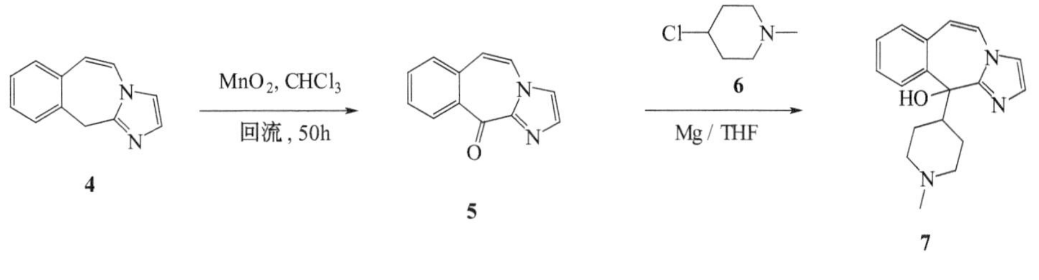

化合物 **4** 经 MnO₂ 氧化后得到相应的酮类化合物 **5**，产率为 53%。化合物 **5** 与格氏试剂反应后，可得到化合物 **7**，产率为 32%。

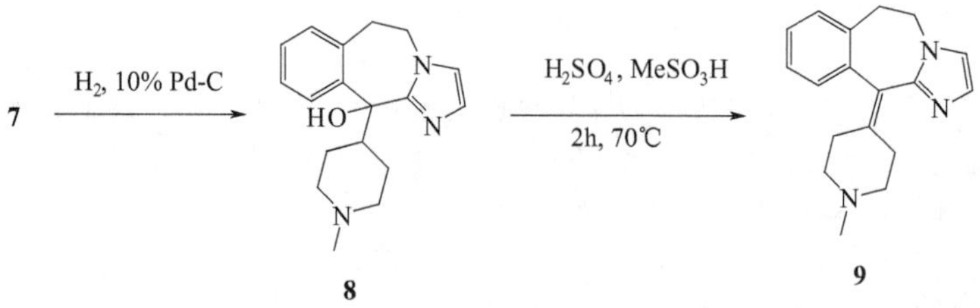

化合物 **7** 经 Pd-C 催化氢化还原后，可得到化合物 **8**，经硫酸脱水后，可得到化合物 **9**。

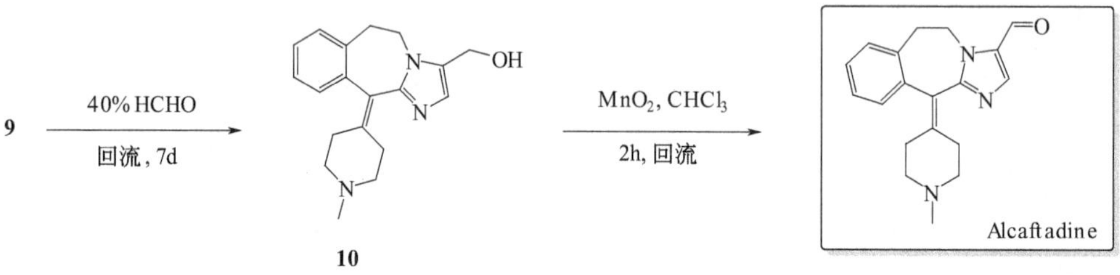

化合物 **9** 与甲醛反应后可得到化合物 **10**，后者经 MnO₂ 氧化后，可得到最终产物。

原始文献

US 5468743.

合成路线二

以下介绍的是一种阿卡他定重要前体化合物 **4** 的合成方法，该方法来源于苏州汇和药业有限公司汪迅等人发表的专利文献（CN 103408549 A）。该方法以 N-甲基-4-哌啶甲酰氯（**1**）盐酸盐与 1-苯乙基-1H-咪唑（**2**）为原料。化合物 **1** 和化合物 **2** 在三乙基胺的作用下发生酰基化反应得到化合物 **3**。中间体化合物 **3** 再在酸性条件下环化合成化合物 **4**。本发明提供了一种简单、高效的 6,11-二氢-11-(1-甲基-4-亚哌啶基)-5H-咪唑 [2,1-b] [3] 苯并吖庚因（**4**）的制备方法，该方法具有路线短，操作简单等优点。

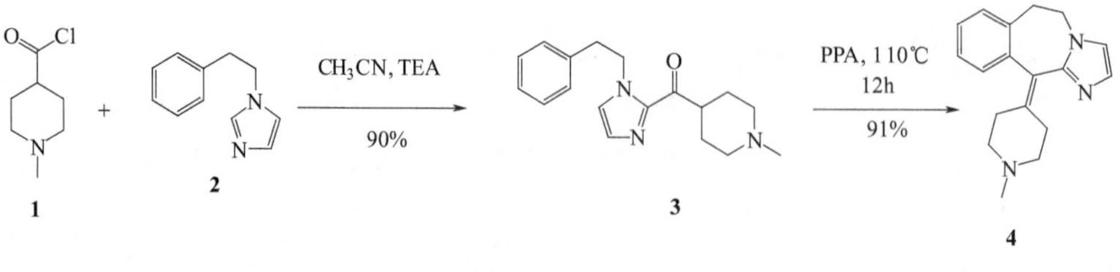

原始文献

CN 103408549 A.

参考文献

Janssens Frans E，Diels Gaston S M，Leenaerts Joseph E. Anti-allergic imidazo [2,1-b] [3] benzazepine derivatives, compositions and method of use. US 5468743，1995.

（陈清奇）

Alogliptin（阿格列汀）

药物基本信息

英文通用名	Alogliptin
中文通用名	阿格列汀
商品名	Nesina
CAS 登记号	850649-61-5
FDA 批准日期	2013/01/25
化学名	(R)-2-((6-(3-aminopiperidin-1-yl)-3-methyl-2,4-dioxo-3,4-dihydropyrimidin-1(2H)-yl)methyl)benzonitrile
SMILES 代码	N#CC1=CC=CC=C1CN(C(N2C)=O)C(N3C[C@H](N)CCC3)=CC2=O

化学结构和理论分析

化学结构	理论分析值
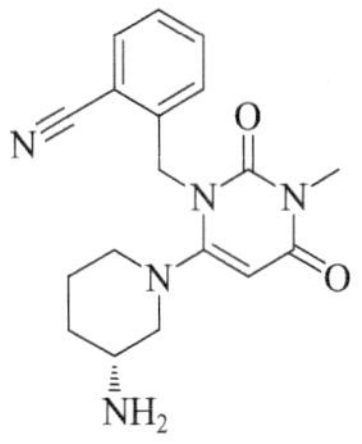	化学式：$C_{18}H_{21}N_5O_2$ 精确分子量：339.16952 分子量：339.39 元素分析：C,63.70；H,6.24；N,20.64；O,9.43

药品说明书参考网页

生产厂家产品说明书：http://www.nesinahcp.com.

美国药品网：http://www.drugs.com/nesina.html

美国处方药网页：http://www.rxlist.com/nesina-drug.htm

药物简介

阿格列汀是一种二肽基肽酶 4（DPP-4）抑制剂，可用于帮助二型糖尿病患者改善和控制血糖。人进食后，肠降血糖素激素❶，如胰高血糖素样肽-1（GLP-1）❷和葡萄糖依赖性促胰岛素多肽（GIP）❸就会给出相应的反应，会提高释放的浓度，并进入小肠血流系统。

这些激素会刺激胰腺β细胞以葡萄糖剂量依赖性方式释放胰岛素，但会在数分钟内被 DPP-4 酶灭活。阿格列汀是一种 DPP-4 酶抑制剂，通过抑制 DPP-4 酶的活性，而减慢肠促胰岛素激素的失活，进而改善二型糖尿病患者空腹和餐后血糖浓度。

---

❶ 其相应的英文是 incretin hormones。

❷ 相应的英文缩写是 glucagon-like peptide-1。

❸ 相应的英文缩写是 glucose-dependent insulinotropic polypeptide。

药品上市申报信息

该药物目前有 3 种产品上市。

产品一

药品名称	NESINA		
申请号	022271	产品号	001
活性成分	Alogliptin Benzoate（阿格列汀苯甲酸盐）	市场状态	处方药
剂型或给药途径	口服片剂	规格	6.25mg
治疗等效代码		参比药物	否
批准日期	2013/01/25	申请机构	TAKEDA PHARMACEUTICALS USA INC

产品二

药品名称	NESINA		
申请号	022271	产品号	002
活性成分	Alogliptin Benzoate（阿格列汀苯甲酸盐）	市场状态	处方药
剂型或给药途径	口服片剂	规格	12.5mg
治疗等效代码		参比药物	否
批准日期	2013/01/25	申请机构	TAKEDA PHARMACEUTICALS USA INC

产品三

药品名称	NESINA		
申请号	022271	产品号	003
活性成分	Alogliptin Benzoate（阿格列汀苯甲酸盐）	市场状态	处方药
剂型或给药途径	口服片剂	规格	25mg
治疗等效代码		参比药物	是
批准日期	2013/01/25	申请机构	TAKEDA PHARMACEUTICALS USA INC

药品专利或独占权保护信息

美国专利号或独占权代码	专利或独占权过期日期	专利保护类型、专利名称或市场独占权保护内容
6150383	2016/06/19	用途专利代码 U-1330
6211205	2016/06/19	用途专利代码 U-1331
6303640	2016/08/09	用途专利代码 U-1332
6303661	2017/04/24	用途专利代码 U-1333
6329404	2016/06/19	产品专利、用途专利代码 U-1334
6890898	2019/02/02	用途专利代码 U-1335
7078381	2019/02/02	用途专利代码 U-1335
7459428	2019/02/02	用途专利代码 U-1336

美国专利号或 独占权代码	专利或独占权 过期日期	专利保护类型、专利名称或市场独占权保护内容
7807689	2028/06/27	化合物专利、产品专利、用途专利代码 U-1337
8173663	2025/03/15	用途专利代码 U-1338
8288539	2025/03/15	化合物专利、用途专利代码 U-1330
NCE	2018/01/25	参见本书附录关于独占权代码部分

合成路线一

以下合成路线来源于 Takeda Pharmaceutical 公司发表的研究论文（J Med Chem，2007，50（10）：2297-2300），其合成路线一共 3 步：

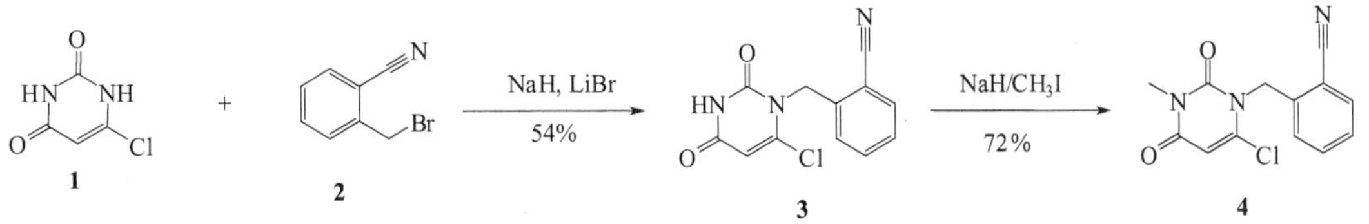

化合物 1 和化合物 2 在 DMSO-DMF 溶剂中，在氢化钠的作用下反应得到化合物 3，产率为 54％。化合物 3 在 NaH 的催化下与碘甲烷反应，得到化合物 4，产率为 72％。

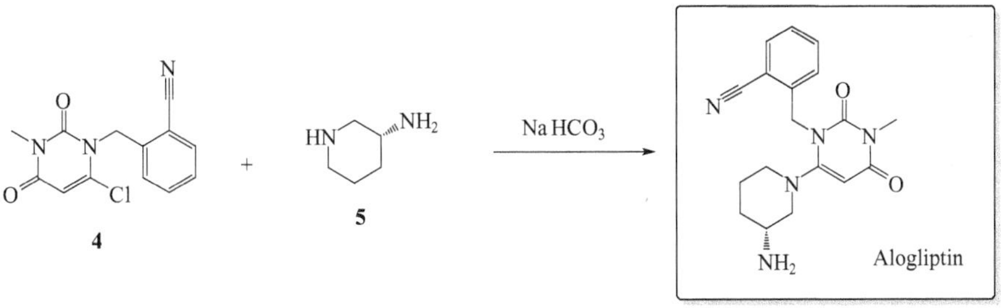

化合物 4 与化合物 5 在碳酸氢钠和活化分子筛的作用下反应，可得到目标化合物阿格列汀。

原始文献

J Med Chem，2007，50（10）：2297-2300.

合成路线二

以下合成路线来源于苏州朗科生物技术有限公司张健等发表的专利文献（CN 103467445 A）。其特点是原料易得，反应条件温和，操作简便，宜于规模型的工业化生产。

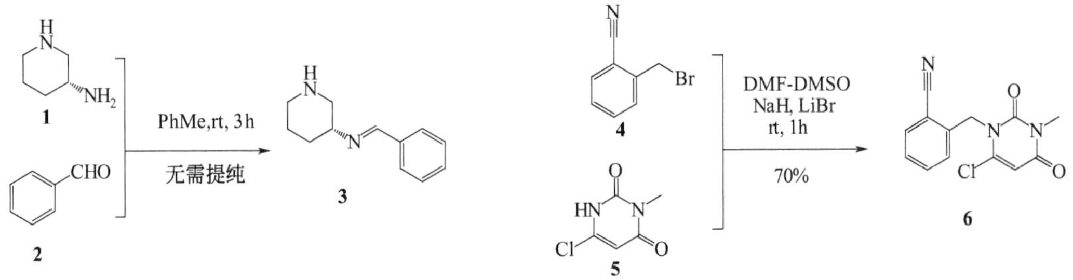

（R）-3-氨基-哌啶（1）在甲苯中与苯甲醛（2）室温下搅拌 3h，减压蒸除甲苯，得到油状物 3，该化合物无需分离，可直接用于下一步反应。

于 0℃，N₂ 保护条件下，6-甲基-3-氯尿嘧啶（5），用 DMF-DMSO 溶液溶解，再加入 60％的

NaH，搅拌 30min 后，再加入 LiBr，继续搅拌 20min 后，向其中滴加邻腈基溴苄（**4**），反应 1h 后，分离可得到淡黄色固体化合物 **6**，收率 70%，熔点 165～167℃。

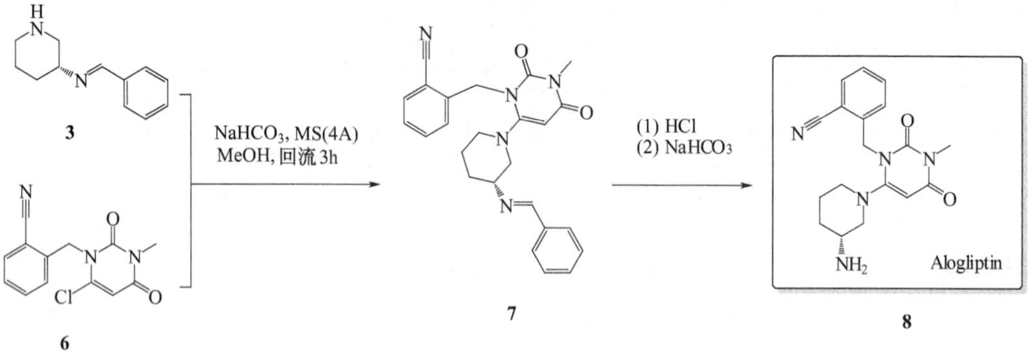

2-(6-氯-3-甲基-2,4-二氧代-3,4-二氢-2*H*-嘧啶-1-基甲基)-苄氰（**6**）和化合物 **3** 及碳酸氢钠与活化分子筛（4A）在无水 MeOH 中，回流搅拌 3h，冷却至室温（25℃），得到化合物 **7**，然后加入 HCl（3mol/L）搅拌 2h，分离后可得到目标化合物阿格列汀（**8**）。

原始文献

CN 103467445 A。

合成路线三

以下合成路线来源于重庆医药工业研究院有限责任公司邹春兰等发表的专利文献（CN 103664801 A）。该方法的主要步骤如下：使用 2-氰基溴苄将 6-氯尿嘧啶烷基化，得到 *N*-苄基尿嘧啶衍生物，再用甲醇通过 Mitsunobu 反应进一步甲基化获得 1,3-二取代尿嘧啶（中间体），该方法的优点在于避免了现有技术中使用的 NaH 试剂和剧毒试剂碘甲烷，具有安全环保特色。

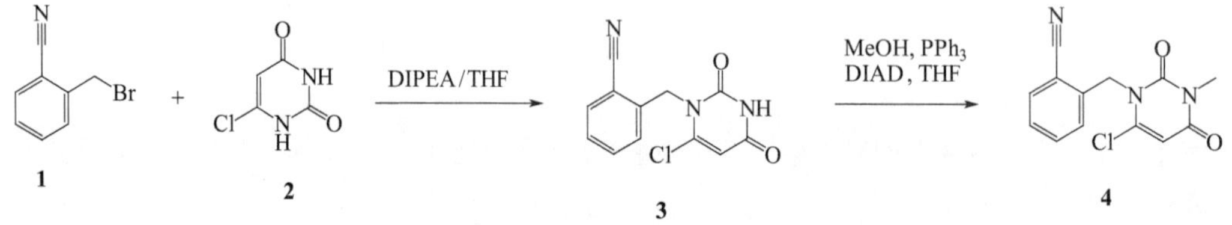

6-氯尿嘧啶（**2**）与 2-氰基溴苄（**1**）在四氢呋喃（THF）溶剂中，以二异丙基乙基胺（DIPEA）作为催化剂进行取代反应，可得到化合物 **3**。化合物 **3** 的收率为 72%。化合物 **3**、甲醇在 PPh₃ 和 DIAD（偶氮二甲酸二乙酯）的存在下，在溶剂四氢呋喃中进行甲基化反应（Mitsunobu 反应），得到化合物 **4**。化合物 **4** 的收率为 90%。

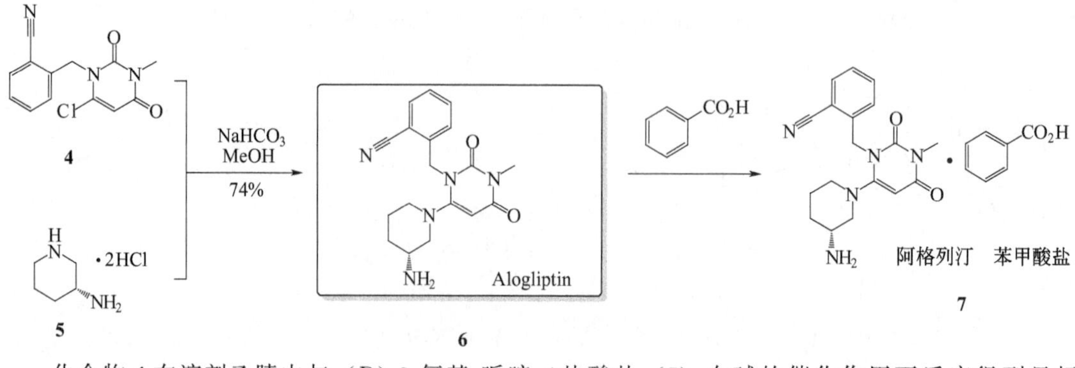

化合物 **4** 在溶剂乙腈中与（*R*）-3-氨基-哌啶二盐酸盐（**5**）在碱的催化作用下反应得到目标化合物化合物（**6**，阿格列汀），其中，碱选自碳酸氢钠、碳酸钠和它们的混合物。化合物 **6** 的收

率为 74%。化合物 **6** 与苯甲酸反应得到阿格列汀苯甲酸盐（**7**）。

原始文献

邹春兰，邓杰，张强，谢守全，王学瑞，蔡中文，叶文润．一种制备阿格列汀的方法．CN 103664801 A，2012.

合成路线四

以下合成路线来源于 Mapi 医药公司的专利文献（CN 102361557 A）。该方法的关键在于使用化合物 **2** 为原料，与丙二酸酯反应以生成中间体 **4**，该中间体随后通过引入离去基团 Cl 转化为中间体化合物 **5**。然后化合物 **5** 与胺 **6** 反应形成相应的化合物 **7**，收率为 75%。化合物 **7** 去保护基后，得到目标化合物 **8**，后者可与苯甲酸反应得到阿格列汀苯甲酸盐（**9**）。

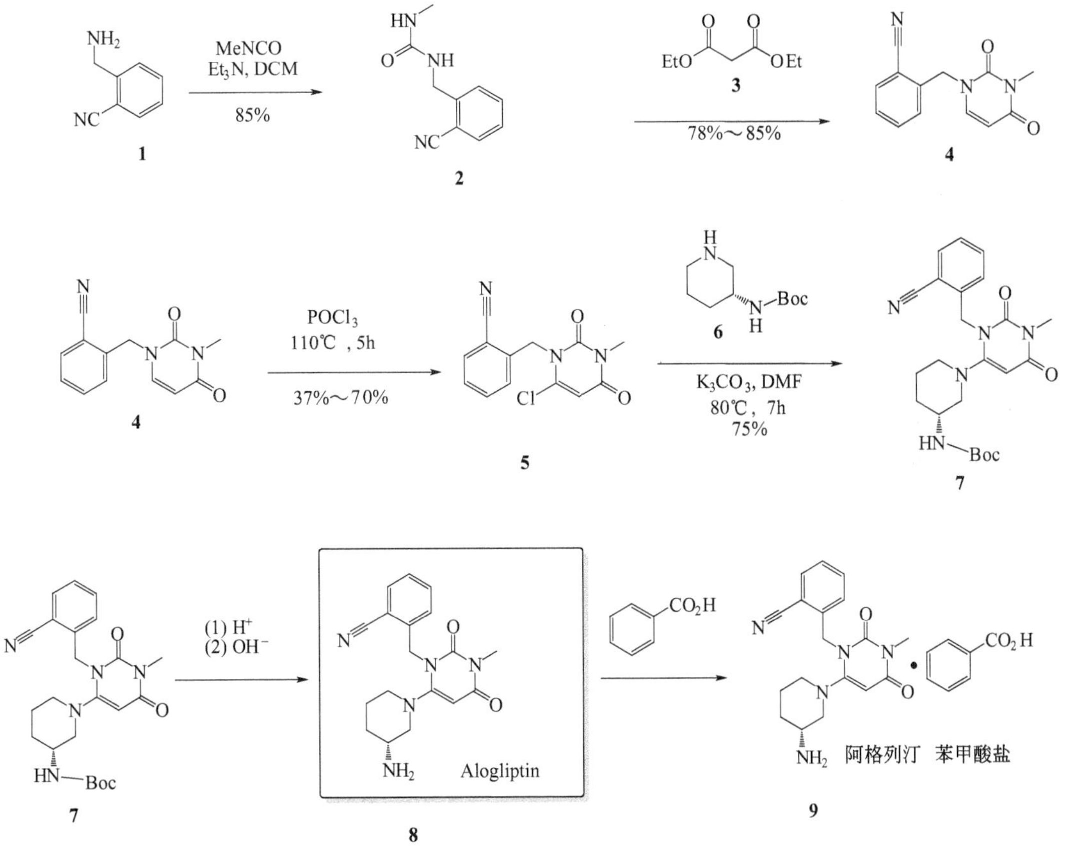

原始文献

CN 102361557 A.

参考文献

[1] Feng J，Zhang Z，Wallace M B，Stafford J A，Kaldor S W，Kassel D B，Navre M，Shi L，Skene R J，Asakawa T，Takeuchi K，Xu R，Webb D R，Gwaltney S L，Ⅱ．Discovery of Alogliptin：A Potent，Selective，Bioavailable，and Efficacious Inhibitor of Dipeptidyl Peptidase Ⅳ．J Med Chem，2007，50（10）：2297-2300.

[2] Harada K，Fukuyama H，Koike M．Laminated tablet having recessed section and manufacturing method therefor．WO2012118180A1，2012.

[3] Ludescher J，Wieser J，Laus，G．Process for the preparation of alogliptin and its benzoate salts．WO2010072680A1，2010.

[4] Reddy B P, Reddy K R, Reddy D M, Mohanbabu M, Krishna B V. Preparation of novel salts of alogliptin and compositions comprising them. WO2013046229A1, 2013.

[5] 冯军, S.L. 格沃特尼, J.A. 斯塔福德, 张志远, B. 埃尔德, P. 伊斯贝斯特, G. 帕默尔, J. 萨尔斯贝里, L. 尤利塞. 二肽基肽酶抑制剂. CN 1926128 A, 2004.

[6] 张健, 严伟才, 罗刚苯甲酸阿格列汀的制备方法. CN 103467445 A, 2012.

[7] E. 马罗姆, M. 米垂斯基, S. 如博诺夫. 制备阿格列汀的方法. CN 102361557 A, 2010.

（陈清奇）

Apixaban（阿哌沙班）

药物基本信息

英文通用名	Apixaban
中文通用名	阿哌沙班
商品名	Eliquis
CAS 登记号	503612-47-3
FDA 批准日期	2012/12/28
化学名	1-(4-methoxyphenyl)-7-oxo-6-(4-(2-oxopiperidin-1-yl)phenyl)-4,5,6,7-tetrahydro-1H-pyrazolo[3,4-c]pyridine-3-carboxamide
SMILES 代码	O=C(C1=NN(C2=CC=C(OC)C=C2)C3=C1CCN(C4=CC=C(N5C(CCCC5)=O)C=C4)C3=O)N

化学结构和理论分析

化学结构	理论分析值
	化学式：$C_{25}H_{25}N_5O_4$ 精确分子量：459.19065 分子量：459.50 元素分析：C,65.35;H,5.48;N,15.24;O,13.93

药品说明书参考网页

生产厂家产品说明书：http://www.eliquis.com

美国药品网：http://www.drugs.com/international/apixaban.html

美国处方药网页：http://www.rxlist.com/eliquis-drug.htm

药物简介

阿哌沙班可于心房纤颤患者预防中风和血栓（含全身性栓塞），而这些患者的心房纤颤并不是由心脏瓣膜问题引起的。阿哌沙班是一种口服、可逆性和选择性凝血因子 Xa 抑制剂。阿哌沙班通过抑凝血酶原酶活性，阻碍凝血酶和血栓生成而发挥作用。Apixaban 对血小板聚集没有直接作用，但间接通过凝血酶诱导抑制血小板聚集。

药品上市申报信息

该药物目前有 2 种产品上市。

产品一

药品名称	ELIQUIS		
申请号	202155	产品号	001
活性成分	Apixaban（阿哌沙班）	市场状态	处方药
剂型或给药途径	口服片剂	规格	2.5mg
治疗等效代码		参比药物	否
批准日期	2012/12/28	申请机构	BRISTOL MYERS SQUIBB CO PHAR-MACEUTICAL RESEARCH IN

产品二

药品名称	ELIQUIS		
申请号	202155	产品号	002
活性成分	Apixaban（阿哌沙班）	市场状态	处方药
剂型或给药途径	口服片剂	规格	5mg
治疗等效代码		参比药物	是
批准日期	2012/12/28	申请机构	BRISTOL MYERS SQUIBB CO PHAR-MACEUTICAL RESEARCH IN

药品专利或独占权保护信息

美国专利号或独占权代码	专利或独占权过期日期	专利保护类型、专利名称或市场独占权保护内容
6967208	2023/02/03	化合物专利、产品专利、用途专利代码 U-1502
6967208	2023/02/03	化合物专利、产品专利、用途专利代码 U-1167
6967208	2023/02/03	化合物专利、产品专利、用途专利代码 U-1200
6967208	2023/02/03	化合物专利、产品专利、用途专利代码 U-1501
6967208	2023/02/03	化合物专利、产品专利、用途专利代码 U-1323
6413980	2019/12/22	化合物专利、产品专利、用途专利代码 U-1200
6413980	2019/12/22	化合物专利、产品专利、用途专利代码 U-1501
NCE	2017/12/28	参见本书附录关于独占权代码部分
I-681	2017/03/03	参见本书附录：独占权代码部分

合成路线一

以下合成路线来源于 Bristol-Myers Squibb 发表的论文 [J Med Chem, 2007, 50（22）：

5339-5356]。

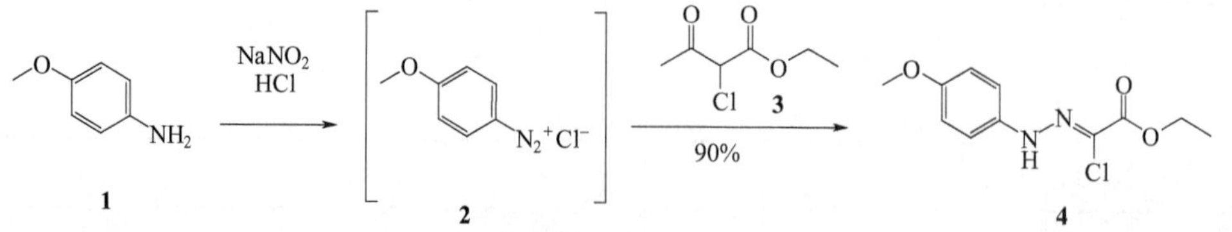

化合物 1 经 NaNO₂ 重氮化反应，可得到化合物 2，后者无需分离提纯，直接与化合物 3 反应得到化合物 4，其产率为 90%。

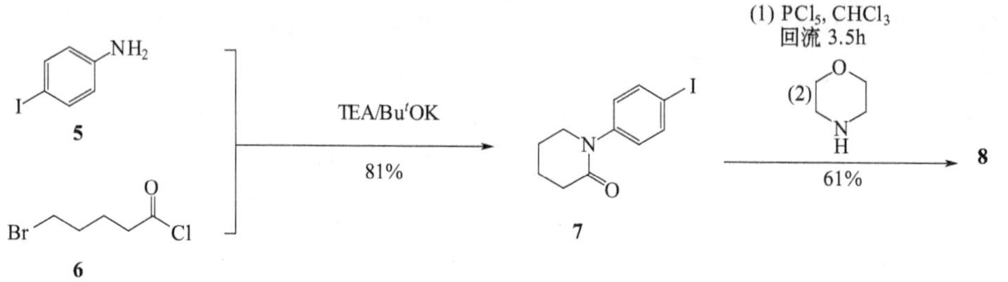

酰氯化合物 6 与化合物 5 反应后，可得到相应的酰胺中间体，再经 BuᵗOK 催化环合，可得到化合物 7，产率为 81%。化合物 7 与 PCl₅ 在 CHCl₃ 中反应后，可得到相应的二氯化中间体，直接与吗啉反应，同时消除一分子 HCl，可得到化合物 8，产率为 61%。

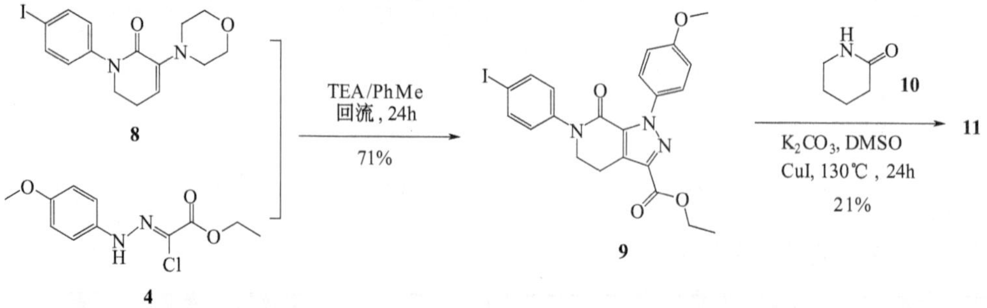

化合物 8 与化合物 4 在碱性条件下，甲苯中回流 24h，可得到化合物 9，产率为 71%。化合物 9 与化合物 10 反应可得到化合物 11，产率为 21%。

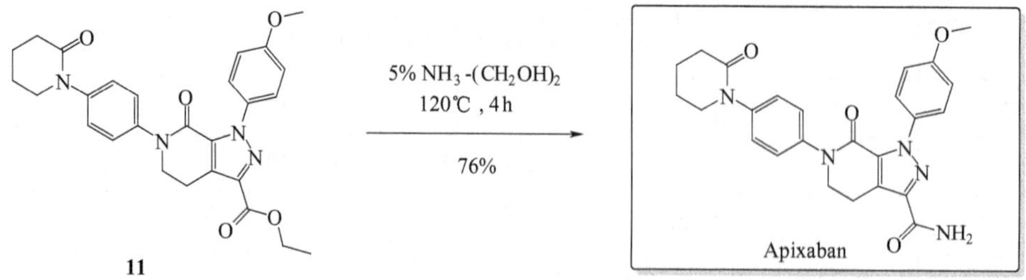

化合物 11 与 5% NH₃（于 HOCH₂CH₂OH 中）反应可得到目标化合物阿哌沙班，产率为 76%。

原始文献

J Med Chem，2007，50（22）：5339-5356.

合成路线二

以下合成路线来源于我国华东理工大学开发的合成工艺，该方法发表在 Syn Comm，2013，43（1）：72-79 和 CN 101967145 A。

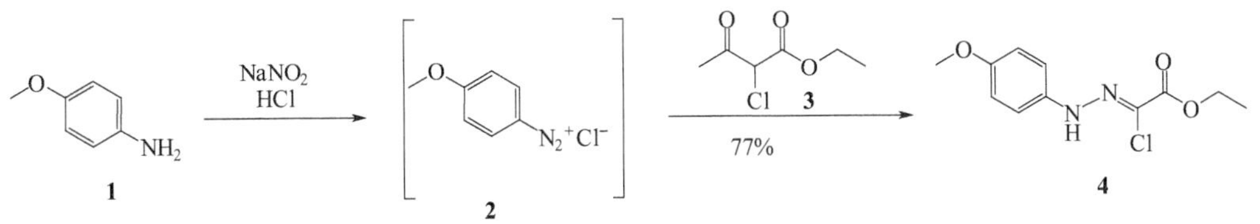

化合物 1 经 $NaNO_2$ 重氮化反应，可得到化合物 2，后者无需分离提纯，直接与化合物 3 反应得到化合物 4，其产率为 77%。

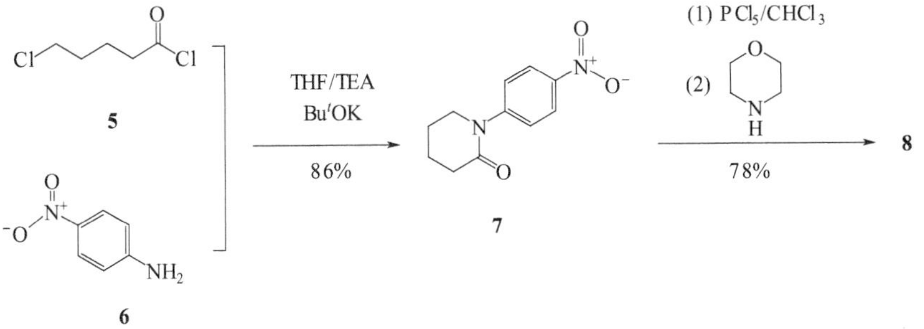

酰氯化合物 5 与化合物 6 反应后，可得到相应的酰胺中间体，再经 Bu^tOK 催化环合，可得到化合物 7，产率为 86%。化合物 7 与 PCl_5 在 $CHCl_3$ 中反应后，可得到相应的二氯化中间体，直接与吗啉反应，同时消除一分子 HCl，可得到化合物 8，产率为 78%。

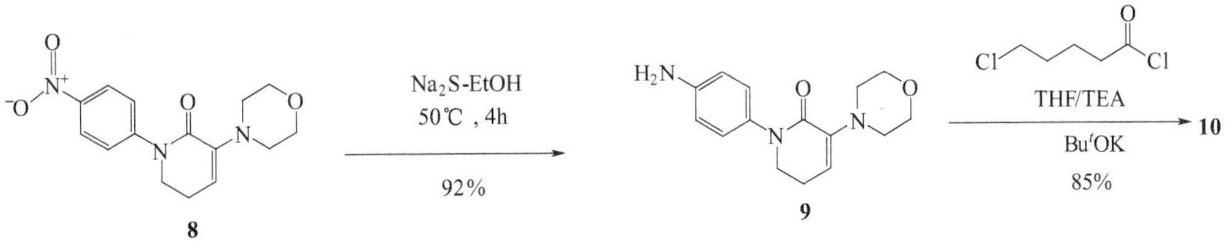

化合物 8 中的硝基经 Na_2S 还原后，可得到化合物 9，产率为 92%。化合物 9 中氨基在 5-氯戊酰氯的作用下转化为相应的酰胺中间体，再在 Bu^tOK 的作用下环合，得到化合物 10，产率为 85%。

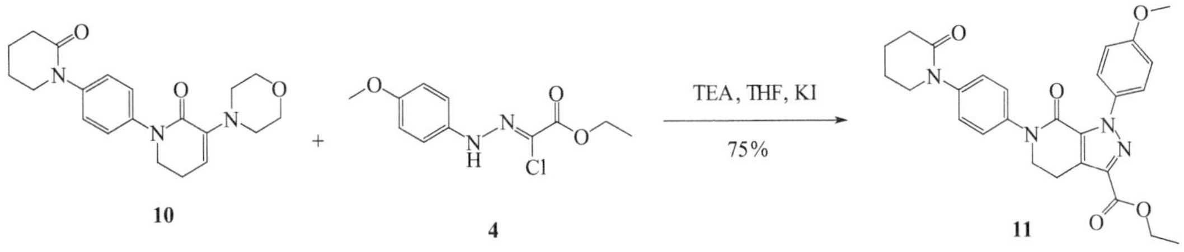

化合物 10 与化合物 4 在碱性条件下成环反应，可得到化合物 11，产率为 75%。

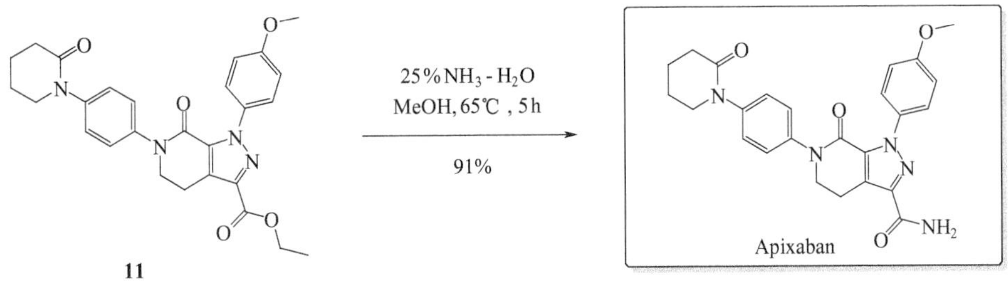

化合物 11 与 25% 的氨水在甲醇中反应可得到目标化合物阿哌沙班，产率为 91%。

原始文献

Syn Comm，2013，43（1）：72-79；CN 101967145 A.

合成路线三

以下合成路线来源于 Bristol-Myers Squibb 公司发表的专利文献（WO 2003049681）。

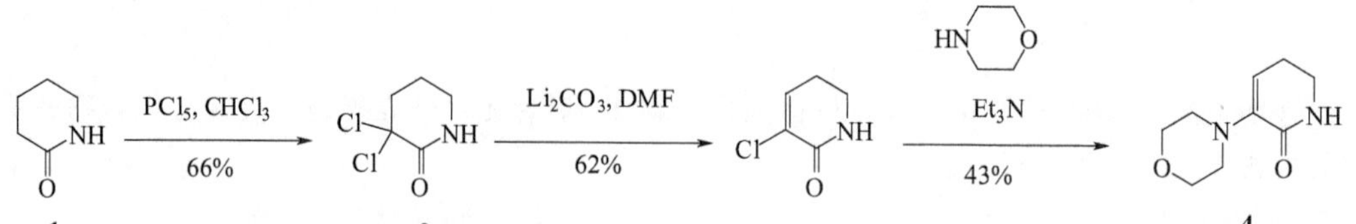

该合成路线以 δ-戊内酰胺（**1**）为原料，在 PCl_5 作用下转化为相应的 α-二氯化化合物 **2**，其收率为 66%。化合物 **2** 在碳酸锂的作用下消去一分子氯化氢得到化合物 **3**，其收率为 62%。化合物 **3** 与吗啉在三乙胺存在下发生取代反应生成化合物 **4**，其收率为 43%。

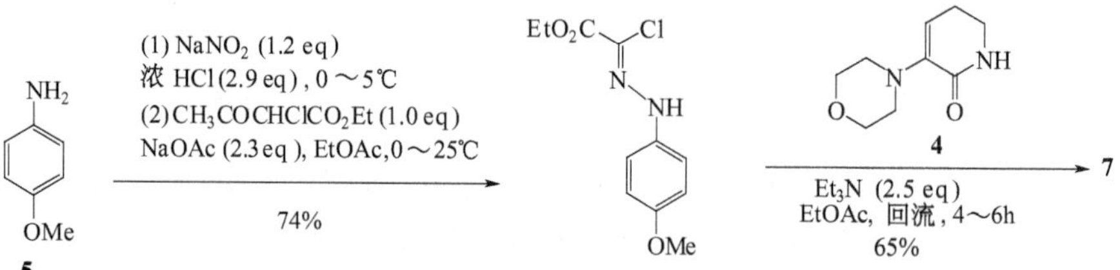

化合物 **5** 经 $NaNO_2/HCl$ 重氮化反应后，再与 2-氯乙酰乙酸乙酯（$CH_3COCHClCO_2Et$）发生 Japp-Klingmarm 腙合成反应，可得到化合物 **6**，收率为 74%。化合物 **6** 与化合物 **4** 反应，可得到化合物 **7**，收率为 65%。

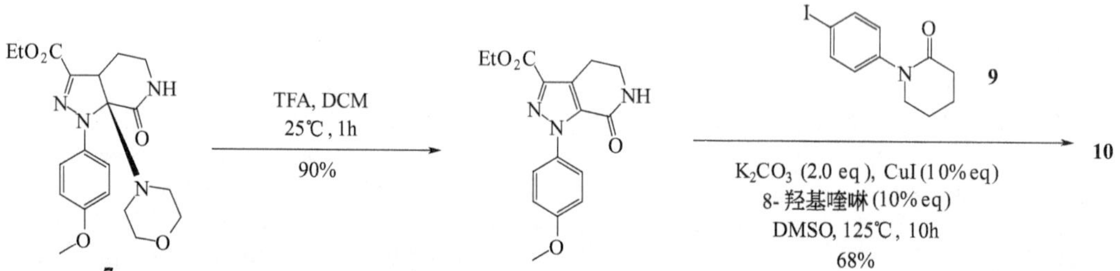

化合物 **7** 经 TFA 处理后，脱去吗啉基团，生成化合物 **8**，收率为 90%。化合物 **8** 在碳酸钾作用下以碘化亚铜为催化剂与化合物 **9** 偶联反应得化合物 **10**，收率为 68%。

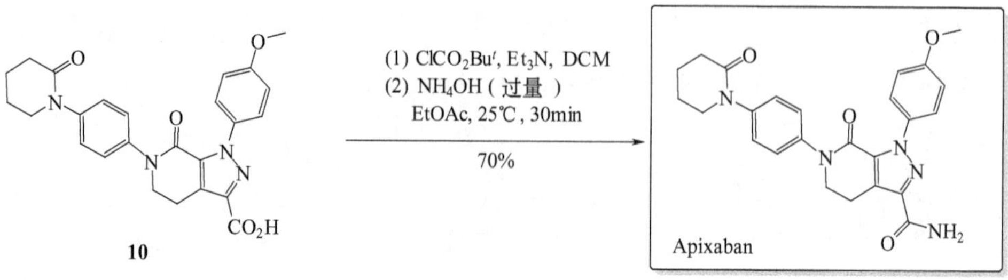

化合物 **10** 经与氯甲酸异丁酯形成混合酸酐再以过量氨水氨解得到目标化合物 **11**。收率为 70%。

原始文献

WO 2003049681.

合成路线四

以下合成路线来源于南京正科制药有限公司徐卓业等发表的专利文献（CN 102675314 A）。

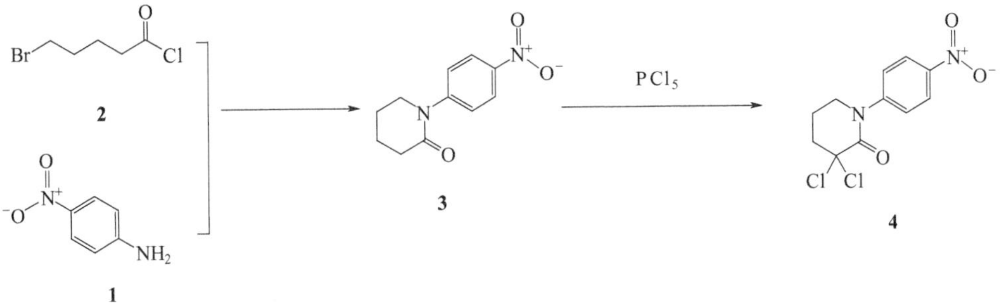

该方法以对硝基苯胺（**1**）为起始原料与酰氯 **2** 环合，在四丁基溴化铵和碳酸钾作用下，氯苯中反应 5～8h。水洗反应液，有机层干燥浓缩得残留物，用乙酸乙酯重结晶可得中间体 **3**，中间体 **3** 在氯苯中与五氯化磷作用下，升温反应 4～6h。降至室温，水洗，干燥，浓缩得 α 位活泼氢氯化中间体 **4**。

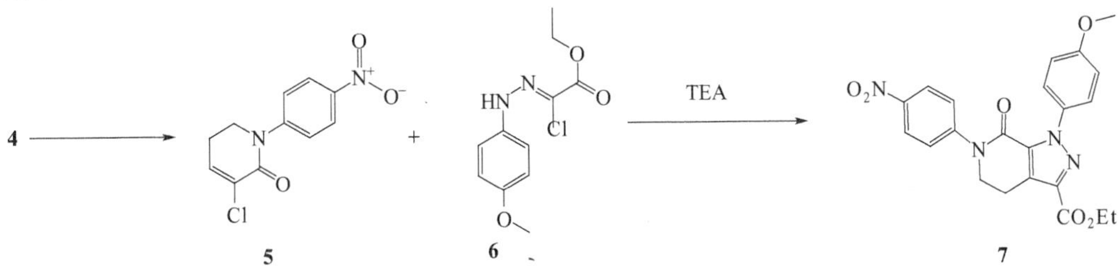

化合物 **4** 溶于 DMF，在氯化锂与碳酸锂作用下反应 4～6h。加水，析出固体产物 **5**。在甲苯中加热条件下，化合物 **5** 在三乙胺作用下，与（2Z)-氯［(4-甲氧基苯基）亚肼基］乙酸乙酯（**6**）经［3+2］环合反应 2～3h。降温，水洗，合并水层，用二氯甲烷萃取，干燥，浓缩得化合物 **7**。

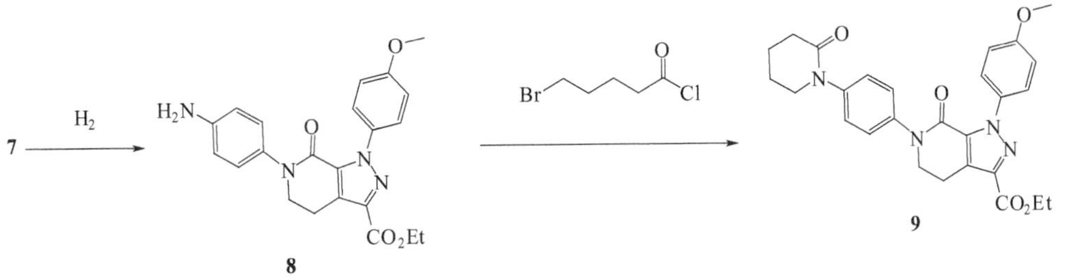

化合物 **7** 在氮气保护加热条件下，经 Pd-C 催化加氢在 95％乙醇中反应 2～4h。降至室温，过滤，滤液浓缩得中间体 **8**。化合物 **8** 溶于二氯甲烷在氢氧化钠作用下与 5-溴戊酰氯反应 3～5h。水洗，有机层干燥，浓缩得到中间体 **9**。

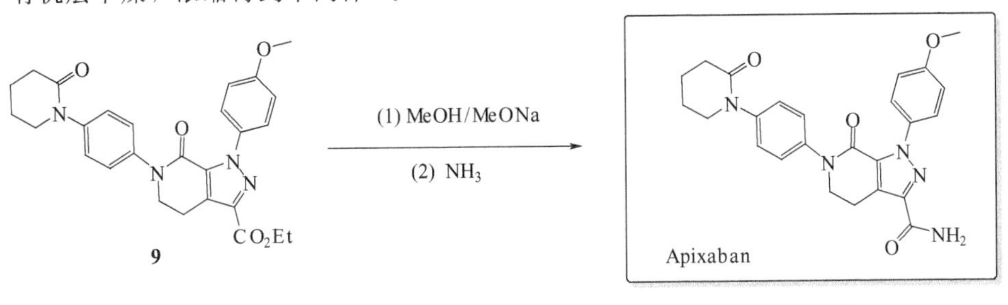

10

化合物 **9** 在强碱条件下氨解得到目标化合物。该合成方法的特点是原料成本低，操作简便，收率高。

原始文献

CN 102675314 A.

参考文献

[1]　Anon. Preparation of 1-(4-methoxyphenyl)-7-oxo-6-［4-(2-oxo-piperidin-1-yl) phenyl]-4，5，6，7-tetrahydro-1*H*-pyrazolo［3,4-*c*］pyridine-3-carboxamide. IP. com J，2012，12（11A）：10.

[2]　Cohen M，Yeori A，Mittelman A，Erhlich M. Process for preparation of the solid sate forms of Apixaban and its different crystalline forms useful in treatment of stroke. WO2013119328A1，2013.

[3]　Gant T G，Shahbaz M. Preparation of pyrazolo［3,4-*c*］pyridine carboxamides as inhibitors of factor Xa. WO2010030983A2，2010.

[4]　Ji Y，Jiang J，Liu Q，Yu Y，Wang C，Liu A，Wang Y. Process for preparing antithrombotic drug Apixaban. CN101967145A，2010.

[5]　Jiang J A，Ji Y. Alternate Synthesis of Apixaban（BMS-562247），an Inhibitor of Blood Coagulation Factor Xa. Synth Commun，2013，43（1）：72-79.

[6]　Pinto D J P，Orwat M J，Koch S，Rossi K A，Alexander R S，Smallwood A，Wong P C，Rendina A R，Luettgen J M，Knabb R M，He K，Xin B，Wexler R R，Lam P Y S. Discovery of 1-(4-methoxyphenyl)-7-oxo-6-［4-(2-oxo-1-piperidinyl］phenyl)-4，5，6，7-tetrahydro-1H-pyrazolo［3，4-*c*］pyridine-3-carboxamide（Apixaban，BMS-562247），a Highly Potent，Selective，Efficacious，and Orally Bioavailable Inhibitor of Blood Coagulation Factor Xa. J Med Chem，2007，50（22）：5339-5356.

[7]　Ramirez A，Mudryk B，Rossano L，Tummala S. A Mechanistic Study on the Amidation of Esters Mediated by Sodium Formamide. J Org Chem，2012，77（1）：775-779.

[8]　Vladiskovic C，Attolino E，Lombardo A，Tambini S. Apixaban preparation process. WO2012168364A1，2012.

[9]　Zhao J，Xu Q，Xu Z，Qi Y. Method for synthesis of apixaban. CN102675314A，2012.

[10]　Zhou J，Oh L M，Ma P，Li H-Y. Synthesis of 4,5-dihydro-pyrazolo［3,4-*c*］pyrid-2-ones. WO2003049681A2，2003.

（陈清奇）

Apremilast（阿普斯特）

药物基本信息

英文通用名	Apremilast
中文通用名	阿普斯特
商品名	Otezla
CAS 登记号	608141-41-9
FDA 批准日期	2014/03/21
化学名	(S)-N-(2-(1-(3-ethoxy-4-methoxyphenyl)-2-(methylsulfonyl) ethyl)-1,3-dioxoisoindolin-4-yl) acetamide
SMILES 代码	CC(NC1＝CC＝CC(C(N2［C@@H］(C3＝CC＝C(OC)C(OCC)＝C3)CS(＝O)(C)＝O)＝O)=C1C2＝O)＝O

化学结构和理论分析

化学结构	理论分析值
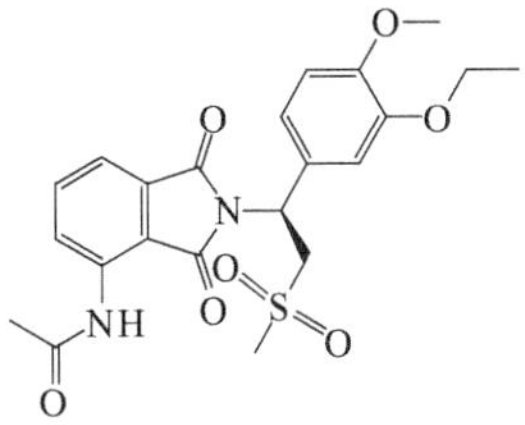	化学式：$C_{22}H_{24}N_2O_7S$ 精确分子量：460.13042 分子量：460.50 元素分析：C，57.38；H，5.25；N，6.08；O，24.32；S，6.96

药品说明书参考网页

生产厂家产品说明书：http://www.otezla.com。
美国药品网：http://www.drugs.com/mtm/apremilast.html
美国处方药网页：http://www.rxlist.com/otezla-drug.htm

药物简介

阿普斯特（Apremilast）是一种磷酸二酯酶-4（简称 PDE4❶）的抑制剂，可用于治疗银屑病关节炎的成年患者。阿普斯特是一种口服有效、对环磷酸腺苷（cAMP❷）有特异选择性的小分子 PDE4 抑制剂，抑制 PDE4 可引起细胞内 cAMP 的水平升高，进而发挥疗效。但该药物的精确作用机制尚没有搞清楚。

药品上市申报信息

该药物目前有 3 种产品上市。

产品一

药品名称	OTEZLA		
申请号	205437	产品号	001
活性成分	Apremilast	市场状态	处方药
剂型或给药途径	口服片剂	规格	10mg
治疗等效代码		参比药物	否
批准日期	2014/03/21	申请机构	CELGENE CORP

产品二

药品名称	OTEZLA		
申请号	205437	产品号	002
活性成分	Apremilast	市场状态	处方药
剂型或给药途径	口服片剂	规格	20mg
治疗等效代码		参比药物	否
批准日期	2014/03/21	申请机构	CELGENE CORP

---

❶ PDE4 的英文是：phosphodiesterase 4。

❷ cAMP 的英文是：cyclic adenosine monophosphate。

产品三

药品名称	OTEZLA		
申请号	205437	产品号	003
活性成分	Apremilast	市场状态	处方药
剂型或给药途径	口服片剂	规格	30mg
治疗等效代码		参比药物	是
批准日期	2014/03/21	申请机构	CELGENE CORP

药品专利或独占权保护信息

美国专利号或独占权代码	专利或独占权过期日期	专利保护类型、专利名称或市场独占权保护内容
6962940	2023/03/19	专利用途代码 U-1504
6020358	2018/10/30	化合物专利、产品专利、专利用途代码 U-1504
7208516	2023/03/19	专利用途代码 U-1504
8455536	2023/03/19	专利用途代码 U-1504
7659302	2023/03/19	专利用途代码 U-1504
7893101	2023/12/09	化合物专利、产品专利
7427638	2024/11/17	化合物专利、产品专利
NCE	2019/03/21	参见本书附录关于独占权代码部分

合成路线一

以下合成路线来源于 Celgene 公司 Jerome B. Zeldis 等发表的专利文献（WO 2011063102 A1）：

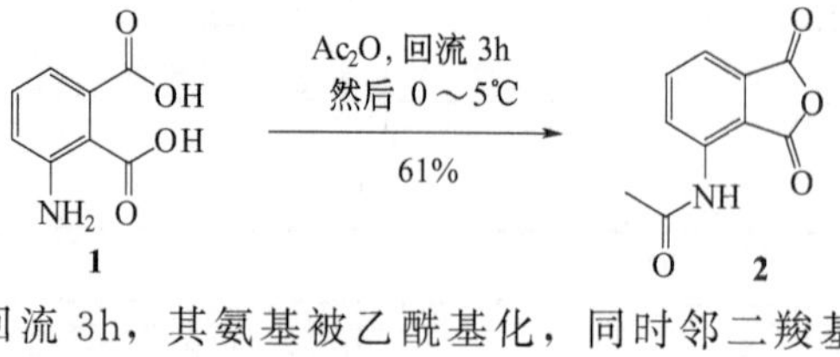

化合物 **1** 在醋酸酐中回流 3h，其氨基被乙酰基化，同时邻二羧基也被转化为相应的酸酐，得到化合物 **2**，其收率为 61%。

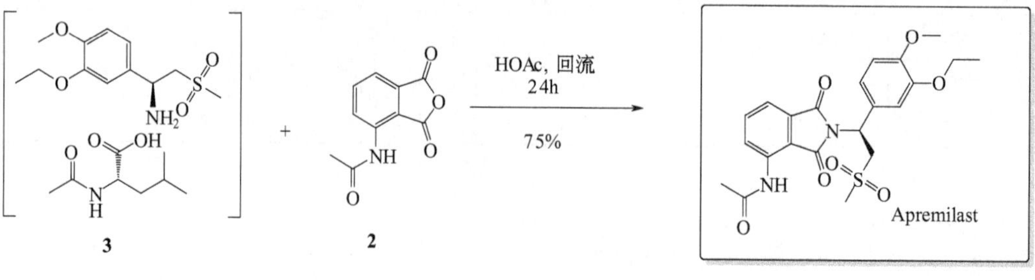

化合物 **2** 与化合物 **3** 在醋酸中回流 24h，可得到目标化合物 Apremilast。

原始文献

WO 2011063102 A1，2011.

合成路线二

以下合成路线来源于美国 Celgene 公司 Hon-Wah Man 等科学家发表的论文 [J Med Chem，2009，52（6）：1522-1524]：

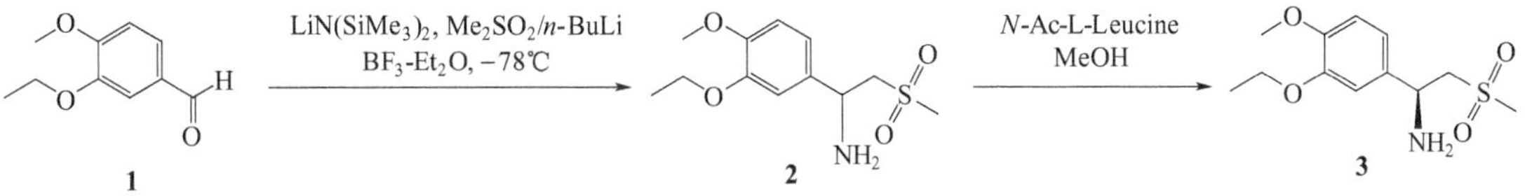

化合物 **1** 在 −78℃ 下，与 LiN（SiMe$_3$）$_2$、Me$_2$SO$_2$ 和 n-BuLi 反应得到外消旋化合物 **2**。化合物 **2** 经拆分后，可达到光学纯的化合物 **3**。

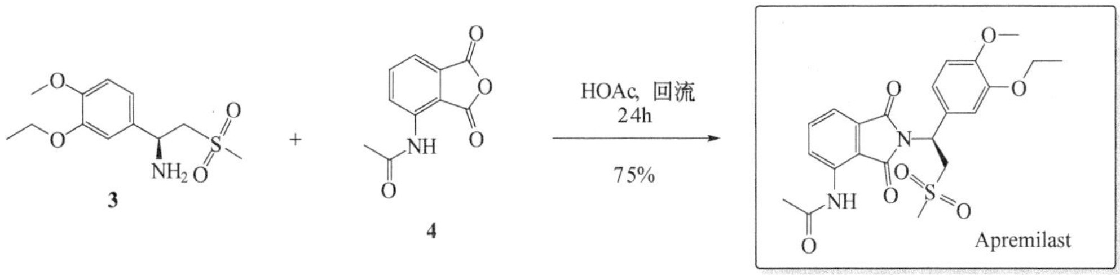

化合物 **3** 与化合物 **4** 在醋酸中回流 24h，可得到目标化合物 Apremilast，收率为 75%。

原始文献

J Med Chem，2009，52（6）：1522-1524.

合成路线三

以下合成路线来源于美国 Celgene 公司 J. B. 泽尔迪斯等发表的专利文献（CN 102781443 A）。

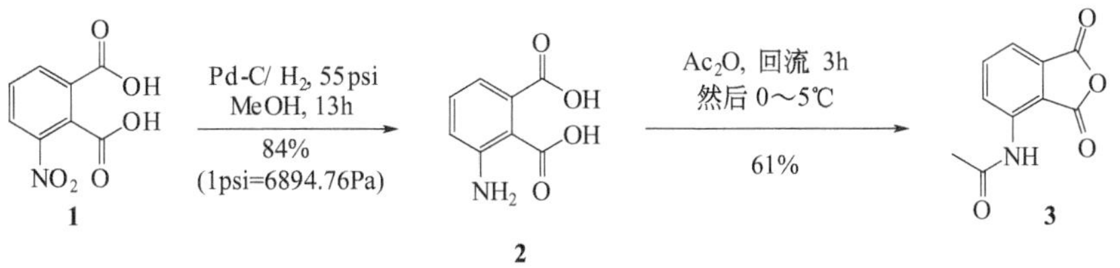

在氮气气氛下将 10% Pd/C 、3-硝基邻苯二甲酸（**1**）和乙醇加入氢化器中。将氢气装入该反应器使压力达到 55psi。振荡该混合物达 13h，维持氢压在 50psi 和 55 psi 之间。释放氢气以及用氮气对该混合物清洗 3 次。经进一步分离提纯后，可得到呈黄色的 3-氨基邻苯二甲酸（**2**），收率为 84%。化合物 **2** 和乙酸酐加热回流 3h，以及冷却至环境温度并进一步冷却至 0～5℃，通过真空过滤收集结晶固体并用乙醚清洗。在真空中于环境温度下干燥该固体产物直至恒重，得到呈白色产物的化合物 3g（61% 收率）。

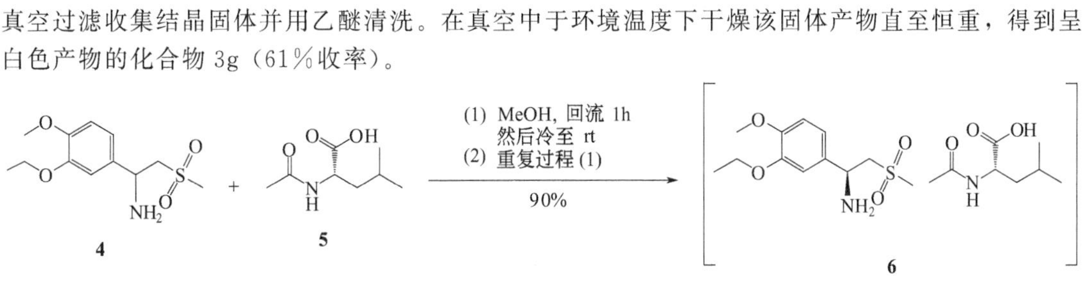

　　将 2-(3-乙氧基-4-甲氧苯基)-1-(甲基磺酰基)-乙基-2-胺（**4**）、*N*-乙酰基-L-亮氨酸（**5**）和甲醇混合，搅拌并加热回流 1h。允许搅拌的混合物冷却至环境温度以及在环境温度下持续搅拌另外 3h。过滤浆料以及用甲醇（250mL）清洗。将固体风干，然后在真空中于环境温度下干燥至恒重，可得到化合物 **6** 粗品。将粗制固体和甲醇回流 1h，冷却至室温以及在环境温度下搅拌另外 3h。过滤浆料以及用甲醇（200mL）清洗滤饼。将固体风干，然后在真空中于 30℃下干燥至恒重，可得到化合物 **6** 纯品（90％收率）。

　　化合物 **6**、3-乙酰氨基邻苯二甲酸酐（**3**）和冰醋酸混合物回流过夜，然后冷却至＜50℃。在真空中除去溶剂，以及在乙酸乙酯中溶解残余物。所得的溶液用水、饱和的 $NaHCO_3$ 水溶液、盐水清洗，置于硫酸钠上干燥。在真空中蒸发溶剂，从包含乙醇（150mL）和丙酮（75mL）的双组分溶剂重结晶得到残余物。过真空过滤分离固体并用乙醇清洗。在真空中将产物于 60℃干燥至恒重，可达到目标化合物 **7**，其光学纯度＞98％，收率为 75％。

原始文献

CN 102781443 A.

参考文献

［1］　Connolly T J，Ruchelman A L，Yong K H Y，Zhang C. Processes for the preparation of isoindole compounds and iso-topologues thereof. US20140081032A1，2014.

［2］　Man H-W，Schafer P，Wong L M，Patterson R T，Corral L G，Raymon H，Blease K，Leisten J，Shirley M A，Tang Y，Babusis D M，Chen R，Stirling D，Muller G W. Discovery of （S）-*N*-{2-[1-(3-Ethoxy-4-methoxyphenyl)-2-methanesulfo-nylethyl]-1,3-dioxo-2,3-dihydro-1*H*-isoindol-4-yl} acetamide （Apremilast），a Potent and Orally Active Phosphodies-terase 4 and Tumor Necrosis Factor-α Inhibitor. J Med Chem，2009，52（6）：1522-1524.

［3］　Muller G W，Schafer P H，Man H-W，Ge C，Xu J. Solid forms of （＋）-2-[1-(3-ethoxy-4-methoxyphenyl)-2-methylsul-fonylethyl]-4-acetylaminoisoindoline-1,3-dione，compositions thereof，and uses thereof. US20080234359A1，2008.

［4］　Muller G W，Schafer P H，Man H-W，Ge C，Xu J. Solid forms comprising （＋）-2-[1-(3-ethoxy-4-methoxyphenyl)-2-methylsulfonylethyl]-4-acetylaminoisoindoline-1,3-dione，compositions thereof，and uses thereof. WO2009120167A1，2009.

［5］　Schafer P，Gandhi A，Capone L. Methods and compositions using phosphodiesterase 4 inhibitors for the treatment and management of autoimmune and inflammatory diseases. WO2012149251A1，2012.

［6］　Schafer P H，Muller G W，Man H-W，Ge C. Use of （＋）-2-[1-(3-ethoxy-4-methoxyphenyl)-2-methylsulfonyleth-yl]-4-acetylaminoisoindoline-1,3-dione and compositions thereof for inhibiting TNF-α production and PDE4 activity. WO2003080049A1，2003.

［7］　Schafer P H，Shankar S. Methods for treating diseases using isoindoline compounds. WO2012121988A2，2012.

［8］　Zeldis J B. Apremilast for the treatment of sarcoidosis. WO2011063102A1，2011.

［9］　Zeldis J B，Schafer P H. Methods and compositions using PDE4 inhibitors for treatment and management of cancers. US20100129363A1，2010.

（陈清奇）

Avanafil（阿伐那非）

药物基本信息

英文通用名	Avanafil
中文通用名	阿伐那非
商品名	Stendra
CAS 登记号	330784-47-9
FDA 批准日期	2012/04/27
化学名	(S)-4-((3-chloro-4-methoxybenzyl) amino)-2-(2-(hydroxymethyl) pyrrolidin-1-yl)-N-(pyrimidin-2-ylmethyl)pyrimidine-5-carboxamide
SMILES 代码	O=C(C1=CN=C(N2[C@H](CO)CCC2)N=C1NCC3=CC=C(OC)C(Cl)=C3)NCC4=NC=CC=N4

化学结构和理论分析

化学结构	理论分析值
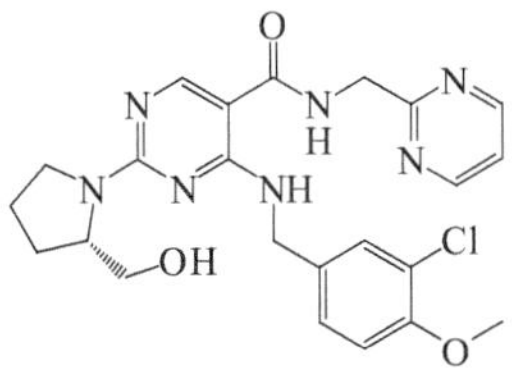	化学式：$C_{23}H_{26}ClN_7O_3$ 精确分子量：483.17857 分子量：483.95064 元素分析：C, 57.08；H, 5.42；Cl, 7.33；N, 20.26；O, 9.92

药品说明书参考网页

生产厂家产品说明书：https://www.stendra.com/

美国药品网：http://www.drugs.com/mtm/avanafil.html

美国处方药网页：http://www.rxlist.com/stendra-drug.htm

药物简介

阿伐那非可用于治疗勃起功能障碍（ED），ED 患者可在进行性行为之前 30min 根据需要服用该药。阿伐那非属于 5 型磷酸二酯酶抑制剂（PDE5-Ⅰ），它可增加阴茎的血流量。与其他 PDE5-Ⅰ 相同，该药不能用于同时服用硝酸盐类治疗胸痛的男性患者，因为其联合使用会导致血压的急剧降低。

药品上市申报信息

阿伐那非目前有 3 种产品上市。

产品一

药品名称	STENDRA		
申请号	202276	产品号	001
活性成分	Avanafil(阿伐那非)	市场状态	处方药
剂型或给药途径	口服片剂	规格	50mg
治疗等效代码		参比药物	否
批准日期	2012/04/27	申请机构	VIVUS INC

产品二

药品名称	STENDRA		
申请号	202276	产品号	002
活性成分	Avanafil(阿伐那非)	市场状态	处方药
剂型或给药途径	口服片剂	规格	100mg
治疗等效代码		参比药物	否
批准日期	2012/04/27	申请机构	VIVUS INC

产品三

药品名称	STENDRA		
申请号	202276	产品号	003
活性成分	Avanafil(阿伐那非)	市场状态	处方药
剂型或给药途径	口服片剂	规格	200mg
治疗等效代码		参比药物	是
批准日期	2012/04/27	申请机构	VIVUS INC

药品专利或独占权保护信息

美国专利号或独占权代码	专利或独占权过期日期	专利保护类型、专利名称或市场独占权保护内容
6656935	2020/09/13	化合物专利,产品专利,用途专利代码 U-155
7501409	2023/05/05	产品专利
NCE	2017/04/27	参见本书附录关于独占权代码部分

合成路线一

以下合成方法是苏州永健生物医药有限公司开发的合成工艺,专利号为 CN103483323A。阿伐那非的合成方法包括如下步骤:式(Ⅰ)化合物在−10～5℃时与2-甲氨基嘧啶(**1**)反应得阿伐那非中间体 A；然后在 0～3℃时与 3-氯-4-甲氧基苄胺（**2**）搅拌反应 0.2～0.4h 得阿伐那非中间体 B；将阿伐那非中间体 B 与 L-脯氨醇（**3**）在室温条件下搅拌反应 18～22h 得阿伐那非。

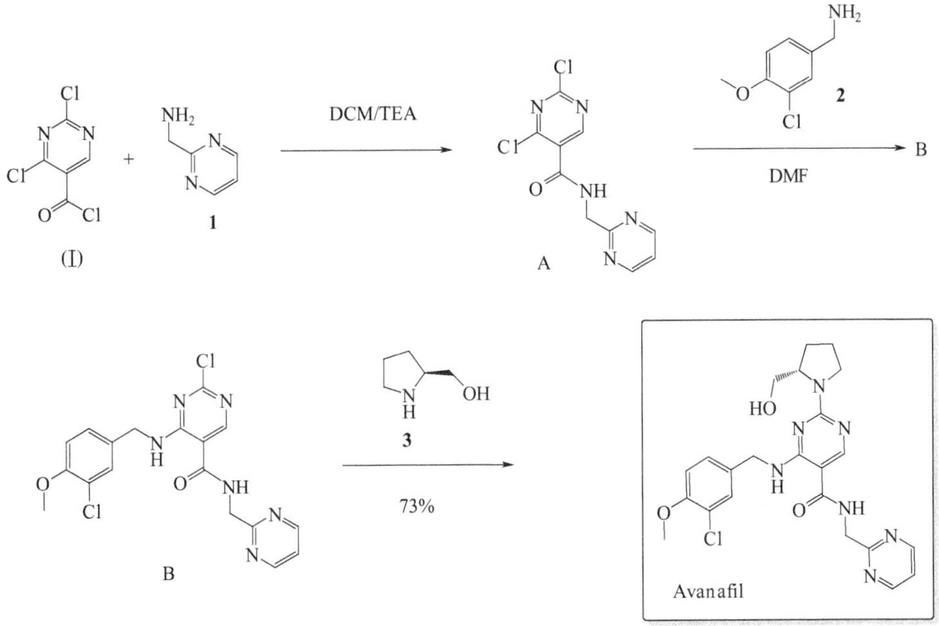

原始文献

CN103483323A.

合成路线二

以下介绍的方法是苏州明锐医药科技有限公司许学农发表的专利文献（CN103265534A）。该方法以胞嘧啶（**1**，cytosine）为起始原料，依次通过与侧链 3-氯-4-甲氧基苄卤素（**2**）、N-（2-甲基嘧啶）甲酰胺（**4**）和（S）-羟甲基吡咯烷（**6**）进行取代、卤代加成以及缩合反应，即可得到目标产物阿伐那非。

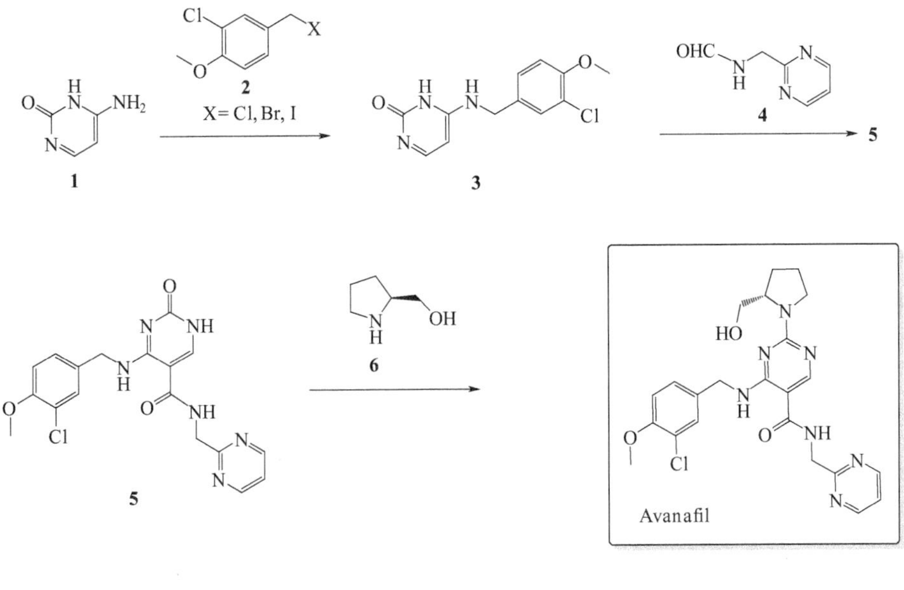

原始文献

CN103265534A.

合成路线三

以下合成路线来源于南京工业大学苏贤斌、郭加赛、金凯军、董海军等发表的专利文献（CN 103435599 A）。该方法描述了一种阿伐那非的固相制备方法，与液相合成方法相比，克服了液相合成中的缺点，简化了操作步骤，分离过程简单，易于实现纯化。

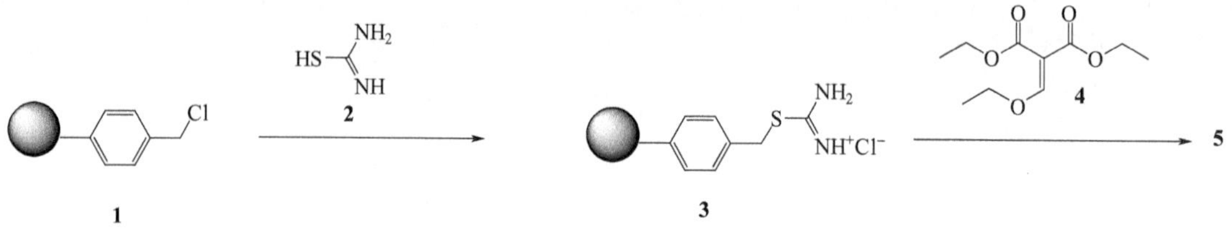

将 Merrifiled 树脂 **1** 放入反应器中，加入溶于溶剂的硫脲 **2**，加热搅拌反应，固体依次用乙醇、二氧六环、戊烷洗涤，干燥，得相应的硫脲树脂 **3**。依据专利文献的描述，所用溶剂可以为二氯甲烷、三氯甲烷、乙醇、四氢呋喃、二氧六环、二甲基亚砜、N,N-二甲基甲酰胺（DMF）中的一种或者几种混合溶剂。Merrifiled 树脂：硫脲的摩尔比为 1：（3～8）；Merrifiled 树脂取代度为 0.5～2.5mmol/g。化合物 **3** 的反应温度为 60～100℃，反应时间为 6～24h。将硫脲树脂 **3** 放入固相反应器中，加入 DMF，室温下震荡。将碱性试剂（可以使用的碱包括：三乙胺、N,N-二异丙基乙胺、N-甲基吡咯烷酮、N-甲基吗啉等有机碱）慢慢地加入反应器中，然后将乙氧基亚甲基丙二酸二乙酯（**4**）溶于 DMF 中，慢慢加入到反应器中，震荡过夜。反应结束后，过滤，固体依次用 DMF、乙醇、二氯甲烷洗涤，干燥，得到化合物 **5**。化合物 **5** 的合成反应中，硫脲树脂 **3**：碱性试剂：乙氧基亚甲基丙二酸二乙酯（**4**）的摩尔比为 1：（1.5～4）：（3～8），反应时间为 6～24h。

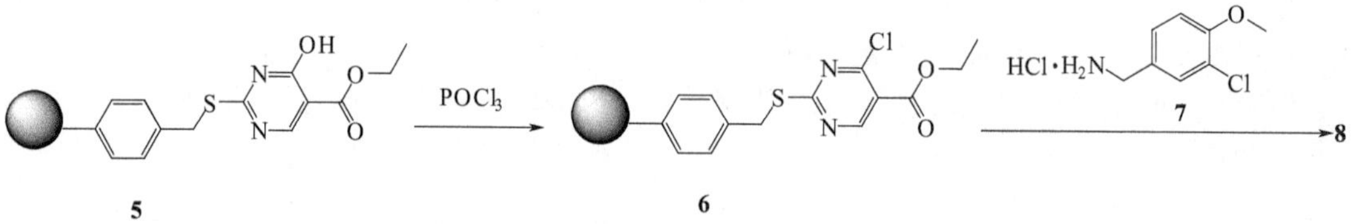

将卤代试剂［三氯氧磷（POCl₃）］冷却到 10℃，加入到反应器中。将化合物 **5** 分批加入到反应器中，保持温度不超过 25℃，然后加热到 65～80℃下反应，反应结束后，过滤掉多余的三氯氧磷，固体依次用冰水、乙醇、二氯甲烷洗涤，干燥，得到化合物 **6**。化合物 **6** 的合成反应中，原料化合物 **5**：三氯氧磷的摩尔比为 1：（4～8），反应时间为 10～24h。将化合物 **6** 放入反应器中，加入 DMF，室温下震荡。将 3-氯-4-甲氧基苄胺盐酸盐 **7** 和三乙胺溶于 DMF 中，然后滴加到该反应器中。室温下震荡，固体依次用 DMF、二氯甲烷洗涤，干燥，得到化合物 **8**。化合物 **8** 的合成反应中，原料化合物 **6**：化合物 **7**：三乙胺的摩尔比为 1：（3～8）：（3.3～8.8），反应时间为 0.5～3h。

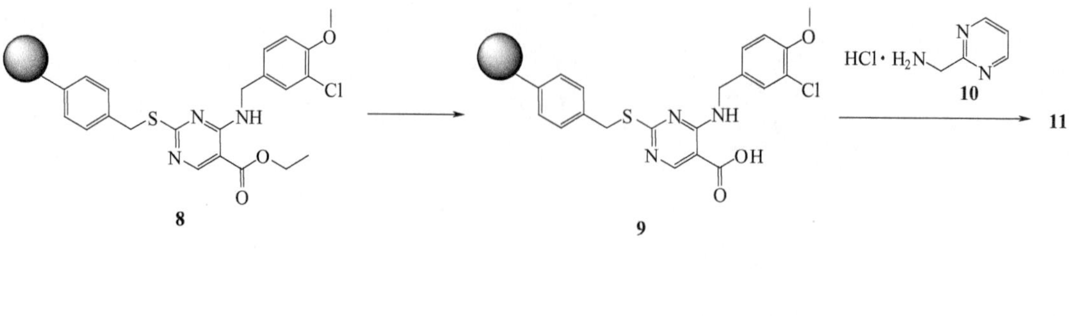

　　将反应原料化合物 **8** 加入到反应器中，加入 DMF 和 10% 的碱性水（所用的碱为氢氧化钠、氢氧化钾、氢氧化锂）溶液的混合溶液，室温下反应 10～12h，酸化，过滤，固体依次用 DMF、乙醇、二氯甲烷、石油醚洗涤，干燥，得到化合物 **9**。将原料化合物 **9**、缩合试剂（所用缩合剂可以是：DCC、EDC·HCl、DIC、HATU、HBTU）和催化剂［催化剂可以为 1-羟基苯并三唑（HOBt）、N-羟基-7-氮杂苯并三氮唑（HOAt）］加入到反应器中，加入 DMF，室温下搅拌 15min。将 2-氨基甲基嘧啶盐酸盐（**10**）和三乙胺溶于 DMF 中，慢慢加入到反应液中，室温下反应 5～6h，过滤，固体依次用 DMF、乙醇、二氯甲烷洗涤，干燥，得到化合物 **11**。在化合物 **11** 的合成反应中，化合物 **9**∶缩合试剂∶催化剂∶2-氨基甲基嘧啶盐酸盐 **11**∶三乙胺的摩尔比为 1∶（3.3～8.8）∶（3.3～8.8）∶（3～8）∶（3～8）。

　　将原料化合物 **11** 放入反应器中，加入二氯甲烷，室温下震荡 5min，慢慢加入氧化剂（3-氯过氧苯甲酸，*m*-CPBA），室温下反应，过滤，固体依次用饱和碳酸氢钠、乙醇、二氯甲烷、石油醚洗涤，干燥，得到化合物 **12**。在化合物 **12** 的合成反应中，化合物 **11**∶氧化剂的摩尔比为 1∶（3～8），反应时间为 5～10h。将化合物 **12** 加入反应器中，加入 DMF 中，室温下震荡。将 L-脯氨醇（**13**）和三乙胺加入到该溶液中，室温下震荡过夜，过滤，滤液用 10% 柠檬酸溶液洗涤，乙酸乙酯萃取，依次用水、饱和氯化钠溶液洗涤，干燥，浓缩，柱色谱分离得目标化合物阿伐那非（**14**）。在化合物 **14** 的合成反应中，化合物 **12**∶L-脯氨醇 **13**∶三乙胺的摩尔比为 1∶（3～8）∶（3.3～8.8）。反应时间为 5～10h。

原始文献

　　CN 103435599 A.

参考文献

［1］ Li Z，Wang S，Wang X，Hu J. Avanafil intermediate A，avanafil intermediate B and method for synthesizing avanafil intermediate A，avanafil intermediate B and avanafil. CN103483323A，2013.

［2］ Xu X. Method for preparing Avanafil. CN103265534A，2013.

［3］ Xu X. Method for preparing Avanafil. CN103254180A，2013.

［4］ Xu X. Method for preparing Avanafil. CN103254179A，2013.

［5］ Yamada K，Matsuki K，Omori K，Kikkawa K. Preparation of heterocyclic compounds as phosphodiesterase Ⅴ（PDE Ⅴ）inhibitors. WO2001083460A1，2001.

［6］ Yamada K，Matsuki K，Omori K，Kikkawa K. Preparation and effect of nitrogen-containing-six-membered aromatic compounds as PDE Ⅴ activity inhibitors. WO2001019802A1，2001.

［7］ Yamada K，Matsuki，K，Omori K，Kikkawa K. Preparation of heterocyclic compounds as selective phosphodiesterase Ⅴ inhibitors. US20040142930A1，2004.

［8］ Yamada K，Matsumoto K，Omori K，Yoshikawa K. Preparation of 2-heterocyclyl-4-aminopyrimidine-5-carboxamide and 5-heterocyclyl-3-aminopyrazine-2-carboxamide derivatives as selective inhibitors of phosphodiesterase Ⅳ. JP2002338466A1，2002.

Axitinib（阿西替尼）

药物基本信息

英文通用名	Axitinib
中文通用名	阿西替尼
商品名	Inlyta
CAS 登记号	319460-85-0
FDA 批准日期	2012/01/27
化学名	(E)-N-methyl-2-((3-(2-(pyridin-2-yl)vinyl)-1H-indazol-6-yl)thio)benzamide
SMILES 代码	O=C(NC)C1=CC=CC=C1SC2=CC3=C(C=C2)C(/C=C/C4=NC=CC=C4)=NN3

化学结构和理论分析

化学结构	理论分析值
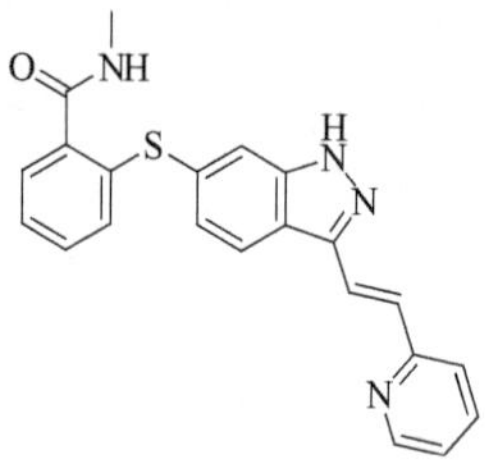	化学式：$C_{22}H_{18}N_4OS$ 精确分子量：386.12013 分子量：386.46952 元素分析：C,68.37;H,4.69;N,14.50;O,4.14;S,8.30

药品说明书参考网页

生产厂家产品说明书：http://www.pfizerpro.com/hcp/inlyta

美国药品网：（www.drugs.com）

美国处方药网页：http://www.rxlist.com/inlyta-drug.htm

药物简介

阿西替尼可用于其他系统治疗无效的晚期肾癌（Renal Cell Carcinoma，RCC）。阿西替尼是一种多靶点酪氨酸激酶抑制剂，可以抑制血管内皮细胞生长因子受体（Vascular Endothelial Growth Factor Receptor，VEGFR）VEGFR1、VEGFR2、VEGFR3，血小板衍生生长因子受体（Platelet-derived growth factor receptor，PDGFR）和 c-KIT。

药品上市申报信息

阿西替尼目前有 2 种产品上市。

产品一

药品名称	INLYTA		
申请号	202324	产品号	001
活性成分	Axitinib(阿西替尼)	市场状态	处方药

剂型或给药途径	口服片剂	规格	1mg
治疗等效代码		参比药物	否
批准日期	2012/01/27	申请机构	PFIZER INC

产品二

药品名称	INLYTA		
申请号	202324	产品号	002
活性成分	Axitinib（阿西替尼）	市场状态	处方药
剂型或给药途径	口服片剂	规格	5mg
治疗等效代码		参比药物	是
批准日期	2012/01/27	申请机构	PFIZER INC

药品专利或独占权保护信息

美国专利号或 独占权代码	专利或独占权 过期日期	专利保护类型、专利名称或市场独占权保护内容
7141581	2020/06/30	用途专利代码 U-1220
6534524	2020/06/30	化合物专利、产品专利。
NCE	2017/01/27	参见本书附录关于独占权代码部分

合成路线一

以下合成路线是辉瑞公司研发成功的第二代合成方法〔原文出处：Org Process Res Dev，2014，18（1）：266-274〕。该方法含有 2 步 Pd 试剂催化偶联反应：Migita 偶联反应和 Heck 偶联反应。依据文献，该合成工艺批量规模可达到 28kg 阿西替尼。

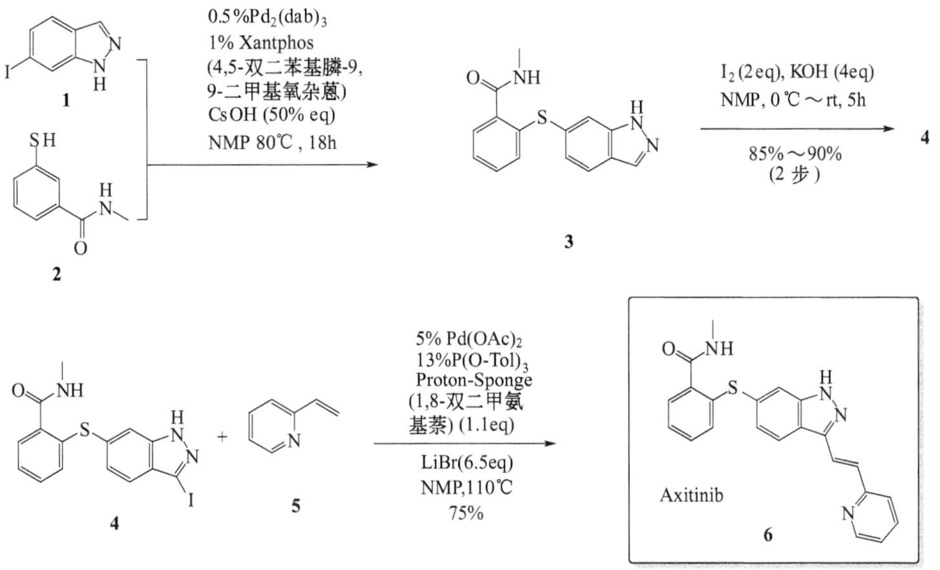

原始文献

Org Process Res Dev，2014，18（1）：266-274.

合成路线二

以下合成路线来源于苏州明锐医药科技有限公司许学农发表的专利文献（CN103387565A）。其制备步骤包括：以 6-卤素-1H-吲哚（**1**）为原料，通过氧化重排反应得到 6-卤素-3-甲酰基-1H-吲唑（**2**），中间体 **2** 与 N-甲基-2-巯基苯甲酰胺（**3**）发生米吉塔（Migita）反应得到 N-甲基-2-[（3-甲酰基-1H-吲唑-6-基）硫]苯甲酰胺（**4**），中间体 **4** 与叶立德试剂（**5**）发生维狄希（Witting）反应制得阿西替尼（**6**）。该制备方法原料易得，工艺简洁，经济环保，适合工业化生产。

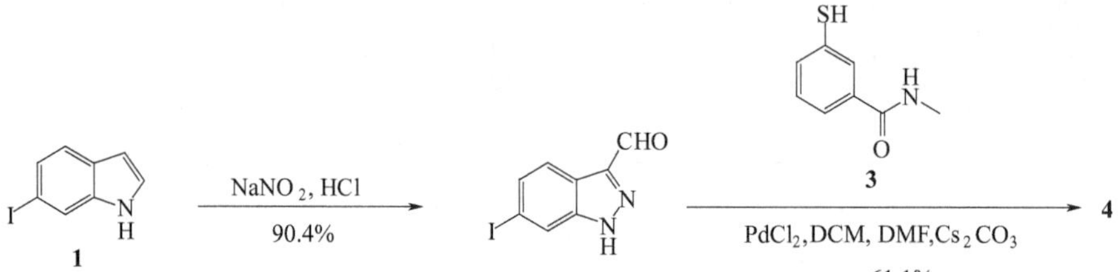

于三颈反应瓶中加入 6-碘-1H-吲哚（**1**）、亚硝酸钠和去离子水，室温搅拌 30min。30min 内缓慢滴加 6mol/L 盐酸，使 pH 约为 1~2，继续搅拌反应 5h。分离提纯后可得到棕色固体 6-碘-3-甲酰基-1H-吲唑（**2**），收率 90.4%。在干燥和氮气氛下，于反应瓶中加入 6-碘-3-甲酰基-1H-吲唑（**2**），用 N,N-二甲基甲酰胺溶解后，加入 [1,1′-双（联苯-膦基）二茂铁]二氯化钯的二氯甲烷配合物和碳酸铯，室温搅拌 15min 后，加入 N-甲基-2-巯基苯甲酰胺（**3**），加热至 80℃，搅拌反应 12h，分离提纯后可得到棕色固体化合物 **4**，收率 61.1%。

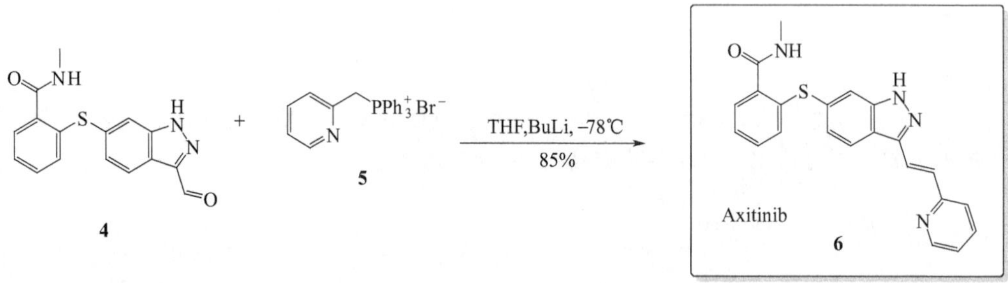

于反应瓶中加入溴化三苯基（2-亚甲基吡啶）内鏻盐（**5**）和四氢呋喃，然后在搅拌下冷却至 −78℃，并在干燥氮气氛下滴加正丁基锂，滴毕，再搅拌反应 30min，升温至 20℃，转入滴加漏斗待用。于反应瓶中加入 N-甲基-2-[（3-甲酰基-1H-吲唑-6-基）硫]苯甲酰胺（**4**）和四氢呋喃 25mL，降温至 0℃，搅拌下滴加上述已经制备的叶立德溶液，滴毕搅拌反应 30min。倾入饱和碳酸氢钠溶液猝灭反应，经分离提纯后可得到类白色固体阿西替尼（**6**），收率为 85.0%。

原始文献

CN103387565A.

合成路线三

以下合成路线来源于 Agouron Pharmaceuticals 公司 Brigitte Ewanicki 等发表的专利文献（US20060094881）。该方法以 3,6-二碘吲唑（**1**）为起始原料，首先同化合物 **2** 反应，6-位碘被巯基取代，得到化合物 **3**，然后使用化合物 **4** 保护 N—H 基团，得到化合物 **5**。化合物 **5** 与化合物 **6** 发生 Heck 反应得到化合物 **7**。经过脱保护后得到阿西替尼 **8**，整个合成反应路线如下：

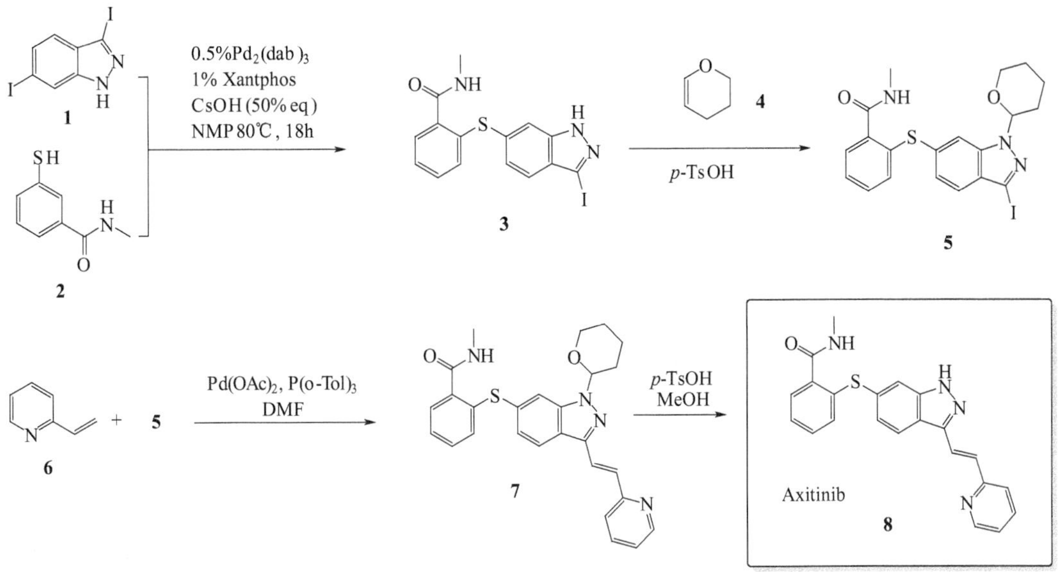

原始文献

US20060094881.

合成路线四

以下合成路线来源于 Agouron Pharmaceuticals 公司 Steven Lee Bender 等发表的专利文献（WO 2001002369 A2）。

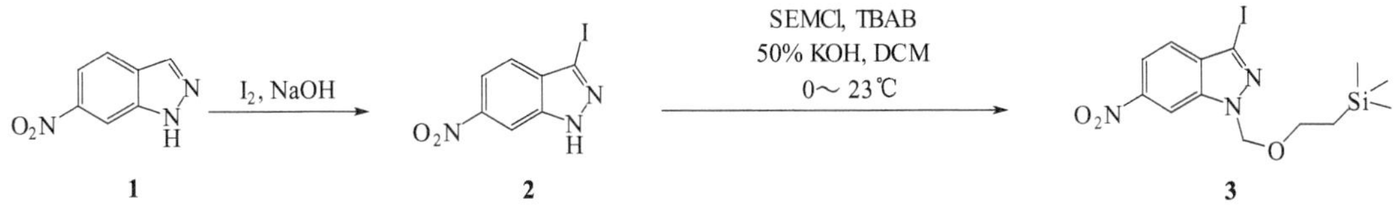

该合成方法以 6-硝基吲唑（**1**）为起始原料，首先与碘反应，得到 3-位碘代化合物 **2**，然用 SEMCl 保护 N—H 基团，得到化合物 **3**。

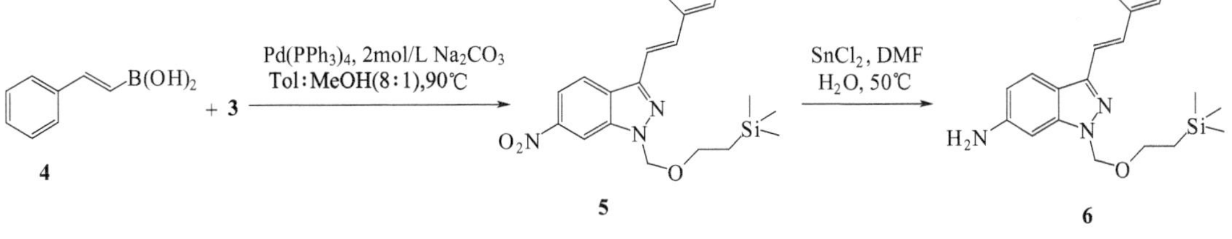

化合物 **3** 与苯乙烯基硼酸（**4**）进行 Suzuki 耦合反应，得到 3-位上苯乙烯基化合物 **5**。化合物 **5** 的硝基还原成氨基后得到化合物 **6**。

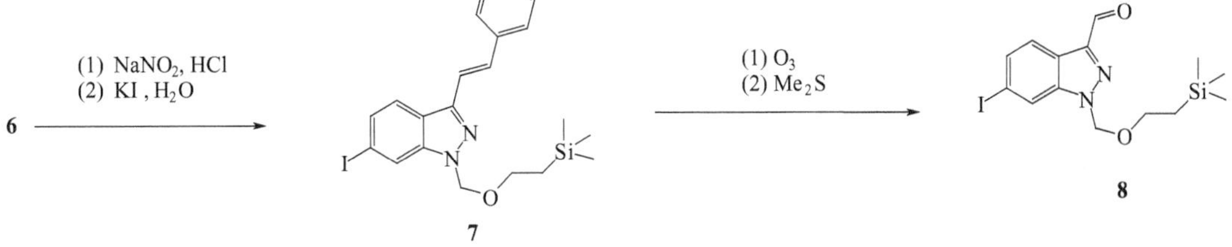

化合物 6 的氨基重氮化反应再碘代得到化合物 7。化合物 7 的 3-位的苯乙烯基经臭氧氧化后得到相应的醛基化合物 8。

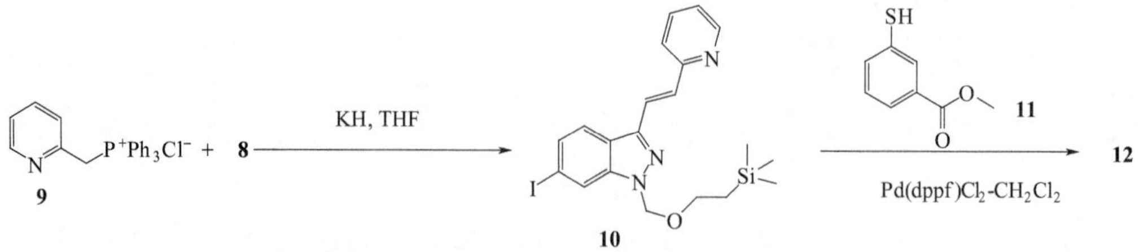

化合物 8 与化合物 9 进行 Wittig 反应，得到相应的 3-位（吡啶-2-基）乙烯基化合物 10。化合物 10 的 6-位碘被化合物 11 的巯基取代，可得到化合物 12。

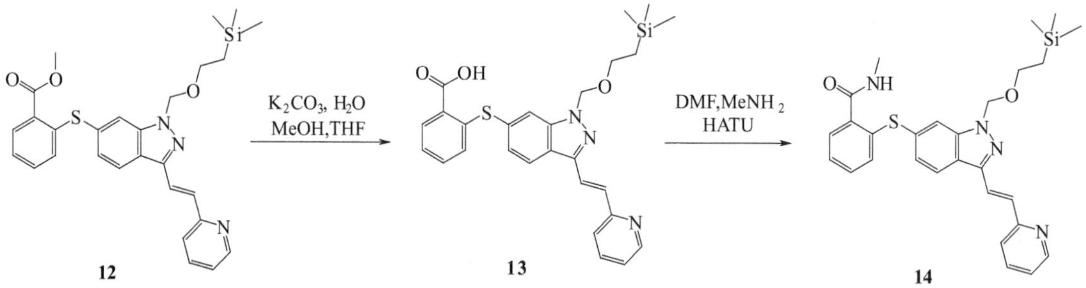

化合物 12 在碱性条件下水解，可得到相应的酸 13，后者与甲胺反应得到化合物 14。

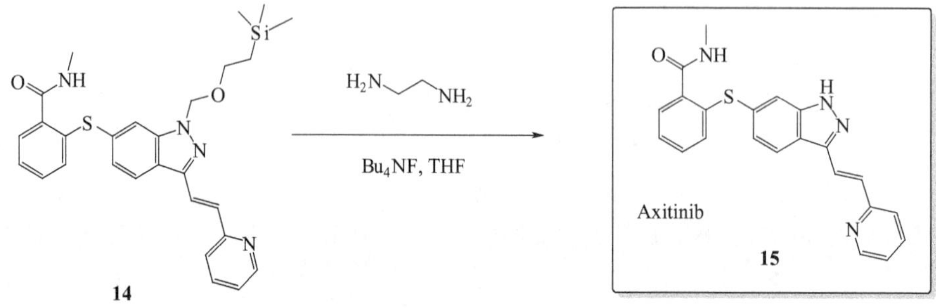

化合物 14 脱保护基得到阿西替尼。

原始文献

WO 2001002369 A2.

合成路线五

以下合成路线来源于辉瑞公司 Srinivasan Babu 等发表的专利文献（WO 2006048745 A1）。

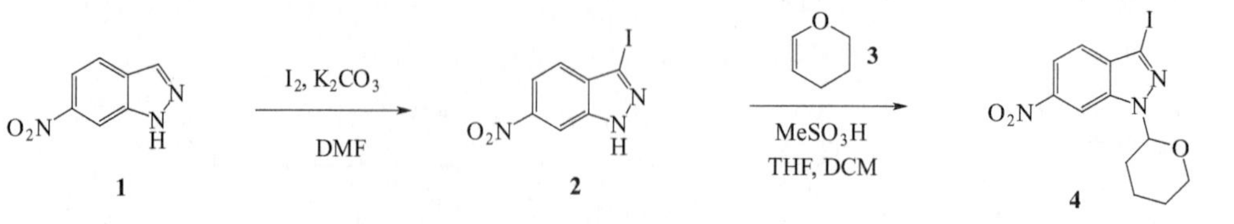

该方法以 6-硝基吲唑（1）为起始原料，在碱性条件下经过碘代后得到 3-位碘代化合物 2。化合物 2 与化合物 3 反应生成带有保护基团的化合物 4。

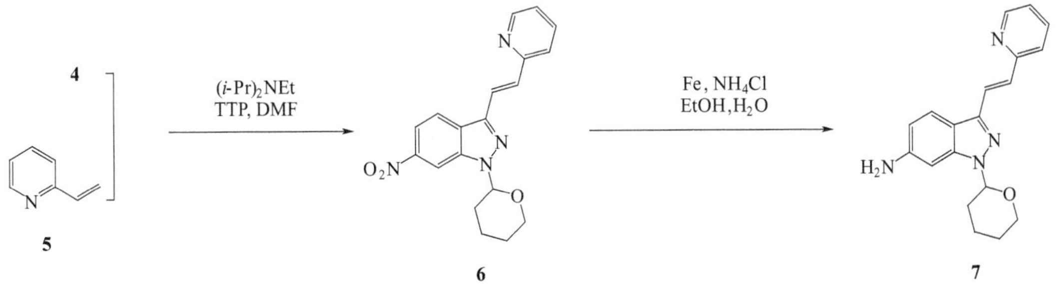

化合物 **4** 与化合物 **5** 进行 Heck 偶联反应得到化合物 **6**。化合物 **6** 的硝基经 Fe/NH₄Cl 还原后可得到相应的氨基化合物 **7**。

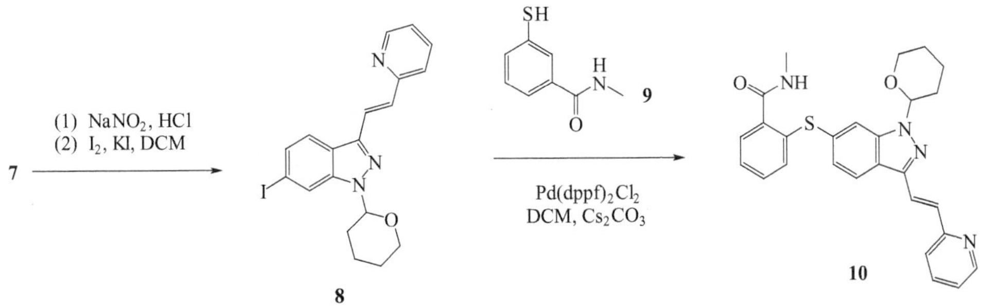

化合物 **7** 的氨基经重氮化反应后再碘代，可得到相应的碘代化合物 **8**。化合物 **8** 与化合物 **9** 反应，其中化合物 **8** 的 6-位碘被化合物 **9** 的巯基取代，可得到相应的化合物 **10**。

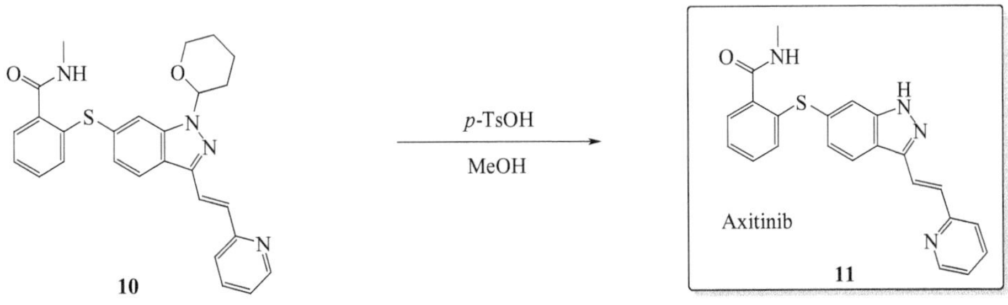

化合物 **10** 在酸性条件下脱保护基可得到阿西替尼。

原始文献

WO 2006048745 A1.

合成路线六

以下合成路线来源于湖南欧亚生物有限公司林开朝等发表的专利文献（CN 103570696 A）。该专利主要介绍了一种阿西替尼中间体的制备方法以及中间体在制备阿西替尼中的应用，涉及的主要起始物料易得，工艺比较易于放大。

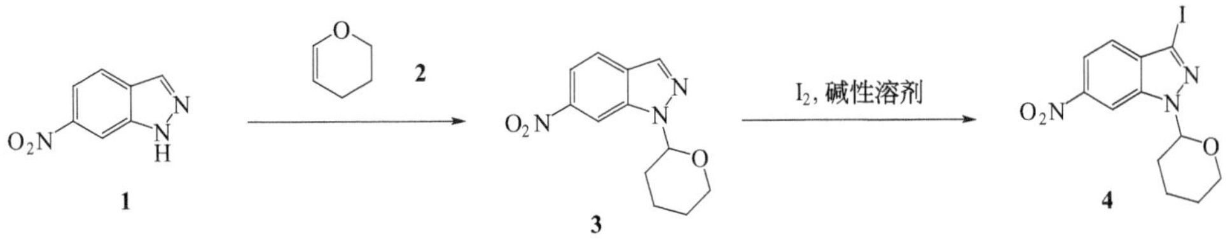

6-硝基吲唑（**1**）溶于非质子溶剂中，在催化剂作用下与化合物 **2** 反应，对 N—H 位上保护

基团，可制备得到 **3**。化合物 **3** 的合成反应中，化合物 **2** 的用量为化合物 **1** 的 3eq；其中非质子溶剂为 CH_3CN、EtOAc、PhMe 或二甲苯；催化剂为 TsOH 或 MsOH；反应温度为 70～90℃，反应时间为 1～4h。化合物 **3** 溶于极性非质子溶剂中，加入碘和无机碱缚酸剂，反应得到化合物 **4**。在合成化合物 **4** 的反应中，极性非质子溶剂为 DMF、N,N-二甲基乙酰胺等；无机碱缚酸剂为碳酸钾、碳酸钠等；反应温度为 20～40℃，反应时间为 8～20h。

化合物 **5** 和化合物 **4** 进行 Heck 偶联反应，得到化合物 **6**。化合物 **6** 生成化合物 **7** 及进一步转化为阿西替尼的合成反应与合成路线五相似，在此不再重复。

原始文献

CN 103570696 A.

参考文献

［1］ Babu S，Dagnino R，Jr，Ouellette M A，Shi B，Tian Q，Zook S E. Process for preparation of indazoles. WO2006048745A1，2006.

［2］ Chekal B P，Guinness S M，Lillie B M，McLaughlin R W，Palmer C W，Post R J，Sieser J E，Singer R A，Sluggett G W，Vaidyanathan R，Withbroe G J. Development of an Efficient Pd-Catalyzed Coupling Process for Axitinib. Org Process Res Dev，2014，18（1）：266-274.

［3］ Ewanicki B L，Flahive E J，Kasparian A J，Mitchell M B，Perry M D，O'Neill-Slawecki S A，Sach N W，Saenz J E，Shi B，Stankovic N S，Srirangam J K，Tian Q，Yu S. Preparation of indazole compounds as modulators and/or inhibitors of protein kinases. US20060094881A1，2006.

［4］ Flahive E，Ewanicki B，Yu S，Higginson P D，Sach N W，Morao I. A high-throughput methodology for screening solution-based chelating agents for efficient palladium removal. QSAR Comb Sci，2007，26（5）：679-685.

［5］ Flahive E J，Ewanicki B L，Sach N W，O'Neill-Slawecki S A，Stankovic N S，Yu S，Guinness S M，Dunn J. Development of an Effective Palladium Removal Process for VEGF Oncology Candidate AG13736 and a Simple，Efficient Screening Technique for Scavenger Reagent Identification. Org Process Res Dev，2008，12（4）：637-645.

（陈清奇）

Azilsartan Kamedoxomil（阿齐沙坦酯钾盐）

药物基本信息

英文通用名	Azilsartan Kamedoxomil
中文通用名	阿齐沙坦酯钾盐
商品名	Edarbi
CAS 登记号	863031-24-7
FDA 批准日期	2011/02/25

化学名	potassium 3-(4′-((2-ethoxy-7-(((5-methyl-2-oxo-1，3-dioxol-4-yl) methoxy) carbonyl)-1H-benzo[d]imidazol-1-yl) methyl)-[1,1′-biphenyl]-2-yl)-5-oxo-1,2,4-oxadiazol-4-ide
SMILES 代码	O=C(C1=C2C(N=C(OCC)N2CC3=CC=C(C4=CC=CC=C4C([N-]5)=NOC5=O)C=C3)=CC=C1)OCC6=C(C)OC(O6)=O.[K+]

化学结构和理论分析

化学结构	理论分析值
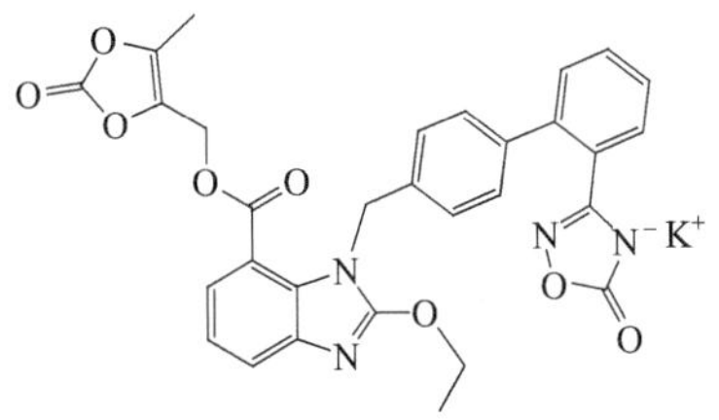	化学式：$C_{30}H_{23}KN_4O_8$ 精确分子量：606.11530 分子量：606.62392 元素分析：C，59.40；H，3.82；K，6.45；N，9.24；O，21.10

药品说明书参考网页

生产厂家产品说明书：http://www.edarbi.com/

美国药品网：http://www.drugs.com/azilsartan-medoxomil.html

美国处方药网页：http://www.rxlist.com/edarbi-drug.htm

药物简介

阿齐沙坦酯可用于治疗成人高血压。该药为口服用药，每日服药 1 次，既可单用，亦可与其他降压药联用。阿齐沙坦酯为一种血管紧张素 Ⅱ 受体拮抗剂，也是一种前体药物，在胃肠道吸收期间被水解成为阿齐沙坦（Azilsartan）。阿齐沙坦可抑制血管紧张 Ⅱ 引起的血管收缩，从而使血压下降。

药品上市申报信息

该药物目前有 4 种产品上市。

产品一

药品名称	EDARBI		
申请号	200796	产品号	001
活性成分	Azilsartan Kamedoxomil（阿齐沙坦酯钾盐）	市场状态	处方药
剂型或给药途径	口服片剂	规格	剂量等同于 40mg 阿齐沙坦酯
治疗等效代码		参比药物	否
批准日期	2011/02/25	申请机构	ARBOR PHARMACEUTICALS IRELAND LTD

产品二

药品名称	EDARBI		
申请号	200796	产品号	002
活性成分	Azilsartan Kamedoxomil（阿齐沙坦酯钾盐）	市场状态	处方药
剂型或给药途径	口服片剂	规格	剂量等同于 80mg 阿齐沙坦酯
治疗等效代码		参比药物	是
批准日期	2011/02/25	申请机构	ARBOR PHARMACEUTICALS IRELAND LTD

产品三

药品名称	EDARBYCLOR		
申请号	202331	产品号	001
活性成分	Azilsartan Kamedoxomil（阿齐沙坦酯钾盐）;Chlorthalidone（氯噻酮）	市场状态	处方药
剂型或给药途径	口服片剂	规格	剂量等同于 40mg 阿齐沙坦酯；12.5mg
治疗等效代码		参比药物	否
批准日期	2011/12/20	申请机构	ARBOR PHARMACEUTICALS IRELAND LTD

产品四

药品名称	EDARBYCLOR		
申请号	202331	产品号	002
活性成分	Azilsartan Kamedoxomil（阿齐沙坦酯钾盐）;Chlorthalidone（氯噻酮）	市场状态	处方药
剂型或给药途径	口服片剂	规格	剂量等同于 40mg 阿齐沙坦酯；25mg
治疗等效代码		参比药物	是
批准日期	2011/12/20	申请机构	ARBOR PHARMACEUTICALS IRELAND LTD

药品 EDARBI 专利或独占权保护信息

美国专利号或独占权代码	专利或独占权过期日期	专利保护类型、专利名称或市场独占权保护内容
5583141	2013/12/10	化合物专利，产品专利，用途专利代码 U-3
5958961	2014/06/06	产品专利，用途专利代码 U-3
7572920	2025/01/07	产品专利，用途专利代码 U-3
7157584	2025/05/22	化合物专利
NC	2014/12/20	参见本书附录关于独占权代码部分
NCE	2016/02/25	参见本书附录关于独占权代码部分

药品 EDARBYCLOR 专利或独占权保护信息

美国专利号或独占权代码	专利或独占权过期日期	专利保护类型、专利名称或市场独占权保护内容
5583141	2013/12/10	化合物专利、产品专利、专利用途代码 U-3
7572920	2025/01/07	产品专利、专利用途代码 U-3
7157584	2025/05/22	化合物专利
NC	2014/12/20	参见本书附录关于独占权代码部分
NCE	2016/02/25	参见本书附录关于独占权代码部分

合成路线一

以下合成工艺是 Zentiva 公司（Sanofi 公司的子公司）发表的论文［Org Proc Res Dev，2013，17（1）：77-86］。

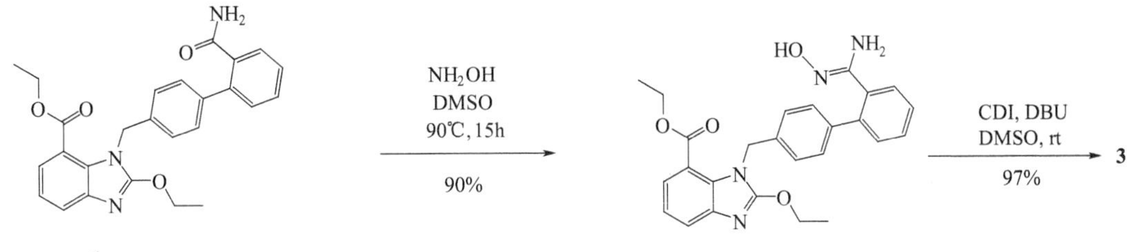

化合物 1 溶解于 DMSO 之中，与 50% NH$_2$OH 水溶液，在 90℃反应 15h 后，其分子中的酰胺基团与 NH$_2$OH 缩合，得到相应的化合物 2，收率为 90%。化合物 2 在 DMSO 中在 CDI 和 DBU 的催化下，室温下反应 4h，环合得到化合物 3，收率为 98%。

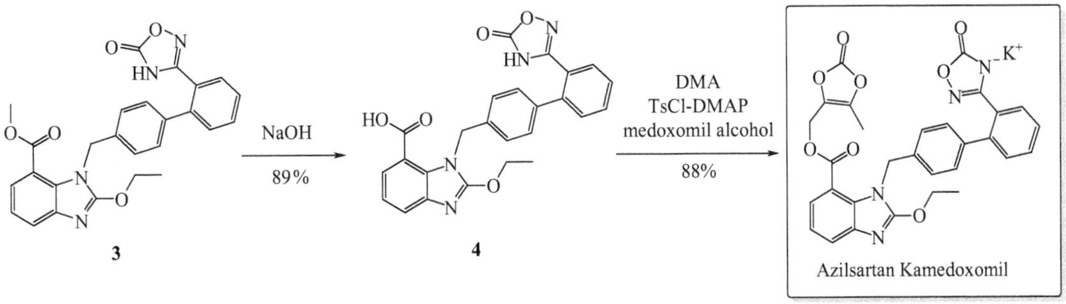

化合物 3 与 NaOH 混合，在 50℃反应 3h，分子中的甲酯被水解，得到相应的白色固体化合物 4，收率为 89%。其熔点为 208～211℃。化合物 4 与 DMA、TsCl、DMAP、K$_2$CO$_3$ 混合后，与酯醇（medoxomil alcohol）反应，可得到目标化合物，收率为 88.5%，其熔点为 111～114℃。

原始文献

Org Proc Res Dev，2013，17（1）：77-86.

合成路线二

以下合成路线是威海迪之雅制药有限公司傅凯敏等发表的专利文献（CN 103242305 A）。该合成路线以化合物 1 为起始原料，经与盐酸羟胺加成，氯甲酸乙酯酰基化，碱作用下关环水解共三步反应制备阿齐沙坦。

原始文献

CN 103242305 A.

参考文献

[1] Azad M A K，Kshirsagar P B，Singh S K，Tiwari A P，Singh K，Prasad M，Arora S K. A process for the preparation of azilsartan medoxomil. WO2013114305A1，2013.

[2] Bansal D，Mishra H，Dubey S K，Choudhary A S，Vir D，Agarwal A. An improved process for the preparation of azilsartan medoxomil. WO2012107814A1，2012.

[3] Kshirsagar P B，Tiwari A P，Verma S S，Singh K，Prasad M，Arora S K. Process for the preparation of azilsartan medoxomil. WO2013042066A1，2013.

[4] Kshirsagar P B，Tiwari A P，Verma S S，Singh K，Prasad M，Arora S K. Preparation of potassium salt of azilsartan medoxomil. WO2013042067A1，2013.

[5] Kuroita T，Sakamoto H，Ojima M. Preparation of benzimidazole derivatives for treatment of circulatory and metabolic diseases. US20050187269A1，2005.

[6] Mohamed S，Ridvan L，Radl S，Cerny J，Dammer O，Krejcik L，Stach J. Method of preparing potassium salt of azilsartan medoxomil of high purity. WO2013156005A1，2013.

[7] Radl S，Cerny J，Stach J，Gablikova Z. Improved Process for Azilsartan Medoxomil：A New Angiotensin Receptor Blocker. Org Process Res Dev，2013，17（1）：77-86.

[8] 傅凯敏. 一种阿齐沙坦的制备方法. CN 103242305 A，2013.

（陈清奇）

Bazedoxifene（巴多昔芬）

药物基本信息

英文通用名	Bazedoxifene
中文通用名	巴多昔芬
商品名	Duavee
CAS 登记号	198481-32-2

续表

FDA 批准日期	2013/10/3
化学名	1-{4-[2-(azepan-1-yl)ethoxy]benzyl}-2-(4-hydroxyphenyl)-3-methyl-1H-indol-5-ol
SMILES 代码	CC1=C(C2=CC=C(O)C=C2)N(CC3=CC=C(OCCN4CCCCCC4)C=C3)C5=C1C=C(O)C=C5

化学结构和理论分析

化学结构	理论分析值
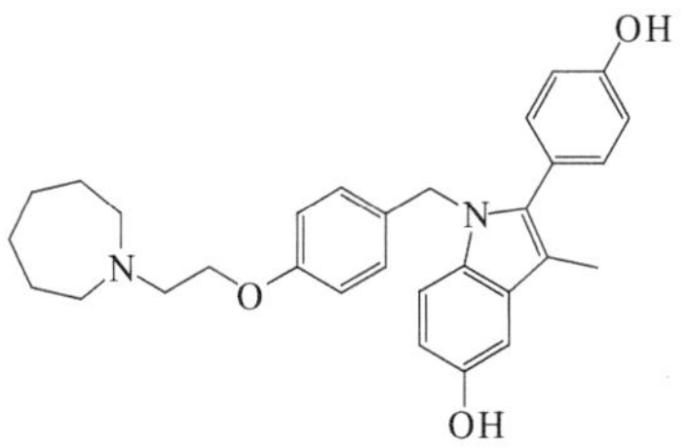	化学式：$C_{30}H_{34}N_2O_3$ 精确分子量：470.257 分子量：470.603 原始分析：C，76.57；H，7.28；N，5.95；O，10.20

药品说明书参考网页

生产厂家产品说明书：http://www.pfizerpro.com/hcp/duavee

美国药品网：http://www.drugs.com/international/bazedoxifene.html

美国处方药网页：http://www.rxlist.com/duavee-drug.htm

药物简介

巴多昔芬（Bazedoxifene）是由惠氏开发研制并由辉瑞制药公司于 2007 年推向市场的第三代选择性雌激素受体调节（SERM）药品。2013 年底，该药和另外一个药物 Premarin 组成的复合药物 Duavee 被批准用于绝经后骨质疏松症。该药品主要可竞争性抑制雌二醇与雌激素受体 ERoc（Estrogen receptor alph）和 ER13（Estrogen receptor 3）的结合，对骨骼雌激素受体激动效应，能改善脊椎和髋部的骨密度，故能显著降低骨质疏松症绝经妇女的椎骨骨折风险。

药品上市申报信息

该药物目前有 1 种产品上市。

药品名称	DUAVEE		
申请号	022247	产品号	001
活性成分	Bazedoxifene Acetate（醋酸巴多昔芬）；Estrogen Conjugate（雌激素结合物）	市场状态	处方药
剂型或给药途径	口服片剂	规格	20mg；0.45mg
治疗等效代码		参比药物	是
批准日期	2013/10/03	申请机构	WYETH PHARMACEUTICALS INC WHOLLY OWNED SUB PFIZER

药品专利或独占权保护信息

美国专利号或独占权代码	专利或独占权过期日期	专利保护类型、专利名称或市场独占权保护内容
5998402	2017/04/04	化合物专利,产品专利,专利用途代码 U-594
6479535	2019/05/06	产品专利,专利用途代码 U-594
6479535	2019/05/06	产品专利,专利用途代码 U-594
7138392	2017/04/04	化合物专利,产品专利,专利用途代码 U-594
7683051	2027/03/10	化合物专利,产品专利,专利用途代码 U-594
7683051	2027/03/10	化合物专利,产品专利,专利用途代码 U-594
NP	2016/10/03	参见本书附录关于独占权代码部分

合成路线一

本路线由美国新泽西 Reddy 实验室研发。该路线的合成步骤为 Bischler-Möhlau 吲哚合成法,而后通过两步取代反应合成目标产物。此路线操作简便,报道中的反应规模已经达到公斤级,每步收率在 60% 以上,且无需柱色谱分离,适合大规模工业化生产。

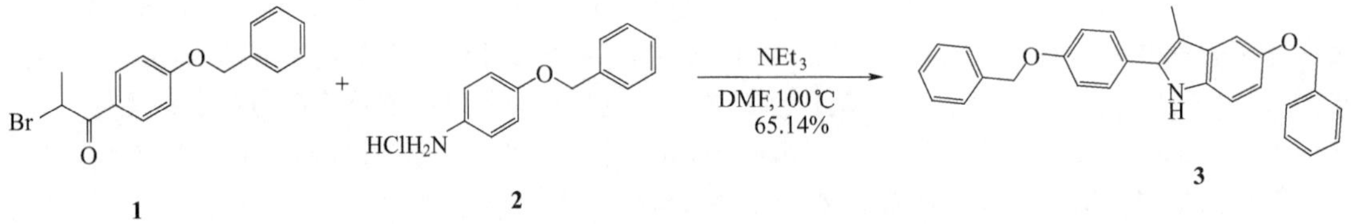

本路线分为三个部分,第一部分是关键中间体 3 的合成。溴代物 1 和苯胺 2 在三乙胺的作用下发生 Bischler-Möhlau 反应。该反应分两步进行,首先是 S_N2 取代反应,然后另一分子苯胺和酮基缩合生成亚胺,随后分子内的环合并脱去一分子苯胺生成产物。根据此机理,该反应先将化合物 1 和化合物 2 等当量进行取代反应,而后加入另一当量化合物 2。其中化合物 2 必须为盐酸盐,否则将由于亚胺的生成不能进行而得不到产物 3。

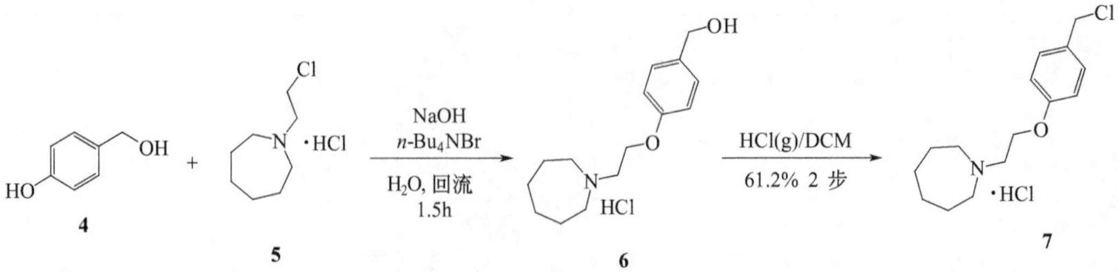

接下来是关键中间体 7 的合成。化合物 4 和化合物 5 在碱性条件下,由相转移催化剂催化得到化合物 6。化合物 6 在氯化氢的作用下生成氯代物 7。

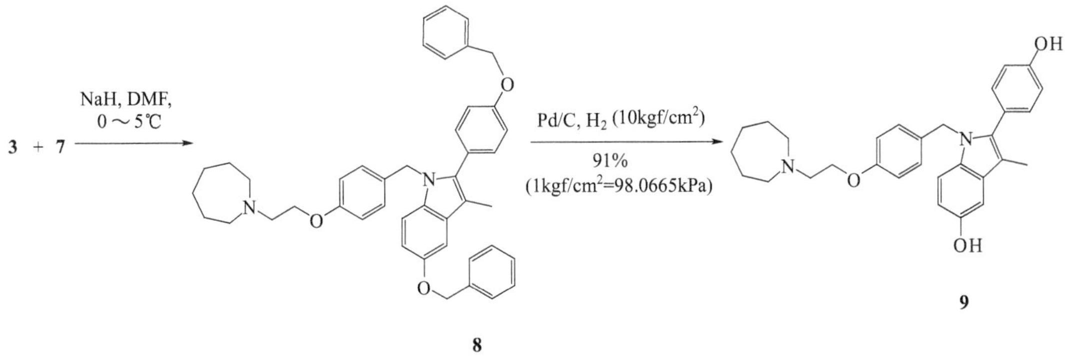

化合物 3 在氢化钠的作用下低温与化合物 7 作用生成化合物 8。在化合物 8 的氢化过程中，作者尝试了多种溶剂，例如甲醇、四氢呋喃、乙酸乙酯等。最后作者发现用乙酸乙酯作溶剂，氢气压力为 $10kgf/cm^2$ 的时候能以 91% 的产率得到巴多昔芬（化合物 9）。

原始文献

WO2011022596A2，2011.

合成路线二

由于路线一中的化合物 7（氮杂环庚烷衍生物）较为昂贵，该路线从卤代乙腈为起始原料，通过氰基的一系列化学转换得到最终产物。此路线操作较为简便，但是路线比较长，而且其中有一步需要柱色谱分离，相比较而言，总产率也没有合成路线一来得高，可以作为合成路线一的备选方案。由于最终产物是由氰基经过转化得到，此路线可以作为改造该药物结构（Me-too 药物研发）的选择之一。

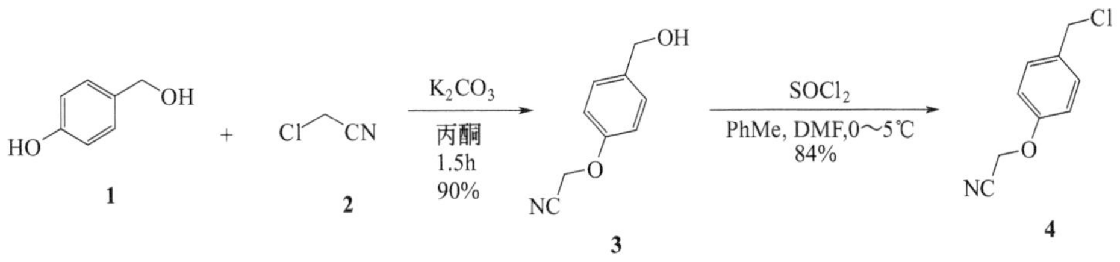

对羟基苄醇 1 在丙酮中，碳酸钾的作用下和氯乙腈（2）反应生成化合物 3。在二氯亚砜的作用下，化合物 3 能高产率地得到关键中间体 4。

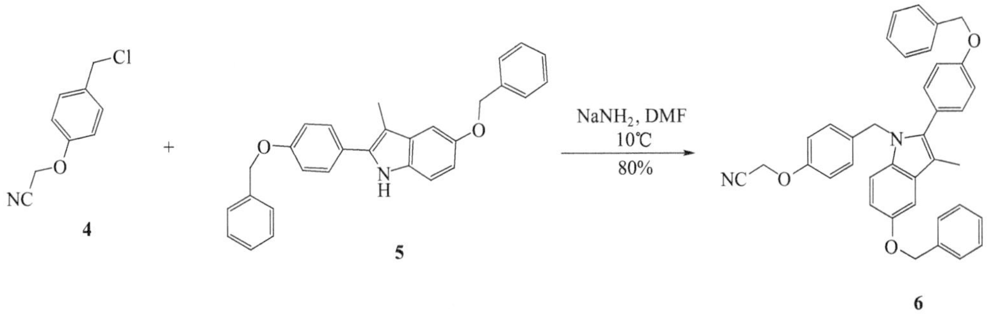

化合物 5 在 NaNH₂ 的作用下低温与化合物 4 反应得到化合物 6。

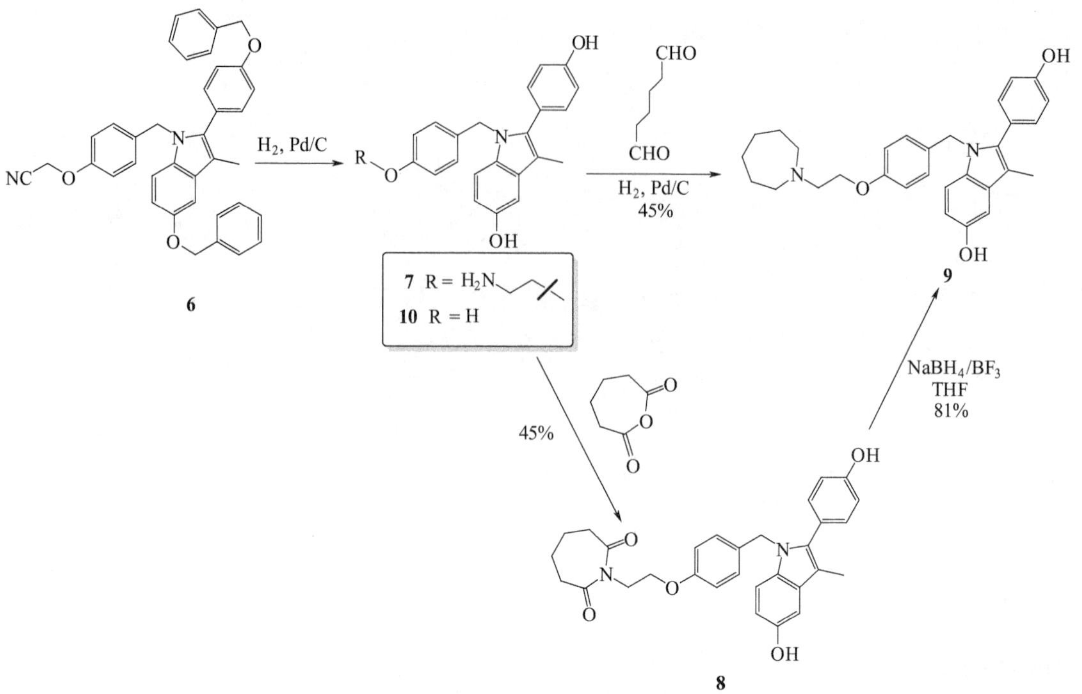

在化合物 **6** 的氢化脱苄基，同时还原氰基的过程中，作者同时得到等当量的化合物 **7** 和化合物 **10**。这步反应必须通过柱色谱分离得到纯的化合物 **7**。作者用了两条路线从化合物 **7** 合成巴多昔芬（化合物 **9**）。第一种路线是从化合物 **7** 出发，用还原氨化反应，以 45% 的产率得到巴多昔芬（化合物 **9**）。第二种路线是先将化合物 **7** 和环己二酸酐反应生成化合物 **8**，然后将环己内酰胺还原得到巴多昔芬（化合物 **9**），两步总产率 36%。

原始文献

CN102395561A.

合成路线三

由于已公开的巴多昔芬及其中间体的制备方法普遍存在原料难获得、反应步骤多、环保压力大、成本较高等弊端，因而寻求更加简洁方便、绿色环保及成本可控的工艺路线，对于该原料药的经济技术发展至关重要。苏州立新制药有限公司在已有专利的基础上研制开发了由金属钛催化合成巴多昔芬的吲哚母核。该反应产率和纯度均高，适用于大规模工业化生产。

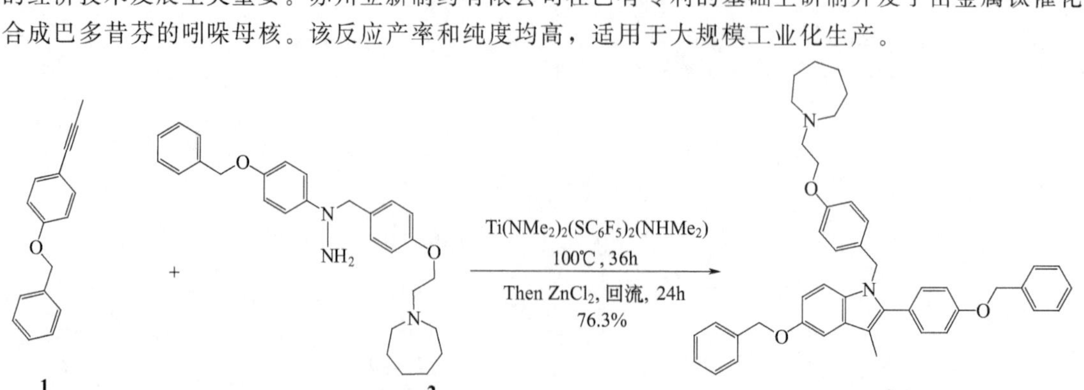

该路线中，化合物 **1** 和化合物 **2** 均为易得原料，可先期大量制备。钛催化剂可根据文献 [7] 制备。该反应中的苯肼先对炔进行加成，得到马氏加成产物后经过重排生成苯腙类化合物，最后苯腙在路易斯酸的催化下通过 Fisher 吲哚合成法得到产物。根据此机理，该合成路线的第一步采取分步反应，首先化合物 **1** 和化合物 **2** 在钛的催化下生成苯腙，然后加入无水氯化锌通过反应得到关键中间体 **3**。

化合物 **3** 经过催化氢化得到巴多昔芬（**4**）。

原始文献

CN103772261 A，2014.

参考文献

［1］ Bandichhor R，et al. Preparation of Bazedoxifene and its salts. WO2011022596A2，2011.

［2］ Joshi S，et al. Process for the preparation of bazedoxifene acetate from cyanomethoxybenzyl halides. WO2010118997A1，2010.

［3］ Jirman J，et al. New crystalline salts of bazedoxifene with di-，tri-，or polycarboxylic acids. WO2009012734A2，2009.

［4］ Divi M K，et al. A novel process for the preparation of bazedoxifene acetate and intermediates thereof. IN 2011-CH2101A，2011.

［5］ Luthra P K，et al. A process for the preparation of azepanylethoxylbenzylbenzylo-xybenzyloxyphenylme-thylindole salts. WO2013001511A1. 2013.

［6］ Fu mingwei，Ye Yuanzan，Hu Chunchen，Ge Min. New synthesis method of bazedoxifene. CN 102690225A，2012.

［7］ Cao Changsheng，Shi Yanhui，Odom A L. Organic Letters，2002，17（4）：2853-2856.

（张德晖）

Bedaquiline（贝达喹啉）

药物基本信息

英文通用名	Bedaquiline
中文通用名	贝达喹啉
商品名	Sirturo
CAS 登记号	843663-66-1
FDA 批准日期	2012/12/28
化学名	（1R，2S）-1-（6-bromo-2-methoxy-3-quinolyl）-4-dimethylamino-2-（1-naphthyl）-1-phenyl-butan-2-ol
SMILES 代码	BrC1=CC2=C(N=C(OC)C([C@@H](C3=CC=CC=C3)[C@@](O)(CCN(C)C)C4=CC=CC5=C4C=CC=C5)=C2)C=C1

化学结构和理论分析

化学结构	理论分析值
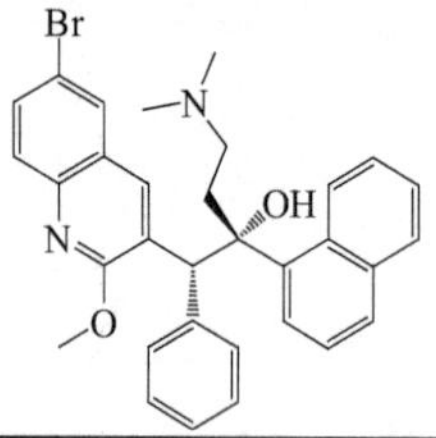	化学式：$C_{32}H_{31}BrN_2O_2$ 精确分子量：554.1569 分子量：555.51 原始分析：C, 69.19；H, 5.62；Br, 14.38；N, 5.04；O, 5.76

药品说明书参考网页

生产厂家产品说明书：http://www.sirturo.com/

美国药品网：http://www.drugs.com/mtm/bedaquiline.html

美国处方药网页：http://www.rxlist.com/sirturo-drug.htm

药物简介

贝达喹啉（Bedaquiline）是由杨森制药公司于 2012 年研发的治疗肺结核的新药。它是 40 年来第一个被 FDA 批准用于治疗肺结核的新药。相对于以往的药物，该药有着全新的作用机制——通过抑制结核杆菌的 ATP 合成酶的质子泵"饿死"细菌。更为值得称道的是，FDA 特别批准 Bedaquiline 用于治疗对多种药物耐药的顽固型肺结核。值得一提的是，该药被 FDA 批准不是基于用药病人相对于对照组（给予安慰剂）的死亡率而是基于病人的痰培养基数据。事实上，Bedaquiline 的一组临床试验的死亡率甚至高于对照组（11.4% 对 2.5%）。基于此，该药一般用于其他药物使用无效的顽固性肺结核。

药品上市申报信息

该药物目前有 1 种产品上市。

药品名称	SIRTURO		
申请号	204384	产品号	001
活性成分	Bedaquiline Fumarate(贝达喹啉富马酸)	市场状态	处方药
剂型或给药途径	口服片剂	规格	100mg
治疗等效代码		参比药物	是
批准日期	2012/12/28	申请机构	JANSSEN THERAPEUTICS DIV JANSSEN PRODUCTS LP

药品专利或独占权保护信息

美国专利号或独占权代码	专利或独占权过期日期	专利保护类型、专利名称或市场独占权保护内容
7498343	2024/10/02	化合物专利，产品专利，专利用途代码 U-1321
8546428	2029/3/19	化合物专利，产品专利，专利用途代码 U-1321
NCE	2017/12/28	参见本书附录关于独占权代码部分
ODE	2019/12/28	参见本书附录关于独占权代码部分

合成路线一

本路线由日本东京大学药学院 Masakatsu Shibasaki 教授小组在他们原先工作基础上研发。该合成路线从商品化初始原料开始，通过 12 步反应，以总产率 5％得到光学纯的 Bedaquiline。该路线有明显的优缺点。优点是能高对映选择性地构建 Bedaquiline 中的两个手性叔碳；缺点是该反应路线较长，反应规模很小。在发表的 JACS 文章的最后可以看到，作者仅仅得到小于 10mg 的 Bedaquiline，其能否实现工业化还有待商榷。但是在其发表的 JACS 中，作者做了大量有关手性叔碳原子构建的条件摸索，这对未来 Bedaquiline 合成的工业化及条件的优化提供了很好的参考数据。

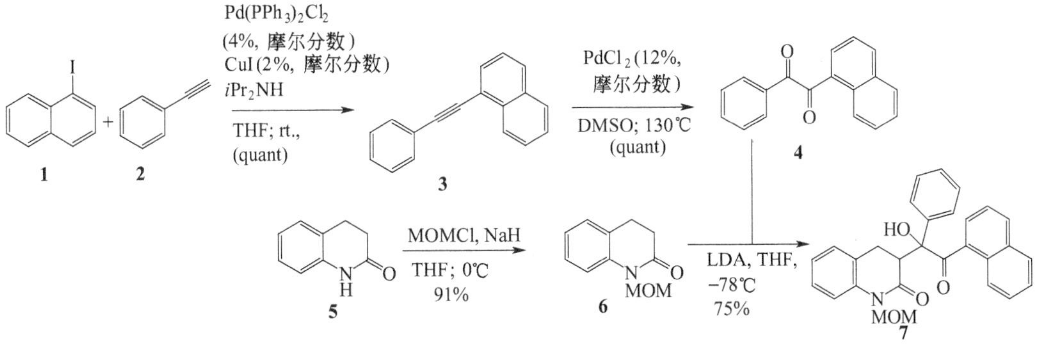

作者从化合物 1 和 2 出发，通过经典的 Sonogashira[●] 反应得到化合物 3。在 $PdCl_2$ 的催化下，化合物 3 在 DMSO 中被转化为关键中间体 4。同时，化合物 5 经过 MOMCl 对环内酰胺的保护后，在 LDA 的作用下，选择性地在化合物 4 靠近苯环的羰基上加成得到关键中间体化合物 7。在合成 7 的过程中，温度的控制很重要，否则，靠近萘环一侧的羰基有可能被加成而得到副产物。另外，化合物 3～化合物 4 的转化过程中，如果对化合物 4 进行 SAR 研究，化合物 3 中只能含有供电子基团；否则，在该条件下将得不到化合物 4。

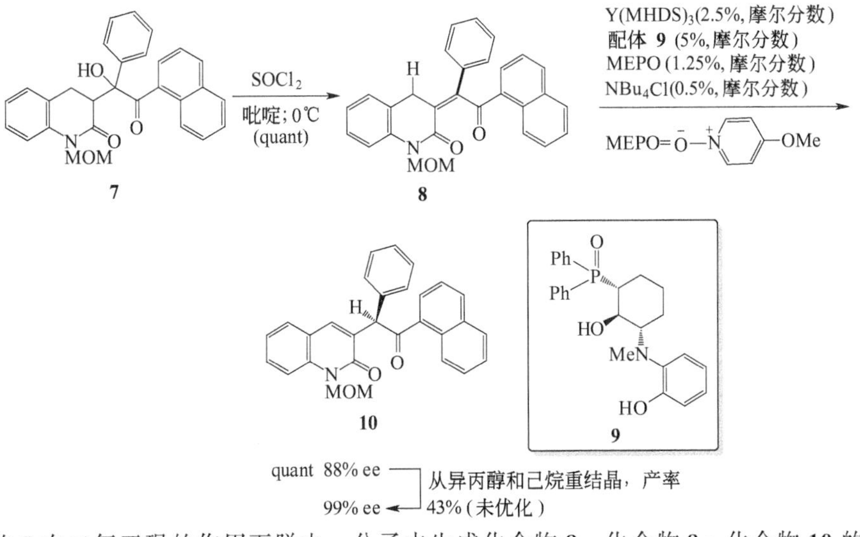

化合物 7 在二氯亚砜的作用下脱去一分子水生成化合物 8，化合物 8～化合物 10 的转化是本

---

❶ Sonogashira 反应是由日本 K. Sonogashira 研究小组于 1975 年发表在 Tetrahedron Letters（1975，50：4467-4470）上的关于端炔在碘化亚铜和二氯二三苯基膦钯催化下和卤代烯烃偶联的经典有机反应。该反应条件温和，选择性好，对官能团耐受性很广，被广泛应用于有机合成反应中。

合成路线中的关键步骤，在原先对稀有金属铑催化的不对称氢化工作的基础上，作者尝试了很多条件后发现，在另一种稀有金属钌的催化下，化合物 **8** 通过不对称 1,3 质子转移以 88% 的对映选择性当量地转化为化合物 **10**。在该步反应中，配体 **9** 的使用十分重要；另外，四丁基氯化铵对反应的加速起到至关重要的作用，但由于它本身就能促进 1,3 质子转移，四丁基氯化铵的投料只能是金属钌盐的 1/5；否则，该反应的对映选择性将受到很大影响。化合物 **10** 经过重结晶以后可以得到光学纯的产品，立体选择性高达 99%，由于作者没有对重结晶的条件进行优化，产率只有 43%。

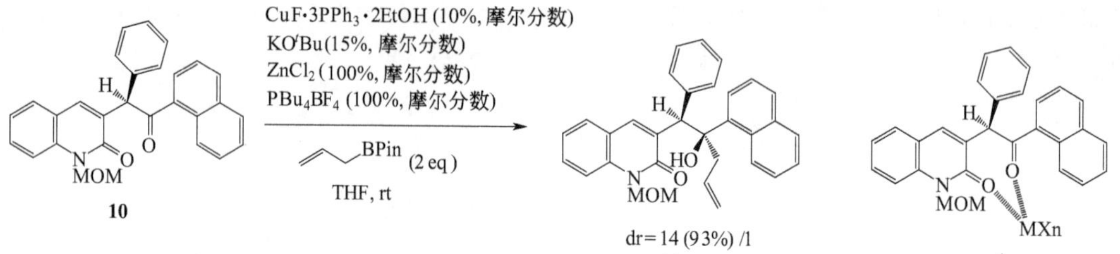

化合物 **10**～化合物 **11** 的转化是该合成路线中第二个关键的反应，作者尝试了大量的亲核试剂试图引进烯丙基，然而，由于位阻太大以及 α-酮基氢的酸性过强的原因，包括格氏试剂在内的大多数亲核试剂的尝试均告失败。作者最后回到他们自己小组在 2002 年开发的铜盐催化的烯丙基硼试剂对酮的不对称加成反应。在经过一系列的条件摸索后，作者发现，叔丁醇钾能显著提高反应产率，但是反应的立体选择性得不到很好的控制。考虑到接受亲核进攻的酮基的 α 位有一个位阻比较大的苯基，如果反应体系中存在一种亲氧金属，七元环中间体 **A** 可能形成，这样亲核试剂就有可能优先从位阻小的一侧进攻而得到预期构型的产品。通过大量条件的摸索，作者最后发现当量氯化锌的存在可以促进这一过程的进行；同时，作者发现，外加的氟源对反应的对映选择性起到关键的作用。这有可能是过量的氟原子可以和锌原子结合，这一过程加大了锌原子的缺电子性。在这种情况下，锌原子能更好地和氧原子配位而使七元环中间体 **A** 更加稳定。最后，作者终于找到了最优条件，能以 14∶1 的非对映选择性高产率（93%）得到化合物 **11**。

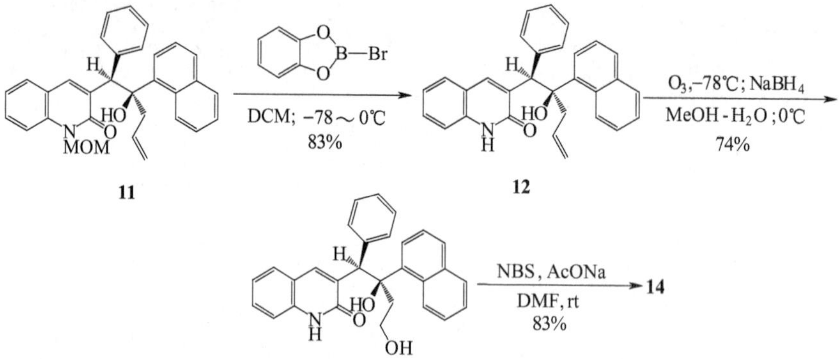

化合物 **11** 经过脱除 MOM 和臭氧氧化/还原反应后得到化合物 **13**，选择性地 NBS 溴化后，得到化合物 **14**。

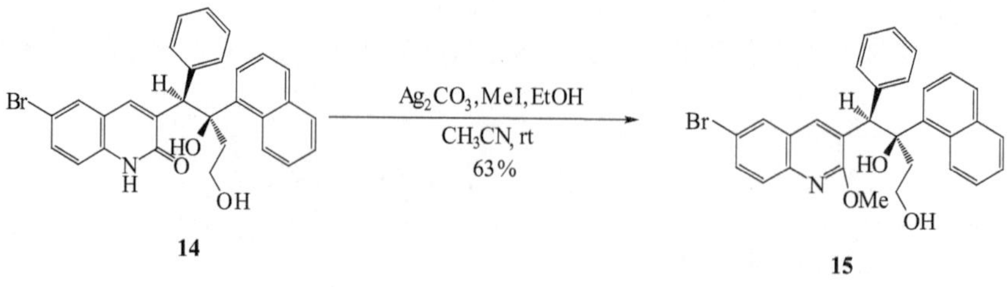

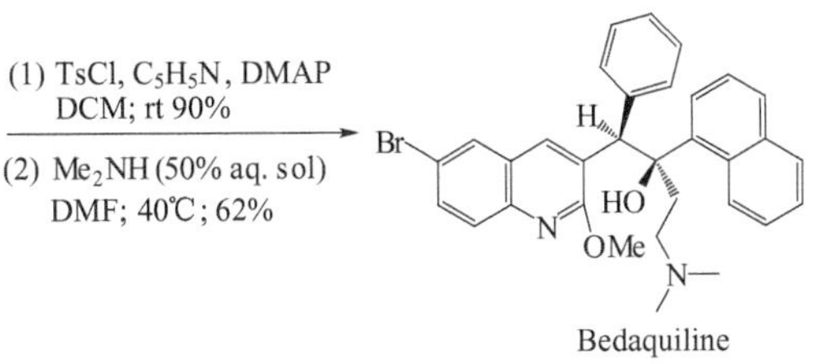

（1）TsCl, C₅H₅N, DMAP
DCM; rt 90%

（2）Me₂NH（50% aq. sol）
DMF; 40℃; 62%

Bedaquiline

化合物 **14** 再经过甲基化得到 Bedaquiline 的前体化合物 **15**。化合物 **15** 中的羟基通过经典的 S_N2 氨基取代反应后得到最终产品 Bedaquiline。

原始文献

J Am Chem Soc，2010，132：7905-7907.

合成路线二

本路线由印度化学技术研究院设计开发。相比较路线一，该路线主要依靠著名的 Sharpless 环氧化构建分子中的一个手性碳原子；接着，作者通过选择性开环，把原来四个非对映异构体变成了两个。路线的最后，由于分子中已有的手性环境使柱色谱分离一对非对映异构体成为可能，作者得到了 Bedaquiline 和它的一个非对映异构体。该路线的特点是原料易得，涉及的反应经典，产率和对映选择性高，可重复性强，最后以 12% 的总产量得到一对非对映异构体。文章的作者最后也申明本路线并未申请专利，可以考虑作为工业化的蓝本进行进一步的研究优化。

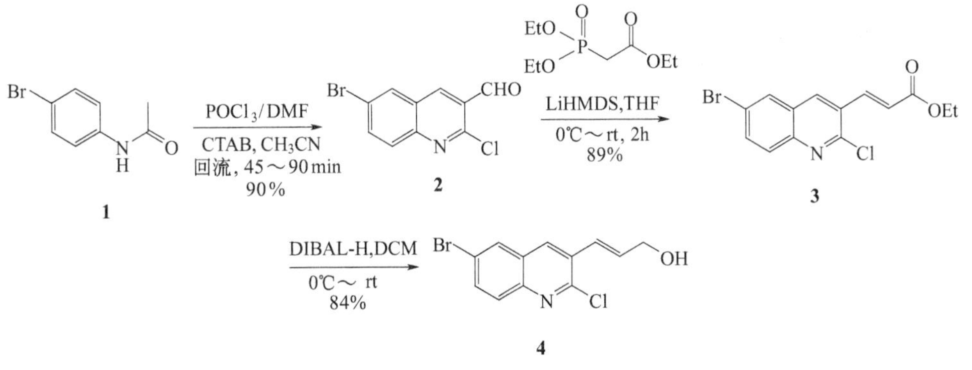

从简单原料 **1** 出发，经过经典 Vilsmeier-Haack 甲酰化成环反应（两次甲酰化）以高产率得到化合物 **2**。化合物 **2** 再经过经典 Witting 反应、DIBAL-H 还原和甲醇钠取代反应得到喹啉烯丙醇的衍生物 **5**。

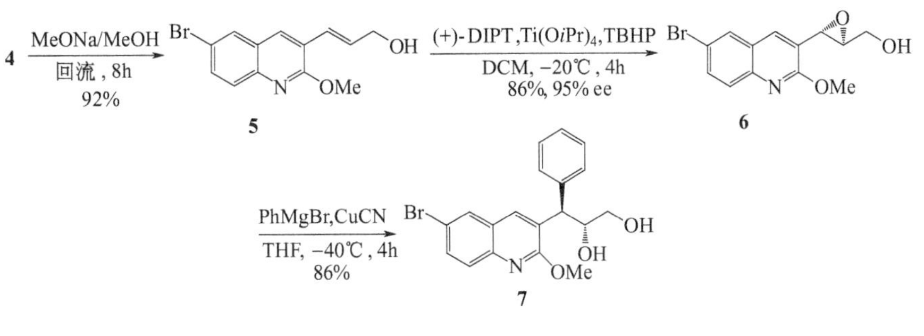

在经典的 Sharpless 环氧化反应条件下，化合物 5 顺利地以高产率高对应选择性转化为化合物 6，引入了两个手性中心。在关键的化合物 6～化合物 7 的转化中，作者成功地在 CuCN 存在下利用苯基格氏试剂实现了选择性环氧开环。在此步反应中，CuCN 对环氧的络合活化作用相当关键，而且开环的位置符合经典有机化学理论中的苄位稳定而优先开环的规则。

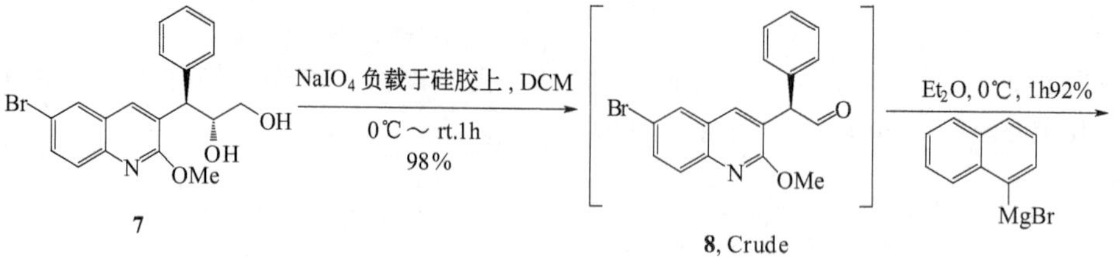

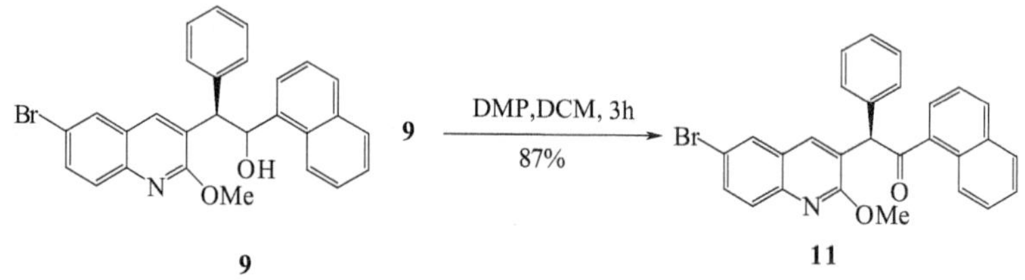

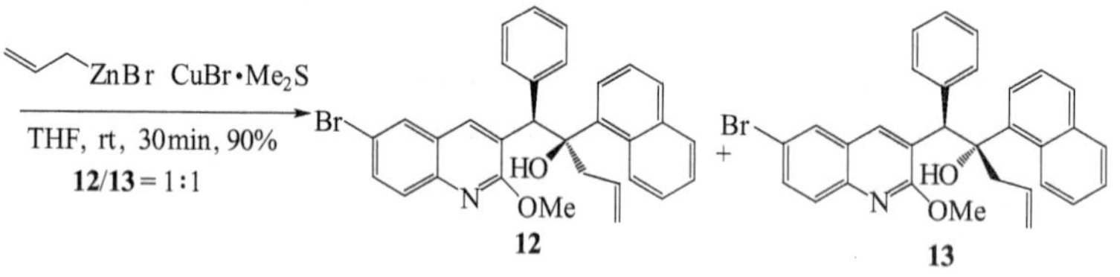

得到化合 7 以后，作者利用改进 Smith 降解反应❶（将 NaIO₄ 负载在硅胶上）将化合物 7 转化为关键醛 8。化合物 8 经 1-萘基格式试剂处理，Dess-Martin 氧化后即得到关键中间体 11。化合物 11 和合成路线一中的中间体 10 结构非常类似。由于本路线采用 Sharpless 环氧化引入的手性反应产率高，对应选择性好，在制备化合物 11 过程中，作者从简单原料 4-溴对乙酰苯胺出发，仅用 9 步经典反应，以 36% 的总产率得到产品。作者可以以 21.8g 的起始原料规模，最终可拿到化合物 11（17.7g）。如果结合合成路线一中化合物 10～化合物 11 的转化反应，此路线可以成为工业化合成手性纯 Bedaquiline 的首选。本文中作者没有采用合成路线一中的不对称加成反应，但是作者遇到和合成路线一中的同样问题，由于位阻太大以及 α-酮基氢的酸性过强的原因，包括格氏试剂在内的大多数亲核试剂的尝试均告失败。作者最后采用了由我国西北师范大学的王进贤教授开发的在无溶剂条件下（参考文献［7］），烯丙基溴化锌对醛酮的加成反应。由于该条件下得到的产物以化合物 13 为主（Bedaquiline 的构型和化合物 12 相同），经过一系列条件的筛选，作者能以 1∶1 的产物得到化合物 12 和化合物 13。遗憾的是，化合物 12 和化合物 13 虽然是一对非对映异构体，它们并不能被柱色谱有效地分离。作者用混合物继续进行后续的转化，以期待在引入其他基团以后能有效分离这对非对映异构体。

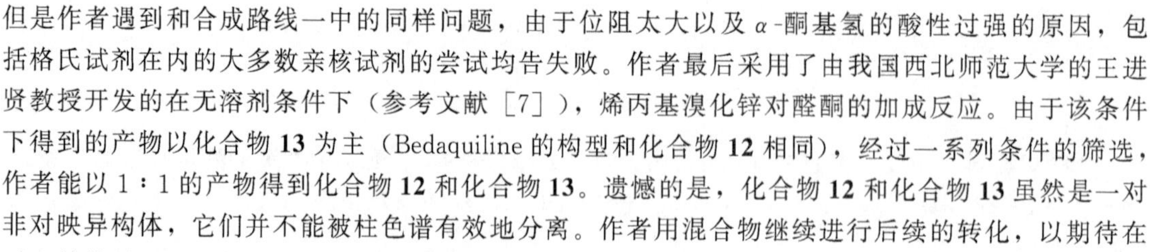

---

❶ Smith 降解是经典的将邻二醇通过高碘化物（通常是高碘酸钠）的氧化作用转化为醛或酮（反应过程中，邻二醇之间碳碳键断裂形成两个羰基）的有机反应。Smith 降解被广泛使用于糖化学的研究中。

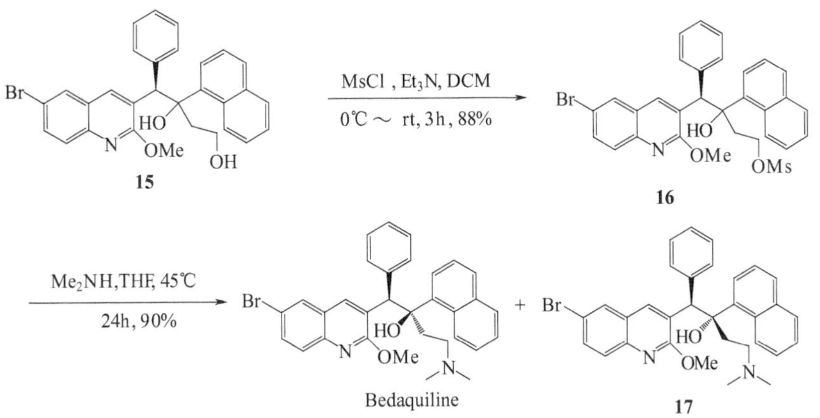

化合物 **12** 和化合物 **13** 的混合物经过 Lemieux-Johnson 氧化以及硼氢化钠还原以后得到化合物 **15**。化合物 **15** 经过甲磺酰化以及二甲胺取代以后得到 Bedaquiline 和它的非对映异构体 **17**，它们可以很容易地通过柱色谱进行分离。这部分工作中，作者用到了毒性很大的四氧化锇，对环境污染很大，如扩大反应规模，不如合成路线一中的臭氧氧化还原环保。总之，合成路线一和合成路线二给出了很好的合成光学纯的 Bedaquiline 的合成路线，通过有机结合，很有希望找到一条适合工业化的方法。

原始文献

Eur J Org Chem，2011：2057-2061.

合成路线三

本路线由 Jassen Pharmaceutica N. V. 于 2008 年研发。作者在该路线中没有涉及产物的绝对构型，但是由于原料易得，采用经典的合成方法，易于操作，产率高，对读者选择工业化生产工艺有一定参考价值。从廉价的商品化试剂对溴苯胺（化合物 **1**）和苯丙酰氯（化合物 **2**）出发可以以高产率得到化合物 **3**。经过经典 Vilsmeier-Haack 甲酰化成环反应，化合物 **4** 可以以很高的产率得到并直接用于下步反应。从化合物 **4** 到化合物 **5**，作者用甲醇钠取代奎宁上 2 位的氯，这步产率很低，考虑可能是反应条件过于苛刻（回流），如用其他非质子性溶剂，有可能在低温下实现较高产率。最后一步反应，作者用正丁基锂作碱，在低温下实现化合物 **5** 对化合物 **6** 的酮基加成。由于没有任何的手性环境，作者仅仅以很低的产率（＜20％）得到消旋的 Bedaquiline 和它的另一对非对映异构体。

Bedaquiline 及其对映异构体　　**7** 及其对映异构体

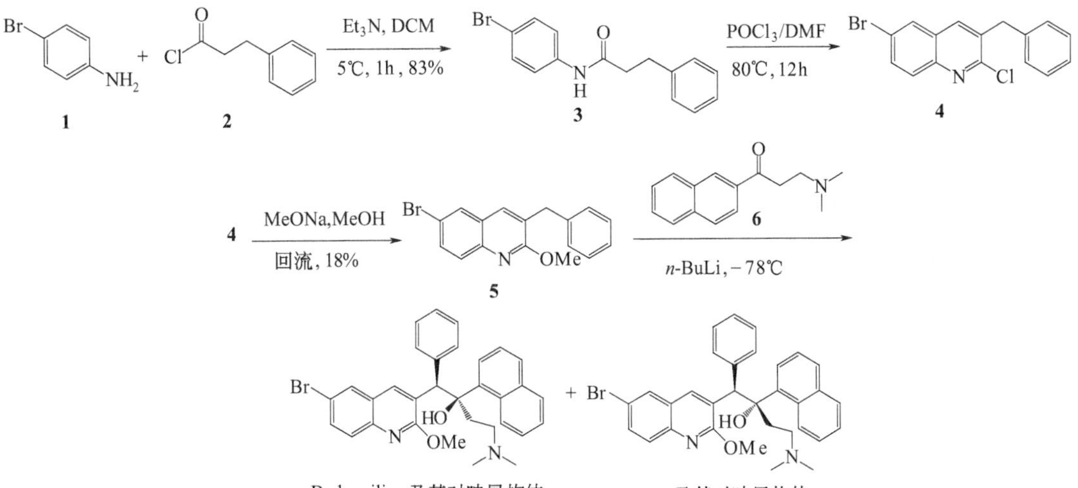

原始文献

WO2008068266 A1，2008.

参考文献

［1］ Shibasaki M，et al. Catalytic asymmetric synthesis of R207910. Journal of the American Society，2010，132：7905-7907.

［2］ Yusubov M S，Zholobova G A，Vasilevsky S F，Tretyakov E V，Knight D W. Synthesis of unsymmetrical hetaryl-1,2-diketones. Tetrahedron，2002，58：1607-1610.

［3］ Yamasaki S，et al. A general catalytic allylation using allyltrimethoxysilane. Journal of the American Society，2002，124：6536-6537.

［4］ Wada R，Oisaki K，Kanai M，Shibasaki M. Catalytic enantioselective allylboration of ketones. Journal of the American Society. 2004，126：8910-8911.

［5］ Ali M M，et al. An efficient and facile synthesis of 2-chloro-3-formyl quinolones from acetanilides in micellar media by Vilsmier-Haack cyclisation. Synlett，2001：251-253.

［6］ Chandrasekhar S，Kiran Babu G S，Mohapatra D K. Practical syntheses of (2S)-R207910 and (2R)-R207910. European Journal of Organic Chemistry. 2011：2057-2061.

［7］ Zhang Yumei，Jia Xufeng，Wang Jin xian. The solvent-free addition of reaction of allylzinc bromide and carbonyl compounds. European Journal of Organic Chemistry，2009：2983-2986.

［8］ Guillemont J E G，et al. Antibacterial quinoline derivatives. WO2008068266 A1，2008.

（张德晖）

Belinostat（贝利司他）

药物基本信息

英文通用名	Belinostat
中文通用名	贝利司他
商品名	Beleodaq®
CAS 登记号	414864-00-9
FDA 批准日期	2014/08/19
化学名	N-((1R,2R)-1-(2,3-dihydrobenzo[b][1,4]dioxin-6-yl)-1-hydroxy-3-(pyrrolidin-1-yl)propan-2-yl)octanamide
SMILES 代码	O=C(NO)/C=C/C1=CC(S(NC2=CC=CC=C2)(=O)=O)=CC=C1

化学结构和理论分析

化学结构	理论分析值
	分子式：$C_{15}H_{14}N_2O_4S$ 精确分子量：318.0674 分子量：318.3477 元素分析：C,56.59；H,4.43；N,8.80；O,20.10；S,10.07

药品说明书参考网页

生产厂家产品说明书：http://www.belinostat.com/

美国药品网：http://www.drugs.com/cdi/belinostat.html

美国处方药网页：http://www.rxlist.com/beleodaq-drug.htm

药物简介

Belinostat 是一种新型异羟肟酸型组蛋白去乙酰化酶抑制剂，通过提高肿瘤细胞中组蛋白 H4 乙酰化，诱导肿瘤细胞凋亡，对多数肿瘤细胞表现细胞毒性，适用为有复发或难治周边 T 细胞淋巴瘤（PTCL）患者的治疗。

药品上市申报信息

该药物目前有 1 种产品上市。

药品名称	BELEODAQ		
申请号	206256	产品号	001
活性成分	Belinostat(贝利司他)	市场状态	处方药
剂型或给药途径	静脉灌注粉末剂	规格	500mg/小瓶
治疗等效代码		参比药物	是
批准日期	2014/07/03	申请机构	SPECTRUM PHARMACEUTICALS INC

药品专利或独占权保护信息

美国专利号或独占权代码	专利或独占权过期日期	专利保护类型、专利名称或市场独占权保护内容
6888027	2021/09/27	化合物专利,产品专利,专利用途代码 U-1544
8835501	2027/10/27	产品专利
NCE	2019/07/03	参见本书附录关于独占权代码部分
ODE	2021/07/03	参见本书附录关于独占权代码部分

合成路线一

本方法来源于深圳万乐药业有限公司发表的专利文献（CN 102786448A）：

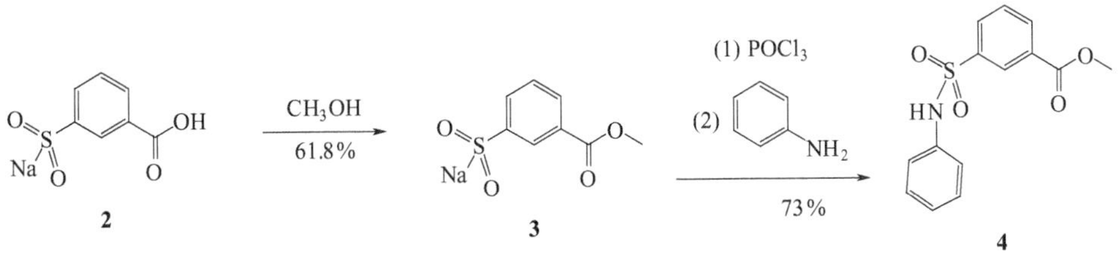

其特点是以间羧基苯磺酰钠（**2**）为起始原料，在浓盐酸作用下，与甲醇反应生成甲酯 **3**，再用三氯氧磷酰化磺酰基后与苯胺缩合成磺胺 **4**。

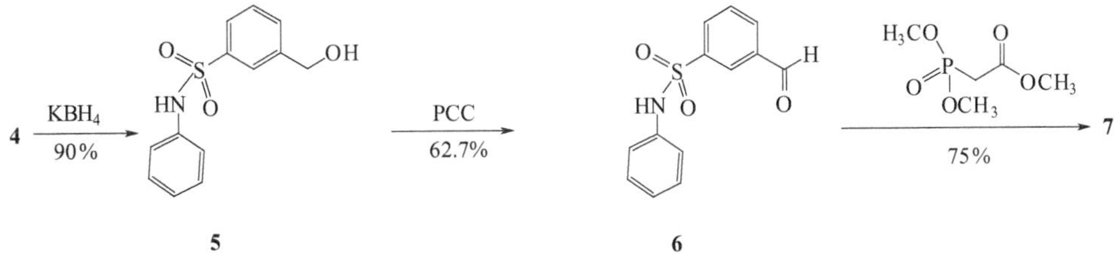

化合物 **4** 经硼氢化钾还原得伯醇 **5**，后者被氯铬酸吡啶氧化成醛 **6**，接着与膦酰基乙酸三甲酯反应生成双键化合物 **7**。

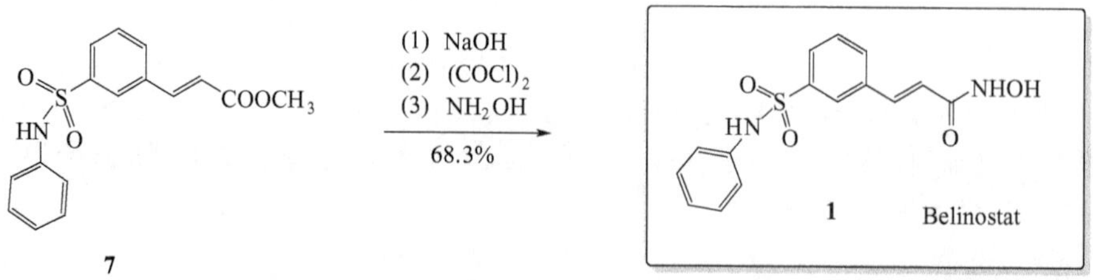

化合物 **7** 再经水解、酰化后，与盐酸羟氨反应合成贝利司他。此合成路线操作简便，4 步反应总收率 13%，后处理均无需柱色谱分离纯化，安全且对环境友好，适合工业化生产。

原始文献

CN 102786448A.

合成路线二

本方法来源于 Prolifix Limited 发表的专利文献（WO 0230879）：

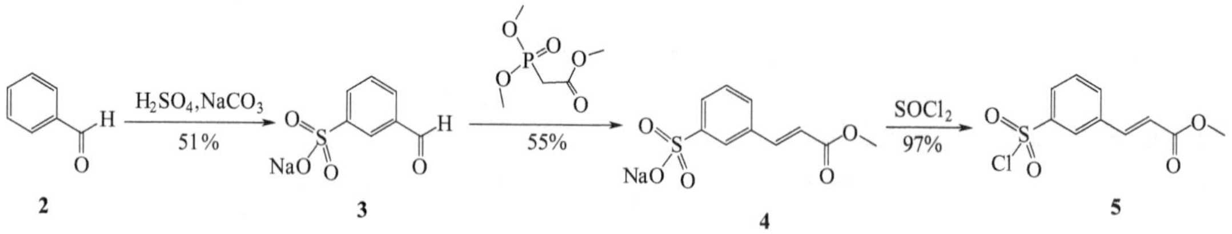

其特点是以苯甲醛（**2**）为起始原料，与发烟硫酸发生间位磺化反应转化为 3-醛基苯磺酸 **3**，再与膦酰基乙酸三甲酯反应生成双键化合物 **4**，经二氯亚砜活化生成酰氯 **5**。

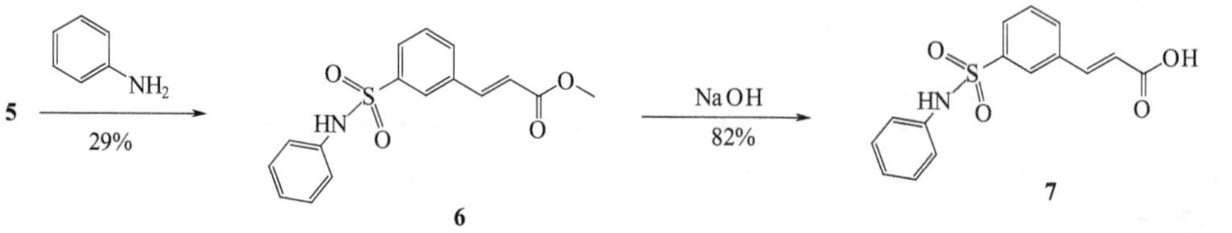

化合物 **5** 直接与苯胺生成磺胺 **6**，再经氢氧化钠水解得酸 **7**。

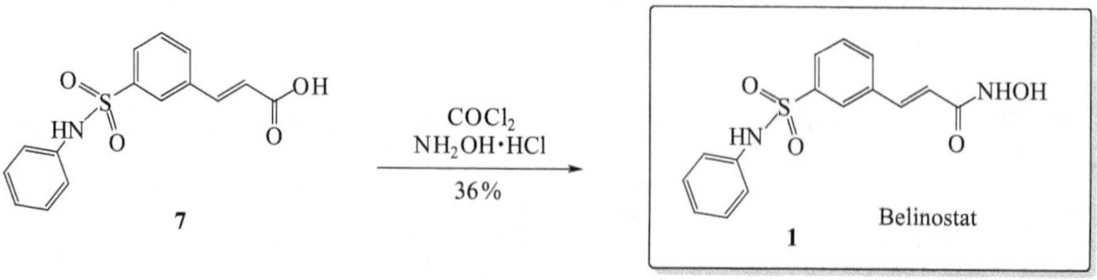

水解产物 **7** 先后与草酰氯和盐酸羟氨反应得贝利司他。此合成路线条件苛刻，过程中使用对环境不友好的发烟硫酸，6 步反应总收率 2.3%，不适合工业化生产。

原始文献

WO 0230879，2002.

合成路线三

本合成路线来源于中国药科大学 Yang 等发表的论文（Synth Comm，2010，40：2520-2524）：

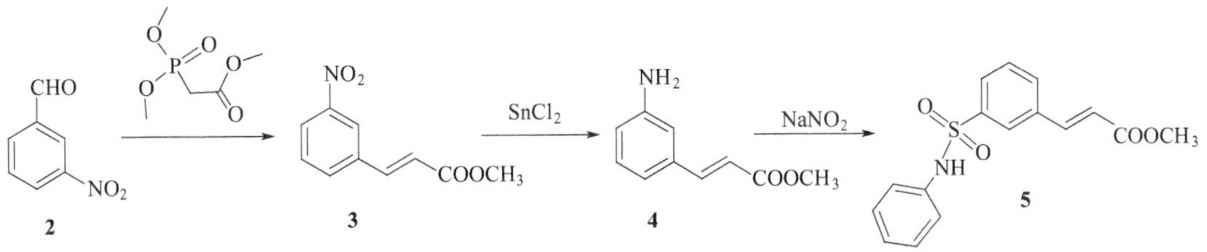

其特点是以 3-硝基苯甲醛（**2**）为起始原料，先与膦酰基乙酸三甲酯反应，随即用二氯化锡还原得氨基化合物 **4**，再与亚硝酸钠发生重叠化反应，在酸性溶液中，用二氧化硫取代重氮基生产 3-磺酰氯苯衍生物，未经纯化直接与苯胺缩合成磺胺 **5**。

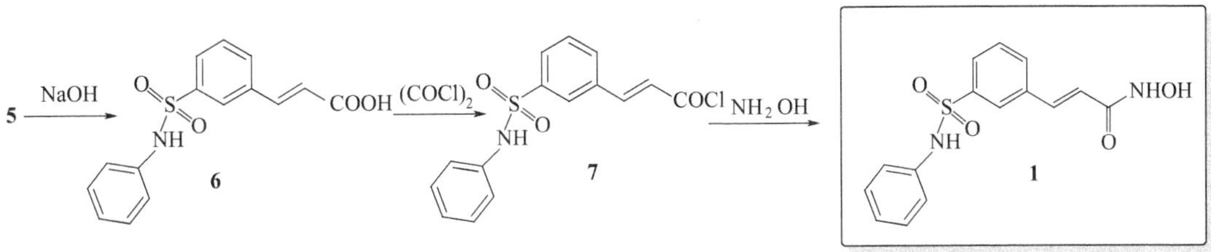

化合物 **5** 经碱水解后，再用草酰氯活化成酰氯，直接与盐酸羟胺反应合成贝利司他（**1**）。此合成路线条件相对简便，制备过程中使用了重氮化反应与二氧化硫气体磺化反应，是大生产中的安全隐患，虽然 3 步反应总收率 32.7%，但不适应工业化生产。

原始文献

Synth Comm，2010，40：2520-2524.

合成路线四

本方法由 Topotarget UK Limited 发表的专利文献（WO 2009040517A2）：

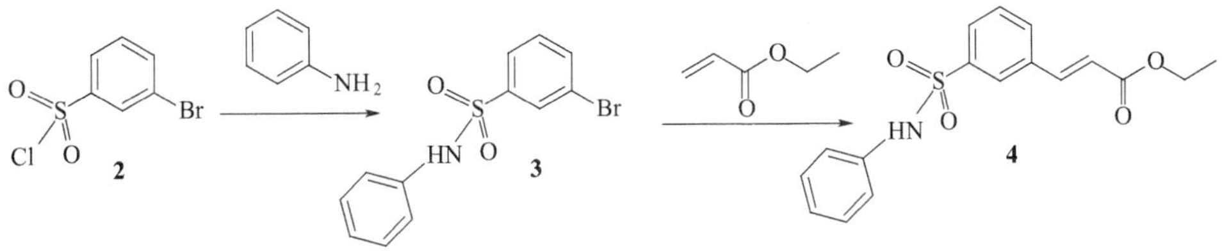

其特点是以 3-溴苯磺酰氯（**2**）为起始原料，与苯胺反应转化为磺胺 **3**，在钯 Pd（0）催化下，与丙烯酸乙酯发生取代加成制备双键化合物 **4**。

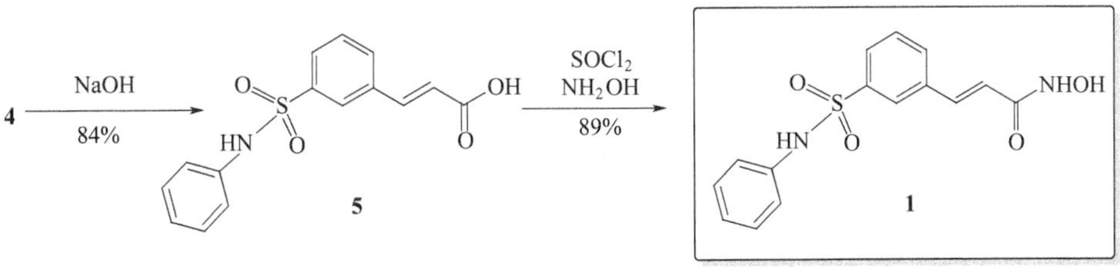

化合物 **4** 经碱水解得酸 **5**，再经二氯亚砜活化后，直接与盐酸羟胺反应合成贝利司他（**1**）。此合成路线是目前唯一报道的千克级规模生产的工艺，4 步反应总收率 41.6%，产品的纯度为 99.25%，且后处理均无需柱色谱分离纯化，适合工业化生产。

原始文献

WO 2009040517A2，2009.

参考文献

[1] Paul W F，Morweana B，Chris B，Angela F，Ruth H，Nagma K，Norman L，Sreenivasa M，Rosario R，Clare W，Victor A，Rasma M B，Klara D，Vija G，Einars L，Irina P，Igor S，Maxim V，Ivars K. Novel sulfonamide Derivatives as inhibitors of histone deacetylase. Helvetica Chimica Acta，2005，88：1630-1657.

[2] Clare W，Maria R R M，Kathryn G M，James R，Paul W F，Ivars K R，Einars L，Klara D，Vija G，Maxim V，Irina P，Victor A，Harris C J，James E S D. Carbamic acid compounds comprising a sulfonamide linkage as HDAC inhibitors. US 20040077726A1，2004.

（周文）

Boceprevir（波西普韦）

药物基本信息

英文通用名	Boceprevir
中文通用名	波西普韦
商品名	Victrelis
CAS 登记号	394730-60-0
FDA 批准日期	2011/05/13
化学名	(1R, 5S)-N-[3-amino-1-(cyclobutylmethyl)-2, 3-dioxopropyl]-3-[2(S)-[[[(1,1-dimethylethyl) amino] carbonyl] amino]-3, 3-dimethyl-1-oxobutyl]-6, 6-dimethyl-3-azabicyclo［3.1.0］hexane-2 (S)-carboxamide
SMILES 代码	CC1(C)[C@]2([H])[C@@H](C(NC(CC3CCC3)C(C(N)=O)=O)=O)N(C([C@H](C(C)(C)C)NC(NC(C)(C)C)=O)=O)C[C@@]21[H]

化学结构和理论分析

化学结构	理论分析值
	化学式：$C_{27}H_{45}N_5O_5$ 精确分子量：519.3421 分子量：519.68 原始分析：C, 62.40；H, 8.73；N, 13.48；O, 15.39

药品说明书参考网页

生产厂家产品说明书：http://www.victrelis.com

美国药品网：http://www.drugs.com/mtm/boceprevir.html

美国处方药网页：http://www.rxlist.com/victrelis-drug.htm

药物简介

波西普韦（Boceprevir）是由默克制药公司于 2011 年研发上市的治疗基因 1 型慢性丙肝的新

药，它是 20 年来 FDA 批准的第一种治疗丙肝新药。Boceprevir 通过选择性方式与非结构蛋白水解酶（NS/4A serine protease）的活性位点结合，干扰蛋白质的合成而发挥疗效。目前，Boceprevir 一般与聚乙二醇干扰素 α（Peginterferon Alfa）和利巴韦林（Ribavirin）联合用药治疗成人慢性丙型肝炎。临床试验表明与进行常规治疗（只服用聚乙二醇干扰素和利巴韦林）的患者相比，服用 Boceprevir（与聚乙二醇化干扰素和利巴韦林联合用药）的患者中有 2/3 出现显著增强的持续性病毒学反应（即停药 24 周后血液中检测不到丙型肝炎病毒）。FDA 相关主管官员表示，对于广大丙肝患者来说 Boceprevir 是一个重大进展，与现有治疗药物相比，Boceprevir 为治疗丙肝这一严重疾病提供了一个有效方法，为治愈丙肝带来了希望。

药品上市申报信息

该药物目前有 1 种产品上市。

药品名称	VICTRELIS		
申请号	202258	产品号	001
活性成分	Boceprevir(波西普韦)	市场状态	处方药
剂型或给药途径	口服胶囊	规格	200mg
治疗等效代码		参比药物	是
批准日期	2011/05/13	申请机构	MERCK SHARP AND DOHME CORP
化学类型	新分子实体药(NME)	审评分类	优先评审药物

药品专利或独占权保护信息

美国专利号或独占权代码	专利或独占权过期日期	专利保护类型、专利名称或市场独占权保护内容
7772178	2027/11/11	产品专利，专利用途代码 U-1128
8119602	2027/03/17	专利用途代码 U-1233
RE43298	2022/02/22	化合物专利，产品专利，专利用途代码 U-1128
M-126	2016/02/27	参见本书附录关于独占权代码部分
NCE	2016/05/13	参见本书附录关于独占权代码部分
NPP	2016/02/13	参见本书附录关于独占权代码部分

Boceprevir 反合成分析

从 Boceprevir 分子结构可以看到，该分子由三片段组成。其中，片段 A 可以由商品化的 (S)-叔丁基亮氨酸方便合成 [(S)-叔丁基亮氨酸与叔丁基异氰酸酯反应]；片段 C 的合成也较为简单且不涉及手性。因此，合成 Boceprevir 的关键在于如何构建片段 B 中的三个手性中心，而片段 A、片段 B、片段 C 可通过经典的酰胺缩合反应进行偶联。基于以上分析，对于 Boceprevir 的合成路线，限于篇幅，将主要介绍片段 B 的合成方法，最后给出 Boceprevir 的合成路线。

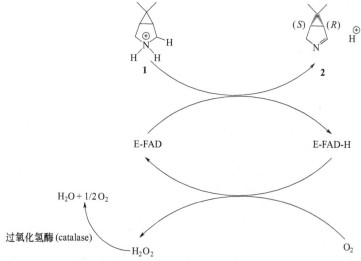

片段 A　　　　　片段 B　　　　　片段 C

片段 B 合成路线一

本路线由美国 Merck 公司开发，文章发表在著名的美国化学会杂志上（Journal of the American Society）。作者利用基因工程技术对曲霉菌（Aspergillusniger）的基因进行相应的优化后得到高效催化氨基脱氢的单氨氧化酶 MAON156。在黄素腺嘌呤二核苷酸（FAD）的存在下，该单氨氧化酶可以将化合物 **1** 的氨基脱去一分子氢得到化合物 **2**。由于单氨氧化酶中的化学环境，得到的化合物 **2** 即拥有很高的光学纯度（＞99％ ee）并可以方便地通过蒸馏纯化（在该文献中，作者提供了批次规模超过 150g 的制备方法）。

在得到能高效催化的单氨氧化酶以后，作者开始设计串联反应以期望得到稳定易分离的化合物。作者原先尝试直接用氰化钠来捕捉化合物 **2**，然而，基于以下两点，作者最后放弃了该想法：①由于在酶中大多数含有金属离子（Cu^{2+}，Fe^{2+} 等），氰化钠的加入会使这些酶彻底丧失生物活性；②即便能得到部分化合物 **4**，由于氰基的吸电子性，化合物 **4** 会迅速在碱性体系中消旋。最后，经过一系列的尝试，作者选择了亚硫酸氢钠作为捕捉试剂。众所周知，亚硫酸氢根是经典的亲电试剂，同时它也是一个很好的离去基团。在综合考虑各方面因素后，作者认为在该体系中存在着 5 个反应，其中反应 2 和反应 4 是竞争反应。如果化合物 **2** 不能及时转化为化合物 **3**，当 **2** 的浓度达到一定程度的时候，反应 5 将发生而使反应停止。在这一思想的指导下，作者做了大量的条件摸索并发现，反应体系如在氮气氛下运转能有效地消除反应 4 的影响。

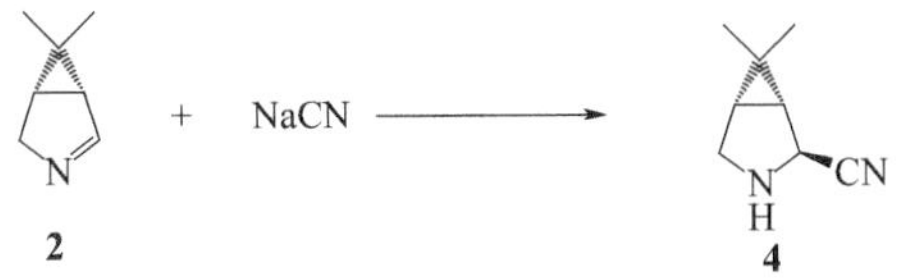

反应1

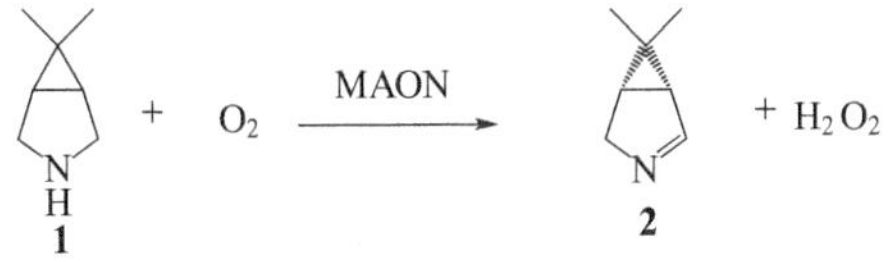

反应4

$2NaSO_3 + O_2 + 2NaOH \longrightarrow 2Na_2SO_4 + 2H_2O$

反应2

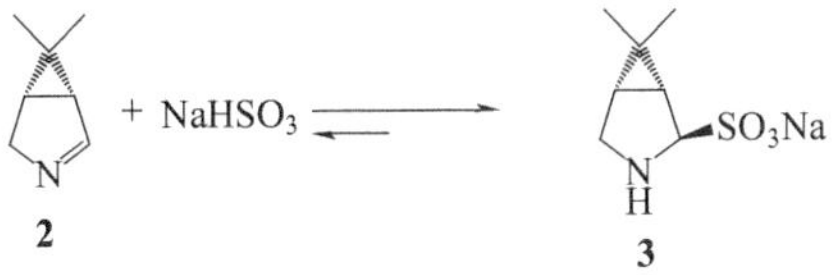

反应5

MOAN + **2** $\rightleftharpoons$ MOAN·**2** $\longrightarrow$ MOAN*·**2**

反应3

$2H_2O_2 \xrightarrow{\text{催化酶}} 2H_2O + O_2$

在得到光学纯的化合物**3**以后，作者通过简单的三步反应（氰基取代、氰基水解和盐酸化）得到光学纯的化合物**6**。

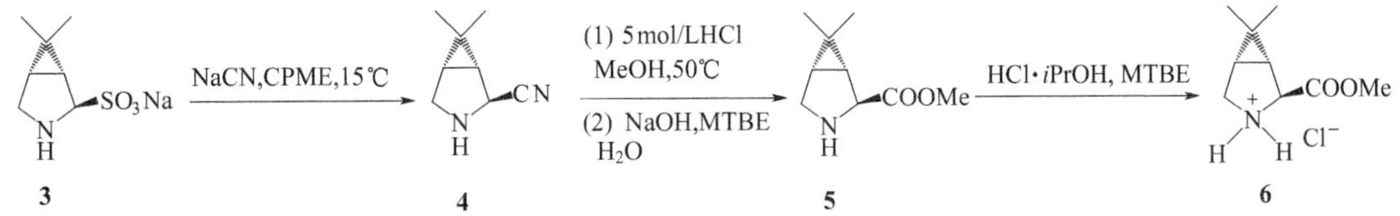

原始文献

J Am Chem Soc，2012，134：6467-6472.

片段B合成路线二

本路线由美国佛蒙特大学的Jose S. Madalengoitia教授所领导的小组在前人工作的基础上研发成功的，其结果发表在Journal of Organic Chemistry杂志上。

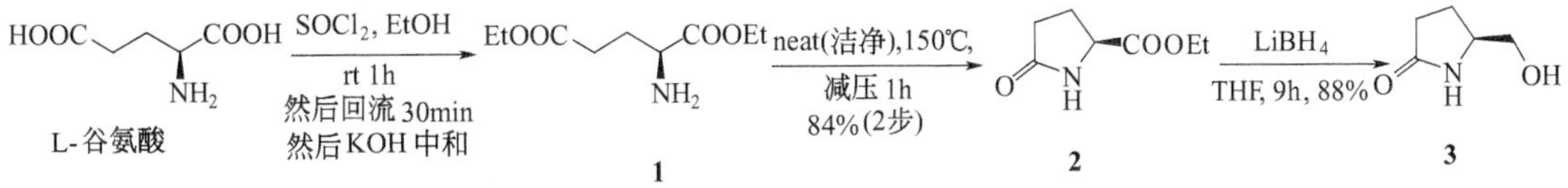

作者从商品化的光学纯氨基酸L-谷氨酸出发，通过乙酯化、内酰胺化两步反应，以84%的产率得到关键中间体**2**。硼氢化锂还原乙酯后得到化合物**3**。

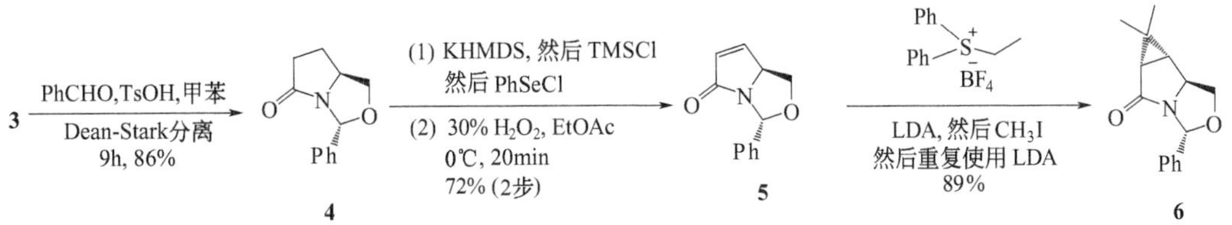

之后，在对甲苯磺酸的催化下，化合物**3**和苯甲醛发生脱水缩合反应得到氢化噁唑林化合物**4**。在此过程中，由于化合物**3**原有的手性环境，反应只得到非对映纯的化合物**4**。之后，作者优化了原有文献报道方法，他们先让化合物**4**形成TMS保护的烯醇，然后加入PhSeCl使之现场生成有机硒化合物。最后作者改进了原有文献的臭氧氧化硒化合物中间体的条件，他们改用30%双氧水氧化成功地得到1,2-不饱和内酰胺化合物**5**。在三元环的引入过程中，作者选用了硫叶立德，在化合物 **5** 的手性环境的诱导下单一地高产率得到了关键中间体化合物 **6**。

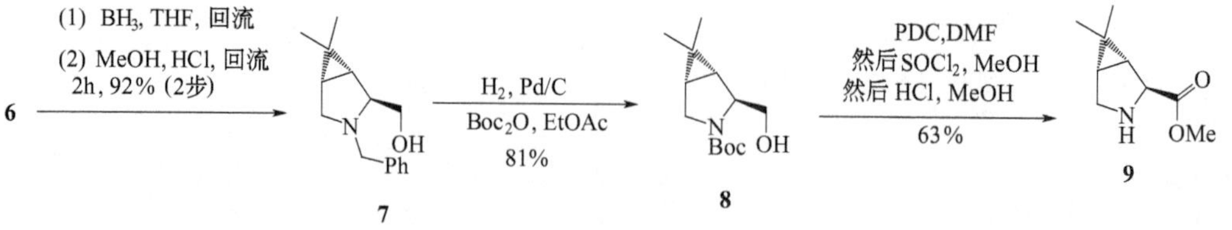

至此，目标化合物 **9** 中所有手性碳全部得到构建。化合物 **6** 再经过几步经典的硼烷还原、钯碳氢化、琼斯氧化，最终得到化合物 **9**。

纵观该反应路线，作者用了 11 步反应，以约 19％ 的总产率得到目标化合物。该路线的特点是：①反应的手性系由天然氨基酸作为原料引入，这保证了原料的充足；②每步反应均为经典反应，产率高，可重复性好。因此，相比于合成路线一，虽然该路线的路线较长，它仍不失为合成化合物 **9** 的首选路线之一，特别是实验室小规模制备的首选。合成路线一虽然步骤短，产率和对映选择性均高，但是路线中需要通过基因工程得到改良的单氨氧化酶，这对一般的实验室的条件有比较高的要求。

原始文献

J Org Chem，1999，64：547-555.

片段 B 合成路线三

该路线由 Schering-Plough 公司于 2004 年研发。该路线的特点是反应条件温和，操作简单，适合大规模工业生产。文献中，作者提供了上百克批次规模制备化合物 **12** 的方法。在合成过程中，目标化合物 **12** 的手性是通过酸酐化合物 **2** 在奎宁丁的诱导下经立体选择性开环醇解而获得的。

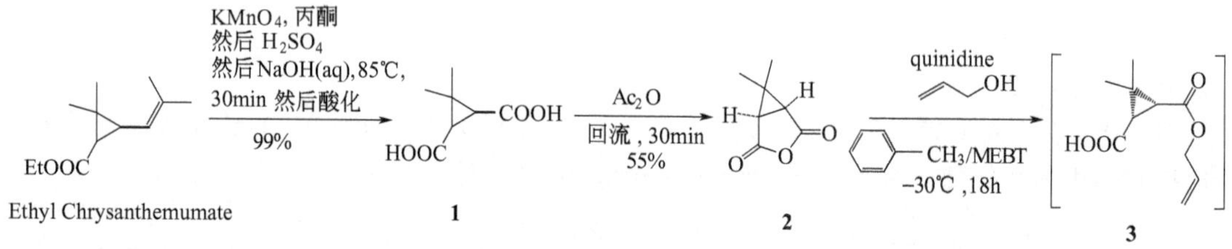

如上所示，从廉价的起始原料 Ethyl Chrysanthemumate（第一菊酸乙酯）出发，高锰酸钾的氧化高产率得到 caronic acid（**1**，蒈酮酸）。蒈酮酸在醋酸酐的作用下以中等产率得到蒈酮酸酐 **2**。而后，在奎宁丁（quinidine）的诱导下，烯丙醇在低温下对蒈酮酸酐进行不对称开环得到中间体 **3**（与奎宁丁成盐）。

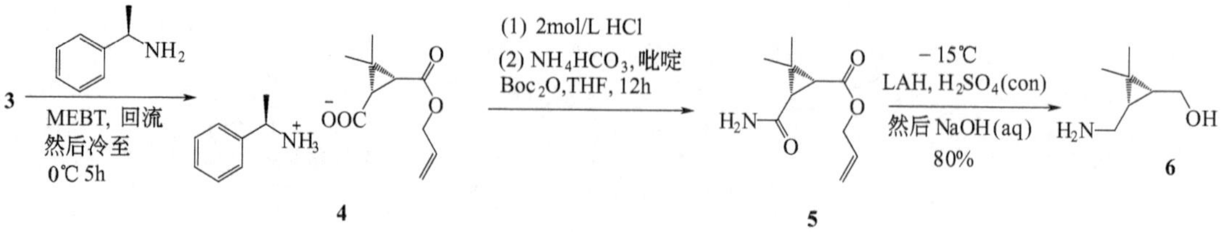

化合物 **3** 和（*R*）-甲基苄胺进行胺交换后即得到光学纯的化合物 **4**。至此，目标化合物 **12** 中的两个手性叔碳骨架得以构建。化合物 **4** 在吡啶和 Boc₂O 的存在下和碳酸氢铵反应得到化合物 **5**，而后，再通过经典的 LAH 试剂还原，Cbz 保护，次氯酸氧化，酸性环合以后，化合物 **5** 成功地被转化为相应的五元环化合物 **9**。Cbz 反应后，可得到光学纯的目标化合物 **12**（文献中的表达的批次生产规模超过 50g）。

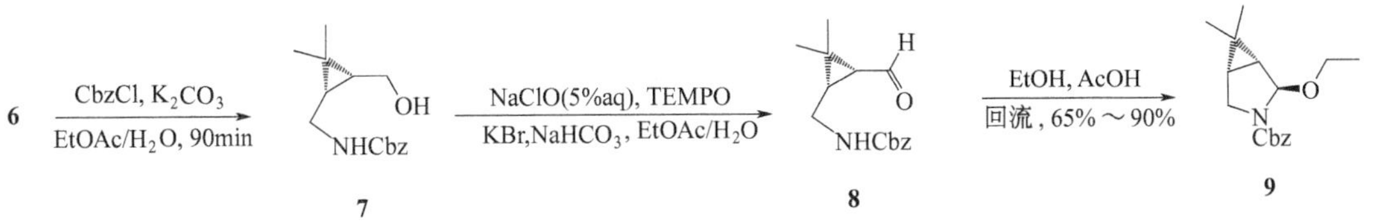

化合物 **9** 在三氟化硼乙醚的催化下和 TMSCN 反应得到化合物 **10**，由于该反应涉及 S_N1 反应，产物中的新的手性中心构型由分子中已有的双环构型决定。至此，目标产物 **12** 中的全部手性中心得以构建。经过氰基水解和氢化脱 Cbz 反应后，作者可以以 50g 以上的规模得到光学纯的化合物 **12**。

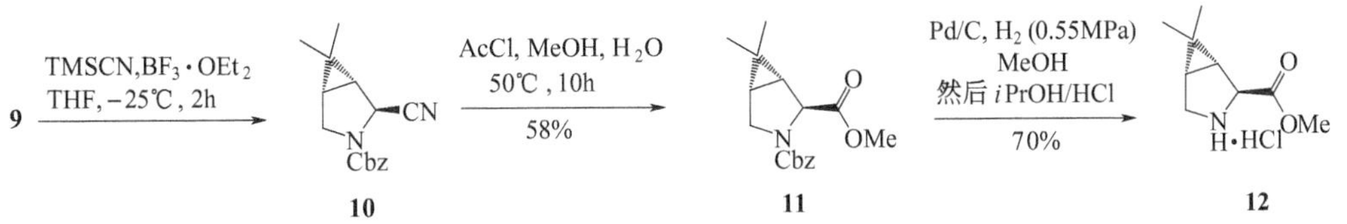

原始文献

WO2004113295，2004.

Boceprevir 合成路线

该路线由笔者综合各文献而得，具体可参照原始文献。

首先是片段 A 的合成，由商品化的原料 L-叔丁基亮氨酸出发，在碱性条件下，叔丁基异氰酸酯（**1**）与 L-叔丁基亮氨酸反应高产率得到化合物 **2**（片段 A）。

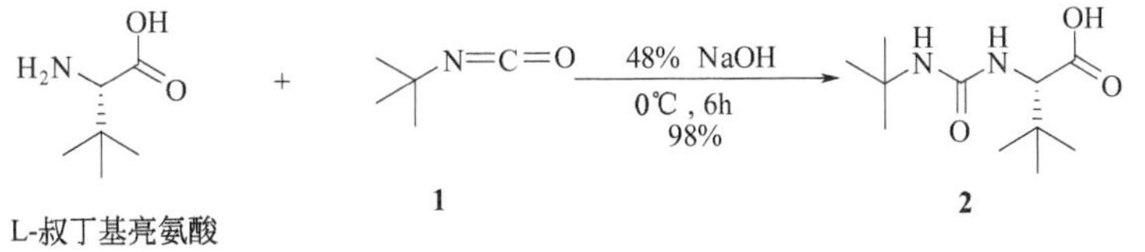

对于片段 C 的合成，由于 Boceprevir 分子中对片段 C 中的氨基并没有要求是光学纯，非光学产物的合成亦可参照此法选择相应原料进行合成。该法由美国 Merck 公司于 2013 年发表于美国著名化学杂志 Journal of Organic Chemistry。

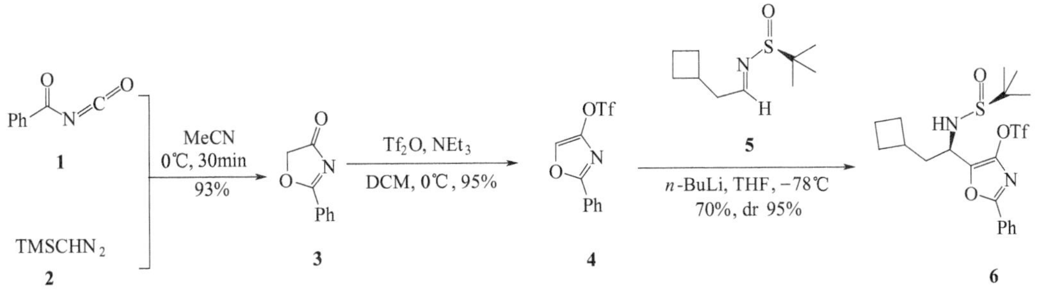

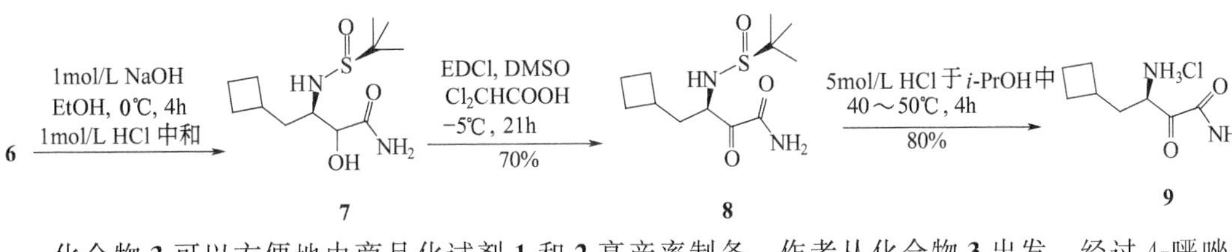

化合物 **3** 可以方便地由商品化试剂 **1** 和 **2** 高产率制备。作者从化合物 **3** 出发，经过 4-噁唑啉

酮芳香化后同（S）-叔丁基亚磺酰亚胺 **5** 低温下反应，可得到光学纯度很高（ee＞95％）的化合物 **6**。化合物 **6** 经过噁唑啉酮环的碱性水解，羟基氧化和叔丁基亚磺酰的水解后顺利地得到化合物 **9**（片段 C）。

Boceprevir 的最后合成可参照 美国 Schering Cooperation 于 2004 年发表的专利。具体方法如下：片段 A 和片段 B 在经典的 EDC、HOBt 条件下成酰胺键，得到的中间体在氢氧化锂的碱性水解下得到化合物 **10** 的酸。为了更好地得到化合物 **10** 的结晶，作者使用 L-甲基苄胺与之形成容易结晶的化合物 **10**。经过酸化后，化合物 **11** 与片段 C 在化合物 **12** 以及 N-甲基吗啉的帮助下顺利地反应生成 Boceprevir。这步反应也可以用 EDC、HOBt 成酰胺的条件，产率略低（85％～90％）。

原始文献

1. WO2009063804 A1.
2. J Org Chem，2013，78：706-710.
3. WO2004113294 A1.

参考文献

[1] Li Tao，et al. Efficient，chemoenzymatic process for manufacture of the Boceprevir bicyclic [3.1.0] proline intermediate based on amine oxidase-catalyzed desymmetrization. Journal of the American Chemical Society，2012，134：6467-6472.

[2] Madalengoitia S J，et al. Cyclopropanation reaction of pyroglutamic acid-derived synthons with akylidene transfer reagents. Journal of Organic Chemistry，1999，64：547-555.

[3] Adkins H，Billica H R. The hydrogenation of esters to alcohol at 25～150℃. Journal of American Society，1948：3121-3125.

[4] Spivey A C，Andrews B I. Catalysis of the asymmetric desymmetrization of cyclic anhydrides by nucleophilic ring-opening with alcohols. Angewandte Chemie International Edition，2001，40：3131-3134.

[5] Baldwin J E，et al. （L）-pyroglutamic acid as a chiral staring material for asymmetric synthesis. Tetrahedron Letters，1991，32（10）：1379-1380.

[6] Silverman R，Levy M A. Synthesis of （S）-5-substituted 4-aminopentanoic acids：A new class of γ-Aminoburyric acid transaminase inactivators. Jouranl of Organic Chemistry，1980，45：815-818.

[7] Thottathil J K，et al. Conversion of L-pyroglutamic acid to 4-alkyl-substituted L-proline. The synthesis of trans-4-cyclohexyl-L-proline. Jouranl of Organic Chemistry，1986，51：3140-3143.

[8] WO2009063804 A1，2009.

[9] Morris W J，et al. Stereoselective addition of 2-phenyloxazol-4-yl trifluoromethanesulfonate to N-sulfinyl imines：Application to the synthesis of the HCV protease inhibitor Boceprevir. Journal of Organic Chemistry，2013，78：

706-710.

[10] Park J，et al. Process and intermediates for the preparation of （1R，2S，5S）-6，6-dimethyl-3-azabicyclo［3.1.0］hexane-2-carboxylates or salts thereof. WO2004/113295，2004.

[11] Sudhakar A，et al. Process and intermediates for the preparation of （1R，2S，5S）-3-azabicyclo［3.1.0］hexane-2-carboxamide，N-［3-amino-1-(cyclobutylmethyl)-2,3-dioxopropyl］-3-［(2S)-2［［［1,1-dimethylethyl］amino]-carbonylamino]-3,3-dimethyl-1-oxobutyl]-6,6-dimethyl. WO2004113294 A1，2004.

[12] Hari Y，Iguchi T，Aoyama T. Facile one-pot synthesis of Di-and Tri-substituted Furans from acyl isocyanates using trimethylsilyldiazomethane. Synthesis，2004，9：1359-1362.

（张德晖）

Bosutinib（博舒替尼）

药物基本信息

英文通用名	Bosutinib
中文通用名	博舒替尼
商品名	Bosulif
CAS 登记号	380843-75-4
FDA 批准日期	2012/09/04
化学名	4-［(2,4-dichloro-5-methoxyphenyl) amino]-6-methoxy-7-［3-(4-methylpiperazin-1-yl) propoxy］quinoline-3-carbonitrile
SMILES 代码	ClC1＝C(OC)C＝C(NC2＝C(C♯N)C＝NC3＝C2C＝C(OC)C(OCCCN4CCN(C)CC4)＝C3)C(Cl)＝C1

化学结构和理论分析

化学结构	理论分析值
	化学式：$C_{26}H_{29}Cl_2N_5O_3$ 精确分子量：529.1647 分子量：530.45 原始分析：C,58.87；H,5.51；Cl,13.37；N,13.20；O,9.05

药品说明书参考网页

生产厂家产品说明书：http://www.bosulif.com/

美国药品网：http://www.drugs.com/cdi/bosutinib.html

美国处方药网页：http://www.rxlist.com/bosulif-drug.htm

药物简介

博舒替尼（Bosutinib）是由辉瑞制药公司于 2012 年研发的治疗费城染色体阳性（Ph⁺）慢性髓细胞白血病的新药，FDA 批准该药为其他抗癌药物治疗无效时的首选药物。Bosutinib 是

ATP 竞争型 Bcr-Abl 激酶抑制剂，它同时也对 SRc 家族的激酶（包括 Src，Lyn 和 Hck）有抑制作用。由于 Bosutinib 同时是 P-糖蛋白（P-glycoprotein，P-gp）和 CYP3A4 的抑制剂，其他 P-gp 和 CYP3A4 抑制剂能增加其血浆中的浓度。动物实验表明，大剂量使用（三倍于临床剂量）Bosutinib 不会导致癌症的发生，亦没有基因突变的迹象。

药品上市申报信息

该药物目前有 1 种产品上市。

药品名称	BOSULIF		
申请号	203341	产品号	001
活性成分	Bosutinib Monohydrate（博舒替尼单水合物）	市场状态	处方药
剂型或给药途径	口服片剂	规格	100mg
治疗等效代码		参比药物	否
批准日期	2012/09/04	申请机构	WYETH PHARMACEUTICALS INC

药品专利或独占权保护信息

美国专利号或独占权代码	专利或独占权过期日期	专利保护类型、专利名称或市场独占权保护内容
6002008	2018/03/27	化合物专利，产品专利，专利用途代码 U-1284
7417148	2026/01/23	专利用途代码 U-1283
7919625	2025/12/11	产品专利
RE42376	2019/09/24	化合物专利
7767678	2026/11/23	化合物专利，产品专利
NCE	2017/09/04	参见本书附录关于独占权代码部分
ODE	2019/09/04	参见本书附录关于独占权代码部分

合成路线一

本路线由美国新泽西 Wyeth Research 实验室研发。该路线简短高效，从 3-氟-4-甲氧基苯胺出发，经过仅仅 5 步反应，可得到目标化合物 Bosutinib，其总产率高达 18.8%。这部分工作发表在美国著名的药学杂志 Journal of Medicinal Chemistry 上，作者同时还对喹啉环 6 位上不同长度的碳链做了对 Src 和 Alb 激酶抑制活性的构效分析。

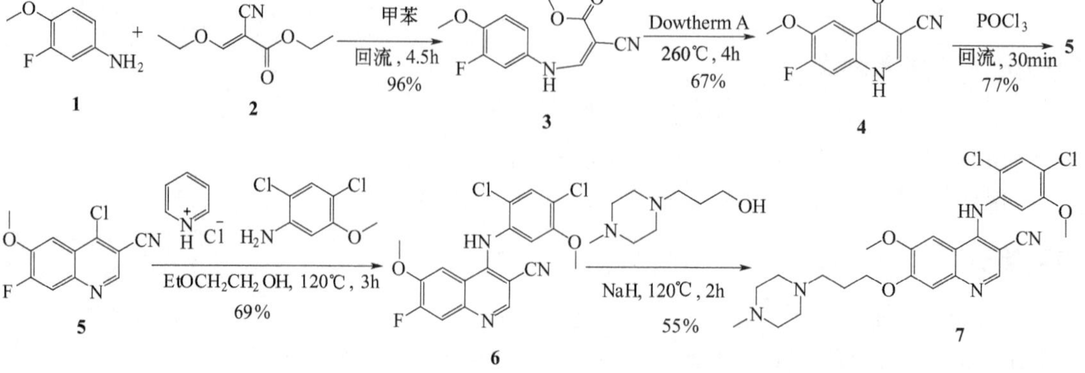

从起始原料出发，作者通过苯胺 **1** 对化合物 **2** 的 Michael 加成生成席夫碱（Schiff's base）**3**。从化合物 **3** 至化合物 **4**，作者采用了导热试剂联苯-联苯醚（Dowtherm A）作为溶剂，在 260℃ 的高温条件下得到相应的环合产物 **4**。这步反应条件比较剧烈，而且后处理比较困难，溶剂很难被完全除去。作者采用了用非极性溶剂环己烷，将化合物 **4** 粗品纯化。之后，作者通过经典的氯化、氨基取代、羟基取代三步反应得到目标化合物 Bosutinib。本路线适合大规模工业化生产，但是从化合物 **3** 至化合物 **4** 的条件比较苛刻，有待进一步优化。

原始文献

J Med Chem，2004，47：1599-1601.

合成路线二

本路线由著名的辉瑞公司（Pfizer Inc）于 2013 年研发。本路线旨在解决 Bosutinib 一水合物的大规模制备过程中存在的一些提纯问题，适合大规模工业化制备。

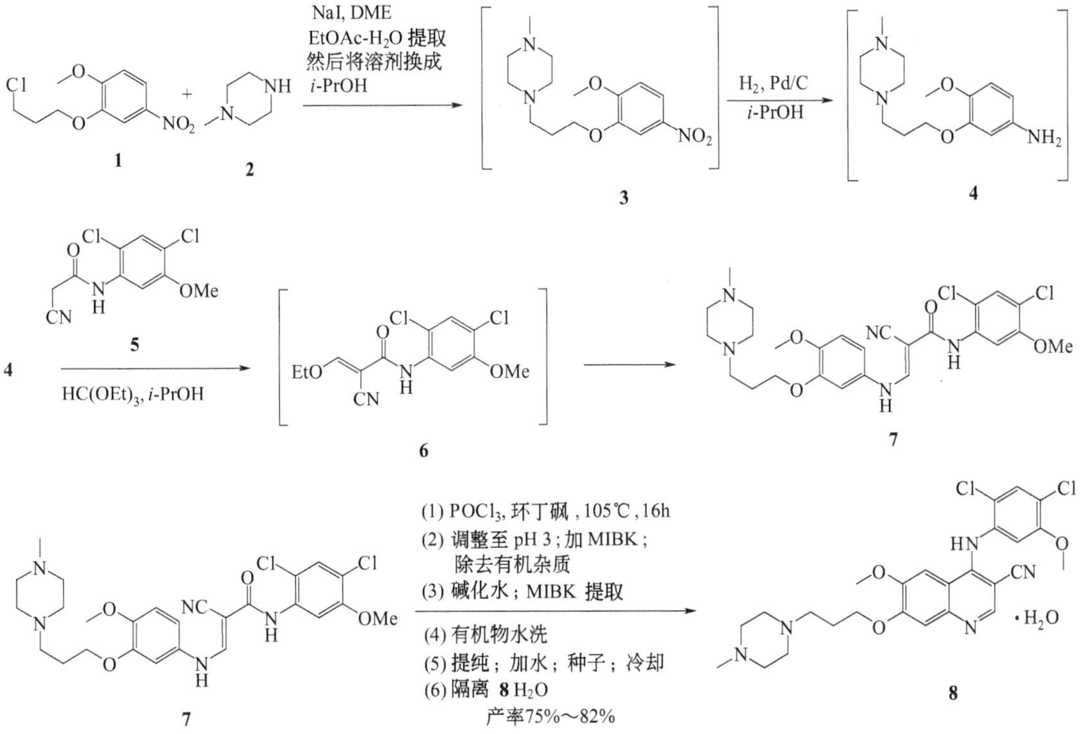

从化合物 **1** 和化合物 **2** 出发，经过简单的取代反应得到化合物 **3**。简单的后处理后，将溶剂换成异丙醇，然后直接进行硝基还原反应得到化合物 **4**。将催化剂 Pd/C 过滤除去后，在相同的溶剂中，化合物 **4**、化合物 **5** 和原甲酸三乙酯反应生成关键中间体化合物 **7**。该反应过程中，化合物 **5** 先和原甲酸三乙酯反应生成中间体 **6**，然后 **6** 再和化合物 **4** 反应生成 **7**。

本路线的重点，同时也是辉瑞公司研究的难点就是从化合物 **7** 至化合物 **8**（Bosutinib 的一水合物）的处理。传统路线中，在 $POCl_3$ 的作用下，化合物 **7** 转化为化合物 **8** 以后，一般是将反应液直接碱化得到六水合 Bosutinib（Bosutinib·H_2O）。然后再用异丙醇-水体系进行重结晶得到 Bosutinib·$2H_2O$·i-PrOH。最后 Bosutinib·$2H_2O$·i-PrOH 在热水中析出 Bosutinib·H_2O。在最后的热水析出过程中，Bosutinib·H_2O 很容易形成乳浊液，这给最后的过滤带来很大的麻烦。辉瑞公司的研究人员针对这一问题，反复试验，最终找到了解决办法。具体操作如下：在化合物 **7** 和 $POCl_3$ 反应结束之后只是将 pH 值调至 3，然后用甲基异丁基酮将有机杂质除去。接着再碱化反应液。如此处理以后，作者最后用甲基异丁基酮-水体系将 Bosutinib·H_2O 析出，以

75％～82％的收率得到纯度 99.9％的产品。

原始文献

Org Proc Dev，2013，17：500-504.

合成路线三

本路线由南京医科大学的李飞课题组于 2010 年在 Molecules 杂志上发表，该组于 2011 年基于此发表了专利。相比于前两条路线，该路线的优点在于原料便宜易得，反应条件简单温和；但是它的缺点也很明显，反应步骤比较长，但由于每步的产率较高，总产率大约为 25％，仍不失为一条大量制备 Bosutinib 的选择之一。

从廉价的化合物 **1** 出发，作者经过甲酯化和取代两步反应后得到化合物 **3**。选择性在甲酸酯的邻位硝化并还原后，作者以很高的产率得到关键中间体 **5**。化合物 **5** 和 3,3-二乙氧基丙腈在三氟乙酸的催化下生成席夫碱化合物 **6**。化合物 **6** 的关环反应要比合成路线一的化合物 **3** 容易并高效得多。仅仅在氢氧化钠的乙醇溶液中室温搅拌 6h，作者就以 85.8％的高产率得到关环产物 **7**。接下来的反应路线同合成路线一和合成路线二中所描述的方法类似，主要是经过氯化和两步取代反应后，得到目标化合物 Bosutinib。

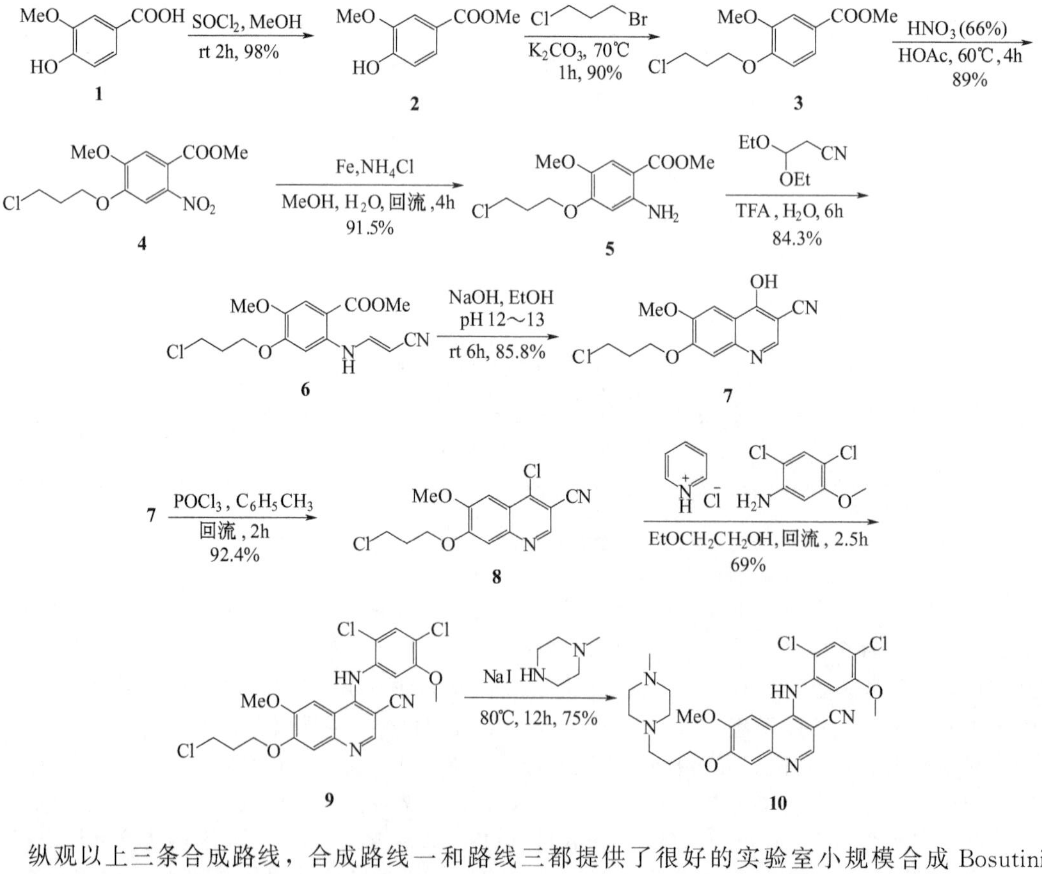

纵观以上三条合成路线，合成路线一和路线三都提供了很好的实验室小规模合成 Bosutinib 的方法。但是如果要工业化地生产制药行业所需高纯度、符合药品规定的 Bosutinib，合成路线二中的辉瑞公司提供了一个很好的模板。

原始文献

Molecules，2010，15：4261-4266；CN101792416 B.

参考文献

［1］ Boschelli D H，et al. 7-Alkoxyl-4-phenylamino-3-quinolinecarbonitriles as dual inhibitors of Src and Abl kinase. Journal of Medicianl Chemistry，2004，47. 1599-1601.

［2］ Vaidyanathan R，et al. A robust，streamlined approach to Bosutinib monohydrate. Organic Process & Development，2013，17：500-504.

［3］ Li Fei，et al. Synthesis of Bosutinib from 3-Methoxy-4-hydroxybenzoic acid. Molecules，2010，15：4261-4266.

［4］ Sun Xu，Li Fei，Yin XiaoJie，Jiang He，Xu Guanhong. Process for preparing Bosutinib. CN101792416 B，2011.

（张德晖）

Cabozantinib（卡博替尼）

药物基本信息

英文通用名	Cabozantinib
中文通用名	卡博替尼
商品名	Cometriq
CAS 登记号	849217-68-1
FDA 批准日期	2012/11/29
化学名	N-(4-((6,7-dimethoxyquinolin-4-yl) oxy) phenyl)-N-(4-fluorophenyl) cyclopropane-1,1-dicarboxamide
SMILES 代码	COC1=CC(N=CC=C2OC3=CC=C(NC(C4(CC4)C(NC5=CC=C(F)C=C5)=O)=O)C=C3)=C2C=C1OC

化学结构和理论分析

化学结构	理论分析值
	化学式：$C_{28}H_{24}FN_3O_5$ 精确分子量：501.1700 分子量：501.51 原始分析：C,67.06;H,4.82;F,3.79;N,8.38;O,15.95

药品说明书参考网页

生产厂家产品说明书：http://www.cometriq.com

美国药品网：http://www.drugs.com/cometriq.html

美国处方药网页：http://www.rxlist.com/cometriq-drug.htm

药物简介

卡博替尼（Cabozantinib）是由 Exelixis 制药公司于 2012 年研发的色氨酸激酶 c-Met 和 VEG-FR2 小分子抑制剂。目前，该药已经被证实对多种肿瘤的生长有抑制作用，这其中包括前列腺癌、膀胱癌、卵巢癌、脑癌、恶性黑色素瘤、乳房癌、非小细胞肺癌、胰腺癌、肝癌、肾癌等。有临床实验表明，对某些癌症，例如肝癌、前列腺癌和卵巢癌等，Cabozantinib 能使 70% 以上患者的肿瘤缩小或者使病情趋于稳定。目前，还没有数据表明该药对儿童是否安全和有效。

药品上市申报信息

该药物目前有 1 种产品上市。

药品名称	COMETRIQ		
申请号	203756	产品号	001
活性成分	Cabozantinib S-Malate（卡博替尼苹果酸盐）	市场状态	处方药
剂型或给药途径	口服胶囊	规格	20mg
治疗等效代码		参比药物	否
批准日期	2012/11/29	申请机构	EXELIXIS INC

药品专利或独占权保护信息

美国专利号或独占权代码	专利或独占权过期日期	专利保护类型、专利名称或市场独占权保护内容
7579473	2024/09/24	化合物专利，产品专利
NCE	2017/11/29	参见本书附录关于独占权代码代码部分
ODE	2019/11/29	参见本书附录关于独占权代码代码部分

合成路线一

本路线来源于美国加州 Exelixis Inc 公司于 2013 年发表相关专利文献。由于 Cabozantinib 分子结构较为简单，分子中没有涉及手性及其他复杂的片段，其合成步骤一般较短，涉及的反应较为经典，产率高。本路线就具备以上所有特点，可以百公斤级生产。

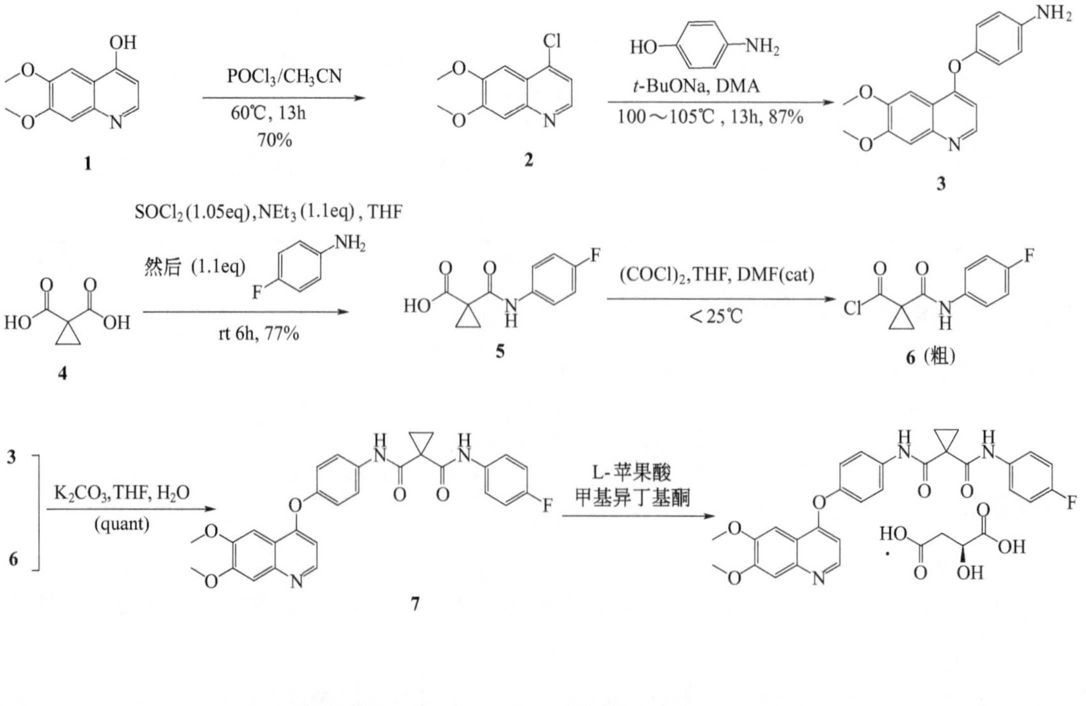

从商品化的原料 1 出发，经过对 4 位羟基的氯化后得到化合物 2。化合物 2 在叔丁醇钠的作用下与对氨基苯酚反应生成化合物 3。另外，化合物 4 在 1.05eq 的二氯亚砜的作用下室温和对氟苯胺反应生成化合物 5，然后化合物 5 再与草酰氯反应生成化合物 6。最后化合物 3 和化合物 6 在碳酸钾的作用下几乎定量生成目标化合物 Cabozantinib（7）。作者在最后将 Cabozantinib 在 (L)-苹果酸的作用下生成 Cabozantinib 的 (L)-苹果酸盐。

原始文献

WO 2013059788A1.

合成路线二

本路线来源于美国加州 Exelixis Inc 公司于 2013 年 11 月研发并发表的相关专利。相比较合成路线一中的反应，作者将第二步反应原料中的对氨基苯酚换成了对硝基苯酚并在之后多了一步硝基还原反应。由于对氨基苯酚的市场价格要高于对硝基苯酚，而且如果使用对氨基苯酚作原料，反应需要用到大量溶剂如 DMA，而且后处理也需要大量的四氢呋喃将产品在 DMA 中析出。而本路线中，作者直接用廉价的 2,6-二甲基吡啶做溶剂，反应后处理中仅仅使用水和廉价的甲醇将产品析出。虽然硝基需要进一步氢化为氨基，但从成本方面考虑，该路线在某些方面优于合成路线一。

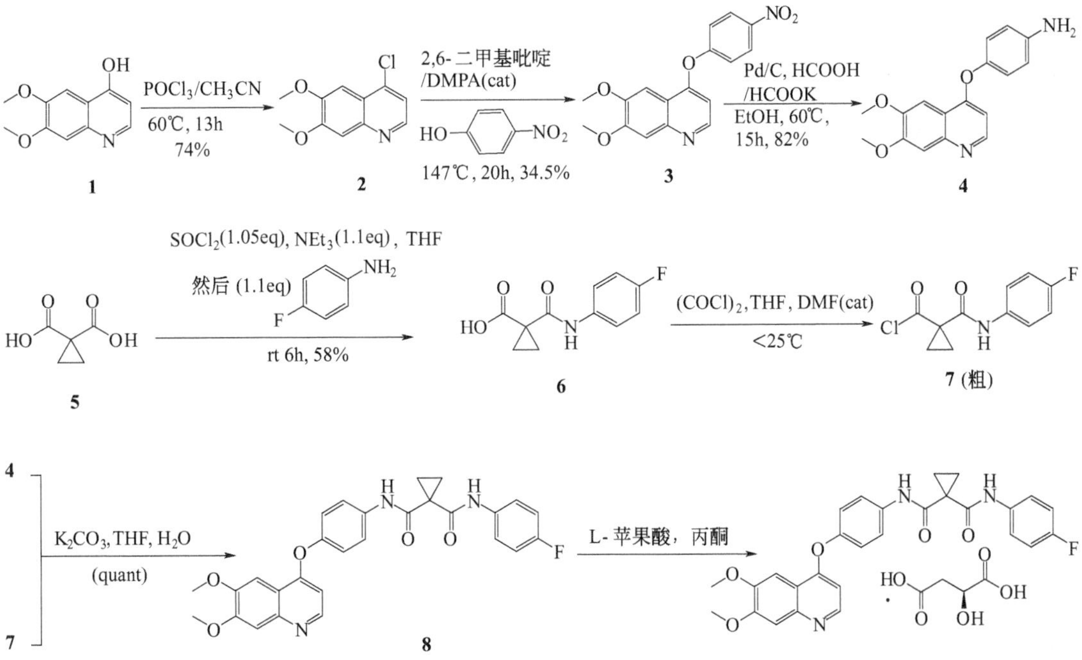

原始文献

WO 2013166296A1.

参考文献

［1］ Ann W J，et al. Process for preparing quinolone derivatives. WO 2013059788A1，2013.

［2］ Aftab D T，et al. A dual Met-Vegf modulator for treating osteolytic bone metastases. WO 2013166296A1，2013.

（张德晖）

Canagliflozin（卡格列净）

药物基本信息

英文通用名	Canagliflozin
中文通用名	卡格列净
商品名	Invokana
CAS 登记号	842133-18-0
FDA 批准日期	2013/03/29
化学名	（2S,3R,4R,5S,6R）-2-{3-[5-（4-Fluoro-phenyl）-thiophen-2-ylmethyl]-4-methyl-phenyl}-6-hydroxymethyl-tetrahydro-pyran-3,4,5-triol
SMILES 代码	OC[C@H]1O[C@@H](C2=CC(CC3=CC=C(C4=CC=C(F)C=C4)S3)=C(C)C=C2)[C@H](O)[C@@H](O)[C@@H]1O

化学结构和理论分析

化学结构	理论分析值
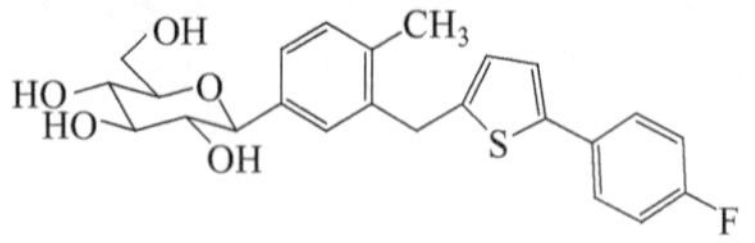	化学式：$C_{24}H_{25}FO_5S$ 精确分子量：444.1407 分子量：444.52 原始分析：C,64.85；H,5.67；F,4.27；O,18.00；S,7.21

药品说明书参考网页

生产厂家产品说明书：http://www.invokana.com/

美国药品网：http://www.drugs.com/invokana.html

美国处方药网页：http://www.rxlist.com/invokana-drug.htm

药物简介

卡格列净（Canagliflozin）是由杨森制药公司于 2013 年研发的用于治疗 Ⅱ 型糖尿病的药物。该药是亚 Ⅱ 型钠-葡萄糖转运蛋白（SGLT2）抑制剂。研究发现，肾脏中 90% 的葡萄糖重吸收与 SGLT2 有关，另外 10% 与 SGLT1 有关。Canagliflozin 通过阻断由 SGLT2 引起的葡萄糖重吸收使患者能每天能多从尿液中排出 50～80g 的血糖（大约 200～300kcal 的能量，1cal＝4.2J）从而达到降糖的目的。在这一过程中，身体中的部分水分由于尿液中的葡萄糖浓度高于血液而通过渗透利尿排出体外，患者通常伴随血压降低。此外，Canagliflozin 能引起患者体重降低。研究表明，2/3 的失重是由于身体通过消耗脂肪来弥补葡萄糖的缺失，剩下的 1/3 则是由于失水造成。由于独特的降糖机制，Canagliflozin 相比于其他降糖药，例如磺酰脲类降糖药和胰岛素，更不容易引起低血糖。但是，有研究表明，Canagliflozin 能加大心脑血管疾病发生的概率，尤其是服用后前 30 天。

药品上市申报信息

该药物目前有 6 种产品上市。

产品一

药品名称	INVOKANA		
申请号	204042	产品号	001
活性成分	Canagliflozin（卡格列净）	市场状态	处方药
剂型或给药途径	口服片剂	规格	100mg
治疗等效代码		参比药物	否
批准日期	2013/03/29	申请机构	JANSSEN PHARMACEUTICALS INC

产品二

药品名称	INVOKANA		
申请号	204042	产品号	002
活性成分	Canagliflozin（卡格列净）	市场状态	处方药
剂型或给药途径	口服片剂	规格	300mg
治疗等效代码		参比药物	是
批准日期	2013/03/29	申请机构	JANSSEN PHARMACEUTICALS INC

产品三

药品名称	INVOKAMET		
申请号	204353	产品号	001
活性成分	Canagliflozin（卡格列净）；Metformin Hydrochloride(盐酸二甲双胍)	市场状态	处方药
剂型或给药途径	口服片剂	规格	50mg;500mg
治疗等效代码		参比药物	否
批准日期	2014/08/08	申请机构	JANSSEN PHARMACEUTI-CALS INC

产品四

药品名称	INVOKAMET		
申请号	204353	产品号	002
活性成分	Canagliflozin（卡格列净）；Metformin Hydrochloride(盐酸二甲双胍)	市场状态	处方药
剂型或给药途径	口服片剂	规格	50mg;1g
治疗等效代码		参比药物	否
批准日期	2014/08/08	申请机构	JANSSEN PHARMACEUTI-CALS INC

产品五

药品名称	INVOKAMET		
申请号	204353	产品号	003
活性成分	Canagliflozin（卡格列净）；Metformin Hydrochloride(盐酸二甲双胍)	市场状态	处方药
剂型或给药途径	口服片剂	规格	150mg;500mg

续表

药品名称	INVOKAMET		
治疗等效代码		参比药物	否
批准日期	2014/08/08	申请机构	JANSSEN PHARMACEUTI-CALS INC

产品六

药品名称	INVOKAMET		
申请号	204353	产品号	004
活性成分	Canagliflozin（卡格列净）；Metformin Hydrochloride（盐酸二甲双胍）	市场状态	处方药
剂型或给药途径	口服片剂	规格	150mg；1g
治疗等效代码		参比药物	是
批准日期	2014/08/08	申请机构	JANSSEN PHARMACEUTI-CALS INC

药品 INVOKAMET 专利或独占权保护信息

美国专利号或独占权代码	专利或独占权过期日期	专利保护类型、专利名称或市场独占权保护内容
7943582	2029/02/26	化合物专利，产品专利，专利用途代码 U-493
8222219	2024/07/30	专利用途代码 U-493
8513202	2027/12/03	化合物专利，产品专利，专利用途代码 U-493
7943788	2027/07/14	化合物专利，产品专利
NCE	2018/03/29	参见本书附录关于独占权代码部分

药品 INVOKANA 专利或独占权保护信息

美国专利号或独占权代码	专利或独占权过期日期	专利保护类型、专利名称或市场独占权保护内容
8513202	2027/12/03	化合物专利，产品专利，专利用途代码 U-493
7943582	2029/02/26	化合物专利，产品专利，专利用途代码 U-493
8222219	2024/07/30	专利用途代码 U-493
8785403	2024/07/30	产品专利
7943788	2027/07/14	化合物专利，产品专利
NCE	2018/03/29	参见本书附录关于独占权代码部分
NC	2017/08/08	参见本书附录关于独占权代码部分

合成路线一

本路线由路德维希-马克西米利安-慕尼黑大学和药明康德无锡分公司共同研发。由于 Canagliflozin 中异头碳需要是 β 构型时才有效，该路线中的关键是化合物 6 的异头碳构型的构建。通过一系列的条件摸索，作者自主研发了高效的邻基参与的葡萄糖异头碳 β 构型引入芳基的方法。该路线有路线短、原料廉价易得、操作简单、产率高的特点，很适合大规模工业化生产。

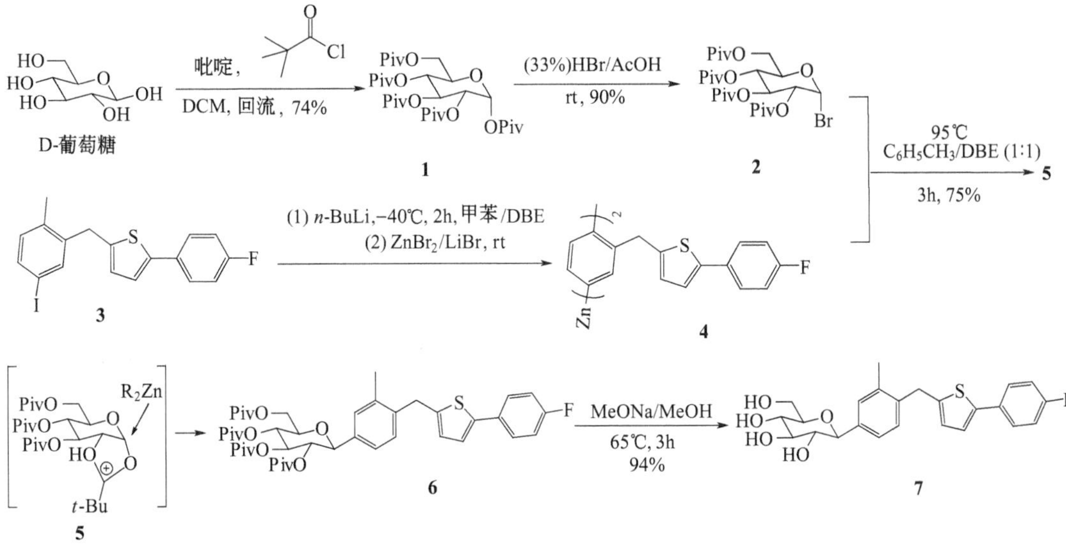

作者从 D-葡萄糖出发，现将糖中的所有羟基用叔戊酰基保护，然后化合物 1 在溴化氢的醋酸溶液中选择性地将异头碳上的羟基转化为 α 型的溴（化合物 2）。此外，从化合物 3 出发，经过丁基锂的卤素交换后，化合物 3 的锂试剂盒溴化锌反应生成关键中间体锌试剂 4。在这一过程中，溴化锂的存在相当重要，它能大大促进溴化锌在正丁醚中的溶解度。之后，作者在对化合物 2 和化合物 4 的反应做了大量的条件摸索后发现：①溶剂的选择非常重要，单纯醚类溶剂会使化合物 2 迅速分解，经过条件的优化，甲苯和正丁醚（1:1）的混合溶剂是最佳反应溶剂；②制备锌试剂时，溴化锌的使用甚至关键，如果使用氯化锌制备锌试剂，化合物 2 和化合物 4 反应后将得到大量的氯代物甚至导致像四氢呋喃这类溶剂的分解；③由于从化合物 3 制备化合物 4 以后，锌试剂没有经过处理直接进入下一步反应，作者发现在这一过程中，锌盐使用的量相当关键，0.55 当量的 $ZnBr_2$/LiBr 配合物在反应中能起到最好效果；④该反应对位阻比较敏感，但升温能提高产率，同时作者发现该反应对呋喃和噻唑类锌试剂有效，但对吡啶类锌试剂无效。最后在最优条件下，作者以 75% 的收率得到化合物 6。作者同时通过对比试验发现，化合物 2 中异头碳邻位的叔戊酰基至关重要，它在反应中能通过邻基效应形成关键中间体 5，从而保证了锌试剂从 β 位进攻得到 β 构型的化合物 6。化合物 6 在甲醇钠的甲醇溶液中顺利地脱保护得到 Canagliflozin。

原始文献

Org Let，2012，14（6）：1480-1483.

合成路线二

该路线由研制开发 Canagliflozin 的 Mitsubishi Tanabe Pharma 公司于 2011 年发表于药物杂志 Journal of Medicinal Chemistry。在这篇文章中，作者第一次公开报道了 Canagliflozin 作为治疗 II 型糖尿病的化学合成路线和相关生物数据。在该报道中，作者用此路线合成了 33.5g Canagliflozin。由于该路线中涉及的反应原料和试剂并不昂贵，反应的立体选择性有较好的文献先例，是工业化的理想选择。

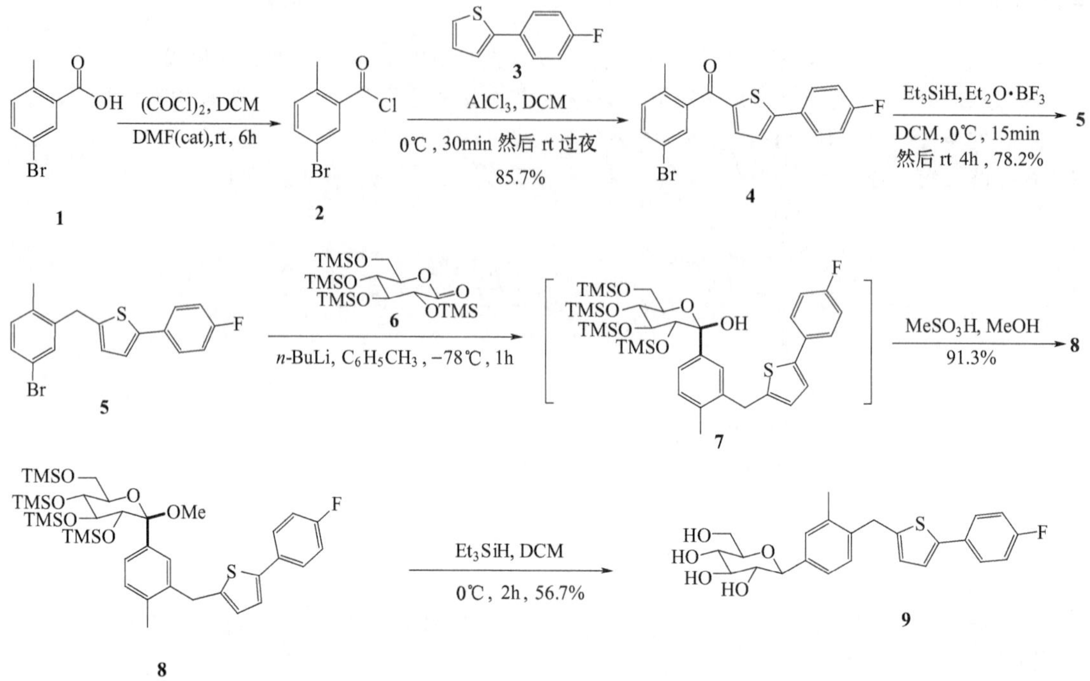

作者从化合物 **1** 出发，经过酰化后和 1-对氟苯基噻吩发生 Friedel-Craft 反应生成化合物 **4**。化合物 **4** 在三乙基硅烷和三氟化硼乙醚的作用下脱去羰基生成化合物 **5**。接着化合物 **5** 经过溴-锂交换后低温下对化合物 **6** 的羰基进行 1,2-加成反应，这步反应没有涉及立体选择性，生成的化合物 **7** 直接在甲磺酸的作用下转化为化合物 **8**。最后，在三乙基硅烷的作用下，化合物 **8** 被选择性地还原为 β 构型的 Canagliflozin。

原始文献

J Med Chem，2010，53（17）：6355-6360.

合成路线三

该路线由中国台湾的 ScinoPharm 有限公司于 2013 年研制开发。本合成路线较以上两条路线短，只需三步反应即能得到 Canagliflozin（其中包括一锅法制备化合物 **6**），其中的异头碳的手性控制从原料 **1** 引入。虽然三步反应总产率大约 43%，但是由于原料 **1** 较为昂贵（相对于路线一中的 D-葡萄糖和路线二中的葡萄糖酸内酯），而且最后的 TBAF 脱除硅醚保护基后，产品 Canagliflozin 需要柱色谱纯化，这些都是本路线的缺陷所在，如需大量制备，该路线有待改进。

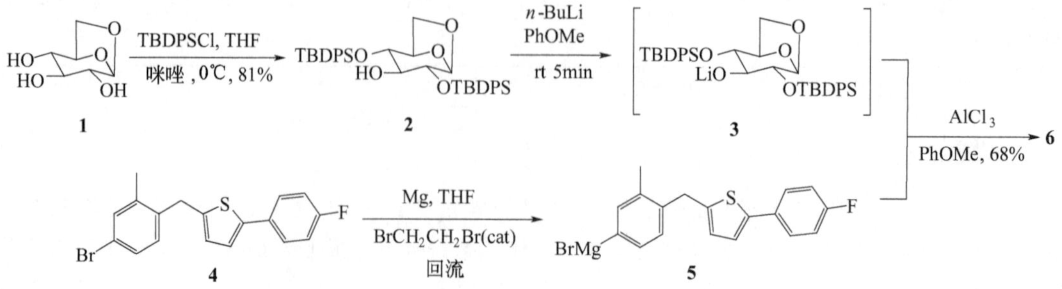

作者从原料 **1** 出发，在咪唑的作用下低温选择性保护 2 位和 4 位羟基。而后，化合物 **2** 和一当量的丁基锂作用生成 3 位羟基取代的锂盐。同时，化合物 **4** 在 1,2-二溴乙烷的引发下和镁作用生成格氏试剂 **5**。在氯化铝的催化下，中间体 **3** 和格氏试剂 **5** 在苯甲醚中生成 β 构型的化合物 **6**，其构型由中间体 **3** 决定。最后，在 TBAF 的作用下，化合物 **6** 脱去硅醚生成 Canagliflozin。

原始文献

WO2013068850A2.

参考文献

［1］ Lemaire S，et al. Stereoselective C-Glycosylation reactions with arylzinc reagent. Organic Letters，2012，14（6）：1480-1483.

［2］ Nomura S，et al. Discovery of canagliflozin，a novel C-Glucoside with thiophene ring，as sodium-dependent glucose cotransporter 2 inhibitor for the treatment of Type 2 Diabetes Mellitus. Journal of Medicinal Chemistry，2010，53（17）：6355-6360.

［3］ Meng W，et al. Discovery of Dapagliflozin：A potent，selective renal sodium-dependent glucose cotransporter2（SGLT2）inhibitor for the Treatment of Type 2 Diabetes. Journal of Medicinal Chemistry，2008，51：1145-1149.

［4］ Ellsworth B A，et al. C-Arylglucoside synthesis：triisopropylsilane as a selective reagent for the reduction of an anomeric C-phenyl ketal. Tetrahedron：Asymmetry，2003，14：3243-3247.

［5］ Jirman J，et al. New crystalline salts of bazedoxifene with di-，tri-，or polycarboxylic acids. WO2009012734A2，2009.

［6］ Julian P H，et al. Process for the preparation of β-C-Aryl glucosides. WO2013068850A2，2013.

［7］ Fischer M H. The preparation of 1，6-anhydro-β-D-glucopyranose（levoglucosan）by using methyl sulfoxide. Carbohydrate Research，1968，8：354-360.

（张德晖）

Carfilzomib（卡非佐米）

药物基本信息

英文通用名	Carfilzomib
中文通用名	卡非佐米
商品名	Kyprolis
CAS 登记号	868540-17-4
FDA 批准日期	2012/07/20
化学名	（S）-4-Methyl-N-（（S）-1-（（（S）-4-methyl-1-（（R）-2-methyloxiran-2-yl）-1-oxopentan-2-yl）amino）-1-oxo-3-phenylpropan-2-yl）-2-（（S）-2-（2-morpholinoacetamido）-4-phenylbutanamido）pentanamide
SMILES 代码	O=C（[C@@H]（NC（[C@H]（CC1＝CC＝CC＝C1）NC（[C@H]（CC（C）C）NC（[C@H]（CCC2＝CC＝CC＝C2）NC（CN3CCOCC3）＝O）＝O）＝O）＝O）CC（C）C）[C@@]4（C）CO4

化学结构和理论分析

化学结构	理论分析值
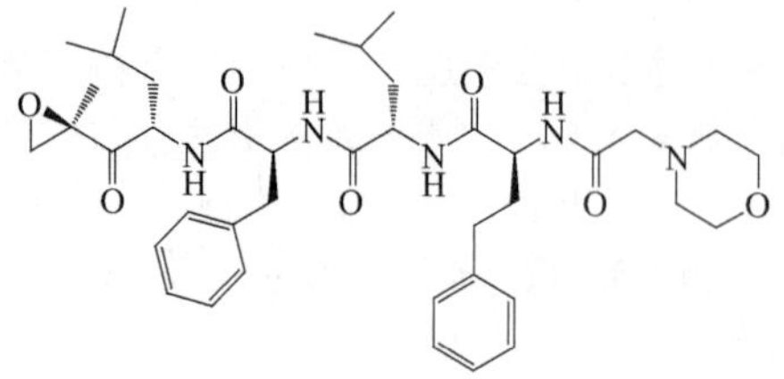	化学式：$C_{40}H_{57}N_5O_7$ 精确分子量：719.4258 分子量：719.91 原始分析：C,66.73;H,7.98;N,9.73;O,15.56

药品说明书参考网页

生产厂家产品说明书：http://www.kyprolis.com/

美国药品网：http://www.drugs.com/pro/kyprolis.html

美国处方药网页：http://www.rxlist.com/kyprolis-drug.htm

药物简介

卡非佐米（Carfilzomib）是 Onyx Pharmaceuticals 公司于 2012 年研发成功的治疗多发性骨髓瘤的药物。该药是一种选择性蛋白水解酶抑制剂。从化学结构上来看，Carfilzomib 和天然产物 Epoxomicin 类似，它们都是含有环氧基团的四肽。从作用机制上看，Carfilzomib 进入体内以后可以不可逆地与 20S 蛋白水解酶结合并抑制其类糜蛋白水解活性，从而造成细胞内无用蛋白得不到及时水解而大量累积进而导致细胞凋亡。

药品上市申报信息

该药物目前有 1 种产品上市。

药品名称	KYPROLIS		
申请号	202714	产品号	001
活性成分	Carfilzomib(卡非佐米)	市场状态	处方药
剂型或给药途径	静脉注射用粉剂	规格	60mg/小瓶
治疗等效代码		参比药物	是
批准日期	2012/07/20	申请机构	ONYX PHARMACEUTICALS INC

药品专利或独占权保护信息

美国专利号或 独占权代码	专利或独占权 过期日期	专利保护类型、专利名称或市场独占权保护内容
7491704	2025/04/14	专利用途代码 U-1260
8129346	2026/12/25	专利用途代码 U-1260
8207127	2025/04/14	专利用途代码 U-1260
8207125	2025/04/14	化合物专利,产品专利
7417042	2026/06/07	化合物专利,产品专利

续表

美国专利号或 独占权代码	专利或独占权 过期日期	专利保护类型、专利名称或市场独占权保护内容
8207126	2025/04/14	产品专利
7232818	2025/04/14	化合物专利,产品专利
8207297	2025/04/14	化合物专利,产品专利
7737112	2027/12/07	产品专利
NCE	2017/07/20	参见本书附录关于独占权代码部分
ODE	2019/07/20	参见本书附录关于独占权代码部分

合成路线一

本路线来源于美国 Proteolix Inc 公司于 2009 年发表的专利文献。从 Carfilzomib 的化学结构上看，它属于四肽，而且构成 Carfilzomib 的四个氨基酸片段依次是 L-高苯丙氨酸、L-亮氨酸、L-苯丙氨酸和一个带有手性环氧的 L-亮氨酸衍生物。前三种氨基酸及其衍生物均有商品化试剂可以购买，因此，本合成关键在于带有手性环氧的 L-亮氨酸衍生物的手性合成，其合成步骤中涉及的酰胺键形成反应均在经典的偶联试剂如 HOBt、BOP、HATU 等催化下进行。

作者从 L-苯丙氨酸甲酯和 Boc 保护的 L-亮氨酸出发，在 HOBt 和 BOP 的作用下生成二肽 **3**。化合物 **3** 在 80% 的 TFA 的二氯甲烷溶液中脱除 Boc 保护基后，在同样的偶联条件下和 L-高苯丙氨酸偶联生成三肽 **6**（Boc-HomoPhe-Leu-Phe-OMe）。化合物 **6** 在 80% 的 TFA 的二氯甲烷溶液中再次脱除 Boc 保护基后氯代乙酰氯反应得到关键中间体 **8**，经过吗啉的取代和甲酯的水解后，化合物 **8** 即转化为化合物 **10**。

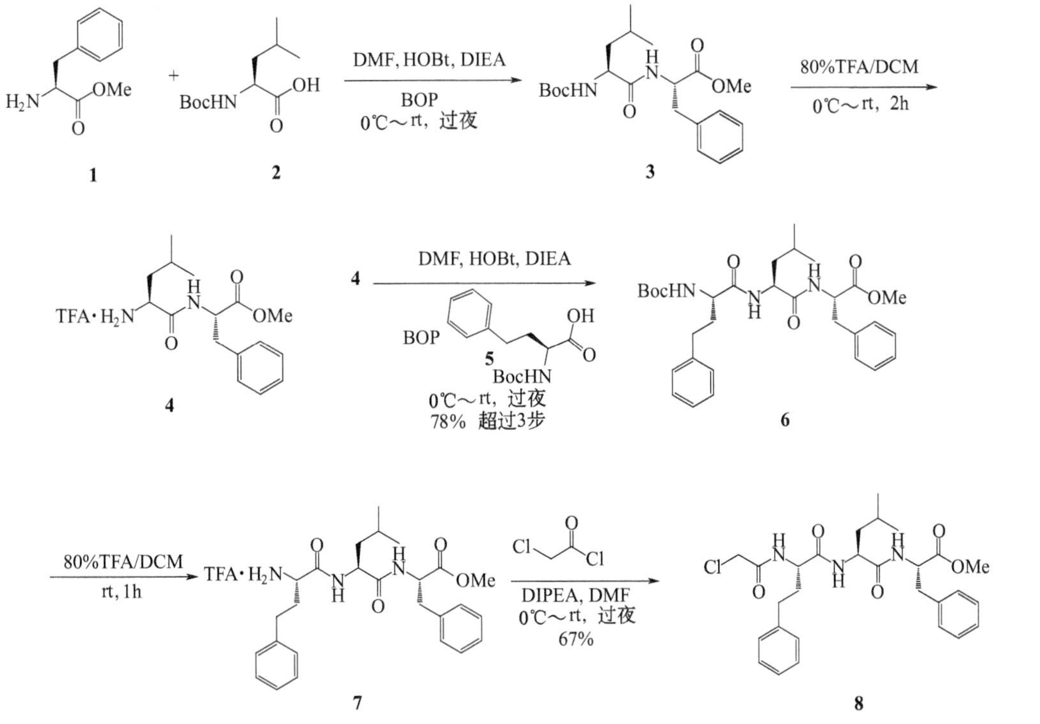

9 → **10**

反应条件：吗啉 NH，KI, THF, 二氧六环，rt, 过夜 (quant)；LiOH, MeOH/H₂O, 0～5℃, 12h, 87%

接下来，作者开始合成带有手性环氧的 L-亮氨酸衍生物 **15A**。作者从 L-亮氨酸的 Weinreb-Nahm 酰胺衍生物 **11** 出发，在烷基锂的作用下生成关键中间体 **12**。由于化合物 **12** 中的手性环境，在 Luche 反应[❶]条件下，作者以 9∶1 的选择性得到了以 **13A** 为主的醇。接着，在新生成的手性醇羟基的诱导下，作者用 mCPBA 将化合物 **13** 中的双键选择性地转化为带手性环氧基团的化合物 **14**。在化合物 **14** 的羟基氧化过程中，作者尝试了多种反应条件，包括 Swern 氧化[❷]、Dess-Martin 氧化[❸]、Ley 氧化[❹]等。最后，从反应产率和原料价格综合考虑，作者使用过氧叔丁醇在 VO（acac）₂ 的催化下能以高产率得到化合物 **15**。

11 →（$\equiv$CH₂Br 衍生物, t-BuLi, Et₂O, −78℃, 2.5h, 92%）→ **12** →（NaBH₄, CeCl₃·7H₂O, MeOH, 76%, **13A**∶**13B** = 9∶1）→ **13A** + **13B**

13 →（mCPBA/DCM, rt, 5h, **14A**∶**14B** = 9∶1, 93%）→ **14A** + **14B**

14 →（VO(acac)₂, t-BuOOH, DCM, rt, 6h, **15A**∶**15B** = 9∶1, 95%）→ **15A** + **15B**

[❶] Luche 反应是 J. L. Luche 研究小组于 1978 年报道的选择性地将 α, β-不饱和酮中的羰基还原为醇的高效方法。反应一般用大于 1eq 的硼氢化钠在七水合三氯化铈的存在下对底物进行选择性还原。该反应适用性极为广泛，能容忍包括硝基、叠氮在内的绝大多数官能团的存在，是选择性还原 α, β-不饱和酮中的羰基的首选。

[❷] Swern 氧化是由美国化学家 D. Swern 于 1976 年发现的将醇羟基高效转化为羰基的反应。该反应的关键点在温度的控制，一般反应温度应严格控制在−78℃以下。如果温度过高，Pummerer 重排反应将成为主要竞争反应，而且由于反应中间体过于活泼，有发生爆炸的危险。

[❸] Dess-Martin 氧化是 1983 年由美国化学家 D. B. Dess 和 J. C. Martin 在前人基础上改进而成。自从 2-碘酰基苯甲酰（2-iodoxybenzoic acid，IBX）于 1893 年被发现以来，尽管人们知道它对醇羟基有很好的氧化效果，但它在绝大多数溶剂中的极差的溶解性和安全性（易爆）成为制约 IBX 被广泛应用的最大瓶颈。美国化学家 D. B. Dess 和 J. C. Martin 总结前人的经验，于 1983 年在美国著名化学杂志 Journal of Organic Chemistry 上报道了 IBX 的乙酰化产物能很好地解决 IBX 的溶解性问题，而且性质相对稳定，后人将该试剂称为 Dess-Martin 氧化剂。该反应一般在二氯甲烷中进行，能够容忍大多数官能团，被广泛应用于各种复杂有机分子的合成中。

[❹] Ley 氧化是由英国化学家 Steven V. Ley 于 1987 年发现，该反应旨在用＋7 价钌化合物作为氧化剂选择性将醇羟基氧化为醛或者酮。由于＋8 价的钌氧化物有很强的氧化性，它能将很多有机化合物的官能团氧化，但缺乏选择性。1987 年，Steven V. Ley 设计并发现，TPAP[（n-Pr)4NRuO] 在 NMO（N-methylmopholine N-oxide，N-甲基-N-氧化吗啉）的存在下可以将伯醇顺利地转化为醛、仲醇转化为酮，后人将 TPAP/NMO 这一对醇的选择性氧化组合称为 Ley 氧化。该反应一般用二氯甲烷作为溶剂，室温，一般要加入一定量的分子筛。由于反应很快，如果反应规模很大，必须严格控制反应温度，否则容易发生爆炸。

最后，化合物 **15A** 在 TFA 溶液中经过 Pd/C 催化氢化得到化合物 **16**，在 HOBt、HBTU 的作用下，化合物 **16** 和化合物 **10** 偶联以较好的产率得到目标化合物 Carfilzomib。

原始文献

WO2009045497A1，2009.

参考文献

［1］ Sin N，et al. Bioorganic & Medicinal Chemistry Letters，1999，9：2293-2288.

［2］ Laidig J G，et al. Synthesis of Amino Acid Keto-Expoxide. WO20050256324A1，2005.

［3］ Phiasivongsa P，et al. Crystalline peptide epoxy ketone protease inhibitors and the synthesis of amino acid keto-epox-ides. WO2009045497A1，2009.

（张德晖）

Ceftaroline Fosamil（头孢洛林酯）

药物基本信息

英文通用名	Ceftaroline Fosamil
中文通用名	头孢洛林酯
商品名	Teflaro
CAS 登记号	400827-46-5
FDA 批准日期	2010/10/29
化学名	（6R，7R）-7-[（2Z）-2-ethoxyimino-2-[5-（phosphonoamino）-1，2，4-thiadiazol-3-yl］acetyl]amino]-3-c[[4-(1-methylpyridin-1-ium-4-yl)-1,3-thiazol-2-yl]sulfanyl]-8-oxo-5-thia-1-azabicyclo[4.2.0]oct-2-ene-2-carboxylate
SMILES 代码	OP(NC1＝NC(/C(C(N[C@@H]2C(N3[C@@H]2SCC(SC4＝NC(C5＝CC＝[N+](C)C＝C5)＝CS4)＝C3C([O-])＝O)＝O)＝O)＝N/OCC)＝NS1)(O)＝O

化学结构和理论分析

化学结构	理论分析值
	化学式：$C_{22}H_{21}N_8O_8PS_4$ 精确分子量：684.0103 分子量：684.69 原始分析：C,38.59；H,3.09；N,16.37；O,18.69；P,4.52；S,18.73

药品说明书参考网页

生产厂家产品说明书：http://www.teflaro.com/

美国药品网：http://www.drugs.com/search.php? searchterm＝Ceftaroline＋fosamil

美国处方药网页：http://www.rxlist.com/teflaro-drug.htm

药物简介

头孢洛林酯（Ceftaroline Fosamil）是 Forest Laboratories 公司于 2010 年研发的最新一代头孢抗生素。该药对甲氧西林金黄色葡萄球菌和革兰氏阳性菌引发的感染有效，同时它仍然保留传统头孢抗生素的广谱抗革兰氏阴性菌的药效。目前，该药正在临床评估其对社区获得性肺炎和复杂性皮肤感染的治疗效果。研究表明，Ceftaroline Fosamil 的副作用主要表现为腹泻、恶心和红疹。目前临床上一般使用 Ceftaroline Fosamil 的醋酸盐。药理实验表明，该药是一种前药，它进入体内后经肝内代谢生成活性代谢物 Ceftaroline 和无活性代谢物 Ceftaroline-M1。据信，Ceftaroline Fosamil 是通过其结构中的噻唑环来实现对甲氧西林金黄色葡萄球菌的抑制活性的。

药品上市申报信息

该药物目前有 2 种产品上市。

产品一

药品名称	TEFLARO		
申请号	200327	产品号	001
活性成分	Ceftaroline Fosamil(头孢洛林酯)	市场状态	处方药
剂型或给药途径	静脉灌注用粉剂	规格	400mg/小瓶
治疗等效代码		参比药物	否
批准日期	2010/10/29	申请机构	CEREXA INC

产品二

药品名称	TEFLARO		
申请号	200327	产品号	002
活性成分	Ceftaroline Fosamil(头孢洛林酯)	市场状态	处方药
剂型或给药途径	静脉灌注用粉剂	规格	600mg/小瓶
治疗等效代码		参比药物	是
批准日期	2010/10/29	申请机构	CEREXA INC

药品专利或独占权保护信息

美国专利号或 独占权代码	专利或独占权 过期日期	专利保护类型、专利名称或市场独占权保护内容
6417175	2018/12/17	化合物专利，产品专利，专利用途代码 U-282
8247400	2031/02/10	产品专利，专利用途代码 U-282
6906055	2021/12/15	化合物专利，产品专利
7419973	2021/12/15	产品专利
NCE	2015/10/29	参见本书附录关于独占权代码部分

合成路线分析

从 Ceftaroline Fosamil 的结构来看，它的合成可以从片段 A 的磷酰胺和片段 B 通过偶联获得。因此，对 Ceftaroline Fosamil 合成将分别从片段 A 和片段 B 的合成逐一进行介绍。

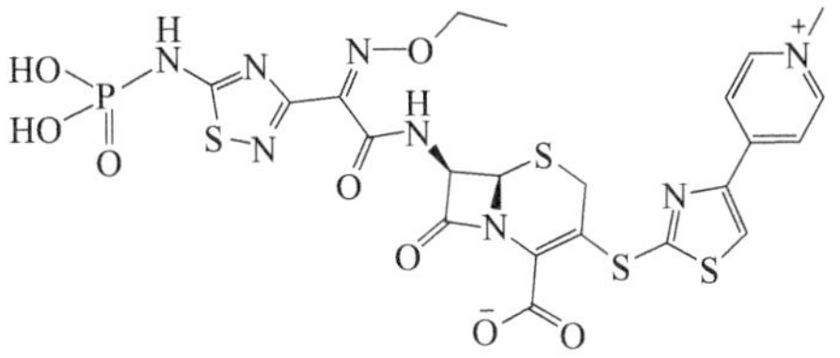

1
Caftaroline Fosamil

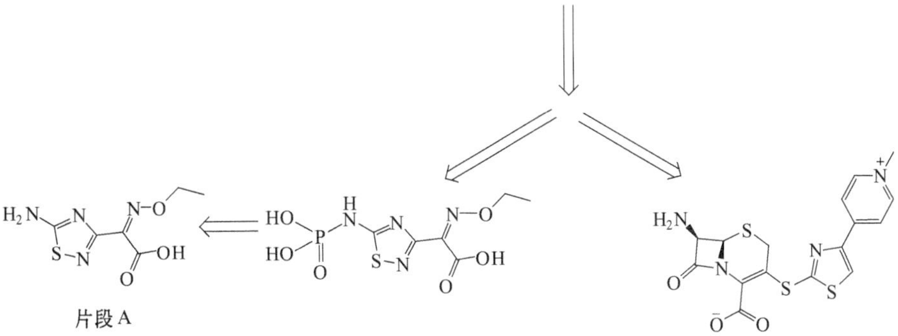

片段 A

片段 B

片段 A 合成路线一

本路线由河北科技大学的 Yougui Zhao 小组研发并于 2014 年发表在 Res Chem Intermed 上。该路线从廉价的化合物 2 出发，在亚硝酸钠的酸性溶液中发生羟肟化生成中间体化合物 3。中间体 3 不经过分离直接用硫酸二乙酯将羟基乙酯化后生成化合物 4。在制备带胍基化合物 6 的时候，作者将化合物 4 中的酰胺用三氯氧磷转化为氯代亚胺 5，接着在氨水的作用下顺利地得到化合物 6。在中间体 10 的 1,2,4-噻二唑环体系的构建中，作者先将化合物 6 中胍基中的氨基用溴水溴化生成中间体 7。在硫氰酸钾的作用下，化合物 7 在甲醇中经过中间体 8 和 9 生成化合物 10。最后，化合物 10 在碱性条件下水解生成化合物 11（片段 A）。该合成路线总产率较高，操作较为简便，可以比较大规模合成片段 A。

原始文献

Res Chem Intermedt，2014，40：2139-2143.

片段 A 合成路线二

本路线由浙江工业大学和浙江华方药业有限责任公司联合开发研制并于 2013 年申报专利。该路线在前人的基础上对路线进行了改进。与路线一有所不同的是，该路线先生成异噁唑环，然后通过重排反应构建 1,2,4-噻二唑环体系。该路线的特点是反应涉及的试剂相对温和，没有像路线一中多次用到像 POCl$_3$、Br$_2$ 等强腐蚀性的试剂，有利于大规模生产。

该合成路线以丙二腈和盐酸羟胺为起始原料，经过中间体 **13**，然后在甲醇钠的作用下，中间体 **13** 环合生成异噁唑 **14**，选择性保护 2 位氨基后得到化合物 **15**。1,2,4-噻二唑环的构建包含一个重排反应：化合物 **15** 与 in situ 生成的活泼中间体异硫氰酸酯（**16**）反应生成中间体 **17**。由于异噁唑中的氮氧键不稳定，在邻近的巯基的亲核进攻下发生开环反应生成 1,2,4-噻二唑（**18**）。作者本发明的关键在于，利用较为稳定的有机硝化试剂 i-PrONO 将化合物 **18** 的亚甲基羟肟化，低温下反应 5h 后，在溴乙烷的作用下乙基化得到化合物 **21**（片段 A）。

原始文献

CN102558094 B.

片段 B 的合成路线

由于结构较为复杂，片段 B 的合成较片段 A 繁琐。现有的文献中，对于片段 B 的合成报道较为完整的不是很多。最早也最为完整的报道见于日本 Takeda 公司于 2003 年第一次在 Bioorganic & Medicinal Chemistry 上首次对 Ceftaroline Fosamil 的合成和生物数据的阐述。之后，Takeda 公司授权 Forest Laboratories 继续对 Ceftaroline Fosamil 研发并于 2010 年得到 FDA 批准上市。

由于该报道中作者直接使用了化合物 32 作为原料进行后续的合成，为了让读者对头孢及青霉素类化合物结构的合成有更深刻的印象，本章节作者总结了前人的报道，提出以下的合成方法，仅供参考，其中每步反应所对应的文献均在条件中注明。

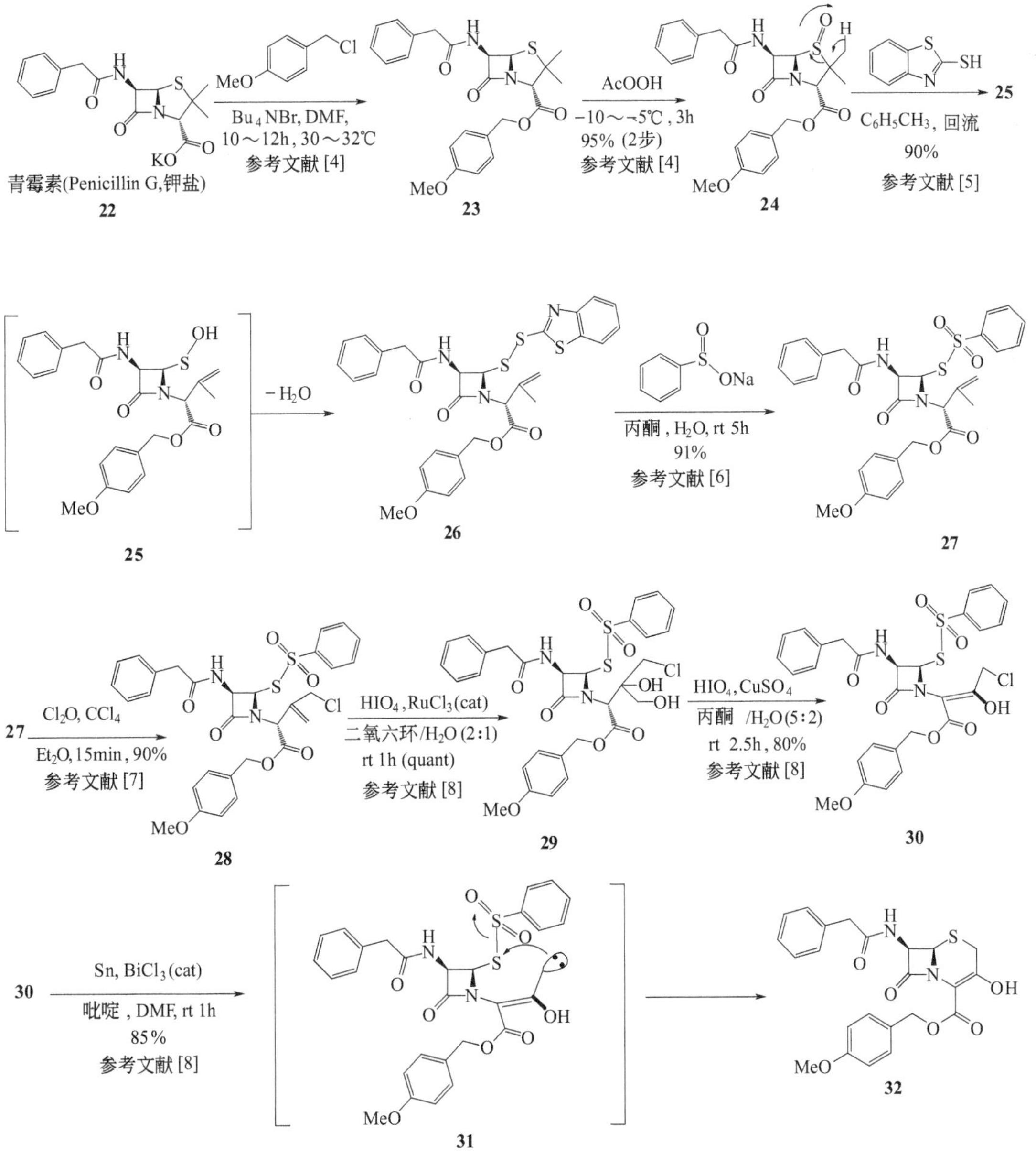

目标化合物 **32** 的手性全部由起始原料 Penicillin G 中引入。合成从商品化的 Penicillin G 的钾盐出发，通过羧基的保护和硫醚的氧化得到亚砜 **24**。在回流的甲苯中，化合物 **24** 发生重排反应生成中间体 **25**。之后在 2-巯基苯并噻唑的亲核进攻下，中间体 **25** 中的 sulfenic acid（S—OH）脱去羟基生成化合物 **26**。为了增强离去性，化合物 **26** 可以在苯亚磺酸钠的作用下经过取代反应生成化合物 **27**。接着，为了创造关环条件，通过一个氧化二氯参与的 Ene 反应❶可以高产率地在化合物 **27** 的烯丙位上引入一个氯原子得到化合物 **28**。与目标产物化合物 **32** 相比，还需将化合物 **28** 的双键转化为羟基。经典的方法为臭氧氧化还原法，但是由于安全问题，该法很难用于大量制备化合物。日本的 Hideo 小组经过一系列的尝试后发现高碘酸在三氯化钌的催化下能以定量的收率得到二醇化合物 **29**（参考文献［8］）。接着仍然在高碘酸的作用下，作者发现同时再加入硫酸铜，化合物 **29** 能以高产率转化为羟基化合物 **30**。这里，硫酸铜的存在至关重要，如果没有硫酸铜，该步产率将下降一半（40％对 80％）。最后，Hideo 小组经过大量的条件筛选发现，在氯化铋的催化下，金属锡可以将化合物 **30** 顺利地高产率转化为化合物 **32**。该反应可能是通过金属锡还原氯原子，得到的中间体 **31** 经过分子内亲核关环得到产品。Hideo 小组还通过对比试验证明该反应不大可能先经过脱砜反应而后巯基对氯亲核进行关环。

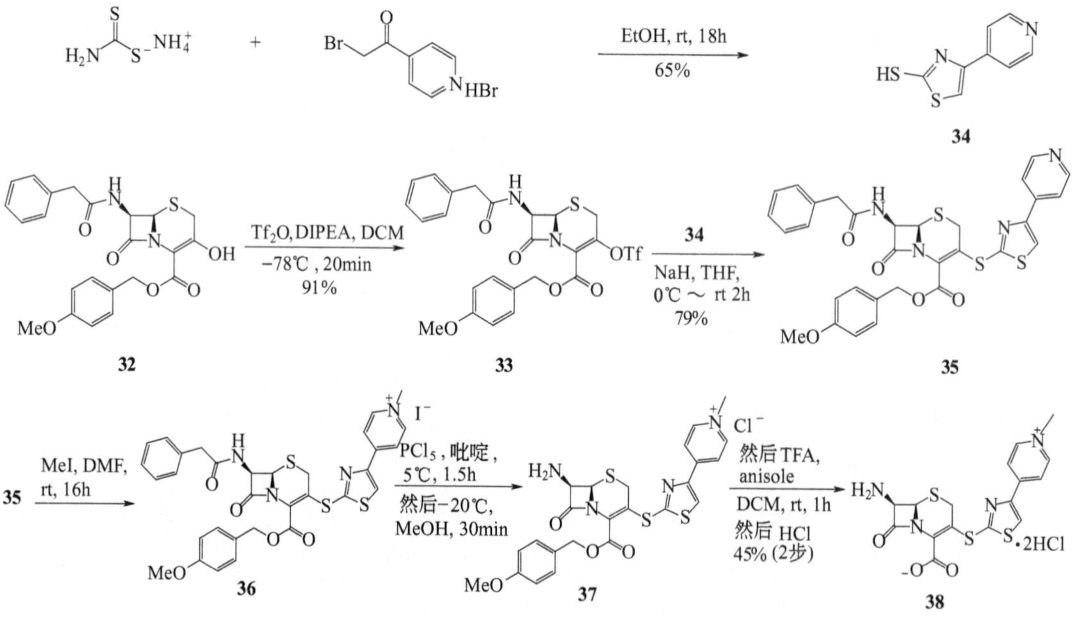

日本 Takeda 公司用化合物 **32** 作为起始原料，将其羟基转化为三氟甲磺酸酯衍生物，经过化合物 **34** 的亲核取代得到关键中间体 **35**。至此，Ceftarolin Fosamil 中的片段 B 的主体部分全部合成完毕。经过甲基化，脱保护反应后，化合物 **38**（片段 B）可以以 50g 以上规模制备。

原始文献

Bioorg Med Chem，2003，11：2427-2437.

---

❶ Ene 反应又称为 Alder Ene 反应，它是一类带有烯丙位氢的不饱和有机化合物（包括烯烃、炔烃、联烯、芳烃和含杂原子的不饱和有机化合物）与另外一个不饱和有机化合物（包括烯烃、炔烃、联烯、芳烃和含杂原子的不饱和有机化合物）反应生成新的不饱和体系的反应的总称。该反应包括一个新的 δ 键的生成和一次 1,5-氢迁移。该反应对某些复杂化学体系的构建起到至关重要的作用，在有机合成中的用途相当广泛。

头孢洛林酯（Ceftaroline Fosamil）的合成路线

最后，将片段 A 和片段 B 结合起来就可以得到 Ceftaroline Fosamil。合成过程如下：片段 A（化合物 **11** 或者化合物 **21**）在五氯化磷的作用下生成羰基酰氯，同时 5 位氨基被膦酰化（化合物 **39**）。在 2mol/L 醋酸钠水溶液中，化合物 **39** 和片段 B（化合物 **38**）作用生成 Ceftaroline Fosamil（化合物 **40**）。在这里，化合物 **39** 中更为活泼的羰基酰氯优先与片段 B（化合物 **38**）的氨基反应，同时化合物 **39** 中的膦酰氯水解得到相应的膦酸。从化合物 **32** 出发，作者通过五步反应，以总产率 15% 得到 68.4g Ceftaroline Fosamil。

原始文献

Bioorg Med Chem，2003，11：2427-2437.

参考文献

[1] Zhao Yougui，Wang Ronggeng，Liu，Mei. The synthesis of （Z）-2-(5-amino-1,2,4-thiadiazol-3-yl)-2-ethoxy-imino-acetic acid. Res Chem Intermedt，2014，40：2139-2143.

[2] Mohammad K，et al. Process for the preparing ceftaroline salts or hydrates thereof. WO2013084171A1，2013.

[3] Zhong，Weihui，et al. Method for preparing ceftaroline side-chain acid. CN102558094 B，2013.

[4] Sun Haiquan，et al. Method for synthesis of *p*-methoxybenzyl 6-phenylacetamido-3-chloromethyl-3-cephem-4-carboxylate. CN101429208，2009.

[5] Takashi K，et al. Studies on β-lactam antibodies. Ⅰ. A novel conversion of penicillins to cephalosporins. Tetrahedron Letters，1973，32：3001-3004.

[6] Hideo T，et al. A convenient synthesis of 4-(Phenylsulfonylthio)-2-azetidinones. Bull Chem Soc Jpn，1991，64：1416-1418.

[7] Sigeru T，et al. Ene-type chlorination of olefins with dichlorine monoxide. Chemistry Letters，1984：877-880.

[8] Hideo T，et al. Synthesis of 3-Hydroxycephems from penicillin G through cyclization of chlorinated 4-(Phenylsulfonyl-thio)-2-azetidinones promoted by a BiCl$_3$/Sn or TiCl$_4$/Sn Bimetal redox system. Bull Chem Soc Jpn，1995，68：1385-1391.

[9] Tomoyasu I，et al. TAK-599, a novel *N*-phosphono type prodrug of *anti*-MRSA cephalosporin T-91825：synthesis，physicochemical and pharmacological properties. Bioorganic & Medicinal Chemistry，2003，11：2427-2437.

[10] Vittorio F，et al. A general route to 3-functionalized 3-norcephalosporins. Journal of Organic Chemistry，1989，54：4962-4966.

[11] Desmond J B，et al. Unfused heterobicycles as amplifiers of phleomycin. Ⅰ：Some pyridinyl-and pyrazolyl-pyrimidines，bithiazoles and thiazolylpyridines. Australian Journal of Chemistry，1980，33：2291-2298.

（张德晖）

Ceftolozane（噻呋特啰嗪）

药物基本信息

英文通用名	Ceftolozane
中文通用名	噻呋特啰嗪
商品名	Zerbaxa
CAS 登记号	689293-68-3
FDA 批准日期	2014/12/19
化学名	(6R,7R)-7-((Z)-2-(5-amino-1,2,4-thiadiazol-3-yl)-2-(((2-carboxypropan-2-yl)oxy)imino)acetamido)-3-((5-amino-4-(3-(2-aminoethyl)ureido)-1-methyl-1H-pyrazol-2-ium-2-yl)methyl)-8-oxo-5-thia-1-azabicyclo[4.2.0]oct-2-ene-2-carboxylate
SMILES 代码	O=C(C(N12)=C(C[N+]3=CC(NC(NCCN)=O)=C(N)N3C)CS[C@]2([H])[C@H](NC(/C(C4=NSC(N)=N4)=N\OC(C)(C(O)=O)C)=O)C1=O)[O-]

化学结构和理论分析

化学结构	理论分析值
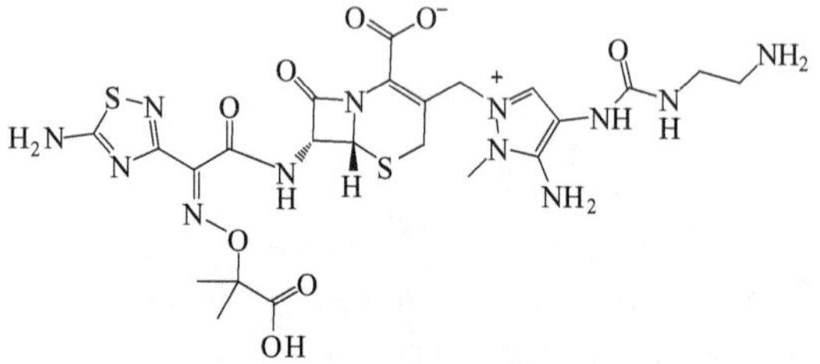	分子式：C$_{23}$H$_{30}$N$_{12}$O$_8$S$_2$ 精确分子量：666.17510 分子量：666.69 元素分析：C,41.44;H,4.54;N,25.21;O,19.20;S,9.62

药品说明书参考网页

生产厂家产品说明书：http://www.zerbaxa.com

美国药品网：http://www.drugs.com/cons/zerbaxa.html

美国处方药网页：http://www.rxlist.com/zerbaxa-drug.htm

药物简介

Ceftolozane 是抗菌药品 Zerbaxa 的有一种有效成分。Zerbaxa 含有 Ceftolozane（噻呋特啰嗪）和 Tazobactam（他唑巴坦），可用于治疗成人复杂性腹内感染（cIAI）和复杂性尿路感染（cUTI）。在化学结构上，Ceftolozane 属于头孢类抗生素，其抗菌机理与其他类型的头孢类抗生素相似。

药品上市申报信息

该药物目前有 1 种产品上市。

药品名称	ZERBAXA		
申请号	206829	产品号	001
活性成分	Ceftolozane Sulfate（噻呋特啰嗪硫酸盐）；Tazobactam Sodium（他唑巴坦钠）	市场状态	处方药
剂型或给药途径	静脉灌注用粉末剂	规格	等同剂量 1g（自由碱）/小瓶；等同剂量 0.5g（自由碱）/小瓶
治疗等效代码		参比药物	是
批准日期	2014/12/19	申请机构	CUBIST PHARMACEUTICALS INC
化学类型	新的药物组合	审评分类	优先评审

药品专利或独占权保护信息

美国专利号或独占权代码	专利或独占权过期日期	专利保护类型、专利名称或市场独占权保护内容
7129232	2024/10/21	化合物专利、产品专利、用途专利代码 U-36
8685957	2032/09/27	化合物专利、用途专利代码 U-36
8476425	2032/09/27	化合物专利
8906898	2034/05/28	化合物专利、产品专利
NCE	2019/12/19	参见本书附录关于独占权代码部分
GAIN	2024/12/19	参见本书附录关于独占权代码部分

合成路线分析

Ceftolozane 的分子比较复杂，依据其化学结构特点，其合成可以拆分为 A、B、C 三个关键片段：

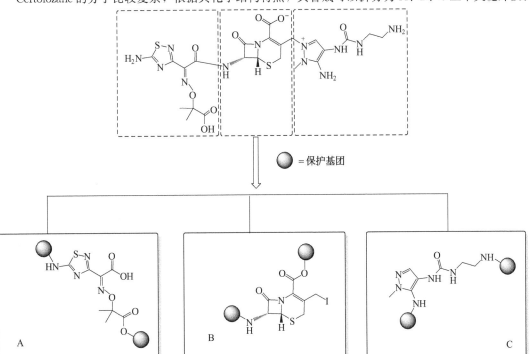

片段 A 可参考合成路线中的化合物 **10**，片段 B 可参考合成路线中的化合物 **17**，片段 C 可参考合成路线中的化合物 **7**。

合成路线

以下合成路线来源于日本 Fu-Jisawa Pharmaceutical 公司发表的专利说明书（WO2004039814）。

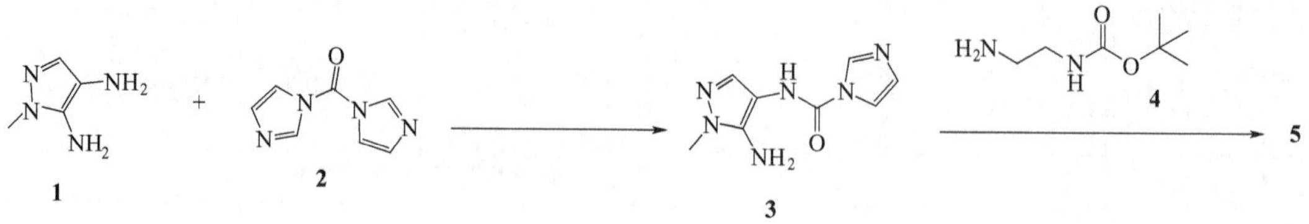

化合物 **1** 与羰基二咪唑（**2**）反应，得到化合物 **3**，再与化合物 **4** 反应，得到相应的化合物 **5**。

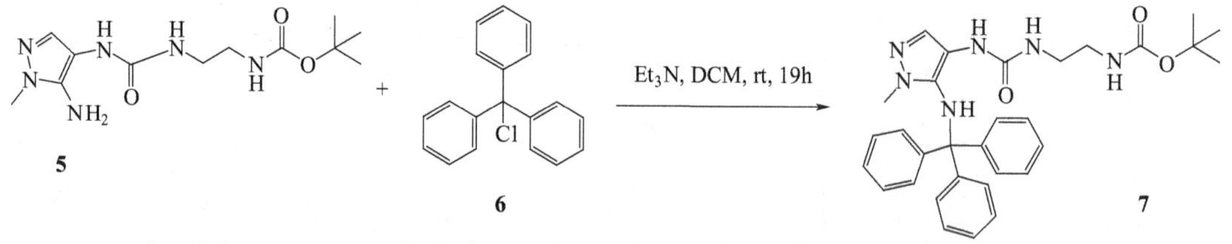

化合物 **5** 分子中的氨基与三苯甲基氯反应，得到相应的氨基保护化合物 **7**。

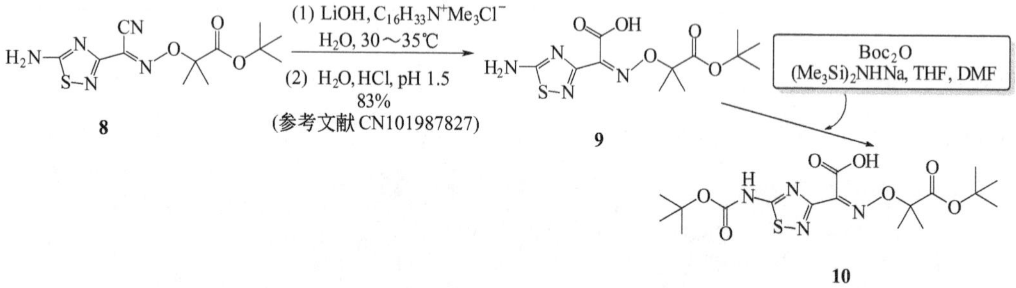

化合物 **9** 的合成，文献 WO2004039814 中并没有介绍。该化合物的合成，可以化合物 **8** 为原料，其分子中的氰基用 LiOH 水解后可得到相应的羧酸化合物 **9**（参见中国专利文献：CN101987827），其氨基被保护后可得到化合物 **10**。

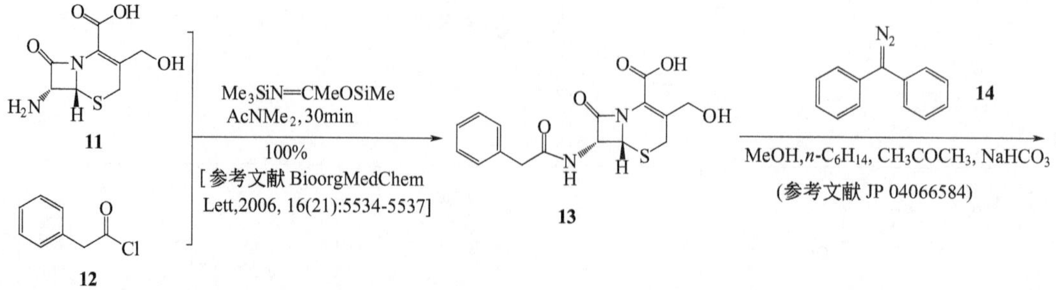

中间体化合物 **17** 的合成，在文献 WO2004039814 中并没有介绍。该化合物的合成可参见文献［Bioorg Med Chem Lett，20016，16（21）：5534-5537］，可以化合物 **11** 为原料，与化合物 **12** 反应后，可得到相应的酰胺类化合物 **13**。化合物 **13** 的羧基保护后可得到相应的酯类化合物 **15**。

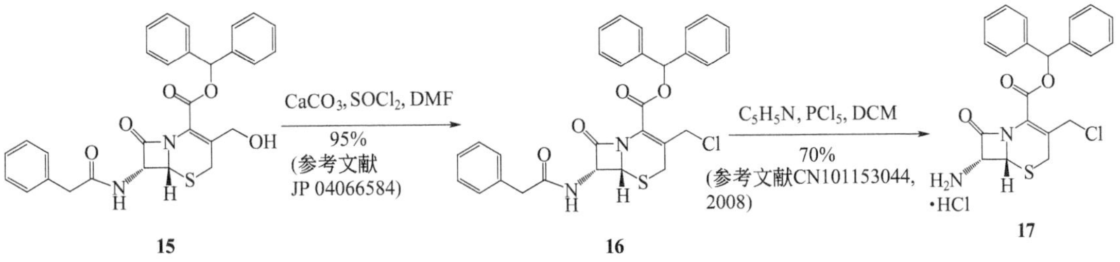

化合物 **15** 中的羟基在氯化亚砜的作用下，转化为相应的氯代化合物 **16**，产率为 95%。合成化合物 **15** 和化合物 **16** 的合成文献可参见日本专利文献（JP04066584）。化合物 **16** 经 PCl$_5$ 处理后，可选择性地水解酰胺键，得到化合物 **17**，产率为 70%（参见中国专利文献：CN101153044，2008）。

化合物 **10** 经三氯氧磷处理后，可得到相应的酰氯化合物 **18**。

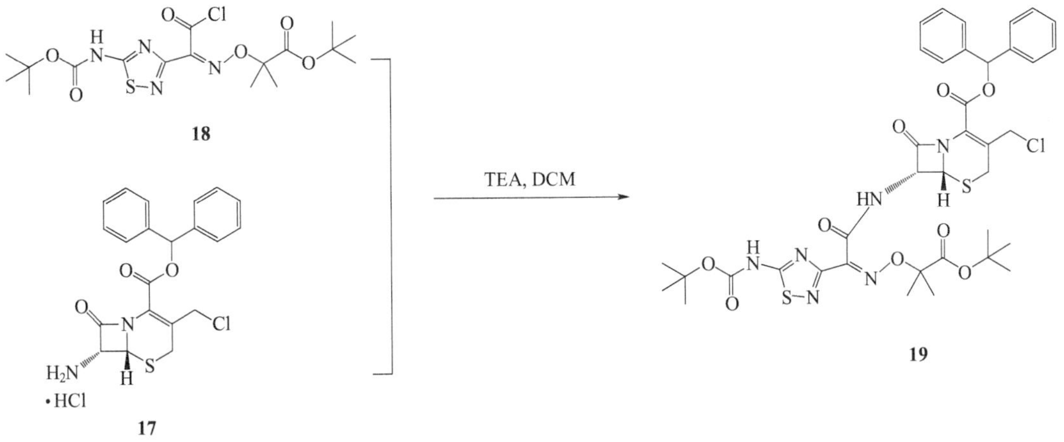

化合物 **18** 和化合物 **17** 反应后，可得到相应的化合物 **19**。

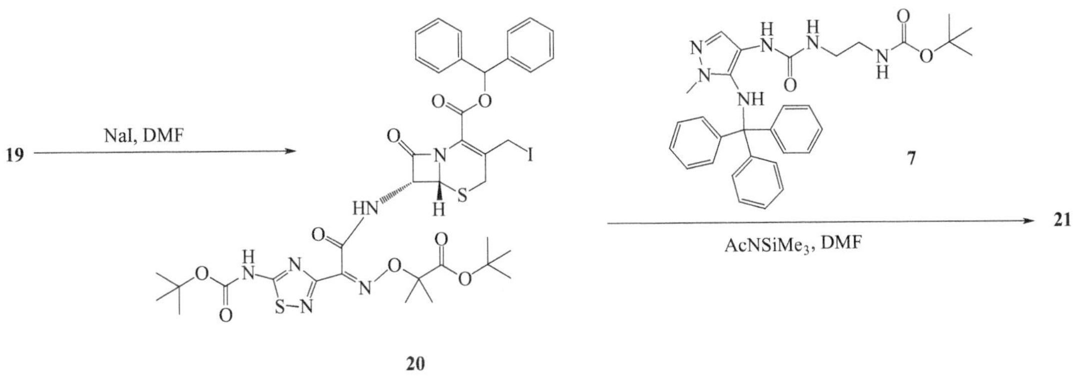

化合物 **19** 的氯原子与碘化钠反应，可得到相应的碘代化合物 **20**，再与化合物 **7** 反应，可得到化合物 **21**。

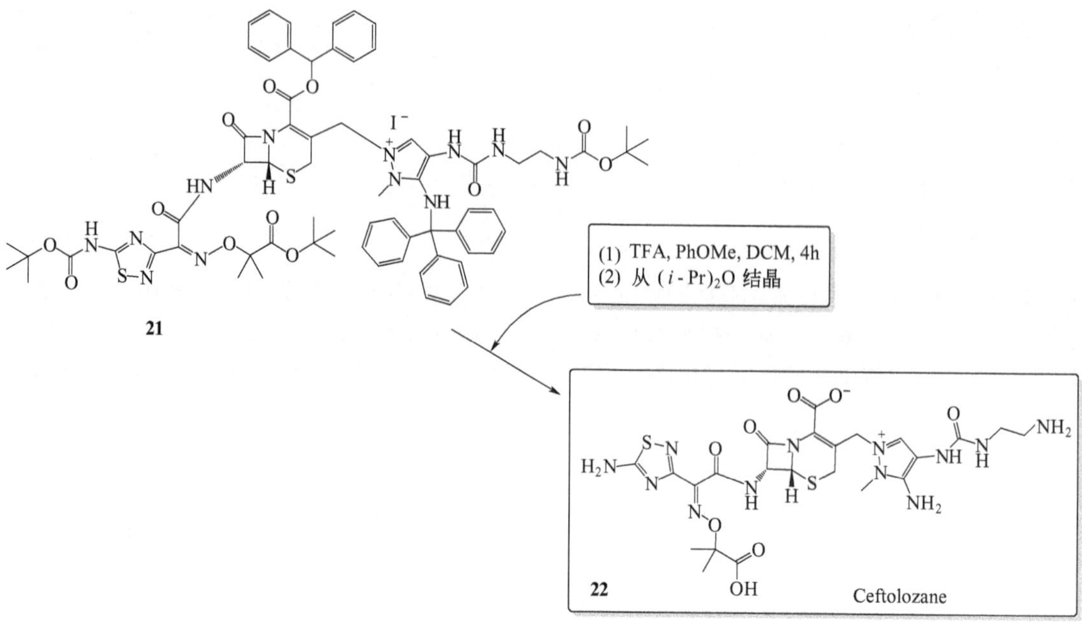

(1) TFA, PhOMe, DCM, 4h
(2) 从 (i-Pr)$_2$O 结晶

21

22　　Ceftolozane

经三氟乙酸处理后，化合物 **21** 脱去保护基团，可得到相应的目标化合物 **22**。

原始文献

WO2004039814，2004.

参考文献

Ohki H，Okuda S，Yamanaka T，Ohgaki M，Toda A，Kawabata K，Inoue S，Misumi K，Itoh K，Satoh K. Synthesis of （thiadiazolyliminoacetamido）（pyrazoliomethyl）cephem compounds as antimicrobial agents. WO2004039814A1，2004.

（陈清奇）

Ceritinib（色瑞替尼）

药物基本信息

英文通用名	Ceritinib
中文通用名	色瑞替尼(参考译名)
商品名	Zykadia
CAS 登记号	1032900-25-6
FDA 批准日期	2014/04/29
化学名	5-chloro-2-N-（2-isopropoxy-5-methyl-4-（piperidin-4-yl）phenyl）-4-N-（2-（isopropylsulfonyl）phenyl）pyrimidine-2,4-diamine
SMILES 代码	O=S(C1=CC=CC=C1NC2=NC（NC3=CC(C)=C(C4CCNCC4)C=C3OC(C)C)=NC=C2Cl)(C(C)C)=O

化学结构和理论分析

化学结构	理论分析值
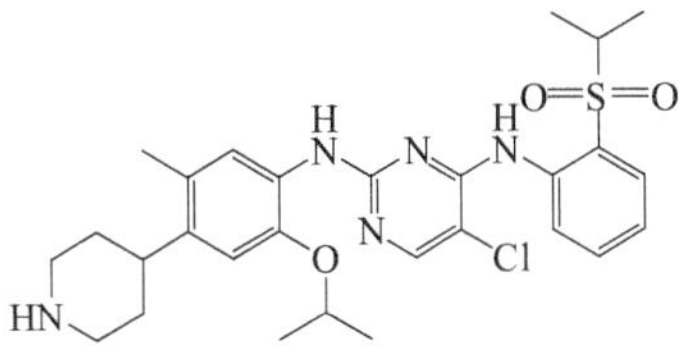	化学式：$C_{28}H_{36}ClN_5O_3S$ 精确分子量：557.22274 分子量：558.14 元素分析：C,60.25；H,6.50；Cl,6.35；N,12.55；O,8.60；S,5.75

药品说明书参考网页

生产厂家产品说明书：http://us.ceritinib.com
美国药品网：http://www.drugs.com/zykadia.html
美国处方药网页：http://www.rxlist.com/zykadia-drug.htm

药物简介

Ceritinib 适用于治疗晚期（已经转移了的）非小细胞肺癌（NSCLC）。Ceritinib 是一种激酶抑制剂。在生化实验或者细胞实验中，科学家可以鉴别出 Ceritinib，在临床相关浓度范围内，可抑制的靶点包括：ALK，胰岛素样生长因子 1 受体（IGF-1R），胰岛素受体（INSR）和 ROS1。在这些靶点中，Ceritinib 对 ALK 的抑制活性最高。Ceritinib 可抑制 ALK 自磷酸化，和抑制下游信号蛋白 STAT3 的 ALK 介导的磷酸化，抑制 ALK-依赖的肿瘤细胞的增殖。

药品上市申报信息

该药物目前有 1 种产品上市。

药品名称	ZYKADIA		
申请号	205755	产品号	001
活性成分	Ceritinib	市场状态	处方药
剂型或给药途径	口服胶囊	规格	150mg
治疗等效代码		参比药物	是
批准日期	2014/04/29	申请机构	NOVARTIS PHARMACEUTICALS CORP

药品专利或独占权保护信息

美国专利号或独占权代码	专利或独占权过期日期	专利保护类型、专利名称或市场独占权保护内容
8703787	2032/02/02	专利用途代码 U-1179
8377921	2027/11/20	专利用途代码 U-1179
8039479	2030/06/29	化合物专利,产品专利
7893074	2026/04/25	化合物专利,产品专利
7153964	2021/02/26	化合物专利,产品专利

美国专利号或 独占权代码	专利或独占权 过期日期	专利保护类型、专利名称或市场独占权保护内容
7964592	2027/01/13	化合物专利,产品专利
8039474	2030/06/29	化合物专利,产品专利
NCE	2019/04/29	参见本书附录关于独占权代码部分
ODE	2021/04/29	参见本书附录关于独占权代码部分

合成路线

以下合成路线来源于 Genomics Institute of the Novartis Research Foundation 的 Marsilje 等发表的研究论文（J Med Chem，2013，56（14）：5675-5690）。

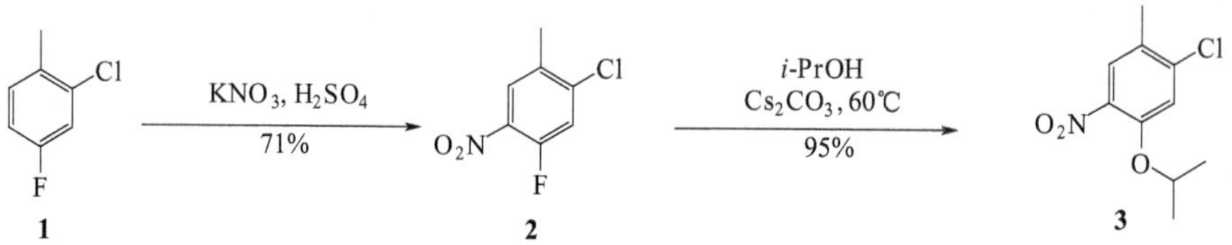

该合成路线以化合物 **1** 为原料，经硝化反应得到化合物 **2**，收率为 71％。化合物 **2** 在碱性条件下，其副原子被异丙醇取代，得到化合物 **3**，收率为 95％。

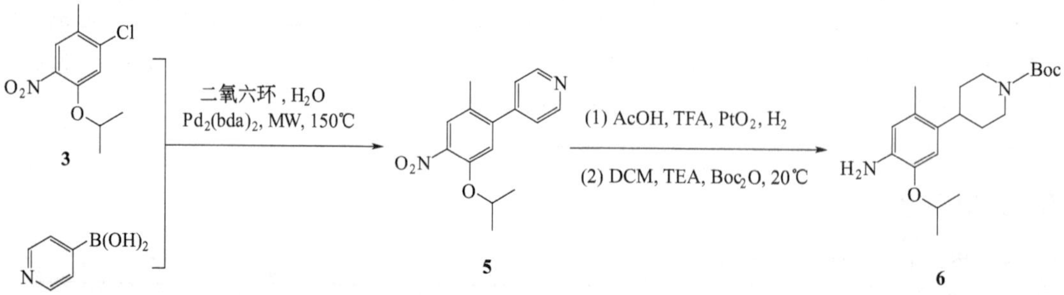

化合物 **3** 与化合物 **4** 在钯催化剂作用发生 Suzuki 偶合反应，得到化合物 **5**，收率为 73％。化合物 **5** 在铂催化剂和氢气作用下，硝基和吡啶基团被还原，然后再与 Boc₂O 反应，哌啶环上的 NH 基团被选择性地保护，得到化合物 **6**。

化合物 **7** 与化合物 **8** 在 DMSO 溶剂中，在 NaH 催化下，反应得到化合物 **9**，收率为 60％。

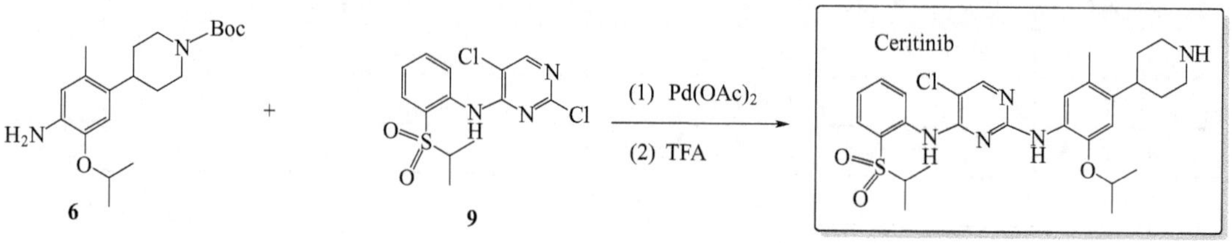

化合物 **6** 和化合物 **9** 在钯催化剂作用下，偶联反应得到相应的偶联化合物，经 TFA 处理，脱去保护基，得到目标化合物 **10**。

原始文献

J Med Chem，2013，56（14）：5675-5690.

参考文献

[1] Marsilje T H，Pei W，Chen B，Lu W，Uno T，Jin Y，Jiang T，Kim S，Li N，Warmuth M，Sarkisova Y，Sun F，Steffy A，Pferdekamper A C，Li A G，Joseph S B，Kim Y，Liu B，Tuntland T，Cui X，Gray N S，Steensma R，Wan Y Jiang J，Chopiuk G，Li J，Gordon W P，Richmond W，Johnson K，Chang J，Groessl T，He，Y-Q，Phimister，A，Aycinena，A，Lee C C，Bursulaya B，Karanewsky D S，Seidel H M，Harris J L，Michellys P-Y. Synthesis，Structure-Activity Relationships，and *in Vivo* Efficacy of the Novel Potent and Selective Anaplastic Lymphoma Kinase（ALK）Inhibitor 5-Chloro-2-*N*-(2-isopropoxy-5-methyl-4-(piperidin-4-yl) phenyl)-4-*N*-(2-(iso-propylsulfonyl) phenyl) pyrimidine-2，4-diamine（LDK378）Currently in Phase 1 and Phase 2 Clinical Trials. J Med Chem，2013，56（14）：5675-5690.

[2] Michellys P-Y，Pei W，Marsilje T H，Lu W，Chen B，Uno T，Jin Y，Jiang T. Preparation of *N*，*N'*-diarylpyrimidinediamine for use as protein kinase inhibitors. WO2008073687A2，2008.

（陈清奇）

Clobazam（氯巴占）

药物基本信息

英文通用名	Clobazam
中文通用名	氯巴占
商品名	Onfi
CAS 登记号	22316-47-8
FDA 批准日期	2011/10/24
化学名	7-chloro-1-methyl-5-phenyl-1,5-benzodiazepine-2,4(3*H*)-dione
SMILES 代码	CN(C1=CC=C(Cl)C=C1N(C2=CC=CC=C2)C(C3)=O)C3=O

化学结构和理论分析

化学结构	理论分析值
	化学式：$C_{16}H_{13}ClN_2O_2$ 精确分子量：300.0666 分子量：300.74 原始分析：C,63.90；H,4.36；Cl,11.79；N,9.31；O,10.64

药品说明书参考网页

生产厂家产品说明书：http://www.onfi.com/

美国药品网：http://www.drugs.com/onfi.html

美国处方药网页：http://www.rxlist.com/onfi-drug.htm

药物简介

　　Clobazam 是经典的苯二氮䓬类镇静药物，早在 1975 年 Clobazam 就被投入市场用于治疗焦虑症。1984 年开始，Clobazam 被用于治疗惊厥症。直到 2011 年，美国 FDA 才正式批准 Clobazam 用于治疗儿童期弥漫性慢棘-慢波（小发作变异型）癫痫性脑病（Seizure Associated with Lennox-Gastaut Syndrome）。从化学结构上来看，Clobazam 属于 1,5-苯二氮䓬药物。因此，相对于 1,4-苯二氮䓬药物，Clobazam 对 $GABA_A$ 受体上的 ω_1 拓扑异构位点有更强的亲和性。另据报道，Clobazam 具有一定的成瘾性，使用时要特别注意。

药品上市申报信息

　　该药物目前有 4 种产品上市。

产品一

药品名称	ONFI		
申请号	202067	产品号	001
活性成分	Clobazam(氯巴占)	市场状态	停止上市
剂型或给药途径	口服片剂	规格	5mg
治疗等效代码		参比药物	否
批准日期	2011/10/21	申请机构	LUNDBECK LLC

产品二

药品名称	ONFI		
申请号	202067	产品号	002
活性成分	Clobazam(氯巴占)	市场状态	处方药
剂型或给药途径	口服片剂	规格	10mg
治疗等效代码		参比药物	否
批准日期	2011/10/21	申请机构	LUNDBECK LLC

产品三

药品名称	ONFI		
申请号	202067	产品号	003
活性成分	Clobazam(氯巴占)	市场状态	处方药
剂型或给药途径	口服片剂	规格	20mg
治疗等效代码		参比药物	是
批准日期	2011/10/21	申请机构	LUNDBECK LLC

产品四

药品名称	ONFI		
申请号	203993	产品号	001
活性成分	Clobazam(氯巴占)	市场状态	处方药

续表

剂型或给药途径	口服悬混液	规格	2.5mg/mL
治疗等效代码		参比药物	是
批准日期	2012/12/14	申请机构	LUNDBECK LLC

药品专利或独占权保护信息

美国专利号或 独占权代码	专利或独占权 过期日期	专利保护类型、专利名称或市场独占权保护内容
无专利保护		
NCE	2016/10/21	参见本书附录关于独占权代码部分
ODE	2018/10/21	参见本书附录关于独占权代码部分

合成路线

本路线由比利时 Catholic University of Louvain 开发。由于 Clozbazam 的结构较为简单，它的合成所涉及的原料均较为廉价，产率高，在合成方面难度较小，也没有太多可以选择的余地。

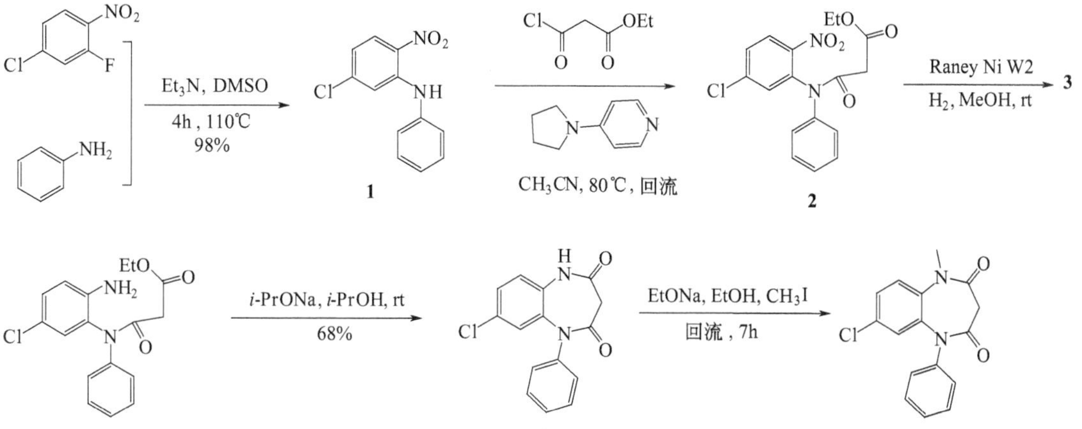

从 2-氟-4-氯硝基苯出发，在三乙胺的 DMSO 溶液中 110℃反应 4h 可以以几乎定量的收率得到化合物 1。然后在 4-吡咯吡啶的存在下，化合物 1 与单酰氯丙二酸单乙酯在回流的乙腈中生成中间体 2。Raney Ni 还原硝基后，化合物 3 在异丙醇钠的异丙醇溶液中关环生成化合物 4。最后，在回流的甲醇钠的甲醇溶液中，化合物 4 被碘甲烷甲基化生成目标化合物 Clobazam（5）。

原始文献

Eur J Med Chem，1988，23：417-420.

参考文献

[1] Lee D F，et al. Discovery of a 1,5-dihydrobenzo [b] [1,4] diazepine-2,4-dione series of inhibitors of HIV-1 capsid assembly. Bioorganic & Medicinal Chemistry Letters，2011，21：398-404.

[2] Heald R，et al. Preparation of heterocyclic compounds as selective inhibitors of the p110 delta isoform of PI3K for treating inflammation，immune diseases and cancers. WO20120202785，2012.

[3]   Poupaert J H, et al. Synthesis and biological evaluation of 7-chloro-1-trideuteriomethyl-5-phenyl-l*H*-1,5-benzodiazepine-2,4 (3*H*,5*H*)-dione (clobazam-d₃). European Journal of Medicinal Chemistry, 1988, 23: 417-420.

（张德晖）

Cobicistat（可比司他）

药物基本信息

英文通用名	Cobicistat
中文通用名	可比司他
商品名	Stribild
CAS 登记号	1004316-88-4
FDA 批准日期	2012/08/27
化学名	thiazol-5-ylmethyl *N*-[1-benzyl-4-[[2-[[(2-isopropylthiazol-4-yl) methyl-methyl-carbamoyl] amino]-4-morpholino-butanoyl]amino]-5-phenyl-pentyl]carbamate
SMILES 代码	CC(C)C1＝NC(CN(C)C(N[C@@H](CCN2CCOCC2)C(N[C@@H](CC3＝CC＝CC＝C3) CC[C@H](CC4＝CC＝CC＝C4)NC(OCC5＝CN＝CS5)＝O)＝O)＝O)＝CS1

化学结构和理论分析

化学结构	理论分析值
	化学式：$C_{40}H_{53}N_7O_5S_2$ 精确分子量：775.3550 分子量：776.02 原始分析：C,61.91;H,6.88;N,12.63;O,10.31;S,8.26

药品说明书参考网页

生产厂家产品说明书：https://www.stribild.com

美国药品网：http://www.drugs.com/stribild.html

美国处方药网页：http://www.rxlist.com/ Stribild -drug.htm

药物简介

可比司他（Cobicistat）是吉利德科技公司（Gilead Science Inc）于 2012 年研发的抗艾滋病药物增强剂。与利托那韦（Ritonavir）类似，Cobicistat 是一种强效蛋白酶抑制剂。它进入体内后，能抑制肝脏中用于代谢抗艾滋病病毒药物［例如埃替格韦（Elvitegravir）］的蛋白酶活性（细胞色素 P450），从而提高抗艾滋病药物在体内的浓度，降低用药量，在减少抗艾滋病药物的副作用方面起到良好的效果。Cobicistat 一般不单独使用，在市场上出售的药物中，Cobicistat 与其他三种药物包括埃替格韦（Elvitegravir）、恩曲他滨（Emtricitabine）和替诺福韦（Tenofovir）一起组成复方抗艾滋病药物 Stribild。值得一提的是，截至目前，Stribild 还未获批准用于治疗乙肝和艾滋病双重感染的患者。由于 Stribild 中含有对抗乙肝病毒有效的药物［如替诺福韦（Tenofovir）］，和其他抗乙肝病毒药物类似，一旦停用 Stribild，可能会使乙肝病情在短时间内迅速恶化而危及生命（具体请参见抗乙肝病毒药物的戒断反应）。

药品上市申报信息

该药物目前有 2 种产品上市。

产品一

药品名称	TYBOST		
申请号	203094	产品号	001
活性成分	Cobicistat(可比司他)	市场状态	处方药
剂型或给药途径	口服片剂	规格	150mg
治疗等效代码		参比药物	是
批准日期	2014/09/24	申请机构	GILEAD SCIENCES INC

产品二

药品名称	STRIBILD		
申请号	203100	产品号	001
活性成分	Cobicistat(可比司他)；Elvitegravir(埃替格韦)；Emtricitabine(恩曲他滨)；Tenofovir Disoproxil Fumarate(富马酸替诺福韦酯)	市场状态	处方药
剂型或给药途径	口服片剂	规格	150mg；150mg；200mg；300mg
治疗等效代码		参比药物	是
批准日期	2012/08/27	申请机构	GILEAD SCIENCES INC

药品专利或独占权保护信息

美国专利号或独占权代码	专利或独占权过期日期	专利保护类型、专利名称或市场独占权保护内容
8592397	2024/01/13	产品专利,专利用途代码 U-257
8633219	2031/10/11	产品专利,专利用途代码 U-257
5922695	2017/07/25	化合物专利,专利用途代码 U-257
5935946	2017/07/25	化合物专利,产品专利,专利用途代码 U-257
5977089	2017/07/25	化合物专利,产品专利,专利用途代码 U-257
6043230	2017/07/25	专利用途代码 U-257
6642245	2020/11/04	专利用途代码 U-257
7176220	2023/11/20	化合物专利,产品专利,专利用途代码 U-257
7635704	2026/10/26	化合物专利,产品专利,专利用途代码 U-257
8148374	2029/09/03	化合物专利,产品专利,专利用途代码 U-1279
8716264	2024/01/13	产品专利,专利用途代码 U-257
5914331	2017/07/02	化合物专利
5814639	2015/09/29	化合物专利,产品专利

美国专利号或 独占权代码	专利或独占权 过期日期	专利保护类型、专利名称或市场独占权保护内容
6703396	2021/03/09	化合物专利,产品专利
8148374	2029/09/03	化合物专利,产品专利,专利用途代码 U-1279
NP	2017/09/24	参见本书附录关于独占权代码部分

可比司他（Cobicistat）的化学合成

从 Cobicistat 的反合成分析可以看到，Cobicistat 是四个片段的组合而成。其中，片段 A、片段 D 都可以从原料市场购买，片段 B 则可以方便地从 L-蛋氨酸引入。因此，实际上，Cobicistat 的合成关键在于合成手性二胺片段 C。鉴于此，对于 Cobicistat 的合成，笔者先介绍片段 C 的几种高效合成方法，而后再重点介绍如何将构成 Cobicistat 的四个片断连接起来。

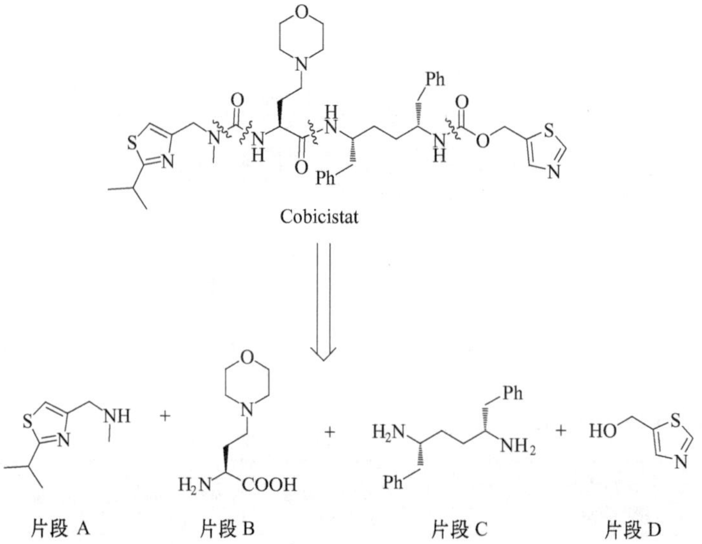

Cobicistat

片段 A　　　片段 B　　　　　片段 C　　　　　片段 D

片段 C 合成路线一

本路线是由 Cobicistat 的研发单位——美国吉利德科技公司（Gilead Science Inc）于 2010 年发表于美国著名的 ACS Medicinal Chemistry Letters 中，该文首次报道了 Cobicistat 的化学合成和相关的生物数据。该文对于片段 C 的合成从 L-苯丙氨醇的衍生物出发，通过一个醛的自身偶合的自由基反应得到片段 C 的基本骨架。该路线较短，产率高，原料廉价易得，可以方便地制备手性二胺。

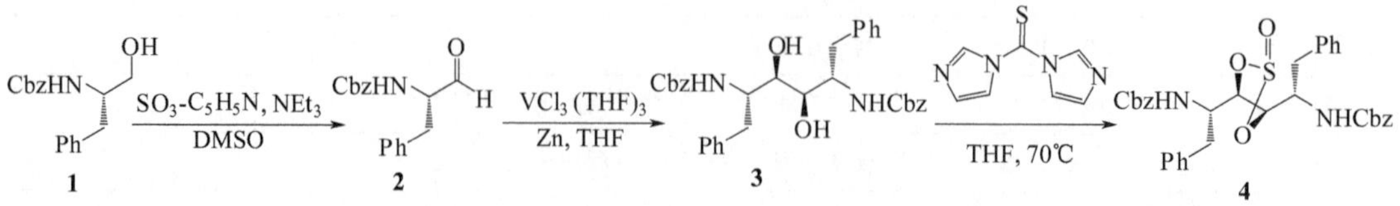

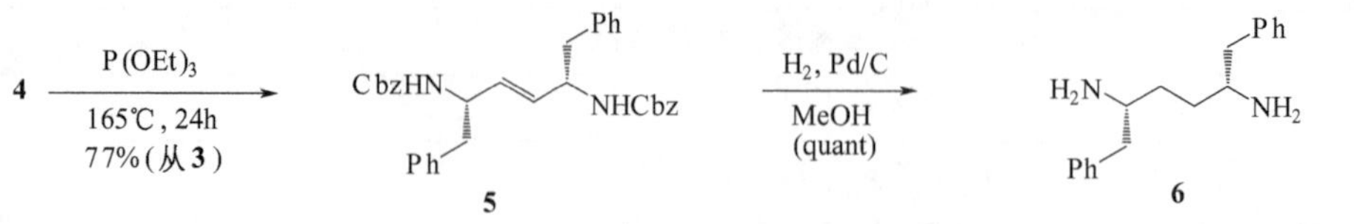

从 L-苯丙氨醇的衍生物化合物 1 出发，在三氧化硫吡啶的氧化下生成醛 2。手性醛 2 经过由钒的配合物［由 VCl₃（THF）₃ 和锌粉现场生成的一种二价钒配合物］的作用下自身偶合成关键中间体 3。至此，目标化合物 6 中的两个手性中心构建完毕。化合物 3 经过二醇的还原高产率地生成化合物 5。化合物 5 再经过对双键的还原氢化后得到目标产物化合物 6。

原始文献

ACS Med Chem Lett，2010；209-213.

片段 C 合成路线二

本路线仍由是 Cobicistat 的研发单位——美国吉利德科技公司公司（Gilead Science Inc.）开发并于 2010 年申报专利。在该路线中，作者介绍了另外一种看起来更加实用的制备片段 C 的方法。作者利用环丙胺在非亲核性有机碱如锂-2,2,6,6-四甲基哌啶、LDA、LHMDS、NaHMDS、KHMDS、Li(Nt-Bu₂)、Li(i-PrNCyhexyl) 等在 THF 等溶剂中二聚生成化合物 7 的性质方便地构建目标产物化合物 10 中所需的所有官能团和手性。该合成路线相比较合成路线一更为简洁，原料更为廉价易得，产率高，可以很方便地直接从 L-苯丙氨醇出发经过五步反应制备目标产物 9。

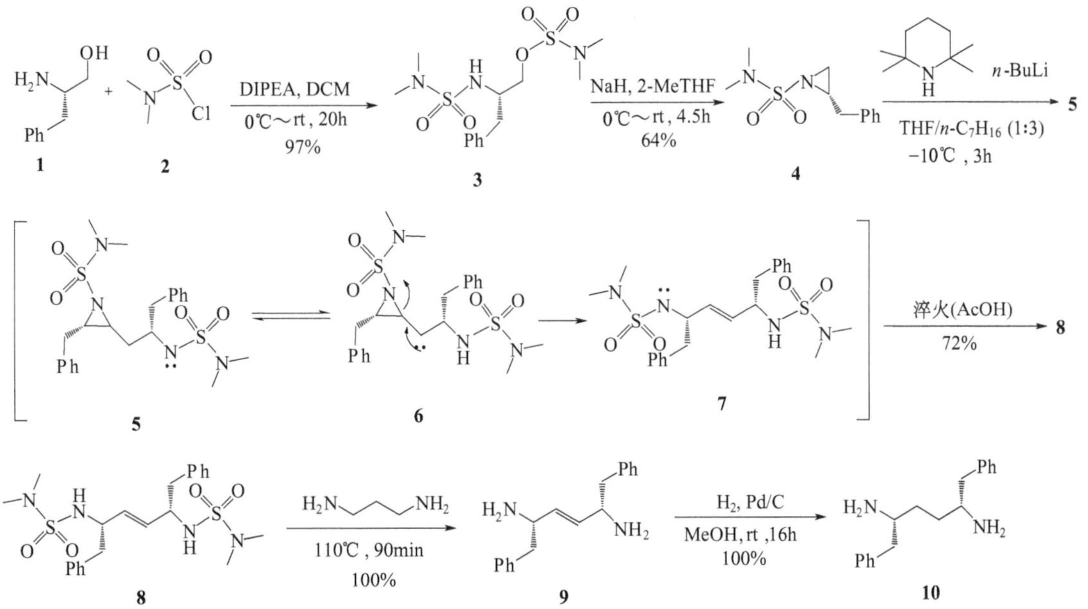

从 L-苯丙氨醇（1）出发，对其氨基和羟基用 N,N-二甲基磺酰基保护后生成化合物 3。在氢化钠的作用下，化合物 3 环合生成环丙胺 4。在关键的环丙胺二聚反应中，作者使用了现场制备的锂-2,2,6,6-四甲基哌啶，在四氢呋喃和正庚烷的混合溶剂中通过中间体 6 不可逆地生成关键中间体 8。至此，目标产物化合物 10 中所需的所有官能团以及手性碳得到全部构建，在脱除 N,N-二甲基磺酰基和还原双键后，作者以五步反应，总产率 44.7% 的收率从廉价的 L-苯丙氨醇得到手性二胺化合物 10。

原始文献

WO2010115000A2，2010.

片段 C 合成路线三

本路线仍由 Cobicistat 的研发单位——美国吉利德科技公司公司（Gilead Science Inc）开发并于 2013 年申报专利。由于 Cobicistat 是通过 Ritonavir 的结构改造而来，从结构上看，Cobicistat 的手性二胺片段可以通过 Ritonavir 去掉一个羟基来获得。

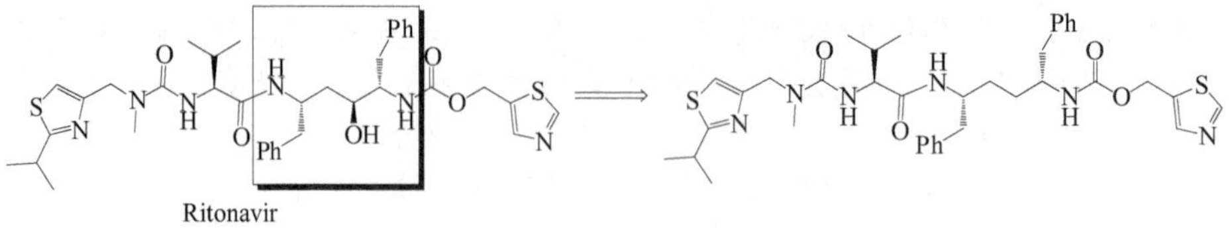

Ritonavir

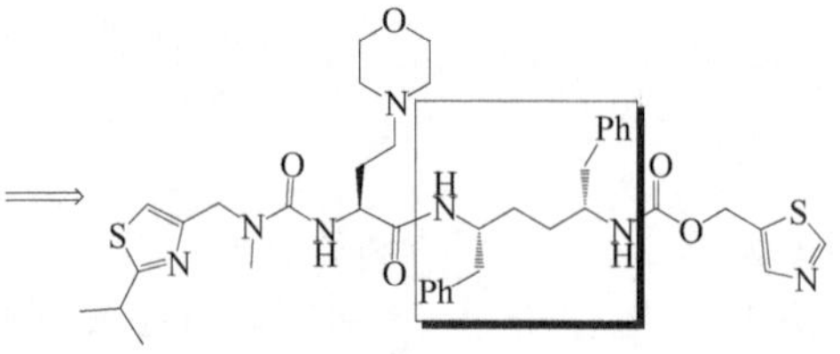

Cobicistat

该路线较合成路线一和合成路线二而言显得有些冗长，但对于了解 Cobicistat 的发展过程以及将来设计新药提供了一个很好的合成框架。在该专利中，作者直接使用了化合物 11 作为反应原料，为了方便读者能进一步了解化合物 11 的制备，笔者把美国 Abbott Laboratories 于 1999 年研发并发表在 Organic Process Research & Development 上的有关化合物 11 的工业化生产的合成路线一并加以阐述，以供参考。从 L-苯丙氨酸（1）出发，对其中的氨基和羧基全部用苄基保护后得到化合物 2。化合物 2 的苄酯在乙腈负离子的进攻下生成化合物 3。接着，在苄基格氏试剂对氰基的加成下，关键中间体 4 得以高效并大量地制备。接下来是关键的选择性还原化合物 4 中的羰基和双键。美国 Abbott Laboratories 的 Anthony R. Haight 等人对这步转化做了大量的研究发现 NaBH$_4$ 在硫酸的 THF 溶液中可以将化合物 4 中的亚胺选择性还原，反应可以停留在中间体 5（dr＝25∶1）。遗憾的是，作者发现在制备 NaBH$_4$ 的硫酸 THF 溶液的时候，由于 THF 在硫酸的作用下开环分解生成高聚物而使反应体系变得十分黏稠，这对于反应的进行很不利。经过条件的筛选，作者发现 NaBH$_4$ 在甲磺酸的 THF 溶液中也可以选择性地很好得到化合物 5，但是该体系只适用于实验室小规模制备，一旦反应放大，THF 的分解还是会成为很大的问题。在一系列的条件摸索后，作者最终发现，把溶剂从 THF 换成 DME 并加入异丙醇，同样能得到比较好的选择性（dr＝14∶1），虽然牺牲了部分选择性，但是该反应可以达到百公斤级以上的规模制备。作者在文中没有对异丙醇的加入能提高选择性进行过多解释，笔者认为反应可能经过了中间体 5 的过渡态，异丙醇的加入使得氢原子只能从异丙醇的背面进攻得到产物，而异丙醇的构型则受分子中原有的手性环境控制。得到化合物 6 后，不经分离，作者直接加入 NaBH$_4$ 的 DMA 溶液（注意：之所以使用 NaBH$_4$ 的 DMA 溶液是由于 NaBH$_4$ 的 DMF 溶液在大规模制备时有自燃并发生爆炸的危险！），在三乙醇胺络合剂的作用下，通过过渡态 7，作者能以 dr 选择性为 12∶1 高产率得到化合物 9。化合物 9 经过简单的氨基保护和氢化还原即可得到化合物 11。

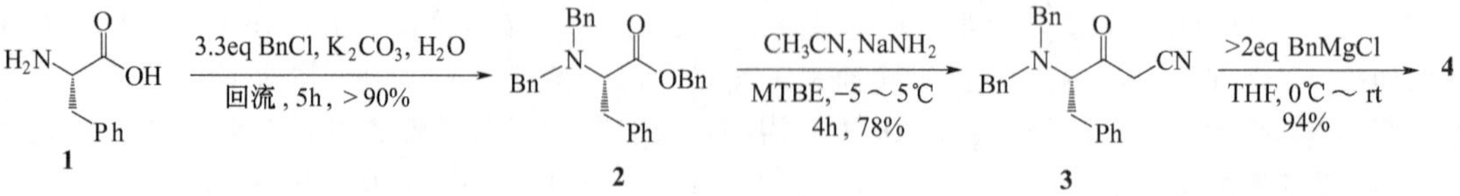

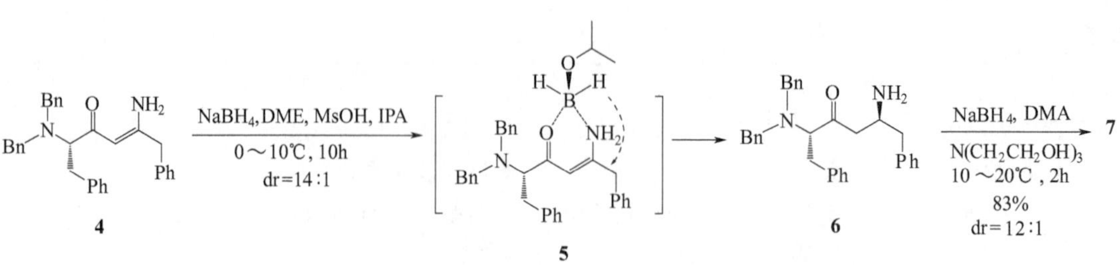

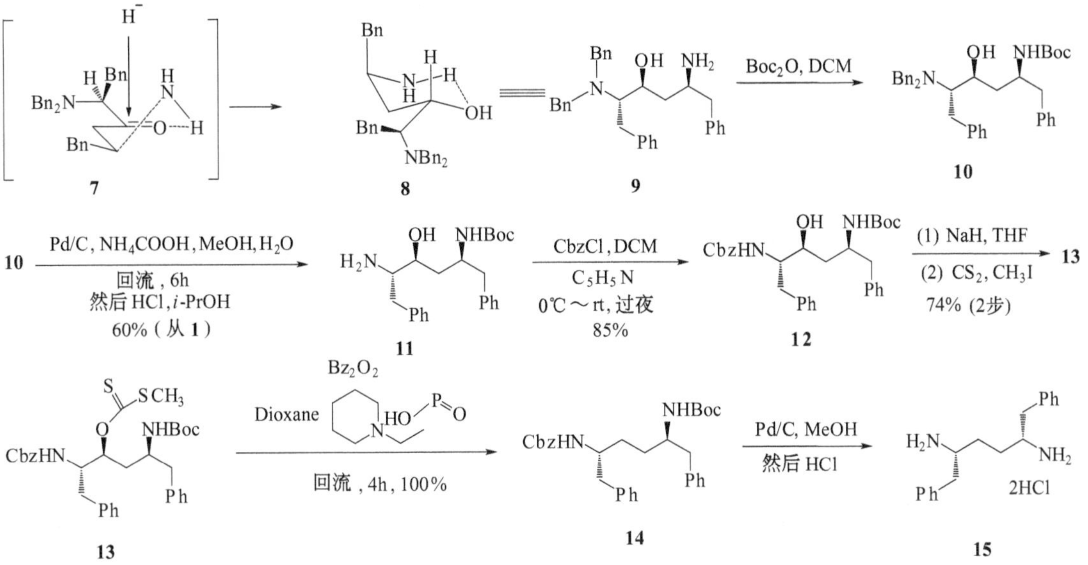

化合物 11 经过氨基保护后得到化合物 12，化合物 12 再通过二硫化碳将其羟基做成黄原酸酯化合物 13。经过自由基反应脱除黄原酸酯后，化合物 13 可以被很高效地转化为化合物 14。化合物 14 经过氨基保护基的脱除后即得到目标产物 15。

原始文献

WO2013116715A1，2013.

可比司他（Cobicistat）合成路线一

本路线是由 Cobicistat 的研发单位——美国吉利德科技公司公司（Gilead Science Inc）于 2010 年发表于美国 ACS Medicinal Chemistry Letters 中，它是片段 C 合成路线一的主合成路线。该路线是通过化合物 2 引入片段 B，在碱性条件下开环后，利用还原氨化反应引入吗啉基团从而完成片段 A 和片段 B 两个片段的偶联。

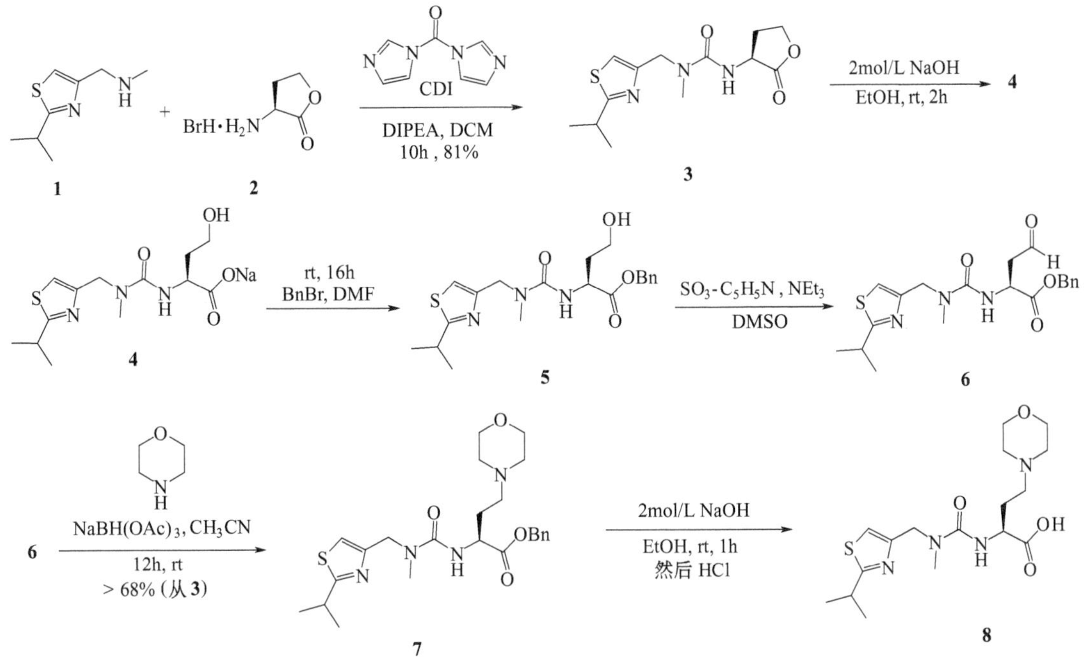

从商品化试剂 **1** 和化合物 **2** 出发，在 CDI 的作用下生成脲类化合物 **3**。化合物 **3** 经过碱性开环，羧基保护和伯醇的氧化得到还原氨化的前体化合物 **6**。化合物 **6** 和吗啡啉经过还原氨化和进一步的碱性水解得到片段 A 和片段 B 两个片段的偶联产物 **8**。

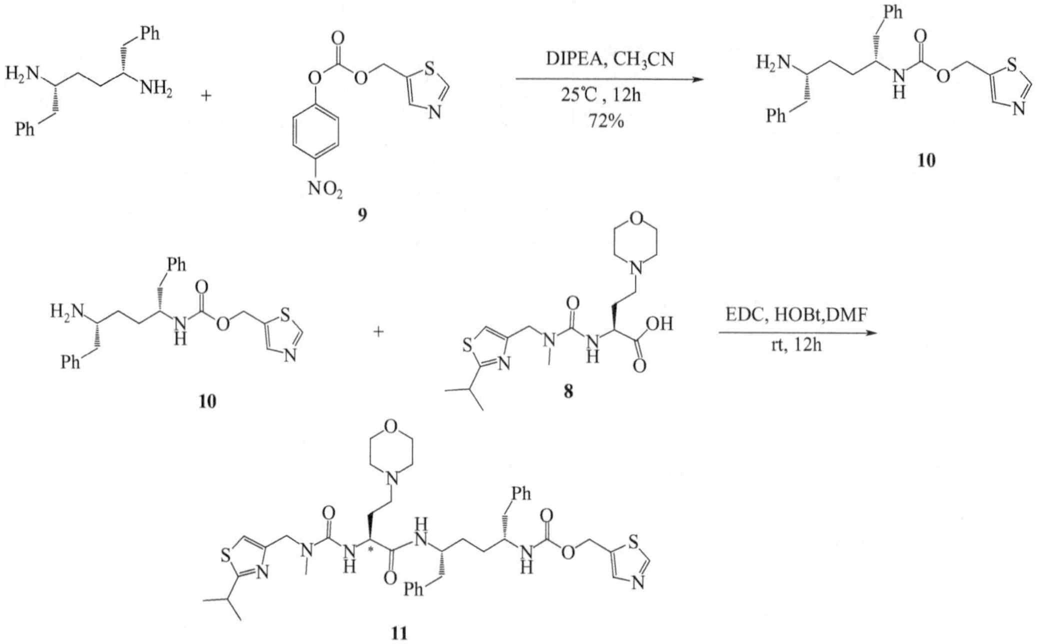

在 Cobicistat 合成的最后阶段，作者将手性二胺与片段 D 的活化酯在有机碱的存在下偶联得到化合物 **10**。化合物 **10** 和化合物 **8** 在标准的酰胺偶联条件（EDC，HOBt）下顺利地转化为化合物 **11**。需要指出的是，在这篇报道中，尽管作者最后用该路线得到大于 15g 的 Cobicistat，但作者同时指出，在反应的最后一步酰胺成键反应中，在带有吗啡啉侧链的手性碳原子上有大约 2%～10% 的消旋（化合物 **11** 中带 * 的碳原子），它们可以用 HPLC 方便地分离。

原始文献

ACS Med Chem Lett，2010：209-213.

可比司他（Cobicistat）合成路线二

本路线由 Cobicistat 的研发单位——美国吉利德科技公司公司（Gilead Science Inc）开发并于 2010 年申报专利，它是片段 C 合成路线二所给出路线的延续。在该专利中，作者给出了更为详细的合成信息，包括片段 B 和片段 D 的具体合成方法。同时，对于片段 B 中吗啉基团的引入，作者也采用了更加高效实用的方法，降低了成本的同时也使反应更容易实现工业化。最后，作者通过此合成路线得到了 35kg 的 Cobicistat。

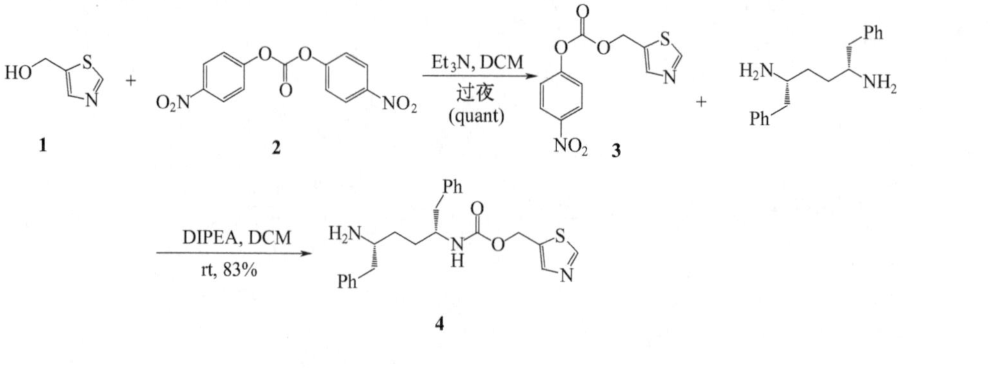

在片段 C 和片段 D 的偶联中，作者用廉价的商品化试剂 **1** 和化合物 **2** 反应制得中间体 **3**。化合物 **3** 和手性二胺在有机碱的存在下顺利地转化为化合物 **4**。在片段 B 的合成中，作者从 L-蛋氨酸出发，经过硫醚的活化（中间体 **6**）后，关环产物 **7** 可以以较高的产率获得。

在片段 A 和片段 B 的偶联中，作者采用了和合成路线一相同的策略，在 CDI 的作用下，化合物 **5** 和化合物 **7** 被顺利地转化为化合物 **8**。在引入吗啉的过程中，作者采用了和路线一完全不同的策略：在乙醇中，化合物 **8** 被 TMSI 开环生成碘化物中间体 **9**，经过吗啉的亲核取代，化合物 **9** 顺利地以 71% 的产率转化为化合物 **10**。该步反应避免了合成路线一中的强腐蚀性三氧化硫吡啶的使用，使原来三步反应变成一锅法由化合物 **8** 制备化合物 **10**，作者用此法制备了 40kg 的化合物 **10**。化合物 **10** 经过碱性水解，中间体 **11** 最后和化合物 **4** 在低温下成酰胺键得到 35kg Cobicistat（化合物 **12**）❶。

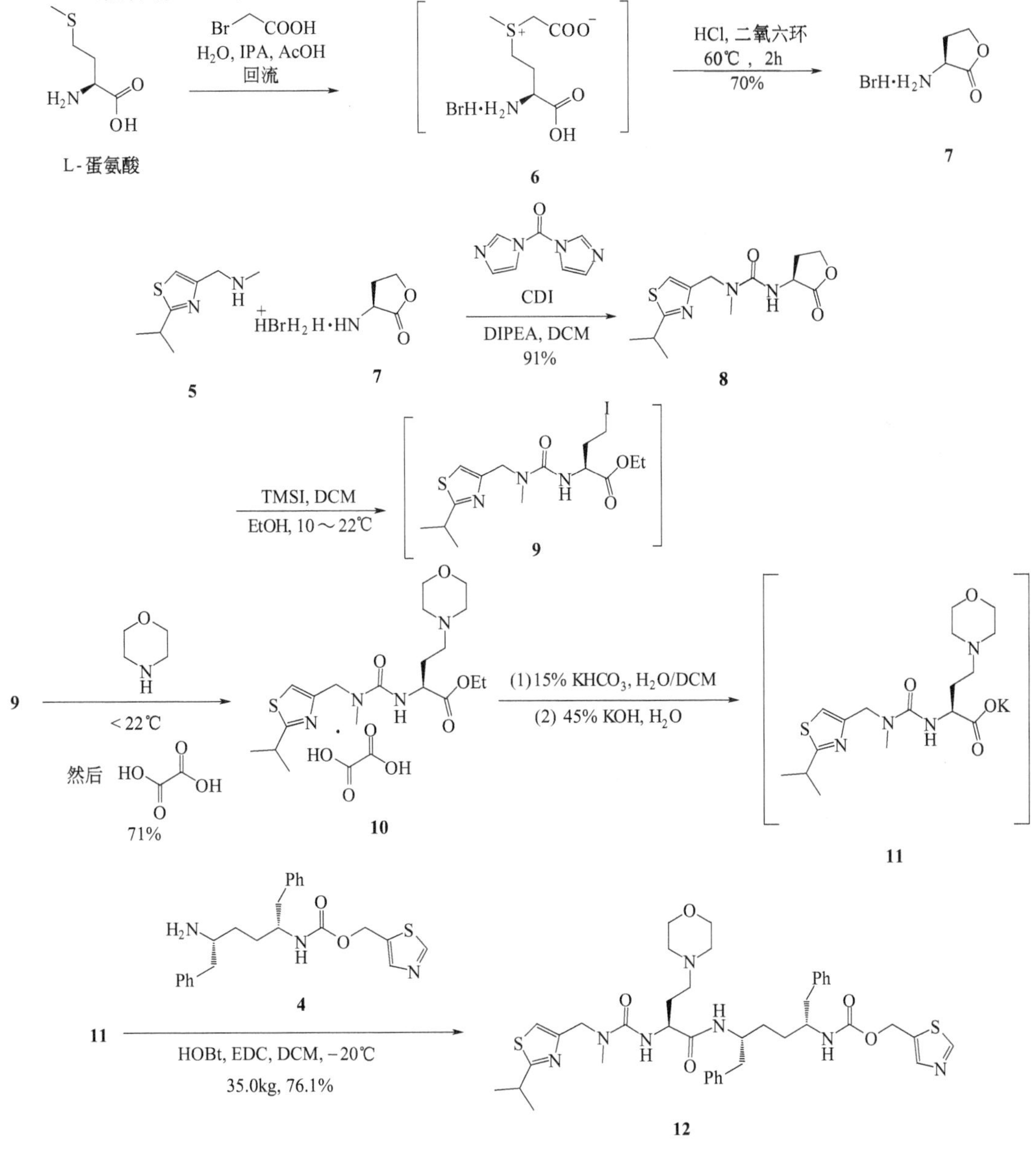

---

❶ 作者在文中没有提到消旋的问题。

原始文献

WO2010115000A2，2010．

参考文献

［1］ Xu，Lianhong，et al. Cobicistat（GS-9350）：A Potent and Selective Inhibitor of Human CYP3A as a Novel Pharmacoenhancer. ACS Medicinal Chemistry Letters，2010：209-213.

［2］ Polniaszek R，et al. Methods and intermediates for preparing pharmaceutical agents. WO2010115000A2，2010.

［3］ Cullen A J，et al. Methods and intermediates for preparing pharmaceutical agents. WO2013116715A1，2013.

［4］ Xu Lianhong，et al. Structure-activity relationships of diamine inhibitors of cytochrome P450（CYP）3A as novel pharmaoenhancers. Part Ⅱ：P2/P3 region and discovery of cobicistat（GS-9350）. Luthra P K，etc. A process for the preparation of azepanylethoxybenzylbenzyloxybenzyloxyphenylme-thylindole salts. Bioorganic & Medicinal Chemistry Letters，2013：995-999.

［5］ Freudenberger J H，et al. Intermolecular pinacol cross coupling of electronically similar aldehydes. An efficient and stereoselective synthesis of 1，2-diols employing a practical vanadium（Ⅱ）reagent. Journal of American Chemical Society，1989，111：8014-8016.

［6］ Anthony R H，et al. Reduction of an Enaminone：Synthesis of the diamino alcohol core of ritonavir. Organic Process Research & Development，1999，3：94-100.

［7］ Liu，Hongtao，et al. A novel and efficient synthesis of chiral C2-symmetric 1，4-diamines. Tetrahedron Letters，2009，50：552-554.

（张德晖）

Crizotinib（克里唑蒂尼）

药物基本信息

英文通用名	Crizotinib
中文通用名	克里唑蒂尼
商品名	Xalkori
CAS 登记号	877399-52-5
FDA 批准日期	2011/08/26
化学名	3-［（1R）-1-（2，6-dichloro-3-fluorophenyl）ethoxy］-5-（1-piperidin-4-ylpyrazol-4-yl）pyridin-2-amine
SMILES 代码	NC1＝NC＝C（C2＝CN（C3CCNCC3）N＝C2）C＝C1O［C@@H］（C4＝C（Cl）C＝CC（F）＝C4Cl）C

化学结构和理论分析

化学结构	理论分析值
	分子式：$C_{21}H_{22}Cl_2FN_5O$ 精确分子量：449.11854 分子量：450.34 元素分析：C，56.01；H，4.92；Cl，15.75；F，4.22；N，15.55；O，3.55

药品说明书参考网页

生产厂家产品说明书：https://www1.pfizerpro.com/hcp/xalkori/about

美国药品网：http://www.drugs.com/mtm/crizotinib.html

美国处方药网页：http://www.rxlist.com/xalkori-drug.htm

药物简介

2011 年 8 月 26 日，Xalkori（Crizotinib）胶囊获得美国食品药品监督管理局（FDA）批准，这是第一个对间变性淋巴瘤激酶（ALK❶）进行靶向治疗的药品，用于治疗 ALK 阳性的局部晚期或转移的非小细胞肺癌（NSCLC❷）。作用机制是通过调节恶性细胞的生长、迁移和侵袭的调制以发挥其作用。

药品上市申报信息

该药物目前有 2 种产品上市。

产品一

药品名称	XALKORI		
申请号	202570	产品号	001
活性成分	Crizotinib(克里唑蒂尼)	市场状态	处方药
剂型或给药途径	口服胶囊	规格	200mg
治疗等效代码		参比药物	否
批准日期	2011/08/26	申请机构	PF PRISM CV

产品二

药品名称	XALKORI		
申请号	202570	产品号	002
活性成分	Crizotinib(克里唑蒂尼)	市场状态	处方药
剂型或给药途径	口服胶囊	规格	250mg
治疗等效代码		参比药物	是
批准日期	2011/08/26	申请机构	PF PRISM CV

药品专利或独占权保护信息

美国专利号或独占权代码	专利或独占权过期日期	专利保护类型、专利名称或市场独占权保护内容
7230098	2025/03/01	化合物专利
7825137	2027/05/12	专利用途代码 U-1179
7858643	2029/10/08	化合物专利,产品专利
8217057	2029/11/06	化合物专利,产品专利
NCE	2016/08/26	参见本书附录关于独占权代码部分
ODE	2016/08/26	参见本书附录关于独占权代码部分

---

❶ ALK 的英文全称是：anaplastic lymphoma kinase。

❷ NSCLC 的英文全称是：non-small cell lung cancer。

合成路线一

本方法是辉瑞最早的合成路线（US2006046991A1）。这条路线的特点是从化合物 **10** 出发，与不同的杂环化合物偶联，可以得到一系列的化合物进行活性筛选。结果表明，活性化合物是 (*R*)-异构体，于是辉瑞改进了合成路线（参见合成路线二）。

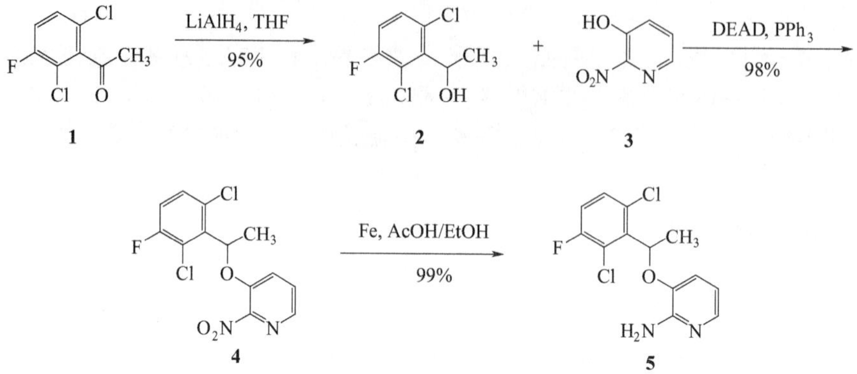

化合物 **1** 在 THF 中用 $LiAlH_4$ 还原，可得到相应的苯甲醇中间体 **2**，产率为 95%。化合物 **2** 与 2-硝基-3-羟基吡啶（**3**）进行 Mitsunobu 反应得到化合物 **4**。化合物 **4** 经过铁粉在酸性条件下还原硝基后得到氨基化合物 **5**。

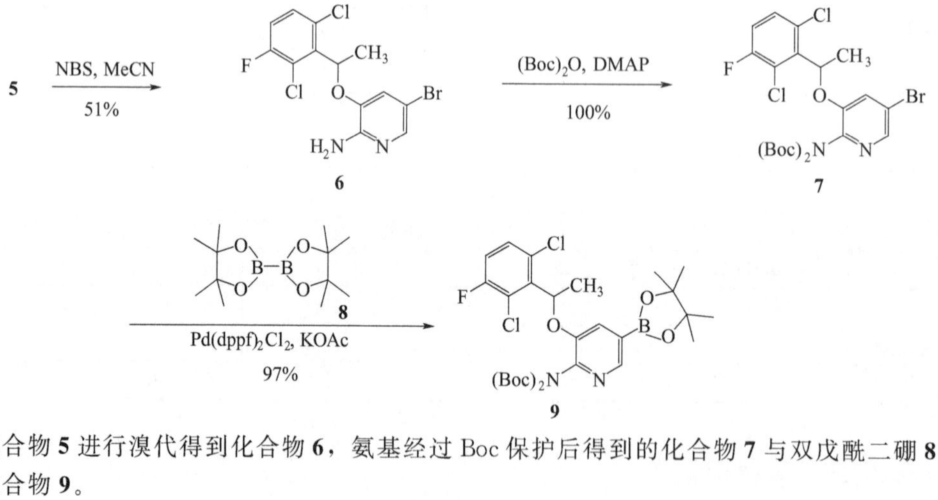

化合物 **5** 进行溴代得到化合物 **6**，氨基经过 Boc 保护后得到的化合物 **7** 与双戊酰二硼 **8** 偶联，得到化合物 **9**。

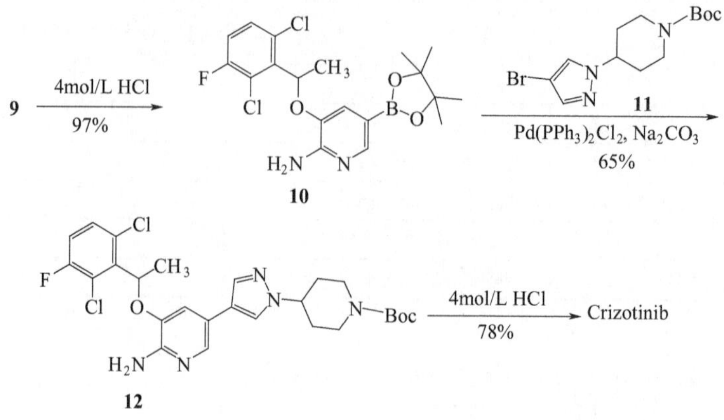

化合物 **9** 在酸性条件下去除 Boc 保护基得到化合物 **10**。化合物 **10** 与化合物 **11** 进行 Suzuki 偶联反应，然后去除 Boc 保护基得到目标化合物 Crizotinib。

原始文献

US 20060046991 A1，2006.

合成路线二

这条路线的特点是经过酶催化拆分得到光学活性的对映异构体（R)-**2** 和（S)-**2**。

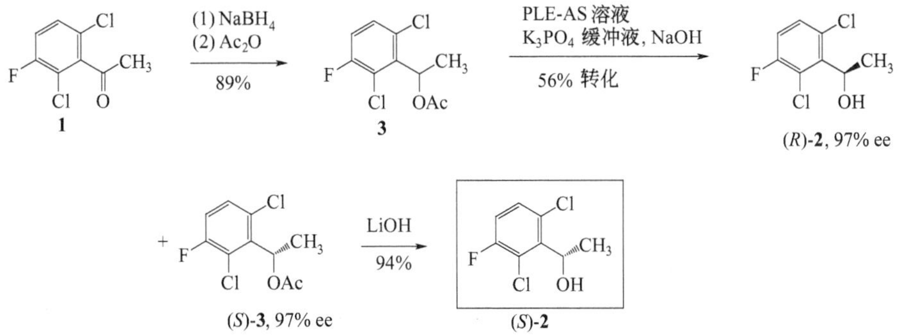

化合物 **1** 用钠硼氢还原，得到相应的苯甲醇中间体 **2**，羟基用乙酰基保护得到化合物 **3**，化合物 **3** 在酶催化下选择性水解，得到光学活性的水解产物（R)-**2** 和光学活性的未水解产物（S)-**3**，（S)-**3** 在氢氧化锂作用下水解得到光学活性的（S)-**2**。

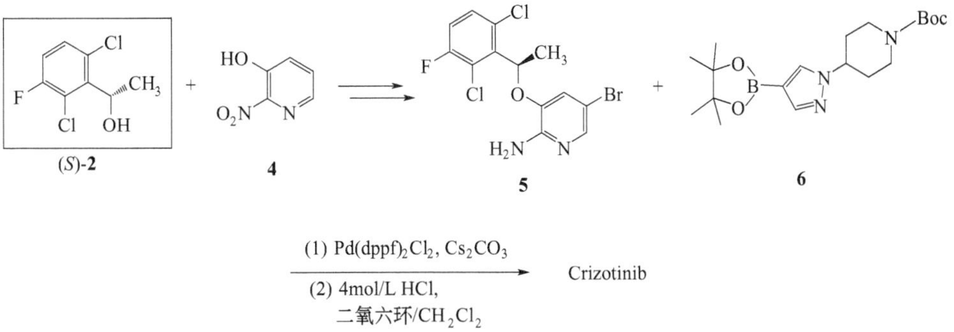

（S)-**2** 可以进一步通过偶联、硝基还原和溴代得到化合物 **5**（参见合成路线一）。化合物 **5** 与化合物 **6** 进行 Suzuki 偶联反应，然后去除 Boc 保护基得到目标化合物 Crizotinib。

其中化合物 **6** 是以羟基化合物 **7** 为原料，通过羟基活化和烷基化得到化合物 **10**，再与化合物 **11** 进行 Suzuki 偶联反应制备。

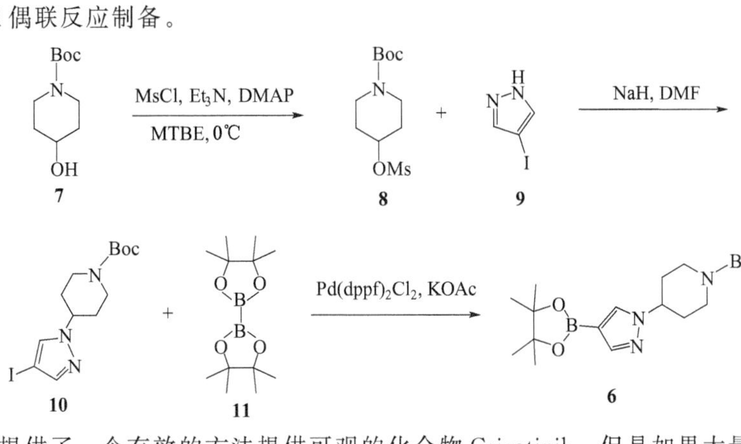

这条路线提供了一个有效的方法提供可观的化合物 Crizotinib。但是如果大量制备 Crizotinib，

仍然有些问题需要解决。例如：（S)-**2** 的 Suzuki 偶联反应产生大量副产物；利用 NaH/DMF 进行烷基化（化合物 **10**），大规模生产可能存在安全隐患；化合物 **10** 与化合物 **11** 的偶联反应在放大生产时有大量的二聚产物，并且化合物 **11** 价格相对昂贵；等等。进一步改进的合成路线参见合成路线三。

原始文献

Tetrahedron：Asymmetry，2010，21：2408.

合成路线三

这条路线是辉瑞目前应用的合成路线。合成方法比较安全可靠，产率稳定。中间体的合成达到 100kg 的规模。

1 **2** **3** **4** **5**

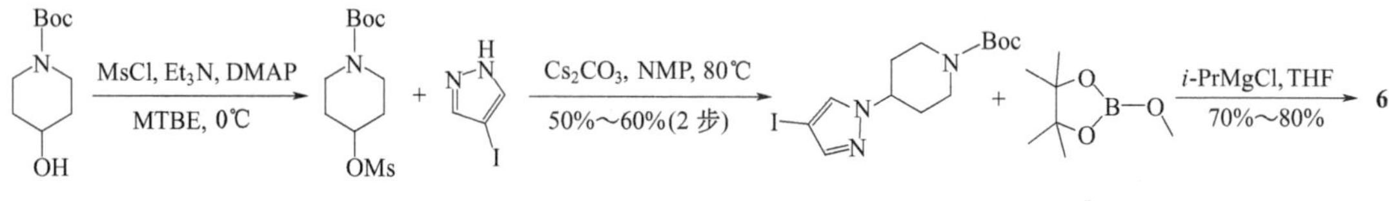

化合物 **6** 的合成也以羟基化合物 **1** 为原料，不过烷基化步骤改用碳酸铯为碱，偶联试剂改用相对便宜的甲氧基硼酸频哪醇酯 **5**。

7 **8** **9** **10**

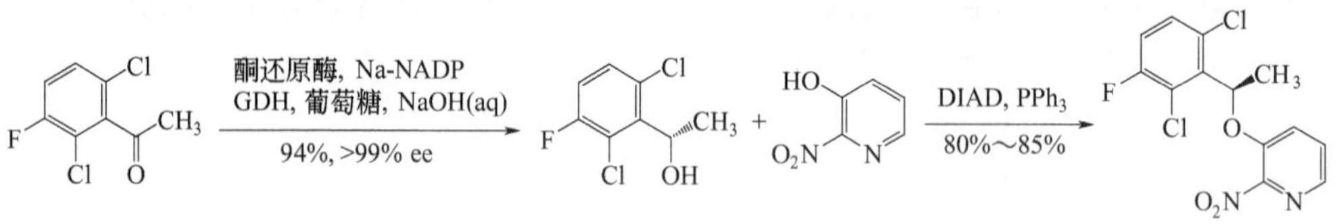

另一个片段以化合物 **7** 为原料，利用还原酶还原，得到光学纯的中间体 **8**，再与 **9** 偶联得到化合物 **10**。

10 **11** **12**

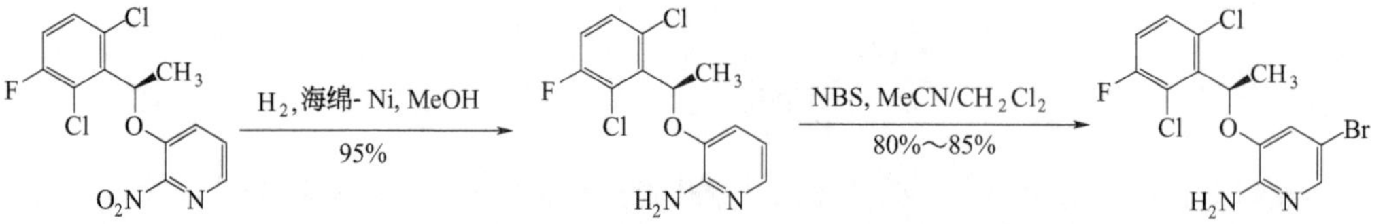

化合物 **10** 中的硝基氢化还原为氨基得到化合物 **11**，溴代后得到化合物 **12**。这样就避免了使用 Boc 保护和去保护的步骤。

12 **6** **13**

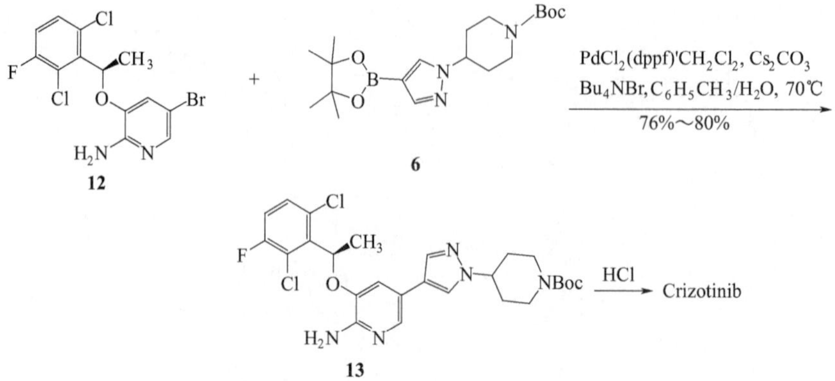

化合物 **12** 与化合物 **6** 偶联后脱除保护基得到目标化合物 Crizotinib。

原始文献

Org Process Res Dev，2011，15（5）：1018-1026.

合成路线四

周其林教授报道了一条新的合成路线。他们利用不对称催化氢化，合成方法比较安全可靠，产率稳定。中间体的合成达到 100kg 的规模。

1　　2

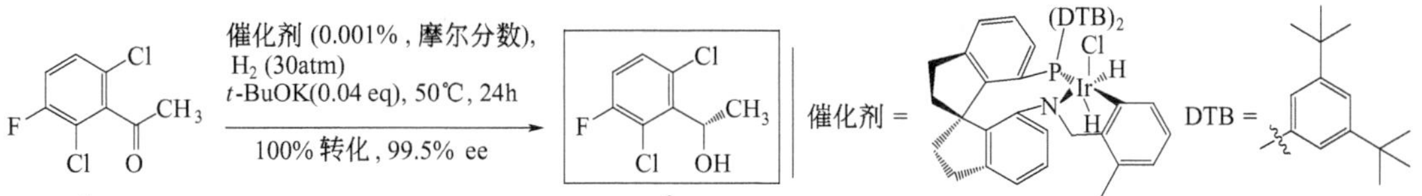

催化剂的用量很低，手性醇 **2** 的活性非常高。

3　　4　　5　　6　　7　　8

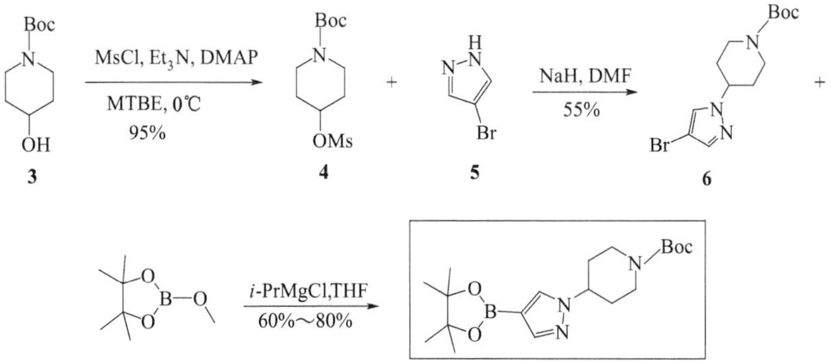

中间体 **8** 的合成也做了改进，溴代物 **5** 取代了以前路线中的碘代物。

9　　10　　11　　12　　13

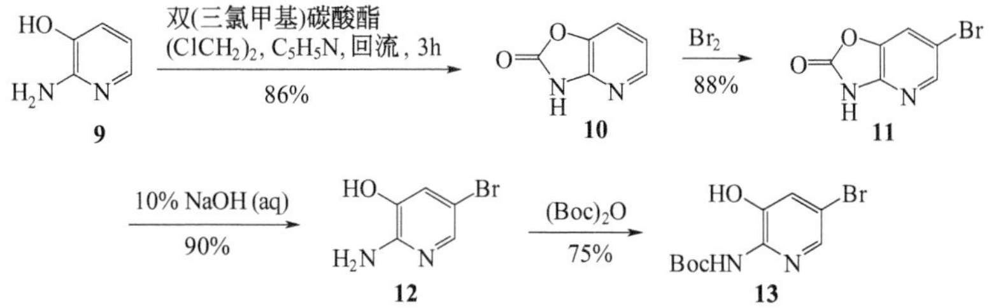

中间体 **13** 的合成也采用了新的合成路线。2-氨基-3-羟基吡啶（**9**）用三光气［双（三氯甲基）碳酸酯］保护得到化合物 **10**，溴代得到化合物 **11**，然后在碱性条件下脱除保护基得到 **12**，再用 Boc 保护基保护氨基得到中间体 **13**。

14　　15

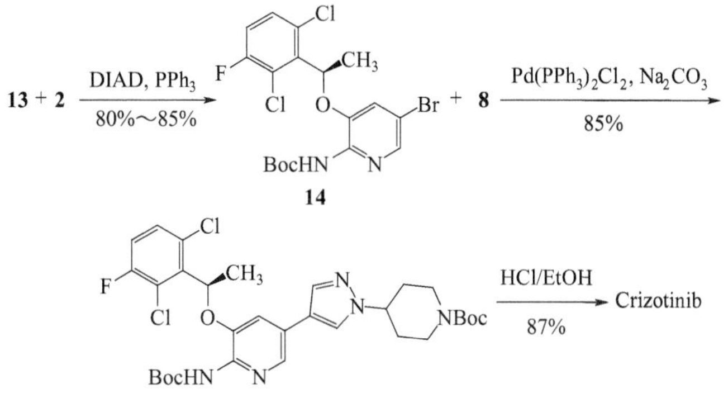

中间体 **13** 与 **2** 偶联得到化合物 **14**，再与 **8** 进行 Suzuki 偶联得到化合物 **15**，脱除保护基得到 Crizotinib。

原始文献

Tetrahedron Letters，2014，55：1528-1531.

（许启海）

Dabigatran Etexilate Mesylate（甲磺酸达比加群酯）

药物基本信息

英文通用名	Dabigatran Etexilate Mesylate
中文通用名	甲磺酸达比加群酯
商品名	Pradaxa
CAS 登记号	872728-81-9
FDA 批准日期	2010/10/19
化学名	β-alanine,N-[[2-[[[4-[[[(hexyloxy)carbonyl]amino]iminomethyl]phenyl]amino]methyl]-1-methyl-1H-benzimidazol-5-yl]carbonyl]-N-2-pyridinyl-,ethyl ester,methanesulfonate
SMILES 代码	O=C(N(CCC(OCC)=O)C1=NC=CC=C1)C2=CC=C3C(N=C(CNC4=CC=C(/C([NH2.MeSO3H])=N\C(OCCCCCC)=O)C=C4)N3C)=C2

化学结构和理论分析

化学结构	理论分析值
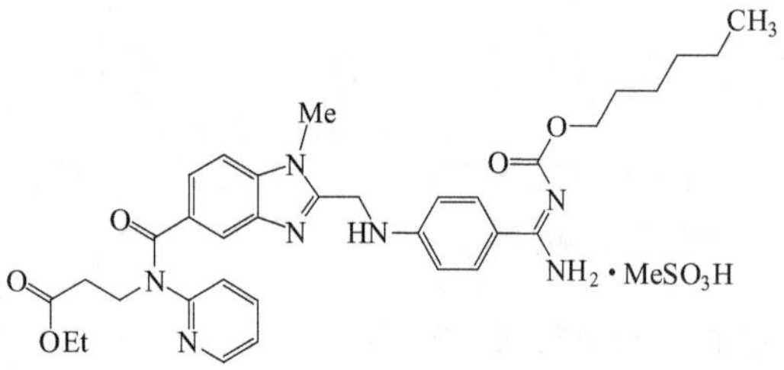	分子式：$C_{35}H_{45}SN_7O_8$ 精确分子量：723.30503 分子量：723.84 元素分析：C,58.08；H,6.27；N,13.55；O,17.68；S,4.43

药品说明书参考网页

生产厂家产品说明书：https://www.pradaxa.com

美国药品网：http://www.drugs.com/pradaxa.html

美国处方药网页：http://www.rxlist.com/pradaxa-drug.htm

药物简介

甲磺酸达比加群酯（Dabigatran Etexilate Mesylate），由德国 Boehringer Ingelheim 公司研发，于 2008 年 4 月首次在德国和英国上市，商品名 Pradaxa，是达比加群的前药。临床上应用于预防全髋或全膝置换手术后患者的静脉血栓栓塞。该药口服在体内释放出达比加群，与凝血酶的纤维蛋白特异位点结合，阻止纤维蛋白原裂解为纤维蛋白，从而阻断凝血瀑布网络的最后步骤及血栓形成。与华法林等维生素 K 拮抗剂相比，甲磺酸达比加群酯不但具有可口服、强效、可预测且一致的抗凝作用以及良好的卒中预防作用，而且具有出血风险较低，无需常规监测等优点，药物间相互作用的可能性较低，且不与食物发生相互作用。如同其他被批准的抗凝血药，出血，包括危及生命和致命出血，是用 Pradaxa 治疗患者中报道的最常见不良反应。其他不良反应可能还有胃肠道症状，包括胃内不适感（消化不良），胃痛，恶心，心灼热和胃气胀。

药品上市申报信息

该药物目前有 2 种产品上市。

产品一

药品名称	PRADAXA		
申请号	022512	产品号	001
活性成分	Dabigatran Etexilate Mesylate（甲磺酸达比加群酯）	市场状态	处方药
剂型或给药途径	口服胶囊	规格	75mg
治疗等效代码		参比药物	否
批准日期	2010/10/19	申请机构	BOEHRINGER INGELHEIM PHARMACEUTICALS INC

产品二

药品名称	PRADAXA		
申请号	022512	产品号	002
活性成分	Dabigatran Etexilate Mesylate（甲磺酸达比加群酯）	市场状态	处方药
剂型或给药途径	口服胶囊	规格	150mg
治疗等效代码		参比药物	是
批准日期	2010/10/19	申请机构	BOEHRINGER INGELHEIM PHARMACEUTICALS INC

药品专利或独占权保护信息

美国专利号或独占权代码	专利或独占权过期日期	专利保护类型、专利名称或市场独占权保护内容
6087380	2018/02/18	化合物专利,产品专利,专利用途代码 U-1089
7932273	2025/09/07	化合物专利,产品专利
7866474	2027/08/31	产品专利
8217057	2029/11/06	化合物专利,产品专利
NCE	2015/10/19	参见本书附录关于独占权代码部分
I-682	2017/04/04	参见本书附录关于独占权代码部分
I-683	2017/04/04	参见本书附录关于独占权代码部分

合成路线一

本方法是勃林格殷格翰（Boehringer-Ingelheim）公司报道的合成路线（WO9837075A1）。

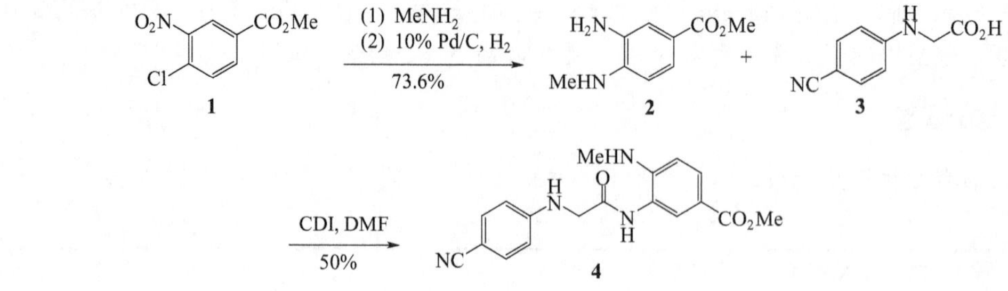

化合物 **1** 经过甲氨基取代后还原硝基得到化合物 **2**，然后与氰基化合物 **3** 进行偶联得到化合物 **4**。

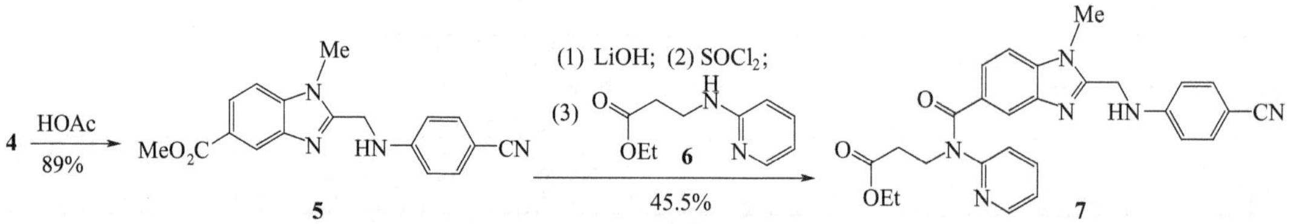

化合物 **4** 在醋酸中回流得到环化产物 **5**，然后酯基水解并且转化成酰氯，再与化合物 **6** 进行缩合反应得到化合物 **7**。

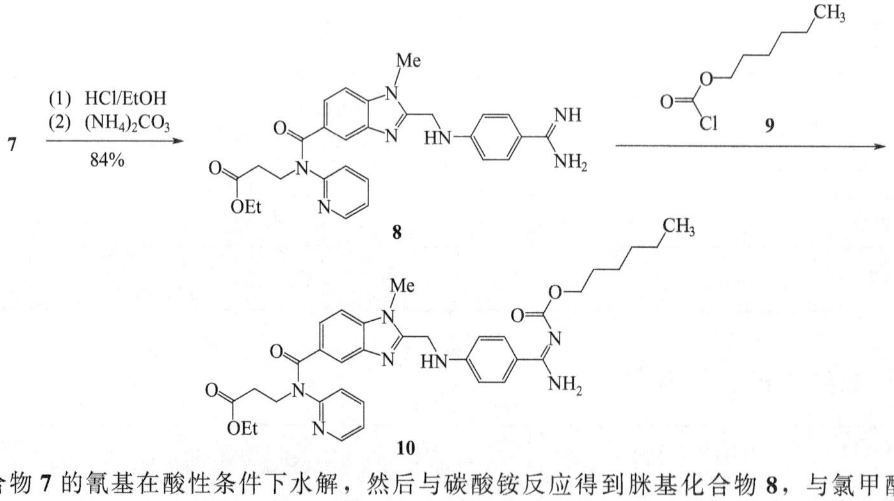

化合物 **7** 的氰基在酸性条件下水解，然后与碳酸铵反应得到脒基化合物 **8**，与氯甲酸正己酯（**9**）反应得到甲磺酸达比加群酯的前体 **10**。

原始文献

WO9837075A1，1998.

合成路线二

这条路线针对氰基中间体的合成进行了改进。

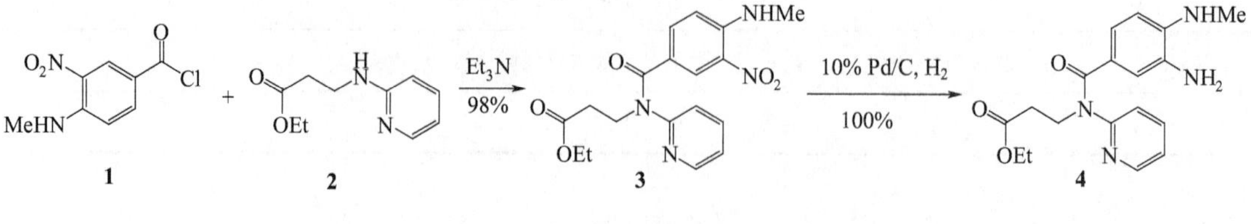

酰氯化合物 1 首先与氨基吡啶化合物 2 缩合后得到化合物 3，硝基还原后得到化合物 4。

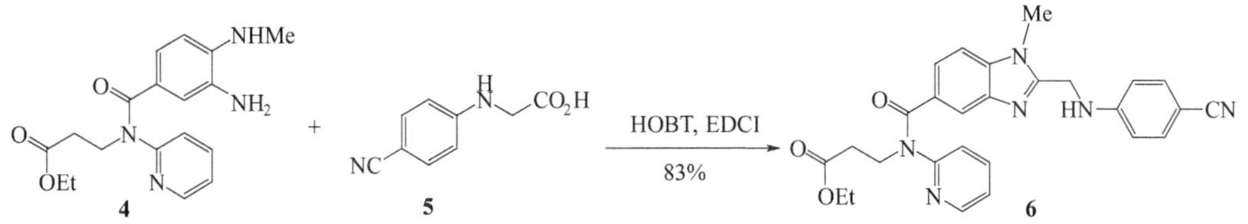

化合物 4 再与羧酸化合物 5 偶联得到中间体 6，产率 83%。

原始文献

J Med Chem，2002，45；1757. CN 1861596；中国医药工业杂志，2010，41：321.

合成路线三

这条路线的特点是利用噁二唑作为氰基的保护基。

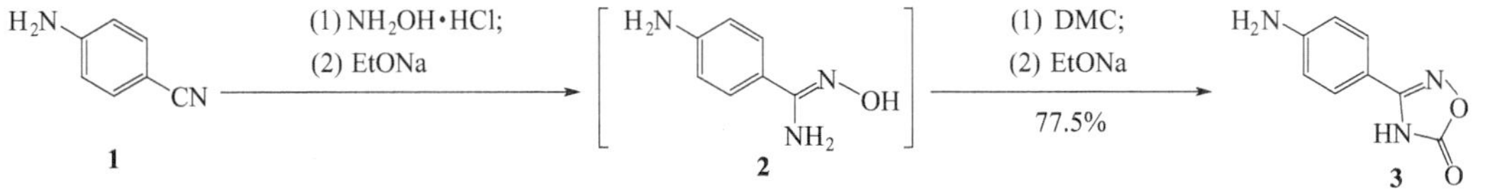

4-氨基苯氰（1）首先与羟胺反应得到 N-羟基苯甲脒（2），中间体 2 不做纯化，与碳酸二甲酯（DMC）和乙醇钠反应得到噁二唑 3。

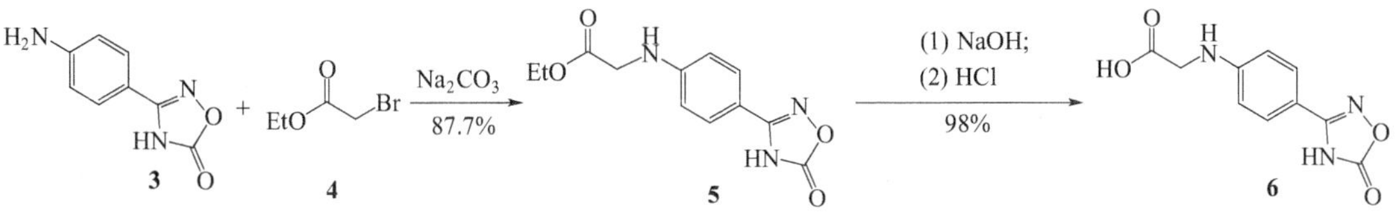

噁二唑 3 用溴代乙酸酯在碱存在下进行烷基化得到化合物 5，酯基水解得到羧酸化合物 6。

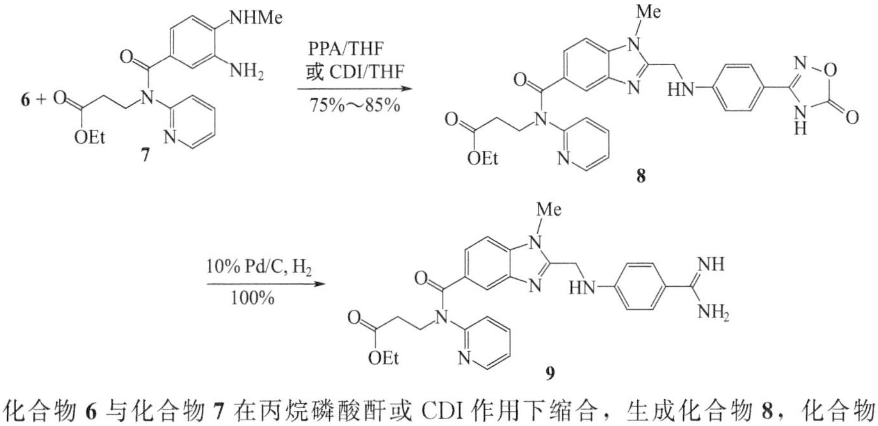

羧酸化合物 6 与化合物 7 在丙烷磷酸酐或 CDI 作用下缩合，生成化合物 8，化合物 8 再经过氢化还原得到中间体 9。

原始文献

WO2009153215A1，2009.

合成路线四

这条路线的特点是利用化合物 1 的盐酸盐进行初步纯化，硝基的还原使用了连二亚硫酸钠，而不是相对昂贵的钯催化剂。

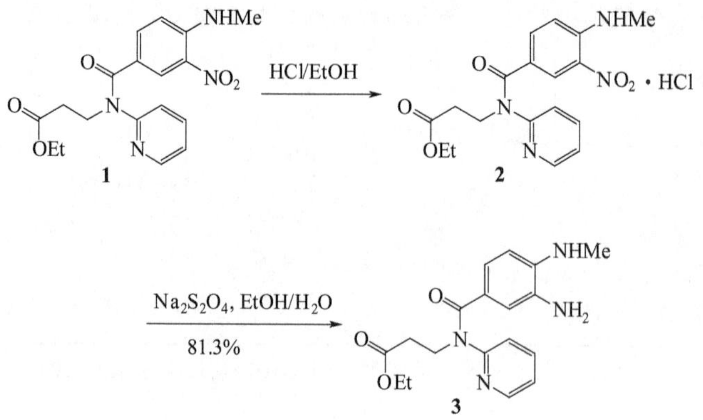

原始文献

WO2009111997A1，2009.

合成路线五

这条路线是利用成盐纯化中间体，避免了以前文献中多次利用柱色谱进行中间体纯化的弊端。

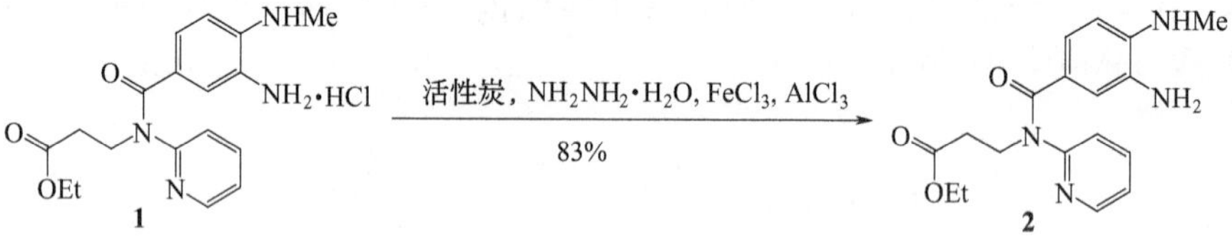

盐酸盐 1 在活性炭催化下利用水合肼进行还原得到化合物 2，收率 83%。

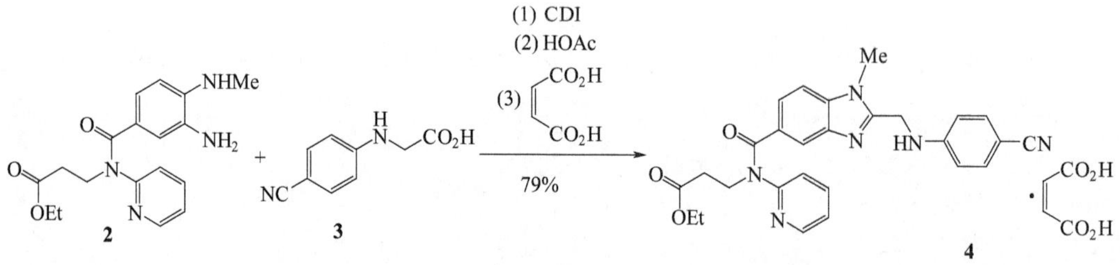

化合物 2 再与氰基化合物 3 在 CDI 作用下进行缩合成环，然后直接与马来酸成盐得到化合物 4。重结晶纯化，不需要柱色谱。

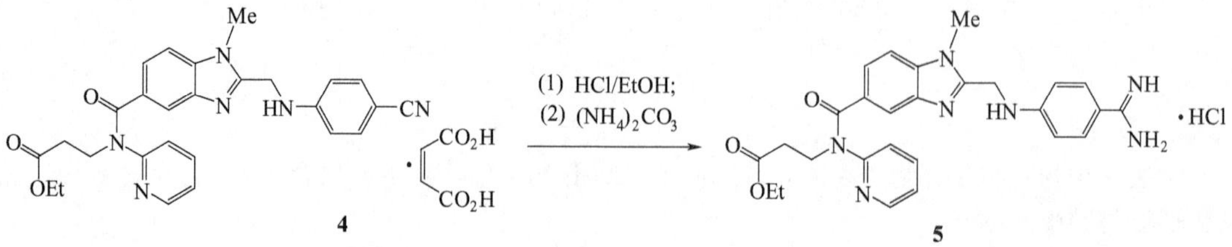

化合物 4 再与盐酸和碳酸铵作用得到中间体 5。

原始文献

程青芳，王启发，陆微，黄芬芬，秦亚娟. 甲磺酸达比加群酯的合成. 中国新药杂志，2012，21（1）：88.

（许启海）

Dabrafenib（达拉菲尼）

药物基本信息

英文通用名	Dabrafenib
中文通用名	达拉菲尼
商品名	Tafinlar
CAS 登记号	1195765-45-7
FDA 批准日期	2013/05/29
化学名	N-{3-[5-(2-aminopyrimidin-4-yl)-2-tert-butyl-1，3-thiazol-4-yl]-2-fluorophenyl}-2，6-difluoro-benzenesulfonamide
SMILES 代码	FC1＝CC＝CC(F)＝C1S(NC2＝CC＝CC(C3＝C(C4＝CC＝NC(N)＝N4)SC(C(C)(C)C)＝N3)＝C2F)(＝O)＝O

化学结构和理论分析

化学结构	理论分析值
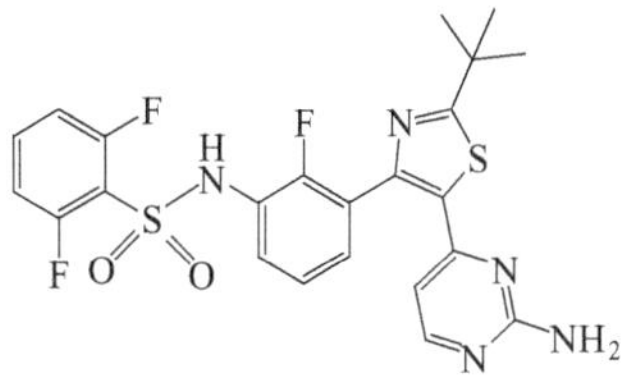	分子式：$C_{23}H_{20}F_3N_5O_2S_2$ 精确分子量：519.10105 分子量：519.56 元素分析：C，53.17；H，3.88；F，10.97；N，13.48；O，6.16；S，12.34

药品说明书参考网页

生产厂家产品说明书：http://www.tafinlar.com

美国药品网：http://www.drugs.com/tafinlar.html

美国处方药网页：http://www.rxlist.com/tafinlar-drug.htm

药物简介

达拉菲尼（Dabrafenib）是由葛兰素史克（GSK）公司开发的丝苏氨酸蛋白激酶（BRAF）抑制剂，作为一种单药口服胶囊，适用于携带 BRAF V600E 突变的手术不可切除性黑色素瘤或转移性黑色素瘤成人患者的治疗，达拉菲尼甲磺酸盐于 2013 年 5 月获得美国食品药品监督管理局（FDA）的批准，在美国上市，商品名为 Tafinlar（达菲纳）。FDA 同时批准了 GSK 的另外一个抗癌药曲美替尼（Mekinist，Trametinib），作为单药治疗不可切除或已经转移的 BRAF V600E 或 V600K 基因突变型黑色素瘤的患者。达拉菲尼有望成为继罗氏旗下的威罗菲尼（Vemurafinib）之后进入欧洲市场的第二个 BRAF 抑制剂。

药品上市申报信息

该药物目前有 2 种产品上市。

产品一

药品名称	TAFINLAR		
申请号	202806	产品号	001
活性成分	Dabrafenib Mesylate(甲磺酸达拉菲尼)	市场状态	处方药
剂型或给药途径	口服胶囊	规格	50mg
治疗等效代码		参比药物	否
批准日期	2013/05/29	申请机构	GLAXOSMITHKLINE

产品二

药品名称	TAFINLAR		
申请号	202806	产品号	002
活性成分	Dabrafenib Mesylate(甲磺酸达拉菲尼)	市场状态	处方药
剂型或给药途径	口服胶囊	规格	75mg
治疗等效代码		参比药物	是
批准日期	2013/05/29	申请机构	GLAXOSMITHKLINE

药品专利或独占权保护信息

美国专利号或独占权代码	专利或独占权过期日期	专利保护类型、专利名称或市场独占权保护内容
7994185	2030/01/20	化合物专利,产品专利,专利用途代码 U-1406
8415345	2030/01/20	化合物专利,产品专利,专利用途代码 U-1406
I-678	2017/01/08	参见本书附录关于独占权代码部分
NCE	2018/05/29	参见本书附录关于独占权代码部分
ODE	2021/01/09	参见本书附录关于独占权代码部分
ODE	2020/05/29	参见本书附录关于独占权代码部分

合成路线一

这条合成路线是目前比较普遍采用的。

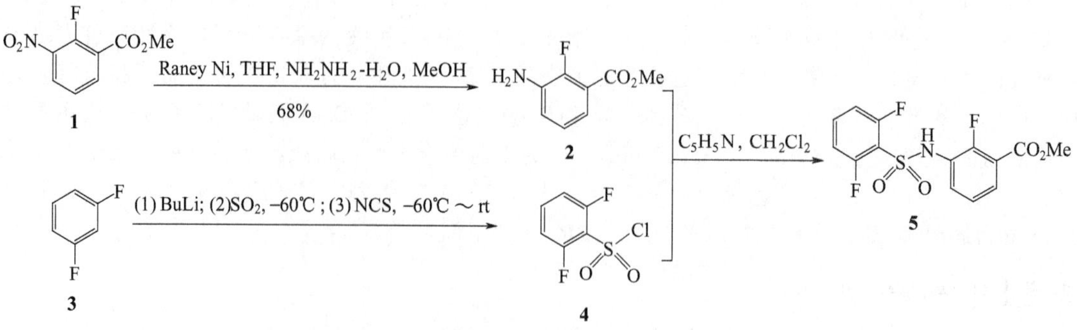

中间体 **2** 从硝基化合物 **1** 经氢化还原制得；中间体 **4** 从 1,3-二氟苯经强碱拔氢、磺酰化及氯

代制得；中间体 **2** 和 **4** 在吡啶催化下生成磺酰胺 **5**。

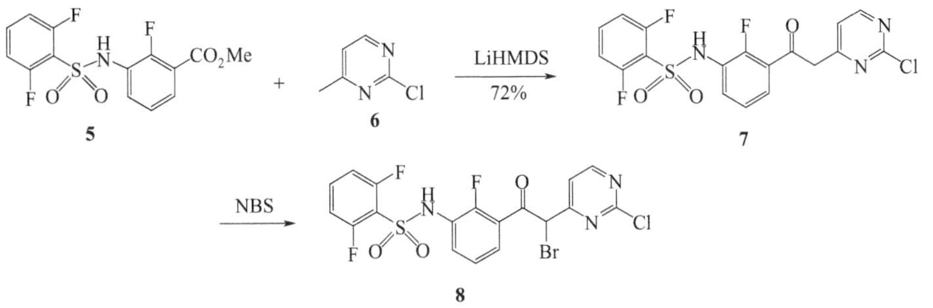

化合物 **6** 经强碱拔氢后与磺酰胺 **5** 缩合得到化合物 **7**，NBS 溴代后得到的溴代中间体 **8**。

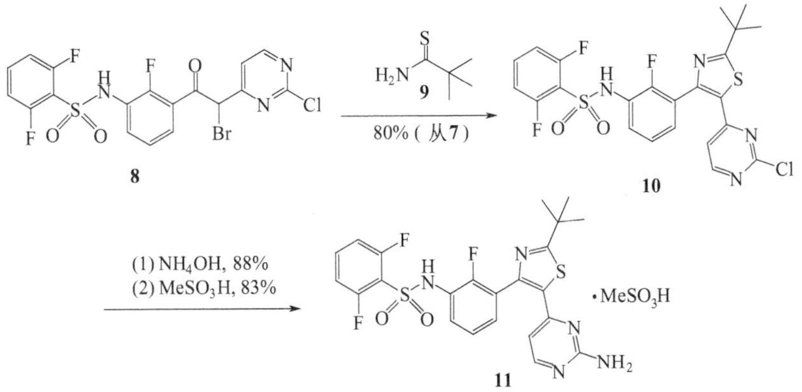

中间体 **8** 与 2,2-二甲基硫代丙酰胺（**9**）环合得到中间体 **10**，氯化物被氨解后与甲磺酸成盐得到达拉菲尼的甲磺酸盐 **11**。

原始文献

WO2011047238A1，2011.

合成路线二

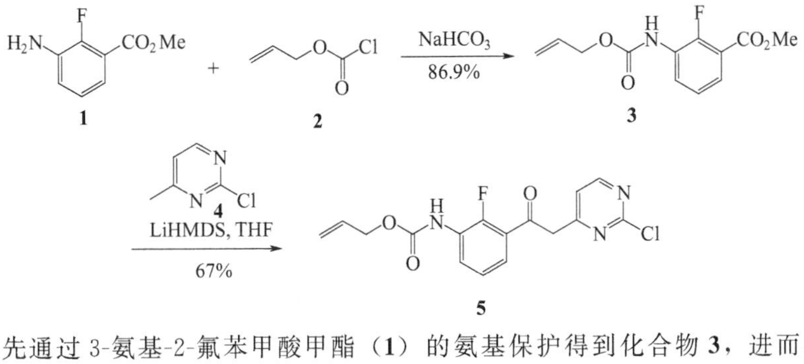

这条路线先通过 3-氨基-2-氟苯甲酸甲酯（**1**）的氨基保护得到化合物 **3**，进而与化合物 **4** 进行缩合得到化合物 **5**。

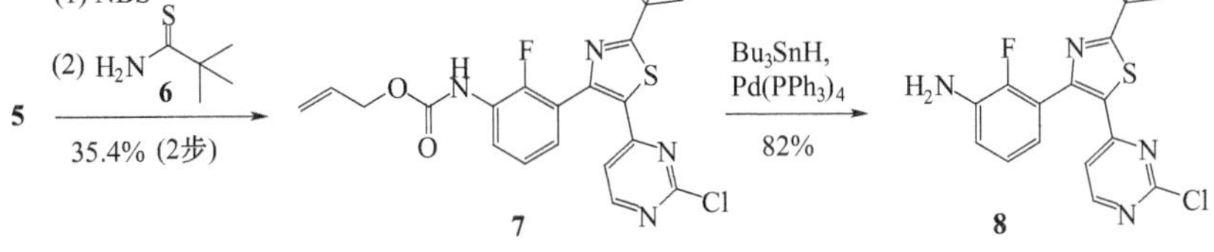

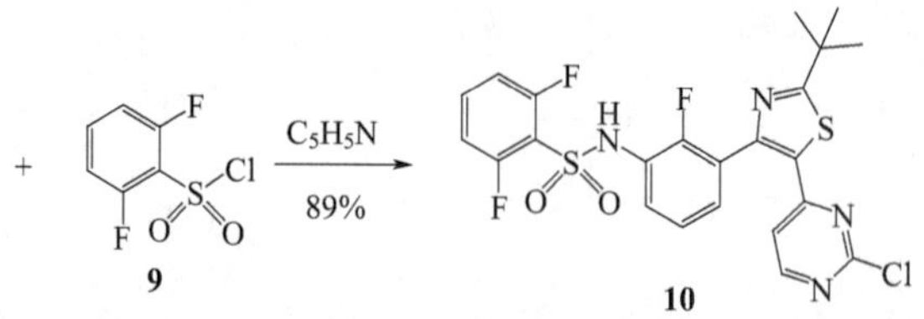

化合物 **5** 溴代后与化合物 **6** 环合得到化合物 **7**，再通过氨基的脱保护和磺酰胺化得到中间体 **10**。同样，中间体 **10** 经氨解反应得到目标化合物达拉菲尼。

原始文献

WO2009137391 A2，2009.

合成路线三

这条路线的设计特点在于先进行化合物 **1** 的氨解反应，再通过氨基的脱保护和磺酰胺化反应得到目标产物。该路线适用于一些取代氨基的氨解反应，但是两个芳香氨基（化合物 **3**）的存在会使得最后一步的磺酰胺化反应失去选择性，不太适用于达拉菲尼等具有嘧啶氨基结构的化合物的合成。

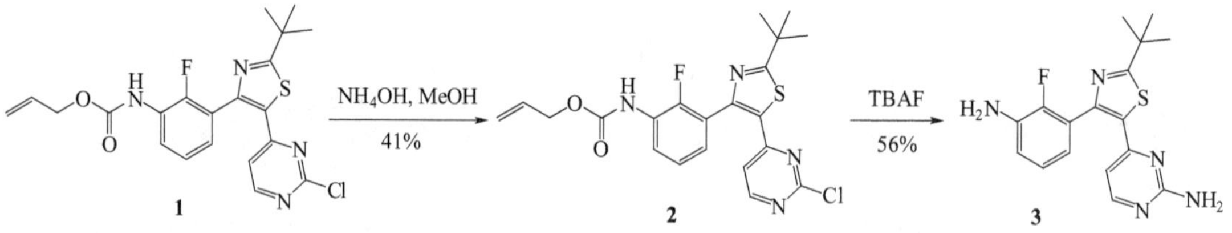

原始文献

WO2009137391 A2，2009.

合成路线四

苏州明锐医药科技有限公司的许学农报道了一条新的合成路线。

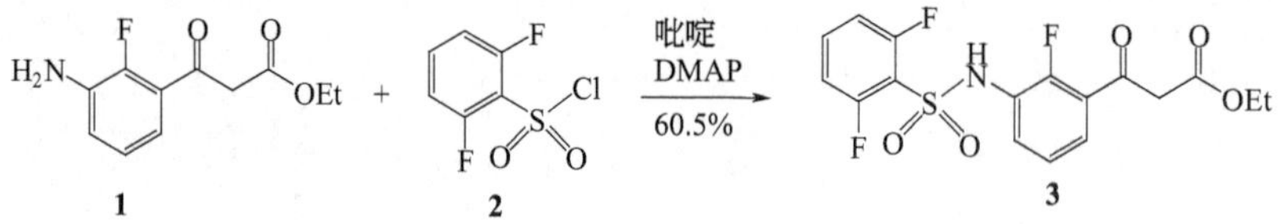

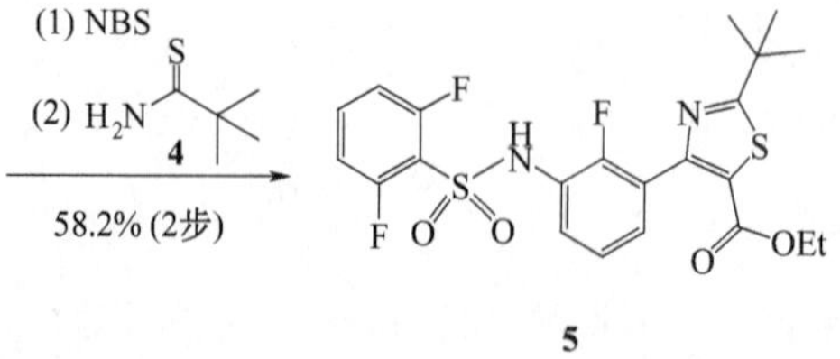

化合物 **1** 与 **2** 发生磺酰胺化反应得到中间体 **3**，然后经过卤代和噻唑环合得到中间体 **5**。

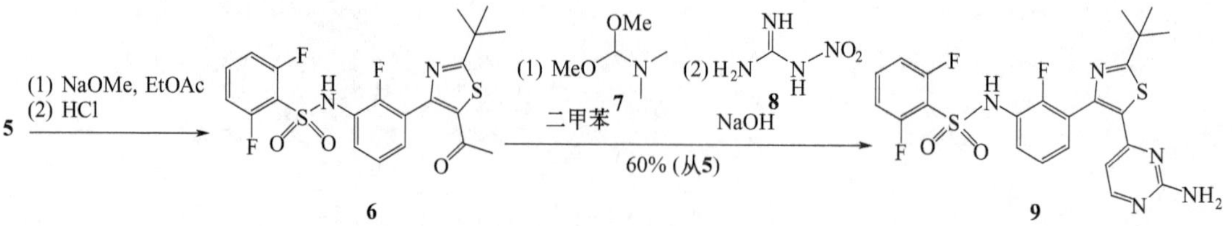

中间体 **5** 再经过经过乙酰化反应得到中间体 **6**，最后与 N,N-二甲基甲酰胺二甲基缩醛

（DMF-DMA）及硝酸胍发生嘧啶环合反应得到达拉菲尼。这条路线更加符合原子经济性，同时提高了反应的选择性和操作的可控性。

原始文献

CN103588767 A，2013.

（许启海）

Dapagliflozin（达格列净）

药物基本信息

英文通用名	Dapagliflozin
中文通用名	达格列净
商品名	Farxiga
CAS登记号	461432-26-8
FDA批准日期	2014/01/08
化学名	(2S,3R,4R,5S,6R)-2-(4-chloro-3-(4-ethoxybenzyl)phenyl)-6-(hydroxymethyl)tetrahydro-2H-pyran-3,4,5-triol compound with(S)-propane-1,2-diol(1：1) hydrate
SMILES代码	C[C@H](O)CO.[H]O[H].O[C@H]1[C@H](C2＝CC＝C(Cl)C(CC3＝CC＝C(OCC)C＝C3)＝C2)O[C@H](CO)[C@@H](O)[C@@H]1O

化学结构和理论分析

化学结构	理论分析值
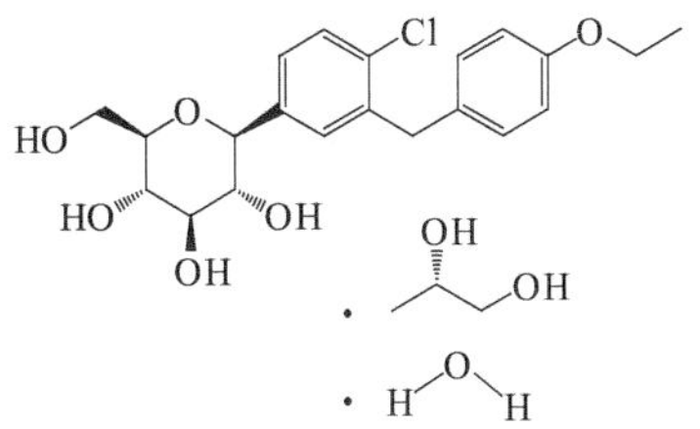	化学式：$C_{24}H_{35}ClO_9$ 分子量：502.98 元素分析：C,57.31；H,7.01；Cl,7.05；O,28.63

药品说明书参考网页

生产厂家产品说明书：http://www.farxiga.com
美国药品网：http://www.drugs.com/farxiga.html
美国处方药网页：http://www.rxlist.com/farxiga-drug.htm

药物简介

Dapaglifozin 是一种钠-葡萄糖协同转运蛋白 2（SGLT2[❶]）抑制剂，可用于 2 型糖尿病成人患者，结合饮食和运动，改善和控制血糖水平。钠-葡萄糖协同转运蛋白 2 通常表达在肾小管周边，负责大部分从管状内腔（tubular lumen）过滤后葡萄糖的重吸收。Dapagliflozin 通过抑制 SGLT2

---

❶ SGLT2 的英文全称是：sodium-glucose cotransporter 2。

活性，减少过滤后葡萄糖的重吸收，进而降低了肾糖阈（the renal threshold for glucose），从而增加了尿中的葡萄糖排泄。

药品上市申报信息

该药物目前有 2 种产品上市。

产品一

药品名称	FARXIGA		
申请号	202293	产品号	001
活性成分	Dapagliflozin	市场状态	处方药
剂型或给药途径	口服片剂	规格	5mg
治疗等效代码		参比药物	否
批准日期	2014/01/08	申请机构	ASTRAZENECA AB

产品二

药品名称	FARXIGA		
申请号	202293	产品号	002
活性成分	Dapagliflozin	市场状态	处方药
剂型或给药途径	口服片剂	规格	10mg
治疗等效代码		参比药物	是
批准日期	2014/01/08	申请机构	ASTRAZENECA AB

药品专利或独占权保护信息

美国专利号或独占权代码	专利或独占权过期日期	专利保护类型、专利名称或市场独占权保护内容
6515117	2020/10/04	化合物专利，产品专利，专利用途代码 U-493
6936590	2020/10/04	专利用途代码 U-493
8501698	2027/06/20	产品专利，专利用途代码 U-493
6414126	2020/10/04	化合物专利，产品专利，专利用途代码 U-493
8361972	2028/03/21	专利用途代码 U-493
8716251	2028/03/21	产品专利
7851502	2028/08/19	产品专利
8221786	2028/03/21	产品专利
7919598	2029/12/16	化合物专利
NCE	2019/01/08	参见本书附录关于独占权代码部分

合成路线一

以下合成路线来源于 Bristol-Myers Squibb 公司发表的专利文献（US 7164015）。

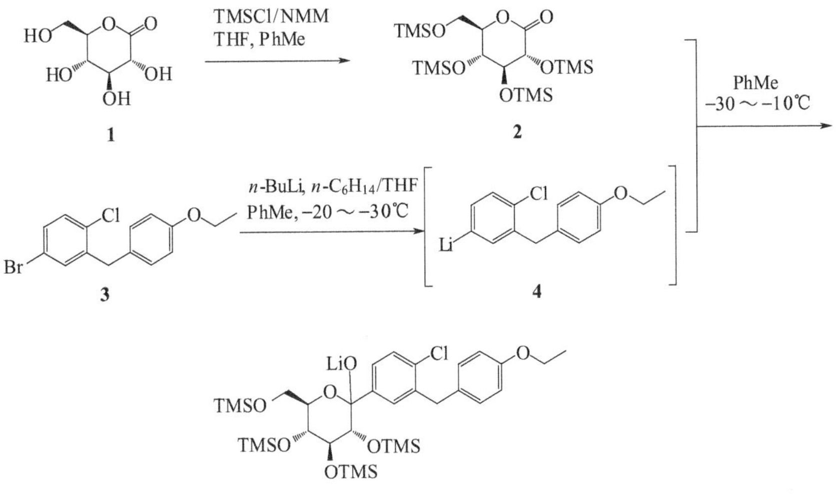

化合物 **1** 在 TMSCl 试剂的作用下，保护羟基，得到化合物 **2**。化合物 **3** 与丁基锂反应得到相应的中间体化合物 **4**。化合物 **2** 与化合物 **4** 在甲苯中反应可得到相应的加成化合物 **5**。

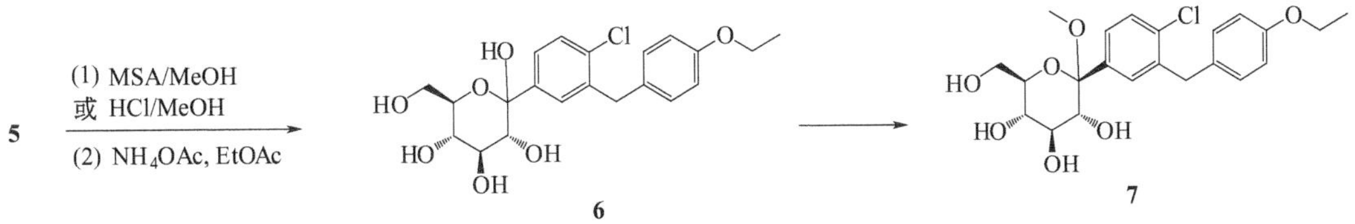

化合物 **5** 在酸性条件下脱去保护基，可得到化合物 **6**。化合物 **6** 在母液中继续反应得到化合物 **7**。

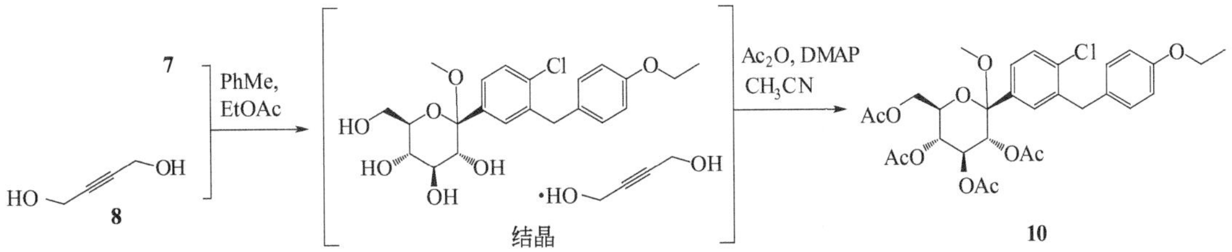

化合物 **7** 与 1,4-丁炔二醇（**8**）共结晶得到晶体化合物 **9**。化合物 **9** 与醋酸酐反应得到相应的醋酸酯类化合物 **10**。

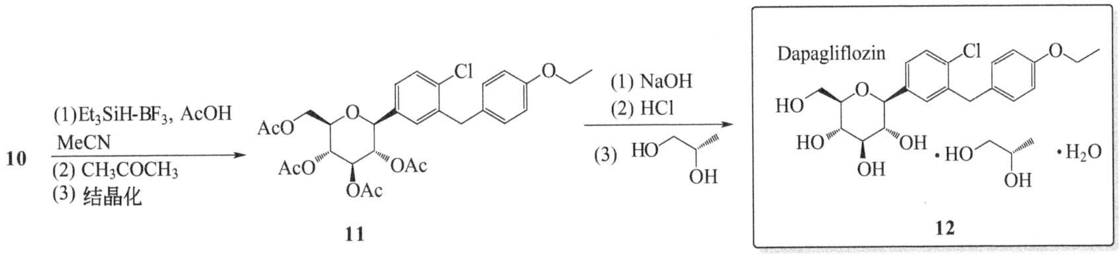

化合物 **10** 与 Et₃SiH-BF₃ 反应，脱去甲氧基，得到化合物 **11**，后者再经水解、中和和共结晶，最后可得到目标化合物 **12**。

原始文献

US 7164015.

合成路线二

以下合成路线来源于比利时 Janssen Pharmaceutica 公司 Sebastien Lemaire 等人发表的研究论文（Org Lett，2012，14（6）：1480-1483）。

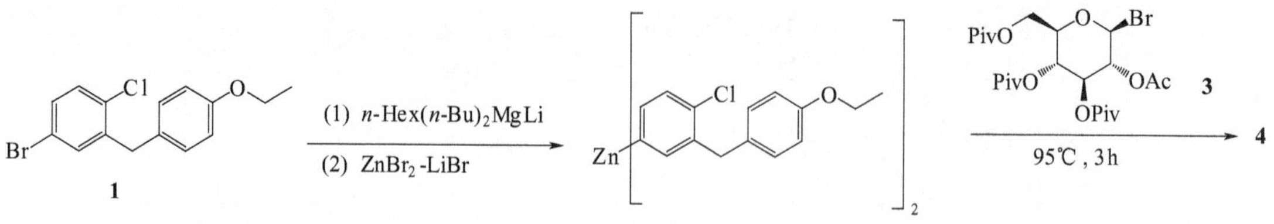

化合物 1 在锂试剂的作用下生成相应的化合物中间体 2。化合物 3 在锌试剂中反应后生成相应的中间体化合物 3a，后者与化合物 2 反应，可得到立体专一的产物 4。

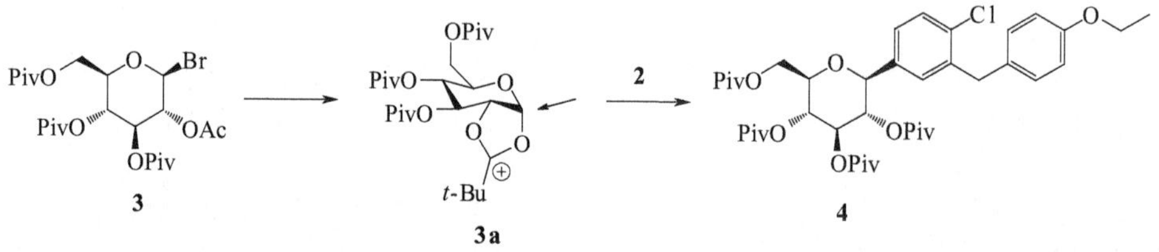

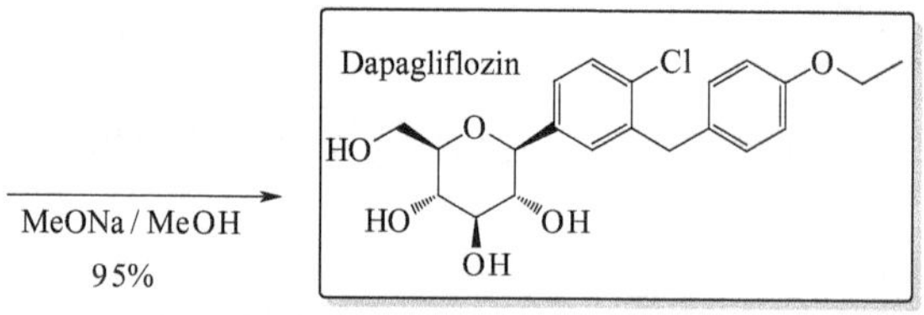

化合物 4 水解后就可得到目标化合物 5。

原始文献

Org Lett，2012，14（6）：1480-1483.

合成路线三

以下合成路线来源于上海惠斯生物科技有限公司卓碧钦、邢溪娟发表的专利文献（CN 102167715 B）。该专利描述了达格列净原料药的一种共晶制备方法，其步骤包括：由化合物 1 {（3R，4S，5S，6R）-2-[4-氯-3-（4-乙氧基苄基）苯基]-6-（羟甲基）-2-甲氧基四氢-2H-吡喃-3,4,5-三醇} 加入手性组分（X）经选择性络合与还原剂脱去甲氧基，然后降温共晶，一锅法得到达格列净-X。其特点是：反应步骤短、脱甲氧基条件温和和试剂经济便宜，可达到高产率的 α-构型的产物，其光学纯度超过 99%。

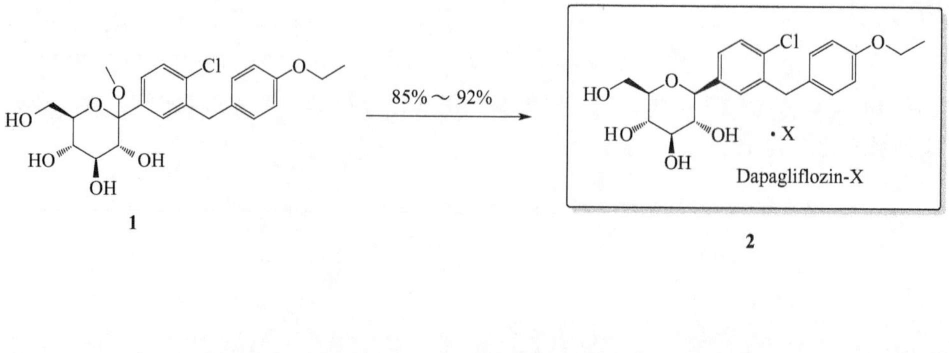

该方法所述还原剂选自氰基硼氢化钠、醋酸硼氢化钠或硼氢化钠中的一种；所述手性组分（X）是一种疏水性氨基酸。手性氨基酸既参与立体选择性脱去甲氧基，还可参与形成共晶，手性氨基酸可以是 L 型的脯氨酸、色氨酸或苯丙氨酸。

原始文献

CN 102167715 B.

合成路线四

以下合成路线来源于百时美施贵宝公司发表的专利文献（CN 101468976 B）。该专利描述了一种达格列净晶体结构及其制备方法。

该方法包含①用 NaOH 将化合物 **1** 水解，得到化合物 **2**；②用 HCl 将化合物 **2** 中和，再用乙酸异丙酯萃取，分离提纯；③与（S）-（+）-1,2 丙二醇共结晶得到化合物 **3**。

原始文献

CN 101468976 B.

参考文献

[1] Deshpande P P，Ellsworth B A，Singh J，Denzel T W，Lai C，Crispino G，Randazzo M E，Gougoutas J Z. Methods of producing C-aryl glucoside SGLT2 inhibitors. US20040138439A1，2004.

[2] Eckhardt M，Eickelmann P，Himmelsbach F，Sauer A，Thomas L. Glucopyranosyl-substituted benzonitrile derivatives，pharmaceutical compositions containing such compounds，their use and process for their manufacture. WO2007093610A1，2007.

[3] Gant T G，Shahbaz M. Preparation of deuterated ethoxyphenylmethyl C-aryl glycosides inhibitors of SGLT2. WO2010048358A2，2010.

[4] Henschke J P，Lin C-W，Wu P-Y，Hsiao C-N，Liao J-H，Hsiao T-Y. Process for the preparation of β-C-aryl glucosides as potential SGLT2 inhibitors. WO2013068850A2，2013.

[5] Lemaire S，Houpis I N，Xiao T，Li J，Digard E，Gozlan C，Liu R，Gavryushin A，Diene C，Wang Y，Farina V，Knochel P. Stereoselective C-Glycosylation Reactions with Arylzinc Reagents. Org Lett，2012，14（6）：1480-1483.

[6] Liou J，Wu Y，Li S，Xu G. processes for the preparation of C-aryl glycoside amino acid complexes as potential sglt2 inhibitors. WO2010022313A2，2010.

[7] Meng W，Ellsworth B A，Nirschl A A，McCann P J，Patel M，Girotra R N，Wu G，Sher P M，Morrison E P，Biller S A，Zahler R，Deshpande P P，Pullockaran A，Hagan D L，Morgan N，Taylor J R，Obermeier M T，Humphreys W G，Khanna A，Discenza L，Robertson J G，Wang A，Han S，Wetterau J R，Janovitz E B，Flint O P，Whaley J M，Washburn W N. Discovery of Dapagliflozin：A Potent，Selective Renal Sodium-Dependent Glucose

Cotransporter 2 (SGLT2) Inhibitor for the Treatment of Type 2 Diabetes. J Med Chem, 2008, 51 (5): 1145-1149.

[8] Pal M, Upendar R C H, Iqbal J. Improved process for the preparation of SGLT2 inhibitor dapagliflozin via glycosylation of 5-bromo-2-chloro-4'-ethoxydiphenylmethane with gluconolactone. IN2010CH03942A, 2010.

[9] Shao H, Zhao G-L, Liu W, Wang Y-L, Xu W-R, Tang L-D. Total synthesis of SGLT2 inhibitor Dapagliflozin. Chinese Journal of Synthetic Chemistry, 2010, 18 (3): 389-392.

[10] Yu Y, Ji Y. Synthesis of dapagliflozin. Chinese Journal of Pharmaceuticals, 2011, 42 (2): 84-87.

(陈清奇)

Dasabuvir (达沙布韦)

药物基本信息

英文通用名	Dasabuvir
中文通用名	达沙布韦(参考译名)
商品名	Viekira Pak
CAS 登记号	1132935-63-7
FDA 批准日期	2014/12/19
化学名	N-(6-(3-(tert-butyl)-5-(2,4-dioxo-3,4-dihydropyrimidin-1(2H)-yl)-2-methoxyphenyl)naphthalen-2-yl)methanesulfonamide
SMILES 代码	CS(=O)(NC1=CC=C2C=C(C3=CC(N(C(N4)=O)C=CC4=O)=CC(C(C)(C)C)=C3OC)C=CC2=C1)=O

化学结构和理论分析

化学结构	理论分析值
	分子式：$C_{26}H_{27}N_3O_5S$ 精确分子量：493.16714 分子量：493.57 元素分析：C,63.27;H,5.51;N,8.51;O,16.21;S,6.50

药品说明书参考网页

生产厂家产品说明书：http://www.viekira.com

美国药品网：http://www.drugs.com/mtm/dasabuvir-ombitasvir-paritaprevir-and-ritonavir.html

美国处方药网页：http://www.rxlist.com/viekira-pak-drug.htm

药物简介

Dasabuvir 是 Viekira Pak 药物中的一种活性成分。Viekira Pak 是一种口服丙肝鸡尾酒疗法药物，由固定剂量 Ombitasvir/Paritaprevir/Ritonavir（25mg/150mg/100mg，每日一次）和 dasabuvir（250mg，每日两次）组成。根据 Viekira Pak 的处方信息，该治疗方案的推荐用量为：

每日 2 片固定剂量组合（Ombitasvir/Paritaprevir/Ritonavir，12.5mg/75mg/50mg，早餐时服药）和每日 2 片 Dasabuvir（250mg，早餐、晚餐时各服一片）。

药品上市申报信息

该药物目前有 1 种产品上市。

药品名称	VIEKIRA PAK（COPACKAGED）		
申请号	206619	产品号	001
活性成分	Dasabuvir Sodium(达沙布韦钠)；Ombitasvir(艾姆伯韦)；Paritaprevir（帕瑞它韦）；Ritonavir(利托那韦)	市场状态	处方药
剂型或给药途径	口服片剂	规格	250mg,12.5mg,75mg,50mg
治疗等效代码		参比药物	是
批准日期	2014/12/19	申请机构	ABBVIE INC
化学类型	药物新的组合方式	审评分类	优先评审

药品专利或独占权保护信息

美国专利号或独占权代码	专利或独占权过期日期	专利保护类型、专利名称或市场独占权保护内容
8685984	2032/09/04	专利用途代码 U-1637
6037157	2016/06/26	专利用途代码 U-1635
8466159	2032/09/04	专利用途代码 U-1637
8642538	2029/09/10	化合物专利、产品专利、专利用途代码 U-1638
8501238	2028/09/17	化合物专利、产品专利、专利用途代码 U-1636
8680106	2032/09/04	专利用途代码 U-1637
8492386	2032/09/04	专利用途代码 U-1637
8188104	2029/05/17	化合物专利、产品专利、专利用途代码 U-1636
6703403	2016/06/26	专利用途代码 U-1635
8686026	2031/06/09	产品专利
8399015	2024/08/25	产品专利
8420596	2031/04/10	化合物专利、产品专利
8268349	2024/08/25	产品专利
7364752	2020/11/10	产品专利
7148359	2019/07/19	产品专利
8691938	2032/04/13	化合物专利、产品专利
NCE	2019/12/19	参见本书附录关于独占权代码部分

合成路线一

以下合成路线来源于 Abbott Laboratories 公司发表的专利说明书（WO2012009699）。

该合成路线以化合物 **1** 为原料，在碱性条件下用 NaI 和 8.3% 的漂白水（主要成分为次氯酸钠）处理，可得到相应的二碘代化合物 **2**。化合物 **2** 再与碘化钠反应，可得到相应的甲醚中间体化合物 **3**。

化合物 **3** 在 CuI 和催化剂 **5** 的作用下与化合物 **4** 选择性偶联，可得到需要的化合物 **6**，产率为 70%。化合物 **6** 在钯催化剂[三(二亚苄基丙酮)二钯，**9**]和配体化合物 **7** 的作用下与硼酸化合物 **8** 偶联得到化合物 **10**，产率为 96%。

化合物 **10** 在碳酸钠的作用下与化合物 **11** 反应得到相应的化合物 **12**，产率为 87%。

化合物 **12** 在钯催化剂 **9** 和配体化合物 **13** 的作用下与配体化合物 **14** 反应，可得到目标化合物 **15**，产率为 97%。

原始文献

WO2012009699，2012.

合成路线二

以下合成路线来源于 Abbott Lab 公司的专利说明书（WO2009039134A1）。

该合成路线以化合物 **1** 为原料，经硝化反应后，得到相应的硝基化合物 **2**，产率为 35.6%。化合物 **2** 在溴代试剂（pyridinium tribromide）的作用下，得到相应的溴代化合物 **3**，产率为 100%。化合物 **3** 与化合物 **4** 反应可得到相应的甲醚中间体化合物 **5**，产率为 92%。

5 **6** **7**

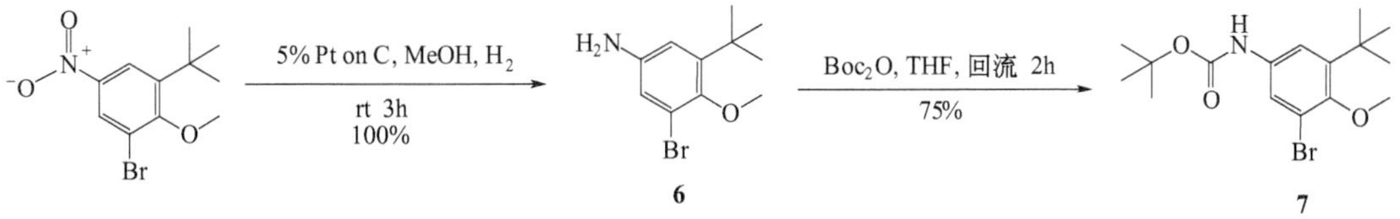

化合物 **5** 的硝基在碳钯（Pt on C）催化氢化下被还原，得到相应的氨基化合物 **6**，产率为 100%。化合物 6 的氨基与 Boc_2O 反应后，得到相应的氨基保护化合物 **7**。产率为 75%。

8 **9** **11**

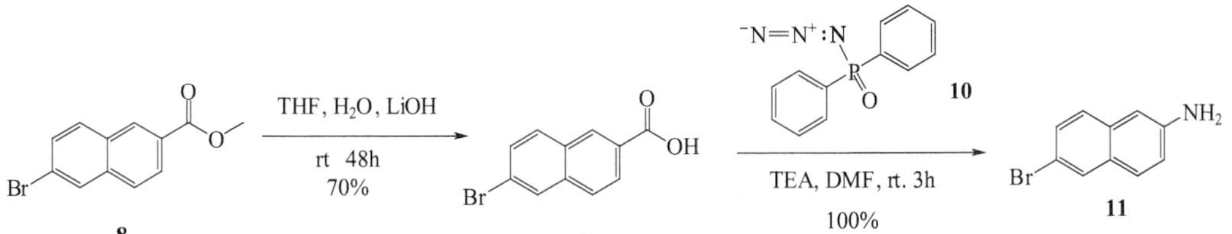

化合物 **8** 经 LiOH 水解后，得到相应的羧酸化合物 **9**，和化合物 **10** 反应后，得到相应的氨基化合物 **11**，产率为 100%。

11 **12** **13**

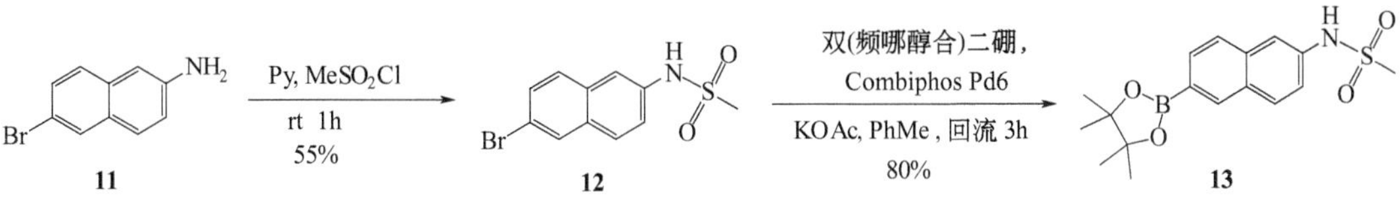

化合物 **11** 在吡啶溶液中与甲磺酰氯反应得到相应的甲磺胺类化合物 **12**，产率为 55%。化合物 **12** 在钯催化剂（Combiphos Pd6）作用下和硼试剂［双（频哪醇合）二硼］反应，得到相应的硼化合物 **13**，产率为 80%。

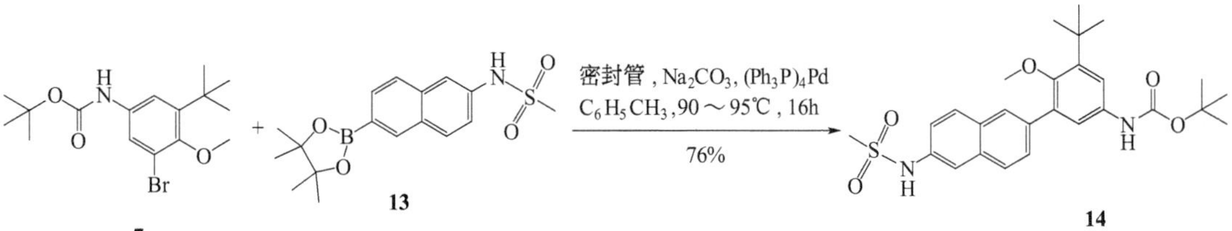

7 **13** **14**

化合物 **7** 在钯催化剂[$(Ph_3P)_4Pd$]的作用下，与化合物 **13** 偶联，得到相应的化合物 **14**，产率为 76%。

15 **17**

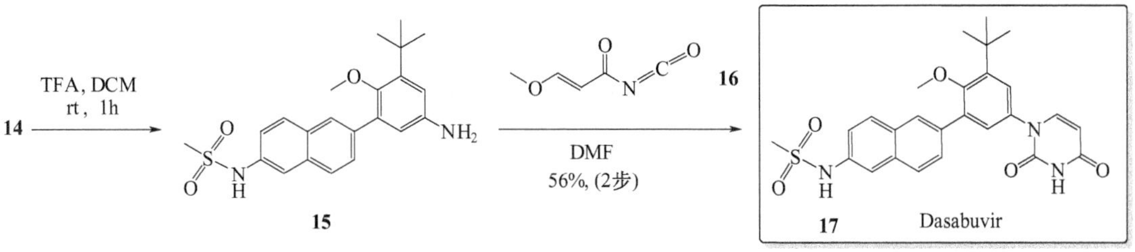

化合物 **14** 用 TFA 处理后脱去保护基，得到化合物 **15**，后者再与化合物 **16** 反应，可得到目标化合物 **17**，产率为 56%。

原始文献

WO2009039134A1，2009.

参考文献

［1］ Flentge C A，Hutchinson D K，Betebenner D A，Degoey D A，Donner P L，Kati W M，Krueger A C，Liu D，Liu Y，Longenecker K L，Maring C J，Motter C E，Pratt J K，Randolph J T，Rockway T W，Stewart K D，Wagner R，Barnes D M，Chen S，Franczyk T S Ⅱ，Gao Y，Haight A R，Hengeveld J E，Kotecki B J，Lou X，Zhang G G Z. Preparation of anti-infective pyrimidines for treating hepatitis C. WO2009039134A1，2009.

［2］ Shekhar S，Franczyk T S，Barnes D M，Dunn T B，Haight A R，Chan V S. Process for preparing antiviral pyrimidinylphenylnaphthalenyl sulfonamide compounds. US20130224149A1，2013.

［3］ Shekhar S，Franczyk T S，Barnes D M，Dunn T B，Haight A R，Chan V S. Preparation and use of phosphine ligands for catalytic reactions. US20130217876A1，2013.

［4］ Shekhar S，Franczyk T S，Barnes D M，Dunn T B，Haight A R，Chan V S. N-(6-(3-tert-Butyl-5-(2,4-dioxo-3,4-dihydropyrimidin-1 (2H)-yl)-2-methoxyphenyl) naphthalen-2-yl) methanesulfonamide as HCV polymerase inhibitor and its preparation，pharmaceutical compositions and use in the treatment of hepatitis C. WO2012009699A2，2012.

［5］ Wagner R，Tufano M D，Stewart K D，Rockway T W，Randolph J T，Pratt J K，Motter C E，Maring C J，Longenecker K L，Liu Y，Liu D，Krueger A C，Kati W M，Hutchinson D K，Huang P P，Flentge C A，Donner P L，Degoey D A，Betebenner D A，Barnes D M，Chen S，Franczyk T S Ⅱ，Gao Y，Haight，A R，Hengeveld J E，Henry R F，Kotecki B J，Lou X，Sarris K，Zhang G G Z. Uracil or thymine derivative for treating hepatitis C and their preparation. WO2009039127A1，2009.

（陈清奇）

Deferiprone（去铁酮）

药物基本信息

英文通用名	Deferiprone
中文通用名	去铁酮
商品名	Ferriprox
CAS 登记号	30652-11-0
FDA 批准日期	2011/10/14
化学名	3-hydroxy-1,2-dimethylpyridin-4(1H)-one
SMILES 代码	O＝C1C(O)＝C(C)N(C)C＝C1

化学结构和理论分析

化学结构	理论分析值
	分子式：$C_7H_9NO_2$ 精确分子量：139.06333 分子量：139.15 元素分析：C，60.42；H，6.52；N，10.07；O，23.00

药品说明书参考网页

生产厂家产品说明书：http://www.ferriprox.com/

美国药品网：http://www.drugs.com/ferriprox.html

美国处方药网页：http://www.rxlist.com/ferriprox-drug.htm

药物简介

去铁酮是美国 ApoPharma 公司研制的药物，用于治疗耐受或不愿意接受现有螯合剂治疗的铁负荷过多的地中海贫血患者。临床试验证实去铁酮可有效促进铁排除，阻止输血依赖的地中海贫血患者血清铁负荷的蓄积。它是一种人工合成的，与三价铁（Fe^{3+}）亲和力的螯合剂。去铁酮与铁离子结合形成中性 3:1（去铁酮：铁）有较广泛的 pH 值稳定性的复合物。去铁酮与其他金属（如铜、铝、锌）有较低的亲和力。

药品上市申报信息

该药物目前有 1 种产品上市。

药品名称	FERRIPROX		
申请号	021825	产品号	001
活性成分	Deferiprone(去铁酮)	市场状态	处方药
剂型或给药途径	口服片剂	规格	500mg
治疗等效代码		参比药物	是
批准日期	2011/10/14	申请机构	APOPHARMA INC

药品专利或独占权保护信息

美国专利号或独占权代码	专利或独占权过期日期	专利保护类型、专利名称或市场独占权保护内容
NCE	2016/10/14	参见本书附录关于独占权代码部分
ODE	2018/10/14	参见本书附录关于独占权代码部分

合成路线一

以 3-羟基-2-甲基-4-吡喃酮（**1**）为原料，经过羟基保护、N-甲基化、脱保护基得到去铁酮 **4**。

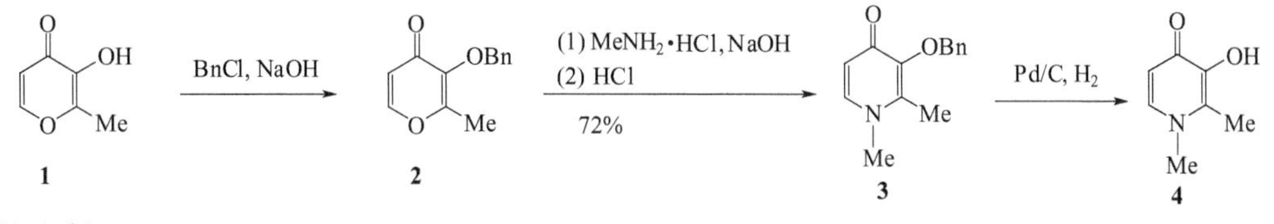

原始文献

J Med Chem，1993，36：2448.

合成路线二

高丽梅等改进了路线，以 3-羟基-2-甲基-4-吡啶酮（**1**）为原料，经过羟基保护、N-甲基化、脱保护基得到去铁酮 **4**。

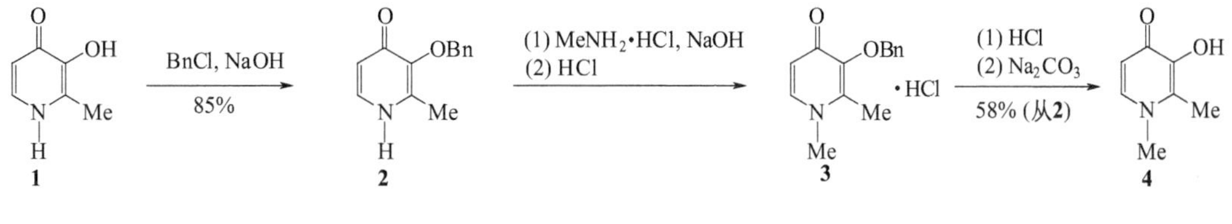

原始文献

高丽梅，宋丹青，张之南．去铁酮的合成．中国医药工业杂志，2003，34：542.

（许启海）

Dienogest（地诺孕素）

药物基本信息

英文通用名	Dienogest
中文通用名	地诺孕素
商品名	Natazia
CAS 登记号	65928-58-7
FDA 批准日期	2010/05/06
化学名	[(17β)-17-hydroxy-3-oxoestra-4,9-dien-17-yl]acetonitrile
SMILES 代码	O＝C1CCC2＝C3[C@@]([C@@](CC[C@]4(CC♯N)O)([H])[C@]4(C)CC3)([H])CCC2＝C1

化学结构和理论分析

化学结构	理论分析值
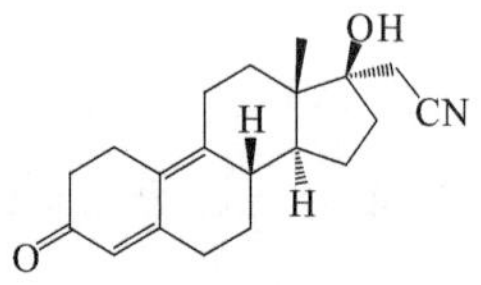	分子式：$C_{20}H_{25}NO_2$ 精确分子量：311.18853 分子量：311.42 元素分析：C,77.14；H,8.09；N,4.50；O,10.28

药品说明书参考网页

生产厂家产品说明书：http://www.natazia.com/
美国药品网：http://www.drugs.com/natazia.html
美国处方药网页：http://www.rxlist.com/natazia-drug.htm

药物简介

地诺孕素由德国 Jenapharm 公司（拜耳的子公司）创制，临床适应证为子宫内膜异位症。地诺孕素是一种合成的具有多种激素活性和良好安全性的甾烷，它是有效的孕激素，兼具少许雌激素、抗孕激素、抗雄激素和抗促性腺激素的活性，但无雄激素活性，不会出现诸如痤疮和脂溢性皮炎等不良反应。地诺孕素口服后吸收迅速且完全，生物利用度大于 90％。主要经羟基化和芳香化代谢，代谢物在给药 24h 内从尿中迅速消除。地诺孕素半衰期短，重复给药后无蓄积，具有良好的耐受性。

药品上市申报信息

该药物目前有 1 种产品上市。

药品名称	NATAZIA		
申请号	022252	产品号	001
活性成分	Dienogest(地诺孕素)；Estradiol Valerate(戊酸雌二醇)	市场状态	处方药
剂型或给药途径	口服片剂	规格	规格 1：2mg；3mg 规格 2：3mg；2mg 规格 3：2mg；1mg
治疗等效代码		参比药物	是
批准日期	2010/05/06	申请机构	BAYER HEALTHCARE PHARMACEUTICALS INC

药品专利或独占权保护信息

美国专利号或独占权代码	专利或独占权过期日期	专利保护类型、专利名称或市场独占权保护内容
6133251	2016/10/25	产品专利，专利用途代码 U-828，U-112，U-1
8071577	2026/05/13	产品专利，专利用途代码 U-1
8153616	2028/01/30	专利用途代码 U-1240
6884793	2016/10/25	产品专利
I-648	2015/03/14	参见本书附录关于独占权代码部分

地诺孕素的合成文献较多，主要有以下几条合成路线。

合成路线一

该路线以雌酚酮-3-甲醚（**1**）为原料，经 Birch 还原得到双烯化合物 **2**，17 位酮的环氧化得到环氧化合物 **3**，氰化环氧开环得到氰基化合物 **4**。

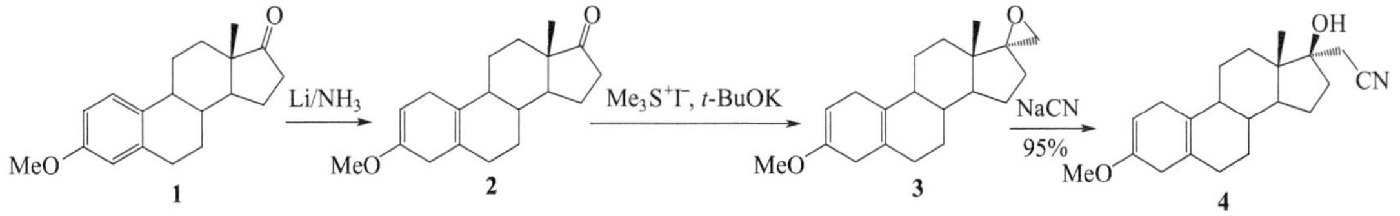

化合物 **4** 中的烯醇醚水解得到化合物 **5**，然后双键溴化与脱溴得到产品地诺孕素 **6**。

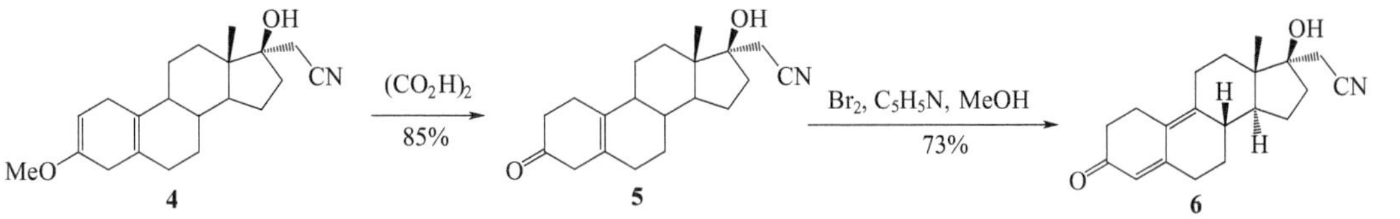

此路线先将 17 位酮基改造之后，再将 3 位的甲醚水解，但是此条路线收率较低，且起始原料不易购得。

原始文献

US4167517A.

合成路线二

这条路线以乙二醇为保护基，在脱水剂存在的情况下选择性地保护 3 位酮基，17 位酮的环氧化得到化合物 **2**。氰化开环，然后酸性条件下脱除保护基得到产品地诺孕素 **4**。

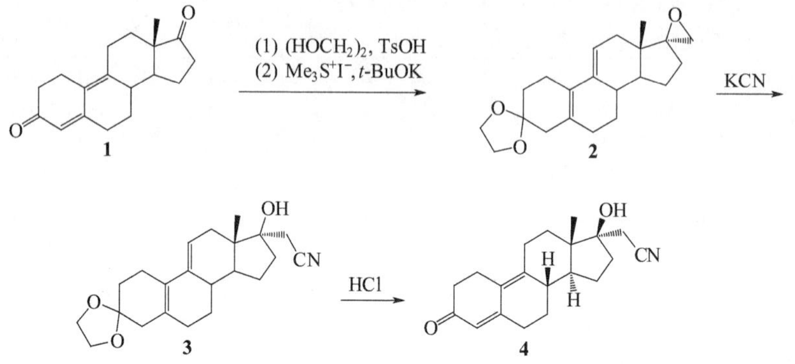

原始文献

EP0776904 B1.

合成路线三

这条路线以 2,2-二甲基 1,3-丙二醇作为 3 位酮基的保护基，具有更好的强碱耐受性。在脱水剂存在的情况下选择性地保护 3 位酮基，17 位酮的环氧化得到化合物 **2**。氰化开环，然后酸性条件下脱除保护基得到产品地诺孕素 **4**。

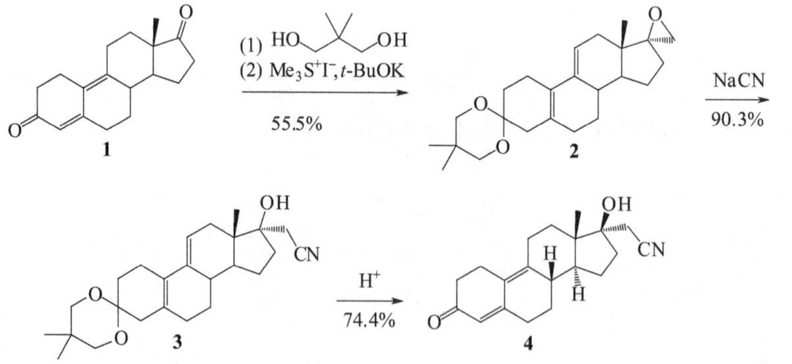

原始文献

CN101863947A，2010.

合成路线四

浙江仙琚制药股份有限公司报道了一条新的路线，这条路线的亮点是 17 位直接上氰甲基，避免了以前文献中的两步上氰法。然后酸性条件下脱除保护基得到产品地诺孕素 **3**。

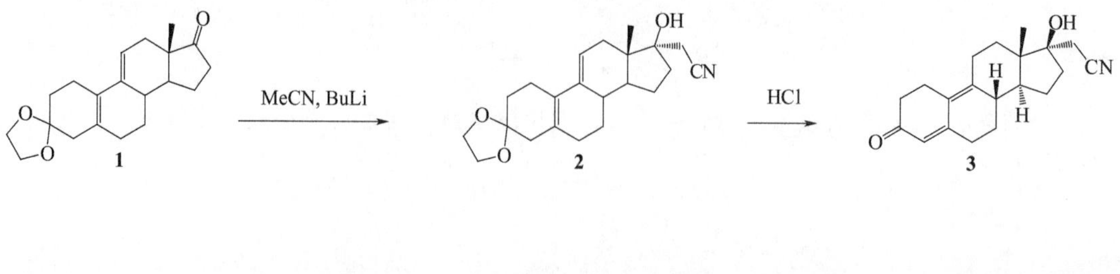

原始文献

李爱文，徐顺广．化合物地诺孕素的制备方法．CN102964419A，2013.

（许启海）

Dolutegravir（度鲁特韦）

药物基本信息

英文通用名	Dolutegravir
中文通用名	度鲁特韦
商品名	Tivicay
CAS 登记号	1051375-16-6
FDA 批准日期	2013/08/12
化学名	(4R,12aS)-N-(2,4-difluorobenzyl)-7-hydroxy-4-methyl-6,8-dioxo-3,4,6,8,12,12a-hexahydro-2H-pyrido[1',2':4,5]pyrazino[2,1-b][1,3]oxazine-9-carboxamide
SMILES 代码	[H][C@]1(CN(C=C2C(NCC3=CC=C(F)C=C3F)=O)C4=C(O)C2=O)OCC[C@@H](C)N1C4=O

化学结构和理论分析

化学结构	理论分析值
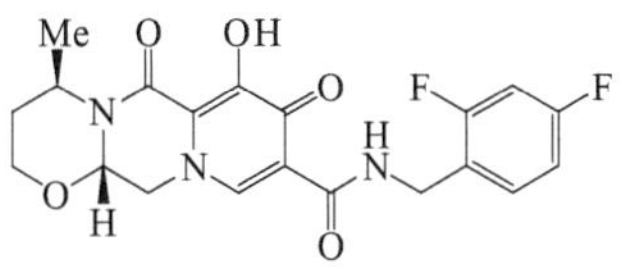	分子式：$C_{20}H_{19}F_2N_3O_5$ 精确分子量：419.12928 分子量：419.38 元素分析：C,57.28;H,4.57;F,9.06;N,10.02;O,19.08

药品说明书参考网页

生产厂家产品说明书：http://www.tivicay.com/

美国药品网：http://www.drugs.com/tivicay.html

美国处方药网页：http://www.rxlist.com/tivicay-drug.htm

药物简介

度鲁特韦是葛兰素史克与日本盐野义制药公司（Shionogi）合作开发的抗击艾滋病的新药，度鲁特韦的活性成分是其钠盐。Tivicay 是一种人类免疫缺陷病毒-1（HIV-1）类型整合酶链转移抑制剂，阻止病毒 DNA 链向宿主 DNA 转移，适用于与其他抗逆转录病毒药联用，为治疗成年、年龄 12 岁及以上和体重至少 40kg 儿童中 HIV-1 感染。不良反应：失眠、头痛、过敏、肝功能异常。

药品上市申报信息

该药物目前有 1 种产品上市。

药品名称	TIVICAY		
申请号	204790	产品号	001
活性成分	Dolutegravir Sodium（度鲁特韦钠）	市场状态	处方药
剂型或给药途径	口服片剂	规格	50mg
治疗等效代码		参比药物	是
批准日期	2013/08/12	申请机构	VIIV HEALTHCARE CO

药品专利或独占权保护信息

美国专利号或 独占权代码	专利或独占权 过期日期	专利保护类型、专利名称或市场独占权保护内容
8129385	2027/10/05	化合物专利，产品专利
NCE	2018/08/12	参见本书附录关于独占权代码部分

合成路线一

该合成路线由葛兰素史克与日本盐野义制药公司于 2010 年申请专利。

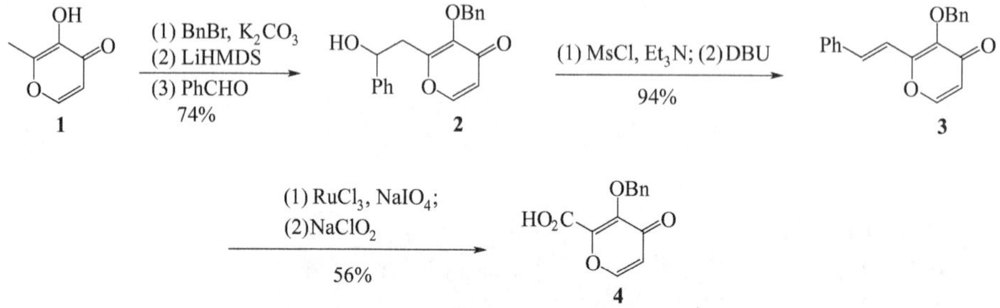

以麦芽酚（Maltol，**1**）为原料，苄基保护羟基后，强碱拔氢再进攻苯甲醛发生 Aldo 反应得到化合物 **2**。羟基消除后得到的双键经过双羟化和氧化得到化合物 **4**。

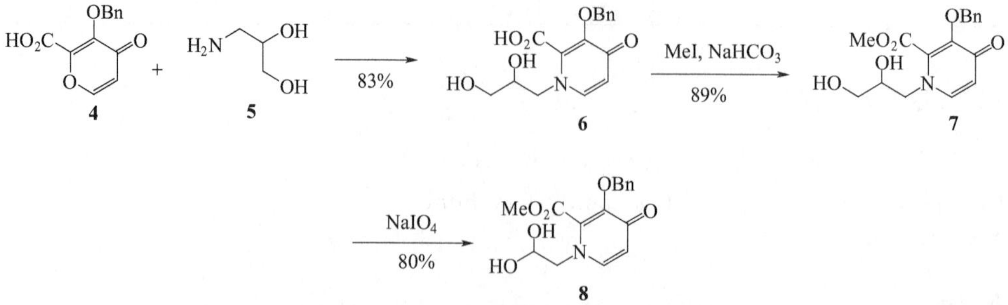

化合物 **4** 与 3-氨基-1,2-丙二醇（**5**）缩合得到化合物 **6**。羧基经过甲基酯保护后得到化合物 **7**，化合物 **7** 中的双羟基经过氧化断裂得到半缩醛 **8**。

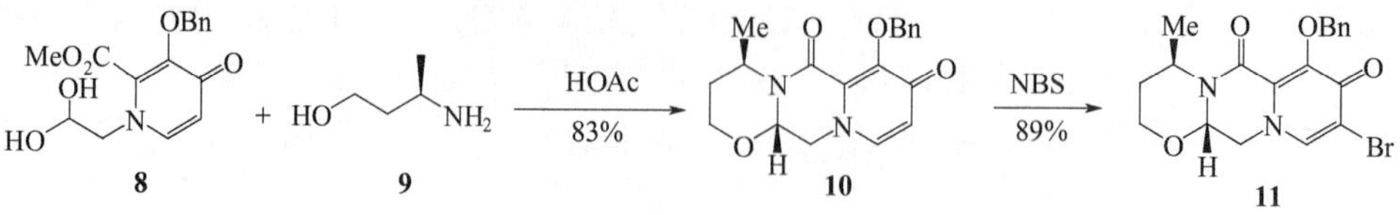

半缩醛 **8** 与（*R*）-3-氨基丁醇（**9**）在乙酸作用下缩合得到化合物 **10**，经 NBS 溴代得到化合物 **11**。

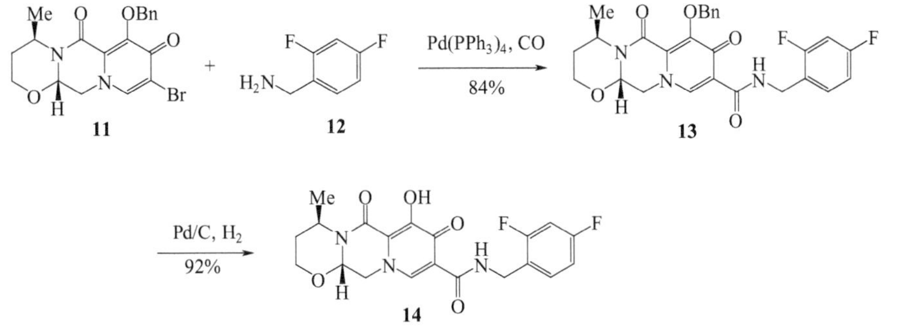

化合物 **11** 与 2,4-二氟苄胺（**12**）在一氧化碳氛围下偶联得到化合物 **13**。最后氢化脱除苄基得到化合物 **14**。

原始文献

WO2010068262A1，2010.

合成路线二

这条路线也是以麦芽酚（Maltol，**1**）为原料，首先合成吡啶酮。

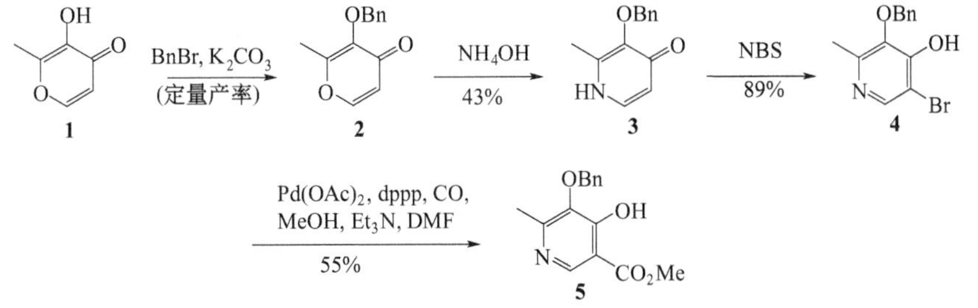

麦芽酚 **1** 用苄基保护羟基后得到化合物 **2**，与氨水反应转化为吡啶酮 **3**（芳构化成吡啶）。NBS 溴代后得到化合物 **4**，催化插羰基、酯化得到化合物 **5**。

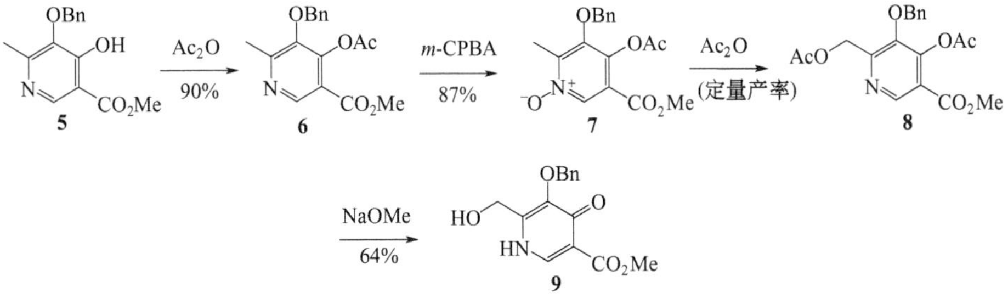

酚羟基用乙酰基保护得到化合物 **6**，经过 *m*-CPBA 氧化吡啶上的氮得到化合物 **7**，氮氧化物 **7** 在醋酐中重排得到化合物 **8**。乙酰基脱除后得到化合物 **9**。

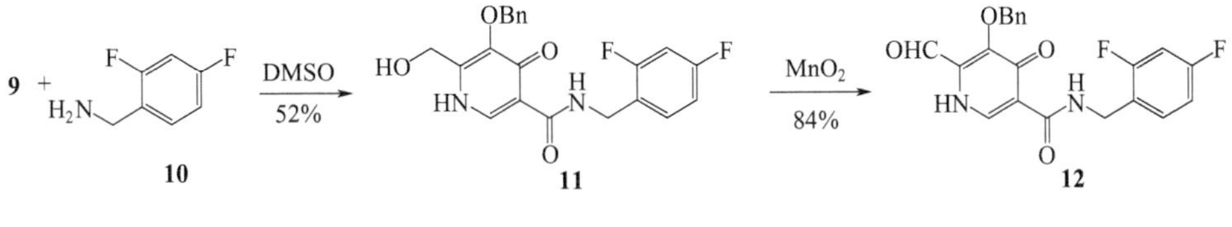

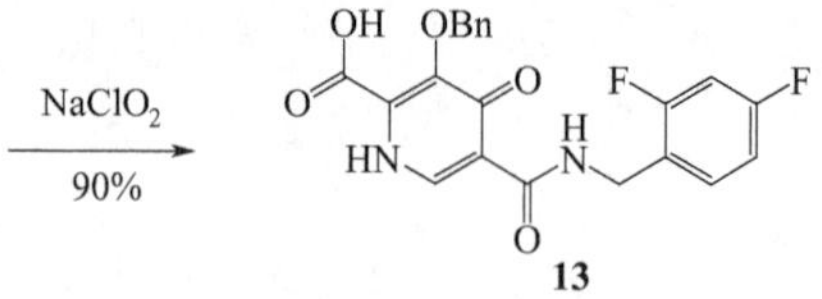

$$\xrightarrow[\text{90\%}]{\text{NaClO}_2}$$

13

化合物 **9** 与 2,4-二氟苄胺（**10**）缩合得到酰胺 **11**。伯羟基经过两步氧化，依次得到醛 **12** 和羧酸 **13**。

$$\textbf{13} \xrightarrow[\text{70\%}]{\text{MeOH, HOBT}} \textbf{14} \xrightarrow[\text{83\%}]{\text{Cs}_2\text{CO}_3,\ \text{DMF}} \textbf{15}$$

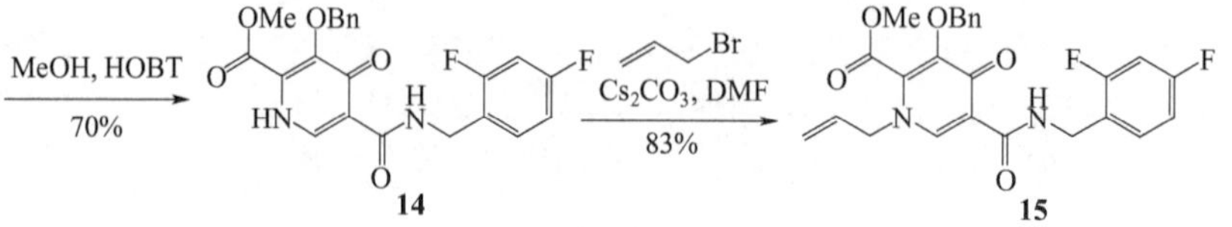

$$\xrightarrow[\text{71\%}]{\substack{\text{K}_2\text{OsO}_4,\\ \text{NaIO}_4}} \textbf{16}$$

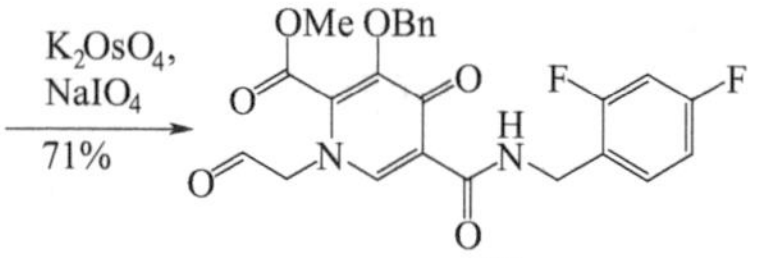

羧酸 **13** 再与甲醇反应成酯得到化合物 **14**。氨基经过烯丙基烷基化得到化合物 **15**，然后烯丙基经过双羟化和氧化断裂得到醛基化合物 **16**。

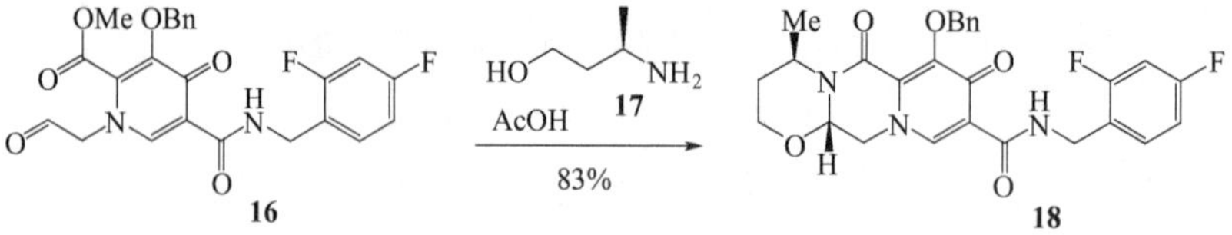

$$\textbf{16} \xrightarrow[\text{83\%}]{\substack{\text{HO} \\ \text{17} \\ \text{AcOH}}} \textbf{18}$$

$$\xrightarrow[\text{92\%}]{\text{Pd/C, H}_2} \textbf{19}$$

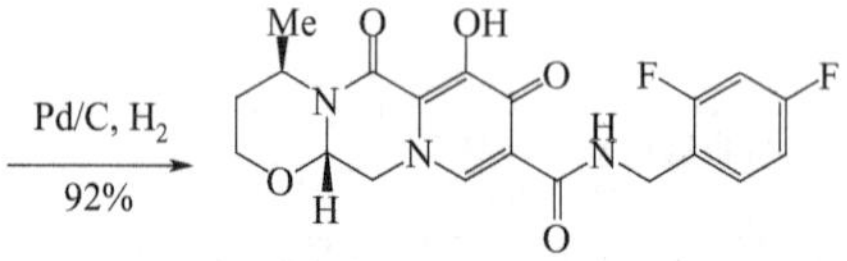

化合物 **16** 再与（*R*）-3-氨基丁醇（**17**）缩合得到化合物 **18**，最后氢化脱除苄基得到化合物 **19**。

以上两条路线都存在以下缺点：①合成路线冗长，导致总产率较低，比较低效率；②使用有毒的试剂（比如一氧化碳、锇酸钾）；有些试剂昂贵。因此，两条路线都不太适合工业化生产。GSK 和 Shionogi 于 2013 年报道了第三条合成路线。

原始文献

US8129385B2，2012.

合成路线三

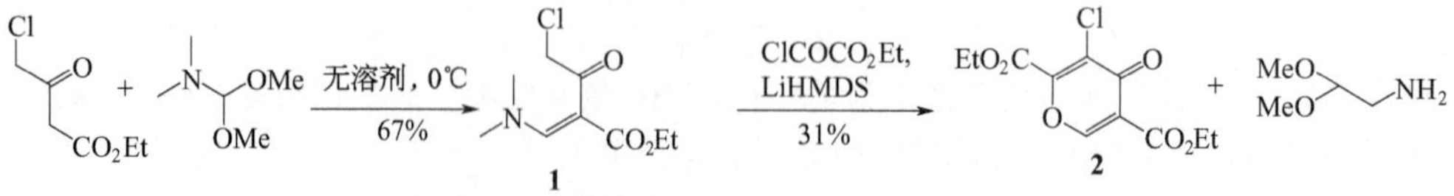

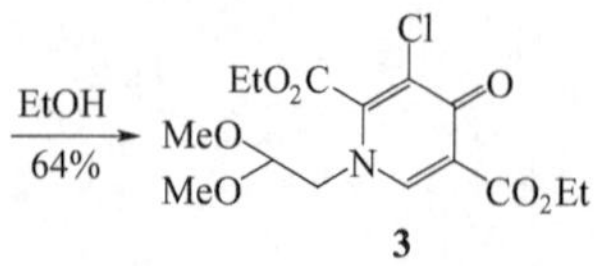

$$\xrightarrow[\text{67\%}]{\text{无溶剂, 0℃}} \textbf{1} \xrightarrow[\text{31\%}]{\substack{\text{ClCOCO}_2\text{Et,}\\ \text{LiHMDS}}} \textbf{2} + \text{MeO-NH}_2$$

$$\xrightarrow[\text{64\%}]{\text{EtOH}} \textbf{3}$$

4-氯代乙酰乙酸乙酯依次与 N,N-二甲基甲酰胺二甲缩醛缩合得到化合物 **1**，再与乙基草酰氯缩合得到化合物 **2**，再与 2,2-二甲氧基乙胺缩合得到化合物 **3**。

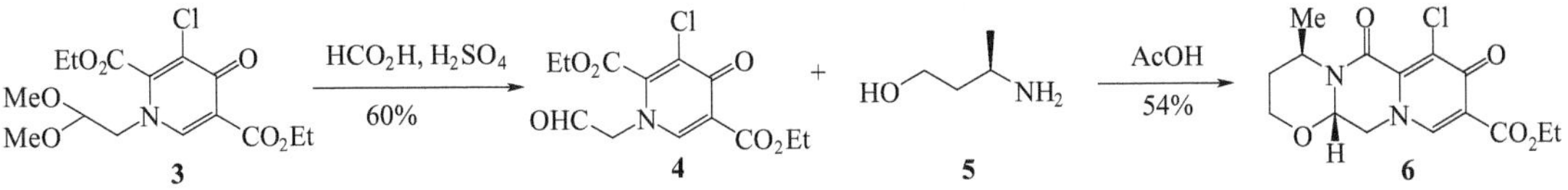

化合物 **3** 中的半缩醛水解后得到的化合物 **4** 再与（R)-3-氨基丁醇（**5**）缩合得到化合物 **6**。

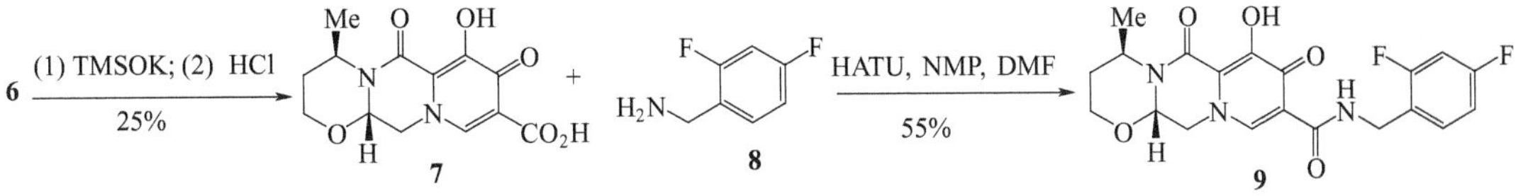

化合物 **6** 经过三甲基硅醇钾水解后得到的羧酸化合物 **7** 与 2,4-二氟苄胺（**8**）缩合得到化合物 **9**。

原始文献

EP2602260A1，2013.

（许启海）

Droxidopa（屈昔多巴）

药物基本信息

英文通用名	Droxidopa
中文通用名	屈昔多巴
商品名	Northera
CAS 登记号	23651-95-8
FDA 批准日期	2014/02/18
化学名	(2R,3S)-2-amino-3-(3,4-dihydroxyphenyl)-3-hydroxypropanoic acid
SMILES 代码	O=C(O)[C@H](N)[C@H](C1=CC=C(O)C(O)=C1)O

化学结构和理论分析

化学结构	理论分析值
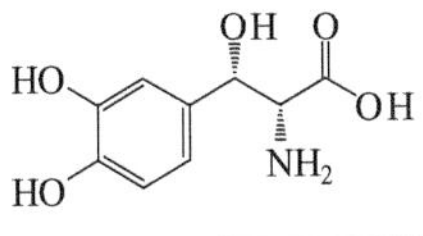	化学式：$C_9H_{11}NO_5$ 精确分子量：213.06372 分子量：213.19 元素分析：C,50.70；H,5.20；N,6.57；O,37.52

药品说明书参考网页

生产厂家产品说明书：暂无

美国药品网：http://www.drugs.com/mtm/droxidopa.html

美国处方药网页：http://www.rxlist.com/northera-drug.htm

药物简介

　　屈昔多巴是一种人工合成的氨基酸，其本身为无活性的去甲肾上腺素前体物质。1989 年，日本已批准屈昔多巴用于治疗帕金森病患者的步态僵直症状和特发性直立性低血压。2014 年 FDA 批准用于治疗神经源性体位性低血压（neurogenic orthostatic hypotension，NOH）。

药品上市申报信息

　　该药物目前有 3 种产品上市。

产品一

药品名称	NORTHERA		
申请号	203202	产品号	001
活性成分	Droxidopa	市场状态	处方药
剂型或给药途径	口服胶囊	规格	100mg
治疗等效代码		参比药物	否
批准日期	2014/02/18	申请机构	LUNDBECK NA LTD

产品二

药品名称	NORTHERA		
申请号	203202	产品号	002
活性成分	Droxidopa	市场状态	处方药
剂型或给药途径	口服胶囊	规格	200mg
治疗等效代码		参比药物	否
批准日期	2014/02/18	申请机构	LUNDBECK NA LTD

产品三

药品名称	NORTHERA		
申请号	203202	产品号	003
活性成分	Droxidopa	市场状态	处方药
剂型或给药途径	口服胶囊	规格	300mg
治疗等效代码		参比药物	是
批准日期	2014/02/18	申请机构	LUNDBECK NA LTD

药品专利或独占权保护信息

美国专利号或独占权代码	专利或独占权过期日期	专利保护类型、专利名称或市场独占权保护内容
NCE	2019/02/18	参见本书附录关于独占权代码部分
ODE	2021/02/18	参见本书附录关于独占权代码部分

合成路线一

以下合成路线来源于 Chelsea Therapeutics 公司 Harish Pimplaskar 等人发表的专利文献（WO 2013142093）。

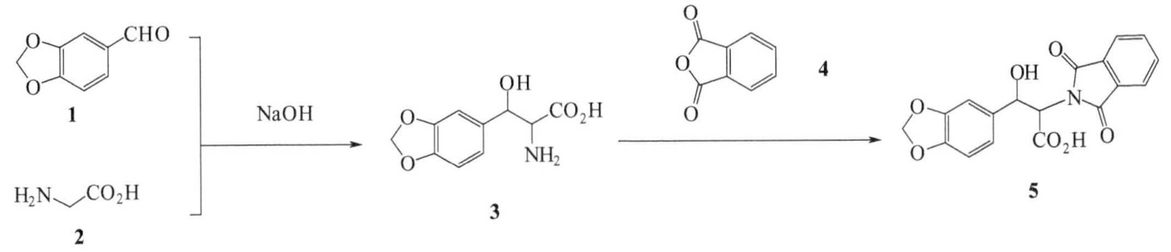

化合物 1 和化合物 2 在碱性条件下缩合反应，得到化合物 3。化合物 3 的氨基与化合物 4 反应，生成相应的氨基保护中间体化合物 5。

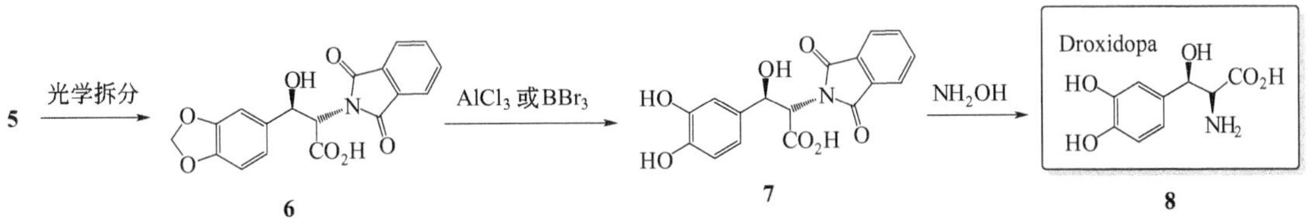

化合物 5 经手性分离可得到光学纯的化合物 6。化合物 6 在路易斯酸（如 AlCl₃）的作用下，脱去羟基保护基，得到相应的邻二酚类化合物 7。脱去氨基保护基后，可得到目标产物 8。

原始文献

WO 2013142093.

合成路线二

以下合成路线来源于西南科技大学李鸿波等人发表的论文［合成化学，2010，18（1）：124-127］[1]。

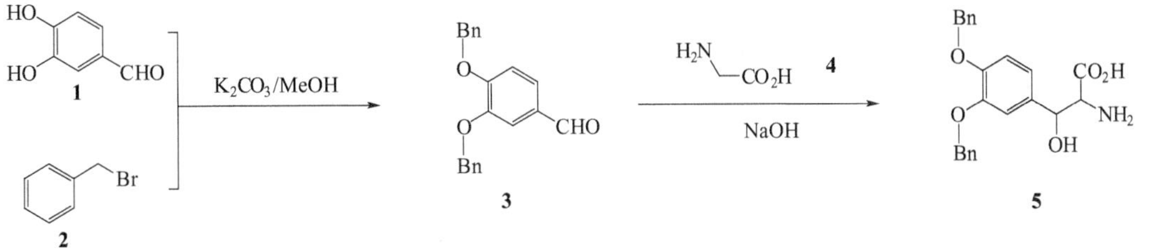

该方法以化合物 1 和化合物 2 为原料，在碱性条件下，化合物 1 的酚羟基被保护，生成化合物 3，后者在强碱性条件下，与甘氨酸（4）缩合反应，得到相应的外消旋化合物 5。

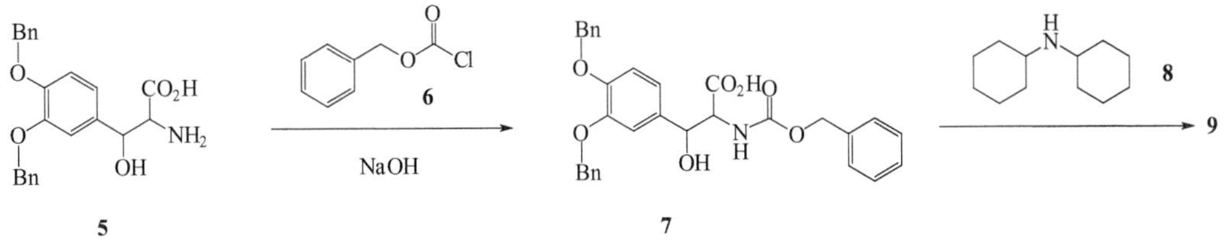

❶ 参考网页：http://www.docin.com/p-423608791.html.

化合物 **5** 在化合物 **6** 的作用下，其氨基被保护，得到相应的化合物 **7**，后者再与二环己胺（**8**）成盐，得到相应的化合物 **9**。

化合物 **9** 再与化合物 **10** 共结晶，得到相应的化合物 **11**。其中，化合物 **10** 是作者自己合成的试剂。文献上，一般采用麻黄碱作为拆分试剂，但麻黄碱属于受管制的化学品，使用起来不是十分方便。化合物 **11** 在盐酸作用下，可得到光学纯的异构体化合物 **12**。

化合物 **12** 脱去保护基团后，可得到目标化合物 **13**。

原始文献

合成化学，2010，18（1）：124-127.

参考文献

[1] Baik S-H，Yoshioka H. Enhanced synthesis of L-threo-3,4-dihydroxyphenylserine by high-density whole-cell biocatalyst of recombinant L-threonine aldolase from Streptomyces avermitilis. Biotechnol. Lett，2009，31（3）：443-448.

[2] Gwon H-J，Baik S-H. Diastereoselective synthesis of L-threo-3,4-dihydroxyphenylserine by low-specific L-threonine aldolase mutants. Biotechnol Lett，2010，32（1）：143-149.

[3] Gwon H-J，Yoshioka H，Song N-E，Kim J-H，Song Y-R，Jeong D-Y，Baik S-H. Optimal production of L-threo-2,3-dihydroxyphenylserine (L-threo-DOPS) on a large scale by diastereoselectivity-enhanced variant of L-threonine aldolase expressed in *Escherichia coli*. Prep Biochem Biotechnol，2012，42（2）：143-154.

[4] Iwakura K，Miyamoto Y. Preparation of threo-3-(3,4-dihydroxyphenyl) serine from 3,4-dihydroxyphenylalanines via oxazolidones. JP09301961A，1997.

[5] Kandula M. Compositions and methods for the treatment of autonomic and other neurological disorders. WO2013167998A2，2013.

[6] Li H-b，Wang L-P，Liang W，Chen K，Liu L. Synthesis of Droxidopa. Chinese Journal of Synthetic Chemistry，2010，18（1）：124-127.

[7] Liu Y-S，Hong，Jang，Kwon. Process for manufacture of optically active serine derivatives. JP2005247828A，2005.

[8] Oda Y，Iwakura K. Preparation of 3-(3,4-dihydroxyphenyl) serine via oxazolidones. JP08231518A，1996.

[9] Piancatelli G. A method for preparation of 2-azido-3-hydroxy-3-(3,4-dihydroxyphenyl) propanoic acid derivatives. JP09249626A，1997.

[10] Pimplaskar H，Kadam S V，Mallesh V，Kawale P M. Method for the synthesis of droxidopa. WO2013142093A1，2013.

[11] Yagi T，Koyama K，Itoh M. Method for the preparation of threo-3-(3,4-dihydroxyphenyl)-L-serine. WO2011001976A1，2011.

[12] Zhang C，Luo H，Kuang D，Li H，Li L，Wang H，Qin S. Synthesis of (*S*)-2-amino-1,1-diphenyl-1-propanol, a resolving reagent to racemic droxidopa precursor. Chemical Research and Application，2006，18（2）：165-168.

（陈清奇）

Efinaconazole（艾氟康唑）

药物基本信息

英文通用名	Efinaconazole
中文通用名	艾氟康唑❶（参考译名）
商品名	Jublia
CAS 登记号	164650-44-6
FDA 批准日期	2014/06/06
化学名	（2R，3R）-2-（2，4-difluorophenyl）-3-（4-methylenepiperidin-1-yl）-1-（1H-1，2，4-triazol-1-yl）butan-2-ol
SMILES 代码	C[C@@H](N1CCC(CC1)=C)[C@@](O)(C2=CC=C(F)C=C2F)CN3N=CN=C3

化学结构和理论分析

化学结构	理论分析值
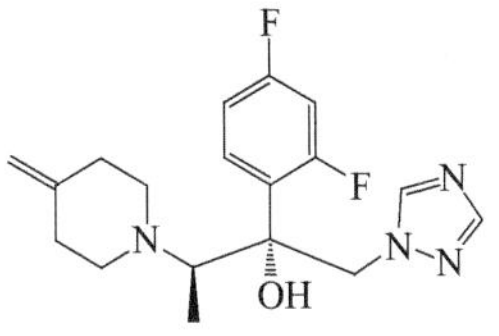	化学式：$C_{18}H_{22}F_2N_4O$ 精确分子量：348.17617 分子量：348.39 元素分析：C，62.05；H，6.36；F，10.91；N，16.08；O，4.59

药品说明书参考网页

生产厂家产品说明书：暂无

美国药品网：http://www.drugs.com/cons/efinaconazole-topical-application.html

美国处方药网页：http://www.rxlist.com/jublia-drug.htm

药物简介

Efinaconazole 被批准用于治疗轻度至中度灰指甲（真菌感染）。Efinaconazole 是一种唑类抗真菌剂。Efinaconazole 通过抑制参与麦角甾醇（ergosterol）生物合成的真菌羊毛甾醇 14α-脱甲基酶（lanosterol 14α-demethylase）而发挥抗真菌作用。麦角甾醇是真菌细胞膜的重要组成部分。

药品上市申报信息

该药物目前有 1 种产品上市。

药品名称	JUBLIA		
申请号	203567	产品号	001
活性成分	Efinaconazole	市场状态	处方药

---

❶ 这个药 2014 年 6 月才获准上市，目前尚没有标准译名，此译名仅供参考。

续表

剂型或给药途径	溶液；外用	规格	10%
治疗等效代码		参比药物	是
批准日期	2014/06/06	申请机构	DOW PHARMACEUTICAL SCIENCES

药品专利或独占权保护信息

美国专利号或独占权代码	专利或独占权过期日期	专利保护类型、专利名称或市场独占权保护内容
7214506	2021/10/05	专利用途代码 U-281
8039494	2030/07/08	专利用途代码 U-281
8486978	2030/10/24	产品专利
NCE	2019/06/06	参见本书附录关于独占权代码部分

合成路线一

以下合成路线来源于日本 Kaken Pharmaceutical Co，Ltd 公司 Mimura 等人发表的专利文献（WO 2012029836 A1）：

原始文献

WO 2012029836 A1.

合成路线二

以下合成路线来源于日本 Institute of Microbial Chemistry（BIKAKEN）Keiji Tamura 等人发表的论文（J Org Chem，2014，79（7）：3272-3278）。

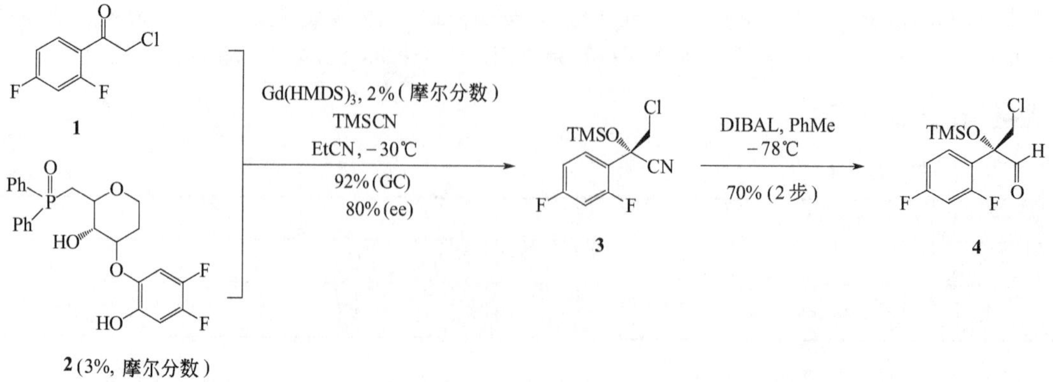

化合物 **1** 的羰基在不对称试剂化合物 **2**（用量为化合物 **1** 的 3%，摩尔分数）和催化剂

Gd(HMDS)$_3$（用量为化合物 1 的 2％，摩尔分数）作用下与 TMSCN 方式亲核加成反应，得到相应的化合物 3，其旋光纯度 ee 值为 80％，出产率为 92％。化合物 3（粗产品）的氰基，在催化剂 DIBAL 作用下，在 －78℃ 被选择性还原成相应的醛基化合物 4，2 步合成反应的产率为 66.5％。

化合物 4 经 2 步反应，一锅煮的办法，可得到化合物 5，粗产物的旋光纯度为 80％（ee）。经过拆分后，可得到 99％（ee）。

化合物 5 经甲磺酰氯处理，再与 NaOH 反应可得到相应的环氧化合物 6，产率为 86％。化合物 4 转化为化合物 6 的合成反应是一锅煮的办法，其转化过程如下：

化合物 6 和化合物 11 在乙醇中微波的作用下，可得到目标化合物 12，产率为 90％。

原始文献

J Org Chem，2014，79（7）：3272-3278.

参考文献

[1] Mimura M，Watanabe M，Ishiyama N，Yamada T. Preparation of 1-triazole-2-butanol derivative（efinaconazole）with reduced byproduct formation under mild conditions. WO2012029836A1，2012.

[2] Tamura K，Kumagai N，Shibasaki M. An Enantioselective Synthesis of the Key Intermediate for Triazole Antifungal Agents；Application to the Catalytic Asymmetric Synthesis of Efinaconazole（Jublia）. J Org Chem，2014，79（7）：3272-3278.

（陈清奇）

Eliglustat（依利格鲁司特）

药物基本信息

英文通用名	Eliglustat
中文通用名	依利格鲁司特
商品名	Cerdelga®
CAS 登记号	491833-29-5
FDA 批准日期	2014/08/19
化学名	N-((1R,2R)-1-(2,3-dihydrobenzo[b][1,4]dioxin-6-yl)-1-hydroxy-3-(pyrrolidin-1-yl)propan-2-yl)octanamide
SMILES 代码	O=C(N[C@@H]([C@@H](C2=CC=C3C(OCCO3)=C2)O)CN1CCCC1)CCCCCCC

化学结构和理论分析

化学结构	理论分析值
	分子式：$C_{23}H_{36}N_2O_4$ 精确分子量：404.2675 分子量：404.5429 元素分析：C,68.29；H,8.97；N,6.92；O,15.82

药品说明书参考网页

生产厂家产品说明书：http://www.cerdelga.com/
美国药品网：http://www.drugs.com/cerdelga.html
美国处方药网页：www.rxlist.com/cerdelga-drug.htm

药物简介

　　Cerdelga 是一种特异性葡萄糖神经酰胺合酶抑制剂。戈谢病是溶酶体酶酸性 β-葡萄糖苷酶缺乏所致。酸性 β-葡萄糖苷酶催化神经鞘脂类葡糖脑苷脂转化为葡萄糖和神经酰胺。酶的缺乏致葡糖苷（脂）酰鞘氨醇（GL-1）主要蓄积在巨噬细胞的溶酶体隔室，产生泡沫细胞或"戈谢（Gaucher）细胞"。Cerdelga 适用于 CYP2D6 快代谢型（EMs）、中间代谢型（IMs）、慢代谢型

（PMs）或 1 型戈谢病（GD1）成年病人的长期治疗。

药品上市申报信息

该药物目前有 1 种产品上市。

药品名称	CERDELGA		
申请号	205494	产品号	001
活性成分	Eliglustat Tartrate（依利格鲁司特酒石酸盐）	市场状态	处方药
剂型或给药途径	口服胶囊	规格	84mg
治疗等效代码		参比药物	是
批准日期	2014/08/19	申请机构	GENZYME CORP
化学类型	新分子实体药	审评分类	优先评审

药品专利或独占权保护信息

美国专利号或独占权代码	专利或独占权过期日期	专利保护类型、专利名称或市场独占权保护内容
6916802	2022/04/29	专利用途代码 U-1571
7196205	2022/04/29	化合物专利
7615573	2022/04/29	专利用途代码 U-1571
NCE	2019/08/19	参见本书附录关于独占权代码部分
ODE	2021/08/19	参见本书附录关于独占权代码部分

合成路线一

本方法来源于 Genzyme Corporation 发表的专利文献（US 20030050299A1）：

其特点是以 S-β-羟基-α-苯乙胺（**2**）及 α-溴代苯乙酮（**3**）为起始原料，经取代加成环合生成内酯 **4**，然后与 2,3-二氢苯并 [b]-1,4-二氧六环-6-甲醛反应成环得噁唑化合物 **5**。

噁唑化合物 **5** 经四氢吡咯氨解开环、氢化铝锂还原制备化合物 **7**。

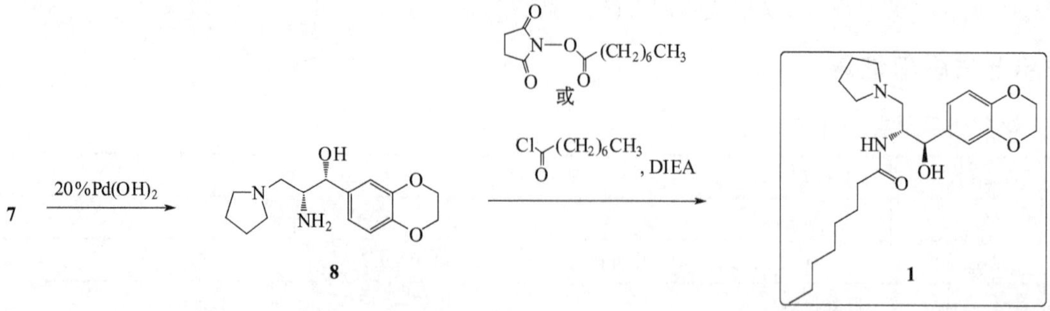

化合物 **7** 经氢氧化钯去苄醇得中间体 **8**，再与活化的辛酸合成依利格鲁司特（**1**）。此合成路线包括 6 步反应，其他报道该方法的差异，仅仅在于部分反应的条件或试剂改变。依利格鲁司特中有两个手性碳原子，这两个手性碳原子都是在第二步反应中构建的，这一步应该是路线的关键一步，但是专利没有涉及产物的光学纯度及相关对映体和非对映异构体的产率。

原始文献

US 20030050299A1.

合成路线二

本方法来源于 Genzyme Corporation 发表的专利文献（WO03045928A1）：

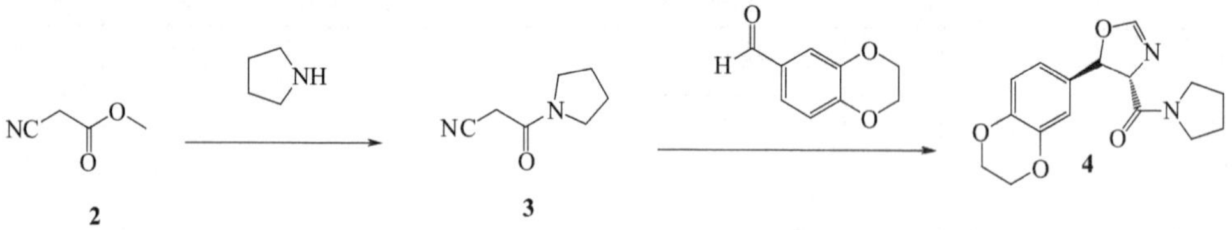

其特点是以 α-氰基乙酸甲酯（**2**）为起始原料，用四氢吡咯氨解得酰胺衍生物 **3**，再与 1,4-苯并二噁烷-6-甲醛生成噁唑 **4**。

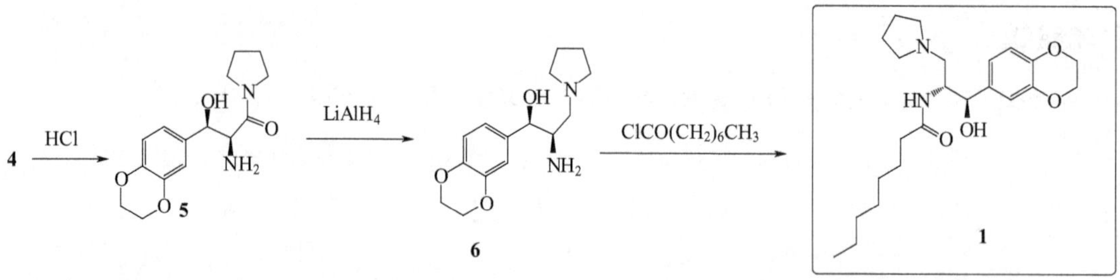

在盐酸存在下，噁唑化合物 **4** 开环得中间体 **5**，后者再经历还原、酰胺化得依利格鲁司特（**1**）。

原始文献

WO03045928A1.

合成路线三

本方法来源于 Genzyme Corporation 发表的最新专利文献（WO2010039256A1）：

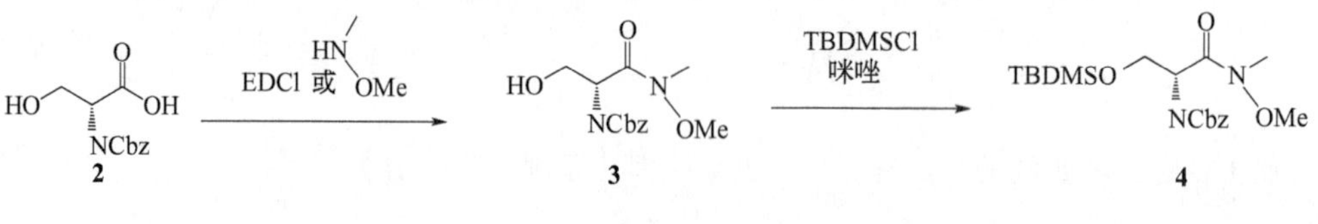

其特点是以手性的 D-氨基酸为原料，与 *N*,*O*-二甲基羟胺缩合生成 Weinreb 胺 **3**，再经硅烷保护制备化合物 **4**。

化合物 **4** 再经格氏反应、不对称还原、脱硅烷等反应生成二羟基化合物 **7**。

二羟基化合物 **7** 经甲磺酸活化、四氢吡咯取代、去甲酸苄酯等 3 步反应合成中间体 **9**，后者与辛酰氯直接反应得依利格鲁司特（**1**）。此合成路线通过不对称还原方法制备目标化合物，选用不同的羰基不对称还原试剂并控制反应条件，应该可以达到较高的 ee 值。如果中间体 Weinreb 胺稳定性高的话，路线可以放大。

原始文献

WO 2010039256 A1.

参考文献

［1］ Bouwien E S，Carla E M H. A systematic review on effectiveness and safety of eliglustat for type 1 Gaucher disease. Expert Opinion，2014，2（5）：523-529.

［2］ Siegei C，Bastos C M，Harris D J，Dios A，Lee E，Silva R，Cuff L M，Levine M. 2-acylaminopropoanol type glucosylceramide synthase inhibitors. WO 2008150486A2，2008.

［3］ Hirth B H，Siegel C. Synthesis of UDP-glucose；*N*-acylsphinegosine glucosyltransferase inhibitors. WO 03008399A1，2003.

［4］ Scott L，Akira A，Liming S，Michael W W，Richard F K L，James A S. Glucosylceramide synthase inhibitors and therapeutic methods using the same. US8961959 B2，2015.

［5］ Larsen S D，Wilson M W，Abe A，Shu L，George C H，Kirchhoff P，Showalter H D H，Xiang J M，Keep R F. Property-based design of a glucosylceramide synthase inhibitor that reduce glucosylceramide in the brain. Journal of Lipid Research，2012，53：282-291.

（周文）

Elvitegravir（埃替格韦）

药物基本信息

英文通用名	Elvitegravir
中文通用名	埃替格韦
商品名	Stribild
CAS 登记号	697761-98-1
FDA 批准日期	2012/08/27

续表

化学名	6-[(3-chloro-2-fluorophenyl) methyl]-1-[(2S)-1-hydroxy-3-methylbutan-2-yl]-7-methoxy-4-ox-oquinoline-3-carboxylic acid
SMILES 代码	CC(C)[C@@H](CO)N(C=C1C(O)=O)C2=CC(OC)=C(CC3=CC=CC(Cl)=C3F)C=C2C1=O

化学结构和理论分析

化学结构	理论分析值
	分子式:$C_{23}H_{23}ClFNO_5$ 精确分子量:447.12488 分子量:447.88 元素分析:C,61.68;H,5.18;Cl,7.92;F,4.24;N,3.13;O,17.86

药品说明书参考网页

生产厂家产品说明书:https://www.stribild.com/

美国药品网:http://www.drugs.com/stribild.html

美国处方药网页:http://www.rxlist.com/stribild-drug.htm

药物简介

埃替格韦是吉利德抗 HIV 新药(GS-9137、JTK-303),2005 年从日本烟草公司收购。它是人免疫缺陷病毒整合酶抑制剂,它通过阻断病毒整合至人体细胞基因组,干扰 HIV 病毒的复制。在临床试验中,埃替格韦在感染 HIV 抗药株的患者群体中,能够有效抑制 HIV 病毒。埃替格韦是第三个获准在美上市的整合酶抑制剂(其他两个是默沙东公司的雷特格韦和葛兰素史克公司研发的度鲁特韦)。埃替格韦也是吉利德四合一型抗 HIV 新药 Stribild[Elvitegravir(埃替格韦)/Cobicistat(可比司他)/Emtricitabine(恩曲他滨)/Tenofovir Disoproxil Fumarate(富马酸替诺福韦酯)]的组成部分。Stribild 为日服一次的单一片剂,用于 HIV-1 感染的治疗,该药于 2012 年 8 月获 FDA 批准。

药品上市申报信息

该药物目前有 1 种产品上市。

药品名称	STRIBILD		
申请号	203100	产品号	001
活性成分	Cobicistat(可比司他);Elvitegravir(埃替格韦);Emtricitabine(恩曲他滨);Tenofovir Disoproxil Fumarate(富马酸替诺福韦酯)	市场状态	处方药
剂型或给药途径	口服片剂	规格	150mg;150mg;200mg;300mg
治疗等效代码		参比药物	是
批准日期	2012/08/27	申请机构	GILEAD SCIENCES INC

药品专利或独占权保护信息

美国专利号或独占权代码	专利或独占权过期日期	专利保护类型、专利名称或市场独占权保护内容
8592397	2024/01/13	产品专利，专利用途代码 U-257
8633219	2031/10/11	产品专利，专利用途代码 U-257
5922695	2017/07/25	化合物专利，专利用途代码 U-257
5935946	2017/07/25	化合物专利，产品专利，专利用途代码 U-257
5977089	2017/07/25	化合物专利，产品专利，专利用途代码 U-257
6043230	2017/07/25	专利用途代码 U-257
6642245	2020/11/04	专利用途代码 U-257
7176220	2023/11/20	化合物专利，产品专利，专利用途代码 U-257
7635704	2026/10/26	化合物专利，产品专利，专利用途代码 U-257
8148374	2029/09/03	化合物专利，产品专利，专利用途代码 U-1279
8716264	2024/01/13	产品专利，专利用途代码 U-257
5914331	2017/07/02	化合物专利
5814639	2015/09/29	化合物专利，产品专利
6703396	2021/03/09	化合物专利，产品专利
5814639 * PED	2016/03/29	
5914331 * PED	2018/01/02	
5922695 * PED	2018/01/25	
5935946 * PED	2018/01/25	
5977089 * PED	2018/01/25	
6043230 * PED	2018/01/25	
6642245 * PED	2021/05/04	
6703396 * PED	2021/09/09	
NP	2015/08/27	参见本书附录关于独占权代码部分

合成路线一

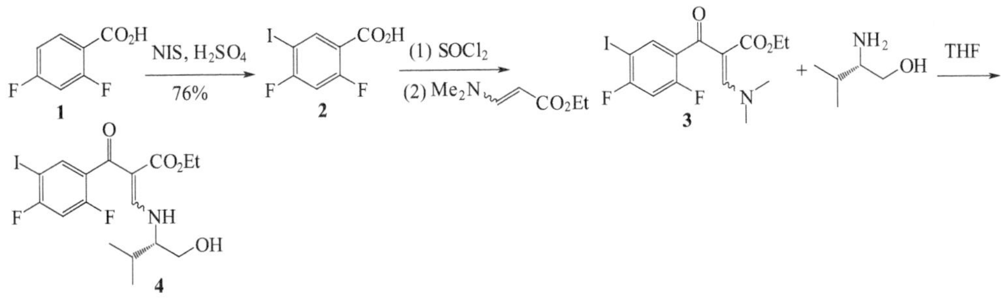

2，4-二氟苯甲酸（**1**）经碘代生成化合物 **2**，与二氯亚砜反应生成的酰氯与氨基丙烯酸酯缩合

制得 2-(2,4-二氟-5-碘苯甲酰基)-3-二甲氨基丙烯酸乙酯（3），再与 L-缬氨醇发生加成消除反应得到化合物 4。

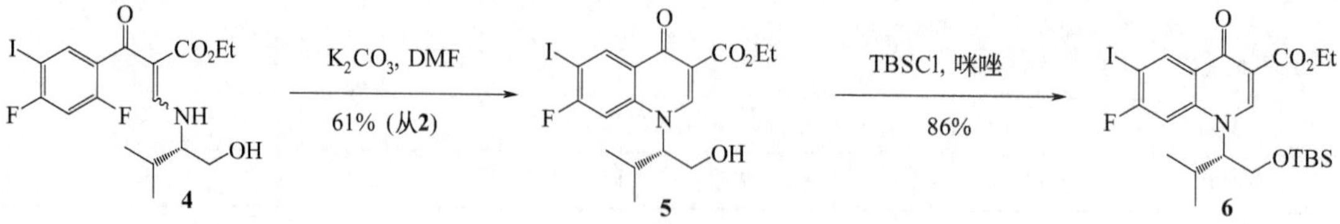

化合物 4 在碳酸钾作用下环合得到化合物 5，再经 TBS 保护羟基制得化合物 6。

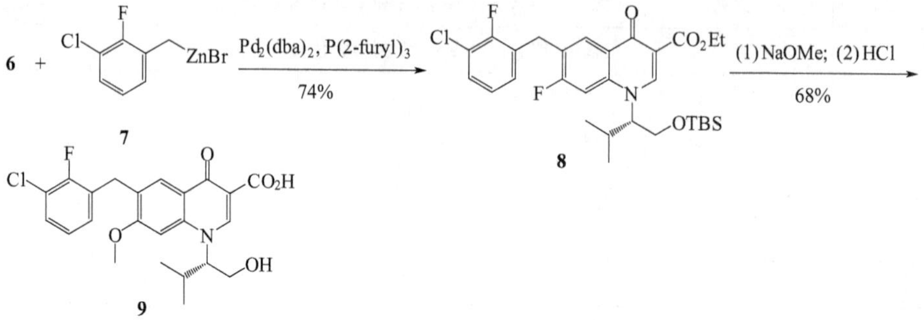

化合物 6 与 3-氯-2-氟苄锌溴（7）发生 Negishi 偶联反应后经"一锅煮"（脱保护、水解和甲氧基化反应）制得埃替格韦（9）。

这篇文献中还报道了利用甲氧羰基作为保护基的合成路线。从中间体 1 出发，经过甲氧羰基保护制得化合物 2，化合物 2 与化合物 3 发生 Negishi 偶联反应后得到化合物 4。

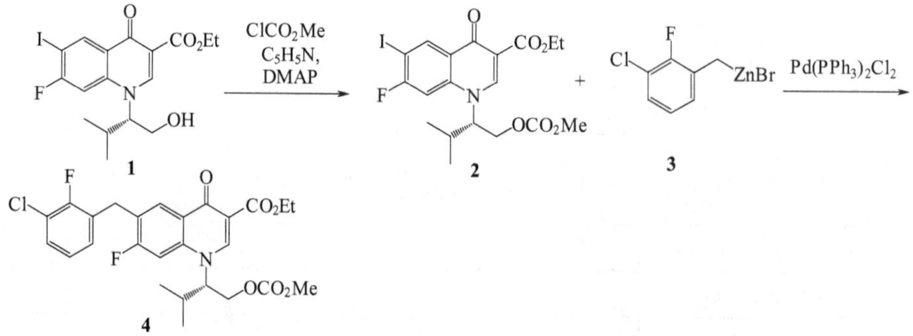

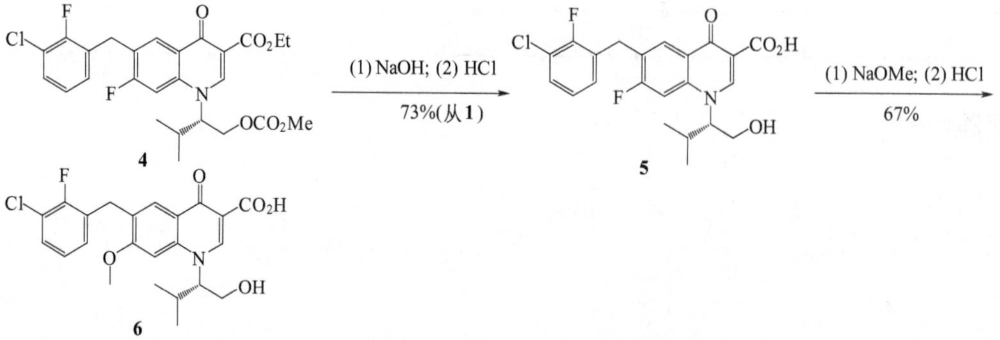

化合物 4 首先在氢氧化钠作用下脱除甲氧羰基和乙酯基保护得到化合物 5，化合物 5 再在甲醇钠中发生甲氧基取代反应制得埃替格韦（6）。

原始文献

US7176220，2007.

合成路线二

这条路线是 Matrix Laboratories Ltd 研发的，合成方法与路线一类似，改用 THP 保护羟基。

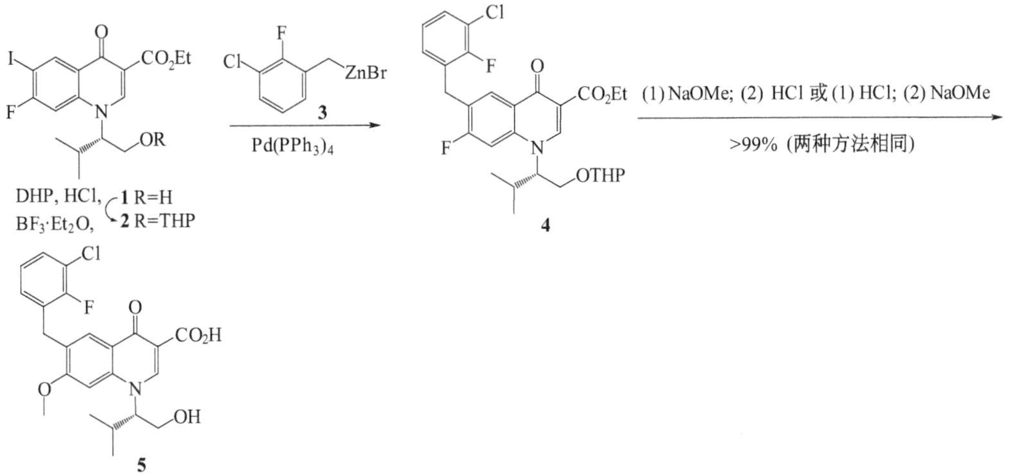

化合物 1 与二氢吡喃在酸催化下生成 THP 保护的化合物 2，化合物 2 与化合物 3 在钯催化下发生 Negishi 偶联反应后得到化合物 4。先脱除 THP 保护或者先甲氧基取代，都可以顺利得到埃替格韦（5），纯度高于 99%。

这条路线的最大特点是减少了纯化步骤。

原始文献

WO2011004389A2，2011.

合成路线三

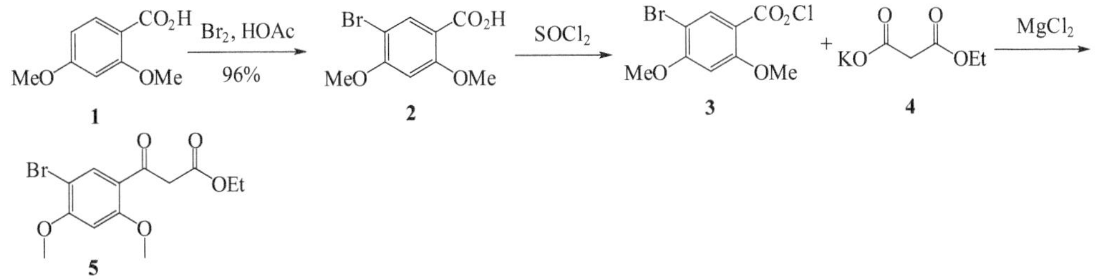

这条路线以 2,4-二甲氧基苯甲酸（1）为原料，在 5-位溴代得到溴代物 2，转化为酰氯 3 后，与丙二酸盐 4 缩合得到化合物 5。

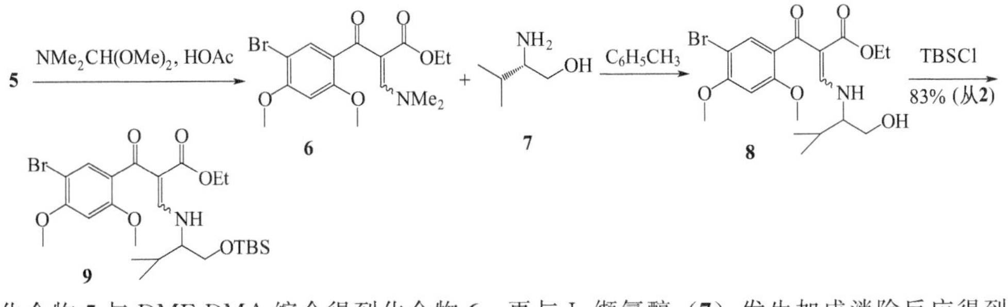

化合物 5 与 DMF-DMA 缩合得到化合物 6，再与 L-缬氨醇（7）发生加成消除反应得到化合物 8，羟基用 TBS 保护得到化合物 9。

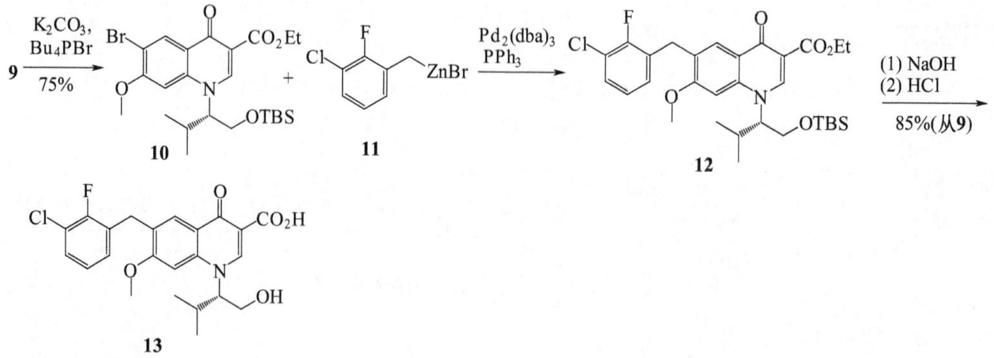

化合物 **9** 在碱性条件下环合得到化合物 **10**，然后与锌试剂 **11** 偶联得到化合物（**12**），脱除保护基后得到埃替格韦（**13**）。

原始文献

US20090318702A1，2009.

合成路线四

吉利德报道的这条路线也是以 2,4-二甲氧基苯甲酸为原料。

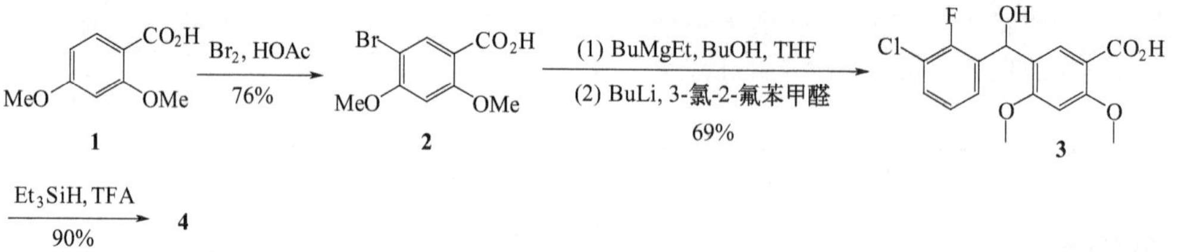

溴代物 **2** 与 3-氯 2-氟苯甲醛发生 Aldo 反应，生成的羟基化合物 **3** 在酸性条件下经硅烷还原后得到化合物 **4**。

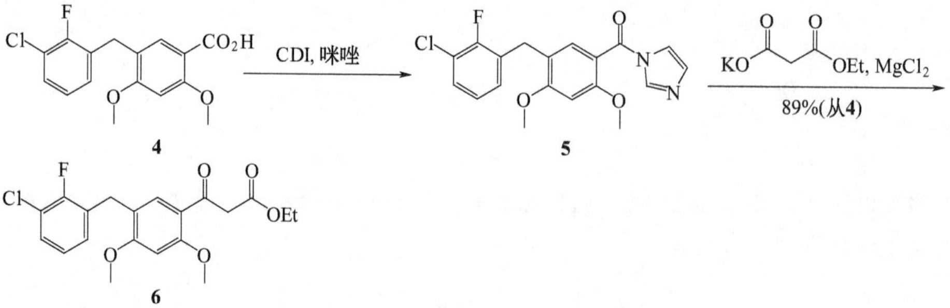

化合物 **4** 的羧基经 CDI 活化后得到化合物 **5**，再与丙二酸盐缩合得到化合物 **6**。

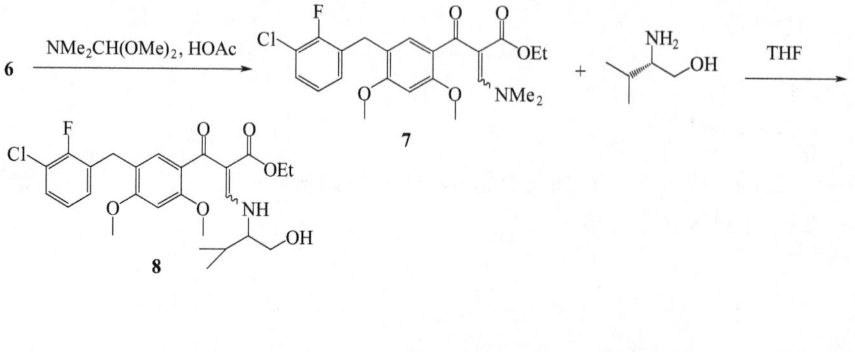

化合物 **6** 与 DMF-DMA 缩合得到化合物 **7**，再与 L-缬氨醇发生反应得到化合物 **8**。

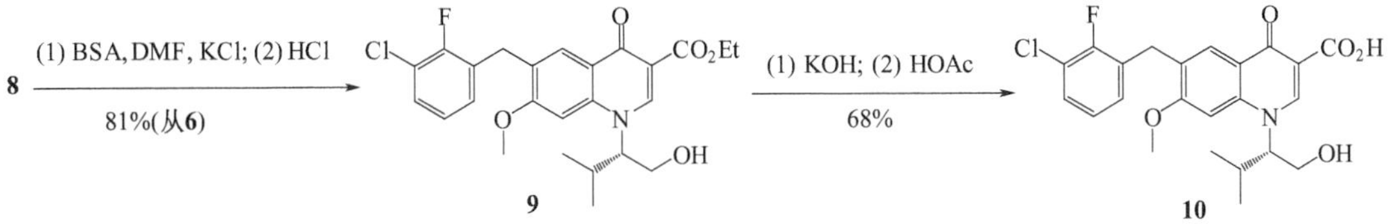

化合物 **8** 不进行羟基保护，直接分子内取代关环得到化合物 **9**。然后水解得到埃替格韦（**10**）。

原始文献

US7825252，2010.

合成路线五

这条路线也以 2,4-二甲氧基苯甲酸为最初原料，中间体 **1** 在 BSA 作用下环合，同时羟基被 TMS 保护得到 **2**，再与锌试剂 **3** 偶联然后酸性条件下脱除 TMS 保护基得到中间体 **4**。

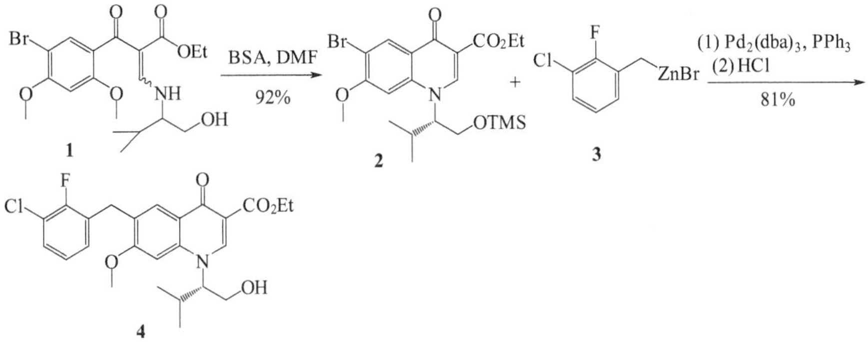

原始文献

WO2014056465A1，2014.

（许启海）

Empagliflozin（依帕列净）

药物基本信息

英文通用名	Empagliflozin
中文通用名	依帕列净
商品名	Jardiance®
CAS 登记号	864070-44-0
FDA 批准日期	2014/08/01
化学名	(2S,3R,4R,5S,6S)-2-(3-((S)-4-((S)-tetrahydrofuran-3-yloxy)benzyl)-4-chlorophenyl)-6-methoxy-tetrahydro-2H-pyran-3,4,5-triol
SMILES 代码	C1C(C=C[C@@]([C@H]4[C@H](O)[C@@H](O)[C@H](O)[C@@H](OC)O4)=C3)=C3CC1=CC=C(O[C@@H]2COCC2)C=C1

化学结构和理论分析

化学结构	理论分析值
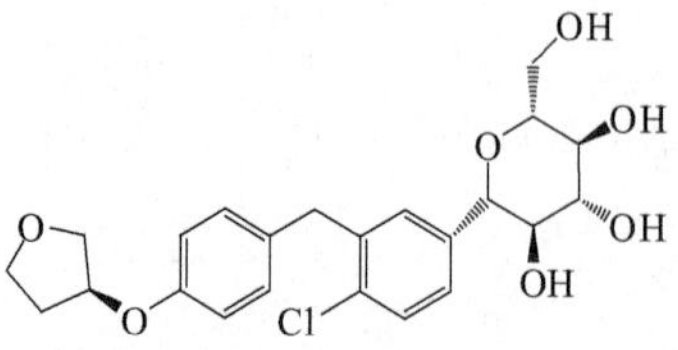	分子式：$C_{23}H_{27}ClO_7$ 精确分子量：450.1445 分子量：450.9093 元素分析：C,61.26;H,6.04;Cl,7.86;O,24.84

药品说明书参考网页

生产厂家产品说明书：https://www.jardiance.com/
美国药品网：http://www.drugs.com/cdi/empagliflozin.html
美国处方药网页：http://www.rxlist.com/jardiance-drug.htm

药物简介

Jardiance® 是一种钠-葡萄糖共转运体 2（SGLT2）抑制剂。SGLT2 是负责从肾小球滤液再吸收葡萄糖返回循环的主要转运蛋白，通过抑制 SGLT2 的活性，能降低肾滤过葡萄糖的再吸收和葡萄糖肾阈值，从而增加尿葡萄糖排泄，适用为 2 型糖尿病成年患者中对饮食和锻炼改善血糖控制的辅助治疗。

药品上市申报信息

该药物目前有 2 种产品上市。

产品一

药品名称	JARDIANCE		
申请号	204629	产品号	001
活性成分	Empagliflozin(依帕列净)	市场状态	处方药
剂型或给药途径	口服片剂	规格	10mg
治疗等效代码		参比药物	否
批准日期	2014/08/01	申请机构	BOEHRINGER INGELHEIM PHARMACEUTICALS INC

产品二

药品名称	JARDIANCE		
申请号	204629	产品号	002
活性成分	Empagliflozin(依帕列净)	市场状态	处方药
剂型或给药途径	口服片剂	规格	25mg
治疗等效代码		参比药物	是
批准日期	2014/08/01	申请机构	BOEHRINGER INGELHEIM PHARMACEUTICALS INC

药品专利或独占权保护信息

美国专利号或 独占权代码	专利或独占权 过期日期	专利保护类型、专利名称或市场独占权保护内容
7579449	2025/11/05	化合物专利
7713938	2027/04/15	化合物专利，产品专利
6303661	2017/04/24	专利用途代码 U-1651
6890898	2019/02/02	专利用途代码 U-1652
7078381	2019/02/02	专利用途代码 U-1651
7407955	2023/08/12	化合物专利，产品专利
7459428	2019/02/02	专利用途代码 U-1651
8119648	2023/08/12	专利用途代码 U-1651
8178541	2023/08/12	产品专利，专利用途代码 U-1654
8178541	2023/08/12	产品专利，专利用途代码 U-1653
8551957	2029/10/19	产品专利，专利用途代码 U-1651
8673927	2024/05/04	产品专利，专利用途代码 U-1652
8846695	2030/06/04	专利用途代码 U-1652
8883805	2025/11/26	产品专利
NCE	2027/04/15	参见本书附录关于独占权代码部分
NCE	2019/08/01	参见本书附录关于独占权代码部分
NCE	2016/05/02	参见本书附录关于独占权代码部分

合成路线一

本方法来源于 Lexicon Pharmaceuticals Inc 发表的专利文献（WO 2008042688 A2）：

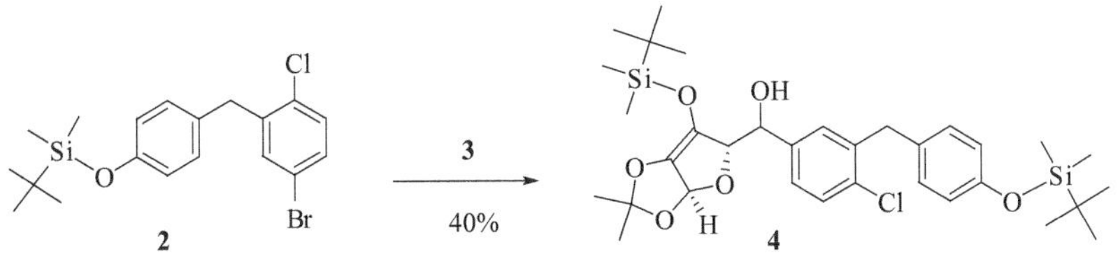

其特点是先建 B、C 环，再构建全新 A 环，最后接 D 环，具体步骤如下：以 2-氯-5-溴-苯衍生物 **2** 为起始原料，在叔丁基锂的存在下，将其溴原子拔掉与醛基化合物 **3** 发生加成反应，转化为仲醇 **4**。

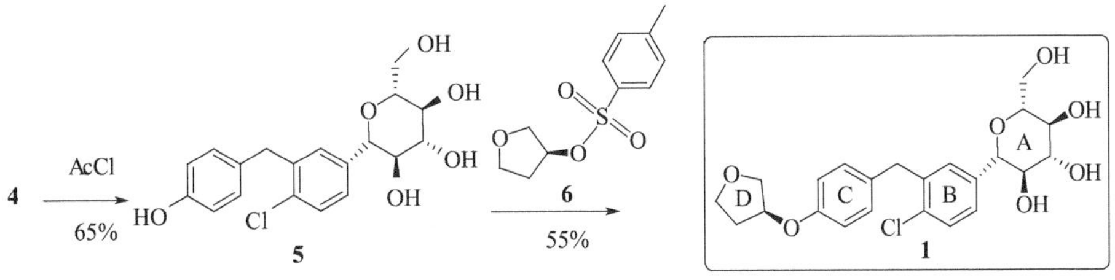

再经酸化游离出羟基，然后在密封高温下，用对甲苯磺酸活化的（S）-3-羟基四氢呋喃选择性醚化糖类化合物 **5** 的酚羟基合成依帕列净（**1**）。此合成路线后处理复杂，易产生对映异构体杂质，3 步反应总收率 14.3%，每一步均需柱色谱分离纯化。

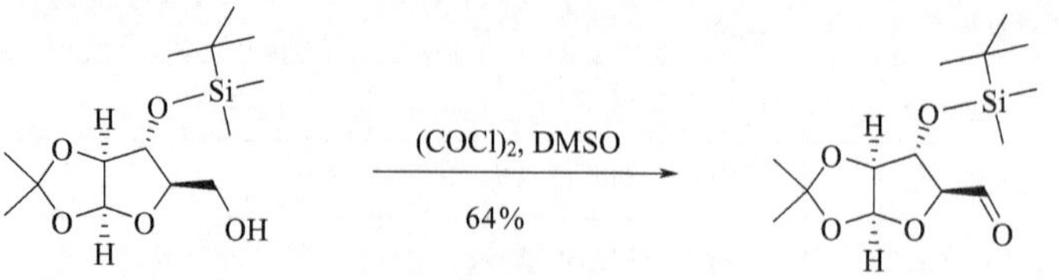

硅烷与丙酮保护的呋喃糖（**7**）经 Swern 氧化反应制备醛基化合物 **3**。

原始文献

WO 2008042688 A2.

合成路线二

本方法来源于 Boehringer Ingelheim International Gmbh 发表的专利文献（WO 2011039107 A1）：

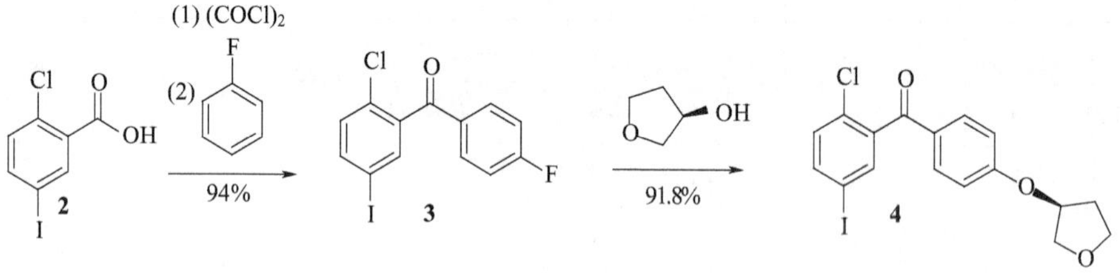

其特点是先建 B、C 环，再引入 D 环，最后接 A 环。以 2-氯-5-碘苯甲酸（**2**）为起始原料，与氟苯发生 Friedel-Crafts 酰基反应生成酮 **3**，后者在强碱条件下，用（S）-3-羟基四氢呋喃取代苯环上的氟原子得中间体 **4**。

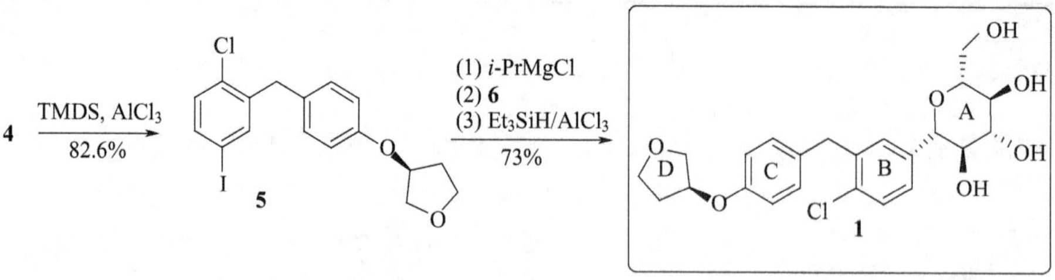

用四甲基硅醚将酮 **4** 转化为亚甲基得化合物 **5**，最后在 Turbogrignard 溶液（氯化异丙基镁/氯化锂混合液）和三乙基硅烷中，化合物 **5** 与内酯 **6** 偶合得依帕列净（**1**）。该合成路线操作简单，四步反应产率高，且没有柱色谱分离纯化，适用于工业化生产。

D-（＋）-葡萄糖酸 1,5-内酯（**7**）与氯四甲基硅烷反应得硅烷内酯 **6**。

原始文献

WO 2011039107 A1.

合成路线三

本方法来源于 Boehringer Ingelheim International Gmbh 发表的另一篇专利文献（WO 2007093610 A1）：

其特点是先建 B、C 环，再引入 A 环，最后接 D 环，具体步骤如下：以 2-氯-5-溴苯甲酸（**2**）为起始原料，与苯甲醚发生 Friedel-Crafts 酰基反应生成酮 **3**，用三乙基硅烷将酮转化为亚甲基得化合物 **4**，再经脱甲基合成苯酚化合物 **5**。

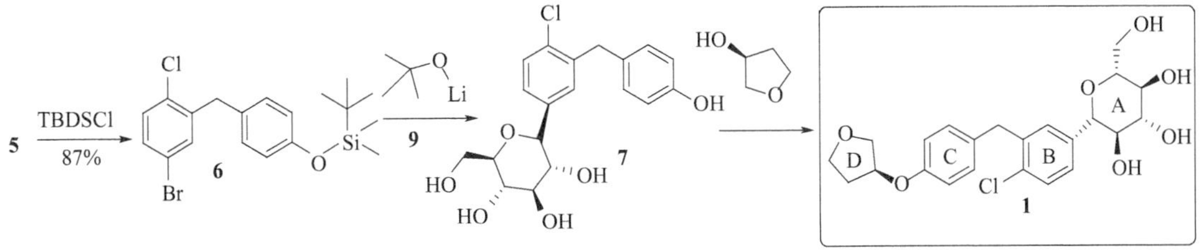

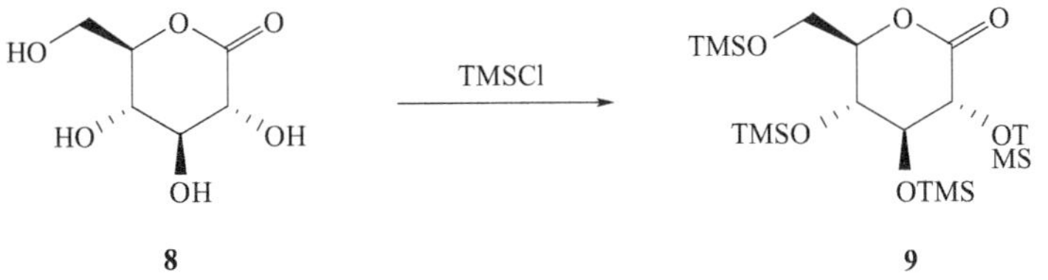

苯酚 **5** 经硅醚保护、引入葡萄糖得中间体 **7**，最后直接与（S）-3-羟基四氢呋喃反应合成依帕列净（**1**）。

原始文献

WO 2007093610 A1.

参考文献

［1］ Wang X J，Zhang L，Byrne D，Nummy L，Weber D，Krishnamurthy D，Yee N，Senanyake C H. Efficient synthe-sis of empaglifozin，an inhibitor of SGT-2，utilizing and AlCl₃-promoted silane reduction of a β-Glycopyranoside. Or-ganic Letters，2014，16：4090-4093.

［2］ Goodwin N，Harrison B A，Kimball S D，Mabon R. Phlorizin analogs as inhibitors of sodium glucose co-transporter 2. WO 2008109591 A1，2008.

［3］ Matthias E，Frank H，Peter E，Leo T. Glucopyransoyl-substituted benzonitrile derivatives，pharmaceutical compo-sitions containing such compounds，their use and process for their manufacture. US 20070259821 A1，2007.

［4］ Frank H，Sandra S，Martin S，Hans-Jurgen M，Matthias E. Crystalline form of 1-choloro-4-（beta-D-glucopyranos-1-yl）-2-［4-（S）-tetrahydrofuran-3-yloxy]-benzy]-benzene，a method for its preparation and the use thereof for preparing medicaments. US 20100099641 A1，2010.

［5］ Matthias E，Frank H，Sandra S，Martin S，Hans-Jurgen M. Crystalline form of 1-choloro-4-（beta-D-glucopyranos-1-yl）-2-［4-（S）-tetrahydrofuran-3-yloxy]-benzy]-benzene，a method for its preparation and the use thereof for pre-paring medicaments. US 2006117359 A1，2006.

［6］ Matthias E，Frank H，Sandra S，Sun X，Zhang L，Tang W，Dhileepkumar K，Chris H S，Han Z. Crystalline form of 1-choloro-4-（beta-D-glucopyranos-1-yl）-2-［4-[（S）-tetrahydrofuran-3-yloxy]-benzy]-benzene，a method for its preparation and the use thereof for preparing medicaments. WO 2006120208 A1，2006.

（周文）

Enzalutamide（恩杂鲁胺）

药物基本信息

英文通用名	Enzalutamide
中文通用名	恩杂鲁胺
商品名	Xtandi
CAS 登记号	915087-33-1
FDA 批准日期	2012/08/31
化学名	4-（3-（4-cyano-3-（trifluoromethyl）phenyl）-5，5-dimethyl-4-oxo-2-thioxoimidazolidin-1-yl）-2-fluoro-N-methylbenzamide
SMILES 代码	O=C(NC)C1=CC=C(N(C(N2C3=CC=C(C♯N)C(C(F)(F)F)=C3)=S)C(C)(C)C2=O)C=C1F

化学结构和理论分析

化学结构	理论分析值
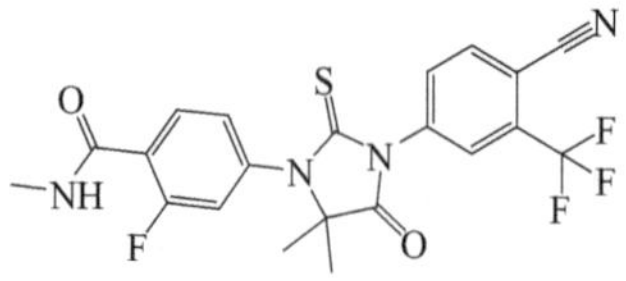	分子式：$C_{21}H_{16}F_4N_4O_2S$ 精确分子量：464.09301 分子量：464.43861 元素分析：C，54.31；H，3.47；F，16.36；N，12.06；O，6.89；S，6.90

药品说明书参考网页

生产厂家产品说明书：https：// www. xtandi. com/
美国药品网：http：//www. drugs. com/xtandi. html
美国处方药网页：http：//www. rxlist. com/xtandi-drug. htm

药物简介

恩杂鲁胺是一种雄性激素受体拮抗剂，可用于治疗去势耐受前列腺癌（castration-ressitant prostate cancer）。恩杂鲁胺由 Medivation 和安斯泰来（Astellas Pharma）公司开发生产，商品名 Xtandi（也叫做 MDV3100）。FDA 于 2012 年 8 月 31 日批准了恩杂鲁胺用于治疗晚期转移性或复发的去势抵抗性前列腺癌患者，和为了减少睾酮已进行了药物或手术治疗的患者。Xtandi 通过 FDA 的优先审查程序获准，适用于抗肿瘤药多西他赛（Docetaxel）治疗后的前列腺癌患者。常见的副作用是虚弱或疲劳、腰背痛、腹泻、关节痛、潮热、组织肿胀、肌肉骨骼疼痛、头痛、上呼吸道感染、头晕、压迫脊髓和马尾神经综合征、肌无力、睡眠困难、下呼吸道感染、血尿、刺痛感、焦虑和高血压。接受恩杂鲁胺患者 0.9％发生癫痫发作。

药品上市申报信息

该药物目前有 1 种产品上市。

药品名称	XTANDI		
申请号	203415	产品号	001
活性成分	Enzalutamide(恩杂鲁胺)	市场状态	处方药
剂型或给药途径	口服胶囊	规格	40mg
治疗等效代码		参比药物	是
批准日期	2012/08/31	申请机构	ASTELLAS PHARMA US INC

药品专利或独占权保护信息

美国专利号或独占权代码	专利或独占权过期日期	专利保护类型、专利名称或市场独占权保护内容
8183274	2026/05/15	专利用途代码 U-1588，U-1281
7709517	2027/08/13	化合物专利，产品专利
NCE	2017/08/31	参见本书附录关于独占权代码部分
I-693	2017/09/10	参见本书附录关于独占权代码部分

合成路线一

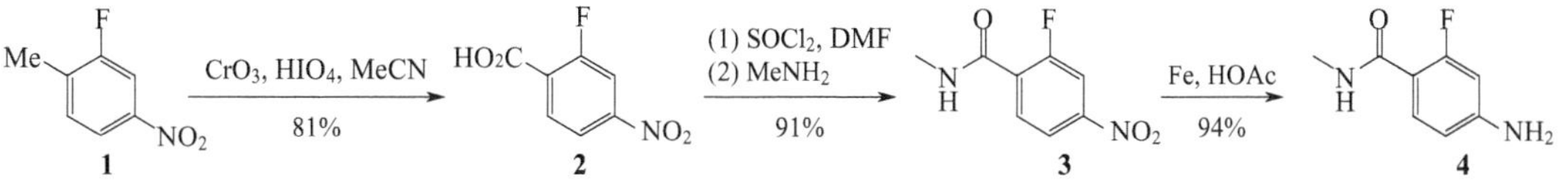

这条路线从 2-氟-4-硝基-甲苯（**1**）出发，甲基氧化得到 2-氟-4-硝基-苯甲酸（**2**），羧酸用二氯亚砜转化成酰氯后再和甲胺反应得到酰胺化合物 **3**，用铁粉在乙酸中还原硝基得到氨基化合物 **4**。

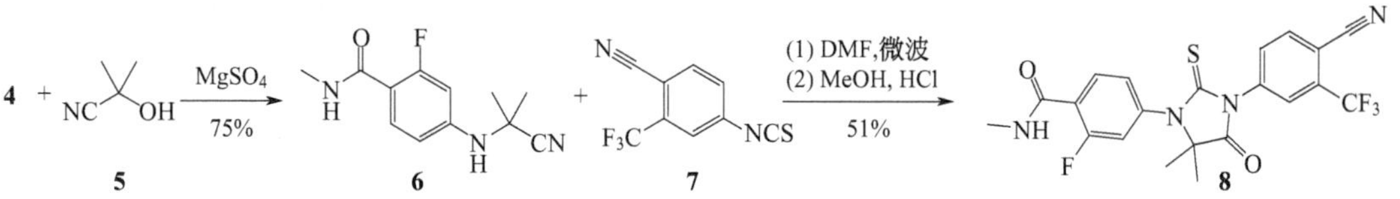

化合物 **4** 与丙酮氰醇（**5**）缩合，得到化合物 **6**，氮原子进攻异硫氰酸酯 **7**，随后水解和酯交换反应关环得到最终的恩杂鲁胺（**8**）。

原始文献

WO2006124118A1，2006；US2007254933A1，2007；J Med Chem，2010，53（7）：2779-2796.

合成路线二

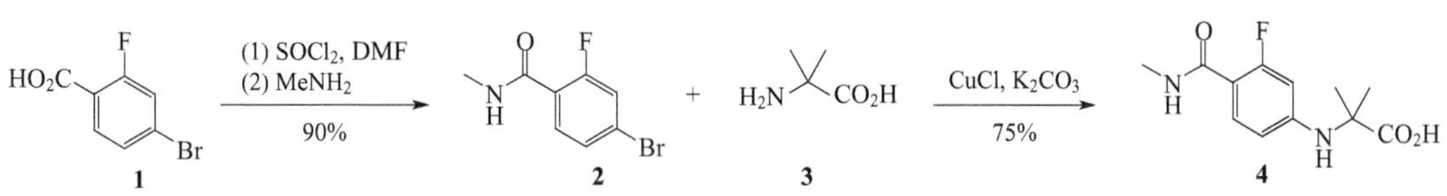

从 2-氟-4-溴-苯甲酸（**1**）出发，羧酸用二氯亚砜转化成酰氯后再和甲胺反应得到酰胺化合物 **2**，**2** 和氨基异丁酸（**3**）在氯化亚铜催化下发生 Ullmann 反应，得到化合物 **4**。

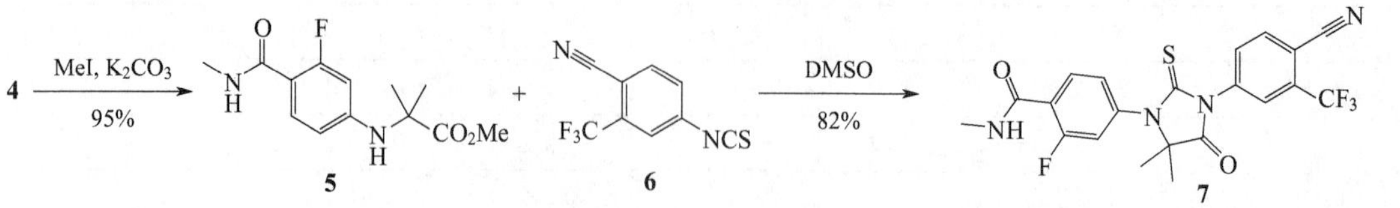

化合物 **4** 中的羧酸与碘甲烷反应得到相应的甲酯化合物 **5**。化合物 **5** 的氮原子进攻异硫氰酸酯 **6**，随后酯交换反应关环得到最终的恩杂鲁胺（**7**）。

原始文献

WO2011106570A1，2011.

（许启海）

Eribulin Mesylate（甲磺酸艾日布林）

药物基本信息

英文通用名	Eribulin Mesylate
中文通用名	甲磺酸艾日布林
商品名	Halaven
CAS 登记号	441045-17-6(Eribulin Mesylate)；253128-41-5(Eribulin，自由碱)
FDA 批准日期	2010/11/15
化学名	(2*R*,3*R*,3*aS*,7*R*,8*aS*,9*S*,10*aR*,11*S*,12*R*,13*aR*,13*bS*,15*S*,18*S*,21*S*,24*S*,26*R*,28*R*,29*aS*)-2-[(2*S*)-3-amino-2-hydroxypropyl]-3-methoxy-26-methyl-20,27-dimethylidenehexacosahydro-11,15:18,21:24,28-triepoxy-7,9-ethano-12,15-methano-9*H*,15*H*-furo[3,2-i]furo[2′,3′:5,6]pyrano[4,3-*b*][1,4]dioxacyclopentacosin-5(4*H*)-one methanesulfonate(salt)
SMILES 代码	O=C(C[C@]1([H])O[C@@]([C@@]2([H])[C@@]([C@]4([H])[C@@]3([H])C5)([H])O6)([H])[C@]6([H])CC1)C[C@@]([C@@H](OC)[C@@H](C[C@@H](CN)O)O7)([H])[C@]7([H])C[C@@]8([H])O[C@]([CC[C@@]9([H])C(C[C@@](CC[C@]5(O4)O2)([H])O9)=C)([H])C[C@@H](C)C8=C.CS(=O)(O)=O

化学结构和理论分析

化学结构	理论分析值
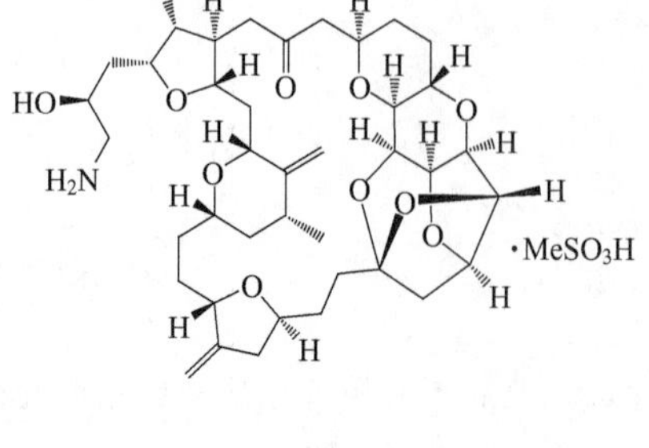	分子式：$C_{41}H_{63}NO_{14}S$ 精确分子量：825.39693 分子量：826.01 元素分析：C,59.62；H,7.69；N,1.70；O,27.12；S,3.88

药品说明书参考网页

生产厂家产品说明书：https://www.halaven.com/

美国药品网：http://www.drugs.com/halaven.html

美国处方药网页：http://www.rxlist.com/halaven-drug.htm

药物简介

Halaven 是一种合成的大田软海绵素（Halichondrin B）类似物，Halichondrin B 是一种从生长在日本沿海的黑色海绵上发现的物质，能够有效治愈肿瘤。由卫材（Eisai）公司研发，该注射液用于治疗已经接受过至少 2 种化疗方案治疗（包括蒽环类和紫杉类药物）的局部晚期或转移性乳腺癌患者。这种可注射的治疗是一种微管抑制剂，被认为通过抑制癌细胞生长起作用。使用 Halaven 最常见的不良反应包括中性粒细胞减少症、贫血、白细胞减少症、脱发、疲乏、恶心、无力、便秘和周围神经病变。

药品上市申报信息

该药物目前有 1 种产品上市。

药品名称	HALAVEN		
申请号	201532	产品号	001
活性成分	Eribulin Mesylate(甲磺酸艾日布林)	市场状态	处方药
剂型或给药途径	静脉注射剂	规格	1mg/2mL(0.5mg/mL)
治疗等效代码		参比药物	是
批准日期	2010/11/15	申请机构	EISAI INC
化学类型	新分子实体药(NME)	审评分类	优先评审

药品专利或独占权保护信息

美国专利号或独占权代码	专利或独占权过期日期	专利保护类型、专利名称或市场独占权保护内容
6469182	2019/06/16	专利用途代码 U-1096
8097648	2021/01/22	专利用途代码 U-1096
7470720	2019/06/16	产品专利
6214865	2019/06/16	化合物专利
NCE	2016/08/26	参见本书附录关于独占权代码部分

合成路线一

这个药是合成最为复杂的药物之一，全合成需要 60 多步。不过合成策略基本上都是依据 Kishi 教授合成 Halichondrin B 的策略。艾日布林（**1**）可以通过片段 **2** 和 **3** 经过 Julia 烯烃反应以及 Nozaki-Hiyami-Kishi 偶联［具体是醛与乙烯基或烯丙基卤化物（或磺酸酯）作用形成醇］关大环制得。片段 **3** 可以再次经 Nozaki-Hiyami-Kishi 偶联由片段 **4** 和 **5** 合成。

1 2 3

4 5

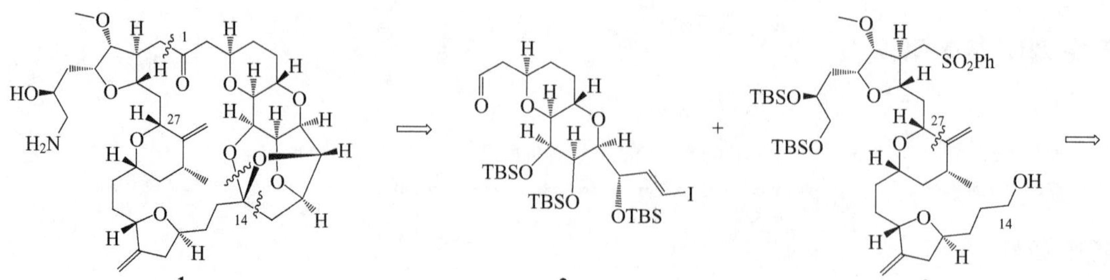

各片段的合成以及最终合成如下所述。

6 7 8

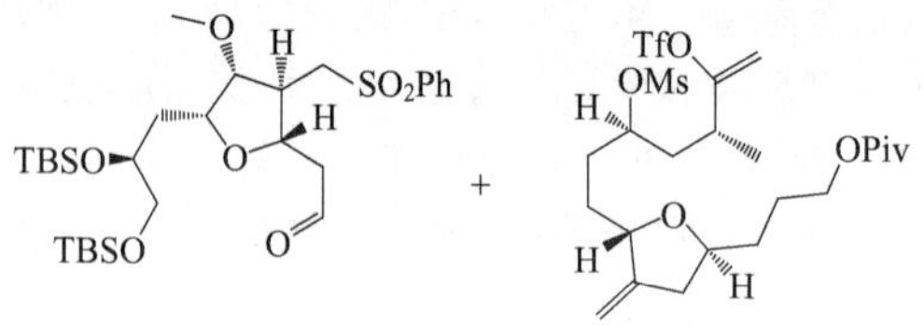

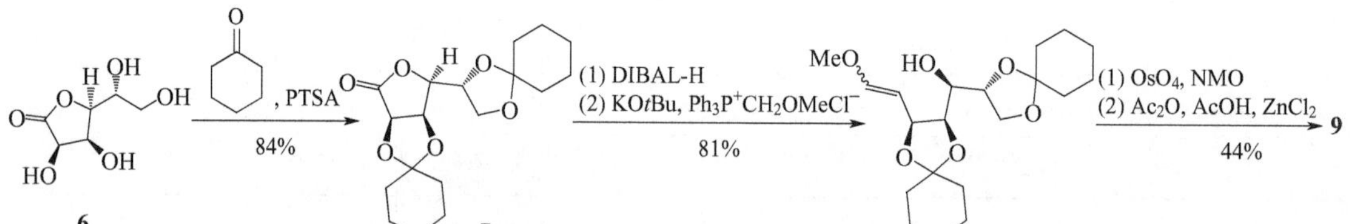

片段 **2** 的合成以 L-甘露糖酸-1,4-内酯（**6**）为原料，环己酮保护邻二羟基后（**7**），二异丁基氢化铝还原内酯成半缩醛，然后 Wittig 反应引入两个碳的片段得到化合物 **8**。四氧化锇双羟化后，水解关环，同时在此酸性条件下，优先脱掉糖末端的环己酮保护基得到化合物 **9**。

9 10 11

12

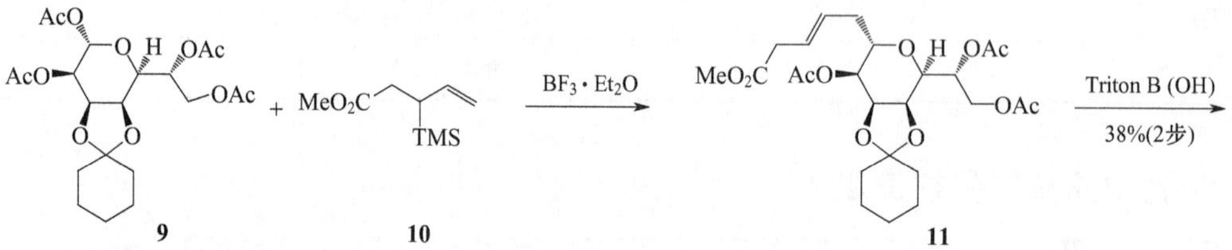

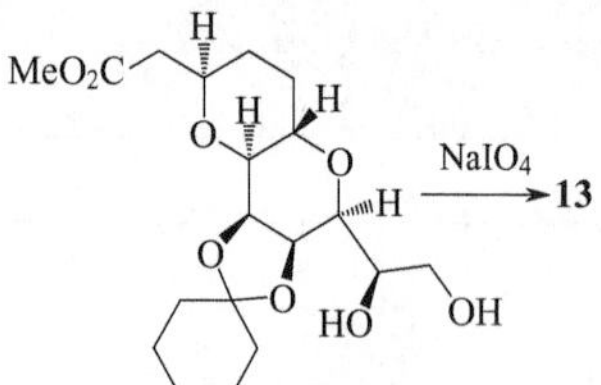

化合物 **9** 在路易斯酸作用下先形成氧鎓离子，然后以化合物 **10** 中的乙烯基进攻，同时 TMS 脱落成双键得到化合物 **11**。经苄基三甲基氢氧化铵（Triton B）脱除乙酰基得到 **12**，高碘酸钠氧化断裂邻二醇得到醛 **13**。

13 14 15 16

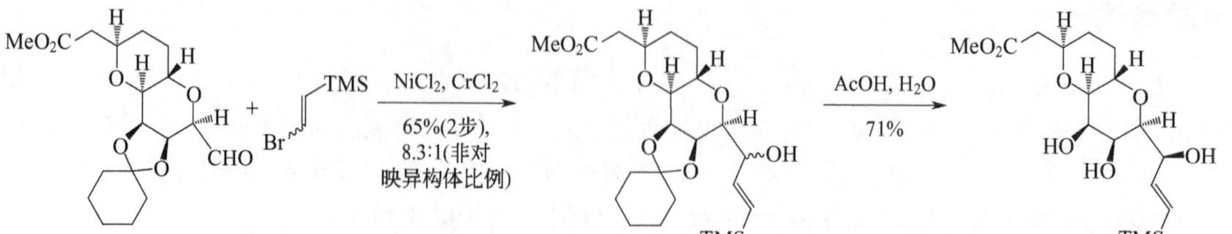

17

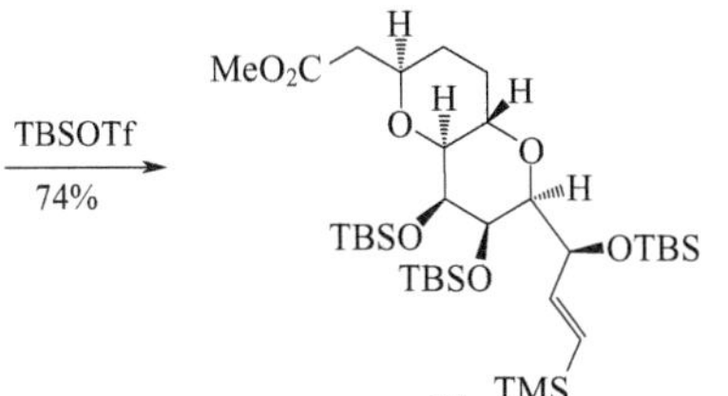

醛 **13** 与烯基溴 **14** 发生 Nozaki-Hiyami-Kishi 偶联反应得到 **15**。在乙酸-水中脱环己酮保护基再用 TBS 保护三个羟基得到化合物 **17**。

17　　18　　2

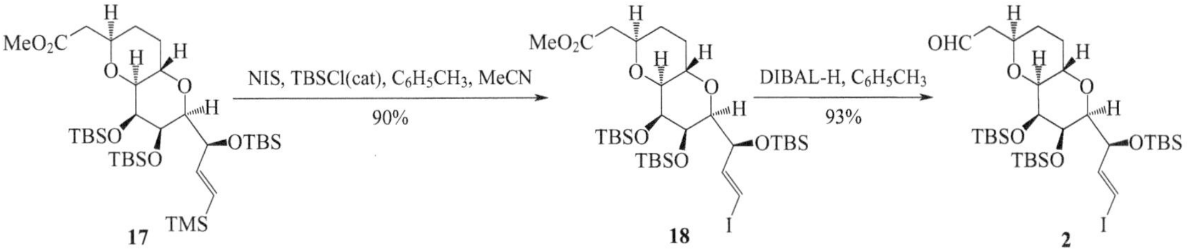

以 *N*-碘代丁二酰亚胺（NIS）做碘代试剂，化合物 **17** 转化为碘代物 **18**，酯还原成醛得到片段 **2**。

19　　20　　21

22

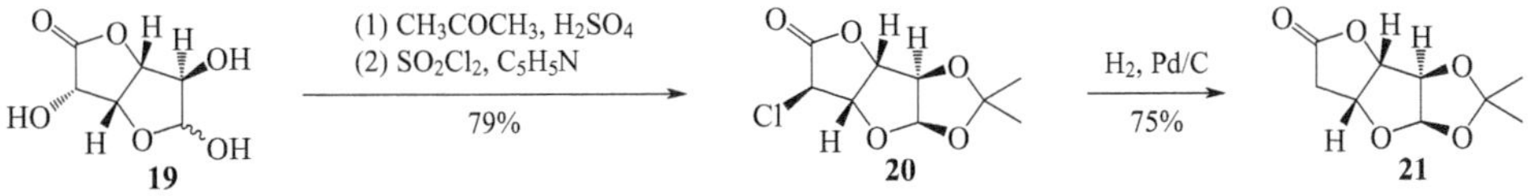

片段 **4** 的合成以 D-葡糖醛酸-3,6-内酯（**19**）为原料，丙酮保护后，羟基转化为氯代物 **20**，再催化氢化得到 **21**。内酯还原得到的半缩醛与格式试剂反应得到 **22**。

23

24

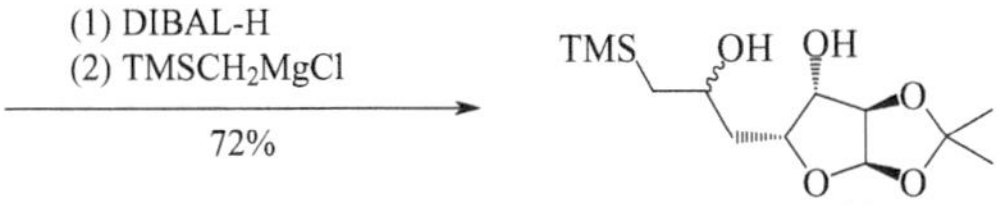

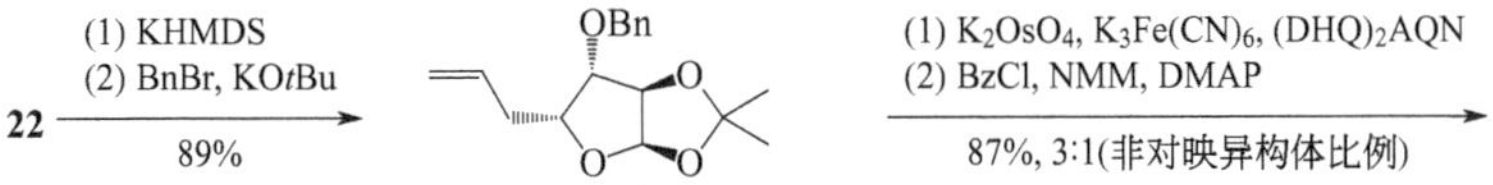

化合物 **22** 经邻硅基羟基消除（Peterson）反应，环上的羟基用苄基保护得到 **23**。烯烃不对称双羟化后用苯甲酰基保护得到化合物 **24**，然后缩醛与烯丙基三甲基硅在路易斯酸催化下反应得到化合物 **25**。双羟化的选择性不高，少量的异构体通过重结晶除去。

25　　26　　27

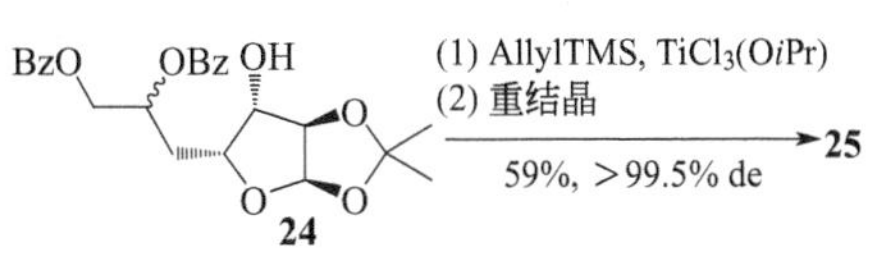

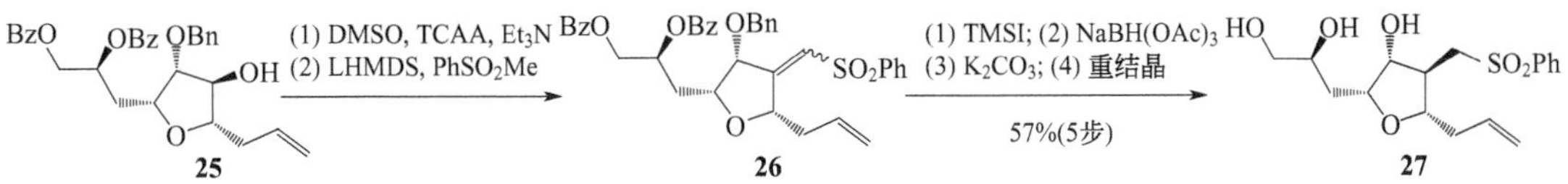

化合物 **25** 中的羟基经氧化后与甲基苯基砜缩合得到化合物 **26**。苄基用三甲基硅基碘脱除，在新生成的游离羟基诱导下，三乙酰基硼氢化钠还原烯基砜得到砜，然后脱除苯甲酰基保护得到化合物 **27**。

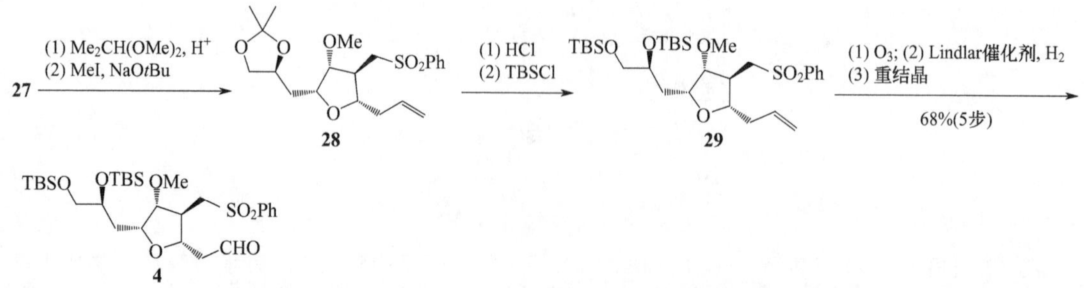

化合物 **27** 中的邻二醇再用丙酮保护，剩下的羟基用碘甲烷甲基化得到化合物 **28**。酸性条件下脱除丙酮，然后用叔丁基二甲基硅基保护生成的羟基得到化合物 **29**，臭氧氧化然后催化氢化还原过氧化物得到片段 **4**。

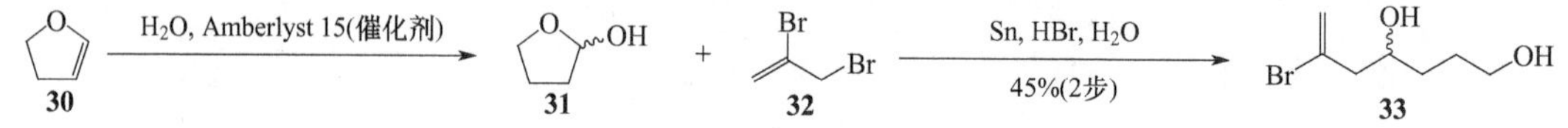

片段 **5** 的合成首先合成片段 **35**。从 2,3-二氢呋喃（**30**）出发，水合得到半缩醛 **31**，然后在锡和氢溴酸催化下与 2,3-二溴丙烯（**32**）反应开环得到二醇 **33**。

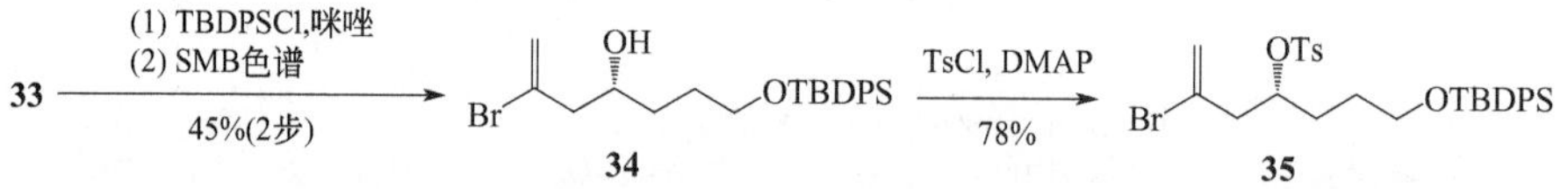

选择性保护伯羟基后利用模拟移动床（simulated moving bed，SMB）色谱拆分，得到光学纯的 **34**，再与对甲苯磺酰氯反应得到磺酸酯 **35**。

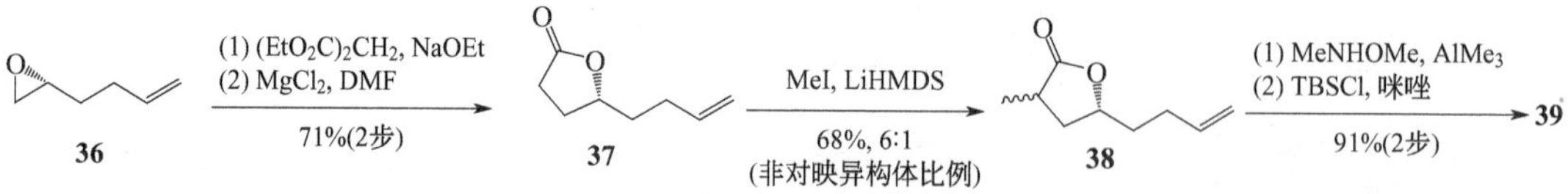

片段 **5** 的另一个片段从光学纯环氧化合物 **36** 出发，丙二酸酯在碱性条件下进攻环氧开环，然后脱羧得到 **37**，酯基 α-甲基化后与 N,O-二甲基羟胺反应开环，生成的羟基用 TBS 保护，得到 Weinred 酰胺 **39**。

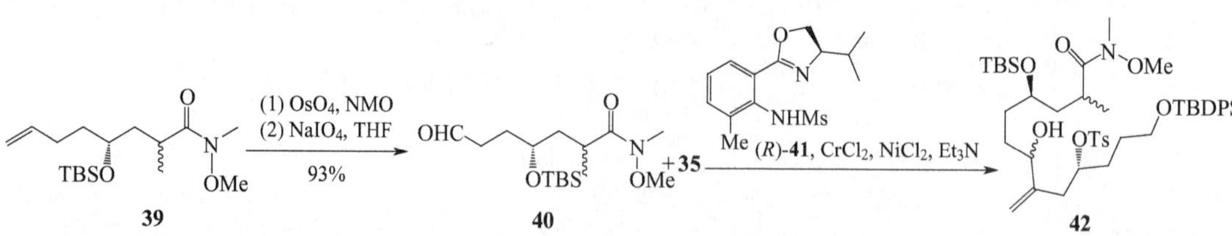

化合物 **39** 的末端双键氧化断裂成醛 **40**，然后与上述片段 **35** 在手性配体（R）-**41** 存在下发生不对称 Nozaki-Hiyami-Kishi 偶联反应得到 **42**。

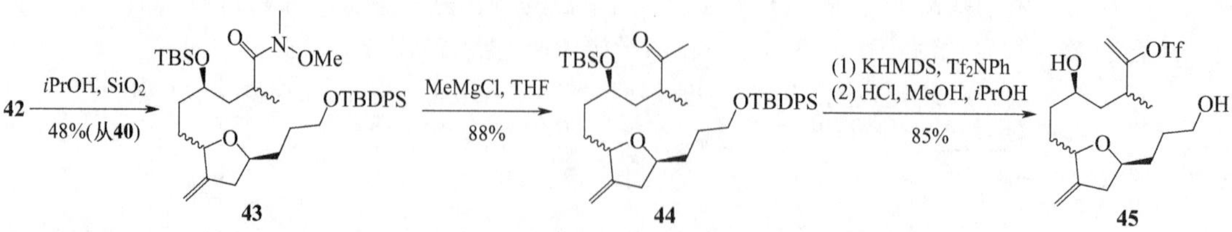

化合物 **42** 用硅胶处理，关环得到化合物 **43**。化合物 **43** 中的 Weinred 酰胺与甲基格式试剂反应得到甲基酮 **44**，并且进一步转化为三氟甲磺酸酯。两个硅基保护基在 HCl 作用下去除，得到化合物 **45**。

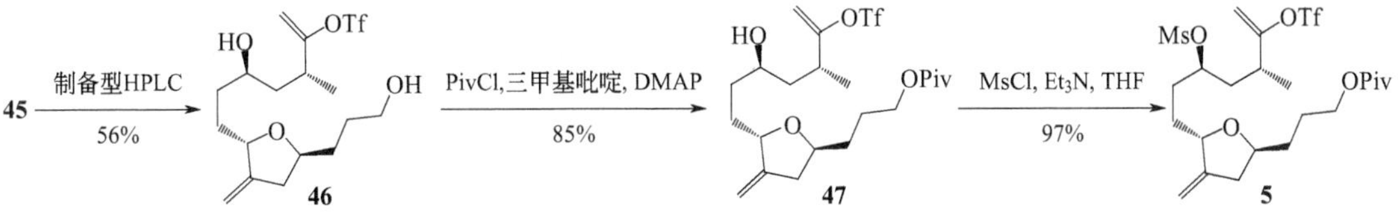

化合物 **45** 用制备型 HPLC 分离得到光学纯化合物 **46**，伯羟基经过叔戊酰基选择性保护后，仲羟基与甲磺酰氯反应得到片段 **5**。

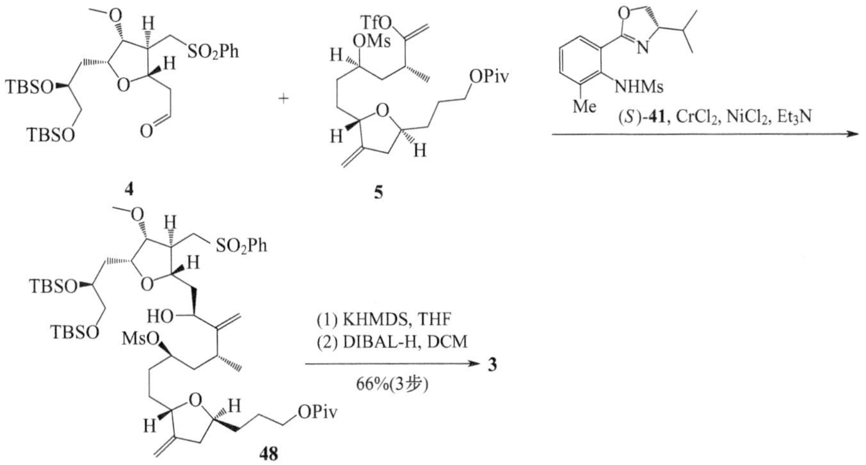

片段 **4** 与片段 **5** 在手性配体（*S*）-**41** 存在下发生不对称 Nozaki-Hiyami-Kishi 偶联反应得到 **48**，羟基用强碱拔氢后分子内进攻取代甲磺酸酯得到关环化合物，然后还原脱除叔戊酰基得到片段 **3**。

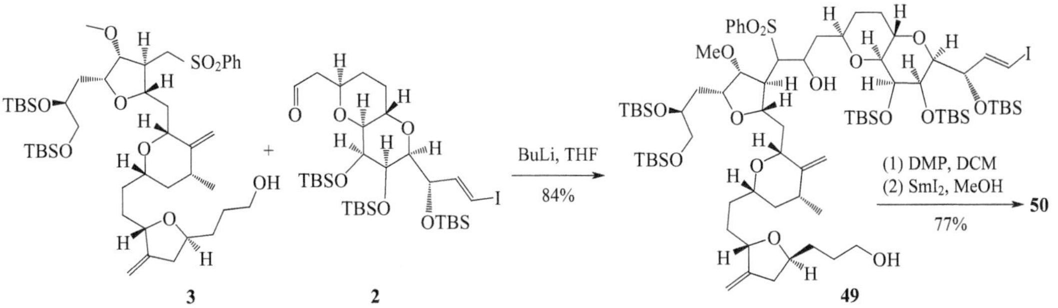

片段 **3** 中砜基相连的亚甲基再经强碱拔氢，进攻片段 **2** 中的醛基得到化合物 **49**，两个羟基用 Dess-Martin 氧化剂氧化，苯砜基用二碘化钐还原去除得到化合物 **50**。

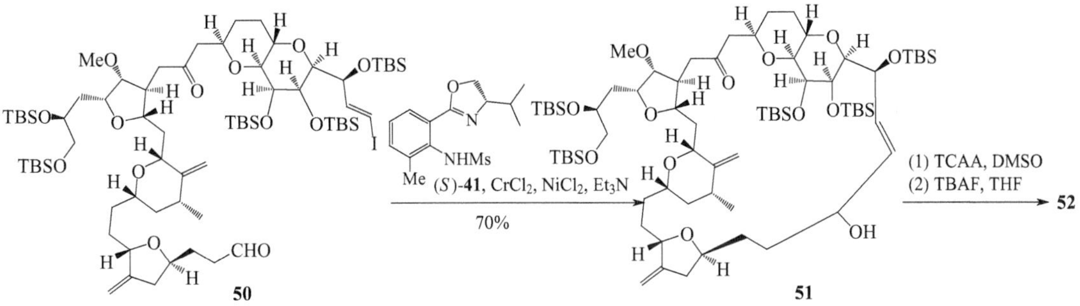

化合物 **50** 在手性配体（*S*）-**41** 存在下发生分子内不对称 Nozaki-Hiyami-Kishi 偶联反应得到

关环化合物 **51**，然后羟基经改良的 Swern 氧化氧化成酮，脱除所有硅基保护基，同时 C9 羟基进攻不饱和双键得到化合物 **52**。

52 **53**

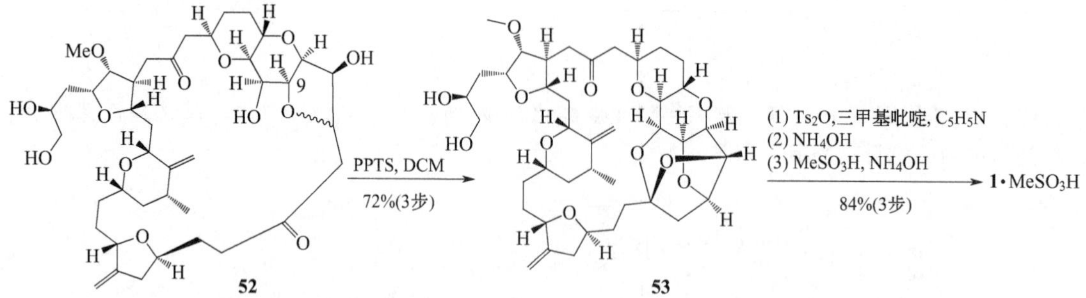

化合物 **52** 在酸催化下生成缩酮 **53**，伯羟基选择性生成对甲苯磺酰酯然后与氨水反应得到伯胺，再与甲磺酸成盐得到甲磺酸艾日布林。

这条路线很长，特别是片段 **5** 的合成需要用到两次手性拆分（化合物 **34** 和化合物 **46**），不适合工业生产。针对片段 **5** 合成的改进，参阅路线二。

原始文献

WO2005118565A1，2005.

合成路线二

如前所述，这条路线主要是针对片段 **5** 合成的改进。这条路线充分利用了手性原料，不需要柱色谱分离，只是经过重结晶进行纯化。

D-(-)-奎尼酸 **54** **55**

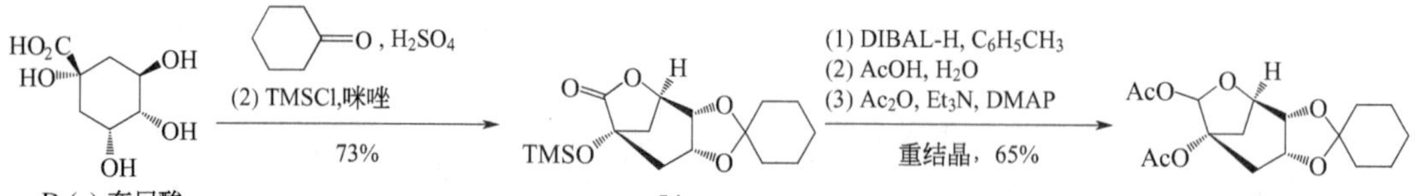

以 D-(—)-奎尼酸为原料，在硫酸催化下与环己酮反应生成保护的内酯，然后叔羟基用三甲基硅基保护得到化合物 **54**。内酯还原成半缩醛后，将 TMS 基团用乙酸脱除，两个羟基与乙酸酐反应得到化合物 **55**。

56 **57** **58**

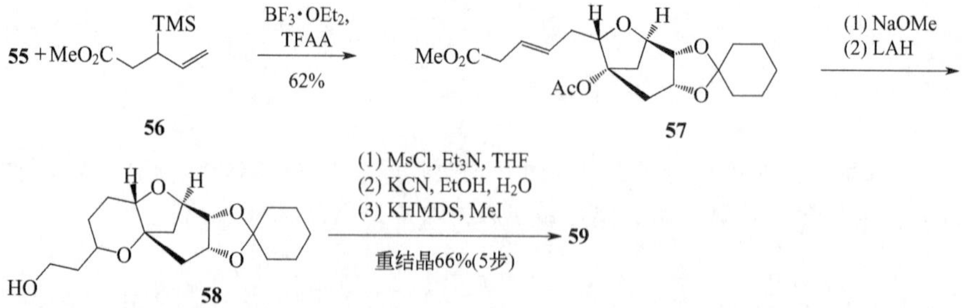

化合物 **55** 与化合物 **56** 在路易斯酸和三氟乙酸酐作用下反应得到化合物 **57**。双键在甲醇钠作用下重排为共轭双键，同时乙酰基脱除，生成的羟基进攻共轭双键关环，最后用氢化铝锂（LAH）还原酯基得到化合物 **58**。羟基与甲磺酰氯反应生成甲磺酸酯，并且用氰基取代，然后氰基 α-甲基化得到化合物 **59**。

59 **60** **61**

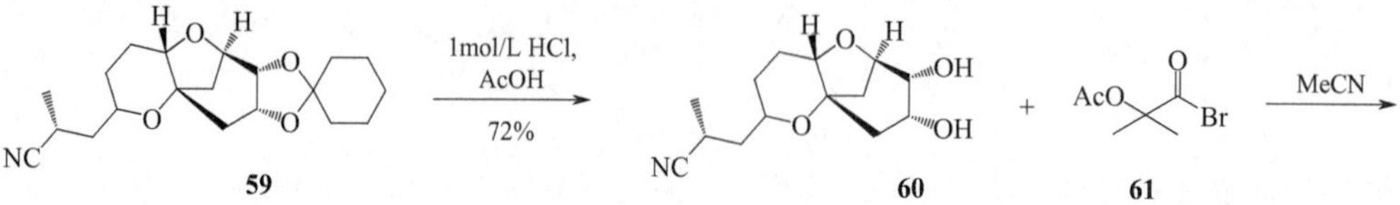

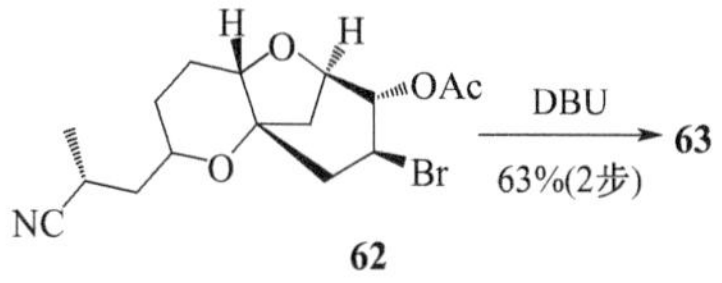

化合物 **59** 在酸性条件下脱除缩酮保护后，双羟基与酰溴 **61** 反应得到化合物 **62**，消除溴化氢得到双键化合物 **63**。

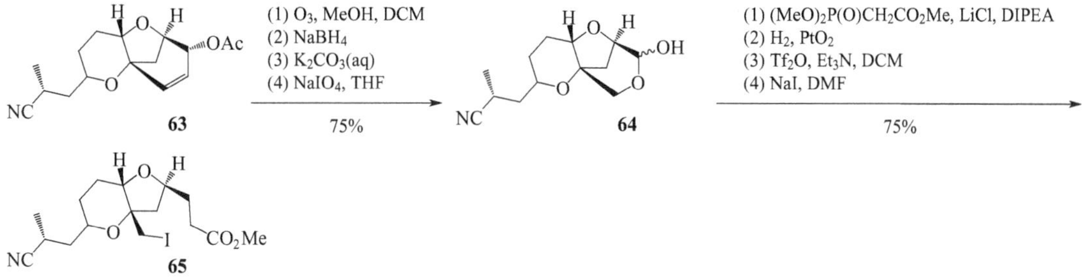

双键臭氧氧化断裂，硼氢化钠还原后得到二醇，乙酰基水解后得到的邻二羟基用高碘酸钠氧化断裂，同时关环得到半缩醛 **64**。Wittig 反应后得到的双键进行氢化得到饱和酯；羟基转化为三氟甲磺酸酯后用碘化钠取代得到化合物 **65**。

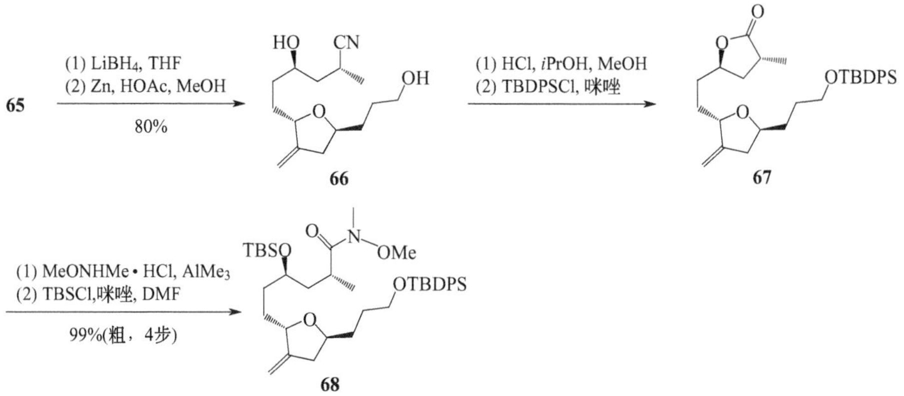

酯基还原得到伯羟基，还原消除碘同时打开吡喃环得到化合物 **66**。氰基水解成羧酸同时与 γ-羟基关环成内酯，伯羟基用 TBDPS 保护得到化合物 **67**。化合物 **67** 转化成 Weinred 酰胺后游离出来的羟基用 TBS 保护得到化合物 **68**。化合物 **68** 就是路线一中光学纯的化合物 **43**，后面的路线与路线一相同。

原始文献

WO2005118565A1，2005；WO 2009046308 A1，2009.

（许启海）

Eslicarbazepine Acetate（艾利西平醋酸酯）

药物基本信息

英文通用名	Eslicarbazepine Acetate
中文通用名	艾利西平醋酸酯
商品名	Zebinix；Exalief，Stedesa，Aptiom

续表

CAS 登记号	236395-14-5
FDA 批准日期	2013/11/8
化学名	(S)-5-carbamoyl-10,11-dihydro-5H-dibenzo[b,f]azepin-10-yl acetate
SMILES 代码	NC(N1C2=CC=CC=C2C[C@H](OC(C)=O)C3=C1C=CC=C3)=O

化学结构和理论分析

化学结构	理论分析值
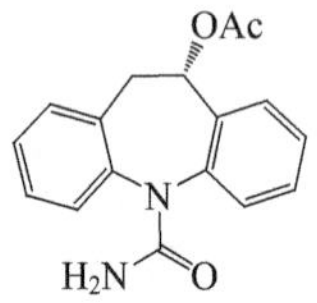	化学式：$C_{17}H_{16}N_2O_3$ 精确分子量：296.11609 分子量：296.32 元素分析：C,68.91；H,5.44；N,9.45；O,16.20

药品说明书参考网页

生产厂家产品说明书：http://www.aptiom.com；https://www.sunovionprofile.com/sp/aptiom.html

美国药品网：http://www.drugs.com/cdi/eslicarbazepine.html

美国处方药网页：暂无

药物简介

艾利西平醋酸酯，或艾司利卡西平醋酸酯，适应于治疗最常见的部分发作性癫痫。艾利西平醋酸酯是一种新型的钠离子通道阻滞剂，可特异性作用于钠离子通道。艾利西平醋酸酯的精确作用机制目前尚不清楚，但被认为与抑制电压门控钠通道有关。

药品上市申报信息

该药物目前有 4 种产品上市。

产品一

药品名称	APTIOM		
申请号	022416	产品号	001
活性成分	Eslicarbazepine Acetate（艾利西平醋酸酯）	市场状态	处方药
剂型或给药途径	口服片剂	规格	200mg
治疗等效代码		参比药物	否
批准日期	2013/11/08	申请机构	SUNOVION PHARMACEUTICALS INC

产品二

药品名称	APTIOM		
申请号	022416	产品号	002
活性成分	Eslicarbazepine Acetate（艾利西平醋酸酯）	市场状态	处方药
剂型或给药途径	口服片剂	规格	400mg
治疗等效代码		参比药物	否
批准日期	2013/11/08	申请机构	SUNOVION PHARMACEUTICALS INC

产品三

药品名称	APTIOM		
申请号	022416	产品号	003
活性成分	Eslicarbazepine Acetate（艾利西平醋酸酯）	市场状态	处方药
剂型或给药途径	口服片剂	规格	600mg
治疗等效代码		参比药物	否
批准日期	2013/11/08	申请机构	SUNOVION PHARMACEUTICALS INC

产品四

药品名称	APTIOM		
申请号	022416	产品号	004
活性成分	Eslicarbazepine Acetate（艾利西平醋酸酯）	市场状态	处方药
剂型或给药途径	口服片剂	规格	800mg
治疗等效代码		参比药物	是
批准日期	2013/11/08	申请机构	SUNOVION PHARMACEUTICALS INC

药品专利或独占权保护信息

美国专利号或独占权代码	专利或独占权过期日期	专利保护类型、专利名称或市场独占权保护内容
5753646	2016/06/27	化合物专利，产品专利，专利用途代码 U-1451
8372431	2030/04/17	产品专利
NCE	2018/11/08	参见本书附录部分关于独占权代码定义

合成路线一

本合成方法来源于印度 Ranbaxy Laboratories Limited 公司 K. Hirpara 等发表的专利文献（WO 2013008194A2）。依据该专利文献介绍，艾利西平醋酸酯的合成共有 5 步：

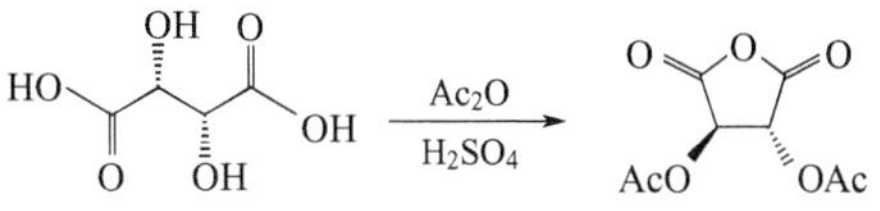

化合物 1 在浓硫酸和醋酸酐的作用下发生分子内脱水，得到化合物 2，收率为 85%。

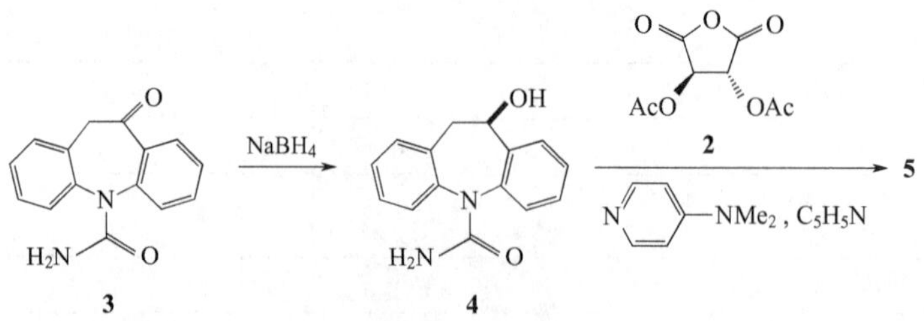

化合物 **3** 在硼氢化钠还原下，羰基还原成羟基，得到外消旋的化合物 **4**，然后与化合物 **2** 反应，生成化合物 **5**。

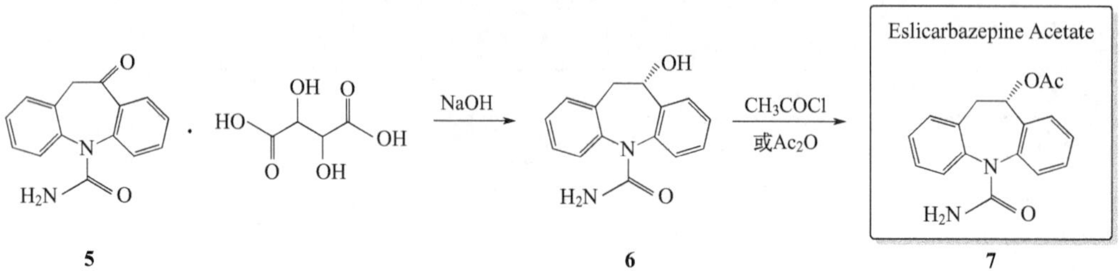

化合物 **5** 和氢氧化钠反应，得到化合物 **6**，最后和乙酰氯或者乙酸酐发生酰化反应，合成了目标产物。

原始文献

WO 2013008194A2.

合成路线二

本合成来源于印度 Reddy's Laboratories Ltd 公司 B. Ravinder 等人发表的论文 ［Tetrahedron Lett，2013，54（22），2841-2844］。该合成方法共计 4 步反应，首先化合物 **1** 醚键在酸性条件下水解，形成的烯醇类化合物互变异构得到化合物 **2**，然后在手性催化剂作用下，羰基还原形成手性化合物 **3**，接着化合物 **3** 中的羟基和乙酸酐发生酰化反应，得到手性的乙酸酯化合物 **4**，最后和氯磺酰异氰酸酯反应，合成了目标产物。

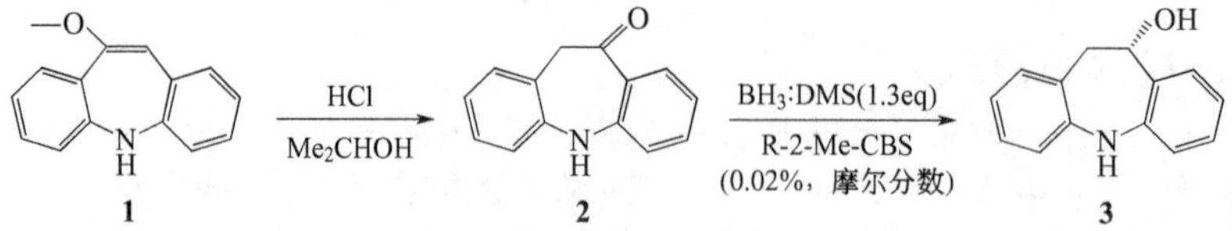

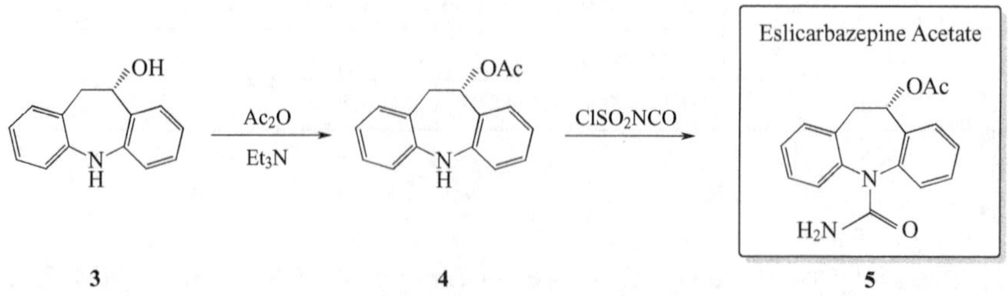

原始文献

Tetrahedron Lett，2013，54（22）：2841-2844.

合成路线三

本合成来源于葡萄牙 J. Benes 等人发表的论文 ［J Med Chem，1999，42（14）：2582-2587］

以奥卡西平（**1**）为原料，在乙醇/水中经硼氢化钠还原得到外消旋的醇（**2**），产率91%。化合物**2**继续与（一)-薄荷氧基乙酰氯（**3**）发生酯化反应，形成差向异构化物，经分步结晶可拆分得到所需的非对映体化合物**4**，化合物**4**在碱性条件下水解得化合物**5**。

化合物**5**在二氯甲烷中，4-二甲氨基吡啶/吡啶存在下，与乙酰氯反应得到目标产物，产率83.5%。

原始文献

J Med Chem，1999，42（14）：2582-2587.

参考文献

[1] Hirpara K，Khanduri C H，Sharma M K. WO 2013008194A2，2013.
[2] Ravinder B，Rajeshwar Reddy S，Sridhar M，et al. An Efficient Synthesis for Eslicarbazepine Acetate, Oxcarbazepine, and Carbamazepine. Tetrahedron Lett，2013，54（22）：2841.
[3] Benes J，Parada A，Figueiredo A A，et al. Anticonvulsant and Sodium Channel-Blocking Properties of Novel 10，11-Dihydro-5H-dibenz［b，f］azepine-5-carboxamide Derivatives. J Med Chem，1999，42（14）：2582.
[4] Kumar N U，Reddy B S，Reddy V P，et al. Zinc Triflate-catalyzed Acylation of Alcohols, Phenols, and Thiophenols. Tetrahedron Lett，2014，55（4）：910.
[5] Hirpar K，Jesunadh K，Sharma M K，et al. WO 2014049550A1，2014.
[6] Kandula M. WO 2013167985A1，2013.
[7] Gharpure M M，Rane D，Zope S S，et al. WO 2012156987A2，2012.
[8] Biswas S，Dubey S K，Bansal V，et al. WO 2012120356A2，2012.
[9] Crasta S R F，Joshi A V，Bhanu M N. WO 2012121701A1，2012.
[10] Satyanarayana R M，Eswaraiah A S，Kondal R B，et al. WO 2011138795A2，2012.
[11] Wisdom R，Jung J，Meudt A. WO 2011131315A1，2011.
[12] Wisdom R，Jung J，Meudt A. EP 2383261A1，2011.
[13] Katkam S，Sagyam R R，Buchikonda R，et al. WO 2011091131，2011.
[14] Desai S J，Pandya A K，Sawant S P，et al. WO 2011117885A1，2011.

[15]　Husain M，Datta D. WO 2011045648A2，2011.
[16]　Yu Bing，Li Wenge，Learmonth D A. GB 2437078，2007.
[17]　Srinivas K，Reddy，S R，Ravinder B，et al. IN2011CH02667，2011.

（张继振）

Estradiol Valerate（雌二醇戊酸酯）

药物基本信息

英文通用名	Estradiol Valerate
中文通用名	雌二醇戊酸酯
商品名	Natazia，Altadiol，Deladiol，Delestrogen，Estraval，Progynova，Valergen
CAS 登记号	979-32-8
FDA 批准日期	2010/5/6
化学名	(8R,9S,13S,14S,17S)-3-hydroxy-13-methyl-7,8,9,11,12,13,14,15,16,17-decahydro-6H-cyclopenta[a]phenanthren-17-yl pentanoate
SMILES 代码	C[C@@]12[C@@H](OC(CCCC)=O)CC[C@@]1([H])[C@]3([H])CCC4=C(C=CC(O)=C4)[C@@]3([H])CC2

化学结构和理论分析

化学结构	理论分析值
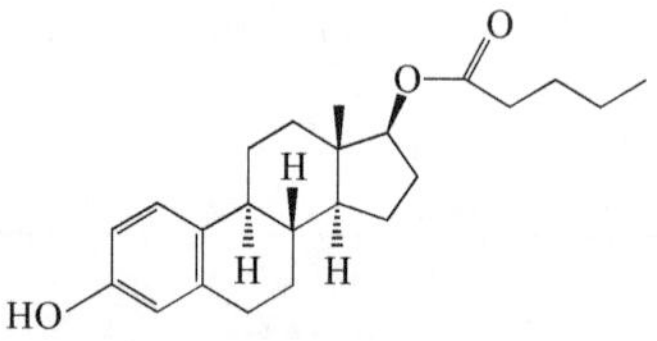	化学式：$C_{23}H_{32}O_3$ 精确分子量：356.23514 分子量：356.50 元素分析：C,77.49；H,9.05；O,13.46

药品说明书参考网页

生产厂家产品说明书：http://www.natazia.com/
美国药品网：http://www.drugs.com/natazia.html
美国处方药网页：http://www.rxlist.com/natazia-drug.htm

药物简介

雌二醇戊酸酯作为 Natazia 药品中的一种成分于 2010 获得 FDA 批准，Natazia 的活性成分是 Dienogest 和 Estradiol Valerate，可用于避孕。雌二醇戊酸酯具有雌二醇的药理作用，能促使细胞合成 DNA、RNA 的相应组织内各种不同的蛋白质，减少下丘脑促性腺激素释放激素（GnRH）的释放，导致卵泡刺激素（FSH）和黄体生成激素（LH）从垂体的释放减少，从而抑制排卵。用于补充雌激素不足，治疗女性性腺功能不良、闭经、更年期综合征等。

药品上市申报信息

该药物目前有 15 种产品上市。

产品一

药品名称	ESTRADIOL VALERATE		
申请号	040628	产品号	001
活性成分	Estradiol Valerate（雌二醇戊酸酯）	市场状态	处方药
剂型或给药途径	注射剂	规格	10mg/mL
治疗等效代码	AO	参比药物	否
批准日期	2007/10/04	申请机构	SANDOZ CANADA INC

产品二

药品名称	ESTRADIOL VALERATE		
申请号	040628	产品号	002
活性成分	Estradiol Valerate（雌二醇戊酸酯）	市场状态	处方药
剂型或给药途径	注射剂	规格	20mg/mL
治疗等效代码	AO	参比药物	否
批准日期	2007/10/04	申请机构	SANDOZ CANADA INC

产品三

药品名称	ESTRADIOL VALERATE		
申请号	040628	产品号	003
活性成分	Estradiol Valerate（雌二醇戊酸酯）	市场状态	处方药
剂型或给药途径	注射剂	规格	40mg/mL
治疗等效代码	AO	参比药物	否
批准日期	2007/10/04	申请机构	SANDOZ CANADA INC

产品四

药品名称	ESTRADIOL VALERATE		
申请号	083546	产品号	001
活性成分	Estradiol Valerate（雌二醇戊酸酯）	市场状态	停止上市
剂型或给药途径	注射剂	规格	10mg/mL
治疗等效代码		参比药物	否
批准日期	1982/01/01 之前批准	申请机构	WATSON LABORATORIES INC

产品五

药品名称	ESTRADIOL VALERATE		
申请号	083547	产品号	001
活性成分	Estradiol Valerate（雌二醇戊酸酯）	市场状态	停止上市
剂型或给药途径	注射剂	规格	20mg/mL
治疗等效代码		参比药物	否
批准日期	1982/01/01 之前批准	申请机构	WATSON LABORATORIES INC

产品六

药品名称	ESTRADIOL VALERATE		
申请号	083714	产品号	001
活性成分	Estradiol Valerate（雌二醇戊酸酯）	市场状态	停止上市
剂型或给药途径	注射剂	规格	40mg/mL
治疗等效代码		参比药物	否
批准日期	1982/01/01 之前批准	申请机构	WATSON LABORATORIES INC

产品七

药品名称	TESTOSTERONE ENANTHATE AND ESTRADIOL VALERATE		
申请号	085860	产品号	001
活性成分	Estradiol Valerate（雌二醇戊酸酯）；Testosterone Enanthate（庚酸睾酮）	市场状态	停止上市
剂型或给药途径	注射剂	规格	8mg/mL；180mg/mL
治疗等效代码		参比药物	否
批准日期	1982/01/01 之前批准	申请机构	WATSON LABORATORIES INC

产品八

药品名称	TESTOSTERONE ENANTHATE AND ESTRADIOL VALERATE		
申请号	085865	产品号	001
活性成分	Estradiol Valerate（雌二醇戊酸酯）；Testosterone Enanthate（庚酸睾酮）	市场状态	停止上市
剂型或给药途径	注射剂	规格	4mg/mL；90mg/mL
治疗等效代码		参比药物	否
批准日期	1982/01/01 之前批准	申请机构	WATSON LABORATORIES INC

产品九

药品名称	ESTRADIOL VALERATE		
申请号	090920	产品号	001
活性成分	Estradiol Valerate（雌二醇戊酸酯）	市场状态	处方药
剂型或给药途径	注射剂	规格	20mg/mL
治疗等效代码	AO	参比药物	否
批准日期	2010/01/19	申请机构	LUITPOLD PHARMACEUTICALS INC

产品十

药品名称	ESTRADIOL VALERATE		
申请号	090920	产品号	002
活性成分	Estradiol Valerate(雌二醇戊酸酯)	市场状态	处方药
剂型或给药途径	注射剂	规格	40mg/mL
治疗等效代码	AO	参比药物	否
批准日期	2010/01/19	申请机构	LUITPOLD PHARMACEUTI-CALS INC

产品十一

药品名称	DELESTROGEN		
申请号	009402	产品号	002
活性成分	Estradiol Valerate(雌二醇戊酸酯)	市场状态	处方药
剂型或给药途径	注射剂	规格	10mg/mL
治疗等效代码	AO	参比药物	是
批准日期	1982/01/01 之前批准	申请机构	PAR STERILE PRODUCTS LLC

产品十二

药品名称	DELESTROGEN		
申请号	009402	产品号	003
活性成分	Estradiol Valerate(雌二醇戊酸酯)	市场状态	处方药
剂型或给药途径	注射剂	规格	40mg/mL
治疗等效代码	AO	参比药物	是
批准日期	1982/01/01 之前批准	申请机构	PAR STERILE PRODUCTS LLC

产品十三

药品名称	DELESTROGEN		
申请号	009402	产品号	004
活性成分	Estradiol Valerate(雌二醇戊酸酯)	市场状态	处方药
剂型或给药途径	注射剂	规格	20mg/mL
治疗等效代码	AO	参比药物	是
批准日期	1982/01/01 之前批准	申请机构	PAR STERILE PRODUCTS LLC

产品十四

药品名称	NATAZIA		
申请号	022252	产品号	001
活性成分	Dienogest（地诺孕素）；Estradiol Valerate（雌二醇戊酸酯）	市场状态	处方药

续表

剂型或给药途径	口服片剂	规格	规格1:2mg,3mg 规格2:3mg,2mg 规格3:2mg,1mg
治疗等效代码		参比药物	是
批准日期	2010/05/06	申请机构	BAYER HEALTHCARE PHAR-MACEUTICALS INC

产品十五

药品名称	DITATE-DS		
申请号	086423	产品号	001
活性成分	Estradiol Valerate(雌二醇戊酸酯);Testosterone Enanthate(庚酸睾酮)	市场状态	停止上市
剂型或给药途径	注射剂	规格	8mg/mL;180mg/mL
治疗等效代码		参比药物	否
批准日期	1982/01/01 之前批准	申请机构	SAVAGE LABORATORIES INC DIV ALTANA INC

药品专利或独占权保护信息

美国专利号或 独占权代码	专利或独占权 过期日期	专利保护类型、专利名称或市场独占权保护内容
6133251	2016/10/25	产品专利，专利用途代码 U-828
6133251	2016/10/25	产品专利，专利用途代码 U-112
6133251	2016/10/25	产品专利，专利用途代码 U-1
8071577	2026/05/13	产品专利，专利用途代码 U-1
8153616	2028/01/30	专利用途代码 U-1240
6884793	2016/10/25	产品专利
I-648	2015/03/14	参见本书附录关于独占权代码部分

合成路线一

本合成方法来源于印度 Lupin Pharmaceutical 公司 S. A. Sasane 等人发表的专利文献（WO2012059803A1）。

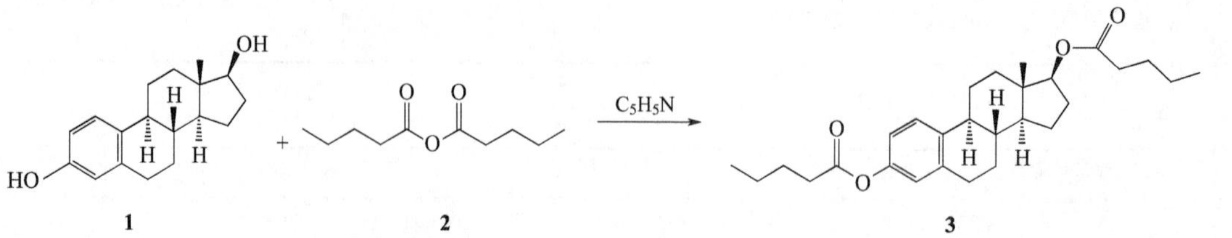

正戊酸酐（**2**）和羟基化合物 **1** 在吡啶作为缚酸剂条件下，发生醇解（酚解）反应，得到双正戊酸酯类化合物 **3**，产率 87%。

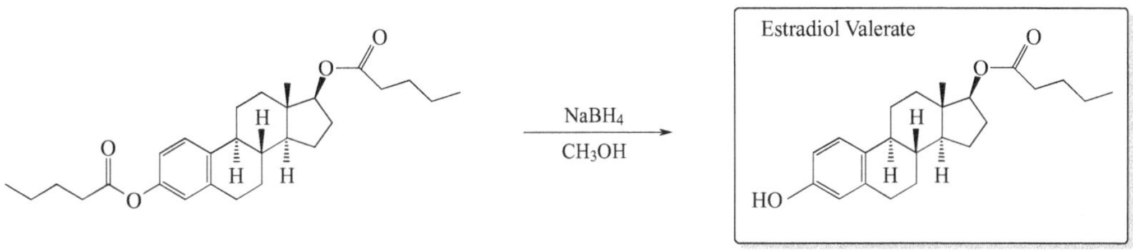

化合物 **3** 在硼氢化钠作用下，分子中的正戊酸酚酯被还原，而正戊酸醇酯没有还原，制备了正戊酸醇酯类化合物 **4**，产率 74%。

原始文献

WO2012059803A1；US2013/225845.

合成路线二

以下合成路线来源于阿根廷 Universidad de Buenos Aires 大学 E. M. Rustoy 等人发表的论文〔ARKIVOC（Gainesville，FL，United States），2005（12）：175-188〕。

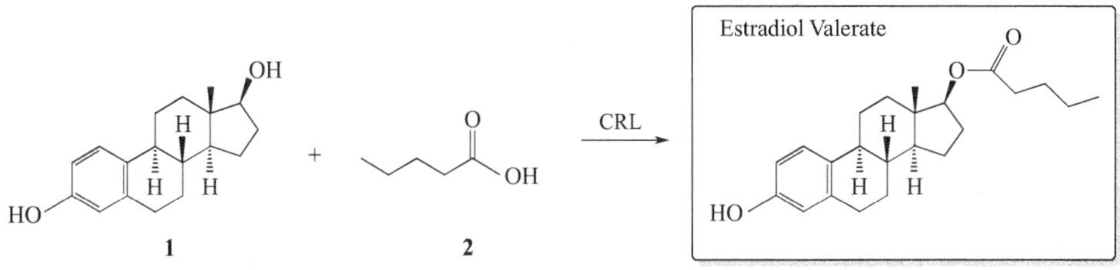

化合物 **1** 和戊酸（**2**）在皱落假丝酵母的催化下，戊酸的羧基和化合物 **1** 中的醇羟基反应，得到戊酸醇酯（**3**），产率 67%。

原始文献

ARKIVOC（Gainesville，FL，United States），2005（12）：175-188. ❶

参考文献

[1] Sasane S A，Ahire V A，Vyas R，et al. WO 2012059803（A1）. 2012.

[2] Rustoy E M. Ruiz Arias I E，Baldessari A. Regioselective Enzymatic Synthesis of Estradiol 17-Fatty acid Esters. ARKIVOC（Gainesville，FL，United States），2005（12）：175.

[3] Sasane S A，Ahire V A，Vyas R，et al. US 2013225845A1，2013.

[4] Schmidt-Gollwitzer K，Klemann W. US 6027749A，2000.

（张继振）

Ezogabine（依佐加滨）

药物基本信息

英文通用名	Ezogabine
中文通用名	依佐加滨

---

❶ 该论文可以从网上免费下载，其网页地址是：http://www.arkat-usa.org/arkivoc-journal/browsearkivoc/2005/12/.

续表

商品名	Potiga
CAS 登记号	150812-12-7
FDA 批准日期	2011/06/10
化学名	ethyl(2-amino-4-((4-fluorobenzyl)amino)phenyl)carbamate
SMILES 代码	NC1=C(NC(OCC)=O)C=CC(NCC2=CC=C(F)C=C2)=C1

化学结构和理论分析

化学结构	理论分析值
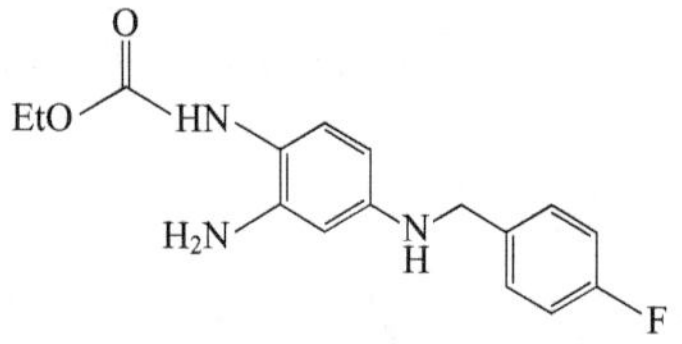	化学式：$C_{16}H_{18}FN_3O_2$ 精确分子量：303.13831 分子量：303.33 元素分析：C,63.35；H,5.98；F,6.26；N,13.85；O,10.55

药品说明书参考网页

生产厂家产品说明书：http://www.potiga.com

美国药品网：http://www.drugs.com/cdi/ezogabine.html

美国处方药网页：http://www.rxlist.com/potiga-drug.htm

药物简介

依佐加滨（Ezogabine）片剂用于成人部分性癫痫发作的辅助治疗，该药是第一个治疗癫痫的神经元钾通道开放剂。体外研究表明，依佐加滨增强由 KCNQ（K_v7.2～7.5）离子通道家族介导的跨膜钾电流，通过激活 KCNQ 通道，被认为依佐加滨使静止膜电位稳定化和减低脑兴奋性。体外研究提示依佐加滨也可能通过 GABA-介导电流的增强发挥治疗作用。通过稳定开放神经元钾通道，降低神经细胞应激性而起到抗痉挛作用。

药品上市申报信息

该药物目前有 4 种产品上市。

产品一

药品名称	POTIGA		
申请号	022345	产品号	001
活性成分	Ezogabine(依佐加滨)	市场状态	处方药
剂型或给药途径	口服片剂	规格	50mg
治疗等效代码		参比药物	否
批准日期	2011/06/10	申请机构	GLAXOSMITHKLINE

产品二

药品名称	POTIGA		
申请号	022345	产品号	002
活性成分	Ezogabine（依佐加滨）	市场状态	处方药
剂型或给药途径	口服片剂	规格	200mg
治疗等效代码		参比药物	否
批准日期	2011/06/10	申请机构	GLAXOSMITHKLINE

产品三

药品名称	POTIGA		
申请号	022345	产品号	003
活性成分	Ezogabine（依佐加滨）	市场状态	处方药
剂型或给药途径	口服片剂	规格	300mg
治疗等效代码		参比药物	否
批准日期	2011/06/10	申请机构	GLAXOSMITHKLINE

产品四

药品名称	POTIGA		
申请号	022345	产品号	004
活性成分	Ezogabine（依佐加滨）	市场状态	处方药
剂型或给药途径	口服片剂	规格	400mg
治疗等效代码		参比药物	是
批准日期	2011/06/10	申请机构	GLAXOSMITHKLINE

药品专利或独占权保护信息

美国专利号或独占权代码	专利或独占权过期日期	专利保护类型、专利名称或市场独占权保护内容
NCE	2016/06/10	参见本书附录关于独占权代码部分。

合成路线一

本合成方法来源于印度 Cadila Healthcare Limited 公司 S. D. Dwivedi 等人发表的专利文献（WO2013179298A2）。

方法一

依佐加滨的合成共有 7 步反应：

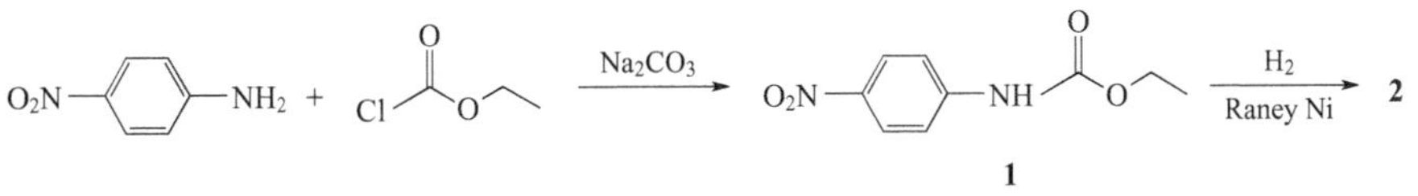

$$O_2N-\!\!\!\!\bigcirc\!\!\!\!-NH_2 \ + \ Cl\!\!-\!\!\overset{O}{\underset{}{C}}\!\!-\!\!O\!\!-\!\!Et \xrightarrow{Na_2CO_3} O_2N-\!\!\!\!\bigcirc\!\!\!\!-NH-\!\!\overset{O}{\underset{}{C}}\!\!-\!\!O\!\!-\!\!Et \xrightarrow[\text{Raney Ni}]{H_2} \mathbf{2}$$

1

碳酸钠作为缚酸剂，对硝基苯胺和氯甲酸乙酯发生胺解反应，得到化合物 **1**，收率 90%；第二步，以雷尼镍作为催化剂，化合物 **1** 进行加氢反应，硝基还原成氨基，生成化合物 **2**，收率 88%。

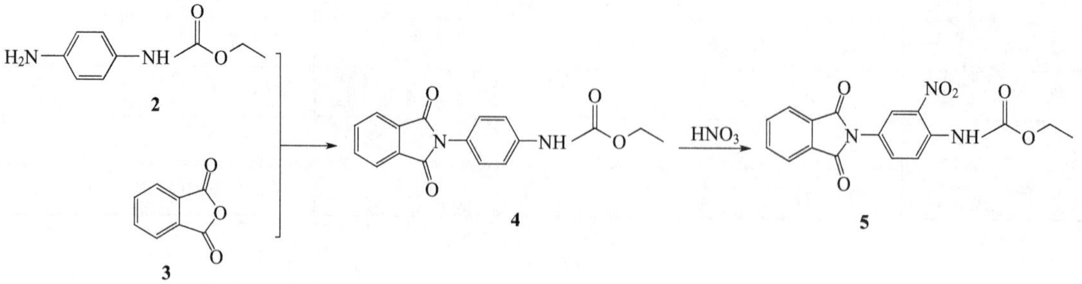

第三步，化合物 **2** 和邻苯二甲酸酐（**3**）发生胺解反应，不用后处理，粗产物 **4** 接着发生硝化反应，得到化合物 **5**，收率 98%。

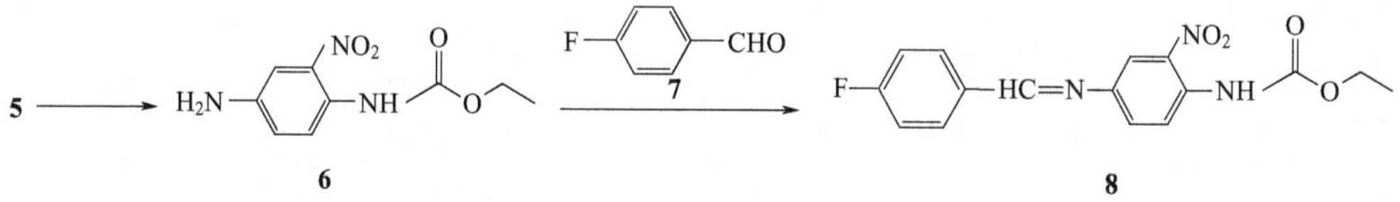

第四步，化合物 **5** 和水合肼发生肼解反应，使得氨基游离出来，生成化合物 **6**，收率 99%。第五步，化合物 **6** 和对氟苯甲醛（**7**）发生亲核加成反应，同时脱去一分子水，合成化合物 **8**，收率 95%。

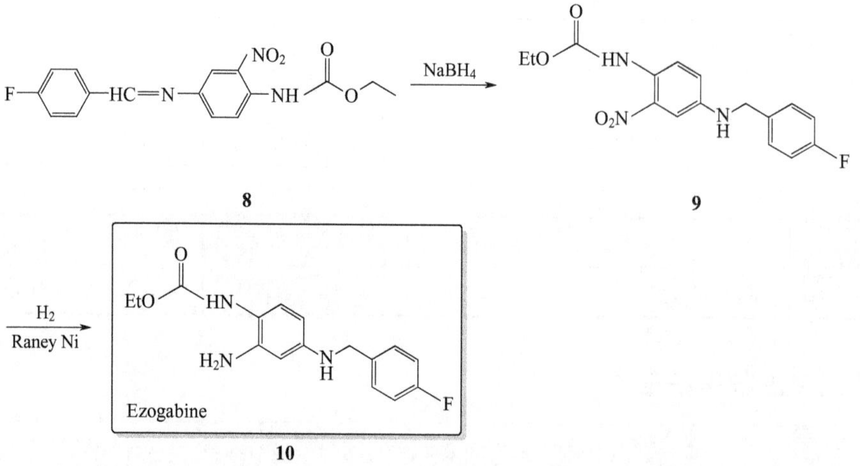

第六步，化合物 **8** 用硼氢化钠作为还原剂，碳氮双键还原，得到化合物 **9**，收率 75%；第七步，以雷尼镍作为催化剂，化合物 **9** 硝基还原成氨基，生成目标化合物 **10**，收率 99.8%。

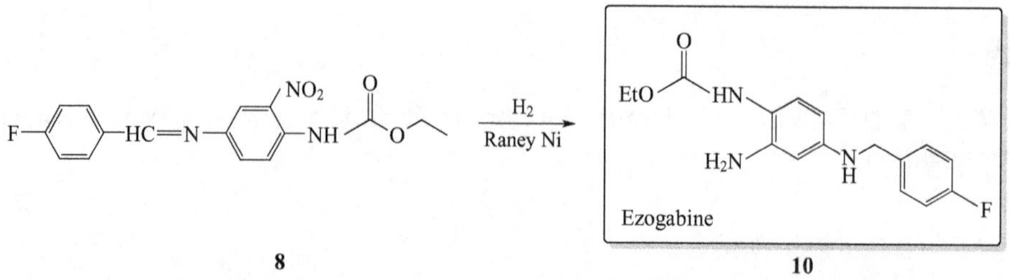

化合物 **8** 也可以在雷尼镍催化剂下，一步加氢得到目标化合物 **10**，收率 85%。

方法二

依佐加滨的合成共有 5 步反应：

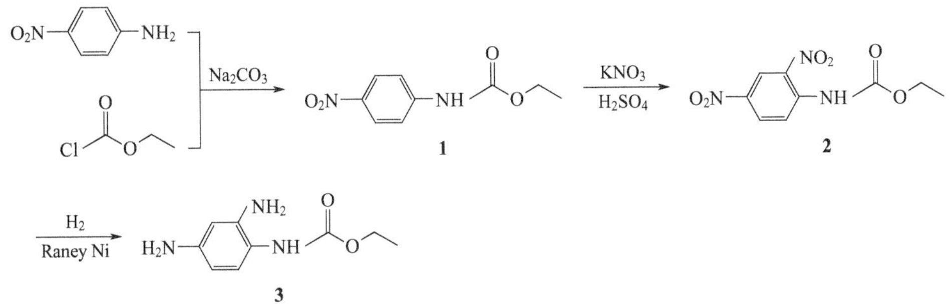

第一步，碳酸钠作为缚酸剂，对硝基苯胺和氯甲酸乙酯发生胺解反应，得到化合物 **1**，收率 90％；第二步，化合物 **1** 发生硝化反应，生成化合物 **2**，收率 92％；第三步，在雷尼镍催化下，化合物 **2** 加氢，两个硝基都还原成氨基，合成化合物 **3**，收率 90％。

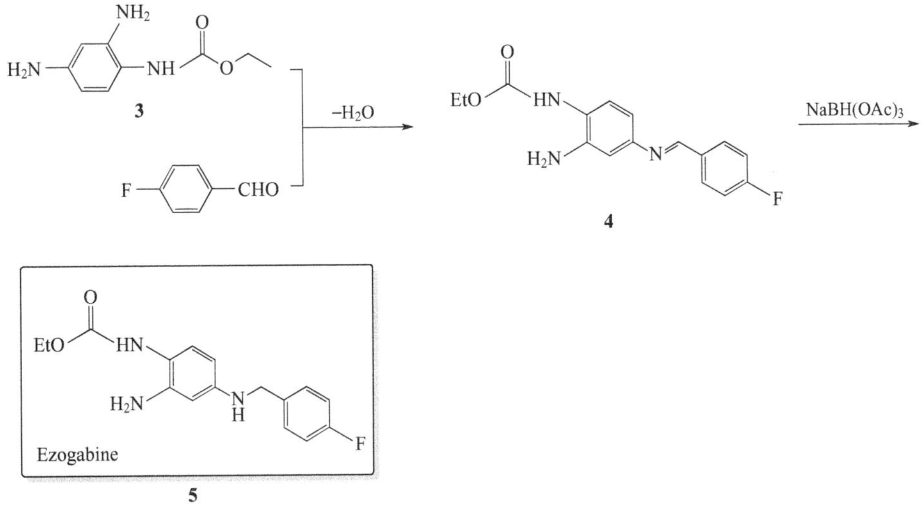

第四步，化合物 **3** 中对位上的氨基和对氟苯甲醛发生亲核加成反应，得到化合物 **4**，粗产物没有纯化，直接用三乙酰氧基硼氢化钠还原，生成目标化合物 **5**，产率 45％。

原始文献

WO2013179298（A2）.

合成路线二

以下合成路线来源于意大利 Olon S. P. A. 公司 D. Longoni 等人发表的专利文献（WO2013114315A1）。

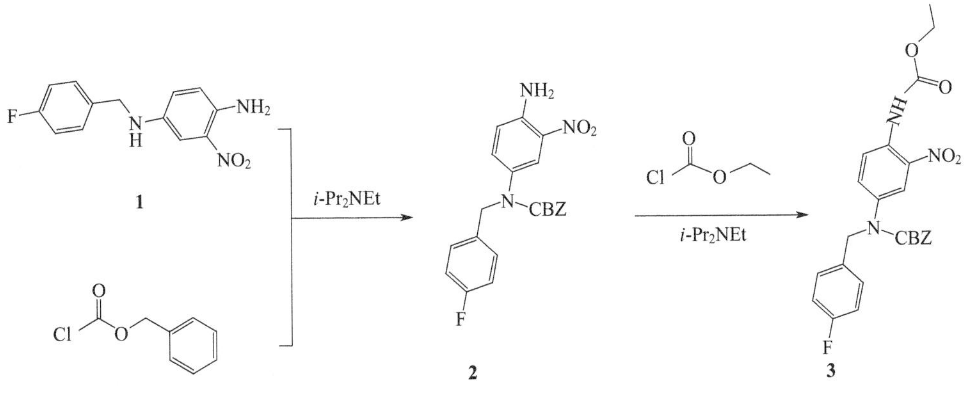

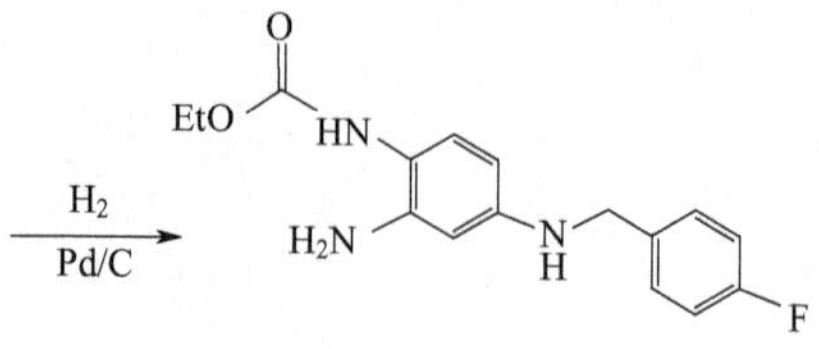

$$\xrightarrow[\text{Pd/C}]{\text{H}_2}$$

4

本合成共需三步反应。第一步，化合物 **1** 和氯甲酸苄酯反应，亚氨基氮上的氢原子被苄氧羰基取代，得到化合物 **2**，收率 95％；第二步，化合物 **2** 和氯甲酸乙酯发生氨基反应，生成化合物 **3**，收率 92％；第三步，在钯碳催化下，和氢气反应，脱掉苄氧羰基，合成目标化合物 **4**，收率 90％。

原始文献

WO 2013114315A1.

合成路线三

以下合成路线来源于葛兰素公司 M. Burke 等人的专利文献（WO 2011089126A2）：

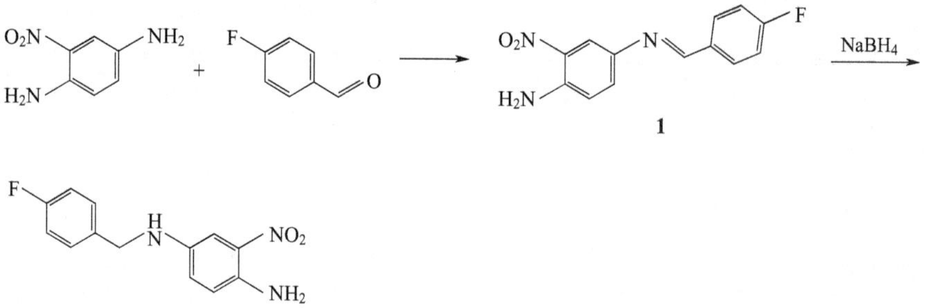

$$\xrightarrow{\text{NaBH}_4}$$

1

2

本合成共需三步反应。第一步，4-氨基-2-硝基苯胺中处于硝基间位的氨基具有较强的亲核性，该氨基和对氟苯甲醛发生亲核加成反应，得到化合物 **1**，粗产物不需要纯化，直接被硼氢化钠还原，生成化合物 **2**，收率 79％～85％。

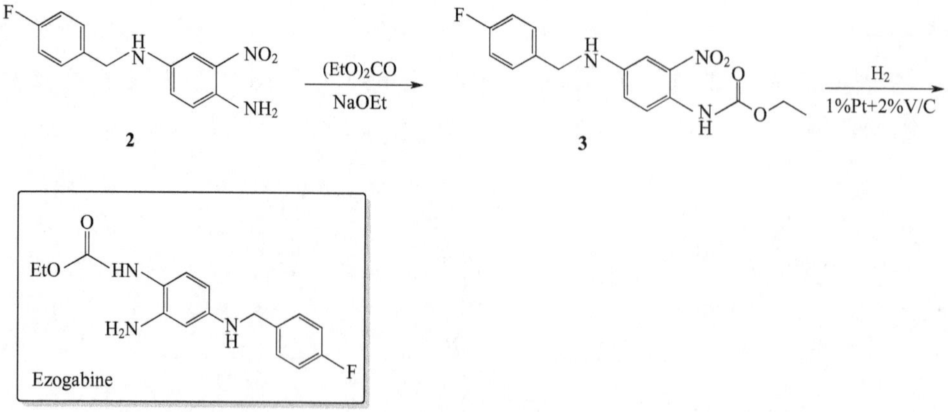

2　$\xrightarrow[\text{NaOEt}]{(\text{EtO})_2\text{CO}}$　**3**　$\xrightarrow[\text{1\%Pt+2\%V/C}]{\text{H}_2}$

Ezogabine

4

第二步，化合物 **2** 和碳酸二乙酯发生胺解反应，得到化合物 **3**，收率 80％～88％。第三步，化合物 **3** 在 1％Pt ＋ 2％V/C 催化下，加氢反应，生成目标化合物 **4**，收率 70％～90％。

原始文献

WO 2011089126A2.

合成路线四

以下合成路线来源于河北科技大学王玮的硕士学位论文（2014 年）。

以间氟苯胺为起始原料，三乙胺作为缚酸剂，在室温下和乙酰氯发生乙酰化反应，得到化合物 **1**，收率 89.1%。以乙二醇二甲醚为溶剂，化合物 **1** 经混酸硝化，粗产物用石油醚/乙酸乙酯重结晶，制得化合物 **2** 白色固体，产率 75%。

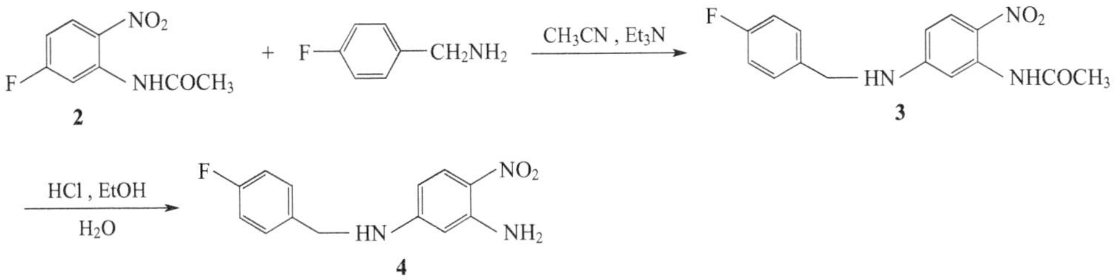

三乙胺作为缚酸剂，化合物 **2** 与 4-氟苄胺发生亲核取代反应，粗产物用乙腈-三乙胺重结晶，得到化合物 **3** 黄色固体，产率 95%。化合物 **3** 酸性条件下水解得到化合物 **4** 黄色固体，产率 98%。

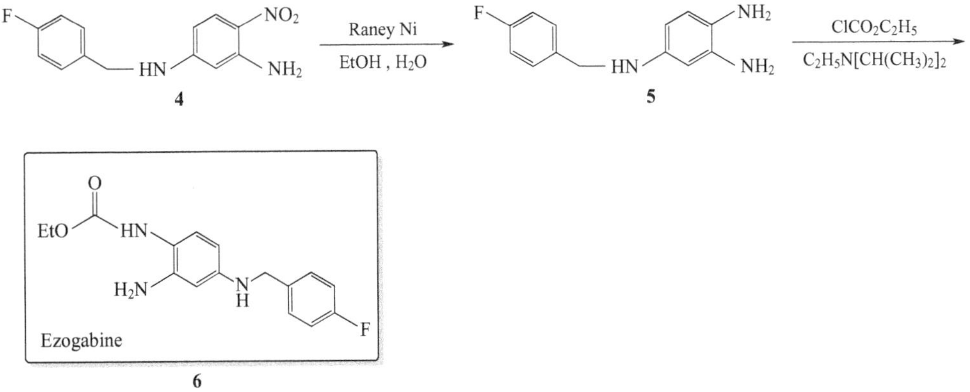

化合物 **4** 在常压下用雷尼镍催化氢化还原制得化合物 **5**，不需要纯化，直接和氯甲酸乙酯发生酰化反应，二异丙基乙胺作为缚酸剂，粗产物乙醇重结晶，得到目标产物 **6**，两步反应的总产率为 63.7%。

原始文献

王玮. 瑞替加滨的合成工艺及阿齐沙坦有关物质的合成研究 [D]. 石家庄：河北科技大学，2014.

合成路线五

本合成方法来源于 Arch Pharmalabs Limited 公司 A. K. Mandal 等人发表的专利文献（WO2013011518A1）。

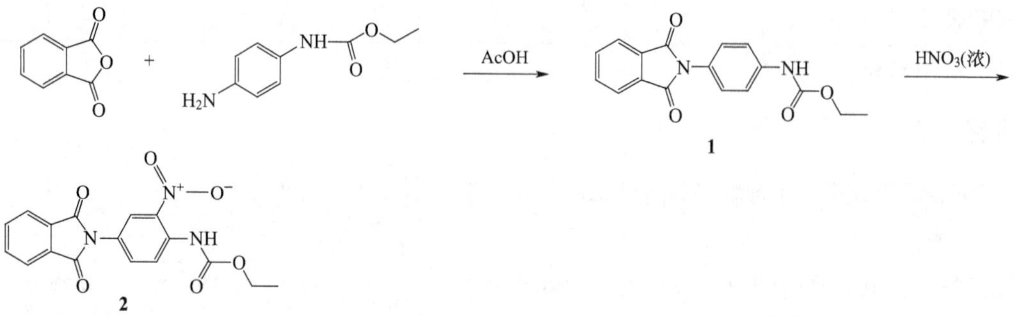

醋酸作溶剂，邻苯二甲酸酐和 N-乙氧甲酰基对苯二胺发生胺解反应，不用后处理，粗产物 **1** 接着和浓硝酸发生硝化反应，得到化合物 **2** 黄色固体，收率 90％，纯度 99.3％。

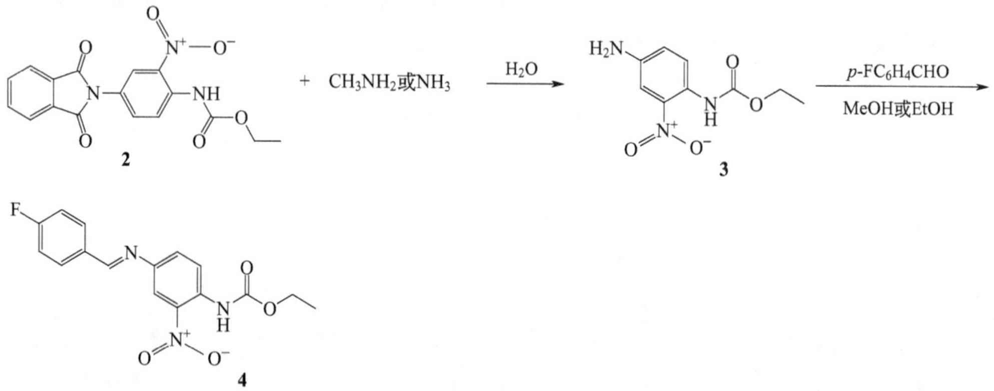

异丙醇作溶剂，化合物 **2** 和 40％的甲胺水溶液或者氨水发生胺解反应，使得氨基游离出来，生成化合物 **3**，暗红色晶体，产率 80％～97.2％，纯度 98.73％～99.93％，使用 40％的甲胺水溶液产率和纯度较高。以甲醇或者乙醇作溶剂，化合物 **3** 和对氟苯甲醛发生亲核加成反应，同时脱去一分子水，得到化合物 **4**，收率 96.16％～97.9％，纯度 99.17％～99.28％。

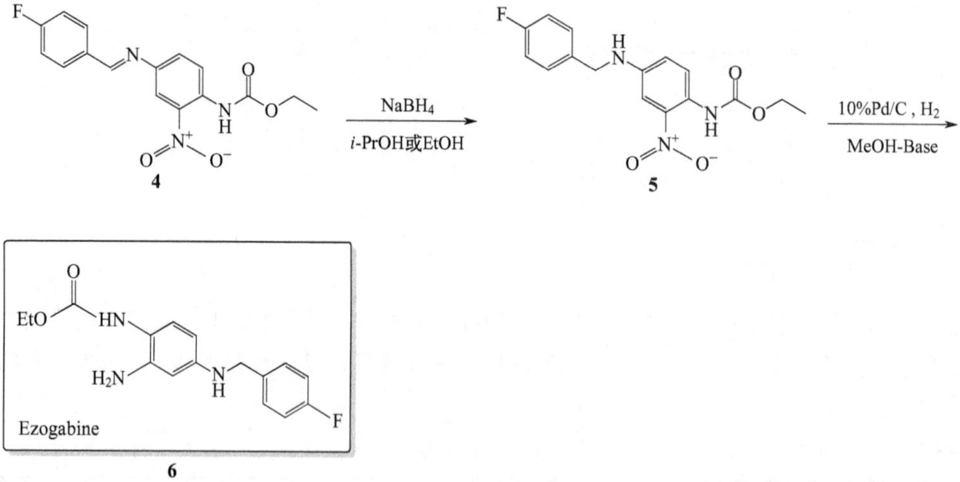

以异丙醇或者乙醇为溶剂，硼氢化钠作还原剂，化合物 **4** 还原成化合物 **5**，暗红色晶体，产率 93.4％～96.1％，纯度 99.5％～99.87％。也采用了"一锅法"从化合物 **3** 合成了化合物 **5**，两步反应的总产率 75.3％～81.7％，纯度 98.4％～99.08％。以 1％的 NH_3/甲醇溶液或者三乙胺的甲醇溶液为溶剂，10％的 Pd/C 为催化剂，化合物 **5** 催化加氢得到目标化合物 **6**，浅灰色到米色固体，产率 82.4％～83.5％，纯度 99.78％～99.95％。也尝试了用甲酸铵代替氨或者三乙胺，产率和纯度都不理想。以三乙胺的甲醇溶液为溶剂，化合物 **4** 也可以在 10％ Pd/C 催化下，一步加氢得到目标化合物 **6**，收率 64.1％，纯度 98.2％。专利也研究了从化合物 **3** 通过"一锅法"合成目标化合物 **6**，三步反应总产率 42.4％，纯度 91.72％。

原始文献

WO 2013011518A1.

参考文献

[1] Dwivedi S D，Patel J M，Shah N S，et al. WO 2013179298A2，2013.
[2] Longoni D，Frigoli S，Alpegiani M. WO 2013114315A1，2013.
[3] Burke M，Rhodes C H. WO 2011089126A2. 2011.
[4] 王玮. 瑞替加滨的合成工艺及阿齐沙坦有关物质的合成研究［D］. 石家庄：河北科技大学，2014.
[5] Mandal A K，Ranbhan K J，Saxena S，et al. WO 2013011518A1，2013.
[6] Duran L E，Boschillado J，Serra M J. WO 2011101456，2011.
[7] Serra M J，Duran L E，Boschillado J. WO 2011012659，2011.
[8] Lankau H J，Unverferth K，Arnold T，et al. US 20030023111A1，2003.
[9] Dieter H-R Dr，Engel J P，Kutscher B Dr，et al. DE 4200259A1，1993.
[10] Vara Prasada Raju V V N K，Reddy G M，Kumar V S，et al. Indian Pat Appl，2011CH01267，2013.

（张继振）

Finafloxacin（非那沙星）

药物基本信息

英文通用名	Finafloxacin
中文通用名	非那沙星
商品名	Xtoro
CAS 登记号	209342-41-6(盐酸非那沙星)；209342-40-5(非那沙星)
FDA 批准日期	2014/12/17
化学名	8-cyano-1-cyclopropyl-6-fluoro-7-((4aS,7aS)-hexahydropyrrolo[3,4-b][1,4]oxazin-6(2H)-yl)-4-oxo-1,4-dihydroquinoline-3-carboxylic acid hydrochloride
SMILES 代码	O=C(C1=CN(C2CC2)C3=C(C=C(F)C(N4C[C@]5([H])OCCN[C@@]5([H])C4)=C3C♯N)C1=O)O.[H]Cl

化学结构和理论分析

化学结构	理论分析值
	分子式：$C_{20}H_{20}ClFN_4O_4$ 精确分子量：434.11571 分子量：434.85 元素分析：C,55.24；H,4.64；Cl,8.15；F,4.37；N,12.88；O,14.72

药品说明书参考网页

生产厂家产品说明书：http://www.xtoro.com

美国药品网：http://www.drugs.com/cons/finafloxacin-otic.html

美国处方药网页：http://www.rxlist.com/xtoro-drug.htm

药物简介

Finafloxacin 主要用于治疗急性外耳道炎，常被称为游泳者耳。急性外耳道炎是一种外耳和耳道感染。患者在水下活动时其耳道比较潮湿，在这种潮湿微环境中细菌有时可能生长，进而感染，使耳道产生炎症，导致耳朵疼痛、肿胀和发红。Xtoro 耳滴剂被批准治疗铜绿假单胞菌（*Pseudomonas aeruginosa*）和金黄色葡萄球菌（*Staphylococcus aureus*）所致急性外耳道炎。

药品上市申报信息

该药物目前有 1 种产品上市。

药品名称	XTORO		
申请号	206307	产品号	001
活性成分	Finafloxacin(非那沙星)	市场状态	处方药
剂型或给药途径	悬混滴耳剂	规格	0.3%
治疗等效代码		参比药物	是
批准日期	2014/12/17	申请机构	ALCON RESEARCH LTD
化学类型	新分子实体药	审评分类	优先评审

药品专利或独占权保护信息

美国专利号或独占权代码	专利或独占权过期日期	专利保护类型、专利名称或市场独占权保护内容
无专利保护		
NCE	2019/12/17	参见本书附录关于独占权代码部分
PED	2020/06/17	参见本书附录关于独占权代码部分

合成路线

本合成方法来源于我国上海 WuXi AppTec Inc 公司 Jian Hong 等人发表的论文［Tetrahedron Lett，2009，50（21）：2525-2528］。该方法以化合物 **1** 为原料，其合成路线比较长。

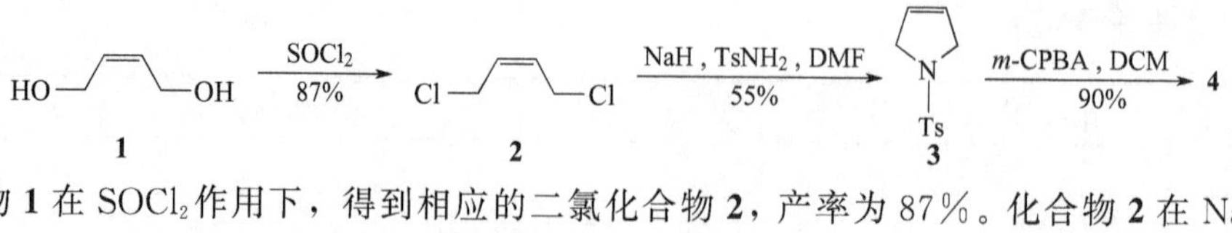

化合物 **1** 在 $SOCl_2$ 作用下，得到相应的二氯化合物 **2**，产率为 87%。化合物 **2** 在 NaH 的催化下，与 $TsNH_2$ 环合，得到相应的五元环化合物 **3**，产率为 55%。化合物 **3** 的双键经 *m*-CPBA 氧化后，得到相应的环氧化合物 **4**，产率为 90%。

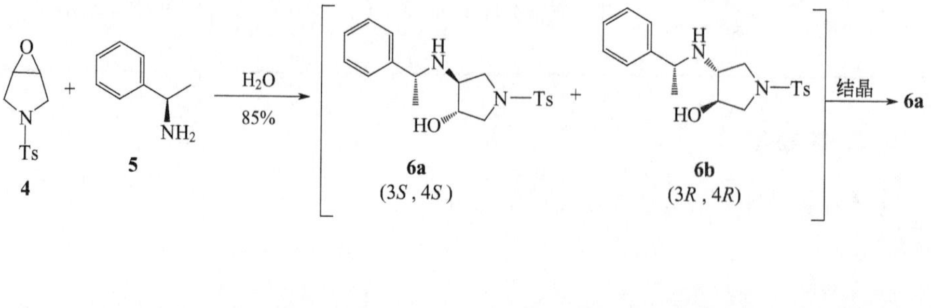

化合物 **4** 与化合物 **5**（*R*-2-苯基-2-乙胺）反应后，开环可得到相应的化合物 **6a** 和 **6b**，产率为 85%。化合物 **6a** 和 **6b** 可用结晶方法分离开。化合物 **6a** 的绝对构形是通过 X-晶体衍射方法确定的。

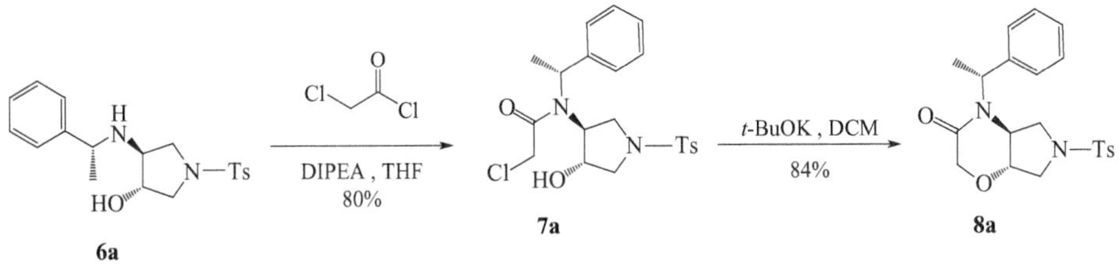

化合物 **6a** 与氯代乙酰氯在 THF 溶剂中反应，可得到相应的酰基化合物 **7a**，产率为 80%。化合物 **7a** 在二氯甲烷中和 *t*-BuOK 的催化下发生分子内环合反应，得到相应的化合物 **8a**，产率为 84%。

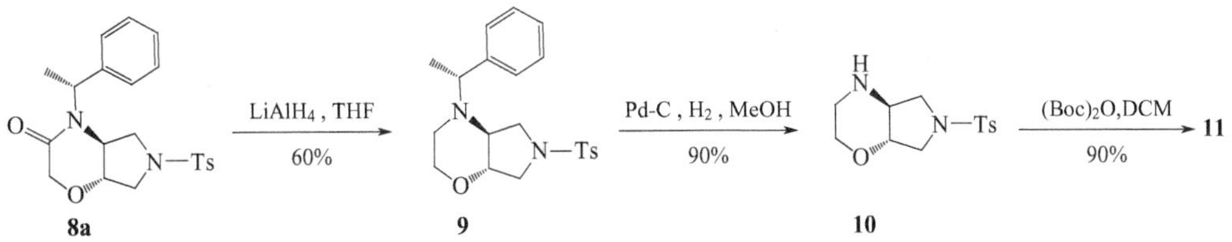

化合物 **8a** 在 LiAlH₄ 的作用，其羰基被还原，得到相应的化合物 **9**，产率为 60%。化合物 **9** 在钯碳催化氢化条件下，脱去保护基，得到相应的化合物 **10**，产率为 90%。化合物 **10** 与（Boc）₂O反应，其 NH 基团被保护，得到相应的化合物 **11**，产率为 90%。

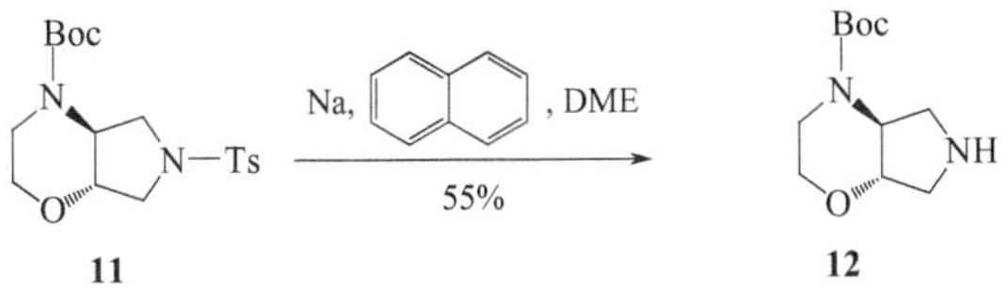

化合物 **11**，在金属钠的作用下，脱去保护基（Ts 基团），得到相应的化合物 **12**，产率为 55%。化合物 **12** 是合成目标化合物的关键中间体。

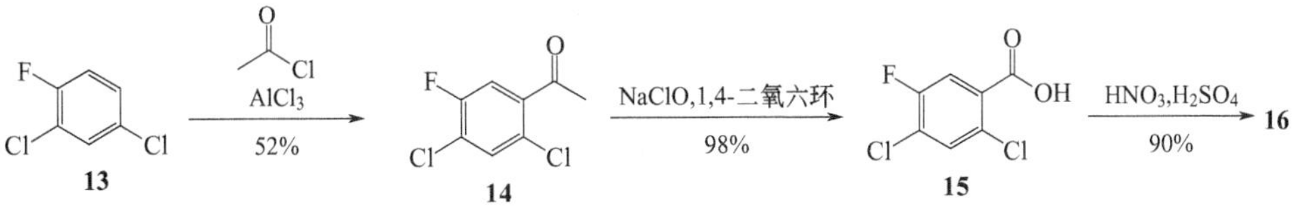

化合物 **13** 以乙酰氯反应，得到相应的酰基化合物 **14**，产率为 52%。化合物 **14** 被 NaClO 氧化后，得到相应的羧酸化合物 **15**，产率为 98%。化合物 **15** 通过经典的硝化反应后，得到相应的硝基化合物 **16**，产率为 90%。

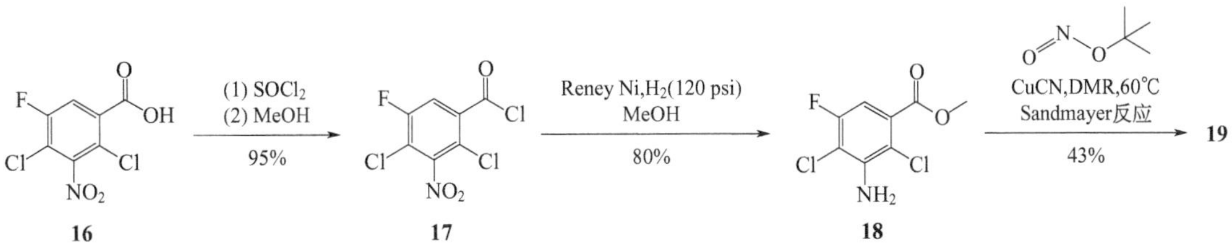

化合物 **16** 与 SOCl₂ 反应后，转化为相应的酰氯化合物 **17**，产率为 95％。化合物 **17** 的硝基被 Raney Ni 催化氢化后，得到相应的氨基化合物 **18**，产率为 80％。化合物 **18** 与 CuCN 和 *t*-Bu-ONO 发生 Sandmayer 反应，可得到相应的氰基化合物 **19**，产率为 43％。

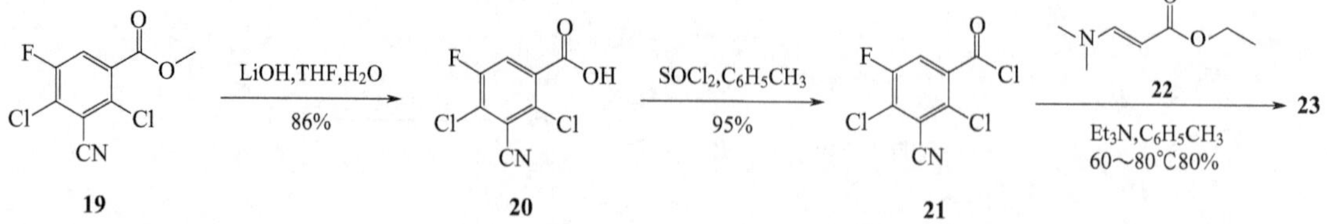

化合物 **19** 经 LiOH 处理后，甲酯基被水解，可得到相应的羧酸化合物 **20**，产率为 86％。化合物 **20** 与 SOCl₂ 反应后，得到相应的酰氯化合物 **21**，产率为 95％。化合物 **21** 与化合物 **22** 在三乙胺催化下反应，得到相应的化合物 **23**，产率为 80％。

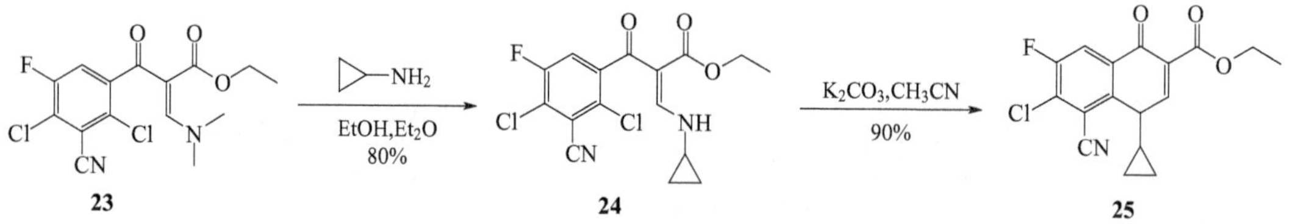

化合物 **23** 和环丙基胺反应得到相应的环丙基化合物 **24**，产率为 80％。化合物 **24** 在 K₂CO₃ 的催化下发生分子内环合反应，得到相应的化合物 **25**。产率为 90％。

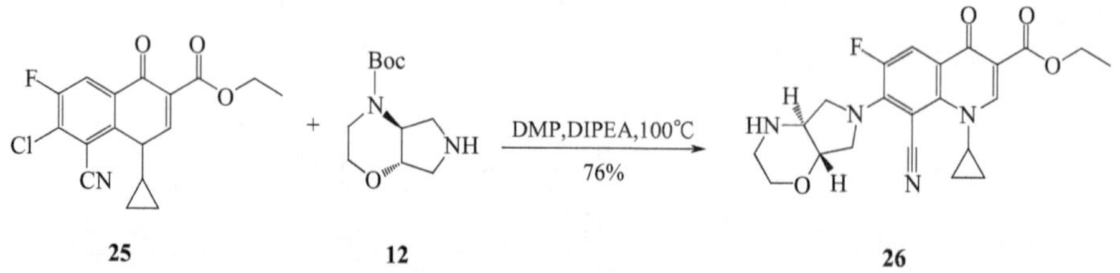

化合物 **25** 与化合物 **12** 发生亲核取代反应，得到相应的化合物 **26**，产率为 76％。

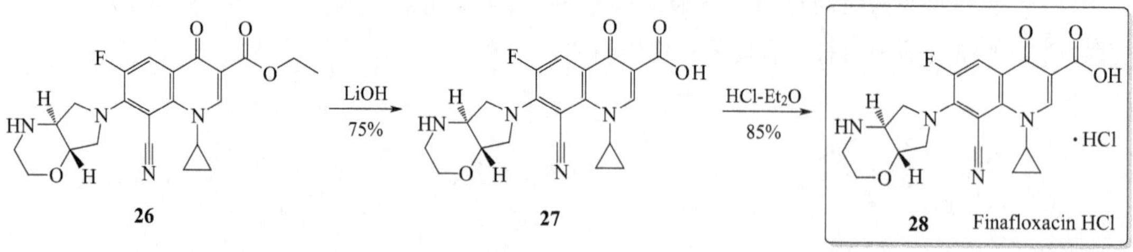

化合物 **26** 经 LiOH 水解后，可得到相应的羧酸化合物 **27**，经 HCl 处理后得到目标化合物 **28**，产率为 85％。

原始文献

Tetrahedron Lett，2009，50（21）：2525-2528.

参考文献

Hong J，Zhang Z，Lei H，Cheng H，Hu Y，Yang W，Liang Y，Das D，Chen S H，Li G. A novel approach to finafloxacin hydrochloride（BAY35-3377）. Tetrahedron Lett，2009，50（21）：2525-2528.

（陈清奇）

Fingolimod Hydrochloride（盐酸芬戈莫德）

药物基本信息

英文通用名	Fingolimod Hydrochloride
中文通用名	盐酸芬戈莫德
商品名	Gilenya
CAS 登记号	162359-56-0
FDA 批准日期	2010/9/21
化学名	2-amino-2-(4-octylphenethyl)propane-1,3-diol hydrochloride
SMILES 代码	CCCCCCCCC1＝CC＝C(CCC(N)(CO)CO)C＝C1.Cl

化学结构和理论分析

化学结构	理论分析值
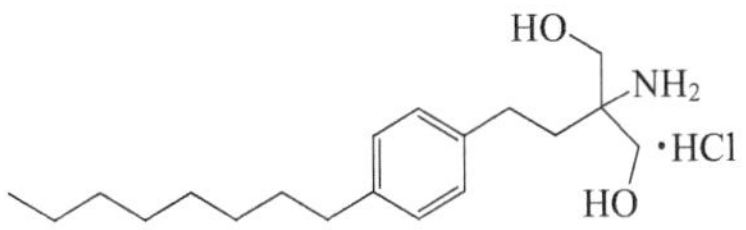	化学式：$C_{19}H_{34}ClNO_2$ 精确分子量：343.22781 分子量：343.93 元素分析：C，66.35；H，9.96；Cl，10.31；N，4.07；O，9.30

药品说明书参考网页

生产厂家产品说明书：http://www.gilenya.com

美国药品网：http://www.drugs.com/cdi/fingolimod.html

美国处方药网页：http://www.rxlist.com/gilenya-drug.htm

药物简介

盐酸芬戈莫德是一种 1-磷酸-神经鞘氨醇 S1P 受体拮抗剂。是首个可经口服给药的用于治疗复发缓解型多发性硬化症的新型免疫抑制剂，主要有两种作用机制，一是促使淋巴细胞回迁至淋巴结（远离中枢神经系统），二是调节神经细胞的 S1P 受体。

药品上市申报信息

该药物目前有 1 种产品上市。

药品名称	GILENYA		
申请号	022527	产品号	001
活性成分	Fingolimod(芬戈莫德)	市场状态	处方药
剂型或给药途径	口服胶囊	规格	0.5mg
治疗等效代码		参比药物	是
批准日期	2010/09/21	申请机构	NOVARTIS PHARMACEUTI-CALS CORP

药品专利或独占权保护信息

美国专利号或独占权代码	专利或独占权过期日期	专利保护类型、专利名称或市场独占权保护内容
6004565	2017/09/23	专利用途代码 U-1086
5604229	2019/02/18	化合物专利，专利用途代码 U-1086
8324283	2026/03/29	产品专利
M-106	2014/07/20	参见本书附录关于独占权代码定义部分
NCE	2015/09/21	参见本书附录关于独占权代码定义部分

合成路线一

本合成方法来源于明治药科大学 S. Sugiyama 等发表的研究论文 [Chem Pharm Bull，2005，53（1）：100-102]。该合成路线共有 5 步反应：

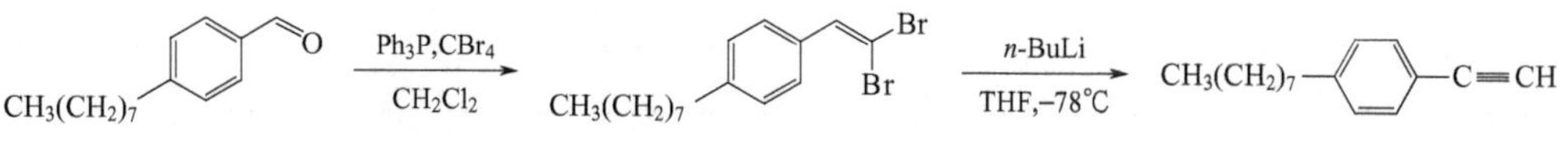

第一步反应：首先三苯基膦和四溴化碳反应形成 Wittig 试剂，然后 Wittig 试剂和 4-正辛基苯甲醛发生加成/消除反应，得到化合物 1，产率 83%；第二步，化合物 1 和正丁基锂发生消除反应，生成 4-正辛基苯乙炔（2），产率 84%。

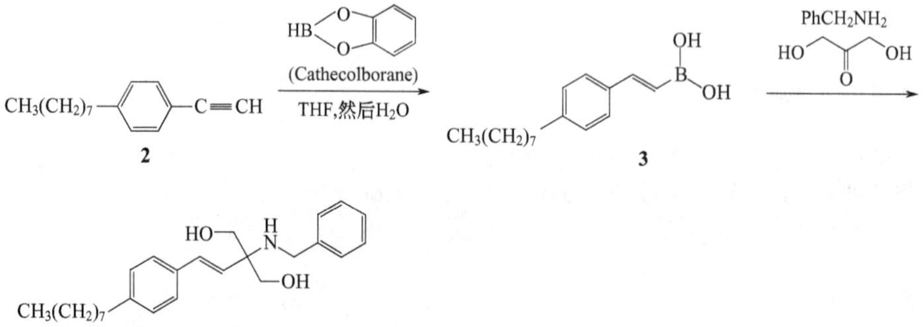

第三步，4-正辛基苯乙炔和 Catecholborane（儿茶酚硼烷）反应，得到化合物 3；化合物 3 没有分离，直接和 1,3-二羟基丙酮、苯甲胺发生第四步反应，生成化合物 4，二步反应总收率 44%。

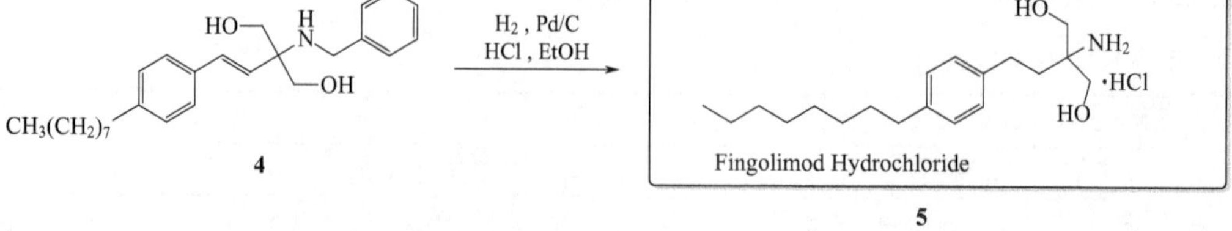

第五步，在钯碳催化下，化合物 4 催化加氢，同时脱掉苄基，得到的化合物再和盐酸发生酸碱反应，生成目标化合物 5，收率 90%。

原始文献

Chem Pharm Bull，2005，53（1）：100-102.

合成路线二

以下合成路线来源于以色列 Mapi Pharma Ltd 公司 E. Marom 等人发表的专利文献（WO2012056458A2）。共计 7 步反应：3-硝基丙酸和二氯亚砜反应，得到 3-硝基丙酰氯（**1**），接着和苯发生傅克酰基化反应，生成的化合物 **2** 发生还原反应，得到化合物 **3**，在碱性条件下，化合物 **3** 和甲醛发生加成反应，形成的化合物 **4** 和 2,2-二甲氧基丙烷发生环合反应，生成的化合物 **5** 和正辛酰氯发生傅克酰基化反应，得到的化合物 **6** 最后发生还原水解反应，得到的芬戈莫德再和盐酸发生酸碱反应，制备了盐酸芬戈莫德（**7**）。

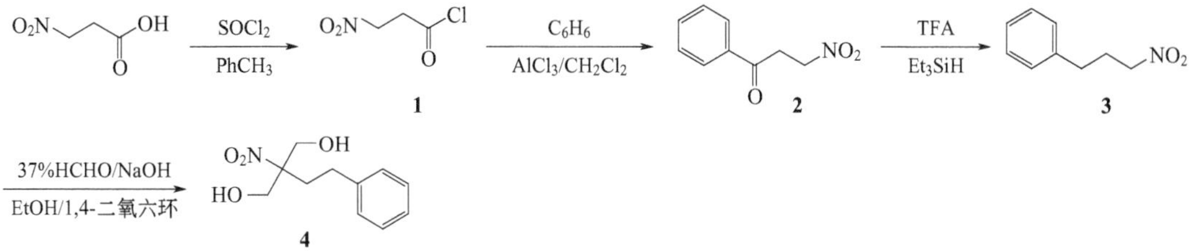

3-硝基丙酸和过量的二氯亚砜反应后，加入甲苯共沸蒸馏除去过量二氯亚砜，减压蒸馏得到化合物 **1** 透明液体。苯和化合物 **1** 在无水三氯化铝催化下，二氯甲烷作溶剂，发生傅克酰基化反应，用 TCL 检测反应进程，反应完成后，用盐酸酸化，二氯甲烷萃取，粗产物用己烷重结晶，得到化合物 **2**，产率 78%，mp72～74℃。化合物 **2** 中的羰基还原成亚甲基，经过减压蒸馏得到化合物 **3**，产率 88%。化合物 **3** 在碱性条件下，硝基 α 碳上失去质子，形成的负碳离子和甲醛发生亲核加成反应，形成化合物 **4**，产率 72%。

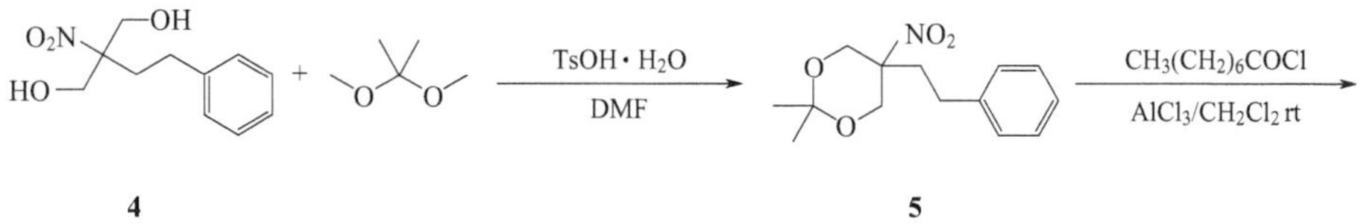

在对甲苯磺酸催化下，化合物 **4** 和 2,2-二甲氧基丙烷发生环合反应，产物纯化可以采用柱色谱的方法，得到化合物 **5**，产率不详。在三氯化铝催化下，化合物 **5** 和正辛酰氯发生傅克酰基化反应，在对位引入正辛酰基，用己烷重结晶得到化合物 **6**，产率 68%。

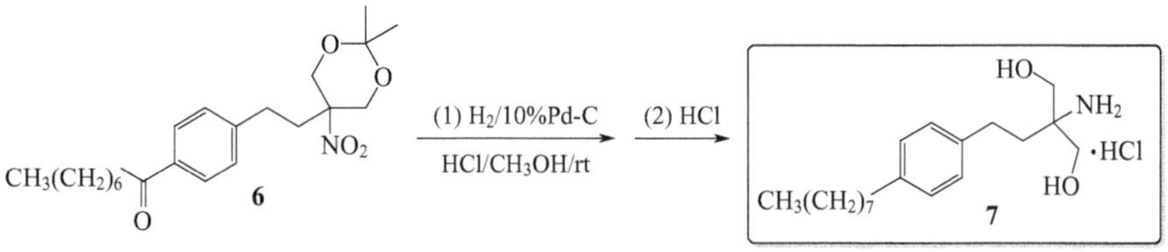

化合物 **6** 催化加氢，硝基还原成氨基，酸性条件下缩酮水解，得到的芬戈莫德中的氨基再和盐酸发生酸碱反应，用乙醇重结晶，制备了目标产物盐酸芬戈莫德（**7**），产率不详。

原始文献

WO2012056458A2.

合成路线三

以下合成路线来源于 Xiangjun Feng 等人发表的论文 [Monatsh Chem，2012，143（1）：161-164]。

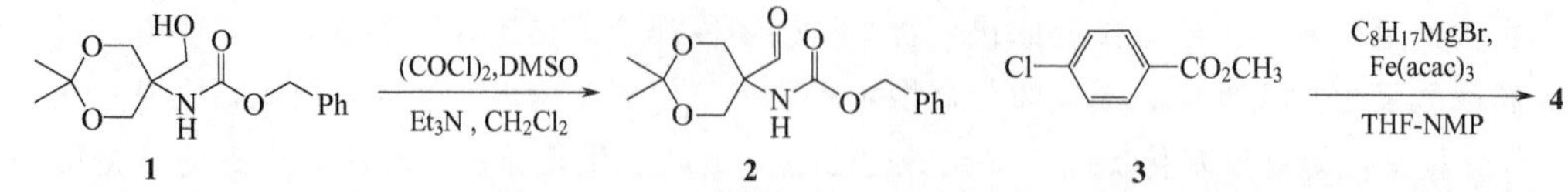

在低温（60℃）条件下，草酰氯和二甲亚砜作为氧化剂，化合物 **1** 中伯醇羟基氧化成醛基，用石油醚-乙酸乙酯重结晶得到化合物 **2**，浅黄色固体，产率 77%。在三乙酰丙酮铁催化下，四氢呋喃和 N-甲基吡咯烷酮作为溶剂，化合物 **3** 和正辛基溴化镁反应，得到化合物 **4**，黄色油状液体，产率 93%。

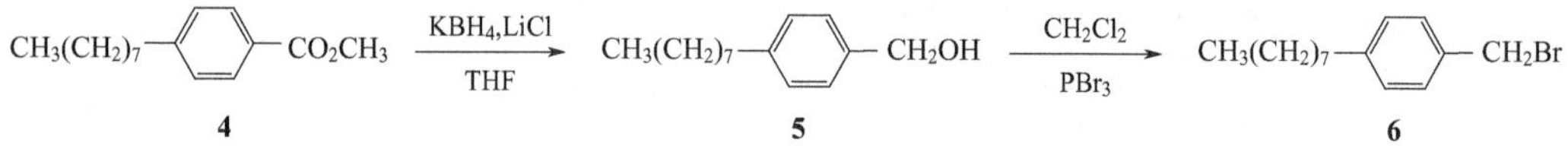

化合物 **4** 和硼氢化钾发生还原反应，得到化合物 **5**，无色黏稠油状液体，产率 90%。化合物 **5** 和三溴化磷发生亲核取代反应，得到化合物 **6**，微弱黄色油状液体，产率 96%。

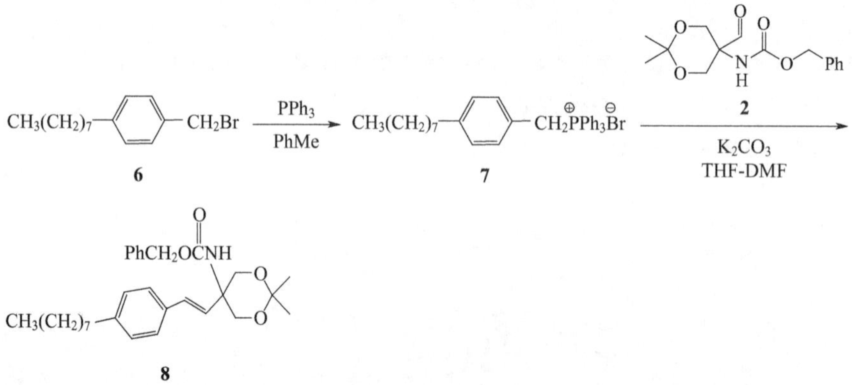

化合物 **6** 和三苯基膦发生亲核取代反应，生成季磷盐 **7**，产率 97%，白色固体，熔点 162～163℃。在碱性条件下，季磷盐和化合物 **2** 中的醛基发生 Wittig 反应，通过柱色谱纯化，洗脱剂：石油醚-乙酸乙酯，得到化合物 **8**，它是 E/Z 构型的混合物。

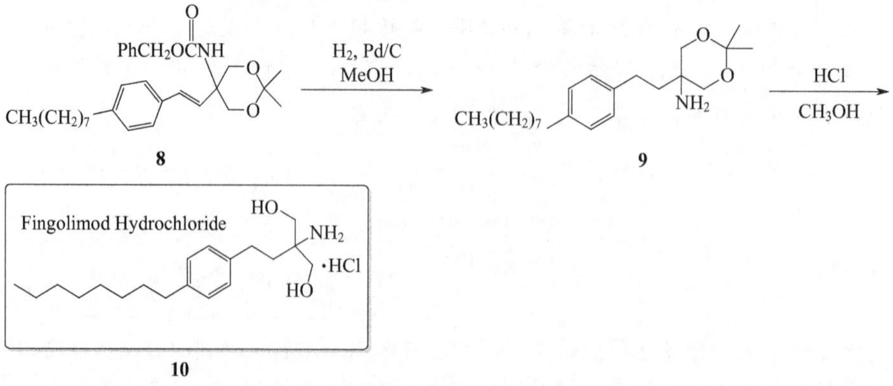

化合物 **8** 中的碳碳双键催化加氢，同时苄氧羰基脱掉，形成游离的氨基，得到无色油状的化合物 **9**，从化合物 **7** 到化合物 **9** 二步反应的产率 76%。化合物 **9** 在酸性条件下水解，并且氨基和盐酸成盐，二氯甲烷-甲醇重结晶，得到目标产物 **10**，产率 81%，熔点 103～105℃。

原始文献

Monatsh Chem，2012，143（1）：161-164.

合成路线四

以下合成路线来源于 G. Seidel 等人发表的论文 ［J Org Chem，2004，69（11）：3950-3952］。

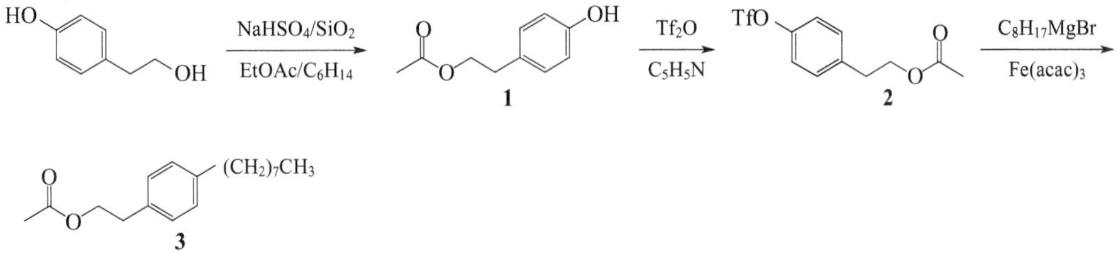

在硫酸氢钠/二氧化硅作用下，2-(4-羟基苯基）乙醇和乙酸乙酯发生酯交换反应，柱色谱纯化，洗脱剂：己烷/乙酸乙酯，得到无色固体化合物 1，产率 98％，熔点 57～58℃。吡啶作为缚酸剂，化合物 1 和三氟甲磺酸酐反应，得到无色糖浆状化合物 2，产率 94％。在三乙酰丙酮铁催化下，四氢呋喃和 N-甲基吡咯烷酮作为溶剂，化合物 2 和正辛基溴化镁反应，硅胶柱色谱纯化，得到无色糖浆状化合物 3，产率 64％，同时还生成 20％的化合物 4。

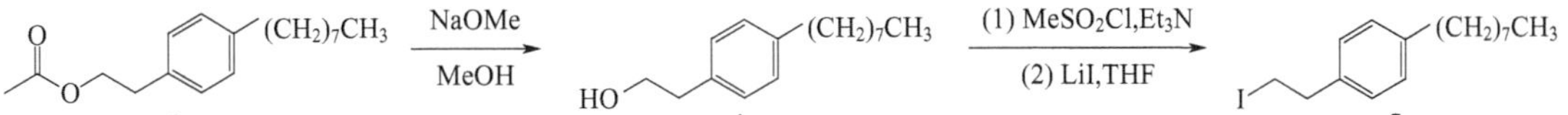

甲醇作溶剂，化合物 3 和甲醇钠反应，硅胶柱色谱纯化，得到无色糖浆状化合物 4，产率 93％。三乙胺作为缚酸剂，化合物 4 和甲磺酰氯发生醇解反应，先得到甲磺酸酯，没有纯化，直接和碘化锂发生亲核取代反应，得到化合物 5，无色油状液体，产率 89％。

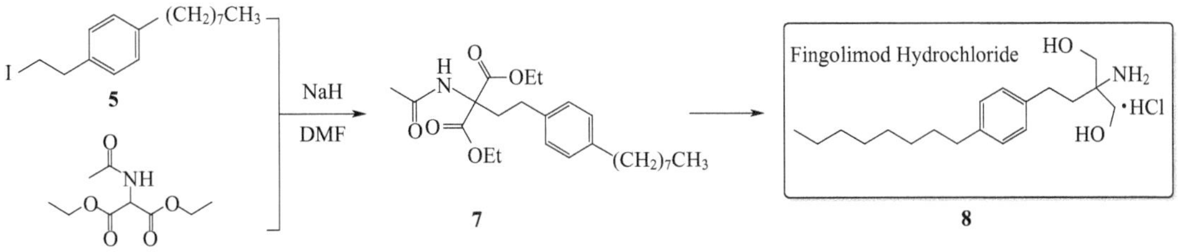

以二甲基甲酰胺为溶剂，化合物 6 在氢化钠作用下，形成的碳负离子作为亲核试剂和化合物 5 发生亲核取代，经过柱色谱纯化，得到化合物 7，产率 82％，无色固体，熔点 58～59℃。化合物 7 通过三步简单的反应可以转化到目标化合物 8。

原始文献

J Org Chem，2004，69（11）：3950-3952.

合成路线五

以下合成路线来源于成都弘达药业有限公司发表的专利文献（CN 103804123 A）。

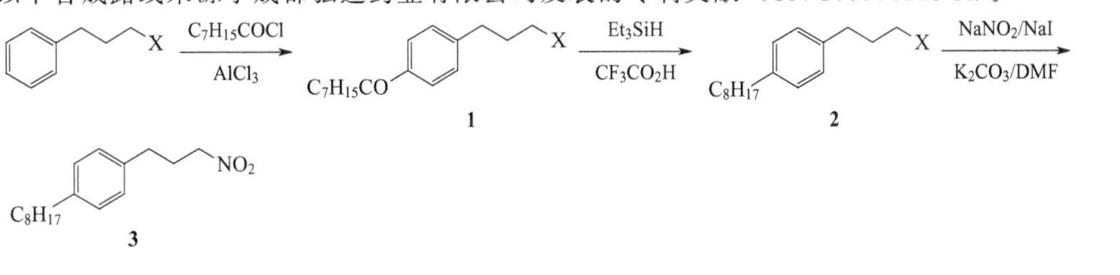

3-卤代苯基丙烷在无水三氯化铝催化下，和正辛酰氯发生傅克酰基化反应，得到化合物 **1**，产率 90%～97%，纯度 95.53%～96.93%，其中 X 为 Cl、Br、I，优选 Br。化合物 **1** 经三乙基硅烷还原得到化合物 **2**，化合物 **1** 和三乙基硅烷的摩尔比为 1：15～3.5，产率 87%～98%，纯度 96.23%～97.93%。化合物 **2** 和亚硝酸钠发生硝基取代反应，硅胶柱色谱纯化，洗脱剂：己烷、乙酸乙酯，得到化合物 **3**，产率 44%～58%，纯度 97.12%～97.43%，化合物 **2** 和亚硝酸钠的摩尔比为 1：（2～5），反应所用溶剂是非质子性极性溶剂，优选 DMF 或 DMSO。

化合物 **3** 在氢氧化钾作用下，硝基 α 碳上失去质子，形成的负碳离子和甲醛发生亲核加成反应，得到化合物 **4**，产率 71%，纯度 95.48%，碱除了氢氧化钾之外，还可以选用三乙胺、碳酸氢钠、碳酸氢钾、碳酸钠、碳酸钾；反应中所用的溶剂为乙醇或者非质子性极性溶剂，优选 DMF 或者 DMSO，化合物 **3** 和甲醛的摩尔比为 1：2～8，所述甲醛优选甲醛水溶液、多聚甲醛。在 10% 钯碳催化下，化合物 **4** 经过氢化还原生成游离氨基，再加盐酸成盐，重结晶得到目标化合物 **5**，产率 62%，纯度 99.96%，加氢的压力在 1.2～3MPa，溶剂为醇，优选甲醇，盐酸采用盐酸的乙醚溶液。本发明也可以把从化合物 **2** 合成化合物 **4** 的二步反应合并为一步反应，所得到的化合物 **3** 不需要纯化，可以直接用于化合物 **4** 的合成，不仅简化了操作，还提高了收率。

原始文献

何潇，常和西，叶勇. 一种盐酸芬戈莫德的合成方法及其中间体. CN 103804123 A，2014.

合成路线六

以下合成路线来源于上海华升生物科技有限公司发表的专利文献（CN 102120720 A）。

4-正辛基苄溴和 2-巯基苯并噻唑在碱性条件下反应，得到化合物 **1** 淡黄色固体，产率 99%，熔点 52～54℃，碱性条件是指加入碳酸钾、碳酸氢钾、碳酸钠、碳酸氢钠、氢氧化钾或氢氧化钠中的任意一种或几种无机碱。化合物 **1** 经过氧化得到砜基化合物 **2**，淡黄色固体，产率 75%～85%，氧化剂选自双氧水、间氯过氧苯甲酸、过一硫酸氢钾复合盐中的任意一种，优选间氯过氧苯甲酸。

化合物 **2** 和化合物 **3** 在碱性条件下发生克脑文格（Knoevenagel）缩合反应，石油醚重结晶得到化合物 **4**，淡黄色固体，产率 60%～84%，砜基化合物 **2** 与醛基化合物 **3** 的摩尔比为 1：1.1～1.5；所采用的碱为碳酸钾、氢氧化钠和叔丁醇钾中的任意一种；溶剂为乙醇、四氢呋喃或 N,N-二甲基甲酰胺，或它们的混合物，优选四氢呋喃、N,N-二甲基甲酰胺混合溶剂。

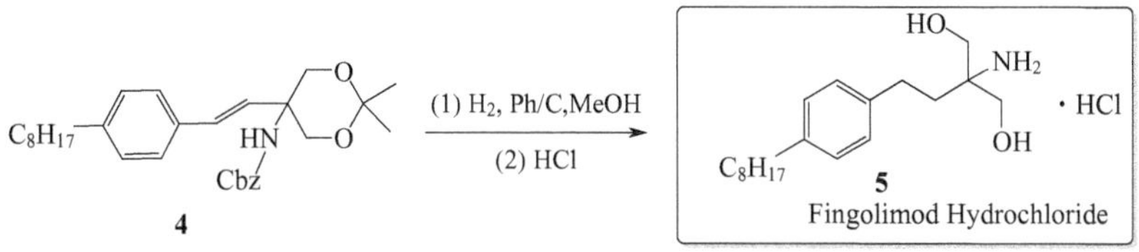

化合物 4 经过加氢还原反应，同时脱去氨基保护，制得 5-氨基-5-[2-(4-正辛基苯基)乙基]-2,2-二甲基-1,3-二氧六环中间产物，该中间产物无须处理，直接进入下一步反应，然后在稀盐酸中脱去丙酮亚甲基保护，同时成盐，用乙酸乙酯/甲醇重结晶，得到目标化合物盐酸芬戈莫德（**5**），产率 81%。加氢还原的反应条件为：氢压为 1～20kgf/cm²，溶剂为醇，具体的，溶剂最好为 C1～C4 的低级一元或二元醇；催化剂为按质量分数计 5%～10% 的钯碳。

原始文献

肖锋，胡峰. 盐酸芬戈莫德的合成新方法. CN 102120720 A，2011.

合成路线七

以下合成路线来源于南京华威医药科技开发有限公司发表的专利文献（CN 102796022 A）。

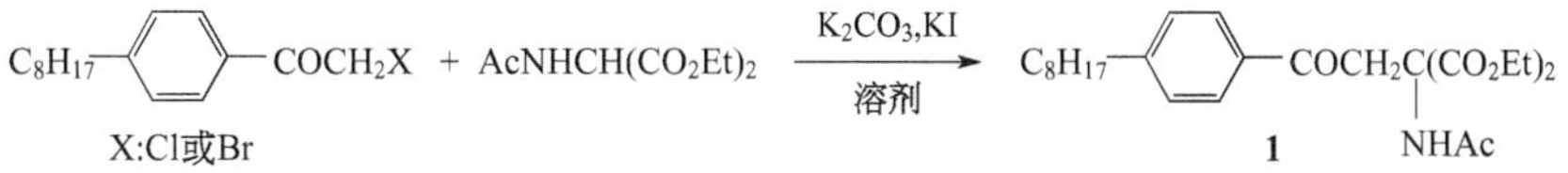

碱性条件下，2-氯-1-(4-辛基苯基)乙酮和乙酰氨基丙二酸二乙酯发生亲核取代反应，得到化合物 **1**，红棕色油状物，收率 >76%～95%，溶剂选用 4-甲基-2-戊酮或者 2-甲基四氢呋喃，当卤素是溴、溶剂是 2-甲基四氢呋喃时，产率最低。

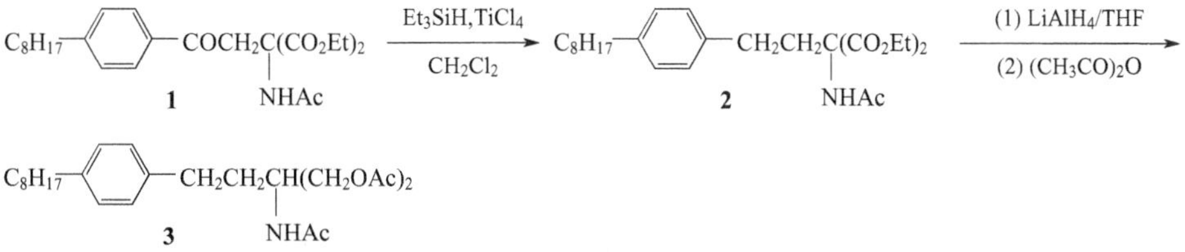

化合物 **1** 被三乙基硅烷还原成化合物 **2**，淡黄色固体，产率 80%。化合物 **2** 中酯基被氢化铝锂还原成醇羟基，然后和乙酸酐发生醇解反应，得到化合物 **3**，类白色固体，产率 75%。

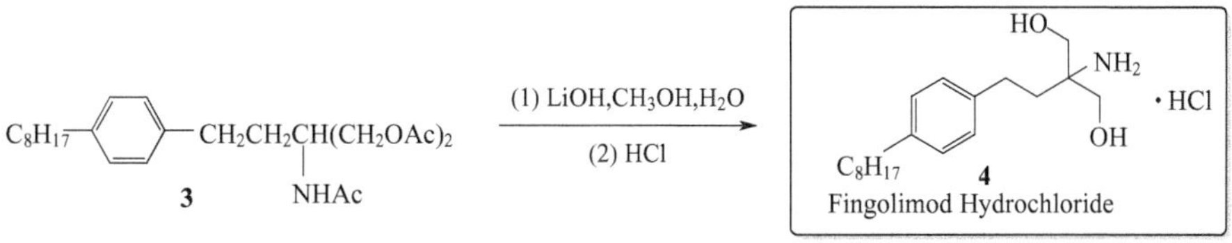

以甲醇和水作溶剂，化合物 **3** 在碱性条件下水解，然后和盐酸发生酸碱反应，得到化合物 **4**，白色固体，产率 80%。

原始文献

张孝清，包金远，徐峰等. 制备 2-氨基-2-[2-(4-烷基苯基)乙基]-1,3-丙二醇盐酸盐的方法，CN 102796022 A，2012.

合成路线八

以下合成路线来源于梁铁等人发表的论文 [吉林大学学报（理学版），2008，46（1）：139-142]。有两种合成路线：

路线一

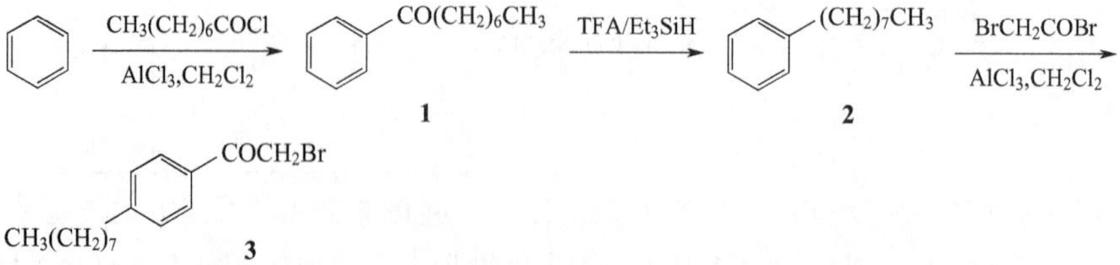

苯和正辛酰氯发生傅克酰基化反应，粗产物用石油醚重结晶，得到化合物 **1**，产率 90%。化合物 **1** 中的羰基被三乙基硅烷还原成亚甲基，粗产物经过硅胶柱色谱得到化合物 **2**，产率 80%。化合物 **2** 和溴乙酰溴发生傅克酰基化反应，得到化合物 **3**，产率 70%。

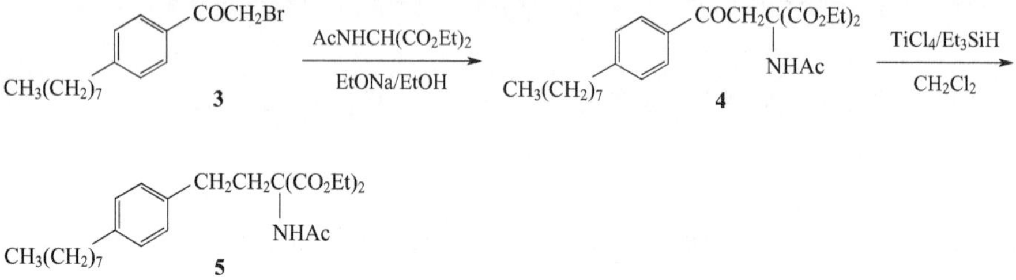

在碱性条件下，化合物 **3** 和乙酰氨基丙二酸二乙酯发生缩合反应，粗产物经过硅胶柱色谱得到化合物 **4**，产率 88%。化合物 **4** 中的羰基被三乙基硅烷还原成亚甲基，粗产物经过石油醚重结晶，得到化合物 **5**，产率 75%。

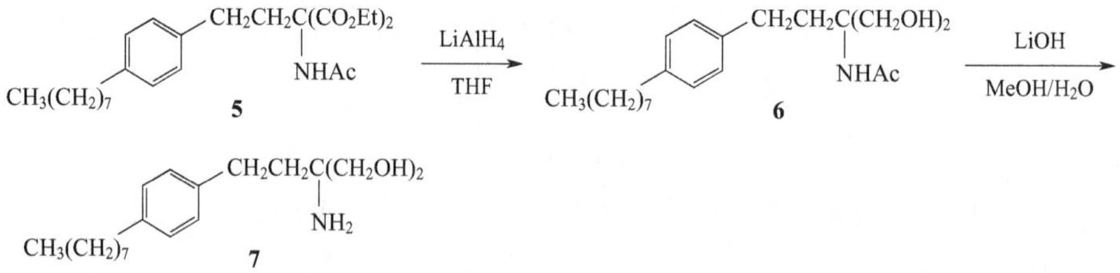

化合物 **5** 中的酯基被氢化铝锂还原成醇羟基，粗产物经过硅胶柱色谱得到化合物 **6**，产率 83%。化合物 **6** 中的酰胺碱性条件下水解，去乙酰化得到化合物 **7**，产率 80%。

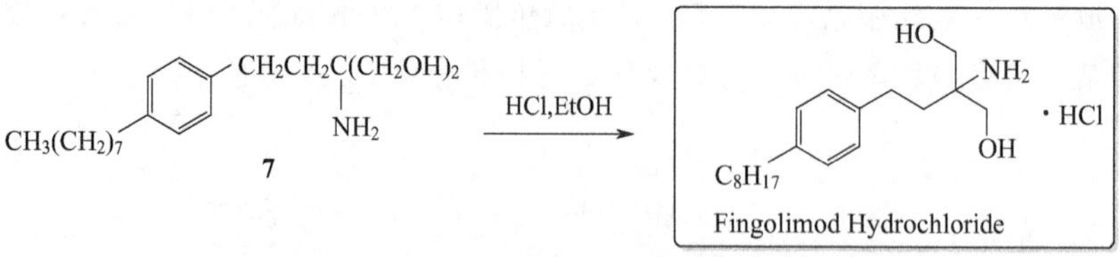

化合物 **7** 和盐酸发生酸碱反应，得到目标产物，产率 75%。总收率 17%。

路线二

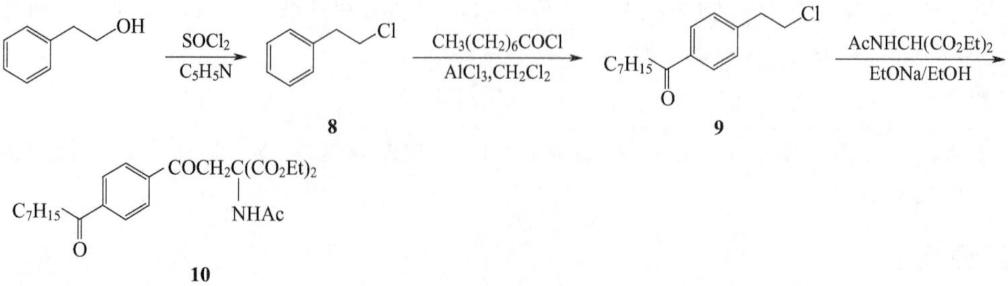

β-苯乙醇和亚硫酰氯经过氯化反应，粗产物经过硅胶柱色谱得到化合物 **8**，产率 85%。化合物 **8** 经过傅克酰基化反应，粗产物经过硅胶柱色谱得到化合物 **9**，产率 83%。在碱性条件下，化合物

9 和乙酰氨基丙二酸二乙酯发生缩合反应，粗产物经过硅胶柱色谱得到化合物 **10**，产率 78%。

化合物 **10** 中的羰基被三乙基硅烷还原成亚甲基，粗产物经过石油醚重结晶，得到化合物 **5**，产率 75%。从化合物 **5** 到目标产物的合成方法和合成路线一相同。总收率 21%。

原始文献

梁铁，路海滨，徐志炳等．新型免疫抑制剂 FTY-720 的合成．吉林大学学报（理学版），2008，46（1）：139-142.

参考文献

［1］ Sugiyama S，Arai S，Kiriyama M，et al．A Convenient Synthesis of Immunosuppressive Agent FTY720 Using the Petasis Reaction. Chem Pharm Bull，2005，53（1）：100.

［2］ Marom E，Mizhiritskii M，Rubnov S，et al．WO 2012056458A2，2012.

［3］ Feng Xiangjun，Mei Yuhua，Lu Wei. A Convenient Synthesis of the Immunosuppressive Agent FTY720. Monatsh Chem，2012，143（1）：161.

［4］ Seidel G，Laurich D，Fürstner A. Iron-Catalyzed Cross-Coupling Reactions. A Scalable Synthesis of the Immunosuppressive Agent FTY720. J Org Chem，2004，69（11）：3950.

［5］ 何潇，常和西，叶勇．CN 103804123 A，2014.

［6］ 肖锋，胡峰．CN 102120720 A，2011.

［7］ 张孝清，包金远，徐峰等．CN 102796022 A，2012.

［8］ 梁铁，路海滨，徐志炳等．新型免疫抑制剂 FTY-720 的合成．吉林大学学报：理学版，2008，46（1）：139.

［9］ Gidwani R M，Hiremath C. WO 2011009634，2011.

［10］ Kandagatla B，Prasada Raju V V N K V，Kumar N S，et al. Practical Synthesis of Fingolimod from Diethyl Acetamidomalonate. RSC Advances，2013，3（25）：9687.

［11］ Hirase S，Sasaki S，Yoneta M，et al．US 20010008945A1．2001.

［12］ 马启明．CN 1241903C，2006.

［13］ 漆又毛，卢敏，揭清．CN 1212308C，2005.

［14］ Xiao Feng，Hu Feng. WO 2012100399A1，2012.

［15］ Mishina T，et al．JP 11310556，1999.

［16］ Adachi K，Kohara T，Nakao N，et al. Design，Synthesis，and Structure-activity Relationships of 2-Substituted-2-amino-1,3-propanediols：Discovery of a Novel Immunosuppressant，FTY720. Bioorg Med Chem Lett，1995，5（8）：853.

（张继振）

Florbetapir F 18（氟比他匹）

药物基本信息

英文通用名	Florbetapir F 18
中文通用名	氟比他匹
商品名	Amyvid
CAS 登记号	956103-76-7

续表

FDA 批准日期	2012/04/06
化学名	(E)-4-(2-(6-(2-(2-(2-[^{18}F] fluoroethoxy)ethoxy)ethoxy)pyridine-3-yl)vinyl)-N-methylaniline
SMILES 代码	[18F]CCOCCOCCOC(C=C1)=NC=C1/C=C/C2=CC=C(NC)C=C2

化学结构和理论分析

化学结构	理论分析值
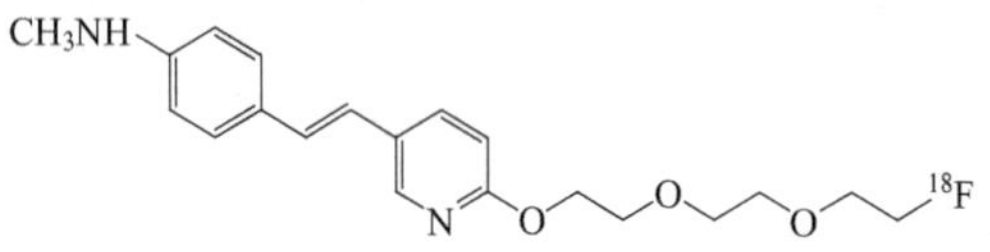	化学式：$C_{20}H_{25}{}^{18}FN_2O_3$ 精确分子量：359.18746 分子量：359.43 元素分析：C,66.83;H,7.01;F,5.01;N,7.79;O,13.35

药品说明书参考网页

生产厂家产品说明书：http://www.amyvidhcp.com

美国药品网：http://www.drugs.com/mtm/florbetapir-f-18.html

美国处方药网页：http://www.rxlist.com/amyvid-drug.htm

药物简介

Amyvid 是一种 PET❶ 造影剂，含有 ^{18}F，属于放射性诊断药物，可用于辅助诊断阿尔茨海默病（Alzheimer's disease，AD）。Amyvid 的半衰期为 110min，比目前类似药物 Pittsburgh compound B（PiB）的半衰期 20min 要长，有利于科学家追踪 AD 患者脑内特点区域的 β 淀粉样蛋白的沉积。β 淀粉样蛋白是形成阿尔茨海默病和其他认知下降的主要原因。氟比他匹可与脑 β 淀粉样蛋白特异性结合，科学家可使用 PET 技术，捕获脑内特点区域 F18 同位素产生信号，以帮助诊断。

药品上市申报信息

该药物目前有 3 种产品上市。

产品一

药品名称	AMYVID		
申请号	202008	产品号	001
活性成分	Florbetapir F 18（氟比他匹）	市场状态	处方药
剂型或给药途径	静脉注射剂	规格	10mL(13.5～51mCi/mL)
治疗等效代码		参比药物	是
批准日期	2012/04/06	申请机构	AVID RADIOPHARMACEU-TICALS INC

---

❶ PET——positron emission tomography（正电子发射断层扫描）。

产品二

药品名称	AMYVID		
申请号	202008	产品号	002
活性成分	Florbetapir F 18（氟比他匹）	市场状态	处方药
剂型或给药途径	静脉注射剂	规格	10～30mL(13.5～51mCi/mL)
治疗等效代码		参比药物	是
批准日期	2012/04/06	申请机构	AVID RADIOPHARMACEU-TICALS INC

产品三

药品名称	AMYVID		
申请号	202008	产品号	003
活性成分	Florbetapir F 18（氟比他匹）	市场状态	处方药
剂型或给药途径	静脉注射剂	规格	10～50mL(13.5～51mCi/mL)
治疗等效代码		参比药物	是
批准日期	2012/04/06	申请机构	AVID RADIOPHARMACEU-TICALS INC

药品专利或独占权保护信息

美国专利号或独占权代码	专利或独占权过期日期	专利保护类型、专利名称或市场独占权保护内容
8506929	2027/04/30	化合物专利、用途专利、专利用途代码 U-1423
7687052	2027/04/30	化合物专利、用途专利
NCE	2017/04/06	参见本书附录关于独占权代码部分

合成路线一

本合成方法来源于 Avid Radiopharmaceuticals Inc 公司 T. Benedum 等人发表的专利文献（WO 2010078370A1）。依据该专利文献介绍，氟比他匹的合成共有 6 步：

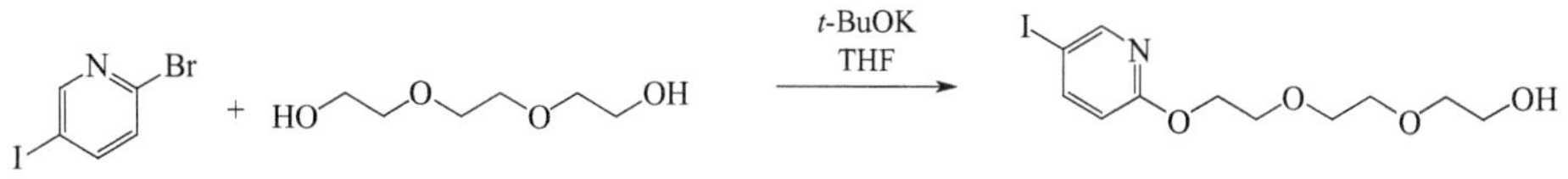

1

以四氢呋喃为溶剂，2-溴-5-碘吡啶和三甘醇在叔丁醇钾的作用下，发生亲核取代反应，得到化合物 **1**，产率 88%。

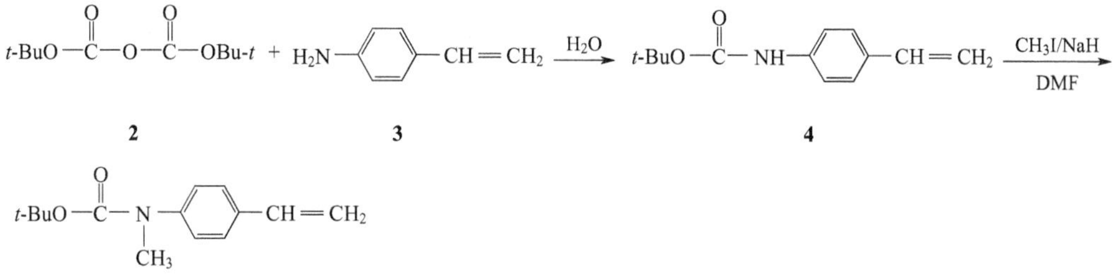

2　　**3**　　**4**

5

化合物 **2** 和化合物 **3** 反应，得到化合物 **4**，产率 98%，产物没有纯化，直接用于下一步反应。化合物 **4** 和碘甲烷在氢化钠作用下，发生亲核取代反应，得到化合物 **5**，产率 88%。

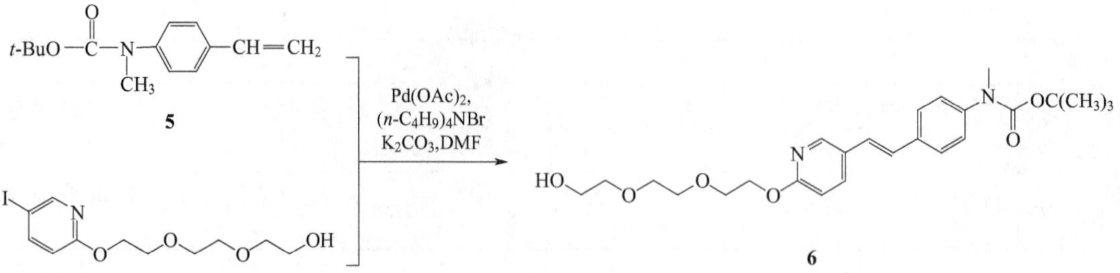

化合物 **5** 和化合物 **1** 在醋酸钯和四正丁基溴化铵催化下，发生偶联反应，粗产物经过柱色谱纯化，得到化合物（**6**），产率 55%。

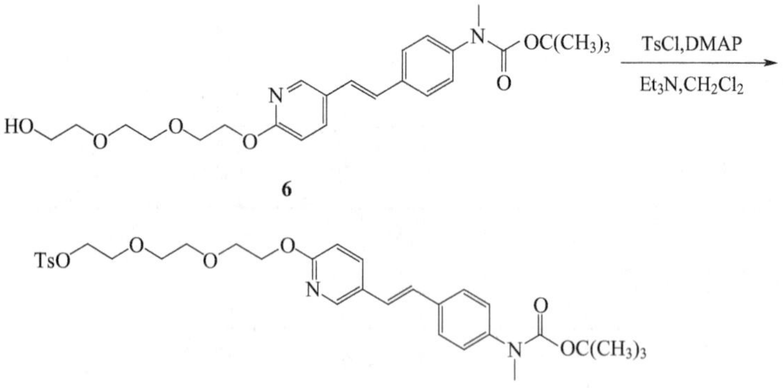

化合物 **6** 在二氯甲烷中，4-二甲氨基吡啶/吡啶存在下，和对甲苯磺酰氯反应，粗产物经过柱色谱纯化，得到化合物 **7**，产率 86%。

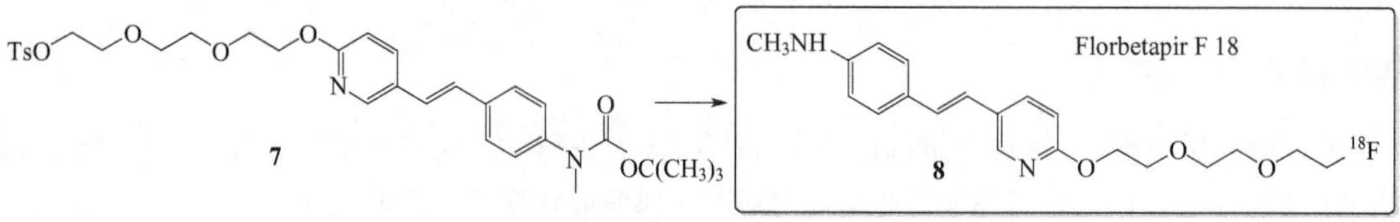

从化合物 **7** 与 F 18 试剂反应，可得到目标化合物（**8**）。

原始文献

WO 2010078370A1。

合成路线二

本合成方法来源于日本 K. Hayashi 等人发表的论文 [J Labelled Compd Rad，2013，56 (5)：295-300]。

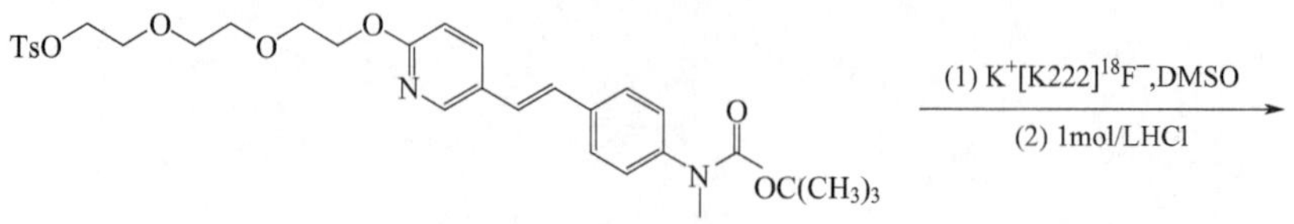

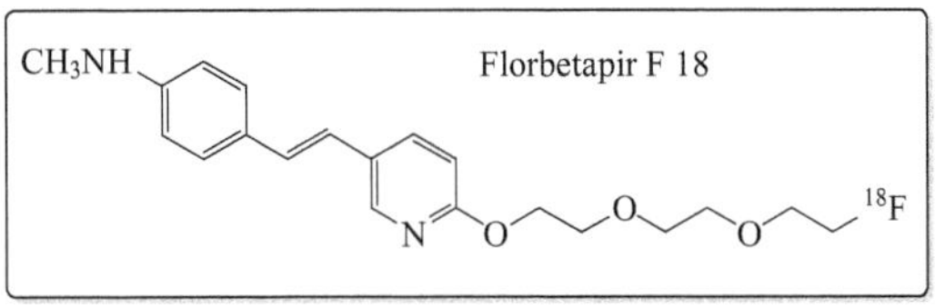

2

化合物 **1** 和 K⁺［K222］¹⁸F⁻ 反应，随后酸性条件下水解，得到目标化合物 **2**。

注：K222 的全称是 Kryptofix 222，结构式如下：

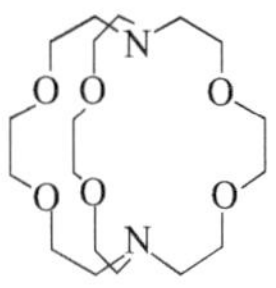

Kryptofix 222

K⁺［K222］¹⁸F⁻ 的结构式如下：

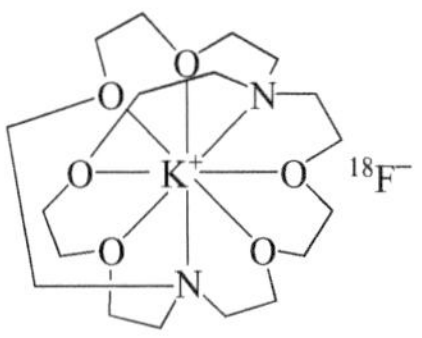

K⁺[K222]¹⁸F⁻

原始文献

J Labelled Compd Rad，2013，56（5）：295-300.

合成路线三

本合成方法来源于中国、美国 Yajing Liu 等人发表的论文［Nucl Med Biol，2010，37（8）：917-925］。

1.［¹⁸F］KF/K222 配合物的制备

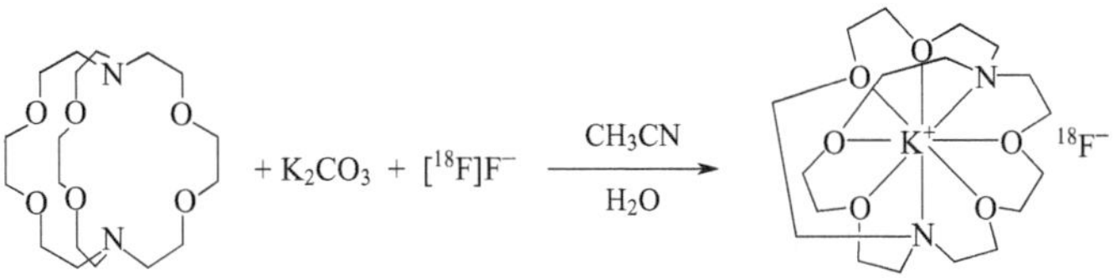

Kryptofix 222(K222)　　　　［¹⁸F]KF/K222

乙腈和水作溶剂，K222 和碳酸钾、［¹⁸F］F⁻ 反应，得到［¹⁸F］KF/K222（即 K⁺［K222］¹⁸F⁻）。

2.［¹⁸F］TBAF 的制备

$$(n\text{-}C_4H_9)_4NHCO_3 + [^{18}F]F^- \xrightarrow[\text{H}_2\text{O}]{\text{CH}_3\text{CN}} (n\text{-}C_4H_9)_4N^{18}F([^{18}F]TBAF)$$

乙腈和水作溶剂，四正丁基碳酸氢铵和［¹⁸F］F⁻ 反应，得到［¹⁸F］TBAF。

3. Florbetapir F 18 的制备

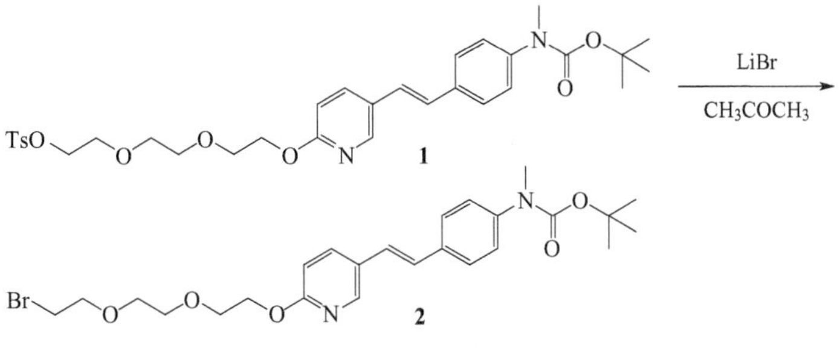

化合物 **1** 和溴化锂发生亲核取代反应，粗产物经过柱色谱纯化，得到化合物 **2**。

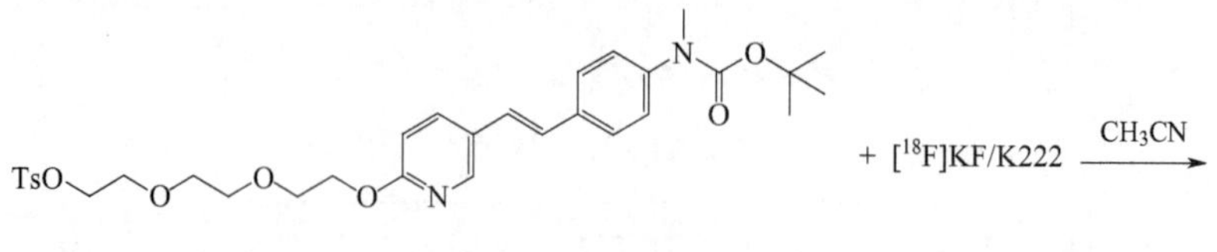

化合物 **1** 和［^{18}F］KF/K222 发生亲核取代反应，得到化合物 **3**。

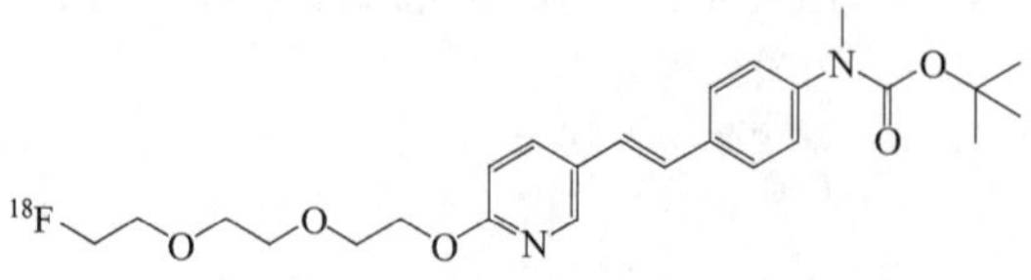

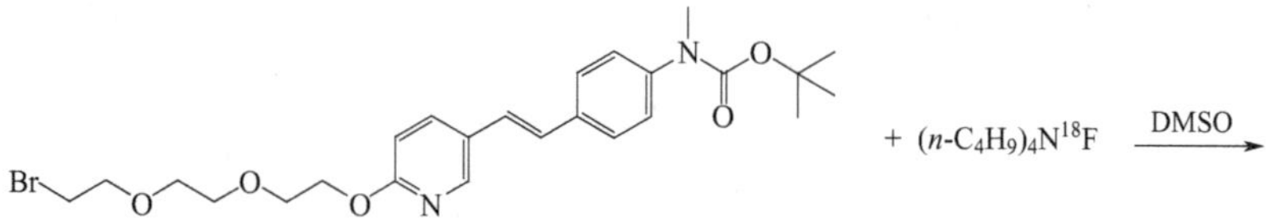

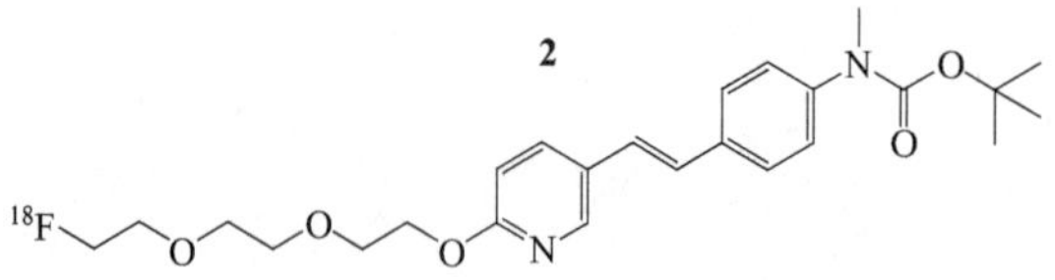

化合物 **2** 和［^{18}F］TBAF 发生亲核取代反应，也得到化合物 **3**。

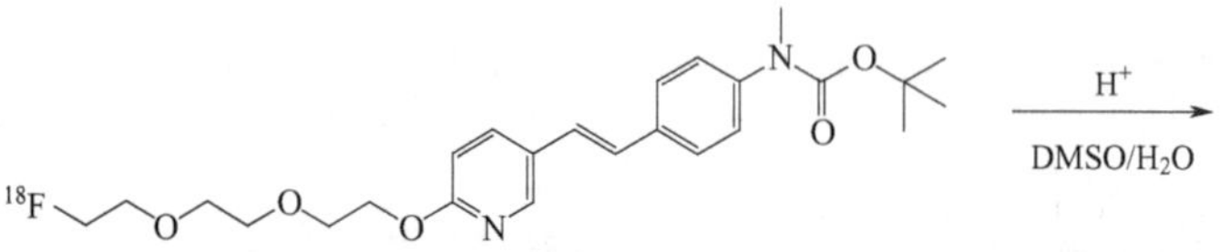

化合物 **3** 在酸性条件下脱掉叔丁氧羰基保护基，得到目标产物（**4**），探索了 3.3mol/L 盐酸、2.0mol/L 硫酸、3.0mol/L 磷酸和 1.0mol/L 对甲苯磺酸对产率的影响，盐酸产率最高，100℃反应 10min，产率 100%，磷酸产率最低，100℃反应 10min，没有产物生成。

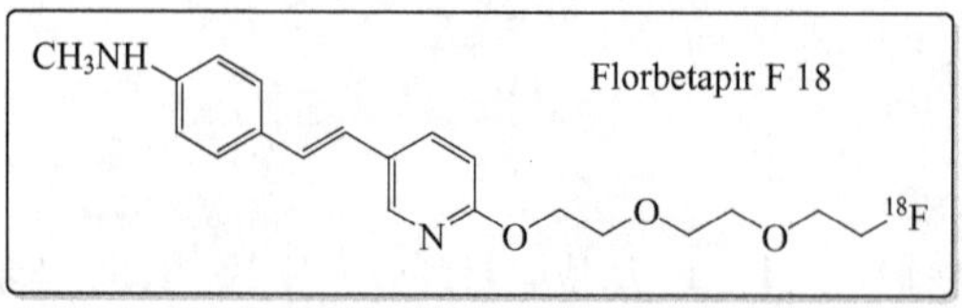

原始文献

Nucl Med Biol，2010，37（8）：917-925.

参考文献

[1] Benedum T，Golding G，Lim N，et al. WO 2010078370A1. 2010.
[2] Hayashi K，Tachibana A，Tazawa S，et al. Preparation and Stability of Ethanol-free Solution of［18F］Florbetapir（［18F］AV-45）for Positron Emission Tomography Amyloid Imaging. J Labelled Compd Rad，2013，56（5）：295.
[3] Liu Yajing，Zhu Lin，Plössl K，et al. Optimization of Automated Radiosynthesis of［18F］AV-45：a New PET Ima-

ging Agent for Alzheimer's Disease. Nucl Med Biol，2010，37（8）：917.

［4］ Chi D Y，Lee B S，Lee S J，et al. WO 2012032029A1，2012.

［5］ Berndt M，Friebe M，Hultsch C，et al. WO 2011151273A1，2011.

［6］ Moon D H，Chi D Y，Kim D W，et al. US 20100113763A1，2010.

（张继振）

Flutemetamol F 18（富特米他）

药物基本信息

英文通用名	Flutemetamol F 18
中文通用名	富特米他
商品名	Vizamyl
CAS 登记号	765922-62-1
FDA 批准日期	2013/10/25
化学名	2-(3-[18F]fluoro-4-(methylamino)phenyl)benzo[d]thiazol-6-ol
SMILES 代码	OC1=CC=C(N=C(C2=CC=C(NC)C([18F])=C2)S3)C3=C1

化学结构和理论分析

化学结构	理论分析值
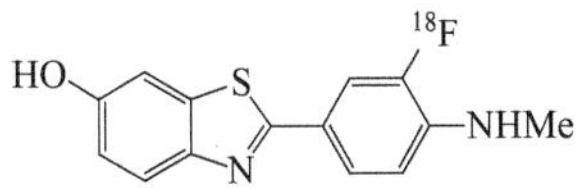	化学式：$C_{14}H_{11}{}^{18}FN_2OS$ 精确分子量：273.06015 分子量：273.32 元素分析：C，61.52；H，4.06；F，6.59；N，10.25；O，5.85；S，11.73

药品说明书参考网页

生产厂家产品说明书 http://www3.gehealthcare.com/en/products/categories/nuclear_imaging_agents/vizamyl

美国药品网：http://www.drugs.com/cons/flutemetamol-f-18-intravenous.html。

美国处方药网页：http://www.rxlist.com/vizamyl-drug.htm

药物简介

Flutemetamol F 18 是一种放射性诊断药，与正电子发射断层扫描（PET）合用，可辅助诊断阿尔茨海默病（AD）。AD 所致的痴呆常常与脑中一种被称为 β 淀粉样蛋白的积累、脑细胞损伤或死亡有关。

药品上市申报信息

该药物目前有 2 种产品上市。

产品一

药品名称	VIZAMYL		
申请号	203137	产品号	001
活性成分	Flutemetamol F 18(富特米他)	市场状态	处方药
剂型或给药途径	静脉注射剂	规格	40.5mCi/10mL(4.05mCi/mL)
治疗等效代码		参比药物	是
批准日期	2013/10/25	申请机构	GE HEALTHCARE

产品二

药品名称	VIZAMYL		
申请号	203137	产品号	002
活性成分	Flutemetamol F 18(富特米他)	市场状态	处方药
剂型或给药途径	静脉注射剂	规格	121.5mCi/30mL(4.05mCi/mL)
治疗等效代码		参比药物	是
批准日期	2013/10/25	申请机构	GE HEALTHCARE

药品专利或独占权保护信息

美国专利号或独占权代码	专利或独占权过期日期	专利保护类型、专利名称或市场独占权保护内容
7351401	2023/01/24	化合物专利、产品专利、专利用途代码 U-336
7270800	2023/01/24	化合物专利、产品专利、专利用途代码 U-336
8691185	2023/01/24	专利用途代码 U-336
8236282	2024/05/21	化合物专利、产品专利
NCE	2018/10/25	参见本书附录关于独占权代码部分

合成路线一

本合成方法来源于 GE Healthcare Ltd 公司 A. E. Storey 等人发表的专利文献（WO 2007020400A1）。依据该专利文献介绍，Flutemetamol F 18 的合成共有 9 步：

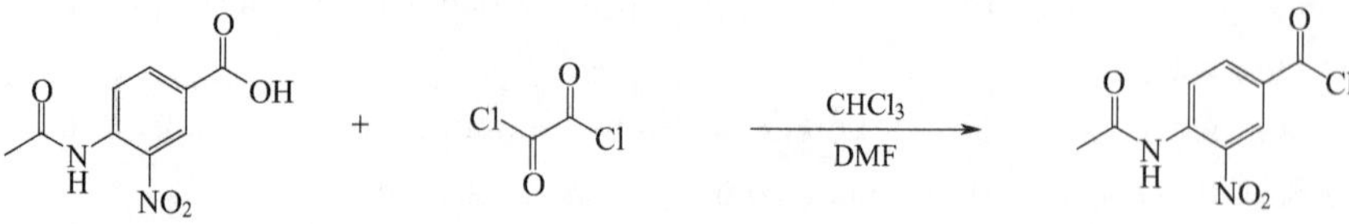

3-硝基-4-乙酰氨基苯甲酸和草酰氯反应，得到化合物 **1**，黄色固体，没有进一步纯化直接用于下一步反应。

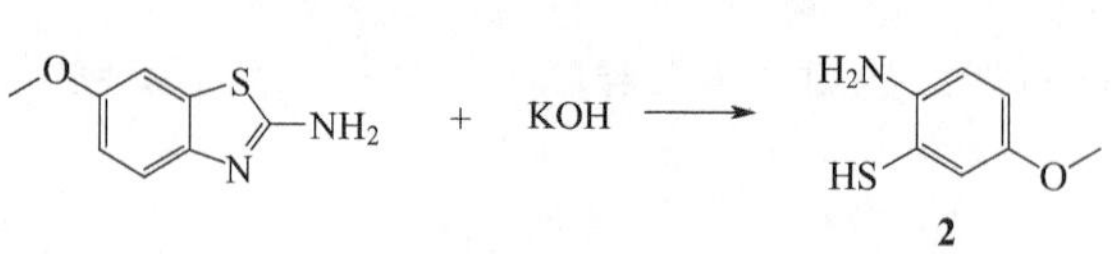

2-氨基-6-甲氧基苯并噻唑和氢氧化钾的水溶液反应，得到化合物 **2**，淡黄色粉末，产率 95%。

化合物 1 和化合物 2 在吡啶和 4-二甲氨基吡啶作用下，发生关环反应，得到化合物 3，产率 26%。化合物 3 在氢化钠作用下，和碘甲烷发生亲核取代反应，得到化合物 4，产率 96%。

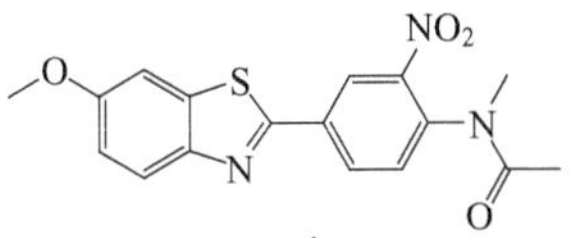

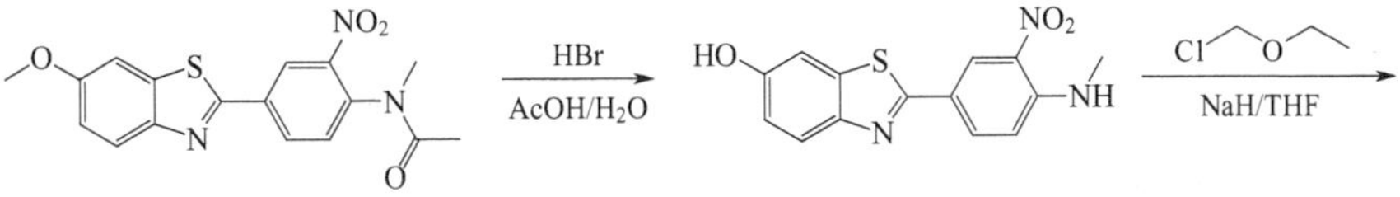

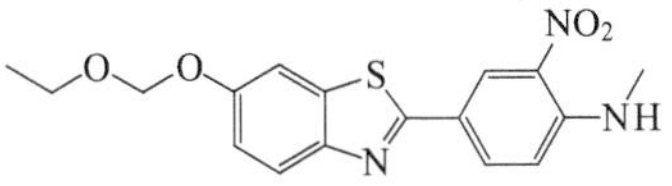

化合物 4 和溴化氢的醋酸水溶液反应，醚键断裂，同时酰胺水解，得到化合物 5，产率 94%。化合物 5 在氢化钠的作用下，和乙氧基氯甲烷反应，粗产物硅胶柱色谱纯化，得到化合物 6，产率 60%，纯度 95%。

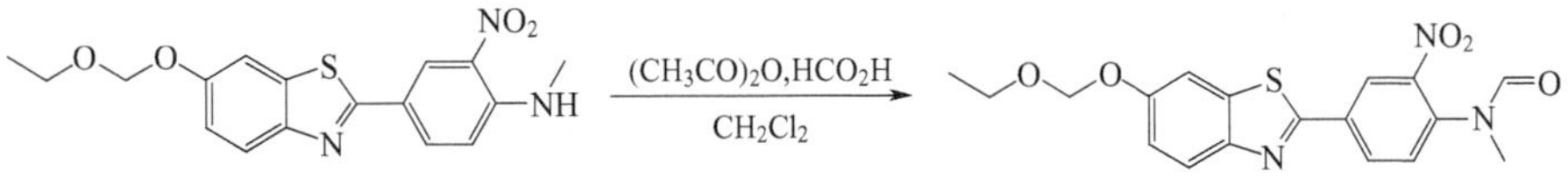

乙酸酐和甲酸反应生成混合酸酐，化合物 6 的二氯甲烷溶液和混合酸酐反应，粗产物硅胶柱色谱纯化，得到化合物 7，产率 52.4%，纯度 98%。

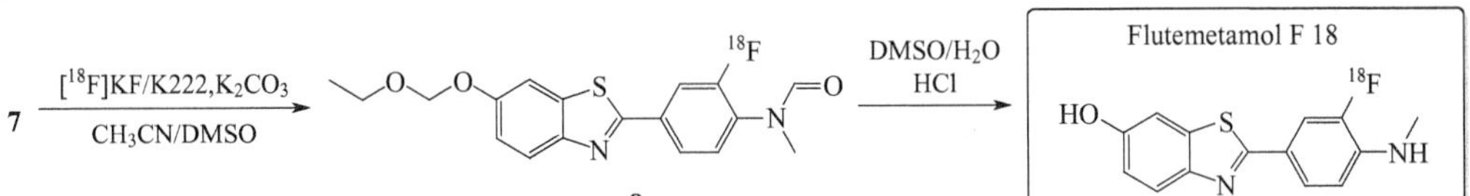

化合物 7 和 $[^{18}F]$ KF/K222 发生亲核取代反应，得到化合物 8。化合物 8 和氯化氢的二甲亚砜的水溶液反应，醚键断裂，同时酰胺水解，得到目标化合物 9。

原始文献

WO 2007020400A1。

合成路线二

本合成方法来源于美国匹兹堡大学 W. E. Klunk 等人发表的专利文献（WO 2006014381 A2、WO2006014382 A1 和 WO2004083195 A1）。

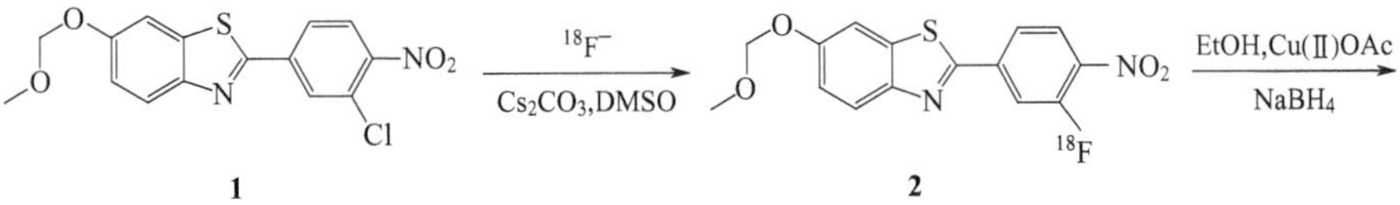

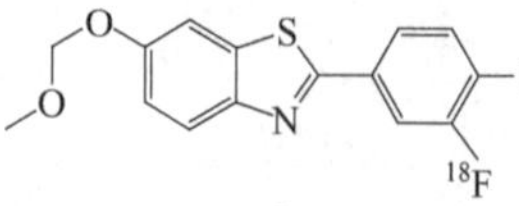

化合物 1 和 [¹⁸F] 氟化物发生亲核取代反应，得到化合物 **2**，产率不详。化合物 **2** 被硼氢化钠还原，得到化合物 **3**，产率 40%。

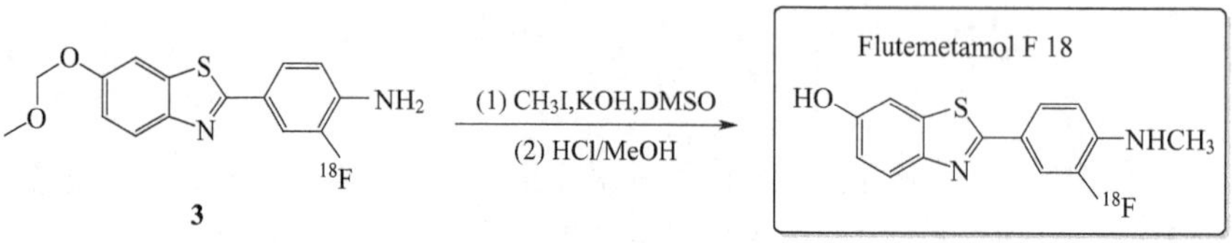

化合物 **3** 和碘甲烷发生亲核取代反应，然后酸性条件下醚键断裂，得到化合物 **4**。

原始文献

WO 2006014381A2，WO2006014382A1，WO2004083195A1.

参考文献

[1] Storey A E，Jones C L，Bouvet D R C，et al. WO 2007020400A1，2007.
[2] Klunk W E，Mathis C A Jr. WO 2006014381A2，2006.
[3] Klunk W E，Mathis C A Jr. WO 2006014382A1，2006.
[4] Klunk W E，Mathis C A Jr，Wang Yanming，et al. WO 2004083195A1，2004.

（张继振）

Gabapentin Enacarbil（加巴喷丁恩那卡比）

药物基本信息

英文通用名	Gabapentin Enacarbil
中文通用名	加巴喷丁恩那卡比
商品名	Horizant
CAS 登记号	478296-72-9
FDA 批准日期	2011/04/06
化学名	(1- { [([(1RS)-1- (isobutyryloxy) ethoxy] carbonyl) amino] methyl} cyclohexyl) acetic acid.
SMILES 代码	OC (CC1 (CNC (OC (C) OC (C (C) C) =O) =O) CCCCC1) =O

化学结构和理论分析

化学结构	理论分析值
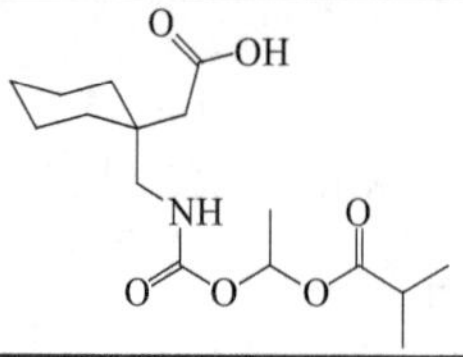	分子式：$C_{16}H_{27}NO_6$ 精确分子量：329.18384 分子量：329.39 元素分析：C，58.34；H，8.26；N，4.25；O，29.14

药品说明书参考网页

生产厂家产品说明书：https://www.horizant.com/
美国药品网：http://www.drugs.com/horizant.html
美国处方药网页：http://www.rxlist.com/horizant-drug.htm

药物简介

Horizant（加巴喷丁恩那卡比 Gabapentin Enacarbil）为加巴喷丁的前药，抗惊厥药物。该药物最初由美国 XenoPort 公司研发，之后由英国葛兰素史克公司通过并购获得了其全球研发、生产及销售权（部分亚洲国家除外）。用于治疗中至重度多动腿综合征（Restless Legs Syndrome，RLS），RLS 是一种能引起强烈驱使腿部移动的病症。患有 RLS 的人们描述他们的腿部感觉有牵拉、瘙痒、麻刺感、灼烧、疼痛，移动腿部可暂时缓解这些感觉。驱使移动常在无活动状态时发生，且症状有特点地在傍晚和清晨加重。Horizant 可引起困倦、眩晕并且会削弱人们驾驶或操作复杂机械的能力。Horizant 有在少数人中可能引起自杀想法和行为的警告信息。

药品上市申报信息

该药物目前有 2 种产品上市。

产品一

药品名称	HORIZANT		
申请号	022399	产品号	001
活性成分	Gabapentin Enacarbil(加巴喷丁恩那卡比)	市场状态	处方药
剂型或给药途径	缓释放口服片剂	规格	600mg
治疗等效代码		参比药物	是
批准日期	2011/04/06	申请机构	XENOPORT INC

产品二

药品名称	HORIZANT		
申请号	022399	产品号	002
活性成分	Gabapentin Enacarbil(加巴喷丁恩那卡比)	市场状态	处方药
剂型或给药途径	缓释放口服片剂	规格	300mg
治疗等效代码		参比药物	否
批准日期	2011/12/13	申请机构	XENOPORT INC

药品专利或独占权保护信息

美国专利号或独占权代码	专利或独占权过期日期	专利保护类型、专利名称或市场独占权保护内容
8048917	2022/11/06	化合物专利，产品专利，专利用途代码 U-1247
8114909	2026/04/11	专利用途代码 U-1231
8686034	2025/01/24	专利用途代码 U-1231
8686034	2025/01/24	专利用途代码 U-1247
8795725	2029/06/10	产品专利，专利用途代码 U-1247

美国专利号或 独占权代码	专利或独占权 过期日期	专利保护类型、专利名称或市场独占权保护内容
8795725	2029/06/10	产品专利，专利用途代码 U-1231
8026279	2026/11/10	化合物专利，产品专利
6818787	2026/11/06	化合物专利，产品专利
I-652	2015/06/06	参见本书附录关于独占权代码部分
NCE	2016/04/06	参见本书附录关于独占权代码部分
ODE	2019/06/06	参见本书附录关于独占权代码部分

合成路线一

这条路线从 Gabapentin（加巴喷丁）开始，比较简洁，只是在最后一步纯化时要用柱色谱，不适合工业生产，总产率也很低，效率比较低下。

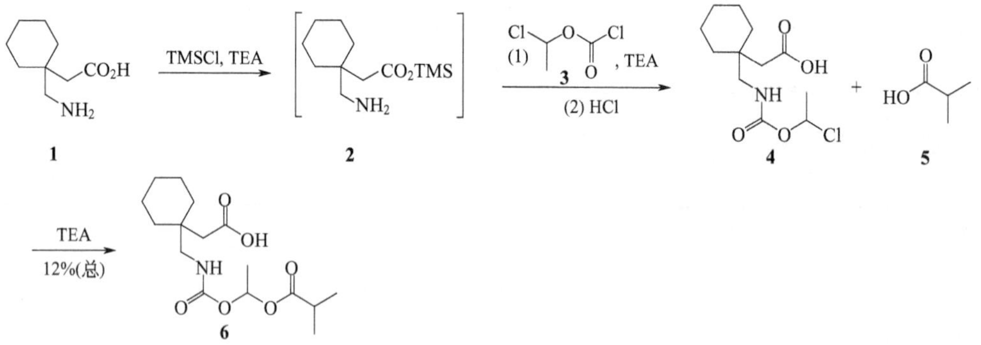

原始文献

J Pharmacol Exp Ther，2004，311：315-323.

合成路线二

这条路线也是从 Gabapentin 开始，利用了烯丙基作为羧基保护基，最后钯碳催化脱除保护基，得到加巴喷丁恩那卡比（8）。

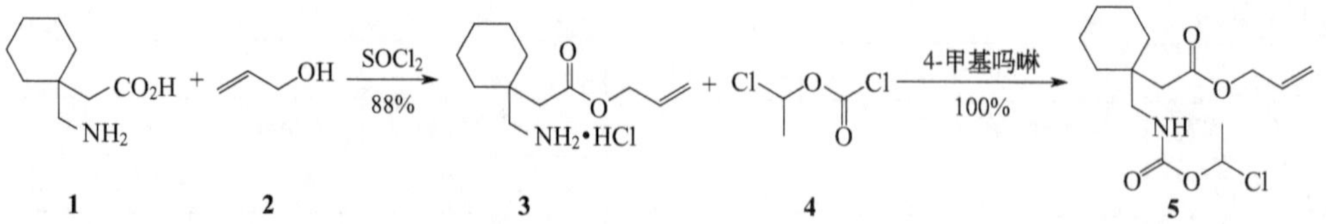

加巴喷丁（1）与烯丙醇（2）在二氯亚砜作用下得到烯丙酯 3，再与氯甲酸-1-氯乙酯（4）反应得到化合物 5。

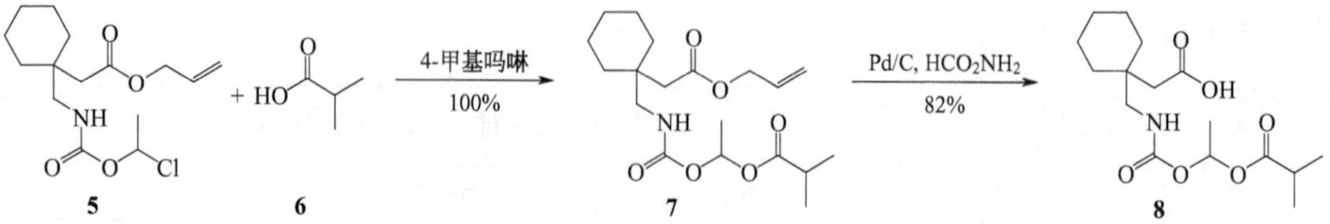

化合物 5 与异丁酸（6）反应得到化合物 7，然后催化氢化脱除烯丙基，得到加巴喷丁恩那卡比（8）。

原始文献

WO2005037784A2，2004.

合成路线三

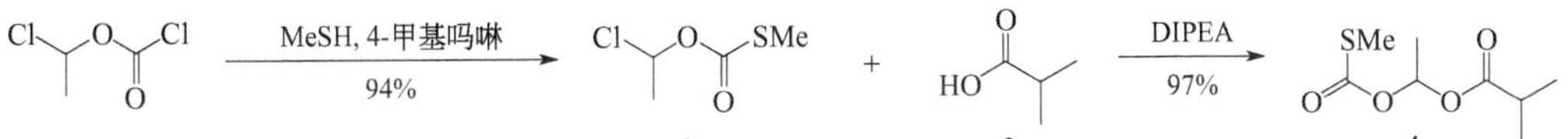

这条路线从氯甲酸-1-氯乙酯（**1**）出发，首先生成硫代碳酸酯 **2**，经异丁酸（**3**）取代氯原子后得到化合物 **4**。

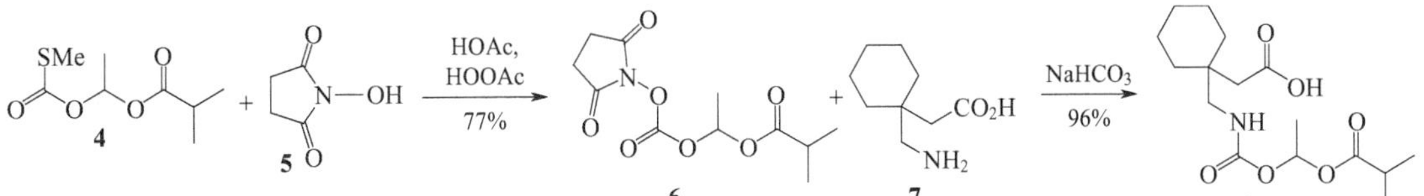

化合物 **4** 与 *N*-羟基琥珀酰亚胺（**5**）（HOSu）用过氧乙酸氧化取代硫酯得到化合物 **6**，再与加巴喷丁（**7**）缩合得到加巴喷丁恩那卡比（**8**）。

原始文献

WO2005066122A2，2005.

合成路线四

这条路线也是通过硫酯活化碳酸酯，不过没有利用琥珀酰胺进一步活化，而是从硫酯 **4** 生成酰氯，再与加巴喷丁（Gabapentin）缩合得到加巴喷丁恩那卡比（**5**）。

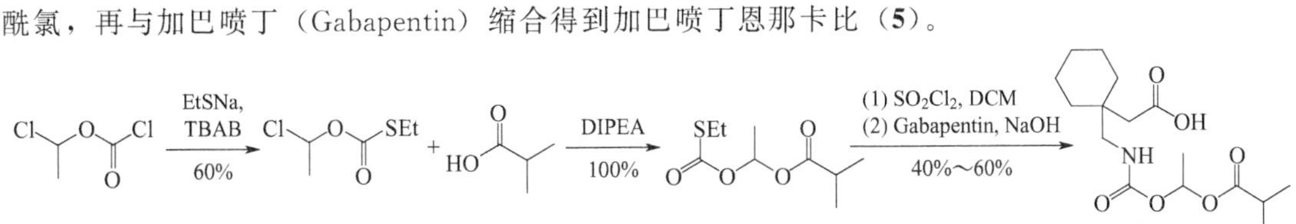

原始文献

US2009318728A1，2009.

合成路线五

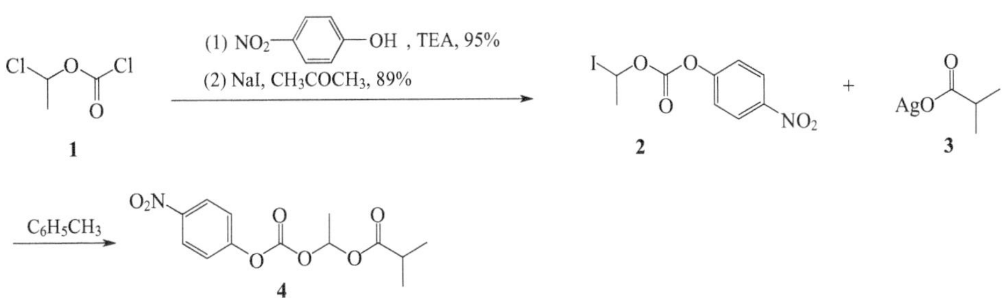

这条路线从氯甲酸-1-氯乙酯（**1**）出发，与对硝基苯酚反应，然后氯被碘取代生成的碘代物 **2** 与异丁酸银盐 **3**（由异丁酸与氧化银反应制备）反应得到化合物 **4**。

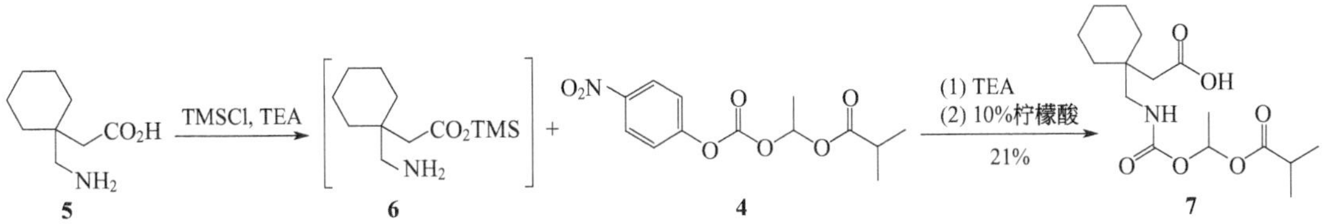

加巴喷丁（**5**）与 TMSCl 生成硅脂中间体 **6**，与上述制得的化合物 **4** 缩合得到加巴喷丁恩那卡比（**7**）。

文献 WO2010063002A2 报道的方法与这条路线类似。

原始文献

US2006229361A1，2006.

合成路线六

这条路线使用了几种芳基碳酸酯活化基团，这里以 2-氟苯基为例，反应如下：从氯甲酸-1-氯乙酯（**1**）出发，与 2-氟苯酚反应得到 2-氟苯基碳酸酯 **2**，然后与异丁酸在氧化亚铜作用下反应得到化合物 **3**，再与加巴喷丁缩合得到加巴喷丁恩那卡比（**4**）。

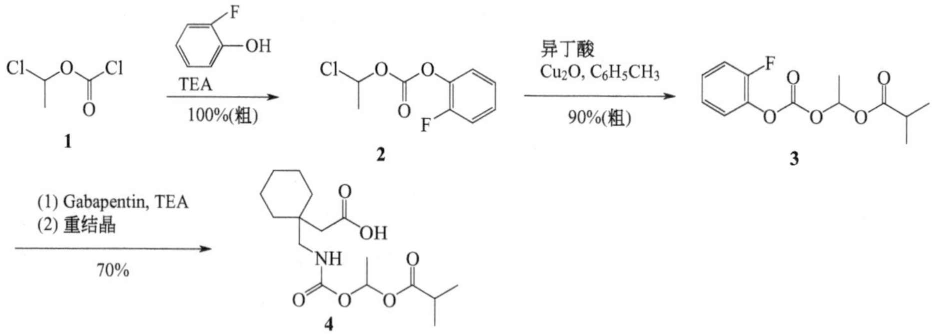

原始文献

US2014243544A1，2014.

（许启海）

Gadobutrol（钆布醇）

药物基本信息

英文通用名	Gadobutrol
中文通用名	钆布醇
商品名	Gadavist
CAS 登记号	138071-82-6
FDA 批准日期	2011/03/11
化学名	gadolinium(Ⅲ)2,2′,2″-(10-((2R,3S)-1,3,4-trihydroxybutan-2-yl)-1,4,7,10-tetraazacyclodo-decane-1,4,7-triyl)triacetate
SMILES 代码	OC[C@@H](O)[C@H](N1CCN(CC([O-])=O)CCN(CC([O-])=O)CCN(CC([O-])=O)CC1)CO.[Gd+3]

化学结构和理论分析

化学结构	理论分析值
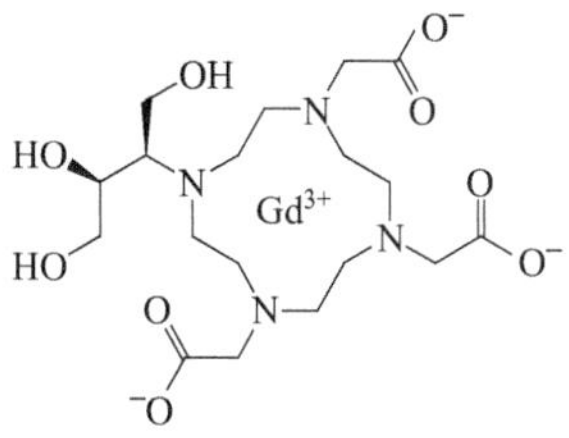	化学式：$C_{18}H_{31}GdN_4O_9$ 精确分子量：605.13320 分子量：604.71 元素分析：C,35.75;H,5.17;Gd,26.00;N,9.27;O,23.81

药品说明书参考网页

生产厂家产品说明书：http://bayerimaging.com/products/gadavist/

美国药品网：http://www.drugs.com/ppa/gadobutrol.html

美国处方药网页：http://www.rxlist.com/gadavist-drug.htm。

药物简介

Gadobutrol 是一种磁共振成像（MRI）显影剂，可用于中枢神经系统患者的磁共振成像。后者使用 Gadobutrol 后，可得到中枢神经系统的对比增强影像，以帮助检测和可视化破坏细胞屏障的病变以及中枢神经系统异常的血液供应和循环。

药品上市申报信息

该药物目前有 6 种产品上市。

产品一

药品名称	GADAVIST		
申请号	201277	产品号	001
活性成分	Gadobutrol(钆布醇)	市场状态	处方药
剂型或给药途径	静脉注射剂	规格	4.5354 g/7.5mL（604.72mg/mL）
治疗等效代码		参比药物	是
批准日期	2011/03/14	申请机构	BAYER HEALTHCARE PHARMACEUTICALS INC

产品二

药品名称	GADAVIST		
申请号	201277	产品号	002
活性成分	Gadobutrol(钆布醇)	市场状态	处方药
剂型或给药途径	静脉注射剂	规格	6.0472g/10mL(604.72mg/mL)
治疗等效代码		参比药物	是
批准日期	2011/03/14	申请机构	BAYER HEALTHCARE PHARMACEUTICALS INC

产品三

药品名称	GADAVIST		
申请号	201277	产品号	003
活性成分	Gadobutrol(钆布醇)	市场状态	处方药
剂型或给药途径	静脉注射剂	规格	9.0708g/15mL(604.72mg/mL)
治疗等效代码		参比药物	是
批准日期	2011/03/14	申请机构	BAYER HEALTHCARE PHARMACEUTICALS INC

产品四

药品名称	GADAVIST		
申请号	201277	产品号	004
活性成分	Gadobutrol(钆布醇)	市场状态	处方药
剂型或给药途径	静脉注射剂	规格	18.1416g/30mL(604.7mg/mL)
治疗等效代码		参比药物	是
批准日期	2011/03/14	申请机构	BAYER HEALTHCARE PHARMACEUTICALS INC

产品五

药品名称	GADAVIST		
申请号	201277	产品号	005
活性成分	Gadobutrol(钆布醇)	市场状态	处方药
剂型或给药途径	静脉注射剂	规格	39.3068g/65mL(604.7mg/mL)
治疗等效代码		参比药物	是
批准日期	2011/03/14	申请机构	BAYER HEALTHCARE PHARMACEUTICALS INC

产品六

药品名称	GADAVIST		
申请号	201277	产品号	006
活性成分	Gadobutrol(钆布醇)	市场状态	处方药
剂型或给药途径	静脉注射剂	规格	1.20944g/2mL(604.72mg/mL)
治疗等效代码		参比药物	是
批准日期	2013/12/18	申请机构	BAYER HEALTHCARE PHARMACEUTICALS INC

药品专利或独占权保护信息

美国专利号或 独占权代码	专利或独占权 过期日期	专利保护类型、专利名称或市场独占权保护内容
5980864	2016/11/09	化合物专利、产品专利、专利用途代码 U-1119
NCE	2016/03/14	参见本书附录关于独占权代码部分
I-688	2017/06/11	参见本书附录关于独占权代码部分

合成路线一

本合成方法来源于 J. Platzek 等人发表的论文［Inorg Chem，1997，36（26）：6086-6093］。

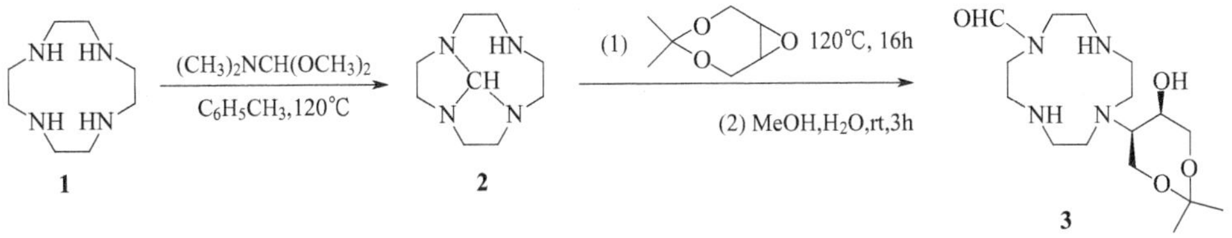

1,4,7,10-四氮杂环十二烷(**1**)与 N,N-二甲基甲酰胺缩二甲醇发生反应，使环上的 3 个 N 被保护，得到化合物 **2**，黄色液体，没有进行纯化，直接用于下一步反应，产率不详。化合物 **2** 与 3,3-二甲基-3,5,7-三氧杂双环［3.1.0］庚烷发生缩合反应得到化合物 **3**，粗产物柱色谱纯化，得黏稠液体，产率 73%。

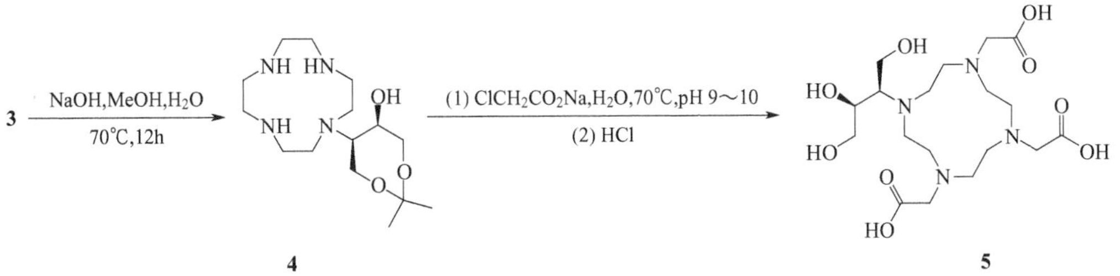

化合物 **3** 在碱性条件下处理得到 N 上单取代的化合物 **4**，黏稠液体，产率 93%。化合物 **4** 与氯乙酸钠进行取代反应，然后进行酸水解，粗产物通过离子交换柱纯化，得到化合物 **5**，无色固体，产率 78%。

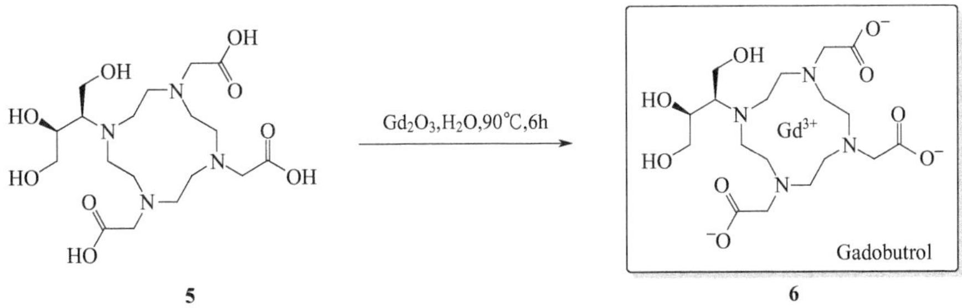

化合物 **5** 与三氧化二钆反应得到目标化合物钆布醇，白色粉末，产率 87%。

原始文献

Inorg Chem，1997，36（26）：6086-6093.

合成路线二

本合成方法来源于德国 Bayer Pharma 公司 J. Platzek 等发表的专利文献（WO2011151347A1，DE 102010023105A1，DE 102010013833A1）。

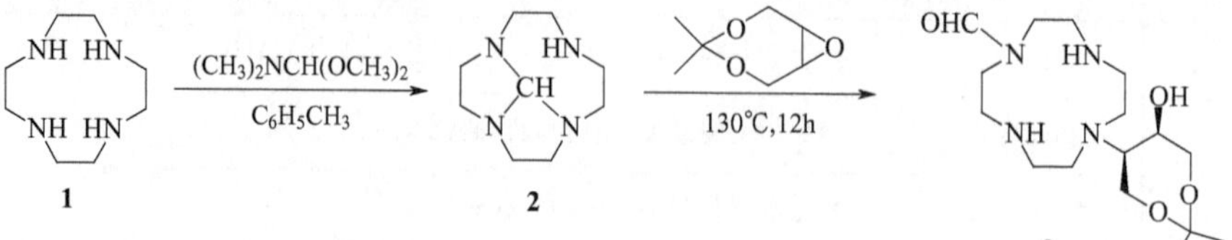

1,4,7,10-四氮杂环十二烷（**1**）与 *N*,*N*-二甲基甲酰胺缩二甲醇发生反应，使环上的 3 个 N 被保护，得到化合物 **2**，没有进行纯化，直接用于下一步反应。化合物 **2** 与 3,3-二甲基-3，5,7-三氧杂双环［3.1.0］庚烷发生缩合反应得到化合物 **3**，没有进行纯化，直接用于下一步反应。

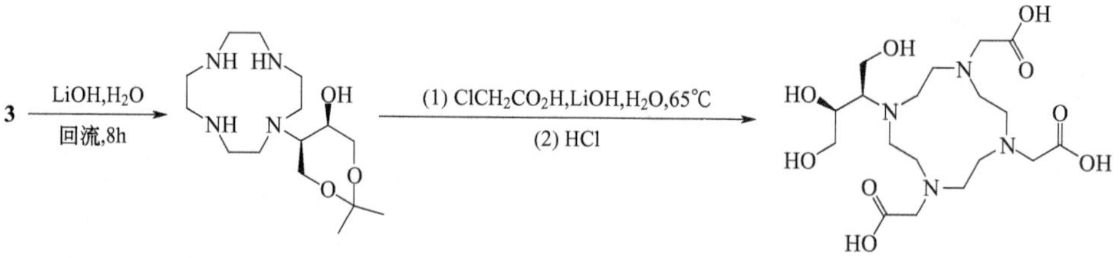

化合物 **3** 在碱性条件下处理得到 N 上单取代的化合物 **4**，没有进行纯化，直接用于下一步反应。化合物 **4** 与氯乙酸锂进行取代反应，然后进行酸水解，得到化合物 **5**，没有进行纯化，直接用于下一步反应。

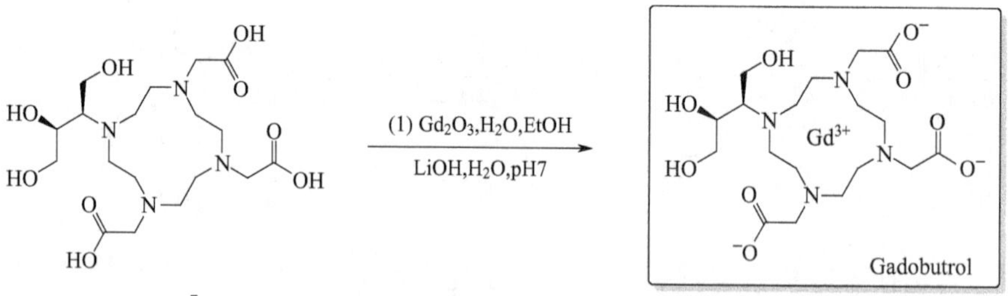

化合物 **5** 与三氧化二钆反应得到目标化合物钆布醇，无色晶体粉末，总产率 84.6%。

原始文献

WO2011151347A1，DE 102010023105A1，DE 102010013833A1.

合成路线三

本合成方法来源于德国 Bayer Pharma 公司 J. Platzek 发表的专利文献（WO 2011054480A1）。

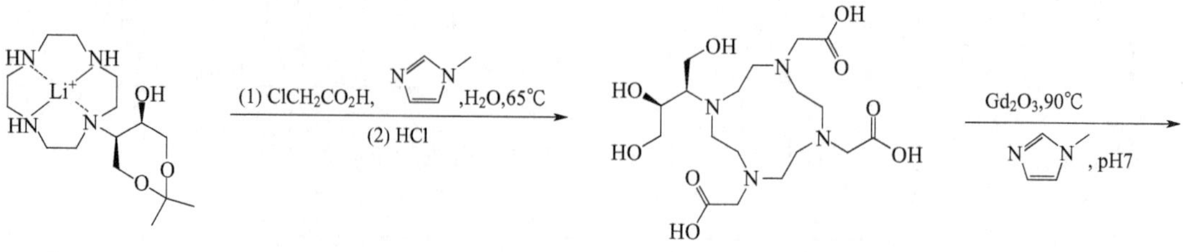

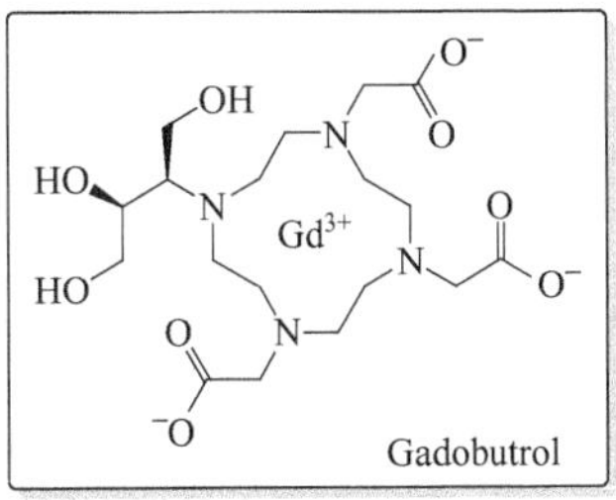

氯乙酸溶解在水中，加入 N-甲基咪唑，得到的溶液和化合物 1 的水溶液反应，然后进行酸水解，得到化合物 2，含量 94.6%。化合物 2 和三氧化二钆反应，用 N-甲基咪唑调节 pH=7，得到目标化合物钆布醇，无色晶体粉末，总产率 88.2%。

原始文献

WO 2011054480A1.

合成路线四

本合成方法来源于德国 Bayer Pharma 公司 J. Platzek 等人发表的专利文献（WO 2002048119）。

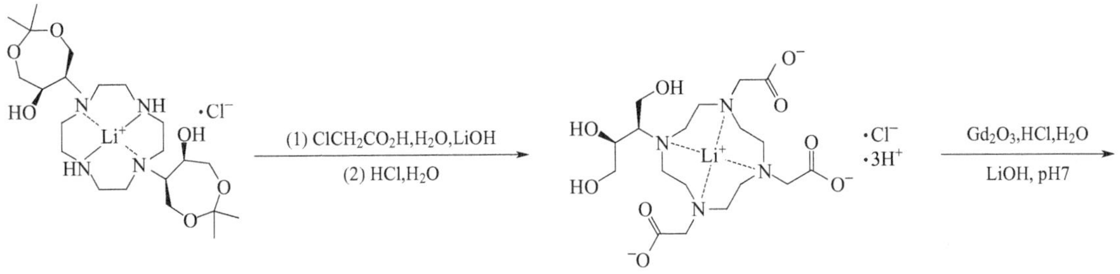

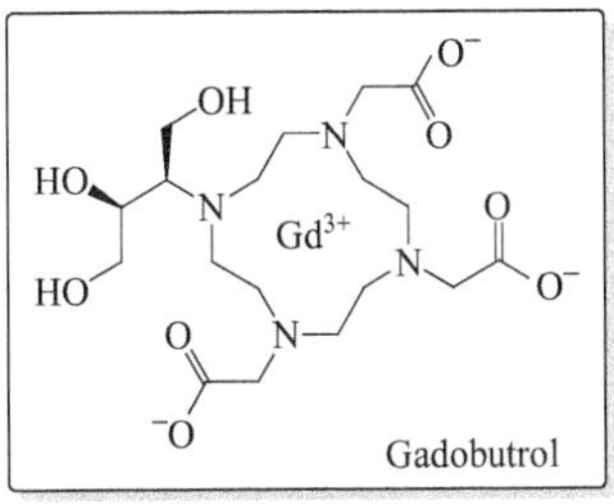

氯乙酸溶解在水中，加入氢氧化锂，得到的溶液和化合物 1 的水溶液反应，得到化合物 2，产率 81.5%。化合物 2 溶解在去离子水中，加浓盐酸调节 pH=3.5，加三氧化二钆，加热到 90℃反应，反应结束，加氢氧化锂一水合物调节 pH=7，得到目标化合物钆布醇，无色晶体粉末，总产率 85%。

原始文献

WO 2002048119.

参考文献

[1] Platzek J，Blaszkiewicz P，Gries H，et al. Synthesis and Structure of a New Macrocyclic Polyhydroxylated Gadolinium Chelate Used as a Contrast Agent for Magnetic Resonance Imaging. Inorg Chem，1997，36（26）：6086.

[2] Platzek J. WO 2011151347A1，2011.

[3] Bayer S P Ar. DE 102010023105A1，2011.

[4] Bayer S P Ar. DE 102010013833A1，2011.

[5]　Platzek J. WO 2011054480A1，2011.

[6]　Platzek J，Blaszkiewicz P，Petrov O，et al. WO 2002048119，2002.

[7]　娄晶莹（编译），胡春（审校）. 钆布醇（Gadobutrol）. 中国药物化学杂志，2011，21（4）：333.

（张继振）

Gadoterate Meglumine（钆特酸葡甲胺）

药物基本信息

英文通用名	Gadoterate Meglumine
中文通用名	钆特酸葡甲胺
商品名	Dotarem
CAS 登记号	92943-93-6
FDA 批准日期	2013/03/20
化学名	(2S,3R,4R,5R)-2,3,4,5,6-pentahydroxy-N-methylhexan-1-aminium gadolinium（Ⅲ）2,2',2'',2'''-(1,4,7,10- tetraazacyclododecane-1,4,7,10-tetrayl)tetraacetate
SMILES 代码	[O-]C(CN1CCN(CC([O-])=O)CCN(CC([O-])=O)CCN(CC([O-])=O)CC1)=O. OC[C@@H](O)[C@@H](O)[C@H](O)[C@@H](O)C[NH2+]C.[Gd+3]

化学结构和理论分析

化学结构	理论分析值
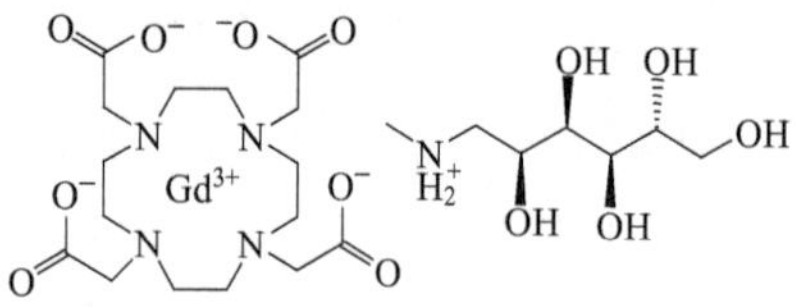	化学式：$C_{23}H_{42}GdN_5O_{13}$ 精确分子量：754.20201 分子量：753.86 元素分析：C,36.64；H,5.62；Gd,20.86；N,9.29；O,27.59

药品说明书参考网页

生产厂家产品说明书：http://www.guerbet-us.com/products/dotarem.html

美国药品网：http://www.drugs.com/cons/gadoterate-intravenous.html

美国处方药网页：http://www.rxlist.com/dotarem-drug.htm

药物简介

钆特酸葡甲胺（Gadoterate Meglumine）注射液是法国加柏（Guerbet）公司开发的一种以元素钆为基础的造影剂（GBCA），于 2013 年 3 月 20 日获美国 FDA 批准在美国上市，商品名为 Dotarem。该药用于患者的脑、脊柱和相关组织的磁共振成像。钆特酸葡甲胺可更有助于看清中枢神经系统损害，钆特酸葡甲胺也有助于鉴别损害边缘和其他损害特点。

药品上市申报信息

该药物目前有 4 种产品上市。

产品一

药品名称	DOTAREM		
申请号	204781	产品号	001
活性成分	Gadoterate Meglumine（钆特酸葡甲胺）	市场状态	处方药
剂型或给药途径	静脉注射剂	规格	37.69g/100mL（376.9mg/mL）
治疗等效代码		参比药物	是
批准日期	2013/03/20	申请机构	GUERBET LLC

产品二

药品名称	DOTAREM		
申请号	204781	产品号	002
活性成分	Gadoterate Meglumine（钆特酸葡甲胺）	市场状态	处方药
剂型或给药途径	静脉注射剂	规格	3.769g/10mL（376.9mg/mL）
治疗等效代码		参比药物	是
批准日期	2013/03/20	申请机构	GUERBET LLC

产品三

药品名称	DOTAREM		
申请号	204781	产品号	003
活性成分	Gadoterate Meglumine（钆特酸葡甲胺）	市场状态	处方药
剂型或给药途径	静脉注射剂	规格	5.6535g/15mL（376.9mg/mL）
治疗等效代码		参比药物	是
批准日期	2013/03/20	申请机构	GUERBET LLC

产品四

药品名称	DOTAREM		
申请号	204781	产品号	004
活性成分	Gadoterate Meglumine（钆特酸葡甲胺）	市场状态	处方药
剂型或给药途径	静脉注射剂	规格	7.538g/20mL（376.9mg/mL）
治疗等效代码		参比药物	是
批准日期	2013/03/20	申请机构	GUERBET LLC

药品专利或独占权保护信息

美国专利号或独占权代码	专利或独占权过期日期	专利保护类型、专利名称或市场独占权保护内容
无专利保护	无	无
NCE	2018/03/20	参见本书附录关于独占权保护部分

合成路线

本合成方法来源于以下几个专利和论文：T. J. Meade 等人发表的专利（US 20040146463）、G. J. Stasiuk 等人发表的论文（Chem Commun，2013，49：564-566）和袁航空等人发表的论文[精细化工，2010，27（1）：38-42，56]。

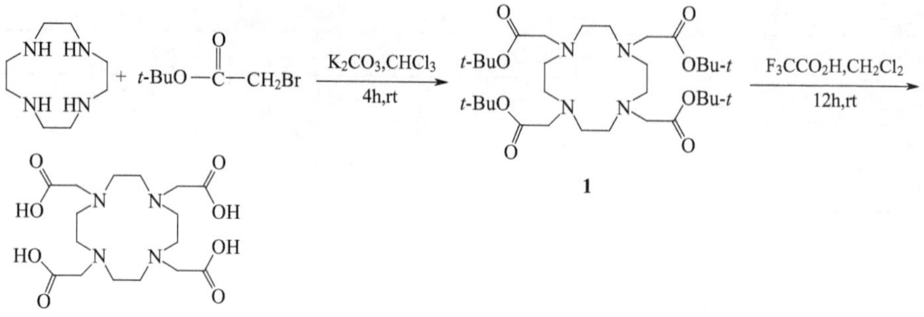

碳酸钾作为缚酸剂，1,4,7,10-四氮十二烷与溴代乙酸叔丁酯经 N-烃基化反应，得到化合物 1，产率不详。化合物 1 进行酯水解反应得到化合物 2。

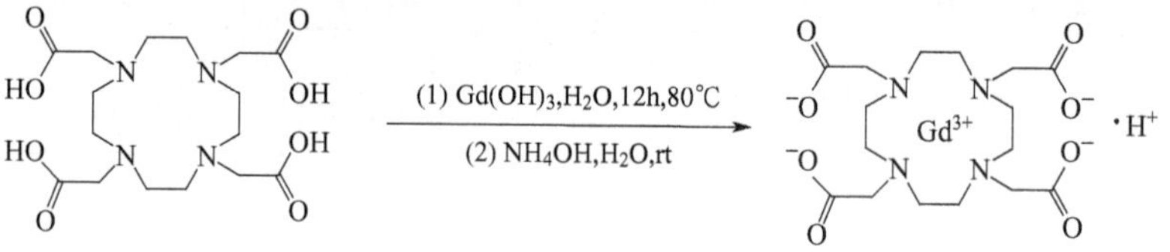

化合物 2 与氢氧化钆反应后用氨水调节 pH 值为 11，得到钆特酸 3，产率 57.3%。

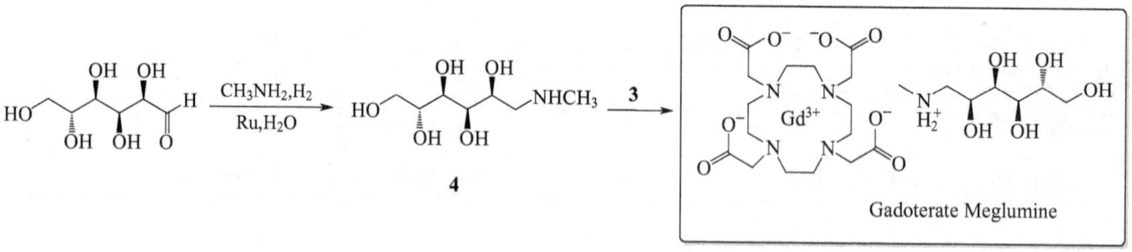

葡萄糖与甲胺经还原胺化反应得葡萄糖甲胺（4），葡萄糖的转化率达到 100%。化合物 4 与化合物 3 成盐即得钆特酸葡甲胺（5）。

原始文献

US 20040146463A1，2004；Chem Commun，2013，49：564-566；精细化工，2010，27（1）：38-42，56.

参考文献

[1] Meade T J，Allen M J，Bakan D A. US 20040146463A1. 2004.

[2] Stasiuk G J，Smith H，Wylezinska-Arridge M，et al. Gd³⁺ cFLFLFK Conjugate for MRI：a Targeted Contrast Agent for FPR1 in Inflammation. Chem Commun，2013，49：564.

[3] 袁航空，李秋小，李运玲. N-十二烷基-N-甲基葡萄糖酰胺的合成. 精细化工，2010，27（1）：38.

[4] 韩晓丹（编译），郭春（审校）. 钆特酸葡甲胺（Gadoterate Meglumine）. 中国药物化学杂志，2013，23（5）：423.

（张继振）

Ibrutinib（依鲁替尼）

药物基本信息

英文通用名	Ibrutinib
中文通用名	依鲁替尼
商品名	Imbruvica
CAS 登记号	936563-96-1
FDA 批准日期	2013/11/13
化学名	1-[(3R)-3-[4-amino-3-(4-phenoxyphenyl)pyrazolo[3,4-d]pyrimidin-1-yl]piperidin-1-yl]prop-2-en-1-one
SMILES 代码	CC(O[C@H]1CC[C@]2(C)C3CC[C@]4(C)C(C5=CC=CN=C5)=CCC4C3CC=C2C1)=O

化学结构和理论分析

化学结构	理论分析值
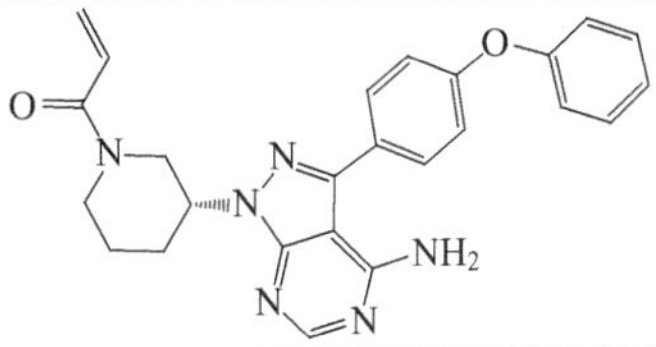	化学式：$C_{25}H_{24}N_6O_2$ 精确分子量：440.1961 分子量：440.5070 元素分析：C,68.17；H,5.49；N,19.08；O,7.26

药品说明书参考网页

生产厂家产品说明书：http://www.imbruvica.com

美国药品网：http://www.drugs.com/history/imbruvica.html

美国处方药网页：http://www.rxlist.com/imbruvica-drug.htm

药物简介

依鲁替尼是一种口服的名为布鲁顿酪氨酸激酶（BTK）抑制剂的首创新药，该药通过与靶蛋白 BTK 活性位点半胱氨酸残基（Cys-481）选择性地共价结合，不可逆地抑制其活性，从而有效地阻止肿瘤从 B 细胞迁移到适应于肿瘤生长环境的淋巴组织。BTK 全称 Bruton'styrosinekinase，在 BCR 信号通路、细胞因子受体信号通路中传递信号，介导 B 细胞的迁移、趋化、黏附。临床前研究证明，依鲁替尼能够抑制恶性 B 细胞的增殖、生存。

药品上市申报信息

该药物目前有 1 种产品上市。

药品名称	IMBRUVICA		
申请号	205552	产品号	001
活性成分	Ibrutinib(依鲁替尼)	市场状态	处方药
剂型或给药途径	口服胶囊	规格	140mg
治疗等效代码		参比药物	是
批准日期	2013/11/13	申请机构	PHARMACYCLICS INC

药品专利或独占权保护信息

美国专利号或 独占权代码	专利或独占权 过期日期	专利保护类型、专利名称或市场独占权保护内容
8497277	2026/12/28	专利用途代码 U-1456
8497277	2026/12/28	专利用途代码 U-1491
8476284	2026/12/28	专利用途代码 U-1491
8476284	2026/12/28	专利用途代码 U-1456
8703780	2026/12/28	专利用途代码 U-1491
8754090	2031/06/03	专利用途代码 U-1456
8697711	2026/12/28	化合物专利，产品专利
8754091	2026/12/28	产品专利
8008309	2026/12/28	化合物专利，产品专利
8735403	2026/12/28	化合物专利，产品专利
7514444	2026/12/28	化合物专利，产品专利
NCE	2018/11/13	参见本书附录关于独占权代码部分
ODE	2020/11/13	参见本书附录关于独占权代码部分
I-680	2017/02/12	参见本书附录关于独占权代码部分
ODE	2021/02/12	参见本书附录关于独占权代码部分
I-689	2017/07/28	参见本书附录关于独占权代码部分
ODE	2021/07/28	参见本书附录关于独占权代码部分

合成路线一

本合成方法来源于 Pan Zhengying 等人发表在 ChemMedChem 上的研究论文，其特点是以化合物 **1** 为原料，与 N-叔丁氧羰基-3-羟基哌啶进行取代反应得到中间体 **2**，其 1-位哌啶环酰氨基酸性水解后再与丙烯酰氯反应可得到依鲁替尼（**3**）。

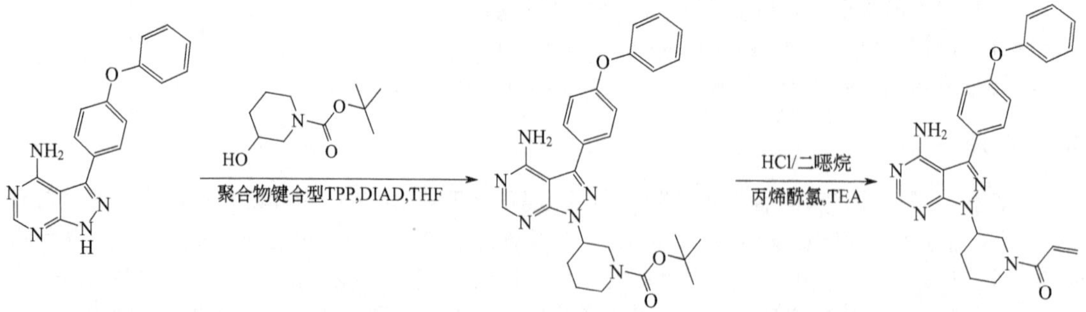

在三苯基膦聚合物和偶氮二甲异丙酯的共存条件下，化合物 **1** 在 THF 中与 N-叔丁氧羰基-3-羟基哌啶反应，在吡唑并嘧啶环的 1-位上与 N-叔丁氧羰基哌啶相连，分离出 11％中间体 **2**。在二噁烷（二氧六环）中用盐酸对哌啶环上的酰氨基水解，然后在三乙胺催化下与丙烯酰氯缩合，以 50％的产率得到依鲁替尼（**3**）。

原始文献

ChemMedChem，2007，2：58-61.

合成路线二

本合成方法来源于 Pharmacyclics 制药公司发表的专利文献（US 2008 0108636 A1）。该发明提供了一种依鲁替尼的制备方法，该专利包含下述六步反应。

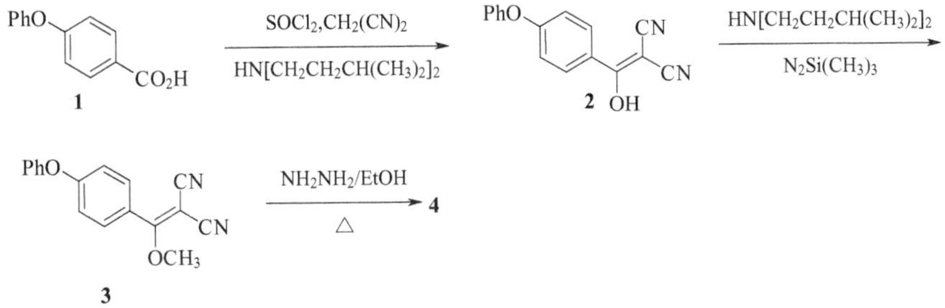

对苯氧基苯甲酸（**1**）与亚硫酰氯作用形成酰氯后，在二异丙乙基胺催化下与丙二腈发生缩合，以96%的产率得到取代苯乙烯**2**，经三甲基硅基重氮甲烷作用转化为甲基化产物**3**（63%）。

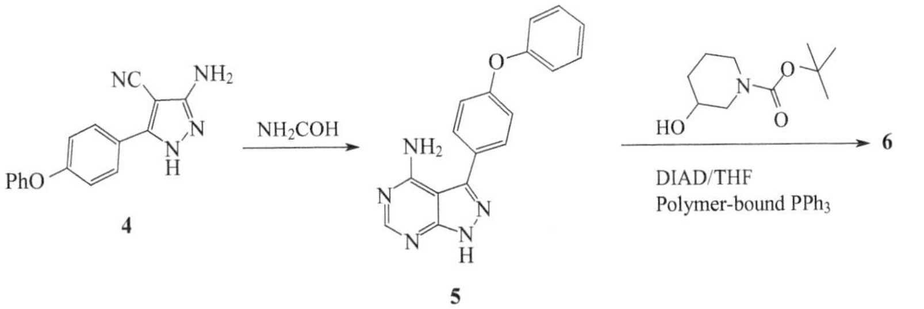

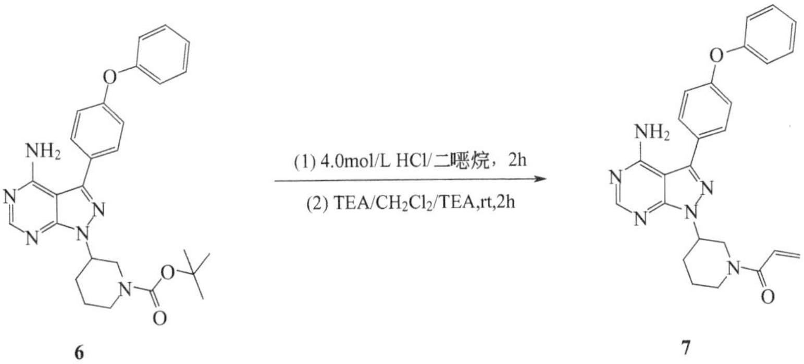

在乙醇中通过与肼回流反应环合成三取代吡唑**4**，再于甲酰胺中于180℃环合成吡唑并嘧啶**5**，然后，采用与合成路线一相似的步骤对其进行处理，最后转化成依鲁替尼（**7**）。

原始文献

US20080108636A1.

合成路线三

本合成方法来源于药品循环公司申请的专利文献（CN101610676B）。该发明提供了一种依鲁替尼的制备方法，该专利包含下述六步反应。

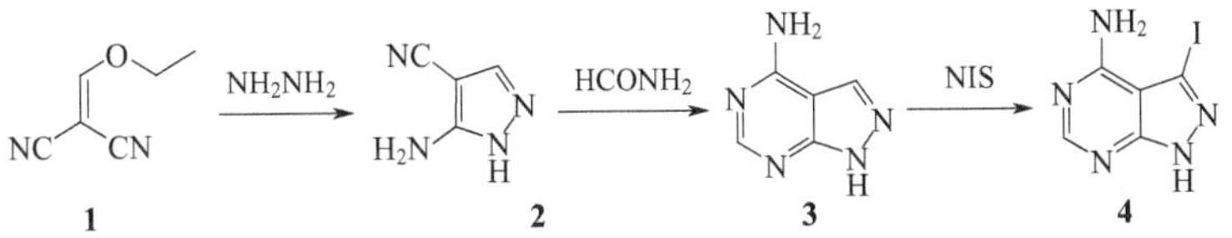

从乙氧基二氰基乙烯（**1**）开始，与肼发生环合反应并得到3-氨基-4-氰基吡唑（**2**），再与甲酰胺作用则得到4-氨基吡唑并［3,4-*d*］嘧啶（**3**）；选择碘代丁二酰亚胺为碘化剂，对**3**实施亲电取代反应并生成3-碘代-4-氨基吡唑并嘧啶（**4**）。

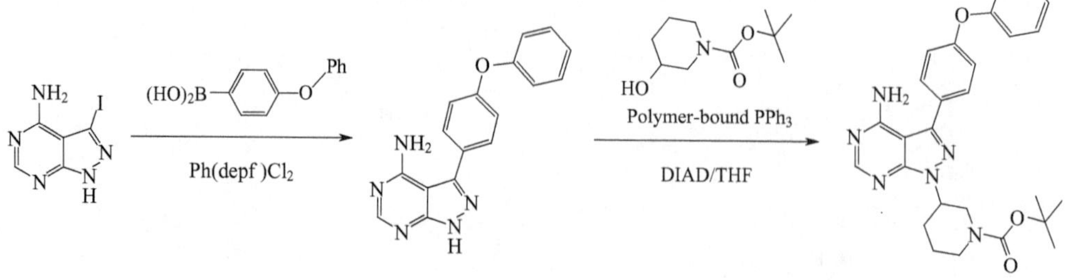

4　　5　　6

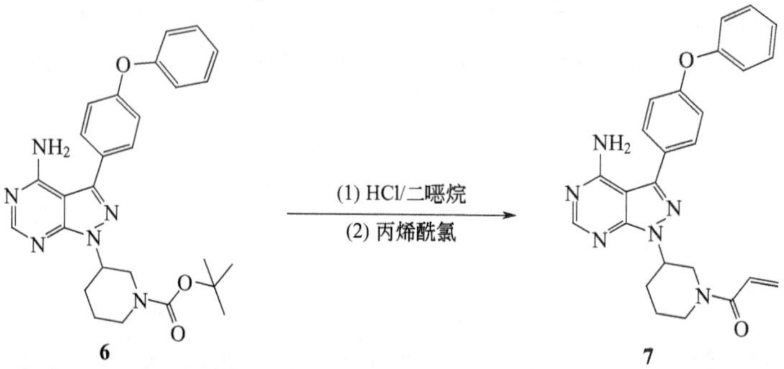

6　　7

3-碘代吡唑并嘧啶（**4**）与对苯氧基苯硼酸的钯催化偶联反应转化成 3-苯氧苯基-4 氨基吡唑并［3,4-*d*］嘧啶（**5**），再采用与合成路线一相似的步骤完成依鲁替尼（**7**）的合成。

原始文献

CN101610676B.

合成路线四

该合成方法来源于苏州明锐医药科技有限公司许学农的专利申请书（CN103626774A）。该方法具有原料易得、工艺简洁、环保经济且适合工业化的优点。具体包括以下几个步骤：

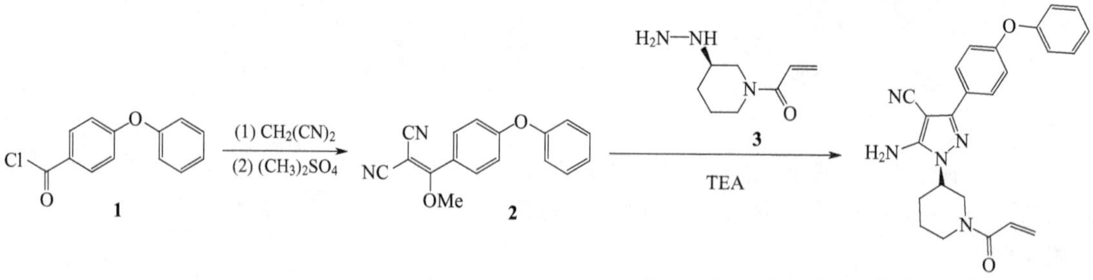

4

通过 4-苯氧基苯甲酰氯（**1**）与丙二腈的缩合及进一步用硫酸二甲酯甲氧化得到 4-苯氧基苯基(甲氧基）亚乙烯基二氰甲烷（**2**）（63.8%），在三乙胺催化下与 1-(3*R*-肼基-1-哌啶基)-2-丙烯-1-酮（**3**）回流反应得到 1-[(3*R*)-3-[3-(4-苯氧基苯基)-4-腈基-5-氨基-1*H*-吡唑基]-1-哌啶基]-2-丙烯-1-酮（**4**）（80.4%）。

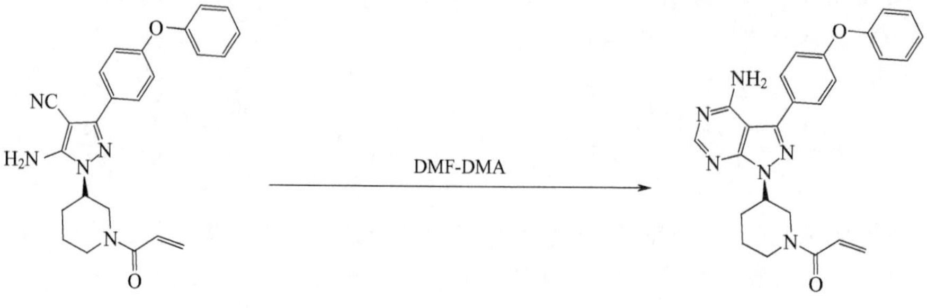

4　　5

化合物 4 与 *N*,*N*-二甲基甲酰胺二甲基缩醛在乙酸存在下反应后即得目标产物 **5**（72.7%）。

原始文献

CN103626774A.

合成路线五

该合成路线来源于苏州迪飞医药科技有限公司叶锋和方华详的专利申请书（CN103121999A）。该路线反应条件温和，操作简单，便于纯化，成本低廉，环境友好且适合规模化生产。具体步骤包含以下过程：

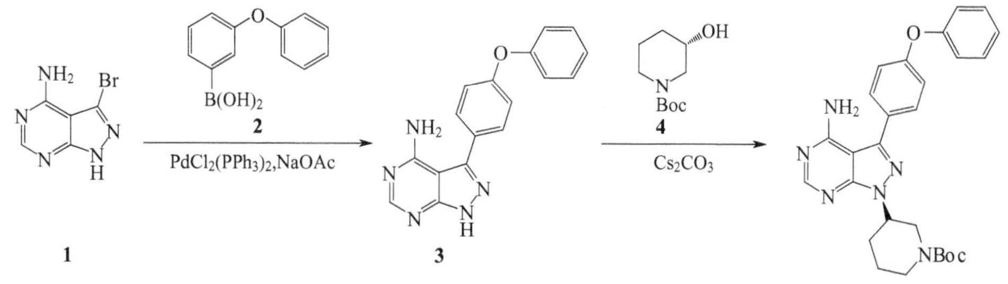

化合物 **1** 和化合物 **2** 在 $PdCl_2(PPh_3)_2$ 及醋酸钠催化下发生偶联反应得到化合物 **3**（71%），在碳酸铯存在下与化合物 **4** 缩合得到化合物 **5**（76%）。

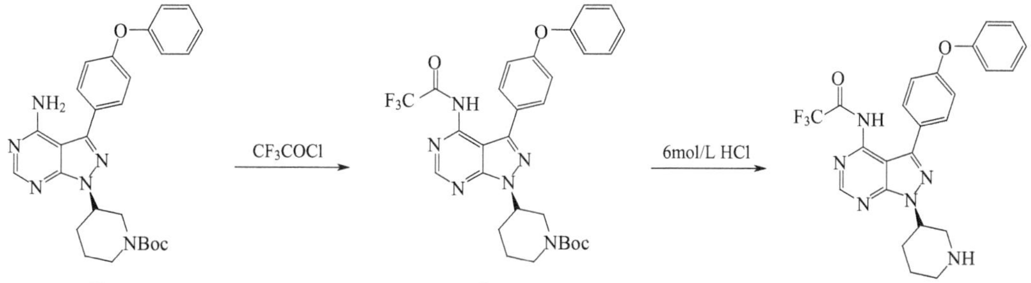

化合物 **5** 用三氟乙酰氯保护氨基得到化合物 **6**（86%），6mol/L 盐酸脱除 Boc 保护基后得到化合物 **7**（80%）。

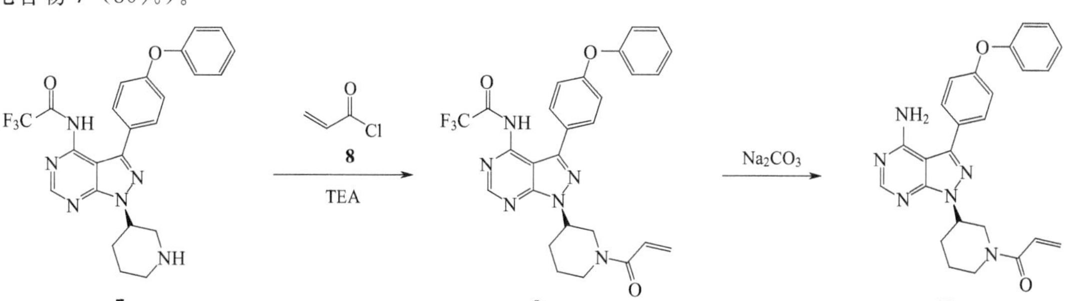

化合物 **7** 与丙烯酰氯（**8**）在三乙胺存在下反应得到化合物 **9**，碱性条件下水解三氟乙酰胺后即得目标产物 **10**（65%）。

原始文献

CN103121999A.

参考文献

[1]　Z Y Pan，H Scheerens，S J Li，et al. Discovery of selective irreversible inhibitors for bruton's tyrosine kinase.

ChemMedChem，2007，2：58-61.

[2] Lee H，Verner，E，Pan，Z. Inhibitors bruton's tyrosine kinase. US20080108636A1，2008.

[3] J J Buggy，B Y Chang. Methods and compositions for inhibition of bone resorption. US2013 0178483A1，2013.

[4] E. 维尔纳，L. 霍尼伯格，Z. 潘. 布鲁顿酪氨酸激酶的抑制剂. CN101610676B，2006.

[5] 许学农. 伊鲁替尼的制备方法. CN103626774A，2013.

[6] 叶峰，方华祥. 一种酪氨酸激酶抑制剂 PCI-32765 的合成方法. CN103121999A，2012.

（王进军）

Icatibant（艾替班特）

药物基本信息

英文通用名	Icatibant
中文通用名	艾替班特
商品名	Firazyr®
CAS 登记号	130308-48-4
FDA 批准日期	2011/08/25
化学名	D-arginyl-L-arginyl-L-prolyl-L-[（4R）-4-hydroxyprolyl]-glycyl-L-[3-（2-thienyl）alanyl]-L-seryl-D-（1，2，3，4-tetrahydroisoquinolin-3-ylcarbonyl）-L-[（3aS，7aS）-octahydroindol-2-ylcarbonyl]-L-arginine
SMILES 代码	O=C(N[C@@H](CO)C(N1[C@@H](C(N([C@](CCCC2)([H])[C@]2([H])C3)[C@@H]3C(N[C@@H](CCCNC(N)=N)C(O)=O)=O)=O)CC(C=CC=C4)=C4C1)=O)[C@H](CC5=CC=CS5)NC(CNC([C@@H]6C[C@@H](O)CN6C([C@H]7N(C([C@@H](NC([C@@H](CCCNC(N)=N)N)=O)CCCNC(N)=N)=O)CCC7)=O)=O)=O

化学结构和理论分析

化学结构	理论分析值
	化学式：$C_{59}H_{89}N_{19}O_{13}S$ 精确分子量：1303.66 分子量：1304.54 元素分析：C，54.32；H，6.88；N，20.40；O，15.94；S，2.46

药品说明书参考网页

生产厂家产品说明书：https：//www.firazyr.com/

美国药品网：http://www.drugs.com/firazyr.html

美国处方药网页：http://www.rxlist.com/firazyr-drug.htm

药物简介

艾替班特是一种对缓激肽 B2 受体具有选择性的竞争性拮抗剂，与受体的亲和力同缓激肽相当。遗传性血管水肿产生的原因在于 C1 酯酶抑制剂的缺乏或功能失调所致，这是生成缓激肽的凝血因子Ⅻ/激肽释放酶蛋白水解级联反应中一个关键性调节因子。缓激肽是一种血管扩张剂，与 HAE 特征性症状如局部肿胀、炎症和疼痛相关。艾替班特可抑制缓激肽与 B2 受体结合，从而可以对成年中遗传性血管水肿（HAE）急性发作有效。

药品上市申报信息

该药物目前有 1 种产品上市。

药品名称	ICATIBANT		
申请号	022150	产品号	001
活性成分	Icatibant Acetate(醋酸艾替班特)	市场状态	处方药
剂型或给药途径	皮下注射剂	规格	30mg/3mL(相当于艾替班特自由碱 19mg/mL)
治疗等效代码		参比药物	是
批准日期	2011/08/25	申请机构	SHIRE ORPHAN THERAPIES INC

药品专利或独占权保护信息

美国专利号或独占权代码	专利或独占权过期日期	专利保护类型、专利名称或市场独占权保护内容
5648333	2015/07/15	化合物专利，产品专利，专利用途代码 U-1187
NCE	2016/08/25	参见本书附录关于独占权代码部分
ODE	2018/08/25	参见本书附录关于独占权代码部分

合成路线

文献［1、2］对艾替班特的合成路线进行了报道，通过 Fmoc 固相合成法在 Milligen 9050 蛋白质固相合成仪上，以 Fmoc-Arg(Pmc)-PAC-PEG-PS 树脂为起始原料，经过 10 步反应合成多肽分子，再用三氟乙酸裂解掉树脂小球，过滤，重结晶，真空冷冻干燥后得到艾替班特。

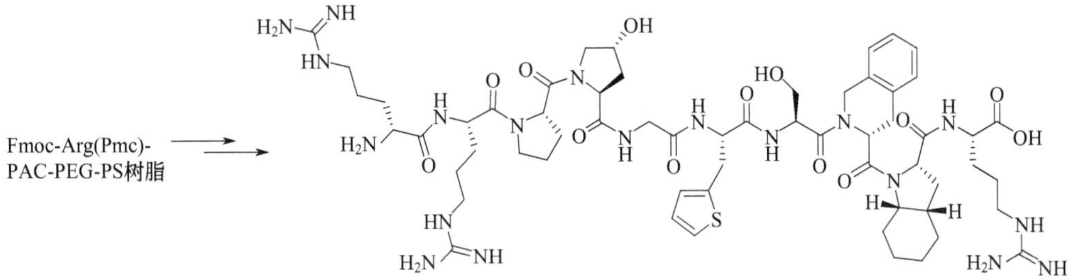

参考文献

［1］ Henke S，Anagnostopulos H，Breipohl G，et al. Preparation of H-D-argpeptidylarginines and analogs as bradykinin antagonists. EP 370453A2，1990.

［2］ Quartara L，Ricci R，Meini S，et al. Ala scan analogues of HOE 140. Synthesis and biological activities. Eur J Med Chem，2000，35：1001-1010.

（王进军）

Idelalisib（艾代拉里斯）

药物基本信息

英文通用名	Idelalisib
中文通用名	艾代拉里斯
商品名	Zydelig®
CAS 登记号	870281-82-6
FDA 批准日期	2014/07/23
化学名	(S)-2-(1-(9H-purin-6-ylamino)propyl)-5-fluoro-3-phenylquinazolin-4(3H)-one
SMILES 代码	O=C1N(C2=CC=CC=C2)C([C@@H](NC3=C4N=CNC4=NC=N3)CC)=NC5=C1C(F)=CC=C5

化学结构和理论分析

化学结构	理论分析值
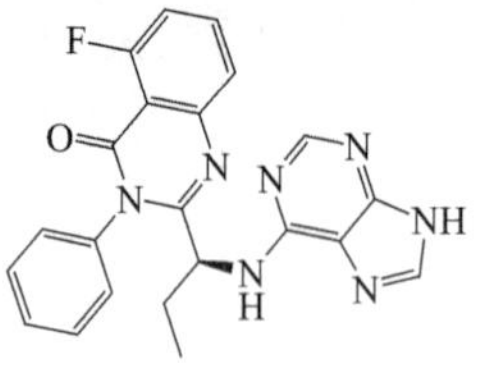	分子式：$C_{22}H_{18}FN_7O$ 精确分子量：415.1557 分子量：415.4230 元素分析：C,63.61;H,4.37;F,4.57;N,23.60;O,3.85

药品说明书参考网页

生产厂家产品说明书：http://www.zydelig.com/

美国药品网：http://www.drugs.com/cdi/idelalisib.html

美国处方药网页：http://www.rxlist.com/zydelig-drug.htm

药物简介

Zydelig 是一种磷酸肌醇 3-激酶（PI3K）δ 抑制剂，抑制 BCR、CXCR4、CXCR5 信号通路，诱导 B 细胞凋亡以及抑制 B 细胞增殖。适用于顽固性滤泡性 B-细胞非霍金淋巴瘤（FL）、慢性淋巴细胞白血病（CLL）和顽固性小细胞淋巴瘤（SLL）。

药品上市申报信息

该药物目前有 4 种产品上市。

产品一

药品名称	ZYDELIG		
申请号	205858	产品号	001
活性成分	Idelalisib(艾代拉里斯)	市场状态	处方药
剂型或给药途径	口服片剂	规格	100mg
治疗等效代码		参比药物	否
批准日期	2014/07/23	申请机构	GILEAD SCIENCES INC

产品二

药品名称	ZYDELIG		
申请号	205858	产品号	002
活性成分	Idelalisib（艾代拉里斯）	市场状态	处方药
剂型或给药途径	口服片剂	规格	150mg
治疗等效代码		参比药物	是
批准日期	2014/07/23	申请机构	GILEAD SCIENCES INC

产品三

药品名称	ZYDELIG		
申请号	206545	产品号	001
活性成分	Idelalisib（艾代拉里斯）	市场状态	处方药
剂型或给药途径	口服片剂	规格	100mg
治疗等效代码	TBD	参比药物	是
批准日期		申请机构	GILEAD SCIENCES INC

产品四

药品名称	ZYDELIG		
申请号	206545	产品号	002
活性成分	Idelalisib（艾代拉里斯）	市场状态	处方药
剂型或给药途径	口服片剂	规格	150mg
治疗等效代码	TBD	参比药物	是
批准日期		申请机构	GILEAD SCIENCES INC

药品专利或独占权保护信息

美国专利号或独占权代码	专利或独占权过期日期	专利保护类型、专利名称或市场独占权保护内容
6800620	2021/04/24	化合物专利，专利用途代码 U-1560
6949535	2021/04/24	化合物专利，专利用途代码 U-1560
8138195	2021/04/24	化合物专利，产品专利
8492389	2021/04/24	化合物专利，产品专利
8637533	2021/04/24	化合物专利，产品专利
8865730	2033/03/05	化合物专利，产品专利，专利用途代码 U-1615
RE44599	2025/07/21	专利用途代码 U-1558
RE44638	2025/08/05	化合物专利，产品专利
NCE	2019/07/23	参见本书附录关于独占权代码部分

合成路线

本方法由 Icos 公司发表的专利文献（WO2005113556A1）：

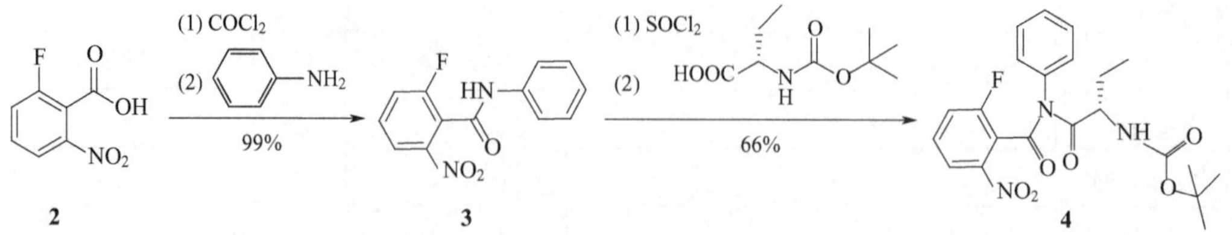

其特点是以 2-氟-6-硝基苯甲酸（**2**）为起始原料，将酸基转化成酰氯后与苯胺反应生成酰胺 **3**，再经历与 N-Boc-2-氨基丁酸反应生成双酰胺 **4**。

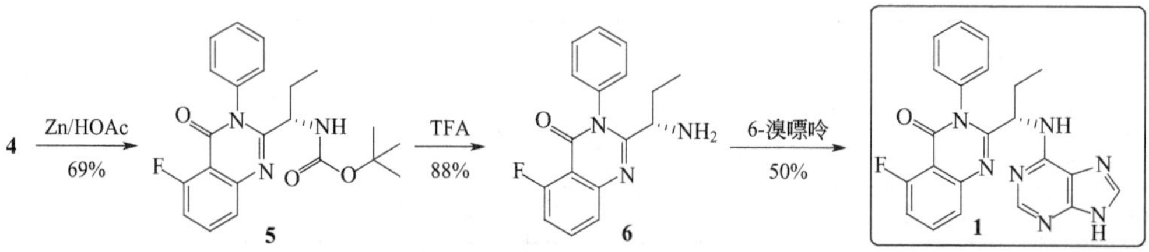

双酰胺 **4** 经锌粉还原环合得化合物 **5**，接着用三氟乙酸脱去 Boc，在碱性条件下，与 6-溴嘌呤直接合成艾代拉里斯（**1**）。此合成路线所涉及方法较经典，重复性好，5 步反应总收率 19.8%，但后处理多步需柱色谱分离纯化，制备过程使用到二氯亚砜等试剂易产生有毒气体，对环境不友好，不适应工业化生产。

原始文献

WO2005/113556A1.

参考文献

Carra E，Gerber M，Shi B，Sujino K，Tran D，Wang F. Polymorphic forms of（S）-2-(1-(9H-purin-6-ylamino)propyl)-5-fluoro-3-phenylquinazonlin-4(3H)-one. WO 2013134288A1，2013.

（周文）

Indacaterol（茚达特罗）

药物基本信息

英文通用名	Indacaterol
中文通用名	茚达特罗
商品名	Arcapta Neohaler
CAS 登记号	312753-06-3
FDA 批准日期	2011/07/01
化学名	（R）-5-[2-[（5,6-diethyl-2,3-dihydro-1H-inden-2-yl）amino]-1-hydroxyethyl]-8-hydroxyquinolin-2(1H)-one
SMILES 代码	O=C1NC2=C(C([C@@H](O)CNC3CC4=C(C=C(CC)C(CC)=C4)C3)=CC=C2O)C=C1

化学结构和理论分析

化学结构	理论分析值
	化学式：$C_{24}H_{28}N_2O_3$ 精确分子量：392.21 分子量：392.50 元素分析：C，73.44；H，7.19；N，7.14；O，12.23

药品说明书参考网页

生产厂家产品说明书：http://us.quo.novartis.com/arcapta/index
美国药品网：http://www.drugs.com/dosage/arcapta-neohaler.html
美国处方药网页：http://www.rxlist.com/arcapta-neohaler-drug.htm

药物简介

茚达特罗为支气管舒张剂，属于长效吸入 β2 受体激动剂（LABA）类，适用于成人慢性阻塞性肺疾病（COPD）患者的维持治疗。吸入茚达特罗后其在肺内局部发挥支气管扩张剂的作用。虽然 β2 受体是支气管平滑肌中的主要肾上腺素受体，而 β1 受体是心脏中的主要受体，但在人体心脏中也存在 β2 肾上腺素受体，占全部肾上腺素受体的 10%～50%。虽然尚不清楚这些受体的确切功能，但它们的存在提示了一种可能性，即：即使高选择性的 β2 肾上腺素受体激动剂也可能有影响心脏的作用。包括茚达特罗在内的 β2 肾上腺素受体激动剂药物的药理学作用，至少部分来自于细胞内腺苷环化酶的激活，该酶能够催化三磷酸腺苷（ATP）转化为环-3′,5′-一磷酸腺苷（环一磷酸腺苷）。环磷酸腺苷（cAMP）水平升高引起支气管平滑肌松弛。体外研究显示长效 β2 肾上腺素受体激动剂茚达特罗对 β2 受体的激动活性高于 β1 受体 24 倍，高于 β3 受体 20 倍。尚不明确这些发现的临床意义。

药品上市申报信息

该药物目前有 1 种产品上市。

药品名称	ARCAPTA NEOHALER		
申请号	022383	产品号	001
活性成分	Indacaterol Maleate(马来酸茚达特罗)	市场状态	处方药
剂型或给药途径	吸入粉末剂	规格	$75\mu g$
治疗等效代码		参比药物	是
批准日期	2011/07/01	申请机构	NOVARTIS PHARMACEUTI-CALS CORP

药品专利或独占权保护信息

美国专利号或独占权代码	专利或独占权过期日期	专利保护类型、专利名称或市场独占权保护内容
6878721	2020/10/10	化合物专利、产品专利、专利用途代码 U-1168
8067437	2020/06/02	专利用途代码 U-1168
8479730	2028/10/11	产品专利
NCE	2016/07/01	参见本书附录关于独占权代码部分

合成路线一

本合成路线来源于诺华 François Baur 等人发表的论文（J Med Chem，2010，53：3675-3684），其合成分为两部分，即伯胺 **4** 和带有手性环氧结构的喹啉酮 **9**。

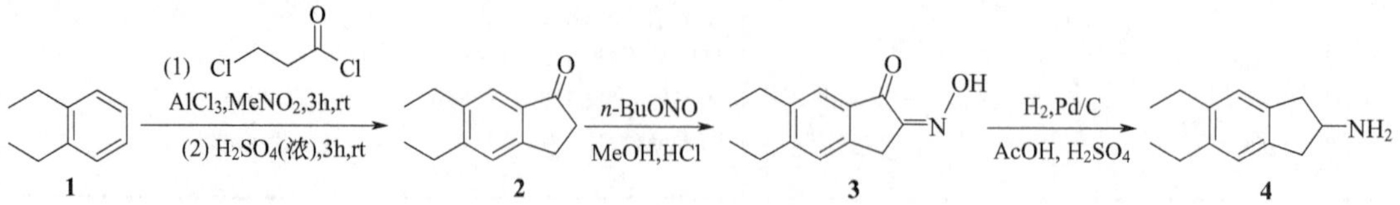

伯胺的合成起始于 1,2-二乙基苯（**1**），经两步傅克反应而环合成茚酮（**2**，两步产率为83%）；选用亚硝酸酯对其进行亚硝化，所得肟 **3** 再经钯碳催化氢化还原得到伯胺 **4**（两步产率 35%）。

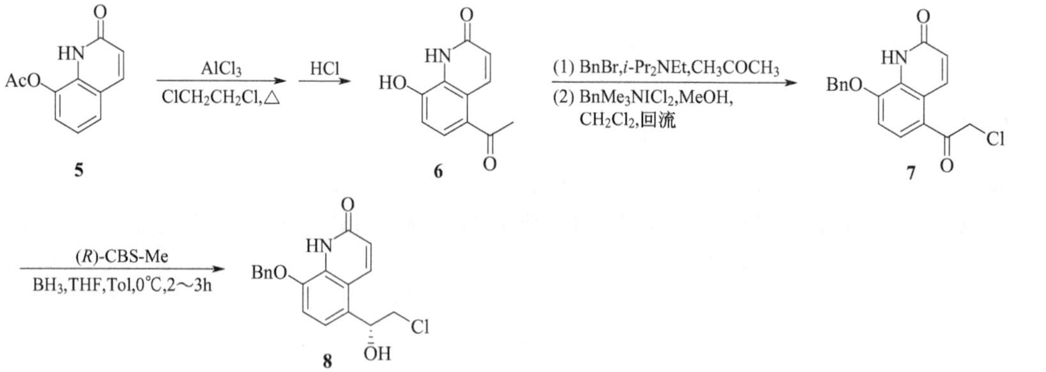

手性环氧的合成起始于化合物 **5**，经 Fries 反应重排成 **6**，保护酚羟基后对环上乙酰基实施氯化得到 **7**，再经 CBS 不对称还原得到手性二级醇 **8**。

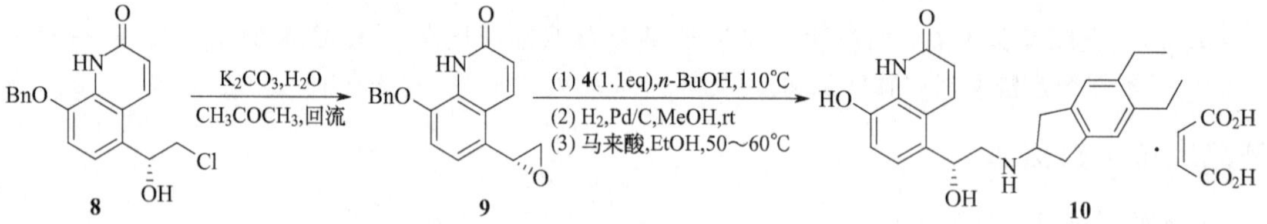

手性二级醇 **8** 在碱性条件下环合成化合物 **9**，再与伯胺 **4** 发生亲核反应开环，最后，脱去苄基保护和成盐得到茚达特罗 **10**。

原始文献

J Med Chem，2010，53：3675-3684.

合成路线二

本合成方法来源于 WO 2013132514A2，其特点是以化合物 **1** 为原料，与伯胺 **2** 反应得到化合物 **3**，然后通过硼烷试剂立体选择性还原得到化合物 **4**。

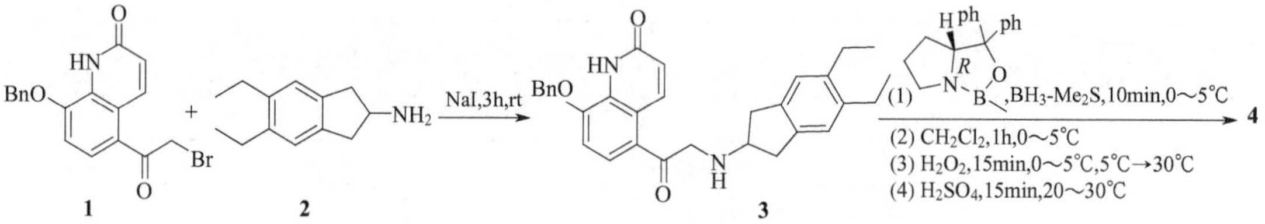

化合物 **4** 再经催化氢化和去保护即得茚达特罗 **5**。

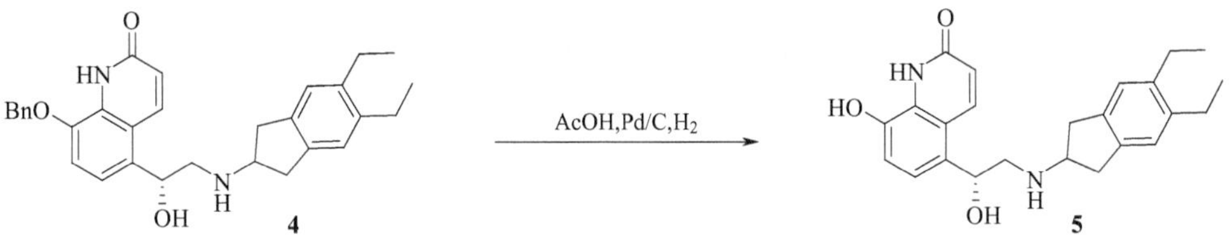

原始文献

WO 2013132514A2.

合成路线三

该合成路线来源于上海威智医药科技有限公司的专利说明书（WO 2014008639 A1）。该法不仅可以避免已知的用环氧和伯胺反应合成茚达特罗过程中产生的各种副产物，而且操作简单，适合于工业化生产。

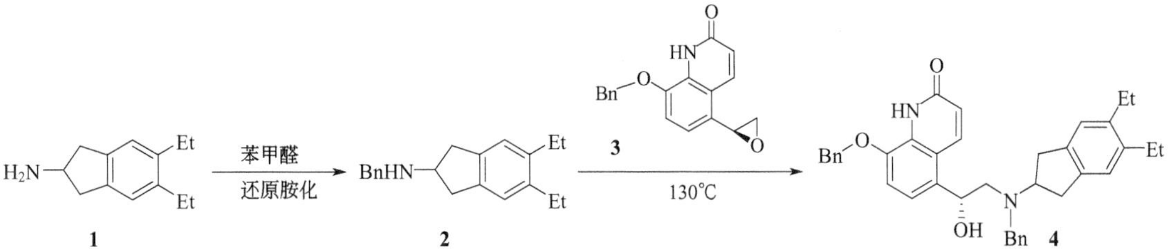

将化合物 **1** 和苯甲醛反应进行还原胺化得到化合物 **2**（78.3%），然后与化合物 **3** 在二乙二醇二甲基醚和水中升温至 130℃反应可得中间体 **4**（70.2%）。

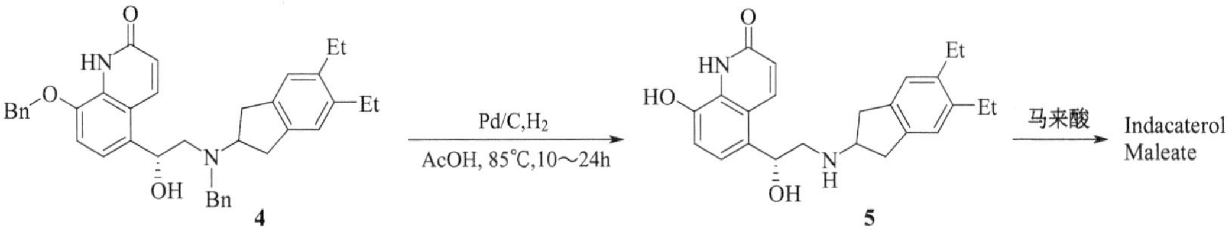

化合物 **4** 利用钯碳催化氢化脱去苄基保护基得到茚达特罗（**5**），滴加马来酸乙醇溶液室温搅拌 24h 后重结晶即得目标产物茚达特罗马来酸盐（83%）。

原始文献

WO2014008639A1.

参考文献

[1] Cuenoud B，et al. Preparation of indanyl-substituted quinolinone derivatives as β2-adrenoceptor agonists. PCT Int Appl，2000075114，2000.

[2] Lohse O，et al. Process for preparation of 5-(haloacetyl)-8-hydroxy-(1H)-quinolin-2-one derivatives. WO 2004087668A1，2004.

[3] Baur F，et al. The Identification of Indacaterol as an Ultralong-Acting Inhaled β2-Adrenoceptor Agonist. J Med Chem，2010，53：3675-3684.

[4] Cuenoud B，et al. Indan-2-ylamine derivatives as β2-adrenoceptor agonists and their preparation and use in the treatment of obstructive and inflammatory airway diseases. US7622483，2009.

[5] Rao D R，et al. A process for the preparation of diethyldihydroindenylaminohydroxyethylhydroxyquinolinone. WO 2013132514A2，2013.

[6] 魏彦君等. 制备茚达特罗的方法. WO2014008639A1，2014.

（王进军）

Ingenol Mebutate（巨大戟醇甲基丁烯酸酯）

药物基本信息

英文通用名	Ingenol Mebutate
中文通用名	巨大戟醇甲基丁烯酸酯
商品名	Picato®
CAS 登记号	75567-37-2
FDA 批准日期	2012/01/23
化学名	(1aR,2S,5R,5aS,6S,8aS,9R,10aR)-5,5a-dihydroxy-4-(hydroxymethyl)-1,1,7,9-tetram-ethyl-11-oxo-1a,2,5,5a,6,9,10,10a-octahydro-1H-2,8a-methanocyclopenta[a]cyclopropa[e][10]annulen-6-yl(Z)-2-methylbut-2-enoate
SMILES 代码	O=C1[C@@]([C@@]2([H])[C@@](C2(C)C)([H])C[C@H]3C)([H])C=C(CO)[C@@H](O)[C@@]4(O)[C@]13C=C(C)[C@@H]4OC(/C(C)=C\C)=O

化学结构和理论分析

化学结构	理论分析值
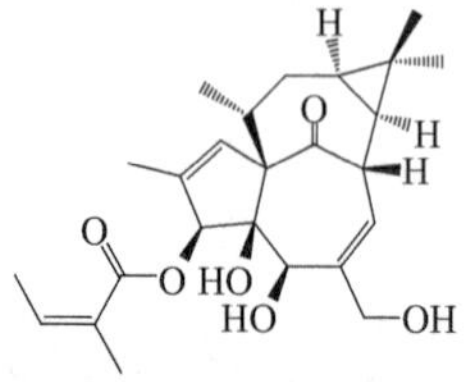	化学式：$C_{25}H_{34}O_6$ 精确分子量：430.24 分子量：430.54 元素分析：C,69.74;H,7.96;O,22.30

药品说明书参考网页

生产厂家产品说明书：http://www.picato.com/
美国药品网：http://www.drugs.com/picato.html
美国处方药网页：http://www.rxlist.com/picato-drug.htm

药物简介

Picato®凝胶是适用于日光性角化症（AK）的局部治疗，AK 是一种日光累积暴晒引起的前癌状态，有潜能进展为鳞状细胞癌（SCC），皮肤癌的第二种最常见类型。目前其在治疗病变中诱导细胞死亡的作用机制未知。

药品上市申报信息

该药物目前有 2 种产品上市。

产品一

药品名称	PICATO		
申请号	202833	产品号	001
活性成分	Ingenol Mebutate(巨大戟醇甲基丁烯酸酯)	市场状态	处方药

剂型或给药途径	外用药膏	规格	0.015%
治疗等效代码		参比药物	否
批准日期	2012/01/23	申请机构	LEO PHARMA AS

产品二

药品名称	PICATO		
申请号	202833	产品号	002
活性成分	Ingenol Mebutate(巨大戟醇甲基丁烯酸酯)	市场状态	处方药
剂型或给药途径	外用药膏	规格	0.05%
治疗等效代码		参比药物	是
批准日期	2012/01/23	申请机构	LEO PHARMA AS

药品专利或独占权保护信息

美国专利号或独占权代码	专利或独占权过期日期	专利保护类型、专利名称或市场独占权保护内容
6432452	2018/08/19	化合物专利、专利用途代码 U-68
6844013	2018/12/13	化合物专利、产品专利、专利用途代码 U-1221
7410656	2018/08/19	化合物专利、专利用途代码 U-1221
8536163	2026/12/18	专利用途代码 U-1440
8716271	2026/12/18	专利用途代码 U-1440
8735375	2026/12/18	专利用途代码 U-1440
8372827	2026/12/18	化合物专利、产品专利
8377919	2026/12/18	化合物专利、产品专利
8372828	2026/12/18	化合物专利、产品专利
8278292	2027/02/20	化合物专利、产品专利
NCE	2017/01/23	参见本书附录关于独占权代码部分

合成路线一

本合成路线来源于专利文献 PCT Int Appl，2012010172。在该专利中发明人报道了不同的酯缩合方法，代表性方法如下：以天然产物 Ingenol（**1**）为原料，通过丙酮保护得到化合物 **2**，在碱性条件（Cs_2CO_3）下与当归酸酐（angelic anhydride）反应酯化得到化合物 **3**（产率91%），酸性条件下水解脱保护得到目标产物 **4**（产率90%）。

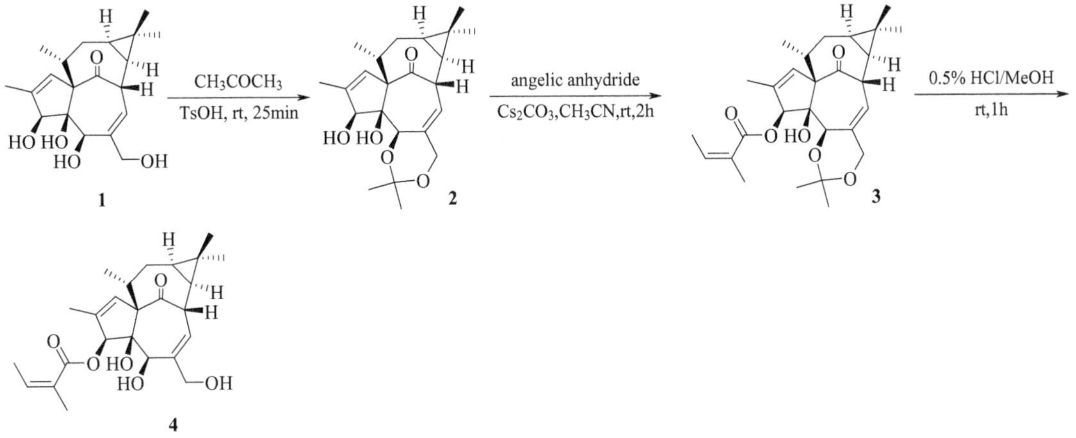

原始文献

PCT Int Appl，2012010172.

合成路线二

该合成路线来源于南京奇鹤医药科技有限公司张发成、毛志英发表的专利说明书（CN 103483193 A）。其合成路线与文献 PCT Int Appl，2012010172 相同，特点是使用含有低纯度巨大戟醇的中药（甘遂）提取物直接参与合成，对合成产物采取硅胶柱色谱逐步分离并重结晶，从而制备高纯度的巨大戟醇甲基丁烯酸酯，避免了高成本的制备液相分离法的使用，与其他利用高纯度巨大戟醇的合成方法比较具有成本低的优势。

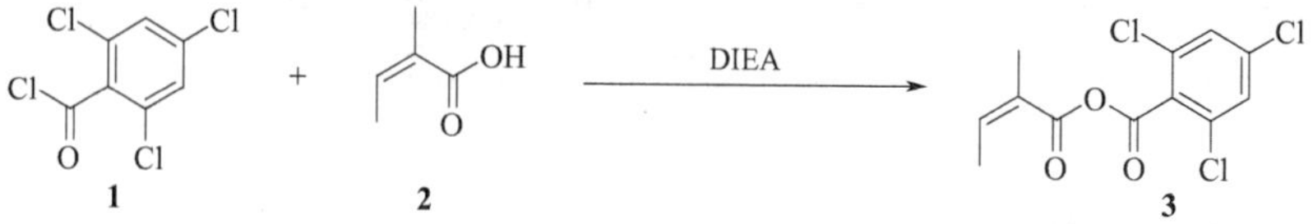

酯化试剂化合物 **3** 的合成利用 2,4,6-三氯苯甲酰氯（**1**）与甲基丁烯酸（**2**）在碱性条件下的反应得到。

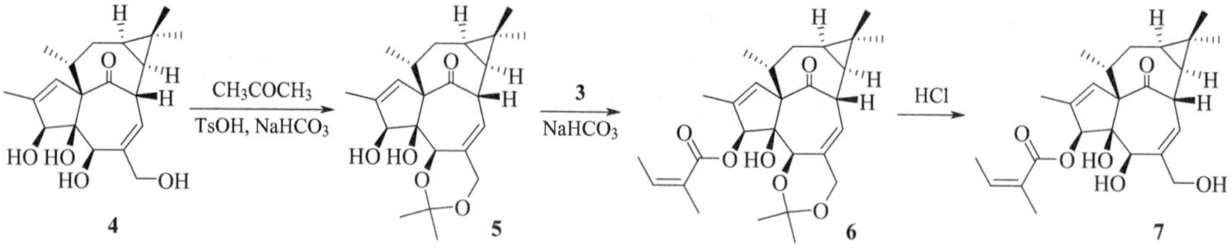

巨大戟醇甲基丁烯酸酯（**7**）的合成步骤与合成路线一相同，区别在于所用原料为含低纯度巨大戟醇的中药（甘遂）提取物。分离过程利用常规硅胶柱色谱和重结晶。

原始文献

CN103483193A.

参考文献

［1］　Liang X，et al. Enzymatic process of the preparation of ingenol-3-angelate. PCT Int Appl，2013110753，2013.

［2］　Bellido Cabello de Alba M L. et al. Method of isolating ingenol and synthesis of biol. active ingenol derivatives. PCT Int Appl，2013050365，2013.

［3］　Liang X，et al. Semisynthesis of ingenol 3-angelate（PEP005）：efficient stereoconservative angeloylation of alcohols. Synlett，2012，23（18）：2647-2652.

［4］　Hoegberg T，et al. A method of producing ingenol-3-angelate from ingenol. PCT Int Appl，2012010172，2012.

［5］　张发成，毛志英. 一种巨大戟醇甲基丁烯酸酯的制备方法. CN103483193A.

（王进军）

Ioflupane ¹²³I（碘[¹²³I]氟潘）

药物基本信息

英文通用名	Ioflupane ¹²³I
中文通用名	碘[¹²³I]氟潘
商品名	Datscan

续表

CAS 登记号	155798-07-5
FDA 批准日期	2011/01/14
化学名	(1R,2S,3S,5S)-8-(3-Fluoropropyl)-3-(4-[^{123}I]iodophenyl)-8-azabicyclo[3.2.1]octane-2-carboxylic acid methyl ester
SMILES 代码	O=C(O[C@H]1C[N+]2(CCCOC3=CC=CC=C3)CCC1CC2)C(C4=CC=CS4)(O)C5=CC=CS5.[Br-]

化学结构和理论分析

化学结构	理论分析值
	化学式：$C_{18}H_{23}FINO_2$ 精确分子量：431.0758 分子量：431.2899 元素分析：C,50.13;H,5.38;F,4.41;I,29.42;N,3.25;O,7.42

药品说明书参考网页

生产厂家产品说明书：http://us.datscan.com/gatekeeper/

美国药品网：http://www.drugs.com/ppa/ioflupane-i-123.html

美国处方药网页：暂无

药物简介

Datscan 由通用医疗公司研发，于 1 月 14 日获 FDA 批准，用于帕金森综合征的诊断，是一种在单光子计算机断层扫描时作为显影剂对颅内纹状体区域的多巴胺转运蛋白成像的放射性药物，以辅助医生鉴别和诊断成年患者的帕金森综合征。Datscan 是一种含有 ^{123}I 标记的放射线显影剂，其半衰期为 13h，能协助医生对帕金森综合征所致的震颤和特发性震颤（一种手、头、脸的不自主颤动）进行鉴别。

Datscan 常见不良反应是头痛、头晕、食欲增加和蚁走感等。

药品上市申报信息

该药物目前有 1 种产品上市。

药品名称	DATSCAN		
申请号	022454	产品号	001
活性成分	Ioflupane ^{123}I（碘[^{123}I]氟潘）	市场状态	处方药
剂型或给药途径	计量吸入粉剂	规格	5mCi/2.5mL(2mCi/mL)
治疗等效代码		参比药物	是
批准日期	2011/01/14	申请机构	GE HEALTHCARE INC

药品专利或独占权保护信息

美国专利号或 独占权代码	专利或独占权 过期日期	专利保护类型、专利名称或市场独占权保护内容
5310912	2015/02/25	化合物专利
NCE	2016/01/14	参见本书附录关于独占权代码部分

合成路线一

以下介绍的化学合成路线来源于 Neumeyer J. L. 等人发表的论文（J Med Chem，1991，34（10）：3144-3146）该合成路选择盐酸可卡因为起始原料，经七步反应完成 Datscan 的合成。

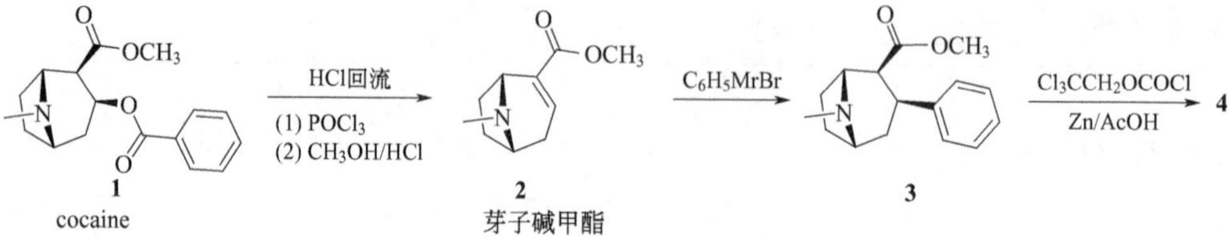

本合成路线从可卡因（**1**）开始，先在浓盐酸中回流将 2-β 位苯甲酯基水解，所生成的中间体经三氯氧磷处理脱水形成芽子碱甲酯（**2**），与苯基溴化镁的迈克尔加成生成苯基托品烷（**3**），用三氯乙氧基甲酰氯和金属锌完成去甲基化得到降托烷甲酸酯（**4**）。

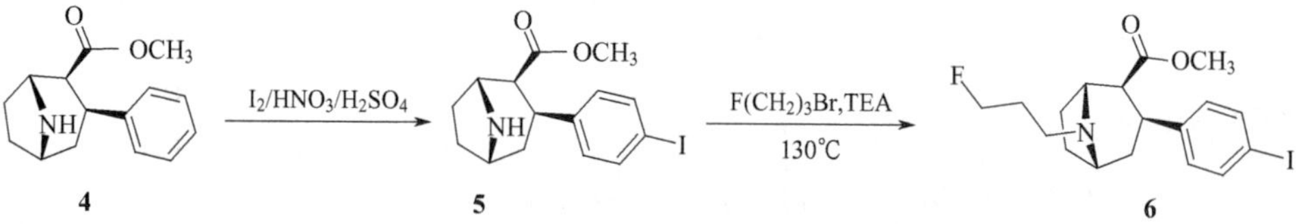

降托烷甲酸酯（**4**）再经酸催化碘代反应转化成 2-β-（4-碘代苯基）降托烷-2-β-甲酸甲酯（**5**），在三乙胺促进下与 3-氟溴乙烷发生亲核取代反应并生成氟丙基化降托烷（**6**）。

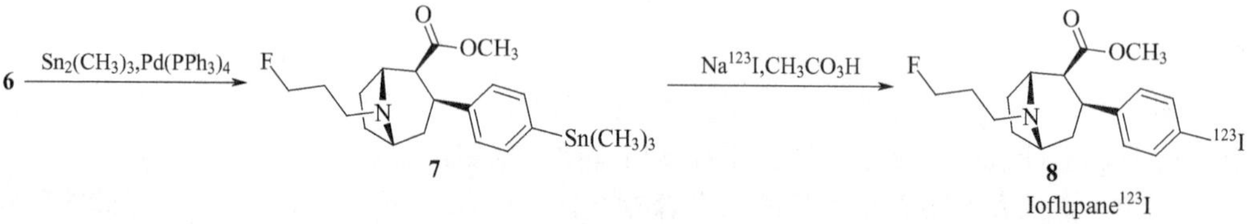

氟丙基化降托烷（**6**）再经钯催化的三甲基锡化得到化合物 **7**，[123]I 碘代后得到目标产物 **8**（Ioflupane [123]I）。

原始文献

J Med Chem，1991，34（10）：3144-3146.

合成路线二

以下合成路线来源于第一军医大学唐刚华和唐小兰发表的研究论文（中国医药化学杂志，2001，11（3）：149-152）。该工艺可卡因（**1**）为起始原料，经六步反应完成碘［[123]I］氟潘的前体［[18]F］-N-3-氟丙基-2-β-甲酯基-3-β-（4-碘苯基）降托烷（**6**）的合成。

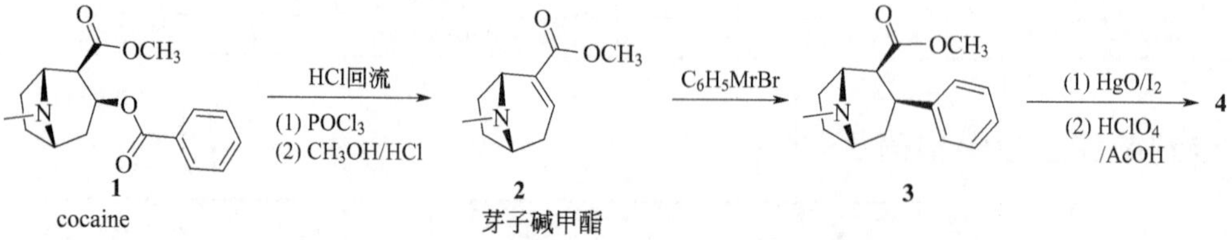

本合成路线是以盐酸可卡因（**1**）为起始原料，先后经苯甲酯基酸性条件下水解和三氯氧磷促进下脱水形成芽子碱甲酯（**2**）（82%），与苯基溴化镁的迈克尔加成生成 41% 的苯基托品烷（**3**），然后在高氯酸和氧化汞共存的条件下进行碘化，分离出 80% 的 3-β-（4-碘苯基）托品烷（**4**）。

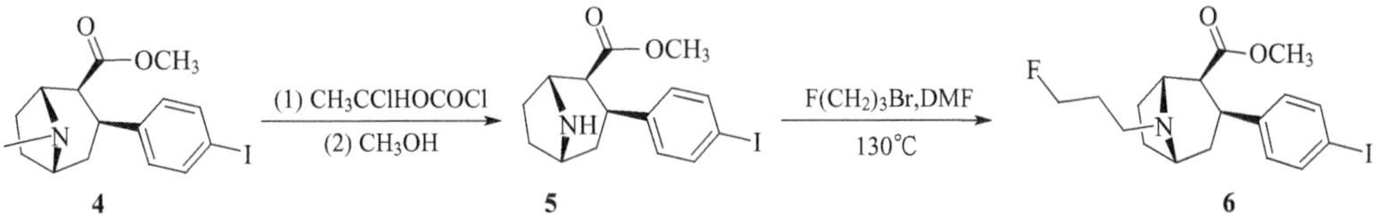

4 5 6

3-*β*-(4-碘苯基）托品烷（**4**）再用 1-氯乙基氯甲酸酯在二氯乙烷中回流，完成去甲基化并得到降托烷甲酸酯（**5**），在 DMF 中再与 3-氟溴丙烷发生亲核取代而生成氟丙基化降托烷（**6**）。

原始文献

唐刚华，唐小兰. *β*-CIT，*β*-FP-CIT 及其前体 nor-*β*-CIT 的合成．中国医药化学杂志，2001，11（3）：149-152.

合成路线三

以下合成路线来源于美国酒精和药物滥用研究中心的 Gu Xiao Hui 等人发表的研究论文（Bioorg Med Chem Lett，2001，11：3049-3053）。该方法也是从可卡因（**1**）开始完成中间体 *N*-氟丙基降托烷的合成。该工艺反应条件温和，原料简单易得，具体反应路线如下：

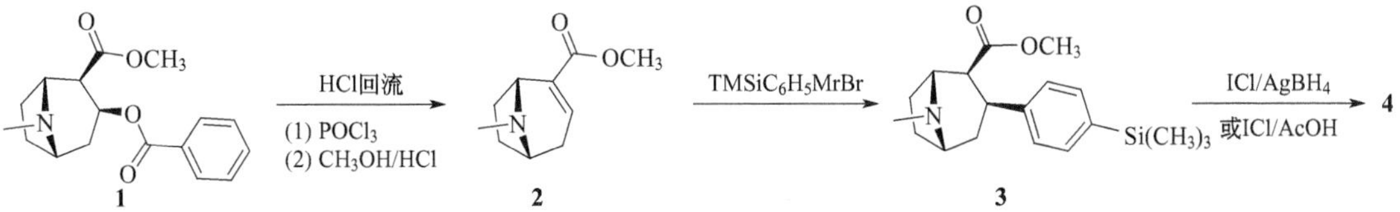

1
cocaine

2
芽子碱甲酯

3

首先采用 Clarke R. L. 等人的方法（J Med Chem，1973，16：1260），经过酯基的皂化、脱水和酯化，以 97%的产率得到芽子碱甲酯（**2**），然后用 4-三甲基硅基苯基溴化镁处理得到芳基托品烷 **3**，在氟硼化银的存在下，与氯化碘反应可以得到极高产率的 3-*β*-(4-三甲基硅基苯基）托品烷（**4**，如果不用昂贵的氟硼化银，改用醋酸也能以 75%产率得到 的化合物 **4**）。

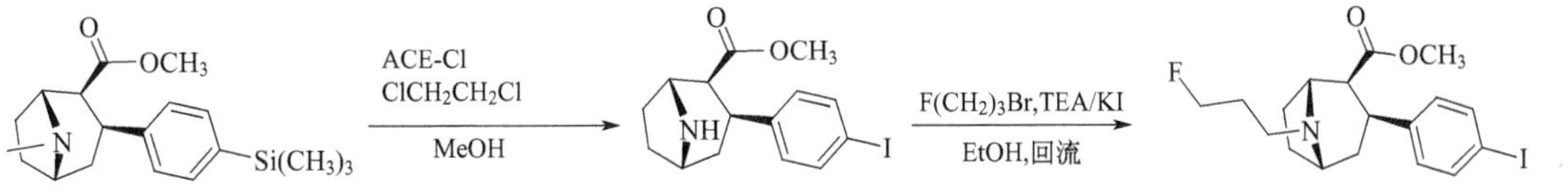

4 5 6

在二氯乙烷中，3-*β*-(4-三甲基硅基苯基）托品烷（**4**）与 1-氯乙基氯甲酸酯共回流脱去氮上甲基转化成降托烷甲酸酯（**5**），然后在三乙胺和碘化钾催化下在乙醇中与 3-氟溴丙烷反应生成氟丙基化降托烷（**6**）。

原始文献

Bioorg Med Chem Lett，2001，11：3049-3053.

合成路线四

Klok R. P. 等人利用回旋加速器，通过^{18}O（p，n）^{18}F 核反应和亲核取代反应制备 1-溴-3-［^{18}F］氟丙烷和对甲苯磺酸或者三氟甲磺酸-3-［^{18}F］氟丙酯：

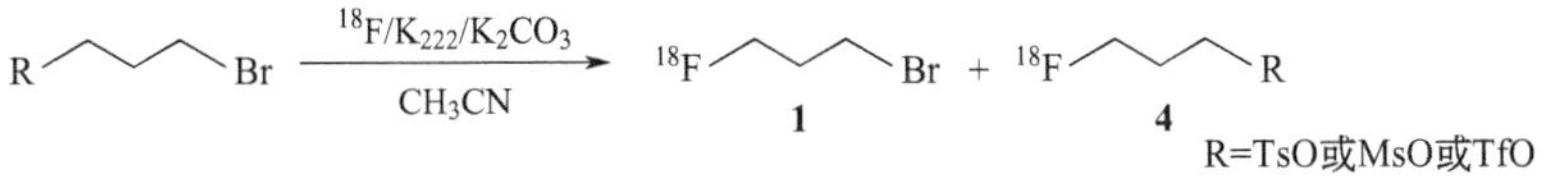

1 4

R=TsO或MsO或TfO

在碘化钠和二异丙基乙基胺存在下，1-溴-3-［^{18}F］氟丙烷（**1**）于封闭体系中再与 3-*β*-(4-碘苯基）降托烷甲酸酯（**2**）反应，则得到［^{18}F］-*N*-3-氟丙基-2-*β*-甲酯基-3-*β*-(4-碘苯基）降托烷（**3**）。

美国专利 US20100292478 也表述了对甲苯磺酸或者三氟甲磺酸-3-[^{18}F] 氟丙酯的相似的合成方法，并先将三氟甲磺酸-3-[^{18}F] 氟丙酯（**4**）吸附在 AgOTf 柱上，再用 3-β-(4-碘苯基) 降托烷甲酸酯（**2**）通过乙腈/甲酸铵缓冲溶液的稀释来捕获三氟甲磺酸-3-[^{18}F] 氟丙酯，同样完成 **3** 的合成。

原始文献

J Label Compd Radiopharm，2006，49：77-89；US 20100292478.

参考文献

[1]　Neumeyer J L，Wang S Y，Milius R A，et al. [^{123}I] -2β-Corbomethoxy-3β-（4-iodophenyl）tropan：high-affinity SPECT radiotracer of monoamine reuptake site in brain. J Med Chem，1991，34（10）：3144-3146.

[2]　唐刚华，唐小兰. β-CIT，β-FP-CIT 及其前体 nor-β-CIT 的合成. 中国医药化学杂志，2001，11（3）：149-152.

[3]　Klok R P，Klein P J，Herscheid J J M，et al. Synthesis of N-(3-[^{18}F] Fluoropropyl)-2β-carbomethoxy-3β-（4-iodophenyl）nortropane（[^{18}F]FP-β-CIT）. J Label Compd Radiopharm，2006，49：77-89.

[4]　H Jukka，N Tuomo. Process for the production of radioiodinated neuroreceptor agents. WO 9857909A1，1998.

[5]　D Y Chi，et al. Method for rapid preparation of suitable [^{18}F] fluoride for nucleophilic [^{18}F] fluorination. WO 2012032029A1，2012.

[6]　C-G Swahn，et al. Synthesis of unlabeled,^{3}H- and ^{125}I-labeled B-CIT and its ω-fluoroalkyl analogs B-CIT-FE and β-CIT-FP，including synthesis of precursors. J Label Compd Radiopharm，1996，38：675-685.

[7]　S-J Lee，et al. New automated synthesis of [^{18}F] FP-CIT with base amount control affording high and stable radio-chemical yield：a 1. 5-year production report. Nucl Med Biol，2011，38：693-597.

[8]　G Keith，et al. Preparation of radiolabeling precursors with non-polar and polar leaving groups and their use in radiofluorination. WO 2011006610A1，2011.

[9]　W Lorenzo，et al. Preparation of N-monofluoroalkyl tropanes. WO，2011073256A1，2011.

[10]　Z H Cho，et al. Process of preparing a radioactive compound containing a fluorine-18 isotope. US20100292478，2010.

[11]　D H Moon，et al. Method for preparation of organofluoro compounds in alcohol solvents. US20100113763，2010.

[12]　Q Guo，J Xin. Method for preparing ^{18}F-labeled positron radioactive indicator using ionic liquid as phase transfer catalyst. Faming Zhuanli Shenqing，2007：1887829.

[13]　D H Moon et al. Method for preparation of organofluoro compounds in alcohol solvents. WO 2006065038A1，2006.

[14]　X-H Gu，et al. Synthesis and biological evaluation of a series of novel N-or O-fluoroalkyl derivatives of tropane：potential positron emission tomography（PET）imaging agents for the dopamine transporter. Bioorg Med Chem Lett，2001，11：3049-3053.

[15]　J L Neumeyer，et al. Preparation of iodinated neuroprobe for mapping monoamine reuptake sites. US5698179，1997.

[16]　D W Kim，et al. A New Class of $S_N 2$ Reactions Catalyzed by Protic Solvents：Facile Fluorination for Isotopic Labeling of Diagnostic Molecules. J Am Chem Soc，2006，128：16394-16397.

[17]　J L Neumeyer，et al. N-ω-Fluoroalkyl Analogs of（1R）-2β-Carbomethoxy-3β-（4-iodophenyl）tropane（β-CIT）：Radiotracers for Positron Emission Tomography and Single Photon Emission Computed Tomography Imaging of Dopamine Transporters. J Med Chem，1994，37：1558-1561.

（王进军）

Ivacaftor（依瓦卡特）

药物基本信息

英文通用名	Ivacaftor
中文通用名	依瓦卡特(参考译名)
商品名	Kalydeco
CAS 登记号	873054-44-5
FDA 批准日期	2012/1/31
化学名	N-(2,4-di-tert-butyl-5-hydroxyphenyl)-4-oxo-1,4-dihydroquinoline-3-carboxamide
SMILES 代码	O=C(NC1=CC2=C(NC3=CC=C(F)C(Cl)=C3)N=CN=C2C=C1O[C@@H]4COCC4)/C=C/CN(C)C

化学结构和理论分析

化学结构	理论分析值
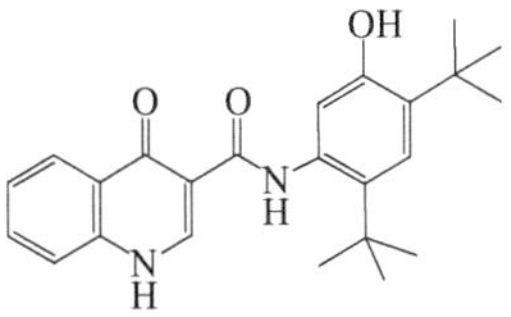	化学式：$C_{24}H_{28}N_2O_3$ 精确分子量：392.2100 分子量：392.4990 元素分析：C,73.44;H,7.19;N,7.14;O,12.23

药品说明书参考网页

生产厂家产品说明书：http://www.kalydeco.com
美国药品网：http://www.drugs.com/mtm/kalydeco.html
美国处方药网页：http://www.rxlist.com/kalydeco-drug.htm

药物简介

Ivacaftor 是由美国 Vertex 公司研发的用于治疗罕见型囊性纤维化的药物。该药用于治疗一种囊性纤维化跨膜转导调节因子（CFTR）基因 G551D 突变引起的罕见型囊性纤维（CF），适合年龄在 6 岁及以上患者使用。Ivacaftor 是首个针对囊性纤维化病因和有缺陷的 CFTR 蛋白的靶向治疗药物 Ivacaftor 作为跨膜转导调节因子 CFTR 的增效剂，通过作用于 CFTR 蛋白，延长该通道在细胞表面的开放时间，从而发挥治疗作用。

药品上市申报信息

该药物目前有 1 种产品上市。

药品名称	Ivacaftor		
申请号	201292	产品号	001
活性成分	Ivacaftor	市场状态	处方药

续表

剂型或给药途径	口服片剂	规格	150mg
治疗等效代码		参比药物	否
批准日期	2012/01/31	申请机构	BOEHRINGER INGELHEIM

药品专利或独占权保护信息

美国专利号或 独占权代码	专利或独占权 过期日期	专利保护类型、专利名称或市场独占权保护内容
8324242	2027/04/18	专利用途代码 U-1311
8754224	2026/12/28	化合物专利、产品专利
8410274	2026/12/28	产品专利
7495103	2027/05/20	化合物专利、产品专利
NCE	2017/01/31	参见本书附录关于独占权代码部分
ODE	2019/01/31	参见本书附录关于独占权代码部分

合成路线一

以下合成路线来源于 Hadida R 和 Sarah S 等人的专利申请书（WO 2006002421A2）。该合成分别完成两个主要片段的制备，然后再将其连接成 Ivacaftor。

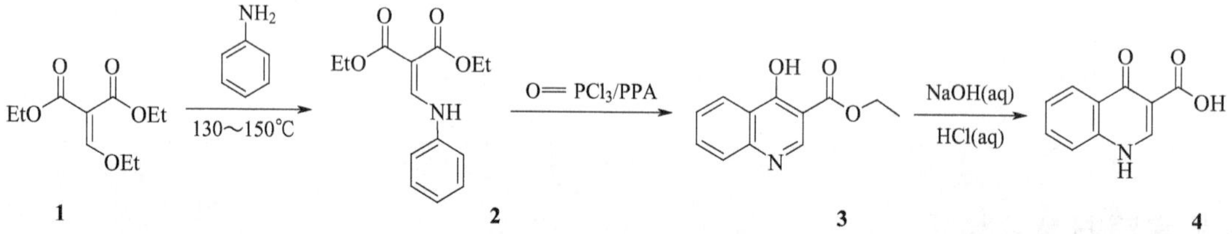

2-乙氧亚甲基丙二酸二乙酯（**1**）和苯胺混合物加热搅拌得到 2-苯胺亚甲基丙二酸二乙酯（**2**），不经分离，直接在 70℃ 的多聚磷酸和三氯氧磷中缩合，以 70% 的产率得到 4-羟基喹啉-3-羧酸乙酯（**3**），同样无需纯化而直接对其进行皂化和酸化，高产率地得到 4-氧代-1,4-二氢喹啉-3-羧酸（**4**，92%）。

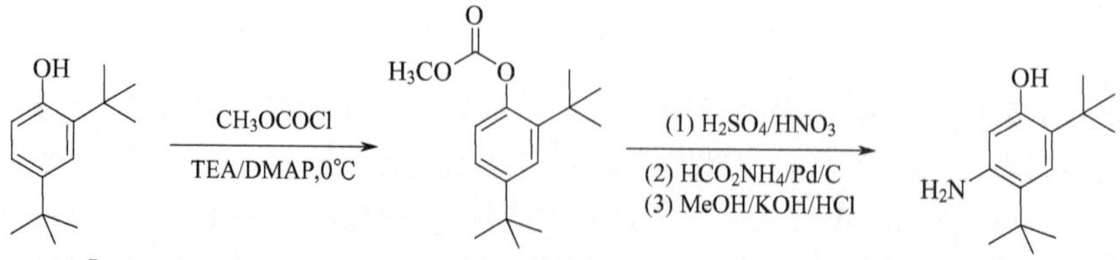

另一片段从 2,4-二叔丁基苯酚（**5**）开始，在碱性条件下与氯甲酸甲酯作用，定量地得到碳酸甲基芳基酯（**6**），再先后经硫酸/硝酸硝化、钯碳/甲酸铵催化氢化和酯水解，则得到 2,4-二叔丁基-5-氨基苯酚（**7**）。

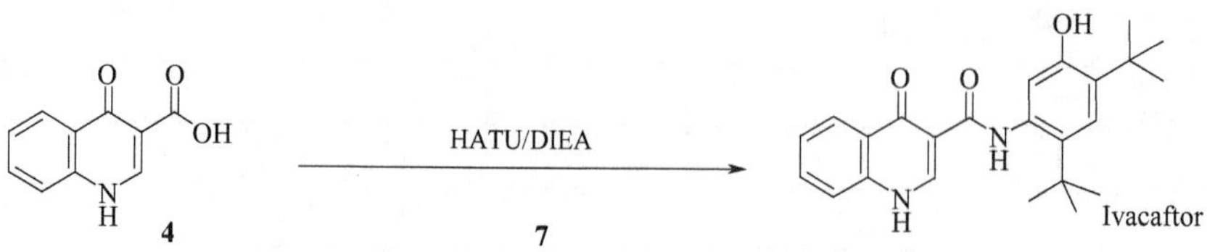

最后，在缩合剂 HATU 和碱 DIEA 作用下，通过酰胺化将两个片段连接成 Ivacaftor（45%）。

原始文献

WO 2006002421A2.

合成路线二

以下合成路线来源于天津大学商青姿发表于《精细化工中间体》的研究论文。该合成路线在多处改进了原有的反应步骤，简化了操作，提高了反应产率。

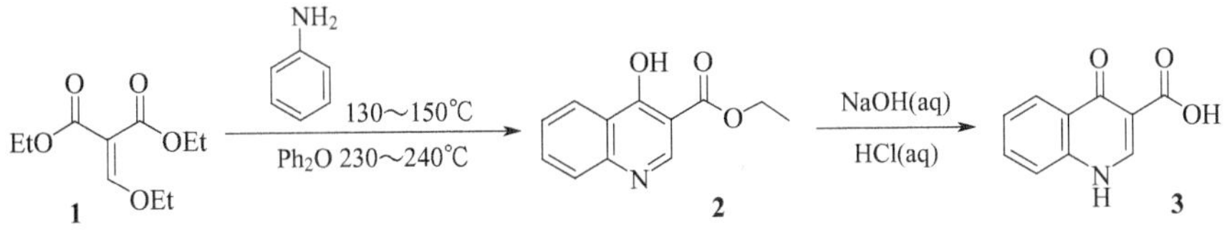

在 4-羟基喹啉-3-羧酸乙酯（**2**）的合成中没有使用多聚磷酸和三氯氧磷，而是在二苯醚中直接加热，简化了后处理的操作得到化合物 **2**，碱性条件水解酸化后得到化合物 **3**。

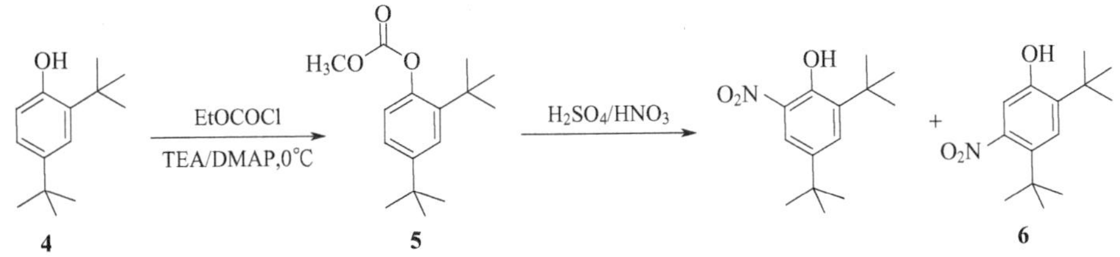

在硝化的过程中，使用氯甲酸乙酯和醋酸酐来替代氯甲酸甲酯，在一定程度上提高了 5-位硝化的定位，收率与氯甲酸甲酯相当。通过简单的重结晶可以有效地将混合物 **6** 中的 5-位硝化产物分离出来；同时也将两步的产率提高至 73%。

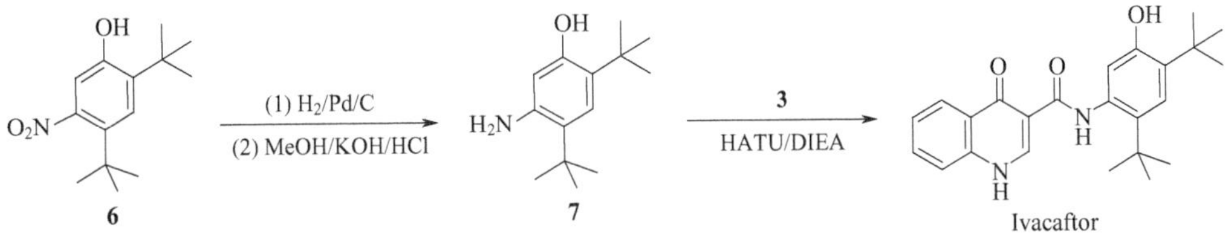

其他的合成步骤基本与路线一一致。

原始文献

精细化工中间体，2014，2：28-33.

合成路线三

该合成路线来源于上海特化医药科技有限公司、中国科学院上海药物研究所、山东特珐曼药业有限公司的专利说明书（CN104030981A）。该专利包含两种路线，均避免了喹啉环形成的高温条件，具有收率高、成本低及反应条件温和的特点。

方法一

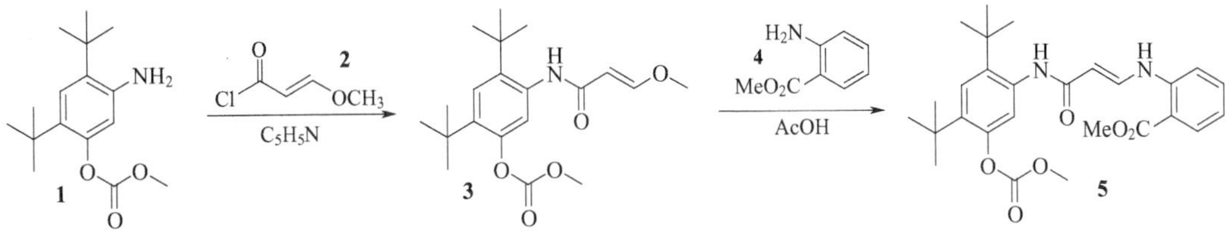

将化合物 **1** 与 3-甲氧基丙烯酰氯（**2**）溶于干燥的吡啶并反应得到化合物 **3**（70%），与邻氨

基苯甲酸甲酯（**4**）在酸性条件下反应后得化合物 **5**（91%）。

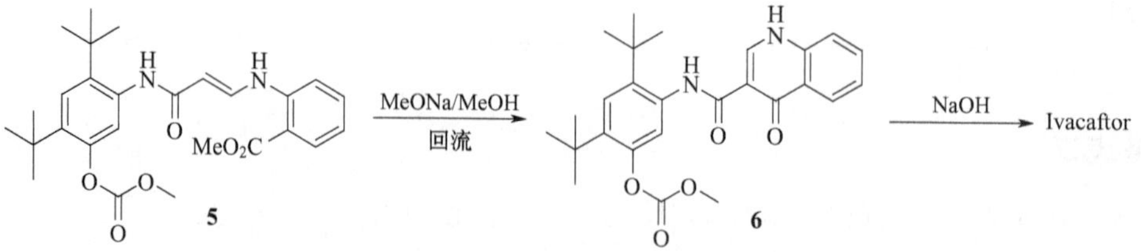

化合物 **5** 在甲醇钠的甲醇溶液中回流形成喹啉环得到中间体 **6**（93%），NaOH 水解后酸化即得目标产物 Ivacaftor（94%）。

方法二

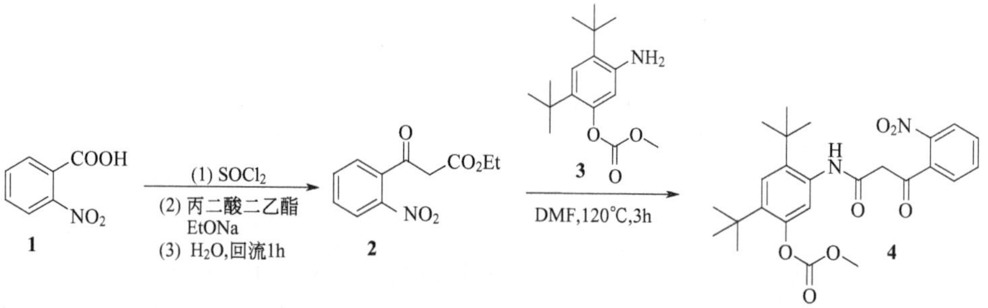

该方法起始于邻硝基苯甲酸（**1**），生成酰氯后与丙二酸二乙酯反应并脱羧得到化合物 **2**（86.2%），然后与化合物 **3** 反应得到中间体 **4**（44.7%）。

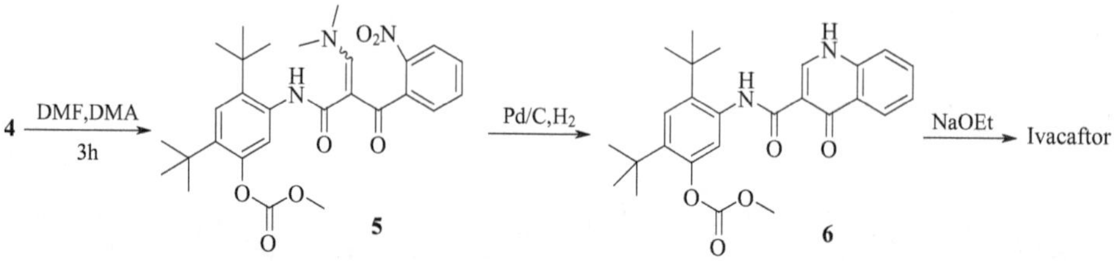

化合物 **4** 活泼亚甲基与 DMF/DMA 反应后得中间体 **5**（90%），钯碳催化氢化关环后得化合物 **6**（90%），用方法一类似的方法脱除酚羟基保护基后即得产物。

原始文献

CN104030981A.

参考文献

[1] Hadida R，Sarah S，et a，Quinolinonecarboxamides as modulators of ATP-binding cassette transporters，their prepa-ration，pharmaceutical compositions，and use in therapy. WO 2006002421A2，2006.

[2] 商青姿. 囊性纤维化治疗新药 Ivacaftor 的合成. 精细化工中间体，2014，2：28-33.

[3] 李剑锋，马文鹏，蒋翔锐等. Ivacaftor 的制备方法及其中间体. CN104030981A，2013.

（王进军）

Ledipasvir（雷迪帕韦）

药物基本信息

英文通用名	Ledipasvir
中文通用名	雷迪帕韦

续表

商品名	Harvoni
CAS 登记号	1256388-51-8
FDA 批准日期	2014/10/10
化学名	methyl［（2S）-1-{（6S）-6-[5-（9,9-difluoro-7-{2-[（1R,3S,4S）-2-{（2S）-2-[（methoxycarbonyl）amino]-3-methylbutanoyl}-2-azabicyclo[2.2.1]hept-3-yl]-1H-benzimidazol-6-yl}-9H-fluoren-2-yl）-1H-imidazol-2-yl]-5-azaspiro[2.4]hept-5-yl}-3-methyl-1-oxobutan-2-yl]carbamate
SMILES 代码	O=C(OC)NC(C(N1C(C2)CCC2C1C3=NC4=CC=C(C5=CC(C(F)(F)C6=C7C=CC(C8=CN=C(C(C9)N(C(C(C(NC(OC)=O)C(C)C)=O)CC%109CC%10)N8)=C6)=C7C=C5)C=C4N3)=O)C(C)C

化学结构和理论分析

化学结构	理论分析值
	化学式：$C_{49}H_{54}F_2N_8O_6$ 精确分子量：888.41344 分子量：889.00 元素分析：C,66.20；H,6.12；F,4.27；N,12.60；O,10.80

药品说明书参考网页

生产厂家产品说明书：http://www.harvoni.com/
美国药品网：http://www.drugs.com/harvoni.html
美国处方药网页：http://www.rxlist.com/harvoni-drug.htm

药物简介

Ledipasvir（GS-5885）是一种 NS5A 抑制剂，与 Sofosbuvir（索非布韦）联合用药，主要用于治疗丙型肝炎（Hepatitis C）。Ledipasvir（LDV）＋Sofosbuvir（SOF）固定剂量组合片剂为 LDV/SOF 90mg/400mg。Harvoni 是第一个被批准治疗慢性 HCV 基因型 1 感染二联复方药丸，也是第一个被批准不需要干扰素或利巴韦林的丙型肝炎治疗方案。Ledipasvir 通过抑制 NS5A 活性而发挥疗效。

药品上市申报信息

该药物目前有 1 种产品上市。

药品名称	HARVONI		
申请号	205834	产品号	001
活性成分	Ledipasvir(雷迪帕韦)；Sofosbuvir(索非布韦)	市场状态	处方药

续表

剂型或给药途径	口服片剂	规格	90mg；400mg
治疗等效代码		参比药物	是
批准日期	2014/10/10	申请机构	GILEAD SCIENCES INC
化学类型	新分子实体药（NME）	审评分类	优先评审药物

药品专利或独占权保护信息

美国专利号或独占权代码	专利或独占权过期日期	专利保护类型、专利名称或市场独占权保护内容
8841278	2030/05/12	产品专利、专利用途代码 U-1470
7964580	2029/03/26	化合物专利、产品专利、专利用途代码 U-1470
8334270	2028/03/21	化合物专利、产品专利、专利用途代码 U-1470
8822430	2030/05/12	化合物专利、产品专利、专利用途代码 U-1470
8633309	2029/03/26	化合物专利、产品专利、专利用途代码 U-1470
8273341	2030/05/12	专利用途代码 U-1470
8618076	2030/12/11	化合物专利、产品专利、专利用途代码 U-1470
8735372	2028/03/21	专利用途代码 U-1470
8580765	2028/03/21	化合物专利、产品专利、专利用途代码 U-1470
8088368	2030/05/12	化合物专利、产品专利
NCE	2019/10/10	参见本书附录关于独占权代码部分

合成路线一

该合成路线来源于美国 Gilead Sciences 公司发表的专利说明书（WO 2012087596 A1）。本合成方法共计 13 步反应：

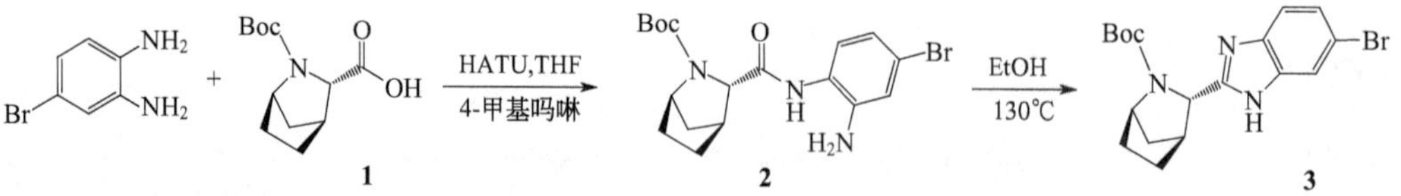

在四甲基脲六氟磷酸酯（HATU）和 4-甲基吗啉作用下，4-溴-1,2-苯二胺和化合物 1 发生反应，形成化合物 2 经过柱色谱纯化（洗脱剂：20%～80%乙酸乙酯/己烷）得到纯的产物，产率不详。以乙醇作溶剂，化合物 2 发生亲核加成反应，然后脱水，形成环状化合物 3，粗产物硅胶柱色谱纯化（洗脱剂：20%～80%乙酸乙酯/己烷），得到纯的化合物 3，橙色泡沫状物质，产率 72%。

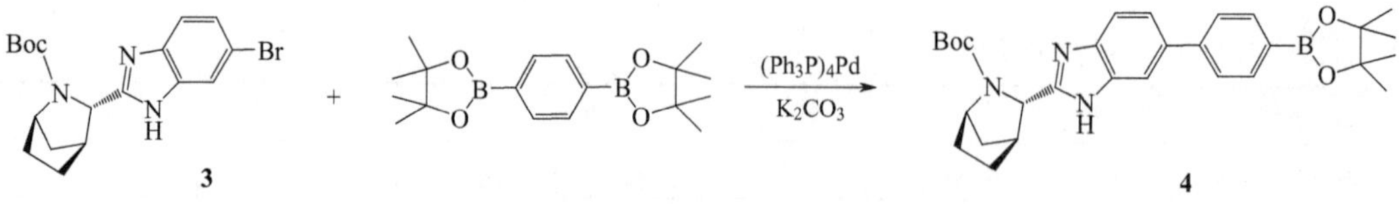

在四（三苯基膦）钯（0）催化下，1,4-苯二硼酸二频哪酯和化合物 3 反应，形成化合物 4，硅胶柱色谱纯化（洗脱剂：20%～60%乙酸乙酯/己烷），得到纯的产物，产率 85%。

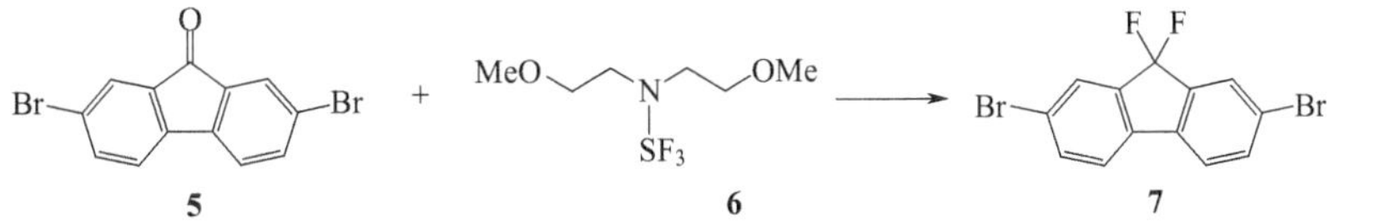

化合物 5 和双（2-甲氧乙基）氨基三氟化硫（6）（氟化试剂）反应，形成化合物 7，硅胶柱色谱纯化得到纯的产物，产率 75%。

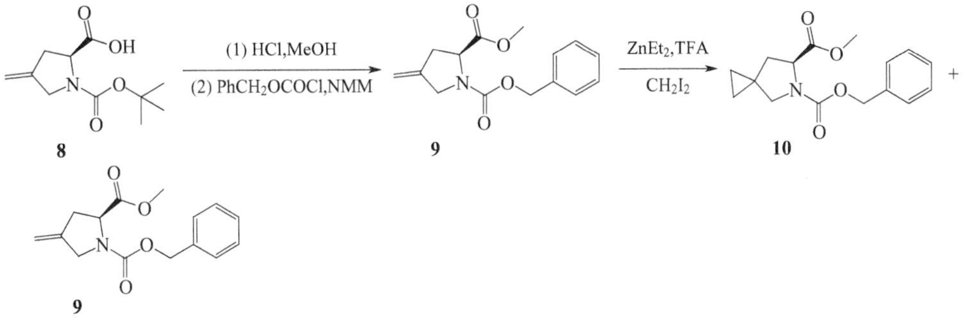

化合物 8 发生酯化反应，得到的中间产物再和氯甲酸苄酯反应，形成的粗产物经过硅胶柱色谱纯化（洗脱剂：乙酸乙酯/己烷），得到纯品，产率 84%。化合物 9 中的碳碳双键和卡宾发生加成反应，形成三元环的化合物 10，同时含有没有反应的化合物 9。

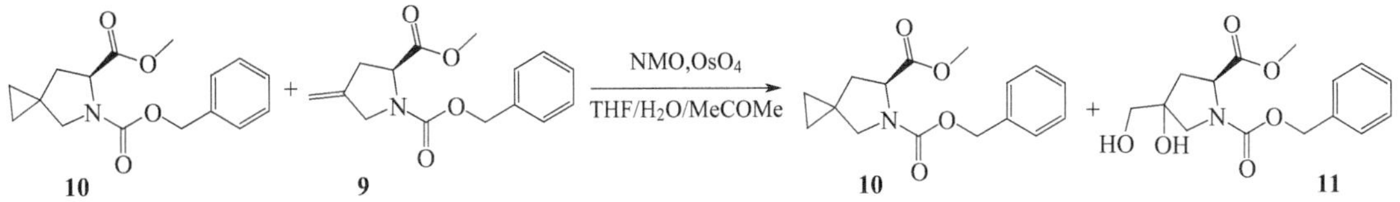

混合物中的化合物 9 在 N-甲基吗啉-N-氧化物和四氧化锇作用下，碳碳双键氧化成邻二醇，形成化合物 11，再经过硅胶柱色谱纯化，得到纯的化合物 10，二步反应总产率 65%。

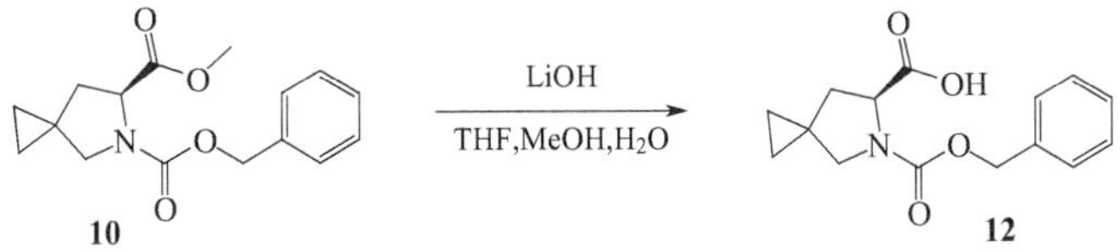

化合物 10 碱性条件下水解，得到化合物 12，粗产物没有纯化直接用于下一步反应，产率不详。

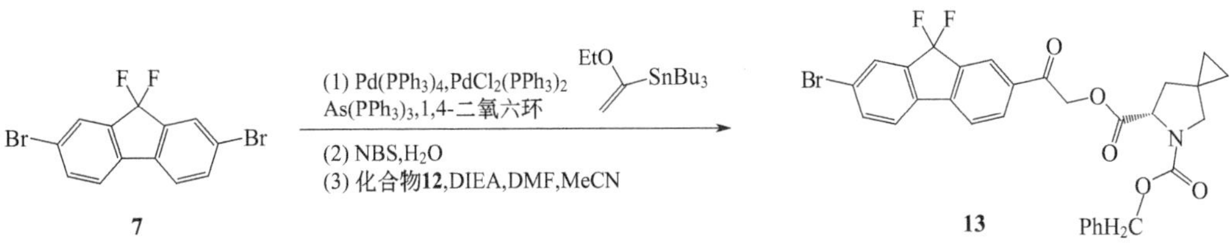

化合物 7 在催化剂作用下，先和三丁基（1-乙氧基乙烯基）锡反应，然后再和 NBS 反应，最后和化合物 12 反应，硅胶柱色谱纯化，得到纯的化合物 13，产率 28.6%。

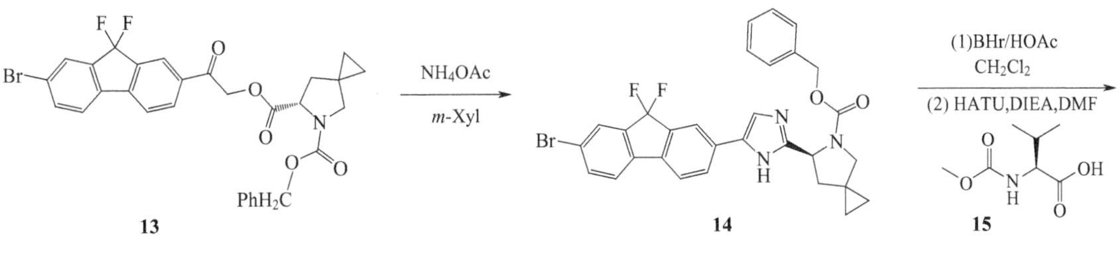

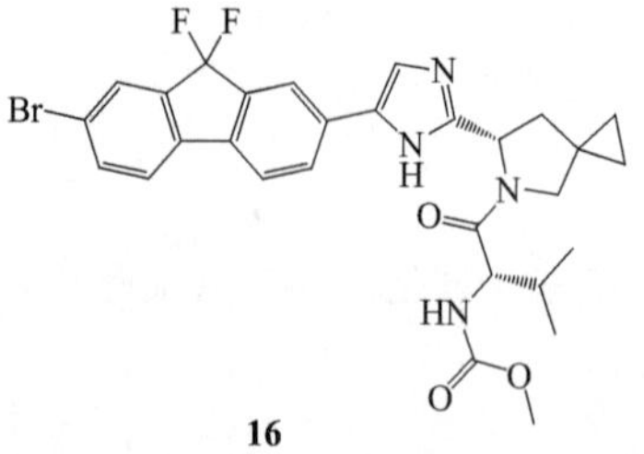

16

以间二甲苯作溶剂，化合物 **13** 在醋酸铵的作用下发生环合反应，硅胶柱色谱纯化（洗脱剂：乙酸乙酯/己烷），得到纯的化合物 **14**，产率 48.3%。化合物 **14** 溶解在二氯甲烷中，加入 37% 的溴化氢的醋酸溶液，反应完之后，粗产物没有纯化直接用于下一步反应，接着以二甲基甲酰胺为溶剂，再加入二异丙基乙胺、化合物 **15** 和四甲基脲六氟磷酸酯进行反应，粗产物硅胶柱色谱纯化（洗脱剂：乙酸乙酯/己烷），得到纯化合物 **16**。

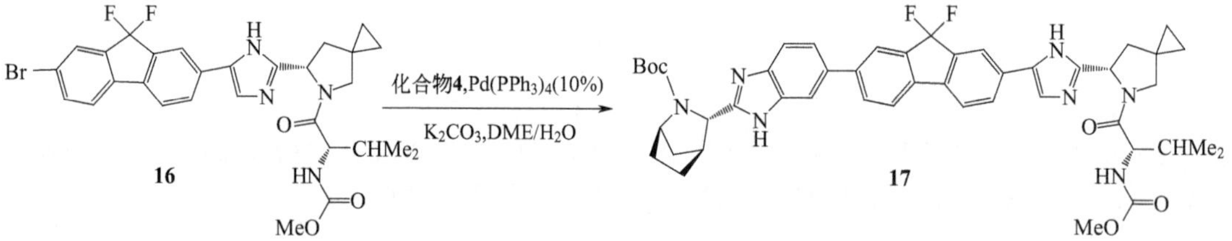

化合物 **16** 和化合物 **4** 在四（三苯基磷）钯催化下，发生 Suzuki 偶联反应，粗产物经过硅胶柱色谱纯化（洗脱剂：乙酸乙酯/己烷），得到纯的产物 **17**，产率 75.3%。

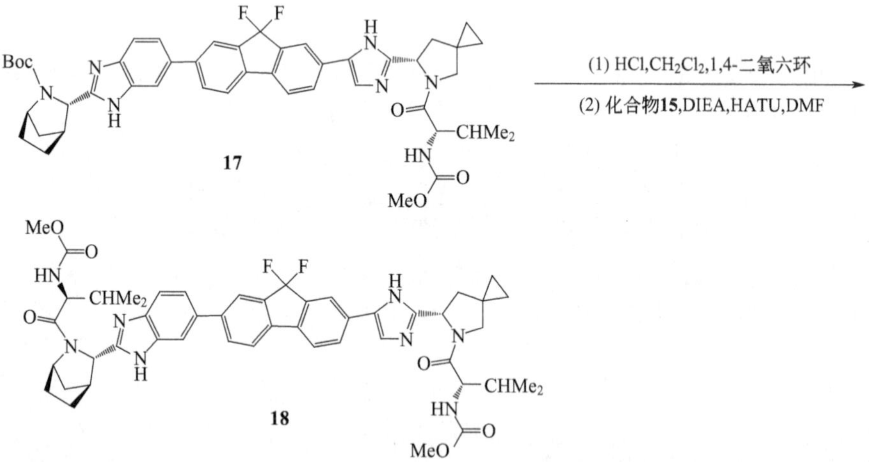

化合物 **17** 溶解在二氯甲烷中，然后加氯化氢的 1,4-二氧六环溶液反应，中间产物没有纯化直接用于下一步反应，中间产物溶解在二甲基甲酰胺中，加二异丙基乙胺和四甲基脲六氟磷酸酯反应，粗产物经过反相高效液相色谱分离（洗脱剂：H_2O/MeCN），得到纯的产物 **18**，产率 61.8%。

原始文献

WO 2012087596A1.

合成路线二

该合成路线来源于美国 Gilead Sciences 公司发表的专利说明书（WO 2011156757 A1）。本合成方法共计 13 步反应：

1 2 3

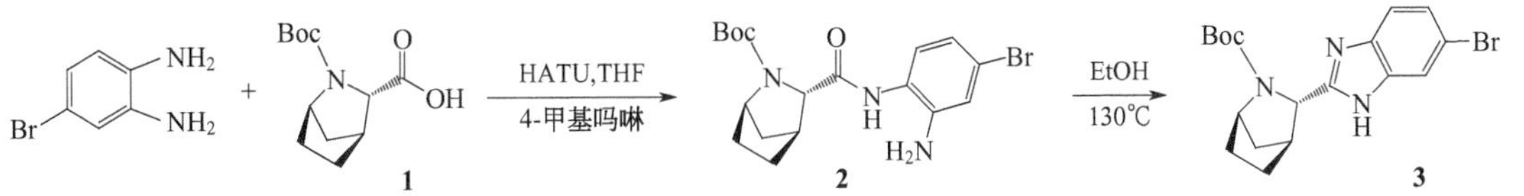

在四甲基脲六氟磷酸酯和4-甲基吗啉作用下，4-溴-1,2-苯二胺和化合物**1**发生反应，形成化合物**2**经过柱色谱纯化（洗脱剂：20%～80%乙酸乙酯/己烷）得到纯的产物，产率不详。以乙醇作溶剂，化合物**2**发生亲核加成反应，然后脱水，形成环状化合物**3**，粗产物硅胶柱色谱纯化（洗脱剂：20%～80%乙酸乙酯/己烷），得到纯的化合物**3**，橙色泡沫状物质，产率72%。

3 4 5

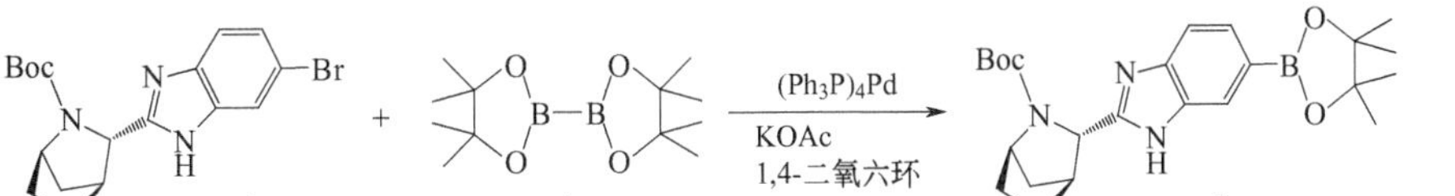

在四（三苯基膦）钯（0）催化下，化合物**3**和化合物**4**反应，形成的粗产物经过硅胶柱色谱纯化，得到纯的产物**5**。

6 7 8

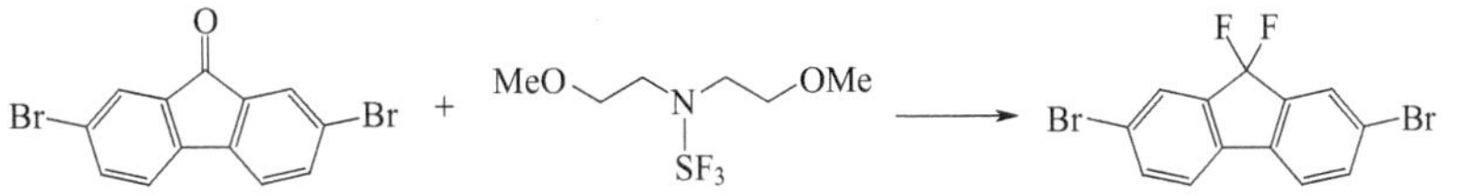

化合物**6**和双（2-甲氧乙基）氨基三氟化硫（**7**）（氟化试剂）反应，形成化合物**8**，硅胶柱色谱纯化得到纯的产物，产率75%。

9 10 11 10

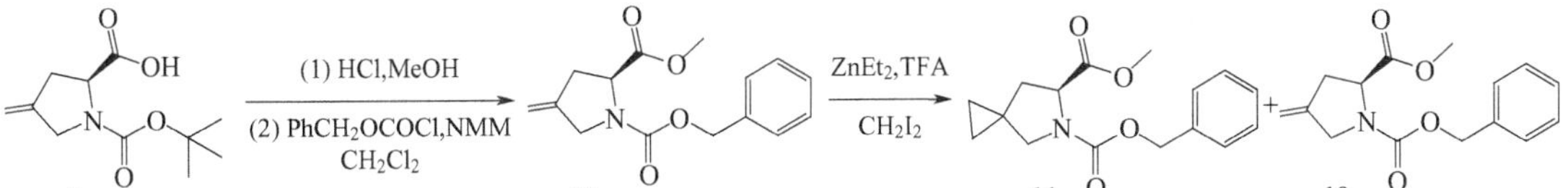

化合物**9**发生酯化反应，中间产物没有纯化直接溶解在二氯甲烷中，加*N*-甲基吗啉，然后和氯甲酸苄酯反应，粗产物经过硅胶柱色谱纯化得到纯品**10**，产率84%。化合物**10**中的碳碳双键和卡宾发生加成反应，形成三元环的**11**，同时含有没有反应的化合物**10**。

11 10 11 12

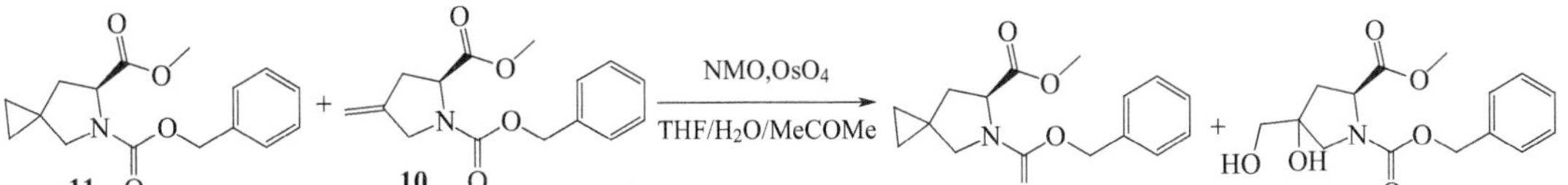

混合物中的**10**在*N*-甲基吗啉-*N*-氧化物和四氧化锇作用下，碳碳双键氧化成邻二醇，形成化合物**12**，再经过硅胶柱色谱纯化（洗脱剂：5%～45%乙酸乙酯/己烷），得到纯的化合物**11**，油状物，二步反应总产率65%。

11 13

化合物**11**碱性条件下水解，得到化合物**13**，粗产物没有纯化直接用于下一步反应。

8 14

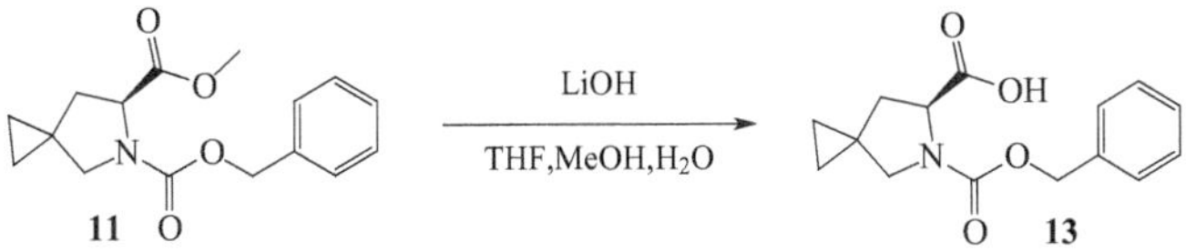

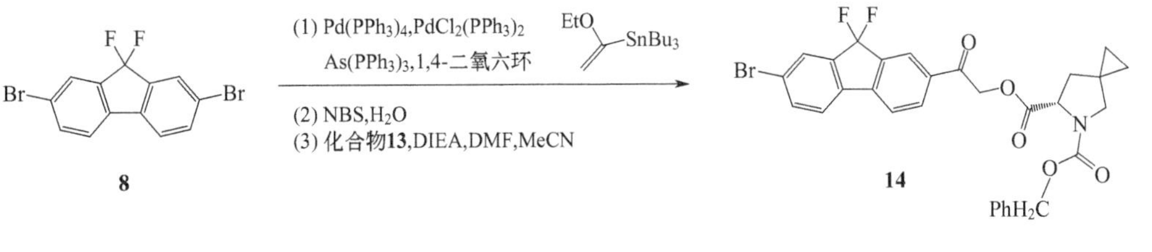

化合物 **8** 在催化剂作用下，先和三丁基（1-乙氧基乙烯基）锡反应，然后再和 NBS 反应，最后和化合物 **13** 反应，硅胶柱色谱纯化（洗脱剂：乙酸乙酯/己烷），得到纯的化合物 **14**，产率 43.6%。

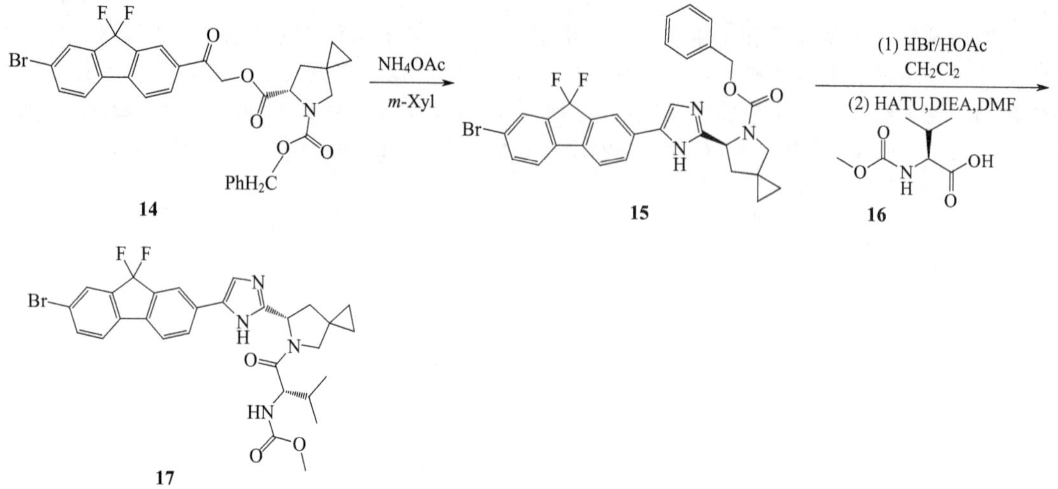

以间二甲苯作溶剂，化合物 **14** 在醋酸铵的作用下发生环合反应，硅胶柱色谱纯化（洗脱剂：乙酸乙酯/己烷），得到纯的化合物 **15**，产率 48.3%。化合物 **15** 溶解在二氯甲烷中，加入 37% 的溴化氢的醋酸溶液，反应完之后，粗产物没有纯化直接用于下一步反应，接着以二甲基甲酰胺为溶剂，再加入二异丙基乙胺、化合物 **16** 和四甲基脲六氟磷酸酯进行反应，粗产物硅胶柱色谱纯化（洗脱剂：乙酸乙酯/己烷），得到纯化合物 **17**。

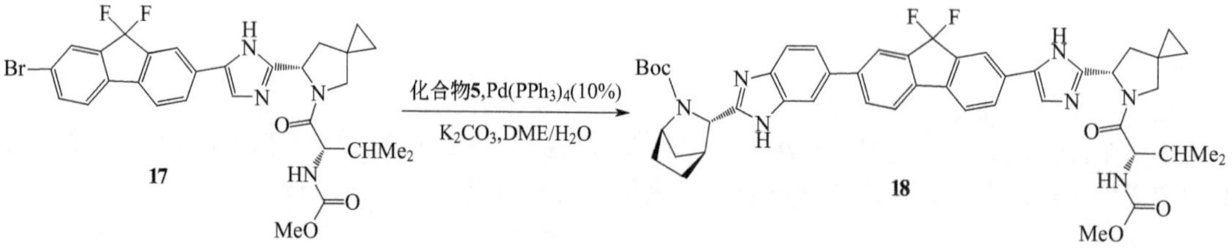

化合物 **17** 和化合物 **5** 在四（三苯基磷）钯催化下，发生 Suzuki 偶联反应，粗产物经过硅胶柱色谱纯化（洗脱剂：乙酸乙酯/己烷），得到纯的产物 **18**，产率 75.3%。

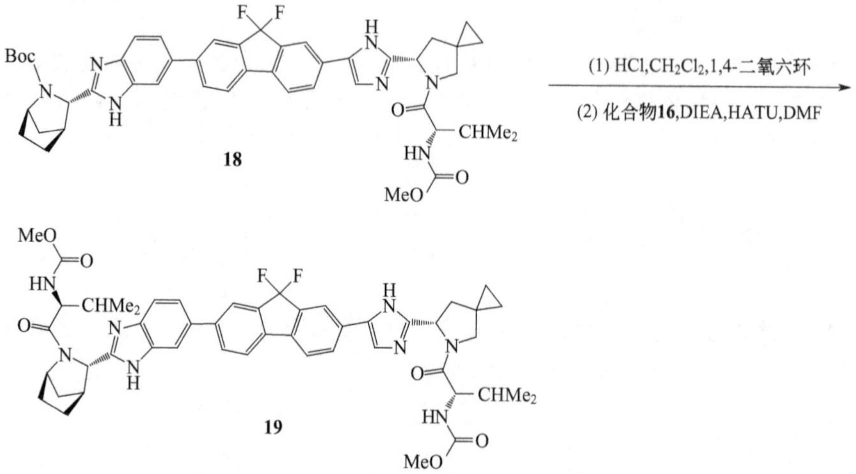

化合物 **18** 溶解在二氯甲烷中，然后加氯化氢的 1,4-二氧六环溶液反应，中间产物没有纯化直接用于下一步反应，中间产物溶解在二甲基甲酰胺中，在二异丙基乙胺和四甲基脲六氟磷酸酯

作用下和化合物 **16** 反应，粗产物经过反相高效液相色谱分离（洗脱剂：$H_2O/MeCN$），得到纯的产物 **19**，产率 61.8%。

原始文献

WO 2011156757A1.

合成路线三

该合成方法来源于 Gilead Sciences 公司发表的论文（J Med Chem，2014，57（5）：2033-2046）。本合成方法共计 13 步反应：

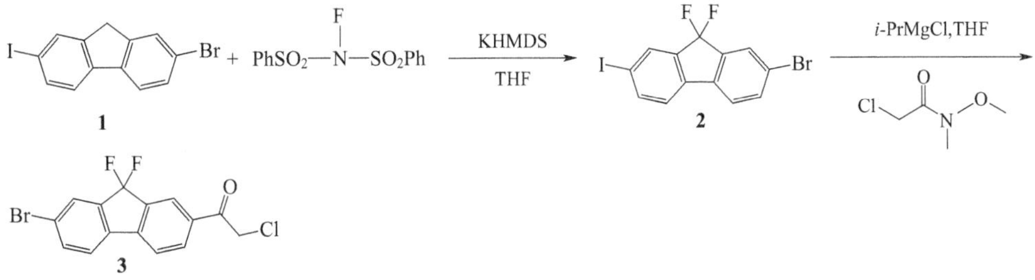

在六甲基二硅基氨基钾作用下，化合物 **1** 和 N-氟代双苯磺酰胺反应，形成的粗产物经过硅胶柱色谱纯化，得到浅黄橙色固体，产率 81%。在异丙基氯化镁的作用下，化合物 **2** 和 N-甲基-N-甲氧基-2-氯乙酰胺反应，粗产物经过纯化得到化合物 **3**，产率 80%，纯度 94%（HPLC）。

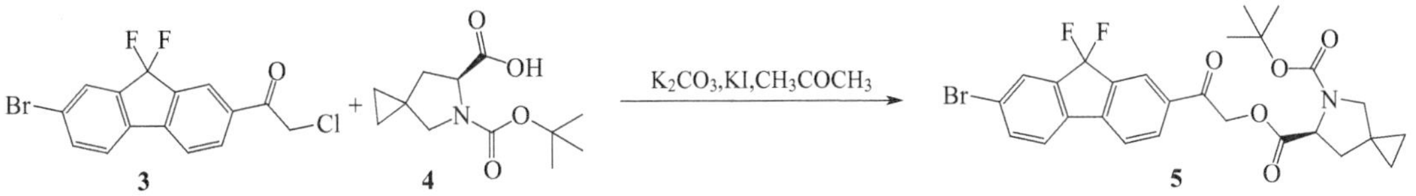

在碘化钾催化下，化合物 **3** 和化合物 **4** 反应，经过重结晶得到化合物 **5**，产率 88%。

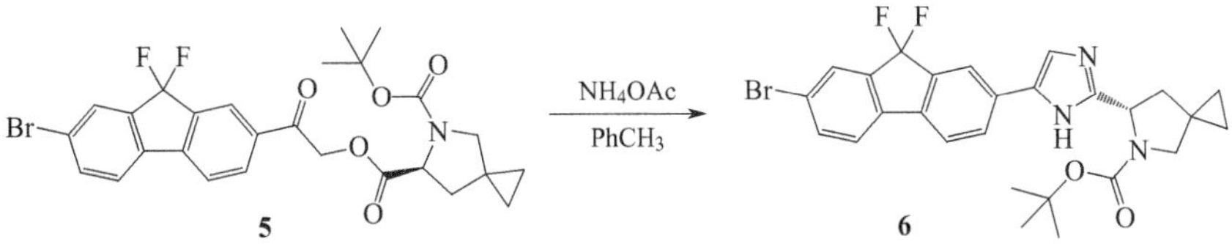

化合物 **5** 在醋酸铵的作用下，发生环合反应，形成杂环化合物，经过重结晶得到化合物 **6**，产率 78.3%。

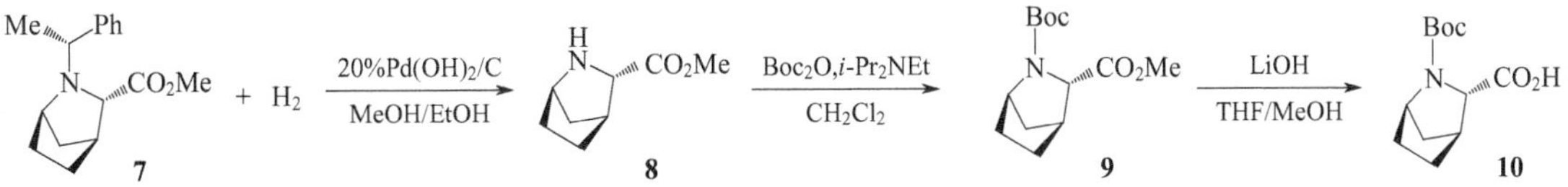

化合物 **7** 催化加氢，得到化合物 **8**，定量反应，粗产物没有纯化直接用于下一步反应。化合物 **8** 和二碳酸二叔丁酯反应，得到化合物 **9**，粗产物没有纯化直接用于下一步反应，二步反应的总收率 99%。化合物 **9** 碱性条件下水解，得到固体的产物 **10**，产率 74%。

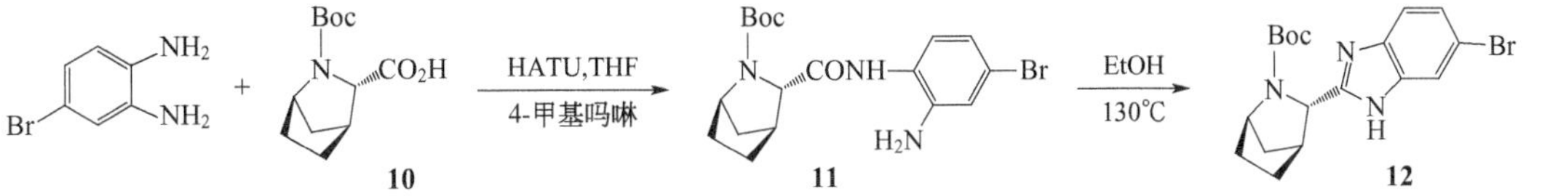

在四甲基脲六氟磷酸酯和 4-甲基吗啉作用下，4-溴-1,2-苯二胺和化合物 **10** 发生反应，形成化合物 **11** 经过柱色谱纯化（洗脱剂：20%~80% 乙酸乙酯/己烷）得到纯的产物，产率不详。以乙醇作溶剂，化合物 **11** 发生亲核加成反应，然后脱水，形成环状化合物 **12**，粗产物硅胶柱色谱

纯化（洗脱剂：20％～80％乙酸乙酯/己烷），得到纯的化合物 **12**，橙色泡沫状物质，二步总产率 72％。

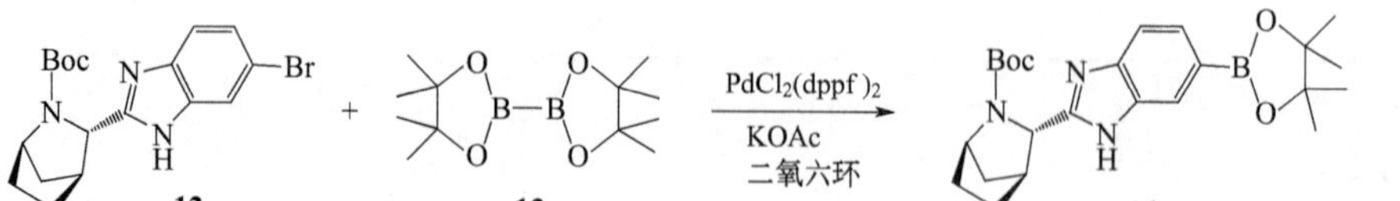

在［1,1′-双（二苯基膦）二茂铁］二氯化钯二氯甲烷配合物催化下，化合物 **12** 和化合物 **13** 反应，形成的粗产物经过硅胶柱色谱纯化（洗脱剂：10％～50％乙酸乙酯/己烷），得到纯的产物 **14**，产率 94％。

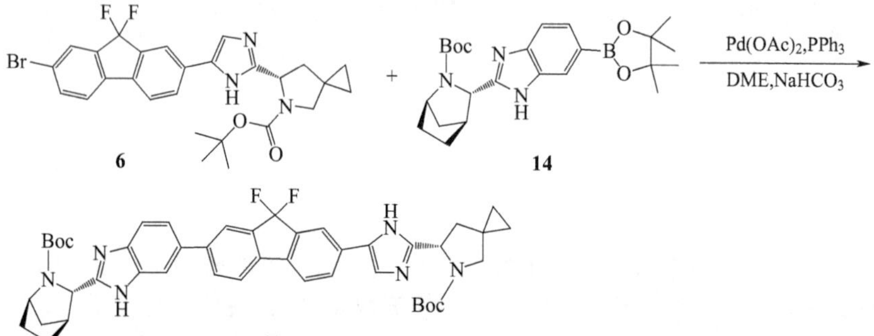

化合物 **6** 和化合物 **14** 在醋酸钯催化下发生 Sukuki 偶联反应，形成的粗产物硅胶柱色谱纯化（洗脱剂：20％～100％乙酸乙酯/己烷），得到浅黄色固体产物 **15**，产率 90％。

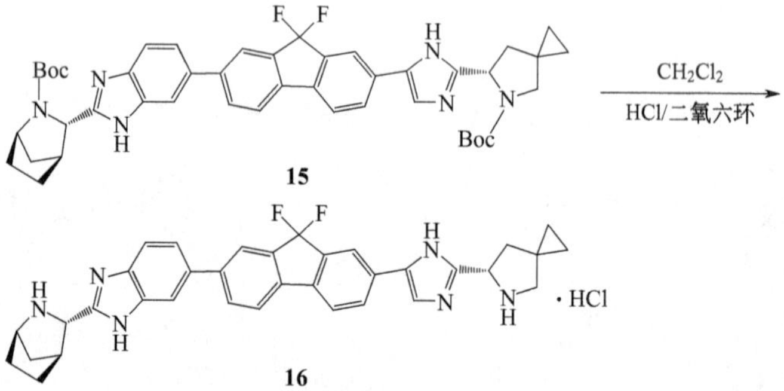

化合物 **15** 溶解在二氯甲烷中，加入氯化氢的二氧六环溶液，得到的产物 **16** 以盐酸盐的形式存在，没有纯化直接用于下一步反应。

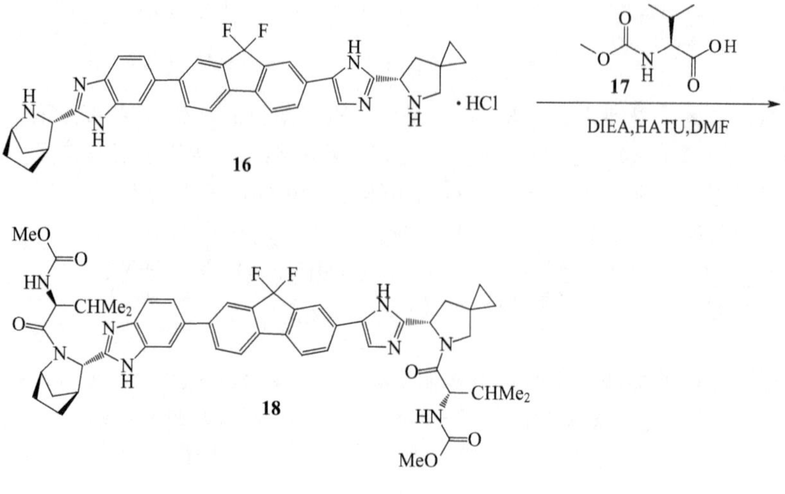

化合物 **16** 溶解在二甲基甲酰胺（DMF）中，在二异丙基乙胺（DIEA）和四甲基脲六氟磷酸酯作用下和化合物 **17** 反应，粗产物经过反相高效液相色谱分离（洗脱剂：H_2O/MeCN），得到纯的产物 **18**，产率 49%。

原始文献

J Med Chem，2014，57（5）：2033-2046.

参考文献

[1] Delaney W E，Link J O，Mo Hongmei，et al. WO 2012087596A1，2012.

[2] Delaney W E，Lee W A，Oldach D W，et al. WO 2011156757A1，2011.

[3] Link J O，Taylor J G，Xu Lianhong，et al. Discovery of Ledipasvir（GS-5885）：A Potent，Once-Daily Oral NS5A Inhibitor for the Treatment of Hepatitis C Virus Infection. J Med Chem，2014，57（5）：2033.

[4] Guo Hongyan，Kato D，Kirschberg T，et al. WO 2010132601A1，2010.

（张继振）

Linaclotide（利那洛肽）

药物基本信息

英文通用名	Linaclotide
中文通用名	利那洛肽
商品名	Linzess
CAS 登记号	851199-59-2
FDA 批准日期	2012/8/30
化学名	L-cysteinyl-L-cysteinyl-L-glutamyl-L-tyrosyl-L-cysteinyl-L-cysteinyl-L-asparaginyl-L-prolyl-L-alanyl-L-cysteinyl-L-threonylglycyl-L-cysteinyl-L-tyrosine cyclo(1-6),(2-10),(5-13)-tris(disulfide)
SMILES 代码	O=C(O)[C@@H](NC(=O)[C@H]4NC(=O)CNC(=O)[C@@H](NC(=O)[C@H]2NC(=O)[C@@H](NC(=O)[C@H]5N(C(=O)[C@@H](NC(=O)[C@H]1NC(=O)[C@@H](NC(=O)[C@@H](NC(=O)[C@@H](NC(=O)[C@@H](N)CSSC1)CSSC2)CCC(=O)O)Cc3ccc(O)cc3)CSSC4)CC(=O)N)CCC5)C)[C@H](O)C)Cc6ccc(O)cc6

化学结构和理论分析

化学结构	理论分析值
	化学式：$C_{59}H_{79}N_{15}O_{21}S_6$ 精确分子量：1525.39 分子量：1526.72 元素分析：C，46.42；H，5.22；N，13.76；O，22.01；S，12.60

药品说明书参考网页

生产厂家产品说明书：https://www.linzess.com/

美国药品网：http://www.drugs.com/linzess.html

美国处方药网页：http://www.rxlist.com/linzess-drug.htm

药物简介

Linzess（利那洛肽）是一种鸟苷酸环化酶-C 激动剂，适用于在成年中为治疗有便秘肠易激综合征（IBS-C）和慢性特发性便秘（CIC）。利那洛肽是一种鸟苷酸环化酶-C（GC-C）激动剂。利那洛肽及其活性代谢物与 GC-C 结合和局部作用于小肠上皮管腔表面上。GC-C 的激活导致细胞内和细胞外环磷酸鸟苷（cGMP）浓度都增高。细胞内 cGMP 升高刺激氯离子和碳酸氢根的分泌进入肠腔，主要是通过激活的囊性纤维化跨膜电导调节器（CFTR）离子通道，导致小肠液体增加和加速通过。在动物模型中，利那洛肽曾显示加速 GI 通过和减低小肠疼痛。利那洛肽在动物中诱导内脏疼痛减轻被认为是细胞外 cGMP 增加所介导，被证明是减低痛觉神经的活动。

药品上市申报信息

该药物目前有 2 种产品上市。

产品一

药品名称	LINZESS		
申请号	202811	产品号	001
活性成分	Linaclotide(利那洛肽)	市场状态	处方药
剂型或给药途径	口服胶囊	规格	145μg
治疗等效代码		参比药物	否
批准日期	2012/08/30	申请机构	FOREST LABORATORIES INC

产品二

药品名称	LINZESS		
申请号	202811	产品号	002
活性成分	Linaclotide(利那洛肽)	市场状态	处方药
剂型或给药途径	口服胶囊	规格	290μg
治疗等效代码		参比药物	是
批准日期	2012/08/30	申请机构	FOREST LABORATORIES INC

药品专利或独占权保护信息

美国专利号或独占权代码	专利或独占权过期日期	专利保护类型、专利名称或市场独占权保护内容
7304036	2024/01/28	化合物专利、产品专利、专利用途代码 U-1278
8110553	2024/01/28	专利用途代码 U-1278
8748573	2031/06/20	专利用途代码 U-1516

续表

美国专利号或 独占权代码	专利或独占权 过期日期	专利保护类型、专利名称或市场独占权保护内容
8748573	2031/06/20	专利用途代码 U-1515
7704947	2024/01/28	化合物专利、产品专利
8080526	2024/01/28	化合物专利、产品专利
7371727	2024/01/28	化合物专利
8802628	2031/07/24	产品专利
7745409	2024/01/28	化合物专利、产品专利
NCE	2017/08/30	参见本书附录关于独占权代码部分

合成路线

本方法来源于 Gongora-Benitez M. 发表的论文，其特点是以［6-Trt 策略］通过保护和脱保护的策略固相合成，具体过程如下所示。

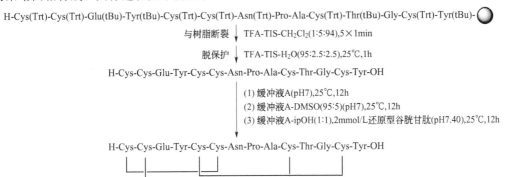

原始文献

Biopolymers，2011，96（1）：69-80.

参考文献

Gongora-Benitez M，et al. Optimized Fmoc solid-phase synthesis of the cysteine-rich peptide linaclotide. Biopolymers，2011，96（1）：69-80.

（王进军）

Linagliptin（利拉利汀）

药物基本信息

英文通用名	Linagliptin
中文通用名	利拉利汀
商品名	Tradjenta(US)，Trajenta(Worldwide)
CAS登记号	668270-12-0
FDA 批准日期	2011/05/02

续表

化学名	8-［(3R)-3-aminopiperidin-1-yl］-7-(but-2-yn-1-yl)-3-methyl-1-［(4-methylquinazolin-2-yl)methyl］-3,7-dihydro-1H-purine-2,6-dione
SMILES 代码	CC≡CCN1C2＝C(N＝C1N3CCC［C@H］(C3)N)N(C(＝O)N(C2＝O)CC4＝NC5＝CC＝CC＝C5C(＝N4)C)C

化学结构和理论分析

化学结构	理论分析值
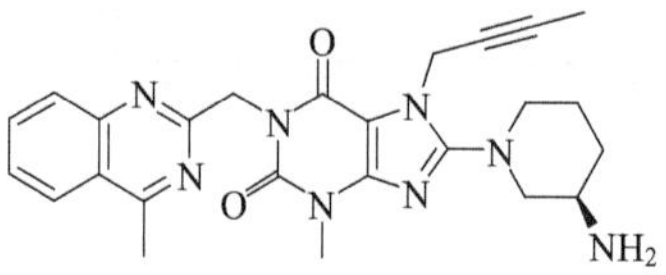	化学式：$C_{25}H_{28}N_8O_2$ 精确分子量：472.23 分子量：472.55 元素分析：C,63.54;H,5.97;N,23.71;O,6.77

药品说明书参考网页

生产厂家产品说明书：https://www.tradjenta.com/
美国药品网：http://www.drugs.com/cdi/linagliptin.html
美国处方药网页：http://www.rxlist.com/tradjenta-drug.htm

药物简介

　　Tradjenta 适用于作为膳食和运动的辅助治疗成年 2 型糖尿病改善血糖控制。通过抑制二肽基肽酶-4，提高一种激素的水平，从而刺激胰岛素释放，进而改善服用者的血糖控制。该药用于与饮食和锻炼结合以改善 2 型糖尿病成人患者的血糖控制。不应在 1 型糖尿病患者中使用或为治疗糖尿病酮症酸中毒。

药品上市申报信息

　　该药物目前有 4 种产品上市。

产品一

药品名称	TRADJENTA		
申请号	201280	产品号	001
活性成分	Linagliptin(利拉利汀)	市场状态	处方药
剂型或给药途径	口服片剂	规格	5mg
治疗等效代码		参比药物	是
批准日期	2011/05/02	申请机构	BOEHRINGER INGELHEIM PHARMACEUTICALS INC

产品二

药品名称	JENTADUETO		
申请号	201281	产品号	001
活性成分	Linagliptin(利拉利汀);Metformin Hydrochloride(盐酸二甲双胍)	市场状态	处方药

续表

剂型或给药途径	口服片剂	规格	2.5mg；500mg
治疗等效代码		参比药物	否
批准日期	2012/01/30	申请机构	BOEHRINGER INGELHEIM PHARMACEUTICALS INC

产品三

药品名称	JENTADUETO		
申请号	201281	产品号	002
活性成分	Linagliptin（利拉利汀）；Metformin Hydro-chloride（盐酸二甲双胍）	市场状态	处方药
剂型或给药途径	口服片剂	规格	2.5mg；850mg
治疗等效代码		参比药物	否
批准日期	2012/01/30	申请机构	BOEHRINGER INGELHEIM PHARMACEUTICALS INC

产品四

药品名称	JENTADUETO		
申请号	201281	产品号	003
活性成分	Linagliptin（利拉利汀）；Metformin Hydro-chloride（盐酸二甲双胍）	市场状态	处方药
剂型或给药途径	口服片剂	规格	2.5mg；1g
治疗等效代码		参比药物	是
批准日期	2012/01/30	申请机构	BOEHRINGER INGELHEIM PHARMACEUTICALS INC

药品专利或独占权保护信息

产品 TRADJENTA 的专利和独占权保护

美国专利号或独占权代码	专利或独占权过期日期	专利保护类型、专利名称或市场独占权保护内容
6303661	2017/04/24	专利用途代码 U-1270
6303661	2017/04/24	专利用途代码 U-774
6890898	2019/02/02	专利用途代码 U-1270
6890898	2019/02/02	专利用途代码 U-493
7078381	2019/02/02	专利用途代码 U-1270
7078381	2019/02/02	专利用途代码 U-493
7459428	2019/02/02	专利用途代码 U-1270
7459428	2019/02/02	专利用途代码 U-493
8119648	2023/08/12	专利用途代码 U-1270
8119648	2023/08/12	专利用途代码 U-774

续表

美国专利号或独占权代码	专利或独占权过期日期	专利保护类型、专利名称或市场独占权保护内容
8178541	2023/08/12	专利用途代码 U-1244
8178541	2023/08/12	专利用途代码 U-1245
8178541	2023/08/12	专利用途代码 U-1270
8178541	2023/08/12	专利用途代码 U-1503
8673927	2027/08/23	专利用途代码 U-1503
8846695	2030/06/04	专利用途代码 U-1503
7407955	2023/08/12	化合物专利、产品专利
M-118	2015/08/13	参见本书附录关于独占权代码部分
M-121	2015/08/13	参见本书附录关于独占权代码部分
NCE	2016/05/02	参见本书附录关于独占权代码部分

产品 JENTADUETO 的专利和独占权保护

美国专利号或独占权代码	专利或独占权过期日期	专利保护类型、专利名称或市场独占权保护内容
6303661	2017/04/24	专利用途代码 U-802
6890898	2019/02/02	专利用途代码 U-1039
7078381	2019/02/02	专利用途代码 U-1039
7459428	2019/02/02	专利用途代码 U-1039
8119648	2023/08/12	专利用途代码 U-802
8178541	2023/08/12	产品专利、专利用途代码 U-775
8673927	2027/08/23	专利用途代码 U-1503
8846695	2030/06/04	专利用途代码 U-1503
7407955	2023/08/12	化合物专利、产品专利
NC	2015/01/30	参见本书附录关于独占权代码部分
NCE	2016/05/02	参见本书附录关于独占权代码部分
M-146	2017/07/30	参见本书附录关于独占权代码部分

合成路线一

本方法来源于德国专利文献（Ger Offen，102004054054）。其特点是用邻苯二甲酸酐保护伯氨基。合成顺序如下：邻氨基苯乙酮（**1**）与氯乙腈在酸性条件下环合得到苯并嘧啶 **2**，再与化合物 **3** 在碱性条件下缩合得到化合物 **4**。

另一方面，3-氨基吡啶（**5**）用 Nishimura 催化剂氢化还原得到 3-氨基哌啶（**6**），用邻苯二甲酸酐保护后得到二酰亚胺 **7**，加入 D-酒石酸得到具有光学活性的化合物 **8** 的酒石酸盐。

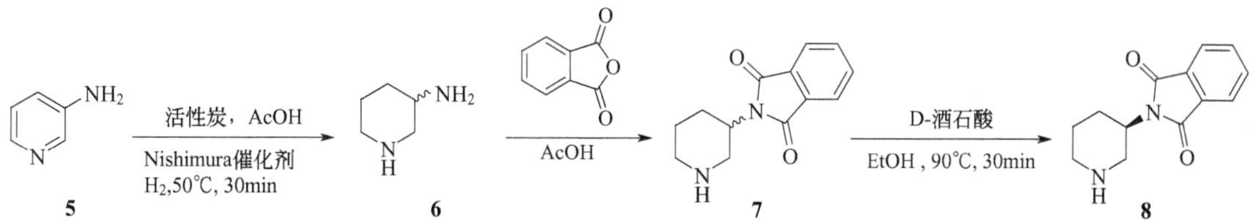

化合物 **4** 和 **8** 在碱性条件下缩合得到 **9**，在甲苯中和乙醇胺反应后即得目标产物利拉利汀（**10**）。

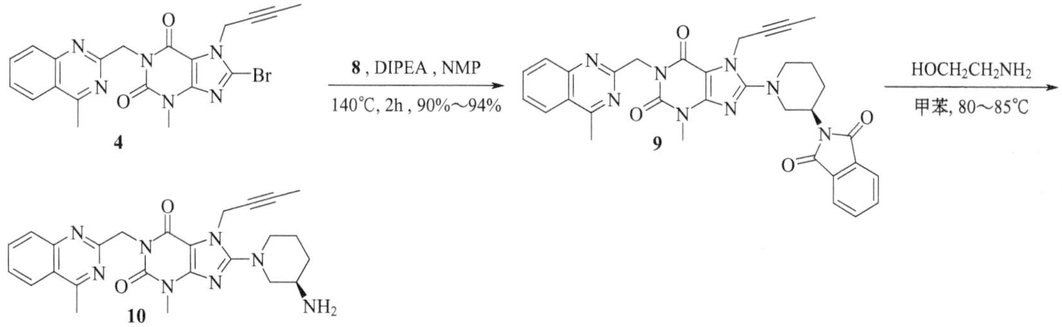

原始文献

Ger Offen，102004054054，2006.

合成路线二

本方法来源于 Matthias Eckhardt 等人发表的论文（J Med Chem，2007，6450-6453）。其合成顺序如下：

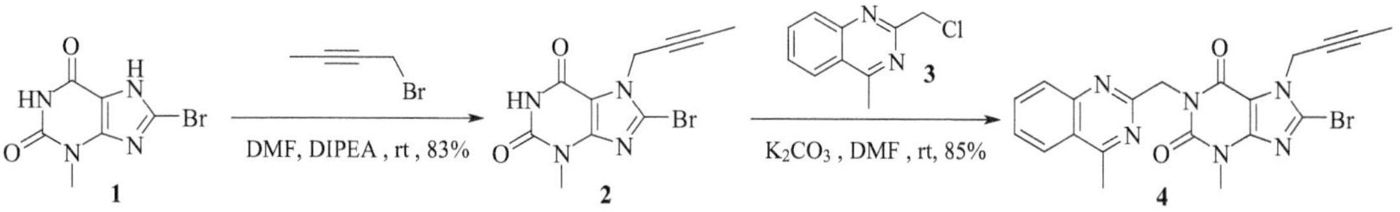

化合物 **1** 与 1-溴-2-丁炔的亲核反应生成化合物 **2**（83%），其亚酰氨基继续与化合物 **3** 的 2-位氯甲基的取代得到化合物 **4**（85%）。

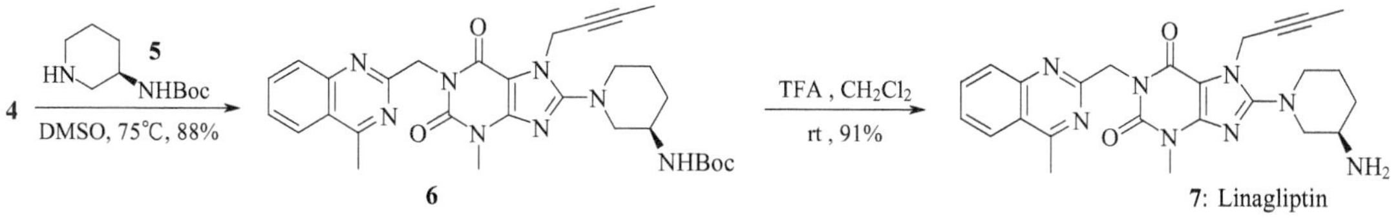

中间体 **4** 与 Boc 保护的 3-氨基哌啶 **5** 缩合后形成化合物 **6**（88%），在三氟乙酸存在下脱除 Boc 保护基后即得目标产物利拉利汀（**7**）（91%）。

原始文献

J Med Chem，2007，50（26）：6450-6453.

合成路线三

本方法来源于 Frank Himmelsbach 等人发表的专利文献（PCT Int Appl，2004018468 及 Ger Offen，10238243）。该路线与上述的合成顺序基本相同，区别在于 **2** 与 **3** 缩合所用碱及 **6** 脱保护所用酸。具体顺序如下：

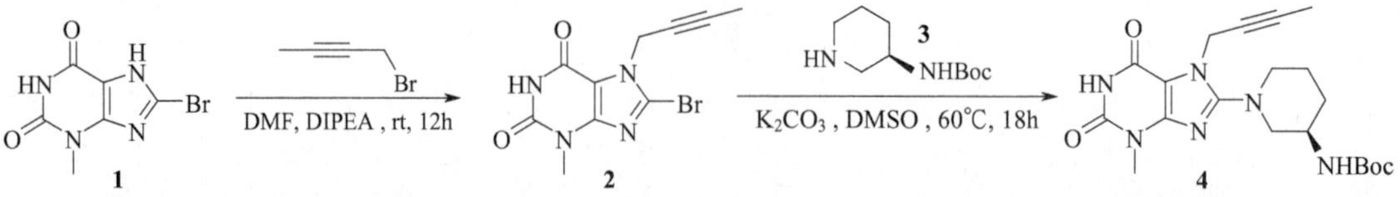

化合物 **1** 与 1-溴-2-丁炔缩合得到化合物 **2**，继续与 Boc 保护的 3-氨基哌啶 **3** 缩合得到化合物 **4**。

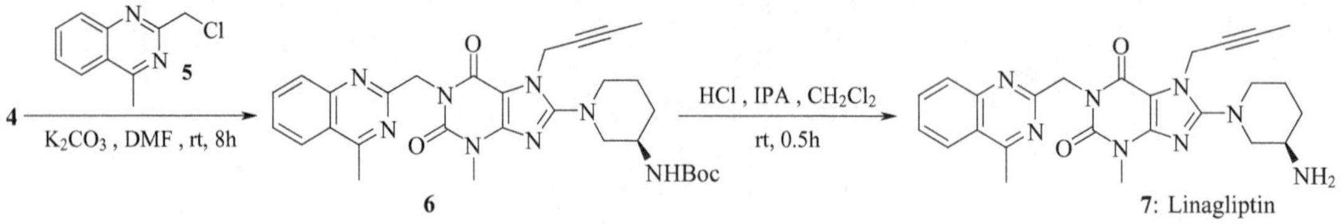

中间体 **4** 再与 4-甲基-2-氯甲基喹唑啉（**5**，由 2,4-二甲基喹唑啉氯代制得）缩合得到化合物 **6**，盐酸存在下脱除 Boc 保护基后即得目标产物利拉利汀（**7**）。

原始文献

PCT Int Appl，2004018468，2004；Ger Offen，10238243，2004.

合成路线四

本方法来源于 Pietro Allegrini 等人发表的欧洲专利文献（Eur Pat Appl，2468749）。其特点是利用 Curtius 重排在最后一步生成伯胺基团。合成顺序如下：

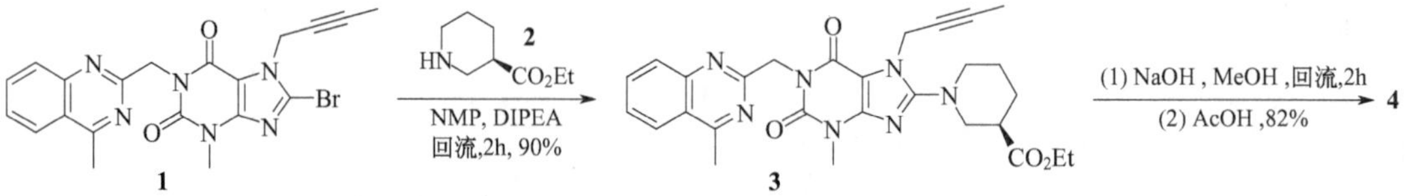

化合物 **1** 与（R）-3-哌啶甲酸乙酯（**2**）缩合得到化合物 **3**（90%），碱性条件下水解酯基则得到羧酸 **4**（82%），中间体 **4** 进行 Curtius 重排并在碱性条件下水解即得目标产物利拉利汀（**5**）。

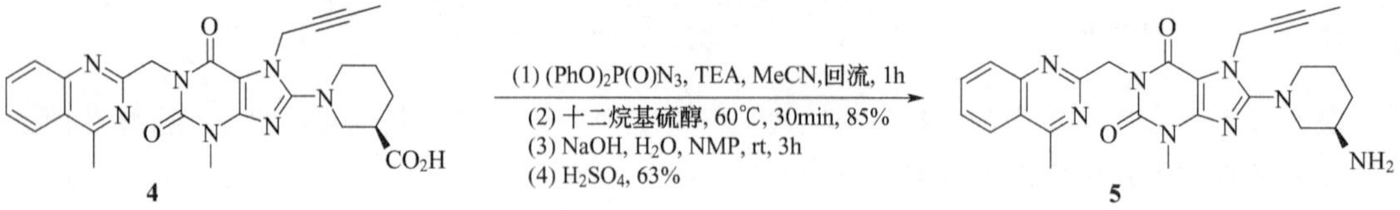

原始文献

Eur Pat Appl，2468749，2012.

合成路线五

该合成路线来源于药源药物化学（上海）有限公司的专利说明书（CN 103319483A）。本方法采用相转移催化剂，具有产率高，操作简便，环境友好的特点，适用于工业化大规模生产，并可采用一锅法实施。

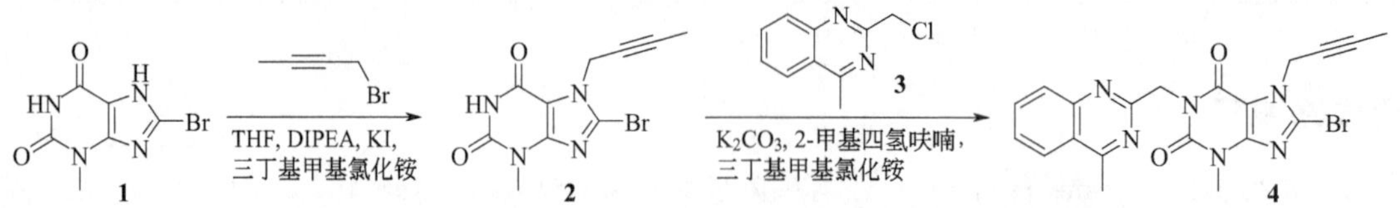

以三丁基甲基氯化铵为相转移催化剂，KI 为协同催化剂，四氢呋喃为溶剂，化合物 **1** 和 1-溴-2-丁炔在碱性（二异丙基乙胺）条件下反应得到中间体 **2**（93%），碱性（碳酸钾）及相转

移催化剂（三丁基甲基氯化铵）存在条件下与 2-氯甲基-4-甲基喹唑啉（**3**）在 2-甲基四氢呋喃中反应以 87.1% 的产率得到中间体 **4**。

以甲苯为溶剂，化合物 **4** 在碱（碳酸钾）及相转移催化剂（三丁基甲基氯化铵）存在条件下与（R）-3-叔丁氧羰基氨基哌啶（**5**）反应得到化合物 **6**（86.2%），用 TFA 脱除保护基即得光学纯度为 100% 的目标产物 **7**（88%）。

原始文献

CN103319483A.

参考文献

［1］ Himmelsbach，Frank，et al. Preparation of 8-［3-aminopiperidin-1-yl］xanthines as dipeptidylpeptidase-Ⅳ（DPPIV）inhibitors. PCT Int Appl，2004018468，2004.

［2］ Himmelsbach，Frank et al. Production of 8-［3-aminopiperidin-1-yl］ xanthines and their use as drugs. Ger Offen，10238243，2004.

［3］ Pfrengle，Waldemar，Pachur Thorsten. Preparation of chiral 8-（3-amino-piperidin-1-yl）xanthines. Ger Offen，102004054054，2006.

［4］ Eckhardt，Matthias，et al. 8-（3-（R）-Aminopiperidin-1-yl）-7-but-2-ynyl-3-methyl-1-（4-methyl-quinazolin-2-ylmethyl）-3,7-dihydropurine-2,6-dione（BI 1356），a Highly Potent，Selective，Long-Acting，and Orally Bioavailable DPP-4 Inhibitor for the Treatment of Type 2 Diabetes. J Med Chem，2007，50（26）：6450-6453.

［5］ Allegrini，Pietro，et al. Process for the preparation of linagliptin. Eur Pat Appl，2468749，2012.

［6］ Sutton，Jon M，et al. Novel heterocyclic DPP-4 inhibitors for the treatment of type 2 diabetes. Bioorg Med Chem Lett，2012，22（3）：1464-1468.

［7］ Anon. Preparation of （R）-8-（3-amino-piperidin-1-yl）-7-（but-2-ynyl）-3-methyl-1-（4-methylquinazolin-2-ylmethyl）-3,7-dihydro-purine-2,6-dione. IP.com Journal，2012，12（3A）：34.

［8］ Metsger，Leonid，et al. Solid state forms of linagliptin. U S Pat Appl Publ，20130123282，2013.

［9］ Haldar，Pranab，et al. Process for preparation and purification of linagliptin. PCT Int Appl，2013098775，2013.

［10］ Anon. Preparation of pure （R）-8-（3-amino-piperidin-1-yl）-7-（but-2-ynyl）-3-methyl-1-（4-methylquinazolin-2-ylmethyl）-3,7-dihydropurine-2,6-dione. IP.com Journal，2012，12（6B）：23.

［11］ 周岩峰，刘永，汪学章等. 一种利拉列汀重要中间体的制备方法. CN103319483A.

（王进军）

Lomitapide（洛美他派）

药物基本信息

英文通用名	Lomitapide
中文通用名	洛美他派
商品名	Juxtapid（US），Lojuxta（EU）
CAS 登记号	182431-12-5
FDA 批准日期	2012/12/21

续表

化学名	N-(2,2,2-trifluoroethyl)-9-[4-[4-[[[4'-(trifluoromethyl)[1,1'-biphenyl]2-yl]carbonyl]amino]-1-piperidinyl]butyl]9H-fluoren-9-carboxamde
SMILES 代码	O=C(NC1CCN(CCCCC2(C(NCC(F)(F)F)=O)C(C=CC=C3)=C3C4=C2C=CC=C4)CC1)C5=CC=CC=C5C(C=C6)=CC=C6C(F)(F)F

化学结构和理论分析

化学结构	理论分析值
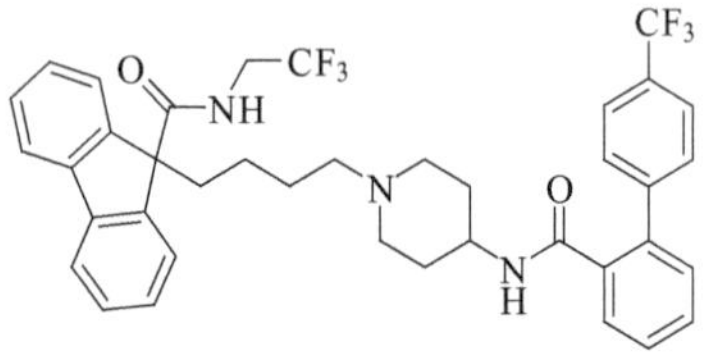	化学式:$C_{39}H_{37}F_6N_3O_2$ 精确分子量:693.28 分子量:693.73 元素分析:C,67.52;H,5.38;F,16.43;N,6.06;O,4.61

药品说明书参考网页

生产厂家产品说明书：http://www.juxtapid.com/
美国药品网：http://www.drugs.com/juxtapid.html
美国处方药网页：http://www.rxlist.com/juxtapid-drug.htm

药物简介

Lojuxta 是一种微粒体甘油三酯转移蛋白抑制剂，用于纯合子家族性高胆固醇血症（HoFH）成人患者的治疗。纯合子家族性高胆固醇血症（HoFH）是一种极罕见的常染色体显性遗传性疾病，发病机制为细胞膜表面的低密度脂蛋白（LDL）受体缺如或异常，导致体内 LDL 代谢异常，造成血浆总胆固醇（TC）水平和低密度脂蛋白胆固醇（LDL-C）水平升高，往往导致极其严重的心血管问题。Lojuxta 适用于在有纯合子家族性高胆固醇血症（HoFH）患者作为对低脂肪膳食和其他降脂治疗，包括能得到 LDL 血液分离，辅助减低低密度脂蛋白胆固醇（LDL-C）、总胆固醇（TC）、载脂蛋白 B 和非高密度脂蛋白胆固醇（非-HDL-C）。

药品上市申报信息

该药物目前有 3 种产品上市。

产品一

药品名称	JUXTAPID		
申请号	203858	产品号	001
活性成分	Lomitapide Mesylate(甲磺酸洛美他派)	市场状态	处方药
剂型或给药途径	口服胶囊	规格	5mg
治疗等效代码		参比药物	否
批准日期	2012/12/21	申请机构	AEGERION PHARMACEUTICALS INC

产品二

药品名称	JUXTAPID		
申请号	203858	产品号	002
活性成分	Lomitapide Mesylate（甲磺酸洛美他派）	市场状态	处方药
剂型或给药途径	口服胶囊	规格	10mg
治疗等效代码		参比药物	否
批准日期	2012/12/21	申请机构	AEGERION PHARMACEUTI-CALS INC

产品三

药品名称	JUXTAPID		
申请号	203858	产品号	003
活性成分	Lomitapide Mesylate（甲磺酸洛美他派）	市场状态	处方药
剂型或给药途径	口服胶囊	规格	20mg
治疗等效代码		参比药物	是
批准日期	2012/12/21	申请机构	AEGERION PHARMACEUTI-CALS INC

药品专利或独占权保护信息

美国专利号或独占权代码	专利或独占权过期日期	专利保护类型、专利名称或市场独占权保护内容
8618135	2025/03/07	专利用途代码 U-1316
5712279	2015/02/21	化合物专利、专利用途代码 U-1317
5739135	2015/04/14	化合物专利、专利用途代码 U-1317
6492365	2019/12/10	专利用途代码 U-1318
7932268	2027/08/19	专利用途代码 U-1316
NCE	2017/12/21	参见本书附录关于独占权代码部分
ODE	2019/12/21	参见本书附录关于独占权代码部分

合成路线

本方法来源于 Bristol-Myers Squibb Company 发表的专利文献（US 5712279）。其合成分为两部分，即带有仲胺结构的联苯 **3** 和溴烷基取代的芴 **6**。

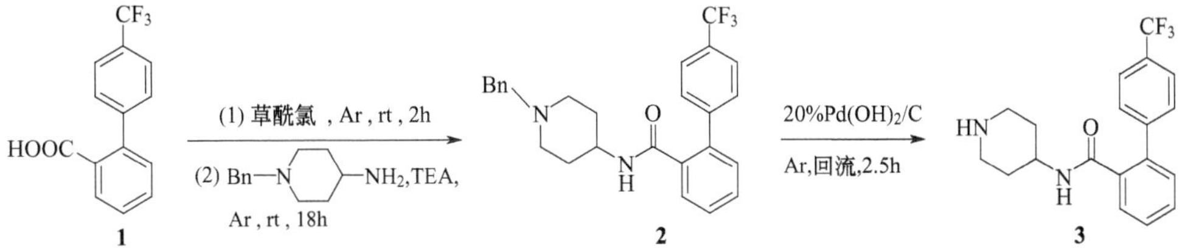

首先将 4′-三氟甲基-2-联苯甲酸（**1**）制成酰氯后与 4-氨基-1-苄基哌啶反应得到化合物 **2**（91.8%），经 20% Pd(OH)$_2$/C 脱除苄基后得到化合物 **3**（99.6%）。

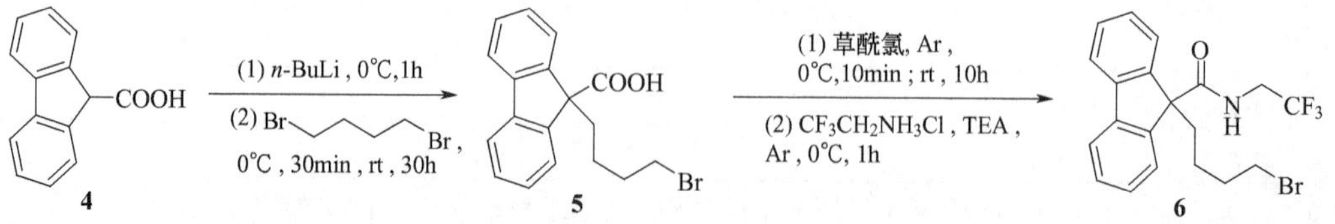

另一部分合成起始于芴酸（**4**），碱性条件下与 1,4-二溴代丁烷反应得到化合物 **5**（85%），制成酰氯后再与 2,2,2-三氟乙胺盐酸盐发生氨解形成化合物 **6**（71%）。

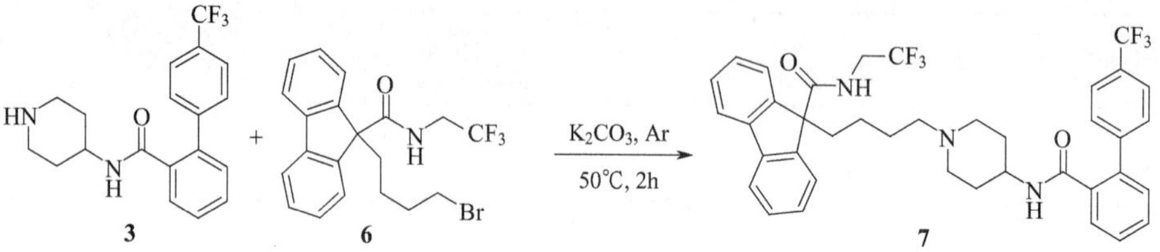

最后，在碱性条件下片段 **3** 与片段 **6** 缩合成目标产物洛美他派（**7**，78.9%）。

原始文献

US 5712279.

参考文献

Biller S A, et al, Inhibitors of microsomal triglyceride transfer protein and method. US 5712279, 1998.

（王进军）

Lorcaserin（氯卡色林）

药物基本信息

英文通用名	Lorcaserin
中文通用名	氯卡色林
商品名	Belviq
CAS 登记号	616202-92-7
FDA 批准日期	2012/6/27
化学名	(*R*)-8-chloro-1-methyl-2,3,4,5-tetrahydro-1*H*-benzo[*d*]azepine
SMILES 代码	ClC1=CC=C2C([C@@H](C)CNCC2)=C1

化学结构和理论分析

化学结构	理论分析值
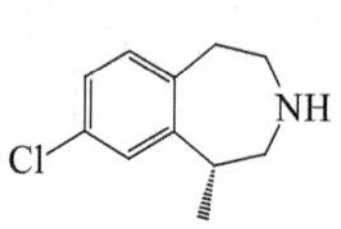	化学式：$C_{11}H_{14}ClN$ 精确分子量：195.08 分子量：195.69 元素分析：C,67.52；H,7.21；Cl,18.12；N,7.16

药品说明书参考网页

生产厂家产品说明书：http://www.belviq.com/
美国药品网：http://www.drugs.com/belviq.html
美国处方药网页：http://www.rxlist.com/belviq-drug.htm

药物简介

Lorcaserin 是 Arena 公司的合作商日本卫材公司研发的一种新选择性人 5-羟色胺（5-HT）2C 激动剂。本品通过使肥胖患者的食欲下降减少食物的摄入，进而达到减肥效果。Lorcaserin 被认为是通过选择性方式，激活位于下丘脑（hypothalamus）厌食性（Anorexigenic）阿片黑皮素原神经元（pro-opiomelanocortin neurons）上的 5-HT2C 受体，进而降低进食量，提升饱腹感。

药品上市申报信息

该药物目前有 1 种产品上市。

药品名称	BELVIQ		
申请号	022529	产品号	001
活性成分	Lorcaserin Hydrochloride（盐酸氯卡色林）	市场状态	处方药
剂型或给药途径	口服片剂	规格	10mg
治疗等效代码		参比药物	是
批准日期	2012/06/27	申请机构	EISAI INC

药品专利或独占权保护信息

美国专利号或独占权代码	专利或独占权过期日期	专利保护类型、专利名称或市场独占权保护内容
6953787	2023/04/10	化合物专利、产品专利、专利用途代码 U-1255
6953787	2023/04/10	化合物专利、产品专利、专利用途代码 U-1254
6953787	2023/04/10	化合物专利、产品专利、专利用途代码 U-1253
6953787	2023/04/10	化合物专利、产品专利、专利用途代码 U-1252
7514422	2023/04/10	专利用途代码 U-1255
7514422	2023/04/10	专利用途代码 U-1254
7514422	2023/04/10	专利用途代码 U-1253
7514422	2023/04/10	专利用途代码 U-1252
7977329	2023/04/10	化合物专利、产品专利、专利用途代码 U-1255
7977329	2023/04/10	化合物专利、产品专利、专利用途代码 U-1254
7977329	2023/04/10	化合物专利、产品专利、专利用途代码 U-1253
7977329	2023/04/10	化合物专利、产品专利、专利用途代码 U-1252
8207158	2023/04/10	专利用途代码 U-1255
8207158	2023/04/10	专利用途代码 U-1254
8207158	2023/04/10	专利用途代码 U-1253
8207158	2023/04/10	专利用途代码 U-1252

续表

美国专利号或 独占权代码	专利或独占权 过期日期	专利保护类型、专利名称或市场独占权保护内容
8273734	2023/04/10	专利用途代码 U-1255
8273734	2023/04/10	专利用途代码 U-1254
8546379	2023/04/10	化合物专利、产品专利、专利用途代码 U-1252
8546379	2023/04/10	化合物专利、产品专利、专利用途代码 U-1254
8546379	2023/04/10	化合物专利、产品专利、专利用途代码 U-1253
8546379	2023/04/10	化合物专利、产品专利、专利用途代码 U-1255
8367657	2023/04/10	化合物专利、产品专利、专利用途代码 U-1254
8367657	2023/04/10	化合物专利、产品专利、专利用途代码 U-1253
8367657	2023/04/10	化合物专利、产品专利、专利用途代码 U-1255
8367657	2023/04/10	化合物专利、产品专利、专利用途代码 U-1252
8575149	2023/04/10	专利用途代码 U-1452
8168624	2029/04/18	化合物专利、产品专利
8697686	2025/12/20	化合物专利、产品专利
NCE	2017/06/27	参见本书附录关于独占权代码部分

合成路线一

该方法来源于 Brian M. Smith 等人发表的论文［J Med Chem，2008，51（2）：305-313］及 Dominic P. Behan 等人发表的专利文献（PCT Int Appl，2006071740），其特点是利用 Heck 反应构建苯并氮杂䓬环。反应过程如下：

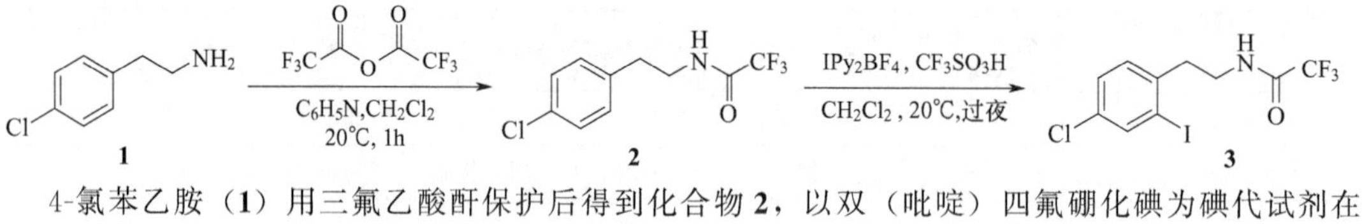

4-氯苯乙胺（**1**）用三氟乙酸酐保护后得到化合物 **2**，以双（吡啶）四氟硼化碘为碘代试剂在苯环 2-位引入碘基得到化合物 **3**。

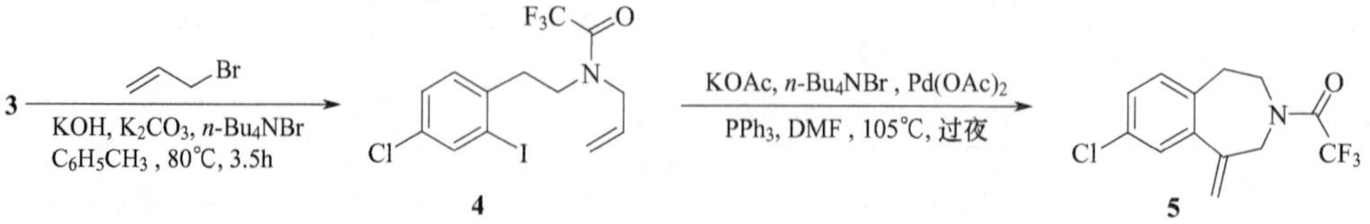

化合物 **3** 再与烯丙基溴在碱性条件下发生取代生成化合物 **4**，然后在 Pd(OAc)₂ 催化下完成 Heck 反应得到化合物 **5**。

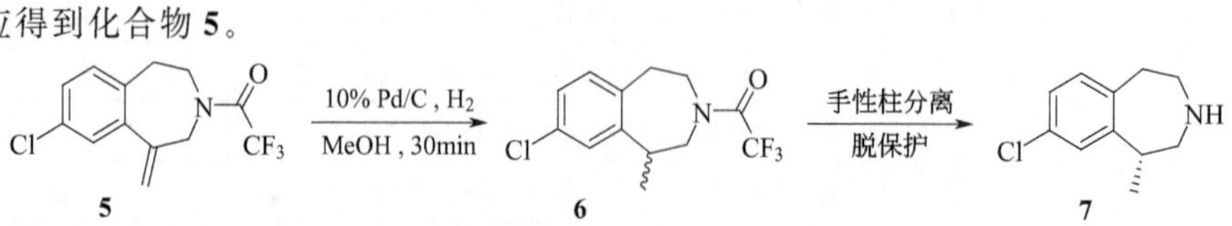

化合物 **5** 催化氢化还原后形成对映异构体 **6**，再通过手性柱色谱分离并脱除三氟乙酰基保护基后得到立体化学纯的目标产物氯卡色林 **7**。

原始文献

J Med Chem，2008，51（2）：305-313.

合成路线二

本方法来源于 Brian M. Smith 等人发表的期刊论文［Bioorg Med Chem Lett，2005，15（5）：1467-1470］。该法的关键是利用傅克反应构建苯并氮杂草环系。过程如下：4-氯苯乙胺（**1**）在碱性条件下与 2-氯丙酰氯反应使之伯胺基酰化得到化合物 **2**，然后在 AlCl₃ 催化下经傅克反应环合成化合物 **3**，用 BH₃ 还原后即得内消旋体 **4**，手性柱色谱分离后可得立体化学纯的目标产物氯卡色林（**4**）。

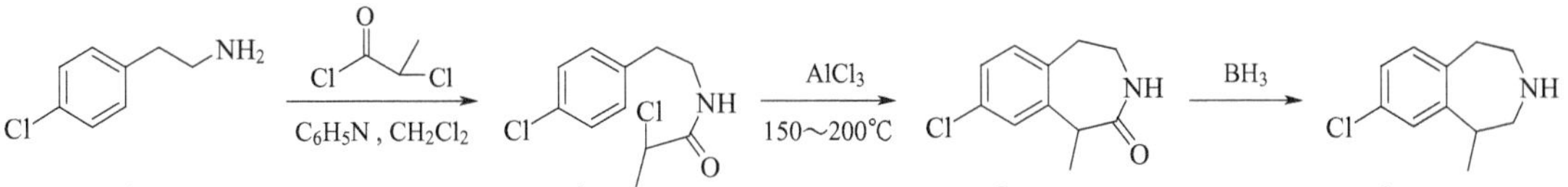

原始文献

Bioorg Med Chem Lett，2005，15（5）：1467-1470.

合成路线三

该合成路线来源于中国计量学院和麦戈尼菲克公司共同发表的专利说明书，其发明人为周益峰、蒋晗、任峰波、詹姆斯·李（CN103755636A）。本方法以草酸盐或甲磺酸盐代替盐酸盐进行氯代和环化反应，大大提高了反应的收率，并简化了操作，适合进行工业化生产。

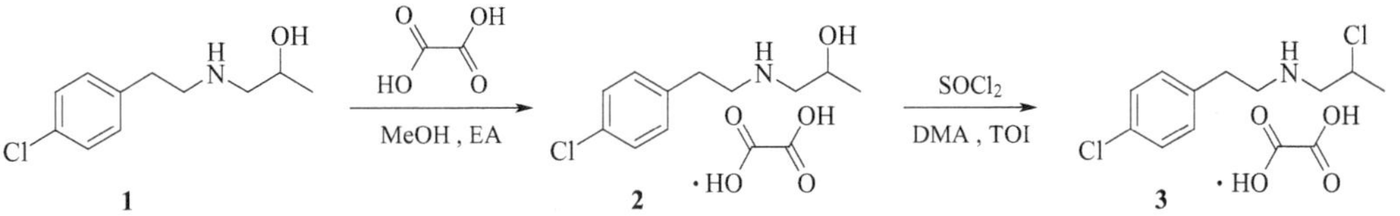

本法合成起始于化合物 **1** 的成盐反应，在甲醇中与草酸反应后得到化合物 **2**（95%），利用二氯亚砜将羟基转变为氯得到产物 **3**（91%）。

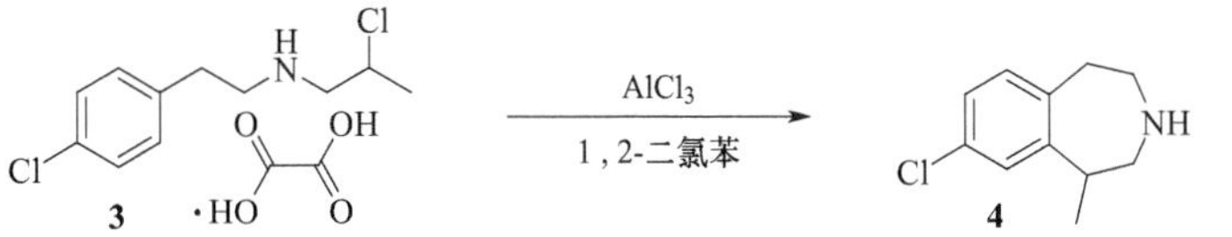

化合物 **3** 在三氯化铝催化下进行烷基化反应关环即得目标产物 **4**（96%）。

原始文献

CN103755636A.

合成路线四

该合成路线来源于苏州汇和药业有限公司的专利说明书（CN 103333111 A）。其特点是利用羧酸酯的胺解、然后氯代及还原获得中间体 **5**，成本低廉、操作简单且得到的产品纯度较高，并且可连续操作，大大降低生产周期。

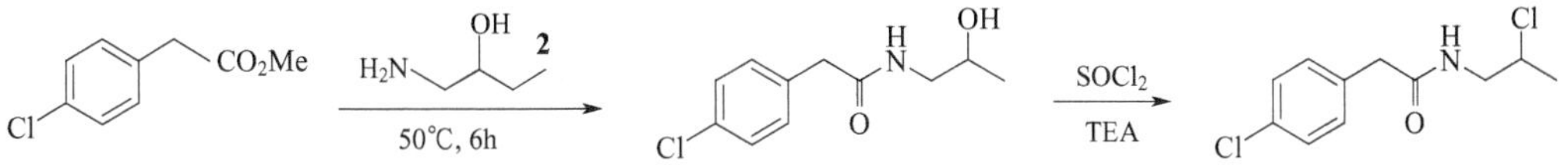

本路线起始于对氯苯乙酸甲酯（**1**），加入异丙醇胺（**2**）进行胺解后得到中间体 **3**（97.9%），用二氯亚砜进行氯代，则获得中间体 **4**（产物直接用于下一步反应）。

　　化合物 **4** 在三氟化硼四氢呋喃溶液存在下用硼氢化钠还原并用饱和的氯化氢乙酸乙酯成盐后得到中间体 **5** 的盐酸盐（两步收率 80.2%），用三氯化铝催化进行烷基化反应则得到氯卡色林的对映异构体混合物 **6**（无需进一步纯化，直接用于下一步反应），利用 L-酒石酸拆分并成盐即得产物氯卡色林盐酸盐（**7**，两步收率 38.5%）。

原始文献

CN103333111A.

参考文献

［1］　Brian M Smith, et al. Discovery and Structure-Activity Relationship of (1*R*)-8-Chloro-2,3,4,5-tetrahydro-1-methyl-1*H*-3-benzazepine (Lorcaserin), a Selective Serotonin 5-HT2C Receptor Agonist for the Treatment of Obesity. J Med Chem, 2008, 51 (2): 305-313.

［2］　Dominic P Behan, et al. Preparation of 2,3,4,5-tetrahydro-1*H*-3-benzazepine derivatives as selective 5-HT2C receptor agonists. PCT Int Appl, 2006071740, 2006.

［3］　Brian M Smith, et al. Discovery and SAR of new benzazepines as potent and selective 5-HT2C receptor agonists for the treatment of obesity. Bioorg Med Chem Lett, 2005, 15 (5): 1467-1470.

［4］　Jeffrey Smith, Brian M Smith, et al. Preparation of benzazepines as 5-HT2C receptor modulators. PCT Int Appl, 2003086306, 2003.

［5］　周益峰, 蒋晗, 任峰波等. 氯卡色林消旋体衍生物的合成方法. CN103755636A, 2014.

［6］　汪迅, 李新涓子, 李勇刚等. 氯卡色林盐酸盐的制备方法. CN103333111A, 2013.

（王进军）

Lucinactant（芦西纳坦）

药物基本信息

英文通用名	Lucinactant
中文通用名	芦西纳坦
商品名	Surfaxin
CAS 登记号	825600-90-6
FDA 批准日期	2012/03/06
化学名	L-lysyl-L-leucyl-L-leucyl-L-leucyl-L-leucyl-L-lysyl-L-leucyl-L-leucyl-L-leucyl-L-leucyl-L-lysyl-L-leucyl-L-leucyl-L-leucyl-L-leucyl-L-lysyl-L-leucyl-L-leucyl-L-leucyl-L-leucyl-L-lysine, acetate
SMILES 代码	NCCCC[C@H](C(O)=O)NC([C@@H](CC(C)C)NC([C@@H](CC(C)C)NC([C@@H](CC(C)C)NC([C@@H](CC(C)C)NC([C@@H](CCCCN)NC([C@@H](CC(C)C)NC([C@@H](CC(C)C)NC([C@@H](CC(C)C)NC([C@@H](CC(C)C)NC([C@@H](CCCCN)NC([C@@H](CC(C)C)NC([C@@H](CC(C)C)NC([C@@H](CC(C)C)NC([C@@H](CC(C)C)NC([C@@H](CCCCN)NC([C@@H](CC(C)C)NC([C@@H](CC(C)C)NC([C@@H](CC(C)C)NC([C@@H](CC(C)C)NC([C@@H](CCCCN)N)=O)=O)=O)=O)=O)=O)=O)=O)=O)=O)=O)=O)=O)=O)=O)=O)=O)=O)=O)=O

化学结构和理论分析

化学结构	理论分析值
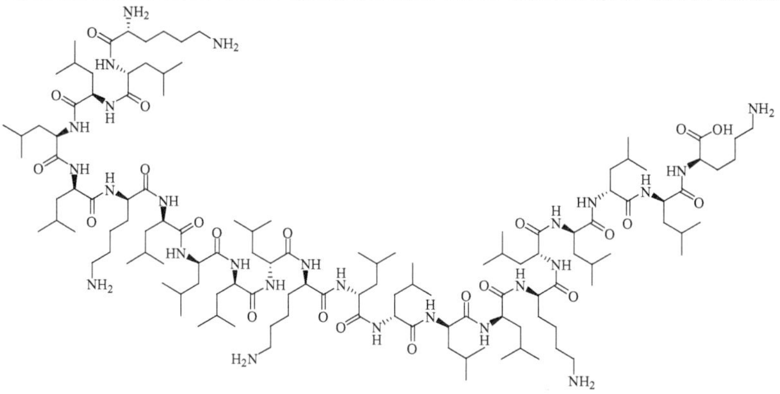	化学式：$C_{126}H_{238}N_{26}O_{22}$ 精确分子量：2467.83 分子量：2469.4 元素分析：C，61.28；H，9.71；N，14.75；O，14.25

药品说明书参考网页

生产厂家产品说明书：http://surfaxin.com/

美国药品网：http://www.drugs.com/surfaxin.html

美国处方药网页：http://www.rxlist.com/surfaxin-drug.htm

药物简介

Surfaxin（Lucinactant）是一种用以治疗早产儿呼吸窘迫综合征（respiratory distress syndrome，RDS）的药物。此种药物是气管内悬液，是一种无菌、无热原肺表面活性剂，仅为气管内使用。Surfaxin是一类复合制剂，其包括四种有效成分，即两种磷脂，一种脂肪酸，还有一种 21-氨基酸的多肽所组成。具体来说，磷脂为 DPPC（1，2-dipalmitoyl-syn-glycero-3-phosphocholine）和POPG-Na（1-palmitoyl-2-oleoyl-syn-glycero-3-phosphoglycerol，sodium salt），脂肪酸为 palmitic acid，而多肽为西那普肽［sinapultide（KL4 肽）］，是人工合成的 21-氨基酸的疏水性的肽。SURFAXIN 是复杂的表面活性剂体系，其对于高危早产婴儿的呼吸窘迫综合征（RDS）的治疗和预防的机理也正在于此。内源性肺表面活性剂可以降低肺泡表面的气/液界面处的表面张力，还可以防止肺泡再塌陷。而早产婴儿往往由于缺乏肺表面活性剂导致呼吸窘迫综合征，Surfaxin 可以补偿这些表面活性剂的缺乏进而恢复这些婴儿肺的功能。

药品上市申报信息

该药物目前有 1 种产品上市。

药品名称	SURFAXIN		
申请号	021746	产品号	001
活性成分	芦西纳坦（Lucinactant）	市场状态	处方药
剂型或给药途径	气管内使用悬混液	规格	8.5mL
治疗等效代码		参比药物	是
批准日期	2012/03/06	申请机构	DISCOVERY LABORATORIES INC
化学类型	新分子实体药（NME）	审评分类	优先审核的药物

药品专利或独占权保护信息

美国专利号或 独占权代码	专利或独占权 过期日期	专利保护类型、专利名称或市场独占权保护内容
5407914	2013/05/12	化合物专利，产品专利

合成路线

该药物主要成分为 21 个氨基酸的多肽，可采用通用的多肽合成方法如固相合成等方便地生产。限于篇幅，不讨论。

（王天宇）

Luliconazole（卢立康唑）

药物基本信息

英文通用名	Luliconazole
中文通用名	卢立康唑
商品名	Luzu，Lulicon
CAS 登记号	187164-19-8
FDA 批准日期	2013/11/14
化学名	(2E)-[(4R)-4-(2,4-Dichlorophenyl)-1,3-dithiolan-2-ylidene](1H-imidazol-1-yl)acetonitrile
SMILES 代码	C1[C@H](S/C(=C(\C♯N)/N2C=CN=C2)/S1)C3=C(C=C(C=C3)Cl)Cl

化学结构和理论分析

化学结构	理论分析值
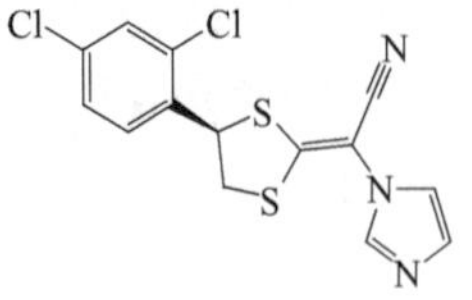	化学式：$C_{14}H_9Cl_2N_3S_2$ 精确分子量：352.96 分子量：354.28 元素分析：C，47.46；H，2.56；Cl，20.01；N，11.86；S，18.10

药品说明书参考网页

生产厂家产品说明书：http://www.topicapharma.com/luliconazole-molecule

美国药品网：http://www.drugs.com/mtm/luliconazole-topical.html

美国处方药网页：http://www.rxlist.com/luzu-drug.htm

药物简介

卢立康唑是一种咪唑类抗真菌药物，主要用于真菌性皮肤病的治疗。卢立康唑乳膏及洗剂规格均为 1%，主要用于以下真菌感染：癣病——脚癣、体癣、股癣；念珠菌感染——指间糜烂症、擦烂；癣风等。这一药物具有广谱而又强大的抗真菌特性，实验已经证明，低浓度的卢立康唑就可以有效抑制多种丝状真菌的生长。同时，因为是全新设计的化合物，其临床应用无耐药性问题。此外，实验还证明，卢立康唑具有非常良好的皮肤贮留性，可减少涂抹次数，缩短治疗周期。

药品上市申报信息

该药物目前有 1 种产品上市。

药品名称	LUZU		
申请号	204153	产品号	001
活性成分	卢立康唑（Luliconazole）	市场状态	处方药
剂型或给药途径	外用药膏	规格	1%
治疗等效代码		参比药物	是
批准日期	2013/11/14	申请机构	MEDICIS PHARMACEUTICAL CORP
化学类型	新分子实体药（NME）	审评分类	优先审核的药物

药品专利或独占权保护信息

美国专利号或独占权代码	专利或独占权过期日期	专利保护类型、专利名称或市场独占权保护内容
5900488	2016/07/05	化合物专利，产品专利，U-540
NCE	2018/11/14	参见本书附录关于独占权代码部分

合成路线一

本方法由日本农药株式会社研发，是经典的合成方法。主要是通过手性的二氯苯衍生物与咪唑取代的二硫醇盐来成环所生成。

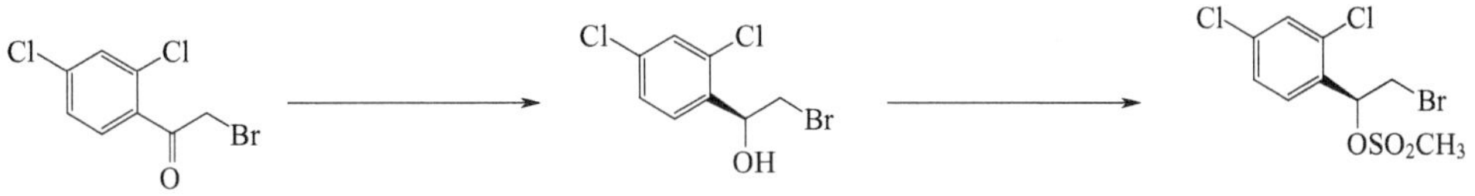

在这一合成路线中，化合物 3 的制备是一个关键。可以从 2,4 -二氯苯甲酰甲基溴（1）出发，在手性催化剂存在的条件下，使用硼烷把羰基还原成羟基（2）。2 再和甲磺酰氯反应，得到甲磺酰氧基取代的化合物 3。

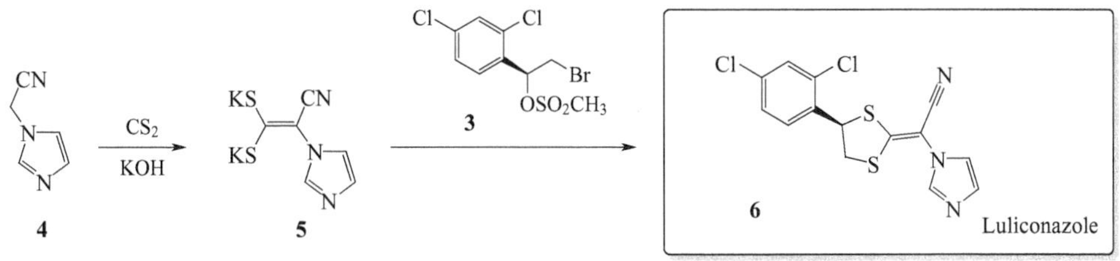

此外，二硫醇盐（5）可以通过 1-氰甲基咪唑与二硫化碳在碱存在条件下来制备。而手性的二氯苯衍生物则包含带有两个离去基团的短链烷烃取代基（3）。二硫醇盐的亲核进攻可以生成带有两个硫原子的杂环，从而获得卢立康唑（6）。

原始文献

CN 1091596C.

合成路线二

日本农药株式会社对于卢立康唑合成方法的改进，主要是着眼于本合成方法是基于合成路线一的改进，使用两个甲磺酸酯取代的化合物作为中间体。

在这其中，带有两个甲磺酸酯的中间体由（S)-1-(2,4-二氯苯基)-1,2-乙二醇来制备。2,4-二氯苯乙烯在手性锇配合物催化剂的作用下发生氧化反应，就可以得到（S)-1-(2,4-二氯苯基)-1,2-乙二醇。

原始文献

CN 1091596C.

合成路线三

卢立康唑合成方法的改进，主要在于其不同二氯苯中间体的合成。比如，2,4-二氯苯乙烯在手性锰配合物催化条件下，可以形成环氧化合物。这一环氧化合物开环之后，可进一步生成二溴取代的化合物。其和咪唑取代的二硫醇盐作用就可以生成卢立康唑。

原始文献

J Am Chem Soc，1991，113：7063.

参考文献

[1] 兒玉浩宜，庭野吉己，金井和夫 等（日本农药株式会社）. CN 1091596C，2002-10-02.

[2] Jacobsen E N，Zhang W，Muci A R，Ecker J R，Deng L. Highly enantioselective epoxidation catalysts derived from 1,2-diaminocyclohexane. Journal of the American Chemical Society，1991，113：7063.

[3] Sharpless K B，Amberg W，Bennani Y L，Crispino G A，Hartung J，Jeong K S，Kwong H L，Morikawa K，Wang Z M. The osmium-catalyzed asymmetric dihydroxylation：a new ligand class and a process improvement. The Journal of Organic Chemistry，1992，57：2768.

[4] Mangas-Sánchez J，Busto E，Gotor-Fernández V，Malpartida F，Gotor V. Asymmetric Chemoenzymatic Synthesis of Miconazole and Econazole Enantiomers. The Importance of Chirality in Their Biological Evaluation. The Journal of Organic Chemistry，2011，76：2115.

[5] Bisaha S N，Malley M F，Pudzianowski A，Monshizadegan H，Wang P，Madsen，C S，Gougoutas J Z，Stein P D. A switch in enantiomer preference between mitochondrial F1F0-ATPase chemotypes. Bioorganic & Medicinal Chemistry Letters，2005，15：2749.

（王天宇）

Lurasidone（鲁拉西酮）

药物基本信息

英文通用名	Lurasidone
中文通用名	盐酸鲁拉西酮
商品名	Latuda
CAS 登记号	367514-87-2
FDA 批准日期	2010/10/28
化学名	(3aR,4S,7R,7aS)-2-[((1R,2R)-2-{[4-(1,2-benzisothiazol-3-yl)-piperazin-1-yl]methyl}cyclohexyl)methyl]hexahydro-1H-4,7-methanisoindol-1,3-dione
SMILES 代码	O=C1N(C[C@@H]2CCCC[C@H]2CN3CCN(C4=NSC5=C4C=CC=C5)CC3)C([C@H]6[C@@H]7CC[C@@H](C7)[C@H]61)=O

化学结构和理论分析

化学结构	理论分析值
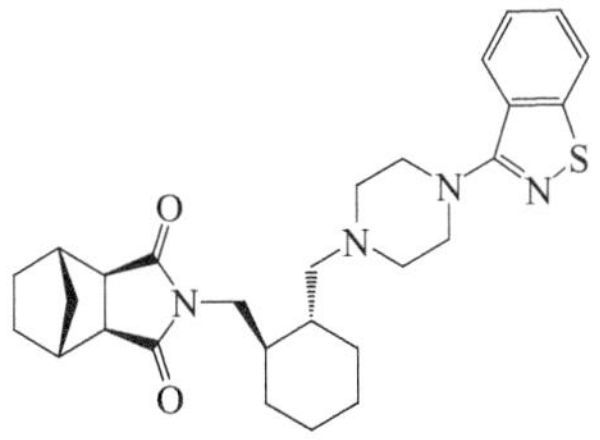	化学式：$C_{28}H_{36}N_4O_2S$ 精确分子量：492.26 分子量：492.68 元素分析：C,68.26；H,7.37；N,11.37；O,6.49；S,6.51

药品说明书参考网页

生产厂家产品说明书：http://www.latuda.com

美国药品网：http://www.drugs.com/latuda.html

美国处方药网页：http://www.rxlist.com/latuda-drug.htm

药物简介

Latuda 是一种非典型抗精神病药物，适用于精神分裂症患者的治疗。精神分裂症最突出的症状包括幻觉、妄想、思维和行为紊乱、多疑等等。Latuda 的药理学机制主要在于其可以作为蛋白拮抗剂抑制多巴胺受体 D1 和 D2，五羟色胺受体 5-HT2A、5-HT7、5-HT2C 以及甲肾上腺素受体 α1、α2A、α2C 等。临床试验证实了这种药物的有效性和安全性。在试验中，用 Latuda 治疗患者比服用一种无活性药丸（安慰剂）患者有较少精神分裂症的症状。在临床试验中报道的最常见不良反应是困倦、心情烦躁和移动的冲动（静坐不能）、恶心，运动异常例如震颤、缓慢运动，或肌肉僵硬（帕金森病）和焦虑。对于治疗痴呆相关的精神病患者，这种药物有一定风险。

药品上市申报信息

该药物目前有 5 种产品上市。

产品一

药品名称	LATUDA		
申请号	200603	产品号	001
活性成分	盐酸鲁拉西酮(Lurasidone Hydrochloride)	市场状态	处方药
剂型或给药途径	口服片剂	规格	40mg
治疗等效代码		参比药物	是
批准日期	2010/10/28	申请机构	SUNOVION PHARMACEUTICALS INC
化学类型	新分子实体药(NME)	审评分类	优先审核的药物

产品二

药品名称	LATUDA		
申请号	200603	产品号	002
活性成分	盐酸鲁拉西酮(Lurasidone Hydrochloride)	市场状态	处方药
剂型或给药途径	口服片剂	规格	80mg
治疗等效代码		参比药物	否
批准日期	2010/10/28	申请机构	SUNOVION PHARMACEUTICALS INC
化学类型	新分子实体药(NME)	审评分类	优先审核的药物

产品三

药品名称	LATUDA		
申请号	200603	产品号	003
活性成分	盐酸鲁拉西酮(Lurasidone Hydrochloride)	市场状态	处方药
剂型或给药途径	口服片剂	规格	20mg
治疗等效代码		参比药物	否
批准日期	2010/10/28	申请机构	SUNOVION PHARMACEUTICALS INC
化学类型	新分子实体药(NME)	审评分类	优先审核的药物

产品四

药品名称	LATUDA		
申请号	200603	产品号	004
活性成分	盐酸鲁拉西酮(Lurasidone Hydrochloride)	市场状态	处方药
剂型或给药途径	口服片剂	规格	120mg
治疗等效代码		参比药物	否
批准日期	2010/10/28	申请机构	SUNOVION PHARMACEUTICALS INC
化学类型	新分子实体药(NME)	审评分类	优先审核的药物

产品五

药品名称	LATUDA		
申请号	200603	产品号	005
活性成分	盐酸鲁拉西酮(Lurasidone Hydrochloride)	市场状态	处方药
剂型或给药途径	口服片剂	规格	60mg
治疗等效代码		参比药物	否
批准日期	2010/10/28	申请机构	SUNOVION PHARMACEUT-ICALS INC
化学类型	新分子实体药(NME)	审评分类	优先审核的药物

药品专利或独占权保护信息

美国专利号或独占权代码	专利或独占权过期日期	专利保护类型、专利名称或市场独占权保护内容
5532372	2018/07/02	化合物专利
8729085	2026/05/26	产品专利
D-134	2015/04/26	参见本书附录关于独占权代码部分
NCE	2015/10/28	参见本书附录关于独占权代码部分
I-674	2016/06/28	参见本书附录关于独占权代码部分

合成路线一

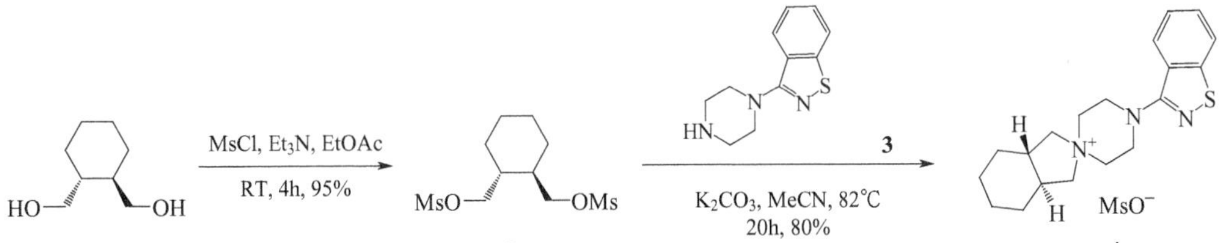

　　鲁拉西酮是一种线性结构的分子，主要由三部分组成。即一个反式 1,2-环己烷连接一个哌嗪苯并噻唑和一个二环庚烷并丁二酰亚胺。对于鲁拉西酮的大规模合成而言，一个季铵盐的多环化合物是重要的中间体。对于季铵盐的亲核进攻的烷基化开环反应是合成盐酸鲁拉西酮的关键步骤。这一是反应构建出反式 1,2-环己烷的关键结构。

　　其余的合成步骤包括对于商品化的带有环己烷的二醇的甲磺酰化，然后再与哌嗪苯并噻唑在碱性条件下反应就可以得到多环季铵盐的中间体。这一中间体和商品化的丁二酰亚胺衍生物（5）反应，就可以得到鲁拉西酮。

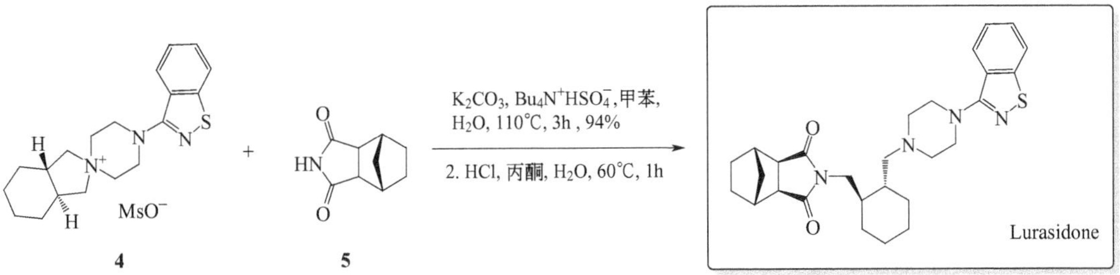

　　总的来看，这一合成路线是非常简练高效的。

原始文献

Bioorg Med Chem，2013，21：2795-2825；JP 2006282527 A；US 20110263847 A1；WO

2005009999 A1.

合成路线二

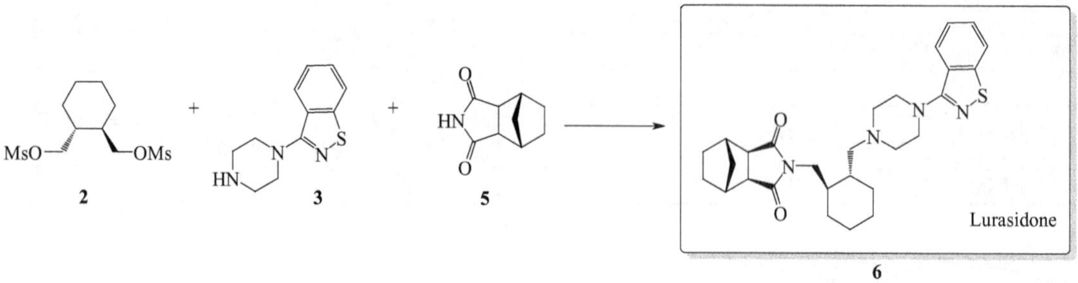

6

对于合成鲁拉西酮而言，尽管合成路线一的方法已经非常简练高效了，但对于大规模的工业生产而言，这一合成路线还是有一些问题的。比如需要两步反应以及柱色谱分离等。为克服这些缺陷，上海伯倚化工科技有限公司的孙光福和吴汉成基于同样的原料开发出了一锅法的合成路线。比如，可以使用 DMF 做溶剂，在碳酸钠存在的条件下，化合物 **2** 和化合物 **3** 先加热反应16h。冷却之后，再分批加入化合物 **5**，然后再升温反应 18h 就可以得到粗产物。然后把溶剂蒸出大部分，水洗，再在丙酮中重结晶就可以得到纯度很高的鲁拉西酮。

原始文献

CN 102936243 A.

合成路线三

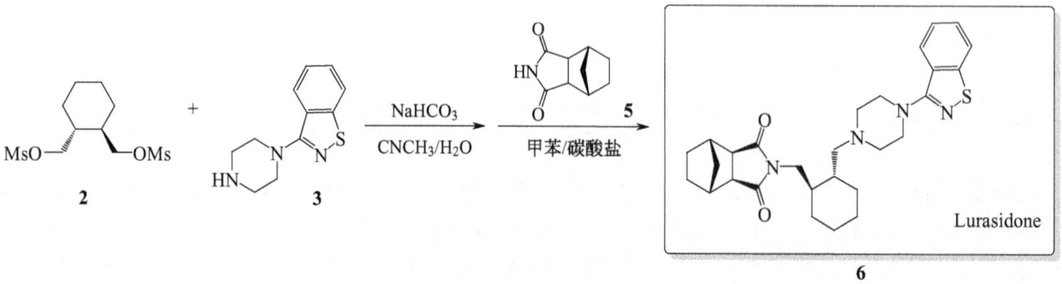

6

成都弘达药业有限公司的柯潇和杨俊则针对鲁拉西酮的合成路线进行了另外的改进。他们先使用乙腈/水体系作为溶剂来进行化合物 **2** 与化合物 **3** 的反应，得到多环季铵盐的中间体。然后通过加入甲苯，引入了一个萃取的步骤，再和化合物 **5** 反应，就可以较高收率得到鲁拉西酮。

原始文献

CN 103864774 A.

合成路线四

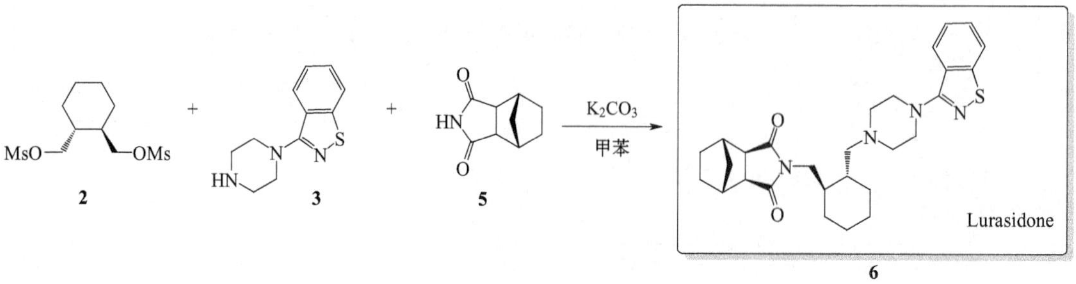

6

济南百诺医药科技开发有限公司宫风华等人也基于类似的思路改进了鲁拉西酮的合成路线。这一改进的方法也是具有一锅煮的特点，并且更为简单。这一路线主要特色在于自始至终都使用甲苯做溶剂。反应结束之后，蒸出甲苯，用乙酸乙酯萃取，再加入盐酸，就可以得到盐酸鲁拉西酮。

原始文献

CN 102863437 A.

合成路线五

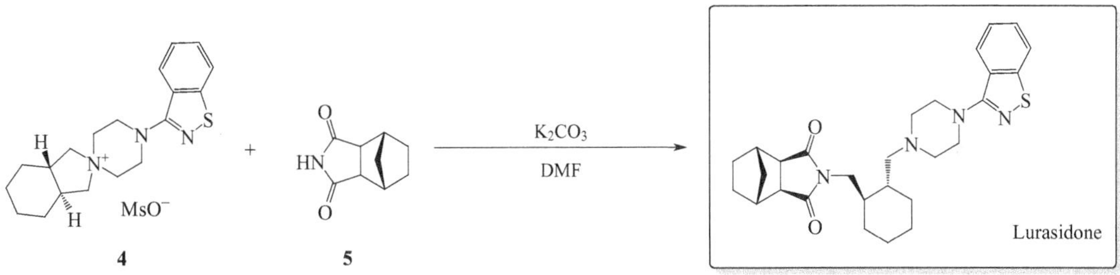

广州药源生物医药科技有限公司陆荣政等人对于鲁拉西酮的合成路线的改进则没有纠结于一锅煮的特性，而还是采取了两步法。但是这一改进的两步法操作起来非常简单，更可以大规模进行。他们还是使用乙腈作为溶剂来进行化合物 **2** 与化合物 **3** 的反应，得到多环季铵盐的中间体。而第二步反应则使用 DMF 作为溶剂，反应结束之后热过滤，再向滤液中加入大量的水，就可以使鲁拉西酮沉淀出来。

原始文献

CN 103450172 A.

参考文献

[1] Ding H X，Liu K K C，Sakya S M，Flick A C，O'Donnell C J. Synthetic approaches to the 2011 new drugs. Bioorganic & Medicinal Chemistry，2013，21：2795-2825.
[2] Yagi H，Kodera T，Kurumatani M，Tanaka K（住友化学株式会社）. JP 2006282527 A，2006-10-19.
[3] Ae N，Fujiwara Y［Dainippon Sumitomo Pharma Co，Ltd，Osaka（JP）］. US 20110263847 A1，2011-10-27.
[4] Kakiya Y，Oda M［Dainippon Sumitomo Pharma Co，Ltd，Osaka（JP）］. WO 2005009999 A1，2005-02-03.
[5] 孙光福，吴汉成（上海伯倚化工科技有限公司）. CN102936243A，2013-02-20.
[6] 柯潇，杨俊（成都弘达药业有限公司）. CN103864774A，2014-06-18.
[7] 宫风华，张志强，王观磊（济南百诺医药科技开发有限公司）. CN102863437A，2013-01-09.
[8] 陆荣政，李宏，曾祥萍（广州药源生物医药科技有限公司）. CN103450172A，2013-12-18.

（王天宇）

Macitentan（马西替坦）

药物基本信息

英文通用名	Macitentan
中文通用名	马西替坦
商品名	Opsumit

续表

CAS 登记号	441798-33-0
FDA 批准日期	2013/10/18
化学名	N-[5-(4-Bromophenyl)-6-[2-[(5-bromo-2-pyrimidinyl)oxy]ethoxy]-4-pyrimidinyl]-N′-propyl-sulfamide
SMILES 代码	BrC1CCC(CC1)C3C(NCNC3OCCOC2NCC(Br)CN2)NS(=O)(=O)NCCC

化学结构和理论分析

化学结构	理论分析值
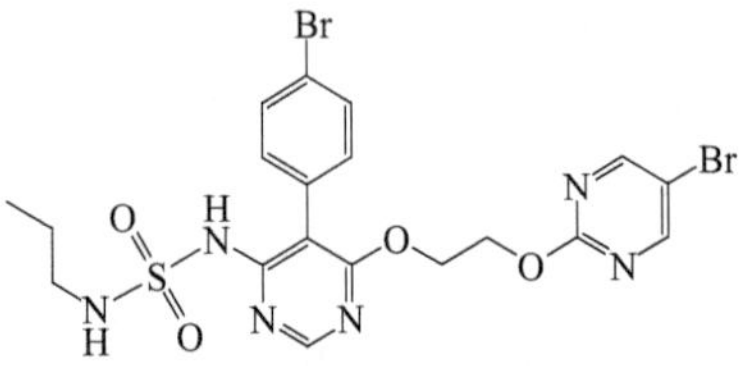	化学式：$C_{19}H_{20}Br_2N_6O_4S$ 精确分子量：585.96 分子量：588.27 元素分析：C,38.79;H,3.43;Br,27.17;N,14.29;O,10.88;S,5.45

药品说明书参考网页

生产厂家产品说明书：http://www1.actelion.com

美国药品网：http://www.drugs.com/cdi/macitentan.html

美国处方药网页：http://www.rxlist.com/opsumit-drug.htm

药物简介

Macitentan（马西替坦），商品名是 Opsumit，是 Actelion Pharmaceuticals Ltd 公司开发的一种治疗肺动脉高压（PAH）的新药。肺动脉高压（PAH）是一种高血压疾病，主要是连接心脏至肺的动脉高血压。它能引起右心比正常情况下工作更困难，可导致限制运动的能力和气短，是一种慢性、渐进式和使人衰弱的疾病，可导致死亡或需要肺移植。而 Macitentan（马西替坦）是一种内皮素受体拮抗剂（ERA），适用于治疗肺动脉高压（PAH），可以有效延缓疾病进展。

药品上市申报信息

该药物目前有 1 种产品上市。

药品名称	OPSUMIT		
申请号	204410	产品号	001
活性成分	马西替坦（Macitentan）	市场状态	处方药
剂型或给药途径	口服片剂	规格	10mg
治疗等效代码		参比药物	是
批准日期	2013/10/18	申请机构	ACTELION PHARMACEUTI-CALS LTD
化学类型	新分子实体药（NME）	审评分类	优先审核的药物

药品专利或独占权保护信息

美国专利号或 独占权代码	专利或独占权 过期日期	专利保护类型、专利名称或市场独占权保护内容
8268847	2029/04/18	U-1446
8367685	2028/10/04	产品专利，U-1445
7094781	2022/10/12	化合物专利，产品专利
ODE	2020/10/18	参见本书附录有关独占权代码部分
NCE	2018/10/18	参见本书附录有关独占权代码部分

合成路线

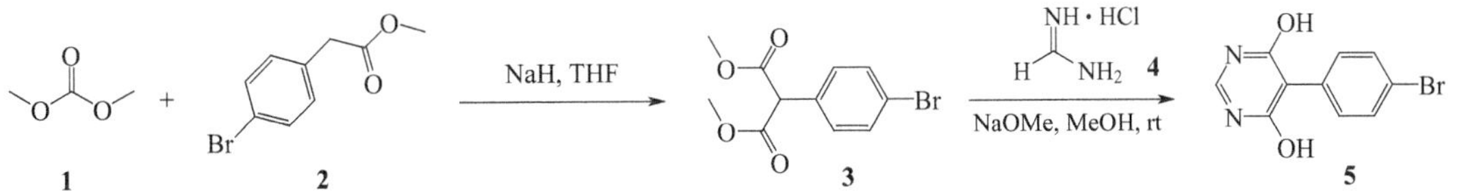

马西替坦的合成由瑞士 Actelion Pharmaceuticals Ltd 公司开发。这一合成路线于 2012 年发表在 Journal of Medicinal Chemistry 上。具体来说，是从商品化的 4-溴苯乙酸出发，先合成出 4-溴苯乙酸甲酯（**2**）。然后，**2** 在 THF 中，在氢化钠存在的条件下与碳酸二甲酯反应就可以得到 4-溴苯丙二酸二甲酯（**3**）。**3** 在甲醇中，在甲醇钠作用下与甲脒盐酸盐反应就可以得到溴苯取代的二羟基嘧啶的衍生物（**5**）。

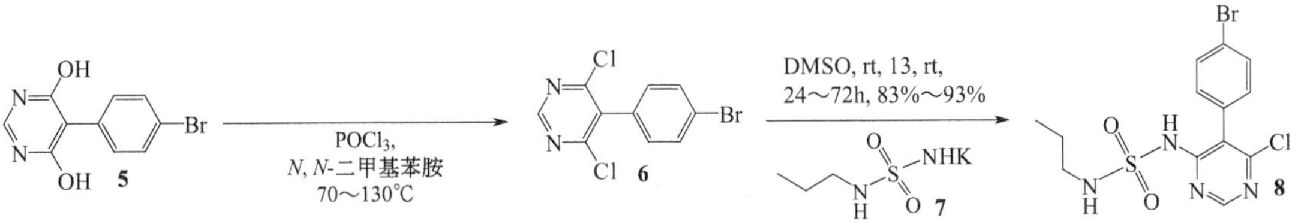

5 和三氯氧磷作用就可以得到溴苯取代的二氯嘧啶化合物（**6**）。**6** 与磺酰胺的钾盐反应，可以使得嘧啶上的一个氯被磺酰胺所代替，得到化合物 **8**。**8** 在碱性条件下和 1,2-二乙二醇反应，可以使得嘧啶上的另一个氯被 1,2-二乙二醇所代替，得到末端带有羟基的醚（**9**）。化合物 **9** 与 2-氯-5 溴-嘧啶反应就可以得到马西替坦（**10**）。

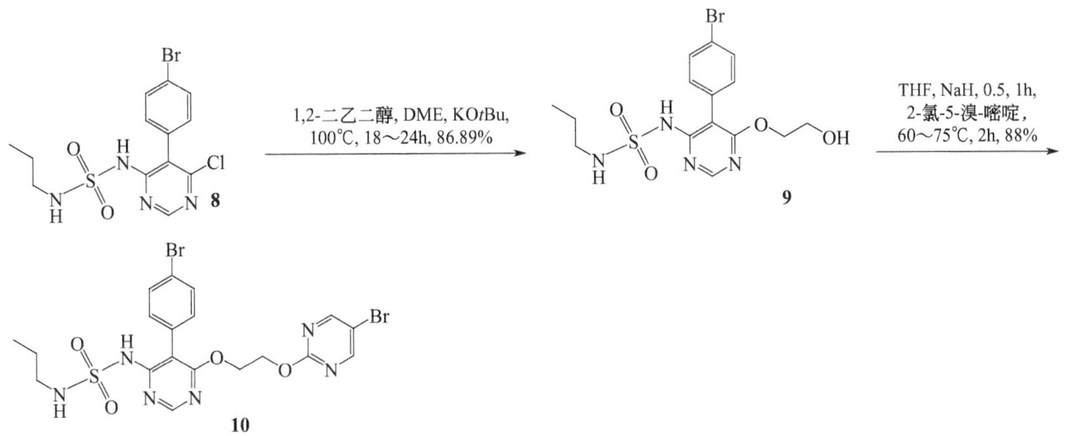

在这其中，值得一提的是磺酰胺的钾盐也需要通过多步反应来制备。首先通过磺酰氯的异氰酸酯来制备 Boc 保护的氨基磺酰氯。

这一中间体与丙胺反应得到 Boc 保护的磺酰胺。脱掉 Boc 之后，再用叔丁醇钾处理，就可以得到磺酰胺的钾盐。

原始文献

Journal of Medicinal Chemistry，2012，55：7849-7861.

参考文献

[1] Abele S，Funel J-A，Schindelholz I（Actelion Pharmaceuticals Ltd，Switz）. WO2014155304A1，2014-10-02.

[2] Anon，Crystalline form of N-[5-(4-bromophenyl)-6-[2-[(5-bromo-2-pyrimidinyl)oxy]ethoxy]-4- pyrimidinyl]-N'-propylsulfamide. IP. com J，2014，14：1-2.

[3] Bolli M H，Boss C，Fischli W，Clozel M，Weller T（Actelion Pharmaceuticals Ltd，Switz）. WO2002053557A1，2002-07-11.

[4] Bolli M H，Boss C，Binkert C，Buchmann S，Bur D，Hess P，Iglarz M，Meyer S，Rein J，Rey M，et al. The Discovery of N-[5-(4-Bromophenyl)-6-[2-[(5-bromo-2-pyrimidinyl)oxy]ethoxy]-4-pyrimidinyl]-N'-propylsulfamide （Macitentan），an Orally Active，Potent Dual Endothelin Receptor Antagonist. Journal of Medicinal Chemistry，2012，55：7849-7861.

（王天宇）

Miltefosine（米替福新）

药物基本信息

英文通用名	Miltefosine
中文通用名	米替福新
商品名	Impavido，Miltex
CAS 登记号	58066-85-6
FDA 批准日期	2014/03/19
化学名	hexadecyl[2-(trimethylammonio)ethyl]phosphate
SMILES 代码	C[N+](C)(CCOP([O-])(OCCCCCCCCCCCCCCCC)=O)C

化学结构和理论分析

化学结构	理论分析值
	化学式：$C_{21}H_{46}NO_4P$ 精确分子量：407.31645 分子量：407.56800 元素分析：C，61.89；H，11.38；N，3.44；O，15.70；P，7.60

药品说明书参考网页

生产厂家产品说明书：暂无

美国药品网：http://www.drugs.com/mtm/miltefosine.html

美国处方药网页：http://www.rxlist.com/impavido-drug.htm

药物简介

米替福新是一种磷脂质体药物，在化学结构上属于磷胆碱类化合物。据维基百科介绍❶，该药物是于 20 世纪 80 年代，由德国化学家 Hansjörg Eibl 和 Clemens Unger 等发明的。最初的用途是用于抗癌，但后来发现该药物还可以杀死利什曼寄生虫（Leishmania parasites）。该药物口服有效。2014 年 3 月 19 日，FDA 批准米替福新（Impavido）用于治疗利什曼病❷。

药品上市申报信息

该药物目前有 1 种产品上市。

药品名称	IMPAVIDO		
申请号	204684	产品号	001
活性成分	Miltefosine	市场状态	处方药
剂型或给药途径	口服胶囊	规格	50mg
治疗等效代码		参比药物	否
批准日期	2014/03/19	申请机构	PALADIN THERAPEUTICS INC

药品专利或独占权保护信息

本药物没有专利保护，但有市场独占权保护

美国专利号或 独占权代码	专利或独占权 过期日期	专利保护类型、专利名称或市场独占权保护内容
ODE	2021/03/19	参见本书附录关于独占权代码部分
NCE	2019/03/19	参见本书附录关于独占权代码部分

合成路线一

以下合成路线来源于美国纽约市立大学（The City University of New York）的 Erukulla 等人发表的论文（Tetrahedron Lett.，1994，35（32）：5783-5784）。

该合成方法被称为"一锅煮"合成方法，化合物 1 和化合物 2 反应得到化合物 3，粗产物无需分离，直接与 Br_2 反应，得到化合物 4，后者再与三甲胺反应可得到目标化合物 5，总产率可达 90%。

---

❶ 参考网页：http://en.wikipedia.org/wiki/Miltefosine，网页访问时间：2014/8/24。

❷ 利什曼病是一种由利什曼虫引起的疾病，利什曼虫是一种寄生虫，它可以通过沙蝇传播给人类。这种疾病主要发生于生活在热带和亚热带的人群中（资料原始出处：http://yao.dxy.cn/article/70790，网页访问时间：2014/8/24）。

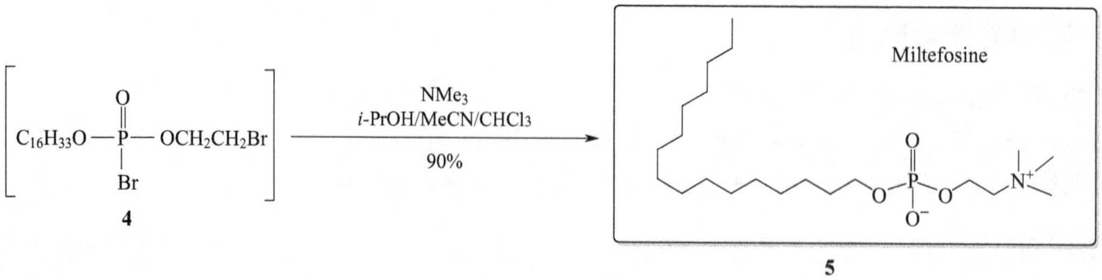

原始文献

Tetrahedron Lett，1994，35（32）：5783-5784.

合成路线二

以下合成路线来源于瑞士 University of Geneva 有机化学系 Zaffalon 等人发表的论文（Synthesis，2011（5）：778-782）。

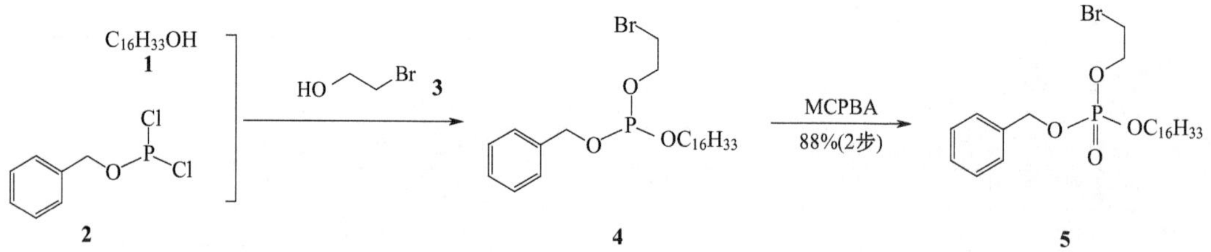

该合成路线的特点是采用了化合物 **2**（又被称为 BODP，英文全称为 benzyloxydichlorophosphine）。将化合物 **1**、化合物 **2** 与化合物 **3** 混合，反应后可得到化合物 **4**，经过氧化反应后，得到化合物 **5**，2 步反应的产率为 88％。

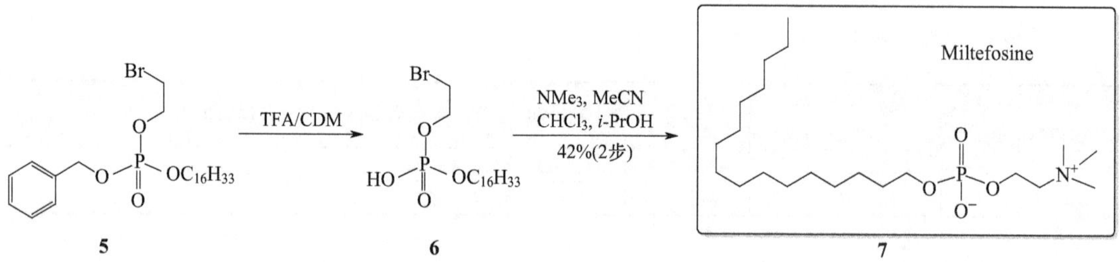

化合物 **5** 经 TFA 处理后脱去保护基，得到化合物 **6**，与三甲胺反应后可得到目标化合物 **7**，二步反应的产率为 42％。

原始文献

Synthesis，2011（5）：778-782.

合成路线三

以下合成路线来源于斯洛伐克 Comenius University 化学系 Lukac 等人发表的论文（Eur J Med Chem，2009，44（12）：4970-4977）。

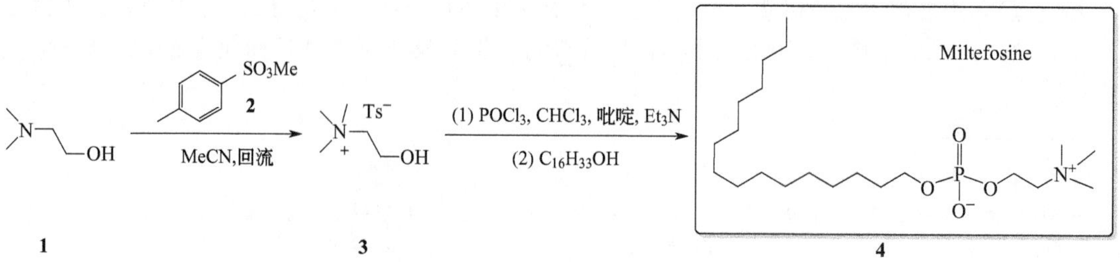

化合物 **1** 与对甲苯磺酸甲酯 **2** 混合，在乙腈中回流反应，可得到化合物 **3**，与三氯氧磷反应后再与 $C_{16}H_{33}OH$ 反应，可得到目标化合物 **4**。

原始文献

Eur J Med Chem，2009，44（12）：4970-4977.

合成路线四

以下合成路线来源于 Kin 等人发表的论文 [J Cancer Res Clin Oncol，1986，111（S24）]。

化合物 **1** 与三氯氧磷反应后得到相应的化合物 **2**，再与氨基乙醇成环反应，得到化合物 **4**。

化合物 **4** 在盐酸的作用下，开环得到相应的化合物 **5**，与硫酸二甲酯反应后得到目标化合物 **6**。

原始文献

J Cancer Res Clin Oncol，1986，111（S24）.

参考文献

[1] Eibl H，Unger C，Engel J. Methods using alkyl phosphocholines for treating protozoal diseases. US6254879B1，2001.

[2] Engel J，Kutscher B，Schumacher W，Niemeyer U，Olbrich A，Noessner G. Process for the preparation of alkylphosphocholines and their purification. EP521297A1，1993.

[3] Engel J，Kutscher B，Schumacher W，Niemeyer U，Olbrich A，Nssner G. Process for the preparation of alkylphosphocholines and the production thereof in pure form. US5942639A，1999.

[4] Erukulla R K，Byun H -S，Bittman R. Antitumor phospholipids：a one-pot introduction of a phosphocholine moiety into lipid hydroxy acceptors. Tetrahedron Lett，1994，35（32）：5783-5784.

[5] Hendrickson E K，Hendrickson H S. Efficient synthesis of the cholinephosphate phospholipid headgroup. Chem Phys Lipids，2001，109（2）：203-207.

[6] Kanetani F，Negoro K，Okada E. Synthesis，and physicochemical and antimicrobial properties of alkylphosphorylcholines. Nippon Kagaku Kaishi，1984（9）：1452-1458.

[7] Kang E-C，Kataoka S，Kato K. Synthesis and properties of alkyl phosphorylcholine amphiphiles with a linear and an asymmetrically branched alkyl chain. Bull Chem Soc Jpn，2005，78（8）：1558-1564.

[8] Li C，Lou K，Zhang S，Zhang D. Method for preparing phosphocholine alkyl ester. CN102491994A.

[9] Lukac M，Mojzis J，Mojzisova G，Mrva M，Ondriska F，Valentova J，Lacko I，Bukovsky M，Devinsky F，Karlovska J. Dialkylamino and nitrogen heterocyclic analogues of hexadecylphosphocholine and cetyltrimethylammonium bromide：Effect of phosphate group and environment of the ammonium cation on their biological activity. Eur J Med

Chem，2009，44（12）：4970-4977.

[10] North E J，Osborne D A，Bridson P K，Baker D L，Parrill A L. Autotaxin structure-activity relationships revealed through lysophosphatidylcholine analogs. Bioorg Med Chem，2009，17（9）：3433-3442.

[11] Xu F，Wang H，Zhao J，Liu X，Li D，Chen C，Ji J. Chiral Packing of Cholesteryl Group as an Effective Strategy To Get Low Molecular Weight Supramolecular Hydrogels in the Absence of Intermolecular Hydrogen Bond. Macromolecules（Washington，DC，US），2013，46（11）：4235-4246.

[12] Zaffalon P-L，Zumbuehl A. BODP—a versatile reagent for phospholipid synthesis. Synthesis，2011（5）：778-782.

（陈清奇）

Mipomersen Sodium（米泊美生钠）

药物基本信息

英文通用名	Mipomersen Sodium
中文通用名	米泊美生钠
商品名	Kynamro
CAS 登记号	629167-92-6
FDA 批准日期	2013/1/29
化学名	$2'$-O-（2-methoxyethyl）-P-thioguanylyl-（$3' \rightarrow 5'$）-$2'$-O-（2-methoxyethyl）-5-methyl-P-thiocytidylyl-（$3' \rightarrow 5'$）-$2'$-O-（2-methoxyethyl）-5-methyl-P-thiocytidylyl-（$3' \rightarrow 5'$）-$2'$-O-（2-methoxyethyl）-5-methyl-P-thiouridylyl-（$3' \rightarrow 5'$）-$2'$-O-（2-methoxyethyl）-5-methyl-P-thiocytidylyl-（$3' \rightarrow 5'$）-$2'$-deoxy-P-thioadenylyl-（$3' \rightarrow 5'$）-$2'$-deoxy-p-thioguanylyl-（$3' \rightarrow 5'$）-P-thiothymidylyl-（$3' \rightarrow 5'$）-$2'$-deoxy-5-methyl-P-thiocytidylyl-（$3' \rightarrow 5'$）-P-thiothymidylyl-（$3' \rightarrow 5'$）-$2'$-deoxy-P-thioguanylyl-（$3' \rightarrow 5'$）-$2'$-deoxy-5-methyl-P-thiocytidylyl-（$3' \rightarrow 5'$）-P-thiothymidylyl-（$3' \rightarrow 5'$）-P-thiothymidylyl-（$3' \rightarrow 5'$）-$2'$-deoxy-5-methyl-P-thiocytidylyl-（$3' \rightarrow 5'$）-$2'$-O-（2-methoxyethyl）-P-thioguanylyl-（$3' \rightarrow 5'$）-$2'$-O-（2-methoxyethyl）-5-methyl-P-thiocytidylyl-（$3' \rightarrow 5'$）-$2'$-O-（2-methoxyethyl）-P-thioadenylyl-（$3' \rightarrow 5'$）-$2'$-O-（2-methoxyethyl）-5-methyl-P-thiocytidylyl-（$3' \rightarrow 5'$）-$2'$-O-（2-methoxyethyl）-5-methylcytidine nonadeca sodium salt
SMILES 代码	CC1=CN(C(=O)NC1=O)[C@H]2C[C@@H]([C@H](O2)COP(=O)([O-])S[C@H]3C[C@@H](O[C@@H]3COP(=O)([O-])S[C@H]4C[C@@H](O[C@@H]4COP(=O)([O-])S[C@H]5C[C@@H](O[C@@H]5COP(=O)([O-])S[C@H]6C[C@@H](O[C@@H]6COP(=O)([O-])S[C@H]7C[C@@H](O[C@@H]7COP(=O)([O-])S[C@H]8C[C@@H](O[C@@H]8COP(=O)([O-])S[C@H]9C[C@@H](O[C@@H]9COP(=O)([O-])S[C@@H]1[C@H](O[C@H]([C@@H]1OCCOC)N1C=C(C(=NC1=O)N)C)COP(=O)([O-])S[C@@H]1[C@H](O[C@H]([C@@H]1OCCOC)N1C=C(C(=O)NC1=O)C)COP(=O)([O-])S[C@@H]1[C@H](O[C@H]([C@@H]1OCCOC)N1C=C(C(=NC1=O)N)C)COP(=O)([O-])S[C@@H]1[C@H](O[C@H]([C@@H]1OCCOC)N1C=NC2=C1N=C(NC2=O)N)CO)N1C=NC2=C1N=CN=C2N)N1C=NC2=C1N=C(NC2=O)N)N1C=C(C(=O)NC1=O)C)N1C=C(C(=NC1=O)N)C)N1C=C(C(=O)NC1=O)C)N1C=NC2=C1N=C(NC2=O)N)N1C=C(C(=NC1=O)N)C)SP(=O)([O-])OC[C@@H]1[C@H](C[C@@H](O1)N1C=C(C(=O)NC1=O)C)SP(=O)([O-])OC[C@@H]1[C@H](C[C@@H](O1)N1C=C(C(=NC1=O)N)C)SP(=O)([O-])OC[C@@H]1[C@H](C[C@@H](O1)N1C=NC2=C1N=C(NC2=O)N)OCCOC)SP(=O)([O-])OC[C@H]1[C@@H]([C@H](O1)N1C=C(C(=NC1=O)N)C)OCCOC)SP(=O)([O-])OC[C@H]1[C@@H]([C@@H]([C@H](O1)N1C=NC2=C1N=CN=C2N)OCCOC)SP(=O)([O-])OC[C@H]1[C@@H]([C@@H]([C@H](O1)N1C=C(C(=NC1=O)N)C)OCCOC)SP(=O)([O-])OC[C@H]1[C@@H]([C@@H]([C@H](O1)N1C=C(C(=NC1=O)N)N)C)OCCOC)O.[Na+].[Na+].[Na+].[Na+].[Na+].[Na+].[Na+].[Na+].[Na+].[Na+].[Na+].[Na+].[Na+].[Na+].[Na+].[Na+].[Na+].[Na+].[Na+]

化学结构和理论分析

化学结构	理论分析值
G*-C*-C*-U*-C*-dA-dG-dT-dC-dT-dG-dmC-dT-dT-dmC-G*-C*-A*-C*-C* [d=2'-脱氧基, *=2'-O-(2-甲氧基)] 带 3'→5'硫代磷酸酯键	化学式：$C_{230}H_{305}N_{67}Na_{19}O_{122}P_{19}S_{19}$ 精确分子量：7589.75 相对分子量：7594.80 元素分析：C,36.37；H,4.05；N,12.36；Na,5.75；O,25.70；P,7.75；S,8.02

药品说明书参考网页

生产厂家产品说明书：http://www.kynamro.com/families.aspx
美国药品网：http://www.drugs.com/kynamro.html
美国处方药网页：http://www.rxlist.com/kynamro-drug.htm

药物简介

Mipomersen Sodium 是一种合成的硫代磷酸寡核苷酸钠盐，长度 20 个核苷酸，可以作为蛋白质 Apo B-100 合成的寡核苷酸抑制剂。而 Apo B-100 又是低密度脂蛋白（LDL）主要的载脂蛋白和其代谢前体。Mipomersen Sodium 可以通过序列特异性结合至其信使核糖核酸（mRNA）抑制 Apo B-100 合成。在此过程中，可导致 mRNA 的降解或通过结合破坏 mRNA 的功能。Mipomersen Sodium 的商品是 Kynamro 注射剂，是一种无菌，无防腐剂，透明，无色至微黄色的水溶液，为皮下注射水溶液。Kynamro™ 适用作为在有纯合子家族性高胆固醇血症（homozygous familial hypercholesterolemia，HoFH）患者中辅助降脂药物和饮食减低低密度脂蛋白胆固醇（LDL-C）、载脂蛋白 B（apo B）、总胆固醇（TC）和非高密度脂蛋白-胆固醇（non-HDL-C）。

药品上市申报信息

该药物目前有 1 种产品上市。

药品名称	KYNAMRO		
申请号	203568	产品号	001
活性成分	Mipomersen Sodium	市场状态	处方药
剂型或给药途径	溶液；皮下	规格	200mg/mL
治疗等效代码		参比药物	是
批准日期	2013/01/29	申请机构	GENZYME CORP
化学类型	新分子实体药	审评分类	优先评审

药品专利或独占权保护信息

美国专利号或独占权代码	专利或独占权过期日期	专利保护类型、专利名称或市场独占权保护内容
7407943	2021/08/01	U-1353
7015315	2023/03/21	化合物专利
7511131	2025/12/13	化合物专利
5914396	2016/06/22	化合物专利

续表

美国专利号或 独占权代码	专利或独占权 过期日期	专利保护类型、专利名称或市场独占权保护内容
6451991	2017/02/11	化合物专利
6166197	2017/12/26	化合物专利
7101993	2023/09/05	化合物专利
6222025	2015/03/06	化合物专利
NCE	2018/01/29	
ODE	2020/01/29	

合成路线

　　Mipomersen Sodium 属于核酸类药物，可使用标准的寡聚核酸合成方法，限于篇幅，本文不再讨论。

（王天宇）

Mirabegron（米拉贝隆）

药物基本信息

英文通用名	Mirabegron
中文通用名	米拉贝隆
商品名	Myrbetriq
CAS 登记号	223673-61-8
FDA 批准日期	2012/06/28
化学名	2-(2-Amino-1,3-thiazol-4-yl)-N-[4-(2-{[(2R)-2-hydroxy-2-phenylethyl]amino}ethyl)phenyl]acetamide
SMILES 代码	O=C(NC1CCC(CC1)CCNC[C@H](O)C2CCCCC2)CC3NC(SC3)N

化学结构和理论分析

化学结构	理论分析值
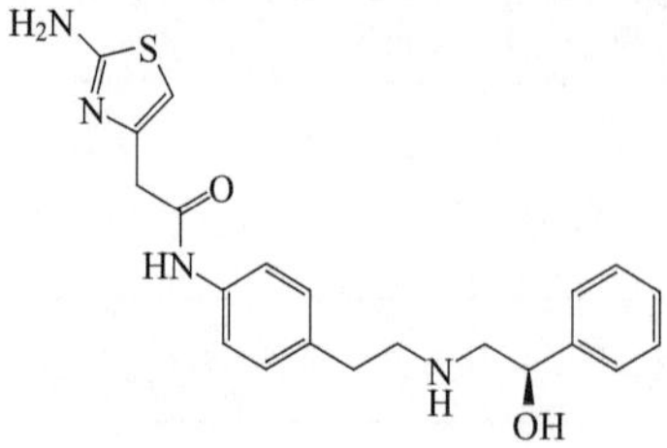	化学式：$C_{21}H_{24}N_4O_2S$ 精确分子量：396.16 分子量：396.51 元素分析：C,63.61；H,6.10；N,14.13；O,8.07；S,8.09

药品说明书参考网页

　　生产厂家产品说明书：http://myrbetriq.com/

美国药品网：http://www.drugs.com/cdi/mirabegron.html

美国处方药网页：http://www.rxlist.com/myrbetriq-drug.htm

药物简介

Myrbetriq 可选择性地与膀胱肌肉的 β-3 肾上腺素受体结合并将其激活，这有助于促进膀胱充盈和储尿。这是膀胱控制药物的一种新机制。这种药物适用于急迫性尿失禁，还有急迫和尿频症状膀胱过度活动症（OAB）的治疗。实验表明，Myrbetriq 具有浓度依赖性松弛人类膀胱平滑肌带的特点，从而促进增加膀胱容量。临床试验还证明，Myrbetriq 可能会造成的副作用包括高血压、鼻咽炎、泌尿系统感染和头痛等，特别是高血压。所以，不建议严重失控的高血压患者使用 Myrbetriq。

药品上市申报信息

该药物目前有 2 种产品上市。

产品一

药品名称	MYRBETRIQ		
申请号	202611	产品号	001
活性成分	米拉贝隆（Mirabegron）	市场状态	处方药
剂型或给药途径	缓释放口服片剂	规格	25mg
治疗等效代码		参比药物	否
批准日期	2012/06/28	申请机构	ASTELLAS PHARMA GLOBAL DEVELOPMENT INC
化学类型	新分子实体药（NME）	审评分类	优先审核的药物

产品二

药品名称	MYRBETRIQ		
申请号	202611	产品号	001
活性成分	米拉贝隆（Mirabegron）	市场状态	处方药
剂型或给药途径	缓释放口服片剂	规格	50mg
治疗等效代码		参比药物	是
批准日期	2012/06/28	申请机构	ASTELLAS PHARMA GLOBAL DEVELOPMENT INC
化学类型	新分子实体药（NME）	审评分类	优先审核的药物

药品专利或独占权保护信息

美国专利号或独占权代码	专利或独占权过期日期	专利保护类型、专利名称或市场独占权保护内容
RE44872	2023/12/18	U-1527
7750029	2023/12/18	U-913
8835474	2023/11/04	U-1527
6562375	2020/08/01	产品专利
6699503	2013/09/10	产品专利
7982049	2023/11/04	产品专利

续表

美国专利号或 独占权代码	专利或独占权 过期日期	专利保护类型、专利名称或市场独占权保护内容
7342117	2023/11/04	化合物专利
6346532	2018/10/15	化合物专利，产品专利
NCE	2017/06/28	参见本书附录关于独占权代码部分

合成路线一

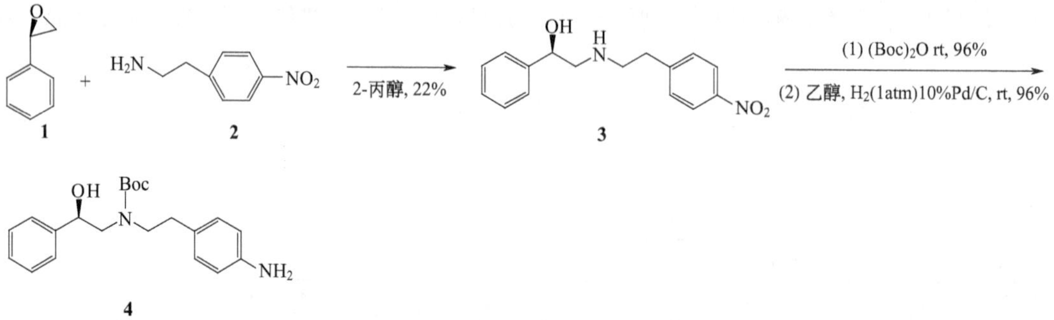

米拉贝隆的合成相对比较简单，其大规模制备的合成路线也是比较成熟的。具体来说，立体构型为 R 型的苯乙烯的环氧衍生物（**1**）和 4-硝基苯乙胺反应可以得到相应的氨基醇衍生物（**3**）。在对 **3** 的氨基进行 Boc 保护的前提下，使用催化氢化的方法把苯环上的硝基还原为氨基（**4**）。

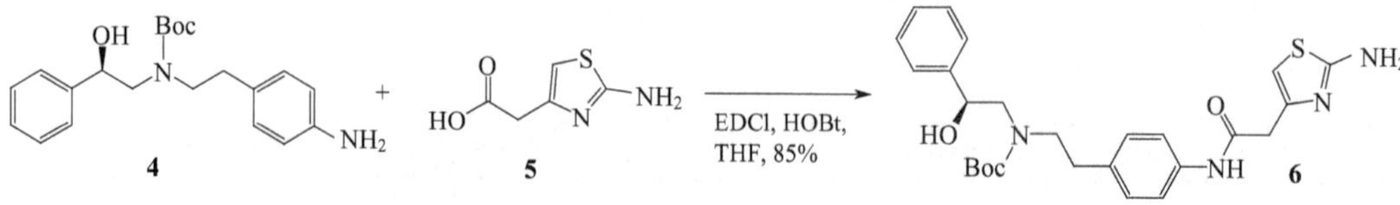

4 上的氨基和 2-氨基-4-噻唑乙酸上的羧酸缩合可以得到化合物 **6**。化合物 **6** 的 Boc 脱掉之后，就可以得到米拉贝隆。

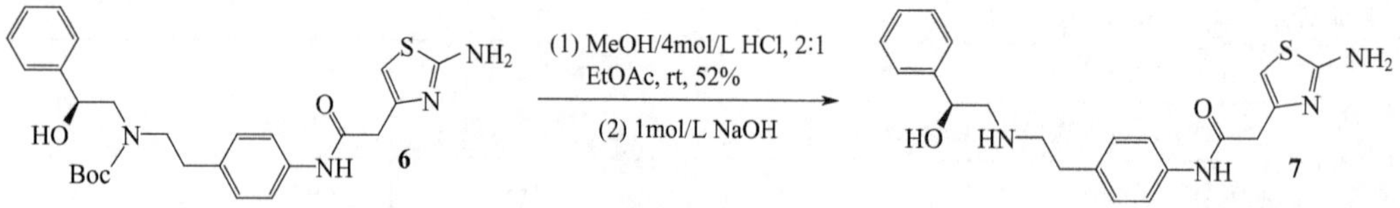

在这一过程中，对于特定氨基的 Boc 保护非常关键。这样才能确保苯环上的氨基和 2-氨基-4-噻唑乙酸上的羧酸缩合。有意思的是，在缩合反应过程中，2-氨基-4-噻唑乙酸上的羧酸并不会和其自身的氨基发生反应。

原始文献

Bioorg Med Chem，2013，21：2795-2825；US 6346532 B1.

合成路线二

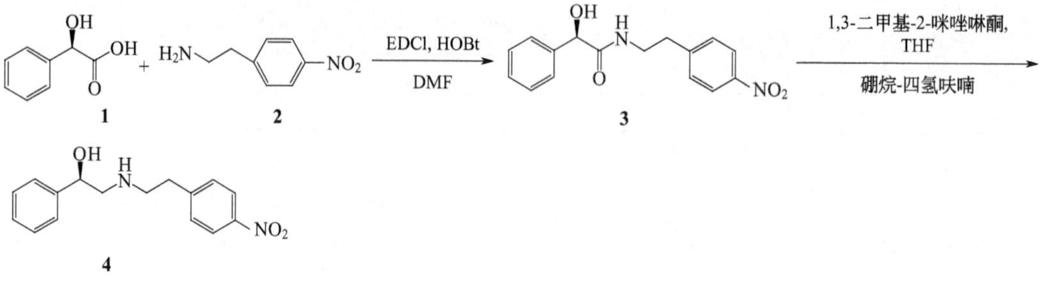

这一合成路线由 Kawazoe 等人开发。主要是利用（R）-扁桃酸（1）和硝基苯乙胺（2）作为原料。首先形成酰胺键，然后用硼烷把羰基还原得到中间产物 4。再使用催化氢化的方法把苯环上的硝基还原为氨基（5）。化合物 5 和 2-氨基-4-噻唑乙酸上的羧酸缩合就可以得到米拉贝隆。

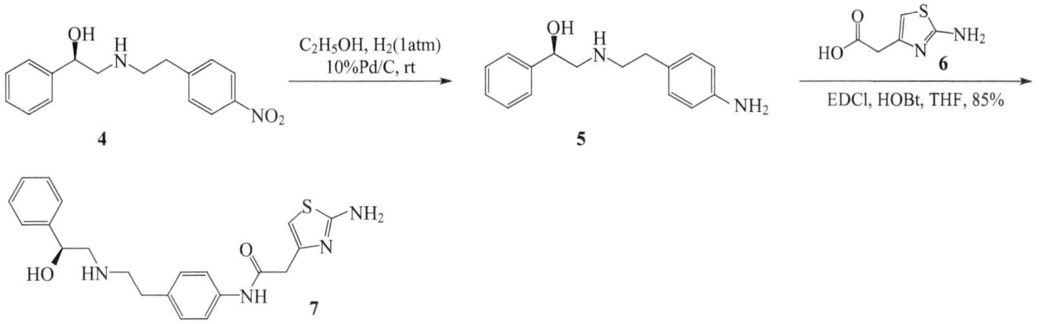

原始文献

EP1440969A1.

合成路线三

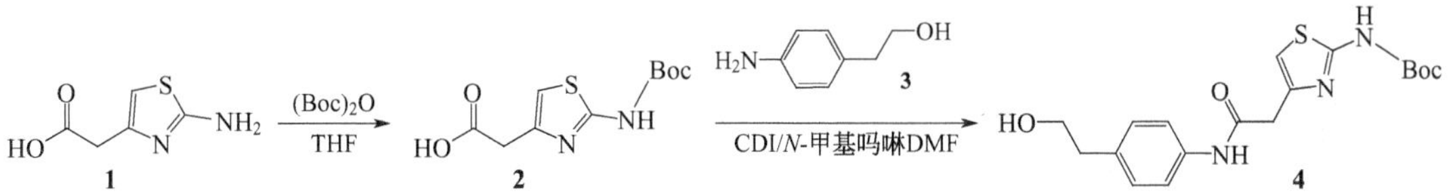

鉴于以上合成路线还需要使用钯碳催化剂等比较昂贵的化学药品或硼烷等危险品，苏州永健生物医药有限公司胡凡等人开发了了新的合成路线。这一路线成本较低，收率较高，比较适合大规模生产。他们以 2-氨基噻唑-5-乙酸（1）作为原料，把氨基保护之后再和 4-氨基苯乙醇（3）反应，得到中间产物 4。再用氧化剂把化合物 4 上的羟基氧化，得到中间产物 5。化合物 5 和（R）-2-氨基-1-苯乙醇反应再用还原剂处理就得到米拉贝隆。

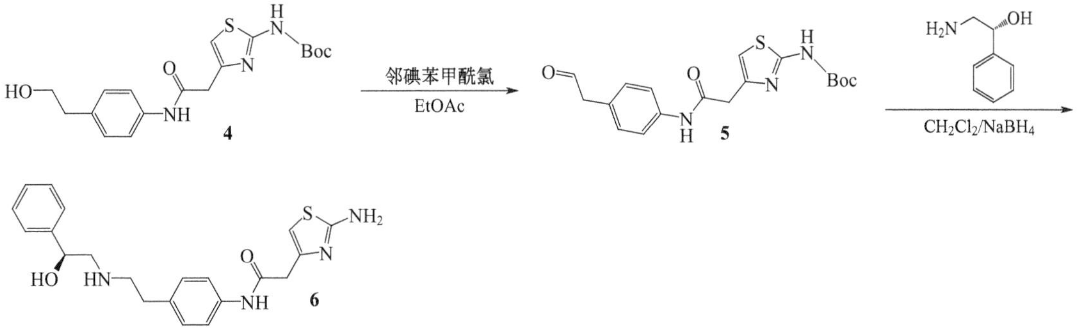

原始文献

CN 103193730 A.

合成路线四

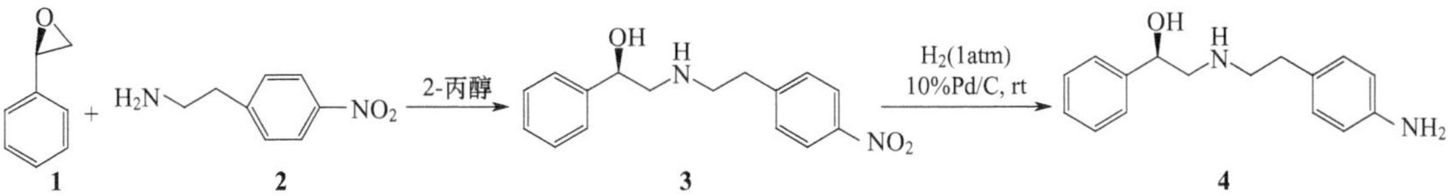

黑龙江大学的张华等人所开发出来的米拉贝隆的合成路线，则是基于合成路线一的基本特

性。但是省略其中氨基保护和脱保护的步骤。这一改进对于降低成本，方便工业生产具有重大意义。

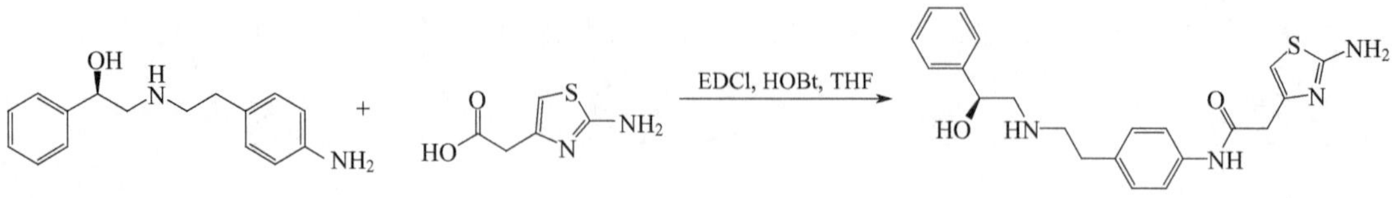

原始文献

CN 103896872 A.

参考文献

［1］ Ding H X, Liu K K C, Sakya S M, Flick A C, O'Donnell C J. Synthetic approaches to the 2011 new drugs. Bioorganic & Medicinal Chemistry，2013，21：2795-2825.

［2］ Maruyama T，Suzuki T，Onda K，Hayakawa M，Moritomo H，Kimizuka T，Matsui T. US6346532B1，2002-02-12.

［3］ Kawazoe S,Sakamoto K，Awamura Y，Maruyama T，Suzuki T，Onda K，Takasu T(Yamanouchi Pharma CO LTD). EP1440969A1，2004-07-28.

［4］ 胡凡、王伸勇、贾新赞、王晓俊、胡隽恺（苏州永健生物医药有限公司）. CN103193730A，2013-07-10.

［5］ 张华、李杨、陈仕杰、沈明辉、王雪微（黑龙江大学）. CN103896872A，2014-07-02.

（王天宇）

Naloxegol（纳罗克格）

药物基本信息

英文通用名	Naloxegol
中文通用名	纳罗克格（参考译名）
商品名	Movantik
CAS 登记号	854601-70-0
FDA 批准日期	2014/09/17
化学名	(4R,4aS,7S,7aR,12bS)-7-(2,5,8,11,14,17,20)-heptaoxadocosan-22-yloxy-3-allyl-2,3,4,4a,5,6,7,7a-cotahydro-1H-4,12-methanobenzofuro[3,2-e]isoquinolin-4a,9-diol
SMILES 代码	COCCOCCOCCOCCOCCOCCOCCO[C@H]1CC[C@]([C@H]2C3)(O)[C@]4(CCN2CC=C)[C@H]1OC5=C4C3=CC=C5O

化学结构和理论分析

化学结构	理论分析值
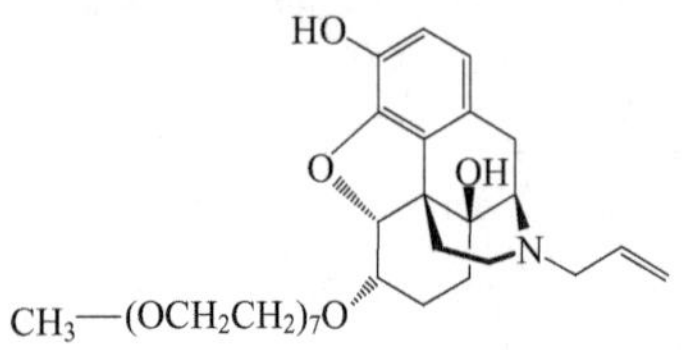	化学式：$C_{34}H_{53}NO_{11}$ 精确分子量：651.36186 分子量：651.78 元素分析：C，62.65；H，8.20；N，2.15；O，27.00

药品说明书参考网页

生产厂家产品说明书：http://www.movantikhcp.com
美国药品网：http://www.drugs.com/movantik.html
美国处方药网页：http://www.rxlist.com/movantik-drug.htm

药物简介

Naloxegol 是一种阿片受体拮抗剂，作用于胃肠道的 μ 受体，缓解因使用阿片类药物引起的便秘，并且可以促使肠蠕动加速，最大程度降低了传统阿片类药物可能引起的肠胃方面的副作用。新型阿片类药 Naloxegol 与其他药物相比更能有效地促进大肠蠕动，从而治疗便秘。

药品上市申报信息

该药物目前有 2 种产品上市。

产品一

药品名称	MOVANTIK		
申请号	204760	产品号	001
活性成分	Naloxegol Oxalate（草酸纳罗克格）	市场状态	处方药
剂型或给药途径	口服片剂	规格	12.5mg
治疗等效代码		参比药物	否
批准日期	2014/09/16	申请机构	ASTRAZENECA PHARMACEUTICALS LP
化学类型	新分子实体药（NME）	审评分类	优先评审药物

产品二

药品名称	MOVANTIK		
申请号	204760	产品号	002
活性成分	Naloxegol Oxalate（草酸纳罗克格）	市场状态	处方药
剂型或给药途径	口服片剂	规格	25mg
治疗等效代码		参比药物	是
批准日期	2014/09/16	申请机构	ASTRAZENECA PHARMACEUTICALS LP
化学类型	新分子实体药（NME）	审评分类	优先评审药物

药品专利或独占权保护信息

美国专利号或独占权代码	专利或独占权过期日期	专利保护类型、专利名称或市场独占权保护内容
8617530	2022/10/18	专利用途代码 U-1185
8067431	2024/12/16	专利用途代码 U-1185
7662365	2022/10/18	化合物专利、产品专利
7786133	2027/12/19	产品专利
NCE	2019/09/16	参见本书附录关于独占权代码部分

合成路线

该合成方法来源于 M. D. Bentley 等人发表的专利说明书（US 20050136031 A1）。本合成方法共计 4 步反应：

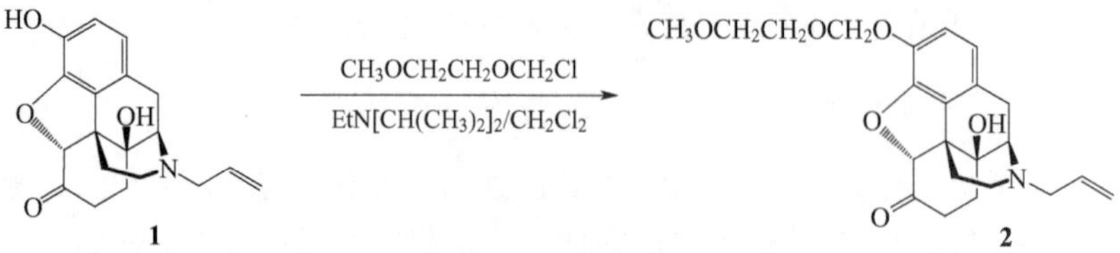

以乙基二异丙基胺为缚酸剂，化合物 **1** 和 1-氯甲基-2-甲氧基乙烷反应，得到化合物 **2**，粗产物的产率 97%。没有进一步纯化直接用于下一步反应。

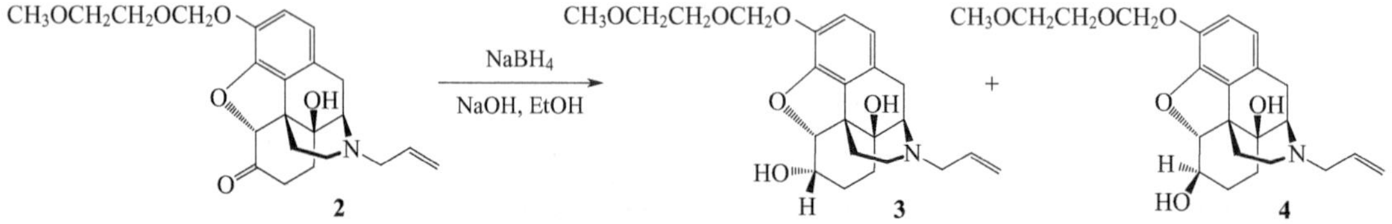

化合物 **2** 在碱性条件下用硼氢化钠还原，得到 **3** 和 **4** 的混合物，产率 92%，无色黏稠固体。

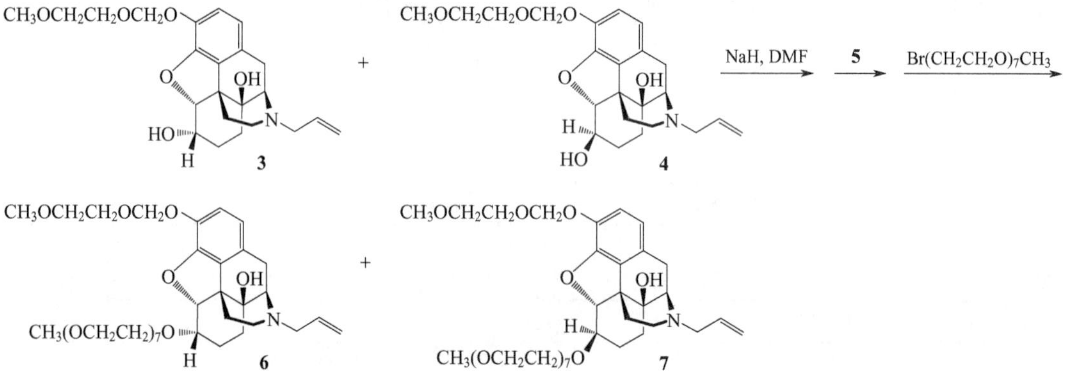

化合物 **3** 和 **4** 的混合物在氢化钠的作用下，形成的醇氧负离子和化合物 **5** 发生亲核取代反应，得到混合物 **6** 和化合物 **7**，粗产物没有进一步纯化直接用于下一步反应，产率 88%，白色黏稠固体。

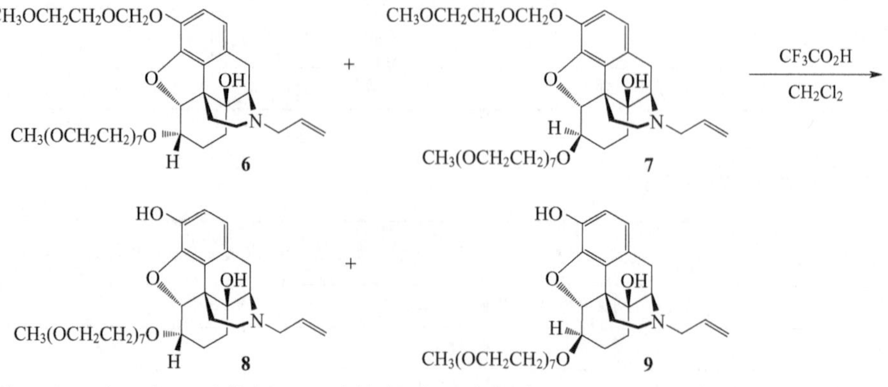

混合物 **6** 和 **7** 在三氟乙酸作用下，醚键断裂，形成游离的酚羟基，形成的混合物 **8** 和 **9**，经过二次硅胶柱色谱（洗脱剂：氯仿/乙醇），得到黏稠固体，其中 α 差向异构体 30%，β 差向异构体 70%，从化合物 **2** 到目标产物的总产率 56%。

原始文献

US 20050136031 A1，2005.

参考文献

[1] Bentley M D，Viegas T X，Goodin R R，et al. US 20050136031A1，2005.
[2] Fishburn C S，Lechuga-Ballesteros D，Viegas T，et al. US 20060182692A1，2006.
[3] Aaslund B L，Aurell C-J，Bohlin M H，et al. WO 2012044243A1，2012.

（张继振）

Netupitant（奈妥吡坦）

药物基本信息

英文通用名	Netupitant
中文通用名	奈妥吡坦
商品名	Akynzeo
CAS 登记号	290297-26-6
FDA 批准日期	2014/10/10
化学名	2-[3,5-bis(trifluoromethyl)phenyl]-N,2-dimethyl-N-[6-(4-methylpiperazin-1-yl)-4-(o-tolyl)pyridin-3-yl]propanamide
SMILES 代码	CC(C)(C1=CC(C(F)(F)F)=CC(C(F)(F)F)=C1)C(N(C)C2=C(C3=CC=CC=C3C)C=C(N4CCN(C)CC4)N=C2)=O

化学结构和理论分析

化学结构	理论分析值
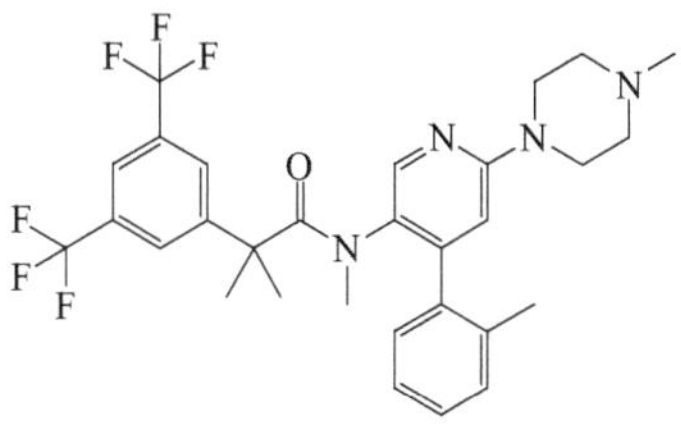	化学式：$C_{30}H_{32}F_6N_4O$ 精确分子量：578.24803 分子量：578.59 元素分析：C,62.28;H,5.57;F,19.70;N,9.68;O,2.77

药品说明书参考网页

生产厂家产品说明书：https://www.akynzeo.com
美国药品网：http://www.drugs.com/akynzeo.html
美国处方药网页：http://www.rxlist.com/akynzeo-drug.htm

药物简介

奈妥吡坦为高选择性的速激肽 NK1 受体拮抗剂，用于预防癌症化疗开始后急性期与延迟期产生的恶心和呕吐。Akynzeo 是口服胶囊药物，含有两种活性成分：Netupitant（奈妥吡坦）和 Palonosetron（帕诺斯琼）。

药品上市申报信息

该药物目前有 1 种产品上市。

药品名称	AKYNZEO		
申请号	205718	产品号	001
活性成分	Netupitant(奈妥吡坦)；Palonosetron Hydrochloride(盐酸帕诺斯琼)	市场状态	处方药
剂型或给药途径	口服胶囊	规格	300mg；0.5mg
治疗等效代码		参比药物	是
批准日期	2014/10/10	申请机构	HELSINN HEALTHCARE SA
化学类型	新分子实体药(NME)	审评分类	Standard review drug

药品专利或独占权保护信息

美国专利号或独占权代码	专利或独占权过期日期	专利保护类型、专利名称或市场独占权保护内容
8623826	2030/11/18	专利用途代码 U-528
5202333	2015/04/13	化合物专利、产品专利、专利用途代码 U-528
6297375	2020/02/22	化合物专利
NCE	2019/10/10	参见本书附录关于独占权代码部分

合成路线一

该合成路线来源于 F. Hoffmann-La Roche Ltd 公司 F. Hoffmann-Emery 等人发表的论文（J Org Chem，2006，71（5）：2000-2008）。本合成方法共计 10 步反应：

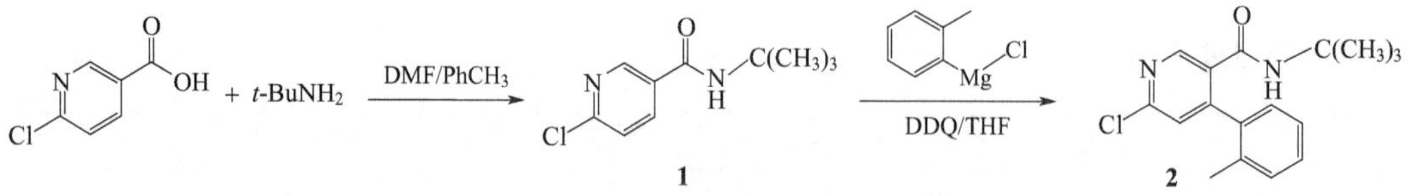

6-氯-3-吡啶甲酸和叔丁胺反应，得到化合物 1 白色粉末，产率 99％。然后在二氯二氰基苯醌存在下，化合物 1 和 2-甲基苯基氯化镁反应，得到化合物 2，粗产物的产率 98％，硅胶柱色谱，洗脱剂：乙酸乙酯/正己烷，得到纯的化合物 2 白色粉末。

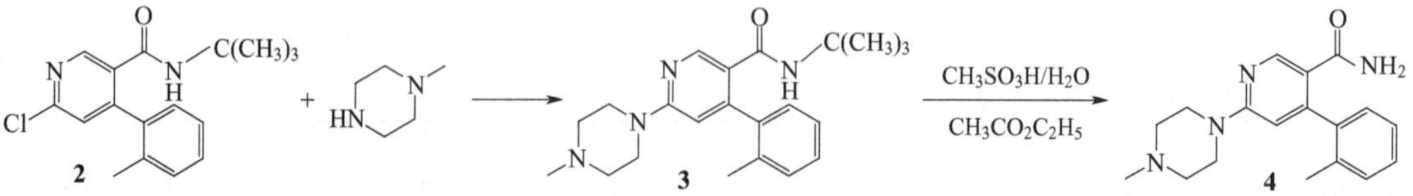

化合物 2 和 N-甲基哌嗪发生亲核取代反应，得到化合物 3 粗产物，产率 97％，粗产物是棕色黏稠油状物，粗产物经过硅胶柱色谱得到浅褐色固体。化合物 3 在酸性条件下水解，得到化合物 4，浅肤色粉末，产率 94％。

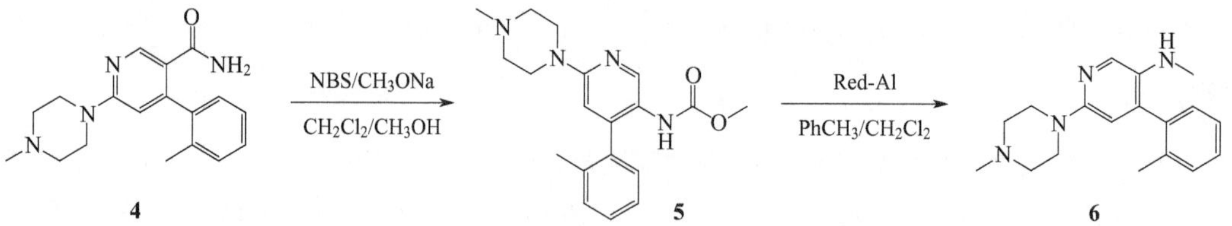

化合物 4 和 NBS、甲醇钠反应，得到化合物 5，米色泡沫，产率 99％。化合物 5 和红铝发生

还原反应，得到化合物 **6**，橙色树脂状，产率是等量的。

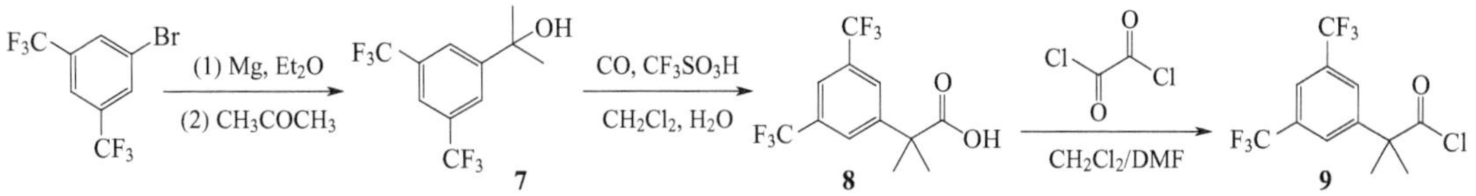

3,5-二（三氟甲基）溴苯和金属镁反应，生成 Grignard 试剂，然后和丙酮发生亲核加成反应，加成产物在酸性条件下水解，得到化合物 **7** 黄色晶体，产率 99％，没有进一步纯化，直接用于下一步反应，粗产物 **7** 用戊烷重结晶得到白色晶体。化合物 **7** 在酸性条件下和一氧化碳反应得到羧酸化合物 **8**，浅褐色晶体，产率 97％。化合物 **8** 和乙二酰氯发生反应，得到酰氯化合物 **9**，黄色油状物质，产率 96％，没有进一步纯化，直接用于下一步反应。

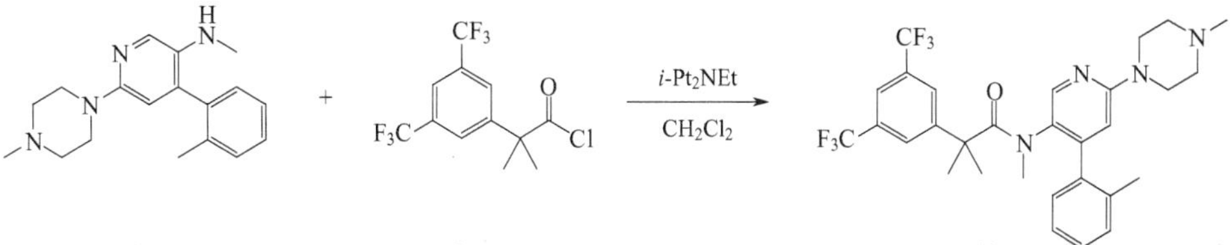

化合物 **6** 和化合物 **9** 发生氨解反应，得到目标化合物 **10**，用粗产物异丙醚纯化，得到白色晶体，产率 67％。

原始文献

J Org Chem，2006，71（5）：2000-2008.

合成路线二

本合成来源于专利说明书（US 8426450 B1）。合成路线共计 7 步反应。

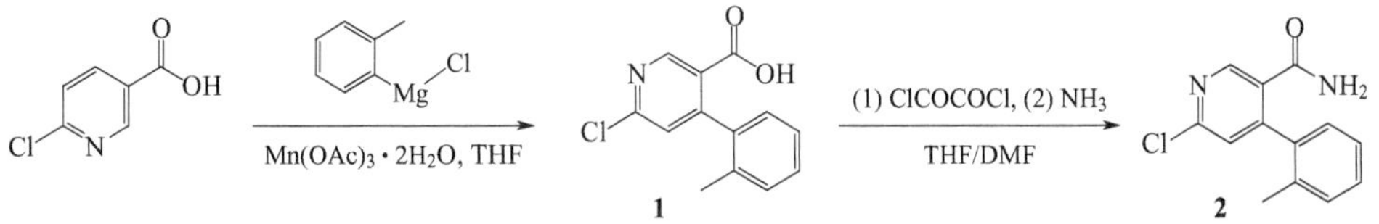

在二水合三醋酸锰的作用下，6-氯-3-吡啶甲酸和 2-甲基苯基氯化镁反应，粗产物硅胶柱色谱，洗脱剂：乙酸乙酯/甲苯/甲酸（20：75：5），得到化合物 **1**，黄色泡沫，产率 51％。然后和乙二酰氯发生反应，得到的酰氯再和氨水发生氨解反应，得到酰胺化合物 **2**，米黄色结晶泡沫体，产率 98％。

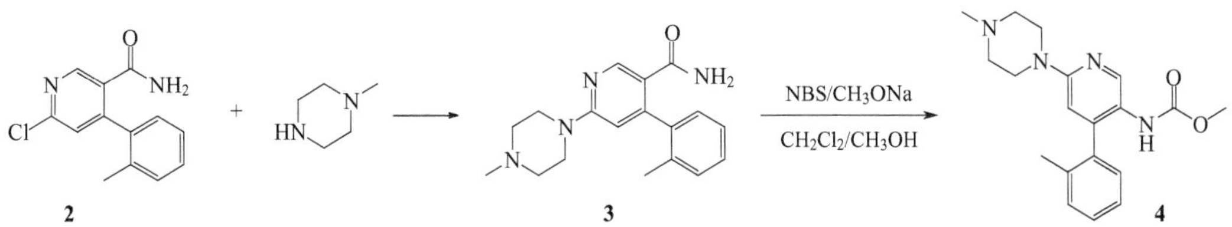

化合物 **2** 和 N-甲基哌嗪发生亲核取代反应，得到酰胺化合物 **3**，浅黄色晶体泡沫体，产率 95％。化合物 **3** 和 NBS、甲醇钠反应，得到化合物 **4**，灰色泡沫状，定量反应。

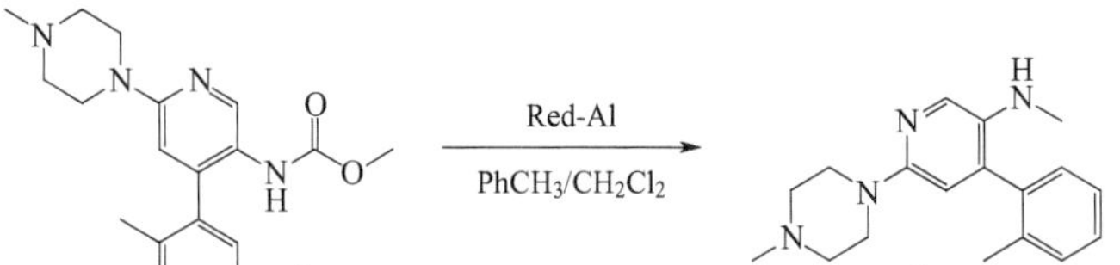

化合物 **4** 和红铝发生还原反应，得到化合物 **5**，橙色树脂状，产率 89％。

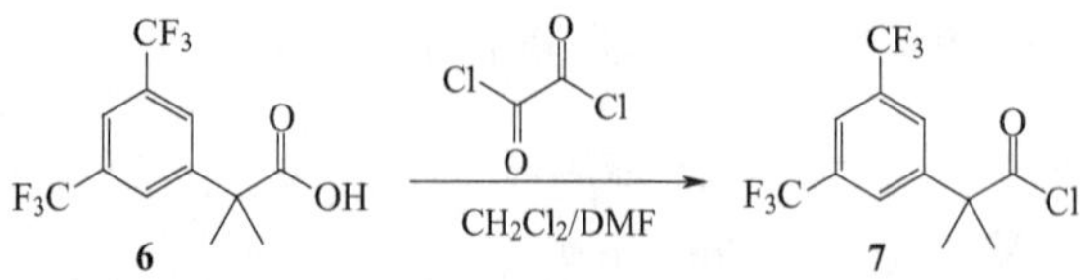

化合物 **6** 和乙二酰氯发生反应，得到酰氯化合物 **7**，黄色油状物质，产率 96％，高效液相色谱分析纯度 86％。

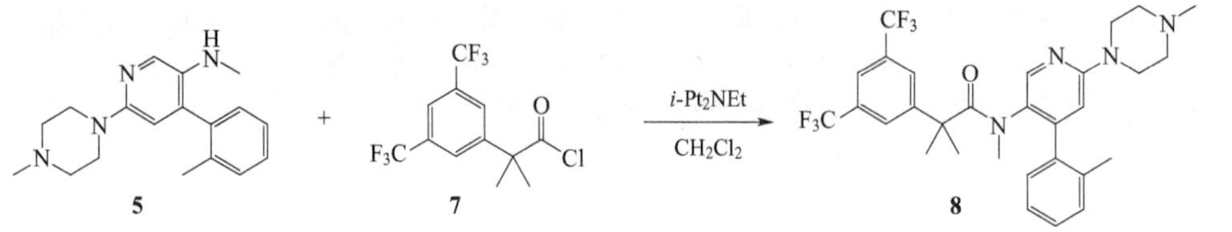

化合物 **5** 和化合物 **7** 发生氨解反应，得到目标化合物 **8**，粗产物快速柱色谱纯化，得到白色晶体，产率 81％。

原始文献

US 8426450 B1.

合成路线三

该合成路线来源于 F. Hoffmann-La Roche Ltd，公司 T. Hoffmann 等人发表的论文（Bioorg Med Chem Lett，2006，16（5）：1362-1365）。本合成方法共计 9 步反应：

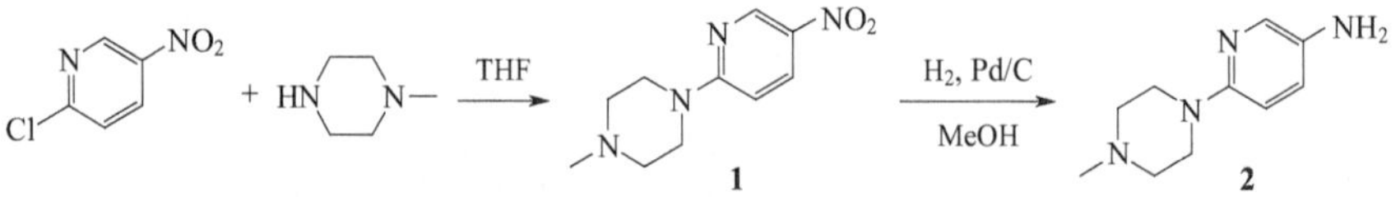

2-氯-5-硝基吡啶和 N-甲基哌嗪发生亲核取代反应，得到化合物 **1**。接着在钯碳催化下加氢，硝基还原成氨基，得到化合物 **2**。

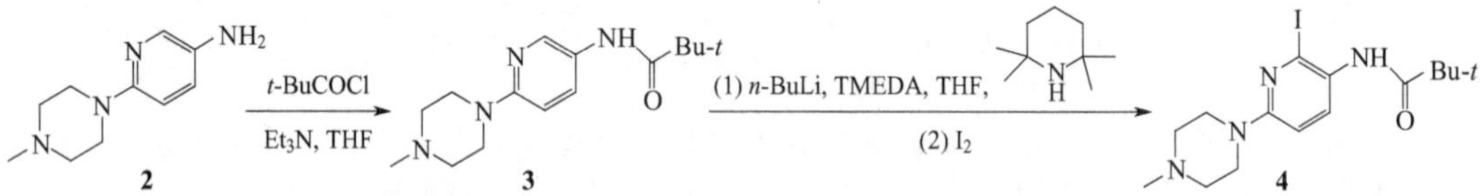

化合物 **2** 和叔丁基甲酰氯发生氨解反应，得到酰胺化合物 **3**，三步反应的总产率 86％。化合物 **3** 在低温下和正丁基锂反应，酰胺氮原子上失去一个质子，形成酰胺负离子，然后在低温下和碘发生亲电取代反应，得到化合物 **4**。

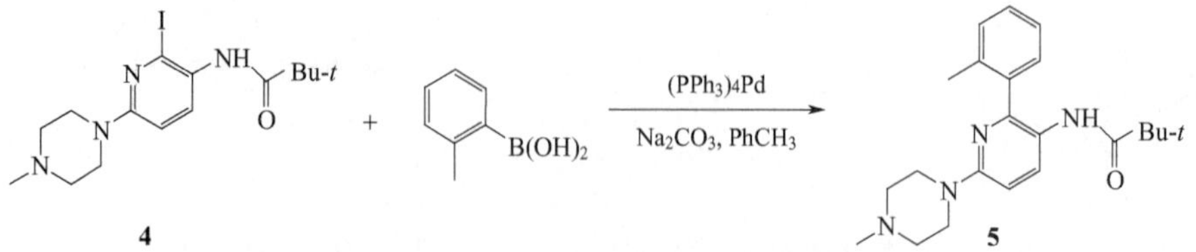

在三苯基膦钯（Ⅳ）催化下，化合物 **4** 和 2-甲基苯基硼酸发生 Suzuki 偶联反应，形成化合物 **5**，从化合物 **3** 到化合物 **5** 总产率 42％。

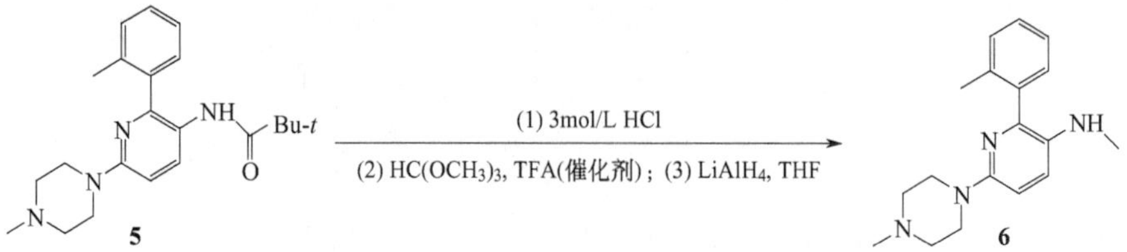

化合物 **5** 酸性条件下水解，水解产物在三氟乙酸催化下和原甲酸三甲酯反应，接着再发生还原，得到化合物 **6**，三步反应的总产率 66%。

化合物 **6** 和化合物 **7** 发生氨解反应，得到目标化合物 **8**，产率 81%。

原始文献

Biooran Med Chem Lett，2006，16(5)：1362-1365；J Org Chem，2006，71(5)：2000-2008.

参考文献

[1] Hoffmann-Emery F，Hilpert H，Scalone M，et al. Efficient Synthesis of Novel NK1 Receptor Antagonists：Selective 1,4-Addition of Grignard Reagents to 6-Chloronicotinic Acid Derivatives，J Org Chem，2006，71(5)：2000.

[2] Fadini L，Manini P，Pietra C，et al. US 8426450（B1），2013.

[3] Hoffmann T，Bös M，Stadler H，et al. Design and Synthesis of a Novel，Achiral Class of Highly Potent and Selective，Orally Active Neurokinin-1 Receptor Antagonists. Bioorg Med Chem Lett，2006，16(5)：1362.

[4] Harrington P J，Johnston D，Moorlag H，et al. Research and Development of an Efficient Process for the Construction of the 2,4,5-Substituted Pyridines of NK-1 Receptor Antagonists. Org Process Res Dev，2006，10(6)：1157.

[5] Hilpert H，Hoffmann-Emery F，Rimmler G，et al. EP1103546（B1），2011.

（张继振）

Nintedanib（尼达尼布）

药物基本信息

英文通用名	Nintedanib
中文通用名	尼达尼布
商品名	Ofev
CAS 登记号	656247-17-5
FDA 批准日期	2014/10/15
化学名	(Z)-methyl-3-(((4-(N-methyl-2-(4-methylpiperazin-1-yl) acetamido) phenyl) amino) (phenyl) methylene)-2-oxoindoline-6-carboxylate
SMILES 代码	O=C(C1=CC(NC/2=O)=C(C=C1)C2=C(NC3=CC=C(N(C)C(CN4CCN(C)CC4)=O)C=C3)/C5=CC=CC=C5)OC

化学结构和理论分析

化学结构	理论分析值
	分子式：$C_{31}H_{33}N_5O_4$ 精确分子量：539.25325 分子量：539.62 元素分析：C,69.00；H,6.16；N,12.98；O,11.86

药品说明书参考网页

生产厂家产品说明书：https://www.ofev.com/
美国药品网：http://www.drugs.com/cdi/nintedanib.html
美国处方药网页：http://www.rxlist.com/ofev-drug.htm

药物简介

Nintedanib 是一种激酶抑制剂，可用于特发性肺纤维化（idiopathic pulmonary fibrosis，IPF）的治疗。Nintedanib 是一种小分子多重受体酪氨酸激酶（RTKs）和非-受体酪氨酸激酶（nRTKs）抑制剂。Nintedanib 通过抑制与这些受体活性而发挥作用。

药品上市申报信息

该药物目前有 2 种产品上市。

产品一

药品名称	OFEV		
申请号	205832	产品号	001
活性成分	Nintedanib(尼达尼布)	市场状态	处方药
口服胶囊	口服胶囊	规格	100mg
治疗等效代码		参比药物	否
批准日期	2014/10/15	申请机构	BOEHRINGER INGELHEIM PHARMACEUTICALS INC
化学类型	新分子实体药	审评分类	优先评审

产品二

药品名称	OFEV		
申请号	205832	产品号	002
活性成分	Nintedanib(尼达尼布)	市场状态	处方药
剂型或给药途径	口服胶囊	规格	150mg
治疗等效代码		参比药物	是
批准日期	2014/10/15	申请机构	BOEHRINGER INGELHEIM PHARMACEUTICALS INC
化学类型	新分子实体药	审评分类	优先评审

药品专利或独占权保护信息

美国专利号或独占权代码	专利或独占权过期日期	专利保护类型、专利名称或市场独占权保护内容
7119093	2024/02/21	化合物专利、产品专利
6762180	2020/12/10	化合物专利、产品专利
NCE	2019/10/15	参见本书附录关于独占权代码部分
ODE	2021/10/15	参见本书附录关于独占权代码部分

合成路线拆分

Nintedanib 的化学结构比较简单，其合成路线可拆分为 A、B、C 三个片段。

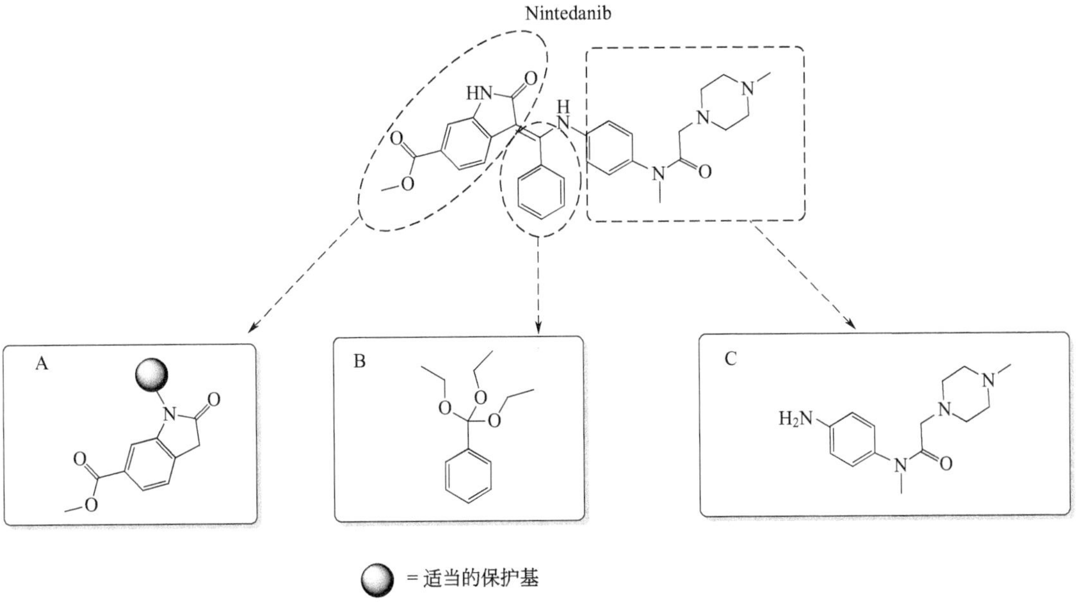

● = 适当的保护基

合成路线一

以下合成路线来源于 Boehringer Ingelheim Pharma 公司 Roth 等发表的研究论文（J Med Chem，2009，52（14）：4466-4480）。

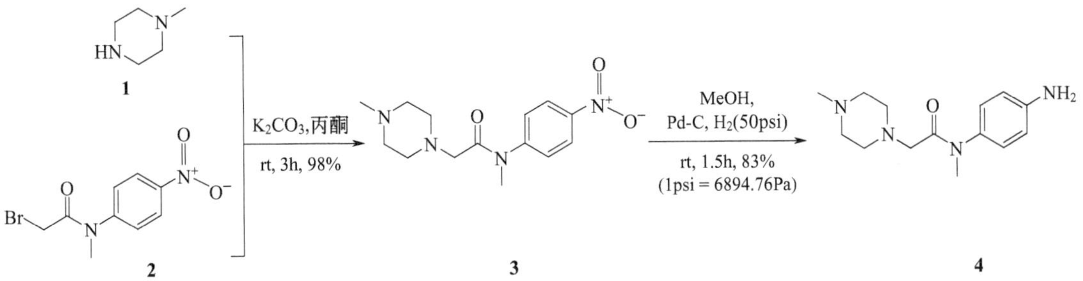

该合成方法以化合物 **2** 为原料，与化合物 **1** 在丙酮中碳酸钾催化下反应，可得到相应的化合物 **3**。产率为 98%。化合物 **3** 中的硝基在碳-钯催化氢化下，以甲醇为溶剂，可得到相应的氨基化合物 **4**，产率为 83%。

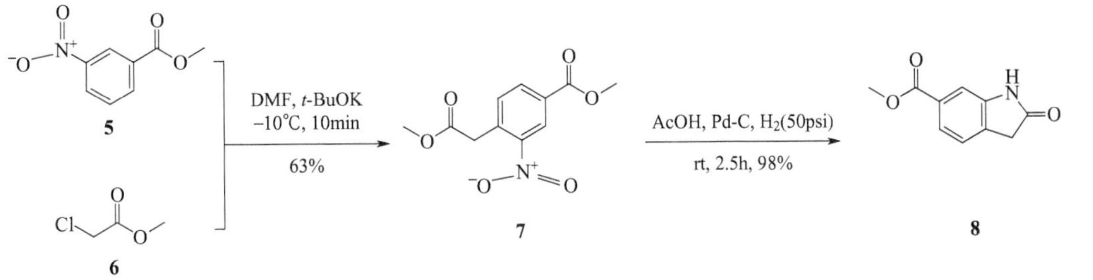

化合物 **5** 在碱性条件下，发生亲核取代反应，可得到相应的化合物 **7**，产率为 63%。化合物 **7** 分子中的硝基经催化氢化还原后，可得到需要的氨基中间体化合物，该氨基再与邻位的酯基成环反应，得到相应的化合物 **8**，产率为 98%。

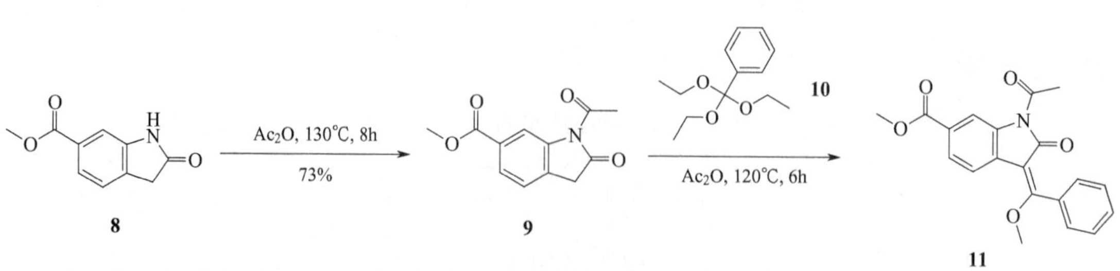

化合物 **8** 与醋酸酐反应，可得到 N-乙酰基化合物 **9**，产率为 73%。化合物 **9** 再与化合物 **10** 在醋酸酐溶液中反应，可得到需要的缩合产物 **11**。

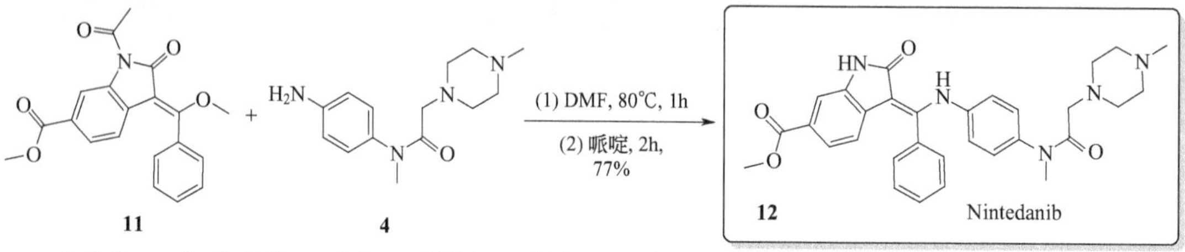

化合物 **11** 与化合物 **4** 反应，再脱去乙酰基可得到目标化合物 **12**，产率为 77%。

原始文献

J Med Chem，2009，52（14）：4466-4480.

合成路线二

以下合成路线来源于 Ratiopharm 和 Teva Pharmaceuticals 公司 Albrecht 等人发表的专利说明书（WO2012068441A2）。

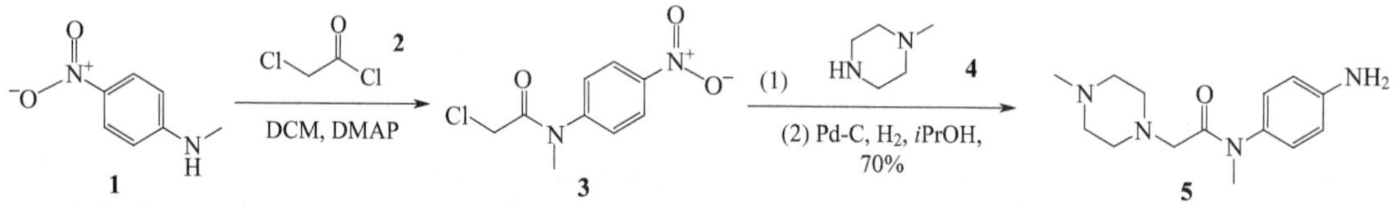

该合成方法以化合物 **1** 为主要原料，与化合物 **2** 在 DMAP（二甲氨基吡啶）催化下反应，得到相应的化合物 **3**。化合物 **3** 如化合物 **4** 反应后，可得到相应的甲基哌啶中间体，其硝基再在碳-钯催化氢化还原后，可得到相应的氨基化合物 **5**，产率为 70%。

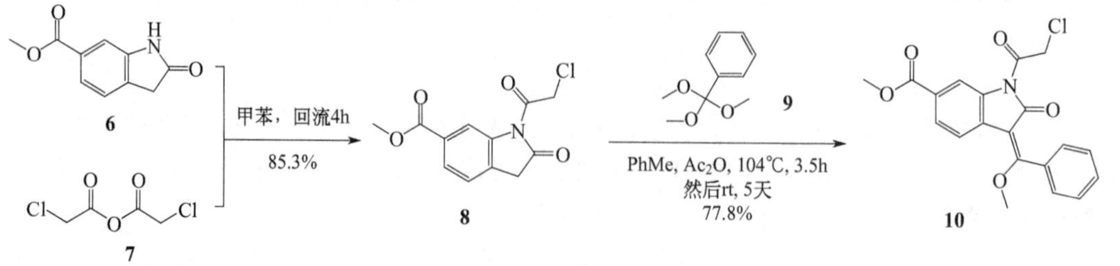

化合物 **6** 的 NH 基团在酸酐化合物 **7** 的作用下被酰基化，得到相应的化合物 **8**，产率为 85%。化合物 **8** 以甲苯为溶剂，在醋酸酐的作用下与化合物 **9** 缩合反应，得到相应的化合物 **10**，产率为 77%。

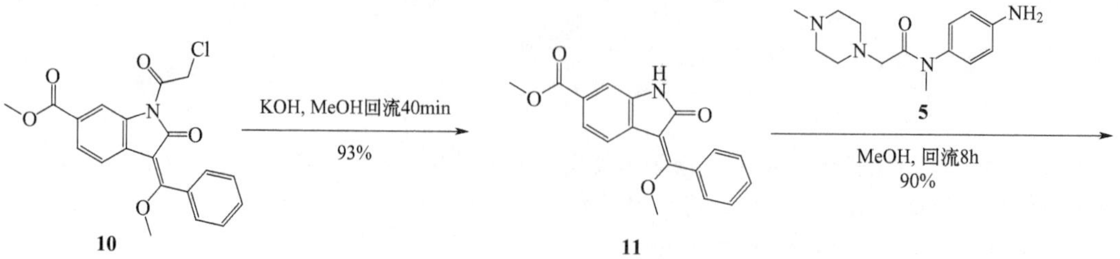

化合物 **10** 在氢氧化钾的作用下，水解脱去氯乙酰基，得到相应的化合物 **11**，产率为 93％。化合物 **11** 与化合物 **5** 在甲醇中回流，可得到目标化合物，产率为 90％。

原始文献

WO2012068441A2，2012.

参考文献

［1］ Albrecht W，Fischer D，Janssen C. Preparation of Intedanib salts for treatment of immunological diseases. WO2012068441A2，2012.

［2］ Merten J，Linz G，Schnaubelt J，Schmid R，Rall W，Renner S，Reichel C，Schiffers R. Process for the preparation of (*Z*)-3-[1-[4-[*N*-[(4-methylpiperazin-1-yl) methylcarbonyl]-*N*-methylamino]anilino]-1-phenylmethylene] -6-methoxycarbonyl-2-indolinone. WO2009071523A1，2009.

［3］ Roth G J，Heckel A，Colbatzky F，Handschuh S，Kley J，Lehmann-Lintz T，Lotz R，Tontsch-Grunt U，Walter R，Hilberg F. Design，Synthesis，and Evaluation of Indolinones as Triple Angiokinase Inhibitors and the Discovery of a Highly Specific 6-Methoxycarbonyl-Substituted Indolinone（BIBF 1120）. J Med Chem，2009，52（14）：4466-4480.

［4］ Roth G J，Sieger P，Linz G，Rall W，Hilberg F，Bock T. Preparation of crystalline 3-*Z*-[1-(4-(*N*-((4-methyl-piperazin-1-yl)-methylcarbonyl)-*N*-methyl-amino)-anilino)-1-phenyl-methylene]-6-methoxycarbonyl-2-indolinone-monoethanesulfonate as antitumor agent. WO2004013099A1，2004.

（陈清奇）

Olaparib（奥拉帕尼）

药物基本信息

英文通用名	Olaparib
中文通用名	奥拉帕尼
商品名	Lynparza
CAS 登记号	763113-22-0
FDA 批准日期	2014/12/19
化学名	4-(3-(4-(cyclopropanecarbonyl) piperazine-1-carbonyl)-4-fluorobenzyl) phthalazin-1(2*H*)-one
SMILES 代码	O＝C1NN＝C(CC2＝CC＝C(F)C(C(N3CCN(C(C4CC4)＝O)CC3)＝O)＝C2)C5＝C1C＝CC＝C5

化学结构和理论分析

化学结构	理论分析值
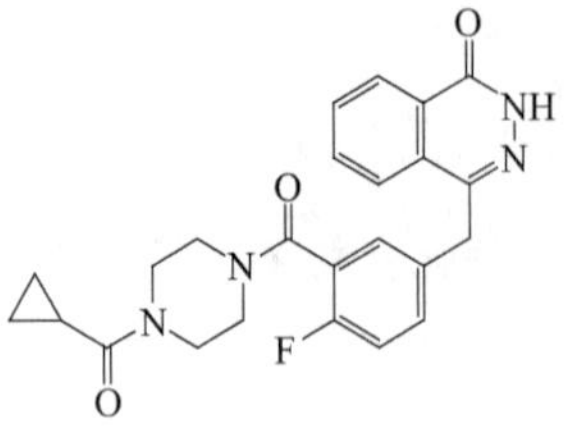	分子式：$C_{24}H_{23}FN_4O_3$ 精确分子量：434.17542 分子量：434.46282 元素分析：C，66.35；H，5.34；F，4.37；N，12.90；O，11.05

药品说明书参考网页

生产厂家产品说明书：http://www.lynparza.com

美国药品网：http://www.drugs.com/cdi/olaparib.html

美国处方药网页：http://www.rxlist.com/lynparza-drug.htm

药物简介

Olaparib 是一种聚（ADP-核糖）聚合酶（PARP）酶抑制剂，可有效抑制包括 PARP1、PARP2 和 PARP3 的生物活性。Olaparib 通过抑制肿瘤细胞 DNA 损伤修复、促进肿瘤细胞发生凋亡，从而可增强放疗以及烷化剂和铂类药物化疗的疗效。Olaparib 可用于治疗晚期卵巢癌。

药品上市申报信息

该药物目前有 1 种产品上市。

药品名称	LYNPARZA		
申请号	206162	产品号	001
活性成分	Olaparib(奥拉帕尼)	市场状态	处方药
剂型或给药途径	口服胶囊	规格	50mg
治疗等效代码		参比药物	否
批准日期	2014/12/19	申请机构	ASTRAZENECA PHARMAC-EUTICALS LP
化学类型	新分子实体药	审评分类	优先评审

药品专利或独占权保护信息

美国专利号或独占权代码	专利或独占权过期日期	专利保护类型、专利名称或市场独占权保护内容
8859562	2031/08/04	专利用途代码 U-1634
8912187	2024/03/12	专利用途代码 U-1634
8143241	2027/08/12	专利用途代码 U-1634
7449464	2024/10/11	化合物专利、产品专利

美国专利号或 独占权代码	专利或独占权 过期日期	专利保护类型、专利名称或市场独占权保护内容
8247416	2028/09/24	化合物专利
7151102	2022/04/29	化合物专利、产品专利
7981889	2024/10/11	化合物专利、产品专利
NCE	2019/12/19	参见本书附录关于独占权代码部分

合成路线一

以下合成路线来源于 KuDOS Pharmaceuticals Ltd 公司 Menear 等人发表的论文（J Med Chem.，2008，51（20）：6581-6591）。

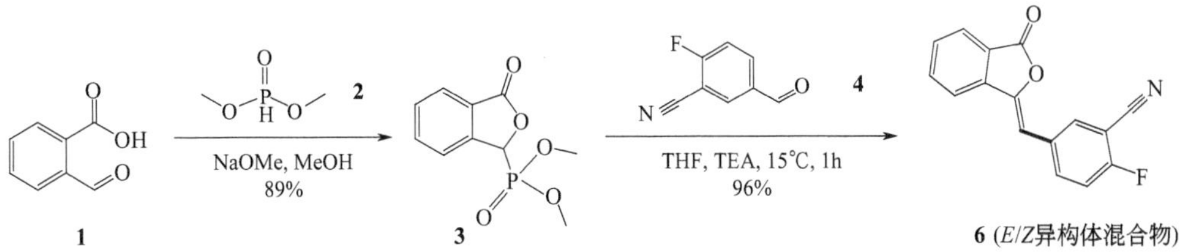

该合成路线以化合物 **1** 为原料，在碱性条件下，和化合物 **2** 缩合后再成环，得到相应的化合物 **3**，产率为 89%。化合物 **3** 再与化合物 **4** 反应可得到需要的化合物 **6**，产率为 96%。化合物 **6** 是一种混合物，含有顺式和反式异构体。

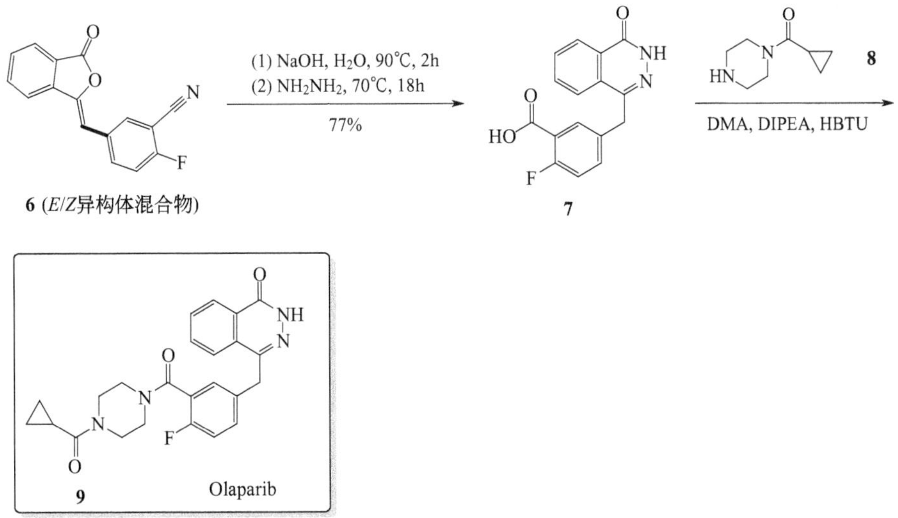

化合物 **6** 在碱性条件下水解，再与水合肼反应得到相应的化合物 **7**，产率为 77%。化合物 **7** 的羧基活化后，再与化合物 **8** 反应得到目标化合物。

原始文献

J Med Chem.，2008，51（20）：6581-6591.

合成路线二

以下合成路线来源于 KuDOS Pharmaceuticals Ltd 公司 Menear 等人发表的专利说明书（WO 2008047082，2008）。

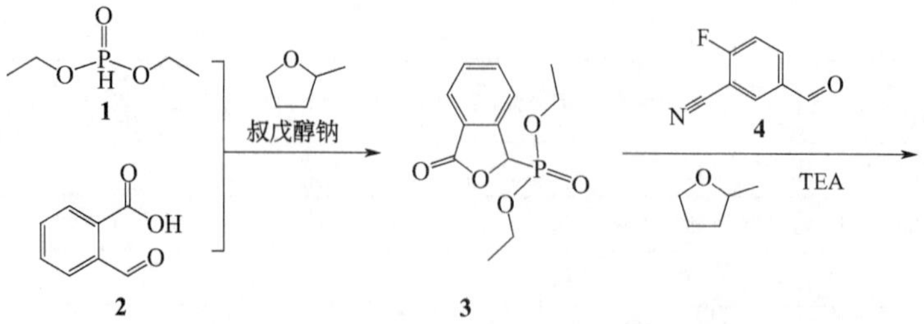

该方法以化合物 **2** 为主要原料，与化合物 **1** 反应并成环，得到相应的化合物 **3**。化合物 **3** 在碱性条件下，与化合物 **4** 反应可得到相应的化合物 **5**（化合物 **5** 为顺式和反式异构体的化合物）。

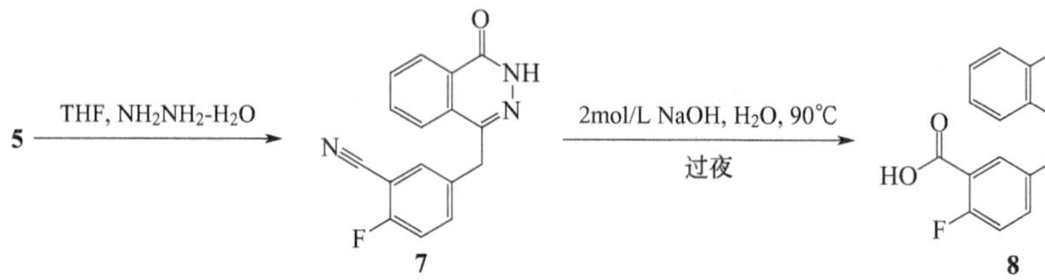

化合物 **5** 再与水合肼反应可得到化合物 **7**。化合物 **7** 在 NaOH 作用下，水解可得到相应的羧酸化合物 **8**。

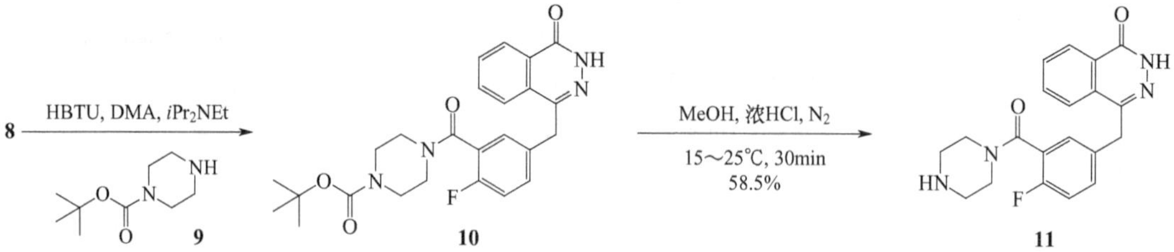

化合物 **8** 的羧基经活化后再与化合物 **9** 反应，可得到相应的化合物 **10**。化合物 **10** 在酸性条件下去保护基，可得到化合物 **11**，产率为 58%。

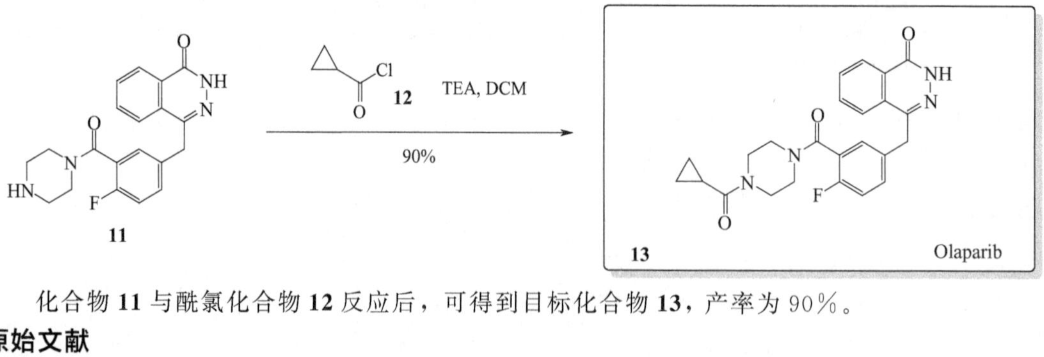

化合物 **11** 与酰氯化合物 **12** 反应后，可得到目标化合物 **13**，产率为 90%。

原始文献

WO 2008047082，2008.

参考文献

[1] Lescot C，Nielsen D U，Makarov I S，Lindhardt A T，Daasbjerg K，Skrydstrup T. Efficient Fluoride-Catalyzed Conversion of CO₂ to CO at Room Temperature. J Am Chem Soc，2014，136（16）：6142-6147.

[2] Lindhardt A T，Simonssen R，Taaning R H，Gogsig T M，Nilsson G N，Stenhagen G，Elmore C S，Skrydstrup T. 14Carbon monoxide made simple-novel approach to the generation，utilization，and scrubbing of 14carbon monoxide. J Labelled Compd Radiopharm，2012，55（11）：411-418.

[3] Martin N M B，Smith G C M，Jackson S P，Loh V M Jr，Cockcroft X-L F，Matthews I T W，Menear K A，Kerrigan F，Ashworth A. Preparation of phthalazinones as PARP inhibitors. WO2004080976A1，2004.

[4] Menear K A，Adcock C，Boulter R，Cockcroft X-L，Copsey L，Cranston A，Dillon K J，Drzewiecki J，Garman S，Gomez S，Javaid H，Kerrigan F，Knights C，Lau A，Loh V M Jr，Matthews I T W，Moore S，O'Connor M J，Smith G C M，Martin N M B. 4-[3-(4-Cyclopropanecarbonylpiperazine-1-carbonyl)-4-fluorobenzyl]-2H-phthalazin-1-one：A Novel Bioavailable Inhibitor of Poly(ADP-ribose)Polymerase-1. J Med Chem，2008，51(20)：6581-6591.

[5] Menear K A，Ottridge A P，Londesbrough D J，Hallett M R，Mullholland K R，Pittam J D，Laffan D D P，Ashworth I W，Jones M F，Cherryman J H. Preparation of 4-[3-(4-cyclopropanecarbonyl-piperazine-1-carbonyl)-4-fluoro-benzyl]-2H-phthalazin-1-one and its crystal forms as PARP-1 inhibitors. WO2008047082A2，2008.

（陈清奇）

Olodaterol（奥达特罗）

药物基本信息

英文通用名	Olodaterol
中文通用名	奥达特罗
商品名	Striverdi Respimat®
CAS 登记号	1030377-33-3
FDA 批准日期	2014/07/31
化学名	(R)-6-hydroxy-8-(1-hydroxy-2-(1-(4-methoxyphenyl)-2-methylpropan-2-ylamino)ethyl)-2H-benzo[b][1,4]oxazin-3(4H)-one
SMILES 代码	COC(C=C3)=CC=C3CC(C)(C)NC[C@H](O)C1=CC(O)=CC2=C1OCC(N2)=O

化学结构和理论分析

化学结构	理论分析值
	分子式：$C_{21}H_{26}N_2O_5$ 精确分子量：386.1842 分子量：386.44 元素分析：C，65.27；H，6.78；N，7.25；O，20.70

药品说明书参考网页

生产厂家产品说明书：http://www.striverdi.com/

美国药品网：http://www.drugs.com/cdi/olodaterol.html

美国处方药网页：http://www.rxlist.com/striverdi-respimat-drug.htm

药物简介

Striverdi Respimat 雾化吸入剂是一种长效 β_2-肾上腺能激动剂，通过放松呼吸道周边的肌肉以起到遏制症状出现，适用中长期慢性阻塞性肺病（COPD）患者，包括慢性支气管炎和/或肺气肿。

药品上市申报信息

该药物目前有 1 种产品上市。

药品名称	STRIVERDI RESPIMAT		
申请号	203108	产品号	001
活性成分	Olodaterol Hydrochloride(盐酸奥达特罗)	市场状态	处方药
剂型或给药途径	定量喷雾吸入剂	规格	0.0025mg/每次喷雾
治疗等效代码		参比药物	是
批准日期	2014/07/31	申请机构	BOEHRINGER INGELHEIM PHARMACEUTICALS INC

药品专利或独占权保护信息

美国专利号或独占权代码	专利或独占权过期日期	专利保护类型、专利名称或市场独占权保护内容
5964416	2016/10/04	产品专利
6149054	2016/12/19	产品专利
6176442	2016/10/04	产品专利
6453795	2016/12/05	产品专利
6726124	2016/10/04	产品专利
6846413	2018/08/28	产品专利
6977042	2018/08/28	产品专利
6988496	2020/02/23	产品专利，专利用途代码 U-1547
7056916	2023/12/07	化合物专利，产品专利
7104470	2016/10/04	产品专利
7220742	2025/05/12	化合物专利，产品专利，专利用途代码 U-1547
7246615	2016/05/31	产品专利
7284474	2024/08/26	产品专利
7396341	2026/10/10	产品专利，专利用途代码 U-1547
7491719	2023/11/10	化合物专利，产品专利
7727984	2023/11/10	化合物专利
7786111	2023/11/10	产品专利
7802568	2019/02/26	产品专利
7837235	2028/03/13	产品专利
7896264	2025/05/26	产品专利
7988001	2021/08/04	产品专利
8034809	2025/05/12	专利用途代码 U-1547
8044046	2023/11/10	专利用途代码 U-1547
NCE	2019/07/31	参见本书附录关于独占权代码部分

合成路线一

本方法来源于 Boehringer Ingelheim 公司的 Michael P. Morris 发表的专利文献（US2005/0256115 A1）：

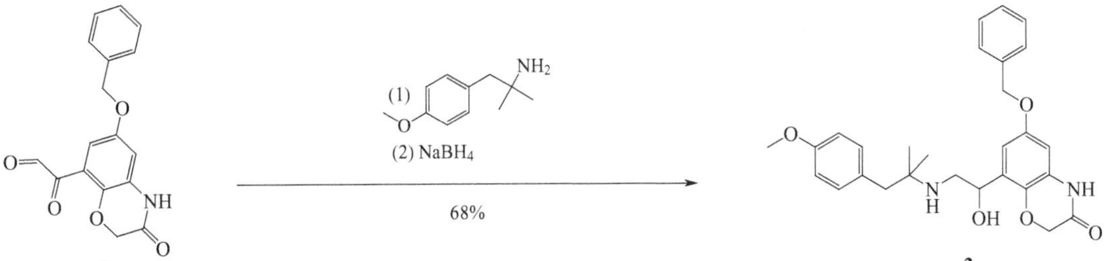

其特点是以酮醛 **2** 为起始原料，与 1,1-二甲基-2-（4-甲氧基苯基）乙胺反应成肟，经历硼氢化钠还原得中间体 **3**。

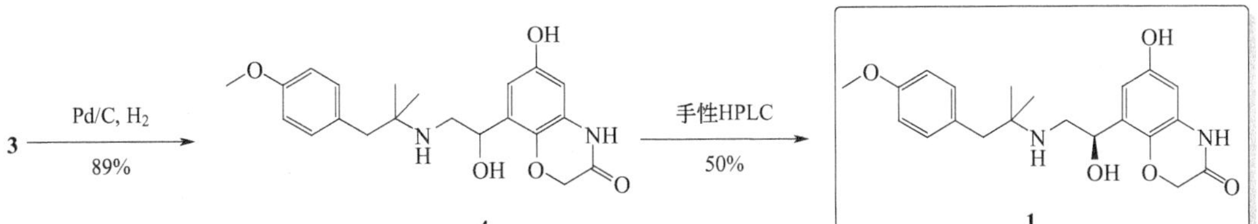

中间体 **3** 经 Pd/C 催化还原、手性 HPLC 拆分得奥达特罗 **1**。此合成路线操作简便，3 步反应总收率 30.3%，制备过程中使用氢气和手性柱拆分，不适合工业化生产。

原始文献

US2005/0256115 A1，2005.

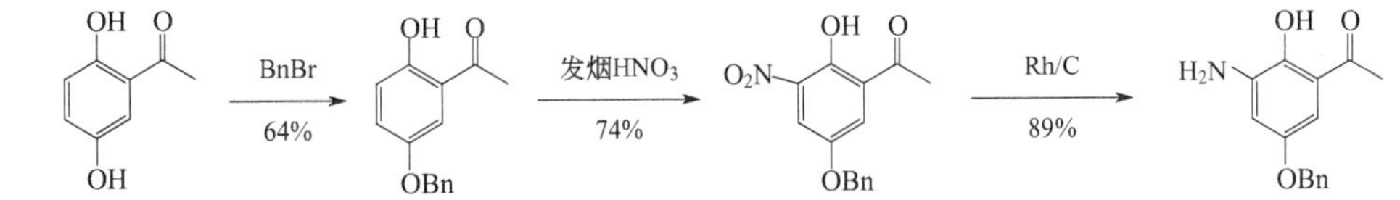

以 2,5-二羟基苯乙酮为原料，经苄基化、硝化、还原得氨基化合物 **8**。

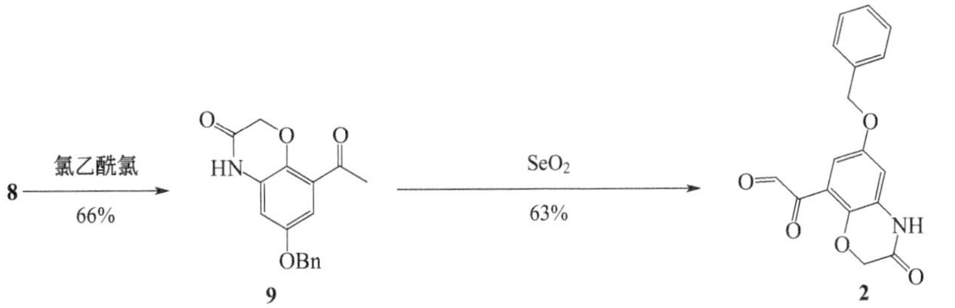

氨基化合物 **8** 与氯乙酰氯成环，再被氧化制备 **2**，总产量为 17.5%（以 2,5-二羟基苯乙酮计算）。

原始文献

Thierry B，Christoph H，Klaus R，Philipp L，Sabine P，Peter S，Ralf L，Claudia H，Frank H B，Andreas S，Konetzk I. Discovery of olodaterol, a novel inhaled β_2-adrenoceptor agonist with a 24h bronchodilatory efficacy. Bioorg Med Chem Lett，2010，20：1410-1414.

合成路线二

本方法来源于 Boehringer Ingelheim 公司的 Michael P. Morris 发表的另一篇专利文献（US2005/0255050 A1）：

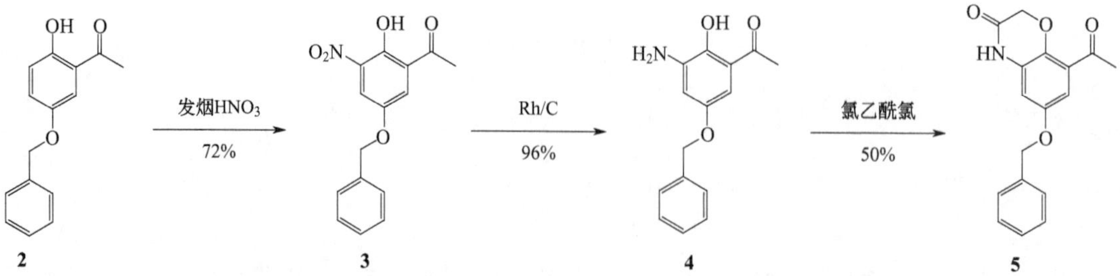

其特点是 5-苄氧基-2 羟基-苯乙酮 **2** 为起始原料，经发烟硝酸硝化、铑催化还原得氨基化合物 **4**，后者与氯乙酰氯成环生成噁嗪酮 **5**。

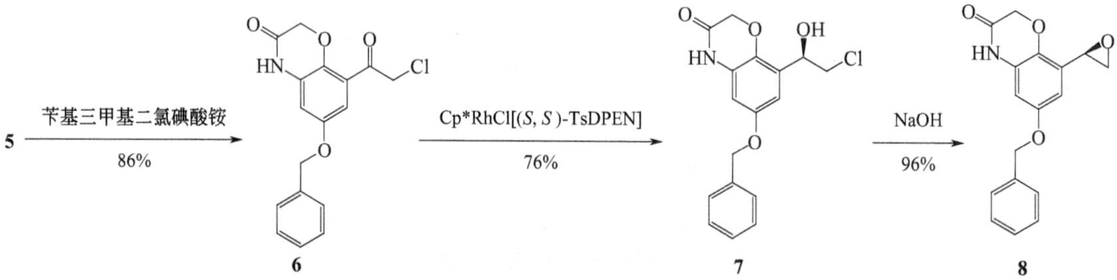

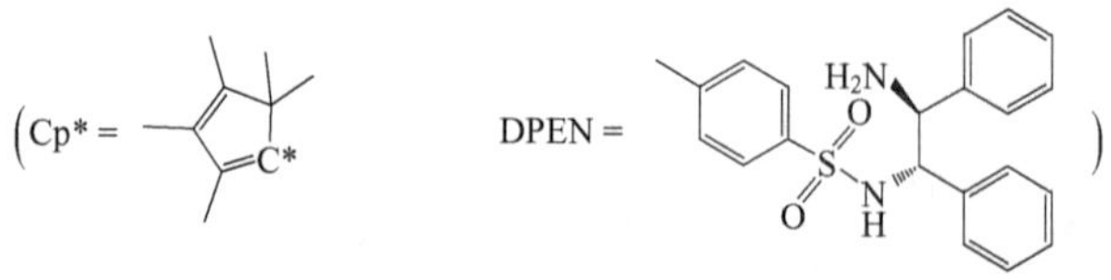

噁嗪酮 **5** 经历氯代、不对称还原、环氧乙烷化得中间体 **8**。

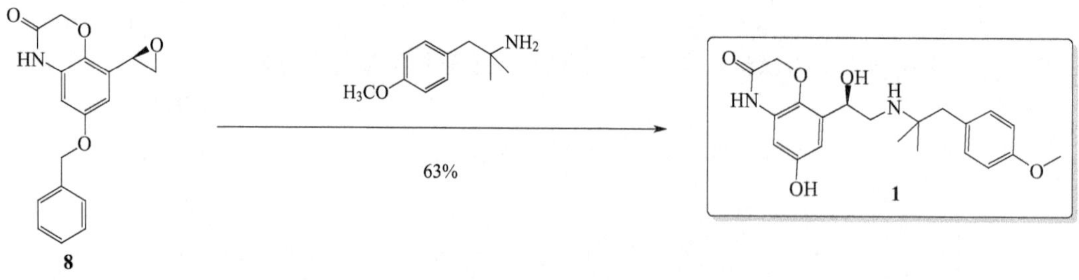

环氧乙烷化中间体 **8** 与 1,1-二甲基-2-(4-甲氧基苯基) 乙胺直接反应生成奥达特罗 **1**。此合成路线经环氧乙烷引入侧链，3 步反应总收率 13.7%，制备过程中使用氢气和不对称合成试剂。

原始文献

US20050255050 A1，2005.

参考文献

[1] Panayiotis A P，Victoria J B，Nicola J B，Peter R B，Richard C，Amanda E，Alison J F，Brian E L，Gillian E L，Valerie S M，Peter J M，Rossan P，Mark R，Claire E S，Graham S. Bioorg Med Chem，2011，19：4192-4201.

[2] Krueger T，Ries U，Schnaubelt J，Rall W，Leuter Z A，Duran A，Soyka R. Method for producing betamimetics. WO 2007/020227 A1，2007.

（周文）

Omacetaxine Mepesuccinate（高三尖杉酯碱）

药物基本信息

英文通用名	Omacetaxine Mepesuccinate
中文通用名	高三尖杉酯碱
商品名	Synribo
CAS 登记号	26833-87-4
FDA 批准日期	2012/10/26
化学名	1-((1S,3aR,14bS)-2-Methoxy-1,5,6,8,9,14b-hexahydro-4H-cyclopenta(a)(1,3)dioxolo(4,5-h)pyrrolo(2,1-b)(3)benzazepin-1-yl)4-methyl(2R)-2-hydroxy-2-(4-hydroxy-4-methylpentyl)butanedioate
SMILES 代码	C5CCN4CCC1CC2OCOC2CC1C3C45C＝C(OC)C3OC(＝O)C(O)(CC(＝O)OC)CCCC(O)(C)C

化学结构和理论分析

化学结构	理论分析值
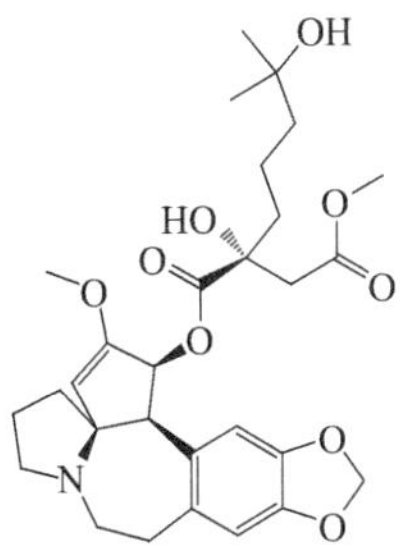	化学式：$C_{29}H_{39}NO_9$ 精确分子量：545.26 分子量：545.62 元素分析：C,63.84；H,7.20；N,2.57；O,26.39

药品说明书参考网页

生产厂家产品说明书：http://synribo.com/

美国药品网：http://www.drugs.com/synribo.html

美国处方药网页：http://www.rxlist.com/synribo-drug.htm

药物简介

Synribo（Omacetaxine Mepesuccinate）是 FDA 近年批准上市的一种治疗白血病的药物。适用于为治疗有慢性或加速期慢性粒性白血病（CML）与对两种或更多酪氨酸激酶抑制剂（TKI）耐药性和/或不能耐受的成年患者。Synribo 的药理特性主要体现在其是一种蛋白合成的抑制剂。尽管人们对于 Omacetaxine Mepesuccinate 的抑制蛋白质合成的作用机制尚未完全清楚，但普遍认为其包括蛋白质合成的抑制及其独立直接与酪氨酸激酶（cr-Abl）的结合作用。实验表明，Omacetaxine Mepesuccinate 可以和古细菌（archaeabacteria）的核糖体大亚基的中心肽基转移酶（peptidyl-transferase）之中裂缝上的一个活性位点结合。在体外，Omacetaxine Mepesuccinate 可以降低癌蛋白 Bcr-Abl 和 Mcl-1 的蛋白质表达水平。而 Mcl-1 蛋白是抗凋亡 Bcl-2 癌基因家族的一个成员。Omacetaxine Mepesuccinate 在野生型和 T315I 突变 Bcr-Abl 慢性粒性白血病（CML）小鼠模型中显示出治疗活性。

药品上市申报信息

该药物目前有 1 种产品上市。

药品名称	SYNRIBO		
申请号	203585	产品号	001
活性成分	高三尖杉酯碱（Omacetaxine Mepesuccinate)	市场状态	处方药
剂型或给药途径	皮下注射用粉剂	规格	3.5mg/小瓶
治疗等效代码		参比药物	是
批准日期	2012/10/26	申请机构	IVAX INTERNATIONAL GMBH
化学类型	新分子实体药（NME)	审评分类	优先审核的药物

药品专利或独占权保护信息

美国专利号或独占权代码	专利或独占权过期日期	专利保护类型、专利名称或市场独占权保护内容
RE45128	2019/03/16	化合物专利，产品专利，U-1576
6987103	2023/06/28	U-1300
7842687	2019/03/16	化合物专利，产品专利，U-1299
NCE	2017/10/26	参见本书附录关于独占权代码部分
ODE	2019/10/26	参见本书附录关于独占权代码部分

合成路线一

尽管高三尖杉酯碱是 FDA2012 年末才批准用于临床的药物，但是在我国，高三尖杉酯碱从 1990 年开始就被载入药典用于治疗急性白血病。高三尖杉酯碱可以从粗榧（*Cephalotaxus harringtonia*）中提取。但是，植物中的高三尖杉酯碱的含量很少，并且与很多结构非常类似的化合物相混合，因而提取非常困难。此外，粗榧类植物也是日渐稀少，已成保护的对象。从植物中提取高三尖杉酯碱也愈发不现实。

另一方面，完全从头合成高三尖杉酯碱也不是一个经济、有效的办法。与此相比，半合成方法最为有效。因为相对而言，从植物中提取高三尖杉碱比较容易。特别是，高三尖杉碱可以从植物中可再生的部分提取，不但有利于控制成本，更有利于保护稀有物种。

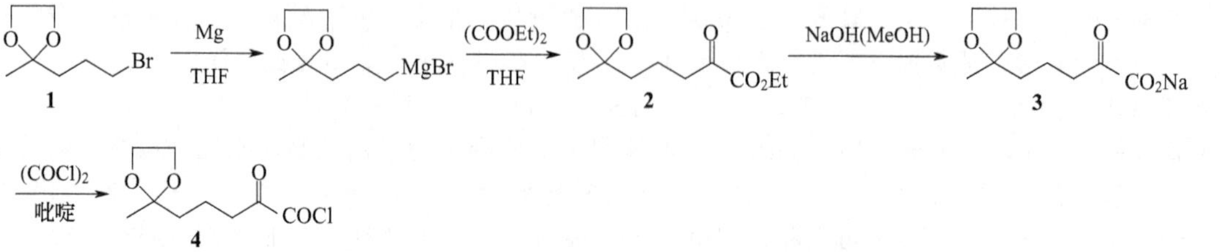

对于从高三尖杉碱出发的半合成而言，构建高三尖杉酯碱的手性侧链是至关重要的步骤。从 20 世纪 70 年代开始，国内外的科学家们就致力于研究高三尖杉酯碱的半合成。在这其中，以化学家黄文魁教授为代表的我国科学家做出了重要的贡献。黄文魁等人率先利用 Reformatsky 反应进行了高三尖杉酯碱的半合成。这一反应拥有很好的收率。

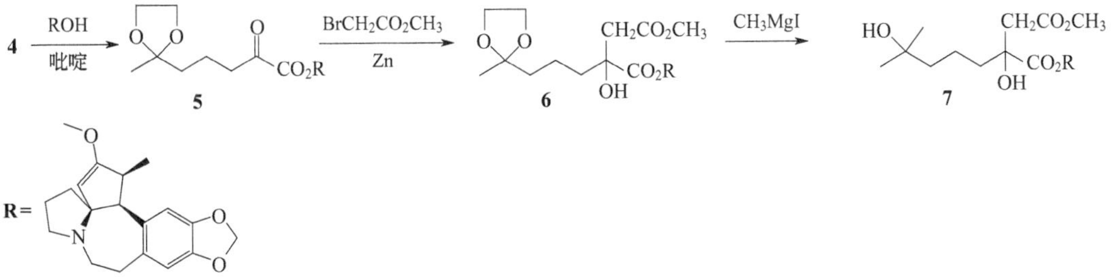

原始文献

化学学报 1985，43：161-167.

合成路线二

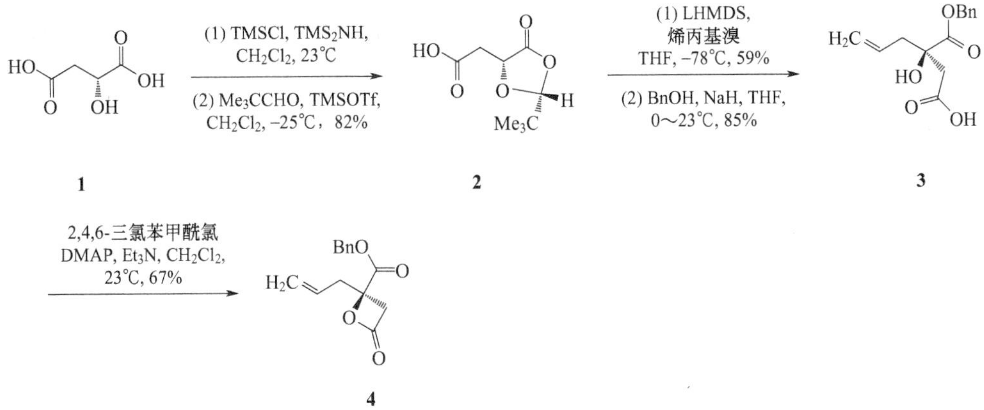

对于高三尖杉酯碱合成研究，尽管科学家们早期已经做了大量的工作，但一直以来，都没有很好地解决立体选择性的问题。也就是多数情况下，只能得到高三尖杉酯碱的外消旋体。

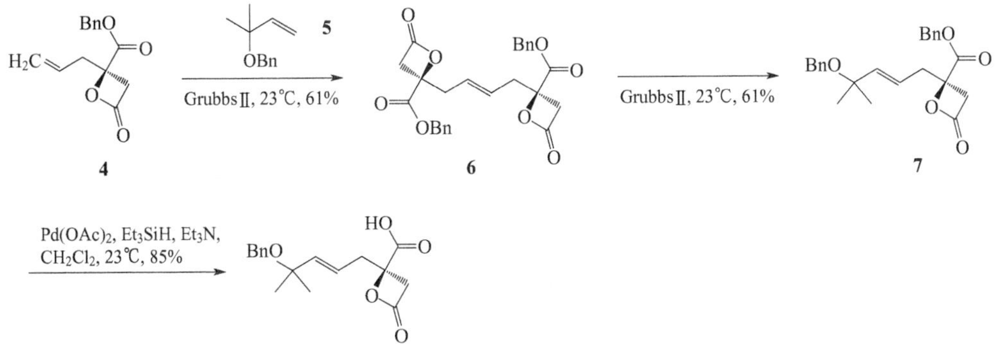

直到 2008 年，David Y. Gin 等人才报道了以 R-苹果酸为起始原料的合成路线，可以得到高度光学纯的高三尖杉酯碱。在这一合成路线中，首先通过叔丁基乙缩醛把 $C1'$ 羧酸和 $C2'$ 羟基连接到一起。然后与烯丙基溴反应，在开环的同时在 $C2'$ 上引入烯丙基（**2**）。随后再把 $C1'$ 羧酸变成苄酯（**3**）。在碱性条件下处理 **3**，可以得到环丁内酯的中间体（**4**）。在过量烯烃（**5**）存在的条件下，使用 Grubbs Ⅱ 催化剂，**4** 可以发生烯烃复分解反应，从而得到化合物 **7**。**7** 脱掉一个苄基就可以得到 **8**。**8** 开环与高三尖杉碱（**9**）连到一起形成酯，再通过催化氢化把烯烃还原成烷烃，再脱掉另外一个苄基就可以得到高三尖杉酯碱。

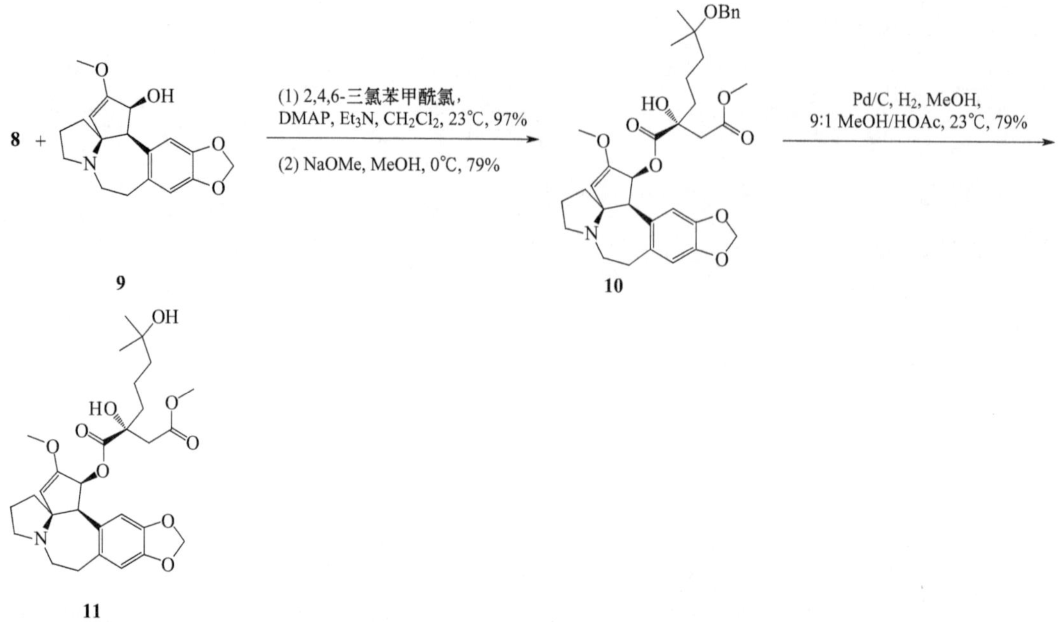

原始文献

Chem Eur J，2008，14：4293-4306.

合成路线三

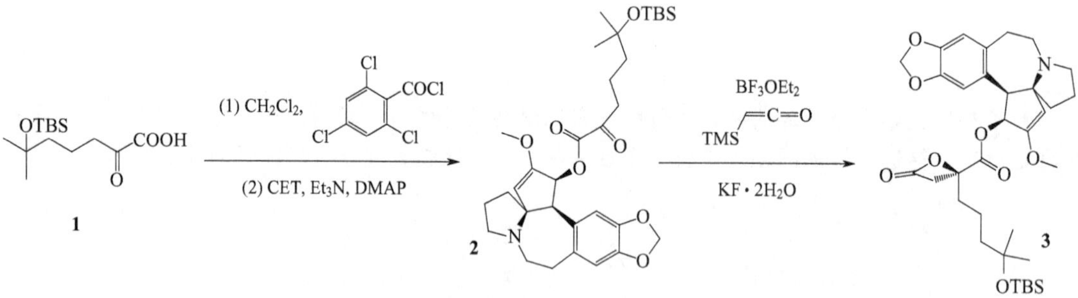

David Y. Gin 等人报道的高三尖杉酯碱合成路线是非常有效的。可以得到高度光学纯的化合物。但是这一合成路线的缺点在于其复杂性，不利于大规模的生产。为此，陈莉、李卫东等人开发了基于6-硅氧基异己基的合成路线。

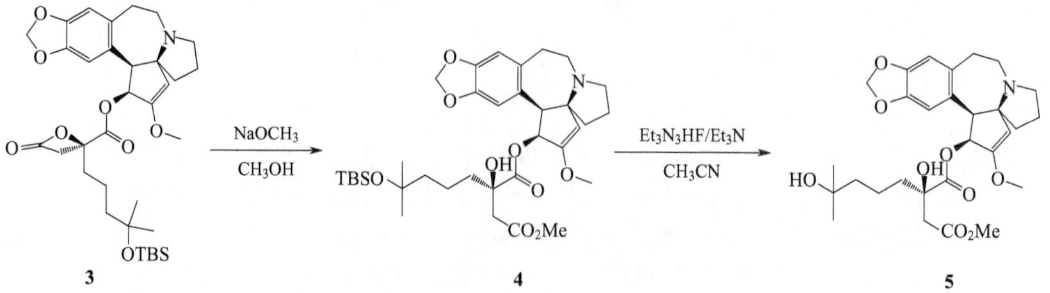

这一合成路线主要包括先把硅基保护的酮酸（**1**）制成酰氯，再和高三尖杉碱连在一起形成酯（**2**）。这一酮酰基化合物（**2**）再和三甲基硅烯酮反应得到环丁内酯的中间体（**3**）。**3** 在碱性条件下开环得到 **4**，脱掉硅基保护基之后就可以得到高三尖杉酯碱。

原始文献

CN102304132A.

参考文献

［1］ 陈莉，李卫东（南开大学）. CN102304132A，2012-01-04.

［2］ Eckelbarger J D，Wilmot J T，Gin D Y. Strain-Release Rearrangement of *N*-Vinyl-2-Arylaziridines. Total Synthesis of the Anti-Leukemia Alkaloid （−）-Deoxyharringtonine. Journal of the American Chemical Society，2006，128：10370-10371.

［3］ Eckelbarger J D，Wilmot J T，Epperson M T，Thakur C S，Shum D，Antczak C，Tarassishin L，Djaballah H，Gin D Y. Synthesis of antiproliferative Cephalotaxus esters and their evaluation against several human hematopoietic and solid tumor cell lines：uncovering differential susceptibilities to multidrug resistance. Chem Eur J，2008，14：4293-4306.

［4］ Gin D，Wilmot J，Djaballah H （Sloan-Kettering Institute for Cancer Research，USA）. WO2009148654A2，2009-12-10.

［5］ 王永铿，李裕林，潘鑫复，李绍白，黄文魁. 化学学报，1985，43：161-167.

（王天宇）

Ombitasvir（艾姆伯韦）

药物基本信息

英文通用名	Ombitasvir
中文通用名	艾姆伯韦
商品名	Viekira Pak
CAS 登记号	1258226-87-7
FDA 批准日期	2014/12/19
化学名	methyl((*S*)-1-((*S*)-2-((4-((2*S*,5*S*)-1-(4-(*tert*-butyl)phenyl)-5-(4-((*S*)-1-((methoxycarbonyl)-L-valyl)pyrrolidine-2-carboxamido)phenyl)pyrrolidin-2-yl)phenyl)carbamoyl)pyrrolidin-1-yl)-3-methyl-1-oxobutan-2-yl)carbamate
SMILES 代码	CC([C@H](NC(OC)＝O)C(N1CCC[C@H]1C(NC2CCC([C@@H]3CC[C@@H](C4CCC(NC([C@@H]5CCCN5C([C@@H](NC(OC)＝O)C(C)C)＝O)＝O)CC4)N3C6CCC(C(C)(C)C)CC6)CC2)＝O)＝O)C

化学结构和理论分析

化学结构	理论分析值
	分子式：$C_{50}H_{67}N_7O_8$ 精确分子量：893.50511 分子量：894.11 元素分析：C，67.17；H，7.55；N，10.97；O，14.32

药品说明书参考网页

生产厂家产品说明书：http://www.viekira.com

美国药品网：http://www.drugs.com/viekira-pak.html

美国处方药网页：http://www.rxlist.com/viekira-pak-drug.htm

药物简介

Ombitasvir 是 Viekira Pak 药物中的一种活性成分。Viekira Pak 是一种口服丙肝鸡尾酒疗法药物，由固定剂量 Ombitasvir/Paritaprevir/Ritonavir（25mg/150mg/100mg，每日一次）和 Dasabuvir（250mg，每日两次）组成。根据 Viekira Pak 的处方信息，该治疗方案的推荐用量为：每日 2 片固定剂量组合（Ombitasvir/Paritaprevir/Ritonavir，12.5mg/75mg/50mg，早餐时服药）和每日 2 片 Dasabuvir（250mg，早餐、晚餐时各服一片）。

药品上市申报信息

该药物目前有 1 种产品上市。

药品名称	VIEKIRA PAK(COPACKAGED)		
申请号	206619	产品号	001
活性成分	Dasabuvir Sodium（达沙布韦）；Ombitasvir（艾姆伯韦）；Paritaprevir（帕瑞它韦）；Ritonavir（利托那韦）	市场状态	处方药
剂型或给药途径	口服片剂	规格	250mg,12.5mg,75mg,50mg
治疗等效代码		参比药物	是
批准日期	2014/12/19	申请机构	ABBVIE INC
化学类型	药物新的组合方式	审评分类	优先评审

药品专利或独占权保护信息

美国专利号或独占权代码	专利或独占权过期日期	专利保护类型、专利名称或市场独占权保护内容
8685984	2032/09/04	专利用途代码 U-1637
6037157	2016/06/26	专利用途代码 U-1635
8466159	2032/09/04	专利用途代码 U-1637
8642538	2029/09/10	化合物专利、产品专利、专利用途代码 U-1638
8501238	2028/09/17	化合物专利、产品专利、专利用途代码 U-1636
8680106	2032/09/04	专利用途代码 U-1637
8492386	2032/09/04	专利用途代码 U-1637
8188104	2029/05/17	化合物专利、产品专利、专利用途代码 U-1636
6703403	2016/06/26	专利用途代码 U-1635
8686026	2031/06/09	产品专利
8399015	2024/08/25	产品专利
8420596	2031/04/10	化合物专利、产品专利
8268349	2024/08/25	产品专利
7364752	2020/11/10	产品专利
7148359	2019/07/19	产品专利
8691938	2032/04/13	化合物专利、产品专利
NCE	2019/12/19	参见本书附录关于独占权代码部分

合成路线拆分

Ombitasvir 的化学结构比较复杂，合成路线可拆分为 A、B、C 三个片段：

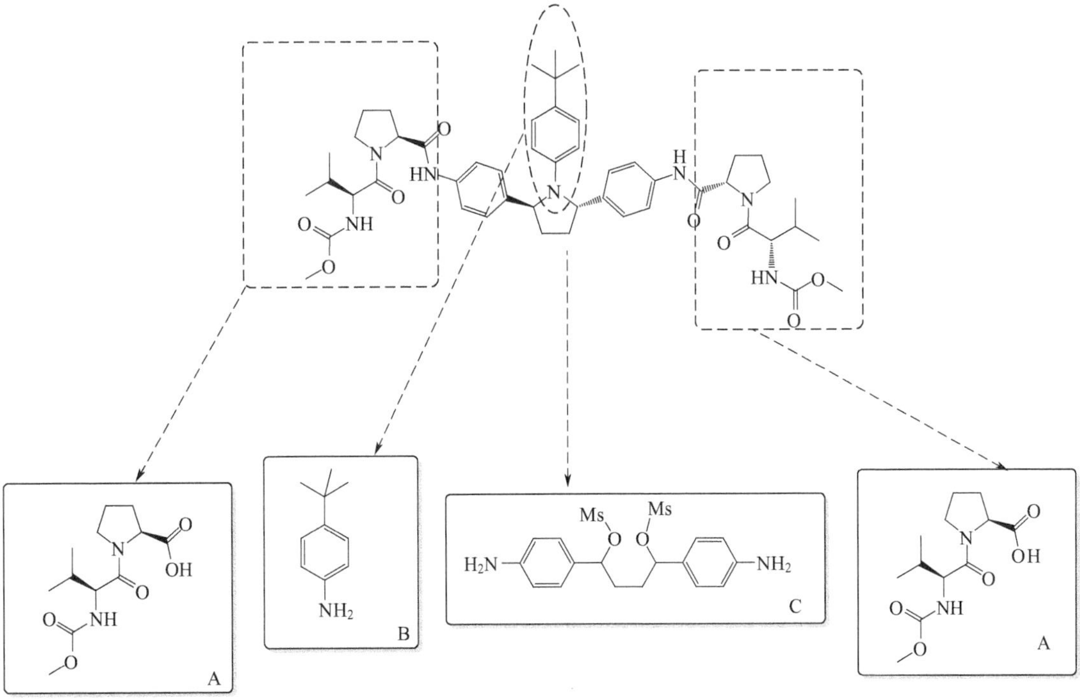

该化合物的合成关键在于片段 B 与片断 C 环合反应，得到反式构形的中间体。

合成路线

以下合成路线来源于 AbbVie Inc 公司发表的论文 ［J Med Chem，2014，57（5）：2047-2057］。

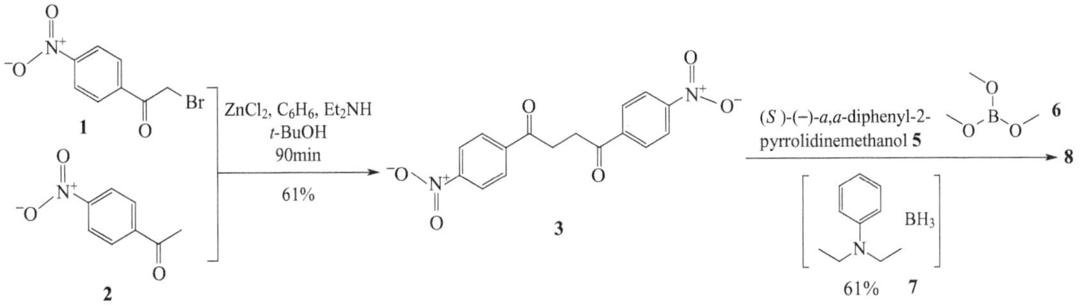

该方法以化合物 1 和化合物 2 为原料，在无水二氯化锌的作用下，偶联得到相应的二酮类化合物 3，产率为 61%。化合物 3 经不对称还原反应可得到相应的二醇类化合物 8。产率为 61%，光学纯度＞99%。这一步反应所使用的催化剂为 (S)-(−)-a,a-二苯基-2-吡咯烷甲醇［(S)-(−)-a,a-diphenyl-2-pyrrolidinemethanol，化合物 5］、硼酸三甲酯（化合物 6）、N,N-二乙基苯胺硼烷（N,N-diethylaniline borane，化合物 7）。

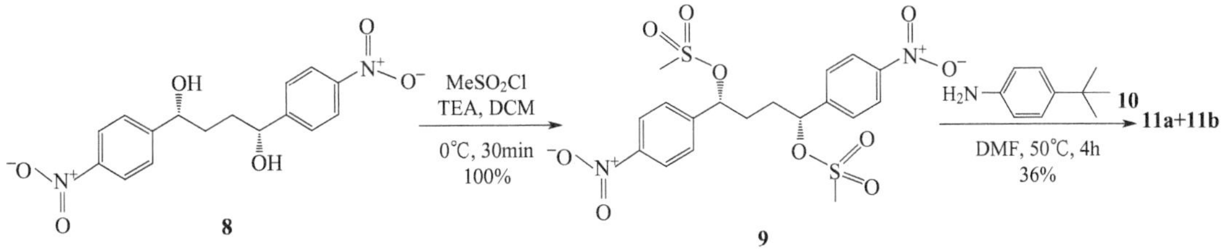

化合物 **8** 与甲磺酰氯反应可得到相应的化合物 **9**，产率为 100%。化合物 **9** 与化合物 **10**（4-叔丁基苯胺）反应可得到相应的环合产物 **11a** 和 **11b**。

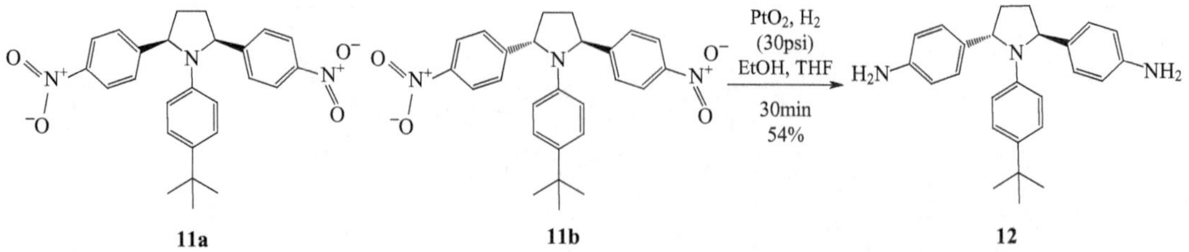

化合物 **11a** 和化合物 **11b** 经分离提纯后，得到纯的化合物 **11b**，经二氧化铂催化氢化后，经硝基还原成相应的氨基化合物 **12**，产率为 54%。

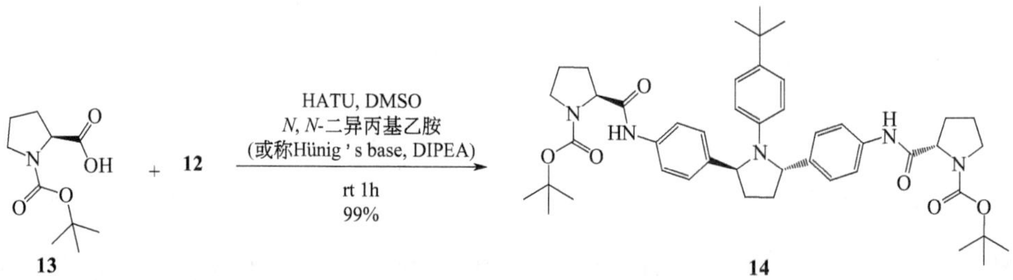

化合物 **13** 的羧基活化后，与化合物 **12** 反应，可得到相应的化合物 **14**，产率为 99%。

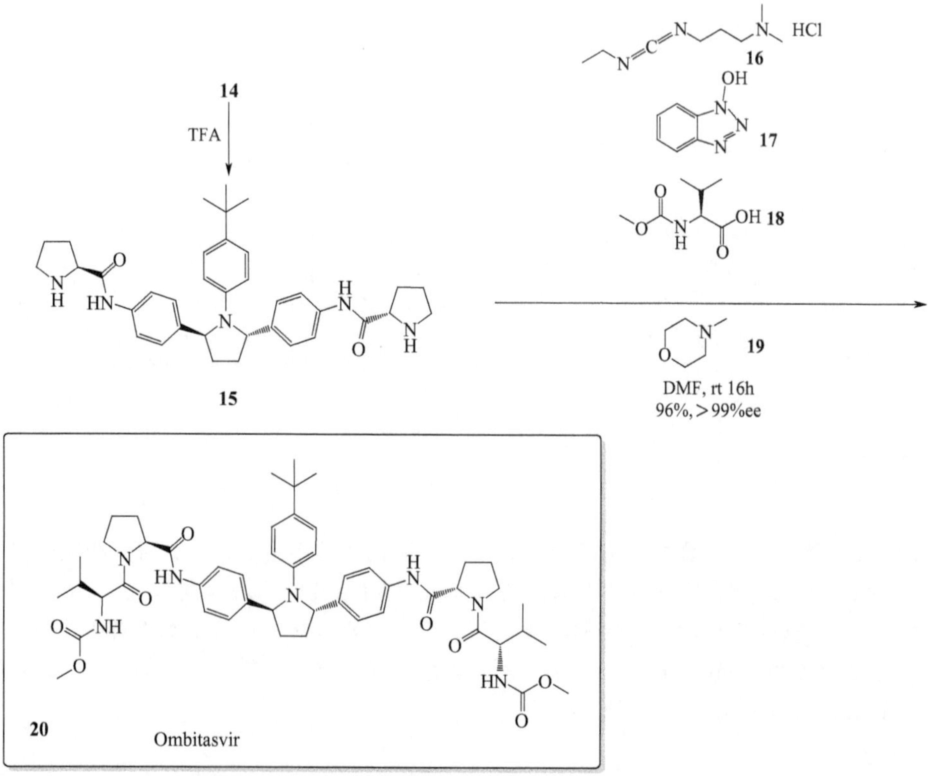

化合物 **14** 经 TFA 处理后，脱去保护基，得到相应的化合物 **15**。化合物 **18** 的羧基活化后再与化合物 **15** 反应，可得到目标化合物 **20**，产率为 96%，光学纯度＞99%。

原始文献

J Med Chem，2014，57（5）：2047-2057.

参考文献

[1] DeGoey D A，Kati W M，Hutchins C W，Donner P L，Krueger A C，Randolph J T，Motter C E，Nelson L T，Patel S V，Matulenko M A，Keddy R G，Jinkerson T K，Soltwedel T N，Hutchinson D K，Flentge C A，Wagner R，Maring C J，Tufano M D，Betebenner D A，Rockway T W，Liu D，Pratt J K，Lavin M J，Sarris K，Woller K R，Wagaw S H，Califano J C，Li W. Heterocyclic compounds as antiviral agents and their preparation and use in the treatment of hepatitis C virus infection. WO2010144646A2，2010.

[2] DeGoey D A，Kati W M，Hutchins C W，Donner P L，Krueger A C，Randolph J T，Motter C E，Nelson L T，Patel S V，Matulenko M A，Keddy R G，Jinkerson T K，Soltwedel T N，Liu D，Pratt J K，Rockway T W，Maring C J，Hutchinson D K，Flentge C A，Wagner R，Tufano M D，Betebenner D A，Lavin M J，Sarris K，Woller K R，Wagaw S H，Califano J C，Li W，Caspi D D，Bellizzi M E. Proline derivatives as anti-viral agents and their preparation and use in the treatment of hepatitis C virus infection. US20100317568A1，2010.

[3] DeGoey D A，Randolph J T，Liu D，Pratt J，Hutchins C，Donner P，Krueger A C，Matulenko M，Patel S，Motter C E，Nelson L，Keddy R，Tufano M，Caspi D D，Krishnan P，Mistry N，Koev G，Reisch T J，Mondal R，Pilot-Matias T，Gao Y，Beno D W A，Maring C J，Molla A，Dumas E，Campbell A，Williams L，Collins C，Wagner R，Kati W M. Discovery of ABT-267，a Pan-Genotypic Inhibitor of HCV NS5A. J Med Chem，2014，57（5）：2047-2057.

（陈清奇）

Ospemifene（奥培米芬）

药物基本信息

英文通用名	Ospemifene
中文通用名	奥培米芬
商品名	Osphena
CAS 登记号	128607-22-7
FDA 批准日期	2013/02/26
化学名	2-(p-((Z)-4-chloro-1,2-diphenyl-1-butenyl)phenoxy)ethanol
SMILES 代码	C1CC/C(C1=CC=CC=C1)=C(C2=CC=CC=C2)/C3=CC=C(C=C3)OCCO

化学结构和理论分析

化学结构	理论分析值
	化学式：$C_{24}H_{23}ClO_2$ 精确分子量：378.14 分子量：378.89 元素分析：C，76.08；H，6.12；Cl，9.36；O，8.45

药品说明书参考网页

生产厂家产品说明书：http://www.osphena.com/

美国药品网：http://www.drugs.com/cdi/ospemifene.html

美国处方药网页：http://www.rxlist.com/osphena-drug.htm

药物简介

Osphena 是一种雌激素激动剂/拮抗剂，也就是一种选择性雌激素受体调节剂。这种药物可以用来治疗绝经后更年期综合征。比如，由于绝经外阴和阴道萎缩造成的中度至严重性交痛，乃至骨质疏松症等。实验表明，Osphena 在骨骼、肝脏中有雌激素激动作用，而在乳腺、子宫中有拮抗雌激素或极弱的雌激素激动作用。这一特点使得其既可以预防和治疗更年期综合征，又可以避免病人产生直接使用激素所造成的患子宫癌和乳腺癌的风险。

药品上市申报信息

该药物目前有 1 种产品上市。

药品名称	OSPHENA		
申请号	203505	产品号	001
活性成分	奥培米芬（Ospemifene）	市场状态	处方药
剂型或给药途径	口服片剂	规格	60mg
治疗等效代码		参比药物	是
批准日期	2013/02/26	申请机构	SHIONOGI INC
化学类型	新分子实体药（NME）	审评分类	优先审核的药物

药品专利或独占权保护信息

美国专利号或独占权代码	专利或独占权过期日期	专利保护类型、专利名称或市场独占权保护内容
8470890	2024/02/13	U-1370
6245819	2020/07/21	U-1369
8236861	2026/08/11	U-1369
8236861	2026/08/11	U-1370
8470890	2024/02/13	U-1369
8772353	2024/02/13	U-1370
8772353	2024/02/13	U-1369
8642079	2028/03/01	产品专利
NCE	2018/02/26	参见本书附录关于独占权部分

合成路线概述

奥培米芬（Ospemifene）结构并不复杂，因而其已知的合成路线也是比较多的。但是另一方面，这些合成路线其实也是大同小异，总的思路是一样的。合成奥培米芬的关键在于构建三苯乙烯的结构。为此，几乎所有的合成路线都需要经过一个四氢呋喃衍生物的中间体。这一中间体开环之后得到烯烃，往往是顺式和反式的混合物，需要进行分离。

总的来说，二苯基乙酮被用来作为最初始的原料。二苯基乙酮和溴代的乙基醚反应，在酮羰基的旁边引入—CH_2CH_2OH 的前体。然后酮羰基和带有保护的酚羟基官能团的格氏试剂反应，引入第三个苯环，并将酮羰基变成羟基。—CH_2CH_2OH 的前体上的保护基脱掉之后，在酸的作用下，就可以形成带有三个苯环的四氢呋喃衍生物的中间体。这一中间体开环之后得到烯烃的结构。在这一过程中酚羟基的保护基也被脱掉。然后，再通过酚羟基和溴代的乙基醚反应来引入最终羟基的前体。氯原子通过羟基和三苯基膦反应得到。而最终产物中的羟基则通过苄基醚的脱保护来实现。

合成路线一

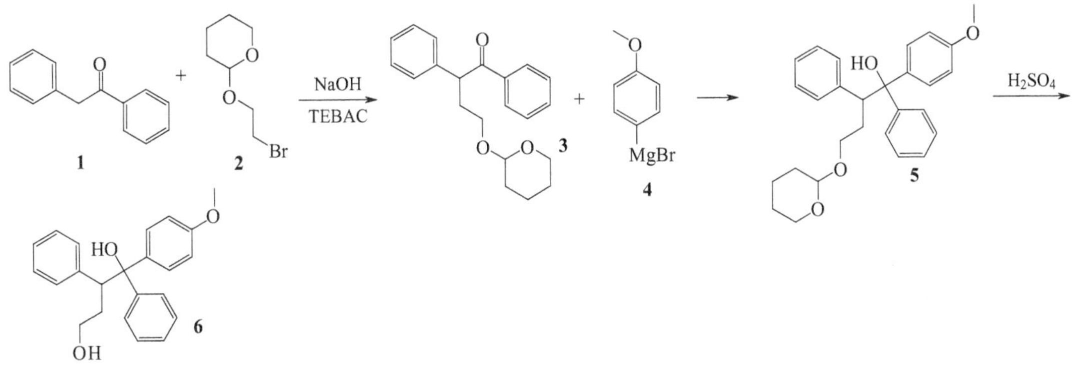

在这一合成路线中，溴代的乙基醚原料使用吡喃保护基。这一保护基使用硫酸处理就可以被脱掉。

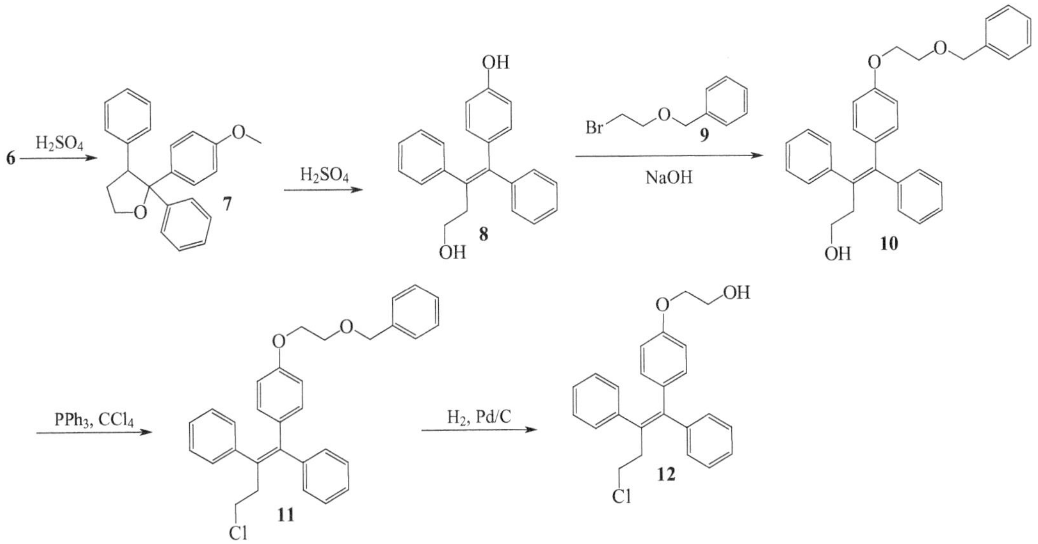

原始文献

WO9732574A1.

合成路线二

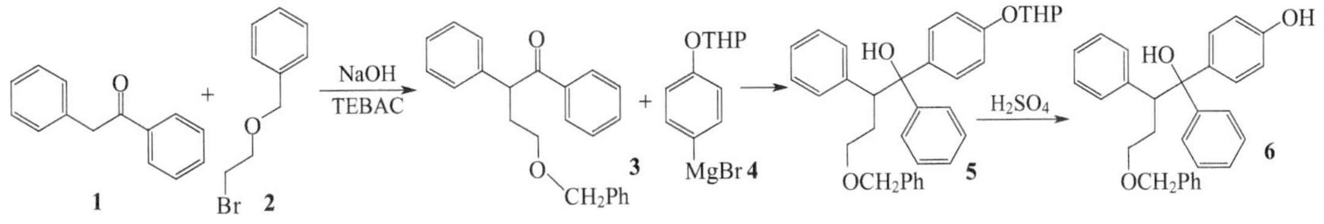

合成路线二的特点在于使用了不同的保护基。而酚羟基在形成四氢呋喃衍生物的中间体之前就已经暴露出来。

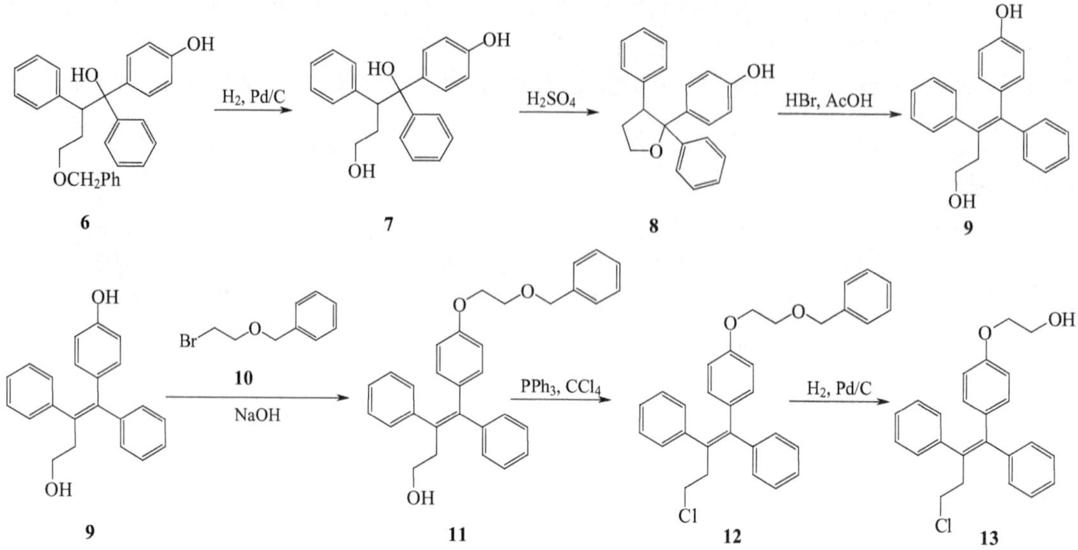

原始文献

Drug Fut，2004，29（1）：38.

合成路线三

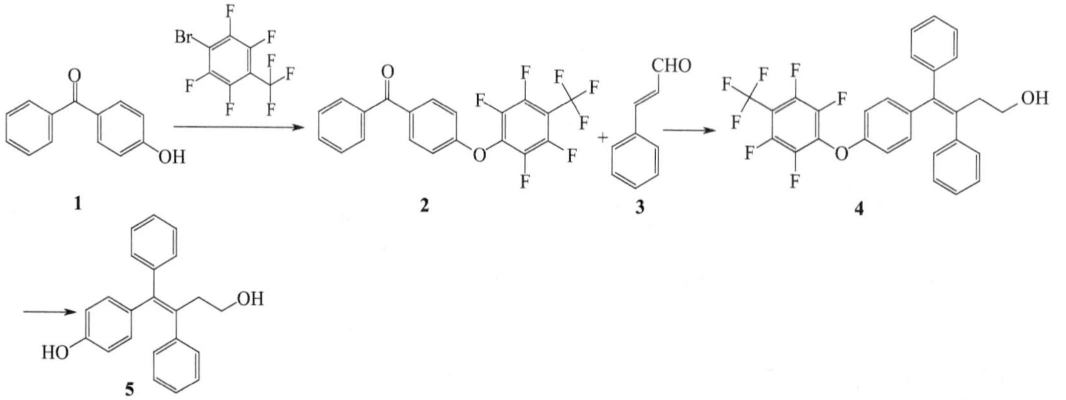

　　奥培米芬（Ospemifene）合成过程中得到的烯烃，往往是顺式和反式的混合物，需要进行分离。这种分离的过程可能需要使用柱色谱或连续多次结晶等技术，给大规模的生产过程带来很多麻烦。为此，天津药物研究院的李玲等人对合成路线进行了改进，在反应过程中引入了 2,3,5,6-四氟-三氟甲基苯基团的保护基。带有这种保护基的烯烃 Z/E 构型在溶解度等性质方面有了较大的区别，可采用一次到二次结晶的方法很容易完成分离过程。

原始文献

CN 103242142 A.

参考文献

[1] Toivola R J，Karjalainen A J，Kurkela K O A，Soderwall M-L，Kangas L V M，Blanco G L，Sundquist H K.（Orion Corporation）. US 4996225，1991.

[2] Harkonen P，Miettinen T，Mantyla E，Kangas L，DeGregorio M.（Orion Corporation）. WO9732574，1997.

[3] Laine A，Degregorio M，Harkonen P，Wiebe V，Vaananen K，Kangas L V M.（Orion Corporation）. WO 9607402，1996.

［4］ Sorbera L A，Castaner J，Bayes M. Drugs Fut，2004，29（1）：38.

［5］ 李玲，罗振福，赵世明，吴学丹，张丹，张宁.（天津药物研究院）. CN103242142A，2013.

（王天宇）

Paritaprevir（帕瑞它韦）

药物基本信息

英文通用名	Paritaprevir
中文通用名	帕瑞它韦
商品名	Viekira Pak
CAS 登记号	1216941-48-8
FDA 批准日期	2014/12/19
化学名	(2R,6S,13aS,14aR,16aS,Z)-N-(cyclopropylsulfonyl)-6-(5-methylpyrazine-2-carboxamido)-5,16-dioxo-2-(phenanthridin-6-yloxy)-1,2,3,5,6,7,8,9,10,11,13a,14,14a,15,16,16a-hexadeca-hydrocyclopropa[e]pyrrolo[1,2-a][1,4]diazacyclopentadecine-14a-carboxamide
SMILES 代码	O=C([C@]([C@]1([H])/C=C\CCCCC[C@@H]2NC(C3=NC=C(C)N=C3)=O)(C1)NC([C@@](C[C@@H](OC4=C5C=CC=CC5=C(C=CC=C6)C6=N4)C7)([H])N7C2=O)=O)NS(=O)(C8CC8)=O

化学结构和理论分析

化学结构	理论分析值
	分子式：$C_{40}H_{43}N_7O_7S$ 精确分子量：765.29447 分子量：765.87712 元素分析：C,62.73；H,5.66；N,12.80；O,14.62；S,4.19

药品说明书参考网页

生产厂家产品说明书：http://www.viekira.com

美国药品网：http://www.drugs.com/viekira-pak.html

美国处方药网页：http://www.rxlist.com/viekira-pak-drug.htm

药物简介

Paritaprevir 是 Viekira Pak 药物中的一种活性成分。Viekira Pak 是一种口服丙肝鸡尾酒疗法药物，由固定剂量 Ombitasvir/Paritaprevir/Ritonavir（25mg/150mg/100mg，每日一次）和 Dasabuvir（250mg，每日两次）组成。根据 Viekira Pak 的处方信息，该治疗方案的推荐用量为：每日 2 片固定剂量组合（Ombitasvir/Paritaprevir/Ritonavir，12.5mg/75mg/50mg，早餐时服药）

和每日 2 片 Dasabuvir（250mg，早餐、晚餐时各服一片）。

药品上市申报信息

该药物目前有 1 种产品上市。

药品名称	VIEKIRA PAK(COPACKAGED)		
申请号	206619	产品号	001
活性成分	Dasabuvir Sodium(达沙布韦)；Ombitasvir(艾姆伯韦)；Paritaprevir（帕瑞它韦）；Ritonavir(利托那韦)	市场状态	处方药
剂型或给药途径	口服片剂	规格	250mg,12.5mg,75mg,50mg
治疗等效代码		参比药物	是
批准日期	2014/12/19	申请机构	ABBVIE INC
化学类型	药物新的组合方式	审评分类	优先评审

药品专利或独占权保护信息

美国专利号或独占权代码	专利或独占权过期日期	专利保护类型、专利名称或市场独占权保护内容
8685984	2032/09/04	专利用途代码 U-1637
6037157	2016/06/26	专利用途代码 U-1635
8466159	2032/09/04	专利用途代码 U-1637
8642538	2029/09/10	化合物专利、产品专利、专利用途代码 U-1638
8501238	2028/09/17	化合物专利、产品专利、专利用途代码 U-1636
8680106	2032/09/04	专利用途代码 U-1637
8492386	2032/09/04	专利用途代码 U-1637
8188104	2029/05/17	化合物专利、产品专利、专利用途代码 U-1636
6703403	2016/06/26	专利用途代码 U-1635
8686026	2031/06/09	产品专利
8399015	2024/08/25	产品专利
8420596	2031/04/10	化合物专利、产品专利
8268349	2024/08/25	产品专利
7364752	2020/11/10	产品专利
7148359	2019/07/19	产品专利
8691938	2032/04/13	化合物专利、产品专利
NCE	2019/12/19	参见本书附录关于独占权代码部分

合成路线拆分

Paritaprevir 的化学结构比较复杂，其大环可通过烯烃复分解反应（英语：olefin metathesis）而得到。烯烃复分解反应涉及金属催化剂存在下烯烃双键的重组[1]。因此，其化学合成路线可以

---

[1] 烯烃复分解反应的详细描述可参见维基百科：http：//zh. wikipedia. org/wiki/烯烃复分解反应。

反推为其前体化合物：

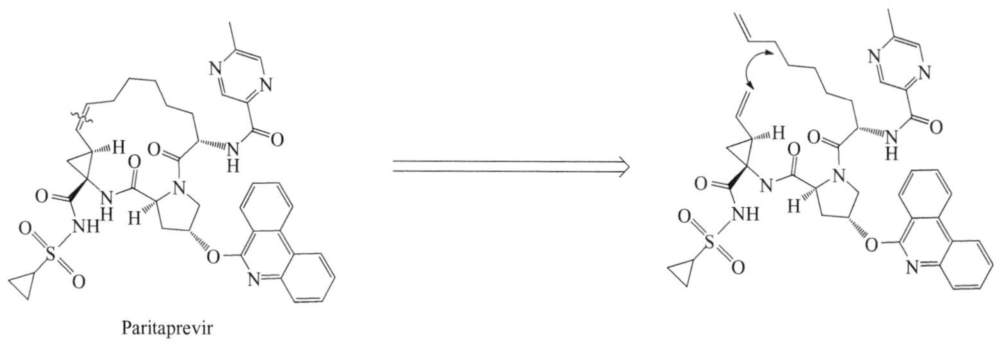

Paritaprevir

其前体化合物的合成路线可拆分如下：

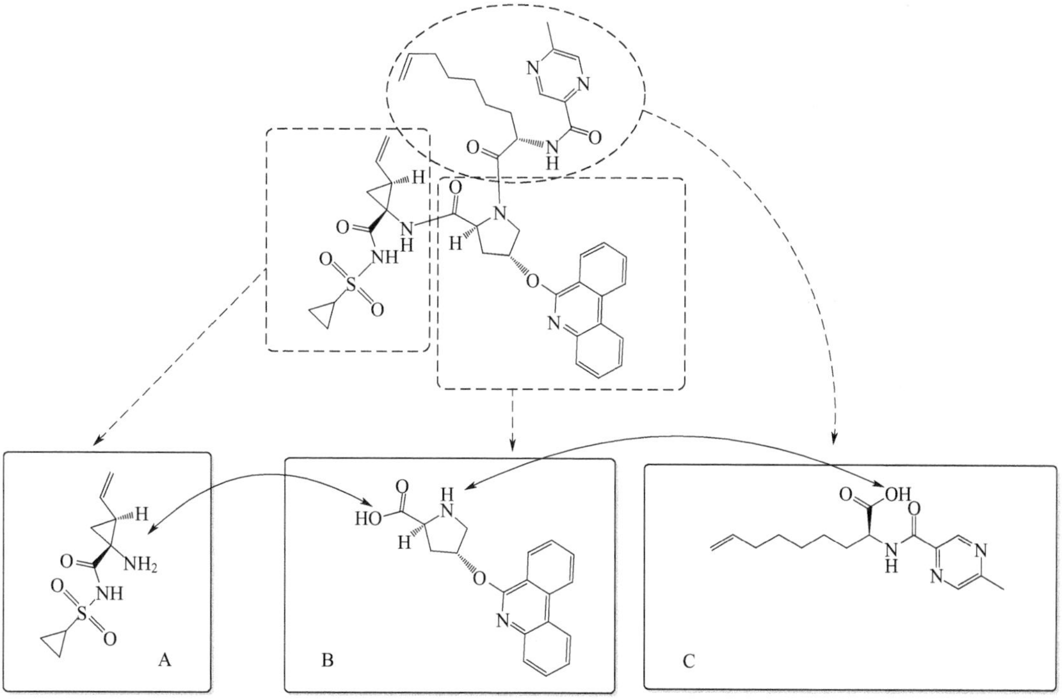

A

B

C

合成路线

以下合成路线来源于 Enanta Pharjmaceuticals，Inc 和 Abbott Laboratories 公司发表的专利说明书（WO 2010030359 A2）。

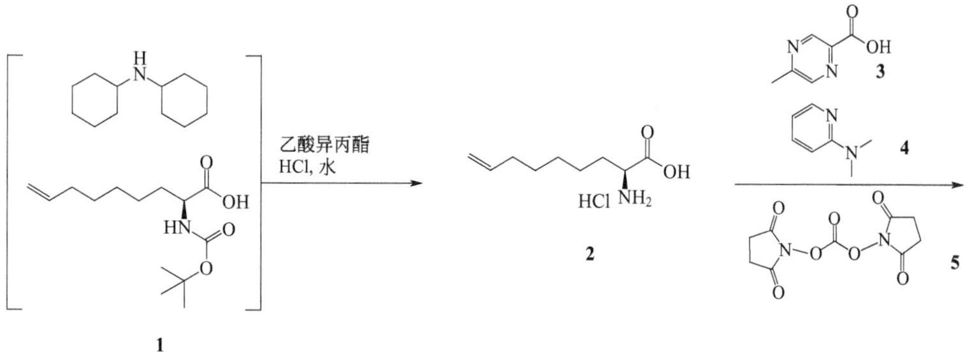

乙酸异丙酯
HCl，水

1

2

3

4

5

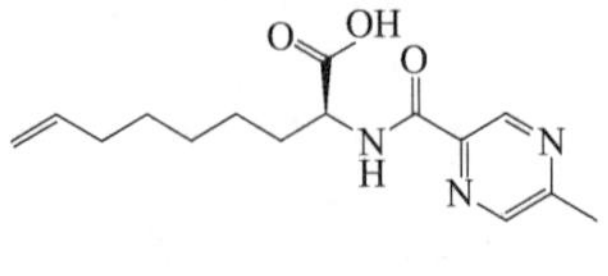

该方法以化合物 **1** 为原料，去保护基后可得到化合物 **2**。化合物 **3** 的羧基活化后与化合物 **2** 反应，可得到相应的化合物 **6**。

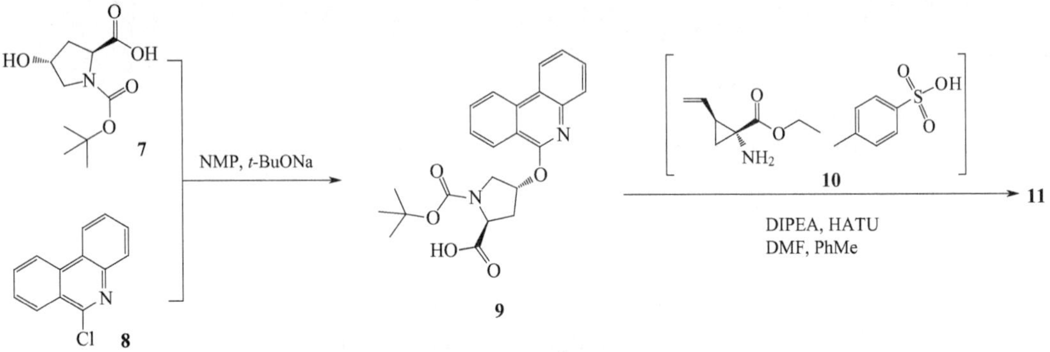

化合物 **7** 与化合物 **8** 在 *t*-BuONa 的催化下反应得到相应的化合物 **9**。化合物 **9** 的羧基活化后，再与化合物 **10** 反应，可得到相应的化合物 **11**。

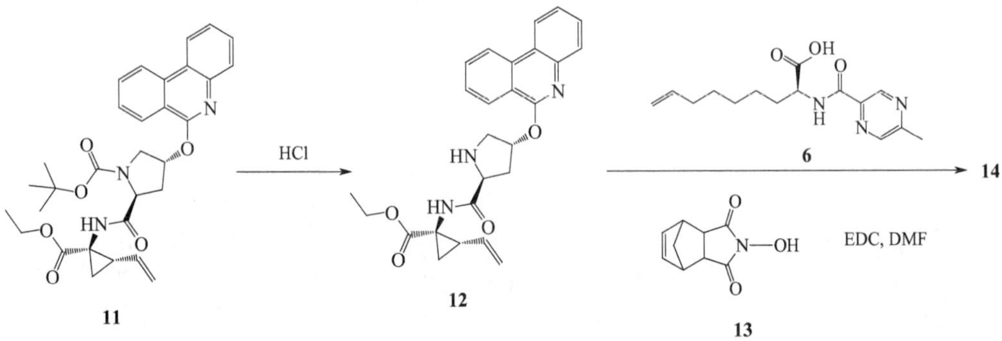

化合物 **11** 用酸脱去保护基后，得到相应的化合物 **12**。化合物 **6** 的羧基活化后，与化合物 **12** 反应，可得到相应的化合物 **14**。

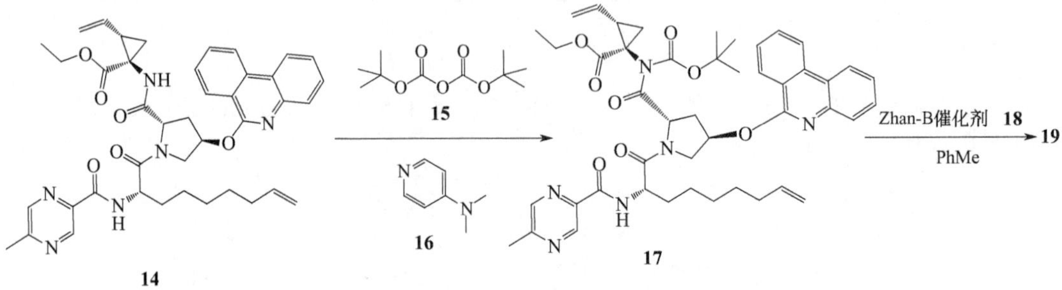

化合物 **14** 与化合物 **15** 反应后，可得到化合物 **17**。化合物 **17** 在 Zhan-B 催化剂❶的催化作用下，发生烯烃复分解-环合反应，得到化合物 **19**。

---

❶ Zhan-B 催化剂的化学名为：1,3-Bis(2,4,6-trimethylphenyl)-4,5-dihydroimidazol-2-ylidene[2-(*i*-propoxy)-5-(*N*,*N*-dimethylaminosulfonyl)phenyl]methyleneruthenium(Ⅱ) dichloride，其分子式为：$C_{33}H_{43}Cl_2N_3O_3RuS$，化学式为：$RuCl_2$ 〔$C_{21}H_{26}N_2$〕〔$C_{12}H_{17}NO_3S$〕。CAS♯ 为 918870-76-5。其化学结构可参见网页：http://www.strem.com/catalog/v/44-0082/59/ruthenium_918870-76-5。

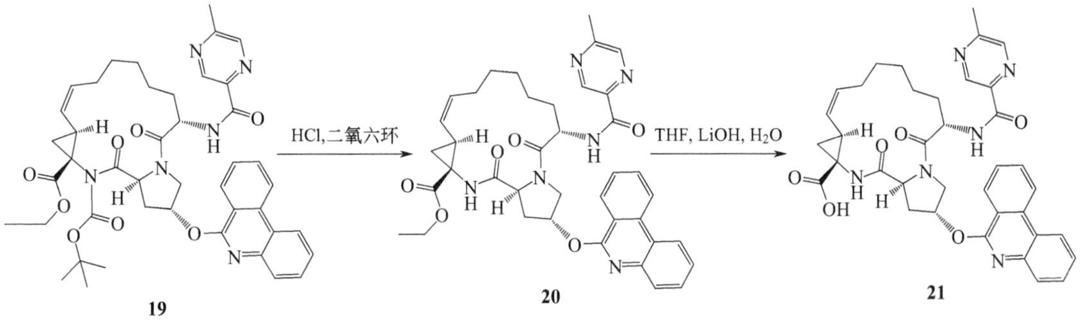

化合物 **19** 经盐酸处理后，脱去保护基，可得到化合物 **20**。化合物 **20** 经 LiOH 水解后，可得到相应的羧酸化合物 **21**。

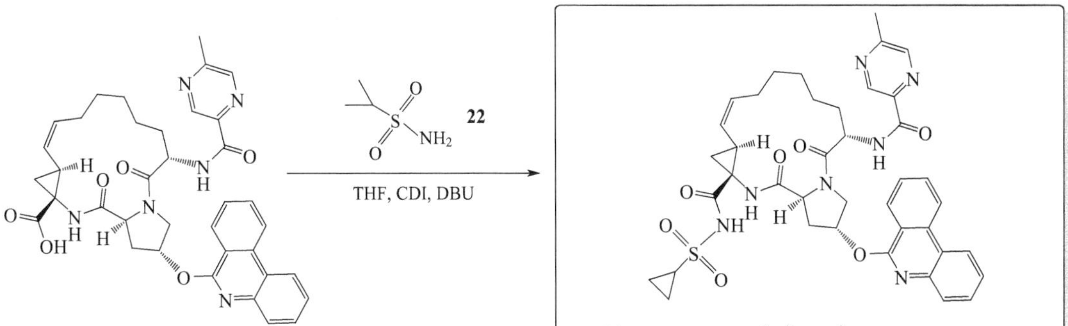

23 Paritaprevir

化合物 **21** 的羧基活化后，与化合物 **22** 反应，可得相应的目标化合物 **23**。

原始文献

WO 2010030359 A2.

参考文献

Ku Y，McDaniel K F，Chen H-J，Shanley J P，Kempf D J，Grampovnik D J，Sun Y，Liu D，Gai Y，Or Y S，Wagaw S H，Engstrom K，Grieme T，Sheikh A，Mei J. Preparation of heterocyclic macrocyclic peptides as hepatitis C serine protease inhibitors. WO2010030359A2，2010.

（陈清奇）

Pasireotide（帕瑞肽）

药物基本信息

英文通用名	Pasireotide
中文通用名	帕瑞肽
商品名	Signifor
CAS 登记号	396091-73-9
FDA 批准日期	2012/12/14
化学名	[(3S,6S,9S,12R,15S,18S,20R)-9-(4-aminobutyl)-3-benzyl-12-(1H-indol-3-ylmethyl)-2,5,8,11,14,17-hexaoxo-15-phenyl-6-[(4-phenylmethoxyphenyl)methyl]-1,4,7,10,13,16-hexazabicyclo[16.3.0]henicosan-20-yl]N-(2-aminoethyl)carbamate

SMILES 代码	O=C(O[C@@H](C1)C[C@@](N1C([C@H](CC2=CC=CC=C2)NC([C@H](CC3=CC=C(OCC4=CC=CC=C4)C=C3)NC([C@H](CCCCN)NC([C@@H](CC5=CNC6=C5C=CC=C6)NC([C@H](C7=CC=CC=C7)N8)=O)=O)=O)=O)=O)([H]C8=O)NC-CN

化学结构和理论分析

化学结构	理论分析值
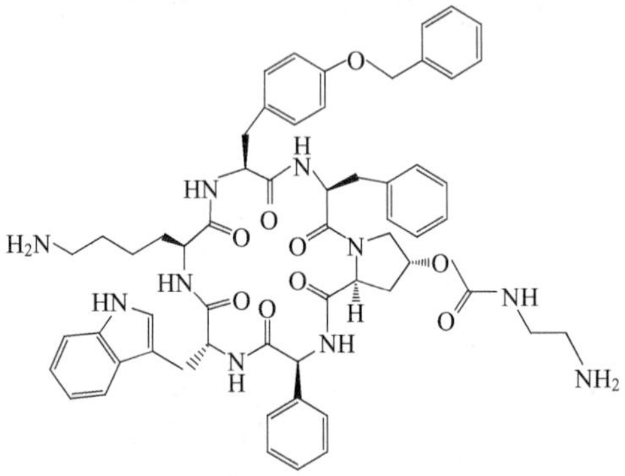	化学式：$C_{58}H_{66}N_{10}O_9$ 精确分子量：1046.5014 分子量：1047.22 元素分析：C,66.52；H,6.35；N,13.38；O,13.75

药品说明书参考网页

生产厂家产品说明书：http://www.signifor.com/

美国药品网：http://www.drugs.com/cdi/pasireotide.html

美国处方药网页：http://www.rxlist.com/signifor-drug.htm

药物简介

Signifor 是一个生长抑素类似物，适用于有库欣病不选择垂体手术或手术为治愈成年患者的治疗。库欣病是一种危及病人生命的罕见病，生长在垂体的肿瘤分泌大量促肾上腺皮质激素（ACTH），ACTH 刺激肾上腺生长和分泌大量皮质醇，引起严重的心血管和代谢系统疾病。库欣病的一线治疗是手术切除肿瘤。对于手术不能治愈的病人，Signifor 第一个治疗该病的新类别药物。

药品上市申报信息

该药物目前有 3 种产品上市。

产品一

药品名称	SIGNIFOR		
申请号	200677	产品号	001
活性成分	帕瑞肽二天冬氨酸盐（Pasireotide Diaspartate）	市场状态	处方药
剂型或给药途径	皮下注射剂	规格	0.3mg（自由碱）/mL
治疗等效代码		参比药物	否
批准日期	2012/12/14	申请机构	NOVARTIS PHARMACEUTICALS CORP
化学类型	新分子实体药（NME）	审评分类	优先审核的药物

产品二

药品名称	SIGNIFOR		
申请号	200677	产品号	002
活性成分	帕瑞肽二天冬氨酸盐（Pasireotide Diaspartate）	市场状态	处方药
剂型或给药途径	皮下注射剂	规格	0.6mg（自由碱）/mL
治疗等效代码		参比药物	否
批准日期	2012/12/14	申请机构	NOVARTIS PHARMACEUTICALSCORP
化学类型	新分子实体药（NME）	审评分类	优先审核的药物

产品三

药品名称	SIGNIFOR		
申请号	200677	产品号	001
活性成分	帕瑞肽二天冬氨酸盐（Pasireotide Diaspartate）	市场状态	处方药
剂型或给药途径	皮下注射剂	规格	0.9（自由碱）/mL
治疗等效代码		参比药物	是
批准日期	2012/12/14	申请机构	NOVARTIS PHARMACEUTICALS CORP
化学类型	新分子实体药（NME）	审评分类	优先审核的药物

药品专利或独占权保护信息

美国专利号或独占权代码	专利或独占权过期日期	专利保护类型、专利名称或市场独占权保护内容
7473761	2025/07/29	化合物专利，产品专利
8299209	2025/12/27	化合物专利，产品专利
6225284	2016/06/28	化合物专利，产品专利
NCE	2017/12/14	参见本书附录关于独占权代码部分
ODE	2019/12/14	参见本书附录关于独占权代码部分

合成路线

Pasireotide 属于肽类药物，可使用标准的多肽合成方法，限于篇幅，本文不再讨论。

（王天宇）

Peramivir（帕拉米韦）

药物基本信息

英文通用名	Peramivir
中文通用名	帕拉米韦

续表

商品名	Rapivab
CAS 登记号	330600-85-6
FDA 批准日期	2014/12/22
化学名	(1S,2S,3R,4R)-3-((S)-1-acetamido-2-ethylbutyl)-4-guanidino-2-hydroxycyclopentanecar-boxylic acid
SMILES 代码	O＝C([C@@H]1[C@@H](O)[C@@H]([C@@H](NC(C)＝O)C(CC)CC)[C@H](NC(N)＝N)C1)O

化学结构和理论分析

化学结构	理论分析值
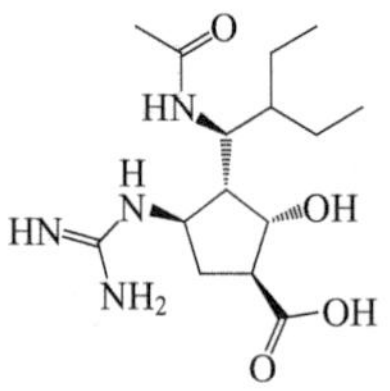	分子式：$C_{15}H_{28}N_4O_4$ 精确分子量：328.21106 分子量：328.41 元素分析：C,54.86;H,8.59;N,17.06;O,19.49

药品说明书参考网页

生产厂家产品说明书：http://www.rapivab.com

美国药品网：http://www.drugs.com/ppa/peramivir-investigational.html

美国处方药网页：http://www.rxlist.com/rapivab-drug.htm

药物简介

帕拉米韦是一个新颖的环戊烷类抗流感病毒药物，帕拉米韦也是一种神经氨酸酶抑制剂 (neuraminidase inhibitor)，其分子中含有多个活性基团可分别作用于流感病毒分子的多个活性位点，强烈抑制流感病毒的活性，阻止子代的病毒颗粒在宿主细胞中的复制和释放，从而可有效地预防流感和缓解流感症状。

药品上市申报信息

该药物目前有 1 种产品上市。

药品名称	RAPIVAB		
申请号	206426	产品号	001
活性成分	Peramivir(帕拉米韦)	市场状态	处方药
剂型或给药途径	静脉灌注液	规格	200mg/20mL(1mg/mL)
治疗等效代码		参比药物	是
批准日期	2014/12/19	申请机构	BIOCRYST PHARMACEUTI-CALS INC
化学类型	新分子实体药	审评分类	常规评审

药品专利或独占权保护信息

美国专利号或独占权代码	专利或独占权过期日期	专利保护类型、专利名称或市场独占权保护内容
8778997	2027/05/07	专利用途代码 U-1627
6562861	2018/12/17	化合物专利
6503745	2019/11/05	化合物专利
NCE	2019/12/19	参见本书附录关于独占权代码部分

合成路线一

该合成路线来源于 BioCryst Pharmaceuticals Inc 公司 Chand 等人发表的论文（J Med Chem，2001，44：4379-4392）：

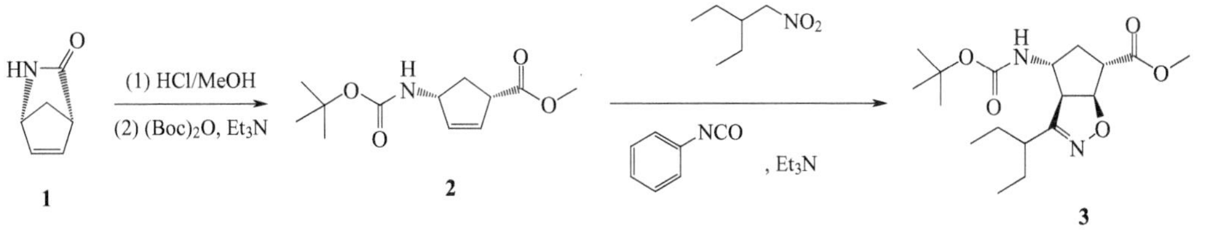

该合成路线以容易获得的起始化合物 **1** 为原料，经盐酸和甲醇开环酯化后，得到相应的开环化合物，再用（Boc）₂O 将氨基保护，可得到相应的化合物 **2**。化合物 **2** 与 1-硝基-2-乙基丁烷发生 ［3＋2］ 环加成，得到相应的化合物 **3**。从化合物 **1** 到化合物 **3** 的产率为 15％左右。据文献报道，从化合物 **2** 到化合物 **3** 的环加成反应中，反应的专一性比较低，一共有 4 个异构体（**3**、**3a**、**3b**、**3c**）。

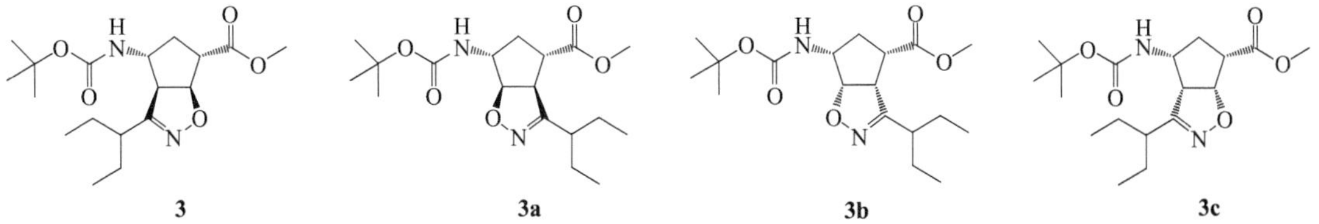

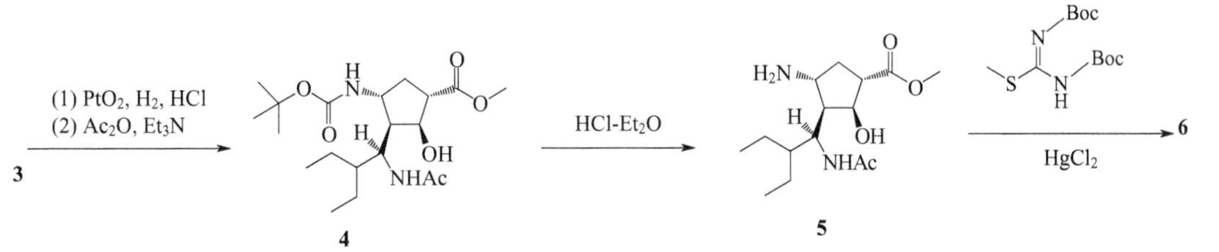

化合物 **3** 经催化氢化和开环后，再与醋酸酐反应，可得到相应的化合物 **4**。化合物 **4** 经 HCl 处理后，去保护基，得到相应的化合物 **5**。化合物 **5** 在二氯化汞的催化下与 1,3-二（叔丁氧基羰基）-2-甲基-2-异硫脲［1,3-bis(tert-butoxycarbonyl)-2-methyl-2-thiopseudourea］反应得到化合物 **6**。

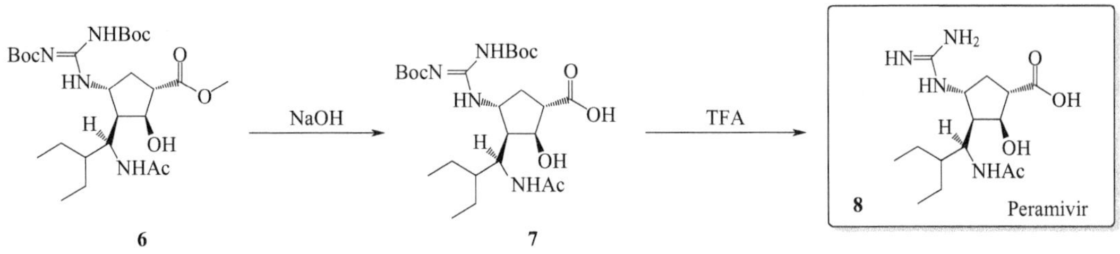

化合物 **6** 经水解后得到相应的羧酸化合物 **7**。化合物 **7** 经 TFA 处理，去掉保护基，可得到最终产物化合物 **8**（Peramivir）。

原始文献

J Med Chem，2001，44：4379-4392.

合成路线二

以下合成路线来源于我国暨南大学和华南农业大学发表的论文（Synth Comm，2013，43：2641-2647）。作者对 BioCryst Pharmaceuticals，Inc 公司的合成路线（J Med Chem，2001，44，4379-4392）进行了改进，总产量为 34%。该方法主要有 3 点改进：①使用了次氯酸钠（sodium hypochlorite）作为 1,3-环加成的催化剂，使产率提高到 61%～68%；②作者用 $NaBH_4$-$NiCl_2$ 替代昂贵的 PtO_2 作为催化氢化试剂；③在导入胍基团反应中，作者使用了盐酸氯甲脒（chloroformamidine hydrochloride）作为胺化试剂，替代了毒性较高的 $HgCl_2$。

原始文献

Synth Comm，2013，43：2641-2647.

参考文献

[1] Abdel-Magid A F，Bichsel H-U，Korey D J，Laufer G G，Lehto E A，Mattei S，Rey M，Schultz T W，Maryanoff C. Process for preparing substituted cyclopentane derivatives and their crystalline structures. WO2001000571A1，2001.

[2] Chand P，Kotian P L，Dehghani A，El-Kattan Y，Lin T-H，Hutchison T L，Babu Y S，Bantia S，Elliott A J，Montgomery J A. Systematic Structure-Based Design and Stereoselective Synthesis of Novel Multi-Substituted Cyclopentane Derivatives with Potent Anti-influenza Activity. J Med Chem，2001，44（25）：4379-4392.

[3] Chen H，Zhao J，Sun J，Zhang C，Tian Q，Liu Y，Wang W. Preparation of anhydrous crystalline Peramivir and pharmaceutical compositions thereof. CN101314579A，2008.

[4] Chen P，Li Y，Peng S，Jiang S，Cai Z，An R，Wang W，Dong X. Process for the preparation of peramivir and intermediates thereof. WO2012145932A1，2012.

[5] Chen W，Jia F，Chen J，Sun P. Method for synthesis of Peramivir capable of resisting influenza and avian influenza virus. CN102372657A，2012.

[6] Chen X，Li P，Liang J. Process for preparation of peramivir. CN102633686A，2012.

[7] Han X，Zhang X，Fan Q，Li W，Wang S. Improved process for preparation of Peramivir from 2-azabicyclo［2.2.1］hept-5-en-3-one. CN101538228A，2009.

[8] Jia F，Hong J，Sun P-H，Chen J-X，Chen W-M. Facile synthesis of the neuraminidase inhibitor peramivir. Synth. Commun，2013，43（19）：2641-2647.

[9] Li S，Zhong W，Zheng Z，Zhou X，Xiao J，Xie Y，Wang L，Li X，Zhao G，Wang X，Liu H. Preparation of(1S,2S,3S,4R)-3-［（1S）-1-acetylamino-2-ethylbutyl］-4-［（aminoiminomethyl）amino］-2-hydroxy-1-cyclopentanecarboxylic acid hydrates as neuraminidase inhibitors for treatment of influenza. WO2009021404A1，2009.

（陈清奇）

Perampanel（吡仑帕奈）

药物基本信息

英文通用名	Perampanel
中文通用名	吡仑帕奈
商品名	Fycompa®
CAS 登记号	380917-97-5
FDA 批准日期	2012/10/22
化学名	5'-(2-cyanophenyl)-1'-phenyl-2,3'-bipyridinyl-6'(1'H)-one
SMILES 代码	O=C1N(C2=CC=CC=C2)C=C(C3=CC=CC=N3)C=C1C4=CC=CC=C4C♯N

化学结构和理论分析

化学结构	理论分析值
	化学式：$C_{23}H_{15}N_3O$ 精确分子量：349.12151 分子量：349.38 元素分析：C,79.07;H,4.33;N,12.03;O,4.58

药品说明书参考网页

生产厂家产品说明书：http://www.fycompa.com/
美国药品网：http://www.drugs.com/fycompa.html
美国处方药网页：http://www.rxlist.com/fycompa-drug.htm

药物简介

吡仑帕奈（Perampanel）是由卫材制药公司（Eisai Inc）开发的世界首例非竞争性 α-氨基-3-羟基-5-甲基异噁唑-4-丙酸（AMPA）受体拮抗药，它通过抑制突触后 AMPA 受体谷氨酸活性，减少神经元过度兴奋。2012 年 7 月和 10 月分别被欧洲 EMA 和美国 FDA 批准，用于对 12 岁以上、伴有或不伴有继发性全身大发作的部分发作癫痫病患者进行辅助治疗。这是 FDA 批准的首个具有该作用机理的抗癫痫药物。

药品上市申报信息

该药物目前有 6 种产品上市。

产品一

药品名称	FYCOMPA		
申请号	202834	产品号	001
活性成分	Perampanel（吡仑帕奈）	市场状态	处方药
剂型或给药途径	口服片剂	规格	2mg
治疗等效代码		参比药物	否
批准日期	2012/10/22	申请机构	EISAI INC

产品二

药品名称	FYCOMPA		
申请号	202834	产品号	002
活性成分	Perampanel（吡仑帕奈）	市场状态	处方药
剂型或给药途径	口服片剂	规格	4mg
治疗等效代码		参比药物	否
批准日期	2012/10/22	申请机构	EISAI INC

产品三

药品名称	FYCOMPA		
申请号	202834	产品号	003
活性成分	Perampanel（吡仑帕奈）	市场状态	处方药
剂型或给药途径	口服片剂	规格	6mg
治疗等效代码		参比药物	否
批准日期	2012/10/22	申请机构	EISAI INC

产品四

药品名称	FYCOMPA		
申请号	202834	产品号	004
活性成分	Perampanel（吡仑帕奈）	市场状态	处方药
剂型或给药途径	口服片剂	规格	8mg
治疗等效代码		参比药物	否
批准日期	2012/10/22	申请机构	EISAI INC

产品五

药品名称	FYCOMPA		
申请号	202834	产品号	005
活性成分	Perampanel（吡仑帕奈）	市场状态	处方药

续表

剂型或给药途径	口服片剂	规格	10mg
治疗等效代码		参比药物	否
批准日期	2012/10/22	申请机构	EISAI INC

产品六

药品名称	FYCOMPA		
申请号	202834	产品号	006
活性成分	Perampanel（吡仑帕奈）	市场状态	处方药
剂型或给药途径	口服片剂	规格	12mg
治疗等效代码		参比药物	是
批准日期	2012/10/22	申请机构	EISAI INC

药品专利或独占权保护信息

美国专利号或独占权代码	专利或独占权过期日期	专利保护类型、专利名称或市场独占权保护内容
6949571	2021/06/08	化合物专利、产品专利、专利用途代码 U-106
8772497	2026/05/16	化合物专利
NCE	2017/10/22	参见本书附录关于独占权代码部分

合成路线一

以下合成路线来源于 Eisai 公司 Nagato 和 Smith 等人发表的专利说明书（EP 1300396 A1，WO 2003/047577 A2）。

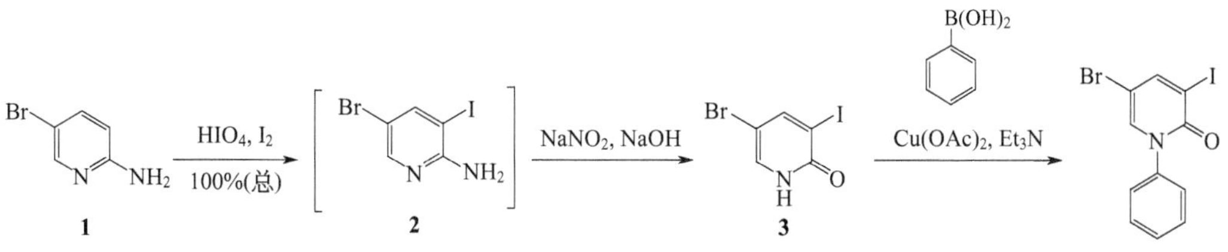

该反应线路中，关键中间体是 2-(1-苯基-5-溴吡啶-2-酮-5-烷基) 苯甲腈（**5**）。该化合物经由四步合成。由市场购买的 2-氨基-5-溴吡啶（**1**）经碘化作用之后，再经重氮化作用分解生成 2-氨基-5-溴-3-碘吡啶（**2**），它定量生成 5-溴-3-碘吡啶-2-酮（**3**）。用苯基硼酸 N-芳基化 **3**，以 52% 的产率生成 **4**。

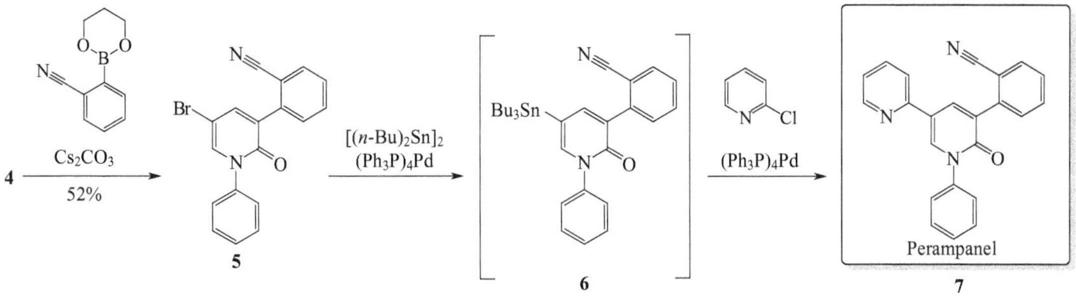

以 2-(2-苯甲腈)-1,3,2-二氧杂环硼己烷与 **4** 偶合生成中间体 **5**（52％），中间体 **5** 被转化成三-正丁基锡烷衍生物 **6**，无需分离，与 2-氯吡啶偶合，以 12.5％的总产率生成吡仑帕奈（**7**）。

原始文献

EP 1300396 A1，2003；WO 2003/047577 A2，2003.

合成路线二

以下合成路线来源于 Eisai 公司 Nagato 和 Smith 等人发表的专利说明书（EP 1300396 A1，WO 2003/047577 A2）。吡仑帕奈也可以经由关键中间体 3-(2-氰基苯)-5-(2-吡啶基)-2-甲氧基吡啶（**5**）合成。

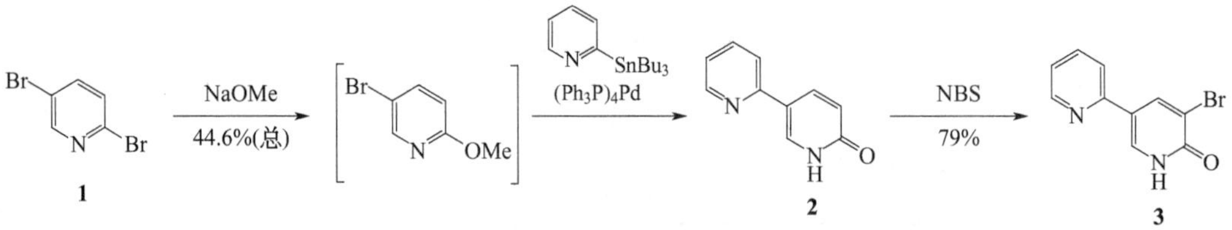

依据原始文献方法，市场购买的 2,5-二溴吡啶（**1**）与 NaOMe 作用后，与 2-三-正-丁锡吡啶偶合（收率 44.6％），再以 NBS 溴化，将生成的 3-溴-5-(2-吡啶)-1,2-二氢吡啶-2-酮（**3**）转化成相应的甲醚 **4**。

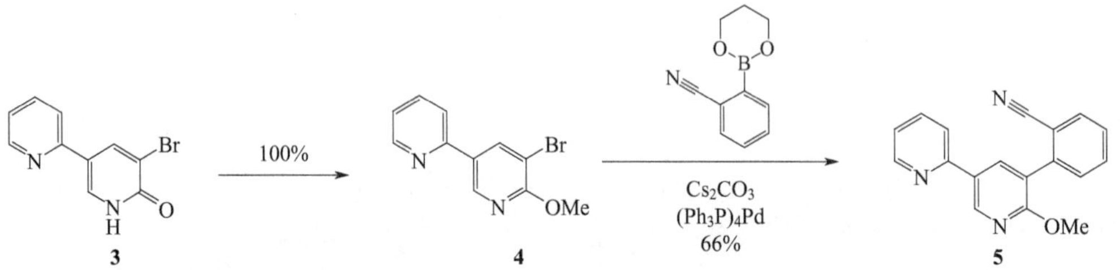

这一转化通常用重氮甲烷或碘甲烷以可以接受的产率实现。将 3-溴-5-(2-吡啶基)-2-甲氧基吡啶（**4**）与 2-(2-苯甲腈)-1,3,2-二氧杂环硼己烷偶合生成关键中间体 **5**（66％）。

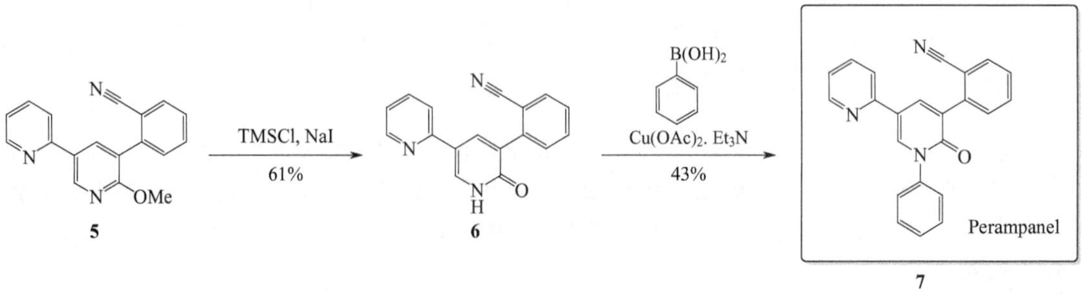

将甲醚 **5** 水解成二氢吡啶酮 **6**（61％），接着与苯基硼酸偶合，以总产率 6％生成吡仑帕奈 **7**，前提是吡啶酮 **3** 以 100％转化成甲醚 **4**。

原始文献

EP 1300396 A1，2003；WO 2003/047577 A2，2003.

合成路线三

以下合成路线来源于 Eisai 公司 Arimoto 等人发表的专利说明书（EP1764361 A1）。

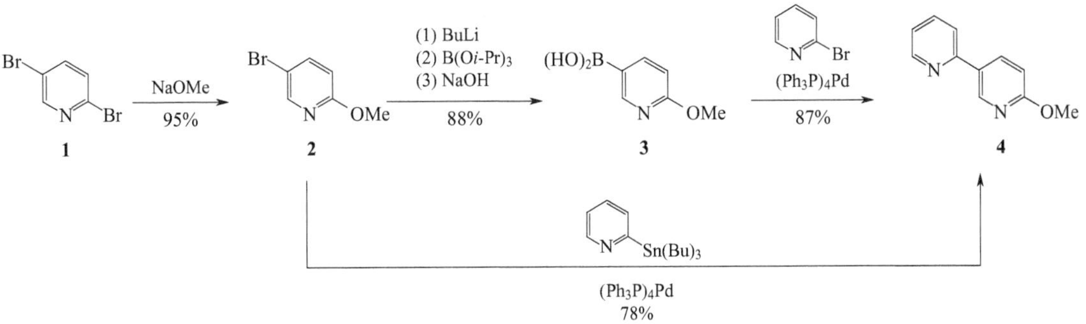

该合成路线以 2,5-二溴吡啶（**1**）为原料，与甲醇钠作用后，得到化合物 **2**，收率为 95%。将生成的 5-溴-2-甲氧基吡啶（**2**）转化成为相应的 2-甲氧基吡啶-5-硼酸（**3**），产率为 88%。将 **3** 与 2-溴啶偶合，可得到化合物 **4**，产率为 87%。化合物 **4** 也可以通过化合物 **2** 与 2-(三丁基锡) 吡啶偶合得到，产率为 78%。

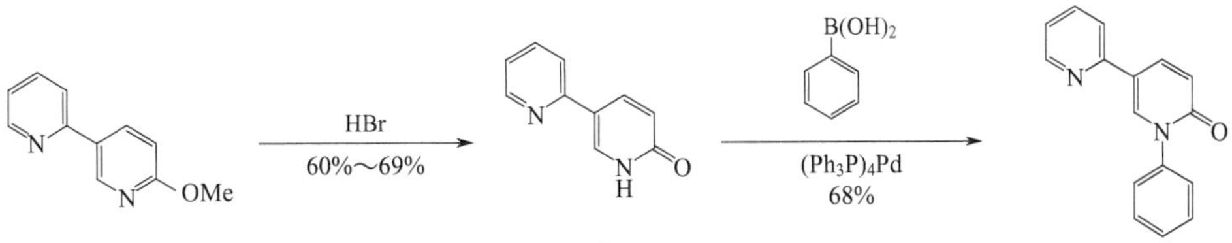

化合物 **4** 经水解后可生成 5-吡啶-2-烷基-2-(1H) 吡啶酮（**5**），产率为 60%。化合物 **5** 与苯基硼酸偶合，并芳基化，可得到预期的化合物 **6**，产率为 68%。

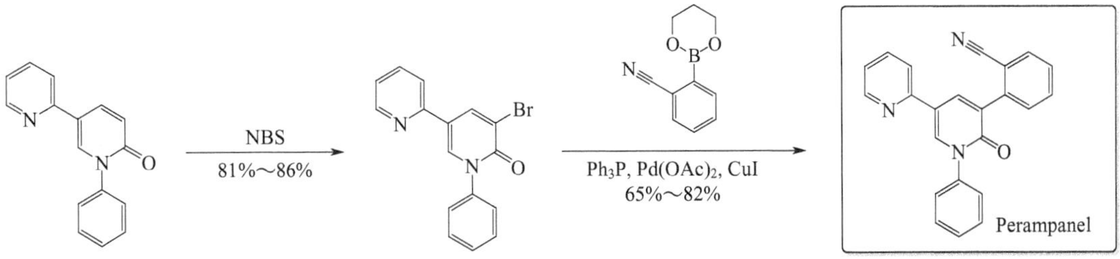

中间体 **6** 与 NBS 作用，生成 3-溴-1-苯基-5-吡啶-2-烷基-2 (1H) 吡啶酮（**7**，81%～86%），该化合物与 2-(2-苯甲腈)-1,3,2-二氧杂环硼己烷作用（收率 65%～82%），以总收率 17%～23% 生成吡仑帕奈（**8**）。

原始文献

EP1764361 A1，2007.

合成路线四

本方法源于 C. J. McElhinny 等发表在 Synthesis 的一篇文章。该方法的特点是：无需特殊设备，并仅涉及两步色谱纯化的实验室（克量级）规模的合成，是对合成路线三的改良。该方法特别的是，选用了 2-三-正-丁基锡吡啶，而非合成路线三中的 2-甲氧基吡啶-5-硼酸（**3**，见合成路线三）与 5-溴-2-甲氧基吡啶（**2**）偶合制备 5-吡啶-2-烷基-2 (1H) 吡啶酮（**4**），作者将合成路线三中的合成步骤简化了，可节省时间和降低生产成本。此外，他们将工业化的 N-芳基化步骤改良成适合于实验室规模的合成方法。由此，2,5-二溴吡啶（**1**）与甲醇钠反应生成的 5-溴-2-甲氧基吡啶（**2**）（86%）一步即可生成 5-吡啶-2-烷基-2 (1H) 吡啶酮（**4**），即在四（三苯基膦）

钯（0）存在下，未经纯化的 **2** 与 2-三-正-丁基锡吡啶偶合，接着用 48％的 HBr 处理 **3**（收率 42％）生成 **4**。

由该反应分离出的 **4** 的[1]HMR 图谱与专利所描述的完全一致。在化合物 **5** 的合成方面，以前所报道的工业化 5-吡啶-2-烷基-2（1H）吡啶酮（**4**）的 N-芳基化过程使用了三苯基环硼氧烷，并对空气、氮气和氧气的混合比例有非常特殊的要求，同时要非常小心地调节温度。早期的专利之一描述到，以苯基硼酸 N-芳基化 **4**，以 2L/min 的速率将空气泡通入反应混合物，收率为 68％。而该方法是将气泡通入纯化的 5-吡啶-2-烷基-2（1H）吡啶（**4**）和含有醋酸酮的苯基硼酸的溶液中，以分离 79％的收率获得 **5**，分离后的 **5** 的[1]HNMR 谱与专利中所给出的数据完全一致。以 NBS 溴化获得的 1-苯基-5-吡啶-2-烷基-2（1H）吡啶酮（**5**），生成 3-溴-1-苯基-5-吡啶-2-烷基-2（1H）吡啶酮（**6**）（收率 99％），其[1]HNMR 谱图与专利中所述一致。**6** 与 2-（1,3-二噁硼-2-烷基）苯甲腈发生 Suzuki 偶联，以 69％的分离产率生成吡仑帕奈 **7**。原料 **6** 又以 25％回收，故 **6** 具有 91％的转化率。总之，本方法以四步和 26％的总产率获得吡仑帕奈（**7**）。

原始文献

Synthesis，2012，44：57．

参考文献

［1］ Arimoto I，Nagato S，Sugaya Y，Urawa Y，Ito K，Naka H，Omae T. Preparation of crystals of 1,2-dihydropyri-dine compound and method for producing the same. WO2006004107A1，2006.

［2］ Arimoto I，Nagato S，Sugaya Y，Urawa Y，Ito K，Naka H，Omae T，Kayano A，Nishiura K. Process for prepa-ration of 1,2-dihydropyridine-2-one derivatives. US20070142640A1，2007.

［3］ Hibi S，Ueno K，Nagato S，Kawano K，Ito K，Norimine Y，Takenaka O，Hanada T，Yonaga M. Discovery of 2-(2-oxo-1-phenyl-5-pyridin-2-yl-1,2-dihydropyridin-3-yl)benzonitrile（Perampanel）：A Novel，Noncompetitive α-Ami-no-3-hydroxy-5-methyl-4-isoxazolepropanoic Acid（AMPA）Receptor Antagonist. J Med Chem，2012，55（23），10584-10600.

［4］ Kayano A，Nishiura K. Process for the preparation of 3-aryl-1,2-dihydropyridin-2-one compound using cross-coupling reaction. WO2006004100A1，2006.

［5］ McElhinny C J Jr，Carroll F I，Lewin A H. A practical，laboratory-scale synthesis of perampanel. Synthesis，2011，44（1）：57-62.

［6］ Smith T. Preparation of 2-pyridinone AMPA receptor antagonists for the treatment of demyelinating disorders and neu-rodegenerative diseases. WO2003047577A2，2003.

（邓并）

Pirfenidone（吡非尼酮）

药物基本信息

英文通用名	Pirfenidone
中文通用名	吡非尼酮
商品名	Esbriet
CAS 登记号	53179-13-8
FDA 批准日期	2014/10/15
化学名	5-methyl-1-phenylpyridin-2(1H)-one
SMILES 代码	O=C1C=CC(C)=CN1C2=CC=CC=C2

化学结构和理论分析

化学结构	理论分析值
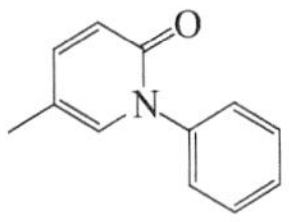	分子式：$C_{12}H_{11}NO$ 精确分子量：185.08406 分子量：185.22 元素分析：C，77.81；H，5.99；N，7.56；O，8.64

药品说明书参考网页

生产厂家产品说明书：http://www.esbriet.com

美国药品网：http://www.drugs.com/international/pirfenidone.html

美国处方药网页：http://www.rxlist.com/esbriet-drug.htm

药物简介

吡非尼酮最先由盐野义制药研发，2008 年在日本获批上市，商品名 Pirespa。吡非尼酮是全球第一个获准用于治疗特发性肺纤维化（idiopathic pulmonary fibrosis，IPF）的药物。2010 年 9 月在印度获准上市，商品名为 Pirfenex。2011 年，吡非尼酮获欧盟和加拿大批准。2014 年获美国 FDA 批准，商品名为 Esbriet。吡非尼酮的作用机理目前尚不非常清楚。

药品上市申报信息

该药物目前有 1 种产品上市。

药品名称	ESBRIET		
申请号	022535	产品号	001
活性成分	Pirfenidone(吡非尼酮)	市场状态	处方药
剂型或给药途径	口服胶囊	规格	267mg
治疗等效代码		参比药物	是
批准日期	2014/10/15	申请机构	INTERMUNE INC
化学类型	新分子实体药	审评分类	优先评审

药品专利或独占权保护信息

美国专利号或独占权代码	专利或独占权过期日期	专利保护类型、专利名称或市场独占权保护内容
7988994	2026/09/22	产品专利，专利用途代码 U-1602
7816383	2030/01/08	专利用途代码 U-1603
8013002	2030/01/08	专利用途代码 U-1603
8084475	2030/01/08	专利用途代码 U-1605
8778947	2033/08/30	专利用途代码 U-1613
7696326	2027/12/18	专利用途代码 U-1601
7566729	2029/04/22	专利用途代码 U-1600
7767225	2026/09/22	产品专利，专利用途代码 U-1602
7635707	2029/04/22	专利用途代码 U-1609
7767700	2027/12/18	专利用途代码 U-1601
8592462	2029/04/22	专利用途代码 U-1609
8383150	2026/09/22	产品专利，专利用途代码 U-1607
8318780	2030/01/08	专利用途代码 U-1606
8420674	2027/12/18	产品专利，专利用途代码 U-1608
7910610	2030/01/08	专利用途代码 U-1604
8648098	2030/01/08	专利用途代码 U-1611
8754109	2030/01/08	专利用途代码 U-1612
8609701	2029/04/22	专利用途代码 U-1610
8753679	2026/09/22	产品专利，专利用途代码 U-1602
NCE	2019/10/16	参见本书附录关于独占权代码部分
ODE	2021/10/15	参见本书附录关于独占权代码部分

合成路线一

本合成路线来源于加拿大 Université du Québec 化学系 Crifar 等人发表的文章（Chem-Eur J，2014，20（10）：2755-2760）。

该合成方法以化合物 **1** 和化合物 **2** 为原料，在 Cu(OAc)$_2$ 的催化下，可得到目标化合物 **3**，产率为 98%。

原始文献

Chem-Eur J，2014，20（10）：2755-2760.

合成路线二

该合成路线来源于我国中南大学药学院 Zhu 等人发表的论文 [Arch Pharm（Weinheim，

Ger），2013，346（9）：654-666]。

该方法以化合物 **1** 和化合物 **2** 为原料，在 Cu/K_2CO_3 的催化下，得到目标化合物 **3**，产率为 73%。

原始文献

Arch Pharm（Weinheim，Ger），2013，346（9）：654-666.

参考文献

［1］ Abd El Kader K F，El Bialy S A A，El-Ashmawy M B，Boykin D W. Pirfenidone structural isosteres：design，synthesis and spectral study. Heterocycl Commun，2012，18（4）：193-197.

［2］ Crifar C，Petiot P，Ahmad T，Gagnon A. Synthesis of Highly Functionalized Diaryl Ethers by Copper-Mediated O-Arylation of Phenols using Trivalent Arylbismuth Reagents. Chem-Eur J，2014，20（10）：2755-2760.

［3］ Du Z，Lu X，Li M，Li Q，Song Q，Li D，Zhang M. Preparation of pirfenidone. CN102558040A，2012.

［4］ Gant T G，Sarshar S. Preparation of substituted *N*-aryl pyridinones as fibrotic inhibitors. WO2008157786A1，2008.

［5］ Hu G Y，Liu Z，Zhu W，Pei Q. 1-(Substituted aryl)-5-((substituted arylamino) methyl) pyridin-2（1*H*)-one useful in the treatment of cancer and its preparation. CN102241625A，2014.

［6］ Li F，Wang P. A new method for preparation of pirfenidone. Anhui Chemical Industry，2012，38（4）：27,31.

［7］ Ma Z，Wang Z. Process for preparation of pirfenidone as antifibrotic agent. CN1817862A，2006.

［8］ Ma Z，Wang Z，Shen Z. Synthesis of pirfenidone. Chinese Journal of Pharmaceuticals，2006，37（6）：372-373.

［9］ Magana Castro J A R，Vazquez Cervantes L，Armendariz Borunda J S. New process of synthesis for obtaining 5-methyl-1-phenyl-2-(*H*)-pyridone，pharmaceutical compositions and use thereof as cytoprotective and dermatological agent in topical applications. WO2008147170A1，2008.

［10］ Qiang J H，Shi W. A process for preparing pirfenidone. CN101891676A，2010.

［11］ Radhakrishnan R，Cyr M，Boutet S M-F B. Process for preparation of pirfenidone from bromobenzene and 5-methyl-2-pyridone in the presence of cuprous oxide and an organic solvent. WO2010141600A2，2010.

［12］ Taniguchi T，Hayashi K，Morizawa Y. Process for preparation of 5-methyl-1-phenyl-2（1*H*)-pyridinone by phenylation of 5-methyl-2（1*H*)-pyridinone with bromobenzene. WO2003014087A1，2003.

［13］ Tao L，Hu G，Tan G. Preparation of pyridone derivatives for treatment of fibrosis. CN1386737A，2002.

［14］ Zhang C，Sommers A. Substituted n-aryl pyridinones. WO2012122165A2，2012.

［15］ Zhu W，Shen J，Li Q，Pei Q，Chen J. Chen Z，Liu Z，Hu G. Synthesis，pharmacophores，and mechanism study of pyridin-2（1*H*)-one derivatives as regulators of translation initiation factor 3a. Arch Pharm（Weinheim，Ger），2013，346（9）：654-666.

（陈清奇）

Pomalidomide（泊马度胺）

药物基本信息

英文通用名	Pomalidomide
中文通用名	泊马度胺

续表

商品名	Pomalyst
CAS 登记号	19171-19-8
FDA 批准日期	2013/02/08
化学名：	3-amino-N-(2,6-dioxo-3-piperidyl)phthalimide
SMILES 代码	O=C(N1C(CC2)C(NC2=O)=O)C3=CC=CC(N)=C3C1=O

化学结构和理论分析

化学结构	理论分析值
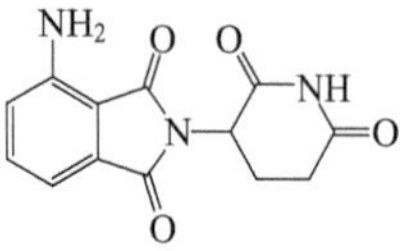	化学式：$C_{13}H_{11}N_3O_4$ 精确分子量：273.07496 分子量：273.24 元素分析：C,57.14；H,4.06；N,15.38；O,23.42

药品说明书参考网页

生产厂家产品说明书：http://www.pomalyst.com/

美国药品网：http://www.drugs.com/cdi/pomalidomide.html

美国处方药网页：http://www.rxlist.com/pomalyst-drug.htm

药物简介

Pomalidomide 可用于治疗多发性骨髓瘤。泊马度胺（Pomalidomide）是美国 Celgene 公司研发的新型免疫调节剂，商品名为 Pomalyst。Pomalidomide 是沙利度胺（Thalidomide）的衍生物，可调节 T 细胞并抑制其增殖，发挥免疫调节作用；通过激活自然杀伤（natural killer）细胞，促进肿瘤细胞的凋亡。

药品上市申报信息

该药物目前有 4 种产品上市。

产品一

药品名称	POMALYST		
申请号	204026	产品号	001
活性成分	Pomalidomide(泊马度胺)	市场状态	处方药
剂型或给药途径	口服胶囊	规格	1mg
治疗等效代码		参比药物	否
批准日期	2013/02/08	申请机构	CELGENE CORP

产品二

药品名称	POMALYST		
申请号	204026	产品号	002
活性成分	Pomalidomide(泊马度胺)	市场状态	处方药

续表

剂型或给药途径	口服胶囊	规格	2mg
治疗等效代码		参比药物	否
批准日期	2013/02/08	申请机构	CELGENE CORP

产品三

药品名称	POMALYST		
申请号	204026	产品号	003
活性成分	Pomalidomide（泊马度胺）	市场状态	处方药
剂型或给药途径	口服胶囊	规格	3mg
治疗等效代码		参比药物	否
批准日期	2013/02/08	申请机构	CELGENE CORP

产品四

药品名称	POMALYST		
申请号	204026	产品号	004
活性成分	Pomalidomide（泊马度胺）	市场状态	处方药
剂型或给药途径	口服胶囊	规格	4mg
治疗等效代码		参比药物	是
批准日期	2013/02/08	申请机构	CELGENE CORP

药品专利或独占权保护信息

美国专利号或独占权代码	专利或独占权过期日期	专利保护类型、专利名称或市场独占权保护内容
8626531	2020/10/23	专利用途代码 U-1361
5635517	2016/07/24	专利用途代码 U-1359
6045501	2018/08/28	专利用途代码 U-1361
6315720	2020/10/23	专利用途代码 U-1361
6316471	2016/08/10	产品专利、专利用途代码 U-1360
6476052	2016/07/24	产品专利、专利用途代码 U-1360
6561976	2018/08/28	专利用途代码 U-1361
6561977	2020/10/23	专利用途代码 U-1361
6755784	2020/10/23	专利用途代码 U-1361
6908432	2018/08/28	专利用途代码 U-1360
8198262	2024/10/19	专利用途代码 U-1360
8204763	2018/08/28	专利用途代码 U-1361
8315886	2020/10/23	专利用途代码 U-1361
8589188	2018/08/28	专利用途代码 U-1360
8673939	2023/05/15	专利用途代码 U-1360

续表

美国专利号或 独占权代码	专利或独占权 过期日期	专利保护类型、专利名称或市场独占权保护内容
8735428	2023/05/15	专利用途代码 U-1360
8158653	2016/08/10	产品专利
8828427	2031/06/21	化合物专利、产品专利
NCE	2018/02/08	参见本书附录关于独占权代码部分
ODE	2020/02/08	参见本书附录关于独占权代码部分

合成路线一

由谷氨酰胺（**1**）开始，用化合物 **2** 保护氨基，经氯化亚砜关环后用钯碳加氢脱保护得到化合物 **5**。化合物 **5** 生成化合物 **6**，再与化合物 **7** 直接缩合得到 Pomalidomide。

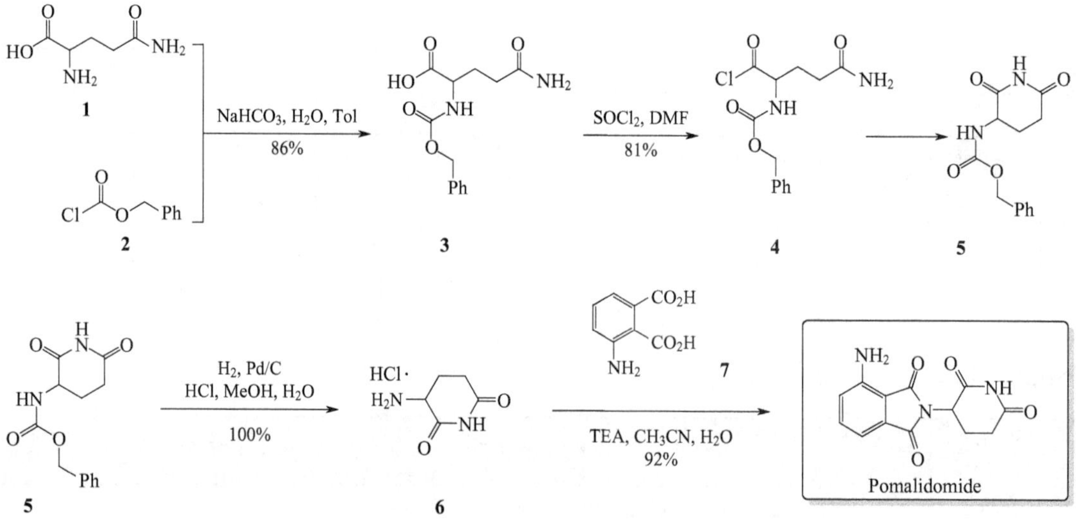

原始文献

US20070004920.

合成路线二

首先由 **1** 环合制得 **2**，然后与 **3** 在醋酸中回流得到化合物 **4**，收率 75%。这一步也可以用 TEA 为催化剂，在 THF 中回流，**4** 的收率为 54%，收率偏低。然后再还原 **4** 得到 Pomalidomide。

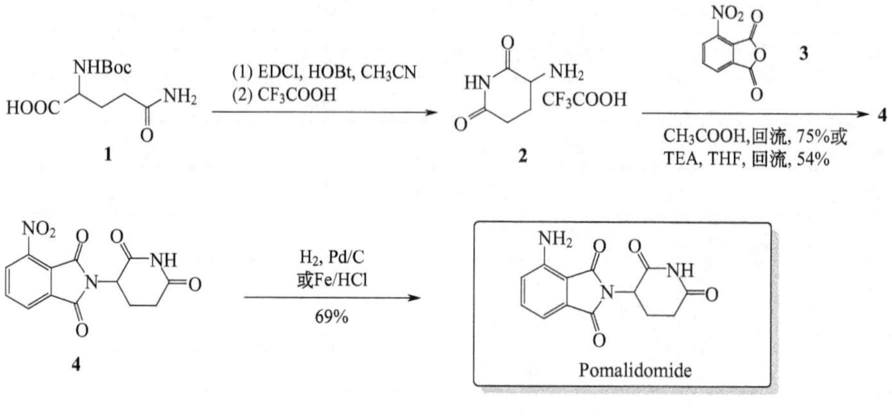

原始文献

US20130143922；中国医药工业杂志，2009，40（10）：721-723.

合成路线三

3-硝基邻苯二甲酸酐（**1**）和谷氨酰胺（**2**）在 DMF 中反应得到化合物 **3**，然后还原得到 **4**，环合 **4** 得到 Pomalidomide。

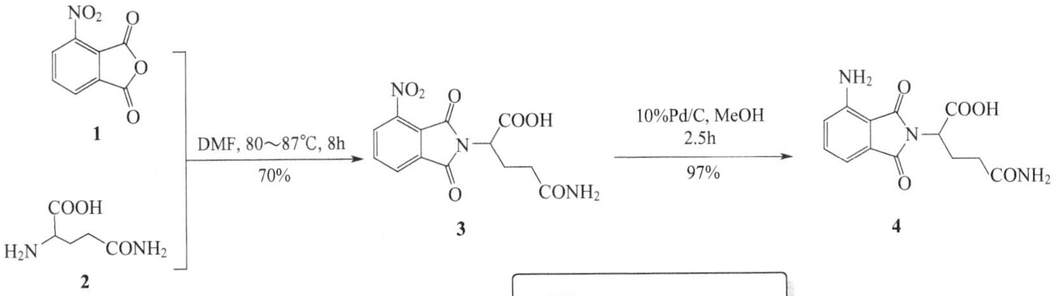

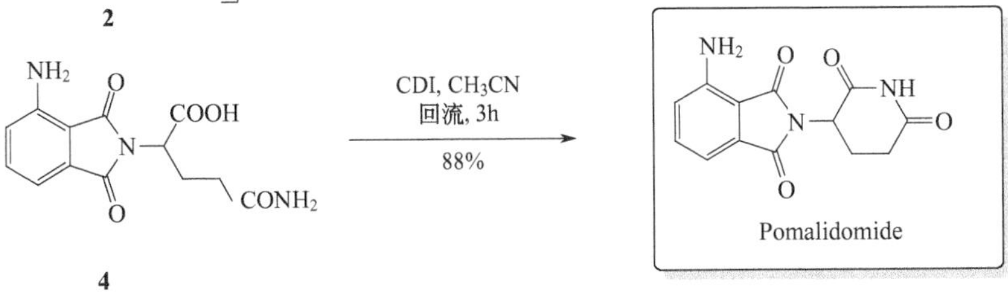

原始文献

US20070004920.

合成路线四

本路线与路线三相似，第一步以化合物 **2** 有所变化，后续步骤条件相同。

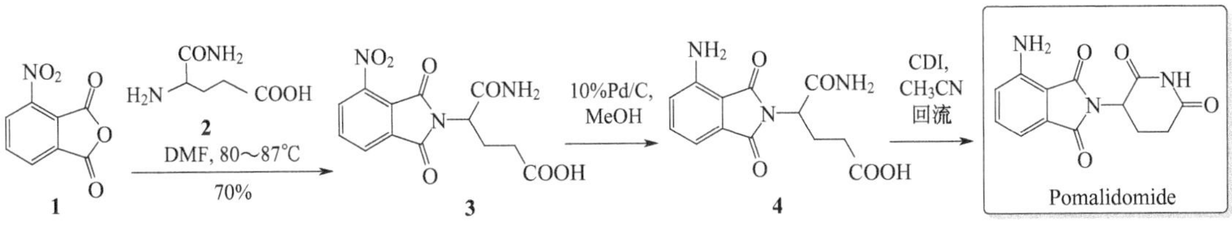

原始文献

US20070004920.

合成路线五

3-硝基邻苯二甲酰亚胺（**1**）与氯甲酸乙酯缩合得（3-硝基邻苯二甲酰亚氨基)-甲酸乙酯（**2**），与谷氨酰胺丁酯（**3**）缩合后水解得 **5**，再经环合、还原得到 Pomalidomide。

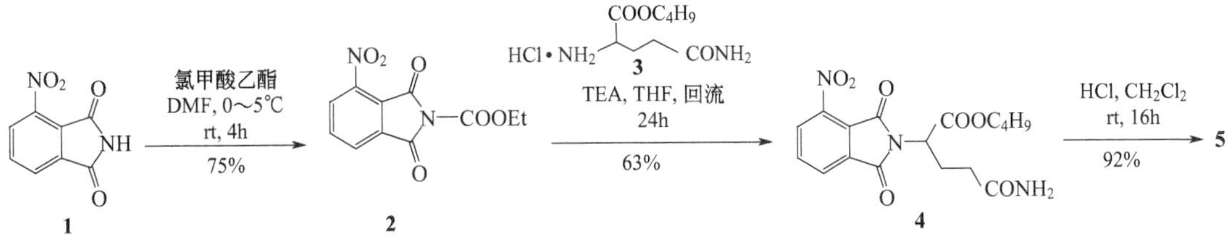

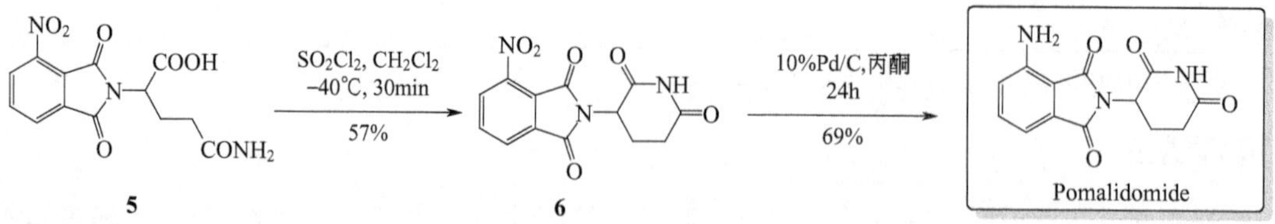

原始文献

US20070004920.

合成路线六

本线路与合成路线五相似，除第二步以化合物 **3** 两个基团互换之外，后续步骤条件相同。

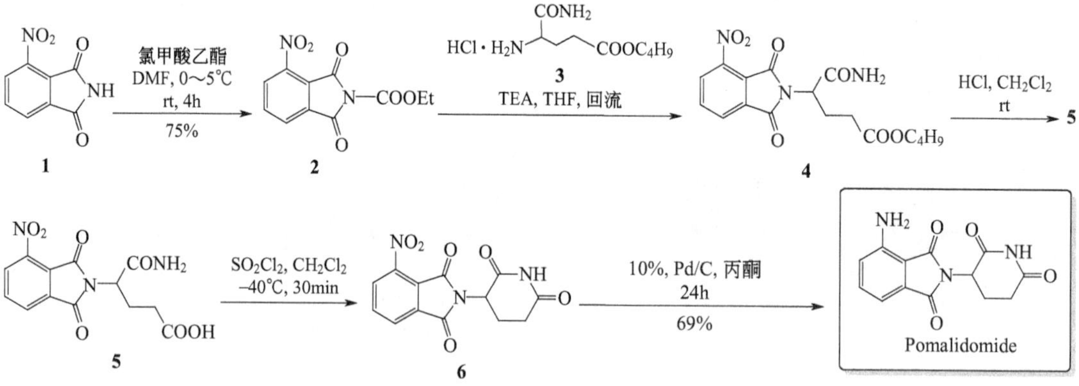

原始文献

US20070004920.

合成路线七

Boc 保护的谷氨酰胺与化合物 **1** 在真空条件下加热一部得到化合物 **3**，然后还原得到 Pomalidomide。

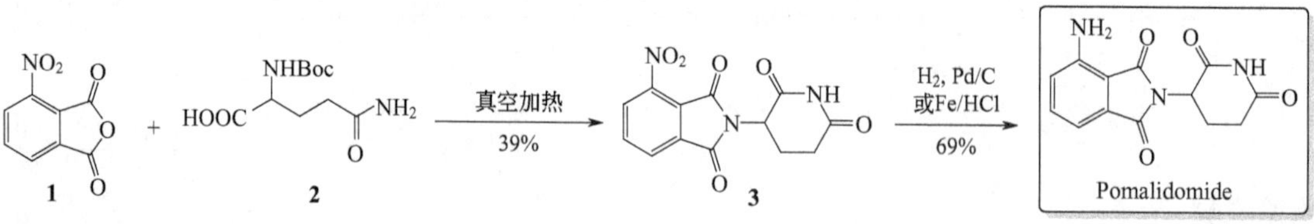

原始文献

高等学校化学学报，2005，26（8）：1477-1479；US20070004920.

参考文献

[1] Ge C, et al. Processes for the preparation of 4-amino-2-(2,6-diox- opiperidin-3-yl)isoindoline-1,3-dione compounds. US20070004920，2007.

[2] Greig N, et al. Thio Compounds. US20130143922，2013.

[3] Muller G. Methods for the treatment of Cachexia and Graft V. Host Disease，US07629360. 2007.

[4] 唐玫等. 抗肿瘤药 Pomalidomide 的合成. 中国医药工业杂志，2009，40（10）：721-723.

[5] 袁修华等. 一步法合成沙利度胺及其重要的衍生物. 高等学校化学学报，2005，26（8）：1477-1479.

（邓并）

Ponatinib（泊那替尼）

药物基本信息

英文通用名	Ponatinib
中文通用名	泊那替尼
商品名	Iclusig
CAS 登记号	943319-70-8
FDA 批准日期	2012/12/14
化学名	3-(imidazo[1,2-b]pyridazin-3-ylethynyl)-4-methyl-N-(4-((4-methylpiperazin-1-yl)methyl)-3-(trifluoromethyl)phenyl)benzamide
SMILES 代码	O=C(NC1=CC=C(CN2CCN(C)CC2)C(C(F)(F)F)=C1)C3=CC=C(C)C(C♯CC4=CN=C5C=CC=NN54)=C3

化学结构和理论分析

化学结构	理论分析值
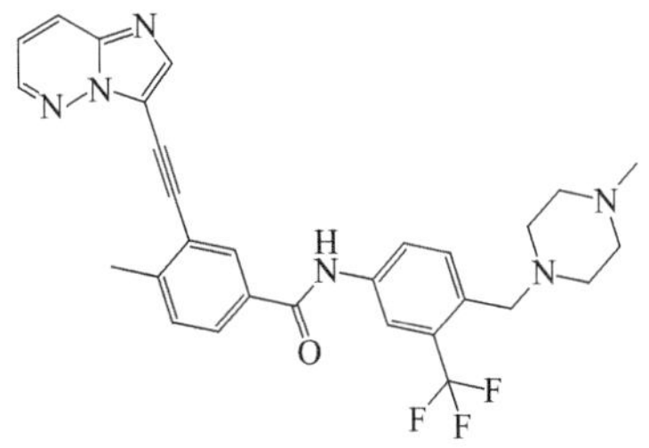	化学式：$C_{29}H_{27}F_3N_6O$ 精确分子量：532.21984 分子量：532.56 元素分析：C,65.40；H,5.11；F,10.70；N,15.78；O,3.00

药品说明书参考网页

生产厂家产品说明书：http://www.ariad.com/iclusig

美国药品网：http://www.drugs.com/mtm/ponatinib.html

美国处方药网页：http://www.rxlist.com/iclusig-drug.htm

药物简介

泊那替尼（Ponatinib）的商品名是 Iclusig，由 Ariad Pharmaceuticals 开发。2012 年 12 月 14 日获 FDA 批准上市，用于治疗慢性髓细胞性白血病（Chronic Myeloid Leukemia，CML）和费城染色体阳性（Philadelphia chromosome positive）急性淋巴性白血病（Acute Lymphoblastic Leukemia，ALL）。Ponatinib 是多靶点的酪氨酸激酶抑制剂。

药品上市申报信息

该药物目前有 2 种产品上市。

产品一

药品名称	ICLUSIG		
申请号	203469	产品号	001
活性成分	Ponatinib Hydrochloride(盐酸泊那替尼)	市场状态	处方药
剂型或给药途径	口服片剂	规格	15mg(自由碱)
治疗等效代码		参比药物	否
批准日期	2012/12/14	申请机构	ARIAD PHARMACEUTICALS INC
化学类型	新分子实体药	审评分类	优先评审

产品二

药品名称	ICLUSIG		
申请号	203469	产品号	002
活性成分	Ponatinib Hydrochloride(盐酸泊那替尼)	市场状态	处方药
剂型或给药途径	口服片剂	规格	45mg(自由碱)
治疗等效代码		参比药物	是
批准日期	2012/12/14	申请机构	ARIAD PHARMACEUTICALS INC
化学类型	新分子实体药	审评分类	优先评审
罕用药/孤儿药	是		

药品专利或独占权保护信息

美国专利号或独占权代码	专利或独占权过期日期	专利保护类型、专利名称或市场独占权保护内容
8114874	2026/12/22	化合物专利，产品专利
NCE	2017/12/14	参见本书附录关于独占权代码部分
ODE	2019/12/14	参见本书附录关于独占权代码部分

合成路线一

本合成路线来源于 Ariad Pharmaceuticals，Inc 公司 William C. Shakespeare 等人的专利说明书（WO2013101281）。

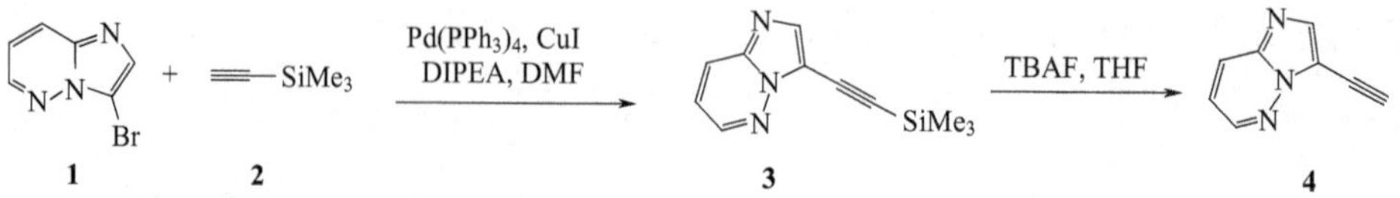

化合物 **1** 和化合物 **2** 通过 Sonogashira 偶联得到 **3**，后者在 TBAF 条件下脱除三甲基硅得到片段 **4**。

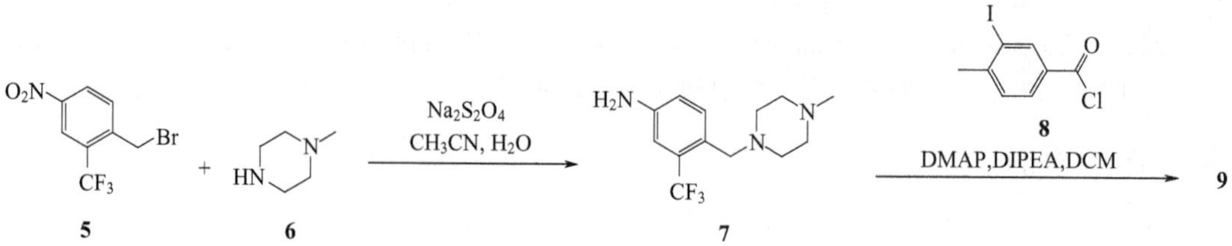

化合物 **5** 和化合物 **6** 发生 S_N2 反应后用保险粉还原硝基得到 **7**，**7** 再与酰氯 **8** 缩合得到 **9**。

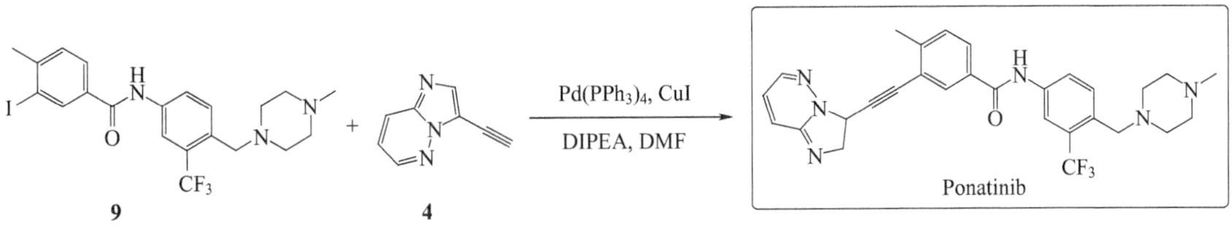

之后 **9** 再和 **4** 发生 Sonogashira 偶联得到最终产物 Ponatinib。

原始文献

WO2013101281.

合成路线二

该合成路线来源于谢宁等人发表的论文［中国新药杂志，2013（22）：2688-2691］。

该方法采用不同的合成路线制备中间体化合物 **6**。其特点是先构建酰胺键，然后与 N-甲基哌啶拼接。最后通过 Sonogashira 偶联得到 Ponatinib。

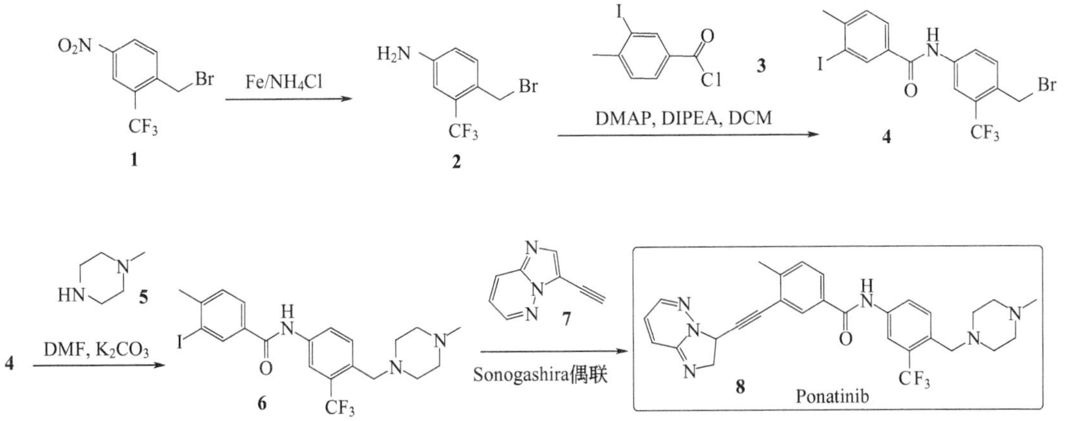

原始文献

中国新药杂志，2013（22）：2688-2691.

合成路线三

该合成路线来源于 Ariad Pharmaceuticals，Inc 公司 Wei-Sheng Huang 等人分别的专利说明书（WO2011053938）。

本路线的骨架拼接顺序与路线一不同，得到化合物 **4** 后，与化合物 **5** 先偶联，然后再制成酰氯 **7** 与化合物 **8** 反应得到目标化合物。

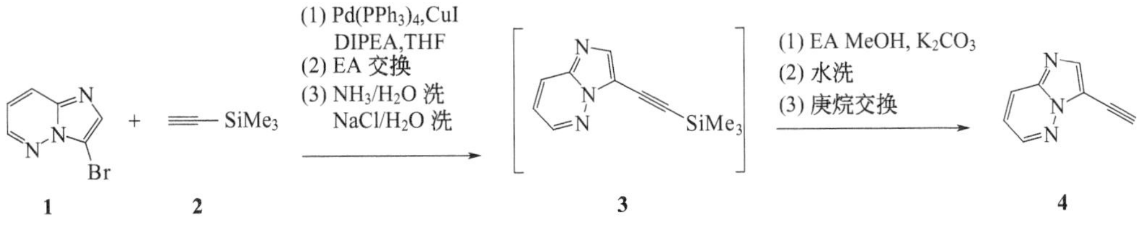

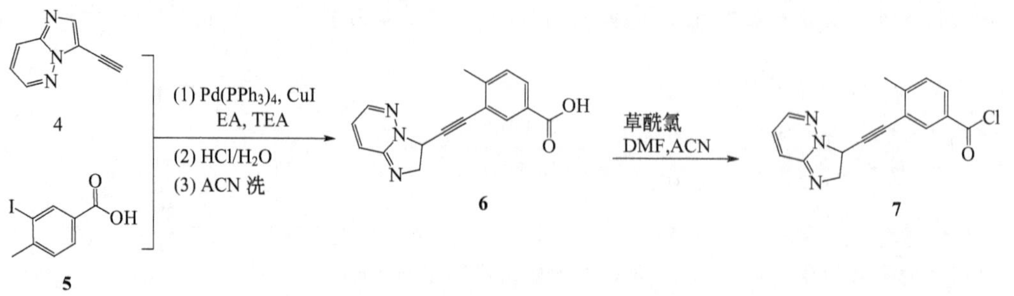

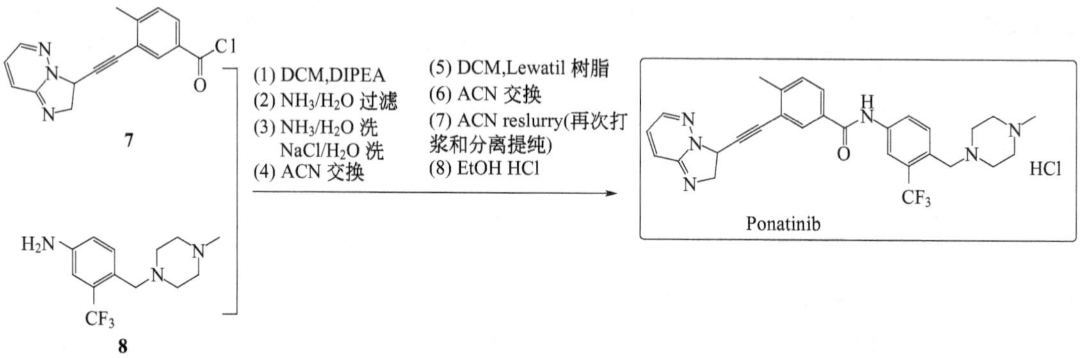

原始文献

WO2011053938.

合成路线四

类似于合成路线三，将化合物 **6** 制成甲酯 **9**，然后与化合物 **8** 反应得到 Ponatinib。

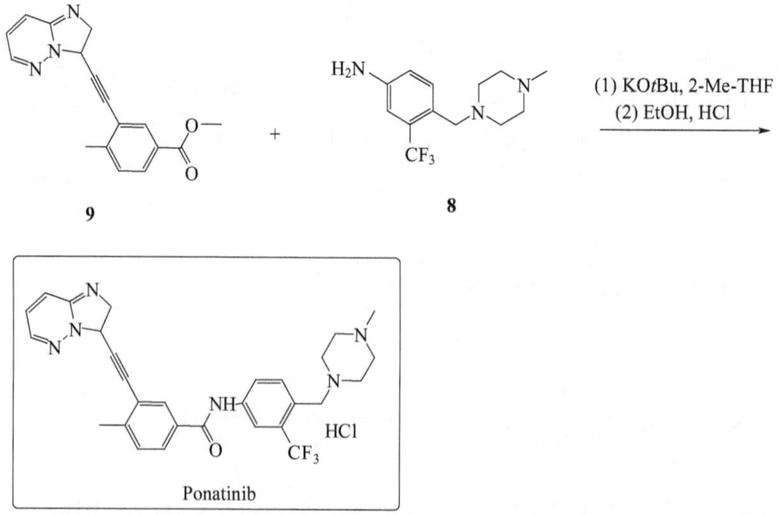

原始文献

1. WO2011053938.
2. J Med Chem，2010，53：4701-4719.

合成路线五

最后一步与合成路线四相同，但化合物 **9** 是直接由 3-炔基咪唑并 [1,2-b] 哒嗪和 3-碘-4-甲基苯甲酸甲酯偶联而成。

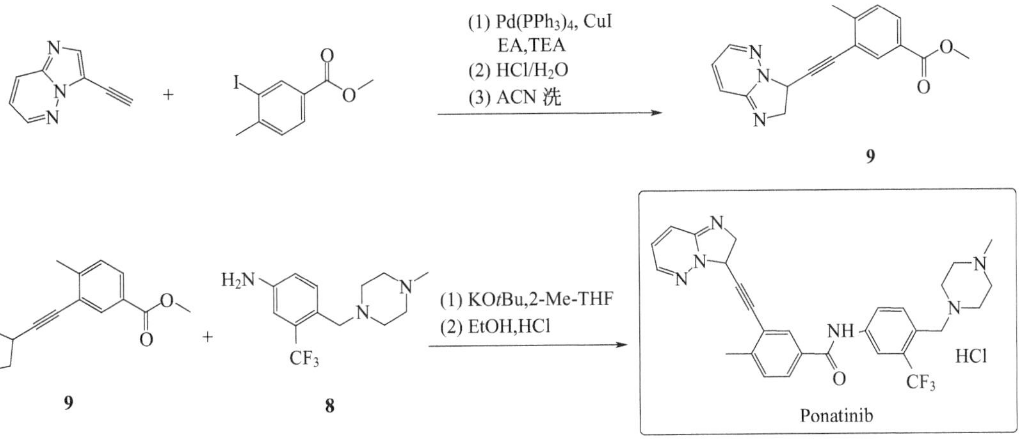

原始文献

CN103570724.

参考文献

[1] Shakespeare WC，et al. Methods and compositions for treating Parkinson's disease. WO2013101281，2013.
[2] 谢宁等. 抗肿瘤药 Ponatinib 的合成. 中国新药杂志，2013（22）：2688-2691.
[3] Huang W，et al. Methods and compositions for treating cancer. WO2011053938，2011.
[4] Huang W，et al. J Med Chem，2010，53：4701-4719.
[5] 丁克等. CN103570724，2014.
[6] 刘亚芳等. 瑞格拉非尼的合成. 精细化工中间体，2012，42（6）：32-34.

（邓并）

Regorafenib（瑞戈非尼）

药物基本信息

英文通用名	Regorafenib
中文通用名	瑞戈非尼
商品名	Stivarga
CAS 登记号	755037-03-7
FDA 批准日期	2012/9/27
化学名	4-[4-({[4-Chloro-3-(trifluoromethyl)phenyl]carbamoyl}amino)-3-fluorophenoxy]-N-methylpyridine-2-carboxamide
SMILES 代码	O=C(NC)C1=NC=CC(OC2=CC(F)=C(NC(NC3=CC(C(F)(F)F)=C(Cl)C=C3)=O)C=C2)=C1

化学结构和理论分析

化学结构	理论分析值
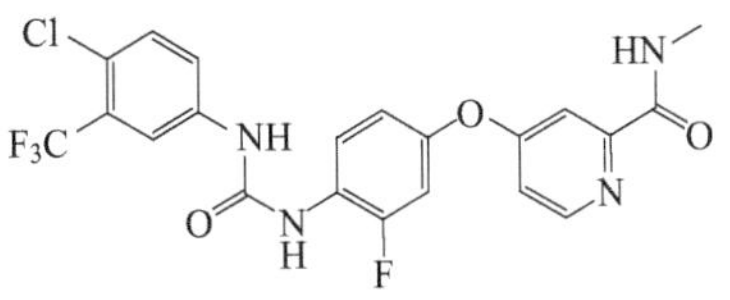	化学式：$C_{21}H_{15}ClF_4N_4O_3$ 精确分子量：482.07688 分子量：482.82 元素分析：C，52.24；H，3.13；Cl，7.34；F，15.74；N，11.60；O，9.94

药品说明书参考网页

生产厂家产品说明书：http://www.stivarga-us.com

美国药品网：http://www.drugs.com/cdi/regorafenib.html

美国处方药网页：http://www.rxlist.com/stivarga-drug.htm

药物简介

瑞戈非尼（Regorafenib）是由拜耳公司和 Onyx 公司共同研发的新型口服多激酶抑制剂类抗癌药物。瑞戈非尼的商品名为 Stivarga，可用于转移性结直肠癌（mCRC）治疗。瑞戈非尼可广泛抑制与血管生成和肿瘤发生相关的靶激酶，如血管内皮生长因子受体 VEGFR-1、VEGFR-2、VEGFR-3 酪氨酸蛋白激酶。

药品上市申报信息

该药物目前有 2 种产品上市。

产品一

药品名称	STIVARGA		
申请号	203085	产品号	001
活性成分	Regorafenib（瑞戈非尼）	市场状态	处方药
剂型或给药途径	口服片剂	规格	40mg
治疗等效代码		参比药物	是
批准日期	2012/09/27	申请机构	BAYER HEALTHCARE PHARMACEUTICALS INC

产品二

药品名称	STIVARGA		
申请号	204369	产品号	001
活性成分	Regorafenib（瑞戈非尼）	市场状态	处方药
剂型或给药途径	口服片剂	规格	40mg
治疗等效代码	TBD	参比药物	是
批准日期		申请机构	BAYER HEALTHCARE PHARMS

药品专利或独占权保护信息

美国专利号或独占权代码	专利或独占权过期日期	专利保护类型、专利名称或市场独占权保护内容
8680124	2028/07/20	专利用途代码 U-1506
7351834	2020/01/12	化合物专利
8637553	2029/07/08	化合物专利，产品专利
I-667	2016/02/25	参见本书附录关于独占权代码部分
NCE	2017/09/27	参见本书附录关于独占权代码部分
ODE	2020/02/25	参见本书附录关于独占权代码部分

合成路线

本路线由拜耳公司开发。从 3-氟-4-硝基-苯酚开始（**1**），钯碳催化氢化得到 3-氟-4-氨基-苯酚（**2**）。将 3-氟-4-氨基-苯酚溶于 N,N-二甲基乙酰胺，冷却到 0℃，加入叔丁醇钾反应 25min。然后加入 4-氯-N-甲基-2-吡啶甲酰胺（**3**）的 N,N-二甲基乙酰胺溶液，100℃反应 16h，后处理得到 **4** 的粗产品不需纯化直接用于下一步。将 **4** 的粗产品溶于甲苯，加入 4-氯-3-三氟甲基苯基异氰酸酯，室温反应 72h，后处理得到 47% 收率的瑞戈非尼（Regorafenib）。

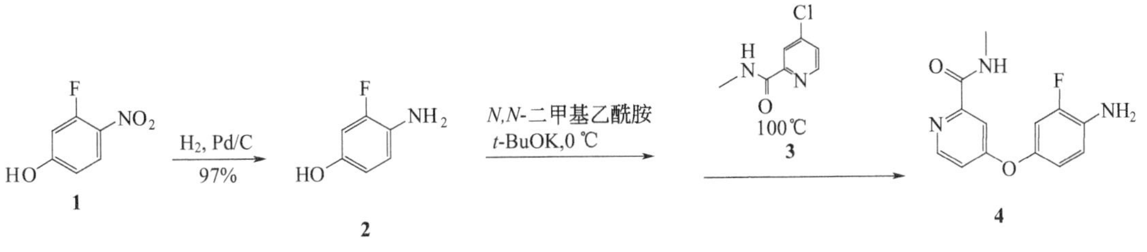

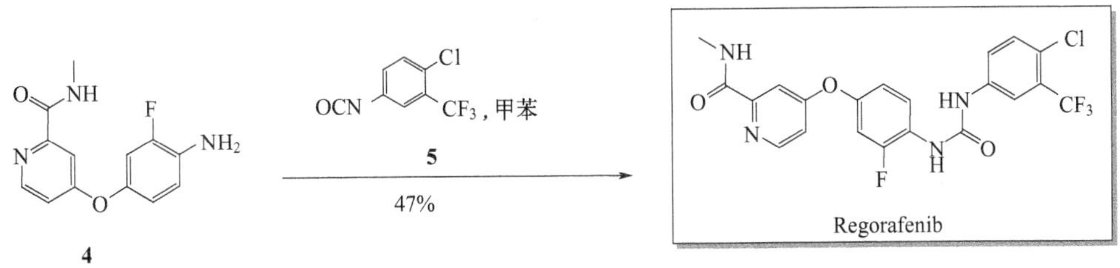

化合物 **2** 也可以先和 4-甲基-2-戊酮等反应得到亚胺类化合物，再与化合物 **3** 反应，然后经水解得到化合物 **4**，相应收率高一些。文献报道最后一步改用 DCM 作溶剂可以使反应时间缩短至 2h，并且收率可以提高至 77%。

原始文献

WO2012012404.

参考文献

［1］ Olaf C，et al. Drug combinations with Fluoro-substituted Omega-carboxyaryl diphenyl urea for the treatment and pre-vention of diseases and conditions. WO2012012404，2012.

［2］ Dumas J，et al. Fluoro substituted omega-carboxyaryl diphenyl urea for the treatment and prevention of diseases and conditions. US2005038080，2005.

［3］ Stiehl J. Process for preparation of Regorafenib. WO2011128261，2011.

［4］ Bankston D，et al. A scalable synthesis of BAY 43-9006：A potent Rafkinase inhibitor for the treatment of cancer. Org Process Res Dev，2002，6（6）：777-781.

［5］ 刘亚芳等. 瑞格拉非尼的合成. 精细化工中间体，2012，42（6）：32-34.

（邓井）

Rilpivirine（利匹韦林）

药物基本信息

英文通用名	Rilpivirine
中文通用名	利匹韦林

续表

商品名	Edurant®,Complera®
CAS 登记号	500287-72-9
FDA 批准日期	2011/05/20
化学名	benzonitrile,4-[[4-[[4-[(1E)-2-cyanoethenyl]-2,6-dimethylphenyl]amino]-2-pyrimidinyl]amino]
SMILES 代码	N#CC1=CC=C(NC2=NC=CC(NC3=C(C)C=C(/C=C/C#N)C=C3C)=N2)C=C1

化学结构和理论分析

化学结构	理论分析值
	化学式:C$_{22}$H$_{18}$N$_6$ 精确分子量:391.25113 分子量:391.56 元素分析:C,79.76;H,8.50;N,3.58;O,8.17

药品说明书参考网页

生产厂家产品说明书：http://www.edurant.com
美国药品网：http://www.drugs.com/cdi/rilpivirine.html
美国处方药网页：http://www.rxlist.com/edurant-drug.htm

药物简介

Edurant 属于非核苷型逆转录酶抑制剂（NNRTI）类抗 HIV 药物，该药通过阻断 HIV 的病毒复制而发挥其抗病毒作用。Edurant 是一种一天一次于餐时用药的片剂，其作为旨在抑制血中 HIV 病毒量（即病毒载量）的高活性抗病毒治疗（HAART）的组成部分而应用于临床。

药品上市申报信息

该药物目前有 3 种产品上市。

产品一

药品名称	RILPIVIRINE		
申请号	205302	产品号	001
活性成分	Rilpivirine(利匹韦林)	市场状态	暂时批准
剂型或给药途径	口服片剂	规格	25mg
治疗等效代码		参比药物	否
批准日期		申请机构	STRIDES ARCOLAB LTD

产品二

药品名称	EDURANT		
申请号	202022	产品号	001
活性成分	Rilpivirine Hydrochloride(盐酸利匹韦林)	市场状态	处方药
剂型或给药途径	口服片剂	规格	25mg(自由碱)
治疗等效代码		参比药物	是
批准日期	2011/05/20	申请机构	JANSSEN PRODUCTS LP

产品三

药品名称	COMPLERA		
申请号	202123	产品号	001
活性成分	Emtricitabine（恩曲他滨）；Rilpivirine Hydrochloride（盐酸利匹韦林）；Tenofovir Disoproxil Fumarate（富马酸替诺福韦酯）	市场状态	处方药
剂型或给药途径	口服片剂	规格	200mg（自由碱）；25mg（自由碱）；300 mg（自由碱）
治疗等效代码		参比药物	是
批准日期	2011/08/10	申请机构	GILEAD SCIENCES INC

药品专利或独占权保护信息

美国专利号或独占权代码	专利或独占权过期日期	专利保护类型、专利名称或市场独占权保护内容
5922695	2017/07/25	化合物专利、专利用途代码 U-257
5935946	2017/07/25	化合物专利、产品专利、专利用途代码 U-257
5977089	2017/07/25	化合物专利、产品专利、专利用途代码 U-257
6043230	2017/07/25	专利用途代码 U-257
6642245	2020/11/04	专利用途代码 U-257
7125879	2023/04/14	化合物专利、产品专利、专利用途代码 U-257
8592397	2024/01/13	产品专利、专利用途代码 U-257
8716264	2024/01/13	产品专利、专利用途代码 U-257
8841310	2025/12/09	产品专利、专利用途代码 U-257
6703396	2021/03/09	化合物专利、产品专利
6838464	2021/02/26	化合物专利、产品专利
8101629	2022/08/09	产品专利
8080551	2023/04/11	化合物专利、产品专利
5814639	2015/09/29	化合物专利、产品专利
5914331	2017/07/02	化合物专利
7067522	2019/12/20	化合物专利、产品专利
6703396 * PED	2021/09/09	
6642245 * PED	2021/05/04	
6043230 * PED	2018/01/25	
5977089 * PED	2018/01/25	
5935946 * PED	2018/01/25	
5922695 * PED	2018/01/25	
5914331 * PED	2018/01/02	
5814639 * PED	2016/03/29	
NCE	2016/05/20	参见本书附录关于独占权代码部分
NPP	2016/12/13	参见本书附录关于独占权代码部分

合成路线一

本方法在 2005 年报道。从 4-［(4-氯代嘧啶-2-基）氨基］苯腈（**1**）和 4-氨基-3,5-二甲基苯乙酯（**2**）开始，在 150℃加热 3h 后得到中间体乙酯 **3**。使用氢化锂铝还原酯基 **3** 成醇 **4**，还原过程中对分子中的氰基没有影响。然后用二氧化锰氧化成醛 **5**。在构筑双键的最后一步，通过 Wittig 反应在 t-BuOK/THF 条件下得到了目标化合物。四步反应总产率 24.3%。

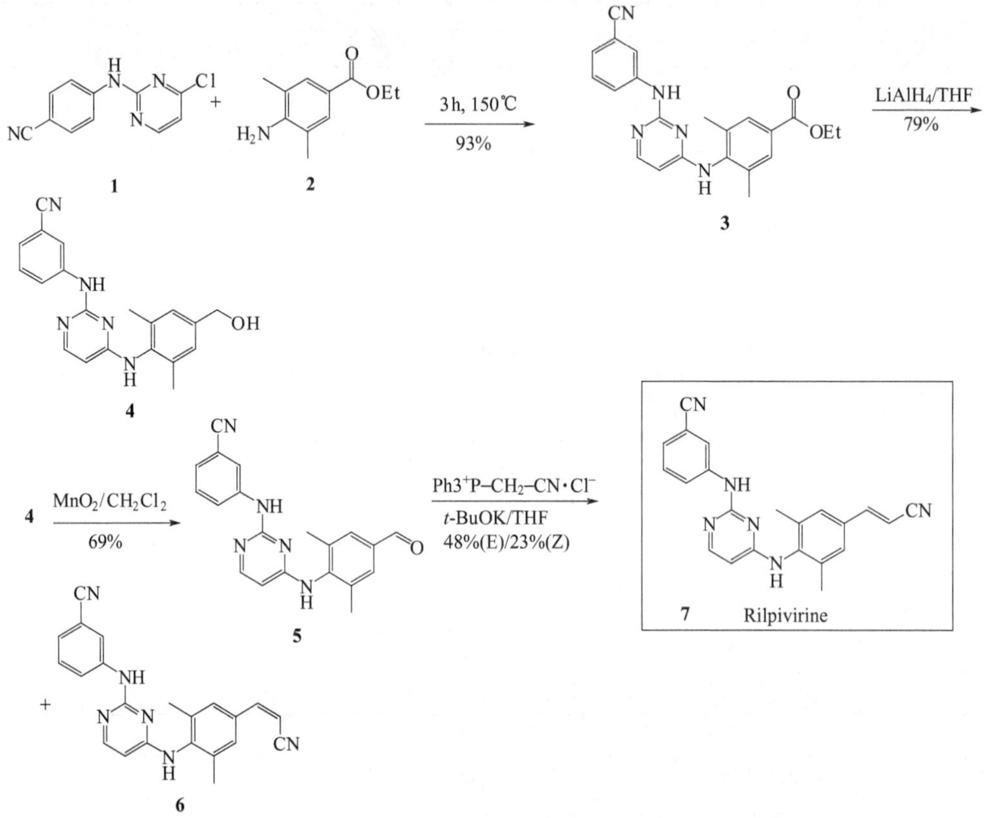

但是 E/Z 选择性偏低，仅为 80/20。因为最后一步均是生成利匹韦林及其顺式中间体，存在分离困难的问题，需要经硅胶柱色谱纯化，收率非常低，总成本很高，因此上述路线不适合工业化生产。

该报道研究了另外一条类似合成路线。从 4-［(4-氯代嘧啶-2-基）氨基］苯腈（**1**）和 4-氨基-3,5-二甲基溴苯（**8**）开始，得到溴代中间体 **9**。因为该芳基溴的存在，就有机会通过 Heck 反应与丙烯腈反应得到目标化合物。

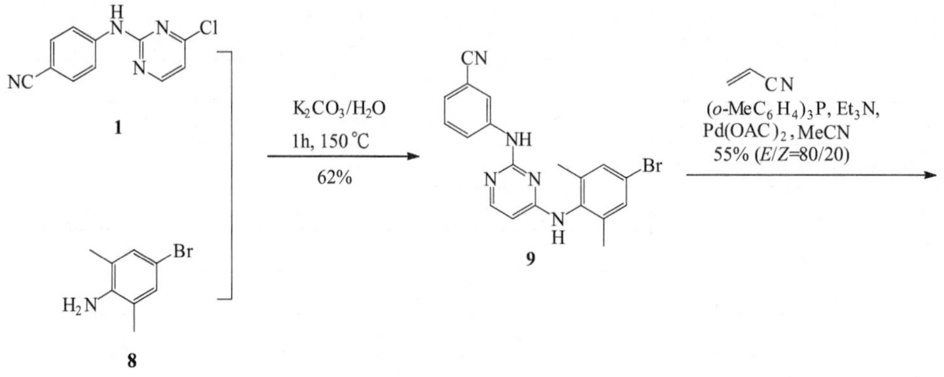

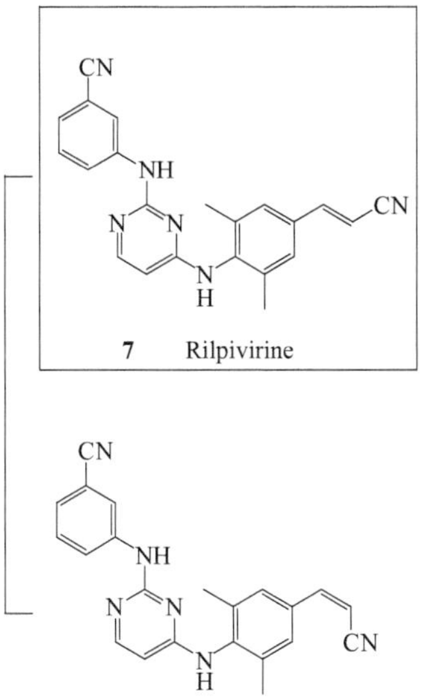

7　Rilpivirine

6

　　虽然每一步的产率都很低，分别为 62％ 和 55％，但是反应步数少，只有两步反应，所以总产率为 62％。但是该路线同样存在 E/Z 选择性比例偏低的问题（80/20）。与前述方法没有明显优势，同样不适合放大生产。

原始文献

　　J Med Chem，2005，48：2072-2079.

合成路线二

　　专利报道的另外一种合成方法是使用了不同的起始原料。从 4-［（6-氧-1,6-二氢-嘧啶基-2-基）氨基］-苯腈（**1**）开始，用三氯氧磷把嘧啶羰基转换成氯代嘧啶，后面的反应与合成路线一，JMC 报道的方法一样，即通过 Heck 反应引入丙烯腈。

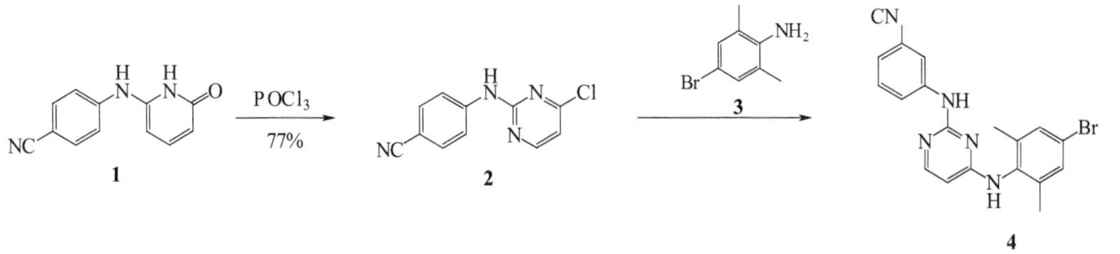

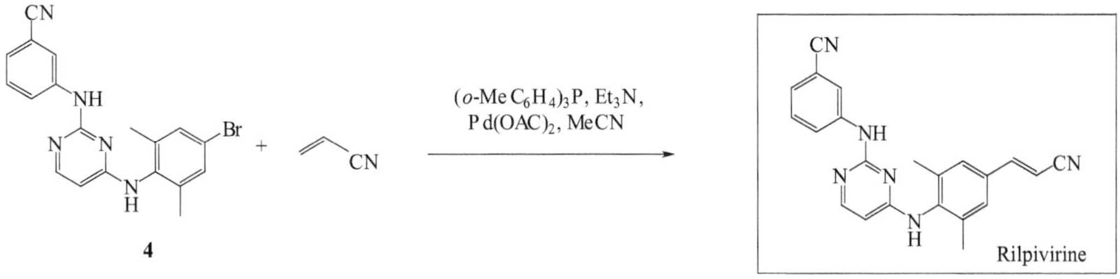

　　或者在开始的时候就引入丙烯腈双键，如下所示，在第一步就用 2,6-二甲基碘代苯胺（**5**）与丙烯腈反应引入双键生成 **6**，然后与 4-［（4-氯代嘧啶-2-基）氨基］苯腈（**2**）反应，以 90％产率得到目标化合物。从合成策略上来讲，在开始的时候引入丙烯腈双键具有明显的优势。但是在专利里面没有提及 E/Z 比例。

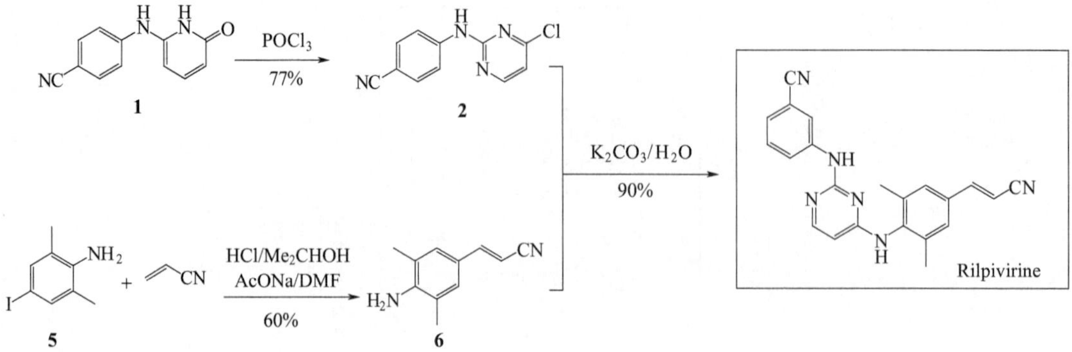

在同一专利里面也报道了用丙烯酰胺代替丙烯腈引入双键的方法。在最后一步用三氯氧磷处理，转换酰胺成氰基。综合来看，这两种方法存在原料不易得及价格昂贵的问题，所以总成本很高，不适合工业化生产。

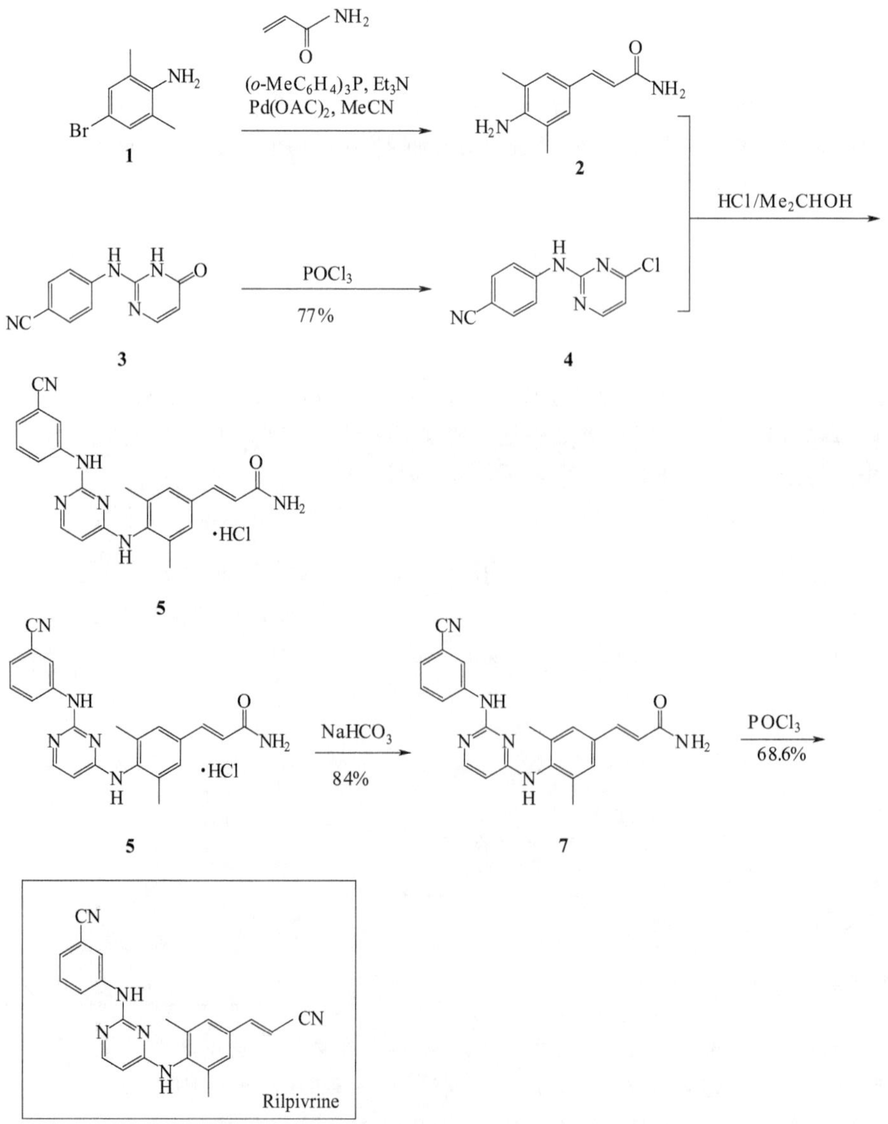

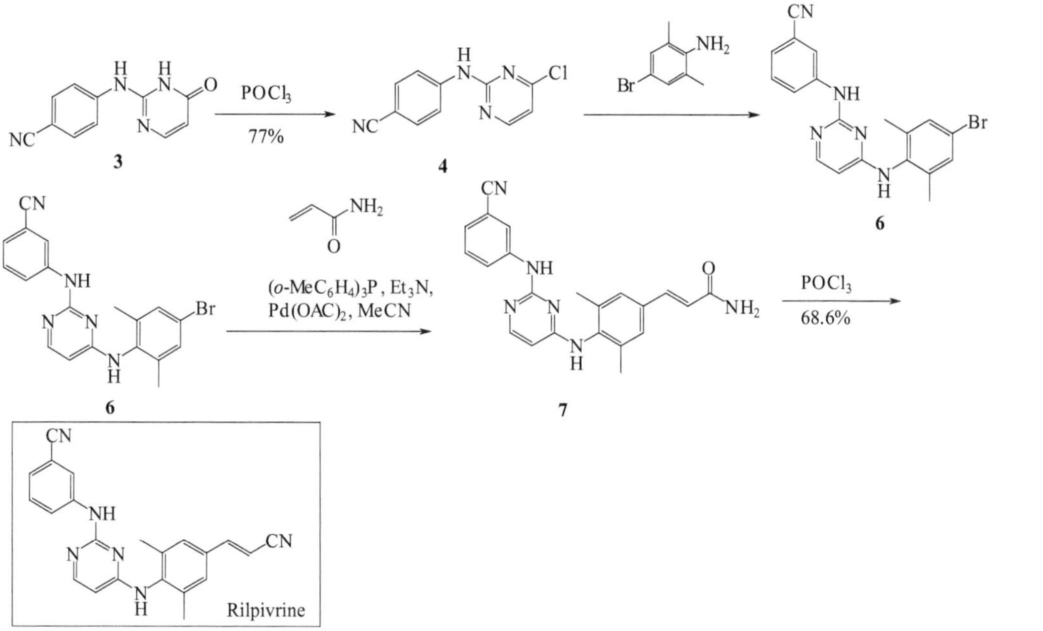

原始文献

WO2004016581A1.

合成路线三

文献报道的合成路线基本上都是按照下面的逆合成分析的策略的结果，即从关键中间体 **1** 和 **2** 通过氨基化反应得到利匹韦林。主要差异在于引入丙烯腈的次序。

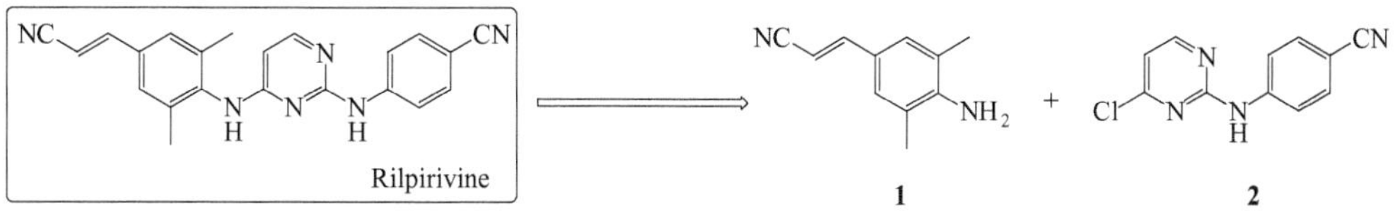

关于中间体 **2** 的合成方法，文献中有如下几种报道。

方法一：

4-氰基苯胺（**3**）与腈胺反应得到胍中间体 **4**，然后中间体 **4** 与 2-乙氧基亚甲基马来酸二乙酯（**8**）关环生成中间体 **5**。水解掉中间体 **5** 的酯基后就得到 **2** 的前体 4-羟基嘧啶衍生物（**6**）。最后一步，用三氯氧磷把羟基变成氯后获得 **2**。

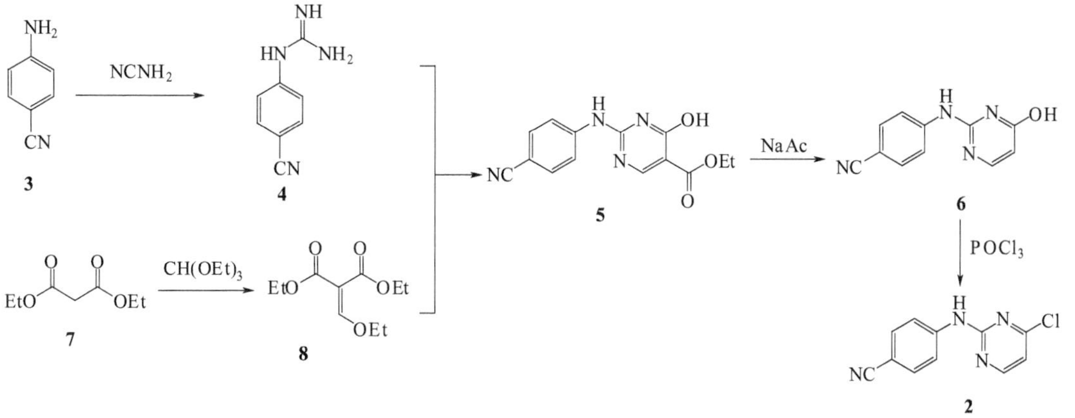

该方法路线偏长，第三步关环反应和第四步脱羧反应温度较高不适合放大。

原始文献

WO2006125809A1.

方法二：

专利 WO2012147091A2 报道了另外一种合成方法。

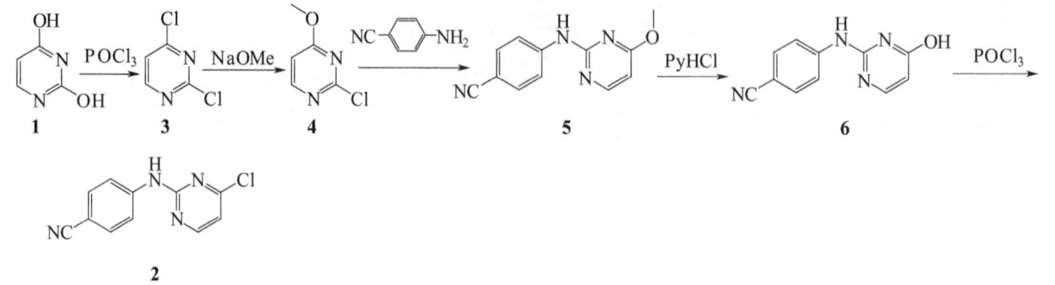

2,4-二羟基嘧啶（**1**）和三氯氧磷反应得到 2,4-二氯基嘧啶（**3**）。甲醇钠取代反应后得到 2-氯-4-甲氧基嘧啶（**4**）。继续和 4-氰基苯胺反应生成中间体 **5**。水解反应并在下一步和三氯氧磷反应后得目标化合物 **2**。该方法也存在路线长、第二步反应有副产物，以及第四步反应温度高的问题。

原始文献

WO2012147091A2.

方法三：

另外一个路线较短的反应在多篇文献中均有提及。以 2-巯基-4 羟基嘧啶作为起始原料，巯基首先被碘甲烷甲基化，随后是氨基取代反应生成中间体 **4**。最后用三氯氧磷转化成目标化合物 **2**。该路线较短，只有三步。但第一步使用了价格昂贵且毒性较大的碘甲烷。第二步取代反应在二甘醇二甲醚或无溶剂条件下反应，温度高达 180～190℃，反应时间较长，对反应设备要求较高，且能耗高，不适于大规模生产。

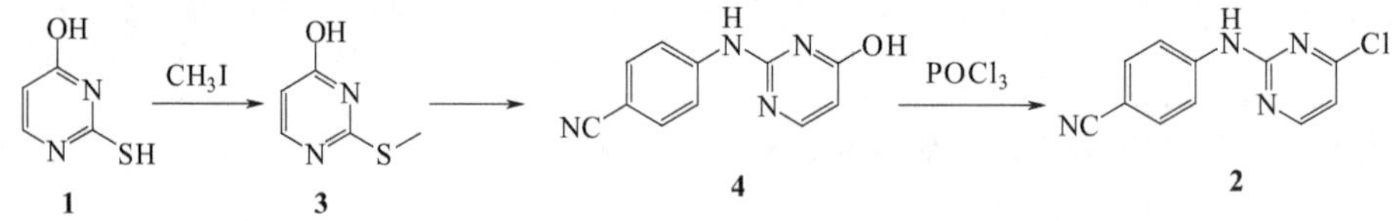

原始文献

Syn Commun，1997，27（11），1943-1949；Bioorg Med Chem Lett，2001（11）：2235-2239；WO2004016581A1.

方法四：

针对上面路线的缺点，嘉兴中科化学有限公司做了相应的改进。第一步，将碘甲烷换成价格便宜的碳酸二甲酯。第二步，将二甘醇二甲醚换成有机酸，例如异戊酸，反应温度可以从 180～190℃ 降到 80～130℃，反应时间为 4～16h。

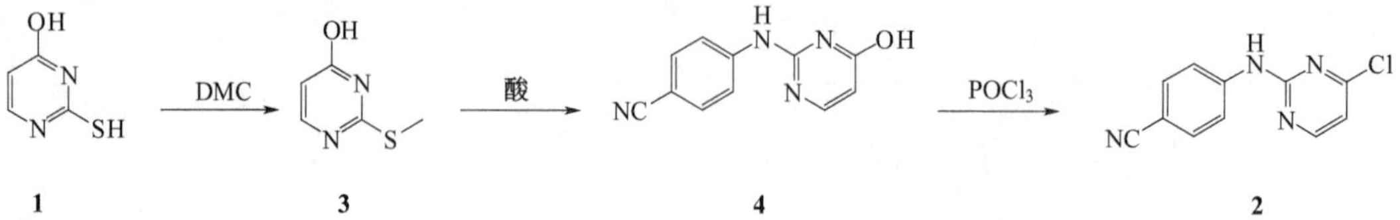

原始文献

CN 103333117A.

合成路线四

关于（E)-3-(4-氨基-3,5-二甲基苯基）丙烯腈的合成方法，文献中有如下多种方法报道。难点在于控制 E/Z 的比例。常见方法之一，是通过 Wittig 或者 Horner-Wadsworth-Emmons 反应从醛引入氰基双键。常见方法之二，是通过 Heck 反应引入氰基双键。但是 E/Z 的比例在 80/20 或更低。

专利 WO2012143937A2 报道了一种改进的方法，Z 杂质的比例可以控制在 0.5% 以下。3,5-二甲基-4-Cbz-1-苯胺重氮化反应，用氟硼酸钠稳定后与丙烯腈反应以高 E/Z 选择性高产率得到关键中间体 5。从这个结果来看，重氮盐的选择性比溴和碘要好。

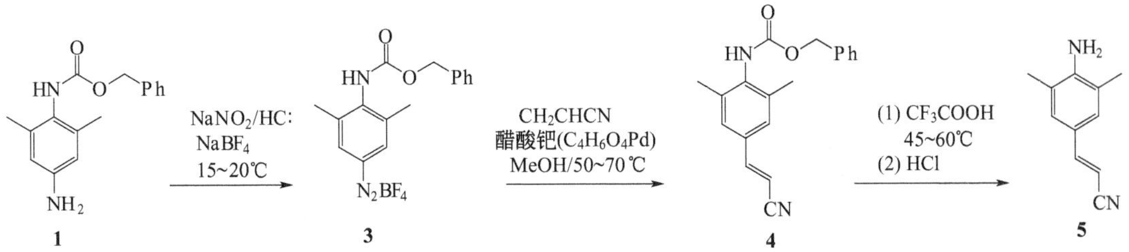

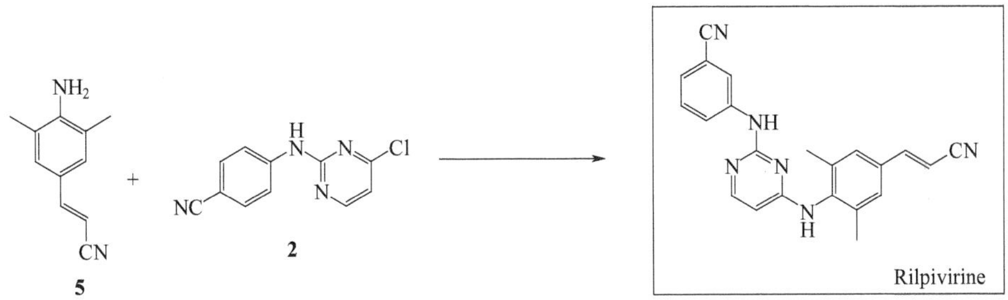

原始文献

WO2012143937A2.

合成路线五

上海迪赛诺药业有限公司的专利中的合成策略与其他已经报道的路线不同。他们没有通过对 4-(4-氯-2-氨基嘧啶)-苯腈的 4 位氯取代反应来构筑利匹韦林分子，而是预先在 4 位预留氨基，最后与 4-溴苯腈偶联得到目标化合物，如下所示。

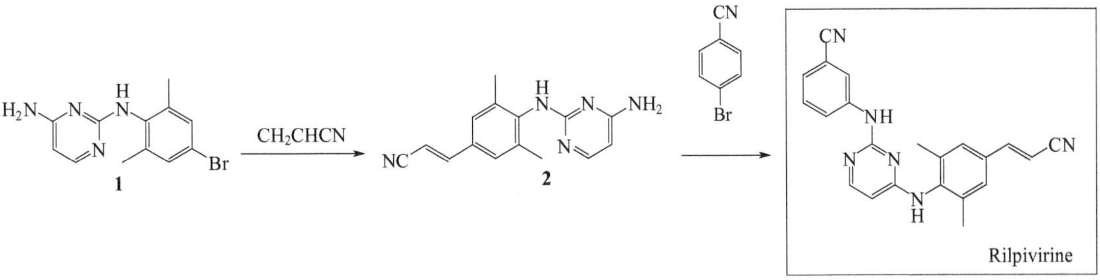

根据专利描述，应用该发明的中间体合成利匹韦林时，只需要使用乙腈重结晶，就能得到 HPLC 纯度 99% 以上的终产物，并且每步收率均在 85% 以上。而所述中间体的制备方法简单，反应条件温和，原料便宜。总摩尔收率能达到 85 以上，HPLC 纯度 98.5% 以上。能满足大规模工业化生产需求。

原始文献

CN 103183642A.

（邓并）

Riociguat（利奥西呱）

药物基本信息

英文通用名	Riociguat
中文通用名	利奥西呱
商品名	Adempas®
CAS 登记号	625115-55-1
FDA 批准日期	2013/10/08
化学名	methyl N-[4,6-diamino-2-[1-[(2-fluorophenyl) methyl]-1H-pyrazolo[3,4-b] pyridin-3-yl]-5-pyrimidinyl]-N-methyl-carbaminate
SMILES 代码	O=C(OC)N(C1=C(N)N=C(C2=NN(CC3=CC=CC=C3F)C4=NC=CC=C42)N=C1N)C

化学结构和理论分析

化学结构	理论分析值
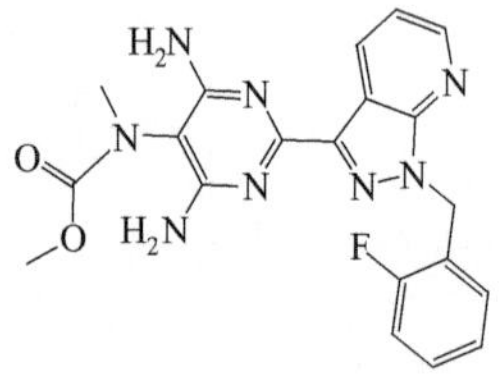	化学式：$C_{20}H_{19}FN_8O_2$ 精确分子量：422.16150 分子量：422.42 元素分析：C,56.87；H,4.53；F,4.50；N,26.53；O,7.58

药品说明书参考网页

生产厂家产品说明书：http://www.adempas-us.com/

美国药品网：http://www.drugs.com/cdi/riociguat.html

美国处方药网页：http://www.rxlist.com/adempas-drug.htm

药物简介

Riociguat 属于一类叫做可溶性鸟苷酸环化酶激活剂的药物，这类药物有助于动脉松弛，从而使血流增加，血压降低。这款药物旨在治疗术后慢性血栓栓塞性肺动脉高压（CTEPH）患者或无法接受手术的患者，以改善他们的运动能力。Adempas 也用于治疗不明原因引起的、遗传性的或与结缔组织病有关的肺动脉高压（PAH）患者，以改善患者的运动能力并推迟他们疾病的临床恶化进度。

药品上市申报信息

该药物目前有 5 种产品上市。

产品一

药品名称	ADEMPAS		
申请号	204819	产品号	001
活性成分	Riociguat（利奥西呱）	市场状态	处方药
剂型或给药途径	口服片剂	规格	0.5mg
治疗等效代码		参比药物	否
批准日期	2013/10/08	申请机构	BAYER HEALTHCARE PHARMACEUTICALS INC

产品二

药品名称	ADEMPAS		
申请号	204819	产品号	002
活性成分	Riociguat（利奥西呱）	市场状态	处方药
剂型或给药途径	口服片剂	规格	1mg
治疗等效代码		参比药物	否
批准日期	2013/10/08	申请机构	BAYER HEALTHCARE PHARMACEUTICALS INC

产品三

药品名称	ADEMPAS		
申请号	204819	产品号	003
活性成分	Riociguat（利奥西呱）	市场状态	处方药
剂型或给药途径	口服片剂	规格	1.5mg
治疗等效代码		参比药物	否
批准日期	2013/10/08	申请机构	BAYER HEALTHCARE PHARMACEUTICALS INC

产品四

药品名称	ADEMPAS		
申请号	204819	产品号	004
活性成分	Riociguat（利奥西呱）	市场状态	处方药
剂型或给药途径	口服片剂	规格	2mg
治疗等效代码		参比药物	否
批准日期	2013/10/08	申请机构	BAYER HEALTHCARE PHARMACEUTICALS INC

产品五

药品名称	ADEMPAS		
申请号	204819	产品号	005
活性成分	Riociguat（利奥西呱）	市场状态	处方药
剂型或给药途径	口服片剂	规格	2.5mg
治疗等效代码		参比药物	是
批准日期	2013/10/08	申请机构	BAYER HEALTHCARE PHARMACEUTICALS INC

药品专利或独占权保护信息

美国专利号或 独占权代码	专利或独占权 过期日期	专利保护类型、专利名称或市场独占权保护内容
7173037	2023/04/25	化合物专利、产品专利
6743798	2019/07/16	化合物专利、产品专利
NCE	2018/10/08	参见本书附录关于独占权代码部分
ODE	2020/10/08	参见本书附录关于独占权代码部分

合成路线一

　　肼进攻 2-氟苄溴生成中间体 **2**，和原料 **3** 发生关环反应后得到氨基吡咯衍生物 **4**。在三氟乙酸条件下，**4** 和 3-二甲基氨基烯丙醛进一步发生关环反应，以总产率 50％ 生成吡啶吡咯中间体 **5**。接下来把酯基转化成酰胺，进一步成氰基，最后得到关键中间体 **8**。五步反应总产率 35％。苯基偶氮取代的丙二腈 **9** 与化合物 **8** 进行了第三次关环反应得到中间体 **10**，产率 73％。通过 Raney 镍还原反应。偶氮盐被还原成氨基，得到 4,5,6-三氨基嘧啶中间体 **11**。其中 5 位氨基的亲电反应活性最强。可以选择性地与氯甲酸甲酯反应。最后用碘甲烷进行氮的甲基化反应，得到目标化合物。该路线在最后可能需要柱色谱纯化。

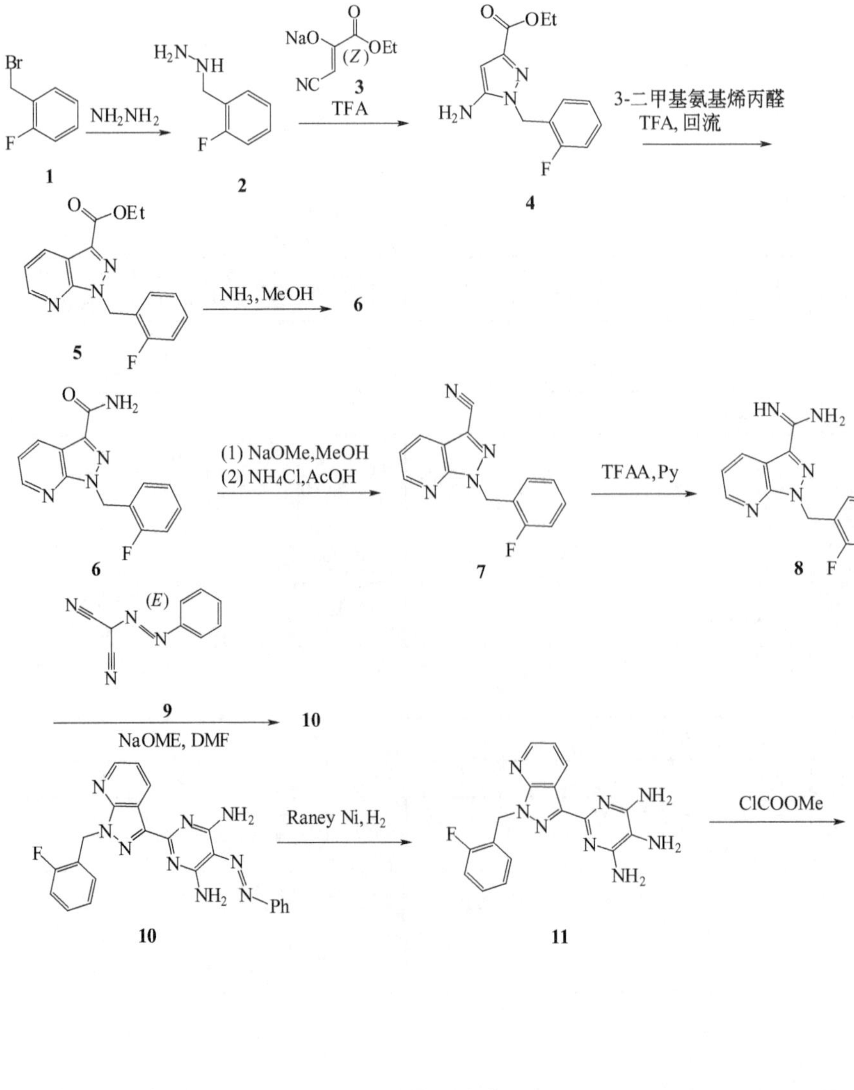

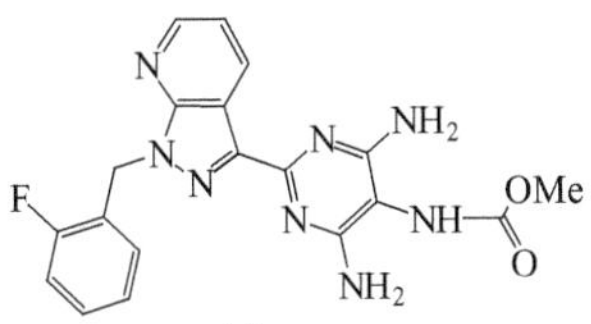

12

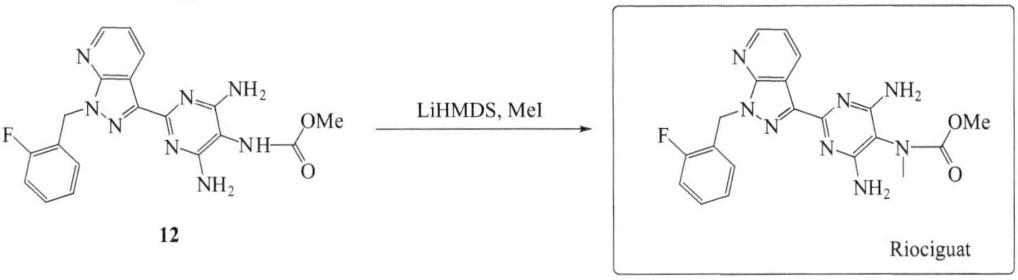

12 → LiHMDS, MeI → **Riociguat**

原始文献

Chem Med Chem，2009，4：853-865；WO2003095451 A1.

合成路线二

2-氯-3-醛基吡啶（**1**）和肼生成中间体 **2**，在 3 位引入碘以后得到关键中间体 **3**。2-氟苄溴和中间体 **3** 的 1 位氮进行烷基化反应，生成中间体 **4**。起始原料 2-氯-5-硝基-4,6-二氨基嘧啶（**5**）是本合成路线的最重要不同之处，不同的原料决定不同的路线。在四（三苯基膦）钯催化下中间体 **4** 的 3-位碘和 **5** 的 2-位发生偶联反应，由此构筑成功最重要的中间体 **6**。氢气还原硝基成氨基后，随后的反应和合成路线一的一致。

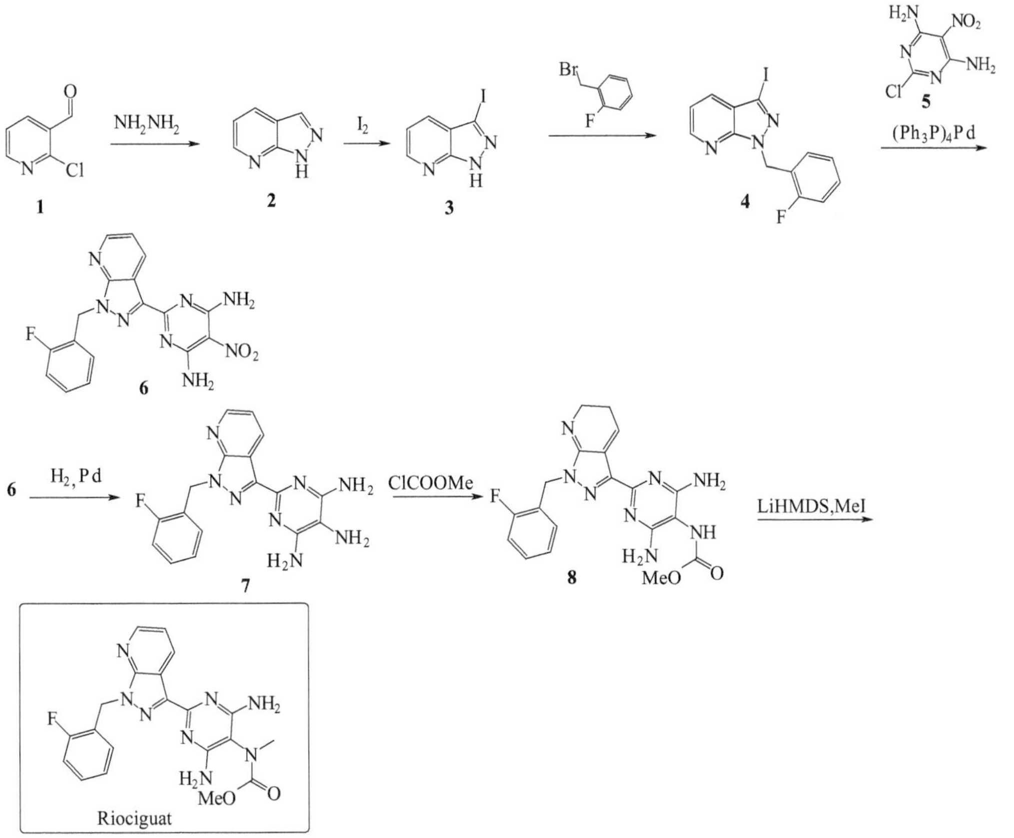

原始文献

WO2012028647；WO2011147810.

合成路线三

该合成路线来源于南京药石药物研发有限公司的专利说明书（CN 102491974 B），不同之处在于从中间 **3** 开始的在 3-位用氰基锌引入了氰基。然后与甲醇钠/甲醇反应得到中间体 **5**，随后加入氯化铵/醋酸生成关键中间体 **6**。根据该专利报道，第一步的收率是 71.6%，第二步的收率 63.7%。最后两步的收率 99%，因此总收率提高很多，反应条件温和，适合放大生产。

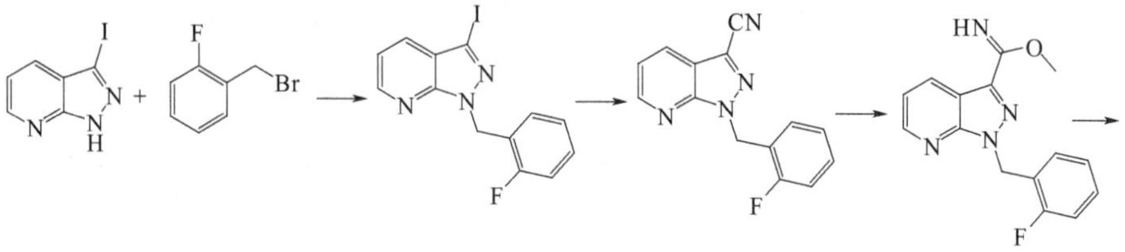

原始文献

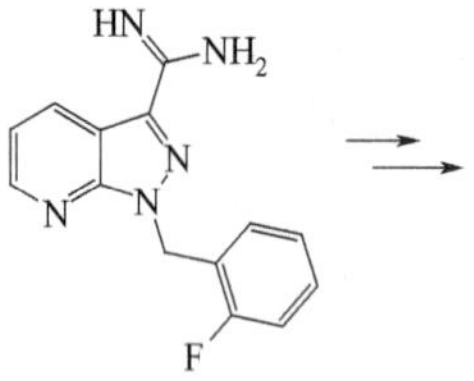

CN 102491974B.

参考文献

［1］ Li L，Li X，Liu Y，Zheng Z，Li S. Synthesis of riociguat in treatment of pulmonary hypertension. Zhongguo Yaowu Huaxue Zazhi，2011，21（2）：120-125.

［2］ Mais F-J，Rehse J，Joentgen W，Siegel K. Preparation of pyrimidine derivatives for treatment of cardiovascular disorders or erectile dysfunction. US20110130410A1，2011.

［3］ Mittendorf J，Weigand S，Alonso-Alija C，Bischoff E，Feurer A，Gerisch M，Kern A，Knorr A，Lang D，Muenter K，Radtke M，Schirok H，Schlemmer K-H，Stahl E，Straub A，Wunder F，Stasch J-P. Discovery of Riociguat（BAY 63-2521）：A Potent，Oral Stimulator of Soluble Guanylate Cyclase for the Treatment of Pulmonary Hypertension. Chem Med Chem，2009，4（5）：853-865.

（邓并）

Rivaroxaban（利伐沙班）

药物基本信息

英文通用名	Rivaroxaban
中文通用名	利伐沙班
商品名	Xarelto®

续表

CAS登记号	366789-02-8
FDA批准日期	2011/07/01
化学名	（S）-5-chloro-N-{[2-oxo-3-[4-(3-oxomorpholin-4-yl)phenyl]oxazolidin-5-yl]methyl} thiophene-2-carboxamide
SMILES 代码	O=C(C1=CC=C(Cl)S1)NC[C@H]2CN(C3=CC=C(N4C(COCC4)=O)C=C3)C(O2)=O

化学结构和理论分析

化学结构	理论分析值
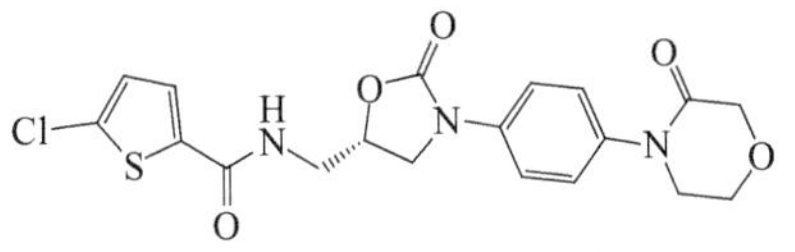	化学式：$C_{19}H_{18}ClN_3O_5S$ 精确分子量：435.06557 分子量：435.88 元素分析：C,52.35；H,4.16；Cl,8.13；N,9.64；O,18.35；S,7.36

药品说明书参考网页

生产厂家产品说明书：http://www.xareltohcp.com

美国药品网：http://www.drugs.com/cdi/rivaroxaban.html

美国处方药网页：http://www.rxlist.com/xarelto-drug.htm

药物简介

利伐沙班是拜耳公司研发成功的全球第一个直接 Xa 因子抑制剂。它能高度选择性地直接抑制呈游离或结合状态的 Xa 因子，产生抗凝作用，具有生物利用度高，治疗疾病谱广，量效关系稳定，口服方便，出血风险低的特点。

药品上市申报信息

该药物目前有 6 种产品上市。

产品一

药品名称	XARELTO		
申请号	022406	产品号	001
活性成分	Rivaroxaban(利伐沙班)	市场状态	处方药
剂型或给药途径	口服片剂	规格	10mg
治疗等效代码		参比药物	是
批准日期	2011/07/01	申请机构	JANSSEN PHARMACEUTI-CALS INC

产品二

药品名称	XARELTO		
申请号	022406	产品号	002
活性成分	Rivaroxaban(利伐沙班)	市场状态	处方药
剂型或给药途径	口服片剂	规格	15mg
治疗等效代码		参比药物	否
批准日期	2011/11/04	申请机构	JANSSEN PHARMACEUTI-CALS INC

产品三

药品名称	XARELTO		
申请号	022406	产品号	003
活性成分	Rivaroxaban(利伐沙班)	市场状态	处方药
剂型或给药途径	口服片剂	规格	20mg
治疗等效代码		参比药物	是
批准日期	2011/11/04	申请机构	JANSSEN PHARMACEUTI-CALS INC

产品四

药品名称	XARELTO		
申请号	202439	产品号	001
活性成分	Rivaroxaban(利伐沙班)	市场状态	处方药
剂型或给药途径	口服片剂	规格	10mg
治疗等效代码		参比药物	是
批准日期		申请机构	JANSSEN PHARMACEUTI-CALS INC

产品五

药品名称	XARELTO		
申请号	202439	产品号	002
活性成分	Rivaroxaban(利伐沙班)	市场状态	处方药
剂型或给药途径	口服片剂	规格	15mg
治疗等效代码		参比药物	是
批准日期		申请机构	JANSSEN PHARMACEUTI-CALS INC

产品六

药品名称	XARELTO		
申请号	202439	产品号	003
活性成分	Rivaroxaban(利伐沙班)	市场状态	处方药
剂型或给药途径	口服片剂	规格	20mg
治疗等效代码		参比药物	是
批准日期		申请机构	JANSSEN PHARMACEUTI-CALS INC

药品专利或独占权保护信息

该药物目前没有专利和独占权保护。

合成路线一

该合成路线来源于山东临沂大学和鲁南制药集团杨银萍等发表的论文［中国药物化学杂志，2013，23（1）：26-29］。该合成方法的总收率为47％，适合于放大生产。

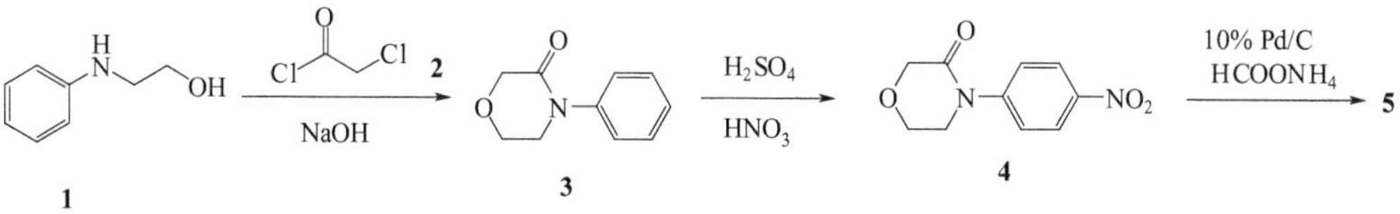

该合成路线以化合物 **1** 为原料，与化合物 **2** 在碱性条件下成环，得到相应的化合物 **3**。化合物 **3** 再经硝化反应，得到化合物 **4**，**4** 再经碳钯催化氢化后得到化合物 **5**。

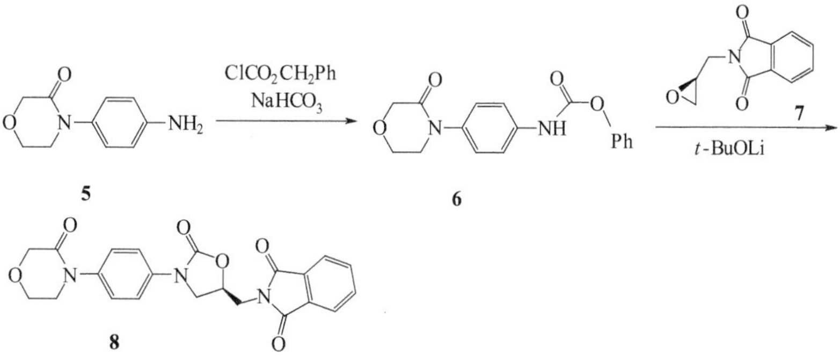

化合物 **5** 与氯乙酸酯反应得到相应的酰胺化合物 **6**。化合物 **6** 在碱性条件下与化合物 **7** 反应，并经分子内环合反应，可达到相应的化合物 **8**。

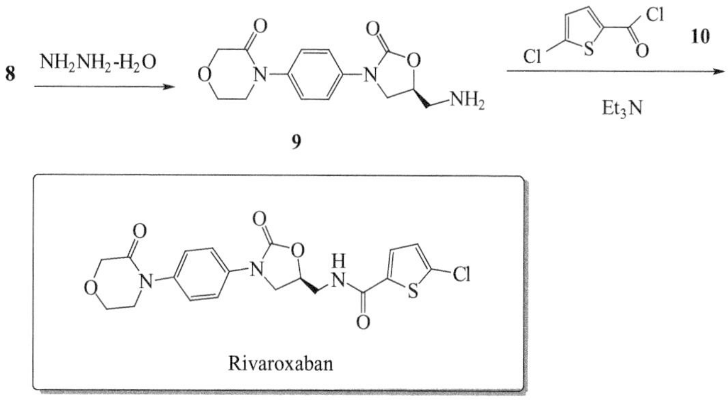

化合物 **8** 经水合肼水解后，得到相应的氨基化合物 **9**。化合物 **9** 再与酰氯化合物 **10** 反应，可得到目标化合物。

原始文献

中国药物化学杂志，2013，23（1）：26-29.

合成路线二

该合成路线来源于高扬、梁斌、倪国伟等人的论文［中国新药杂志，2012，21（4）：371-374］。该论文作者介绍了多种合成路线，以下是该文章中介绍的方法之一。

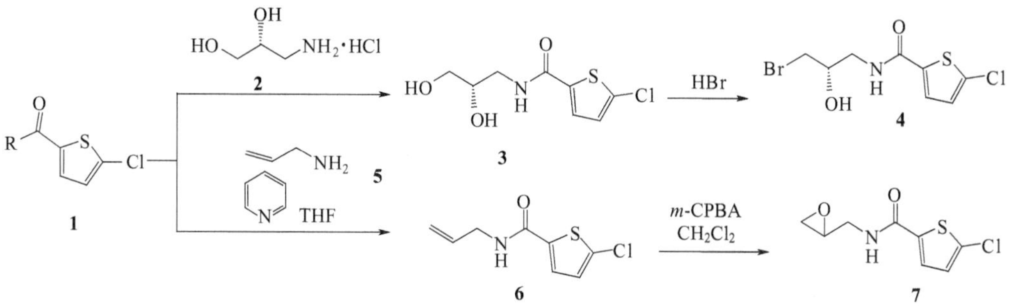

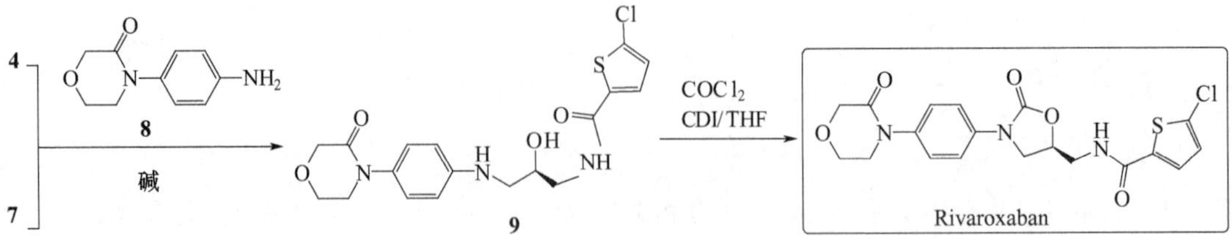

该方法描述了两种制备化合物 **9** 的方法，即分别用化合物 **1** 与化合物 **2** 和化合物 **5** 反应，得到化合物 **4** 和化合物 **7**。这两种化合物分别与化合物 **8** 反应即可以得到化合物 **9**。化合物 **9** 在光气作用下环合得到目标产物。

原始文献

中国新药杂志，2012，21（4）：371-374.

合成路线三

该合成路线来源于高扬、梁斌、倪国伟等人的论文［中国新药杂志，2012，21（4）：371-374］。该论文作者介绍了多种合成路线，以下是该文章中介绍的方法之一。

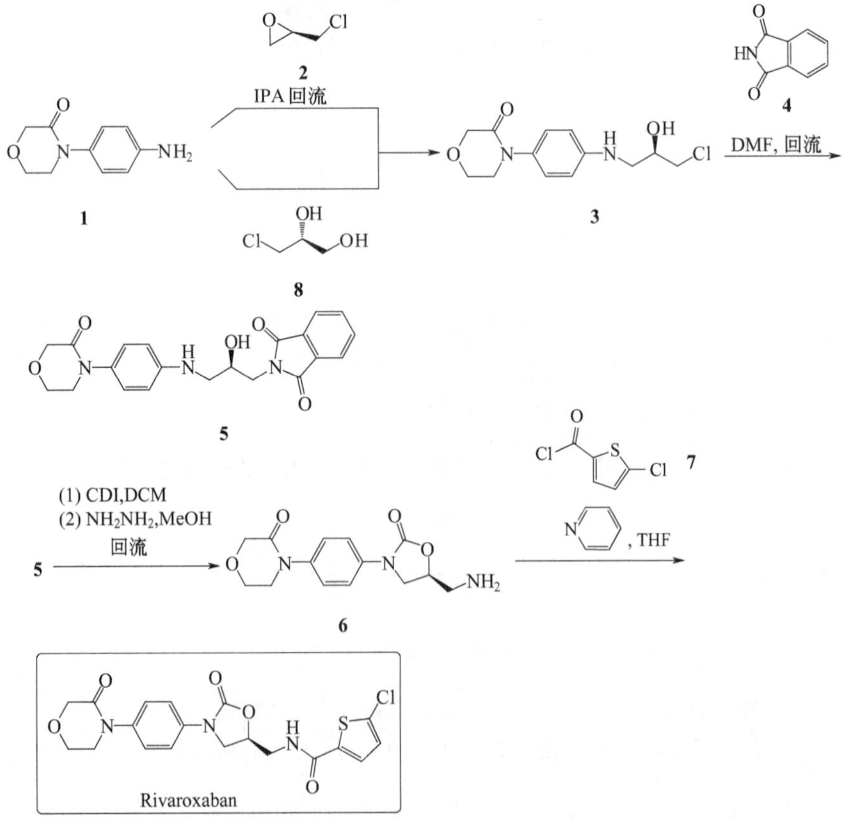

该合成路线使用化合物 **1** 为原料，可分别与化合物 **2** 和化合物 **8** 反应得到化合物 **3**。化合物 **3** 与化合物 **4** 在 DMF 中回流反应，可得到相应的化合物 **5**。化合物 **5** 与 CDI 反应环合，再经水合肼水解，可生成相应的化合物 **6**。化合物 **6** 的氨基与酰氯化合物 **7** 反应可得到目标化合物。

原始文献

中国新药杂志，2012，21（4）：371-374.

合成路线四

该合成路线来源于高扬、梁斌、倪国伟等人的论文［中国新药杂志 2012，21（4）：371-374］。该论文作者介绍了多种合成路线，以下是该文章中介绍的方法之一。

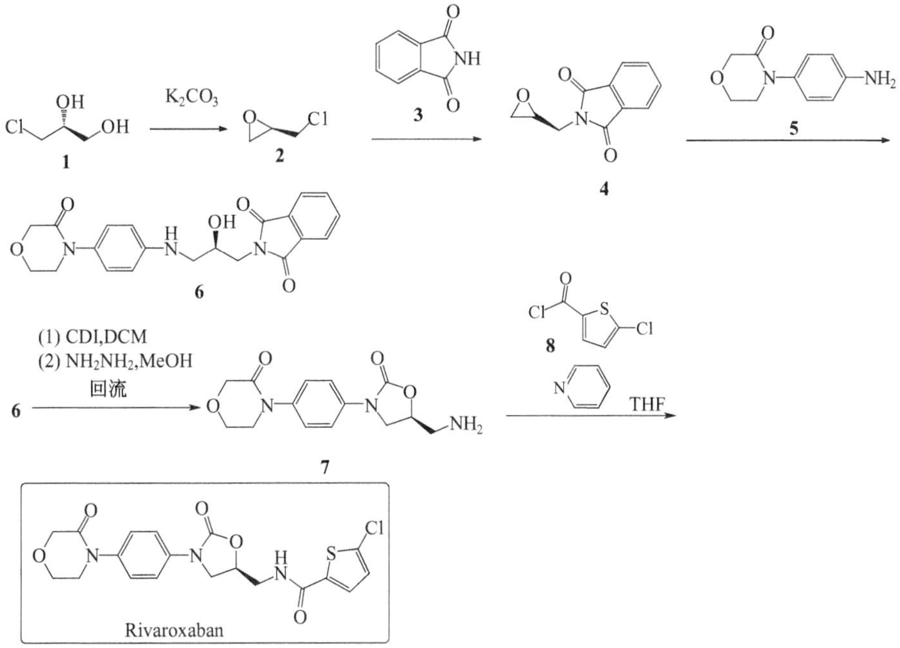

该合成路线以化合物 **1** 为原料，与 K_2CO_3 反应后，分子内环合得到化合物 **2**，与化合物 **3** 在碱性条件下反应，可得到相应的化合物 **4**。化合物 **4** 与化合物 **5** 发生开环反应，可得到相应的化合物 **6**。化合物 **6** 与 CDI 发生分子环合反应，再与水合肼反应得到相应的化合物 **7**。化合物 **7** 与酰氯化合物 **8** 反应可得到目标化合物。

原始文献

中国新药杂志，2012，21（4）：371-374.

合成路线五

该合成路线来源于高扬、梁斌、倪国伟等人的论文［中国新药杂志，2012，21（4）：371-374］。该论文作者介绍了多种合成路线，以下是该文章中介绍的方法之一。

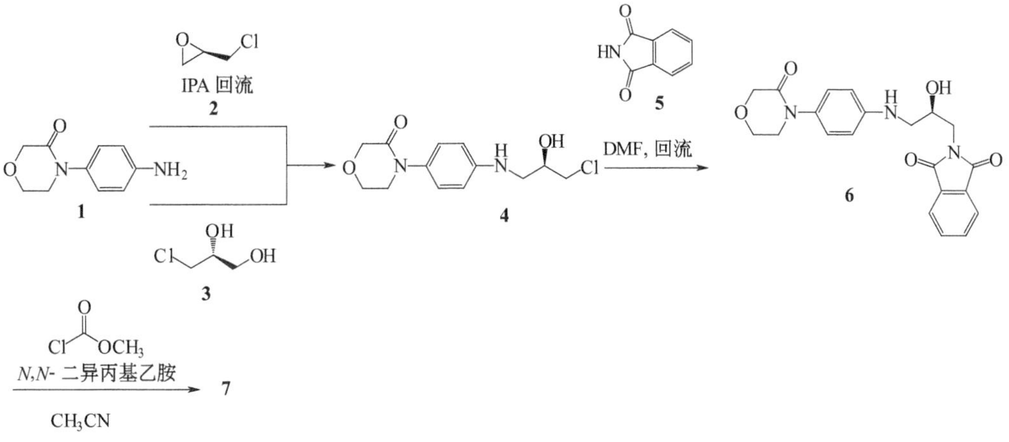

该合成方法以化合物 **1** 为原料，分别与化合物 **2** 和化合物 **3** 反应后，可得到相应的化合物 **4**。化合物 **4** 与化合物 **5** 反应可得到化合物 **6**。化合物 **6** 与氯甲酰甲酯反应得到相应的氨基取代化合物 **7**，后者再与化合物 **8** 反应得到酯类化合物 **9**。化合物 **9** 在与甲胺的作用下，脱去保护基，再发生分子内环合，得到目标化合物。

原始文献

中国新药杂志，2012，21（4）：371-374.

合成路线六

该合成路线来源于高扬、梁斌、倪国伟等人的论文［中国新药杂志，2012，21（4）：371-374］。该论文作者介绍了多种合成路线，以下是该文章中介绍的方法之一。

该方法以化合物 **1** 为原料，与化合物 **2** 反应后，可得到相应的化合物 **3**。在 NaH 的催化下，化合物 **3** 与化合物 **4** 反应，得到相应的氨基取代化合物 **5**。化合物 **5** 与化合物 **6** 反应，可得到目标化合物。反应过程中，化合物 **6** 的氨基通过亲核加成方式，进攻化合物 **5** 的环氧丙烷，发生开环反应，接着再发生分子内环合反应，最后被转化为目标化合物。

原始文献

中国新药杂志，2012，21（4）：371-374.

参考文献

［1］ Berwe M，Thomas C，Rehse J，Grotjohann D. Preparation of rivaroxaban. WO2005068456A1，2005.

［2］ Berzosa Rodriguez X，Marquillas Olondriz F，Llebaria Soldevilla A，Serra Comas C. Process for obtaining rivaroxaban and intermediate thereof. WO2012159992A1，2012.

［3］　Bodhuri P，Weeratunga G. Processes for preparation of Rivaroxaban and intermediates thereof. WO2012051692A1，2012.

［4］　Bodhuri P，Weeratunga G. Processes for preparation of rivaroxaban and intermediates thereof. US20110034465A1，2011.

［5］　Bodhuri P，Weeratunga G. Processes for preparation of Rivaroxaban and intermediates thereof. WO2010124385A1，2010.

［6］　Dwivedi S D，Prasad A，Pal D R，Sharma M H P，Jain K N，Patel N B. Processes and intermediates for preparing rivaroxaban. WO2013098833A2，2013.

［7］　Hong J，Zhang Z，Li J，Wang J. Process for preparation of rivaroxaban. CN102702186A，2012.

［8］　Li C，Liu Y，Zhang Y，Zhang X，An approach to the anticoagulant agent rivaroxaban via an isocyanate-oxirane cycloaddition promoted by MgI$_2$ etherate J Chem Res，2011，35（7）：400-401.

［9］　Li G，Zheng J，Gao H，Che D. Synthetic rivaroxaban intermediate and preparation method thereof. WO2012092873A1，2012.

［10］　Mangion B，Duran Lopez E. Process for preparation and analysis of rivaroxaban. WO2012035057A2，2012.

［11］　Nonnenmacher M，Jung J. Method for producing 5-chloro-N-（｛（5S）-2-oxo-3-［4-（3-oxo-4-morpholinyl）phenyl］-oxazolidin-5-yl｝methyl）-2-thiophenecarboxamide，a blood coagulation factor inhibitor. EP2388260A1，2010.

［12］　Perzborn E. Preparation of oxazolidinones for the treatment of thromboembolic disorders. WO2008052671A2，2008.

［13］　Rafecas Jane L，Comely A C，Ferrali A，Amela Cortes C，Pasto Aguila M. Process for the preparation of rivaroxaban and intermediates thereof. WO2011080341A1，2011.

［14］　Rao D M，Reddy B V. A process for the preparation of chlorooxooxomorpholinylphenyl-oxazolidinylmethylthiophenecarboxamide. WO2013118130A1，2013.

［15］　Rao D M，Reddy B V. Processes for the preparation of 5-chloro-N-（｛（5S）-2-oxo-3-［4-（3-oxo-4-morpholinyl）phenyl］-1,3-oxazolidin-5-yl｝methyl）-2-thiophenecarboxamide and inter-mediates thereof. WO2013105100A1，2013.

［16］　Rao D M，Reddy P K，Reddy B V. Processes for the preparation of rivaroxaban and its intermediates. WO2013046211A1，2013.

［17］　Rao D M，Reddy P K，Reddy B V. A process for the preparation of rivaroxaban. WO2012156983A1，2012.

［18］　Roehrig S，Straub A，Pohlmann J，Lampe T，Pernerstorfer J，Schlemmer K-H，Reinemer P，Perzborn E. Discovery of the Novel Antithrombotic Agent 5-Chloro-N-（｛（5S）-2-oxo-3-［4-（3-oxomorpholin-4-yl）phenyl］-1,3-oxazolidin-5-yl｝methyl）thiophene-2-carboxamide（BAY 59-7939）：An Oral，Direct Factor Xa Inhibitor. J Med Chem，2005，48（19）：5900-5908.

［19］　Shih K-H，Lin H-Y，Hsieh Y-J，Liu C-W. Method for preparing 5（S）-aminomethyl-3-aryl-2-oxazolidinone. CN102311400A，2010.

［20］　Singh P K，Hashmi M S，Sachdeva Y P，Khanduri C H. Process for the preparation of rivaroxaban and intermediates. WO2013156936A1，2013.

［21］　Singh P K，Sharma M K，Khanduri C H. Process for the preparation of rivaroxaban. WO2013175431A1，2013.

［22］　Sipos E，Kovanyine Lax G，Havasi B，Volk B，Krasznai G，Ruzsics G，Barkoczy J，Toth Lauritz M，Lukacs G，Boza A，Hegedues L J，Taborine Toth M J，Pecsi E. Process for preparation of rivaroxaban. WO2012153155A1，2012.

［23］　Straub A，Lampe T，Pohlmann J，Roehrig S，Perzborn E，Schlemmer K-H，Pernerstorfer J. Preparation of substituted oxazolidinones for use in treatment of disorders associated with blood coagulation. US7157456B2，2007.

［24］　Sturm H，De Souza D，Knepper K，Albert M. Method for the preparation of rivaroxaban. WO2011098501A1，2011.

［25］　Sturm H，Knepper K. Method for preparation of oxazolidinone derivatives via coupling of 4-chloromethyl-［1,3,2］dioxathiolane 2,2-dioxide and 4-（4-aminophenyl）morpholin-3-one. WO2012140061A1，2012.

［26］　Tang B，Xu G，Zhang M. Method for synthesizing rivaroxaban from 4-（4-aminophenyl）-3-morpholinone. CN102786516A，2012.

［27］　Thomas C R. Procedure for the production of 5-chloro-N-（｛（5S）-2-oxo-3-［4-（3-oxo-4-morpholinyl）-phenyl］-1,3-oxazolidin-5-yl｝-methyl）-2-thiophenecarboxamide. DE10300111A1，2004.

［28］　Vishnu Newadkar R，Changdeo Gaikwad A，Madhukar Harad A，Dalmases Barjoan P. Process for the preparation of rivaroxaban through acid addition salts of its intermediate. WO2013053739A1，2013.

［29］　Yang Y-P，Wang H-B，Ma Q-W. Improved synthesis of rivaroxaban. Zhongguo Yaowu Huaxue Zazhi，2014，23（1）：26-29.

［30］　Yuan J，Huang C-J，Zhang J-W，Zhang S-J，Xu W-R. Synthesis of rivaroxaban. Zhongguo Xinyao Zazhi，2011，19（23）：2184-2187.

［31］　Zhang X. Rivaroxaban intermediate and its application for synthesis of rivaroxaban. CN102250077A，2011.

［32］　Zhang X，Li C，Zhang Y，Chen Q. Rivaroxaban intermediate and method for preparing rivaroxaban with the intermediate. CN102250076A，2011.

（邓并）

Roflumilast（罗氟司特）

药物基本信息

英文通用名	Roflumilast
中文通用名	罗氟司特
商品名	Daxas，Daliresp
CAS 登记号	162401-32-3
FDA 批准日期	2011/2/28
化学名	3-(cyclopropylmethoxy)-N-(3,5-dichloropyridin-4-yl)-4-(difluoromethoxy)benzamide
SMILES 代码	O=C(NC1=C(Cl)C=NC=C1Cl)C2=CC=C(OC(F)F)C(OCC3CC3)=C2

化学结构和理论分析

化学结构	理论分析值
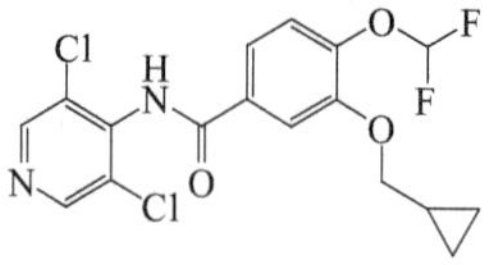	化学式：$C_{17}H_{14}Cl_2F_2N_2O_3$ 精确分子量：402.03495 分子量：403.21 元素分析：C，50.64；H，3.50；Cl，17.59；F，9.42；N，6.95；O，11.90

药品说明书参考网页

生产厂家产品说明书：http://www.daliresp.com
美国药品网：http://www.drugs.com/cdi/roflumilast.html
美国处方药网页：http://www.rxlist.com/daliresp-drug.htm

药物简介

罗氟司特（Roflumilast）是由 Forest Lab 的子公司 Forest Pharmaceuticals 生产上市的磷酸二酯酶-4（PDE-4）抑制剂，商品名 Daxas。2011 年 2 月 28 日，Roflumilast 经美国 FDA 批准上市，用于慢性阻塞性肺炎（COPD）的治疗。FDA 批准的罗氟司特用药指导信息显示，其有潜在的精神健康风险，包括情绪、思维或行为的改变，以及不明原因的体重减轻。罗氟司特不被期望用于 COPD 其他症状，包括肺气肿的治疗。罗氟司特不能用于突发性呼吸问题（急性支气管痉挛）的治疗，也不推荐用于 18 周岁以下的患者。有报道的主要不良反应包括：腹泻、恶心、头痛、失眠、背痛、食欲低下和头昏。

药品上市申报信息

该药物目前有 1 种产品上市。

药品名称	DALIRESP		
申请号	022522	产品号	001
活性成分	Roflumilast(罗氟司特)	市场状态	处方药

续表

剂型或给药途径	口服片剂	规格	500mg
治疗等效代码		参比药物	是
批准日期	2011/02/28	申请机构	FOREST RESEARCH INSTITUTE INC

药品专利或独占权保护信息

美国专利号或独占权代码	专利或独占权过期日期	专利保护类型、专利名称或市场独占权保护内容
8536206	2024/03/08	专利用途代码 U-1115
8604064	2024/03/08	专利用途代码 U-1115
5712298	2016/01/27	化合物专利，产品专利，专利用途代码 U-1115
8618142	2024/03/08	产品专利
8431154	2023/02/19	产品专利
NCE	2016/02/28	参见本书附录关于独占权代码部分

合成路线一

以下合成路线来源于 Amari 和 Armani 等人发表的专利说明书（WO 2008006509）和 Lohray 等人发表的专利说明书（IN 2004MU00478）等文献。该路线是以化合物 3,4-二羟基苯甲醛（**1**）为起始原料，经过多步反应制得罗氟司特。

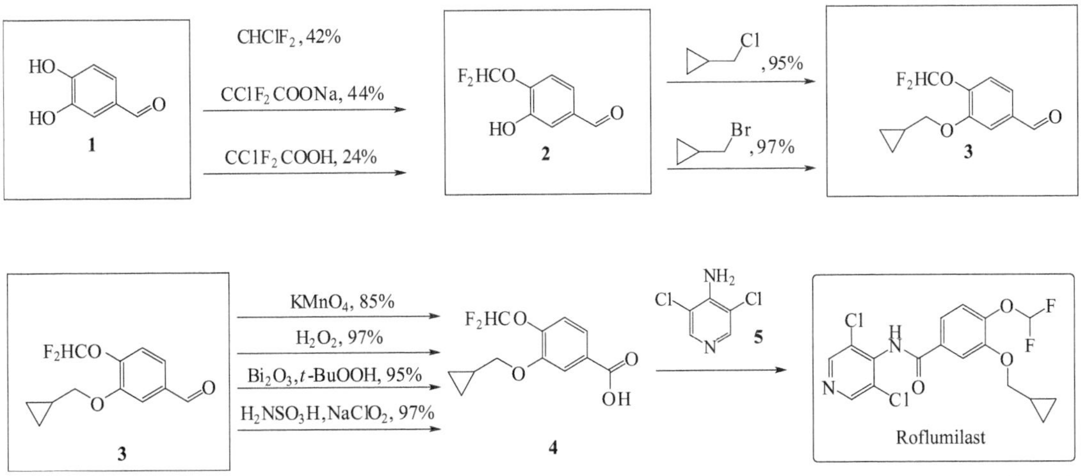

该路线中以 3,4-二羟基苯甲醛（**1**）为原料，可以通过在碱存在下通入氯二氟甲烷进行烃化得到中间体 **2**，也可以与 2-氯-2,2-二氟醋酸钠或者其酸反应制备，然后与环丙基卤代丁烷反应制备中间体 **3**，再把醛氧化成酸，随后与 4-氨基-3,5-二氯吡啶（**5**）反应制备罗氟司特。该路线原料简单易得，价格便宜，但是由于第一步烷基化时的选择性比较差，反应不易控制，且异构体杂质比较多造成纯化困难，限制了它们的工业化应用。

原始文献

WO 2008006509，2008；IN 2004MU00478，2004；WO 2012147098，2012.

合成路线二

以下合成路线来源于 Williams 等人发表的专利说明书（WO 2004033430）。该路线是以儿茶酚为起始原料，经过多步反应制得罗氟司特。

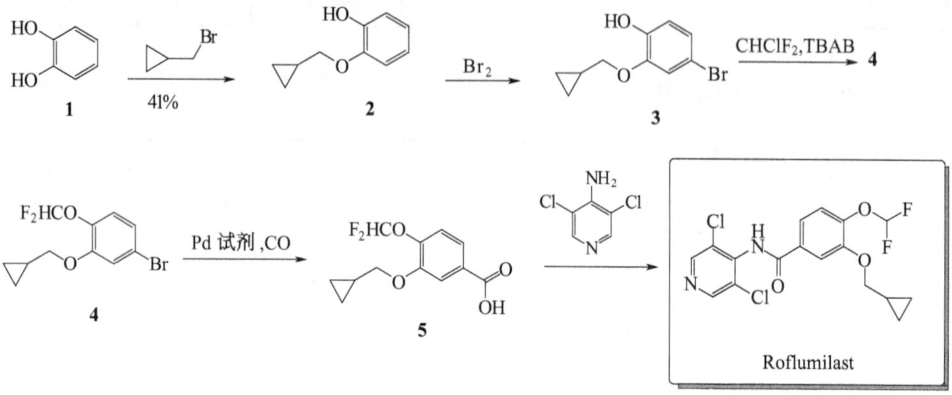

该路线是以儿茶酚为原料，烷烃化后再溴代，然后与二氟氯甲烷反应，之后在钯催化下插羰以制备中间体酸。该路线与路线一类似，在烷基化的时候也涉及一个反应控制和产品纯化的问题，而且在插羰反应中需要用到贵金属催化剂，拉升了产品成本且对设备要求也比较高，而且插羰反应需要用到剧毒的一氧化碳气体，这些因素都极大地限制了该路线在工业化中的应用。

原始文献

WO 2004033430，2004.

合成路线三

以下合成路线来源于廖明毅等人发表的专利说明书（CN 102093194）。该路线是以3-硝基-4-羟基苯甲酸酯为起始原料，经过多步反应制得罗氟司特。

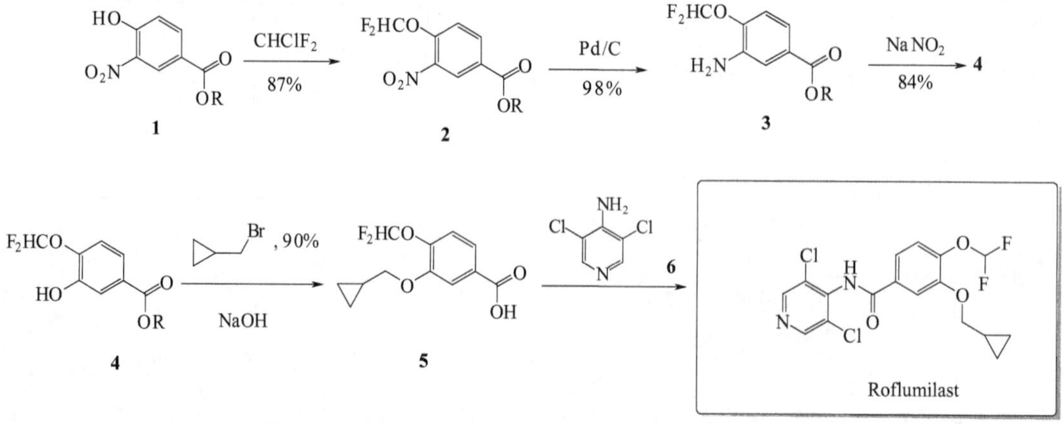

该方法是以 3-硝基-4 羟基苯甲酸酯为原料，在苄基三甲基氯化铵和氢氧化钠存在下用氯二氟甲烷烃化得 **2**，然后氢化还原成胺再重氮化得 **4**，最后在无水碳酸铯存在下用环丙基溴甲烷烃化再用氢氧化钠水解制备中间体酸。该方法避免了烷基化时的选择性问题，各步反应收率都比较高，但是路线较长，起始原料价格比较贵。

原始文献

CN 102093194，2011.

合成路线四

以下合成路线来源于严洁等人发表的专利说明书（CN 102351787）。该路线是以对羟基苯腈为起始原料，经过多步反应制得罗氟司特。

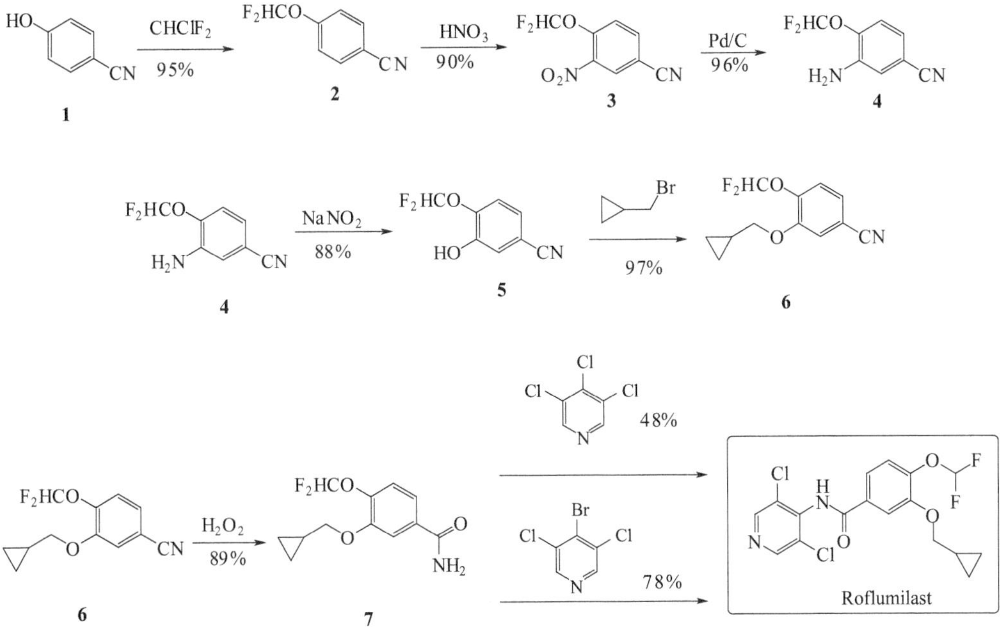

该路线是以对羟基苯腈为起始原料，先烷基化再硝化还原重氮化，在酚羟基上接上环丙基丁烷后再用双氧水氧化制得酰胺，之后与三氯吡啶或者3,5-二氯-4-溴吡啶对接得到罗氟司特。该法的优点是各步收率比较高，但合成路线长，最后一步虽然采用加入配体4,5-双（二苯基膦)-9,9-二甲基氧杂蒽的方式解决了收率低的问题，但是增加了成本，而且3,5-二氯-4-溴吡啶价格比较昂贵，生产成本较高。

原始文献

CN 102351787，2012.

合成路线五

以下合成路线来源于Bose等人发表的专利说明书（WO 2005026095）。该路线是以3,4-二羟基苯甲酸甲酯为起始原料，经过多步反应制得罗氟司特。

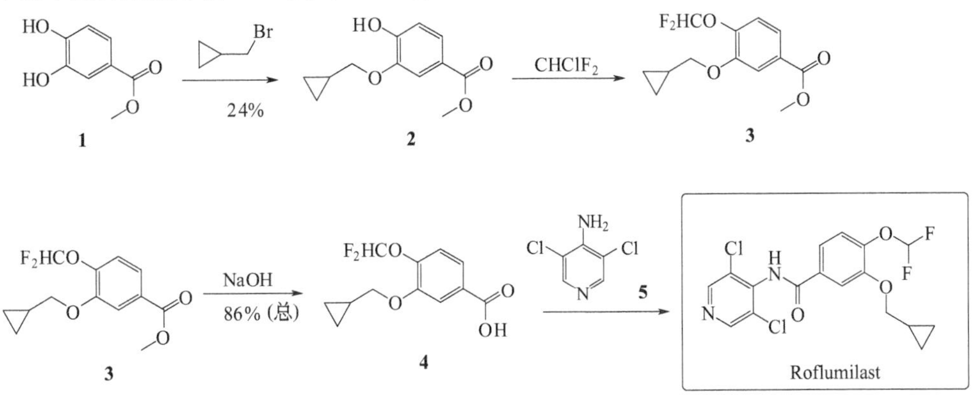

该路线是以3,4-二羟基苯甲酸甲酯为起始原料，先在碱性条件下上选择性上一个环丙基丁

烷，然后在另一个酚羟基上烷基化，之后水解成酸，然后与3,5-二氯-4-氨基吡啶（**5**）缩合制备罗氟司特。同第一条路线类似，该路线中第一步依然存在有反应选择性差、纯化困难、收率低等诸多问题。

原始文献

WO 2005026095，2005.

合成路线六

以下合成路线来源于 Amschler 等人发表的专利说明书（US 5712298）。该路线是以异香兰素为起始原料，经过多步反应制得罗氟司特。

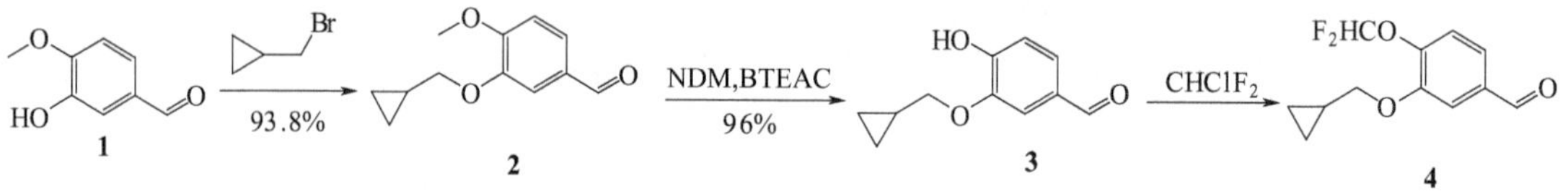

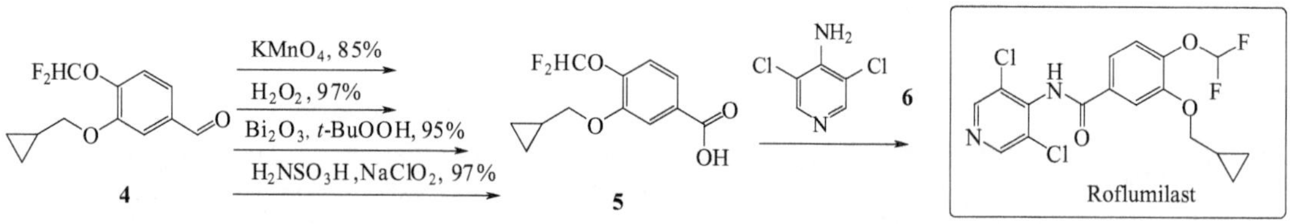

该方法是以异香兰素为起始原料，在无水碳酸钾和苄基三乙基氯化铵存在下用环丙基溴甲烷烃化得 **2**，**2** 在 BTEAC（苄基三乙基氯化铵）存在下用十二硫醇脱甲基得 **3**。**3** 在氢氧化钠和 BTMAC（苄基三甲基氯化铵）存在下用氯二氟甲烷进行烃化得 **4**，然后氧化成酸再与 3,5-二氯-4-氨基吡啶（**6**）缩合制备罗氟司特。该路线虽然路线较长，但是每步的收率比较高，存在的问题是脱甲基步骤使用了十二硫醇，不仅难以后处理，而且味道很臭，环境污染严重，不利于放大生产。

原始文献

US 5712298，1998；CN 102336704，2012.

合成路线七

以下合成路线来源于 Lohray 等人发表的专利说明书（IN 2004MU00478）等文献。该路线是以香兰素为起始原料，经过多步反应制得罗氟司特。

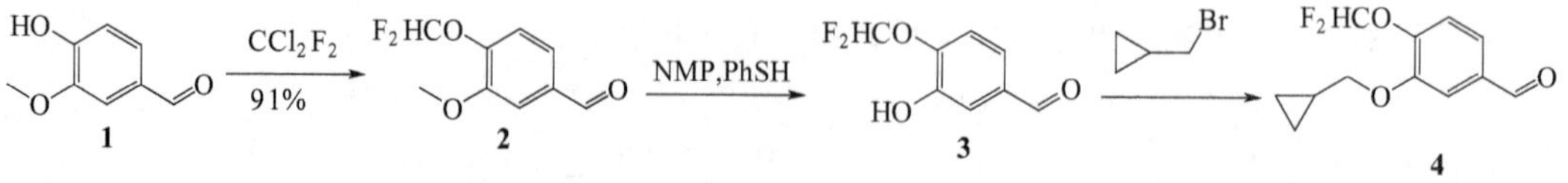

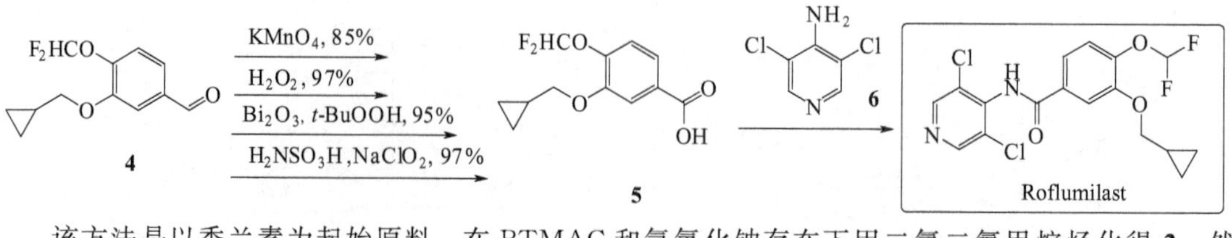

该方法是以香兰素为起始原料，在 BTMAC 和氢氧化钠存在下用二氯二氟甲烷烃化得 **2**，然后用苯硫酚脱甲基得 **3**，用环丙基溴甲烷烃化得 **4**，然后氧化成酸再与 3,5-二氯-4-氨基吡啶（**6**）缩合制备罗氟司特。该法与上条路线类似，优点是烃化反应选择性高，总收率比较高，但是存在

的问题也很明显，第一步反应需要用到二氯二氟甲烷进行烃化，毒性很高，脱甲基时需要用到苯硫醇，同样会有恶臭的气味，空气污染比较严重。

合成路线八

以下合成路线来源于田广辉等人发表的专利说明书（CN 102775345）。该路线是以 3,4-二羟基苯甲酸为起始原料，经过多步反应制得罗氟司特。

该路线是以 3,4-二羟基苯甲酸为起始原料，先用乙酸酐保护双羟基，然后用草酰氯或氯化亚砜制得酰氯，再与 3,5-二氯-4-氨基吡啶反应制得酰胺 **3**，随后水解再烃化得罗氟司特。烃化有两种方法：方法一是先在 TBAB 存在下用氯二氟甲烷烃化，再用环丙基溴甲烷烃化制得罗氟司特；方法二是先用环丙基溴甲烷烃化，再用氯二氟甲烷烃化制得罗氟司特。无论哪种方法，都存在有烃化选择性的问题，随之而来的就是纯化困难，收率低等一系列问题。而且该路线由于增加了羟基保护和脱保护的反应步骤，合成路线较长，生产成本也比较高。

原始文献

CN 102775345，2012.

参考文献

[1] 钟永刚，陈国华，李昂. 罗氟司特的合成 [J]. 中国医药工业杂志，2011，42（12）：884-886.

[2] Amari G，Armani E，Ghidini E. Derivatives of 1-phenyl-2-pyridynyl alkylene alcohols as phosphodiesterase inhibitors. WO 2008006509，2008.

[3] Lohray B B，Lohray V B，Dave M G. Preparation of roflumilast and its analogs. IN 2004MU00478，2007.

[4] Gavhane S B，Wakade S M，Kadam S M. Novel process for the preparation of 3-(cyclopropyl-methoxy)-N-(3,5-di-chloropyridin-4-yl)-4-(difluoromethoxy) benzamide. WO 2012147098，2012.

[5] 王一茜，戚太林，刘威如. 一种罗氟司特原料及中间体的制备方法. CN102532011，2012.

[6] Williams E L，Wu T C. Process for production of fluoroalkoxy-substituted benzamides and their intermediates. WO 2004033430，2004.

[7] 廖明毅，李瑞，杨少宁. 3-环丙基甲氧基-4-二氟甲氧基苯甲酸的合成新方法. CN 102093194，2011.

[8] 严洁，黄欣. 高生物利用度的罗氟司特化合物. CN 102351787，2012.

[9] Bose P，Sachdeva Y P，Rathore R S，et al. Process for the preparation fo roflumilast. WO 2005026095，2005.

[10] 丁克，朱克明，肖广常. 一种制备罗氟司特的方法. CN 102336704，2012.

[11] Amschler H Radolfzell. Fluoroalkozy-substituted benzamides and their use as cyclic nucleotide phosphodiesterase inhibitors. US 5712298，1998.

[12] 田光辉，王治升，陈基. 制备罗氟司特的方法及中间体. CN 102775345，2012.

[13] 剧仑，邹江，杨琰. 一种制备罗氟司特的方法. CN 102336703，2012.

[14] Kohl B，Mueller B，Palosch W. Novel process for the preparation of roflumilast. WO 2004080967，2004.

[15] 王颖，闫革新，李泽林. 一种制备 N-(3,5-二氯吡啶-4-基)-3-环丙基甲氧基-4-二氟甲氧基苯甲酰胺的方法. CN

102336705，2012.

[16] 刘立刚，李瑞文，王猛. 一种制备罗氟司特的方法及其中间体. CN 102276522，2011.

（邓并）

Ruxolitinib（鲁索替尼）

药物基本信息

英文通用名	Ruxolitinib
中文通用名	鲁索替尼
商品名	Jakafi
CAS 登记号	941678-49-5
FDA 批准日期	2011/11/16
化学名	(3R)-3-cyclopentyl-3-[4-(7H-pyrrolo[2,3-d]pyrimidin-4-yl)pyrazol-1-yl]propanenitrile
SMILES 代码	N♯CC[C@H](C1CCCC1)N2N=CC(C3=C4C(NC=C4)=NC=N3)=C2

化学结构和理论分析

化学结构	理论分析值
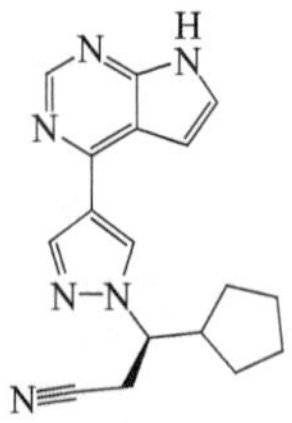	化学式：$C_{17}H_{18}N_6$ 精确分子量：306.15929 分子量：306.36 元素分析：C，66.65；H，5.92；N，27.43

药品说明书参考网页

生产厂家产品说明书：http://www.jakafi.com

美国药品网：http://www.drugs.com/cdi/ruxolitinib.html

美国处方药网页：http://www.rxlist.com/jakafi-drug.htm

药物简介

2011 年 11 月 16 日，FDA 批准鲁索替尼用于患有一种骨髓疾病——中或高风险骨髓纤维化患者的治疗，包括原发性骨髓纤维化、真性红细胞增多性骨髓纤维化及原发性血小板增多性骨髓纤维化。2014 年 12 月 4 日，美国 FDA 批准鲁索替尼（Ruxolitinib，商品名 Jakafi）用于治疗真性红细胞增多症患者，这是一种慢性骨髓疾病。鲁索替尼通过抑制参与调节血液及免疫功能的 Janus 相关激酶（JAK）1 和 2 发挥作用。这款药物获批治疗真性红细胞增多症将帮助降低脾肿大的发生及静脉切开术的需求，静脉切开术是将体内过多血液移出体外的一种手术。

药品上市申报信息

该药物目前有 5 种产品上市。

产品一

药品名称	JAKAFI		
申请号	202192	产品号	001
活性成分	Ruxolitinib Phosphate（磷酸鲁索替尼）	市场状态	处方药
剂型或给药途径	口服片剂	规格	5mg（自由碱）
治疗等效代码		参比药物	否
批准日期	2011/11/16	申请机构	INCYTE CORP

产品二

药品名称	JAKAFI		
申请号	202192	产品号	002
活性成分	Ruxolitinib Phosphate（磷酸鲁索替尼）	市场状态	处方药
剂型或给药途径	口服片剂	规格	10mg（自由碱）
治疗等效代码		参比药物	否
批准日期	2011/11/16	申请机构	INCYTE CORP

产品三

药品名称	JAKAFI		
申请号	202192	产品号	003
活性成分	Ruxolitinib Phosphate（磷酸鲁索替尼）	市场状态	处方药
剂型或给药途径	口服片剂	规格	15mg（自由碱）
治疗等效代码		参比药物	否
批准日期	2011/11/16	申请机构	INCYTE CORP

产品四

药品名称	JAKAFI		
申请号	202192	产品号	004
活性成分	Ruxolitinib Phosphate（磷酸鲁索替尼）	市场状态	处方药
剂型或给药途径	口服片剂	规格	20mg（自由碱）
治疗等效代码		参比药物	否
批准日期	2011/11/16	申请机构	INCYTE CORP

产品五

药品名称	JAKAFI		
申请号	202192	产品号	005
活性成分	Ruxolitinib Phosphate（磷酸鲁索替尼）	市场状态	处方药
剂型或给药途径	口服片剂	规格	25mg（自由碱）
治疗等效代码		参比药物	是
批准日期	2011/11/16	申请机构	INCYTE CORP

药品专利或独占权保护信息

美国专利号或 独占权代码	专利或独占权 过期日期	专利保护类型、专利名称或市场独占权保护内容
7598257	2027/12/24	化合物专利,产品专利,专利用途代码 U-1622,U-1201
8822481	2028/06/12	专利用途代码 U-1573
8829013	2028/06/12	专利用途代码 U-1622
8829013	2028/06/12	专利用途代码 U-1022
8722693	2028/06/12	化合物专利,产品专利
8415362	2027/12/24	化合物专利,产品专利
NCE	2016/11/16	参见本书附录关于独占权代码部分
ODE	2018/11/16	参见本书附录关于独占权代码部分
ODE	2021/12/04	参见本书附录关于独占权代码部分
I-699	2017/12/04	参见本书附录关于独占权代码部分

合成路线一

本合成路线来源于 Novartis Pharma 和 Incyte Corporation 的 Vannucchi 和 Alessandro M. 等人发表的专利说明书（WO 2013023119）。

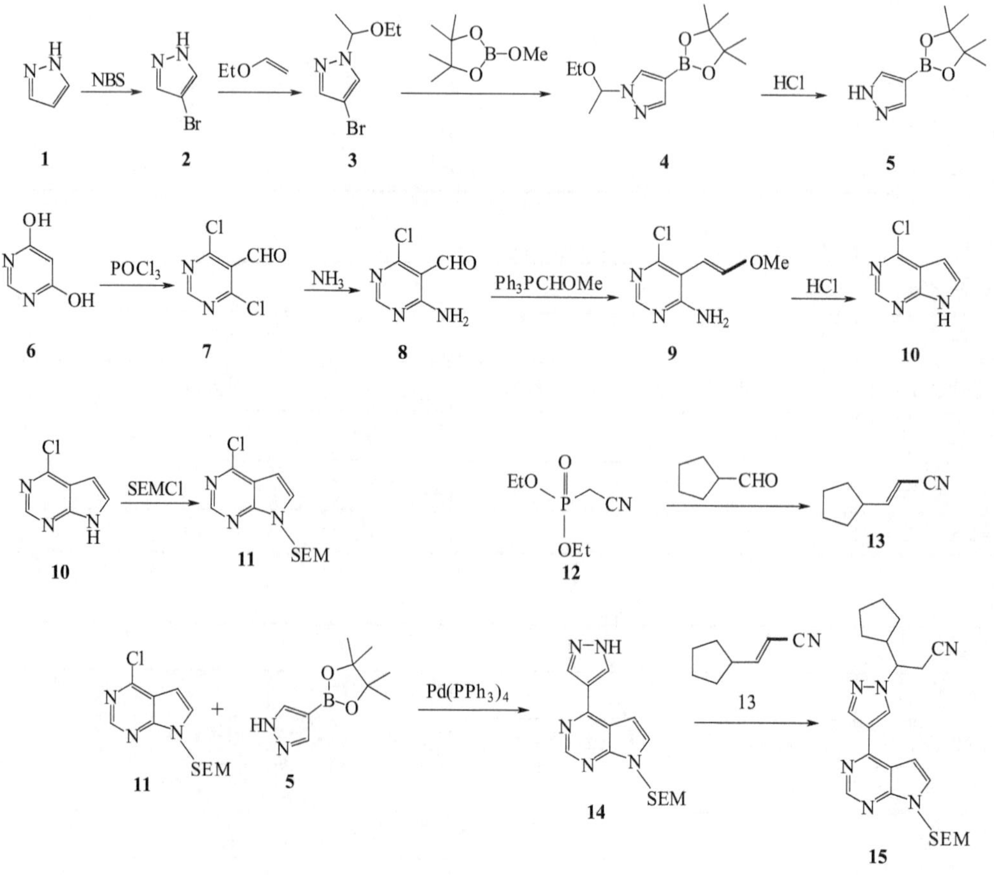

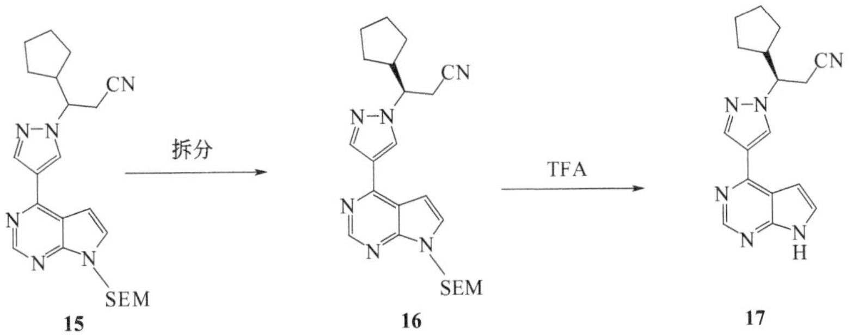

该路线是通过先合成三个片段，然后再对接的方法最终合成鲁索替尼的。第一个片段是合成吡唑硼酸酯，起始物料为便宜易得的吡唑，先经过 NBS 溴代得到 4-溴吡唑，随后用乙基乙烯基醚保护吡唑活泼氢，然后和 Turbogrignards 试剂发生卤镁交换后与硼酸酯反应得到 **4**，随后酸性条件下脱保护得到吡唑硼酸酯。另一个片段是用 4,6-二羟基嘧啶在三氯氧磷和 DMF 存在下发生羟基氯代和甲酰化反应，然后用氨气甲醇溶液发生芳香亲核取代反应得到氨基嘧啶化合物 **8**，接下来通过 Wittig 反应引入烯基醚，酸性条件下水解关环得到化合物 **10**，然后用 SEM 保护从而合成了另外一个片段。第三个片段环戊基丙烯腈（**13**）也是用环戊基甲醛和乙腈磷酸酯进行 Wittig 反应合成。片段 **5** 和 **11** 通过钯催化的 Suzuki 反应进行偶联，然后再与第三个片段 **13** 在碱性条件下进行加成反应得到 **15**，经过拆分得到光学活性化合物，然后在酸性条件下脱保护得到鲁索替尼。该路线最主要的问题是手性拆分的问题，成本高昂且不适宜放大生产。

原始文献

WO2013023119A；US2014256941A1；US2010190981A1.

合成路线二

本合成路线来源于 Incyte Corporation 的 Qiyan Lin 和 David 等人发表的期刊文献（Organic Letter，2009），在中国稀土学报和合成化学等期刊杂志中也有表述。

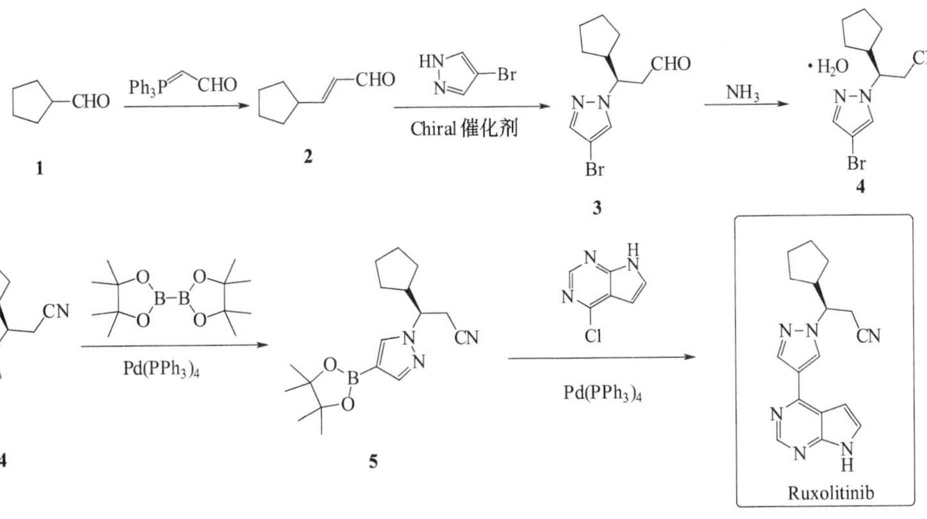

该路线是以环戊甲醛为原料，在手性催化剂 (2R)-2-{双［3,5-双（三氟甲基）苯基］［叔丁基（二甲基）硅烷］羟甲基} 四氢吡咯的诱导下，经 5 步反应完成鲁索替尼的全合成。该方法较为简洁，合成重要中间体 **3** 的对映选择性虽然 ee 值通常在 84% 左右，但通过重结晶一般可提高至 97%，经两步反应再次提纯后产物 ee 值通常可达 99.9%。

原始文献

中国稀土学报，2006，24（1）：98-102；合成化学，2011，19（2）：280-282；Organic Letter，2009，11（9）：1999-2002．

合成路线三

本合成路线来源于 Incyte Corporation 的 Qiyan Lin 和 David 等人发表的期刊文献（Organic Letter，2009），与路线二类似，该路线也是通过手性催化加成来完成手性构建问题的，避免了手性拆分的种种问题。

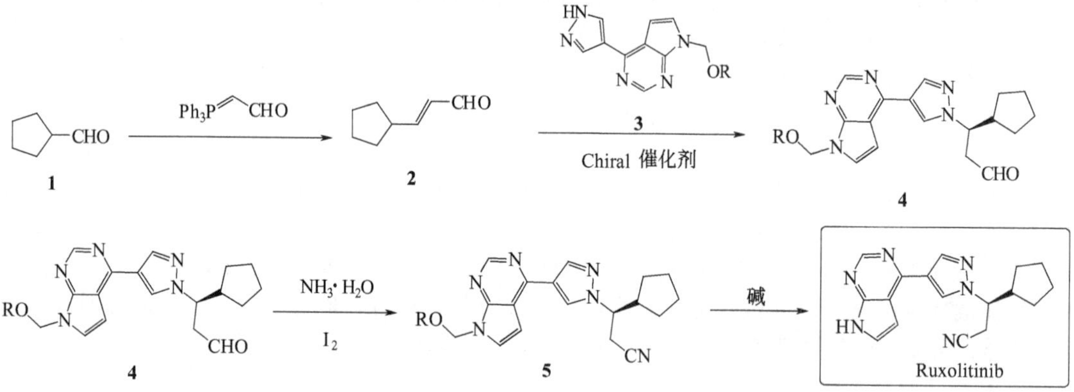

中间体 **3** 作为重要的中间体片段，其合成方法与合成路线一中化合物 **14** 的合成方法类似，保护基可以用 SEM，也可以用 POM，手性催化剂为（2R)-2-｛双［3,5-双（三氟甲基）苯基］［叔丁基（二甲基）硅烷］羟甲基｝四氢吡咯，合成的中间体 **4** 通常 ee 值在 90％左右，但是通过结晶提纯可提高至 99％以上。

原始文献

Organic Letter，2009，11（9）：1999-2002．

参考文献

[1] Lin Q, et al. Enantioselective synthesis of Janus Kinase Inhibitor INCB018424 via an Organoacatalytic Aza-Michael Reaction. Organic Letters，2009，11（9）：1999-2002．

[2] Pingli Liu, et al. Processes and intermediates of making a JAK inhibitor. US20140256941A1，2014．

[3] Jiacheng Zhou, et al. Processer for preparing JAK inhibitor and related intermediate compounds. WO2010083283A2，2010．

[4] Vannucchi, et al. JAK PI3K/mTOR combination therapy. WO2013023119A1，2013．

[5] 李文婕等．高光学纯度 INCB018424 的合成．合成化学，2011，19（2）：280-282．

[6] 曲建强等．4,6-二甲基嘧啶-2-硫代乙酸稀土配合物的合成、表征及抗肿瘤活性研究．中国稀土学报，2006，24（1）：98-102．

（邓并）

Simeprevir（司美匹韦）

药物基本信息

英文通用名	Simeprevir
中文通用名	司美匹韦

续表

商品名	Olysio
CAS 登记号	923604-59-5
FDA 批准日期	2013/11/22
化学名	(2R,3aR,10Z,11aS,12aR,14aR)-N-(cyclopropylsulfonyl)-2,3,3a,4,5,6,7,8,9,11a,12,13,14,14a-tetradecahydro-2-[[7-methoxy-8-methyl-2-[4-(1-methylethyl)-2-thiazolyl]-4-quinolinyl]oxy]-5-methyl-4,14-dioxocyclopenta[c]cyclopropa[g][1,6]diazacyclotetradecine-12a(1H)-carboxamide
SMILES 代码	O=C([C@]12NC([C@@](C[C@@H](OC3=CC(C4=NC(C(C)C)=CS4)=NC5=C(C)C(OC)=CC=C35)C6)([H])[C@]6([H])C(N(C)CCCC/C=C\[C@]1([H])C2)=O)=O)NS(=O)(C7CC7)=O

化学结构和理论分析

化学结构	理论分析值
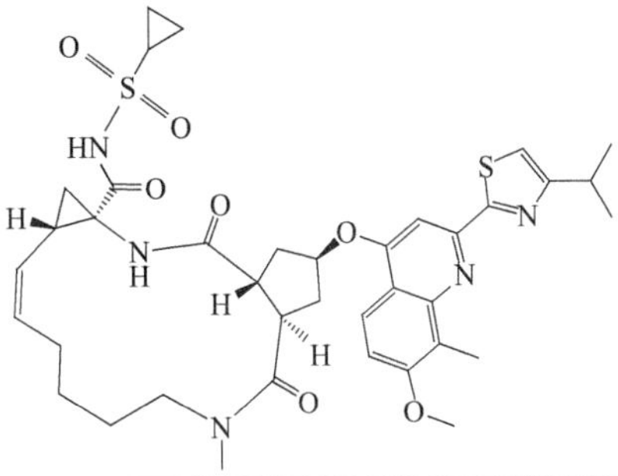	化学式：$C_{38}H_{47}N_5O_7S_2$ 精确分子量：749.29169 分子量：749.94 元素分析：C,60.86；H,6.32；N,9.34；O,14.93；S,8.55

药品说明书参考网页

生产厂家产品说明书：http://www.viekirahcp.com

美国药品网：http://www.drugs.com/cdi/simeprevir.html

美国处方药网页：http://www.rxlist.com/olysio-drug.htm

药物简介

Simeprevir 是一种丙型肝炎病毒（HCV）NS3/4A 蛋白酶抑制剂，临床上与聚乙二醇干扰素和利巴韦林联合使用，用于成年患者基因-1 型慢性丙型肝炎的治疗。

药品上市申报信息

该药物目前有 1 种产品上市。

药品名称	OLYSIO		
申请号	205123	产品号	001
活性成分	Simeprevir Sodium(司美匹韦钠)	市场状态	处方药
剂型或给药途径	口服胶囊	规格	150mg
治疗等效代码		参比药物	是
批准日期	2013/11/22	申请机构	JANSSEN PRODUCTS LP

药品专利或独占权保护信息

美国专利号或 独占权代码	专利或独占权 过期日期	专利保护类型、专利名称或市场独占权保护内容
8349869	2026/07/28	化合物专利,产品专利,专利用途代码 U-1467
8148399	2029/09/05	化合物专利,产品专利,专利用途代码 U-1467
8754106	2026/07/28	化合物专利,专利用途代码 U-1467
8741926	2026/07/28	化合物专利,专利用途代码 U-594
7671032	2025/05/19	化合物专利,产品专利
NCE	2018/11/22	参见本书附录关于独占权代码部分
I-697	2017/11/05	参见本书附录关于独占权代码部分

合成路线一

该合成路线来源于中国中化股份有限公司,中化宁波(集团)有限公司李斌、杜晓栋、杨建军、林邦平、赵海等人发表的专利说明书(CN 101921269 A)。该方法包括下列步骤:①以 3-硝基苯胺类化合物为原料,经重氮化、水解、醚化、还原、酰化制得化合物 **6**;②制得化合物 **10**;③化合物 **10** 与化合物 **6** 经缩合、环合而制得化合物 **12**;以及化合物 **12** 和化合物 **13** 经醚化、环合得到 HCV 抑制剂 **15**。该方法的原料易得并且价格便宜,反应条件温和,操作简单,易于工业化。

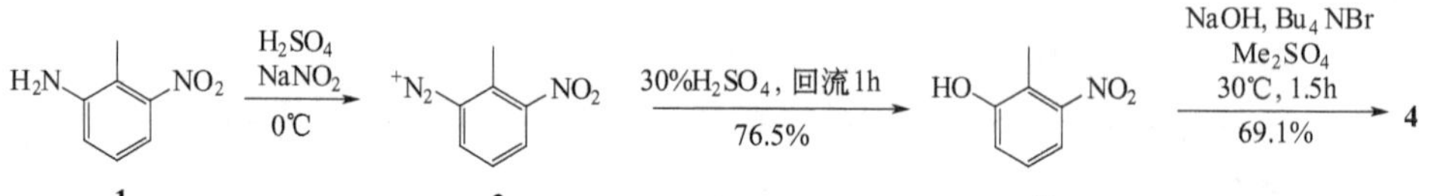

该合成路线以化合物 **1** 为原料,在浓硫酸和亚硝酸钠的作用下,制得重氮盐化合物 **2**,未经处理直接用于下述反应。化合物 **2** 的粗产品与 30% 硫酸在搅拌下回流 1h 然后冷却至室温,乙酸乙酯萃取,有机相用活性炭脱色后,经无水硫酸镁干燥,过滤,减压浓缩得到化合物 **3**,收率 76.5%。化合物 **3** 与氢氧化钠和相转移催化剂四丁基溴化铵在加热套中加热至 30℃,缓慢滴加硫酸二甲酯,约 2h 滴加完毕,继续于 30℃ 反应 1.5h。反应冷却至 0℃ 搅拌过夜,析出大量固体,过滤,将粗品溶于甲醇中,用活性炭脱色后,和进一步提纯后得到化合物 **4**,收率 69.1%。

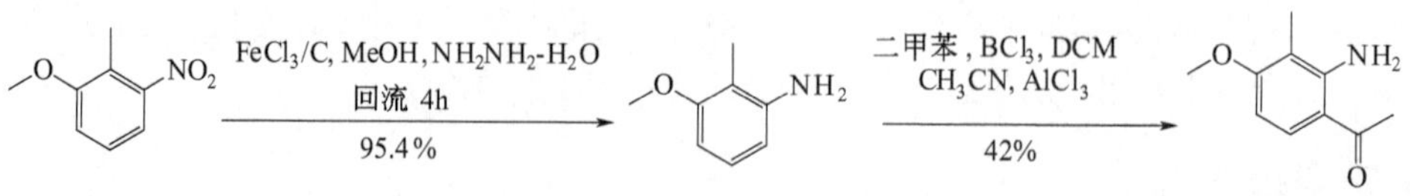

化合物 **4** 在甲醇中,与 $FeCl_3$/C 在搅拌下在加热套中加热至回流,缓慢滴加 85% 水合肼约 3h,滴加完毕继续回流反应 4h。然后冷却至室温,过滤,减压浓缩,得到残余物。用二氯甲烷 200mL 将其溶解,提纯后可达到黄色固体化合物 **5**,收率 95.4%。化合物 **5** 在二甲苯中和 BCl_3-$AlCl_3$ 的催化下,与乙腈反应,得到化合物 **6**,产率为 42%。

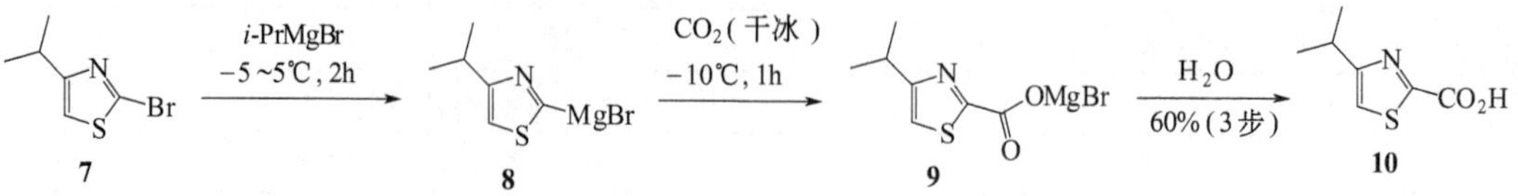

异丙基溴化镁的 THF 溶液使用冰盐浴冷却至−5～5℃后，缓慢滴加 4-异丙基-2-溴噻唑（化合物
7），约 1h 滴加完毕，继续于−5～5℃反应 2h，可得到化合物 **8** 的粗品，无需分离提纯，直接进行下
一步反应。化合物 **8** 的反应液冷却至−10℃，缓慢加入干冰，约 30min 滴加完毕，继续于 0℃反应 2h。
然后用 5%碳酸钠水溶液调节 pH 至 8～9，经提纯处理后，得到相应的化合物 **10**，收率 60%。

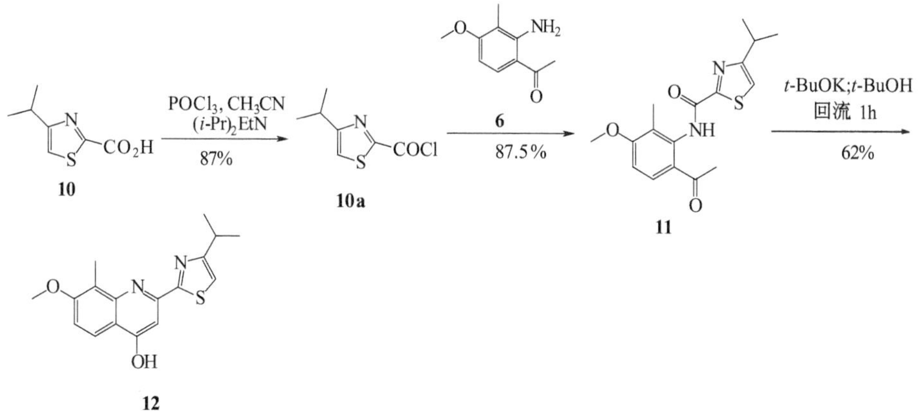

化合物 **10** 和化合物 **6** 在乙腈中与 三氯氧磷混合，搅拌，冰水浴冷却至 0～5℃，然后缓慢滴加
二异丙基乙基胺，约 0.5h 滴加完毕，继续于 40℃下反应 4h。用乙酸乙酯萃取，无水硫酸钠干燥，
过滤，减压浓缩得到粗品，再用异丙醇重结晶得到化合物 **11**，收率 87.5%。化合物 **11** 在叔丁醇
中，在叔丁醇钾的催化下反应，在搅拌加热至回流，反应过夜。然后冷却至 40℃，加入氯化铵 40g，
搅拌 1h，过滤，得到固体分别用水 和甲苯打浆洗涤，过滤，干燥，得到化合物 **12**，收率 62%。

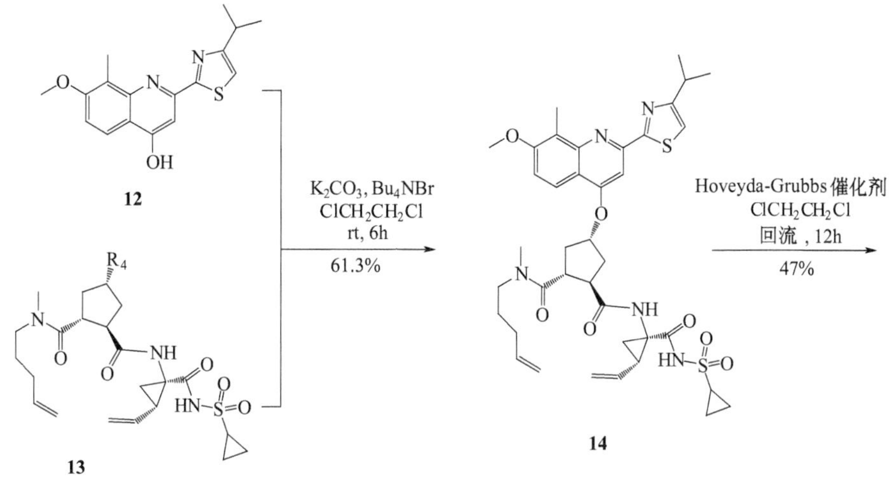

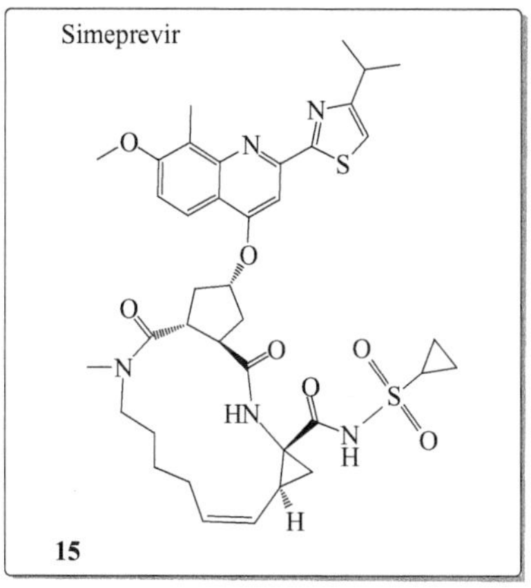

化合物 **12** 和化合物 **13** 在 1,2-二氯乙烷中和碳酸钾及四丁基溴化铵 的 催化下，于室温反应 6h。过滤，有机相用冷的 5％碳酸氢钠水溶液洗涤和饱和 NaCl 水溶液洗涤，无水硫酸钠干燥，过滤，减压浓缩得到化合物 **14** 粗品，用异丙醚/乙酸乙酯重结晶，得化合物 **14** 纯品。收率 61.3％。化合物 **14** 在 1,2-二氯乙烷和 Hoveyda-Grubbs 催化剂❶作用下，加热至回流反应 12h。然后冷却，减压回收溶剂，得到残余物。通过硅胶色谱柱纯化得到目标化合物 **15**，收率 47％。

原始文献

CN 101921269 A，2010.

合成路线二

本合成路线来源于 Tibotec Pharmaceuticals Ltd 的 Raboisson Pierre 和 De Kock Herman 等人发表的专利说明书（WO 2007014927）。

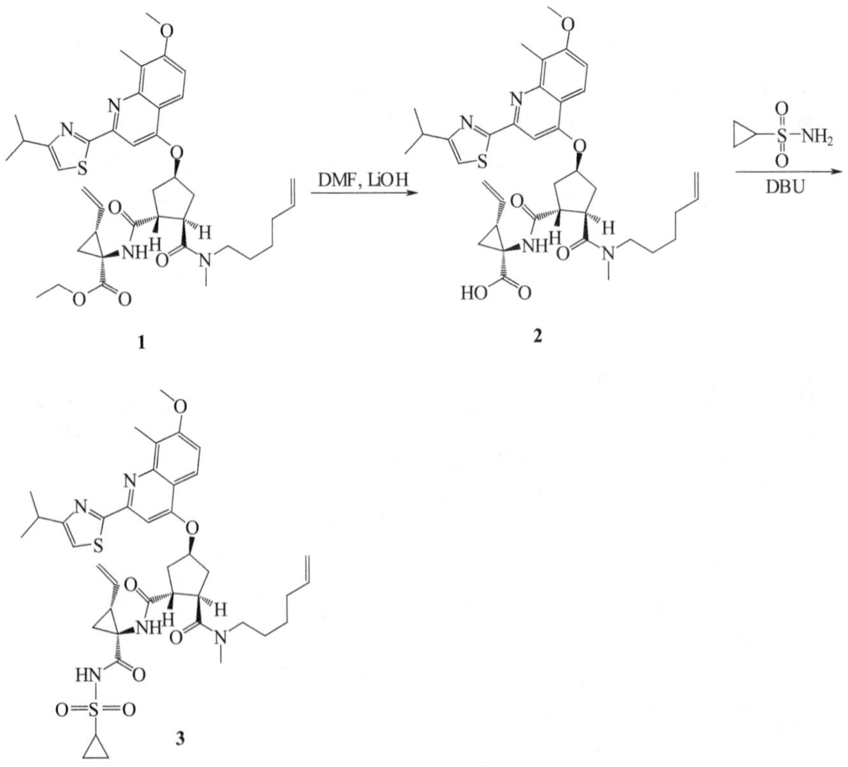

---

❶ 关于 Hoveyda-Grubbs 催化剂：该催化剂是一种改良型的格拉布催化剂（Grubbs 催化剂）。Grubbs 催化剂是由 2005 年诺贝尔化学奖获得者罗伯特·格拉布发现的一个钌卡宾配合物催化剂，它分为第一代和第二代两种，两者都是烯烃复分解反应中的催化剂。格拉布催化剂有诸多优点：容易合成，活性和稳定性都很强，不但对空气稳定，在水、酸、醇或其他溶剂存在下仍然能保持催化活性（第一代），而且对烯烃带有的官能团有很强的耐受性。它是目前应用最为广泛的烯烃复分解催化剂，在有机合成中有很广泛的应用。有兴趣的读者可以参考维基百科网页：http://zh.wikipedia.org/wiki/格拉布催化剂。

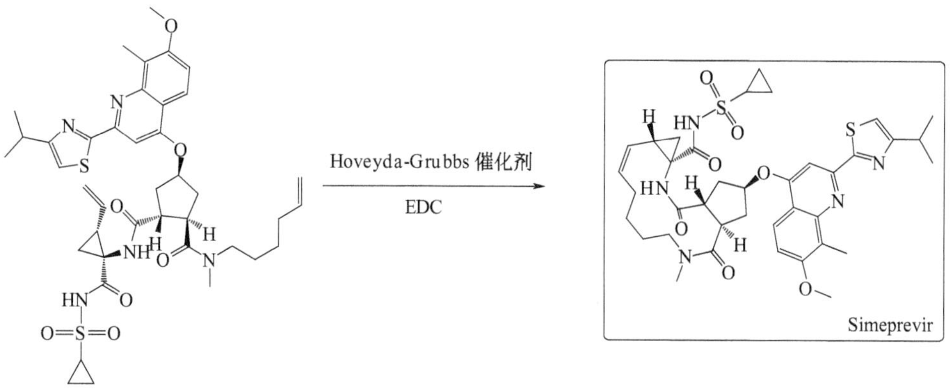

3

该方法是将中间体 **1** 水解成酸，然后与环丙磺酰胺经微波偶合得磺酰胺中间体 **3**，再在 Hoveyda-Grubbs 第二代催化剂存在下自身环合得司美匹韦。此路线中水解反应只有 49% 的收率，在制备磺酰胺时用 DBU 做碱，DMAP 催化，在微波条件下收率可达 90%，但是在最后一步的 Grubbs 催化关环反应中收率只有 29%。

在该路线中，其重要中间体 **1** 是通过以下方法合成的：

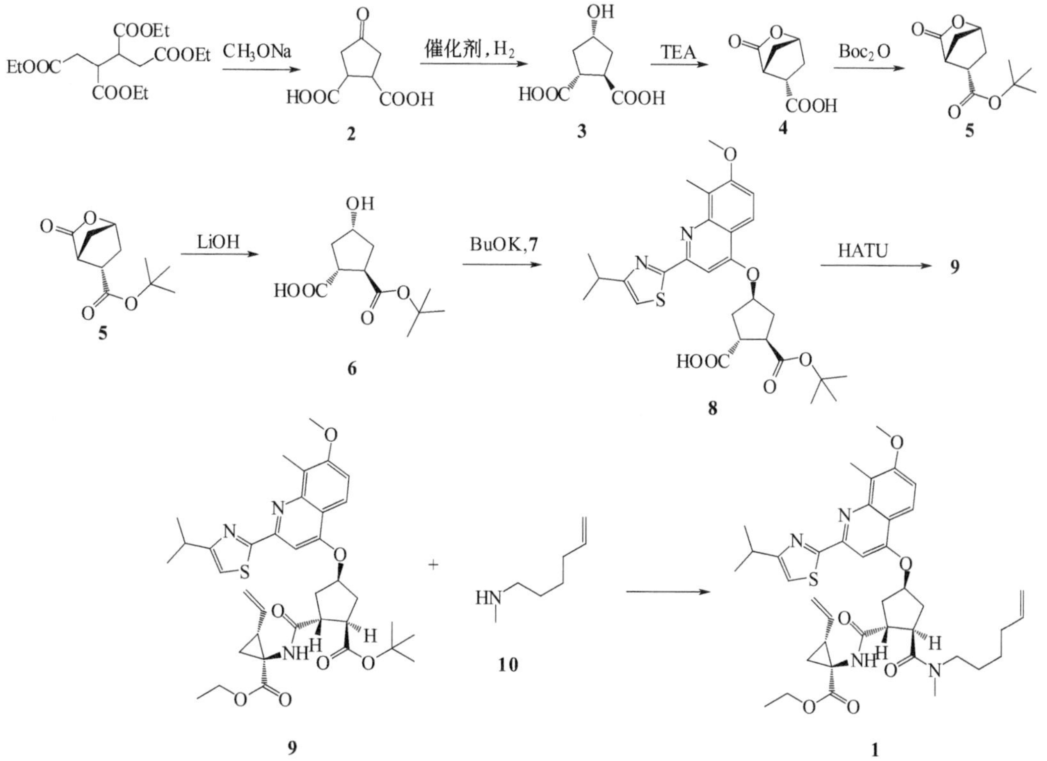

而该片段中，化合物 **7** 的合成路线如下

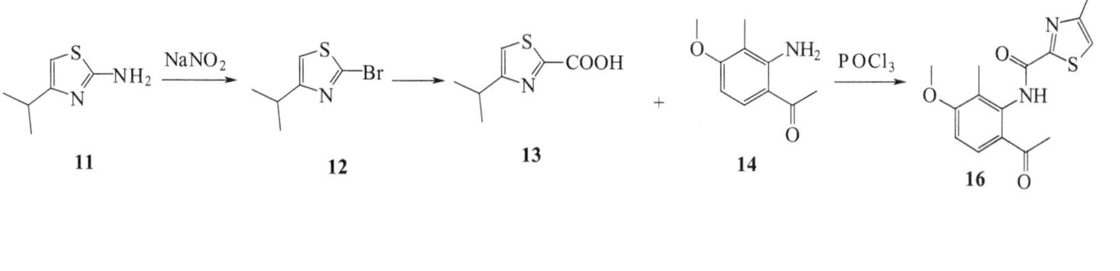

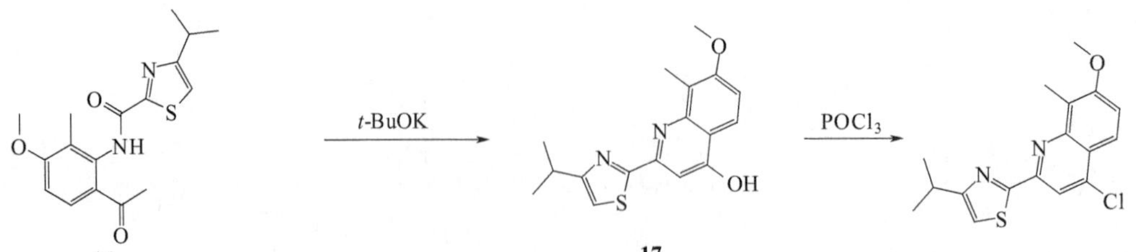

原始文献

Bioorg Med Chem Lett，2008，18：4853-4858；WO2008092955；WO2007014927.

合成路线三

本合成路线来源于 Tibotec Pharmaceuticals Ltd 的 Raboisson Pierre 和 De Kock Herman 等人发表的专利说明书（WO 2007014927，WO 2007014924，WO 2007014923）。

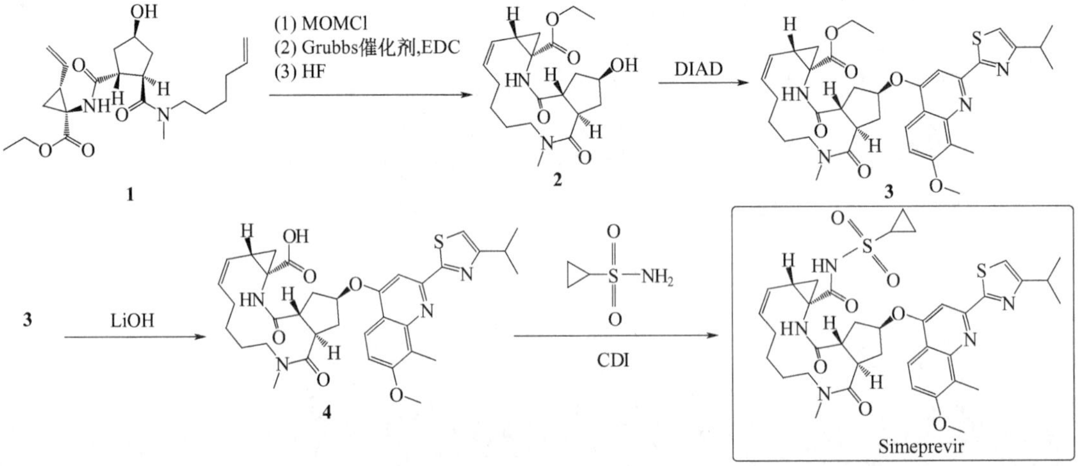

该合成方法是以中间体 1 为起始原料，先用 Grubbs 催化剂关环再用 Misturb 反应与芳香环片段对接起来，然后再水解与环丙磺酰胺偶合制得目标产物。与合成路线一相比，该合成方法将低收率的 Grubbs 反应放在了前面做，然后再将三个合成砌块偶合在一起，从合成化学的角度来讲思路较第一条路线先进。

原始文献

WO 2007014927，2007；WO 2007014924，2007；WO 2007014923，2007.

以上路线中起始物料的合成如下：

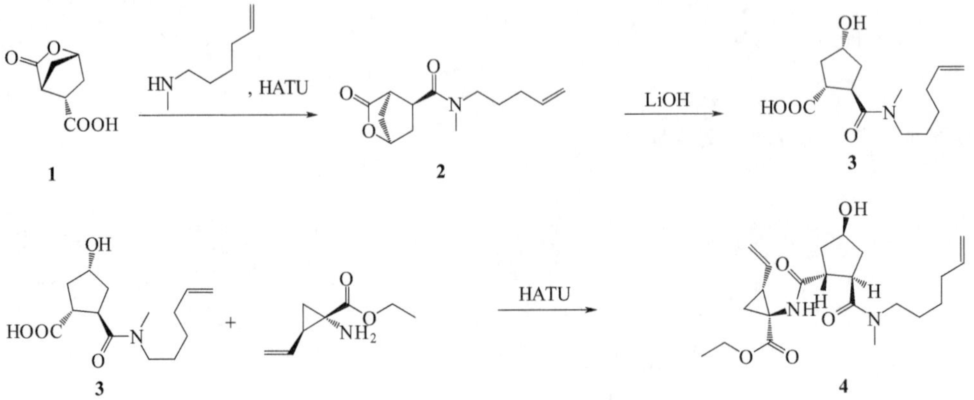

原始文献

Bioorg Med Chem Lett，2008，18：4853-4858.

合成路线四

本合成路线来源于 Tibotec Pharmaceuticals Ltd 的 Raboisson Pierre 和 De Kock Herman 等人发表的专利说明书（WO 2007014927）。

该方法与合成路线二中所用原料相同，与之相区别的是，该路线是先将原料水解成酸，然后与环丙磺酰胺缩合制得中间体 **3**，再用 Grubbs 催化剂关环，最后与片段 **5** 对接制得目标产物。该路线的思路与合成路线二相同，也是通过三个合成砌块的对接来实现的，但有所区别的是，该路线中是先与小分子砌块磺酰胺对接，然后再去催化关环，最后与芳香环砌块在碱性条件下直接发生亲核取代反应以制得目标产物。与合成路线二相比，该路线将低收率的关环反应放在了路线的后期，变相推高了前期原料的成本。

原始文献

WO2007014927 A2，2007.

参考文献

［1］ 林帮平，李斌，赵海等 . 一种制备 HCV 抑制剂的方法 . CN 101921269，2010.

［2］ Raboisson P，De Kock H，Wendeville S，et al. Macrocylic inhibitors of HEPATITIS C virus. WO 2007014919，2007.

［3］ 朱坡，杨细纹，王忠良 . 一种 HCV 蛋白酶抑制剂重要中间体的制备方法 . CN 102531932，2012.

［4］ Raboisson P，De Kock H，Wendeville S，et al. Macrocylic inhibitors of HEPATITIS C virus. WO 2007014926，2007.

［5］ Son J B，Kim N D，Chang Y K，et al. New bicyclic compound modulating protein-coupled receptors. WO 2012093809，2012.

［6］ Raboisson P，De Kock H，Hu L L，et al. Macrocylic inhibitors of HEPATITIS C virus. WO 2007014927，2007.

［7］ Raboisson P，De Kock H，et al. Structure activity relationship study on a novel series of cyclopentane containing macrocyclic inhibitors of the hepatitis C virus NS3/4A protease leading to the discovery of TMC435350. Bioorg Med Chem Lett，2008，18：4853-4858.

［8］ Horvath A，Depre D P M，Ormerod D J，et al. Processed and intermediates for preparing a macrocyclic protdase inhibitor of HCV. WO 2008092955. 2008.

[9] Duan M，Kazmierski W M，Ji J J. HCV inhibitor compounds and methods of use thereof. WO 2011150190，2011.

[10] Antonov D，Nilsson K M，Raboisson P，et al. HCV inhibiting macrocyclic phosphonates and amidophosphates. WO 2008096002，2008.

[11] Raboisson P，De Kock H，Van De，Vreken W，et al. Macrocylic inhibitors of HEPATITIS C virus. WO 2007014924，2012.

[12] De Kock H，Simmen K A，et al. Macrocylic inhibitors of HEPATITIS C virus. WO 2007014923，2007.

（邓并）

Sofosbuvir（索非布韦）

药物基本信息

英文通用名	Sofosbuvir
中文通用名	索非布韦
商品名	Sovaldi®
CAS 登记号	1190307-88-0
FDA 批准日期	2013/12/6
化学名	(S)-isopropyl-2-((S)-(((2R,3R,4R,5R)-5-(2,4-dioxo-3,4-dihydropyrimidin-1(2H)-yl)-4-fluoro-3-hydroxy-4-methyltetrahydrofuran-2-yl)methoxy)-(phenoxy)phosphorylamino)propanoate
SMILES 代码	C[C@@]1(F)[C@H](O)[C@@H](CO[P@@](N[C@H](C(OC(C)C)=O)C)(OC2=CC=CC=C2)=O)O[C@H]1N(C(N3)=O)C=CC3=O

化学结构和理论分析

化学结构	理论分析值
	化学式：$C_{22}H_{29}FN_3O_9P$ 精确分子量：529.16 分子量：529.45 元素分析：C,49.91；H,5.52；F,3.59；N,7.94；O,27.20；P,5.85

药品说明书参考网页

生产厂家产品说明书：http://www.sovaldi.com/
美国药品网：http://www.drugs.com/mtm/sofosbuvir.html
美国处方药网页：http://www.rxlist.com/sovaldi-drug.htm

药物简介

Sofosbuvir 是一种特异性 NS5B 聚合酶的核苷抑制剂，用于基因 1 型、2 型、3 型和 4 型慢性丙型肝炎（Hepatitis C）成人患者的治疗。与利巴韦林（Ribavirin）联用，可治疗基因 2/3 型慢性丙型肝炎；与利巴韦林（Ribavirin）、聚乙二醇干扰素 α（peg-interferon alfa）联用，可治疗基因 1/4 型的慢性丙型肝炎。Sofosbuvir 的作用靶点是 HCV 特异性 NS5B 聚合酶高度保守的活化位点，Sofosbuvir 在宿主肝细胞内磷酸化后转化成有活性的三磷酸核苷，并与 HCVRNA 复制所用的核苷竞争，从而导致 HCV 基因组复制终止。

药品上市申报信息

该药物目前有 1 种产品上市。

药品名称	SOVALDI		
申请号	204671	产品号	001
活性成分	Sofosbuvir(索非布韦)	市场状态	处方药
剂型或给药途径	口服片剂	规格	400mg
治疗等效代码		参比药物	是
批准日期	2013/12/06	申请机构	GILEAD SCIENCES INC
化学类型	新分子实体药	审评分类	优先评审药物

药品专利或独占权保护信息

美国专利号或独占权代码	专利或独占权过期日期	专利保护类型、专利名称或市场独占权保护内容
8334270	2028/03/21	化合物专利，产品专利，专利用途代码 U-1470
8580765	2028/03/21	化合物专利，产品专利，专利用途代码 U-1470
7964580	2029/03/26	化合物专利，产品专利，专利用途代码 U-1470
8618076	2030/12/11	化合物专利，产品专利，专利用途代码 U-1470
8633309	2029/03/26	化合物专利，产品专利，专利用途代码 U-1470
NCE	2018/12/06	参见本书附录关于独占权代码部分

合成路线一

本合成方法来源于美国 Pharmasset Inc 发表的论文［J Med Chem，2010，53（19）：7202-7218］。需要指出的是，该方法中化合物 **12** 不够稳定，在使用前为粗品混合物，需要避免任何湿气或醇才能采用硅胶进行纯化，且需通过制备色谱实现产品 **14** 与异构体分离。

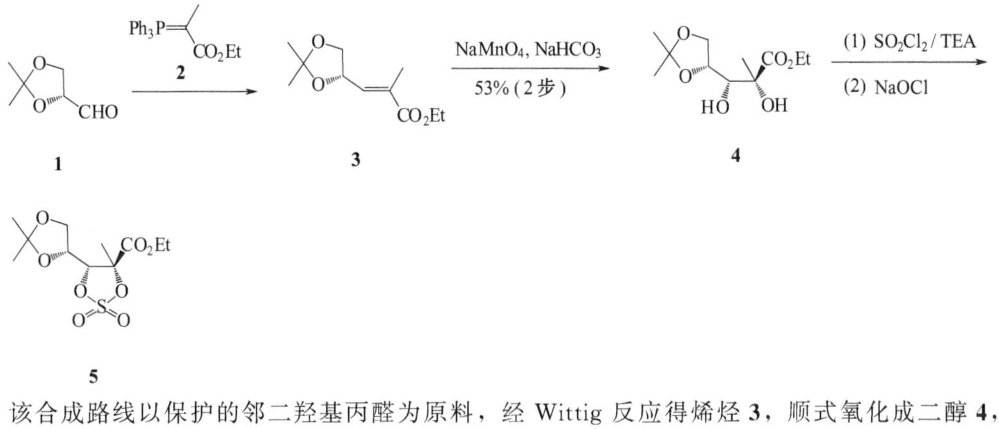

该合成路线以保护的邻二羟基丙醛为原料，经 Wittig 反应得烯烃 **3**，顺式氧化成二醇 **4**，进

一步反应生成环状硫酸酯 **5**。

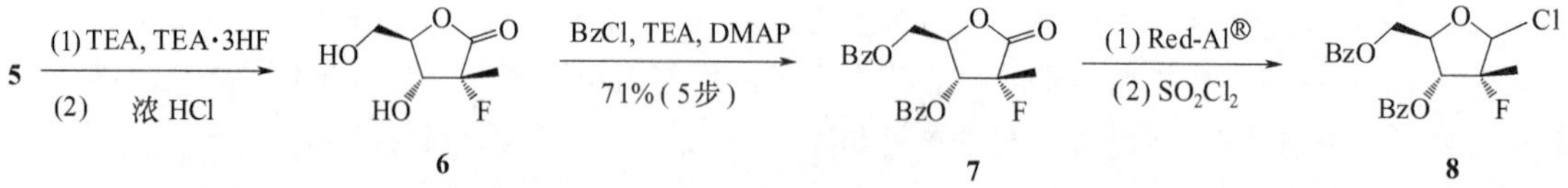

环状硫酸酯 **5** 经氟取代、水解、重新环合得到相应的氟代内酯 **6**，再经羟基保护、还原酯基得 **8**。

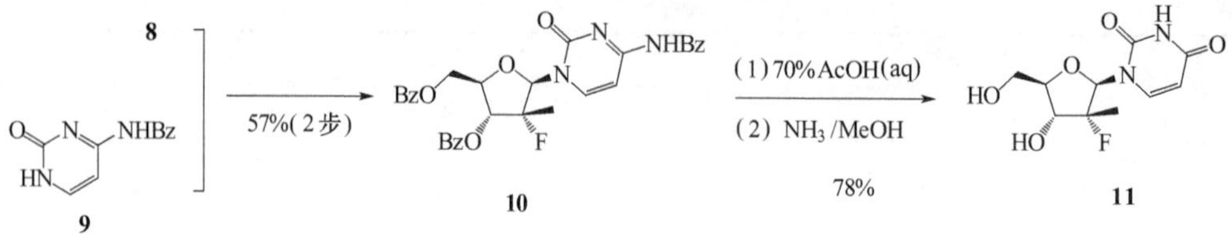

8 与氨基嘧啶酮 **9** 缩合可得到相应的化合物 **10**，后者经脱 *O*-、*N*-保护，得到核苷类似物 **11**（参考 J Med Chem，2005，48：5504-5508）。

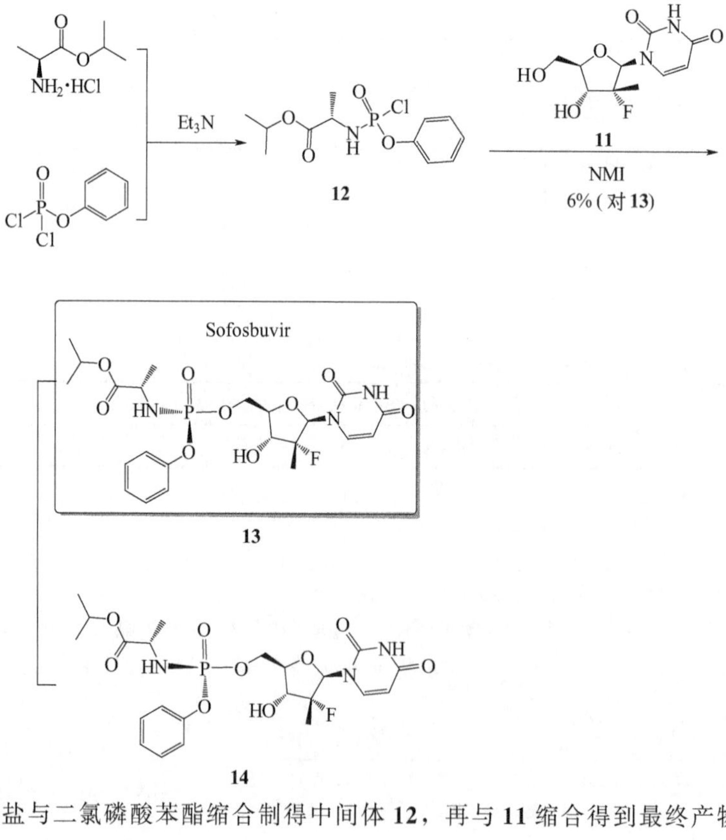

氨基酸盐酸盐与二氯磷酸苯酯缩合制得中间体 **12**，再与 **11** 缩合得到最终产物 **13**，同时产生光学异构体 **14**。

原始文献

J Med Chem，2010，53（19）：7202-7218.

合成路线二

本路线来源于美国 Gilead Pharmasset Inc 发表的专利文献（US20110245484）和研究论文 [J Org Chem，2011，76（20）：8311-8319]。其特点在于对将合成路线一中的磷酰氯中间体（**12**）

制备成活性五氟苯基磷酸酯。此活性酯化学性质稳定，且能分离出单一构象的异构体，与核苷类中间体 **5** 反应直接得到索非布韦（**6**）（收率 68%）。

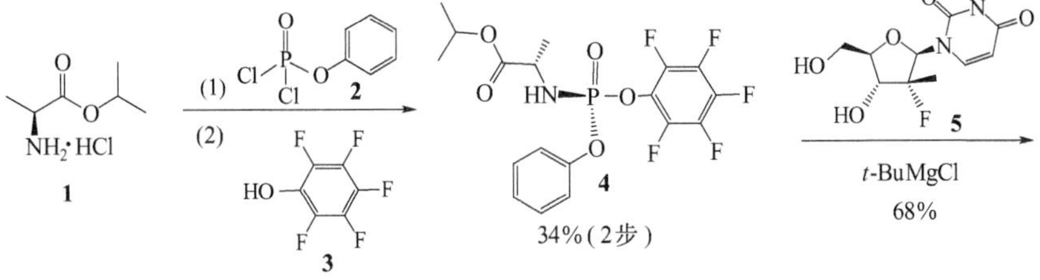

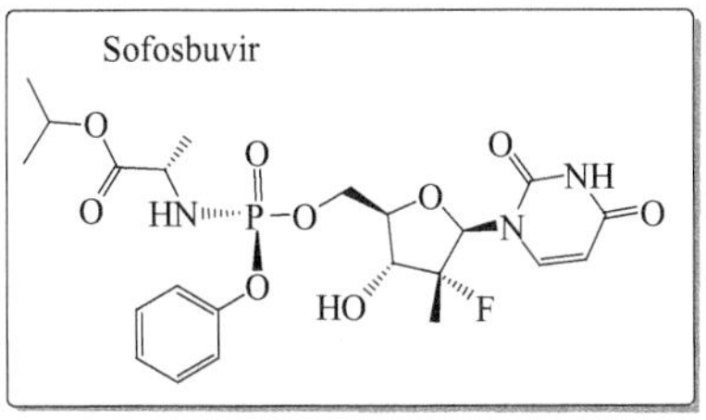

原始文献

J Org Chem，2011，76（20）：8311-8319；US20110245484，2011.

合成路线三

该合成路线来源于法莫赛特股份有限公司发表的专利文献（CN102459299A）。其特点是采用对硝基苯酚活性酯 **5** 实施反应。

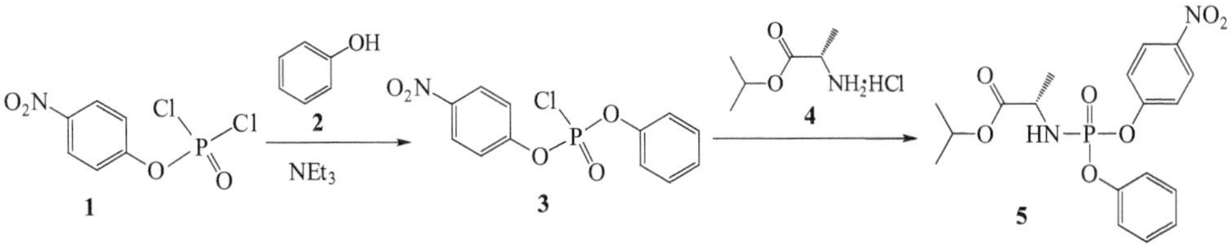

该合成路线以二氯磷酸对硝基苯酚酯（**1**）为原料，与苯酚（**2**）酯化得到氯磷酸二酯 **3**，再与 L-丙氨酸异丙酯盐酸盐反应制备非对映体混合物 **5**（1:1，收率 83%）。

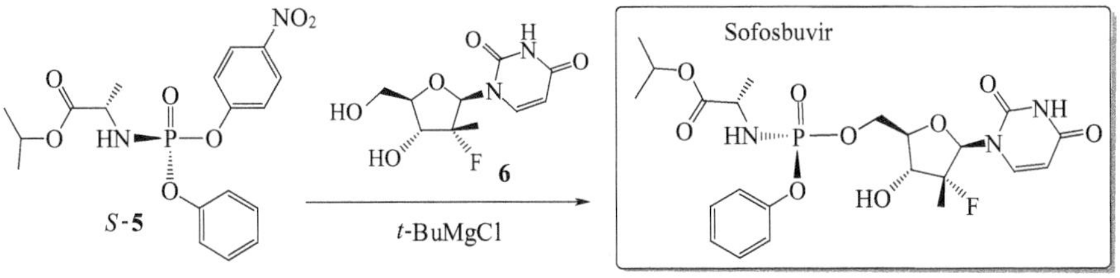

5 经色谱分离或重结晶分离得到手性活性酯中间体 *S*-**5**，接着与核苷类中间体 **6** 作用，即制得目标化合物索非布韦（**7**）。此方法的主要不足在于中间体 **5** 的拆分效率较低。此外，该专利还阐述了手性活性酯中间体 *S*-**5** 与多种 *O*-保护的中间体 **6** 制备索非布韦的方法。

原始文献

CN102459299A，2012.

合成路线四

　　该合成路线来源于苏州东南药业股份有限公司吉民、刘海东等人发表的专利说明书（CN 103804446 A）。此方法最大的优点在于采用三氟甲基苯酚代替对硝基苯酚或五氟苯酚制备活性酯，无需柱色谱，可通过重结晶手段分离得到高纯度异构体 S-5。

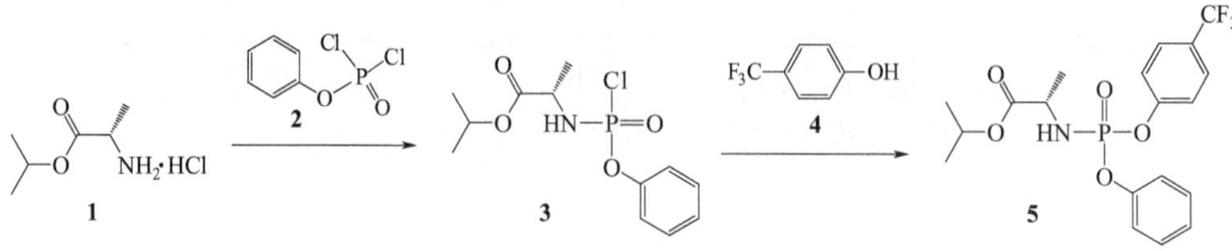

　　氨基酸盐酸盐（1）与二氯磷酸苯酯（2）缩合制得（S)-2-苯氧基-氯-磷酰基氨基丙酸异丙酯（3），再与三氟甲基苯酚（4）反应得到外消旋的活性磷酸酯 5。

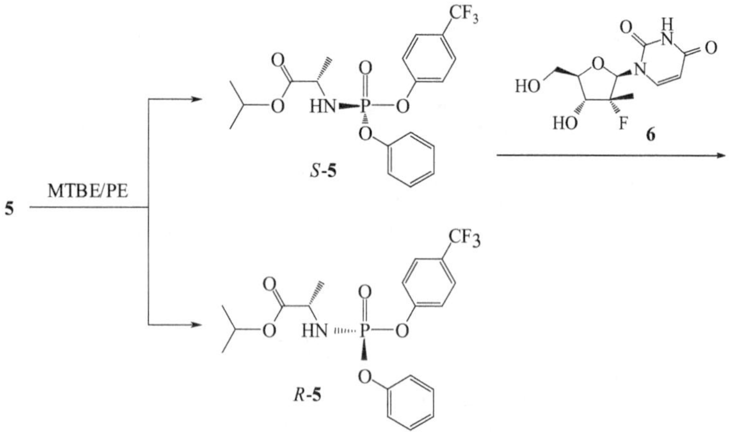

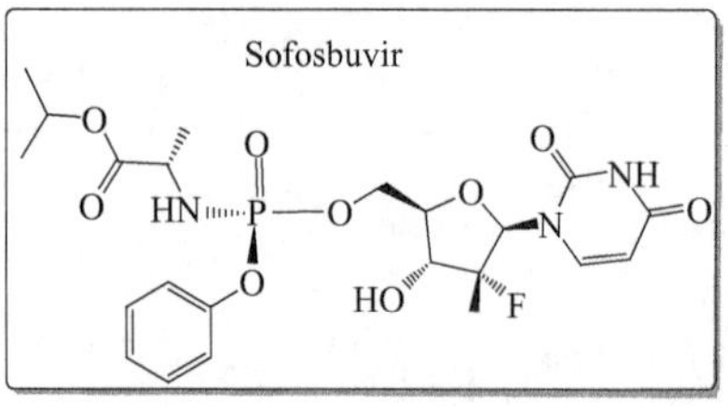

　　外消旋活性磷酸酯 5 经甲基叔丁基醚/石油醚重结晶，析出固体 S-5，然后与关键中间体 6 缩合即制得目标产物索非布韦（7）。

原始文献

CN 103804446 A，2014.

参考文献

［1］ Sofia M J, Bao D, Chang W, Du J, et al. Discovery of a β-D-2′-Deoxy-2′-α-fluoro-2′-β-C-methyluridine Nucleotide Prodrug（PSI-7977）for the Treatment of Hepatitis C Virus. J Med Chem，2010，53（19）：7202-7218.

［2］ Ross B S, Ganapati Reddy P, Zhang H-R, et al. Synthesis of Diastereomerically Pure Nucleotide Phosphoramidates. J Org Chem，76（20）：8311-8319.

［3］ 布鲁斯·S·罗斯，迈克尔·约瑟夫·索菲娅，加纳帕蒂·雷迪·帕穆拉帕蒂等. CN102459299A，2012.

［4］ 吉民，刘海东，蔡进等. CN 103804446 A，2014.

［5］ Cho A, Wolckenhauer S A. WO2012012465A1，2012.

[6] Ray A S，Watkins W J，Link J O，et al. WO2013040492A2，2013.

[7] Ross B S，Sofia M J，Pamulapati G R，et al. WO2010135569A1，2010.

[8] Ross B S，Sofia M J，Pamulapati G R，et al. US20110251152A1，2011.

[9] Ross B S，Sofia M J，Pamulapati G R，et al. WO2011123645A2，2011.

[10] Ross B S，Sofia M J，Pamulapati G R，et al. WO2011123668A2，2011.

（李江胜）

Suvorexant（苏沃雷生）

药物基本信息

英文通用名	Suvorexant
中文通用名	苏沃雷生
商品名	Belsomra®
CAS 登记号	1030377-33-3
FDA 批准日期	2014/8/13
化学名	(R)-(4-(5-chlorobenzo[d]oxazol-2-yl)-7-methyl-1,4-diazepan-1-yl)(5-methyl-2-(2H-1,2,3-triazol-2-yl)phenyl)methanone
SMILES 代码	O=C(C4=C(N5N=CC=N5)C=CC(C)=C4)N1[C@H](C)CCN(C2=NC3=C(C=CC(Cl)=C3)O2)CC1

化学结构和理论分析

化学结构	理论分析值
	分子式：$C_{23}H_{23}ClN_6O_2$ 精确分子量：450.1571 分子量：450.9207 元素分析：C，61.26；H，5.14；Cl，7.86；N，18.64；O，7.10

药品说明书参考网页

生产厂家产品说明书：http://www.belsomra.com/

美国药品网：http://www.drugs.com/belsomra.html

美国处方药网页：http://www.rxlist.com/belsomra-drug.htm

药物简介

Belsomra 是一种选择性食欲素受体拮抗剂，食欲素参与调节醒睡周期的化学物质，在保持觉醒方面起到重要作用，Belsomra 可以改变食欲素在大脑中的信息行为，在临床上中有效地帮助患者更快入睡并延长睡眠时间，其主要副作用是嗜睡，属于四类管制药物。适用为难以入睡和或维持睡眠为特征的失眠的治疗。

药品上市申报信息

该药物目前有 4 种产品上市。

产品一

药品名称	BELSOMRA		
申请号	204569	产品号	001
活性成分	Suvorexant(苏沃雷生)	市场状态	处方药
剂型或给药途径	口服片剂	规格	5mg
治疗等效代码		参比药物	否
批准日期	2014/08/13	申请机构	MERCK SHARP AND DOHME CORP

产品二

药品名称	BELSOMRA		
申请号	204569	产品号	002
活性成分	Suvorexant(苏沃雷生)	市场状态	处方药
剂型或给药途径	口服片剂	规格	10mg
治疗等效代码		参比药物	否
批准日期	2014/08/13	申请机构	MERCK SHARP AND DOHME CORP

产品三

药品名称	BELSOMRA		
申请号	204569	产品号	003
活性成分	Suvorexant(苏沃雷生)	市场状态	处方药
剂型或给药途径	口服片剂	规格	15mg
治疗等效代码		参比药物	否
批准日期	2014/08/13	申请机构	MERCK SHARP AND DOHME CORP

产品四

药品名称	BELSOMRA		
申请号	204569	产品号	004
活性成分	Suvorexant(苏沃雷生)	市场状态	处方药
剂型或给药途径	口服片剂	规格	20mg
治疗等效代码		参比药物	是
批准日期	2014/08/13	申请机构	MERCK SHARP AND DOHME CORP

药品专利或独占权保护信息

美国专利号或独占权代码	专利或独占权过期日期	专利保护类型、专利名称或市场独占权保护内容
7951797	2029/11/20	化合物专利,产品专利,专利用途代码 U-620
NCE	2019/08/13	参见本书附录关于独占权代码部分

合成路线一

本方法由 Cox C. D. 发表在 J Med Chem 上：

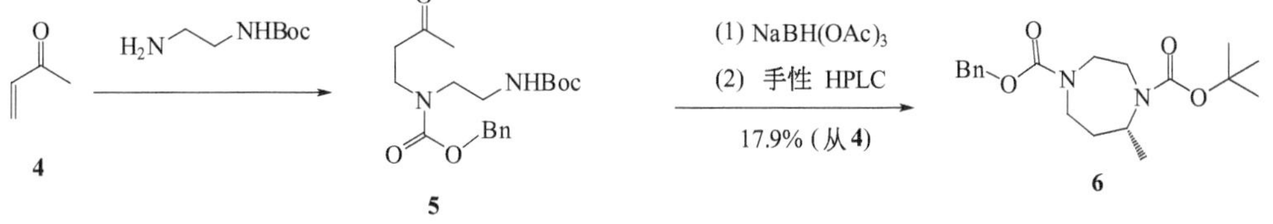

其特点是以烯酮 **4** 为起始原料，先后与 Boc 保护的单乙二胺发生 1,2-加成反应、与氯甲酸苄基酯反应得化合物 **5**，再经还原成环、手性 HLPC 拆分消旋体得 1,4-二氮七环 **6**。

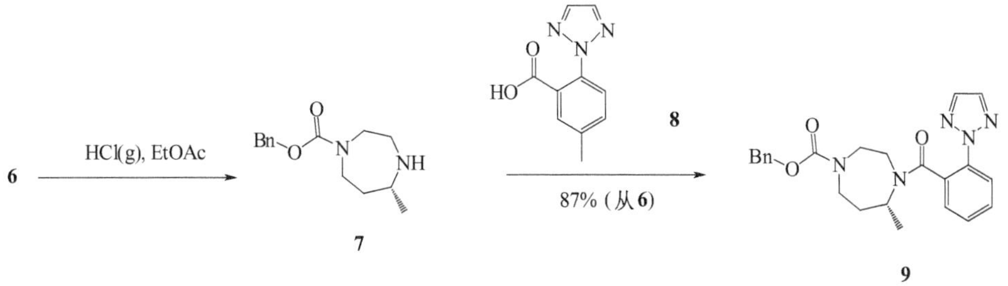

1,4-二氮七环 **6** 经 HCl 气体脱 Boc 基团、与酸 **8** 酰胺化得重要中间体 **9**。

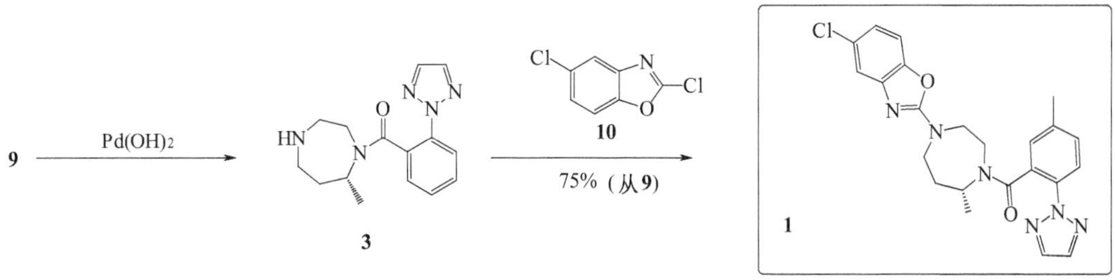

中间体 **9** 氢化脱苄基后，与二氯取代物 **10** 直接合成苏沃雷生。该合成路线较长，6 步反应产率 11.6%，制备过程中使用手性柱拆分与氢气还原等限制条件，不适用工业化生产。

原始文献

J Med Chem，2010，53：5320.

合成路线二

本方法由 Mangion I. K. 发表在 Organic Letters 杂志上：

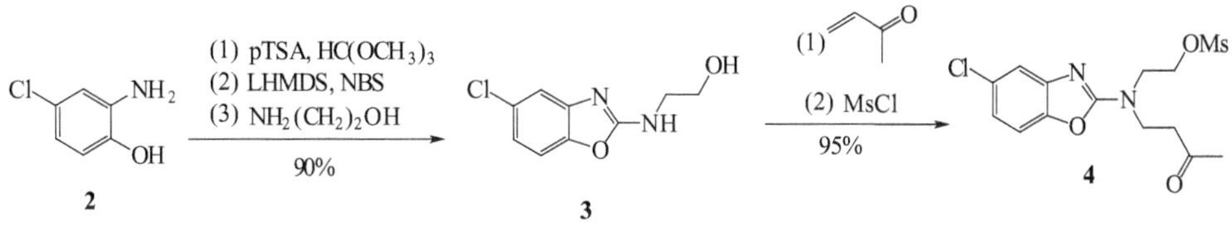

其特点是以 3-氯-6-羟基苯胺（**2**）为起始原料，经历环合、溴代、乙醇胺取代等反应生成噁唑 **3**，再与 2-烯丁酮发生 1,2-加成、与氯甲酸酯化得中间体 **4**。

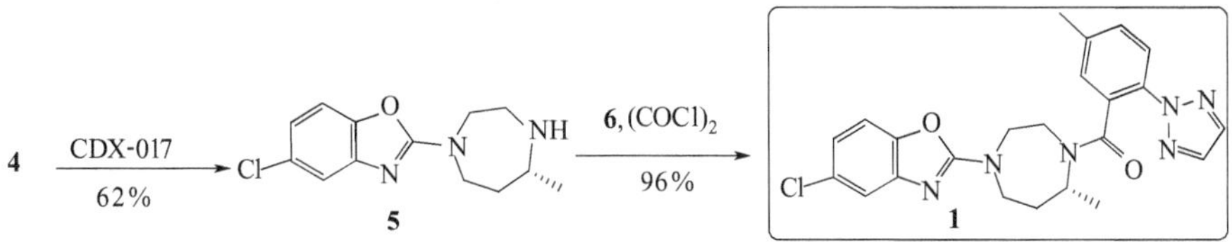

在 CDX-017 作用下，中间体 **4** 成七元环，然后与酸 **6** 反应，酰胺化生成苏沃雷生。该合成路线操作简便，4 步反应总产率 50.9%，制备过程中难点是手性中心的构建，具有工业化生产的潜质。

化合物 **6** 的生成步骤如下：

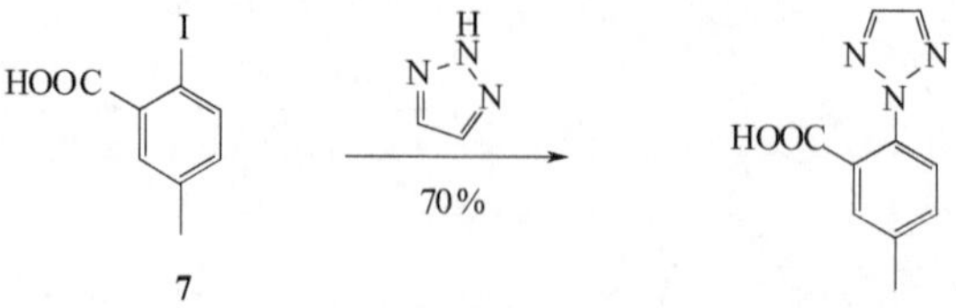

原始文献

Mangion I K，Sherry B D，Yin J，Fleitz F J. Enantioselective synthesis of a dual orexin receptor antagonist. Organic Letters，2012，14：3458-3461.

合成路线三

本方法由 Carl A. B. 发表在 Organic Process Research & Development 杂志上：

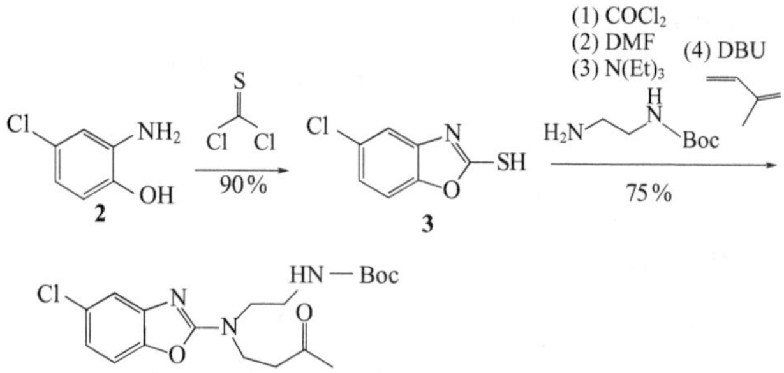

其特点是以 3-氯-6-羟基苯胺（**2**）为起始原料，与硫光气反应直接成环得巯基噁唑 **3**，再经草酰氯氯代、N-叔丁氧羰基-1,2-乙二胺取代和 1,2-加成得中间体 **4**。

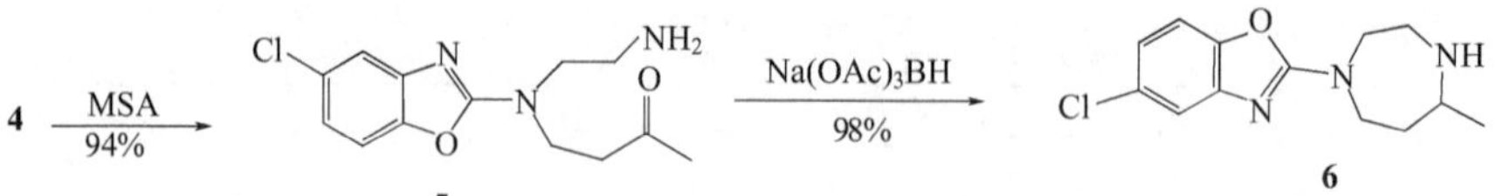

在 MSA 作用下，脱 Boc 保护基团，用三乙酰氧基硼氢化钠还原环合得 1,4-二氮七环 **6**。

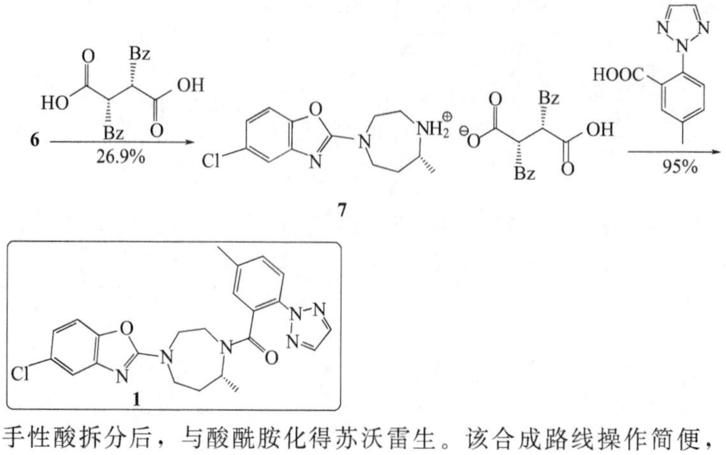

七环 **6** 再经手性酸拆分后，与酸酰胺化得苏沃雷生。该合成路线操作简便，6 步反应总产率

16.9%，ee＞99%，制备过程中采用手性酸二次重结晶拆分手性中心，适用于工业化生产。

原始文献

Carl A B，Ed C，Karel M J B，John S E，Robert A R，Faye J S，Gavin W S，Neil A S，Debra J W. The first large-scale synthesis of MK-4305：A Dual oxexin receptor antagonist for the treatment of sleep disorder. Organic Process Research & Development，2011，15：367-375.

参考文献

[1] Sebastian W，Shintaro K，Armido S. Amination of benzoxazoles and 1,3,4-oxadiazoles using 2,2,6,6-tetramethylpip-eridine-N-oxoammonium tetrafluoroborate as an organic oxidant. Angew Chem Int Ed，2011，50：11511-11515.

[2] Fleitz F，Mangion I. Process for preparation of an intermediate for an orexin receptor antagonist. WO 2013169610A1，2013.

[3] Baxter C A，Cleator E，Krska S W，Sheen F，Stewart G，Strotman N，Wallace D J，Wrigh T. Process for the preparation of an orexin receptor antagonist. WO2012148553 A1，2012.

（周文）

Tafluprost（他氟前列腺素）

药物基本信息

英文通用名	Tafluprost
中文通用名	他氟前列腺素
商品名	Zioptan®；Saflutan®
CAS 登记号	209860-87-7
FDA 批准日期	2012/02/10
化学名	isopropyl（5Z）-7-{（1R,2R,3R,5S）-2-[（1E）-3,3-difluoro-4-phenoxybut-1-enyl]-3,5-di-hydroxycyclopentyl}hept-5-enoate
SMILES 代码	O=C(OC(C)C)CCC/C=C\C[C@@H]1[C@@H](/C=C/C(F)(F)COC2=CC=CC=C2)[C@H](O)C[C@@H]1O

化学结构和理论分析

化学结构	理论分析值
	化学式：$C_{25}H_{34}F_2O_5$ 精确分子量：452.24 分子量：452.53 元素分析：C,66.35；H,7.57；F,8.40；O,17.68

药品说明书参考网页

生产厂家产品说明书：http://www.zioptan.com/

美国药品网：http://www.drugs.com/ppa/tafluprost.html

美国处方药网页：http://www.rxlist.com/zioptan-drug.htm

药物简介

他氟前列腺素是一种前列腺素类似物，适用于治疗开角型青光眼（Open-Angle Glaucoma）、眼高压症（Ocular Hypertension）。他氟前列腺素能选择性激动前列腺素 FP 受体（前列腺素有 DP、EP、FP、IP、TP 五种亚型），促进房水经葡萄膜巩膜流出，降低眼内压。他氟前列腺素是首个不含防腐剂的前列腺素类似物的滴眼药，药效与拉坦前列腺素（Latanoprost）类似，但持续时间更长。

药品上市申报信息

该药物目前有 1 种产品上市。

药品名称	ZIOPTAN		
申请号	202514	产品号	001
活性成分	Tafluprost(他氟前列腺素)	市场状态	处方药
剂型或给药途径	眼科用滴眼剂	规格	0.0015%
治疗等效代码		参比药物	是
批准日期	2012/02/10	申请机构	OAK PHARMACEUTICALS INC
化学类型	新分子实体药	审评分类	标准评审药物

药品专利或独占权保护信息

美国专利号或 独占权代码	专利或独占权 过期日期	专利保护类型、专利名称或市场独占权保护内容
5886035	2017/12/18	化合物专利，产品专利，专利用途代码 U-778
NCE	2017/02/10	参见本书附录关于独占权代码部分

合成路线一

本路线来源于日本 Asahi Glass Co. Ltd 和 Santen Pharmaceutical Co. Ltd 公司发表的专利文献（EP850926）和期刊文献［Tetrahedron Lett，2004，45（7）：1527-1529］，其显著特点是以 Corey 醛 1 为原料，采用三氟硫代吗啉（4）为氟化剂，其中三氟硫代吗啉昂贵，每步都要通过硅胶柱纯化。

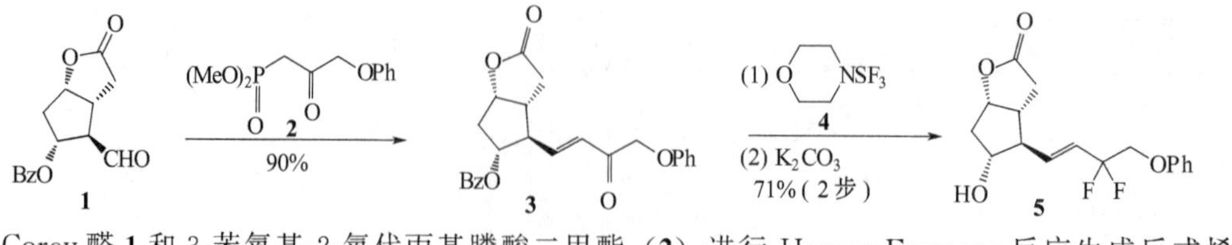

Corey 醛 1 和 3-苯氧基-2-氧代丙基膦酸二甲酯（2）进行 Horner-Emmons 反应生成反式烯烃 3，3 与三氟硫代吗啉（4）作用转化成二氟代中间体 5。

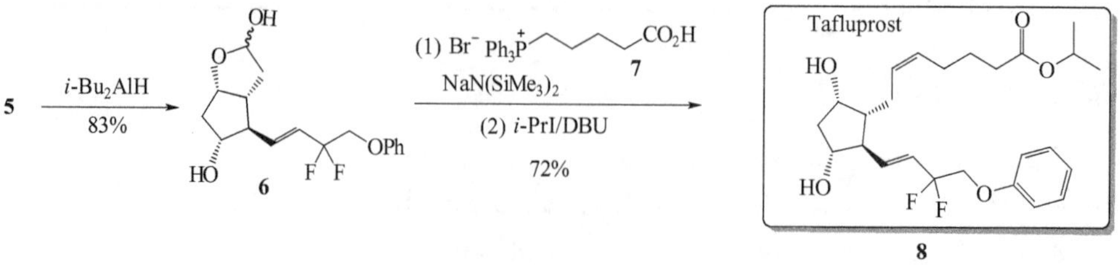

5 经 DIBAL 还原得到环状半缩醛 **6**，**6** 和 Wittig 试剂 **7** 反应得到顺式烯烃后经异丙基碘烷基化得到他氟前列腺素（**8**）。

原始文献

Tetrahedron Lett，2004，45（7）：1527-1529；EP850926A2，1998.

合成路线二

本路线来源于重庆医科大学李勤耕发表的期刊文献（化学研究与应用.2014，26（5）：722-727），其最大特点是以 Corey 内酯为起始原料，经过 Swern 氧化反应制得 Corey 醛，采用较廉价的三氟硫代乙二胺为氟代试剂合成他氟前列素，总收率 47.2%。其中，中间体 **2** 无须纯化直接用于下一步，**8**~**10** 采用"一锅法"实现，整个过程仅 **10** 需要硅胶柱纯化，有利于工业化。

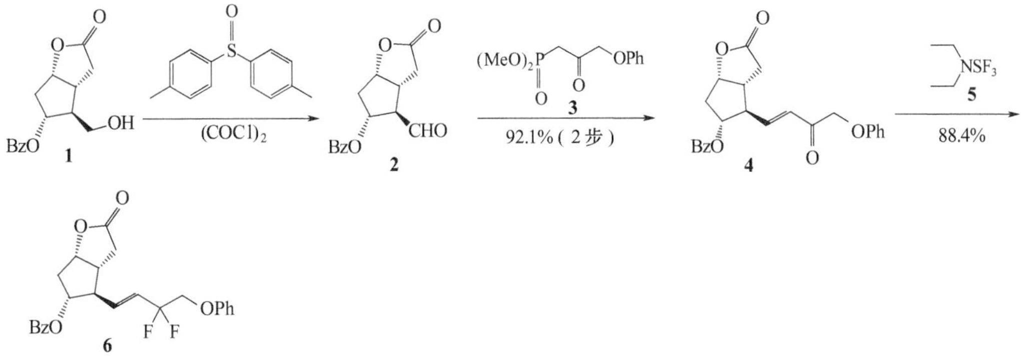

Corey 内酯 **1** 与二甲苯亚砜经 Swern 氧化制得 Corey 醛 **2**，再与膦酸酯 **3** 经历 Horner-Emmons 反应生成反式烯烃 **4**，进一步经三氟硫代二乙胺氟化制得 **6**。

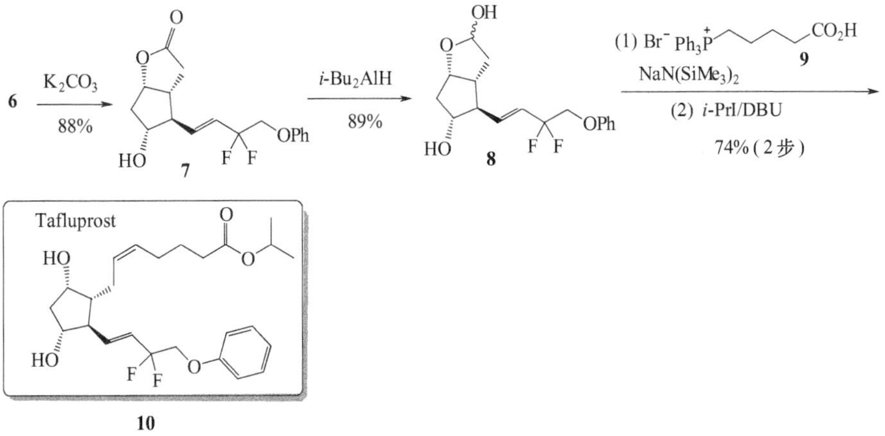

6 在碱性条件下脱苯甲酰基得醇内酯 **7**，**7** 经 DIBAL（*i*-Bu₂AlH）还原得到环状半缩醛 **8**，**8** 和 Wittig 试剂 **9** 反应得到顺式烯烃后经异丙基碘烷基化得到他氟前列素（**10**）。

原始文献

化学研究与应用，2014，26（5）：722-727.

合成路线三

该合成路线来源于天泽恩源（天津）医药技术有限公司杨波和彭乐等人发表的专利文献（CN 103804195 A），其最大特点是以 Corey 内酯 **1** 为原料，经保护、DIBAL 还原，Wittig 反应，羧基保护，Swern 氧化得到关键中间体 **2**，即先连接 α-链，再连接 ω-链。且可通过关键中间体 **2**

制备其他多种前列腺素类似物。

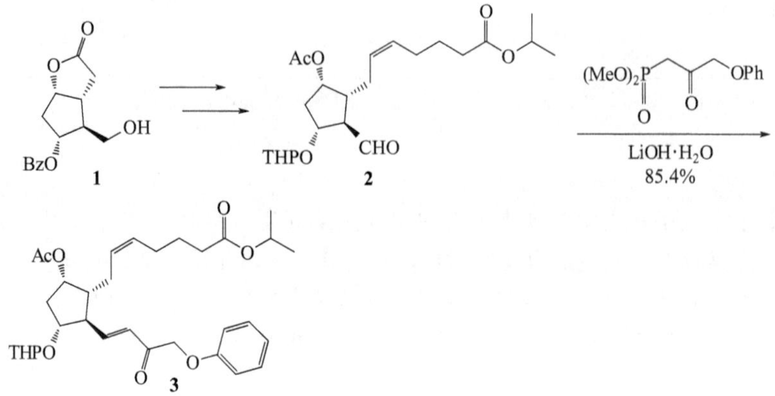

关键中间体 2 与 2-氧代-3-苯氧丙基膦酸二甲酯经历 Horner-Emmons 反应得到反式烯烃酮 3。

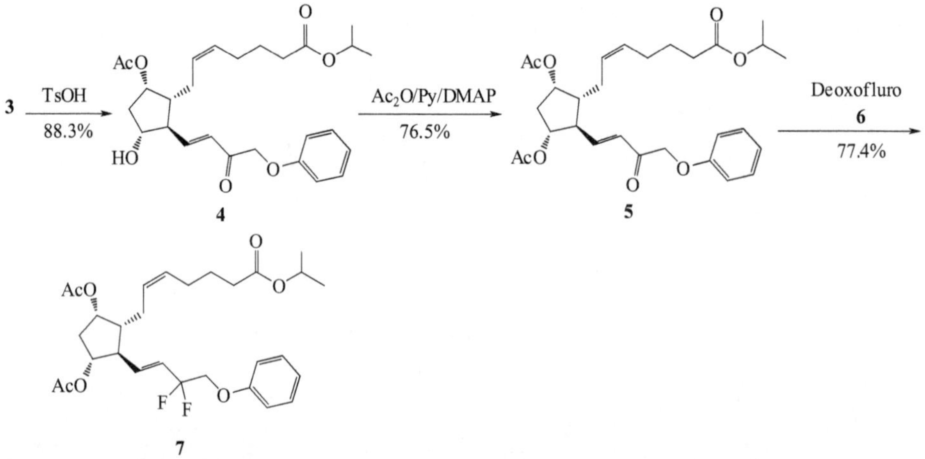

3 在酸性条件下脱 THP 制得 4，4 再经乙酰化制得 5，5 经 Deoxofluro［6，双（2-甲氧乙基）氨基三氟化硫］氟化制得 7。

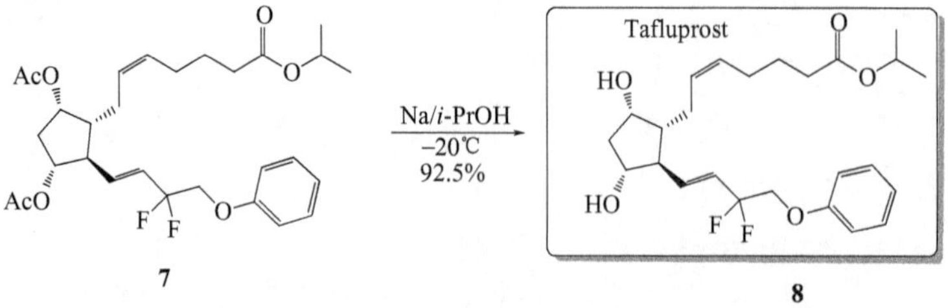

最后，7 在钠与异丙醇制备的醇钠溶液中脱乙酰基得到目标产物他氟前列素（8）。

原始文献

CN 103804195 A，2014.

参考文献

［1］ Matsumura Y，Mori N，Nakano T，et al. Synthesis of the Highly Potent Prostanoid FP Receptor Agonist，AFP-168：a Novel 15-Deoxy-15, 15-difluoroprostaglandin F$_{2\alpha}$ Derivative. Tetrahedron Lett，2004，45（7）：1527-1529.

［2］ Shirasawa E，Kageyama M，Nakajima T，et al. EP850926A2，1998.

［3］ 陈刚，曾令国，谢建勇等. 他氟前列素的合成工艺改进. 化学研究与应用，2014，26（5）：722-727.

［4］ 杨波，彭乐. CN 103804195 A，2014.

[5] Matsumura Y，Nakano T，Mori N，Morizawa Y. Synthesis and Biological Properties of Novel Fluoroprostaglandin Derivatives：Highly Selective and Potent Agonists for Prostaglandin Receptors. Chimia，2004，58（3）：148-152.

（李江胜）

Tasimelteon（他司美琼）

药物基本信息

英文通用名	Tasimelteon
中文通用名	他司美琼
商品名	Hetlioz
CAS 登记号	609799-22-6
FDA 批准日期	2014/01/31
化学名	N-((((1R,2R)-2-(2,3-dihydrobenzofuran-4-yl)cyclopropyl)methyl)propionamide
SMILES 代码	CCC(NC[C@H]1[C@H](C2=C3CCOC3=CC=C2)C1)=O

化学结构和理论分析

化学结构	理论分析值
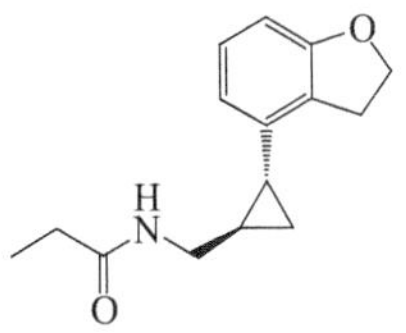	化学式：$C_{15}H_{19}NO_2$ 精确分子量：245.14158 分子量：245.32 元素分析：C,73.44；H,7.81；N,5.71；O,13.04

药品说明书参考网页

生产厂家产品说明书：http://www.hetlioz.com

美国药品网：http://www.drugs.com/hetlioz.html

美国处方药网页：http://www.rxlist.com/hetlioz-drug.htm

药物简介

Hetlioz 是一种褪黑激素受体 MT1 和 MT2 的激动剂。褪黑激素受体对上丘脑中视叉上核生理过程的调节，到达控制身体自然的睡觉与清醒循环。Hetlioz 激动褪黑激素受体从而影响昼夜生理节律，但其精确的作用机制尚不明确。适用为非 24h（non-24）睡眠觉醒疾病治疗。

药品上市申报信息

该药物目前有 1 种产品上市。

药品名称	HETLIOZ		
申请号	205677	产品号	001
活性成分	Tasimelteon(他司美琼)	市场状态	处方药

续表

剂型或给药途径	口服胶囊	规格	20mg
治疗等效代码		参比药物	是
批准日期	2014/01/31	申请机构	VANDA PHARMACEUTI-CALS INC
化学类型	新分子实体药	审评分类	优先评审药物

药品专利或独占权保护信息

美国专利号或独占权代码	专利或独占权过期日期	专利保护类型、专利名称或市场独占权保护内容
5856529	2017/12/09	化合物专利、产品专利、用途专利代码 U-1486
8785492	2033/01/25	用途专利代码 U-1486
NCE	2019/01/31	参见本书附录关于独占权代码部分
ODE	2021/01/31	参见本书附录关于独占权代码部分

合成路线一

本方法来源于济南志合医药科技有限公司发表的专利文献（CN102675268A）：

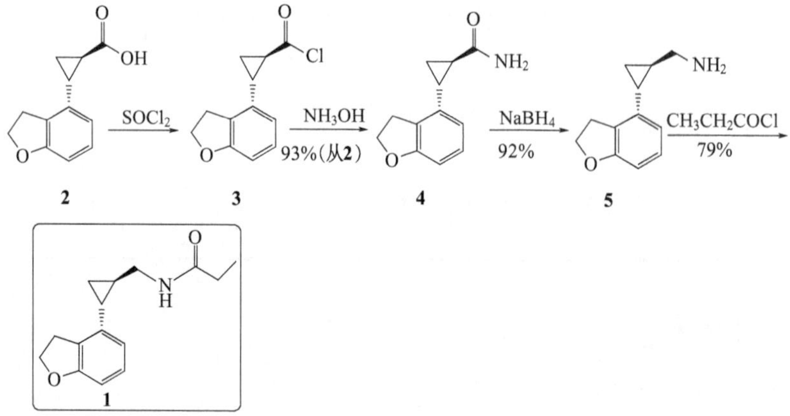

其特点是以（1R，2R)-2-(2,3-二氢苯并呋喃-4-基）环丙甲酸（**2**）为起始原料，经二氯亚砜转化为酰氯，直接与氨水反应生成酰胺 **4**，再经硼氢化钠还原得伯胺 **5**，最后与丙酰氯直接合成他司美琼（**1**）。此合成路线原料易得，操作简便，4 步反应总收率 67.6%，产品纯度 99.5%，且后处理均无需柱色谱分离纯化，适合工业化生产。

原始文献

刘永志，张宏川，刘瑾. 制备（1R，2R)-2-(2,3-二氢苯并呋喃-4-基）环丙甲胺的方法. CN102675268A，2012.

济南志合医药科技有限公司改进自己的合成方法：

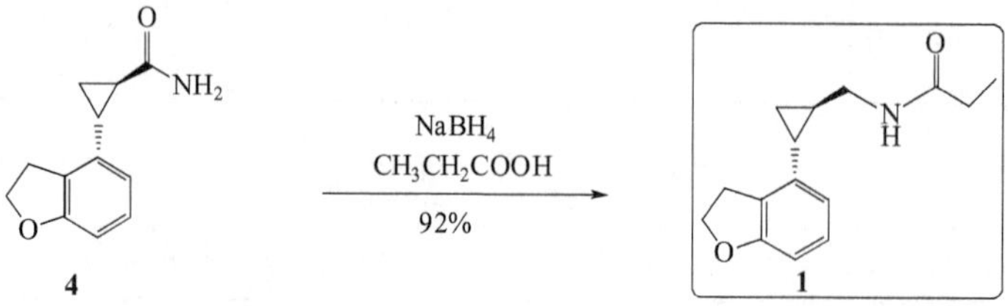

将中间体 **4** 与还原剂 NaBH₄ 和丙酸"一锅煮"，控制好投料比例、反应时间，产率提高到92%，产品纯度 99.9%。

原始文献

刘永志，张宏川，刘瑾. 一种他司美琼的制备方法. CN103087019A，2015.

合成路线二

本合成路线来源于苏州明锐医药科技有限公司报道的专利文献（CN104327022A）：

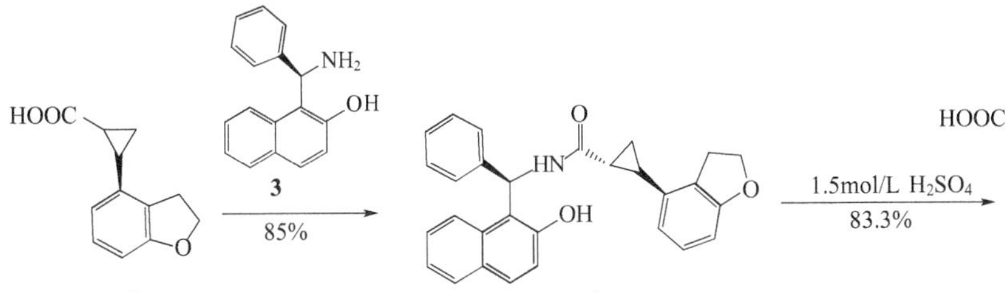

其特点是以反式 2-（2,3-二氢苯并呋喃-4-基）环丙甲酸（**2**）为起始原料，经手性试剂（*R*）-1-（α-氨基苄基）-2-萘酚（**3**）拆分，1.5mol/L 硫酸水解得（1*R*,2*R*）-2-（2,3-二氢苯并呋喃-4-基）环丙甲酸（**5**）。

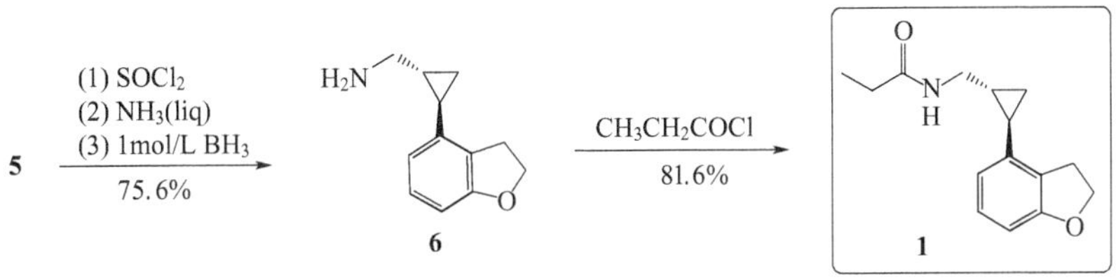

环丙甲酸 **5** 经酰氯化、酰胺化、还原等三步反应得重要中间体 **6**，最后与丙酰氯直接合成他司美琼（**1**）。此合成路线原料易得，4 步反应总收率 43.7%，后处理均无需柱色谱分离纯化，经济环保，适合工业化生产。

原始文献

许学农. 他司美琼的制备方法. CN104327022A，2015.

合成路线三

该方法来源于 Bristol-myers squibb 公司报道的专利文献（WO 9825606）：

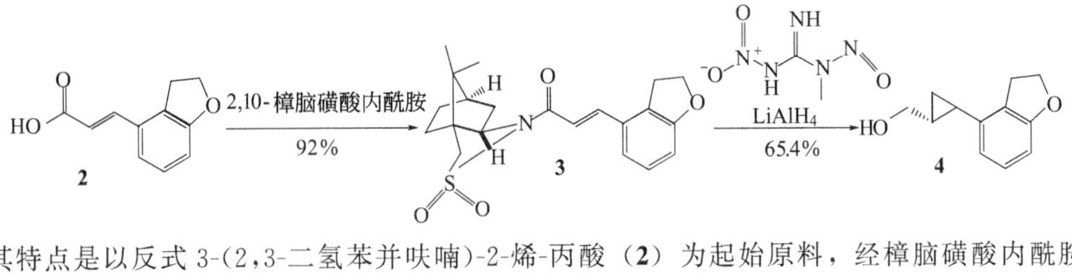

其特点是以反式 3-（2,3-二氢苯并呋喃）-2-烯-丙酸（**2**）为起始原料，经樟脑磺酸内酰胺的手性诱导拆分、1-甲基-3-硝基-1-亚硝基胍与醋酸钯催化环丙烷化及 LAH（LiAlH₄）还原等三步得环丙甲醇 **4**。

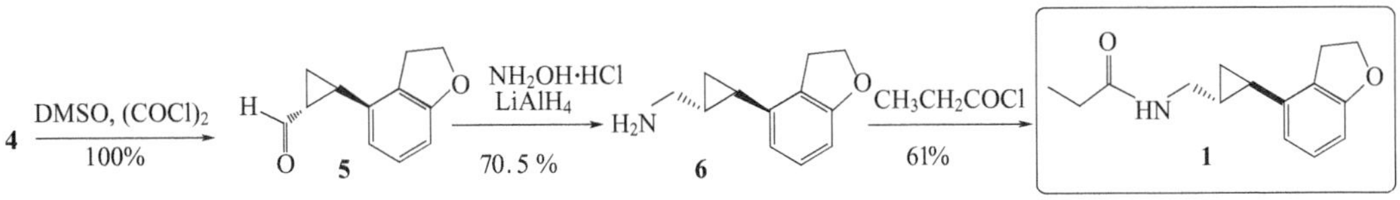

环丙甲醇 **4** 发生 Swern 反应氧化为醛，随后与盐酸羟胺成肟，经氢化铝锂还原成环丙甲胺，最后与丙酰氯直接合成他司美琼（**1**）。此合成路线原料易得，樟脑磺酸内酰胺拆分成本廉价，5 步反应总收率 25.5%，但制备过程多处使用超低温工艺。

原始文献

WO 9825606，1997.

合成路线四

本方法来源于 Singh A. K. 在 Organic process research & Development 上的报道：

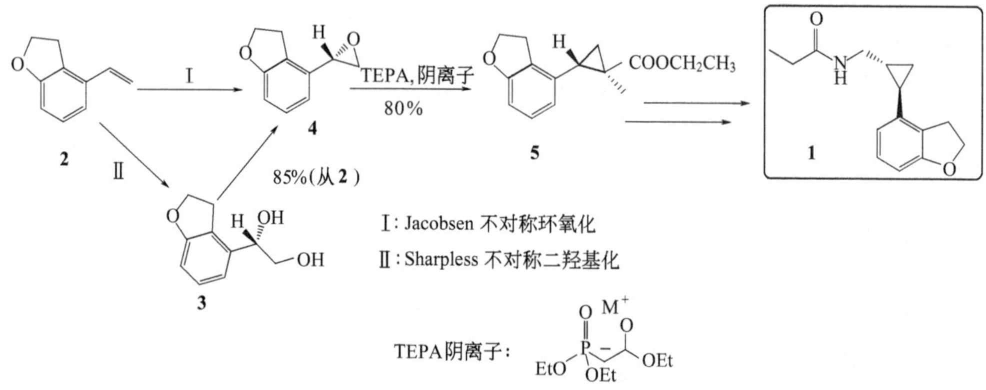

Ⅰ：Jacobsen 不对称环氧化

Ⅱ：Sharpless 不对称二羟基化

TEPA 阴离子：

其特点是以 2,3-二氢苯并呋喃衍生物 **2** 为起始原料，经 Jacobsen 不对称环氧化作用或 Sharpless 不对称二羟基化作用后环合得（S)-(2,3-二氢苯并呋喃-4-基)-2-环氧乙烷，经 TEPA 阴离子开环得重要中间体 **5**，后者按其他合成路线的方法生成他司美琼（**1**）。此合成路线所合成中间体 **5** 产率高、安全、适合工业化生产。

原始文献

Singh A K，Rao M N，Simpson J H，Li W S，Thornton J E，Kuehner D E，Kacur D. Development of a practical，safe，and high-yielding process for the preparation of enantiomerically pure trans-cyclopropane carboxylic acid J. Organic Process Research & Development，2002，6：618-620.

合成路线五

Bristol-Myers Squibb 公司报道的消旋体他司美琼合成方法（WO9962515A1)：

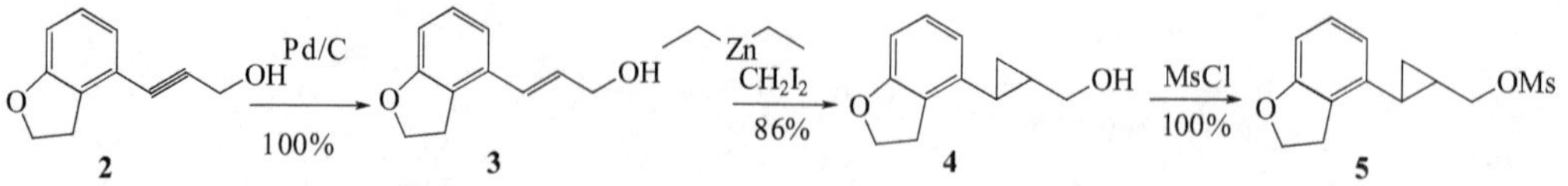

其特点是以 3-(2,3-二氢苯并呋喃-4-基)-2-炔基-丙醇（**2**）为起始原料，经还原、成丙环、甲磺酸取代活化等 3 步得关键中间体 **5**。

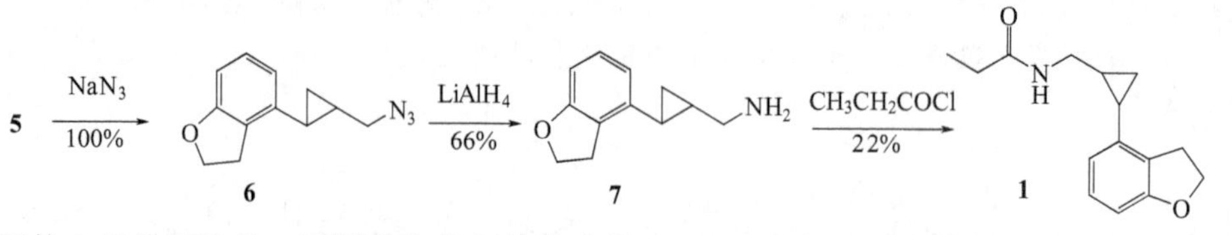

中间体 **5** 经叠氮取代、还原后生成氨基化合物 **7**，后者再与丙酰氯直接合成消旋体他司美琼（**1**）。此合成路线采用高毒试剂碘甲烷生成丙环，6 步反应总收率 12.5%，最后一步反应产率过

低，影响整个工艺的应用。

原始文献

WO9962515A1，1999.

参考文献

[1] Sun L Q，Takaki K，Chen J，Iben L，Knipe J O，Pajor L，Mahle C D，Ryan E，Xu C. N-{2-[2-(4-Phenylbutyl) benzofuran-4-yl] cyclopropylmethyl} acetamide：an orally bioavailable melatonin receptor agonist. Bioorganic &. Medicinal. Chemistry Letters，2004，14：5157-5160.

[2] Sun L Q，Takaki K，Chen J，Bertenshaw S，Iben L，Mahle C D，Ryan E，Wu D，Gao Q，Xu C. (R)-2-(4-Phenylbutyl) dihydrobenzofuran derivatives as melatoninergic agents. Bioorganic &. Medicinal Chemistry Letters，2005，15：1345-1349.

[3] Catt J D，Johnson G，Keavy D J，Mattson R J，Parker M F，Takaki K S，Yevich J P. Benzofuran and dihydro-benzofuran melatonegic agents. US 5856529，1999.

[4] Marlene M D，John J F，Louis W L，Mihael H P. Treatment of circadian rhythm disorders. US8785492B2，2014.

[5] Prasad J S，Vu T，Totleben M J，Crispino G A，Kacsur D J，Swaminathan S. Development of Jacobsen asymmetric epoxidation and sharpless asymmetric dihydroxylation methods for the large-scale preparation of a chiral dihydrobenzo-furan epoxide. Organic Process Research &. Development. 2003，7：821-827.

（周文）

Tavaborole（它瓦波罗）

药物基本信息

英文通用名	Tavaborole
中文通用名	它瓦波罗(参考译名)
商品名	Kerydin®
CAS登记号	174671-46-6
FDA 批准日期	2014/07/07
化学名	5-fluorobenzo[c][1,2]oxaborol-1(3H)-ol
SMILES 代码	FC1=CC=C2C(COB2O)=C1

化学结构和理论分析

化学结构	理论分析值
	分子式：$C_7H_6BFO_2$ 精确分子量：152.0445 分子量：151.93 元素分析：C,55.34；H,3.98；B,7.12；F,12.50；O,21.06

药品说明书参考网页

生产厂家产品说明书：http://www.kerydin.com/

美国药品网：http://www.drugs.com/cons/tavaborole-topical-application.html

美国处方药网页：http://www.rxlist.com/kerydin-drug.htm

药物简介

Kerydin 是一种噁硼唑类抗真菌药，通过对氨基转移核糖核酸合成酶（AARS）的抑制，从而阻断真菌蛋白合成，适用为由于红色毛癣菌（*Trichophyton rubrum*）或须癣毛癣菌（*Trichophyton mentagrophytes*）、指（趾）甲真菌病的局部治疗。

药品上市申报信息

该药物目前有 1 种产品上市。

药品名称	KERYDIN		
申请号	204427	产品号	001
活性成分	Tavaborole(它瓦波罗)	市场状态	处方药
剂型或给药途径	外用药液	规格	5%
治疗等效代码		参比药物	是
批准日期	2014/07/07	申请机构	ANACOR PHARMACEUTI-CALS INC

药品专利或独占权保护信息

美国专利号或独占权代码	专利或独占权过期日期	专利保护类型、专利名称或市场独占权保护内容
7582621	2027/05/26	专利用途代号 U-718
7767657	2027/05/22	产品专利
NCE	2019/07/07	参见本书附录关于独占权代码部分

合成路线一

本方法由 Stephen J. B. 发表在 J Med Chem 上：

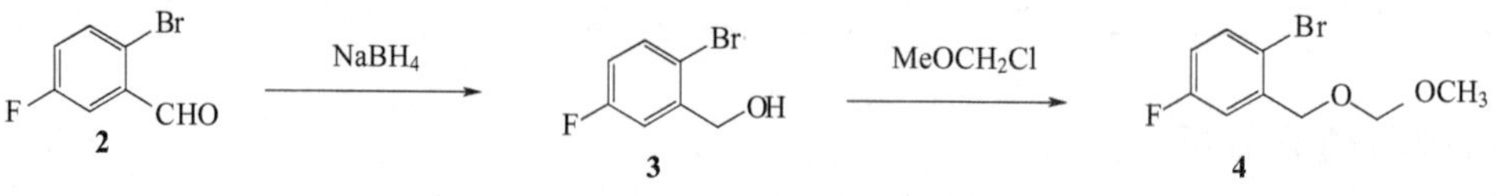

其主要特点是以 2-溴-5-氟-苯甲醛为原料，经还原、甲氧基甲基化得中间体 **4**。

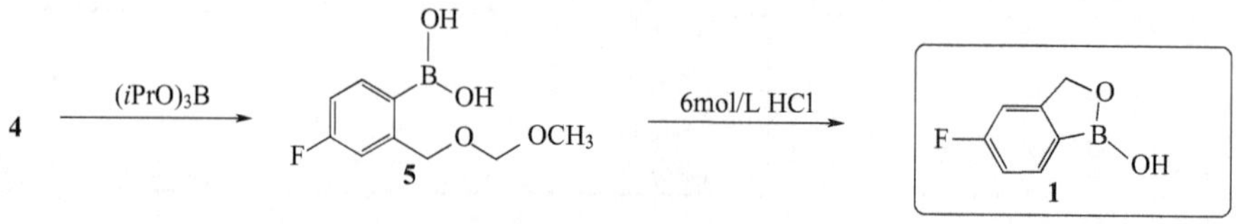

在强碱作用下，用正丁基锂或叔丁基锂取代溴原子，中间体 **4** 与硼酸三异丙酯试剂反应生成含硼化合物 **5**，后者与盐酸反应直接闭环得目标化合物 Tavaborole（**1**）。该合成路线较长但操作简便成熟，其难度是制备过程中强碱与超低温的使用影响其工业化生产。

原始文献

Baker S J, Zhang Y K, Akama T, Lau A, Zhou H, Hernanderz V, Mao W, Alley M R K,

Sanders V，Plattner J J. Discovery of a new Boron-containing Antigungal Agent，5-fluoro-1，3-dihydro-1-2，1-benzoxaborole（AN 2690），for the potential treatment of onychomycosis. J Med Chem，2006，49：4447-4450.

合成路线二

本方法由 Gunasekera D. S. 发表在 Tetrahedron 上的文献：

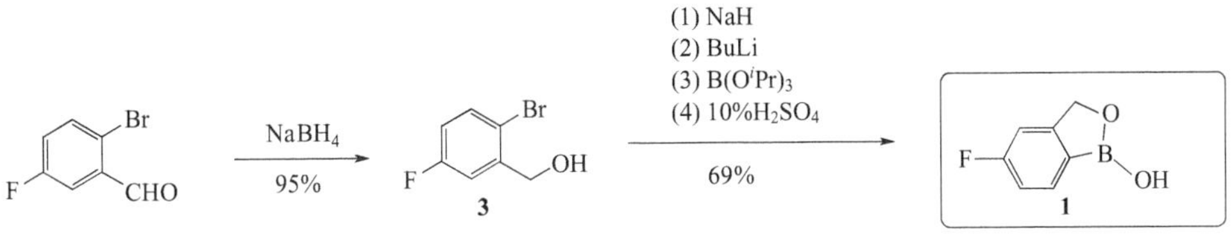

相对合成路线一，其主要特点是甲氧基甲基化、硼原子引入、关环等反应"一锅煮"，大大缩短合成路线，简化纯化的工作量，2 步反应产率 65.6%。

原始文献

Gunasekera D S，Gerold D J，Aalderks N S，H Chandra J S，Chrisiana A Maanu，Paul Kiprof，Vikto V Zhdankin，M Venkat Ram Reddy. Practical synthesis and application of benzoboraxoles. Tetrahedron，2007，63：9401-9405.

参考文献

［1］ Barker S J，Sanders V，Belling-kawahara C，Freund Y，Maples K R，Plattner J J，Zhang Y K，Zhou H，Hernandez V S. Boron-containing small molecules as anti-inflammatory agents. WO 2007095638 A2，2007.

［2］ Barker S J，Alkama T，Benkovic S J，Dipierro M，Hernander V S，Hold K M，Kennedy I，Likhotvorik I，Mao W，Maples K R，Platter J J，Rock F. Boron-containing small molecules. WO 2007078340A2，2007.

［3］ Sanders V，Maples R K，Plattner J J，Belling-Kawahara C. Compounds for the treatment of periodontal disease. US 20070286822A1，2007.

（周文）

Tedizolid Phosphate（磷酸特地唑胺）

药物基本信息

英文通用名	Tedizolid Phosphate
中文通用名	磷酸特地唑胺
商品名	Sivextro®
CAS 登记号	856866-72-3
FDA 批准日期	2014/06/20
化学名	（(R)-3-（3-fluoro-4-（6-（2-methyl-2H-tetrazol-5-yl）pyridin-3-yl）phenyl）-2-oxooxazolidin-5-yl）methyl dihydrogen phosphate
SMILES 代码	CN(N=N3)N=C3C(C=C2)=NC=C2C1=C(F)C=C(N4C(O[C@](COP(O)(O)=O)([H])C4)=O)C=C1

化学结构和理论分析

化学结构	理论分析值
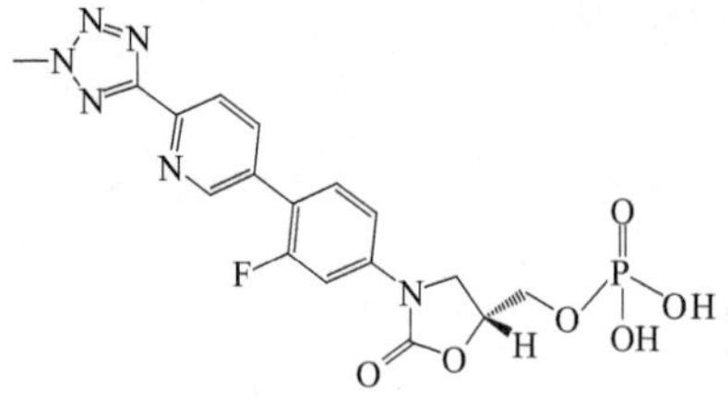	分子式：$C_{17}H_{16}FN_6O_6P$ 精确分子量：450.0853 分子量：450.3177 元素分析：C,45.34；H,3.58；F,4.22；N,18.66；O,21.32；P,6.88

药品说明书参考网页

生产厂家产品说明书：http://sivextro.com/

美国药品网：http://www.drugs.com/cons/tedizolid.html

美国处方药网页：http://www.rxlist.com/sivextro-drug.htm

药物简介

Sivextro 是一种噁唑烷酮类抗菌前药，在体内可被磷酸酶迅速转化为具有生物活性的 Tedizolid，后者主要与细菌的核糖体 50S 亚基结合，抑制蛋白质的合成，适用为治疗由金黄色葡萄球菌［包括耐甲氧西林（MRSA）和甲氧西林敏感（MSSA）分离株］、化脓性链球菌、无乳链球菌（Streptococcus agalactiae）、咽峡炎链球菌组（包括咽峡炎链球菌、中间型链球菌和星座链球菌）和粪肠球菌等革兰氏-阳性微生物敏感分离株所致急性细菌性皮肤和皮肤组织感染（AB-SSSI）。

药品上市申报信息

该药物目前有 2 种产品上市。

产品一

药品名称	SIVEXTRO		
申请号	205435	产品号	001
活性成分	Tedizolid Phosphate(磷酸特地唑胺)	市场状态	处方药
剂型或给药途径	口服片剂	规格	200mg
治疗等效代码		参比药物	是
批准日期	2014/06/20	申请机构	CUBIST PHARMACEUTI-CALS INC

产品二

药品名称	SIVEXTRO		
申请号	205436	产品号	001
活性成分	Tedizolid Phosphate(磷酸特地唑胺)	市场状态	处方药
剂型或给药途径	静脉灌注粉末剂	规格	200mg/小瓶
治疗等效代码		参比药物	是
批准日期	2014/06/20	申请机构	CUBIST PHARMACEUTI-CALS INC

药品专利或独占权保护信息

美国专利号或 独占权代码	专利或独占权 过期日期	专利保护类型、专利名称或市场独占权保护内容
7816379	2028/02/23	化合物专利，产品专利，专利用途代码 U-282
8420676	2028/02/23	化合物专利，产品专利，专利用途代码 U-282
8426389	2030/12/31	化合物专利，产品专利，专利用途代码 U-282
GAIN	2024/06/20	参见本书附录关于独占权代码部分
NCE	2019/06/20	参见本书附录关于独占权代码部分

合成路线一

本方法来源 Trius Therapeutics 发表的专利（WO 2010042887 A2）：

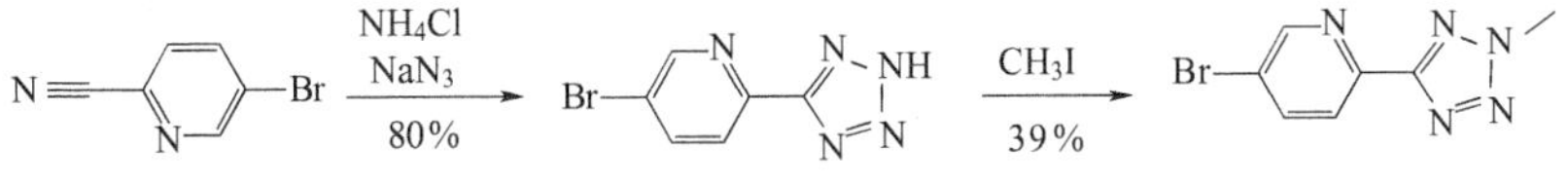

主要特点采用硼酸三异丙酯活化苯环上溴原子位置，具体步骤是：以 2-氰基-5-溴吡啶（**2**）为起始原料，与叠氮钠反应生成四唑 **3**，再与碘甲烷进行甲基化得化合物 **4**。

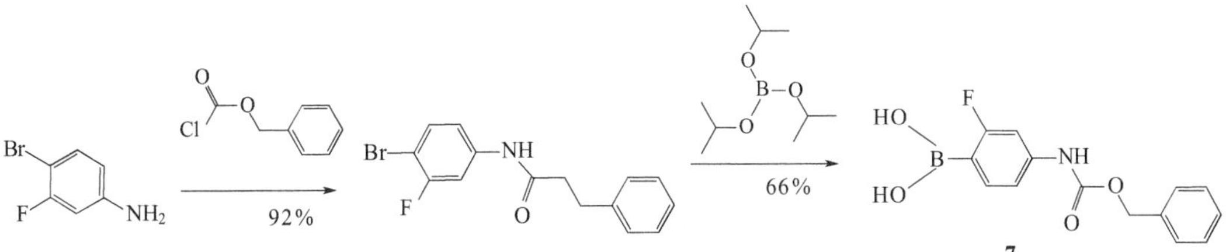

同时，用氯甲酸苄基酯对 3-氟-4 溴苯胺（**5**）进行保护，然后在正丁基锂存在条件下，用硼酸三异丙酯取代溴原子得中间体 **7**。

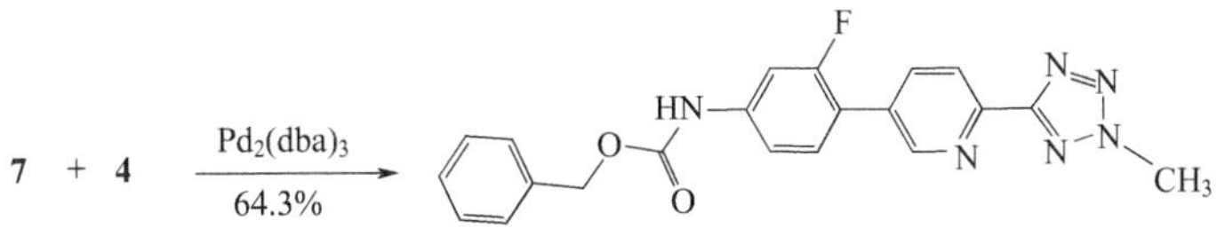

在钯盐的催化下，中间体 **4** 与化合物 **7** 偶联生成四唑 **8**。

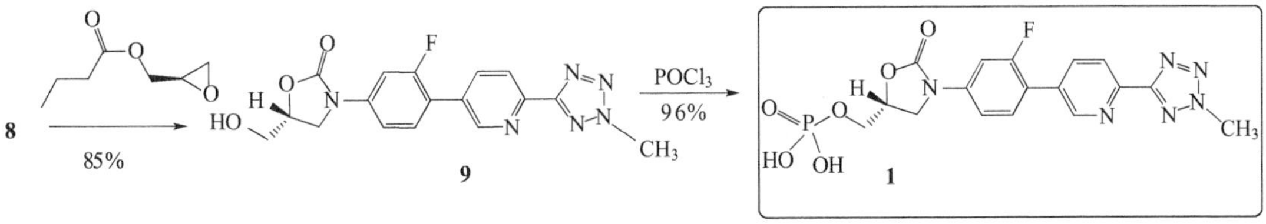

四唑 **8** 与 R（－）-缩水甘油丁酯环合得特地唑胺（**9**），然后与三氯氧磷反应，高产率得前药磷酸特地唑胺（**1**）。该合成路线的限制步骤是甲基化步骤，易生成副产物，且不易分离。

原始文献

Costello C A，Simson J A，Phillipson D. Methods for preparing oxazolidinones and compositions containing them. WO 2010042887 A2，2010.

合成路线二

本方法由 Dong-A Pharm Co Ltd 报道的专利 WO 2005058886 A1，与合成路线一相比，主要特点是用六正丁基二锡活化苯环上碘原子位置，且合成顺序有所不同。

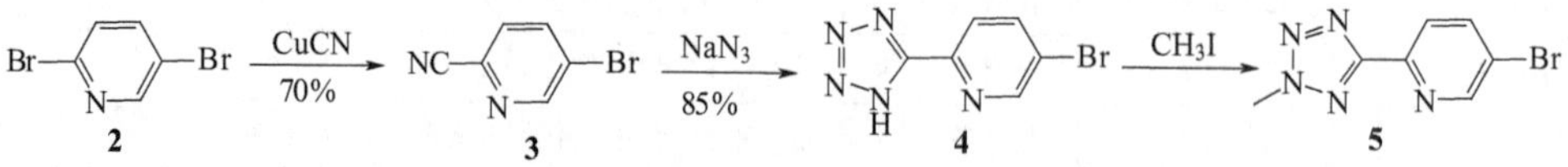

具体步骤是：先是以 2,5-二溴吡啶（**2**）为起始原料，经历氰基选择性取代、与叠氮钠成四唑、甲基化等三步反应生成中间体 **5**。

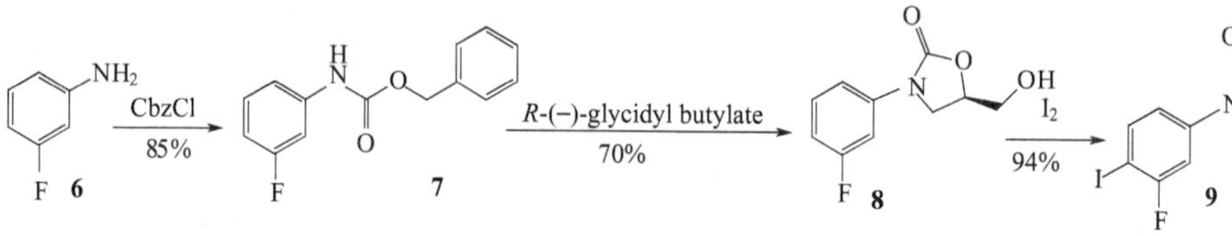

同时，以 3-氟苯胺为原料，先后与氯甲酸苄基酯酰胺化、与缩水甘油丁醛酯环合得羟基化合物 **8**，再经碘代反应得 3-氟-4-碘中间体 **9**。

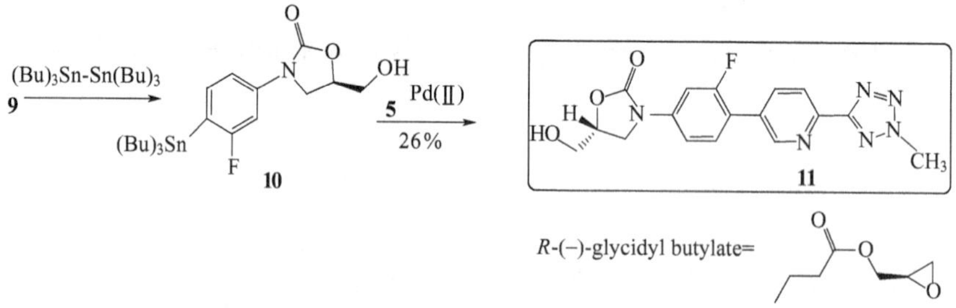

中间体 **9** 进一步被六正丁基二锡活性转化为有机锡化合物 **10**，在有机钯盐催化下，直接与中间体 **5** 偶合成特地唑胺（**11**）。该合成路线的难点：甲基化时易产生副产物及偶合反应低产率。

原始文献

WO 2005058886 A1，2005.

参考文献

[1] Phillipson D. Crystalline form of （*R*）-3-(4-(2-(2-methyltetrazol-5-yl) pyridin-5-yl)-3-fluorophenyl)-hydroxymethyl oxazolidin-2-one dihydrogen phosphate. WO 2010091131A1，2010.

[2] Im W B，Choi S H，Park J Y，Choi S H，Finn J，Yoon S H. Discovery of torezolid as a novel 5-hydroxymethyl-oxazolidinone antibacterial agent. European Journal of Medicinal Chemistry，2011，46：1027-1039.

（周文）

Telaprevir（替拉瑞韦）

药物基本信息

英文通用名	Telaprevir
中文通用名	替拉瑞韦
商品名	Incivek®

续表

CAS登记号	402957-28-2
FDA批准日期	2011/05/23
化学名	（1S，3aR，6aS）-2-[（2S）-2-（{（2S）-2-cyclohexyl-2-[（pyrazin-2-ylcarbonyl）amino]acetyl} amino)-3,3-dimethylbutanoyl]-N-[（3S）-1-（cyclopropylamino)-1,2-dioxohexan-3-yl]-3,3a,4,5, 6,6a-hexahydro-1H-cyclopenta[c]pyrrole-1-carboxamide
SMILES代码	O=C([C@H]1N(C([C@@H](NC([C@H](C2CCCCC2)NC(C3=NC=CN=C3)=O)=O) C(C)(C)C)=O)C[C@@]4([H])[C@]1([H])CCC4)N[C@@H](CCC)C(C(NC5CC5)= O)=O

化学结构和理论分析

化学结构	理论分析值
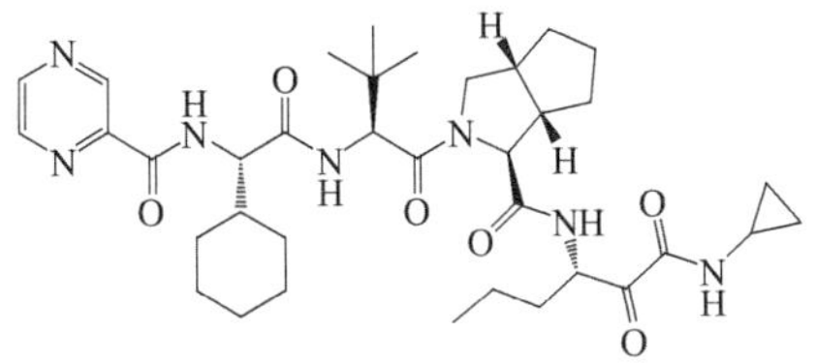	化学式：$C_{36}H_{53}N_7O_6$ 精确分子量：679.41 分子量：679.85 元素分析：C,63.60；H,7.86；N,14.42；O,14.12

药品说明书参考网页

生产厂家产品说明书：www.incivek.com/

美国药品网：http://www.drugs.com/mtm/telaprevir.html

美国处方药网页：http://www.rxlist.com/incivek-drug.htm

药物简介

替拉瑞韦（Incivek）是一种丙型肝炎病毒（HCV）NS3/4A蛋白酶抑制剂。与聚乙二醇干扰素α和利巴韦林联用用药，可用于治疗伴有代偿性肝脏疾病的基因1型慢性丙型肝炎（CHC）成年患者。替拉瑞韦可以有效地直接攻击HCV并阻断其复制，对HCV的抑制作用持久。NS3/4A多功能蛋白酶是HCV复制所必须的。

药品上市申报信息

该药物目前有1种产品上市。

药品名称	INCIVEK		
申请号	201917	产品号	001
活性成分	Telaprevir(替拉瑞韦)	市场状态	处方药
剂型或给药途径	口服片剂	规格	375mg
治疗等效代码		参比药物	是
批准日期	2011/05/23	申请机构	VERTEX PHARMACEUTI-CALS INC
化学类型	新分子实体药	审评分类	优先评审药物

药品专利或独占权保护信息

美国专利号或 独占权代码	专利或独占权 过期日期	专利保护类型、专利名称或市场独占权保护内容
8431615	2028/05/30	专利用途代码 U-1398
8529882	2021/08/31	专利用途代码 U-1398
7820671	2025/02/25	化合物专利，产品专利
NCE	2016/05/23	参见本书附录关于独占权代码部分

合成路线一

本路线来源于专利文献 US20100063252。其特点是以八氢环戊 [c] 吡咯 (**1**) 为原料获得多肽酸 **15**，以 2-己烯酸 (**16**) 为原料制得氨基酸 **23**。中间体 **15** 与 **23** 反应形成肽键得 **24**，再经 TEMPO/NaOCl 体系氧化成酮即得替拉瑞韦。

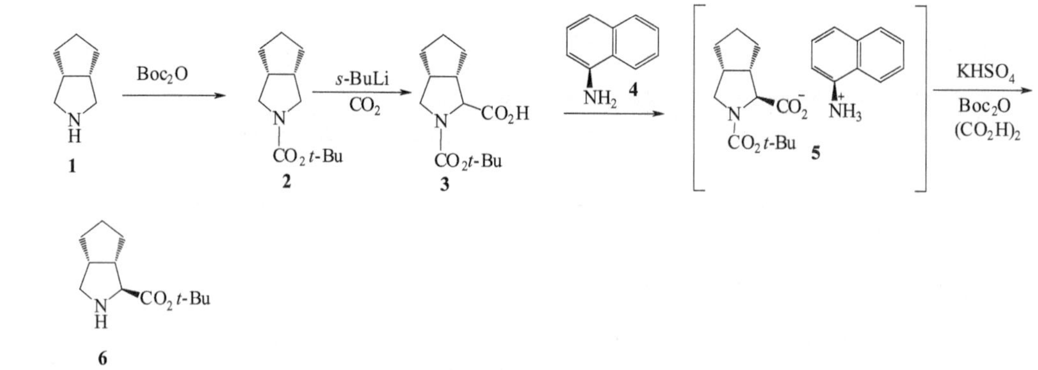

该合成路线以八氢环戊 [c] 吡咯 (**1**) 为原料，经酰基化反应保护氨基得到化合物 **2**，再在仲丁基锂作用下与二氧化碳反应在化合物 **2** 的 α-位引入羧基得 **3**。化合物 **3** 经手性试剂 (S)-1,2,3,4-四氢-1-萘胺 (**4**) 手性拆分得 **5**，化合物 **5** 经水解、成酯后再脱氨基保护得 **6**。

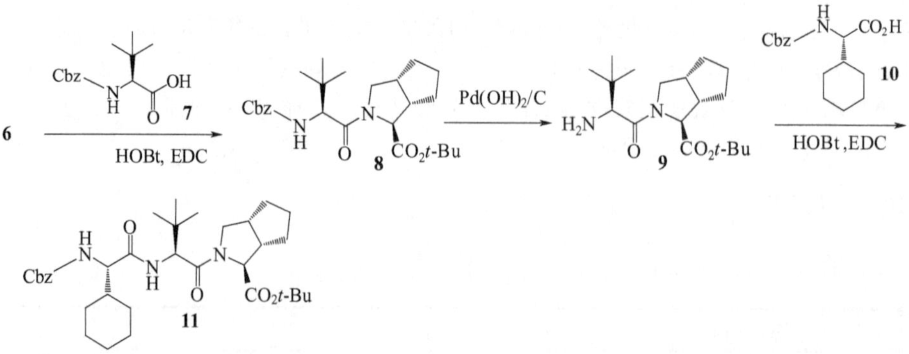

6 与 **7** 偶联构建肽键，获得中间体 **8**，再催化脱 Cbz 保护得游离胺 **9**。化合物 **9** 与 N-Cbz 保护的氨基酸 **10** 偶联，得二肽 **11**。

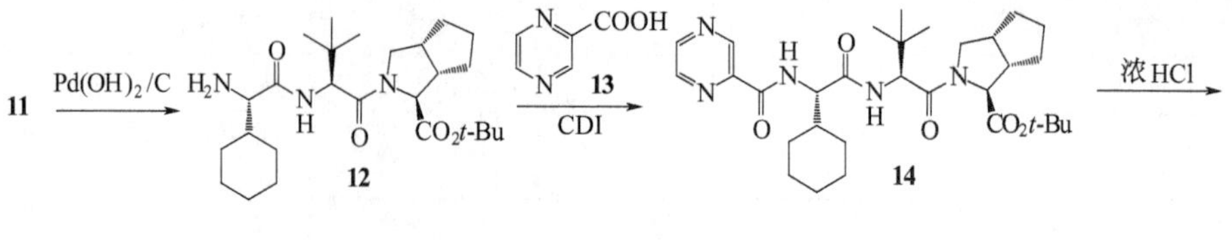

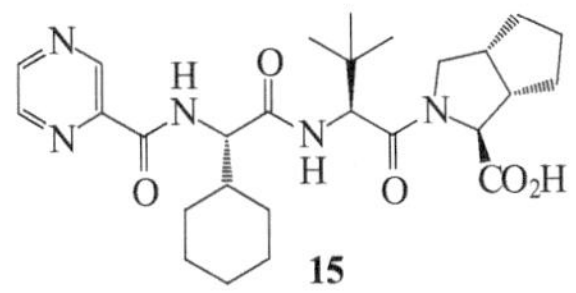

15

二肽 **11** 经催化脱 Cbz 得游离胺 **12**，**12** 与吡嗪羧酸 **13** 偶联得三肽 **14**，在酸性条件下水解得羧酸 **15**。

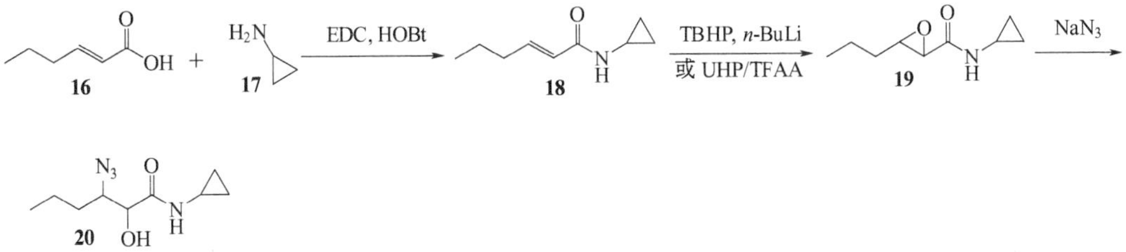

以 2-己烯酸（**16**）为原料，与环丙胺（**17**）反应得 **18**，**18** 的双键经过氧叔丁醇或尿素过氧化氢环氧化得 **19**，再经叠氮化得叠氮化合物 **20**。

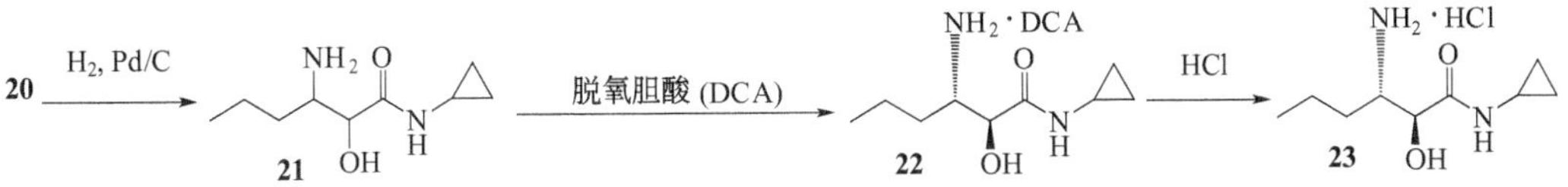

20 经催化氢化反应得外消旋的 **21**，**21** 经脱氧胆酸手性拆分得 **22**，**22** 游离后再经成盐酸盐纯化即可制得中间体 **23**。

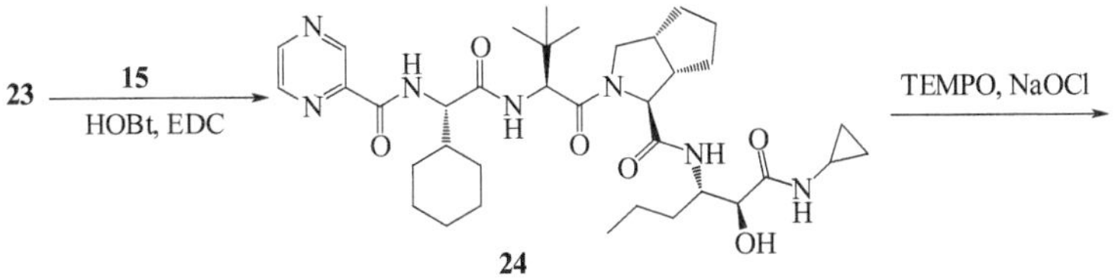

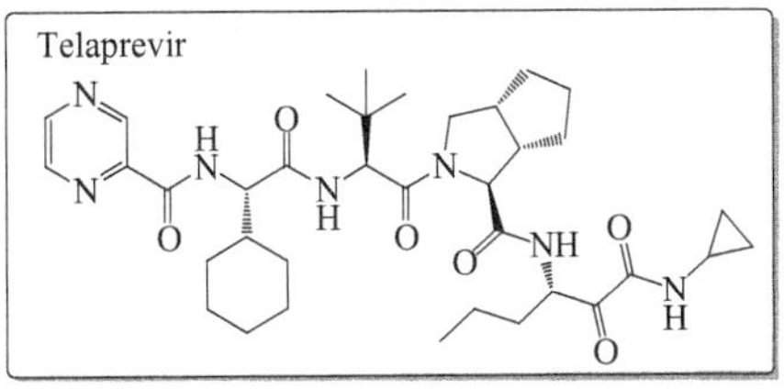

25

最后，中间体 **23** 与 **15** 反应成肽键得 **24**，再经 TEMPO/NaOCl 体系氧化成酮即得替拉瑞韦（**25**）。

该路线两个主要中间体的制备操作繁琐、路线较长，且在专利中没有收率报道。后来在 US20130131359 中进一步报道中间体 **23** 的合成方法及其与酸 **15** 的偶联、氧化制备替拉瑞韦的工艺。

原始文献

US20100063252，2010.

合成路线二

本路线来源于弗特克斯药品有限公司发表的专利文献（CN101633636）。该合成路线的特点在于关键中间体八氢环戊［c］吡咯-1-甲酸乙酯（**5**）的立体选择性合成方法。

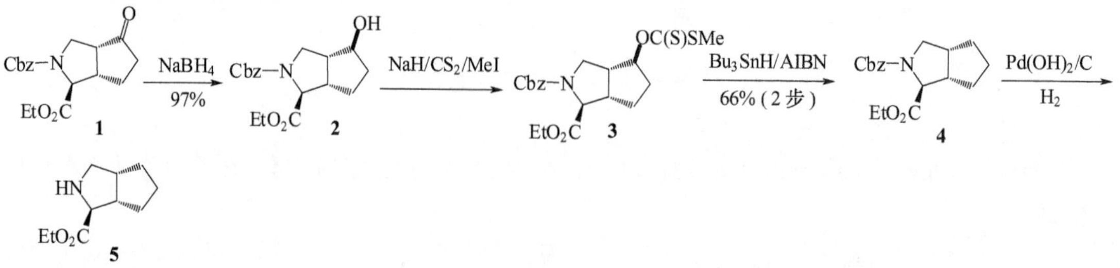

以 N-Cbz-4-氧-环戊烷［c］吡咯甲酸乙酯（**1**）为原料，经硼氢化钠还原得醇 **2**，再与二硫化碳作用得到黄原酸酯 **3**，中间体 **3** 经三正丁基锡氢化物还原得到中间体 **4**，最后脱除保护基得到游离胺 **5**。

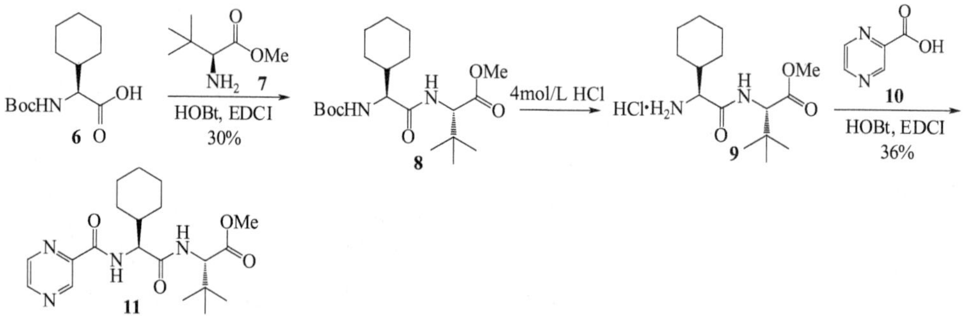

L-N-Boc-环己基氨乙酸（**6**）与 L-叔-亮氨酸甲酯（**7**）偶联得到中间体 **8**，**8** 经脱 Boc 保护所得的胺 **9** 与吡嗪羧酸 **10** 偶联得二肽 **11**。

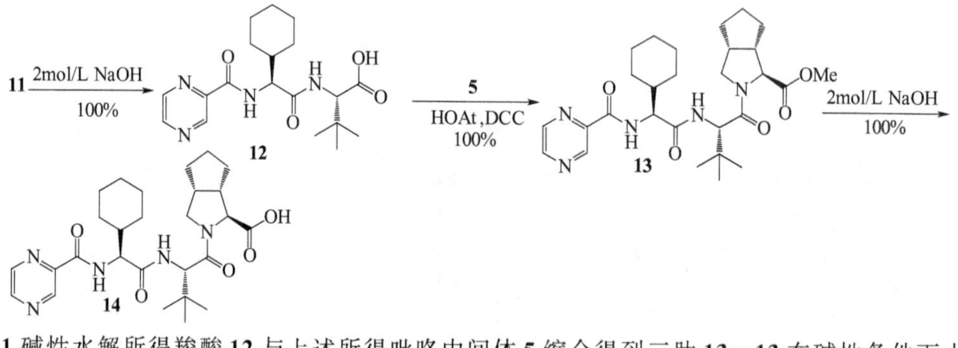

11 碱性水解所得羧酸 **12** 与上述所得吡咯中间体 **5** 缩合得到三肽 **13**，**13** 在碱性条件下水解得三肽酸 **14**。

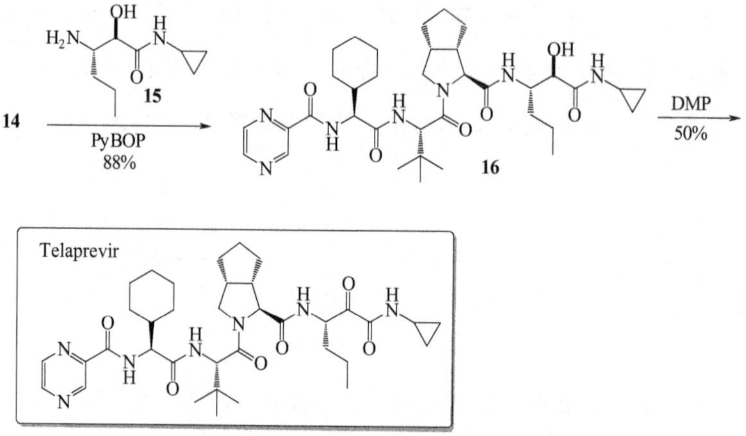

14 在 PyBOP 的作用下与（3S）-3-氨基-2-羟基-N-环丙基己酰胺（**15**）偶联得替拉瑞韦前体 **16**，再经 DMP 氧化制得替拉瑞韦（**17**）。

原始文献

CN101633636，2013.

合成路线三

本路线来源于荷兰 Vrije Universiteit Amsterdam 和英国 University of Manchester 发表的期刊 Chem Commun 文献和专利文献 US20140213788，其特点在于利用多组分反应（MCR）技术将酸、异腈和亚胺一步构建目标物。

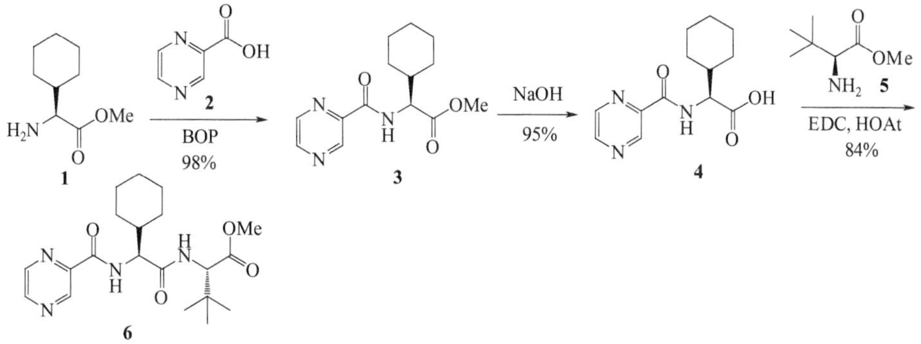

以 L-环己基氨乙酸甲酯（**1**）和吡嗪羧酸（**2**）为原料，经 BOP 缩合得到一肽 **3**，**3** 的酯键碱性水解制得羧酸 **4**，再与 L-叔-亮氨酸甲酯（**5**）缩合得二肽 **6**。

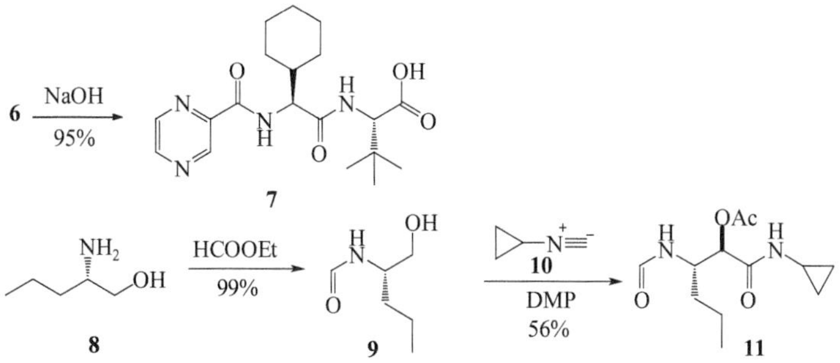

6 经碱性水解制得羧酸 **7**。以 2-氨基-1-戊醇（**8**）为原料经 N-甲酰基保护与 Dess-Martin 氧化、Passerini 反应制得 **11**。

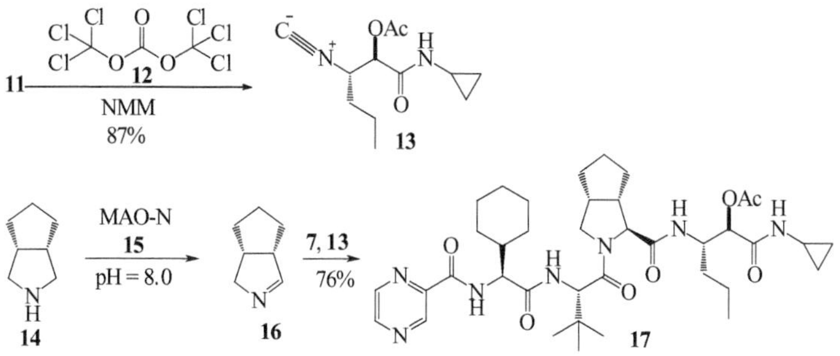

11 在固体光气作用下脱水制得异腈 **13**。另外，在单胺氧化酶作用下，将（3R,6S）-八氢环戊[c]吡咯（**14**）氧化成亚胺 **16**。然后，利用多组分反应（MCR）技术将亚胺 **16** 与羧酸 **7**、异腈 **13** 进行一步缩合，得到替拉瑞韦前体 **17**。

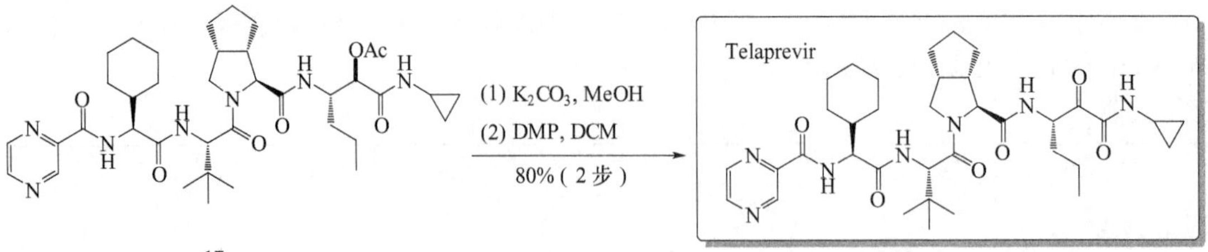

最后，**17** 经碳酸钾的甲醇溶液脱乙酰基得醇，并进一步经 DMP 氧化得目标物替拉瑞韦（**18**）。

原始文献

Chem Commun，2010，46（42）：7918-7920；US20140213788，2014.

合成路线四

该合成路线来源于深圳翰宇药业股份有限公司潘俊锋等人发表的专利文献（CN 102875649 B），其最大的特点是采用王树脂或 2-CTC 树脂固载氨基酸，完成多肽的合成。

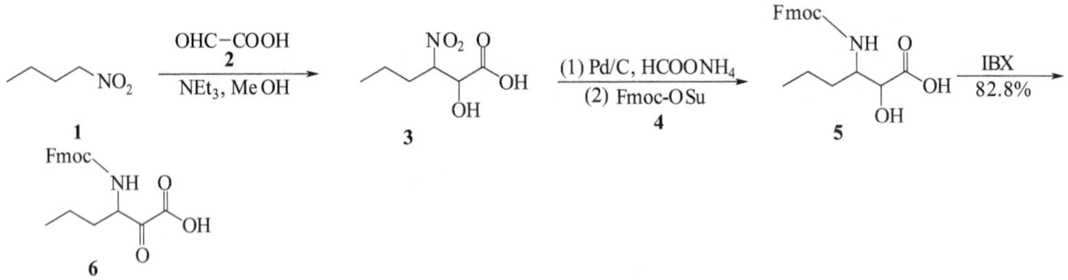

1-硝基丁烷（**1**）与乙醛酸（**2**）加成得到 **3**，然后经 Pd/C 催化加氢还原为氨基，并与芴甲氧羰酰琥珀酰亚胺（**4**，Fmoc-OSu）反应得到 N-Fmoc 保护的氨基酸 **5**，最后经邻碘酰苯甲酸（IBX）氧化制得酮酸 **6**。

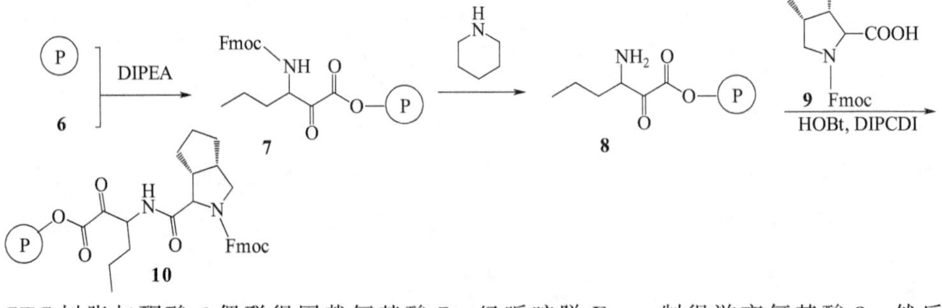

2-CTC 树脂与酮酸 **6** 偶联得固载氨基酸 **7**，经哌啶脱 Fmoc 制得游离氨基酸 **8**，然后与 N-Fmoc-八氢环戊烯并 [c] 吡咯-1-羧酸（**9**）偶联得固载一肽 **10**。

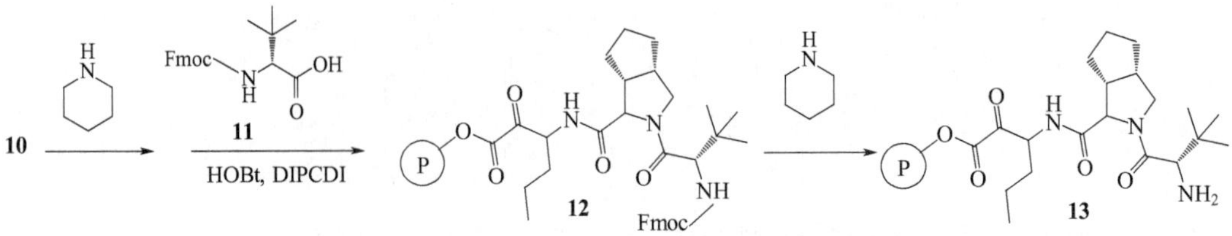

10 通过类似的方法脱 Fmoc，与 N-Fmoc-L-叔亮氨酸（**11**）偶联得固载二肽 **12**，然后脱 Fmoc 得 **13**。

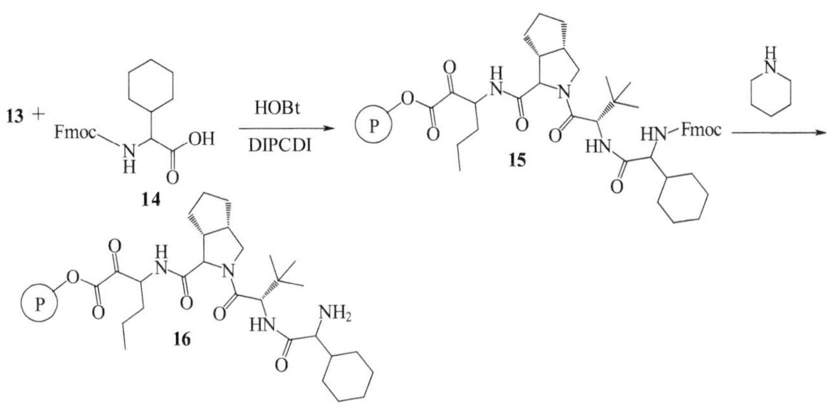

13 类似地完成与环烷基甘氨酸 **14** 和吡嗪-2-甲酸（**17**）的偶联，制得固载四肽 **18**。**18** 在三氟乙醇作用下裂解脱除 2-CTC 树脂得到四肽羧酸 **19**。

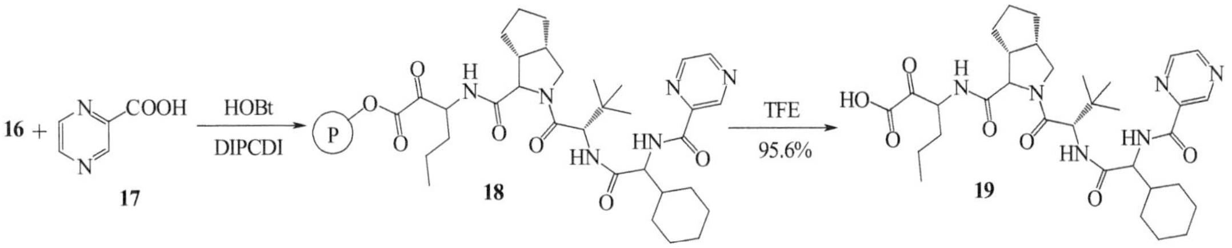

四肽羧酸 **19** 在偶联试剂下与环丙基胺反应得到目标物替拉瑞韦（**20**）。

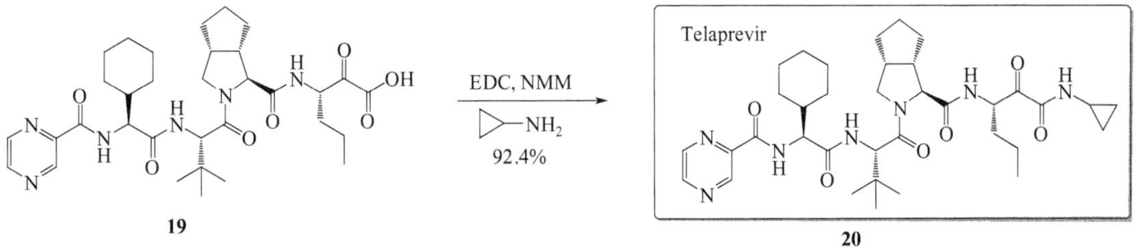

原始文献

CN 102875649 B，2014.

参考文献

[1] Tanoury G J，Chen M，Cochran J E，et al. US20100063252A1，2010.
[2] R. E. 巴比尼，S. H. 陈，J. E. 拉马等. CN101633636，2013.
[3] Znabet A，Polak M M，Janssen E，et al. A Highly Efficient Synthesis of Telaprevir by Strategic Use of Biocatalysis and Multicomponent Reactions. Chem Commun，2010，46（42）：7918-7920.
[4] 潘俊峰，陆永章，马亚平等. CN 102875649 B，2014.
[5] Babine R E，Chen S H，Lamar J E，et al. WO2002018369A2，2002.
[6] Delaney W E，Mo H，Zhong W. US20100324059A1，2010.
[7] Ruijter E，Orru R，Znabet A，et al. WO2011103933A1，2011.
[8] Ruijter E，Orru R，Znabet A，et al. WO2011103932A1，2011.
[9] Tanoury G J，Chen M，Cochran J E. WO2007022459A2，2007.
[10] Tanoury G J，Chen M，Jung Y C，et al. WO2007109023A1，2007.
[11] Tanoury G J，Chen M，Cochran J E，et al. WO2010126881A1，2010.
[12] Felzmann W，Brunner S，Wilhelm T. WO2013135870A1，2013.
[13] Allegrini P，Brunoldi E，Attolino E. WO2013182636A1，2013.

（李江胜）

Teriflunomide（特立氟胺）

药物基本信息

英文通用名	Teriflunomide
中文通用名	特立氟胺
商品名	Aubagio®
CAS 登记号	163451-81-8
FDA 批准日期	2012/09/12
化学名	(Z)-2-cyano-3-hydroxy-but-2-enoic acid-(4-trifluoromethylphenyl)-amide
SMILES 代码	C/C(O)＝C(C♯N)/C(NC1＝CC＝C(C(F)(F)F)C＝C1)＝O

化学结构和理论分析

化学结构	理论分析值
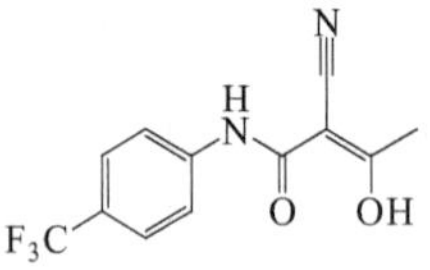	化学式：$C_{12}H_9F_3N_2O_2$ 精确分子量：270.06 分子量：270.21 元素分析：C,53.34；H,3.36；F,21.09；N,10.37；O,11.84

药品说明书参考网页

生产厂家产品说明书：www.aubagio.com/

美国药品网：http://www.drugs.com/mtm/teriflunomide.html

美国处方药网页：http://www.rxlist.com/aubagio-drug.htm

药物简介

特立氟胺是一种二氢乳清酸脱氢酶（Dihydroorotate Dehydrogenase）抑制剂，用于治疗多发性硬化症（Multiple Sclerosis）。特立氟胺通过抑制二氢乳清酸脱氢酶的活性，从而影响活化淋巴细胞的嘧啶合成。特立氟胺是致畸物，且有肝毒性。

药品上市申报信息

该药物目前有 2 种产品上市。

产品一

药品名称	AUBAGIO		
申请号	202992	产品号	001
活性成分	Teriflunomide(特立氟胺)	市场状态	处方药
剂型或给药途径	口服片剂	规格	7mg
治疗等效代码		参比药物	否
批准日期	2012/09/12	申请机构	SANOFI AVENTIS US LLC
化学类型	新分子实体药	审评分类	标准评审药物

产品二

药品名称	AUBAGIO		
申请号	202992	产品号	002
活性成分	Teriflunomide（特立氟胺）	市场状态	处方药
剂型或给药途径	口服片剂	规格	14mg
治疗等效代码		参比药物	是
批准日期	2012/09/12	申请机构	SANOFI AVENTIS US LLC
化学类型	新分子实体药	审评分类	标准评审药物

药品专利或独占权保护信息

美国专利号或独占权代码	专利或独占权过期日期	专利保护类型、专利名称或市场独占权保护内容
5679709	2014/10/21	产品专利，专利用途代码 U-1285
6794410	2022/04/15	专利用途代码 U-1285
NCE	2017/09/12	参见本书附录关于独占权代码部分

合成路线一

本方法来源于专利文献 US5494911，主要特点是以 5-甲基异噁唑-4-甲酸或通过合成 5-甲基异噁唑-4-甲酸的中间体为起始原料，然后与 4-三氟甲基苯胺反应合成特立氟胺。此路线步骤偏多、总收率偏低。

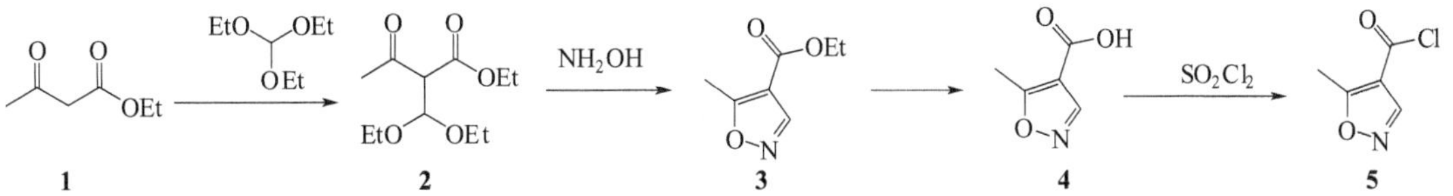

乙酰乙酸乙酯（**1**）与原甲酸三乙酯缩合制得隐式 2-甲酰基乙酰乙酸乙酯（**2**），继而与羟胺环合得异噁唑-4-甲酸乙酯（**3**），水解、氯化得到异噁唑-4-甲酰氯 **5**。

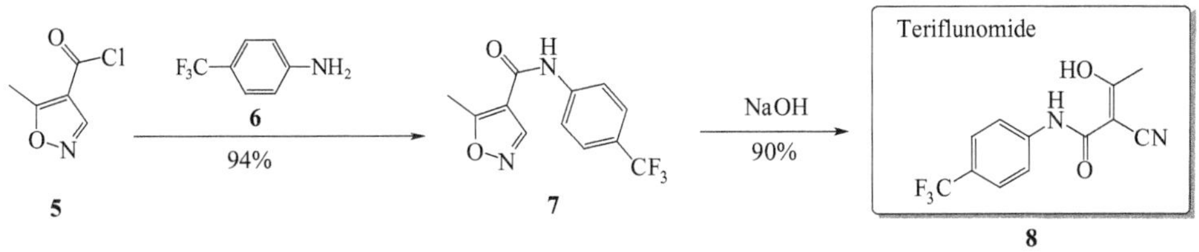

酰氯 **5** 对 4-三氟甲基苯胺 **6** 酰化制得酰胺 **7**，最后水解开环制得目标化合物特立氟胺（**8**）。

原始文献

US5494911，1996.

合成路线二

本路线来源于美国 Sugen Inc 发表的专利文献 US5990141，其特点是以氰基乙酸乙酯（**1**）为起始原料，与 4-三氟甲基苯胺（**2**）在高温下氨解，制得氰基酰胺 **3**，然后再在强碱作用下乙酰化得特立氟胺（**4**）。该路线条件苛刻，收率较低。

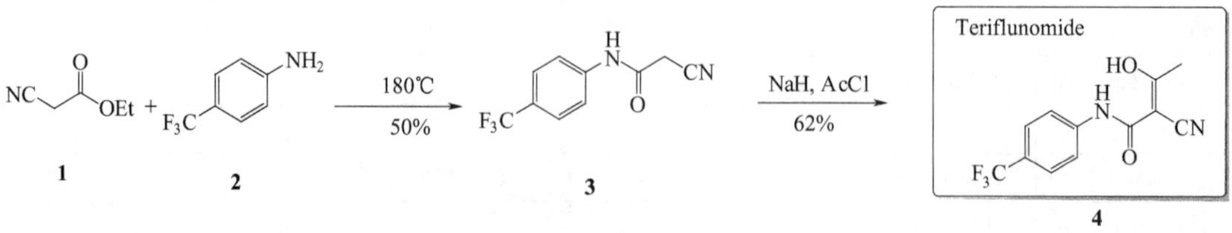

原始文献

US5990141，1999.

合成路线三

本路线来源于美国 Parker Hughes Institute 发表的专利文献 US6365626，其特点是直接以氰基乙酸（1）与胺 2 为原料，在 N,N-二异丙基二亚胺作用下缩合得中间体 3，再在强碱作用下乙酰化制得特立氟胺（4）。该文献中没有提到每步的收率情况。

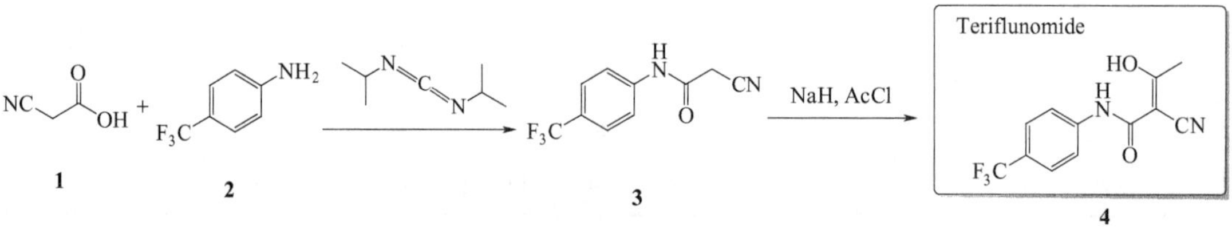

原始文献

US6365626，2002.

合成路线四

本路线来源于中国药科大学发表的专利文献 CN102786437，其特点是以氰基乙酸脱水成酐，从而实现胺的酰化。

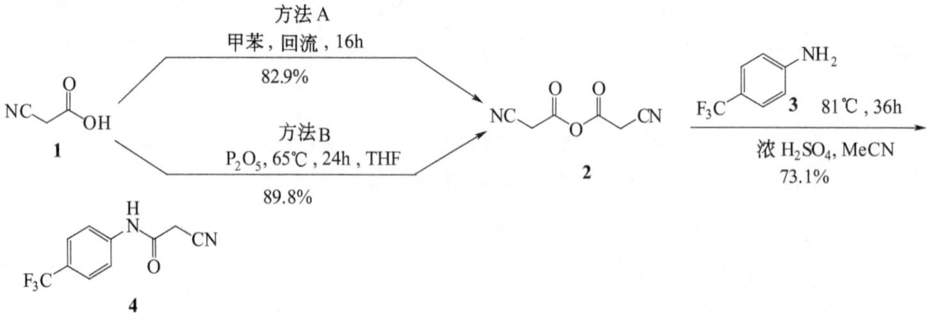

氰基乙酸（1）可通过 2 种方法（方法 A、方法 B）自身脱水缩合得到氰基乙酸酐（2），化合物 2 在催化剂作用下与对三氟甲基苯胺（3）反应得到 2-氰基-N-(4-三氟甲基-苯基)-乙酰胺（4）。

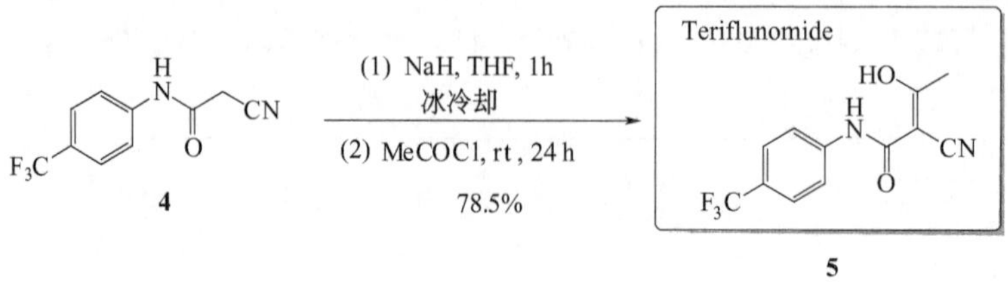

酰胺 4 在氢化钠存在下与乙酰氯反应得到特立氟胺（5）。

原始文献

CN102786437，2012.

合成路线五

本路线来源于 Alembic Limited 发表的专利文献 US20110092727，其特点是先引入乙酰基，然后直接对酯进行氨解。以氰基乙酸乙酯（**1**）为原料，先乙酰化得到中间体 **2**，然后与对三氟甲基苯胺（**3**）于二甲苯中回流制得特立氟胺（**4**）。该法步骤简短，收率较高，但氨解反应温度高、时间长。

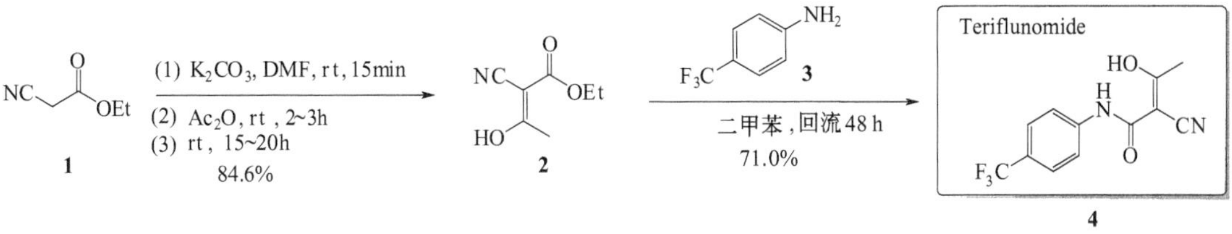

原始文献

US20110092727，2011.

合成路线六

本路线来源于 Alembic Limited 发表的专利文献（US20110105795），其特点是先对乙酰乙酸乙酯进行酯的氨解，再在 α-位引入氰基。该路线中，氨解和氧化溴化收率均不高，且路线中采用剧毒氰化钠和易爆的过氧化氢。

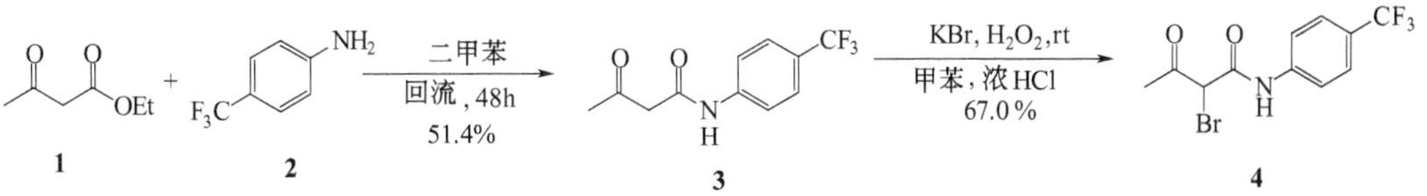

以乙酰乙酸乙酯（**1**）和对三氟甲基苯胺（**2**）为原料，于二甲苯中回流氨解得到酰胺 **3**，**3** 于氧化条件下 α-溴化得到溴代物 **4**。

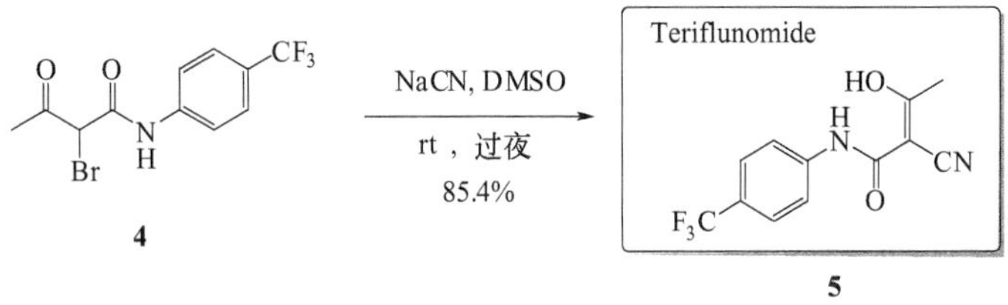

溴代物 **4** 与氰化钠发生亲核取代氰化，制得特立氟胺（**5**）。

原始文献

US20110105795，2011.

合成路线七

本路线来源于翰宇药业（武汉）有限公司（陈新亮，刘斌，马亚平，袁建成）发表的专利文献 CN103848756，其特征在于以对三氟甲基苯甲酸（**1**）为起始原料，与叠氮化合物发生取代反应生成中间体 **2**，**2** 经 Curtius 重排获得异氰酸酯 **3**，然后与氰基丙酮（**4**）缩合得到特立氟胺（**5**），总收率为 52%。此路线涉及叠氮化合物，安全性较差。

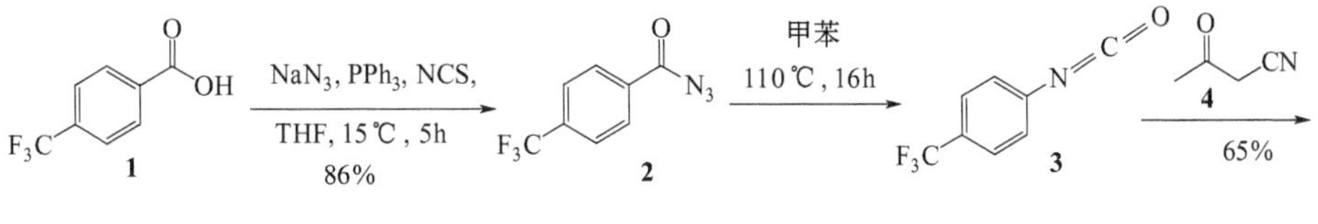

Teriflunomide

5

原始文献

CN103848756，2014.

参考文献

[1]　Robert R，Bartlett F K. US5494911，1996.

[2]　Hirth K P，Schwartz D P，Mann E，et al. US5990141，1999.

[3]　Uckun F M，Zheng Y，Ghosh S. US6365626，2002.

[4]　陈国华，孙立超. CN102786437，2012.

[5]　Deo K，Patel S，Dhol S，et al. US20110092727，2011.

[6]　Deo K，Patel S，Dhol S，et al. US20110105795，2011.

[7]　陈新亮，刘斌，马亚平等. CN103848756，2014.

[8]　Deo K，Patel S，Dhol S，et al. WO2010013159A1，2010.

[9]　Deo K，Patel S，Dhol S，et al. WO2009147624A2，2009.

[10]　Metro T X，Bonnamour J，Reidon T，et al. Mechanosynthesis of Amides in the Total Absence of Organic Solvent from Reaction to Product Recovery. Chem Commun，2012，48（96）：11781-11783.

[11]　石静波，张茜，金涌等. 特立氟胺的合成研究. 中国药学杂志，2008，43（17）：1353-1354.

（李江胜）

Ticagrelor（替格瑞洛）

药物基本信息

英文通用名	Ticagrelor
中文通用名	替格瑞洛
商品名	Brilinta®
CAS 登记号	274693-27-5
FDA 批准日期	2011/07/20
化学名	(1S,2S,3R,5S)-3-[7-{[(1R,2S)-2-(3,4-difluorophenyl)cyclopropyl]amino}-5(propylthio)-3H-[1,2,3]-triazolo[4,5-d]pyrimidin-3-yl]-5-(2-hydroxyethoxy)cyclopentane-1,2-diol
SMILES 代码	O[C@H]1[C@@H](O)[C@H](N2N=NC3=C(N[C@H]4[C@H](C5=CC=C(F)C(F)=C5)C4)N=C(SCCC)N=C32)C[C@@H]1OCCO

化学结构和理论分析

化学结构	理论分析值
	化学式：$C_{23}H_{28}F_2N_6O_4S$ 精确分子量：522.19 分子量：522.57 元素分析：C，52.86；H，5.40；F，7.27；N，16.08；O，12.25；S，6.14

药品说明书参考网页

生产厂家产品说明书：www.brilinta.com/
美国药品网：http://www.drugs.com/ppa/ticagrelor.html
美国处方药网页：http://www.rxlist.com/brilinta-drug.htm

药物简介

替格瑞洛是一种血小板聚集抑制剂，用于急性冠脉综合征（不稳定性心绞痛、非 ST 段抬高心肌梗死或 ST 段抬高心肌梗死）患者，包括接受药物治疗和经皮冠状动脉介入（PCI）治疗的患者，降低血栓性心血管事件的发生率。替格瑞洛为非前体药物，直接作用于 P2Y12 受体，无须经肝脏代谢激活，可快速生成其主要循环代谢产物 ARC124910XX。药物本身及其代谢产物均有活性，因此不但可快速且强效地抑制 ADP 介导的血小板聚集，且有效性不受肝脏 CYP 2C19 基因多态性影响。

药品上市申报信息

该药物目前有 1 种产品上市。

药品名称	BRILINTA		
申请号	022433	产品号	001
活性成分	Ticagrelor(替格瑞洛)	市场状态	处方药
剂型或给药途径	口服片剂	规格	90mg
治疗等效代码		参比药物	是
批准日期	2011/07/20	申请机构	ASTRAZENECA LP
化学类型	新分子实体药	审评分类	标准评审药物

药品专利或独占权保护信息

美国专利号或独占权代码	专利或独占权过期日期	专利保护类型、专利名称或市场独占权保护内容
6525060	2019/12/02	化合物专利,产品专利,专利用途代码 U-1171
7250419	2019/12/02	化合物专利,产品专利,专利用途代码 U-1171
7265124	2021/07/09	化合物专利,产品专利,专利用途代码 U-1171
6251910	2018/07/15	化合物专利
8425934	2029/12/18	产品专利
NCE	2016/07/20	参见本书附录关于独占权代码部分

合成路线一

本路线来源于 Astrazeneca 发表的专利文献（WO0034283）。该路线步骤较长，**8～12** 的转化收率过低，**8** 的嘧啶环上氨基的引入原本是为了避免强碱条件下戊环上羟基对嘧啶环的置换副反应，实则与 **9** 的羟基的 O-烷基化产生竞争。此外，溴化所使用的三溴甲烷剧毒，最后的三氟乙酸脱保护基，收率太低。

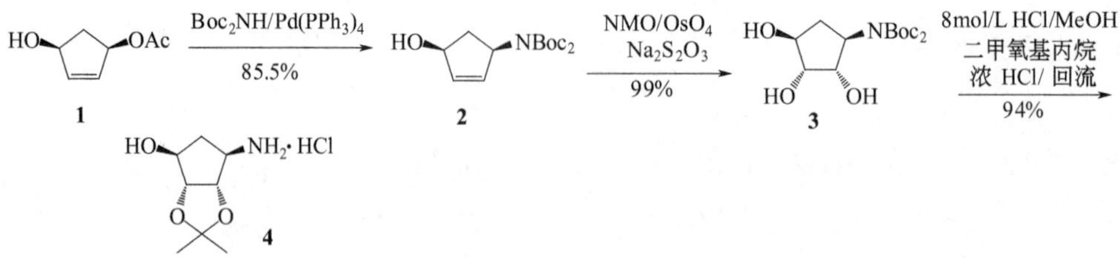

（1S,4R）-4-乙酰氧基-2-环戊烯-1-醇（**1**）在钯催化下胺化制得 **2**，再经四氧化锇氧化，立体选择性生成 1,2,3-三醇 **3**，**3** 经脱 N-Boc 保护、亚异丙基化制得胺 **4**。

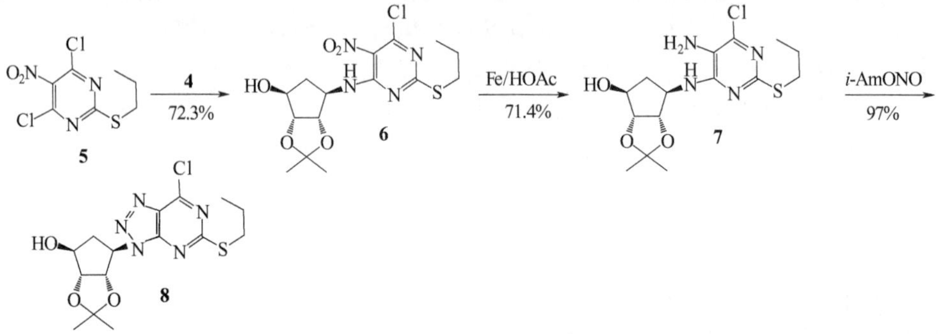

4 与二氯嘧啶 **5** 发生置换反应得中间体 **6**，然后经还原、重氮化环合生成嘧啶并三氮唑中间体 **8**。

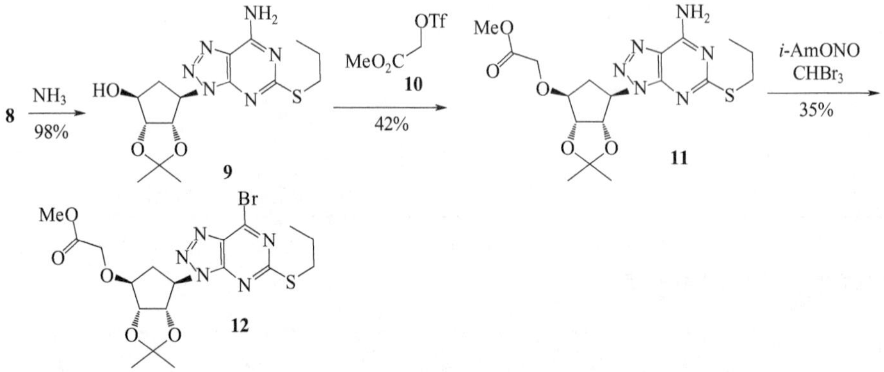

8 经氨解、O-烷基化生成氨基嘧啶并三氮唑 **11**，再经重氮化、溴化得到溴代嘧啶并三氮唑 **12**。

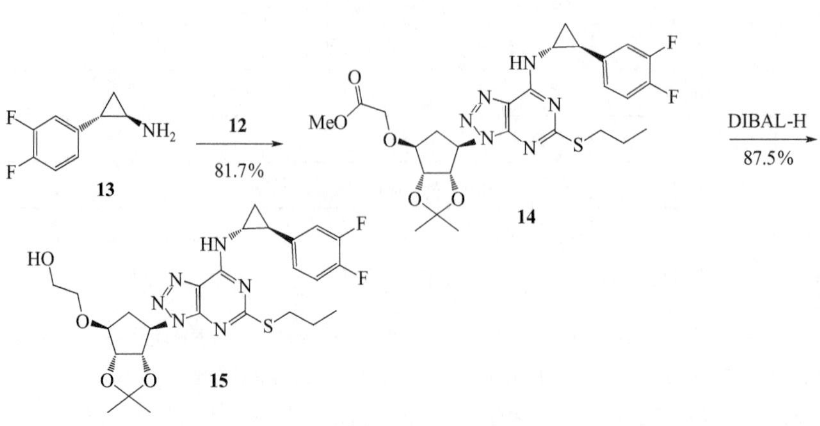

12 与手性胺 **13** 偶联生成 **14**，再经还原酯基生成醇 **15**。

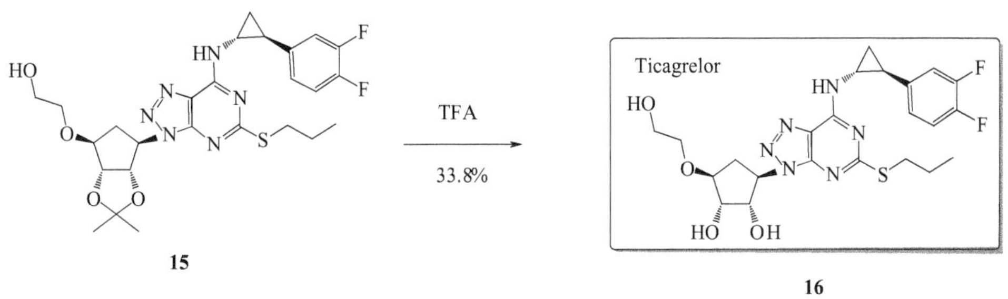

15 → **16**

TFA

33.8%

化合物 **15** 脱保护基后，可得到目标物替格瑞洛（**16**）。

原始文献

WO0034283，2000.

合成路线二

本路线来源于 AstraZeneca 发表的专利文献（WO0192263），其特点在于先通过三步反应完成五元环中的 2-乙醇官能团的引入以及采用重氮盐偶联、还原在嘧啶环中引入氨基。该路线为制备 **4** 引入了 Cbz 保护基，增加了反应步骤，并引入了贵金属 Pd。

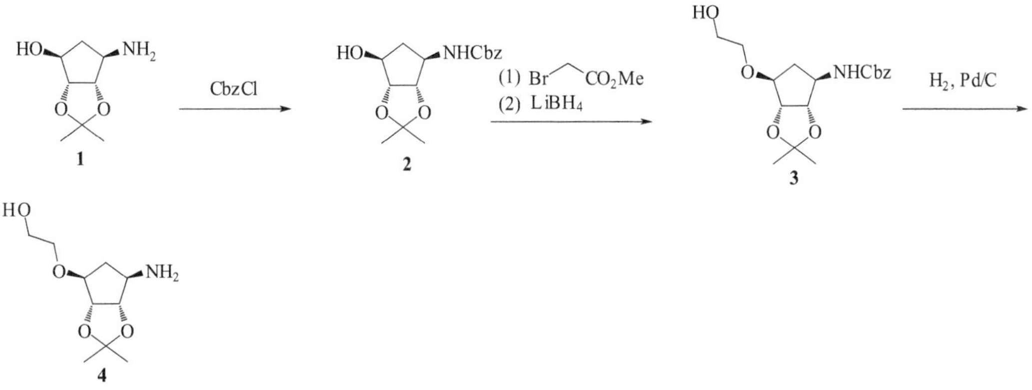

以醇胺 **1** 为原料，先经 N-Cbz 保护得到 **2**，再与溴乙酸甲酯 O-烷基化并经还原生成 **3**，然后催化加氢脱除 Cbz 保护基得到中间体 **4**。

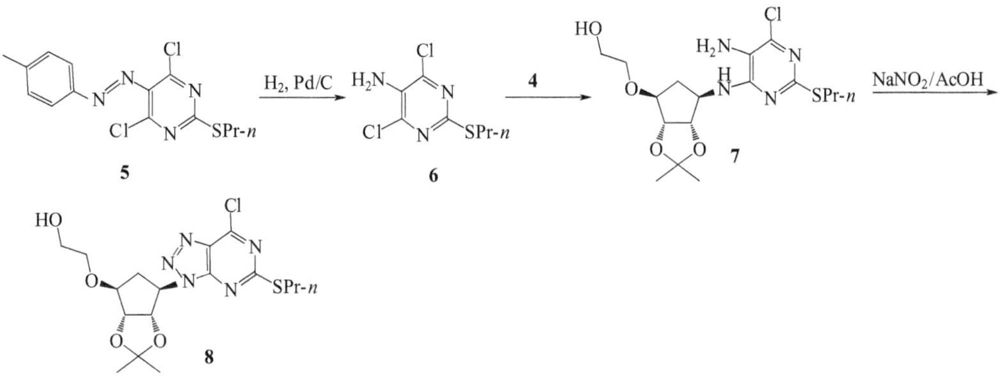

偶氮二氯嘧啶 **5** 经加氢还原得到氨基二氯嘧啶 **6**，再与 **4** 置换氨解生成中间体 **7**，**7** 经重氮化分子内闭环得到嘧啶并三氮唑 **8**。

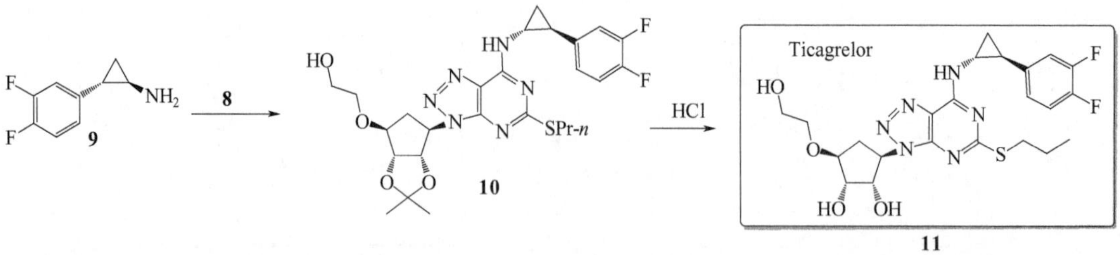

8 与手性环丙胺 9 置换氨解得到前体 10，最后在盐酸脱保护得到目标物替格瑞洛（11）。

原始文献

WO0192263，2001.

合成路线三

本路线来源于 LEK Pharmaceuticals 发表的专利文献（EP2586773），其特点是将易引起副反应的氯基转化成保护性离去基团-OMe，且路线中的多步反应可以采用一锅法实施。

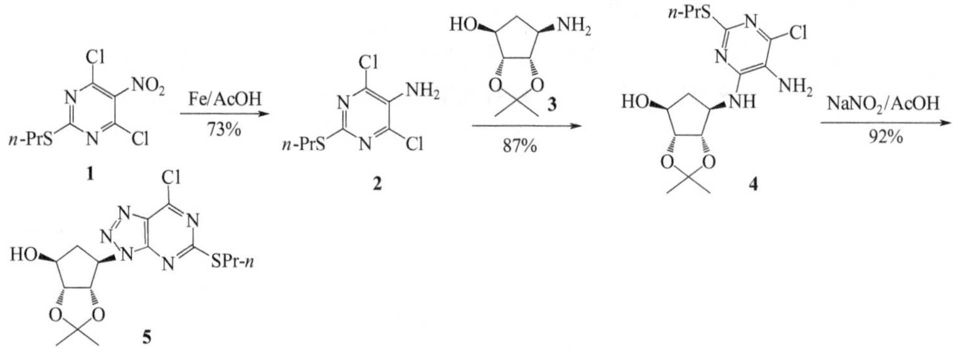

以硝基二氯嘧啶 1 为原料，经还原生成氨基二氯嘧啶 2，与胺 3 偶联生成 4，然后重氮化闭环生成嘧啶并三氮唑 5。

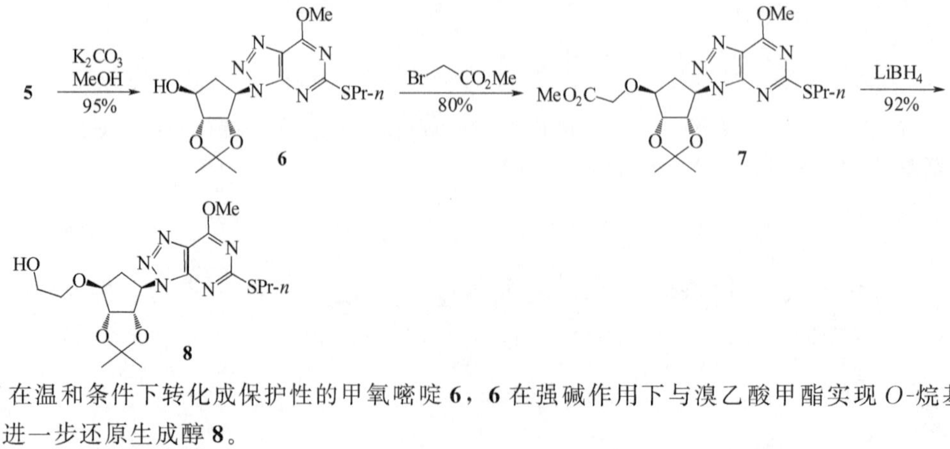

5 在温和条件下转化成保护性的甲氧嘧啶 6，6 在强碱作用下与溴乙酸甲酯实现 O-烷基化得 7，并进一步还原生成醇 8。

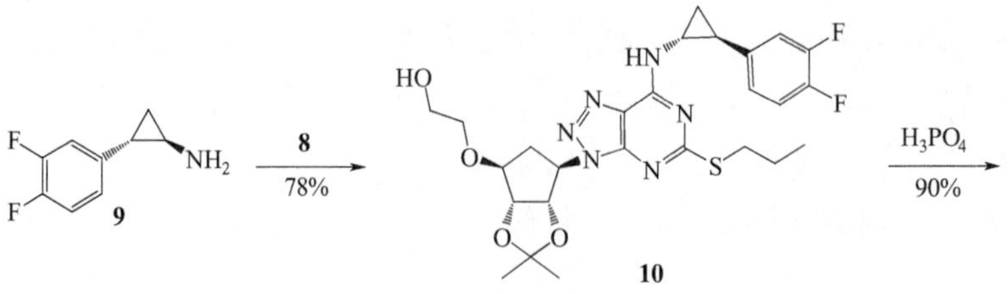

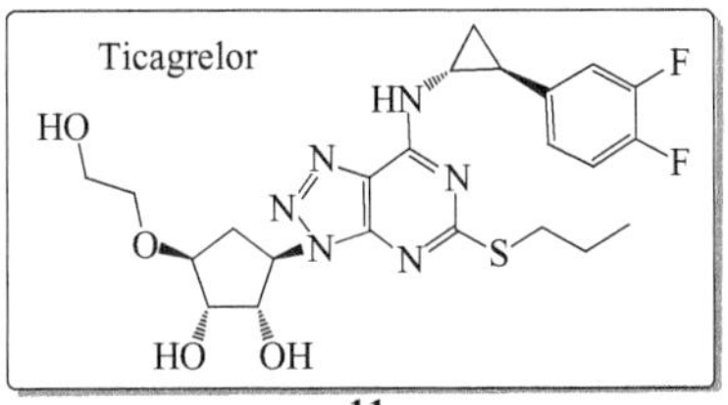

醇 **8** 直接与手性环丙胺 **9** 进行置换胺化得到前体 **10**，最后用磷酸脱保护制得目标物替格瑞洛（**11**）。

原始文献

EP2586773，2013.

合成路线四

本路线来源于北京迈劲医药科技有限公司（马超等）发表的专利文献（CN102311437），其特点先预制备嘧啶并三氮唑 **2**，再通过 Mitsunobu 反应引入环戊烷模块，最后通过亲核置换胺化得到替格瑞洛。但第一步由于三氮唑环的方向性，使得偶合位置较难控制。

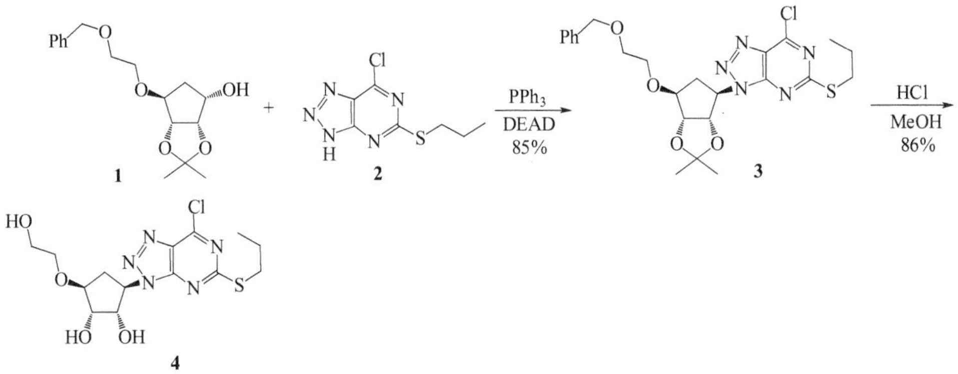

以苄氧乙氧基醇 **1** 和嘧啶并三氮唑 **2** 为原料，经 Mitsunobu 反应制得中间体 **3**，酸性水解直接脱保护得中间体 **4**。

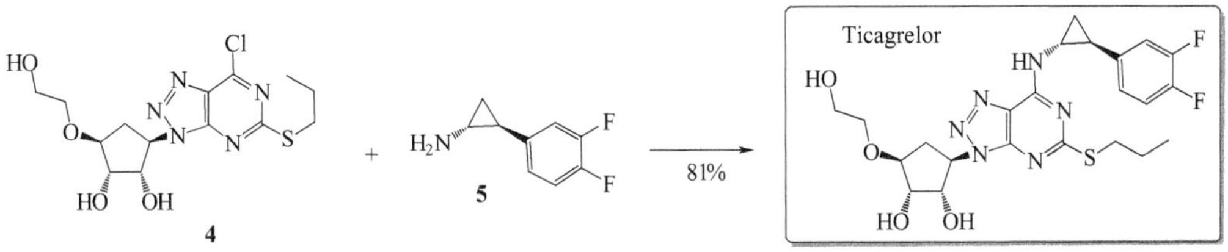

4 与环丙胺 **5** 经亲核取代反应可得替格瑞洛（**6**），产率为 81%。

原始文献

CN102311437，2012.

合成路线五

本路线来源于上海皓元化学科技有限公司发表的专利文献（CN102675321），其特点在于先将 2-乙醇官能团的羟基进行保护，避免其中后续的胺置换反应中引起副反应。

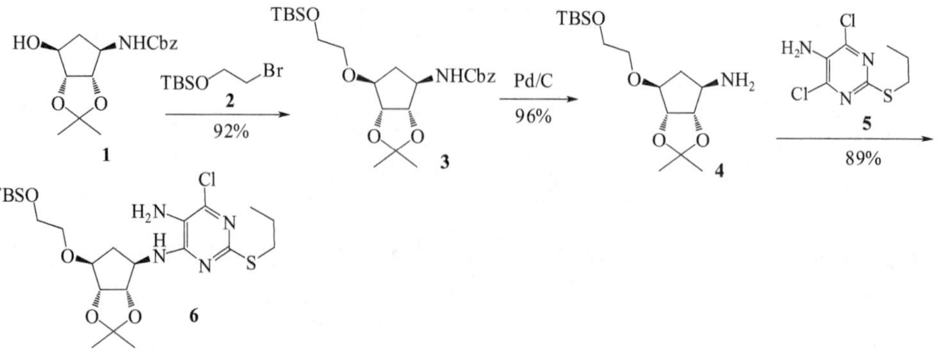

以化合物 **1** 为原料，与烷基试剂 **2**（以 2-溴乙氧基叔丁基二甲基硅烷为例）亲核取代得到 TBS 保护的醇 **3**，**3** 经催化脱 Cbz 保护得到游离胺 **4**，**4** 与 4,6-二氯-2-（丙硫基）-5-氨基嘧啶（**5**）反应得到邻二氨基嘧啶 **6**。

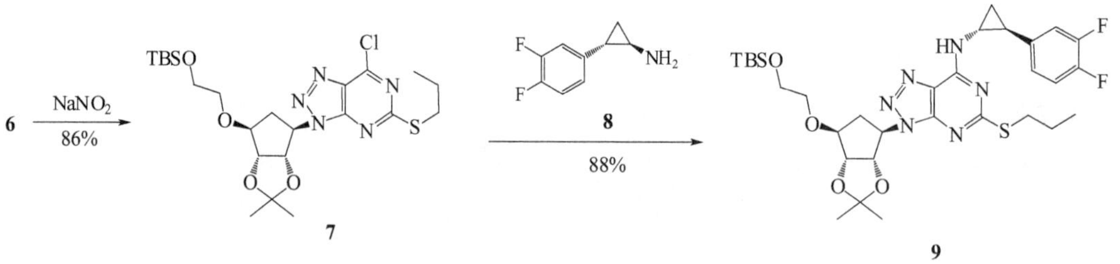

邻二氨基嘧啶 **6** 与亚硝酸盐反应分子内闭环得到氯代嘧啶并三氮唑 **7**，然后 **7** 与（1R,2S）-2-(3,4-二氟苯基)环丙胺（**8**）反应得到前体 **9**。

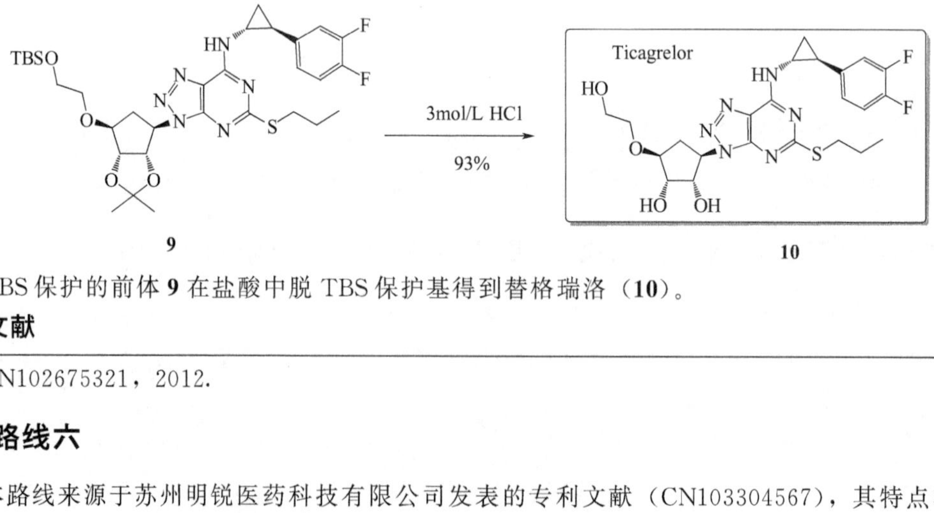

TBS 保护的前体 **9** 在盐酸中脱 TBS 保护基得到替格瑞洛（**10**）。

原始文献

CN102675321，2012.

合成路线六

本路线来源于苏州明锐医药科技有限公司发表的专利文献（CN103304567），其特点在于以取代氨基三氮唑为原料，先构建嘧啶并三氮唑，然后再氨解。

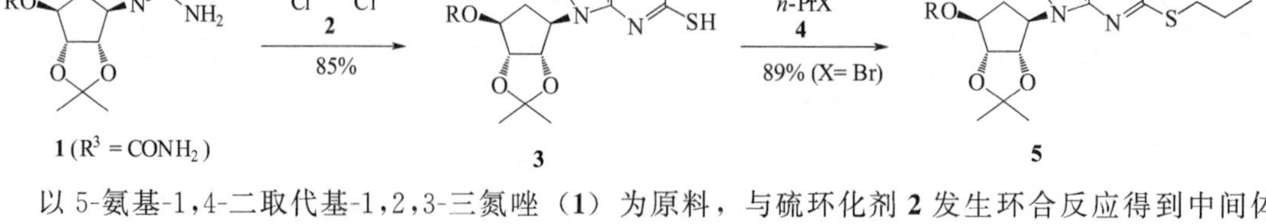

以 5-氨基-1,4-二取代基-1,2,3-三氮唑（**1**）为原料，与硫环化剂 **2** 发生环合反应得到中间体 9-取代-2-硫代-6-氧代-8-氮杂嘌呤（**3**），中间体 **3** 与卤代丙烷 **4** 发生取代反应生成中间体 **5**。

中间体 **5** 中嘧啶环的羟基发生氯置换反应得到氯代嘧啶并三氮唑 **6**，然后与反式环丙胺 **7** 发生置换氨解生成中间体 **8**。

前体化合物 **8** 在盐酸中脱去丙酮叉保护基得到替格瑞洛（**9**）。

原始文献

CN103304567，2013.

参考文献

[1] Guile S，Hardern D，Ingall A，et al. WO200034283，2000.

[2] Larsson U，Magnusson M，Musil T，et al. WO0192263，2001.

[3] LEK Pharmaceuticals. EP2586773A1，2013.

[4] 马超，黄剑，马静. CN102311437A，2012.

[5] 郑保富，薛吉军，高强等. CN102675321A，2012.

[6] Xu X. Process for preparing anticoagulant Ticagrelor. CN103304567A，2013.

[7] 安荣昌，董学军，王伟华等. CN102659815A，2013.

[8] Aufdenblatten R，Bohlin M H，Hellstroem H，et al. WO2010030224A1，2010.

[9] Bohlin M，Cosgrove S，Lassen B. WO2001092262A1，2001.

[10] Dahanukar V H，Gilla G，Kurella S，et al. WO2013150495A2，2013.

[11] Kansal V K，Mistry D，Vasoya S，et al. WO2012138981A2，2012.

[12] Maras N，Gazic Smilovic I，Sterk D. WO2013092900A1，2013.

[13] Maras N，Zupancic B. WO2013037942A1，2013.

[14] Nair V，Trivedi N，Khile A S，et al. WO2012085665A2，2012.

[15] Rao T，Zhang C. WO2011017108A2，2011.

[16] Yuan J. WO2012139455A1，2012.

[17] Springthorpe B，Bailey A，Barton P，et al. From ATP to AZD6140：The Discovery of an Orally Active Reversible P2Y12 Receptor Antagonist for the Prevention of Thrombosis. Bioorg Med Chem Lett，2007，17（21）：6013-6018.

（李江胜）

Tofacitinib（托法替尼）

药物基本信息

英文通用名	Tofacitinib
中文通用名	托法替尼
商品名	Xeljanz®
CAS 登记号	540737-29-9
FDA 批准日期	2012/11/06
化学名	(3R,4R)-4methyl-3-(methyl-7H-pyrrolo［2,3-d］pyrimidin-4-ylamino)-β-oxo-1-piperidinepropanenitrile
SMILES 代码	CN(［C@H］1CN(C(CC♯N)＝O)CC［C@H］1C)C2＝C3C(NC＝C3)＝NC＝N2

化学结构和理论分析

化学结构	理论分析值
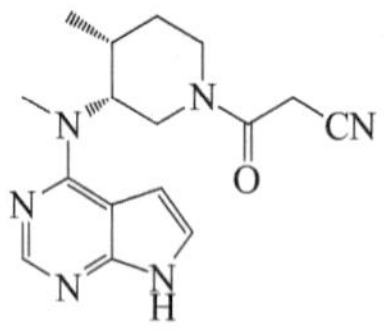	化学式：$C_{16}H_{20}N_6O$ 精确分子量：312.17 分子量：312.37 元素分析：C,61.52；H,6.45；N,26.90；O,5.12

药品说明书参考网页

生产厂家产品说明书：www. xeljanz. com/
美国药品网：http://www. drugs. com/mtm/tofacitinib. html
美国处方药网页：http://www. rxlist. com/xeljanz-drug. htm

药物简介

托法替尼是一种 Janus 激酶（JAK）抑制剂，用于治疗对甲氨蝶呤（MTX）反应不佳的中至重度类风湿关节炎（Rheumatoid Arthritis，RA）成人患者。托法替尼通过抑制 JAK 激酶活性，阻碍 STAT 的磷酸化和 STAT 的活化而发挥疗效。

药品上市申报信息

该药物目前有 1 种产品上市。

药品名称	XELJANZ		
申请号	203214	产品号	001
活性成分	Tofacitinib Citrate(枸橼酸托法替尼)	市场状态	处方药
剂型或给药途径	口服片剂	规格	5mg
治疗等效代码		参比药物	是
批准日期	2012/11/06	申请机构	PF PRISM CV
化学类型	新分子实体药	审评分类	标准评审药物

药品专利或独占权保护信息

美国专利号或 独占权代码	专利或独占权 过期日期	专利保护类型、专利名称或市场独占权保护内容
7091208	2020/12/08	专利用途代码 U-247
6965027	2023/03/25	化合物专利
RE41783	2020/12/08	化合物专利
7265221	2020/12/08	化合物专利
6956041	2020/12/08	产品专利
7301023	2022/05/23	化合物专利
NCE	2017/11/06	参见本书附录关于独占权代码部分
M-135	2017/02/21	参见本书附录关于独占权代码部分

合成路线一

本路线来源于美国 Pfizer Inc 发表的专利文献（WO2002096909），其特点是以消旋的哌啶胺为原料，经手性拆分获得手性哌啶胺；最后一步偶联采用了活性酯，成本偏高。

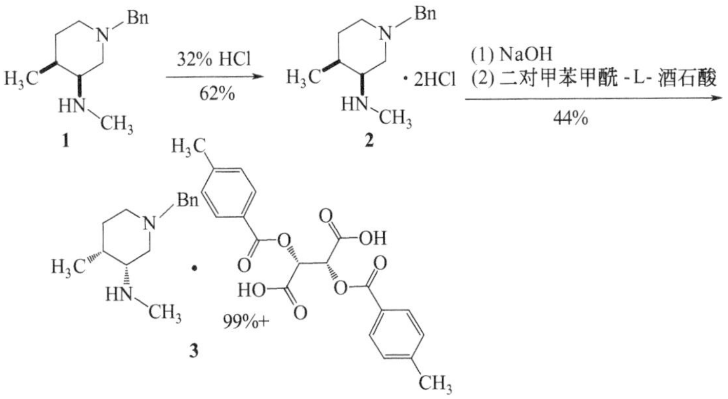

以消旋的哌啶胺 1 为原料，先制备成盐酸盐 2，然后置换成酒石酸盐 3。

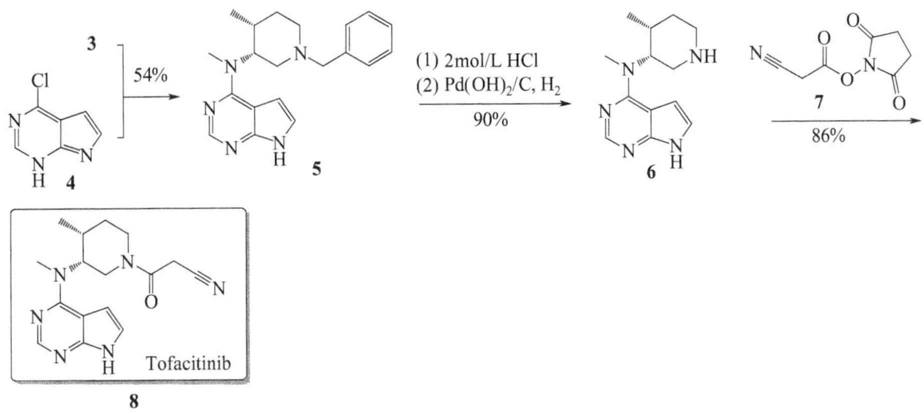

3 与氯嘧啶 4 反应得到手性化合物 5，5 经加氢脱苄基得到 6，6 与氰基乙酸活性酯 7 作用制得目标物托法替尼（8）。

原始文献

WO2002096909A1，2002.

合成路线二

本路线来源于美国 Pfizer Inc 发表的专利文献（WO2007012953），其最大特点是采用二氯嘧啶衍生物 6 为原料，增强了氨解活性。此路线使用了昂贵的铑催化剂还原吡啶环，路线长，且需拆分纯化哌啶中间体；中间体 6 合成收率偏低，且脱除的氯基在过程中未发生作用，原子不经济，最后一步偶联效率也偏低。

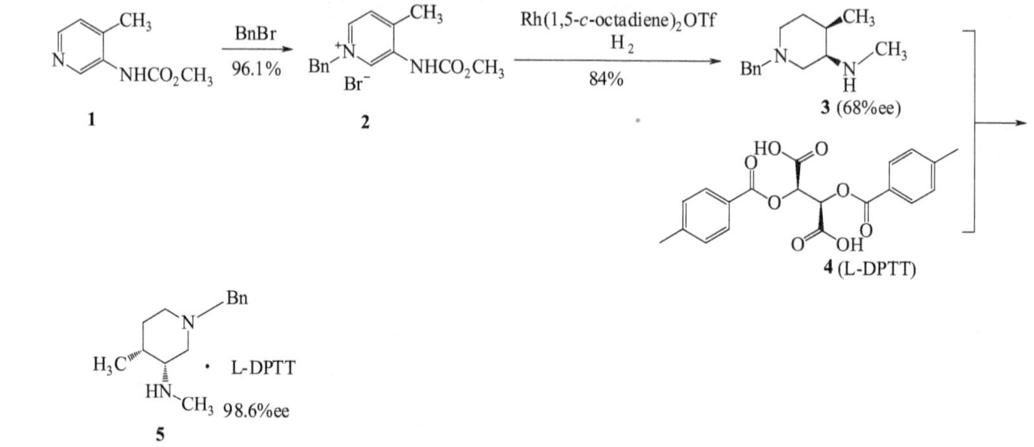

以氨基吡啶 1 为原料，先 N-苄基化形成吡啶鎓盐 2，然后经铑催化剂不对称加氢得到 3，3 经 L-DPTT 拆分获得光学纯的 5。

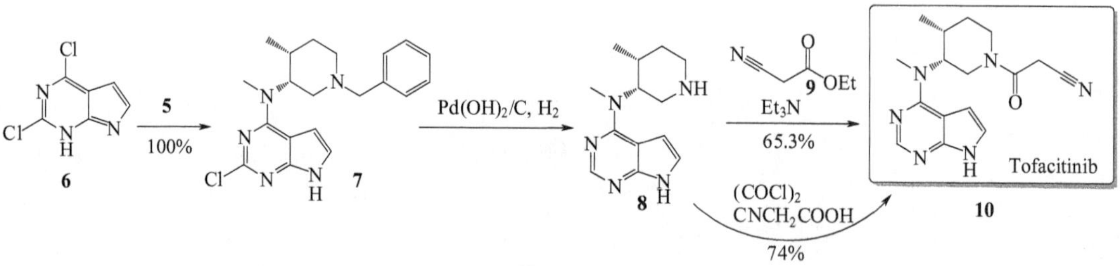

5 与 2,4-二氯嘧啶衍生物 6 偶联生成 7，7 在加氢作用下脱苄基和氯得到中间体 8，最后 8 与氰基乙酸或酯反应生成目标物托法替尼（10）。

原始文献

WO2007012953A2，2007.

合成路线三

本路线来源于美国 Pfizer Inc 发表的期刊文献［Org Lett，2009，11（9）：2003-2006］。其特点是对最后一步哌啶自由碱 1 与氰基乙酸乙酯的偶联工艺进行了改进，改用 DBU 作碱后，目标物托法替尼（3）的收率大大提高。

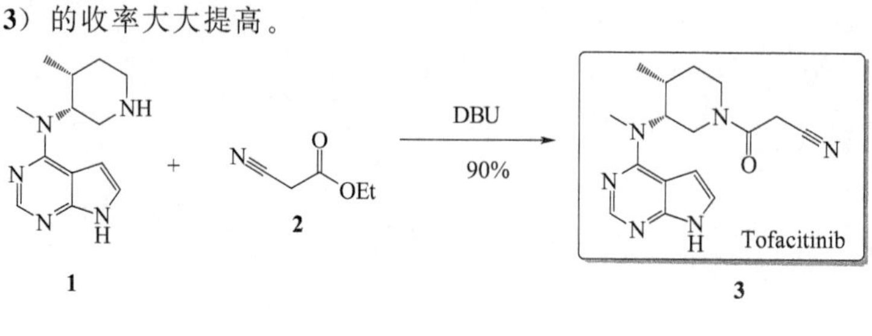

原始文献

Org Lett，2009，11（9）：2003-2006.

合成路线四

本路线来源于智利 Talca 大学和 Antofagasta 大学联合发表的期刊文献 [Tetrahedron Lett，2013，54（37）：5096-5098]，其特点是先经过系列反应制得手性哌啶醇，并采用了 4-甲氨基吡咯并嘧啶（**7**）为起始原料。此路线多处使用低温条件、BuLi 等强碱、PhSeCl 和 H_2O_2 等剧毒或危险性试剂以及昂贵偶联试剂，不适于工业化。

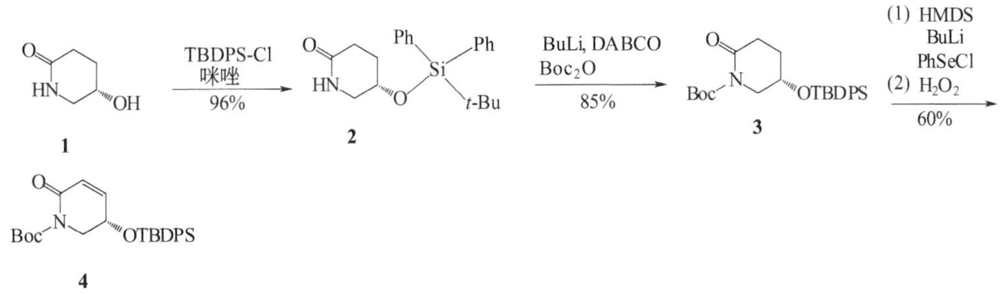

以手性哌啶酮醇 **1** 为原料，经 TBDPS-Cl 进行羟基保护得到 **2**，随后进行氨基的 N-Boc 保护生成 **3**，**3** 与 PhSeCl 在强碱作用下发生 α-取代，然后使用双氧水氧化脱除引入 α,β-不饱和双键酮 **4**。

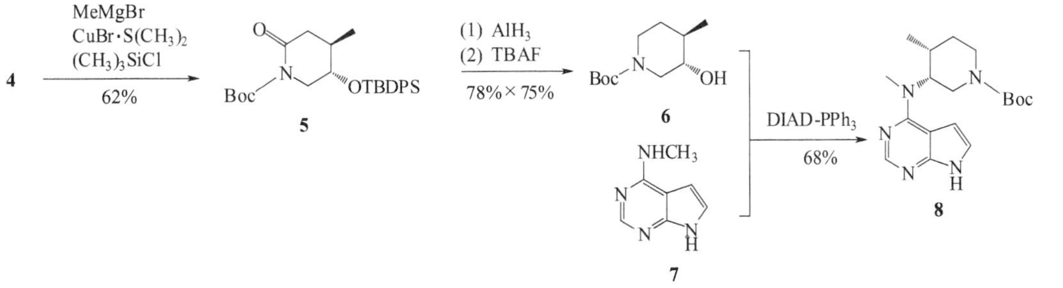

4 与甲基格氏试剂发生 Michael 不对称加成得到 **5**，**5** 经 AlH_3 还原酰胺的羰基成亚甲基，然后脱除 TBDPS 保护基得到关键中间体 **6**，**6** 在 DIAD-PPh$_3$ 作用下与 **7** 偶联得到 **8**。

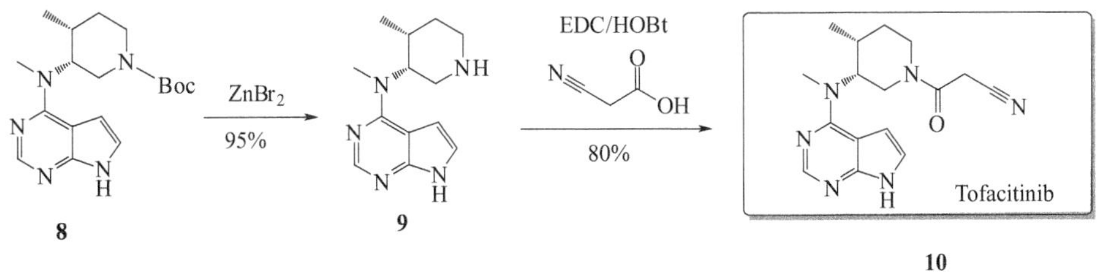

8 在溴化锌作用下脱除 Boc 基生成前体 **9**，最后与氰基乙酸在 EDC/HOBt 作用下偶联得到目标物托法替尼（**10**）。

原始文献

Tetrahedron Lett，2013，54（37）：5096-5098.

合成路线五

该合成路线来源于湖南华腾制药有限公司邓泽平等人发表的专利文献（CN 103819474 A），

其特点是以廉价的甲基吡啶和苄卤为原料，以硼氢化钠、三氟化硼、过硫酸氢钾复盐等制备手性中间体。相比而言，路线成本较低，每步操作较简单，产品收率较好。但文献并未提供光学纯度相关的数据。

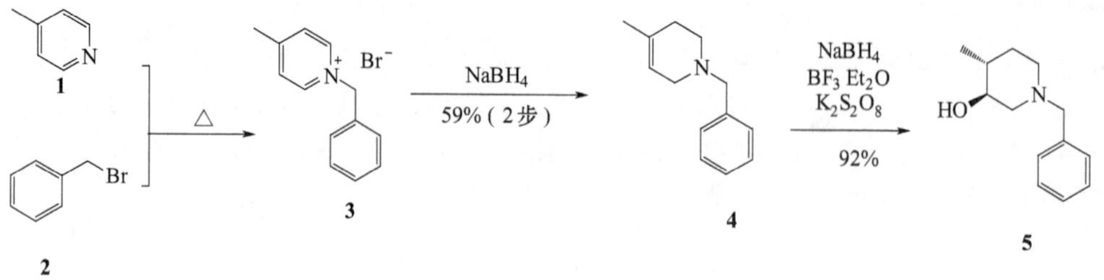

4-甲基吡啶（**1**）与苄溴（**2**）加热得吡啶鎓盐 **3**，直接经硼氢化钠还原制得四氢哌啶衍生物 **4**，然后经烯烃硼化、氧化制得手性哌啶醇 **5**。

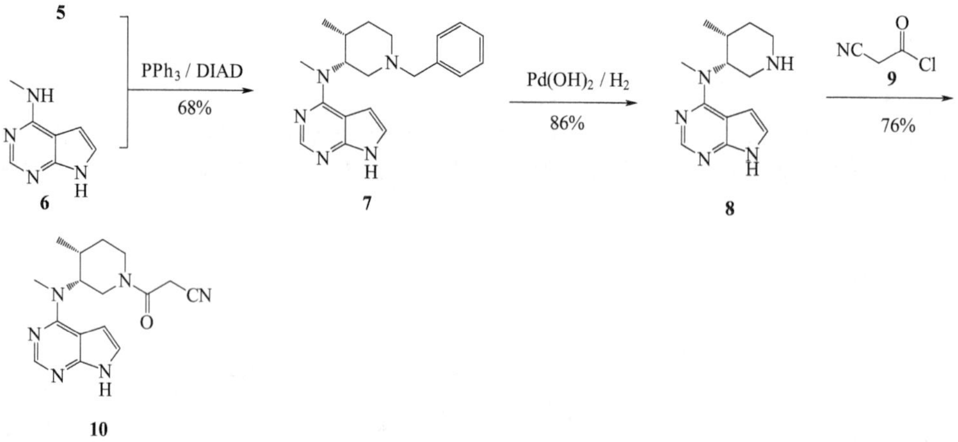

哌啶醇 **5** 与 N-甲基-7H-吡咯并［2,3-d］嘧啶-4-胺（**6**）发生 Mitsunobu 烷基化反应制得中间体 **7**，然后再催化加氢作用下脱除苄基，得游离的哌啶胺 **8**，最后与氰基乙酰氯（**9**）酰化制得目标物托法替尼（**10**）。

原始文献

CN 103819474 A，2014.

参考文献

[1] Wilcox G E, Koecher C, Vries T, et al. WO2002096909A1, 2002.

[2] Ruggeri S G, Hawkins J M, Makowski T M, et al. WO2007012953A2, 2007.

[3] Price K E, Larrivee-Aboussafy C, Lillie B M, et al. Mild and Efficient DBU-Catalyzed Amidation of Cyanoacetates. Org Lett, 2009, 11 (9): 2003-2006.

[4] Marican A, Simirgiotis M J, Santos L S. Asymmetric Total Synthesis of Tofacitinib. Tetrahedron Lett, 2013, 54 (37): 5096-5098.

[5] 邓泽平，蒋江平，陈芳军. CN 103819474 A，2014.

[6] Jiang J K, Ghoreschi K, Deflorian F, et al. Examining the Chirality, Conformation and Selective Kinase Inhibition of 3-((3R,4R)-4-methyl-3-(methyl (7H-pyrrolo [2, 3-d] pyrimidin-4-yl) amino) piperidin-1-yl)-3-oxopropanenitrile (CP-690, 550). J Med Chem, 2008, 51 (24): 8012-8018.

[7] Rao T S, Zhang C. WO2010123919A2, 2010.

（李江胜）

Trametinib（曲美替尼）

药物基本信息

英文通用名	Trametinib
中文通用名	曲美替尼
商品名	Mekinist®
CAS 登记号	871700-17-3
FDA 批准日期	2013/05/29
化学名	N-(3-{3-cyclopropyl-5-((2-fluoro-4-iodophenyl)amino)-6,8-dimethyl-2,4,7-trioxo-3,4,6,7-tetrahydropyrido(4,3-d)pyrimidin-1(2H)-yl)phenyl)acetamide
SMILES 代码	CC(NC1=CC=CC(N(C(C(C(C(N2C3CC3)=O)=C(NC4=CC=C(I)C=C4F)N5C)=C(C)C5=O)C2=O)=C1)=O

化学结构和理论分析

化学结构	理论分析值
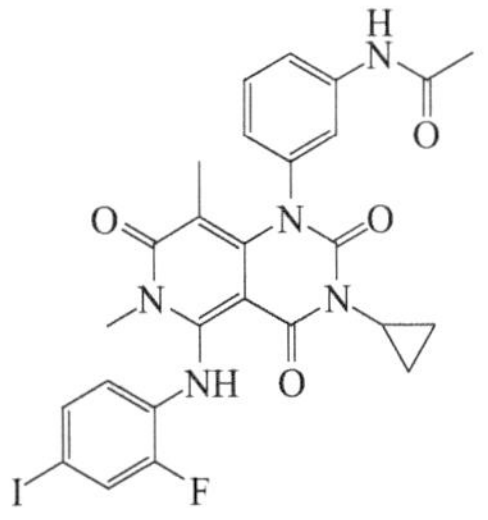	化学式：$C_{26}H_{23}FIN_5O_4$ 精确分子量：615.08 分子量：615.39 元素分析：C,50.74；H,3.77；F,3.09；I,20.62；N,11.38；O,10.40

药品说明书参考网页

生产厂家产品说明书：www.mekinist.com/

美国药品网：http://www.drugs.com/mtm/trametinib.html

美国处方药网页：http://www.rxlist.com/mekinist-drug.htm

药物简介

曲美替尼是一种胞外信号调控激酶1（mitogen-activated extracellular signal regulated kinase 1，MEK1）和 MEK2 选择性抑制剂，适用于不可切除或已经转移的 BRAF V600E 或 V600K 基因突变型黑色素瘤，不适用于之前已经接受 BRAF 抑制剂治疗的患者。BRAF V600E 突变会激活 MEK1 和 MEK2，Trametinib 能抑制 MEK1 和 MEK2 激酶，阻止 BRAF V600 突变型黑色素瘤细胞的生长。

药品上市申报信息

该药物目前有 3 种产品上市。

产品一

药品名称	MEKINIST		
申请号	204114	产品号	001
活性成分	Trametinib Dimethyl Sulfoxide（曲美替尼二甲基亚砜复合物）	市场状态	处方药
剂型或给药途径	口服片剂	规格	剂量等同于 0.5mg 的非溶剂化的母体药物
治疗等效代码		参比药物	否
批准日期	2013/05/29	申请机构	GLAXOSMITHKLINE LLC
化学类型	新分子实体药	审评分类	标准评审药物

产品二

药品名称	MEKINIST		
申请号	204114	产品号	002
活性成分	Trametinib Dimethyl Sulfoxide（曲美替尼二甲基亚砜复合物）	市场状态	处方药
剂型或给药途径	口服片剂	规格	剂量等同于 1mg 的非溶剂化的母体药物
治疗等效代码		参比药物	否
批准日期	2013/05/29	申请机构	GLAXOSMITHKLINE LLC
化学类型	新分子实体药	审评分类	标准评审药物

产品三

药品名称	MEKINIST		
申请号	204114	产品号	003
活性成分	Trametinib Dimethyl Sulfoxide（曲美替尼二甲基亚砜复合物）	市场状态	处方药
剂型或给药途径	口服片剂	规格	剂量等同于 2mg 的非溶剂化的母体药物
治疗等效代码		参比药物	是
批准日期	2013/05/29	申请机构	GLAXOSMITHKLINE LLC
化学类型	新分子实体药	审评分类	标准评审药物

药品专利或独占权保护信息

美国专利号或独占权代码	专利或独占权过期日期	专利保护类型、专利名称或市场独占权保护内容
7378423	2025/09/13	化合物专利, 产品专利
8580304	2032/01/28	产品专利
I-678	2017/01/08	参见本书附录关于独占权代码部分
ODE	2021/01/08	参见本书附录关于独占权代码部分
NCE	2018/05/29	参见本书附录关于独占权代码部分
ODE	2020/05/29	参见本书附录关于独占权代码部分

合成路线一

本路线来源于日本 Tobacco 公司发表的专利文献（US7378423）。此路线的不足之处在于 **3** 在氯化时生成异构体，且所需的 **4** 非主要产物，从而影响了整个路线的总收率。另外过程中使用了剧毒的三氯氧磷和三氟甲磺酸酐。

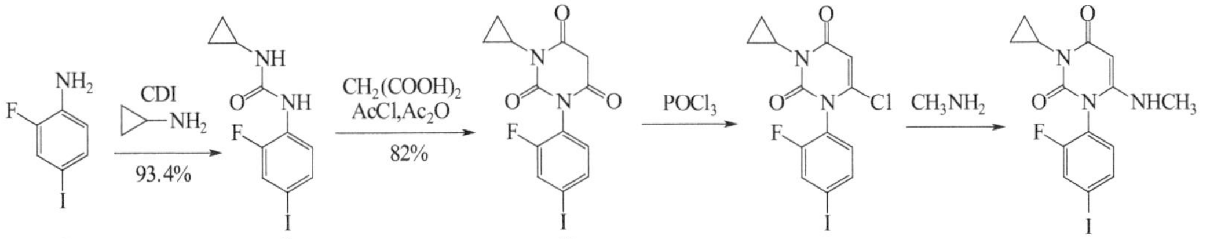

以 2-氟-4-碘苯胺（**1**）为原料，与环丙胺反应生成脲 **2**，**2** 与丙二酸缩合得嘧啶酮 **3**，**3** 经氯化得到氯嘧啶二酮 **4** 及异构体，不分离直接用于后续反应，胺化得甲氨基嘧啶二酮 **5**。

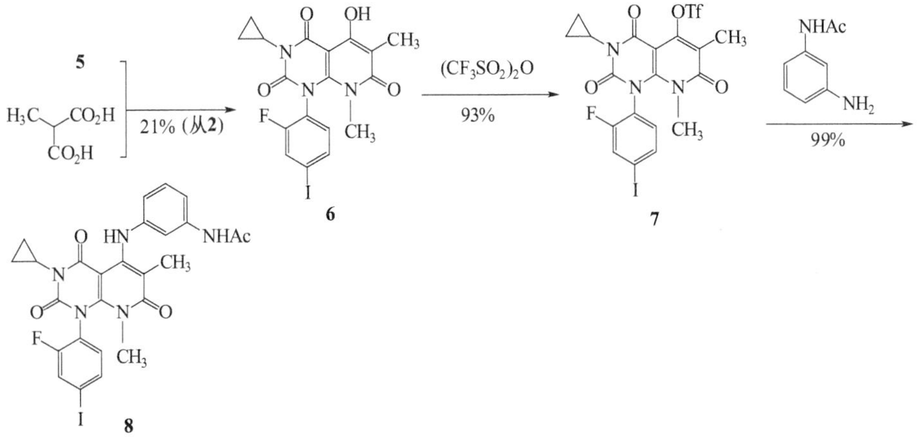

5 再与 2-甲基丙二酸缩合得到嘧啶并喹啉酮 **6**，三步收率为 21％（以 **2** 计），**6** 与三氟甲磺酸酐反应得磺酸酯 **7**，**7** 氨解得到 **8**。

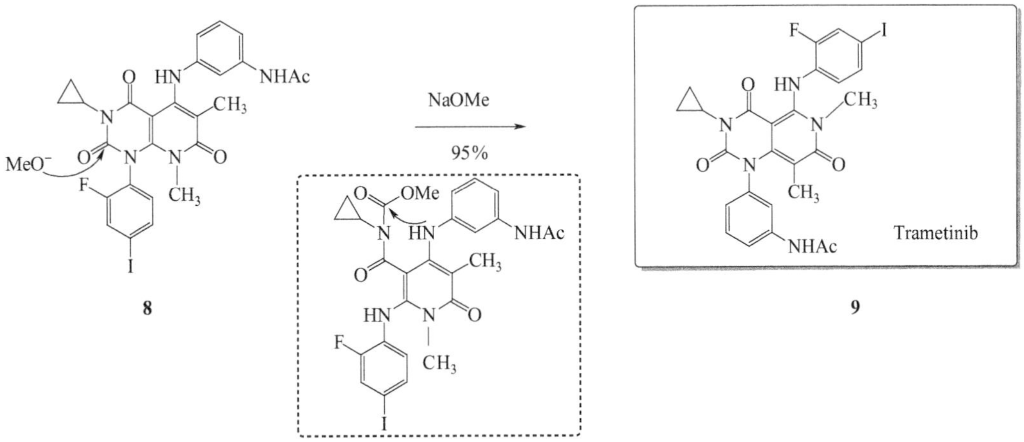

8 在碱性条件下异构化得到目标物曲美替尼（**9**）。

同一专利文献还公布了另一条路线，不同之处在于避免了氯化过程的低收率问题，直接引入氨基，且采用对甲苯磺酰氯代替三氟甲磺酸酐，更利于工业化。但是，在氨基的甲基化仍影响了此路线的效率。

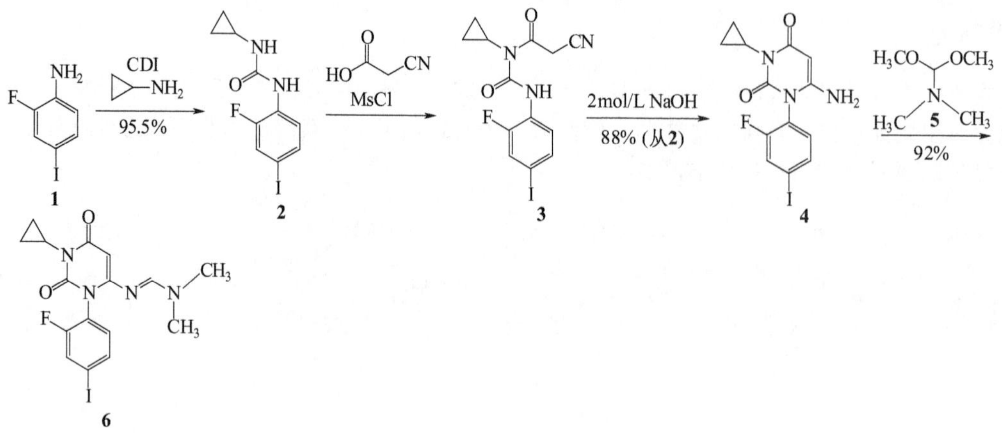

2 与 2-氰基乙酸缩合得二酰亚胺 3，再在碱性条件下闭环得到氨基嘧啶二酮 4，4 与缩醛 5 缩合得到亚胺 6。

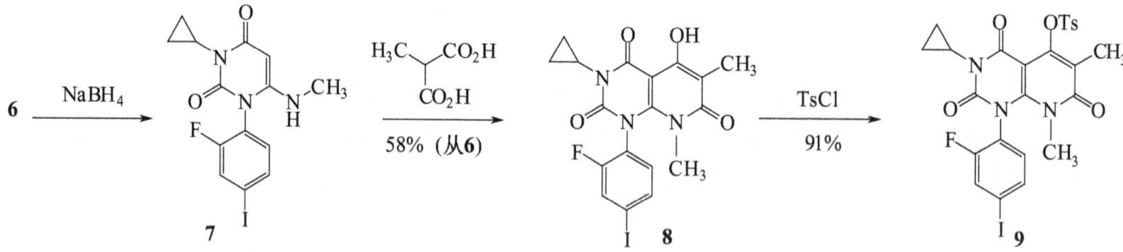

6 经还原得到甲氨基嘧啶二酮 7，7 与 2-甲基丙二酸缩合得到化合物 8，化合物 8 与对甲苯磺酰氯反应得到磺酸酯 9。

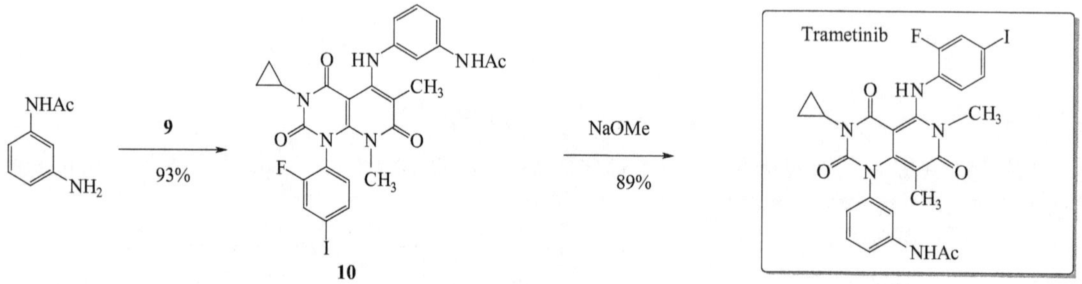

9 胺化得到 10，最后在碱性条件下异构化得到目标物曲美替尼（11）。

原始文献

US7378423，2008.

合成路线二

本路线来源于日本 Tobacco 公司发表的期刊文献［ACS Med Chem Lett，2011，2（4）：320-324］，其特点是采用弱碱 K_2CO_3 代替 NaOMe，更经济，但最后的 N-酰基化收率偏低。

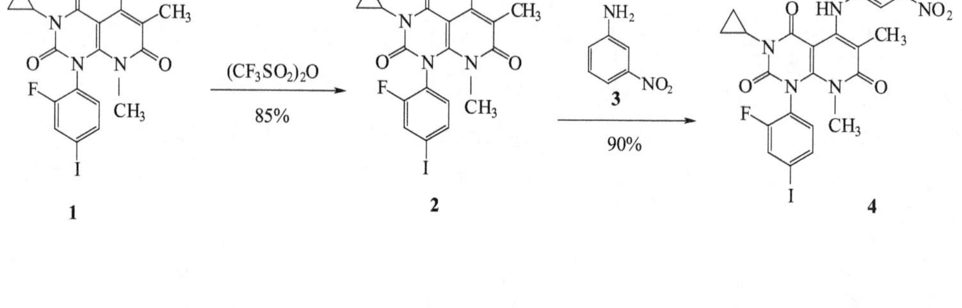

采用路线一所述方法制得中间体 **2**，**2** 与间硝基苯胺置换反应得到化合物 **4**。

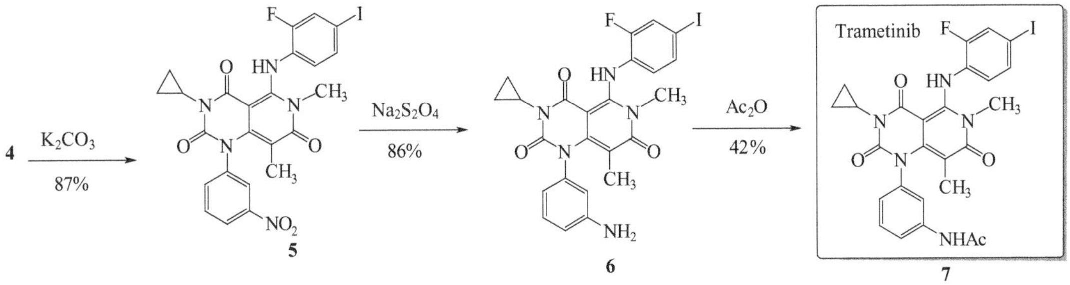

化合物 **4** 在弱碱性条件下（甲醇为亲核试剂）异构化生成化合物 **5**，化合物 **5** 经还原硝基得到化合物 **6**，化合物 **6** 乙酰化得到目标物曲美替尼（**7**）。

原始文献

ACS Med Chem Lett，2011，2（4）：320-324.

参考文献

［1］ Kawasaki H，Abe H，Hayakawa K，et al. US7378423，2008.

［2］ Abe H，Kikuchi S，Hayakawa K，et al. Discovery of a Highly Potent and Selective MEK Inhibitor：GSK1120212（JTP-74057 DMSO Solvate）. ACS Med Chem Lett，2011，2（4）：320-324.

［3］ Sakai T，Kawasaki H，Abe H，et al. WO2005121142A1，2005.

（李江胜）

Umeclidinium（芜地溴铵）

药物基本信息

英文通用名	Umeclidinium
中文通用名	芜地溴铵
商品名	Anoro Ellipta®
CAS 登记号	869113-09-7
FDA 批准日期	2013/12/18
化学名	1-(2-(benzyloxy)ethyl)-4-(hydroxydiphenylmethyl)quinuclidin-1-ium bromide
SMILES 代码	OC(C12CC[N+](CC2)(CCOCC3＝CC＝CC＝C3)CC1)(C4＝CC＝CC＝C4)C5＝CC＝CC＝C5.［Br-］

化学结构和理论分析

化学结构	理论分析值
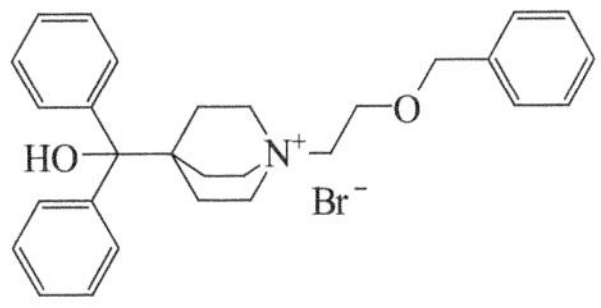	化学式：$C_{29}H_{34}BrNO_2$ 精确分子量：507.18 分子量：508.49 元素分析：C,68.50；H,6.74；Br,15.71；N,2.75；O,6.29

药品说明书参考网页

生产厂家产品说明书：http://www.myanoro.com/

美国药品网：http://www.drugs.com/pregnancy/umeclidinium-vilanterol.html

美国处方药网页：http://www.rxlist.com/anoro-ellipta-drug.htm

药物简介

芜地溴铵是一种长效胆碱受体拮抗剂（LAMA）。芜地溴铵一般与维兰特罗合用，二者的复方制剂可用于慢性阻塞性肺疾病（COPD）[包括慢性支气管炎和（或）肺气肿]患者气道阻塞的长期维持治疗。维兰特罗是一种长效肾上腺素 $\beta2$ 受体激动剂（LABA）。两者都能够舒张支气管平滑肌。

药品上市申报信息

该药物目前有 2 种产品上市。

产品一

药品名称	ANORO ELLIPTA		
申请号	203975	产品号	001
活性成分	Umeclidinium Bromide(芜地溴铵)；Vilanterol Trifenatate(维兰特罗三氟甲磺酸盐)	市场状态	处方药
剂型或给药途径	粉末吸入剂	规格	每次吸入剂量等同于 0.0625mg Umeclidinium Bromide(芜地溴铵)和 0.025mg Vilanterol(维兰特罗自由碱)
治疗等效代码		参比药物	是
批准日期	2013/12/18	申请机构	GLAXOSMITHKLINE INTELLECTUAL PROPERTY DEVELOPMENT

产品二

药品名称	INCRUSE ELLIPTA		
申请号	205382	产品号	001
活性成分	Umeclidinium Bromide(芜地溴铵)	市场状态	处方药
剂型或给药途径	粉末吸入剂	规格	每次吸入 62.5μg
治疗等效代码		参比药物	是
批准日期	2014/04/30	申请机构	GLAXO GROUP LTD ENGLAND DBA GLAXOSMITHKLINE

药品 Anoro Ellipta 的专利或独占权保护信息

美国专利号或独占权代码	专利或独占权过期日期	专利保护类型、专利名称或市场独占权保护内容
8309572	2025/04/2	专利用途代码 U-1476
8511304	2025/11/11	产品专利,专利用途代码 U-1476

美国专利号或 独占权代码	专利或独占权 过期日期	专利保护类型、专利名称或市场独占权保护内容
8183257	2025/07/27	专利用途代码 U-1476
7439393	2022/09/11	化合物专利，产品专利，专利用途代码 U-1476
7361787	2023/03/23	化合物专利，产品专利，专利用途代码 U-1476
8113199	2027/10/23	产品专利
8161968	2028/02/05	产品专利
7776895	2022/09/11	产品专利
7488827	2025/04/27	化合物专利，产品专利
7498440	2025/04/27	化合物专利，产品专利
8201556	2029/02/05	产品专利
8534281	2029/08/10	产品专利
5873360	2016/02/23	产品专利
NP	2016/12/18	参见本书附录关于独占权代码部分

药品 Incruse Ellipta 的专利或独占权保护信息

美国专利号或 独占权代码	专利或独占权 过期日期	专利保护类型、专利名称或市场独占权保护内容
8183257	2025/07/27	专利用途代码 U-1476
8309572	2025/04/27	专利用途代码 U-1476
8534281	2029/08/10	产品专利
8161968	2028/02/05	产品专利
7488827	2025/04/27	化合物专利，产品专利
7498440	2025/04/27	化合物专利，产品专利
8113199	2027/10/23	产品专利
5873360	2016/02/23	产品专利
8201556	2029/02/05	产品专利

合成路线一

本方法来源于 GlaxoSmithKline 发表的专利（WO2005104745）和期刊文献 [J Med Chem，2009，52（8）：2493-2505]，其特点在于以 1,2-氯溴乙烷为原料合成奎宁环，且本路线中 3 和 4 容易引起溶剂化，需要从乙酸乙酯、甲醇、水中打浆。

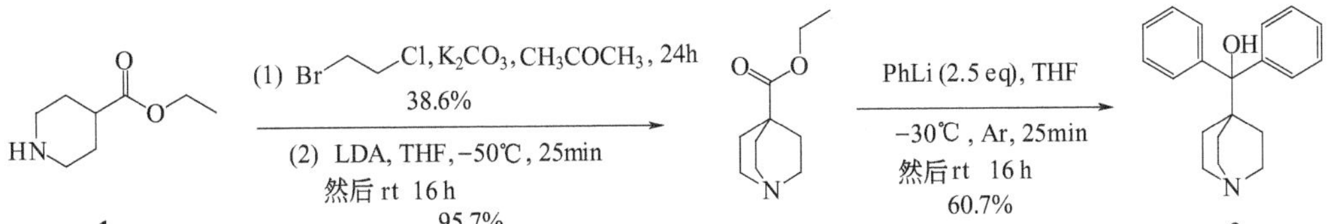

以哌啶甲酸乙酯（**1**）为原料，经 1,2-氯溴乙烷 N-烷基化、分子内 α-烷基化得到奎宁环 **2**，**2** 与苯基锂加成生成中间体 **3**。

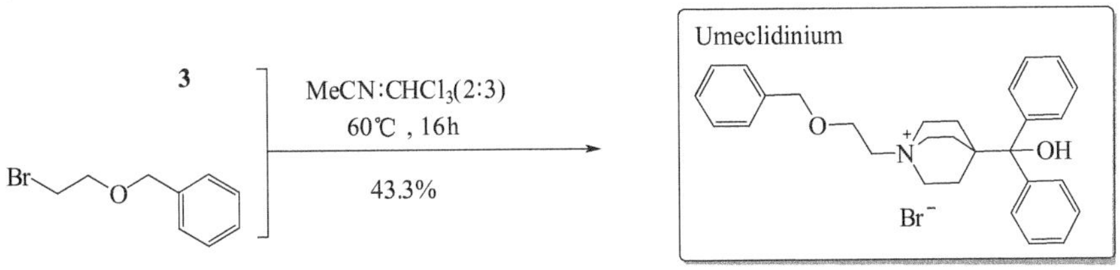

3 与溴化物 **4** 发生 *N*-烷基化反应制得目标物芜地溴铵（**5**）。

原始文献

J Med Chem，2009，52（8）：2493-2505；WO2005104745A2，2005.

合成路线二

本方法来源于 GlaxoSmithKline 发表的专利（WO2014027045），其特点在于以 2-溴乙醇为原料合成奎宁环，且该路线的最后一步采用异丙醇做溶剂，大大提高了转化率。

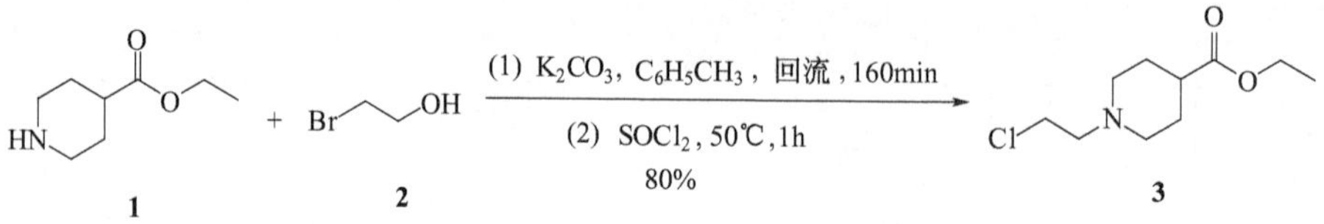

以哌啶甲酸乙酯（**1**）为原料，先与 2-溴乙醇（**2**）发生 *N*-羟乙基化，然后醇羟基被氯置换，得到 *N*-（2-氯乙基）哌啶甲酸乙酯（**3**）。

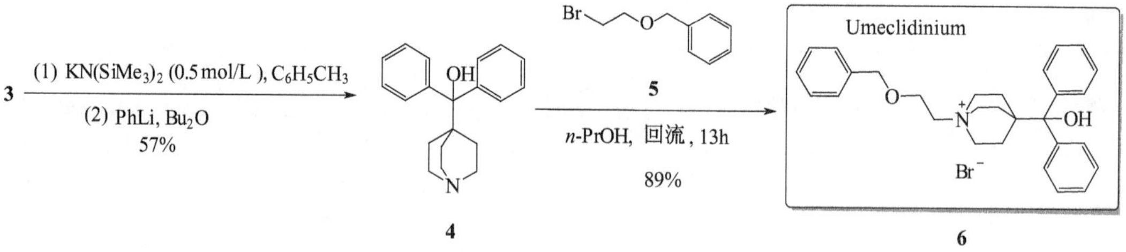

3 在强碱的作用下分子内环合并与苯基锂加成，得到中间体 **4**，最后与溴代物 **5** 发生 *N*-烷基化制备目标物芜地溴铵（**6**）。

原始文献

WO2014027045，2014.

参考文献

［1］ Laine D I，McCleland B，Thomas S，et al. Discovery of Novel 1-Azoniabicyclo［2.2.2］octane Muscarinic Acetyl-choline Receptor Antagonists. J Med Chem，2009，52（8）：2493-2505.
［2］ Laine D I，Palovich M R，McCleland B W，et al. WO2005104745A2，2005.
［3］ Hossner F，Strachan J B. WO2014027045，2014.

（李江胜）

Vandetanib（凡德他尼）

药物基本信息

英文通用名	Vandetanib
中文通用名	凡德他尼
商品名	Caprelsa®
CAS 登记号	443913-73-3
FDA 批准日期	2011/04/06
化学名	*N*-(4-bromo-2-fluorophenyl)-6-methoxy-7-［(1-methylpiperidin-4-yl)methoxy]quinazolin-4-amine
SMILES 代码	CN1CCC(COC2＝CC3＝NC＝NC(NC4＝CC＝C(Br)C＝C4F)＝C3C＝C2OC)CC1

化学结构和理论分析

化学结构	理论分析值
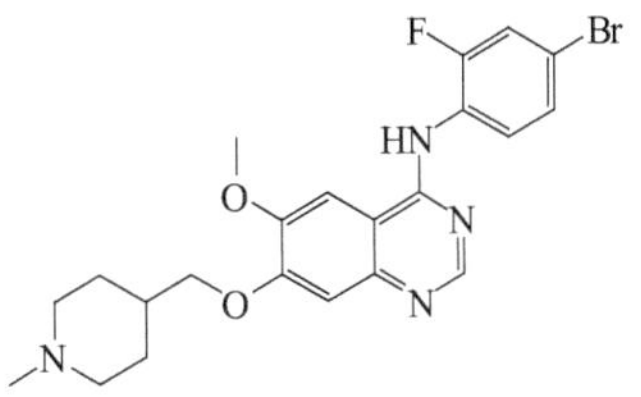	化学式：$C_{22}H_{24}BrFN_4O_2$ 精确分子量：474.11 分子量：475.35 元素分析：C,55.59；H,5.09；Br,16.81；F,4.00；N,11.79；O,6.73

药品说明书参考网页

生产厂家产品说明书：www. caprelsa. com/

美国药品网：http://www. drugs. com/mtm/vandetanib. html

美国处方药网页：http://www. rxlist. com/caprelsa-drug. htm

药物简介

凡德他尼为多靶点酪氨酸激酶抑制剂（TKI），适用于治疗不能切除，局部晚期或转移的有症状或进展的髓质型甲状腺癌。凡德他尼可同时作用于肿瘤细胞 EGFR、VEGFR 和 RET 酪氨酸激酶，还可选择性地抑制其他的酪氨酸激酶，以及丝氨酸/苏氨酸激酶，多靶点联合阻断信号传导。

药品上市申报信息

该药物目前有 2 种产品上市。

产品一

药品名称	CAPRELSA		
申请号	022405	产品号	001
活性成分	Vandetanib(凡德他尼)	市场状态	处方药
剂型或给药途径	口服片剂	规格	100mg
治疗等效代码		参比药物	否
批准日期	2011/04/06	申请机构	IPR PHARMACEUTICALS INC
化学类型	新分子实体药	审评分类	优先评审药物

产品二

药品名称	CAPRELSA		
申请号	022405	产品号	002
活性成分	Vandetanib(凡德他尼)	市场状态	处方药
剂型或给药途径	口服片剂	规格	300mg
治疗等效代码		参比药物	是
批准日期	2011/04/06	申请机构	IPR PHARMACEUTICALS INC
化学类型	新分子实体药	审评分类	优先评审药物

药品专利或独占权保护信息

美国专利号或 独占权代码	专利或独占权 过期日期	专利保护类型、专利名称或市场独占权保护内容
8642608	2022/02/06	专利用途代码 U-1490
8067427	2028/08/08	产品专利
7173038	2021/08/14	化合物专利,产品专利
RE42353	2017/09/23	化合物专利,产品专利
NCE	2016/04/06	参见本书附录关于独占权代码部分
ODE	2018/04/06	参见本书附录关于独占权代码部分

合成路线一

本路线来源于专利文献（WO2007036713），其特点是以香草酸为原料，先构建喹唑啉酮母核，再引入氟溴苯胺，最后引入哌啶环。此路线采用一锅法整合多步反应，且保持良好的效率，最后采用甲醛/甲酸体系完成脱 N-Boc 保护和 N-甲基化，试剂廉价且收率高。

以哌啶酯 1 为原料，经 N-Boc 保护、Red-Al 还原酯基成醇和 O-Ts 化共三步一锅制备关键中间体 2。

以香草酸（3）为原料，经苄基保护得酯类化合物 4，化合物 4 采用混酸硝化得到 2-硝基酯类化合物 5，化合物 5 经保险粉（连二亚硫酸钠）还原得到 2-氨基酯类化合物 6。

化合物 6 与甲脒乙酸盐缩合闭环得到喹唑啉酮化合物 7，化合物 7 经氯化、胺化、脱苄基三步一锅得到化合物 9。

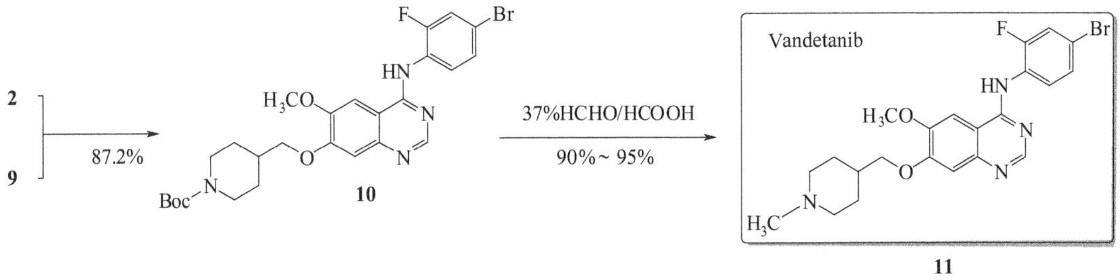

9 与对甲苯磺酸酯 2 发生酚 O-烷基化生成前体 10，最后在甲醛-甲酸体系中脱 N-Boc 和完成
N-甲基化，一步得到目标物凡德他尼（11）。

原始文献

WO2007036713A2，2007.

合成路线二

本路线来源于美国印第安纳医学院发表的期刊文献［Bioorg Med Chem Lett，2011，21
（11）：3222-3226］。其特点是采用 O-苄基保护的 4-氯喹唑啉为原料，先引入氟溴苯胺，然
后再引入哌啶环。此路线引入了 O-苄基保护，在 N-甲基化过程中采用了硼试剂还原，增加
了成本。

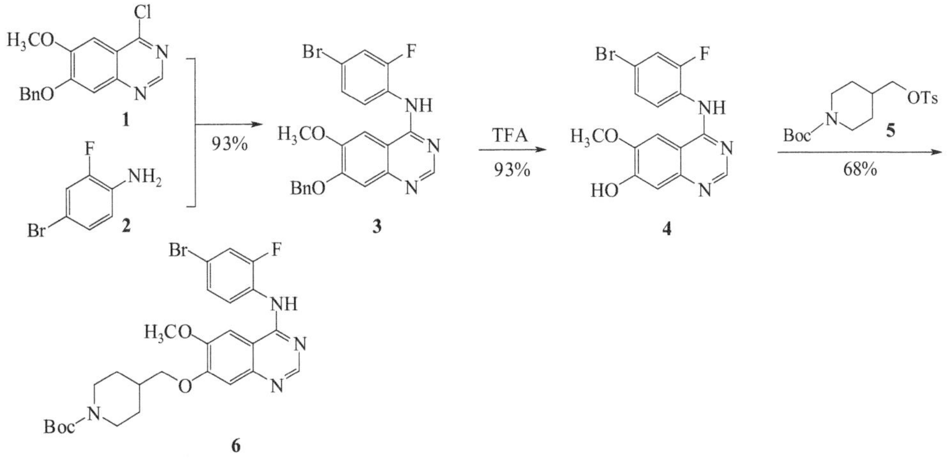

苄基保护 4-氯喹唑啉衍生物 1，经与氟溴苯胺（2）置换胺化生成化合物 3，化合物 3 脱苄基
得到化合物 4，然后与化合物 5 发生烷基化生成化合物 6。

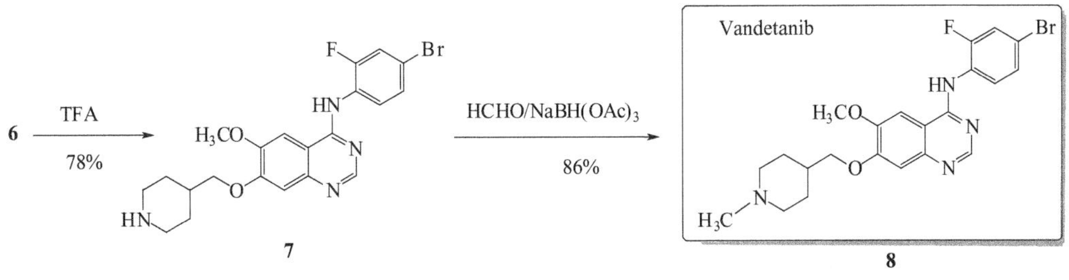

化合物 6 采用三氟乙酸脱 N-Boc 保护得到化合物 7，最后采用甲醛-硼钠试剂甲基化获得目
标物凡德他尼（8）。

原始文献

Bioorg Med Chem Lett，2011，21（11）：3222-3226.

合成路线三

本路线来源于英国 AstraZeneca 发表的期刊文献（J Med Chem，2002，45（6）：1300-1312）。其特点是直接以喹唑啉酮为原料，先引入哌啶环，然后再引入氟溴苯胺。其中，为了专一性实现哌啶环的 N-甲基化，引入了叔戊酰氧亚甲基保护基，增加了保护与脱保护步骤；N-甲基化采用氰基硼氢化钠还原，价格贵。

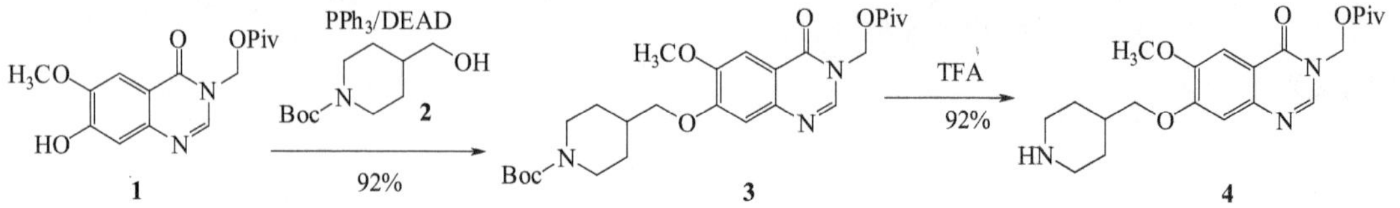

直接采用 N-保护的喹唑啉酮衍生物 1 为原料，与 N-Boc-哌啶甲醇（2）通过 Mitsunobu 偶联直接完成 O-烷基化，然后于三氟乙酸中脱除 N-Boc 保护基得到游离哌啶 4。

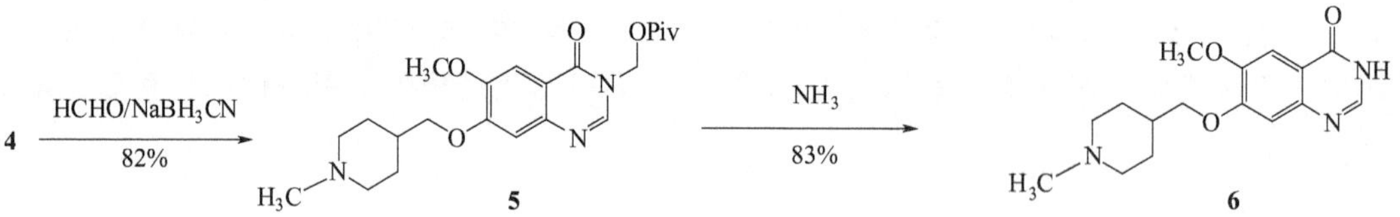

化合物 4 于甲醛-氰硼化钠下 N-甲基化得到化合物 5，再于氨作用下脱出 N-叔戊酰氧亚甲基得到化合物 6。

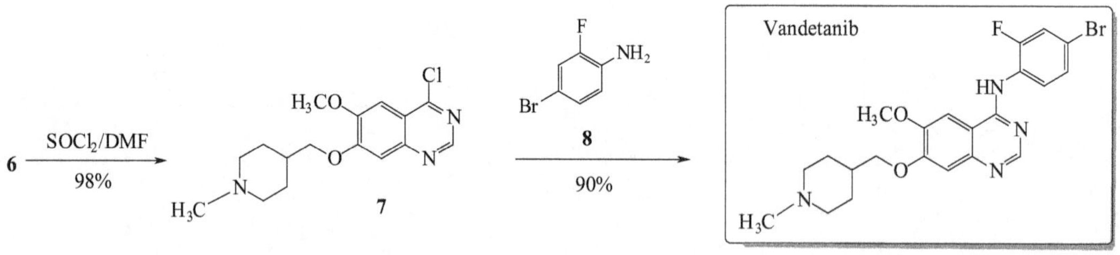

化合物 6 经氯化、胺化，制得目标物凡德他尼（9）。

原始文献

J Med Chem，2002，45（6）：1300-1312.

合成路线四

本路线来源于意大利 Padova 大学发表的期刊文献［Tetrahedron，2010，66（4）：962-968］。其特点是以硝基酚为原料，先引入哌啶环，再构建喹唑啉环，最后引入氟溴苯胺。此路线采用喹唑啉直接氧化为喹唑啉酮，从而提高了总收率，达 55%。

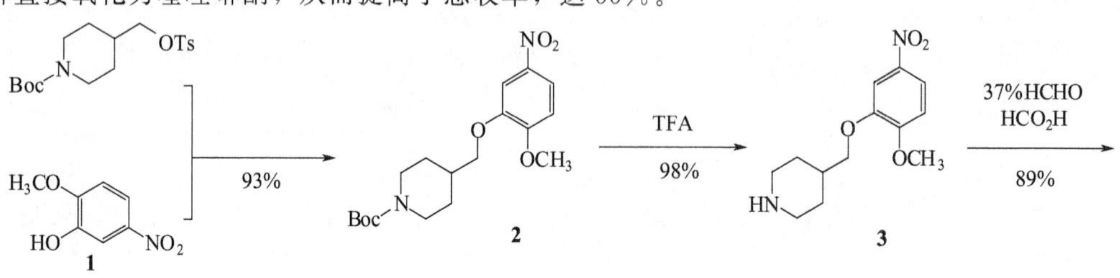

以硝基酚 **1** 为起始原料，经 *O*-烷基化得到化合物 **2**，化合物 **2** 脱 *N*-Boc 保护得到化合物 **3**，化合物 **3** 经甲醛-甲酸体系 *N*-甲基化得到化合物 **4**。

化合物 **4** 经催化氢化还原硝基得到芳胺 **5**，**5** 与氯甲酸乙酯反应生成氨基甲酸乙酯 **6**。

化合物 **6** 与乌洛托品（HMTA）在氧化条件下得到喹唑啉化合物 **7**，化合物 **7** 经硝酸铈铵氧化得到喹唑啉酮 **8**。

化合物 **8** 氯化得到化合物 **9**，化合物 **9** 与氟溴苯胺（**10**）发生胺化得到目标物凡德他尼（**11**）。

原始文献

Tetrahedron，2010，66（4）：962-968.

参考文献

[1] Blixt J，Golden M D，Hogan P J，et al. WO2007036713A2，2007.
[2] Gao M，Lola C M，Wang M，et al. Radiosynthesis of [11C] Vandetanib and [11C] chloro-Vandetanib as New Potential PET Agents for Imaging of VEGFR in Cancer. Bioorg Med Chem Lett，2011，21（11）：3222-3226.
[3] Hennequin L F，Stokes E S E，Thomas A P，et al. Novel 4-Anilinoquinazolines with C-7 Basic Side Chains：Design and Structure Activity Relationship of a Series of Potent，Orally Active，VEGF Receptor Tyrosine Kinase Inhibitors. J Med Chem，2002，45（6）：1300-1312.
[4] Marzaro G，Guiotto A，Pastorini G，Chilin A. A Novel Approach to Quinazolin-4（3H）-one via Quinazoline Oxidation：an Improved Synthesis of 4-Anilinoquinazolines. Tetrahedron，2010，66（4）：962-968.
[5] Gant T G，Sarshar S，Shahbaz M. WO2010028254A2，2010.
[6] Wedge S R. WO2003039551A1，2003.
[7] Wedge S R. WO2004014383A1，2004.
[8] Wedge S R，Ryan A J. WO2004071397A2，2004.

（李江胜）

Vemurafenib（威罗菲尼）

药物基本信息

英文通用名	Vemurafenib
中文通用名	威罗菲尼
商品名	Zelboraf
CAS 登记号	918504-65-1
FDA 批准日期	2011/08/17
化学名	N-（3-（5-（4-chlorophenyl）-1H-pyrrolo［2，3-b］pyridine-3-carbonyl）-2，4-difluorophenyl）propane-1-sulfonamide
SMILES 代码	CCCS(=O)(NC1=CC=C(F)C(C(C2=CNC3=NC=C(C4=CC=C(Cl)C=C4)C=C32)=O)=C1F)=O

化学结构和理论分析

化学结构	理论分析值
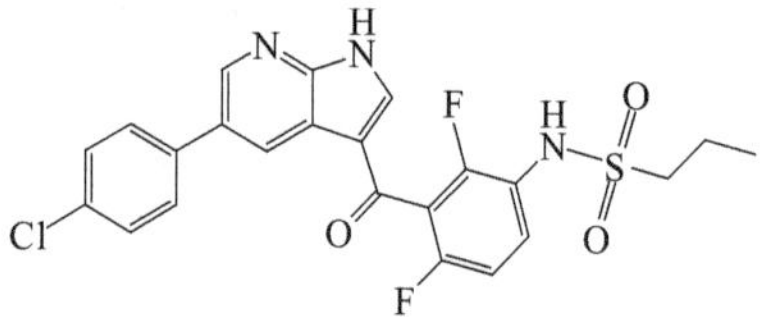	化学式：$C_{23}H_{18}ClF_2N_3O_3S$ 精确分子量：489.07255 分子量：489.92213 元素分析：C，56.39；H，3.70；Cl，7.24；F，7.76；N，8.58；O，9.80；S，6.54

药品说明书参考网页

生产厂家产品说明书：http://www.zelboraf.com

美国药品网：http://www.drugs.com/cdi/vemurafenib.html

美国处方药网页：http://www.rxlist.com/zelboraf-drug.htm

药物简介

威罗菲尼可用于治疗 BRAF V600 突变阳性的转移性黑色素瘤，该病是一种致命的皮肤癌。威罗菲尼是一种小分子，口服有效的 BRAF 丝氨酸-苏氨酸激酶抑制剂。可通过抑制 BRAF 丝氨酸-苏氨酸激酶活性而发挥作用。

药品上市申报信息

该药物目前有 1 种产品上市。

药品名称	ZELBORAF		
申请号	202429	产品号	001
活性成分	Vemurafenib(威罗菲尼)	市场状态	处方药
剂型或给药途径	口服片剂	规格	240mg
治疗等效代码		参比药物	是
批准日期	2011/08/17	申请机构	HOFFMANN LA ROCHE INC

药品专利或独占权保护信息

美国专利号或 独占权代码	专利或独占权 过期日期	专利保护类型、专利名称或市场独占权保护内容
8470818	2026/08/02	用途专利代码 U-1418
8143271	2026/06/21	化合物专利、产品专利
7863288	2029/06/20	化合物专利、产品专利
7504509	2026/10/22	化合物专利、产品专利
NCE	2016/08/17	参见本书附录关于独占权代码部分
ODE	2018/08/17	参见本书附录关于独占权代码部分

合成路线一

以下合成路线是美国 Vanderbilt 大学 H. Charles Manning 实验室开发的合成路线〔Tetrahedron Lett，2012，53（32）：4161-4165〕。该方法的特点是使用了微波技术，具有快速方便等优点。

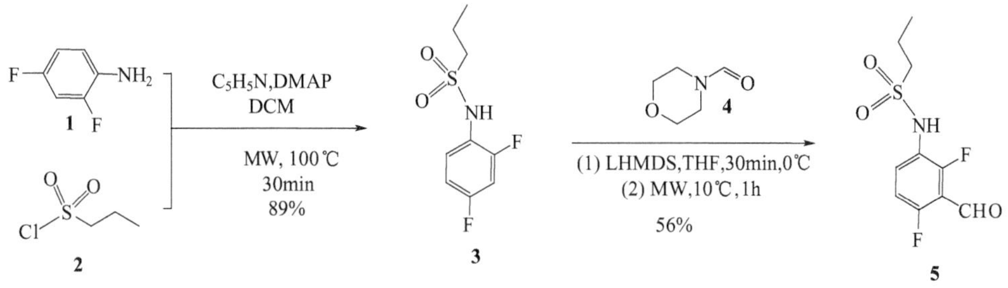

化合物 1 与化合物 2 在吡啶和二氯甲烷（DCM）中反应，得到相应的磺酰胺化合物 3，收率为 89%。化合物 3 与化合物 4 在 THF 溶液中和 LHMDS 催化下反应得到化合物 5，收率为 56%。

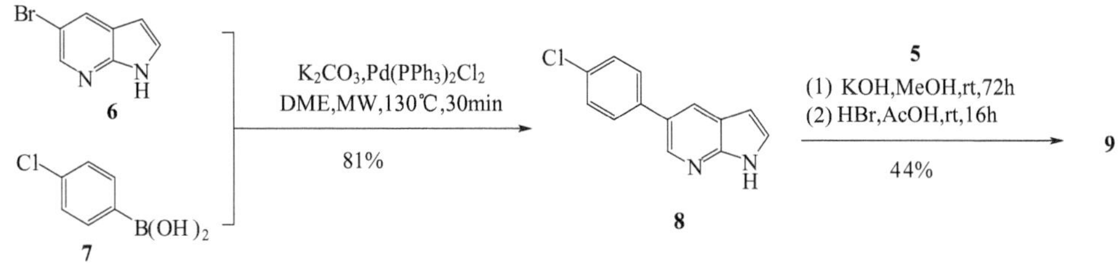

化合物 6 和化合物 7 在 Pd(PPh)₃Cl₂ 的催化下发生偶联反应，得到相应的化合物 8，收率为 81%。化合物 8 与化合物 5 在碱性条件下，发生亲核加成反应，得到相应和醇类化合物 9，收率为 44%。

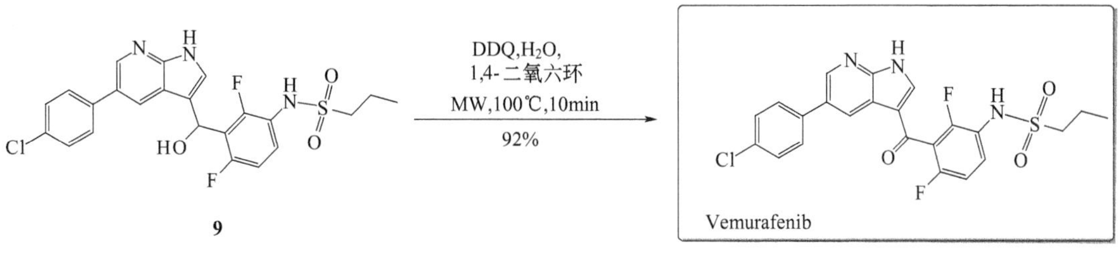

化合物 9 用 DDQ 脱氢，得到目标化合物威罗菲尼，收率为 92%。

原始文献

Tetrahedron Lett，2012，53，(32)，4161-4165.

合成路线二

以下合成路线来源于 F. Hoffmann-La Roche（罗氏公司）发表的专利文献（WO 2012010538 A3）。

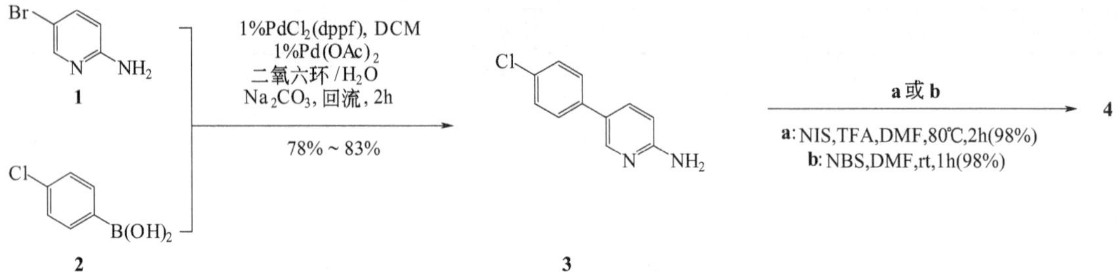

化合物 1 和化合物 2 在钯催化剂的作用下发生 Suzuki 偶联反应，生成相应的化合物 3，收率为 78% ~83%。化合物 3 在卤代试剂作用下生产相应的化合物 **4a** 或 **4b**，收率为 98%。

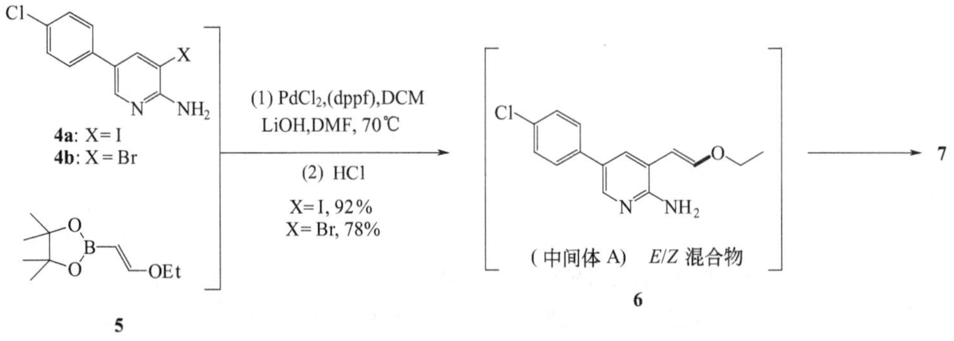

化合物 4 和化合物 5 在钯催化剂的作用下发生 Suzuki 偶联反应，得到相应的中间体化合物 6，该化合物直接环合得到化合物 7。

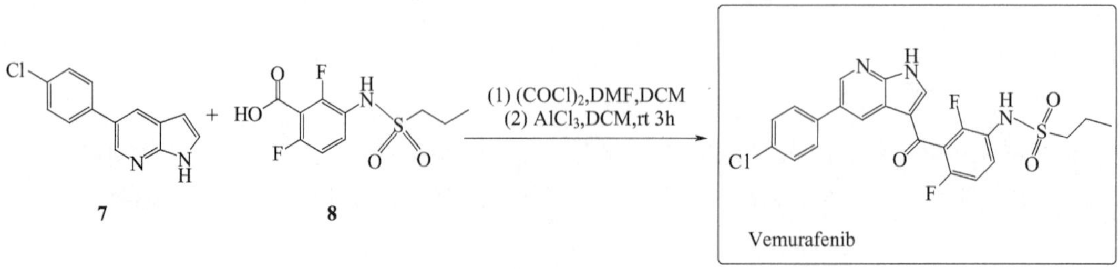

化合物 8 经草酰氯处理后变成相应的酰氯化合物，再与化合物 7 反应，得到目标化合物威罗菲尼。

原始文献

WO 2012010538 A3，2012.

合成路线三

以下合成路线来源于 Stefan Hildbrand 等发表的专利文献（US20110028511A1）：

化合物 **2** 经草酰氯处理后变成相应的酰氯化合物，再与化合物 **1** 反应，得到相应的化合物 **3**，收率为 90％。化合物 **3** 在甲苯中与化合物 **4** 反应，得到相应的 NH 基团酰基化产物 **5**，收率为 90％。

化合物 **5** 与化合物 **6** 在钯催化剂的作用下发生 Suzuki 偶联反应，得到相应的中间体化合物 **7**，收率为 82％～85％。

化合物 **7** 在碱性条件脱去 NH 上的保护基团，得到相应的目标化合物威罗菲尼，收率为 95％。

重要原料化合物 **1** 可使用化合物 **8** 为原料，经 3 步合成而得。

原始文献

US20110028511A1，2011.

参考文献

［1］ Brumsted C J，Moorlag H，Radinov R N，Ren Y，Waldmeier P. Method for preparation of *N*-｛3-［5-(4-chlorophenyl)-1*H*-pyrrolo［2,3-*b*］pyridine-3-carbonyl]-2,4-difluorophenyl｝propane-1-sulfonamide. WO2012010538A2，2012.

［2］ Buck J R，Saleh S，Imam Uddin M，Manning H C. Rapid，microwave-assisted organic synthesis of selective V600EBRAF inhibitors for preclinical cancer research. Tetrahedron Lett，2012，53（32）：4161-4165.

［3］ Hildbrand S，Mair H-J，Radinov R N，Ren Y，Wright J A. Process for preparation of *N*-［3-［[5-(4-chlorophenyl)-1*H*-

pyrrolo［2,3-b］pyridin-3-yl］carbonyl］-2，4-difluorophenyl］-1-propanesulfonamide. US20110028511A1，2011.

（陈清奇）

Vilanterol（维兰特罗）

药物基本信息

英文通用名	Vilanterol
中文通用名	维兰特罗
商品名	Breo Ellipta
CAS 登记号	503068-34-6
FDA 批准日期	2013/05/10
化学名	(R)-4-(2-((6-(2-((2,6-dichlorobenzyl)oxy)ethoxy)hexyl)amino)-1-hydroxyethyl)-2-(hydroxymethyl)phenol
SMILES 代码	OC1＝CC＝C([C@@H](O)CNCCCCCCOCCOCC2＝C(Cl)C＝CC＝C2Cl)C＝C1CO

化学结构和理论分析

化学结构	理论分析值
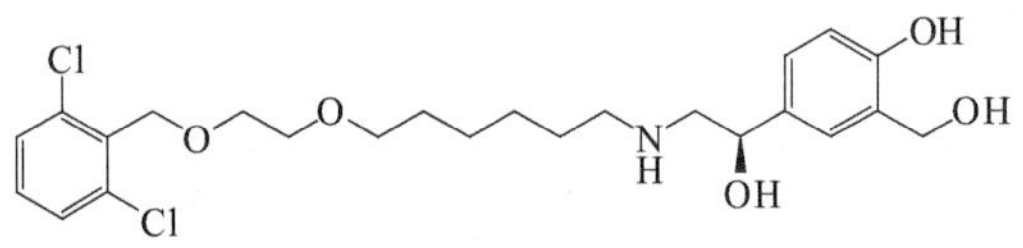	化学式：$C_{24}H_{33}Cl_2NO_5$ 精确分子量：485.17358 分子量：486.43 元素分析：C，59.26；H，6.84；Cl，14.58；N，2.88；O，16.45

药品说明书参考网页

美国药品网：http://www.drugs.com/cdi/fluticasone-vilanterol-powder.html

美国处方药网页：http://www.rxlist.com/breo-ellipta-drug.htm

药物简介

维兰特罗是一种长效 β2 激动剂药物，与糠酸氟替卡松（Fluticasone Furoate）联合用药，可用于治疗慢性阻塞性肺疾病（chronic obstructive pulmonary disease，COPD）。

药品上市申报信息

该药物目前有 2 种产品上市。

产品一

参见 Umeclidinium（芜地溴铵）产品一。

产品二

药品名称	BREO ELLIPTA		
申请号	204275	产品号	001
活性成分	Fluticasone Furoate（糠酸氟替卡松）；Vilanterol Trifenatate（维兰特罗三氟甲磺酸盐）	市场状态	处方药

续表

剂型或给药途径	吸入式粉末剂	规格	每次吸入量等同于 0.1mg Fluticasone Furoate（糠酸氟替卡松）和 0.025mg Vilanterol（维兰特罗自由碱）
治疗等效代码		参比药物	是
批准日期	2013/05/10	申请机构	GLAXO GROUP LTD ENGLAND DBA GLAXOSMITHKLINE

药品 Anoro Ellipta 专利或独占权保护信息

参见 Umeclidinium（芜地溴铵）。

药品 Breo Ellipta 专利或独占权保护信息

美国专利号或独占权代码	专利或独占权过期日期	专利保护类型、专利名称或市场独占权保护内容
6537983	2021/08/03	产品专利、专利用途代码 U-1401
6759398	2021/08/03	产品专利、专利用途代码 U-1401
6878698	2021/08/03	专利用途代码 U-1401
7101866	2021/08/03	化合物专利、产品专利、专利用途代码 U-1401
7439393	2022/09/11	化合物专利、产品专利、专利用途代码 U-1401
8511304	2025/11/11	产品专利、专利用途代码 U-1424
RE44874	2023/03/23	化合物专利、产品专利、专利用途代码 U-1548
7776895	2022/09/11	产品专利
8161968	2028/02/05	产品专利
8534281	2029/08/10	产品专利
8746242	2030/10/11	产品专利
5873360	2016/02/23	产品专利
8113199	2027/10/23	产品专利
7629335	2021/08/03	产品专利
7361787	2023/03/23	化合物专利、产品专利、专利用途代码 U-1401
NP	2016/05/10	参见本书附录关于独占权代码部分

合成路线

以下合成路线来源于 GlaxoSmithKline 公司发表的论文 [J Med Chem，2010，53（11）：4522-4530]。

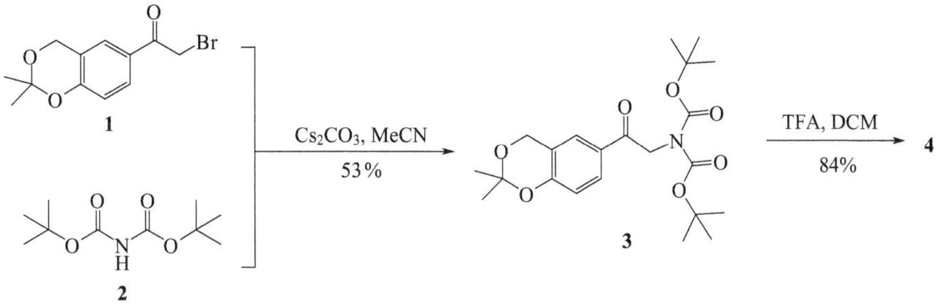

化合物 **2** 的 NH 基团在碱性条件下发生烷基化反应，得到相应的化合物 **3**，收率为 53％。化合物 **3** 在二氯甲烷中，用 TFA 处理，选择性地脱去 1 个叔丁酰基，得到化合物 **4**，收率为 84％。

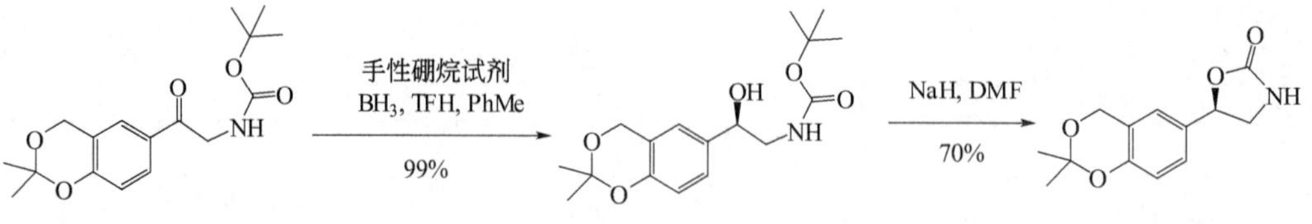

化合物 **4** 在手性硼烷试剂的作用下，其羰基被还原成相应的羟基，得到化合物 **5**，收率为 99％。化合物 **5** 在 NaH 催化下发生分子内成环反应，得到化合物 **6**，收率为 70％。

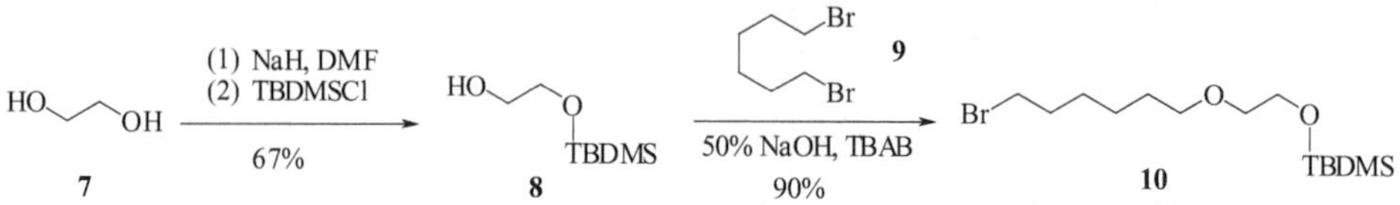

1mol 化合物 **7** 与 1mol TBDMSCl 反应，得到单一羟基保护的化合物 **8**，收率为 67％。1mol 化合物 **8** 与 1mol 化合物 **9**，在 50％NaOH 催化下发生成醚反应，得到相应的化合物 **10**，收率为 90％。

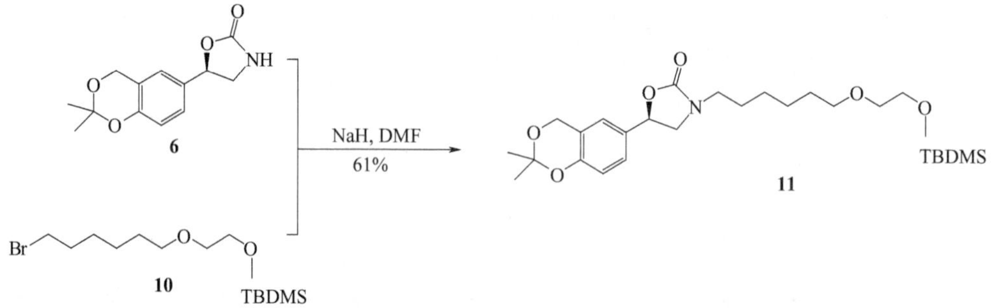

化合物 **6** 的 NH 基团在 NaH 作用下，与化合物 **10** 反应，得到相应的化合物 **11**，收率为 61％。

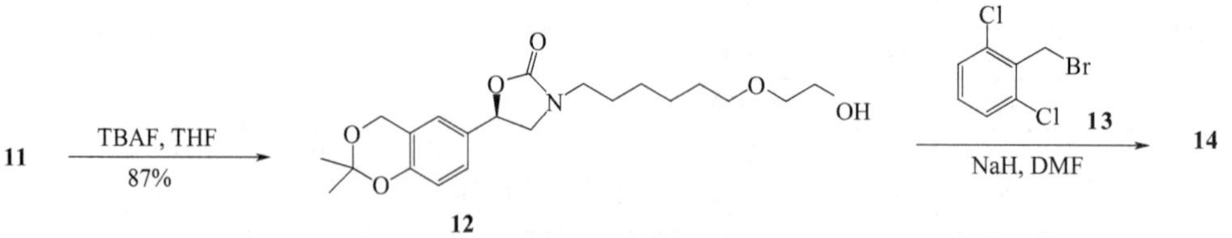

化合物 **11** 在 TBAF 的作用下，脱去保护基，得到相应的化合物 **12**，收率为 87％。化合物 **12** 与化合物 **13** 在 NaH 催化下，得到化合物 **14**。

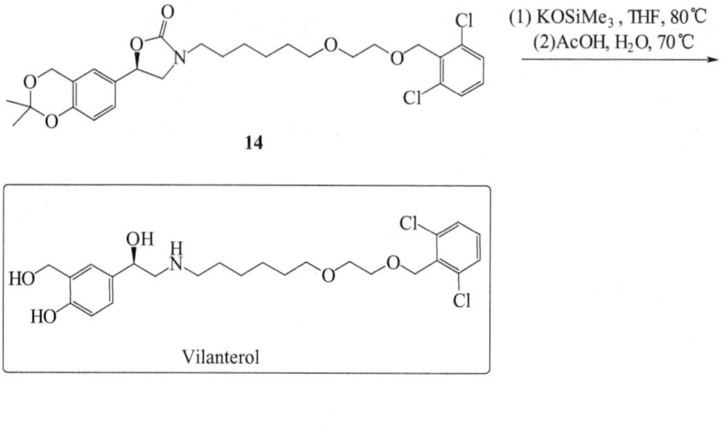

Vilanterol

化合物 **14** 与 KOSiMe₃ 处理后，再用 AcOH 处理，得到目标化合物维兰特罗。

原始文献

J Med Chem，2010，53（11）：4522-4530.

参考文献

[1] Box P C，Coe D M，Looker B E，Procopiou P A. Preparation of 4-(2-amino-1-hydroxyethyl)-2-(hydroxymethyl) phenols as selective β2-adrenoreceptor agonists for treatment of respiratory diseases. PCT Int Appl，WO 2003024439 A1，2003.

[2] Procopiou P A，Barrett V J，Bevan N J，Biggadike K，Box P C，Butchers P R，Coe D M，Conroy R，Emmons A，Ford A J，Holmes D S，Horsley H，Kerr F，Li-Kwai-Cheung A M，Looker B E，Mann I S，McLay I M，Morrison V S，Mutch P J，Smith C E，Tomlin P. Synthesis and structure-activity relationships of long-acting beta2 adrenergic receptor agonists incorporating metabolic inactivation：an antedrug approach. J Med Chem，2010，53 (11)：4522-4530.

（陈清奇）

Vilazodone Hydrochloride（盐酸维拉佐酮）

药物基本信息

英文通用名	Vilazodone Hydrochloride
中文通用名	盐酸维拉佐酮
商品名	Viibryd
CAS 登记号	163521-08-2
FDA 批准日期	2011/01/21
化学名	5-(4-(4-(5-cyano-1*H*-indol-3-yl)butyl)piperazin-1-yl)benzofuran-2-carboxamide hydrochloride
SMILES 代码	O=C(C1=CC2=CC(N3CCN(CCCCC4=CNC5=C4C=C(C#N)C=C5)CC3)=CC=C2O1)N.[H]Cl

化学结构和理论分析

化学结构	理论分析值
	化学式：C₂₆H₂₈ClN₅O₂ 分子量：477.99 元素分析：C,65.33；H,5.90；Cl,7.42；N,14.65；O,6.69

药品说明书参考网页

生产厂家产品说明书：http://www.viibryd.com/
美国药品网：http://www.drugs.com/viibryd.html
美国处方药网页：http://www.rxlist.com/viibryd-drug.htm

药物简介

盐酸维拉佐酮适用于治疗成人重度抑郁症。维拉佐酮抗抑郁作用机制目前尚未完全了解清楚，但一般认为该药物在 CNS 系统中，可选择性抑制 5-羟色胺再摄取（serotonin reuptake），进而增强血清素激导性的活性（serotonergic activity）。

药品上市申报信息

该药物目前有 3 种产品上市。

产品一

药品名称	VIIBRYD		
申请号	022567	产品号	001
活性成分	Vilazodone Hydrochloride（盐酸维拉佐酮）	市场状态	处方药
剂型或给药途径	口服片剂	规格	10mg
治疗等效代码		参比药物	是
批准日期	2011/01/21	申请机构	FOREST LABORATORIES INC

产品二

药品名称	VIIBRYD		
申请号	022567	产品号	002
活性成分	Vilazodone Hydrochloride（盐酸维拉佐酮）	市场状态	处方药
剂型或给药途径	口服片剂	规格	20mg
治疗等效代码		参比药物	否
批准日期	2011/01/21	申请机构	FOREST LABORATORIES INC

产品三

药品名称	VIIBRYD		
申请号	022567	产品号	003
活性成分	Vilazodone Hydrochloride（盐酸维拉佐酮）	市场状态	处方药
剂型或给药途径	口服片剂	规格	40mg
治疗等效代码		参比药物	否
批准日期	2011/01/21	申请机构	FOREST LABORATORIES INC

药品专利或独占权保护信息

美国专利号或独占权代码	专利或独占权过期日期	专利保护类型、专利名称或市场独占权保护内容
7834020	2022/06/05	化合物专利、产品专利、专利用途代码 U-839
8193195	2022/06/05	专利用途代码 U-839
8236804	2022/06/05	专利用途代码 U-839
8673921	2022/06/05	化合物专利、产品专利
5532241	2014/09/29	化合物专利、产品专利
NCE	2016/01/21	参见本书附录关于独占权代码部分

合成路线一

以下方法来源于上海医药工业研究院李建其、王佳静、王冠、王超等发表的专利文献（CN102267932A）。该方法使用 4-(5-氰基-1*H*-吲哚-3-基）丁基取代磺酸酯类化合物 **2** 为中间体，克服了现有文献报道制备方法中的缺陷和不足，避免使用毒性大的昂贵金属催化剂或金属配合物及有机磷试剂。该方法的特点是低成本，操作简便，适合大量产业化制备。

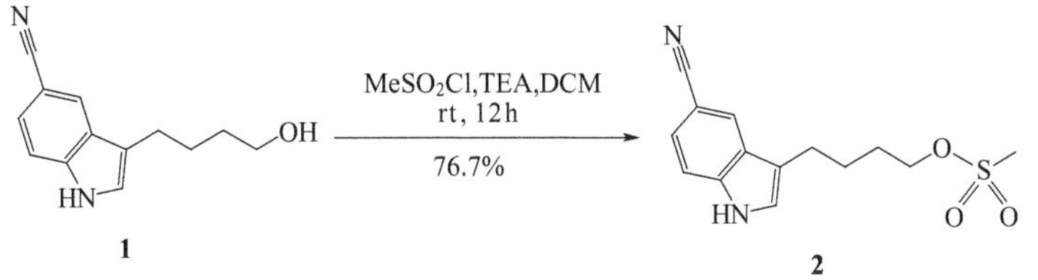

于氮气保护下，将化合物 **1** 溶解于二氯甲烷中，加入三乙胺，然后再滴加甲基磺酰氯的二氯甲烷溶液。滴毕后，反应 12h。经分离提纯后，得到化合物 **2**，收率 76.7%。

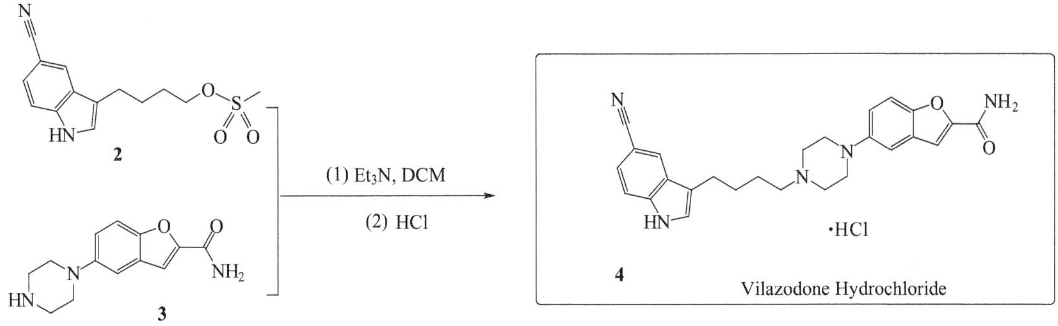

于 N₂ 保护下，将 4-(5-氰基-1*H*-吲哚-3-基）丁基对甲苯磺酸酯（**2**）溶于乙腈中，加入 1-(2-氨基甲酰基苯并呋喃-5-基）哌嗪（**3**）、三乙胺后升温至回流反应 3h，减压蒸除溶剂，经分离提纯后，可得到淡黄色固体产品维拉佐酮。维拉佐酮和盐酸反应后，可得到盐酸维拉佐酮。

原始文献

CN102267932A.

合成路线二

以下合成路线来源于中国药科大学徐云根、胡斌、聂凤发表的专利文献（CN 103304547A）。该合成方法是以 5-氰基吲哚（**1**）为起始原料，经 1-位氮原子用对甲苯磺酰基保护得到化合物 **3**，后者经 3-位傅克酰化，得到化合物 **5**，选择性将羰基还原为次甲基得到 1-对甲苯磺酰基-3-(4-氯丁基)-5-氰基吲哚（**6**），再与 5-(哌嗪-1-基）苯并呋喃-2-羧酸乙酯盐酸盐（**7**）反应，经一步水解同时脱去对甲苯磺酰基和乙基，得到 5-(4-(4-(5-氰基-1*H*-吲哚-3-基）丁基）哌嗪-1-基）苯并呋喃-2-羧酸（**9**），最后酰胺化得到维拉佐酮，与氯化氢成盐得到盐酸维拉佐酮。

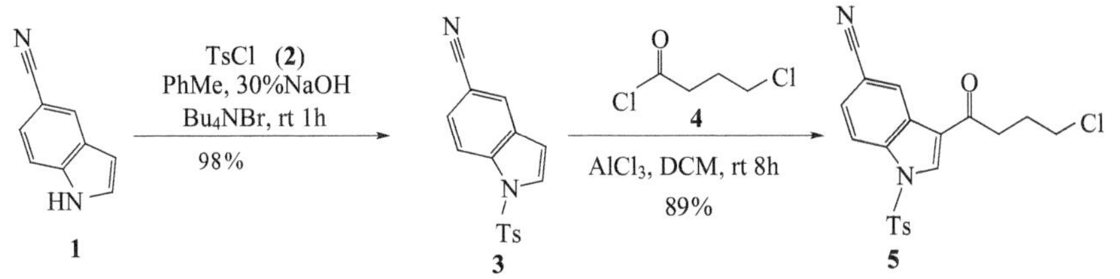

将 5-氰基吲哚（**1**）、甲苯、30% NaOH 溶液和四丁基溴化胺混合，室温条件下加入对甲苯

磺酰氯。搅拌 1h 停止反应，分离提纯后可得到白色固体 **3**，产率 98%。化合物 **3** 在二氯甲烷中和三氯化铝催化下，与 4-氯丁酰氯（**4**）反应，得到白色固体化合物 **5**，产率 89%。

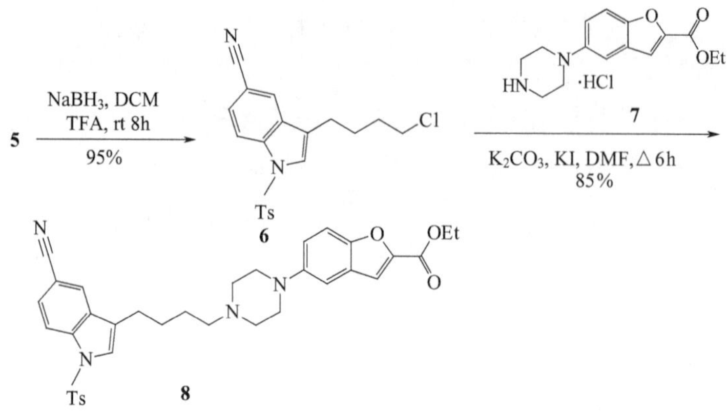

化合物 **5** 与二氯甲烷与硼氢化钠和三氟醋酸反应 8h 后停止，经分离提纯可得到白色固体化合物 **6**，产率 95%。化合物 **6** 与化合物 **7** 在 DMF 中与碳酸钾、碘化钾加热反应 6h。将反应混合物加入冰水（1L）中，过滤，干燥得化合物 **8** 粗产品。将粗品溶于甲醇中，缓慢滴加氯化氢饱和的乙醇溶液至有大量固体析出，过滤，干燥得白色固体化合物 **8**，产率 85%。

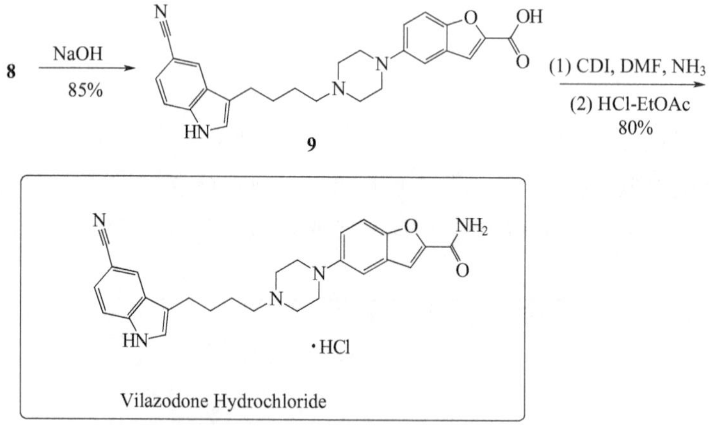

化合物 **8** 在异丙醇中用 NaOH 处理，搅拌加热 5h 后停止反应。再加入冰水，用浓盐酸调节 pH 3 左右。抽滤，干燥得白色固体化合物 **9**，产率 85%。化合物 **9** 在 DMF 中用 CDI 处理，搅拌 1h。通入氨气反应 15min。将反应液倒入冰水中，抽滤，干燥得维拉佐酮白色固体。将上述得到的维拉佐酮用异丙醇溶液溶解，活性炭脱色，过滤，滤液滴加氯化氢饱和的乙酸乙酯溶液至 pH 2～3，有大量白色固体析出，抽滤，真空干燥得白色固体盐酸维拉佐酮，产率 80%。

原始文献

CN 103304547 A.

合成路线三

以下合成路线来源于上海泛凯生物医药科技有限公司王刚等发表的专利文献（CN

102617558 A）。该合成路线以 5-氰基吲哚（**1**）为起始原料在碱性条件下与取代苯磺酰氯（**2**）发生反应，之后在路易斯酸催化下进行傅克反应，所得产物经还原与 5-(1-哌嗪基)-苯并呋喃-2-甲酰胺（**7**）进行取代反应，制备得到维拉佐酮。本发明还提供了三种与维拉佐酮制备方法相关的中间体化合物。该方法的特点是成本低，收率高，易于操作，便于工业化生产。

化合物 **1** 在碱的催化下与化合物 **2** 反应，保护 NH 基团，得到化合物 **3**。所用碱为三乙胺、二异丙基乙基胺、碳酸钠、碳酸钾、碳酸铯、氢化钠中的任意一种或几种的组合，反应溶剂为二氯甲烷、甲苯、四氢呋喃、*N,N*-二甲基甲酰胺、*N,N*-二甲基乙酰胺、*N*-甲基吡咯烷酮、二甲亚砜中的任意一种或几种的组合，收率为 98%。化合物 **3** 在路易斯酸催化剂的作用下与化合物 **4** 反应得到化合物 **5**。其中所用路易斯酸催化剂为三氯化铝、四氯化锡、三氯化铁、氯化锌、三氟化硼中的任意一种或几种的组合。化合物 **5** 的收率为 73%。

Vilazodone Hydrochloride

化合物 **5** 在还原剂的作用下，其羰基被还原，得到化合物 **6**。所用的还原剂为红铝［二氢双(2-甲氧基乙氧基)铝酸钠］、四氢锂铝、硼烷配合物、三乙基硅烷、三氟乙酸中的任意一种或几种的组合。化合物 **6** 的收率为 93%。化合物 **6** 在甲醇中，在碳酸钾的作用下，与化合物 **7** 反应，得到维拉佐酮。后者再与盐酸反应可得到盐酸维拉佐酮。

原始文献

CN 102617558 A.

参考文献

［1］ Bathe A. Method for the production of 5-［4-［4-(5-cyano-3-indolyl)butyl］-1-piperazinyl］benzofuran-2-carboxamide. WO2006114202A1，2006.

［2］ Chen M. Process for preparation of antidepressive Vilazodone. CN102180868A，2011.

［3］ Das P，Maheshwari N，Meeran H N P N. Process for the preparation of vilazodone hydrochloride. WO2013175361A1，2013.

［4］ Heinrich T，Boettcher H，Gericke R，Bartoszyk G D，Anzali S，Seyfried C A，Greiner H E，van Amsterdam C. Synthesis and Structure-Activity Relationship in a Class of Indolebutylpiperazines as Dual 5-HT1A Receptor Agonists and Serotonin Reuptake Inhibitors. J Med Chem，2004，47（19）：4684-4692.

［5］ Li J，Wang G，Wang C，Wang J. 4-(5-Cyano-1*H*-indole-3-yl)butyl substituted sulfonate-like compound and its application as key intermediate for preparing vilazodone or its pharmaceutically acceptable salt. CN102267932A，2011.

（陈清奇）

Vismodegib（维莫德吉）

药物基本信息

英文通用名	Vismodegib
中文通用名	维莫德吉
商品名	Erivedge
CAS 登记号	879085-55-9
FDA 批准日期	2012/01/30
化学名	2-chloro-N-(4-chloro-3-(pyridin-2-yl)phenyl)-4-(methylsulfonyl)benzamide
SMILES 代码	O=C(NC1=CC=C(Cl)C(C2=NC=CC=C2)=C1)C3=CC=C(S(=O)(C)=O)C=C3Cl

化学结构和理论分析

化学结构	理论分析值
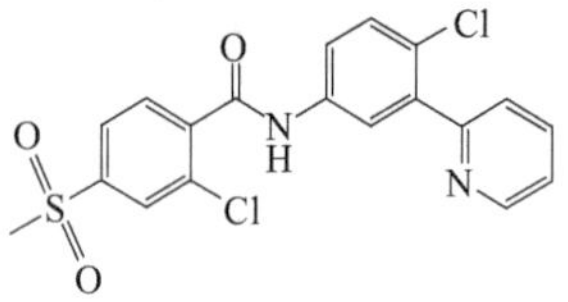	化学式：$C_{19}H_{14}Cl_2N_2O_3S$ 精确分子量：420.01022 分子量：421.29706 元素分析：C,54.17；H,3.35；Cl,16.83；N,6.65；O,11.39；S,7.61

药品说明书参考网页

生产厂家产品说明书：http://www.erivedge.com

美国药品网：http://www.drugs.com/dosage/vismodegib.html

美国处方药网页：http://www.rxlist.com/erivedge-drug.htm

药物简介

Vismodegib 可用于治疗成人转移性或复发性基底细胞癌（BBC）患者以及不能行手术或放射治疗的成人 BBC 患者。Erivedge（Vismodegib）是一种口服有效的具有选择性 Hedgehog 信号通路抑制剂。由罗氏（Roche）的子公司基因技术公司（Genentech）生产。该药物是有史以来第一个被批准治疗基底细胞癌的药物。

药品上市申报信息

该药物目前有 1 种产品上市。

药品名称	ERIVEDGE		
申请号	203388	产品号	001
活性成分	Vismodegib	市场状态	处方药
剂型或给药途径	胶囊；口服	规格	150mg
治疗等效代码		参比药物	是
批准日期	2012/01/30	申请机构	GENENTECH INC

药品专利或独占权保护信息

美国专利号或独占权代码	专利或独占权过期日期	专利保护类型、专利名称或市场独占权保护内容
7888364	2028/11/11	化合物专利、产品专利
NCE	2017/01/30	参见本书附录关于独占权代码部分

合成路线一

以下合成路线来源于美国 Genentech 公司、Curis 公司发表的专利文献（WO2009126863A2）。

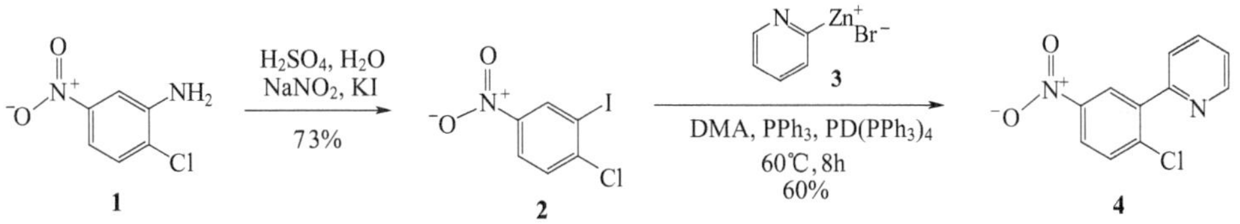

化合物 1 在酸性条件下其氨基与 $NaNO_2$ 反应，生成相应的重氮中间体，再与 KI 反应，得到相应的碘代化合物 2，收率为 73%。化合物 2 与金属锌化合物 3 反应，得到相应的化合物 4，收率为 60%。

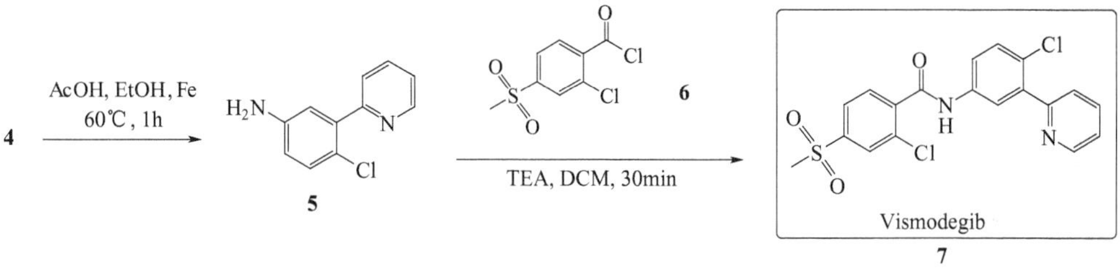

化合物 4 的硝基被 Fe 还原后，得到相应的氨基化合物 5。化合物 5 在二氯甲烷溶剂中，三乙胺作用下与酰氯化合物 6 反应得到目标化合物 7。

原始文献

WO2009126863A2.

合成路线二

以下合成路线来源于南京药石药物研发有限公司朱经纬、毛俊、杨民民、吴希罕等发表的专利文献（CN 102731373 B）。该合成路线的特点是以对氯苯甲酸（1）为原料，经碘代反应，再在叠氮磷酸二苯酯作用下发生重排反应；与偶联硼酸频哪醇酯反应；最后与 2-溴吡啶发生反应；脱去保护基可得到目标产物 Vismodegib，总收率可达 54.7%。

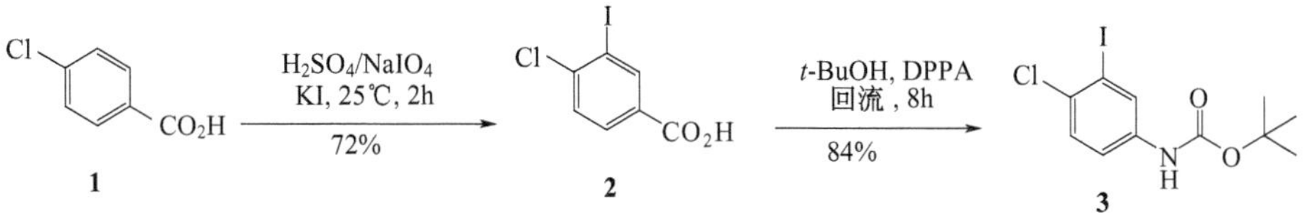

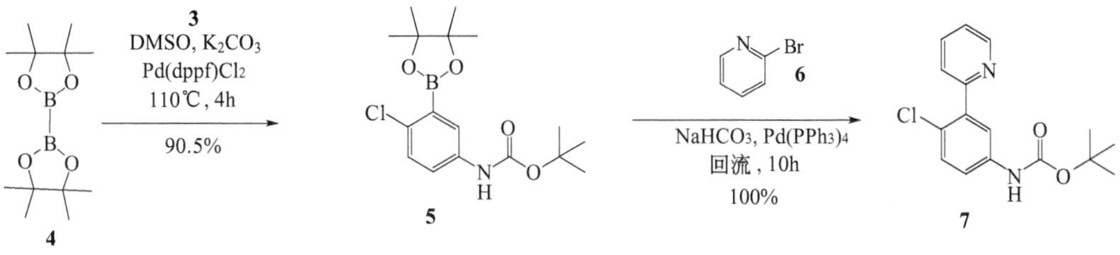

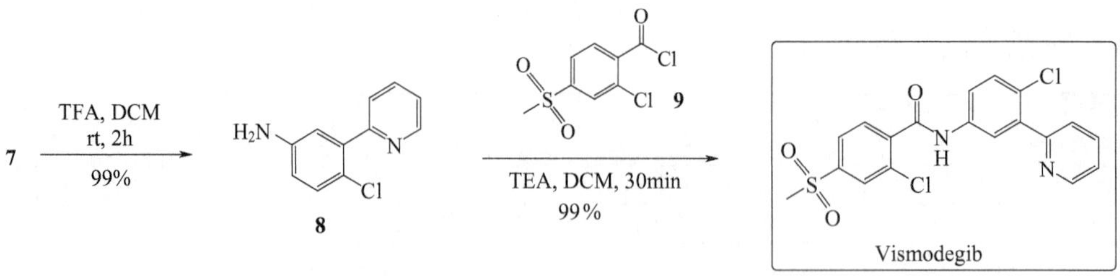

原始文献

CN 102731373 B.

参考文献

［1］ Gunzner J，Sutherlin D，Stanley M，Bao L，Castanedo G，Lalonde R，Wang S，Reynolds M，Savage S，Malesky K，Dina M. Preparation of arylpyridines as inhibitors of hedgehog signalling. WO2006028958A2，2006.

［2］ Gunzner J L，Sutherlin D P，Stanley M S，Bao L，Castanedo G，Lalonde R L，Wang S，Reynolds M E，Savage S J，Malesky K，Dina M S. Preparation of arylpyridines as inhibitors of hedgehog signalling. WO2009126863A2，2009.

（陈清奇）

Vorapaxar（沃拉帕沙）

药物基本信息

英文通用名	Vorapaxar
中文通用名	沃拉帕沙
商品名	Zontivity®
CAS 登记号	618385-01-6
FDA 批准日期	2014/05/08
化学名	ethyl(1R,3aR,4aR,6R,8aR,9S)-9-((E)-2-(5-(3-fluorophenyl)pyridin-2-yl)vinyl)-1-methyl-3-oxo-dodecahydronaphtho[2,3-c]furan-6-ylcarbamate
SMILES 代码	FC1=CC(C(C=C5)=CN=C5/C=C/[C@@H]3C4[C@@](C(O[C@@H]4C)=O)([H])C[C@]2([H])C[C@H](NC(OCC)=O)CC[C@@]23[H])=CC=C1

化学结构和理论分析

化学结构	理论分析值
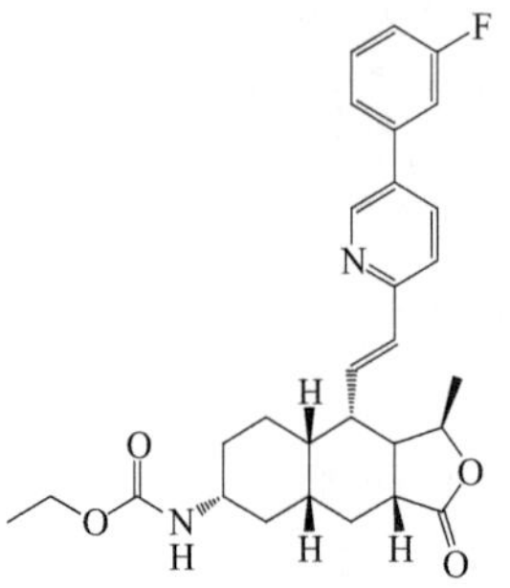	分子式：$C_{29}H_{33}FN_2O_4$ 精确分子量：492.2424 分子量：492.5817 元素分析：C,70.71；H,6.75；F,3.86；N,5.69；O,12.99

药品说明书参考网页

生产厂家产品说明书：http://www.zontivity.com/

美国药品网：http://www.drugs.com/cons/vorapaxar.html

美国处方药网页：http://www.rxlist.com/zontivity-drug.htm

药物简介

Zontivity 是第一个被称为蛋白酶激活受体-1（PAR-1）拮抗剂的心血管类药物，可抑制凝血过程。PAR-1 是一种可被凝血酶激活的受体，而凝血酶是一种有效的血小板激活剂。Zontivity 能有效抑制血小板上 PAR-1 受体，从而抑制凝血酶诱导的血小板聚集。适用于为心肌（MI）或外周动脉疾病（PAD）史患者中血栓性心血管事件的降低。

药品上市申报信息

该药物目前有 1 种产品上市。

药品名称	ZONTIVITY		
申请号	204886	产品号	001
活性成分	Vorapaxar Sulfate(硫酸沃拉帕沙)	市场状态	处方药
剂型或给药途径	口服片剂	规格	2.08mg
治疗等效代码		参比药物	是
批准日期	2014/05/08	申请机构	MERCK SHARP AND DOHME CORP

药品专利或独占权保护信息

美国专利号或独占权代码	专利或独占权过期日期	专利保护类型、专利名称或市场独占权保护内容
7235567	2021/06/13	化合物专利，产品专利
7304078	2024/04/06	化合物专利，产品专利，专利用途代码 U-1512
NCE	2019/05/08	参见本书附录关于独占权代码部分

合成路线一

该合成方法来源于 Schering Corporation 发表的专利文献（WO 2006076564A1），该专利描述了一种沃拉帕沙（**1**）的合成方法，其包括步骤如下：

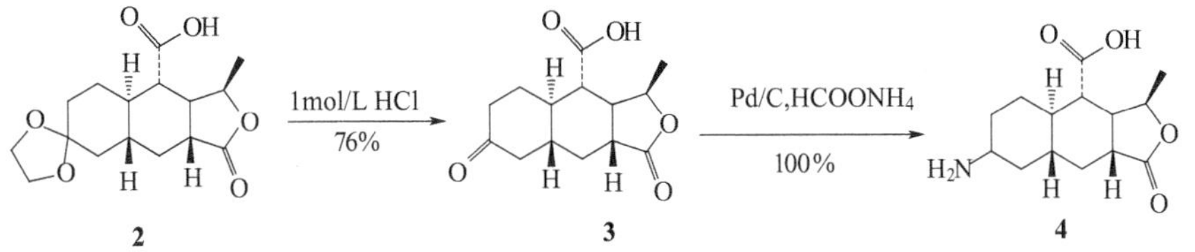

在酸性存在下，五元内酯酸 **2** 释放出内己酮 **3**，后者与 Pd/C 和甲酸铵反应生成环己氨 **4**。

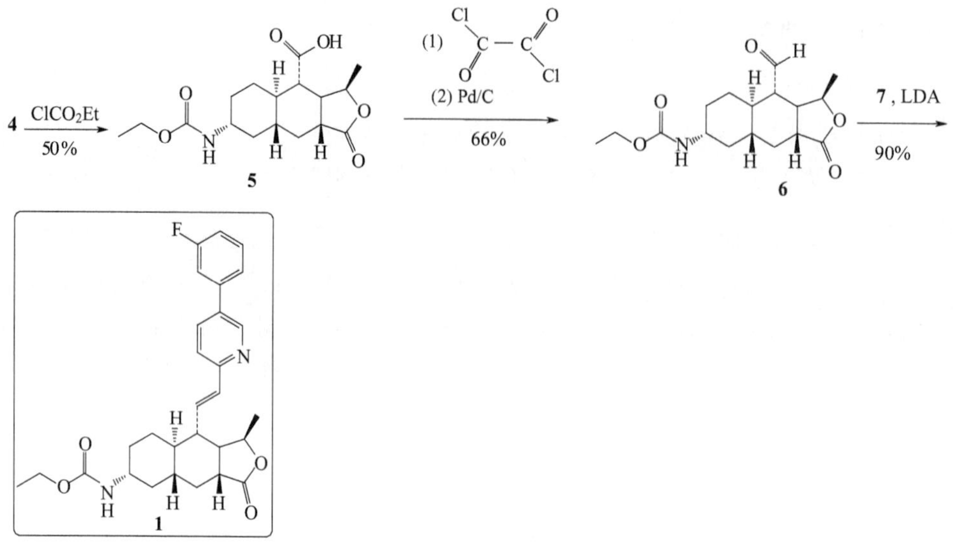

环己氨 **4** 与氯甲酸乙酯酰胺化得中间体 **5**，中间体 **5** 经历草酰氯酰化、高压钯碳还原得醛 **6**；在二异丙基氨基锂（LDA）作用下，与亚磷酸二乙酯化合物 **7** 发生反应得沃拉帕沙（**1**）。

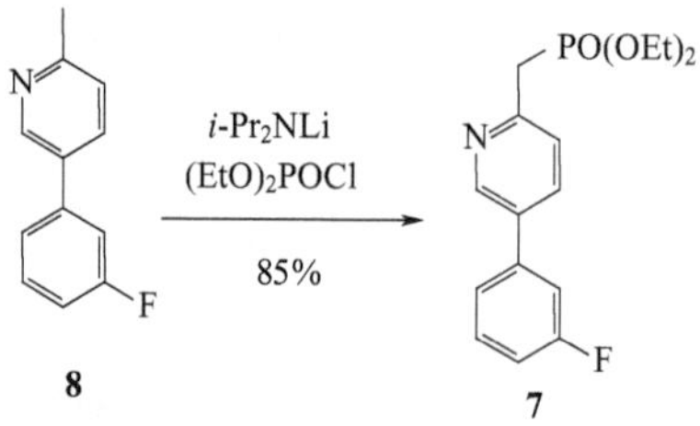

2-甲基-5-（氟苯-3-基）吡啶（**8**）经氯亚磷酸二乙酯取代得亚磷酸二乙酯化合物 **7**。

原始文献

WO 2006076564A1.

合成路线二

该合成方法来源于 Schering Corporation 发表的另一篇专利文献（WO03/089428A1）：

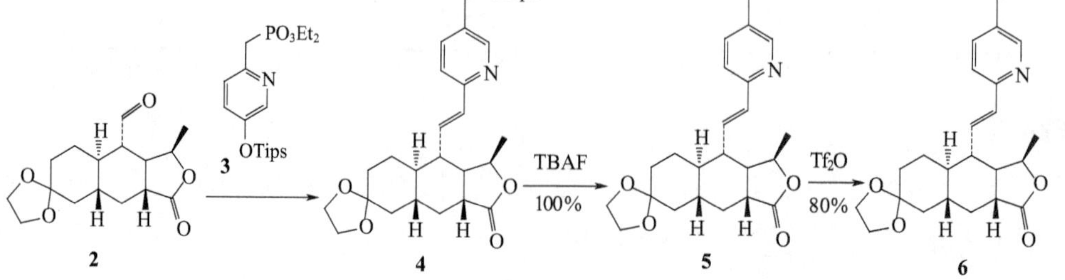

其主要特征：先引入吡啶环和氟苯，再构建酰胺键。具体步骤：以五元内酯醛 **2** 为起始原料，与膦酸酯 **3** 发生 Horner-Wadsworth-Emmons 反应，生产双键 **4**，在四丁基氟化铵盐的存在下，脱掉三异丙基硅基得伯醇 **5**，然后用三氟甲磺酸酐（Tf$_2$O）活化羟基得中间体 **6**。

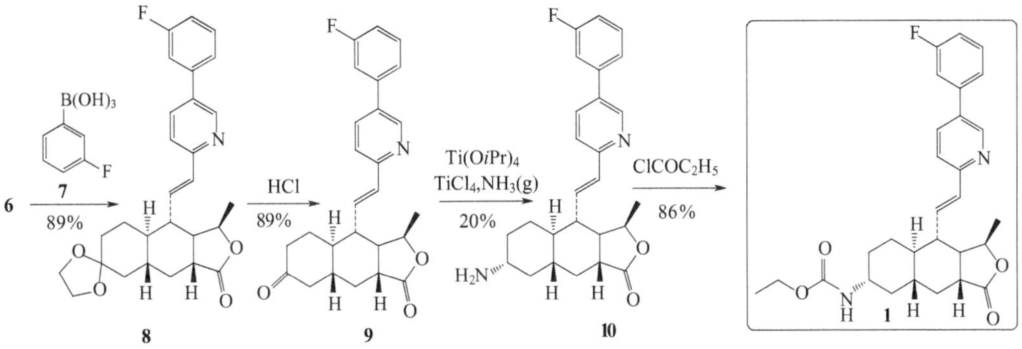

然后中间体 **6** 与 3-氟苯硼酸（**7**）反应，再经历盐酸脱乙二醇、钛催化引入氨基、在胺作用下与氯甲酸乙酯酰胺化等三步反应得沃拉帕沙（**1**）。该合成路线的难点是化合物 **10** 手性氨基的引入，且后处理由柱色谱纯化及应用手性 HPLC 的拆分手段，影响其工业化的前景。

原始文献

WO 03089428 A1.

参考文献

[1] Phillipson D. Crystalline form of（*R*）-3-(4-(2-(2-methyltetrazol-5-yl) pyridin-5-yl)-3-fluorophenyl)-5-hydroxymethyl oxazolidin-2-one dihydrogen phosphate. WO 2010091131A1，2010.

[2] Im W B，Choi S H，Park J Y，Choi S H，Finn J，Yoon S H. Discovery of torezolid as a novel 5-hydroxymethyl-oxazolidinone antibacterial agent. European Journal of Medicinal Chemistry，2011，46（4）：1027-1039.

（周文）

Vortioxetine（沃替西汀）

药物基本信息

英文通用名	Vortioxetine
中文通用名	沃替西汀
商品名	Brintellix
CAS 登记号	508233-74-7
FDA 批准日期	2013/09/30
化学名	1-(2-((2,4-dimethylphenyl)thio)phenyl)piperazine
SMILES 代码	CC1＝CC＝C(SC2＝CC＝CC＝C2N3CCNCC3)C(C)＝C1

化学结构和理论分析

化学结构	理论分析值
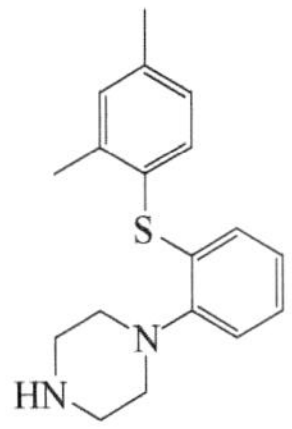	化学式：$C_{18}H_{22}N_2S$ 精确分子量：298.15037 分子量：298.44 元素分析：C,72.44；H,7.43；N,9.39；S,10.74

药品说明书参考网页

生产厂家产品说明书：http://www.brintellix.com

美国药品网：http://www.drugs.com/mtm/vortioxetine.html

美国处方药网页：http://www.rxlist.com/brintellix-drug.htm

药物简介

Vortioxetine（沃替西汀）可用于治疗成人重型抑郁症。Vortioxetine 的抗抑郁作用机理尚不完全清楚，但一般认为与其抑制中枢神经系统中血清素（5-HT）再摄取，增强血清素激导性的活性（serotonergic activity）有关。

药品上市申报信息

该药物目前有 4 种产品上市。

产品一

药品名称	BRINTELLIX		
申请号	204447	产品号	001
活性成分	Vortioxetine Hydrobromide（氢溴酸沃替西汀）	市场状态	处方药
剂型或给药途径	口服片剂	规格	EQ(等效)5mg BASE(碱基)
治疗等效代码		参比药物	否
批准日期	2013/09/30	申请机构	TAKEDA PHARMACEUTICALS USA INC

产品二

药品名称	BRINTELLIX		
申请号	204447	产品号	002
活性成分	Vortioxetine Hydrobromide（氢溴酸沃替西汀）	市场状态	处方药
剂型或给药途径	口服片剂	规格	EQ 10mg BASE
治疗等效代码		参比药物	否
批准日期	2013/09/30	申请机构	TAKEDA PHARMACEUTICALS USA INC

产品三

药品名称	BRINTELLIX		
申请号	204447	产品号	003
活性成分	Vortioxetine Hydrobromide（氢溴酸沃替西汀）	市场状态	处方药
剂型或给药途径	口服片剂	规格	EQ 15mg BASE
治疗等效代码		参比药物	否
批准日期	2013/09/30	申请机构	TAKEDA PHARMACEUTICALS USA INC

产品四

药品名称	BRINTELLIX		
申请号	204447	产品号	004
活性成分	Vortioxetine Hydrobromide（氢溴酸沃替西汀）	市场状态	处方药
剂型或给药途径	口服片剂	规格	EQ 20mg BASE
治疗等效代码		参比药物	是
批准日期	2013/09/30	申请机构	TAKEDA PHARMACEUTICALS USA INC

药品专利或独占权保护信息

美国专利号或独占权代码	专利或独占权过期日期	专利保护类型、专利名称或市场独占权保护内容
8476279	2022/10/02	产品专利、专利用途代码 U-1439
7144884	2023/01/09	化合物专利、专利用途代码 U-1439
NCE	2018/09/30	参见本书附录关于独占权代码部分

合成路线一

以下合成路线来源于中国医药工业研究总院上海医药工业研究院王芳、徐浩、吴雪松、岑均达等发表的论文［中国医药工业杂志，2014，45（4）］。该合成方法使用邻氟硝基苯（**1**）和2,4-二甲基苯硫酚（**2**）为原料，二者经亲核取代得到 2-(2,4-二甲基苯硫基）硝基苯（**3**），化合物 3 经钯碳还原氢化得 2-(2,4-二甲基苯基硫烷基）苯胺（**4**），化合物 4 与二（2-氯乙基）胺盐酸盐（**5**）环合生成沃替西汀，最后和氢溴酸成盐生成抗抑郁药氢溴酸沃替西汀，总收率约 49%。

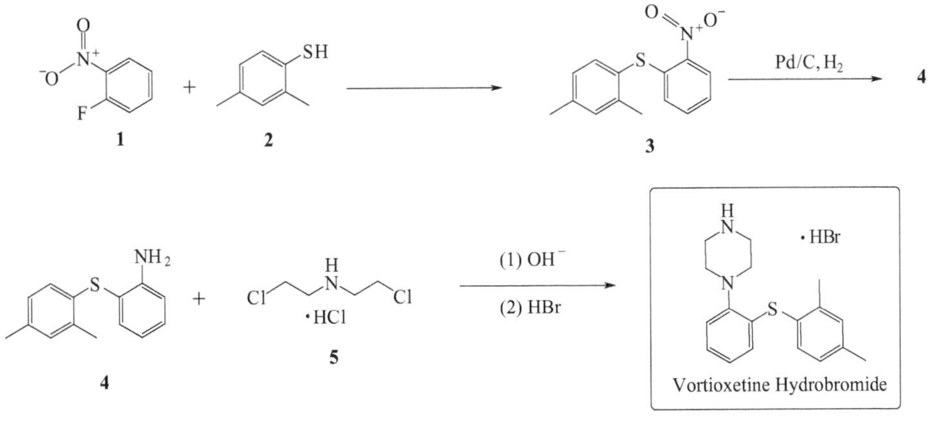

原始文献

中国医药工业杂志 2014，45（4）：301-302.

合成路线二

以下合成路线来源于苏州明锐医药科技有限公司许学农发表的专利文献（CN 103788020 A）。该合成路线以化合物 **1** 为原料，与2,4-二甲基苯硫酚（**2**）缩合反应，得到相应的化合物 **3**。化合物 **3** 还原得到 2-(2,4-二甲基苯基硫烷基）苯胺（**4**），化合物 **4** 在碱性条件下与化合物 **5** 环合得到沃替西汀（**6**）。该制备方法原料易得，适合工业化生产。

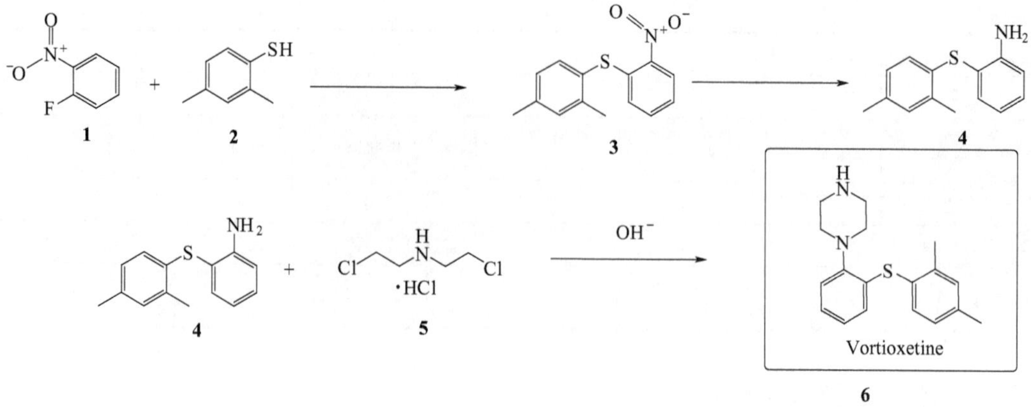

原始文献

CN 103788020 A.

参考文献

[1]　Ruhland Thomas，Smith Garrick Paul，Bang-Andersen Benny，Pueschl Ask，Moltzen Ejner Knud，Andersen Kim. Preparation of phenylpiperazines as serotonin reuptake inhibitors. WO 2003029232 A1，2003.

[2]　王芳，徐浩，吴雪松，岑均达. 中国医药工业杂志 2014，45（4）：301-302.

（陈清奇）

附录 1　本书使用的期刊名称缩写表

期刊名缩写	期刊名全称
Acc Chem Res	Accounts of Chemical Research
Acta Chem Scand	Acta Chemica Scandinavica
Acta Chim Sinica	Acta Chimica Sinica
Acta Pol Pharm	Acta Poloniae Pharmaceutica
Adsorpt Sci Technol	Adsorption Science and Technology
Adv Appl Microbiol	Advances in Applied Microbiology
Adv Biochem Eng/Biotechnol	Advances in Biochemical Engineering / Biotechnology
Adv Carbohydr Chem Biochem	Advances in Carbohydrate Chemistry and Biochemistry
Adv Heterocycl Chem	Advances in Heterocyclic Chemistry
Adv Inorg Chem	Advances in Inorganic Chemistry
Adv Mass Spectrom	Advances in Mass Spectrometry
Adv Synth Catal	Advanced Synthesis and Catalysis
Adverse Drug React Toxicol Rev	Adverse Drug Reactions and Toxicological Reviews
Anal Biochem	Analytical Biochemistry
Anal Chem	Analytical Chemistry
Angew Chem Int Ed	Angewandte Chemie International Edition
Angew Makromol Chem	Angewandte Makromolekulare Chemie
Annu Rep Med Chem	Annual Reports in Medicinal Chemistry
Annu Rep Prog Chem Sect A：Inorg Chem	Annual Reports on the Progress of Chemistry，Section A：Inorganic Chemistry
Annu Rep Prog Chem Sect B：Org Chem	Annual Reports on the Progress of Chemistry，Section B：Organic Chemistry
Annu Rep Prog Chem Sect C：Phys Chem	Annual Reports on the Progress of Chemistry，Section C：Physical Chemistry
Annu Rev Biochem	Annual Review of Biochemistry
Anti-Cancer Drug Des	Anti-Cancer Drug Design
Anticancer Res	Anticancer Research
Antimicrob Agents Chemother	Antimicrobial Agents and Chemotherapy
Antisense Nucleic Acid Drug Dev	Antisense and Nucleic Acid Drug Development
Antiviral Chem Chemother	Antiviral Chemistry and Chemotherapy
Appl Catal A	Applied Catalysis A
Appl Catal B	Applied Catalysis B
Arch Pharm	Archiv der Pharmazie
Arch Pharmacal Res	Archives of Pharmacal Research
Arzneim-Forsch	Arzneimittel-Forschung/Drug Research
Asian J Chem	Asian Journal of Chemistry
Aust J Chem	Australian Journal of Chemistry

期刊名缩写	期刊名全称
Ber	Chemische Berichte
Biocat Biotransform	Biocatalysis and Biotransformation
Biochem Biophys Res Commun	Biochemical and Biophysical Research Communications
Biochem Mol Biol Int	Biochemistry and Molecular Biology International
Biochem Mol Med	Biochemical and Molecular Medicine
Bioconjugate Chem	Bioconjugate Chemistry
Bioelectro chem Bioenerg	Bioelectro chemistry and Bioenergetics
Biog Amines	Biogenic Amines
Biol Chem	Biological Chemistry
Biol Chem Hoppe-Seyler	Biological Chemistry Hoppe-Seyler
Biol Membr	Biological Membranes
Biol Pharm Bull	Biological and Pharmaceutical Bulletin
Biol Trace Elem Res	Biological Trace Element Research
Biomass Bioenergy	Biomass and Bioenergy
Biomed Chromatogr	Biomedical Chromatography
Bio-Med Mater Eng	Bio-Medical Materials and Engineering
Biomed Microdevices	Biomedical Microdevices
Biomol Eng	Biomolecular Engineering
Bioorg Chem	Bioorganic Chemistry
Bioorg Khim	Bioorganicheskaya Khimiya(Russian Journal of Bioorganic Chemistry)
Bioorg Med Chem	Bioorganic and Medicinal Chemistry
Bioorg Med Chem Lett	Bioorganic and Medicinal Chemistry Letters
Biopharm Drug Dispos	Biopharmaceutics and Drug Disposition
Biotechnol Appl Biochem	Biotechnology and Applied Biochemistry
Biotechnol Bioeng	Biotechnology and Bioengineering
Biotechnol Biotechnol Equip	Biotechnology and Biotechnological Equipment
Bull Chem Soc Jpn	Bulletin of the Chemical Society of Japan
Bull Korean Chem Soc	Bulletin of the Korean Chemical Society
Bull Pol Acad Sci,Chem	Bulletin of the Polish Academy of Sciences Chemistry
Bull Soc Chim Belg	Bulletin des Societes Chimiques Belges
Bull Soc Chim Fr	Bulletin de la Societe Chimique de France
Can J Chem	Canadian Journal of Chemistry
Can J Chem Eng	Canadian Journal of Chemical Engineering
Carbohydr Chem	Carbohydrate Chemistry
Carbohydr Lett	Carbohydrate Letters
Carbohydr Polym	Carbohydrate Polymers
Carbohydr Res	Carbohydrate Research

续表

期刊名缩写	期刊名全称
Chem Ber	Chemische Berichte
Chem Commun	Chemical Communications
Chem Eur J	Chemistry-A European Journal
Chem Heterocycl Compd	Chemistry of Heterocyclic Compounds
Chem J Internet	Chemical Journal on Internet
Chem Lett	Chemistry Letters
Chem Nat Compd	Chemistry of Natural Compounds
Chem Pharm Bull	Chemical and Pharmaceutical Bulletin
Chem Res Toxicol	Chemical Research in Toxicology
Chem Rev	Chemical Reviews
Chem Soc Rev	Chemical Society Reviews
Chin Chem Lett	Chinese Chemical Letters
Chin J Chem	Chinese Journal of Chemistry
Chin Sci Bull	Chinese Science Bulletin
Collect Czech Chem Commun	Collection of Czechoslovak Chemical Communications
Eng Min J	Engineering and Mining Journal
Eur J Biochem	European Journal of Biochemistry
Eur J Clin Chem Clin Biochem	European Journal of Clinical Chemistry and Clinical Biochemistry
Eur J Inorg Chem	European Journal of Inorganic Chemistry
Eur J Med Chem	European Journal of Medical Chemistry
Eur J Org Chem	European Journal of Organic Chemistry
Food Addit Contam	Food Additives and Contaminants
Food Biotechnol	Food Biotechnology
Food Chem	Food Chemistry
Glycoconjugate J	Glycoconjugate Journal
Green Chem	Green Chemistry
Helv Chim Acta	Helvetica Chimica Acta
Heterocycl Commun	Heterocyclic Communications
Indian J Chem,Sect A	Indian Journal of Chemistry Section A:Inorganic,Bio-inorganic,Physical,Theoretical and Analytical Chemistry
Indian J Chem,Sect B	Indian Journal of Chemistry Section B:Organic Chemistry including Medicinal Chemistry
Indian J Heterocycl Chem	Indian Journal of Heterocyclic Chemistry
Inorg Chem	Inorganic Chemistry
Inorg Chem Commun	Inorganic Chemistry Communications
Inorg Chim Acta	Inorganica Chimica Acta
Inorg Synth	Inorganic Syntheses
Int J Pept Protein Res	International Journal of Peptide Protein Research

期刊名缩写	期刊名全称
Isr J Chem	Israel Journal of Chemistry
Invest Radiol	Investigation Radiology
J Am Ceram Soc	Journal of the American Ceramic Society
J Am Chem Soc	Journal of the American Chemical Society
J Antibiot	Journal of Antibiotics
J Biol Chem	Journal of Biological Chemistry
J Biol Inorg Chem	Journal of Biological Inorganic Chemistry
J Carbohydr Chem	Journal of Carbohydrate Chemistry
J Cardiovasc Pharmacol	Journal of Cardiovascular Pharmacology
J Chem Res Synop	Journal of Chemical Research, Synopses
J Chem Soc	Journal of the Chemical Society
J Chem Soc Pak	Journal of the Chemical Society of Pakistan
J Chem Soc, Chem Commun	Journal of the Chemical Society, Chemical Communications
J Chem Soc, Dalton Trans	Journal of the Chemical Society, Dalton Transactions
J Chem Soc, Faraday Trans	Journal of the Chemical Society, Faraday Transactions
J Chem Soc, Perkin Trans 1	Journal of the Chemical Society, Perkin Transactions 1
J Chem Soc, Perkin Trans 2	Journal of the Chemical Society, Perkin Transactions 2
J Chin Chem Soc	Journal of the Chinese Chemical Society
J Comb Chem	Journal of Combinatorial Chemistry
J Fluor Chem	Journal of Fluorine Chemistry
J Indian Chem Soc	Journal of the Indian Chemical Society
J Korean Chem Soc	Journal of the Korean Chemical Society
J Labelled Compd Radiopharm	Journal of Labelled Compounds and Radiopharmaceuticals
J Med Chem	Journal of Medicinal Chemistry
J Org Chem	Journal of Organic Chemistry
J Organomet Chem	Journal of Organometallic Chemistry
J Porphyrins Phthalocyanines	Journal of Porphyrins and Phthalocyanines
J Sci Food Agric	Journal of the Science of Food and Agriculture
J Steroid Biochem Mol Biol	Journal of Steroid Biochemistry and Molecular Biology
J Synth Org Chem Jpn	Journal of Synthetic Organic Chemistry, Japan
J Am Chem Soc	Journal of the American Chemical Society
Khim-Farm Zhur	Khimiko-Farmatsevticheskii Zhurnal
Macromol Biosci	Macromolecular Bioscience
Magn Reson Imag	Magnetic Resonance Imaging
Med Chem Res	Medicinal Chemistry Research
Methods Enzymol	Methods in Enzymology
Monatsh Chem	Monatshefte fur Chemie

续表

期刊名缩写	期刊名全称
Nat Prod Lett	Natural Products Letters
Org Lett	Organic Letters
Org Prep Proced Int	Organic Preparations and Procedures International
Org Proc Res Dev	Organic Process Research and Development
Org React Mech	Organic Reaction Mechanics
Pure Appl Chem	Pure and Applied Chemistry
Russ J Org Chem	Russian Journal of Organic Chemistry
SciChina，Ser B	Science in China，Series B Chemistry
SciChina，Ser E	Science in China，Series E Technological Sciences
Synth Commun	Synthetic Communications
Synth React Inorg Met-Org Chem	Synthesis and Reactivity in Inorganic and Metal-Organic Chemistry
Tetrahedron Lett	Tetrahedron Letters
Tetrahedron：Asymmetry	Tetrahedron：Asymmetry
Z Naturforsch，B：Chem Sci	Zeitschrift fur Naturforschung B：Journal of Chemical Sciences
Z Naturforsch，C：Biosci	Zeitschrift fur Naturforschung C：Journal of Biosciences
Zh Org Khim	Zhurnal Organicheskoi Khimii

附录 2　专利文献代码

代码	英文	中文
AL	Albania	阿尔巴尼亚
AP	ARIPO(African Regional Intellectual Property Organization)	非洲地区知识产权组织
AR	Argentina	阿根廷
AT	Austria	奥地利
AU	Australia	澳大利亚
BE	Belgium	比利时
BG	Bulgaria	保加利亚
BR	Brazil	巴西
BX	Benelux(Union Economique Benelux)	比荷卢经济联盟
CA	Canada	加拿大
CH	Switzerland	瑞士
CL	Chile	智利
CN	China	中国
CO	Columbia	哥伦比亚
CS	Czechoslovakia(CZ or SK after 1992)	捷克斯洛伐克(1992 年以后代码为 CZ 或 SK)
CU	Cuba	古巴

代码	英文	中文
CY	Cyprus	塞浦路斯
CZ	Czech Republic(CS before 1993)	捷克(1993 年以前代码为 CS)
DD	Germany,East(DE after 1990)	民主德国(1990 年以后代码为 DE)
DE	Germany	德国
DK	Denmark	丹麦
DZ	Algeria	阿尔及利亚
EA	Eurasian Patent Organization	欧亚专利组织
EG	Egypt	埃及
EP	European Patent Office	欧洲专利局
ES	Spain	西班牙
FI	Finland	芬兰
FR	France	法国
GB	Great Britain	英国
GB	United Kingdom	英国
GR	Greece	希腊
HK	Hong Kong	中国香港
HR	Croatia	克罗地亚
HU	Hungary	匈牙利
IB	International Patent Institute	国际专利研究所
ID	Indonesia	印度尼西亚
IE	Ireland	爱尔兰
IL	Israel	以色列
IN	India	印度
IQ	Iraq	伊拉克
IR	Iran	伊朗
IS	Iceland	冰岛
IT	Italy	意大利
JO	Jordan	约旦
JP	Japan	日本
KE	Kenya	肯尼亚
KP	Democratic People's Republic of Korea	朝鲜
KR	Republic of Korea	韩国
LK	Sri Lanka	斯里兰卡
LT	Lithuania	立陶宛
LU	Luxembourg	卢森堡
LV	Latvia	拉脱维亚
MA	Morocco	摩洛哥
MC	Monaco	摩纳哥
MD	Moldova	摩尔多瓦

代码	英文	中文
MN	Mongolia	蒙古
MW	Malawi	马拉维
MX	Mexico	墨西哥
MY	Malaysia	马来西亚
NG	Nigeria	尼日利亚
NL	Netherlands	荷兰
NO	Norway	挪威
NZ	New Zealand	新西兰
OA	OAPI(African Intellectual Property Organization)	非洲知识产权组织
PE	Peru	秘鲁
PH	Philippines	菲律宾
PL	Poland	波兰
PT	Portugal	葡萄牙
RD	Research Disclosure	研究信息披露
RO	Romania	罗马尼亚
RU	Russia Federation(SU before 1993)	俄罗斯联邦(1993 年以前代码为 SU)
SA	Saudi Arabia	沙特阿拉伯
SE	Sweden	瑞典
SG	Singapore	新加坡
SI	Slovenia	斯洛文尼亚
SK	Slovakia(CS before 1993)	斯洛伐克(1993 年以前代码为 CS)
SU	Soviet Union(RU after 1992)	前苏联(1992 年以后代码为 RU)
TH	Thailand	泰国
TN	Tunisia	突尼斯
TP	International Technology Disclosure	国际科技信息披露
TR	Turkey	土耳其
TT	Trinidad	特立尼达
TW	Taiwan,Province of China	中国台湾
UA	Ukranian	乌克兰
US	United States of America	美国
UY	Uruguay	乌拉圭
VE	Venezuela	委内瑞拉
VN	Viet Nam	越南
WO	PCT(Patent Cooperation Treaty)	专利合作条约
WO	WIPO(World Intellectual Property Organization)	世界知识产权组织
YU	Yugoslavia	南斯拉夫
ZA	South Africa	南非
ZM	Zambia	赞比亚
ZW	Zimbabwe	津巴布韦

附录3 美国药品专利中的用途代码定义

代码	定义
U	Patent use code(see individual references)
U-1	Prevention of pregnancy
U-2	Treatment or prophylaxis of angina pectoris and arrhythmia
U-3	Treatment of hypertension
U-4	Providing prevention and treatment of emesis and nausea in mammals
U-5	Method of producing bronchodilation
U-6	Method of producing sympathomimetic effects
U-7	Increasing cardiac contractility
U-8	Acute myocardial infarction
U-9	Control of emesis associated with any cancer chemotherapy agent
U-10	Diagnostic method for distinguishing between hypothalmic malfunctions or lesions in humans
U-11	Treatment or prophylaxis of cardiac disorders
U-12	Method of treating [a] human suffering from depression
U-13	A method for treating anxiety in a human subject in need of such treatment
U-14	Adjunctive therapy for the prevention and treatment of hyperammonemia in the chronic management of patients with urea cycle enzymopathies
U-15	Method of lowering intraocular pressure
U-16	Use in lung scanning procedures
U-17	Treatment of ventricular and supraventricular arrhythmias
U-18	Method for inhibiting gastric secretion in mammals
U-19	Treatment of inflammation
U-20	A process for treating a patient suffering from parkinson's syndrome and in need of treatment
U-21	Treatment of humans suffering undesired urotoxic side effects caused by cytostatically active alkylating agents
U-22	Method of combatting pathologically reduced cerebral functions and performance weaknesses, cerebral insufficiency and disorders in cerebral circulation and metabolism in warm-blooded animals
U-23	Method for treating prostatic carcinoma comprising administering flutamide
U-24	Method for treating prostate adenocarcinoma comprising administering an antiandrogen including flutamide and an LHRH agonist
U-25	Reducing cholesterol in cholelithiasis patients
U-26	Reducing cholesterol gallstones and/or fragments thereof
U-27	Dissolving cholesterol gallstones and/or fragments thereof
U-28	Cerebral, coronary, peripheral, visceral and renal arteriography, aortography and left ventriculography
U-29	CT imaging of the head and body, and intravenous excretory urography
U-30	Cerebral angiography, and venography
U-31	Intra-arterial digital subtraction angiography
U-32	Palliative treatment of patients with ovarian carcinoma recurrent after prior chemotherapy, including patients who have been previously treated with cisplatin

续表

代码	定义
U-33	Treating viral infections in a mammal
U-34	Treating viral infections in a warm-blooded animal
U-35	Treating cytomegalovirus in a human with an injectable composition
U-36	Methods of treating bacterial illnesses
U-37	Method of treating gastrointestinal disease
U-38	Treatment of paroxysmal supraventricular tachycardia
U-39	Angina pectoris
U-40	Method of treatment of burns
U-41	Method of treating cardiac arrhythmias
U-42	Adjuvant treatment in combination with fluorouracil after surgical resection in patients with dukes' stage c colon cancer
U-43	Management of chronic pain in patients requiring opioid analgesia
U-44	Relief of nausea and vomiting
U-45	Treatment of inflammation and analgesia
U-46	Treatment of panic disorder
U-47	Stimulation of the release of growth hormone
U-48	Analgesia
U-49	Symptomatic cancer-related hypercalcemia
U-50	Use in treating inflammatory dermatoses
U-51	Blood pool imaging，including cardiac first pass and gated equilibrium imaging and for detection of sites of gastrointestinal bleeding
U-52	Treatment of adult and pediatric patients（over six months of age）with advanced HIV infection
U-53	Hypercalcemia of malignancy
U-54	Reversal agent or antagonist of nondepolarizing neuromuscular blocking agents
U-55	Treatment of pain
U-56	Aid to smoking cessation
U-57	Ophthalmic use of norfloxacin
U-58	Method of treating inflammatory intestinal diseases
U-59	Method of treating hypercholesterolemia
U-60	Nasal administration of butorphanol
U-61	Cerebral and peripheral arteriography and CT imaging of the head
U-62	Coronary arteriography，left ventriculography，CT imaging of the body，intravenous excretory urography，intravenous digital subtraction angiography and venography
U-63	Isoprenaline antagonism on the heart rate or blood pressure
U-64	Treatment of viral infections
U-65	Method of treatment of a patient infected with HIV
U-66	Triphasic regimen
U-67	Method of inducing anesthesia in a warm blooded animal
U-68	Treatment of actinic keratosis

续表

代码	定义
U-69	Treatment of pneumocystis carinii infections
U-70	Treatment of transient insomnia
U-71	Method of treatment of heart failure
U-72	Treatment of migraine
U-73	Method of treating diseases or infections caused by mycetes
U-74	Method of providing hypnotic effect
U-75	Relief of ocular itching due to seasonal allergic conjunctivitis
U-76	Use to image a subject with a magnetic resonance imaging system
U-77	Treatment of symptoms of seasonal allergic rhinitis
U-78	Ulcerative colitis
U-79	Symptomatic treatment of patients with nocturnal heartburndue toGERD
U-80	Method of treating ocular bacterial infections
U-81	Relief of symptoms associated with seasonal allergic rhinitis
U-82	Treatment for dementia in patients with alzheimer's disease
U-83	Treatment of seizures
U-84	A method of blocking the uptake of monoamines by brain neurons in animals
U-85	Nasal treatment of seasonal and perennial allergic rhinitis symptoms
U-86	Method of treating certain forms of epilepsy
U-87	Method for noninvasive administration of sedatives，analgesics，and anesthetics
U-88	Treatment of moderate plaque psoriasis
U-89	Treatment or prophylaxis of emesis
U-90	Treatment of pyschotic disorders
U-91	Alternative therapy to trimethoprim-sulfamethoxazole for treatment of moderate-to-severe pneumocystis carinii pneumonia in immunocompromised and aids patients
U-92	Treatment of diabetic nephropathy in patients with type Ⅰ insulin dependent diabetes mellitus and retinopaty
U-93	Use as an antihistamine/decongestant
U-94	Treatment-adults w/ advanced HIV，intolerant of approved therapies，intolerant of approved therapies w/proven benefit or have experienced clinical/immunological deterioration while receiving. or for whom such therapies-contraindicated
U-95	Short term management of moderate pruritis in adults with atopic dermatitis and lichen simplex chronicus
U-96	Method of treating varicella zoster（shingles）infections
U-97	A method of treating a patient in need of memory enhancement
U-98	A method of inducing regression of leukemia cell growth in a mammal
U-99	Method of providing potassium to a subject in need of potassium
U-100	Method of treating ocular inflammation
U-101	Adjunct to conventional ct or mri imaging in the localization of stroke in patients in whom stroke has already been diagnosed

代码	定义
U-102	Method of hormonally treating menopausal or post-menopausal disorders in women
U-103	Treatment of ocular hypertension
U-104	Treatment of aqueous humor formation and intraocular pressure
U-105	Emesis
U-106	Treatment of epilepsy
U-107	Treatment of hypertension and angina pectoris
U-108	Short-term treatment of active duodenal ulcer, gastroesophageal reflux disease (GERD), severe erosive esophagitis, poorly responsive symptomatic GERD and pathologial hypersecretory conditions and maintenance healing of erosive esophagitis
U-109	Adjunct diet in the TX of elevated total cholesterol and LDL-C levels in PTS w/primary hypercholesterolemia whose response to dietary restriction of sat fat and cholesterol and other nonpharmacological measures has not been adequate
U-110	Use as a retrievable perssary
U-111	Diabetes
U-112	Contraception
U-113	Method of conducting radiological examination of a patient by administering to said patient a radiopaque amount of iopromide
U-114	Use for inhibiting bone resorption
U-115	Use of vasodilators to effect and enhance an erection (and thus treat erectile dysfunction), by injection into the penis
U-116	Method of myocardial imaging
U-117	Treatment of ocular allergic response in human eyes
U-118	Method of lowering blood sugar level
U-119	Treatment of nasal hypersecretion
U-120	Controlling or preventing post-operative intraocular pressure rises associated with ophthalmic laser surgical procedures
U-121	Method of treating conditions mediated through histamineH2-receptors
U-122	A therapeutic method for controlling thrombosis
U-123	Method for controlling thrombosis and decreasing blood hypercoagulation and hemorrhaging risks
U-124	Treatment of acne
U-125	Treatment neurogenerative diseases
U-126	Treatment of gastritis
U-127	Method of producing neuromuscular blockade
U-128	Method for treatment of tumors
U-129	Method to destroy or impair target cells
U-130	Management of patients with mastocytosis
U-131	Photodamaged skin
U-132	Inhibiting HIV protease
U-133	Management of obesity including weight loss and maintenance in patients on a reduced-calorie diet
U-134	Treatment of acne vulgaris

代码	定义
U-135	Antitumor agent
U-136	Process for waste nitrogen removal
U-137	Method of treating bacterial vaginosis
U-138	Treatment of allergic rhinitis
U-139	Treatment of allergic reactions
U-140	Use of norvir to inhibit HIV protease or to inhibit an HIV infection
U-141	Treatment of ulcerative colitis
U-142	Method of treating allergic reactions in a mammal by using this active metabolite
U-143	Biodegradable superparamagnetic metal oxides as contrast agents for mr imaging
U-144	Biologically degradable superparamagnetic materials for use in clinical applications
U-145	Biologically degradable superparamagnetic particles for use as nuclear magnetic resonance imaging agents
U-146	Method of treating susceptible neoplasms in mammals
U-147	Detection of gastrointestinal disorders and the subsequent breath collection and measurement of $^{13}CO_2$
U-148	Device for collecting a breath sample
U-149	Method of treating an animal，including a human suffering from or susceptible to psychosis，acute mania or mild anxiety states
U-150	Method of use for controlling hyperglycemia by administration of this sustained release dosage form of glipizide
U-151	Relief of symptoms of the common cold
U-152	Method of treating anxiety related disorders including obsessive compulsive disorder
U-153	Treatment of initial episode genital herpes
U-154	Method of treating animals suffering from an appetite disorder
U-155	Treatment of erectile dysfunction
U-156	Method of providing anesthesia
U-157	Treatment of a human suffering from vitamin B12 deficiency
U-158	Angina
U-159	Treatment of interstitial cystitis
U-160	Treatment of bacterial infectious disease
U-161	Method of inhibiting cholesterol biosynthesis in a patient
U-162	Method of use to inhibit cholesterol synthesis in a human suffering from hypercholesterolemia
U-163	Method of using troglitazone to treat impaired glucose tolerance to prevent or delay the onset of noninsulin-dependent diabetes mellitus
U-164	Method of using troglitazone to prevent or delay the onset of noninsulin-dependent diabetes mellitus in a defined population of patients
U-165	Treatment of symptomatic benign prostatic hyperplasia
U-166	Treatment of h. pylori-associated duodenal ulcer
U-167	Method for treating HIV-1 infection
U-168	Method of inhibiting lipoxygenase activity in a mammal which is the mode of action in the treatment of asthma

续表

代码	定义
U-169	Methods of using the compound/drug product as a contrast agent in magnetic resonance imaging
U-170	Method of obtaining an mr image using the composition/drug product as a contrast agent
U-171	Methods of using the compound/drug product as an oral contrast agent in magnetic resonance imaging of the gastrointestinal tract
U-172	Treatment of genital warts
U-173	Administration to a host suffering from gestational diabetes
U-174	Use as an antihistamine agent
U-175	Method of treating malignant tumors
U-176	Method of treating a patient suffering from listed conditions，including specific psychoses
U-177	Fungicide
U-178	Facilitated adherence of agents to skin
U-179	Enhanced cutaneous penetration of a dermally-applied pharmacologically active agent
U-180	Treatment of adult and pediatric patients（over 6 months of age）with advanced HIV infection
U-181	Producing alpha adrenergic antagonistic action in a host
U-182	Use of salmeterol in patients with reversible airway obstruction
U-183	Treatment of conditions caused by disturbance of neuronal 5th function
U-184	Treating allergic eye diseases in humans
U-185	Method of treating hypertension
U-186	Method for treating gi disorders caused by H. rylori which comprises administration of ranitidine bismuth citrate and clarithromycin for a greater than additive effect
U-187	Therapeutic treatment of calcific tumors
U-188	Treatment of H. pylori associated duodenal ulcer
U-189	Enhancement of the bioavailability of the drug substance
U-190	Use of ritonavir in combination with any reverse transcriptase inhibitor
U-191	Method of treatment for controlling and lowering intraocular pressure in a human
U-192	Use in treating allergic reactions
U-193	Psoriasis
U-194	Treating angina pectoris and high blood pressure
U-195	Method for the diagnosis of gastrointestinal disorders by urea isotoac or nitrogen labeled carbon
U-196	Treatment of metastatic breast cancer in postmenopausal women with estrogen receptor positive tumors
U-197	Use in combination with certain LHRH analogues for the treatment of advanced prostate cancer
U-198	Treatment metastatic carcinoma of ovary after 1st line failure or subsqent chemotherapy，treatment of breast cancer after failure of combination chemotherapy for metastatic disease and 2nd line treatment of aids related kaposi's sarcoma
U-199	Method of treating infectious upper gi tract disorders caused by campylobacter pyloridis infection comprising administration of a bismuth agent and an antimicrobial agent
U-200	Method of treating gi disorders comprising administration of a bismuth-containing agent and h2 receptor blocking anti-secretory agent
U-201	Method of treating gi disorders comprising administration of campylobacter-inhibiting antimicrobial agent and h2 receptor blocking anti-secretory agent

代码	定义
U-202	Method of treating peptic ulcer disease caused by campylobacter pyloridis comprising oral administration of 50 to 5000mg bismuth daily for 3~56 days
U-203	Treatment of advanced breast cancer in postmenopausal women with disease progression following antiestrogen therapy
U-204	Use of taxol in combination with g-csf for treatment of patients with aids-related kaposi's sarcoma
U-205	Method for treating heartburn
U-206	Method of using FSH alone, without the presence of exogeneous lh, in in vitro fertilization
U-207	Use as nasal spray
U-208	Vaginal administration using specified formulation
U-209	Vaginal administration of progesterone using specified formulation
U-210	Method of treating congestive heart failure
U-211	Use in patients with reversible airway obstruction
U-212	Method of treatment of parkinson's disease
U-213	Method of inhibiting cholesterol biosynthesis and treating hypercholesterolemia and method for treating hyperlipidemia
U-214	Use as a blood glucose-lowering agent
U-215	Treatment of epilepsy twice daily. Treating a patient by administering carbamazepine in a dosage form capable of maintaining blood concentration from 4~12mcg/mL over 12 hours
U-216	Treatment of adenocarcinoma, including stageB2-Cby administering an agonist of lh-rh and flutamide
U-217	Method of producing anesthesia
U-218	Method for limiting the potential for microbial growth in the drug product
U-219	Treatment of parkinson's disease
U-220	Method of diagnosis
U-221	Selective vasodilation by continuous adenosine infusion
U-222	Method of treating paget's disease using actonel
U-223	Treatment of bacterial conjunctivitis caused by susceptible strains of microorganisms
U-224	Controlling intraocular pressure
U-225	Method for delivery
U-226	Method of enhancing the dissolution profile of a pharmaceutical from a solid dosage form containing the pharmaceutical and simethicone
U-227	Nasal administration
U-228	Asthma
U-229	Cardiac insufficiency (congestive heart failure)
U-230	Prevention of acute cardiac ischemic events
U-231	Use in parkinson's disease
U-232	Method of treating migraine
U-233	Decreasing mortality caused by congestive heart failure
U-234	Method of using ribavirin to treat viral infections in mammals
U-235	Method of modulating th1 and th2 response in activated T cells of a human comprising administering ribavirin to the T cells in a dosage which promotes the th1 response and suppresses the th2 response

代码	定义
U-236	Treating male pattern baldness with 0.05 to 3.0mg/day
U-237	Method of performing nmr imaging with a patient comprising administering to the patient an effective amount of contrast agent disclosed in the claims
U-238	Imaging a body tissue and subjecting to nmr tomography，administering an amount of pharmaceutical agent for affecting the relaxation times of atoms in body tissues undergoing nmr diagnosis，whereby the image contrast in enhanced....
U-239	Treating or controlling ocular inflamation which comprises topically administering to affected eye a composition comprising an nsaid，a polymeric quaternary ammonium compound and boric acid
U-240	Treatment of acute migraine attacks
U-241	For short-term treatment active duodenal ulcer，maintenance therapy for duodenal ulcer patients at reduced dosage after healing of active ulcer，short-term treatment active benign gastric ulcer &GERD，pathological hypersecretory conditions
U-242	Use of follitropin alpha alone in in-vitro fertilization
U-243	Topical administration
U-244	Platelet aggregation inhibitors
U-245	Treatment of seborrhea dermatitis in humans
U-246	Phosphate binding
U-247	Treatment of rheumatoid arthritis
U-248	Treatment of HIV
U-249	Method of treating allergic or non-allergic rhinitis in patients by administering aerosolized particles of mometasone furoate
U-250	Treatment ofhepatitis B infection
U-251	Use of troglitazone in combination with sulfonylureas in the treatment of type ⅱ diabetes
U-252	Method of treating a human subject having gaucher's disease
U-253	Oral transmucosal use
U-254	Use of aggrastat in combination with heparin
U-255	Improved wakefulness in patients with excessive daytime sleepiness associated with narcolepsy
U-256	Treatment of HIV infection in combination with one or more additional HIV antiviral agents
U-257	Treatment of HIV infection
U-258	Treatment of neurodegenerative diseases
U-259	Treatment of androgenic alopecia by oral administration drug substance
U-260	Reduction of intraocular pressure in patients with open angle glaucoma and ocular hypertension who are intolerant of other iop lowering medications or insufficiently responsive to another iop lowering medication
U-261	Treating benign prostatic hyperplasia with a genus of compounds，including finasteride
U-262	Treating benign prostatic hypertrophy with finasteride
U-263	Method of treating a malignant condition through intravascular administration of busulfan. Method for treating leukemia or lymphoma in a patient undergoing a bone marrow transplant through intravenous administration of busulfan
U-264	Method of treating a malignant disease through parenteral administration of busulfan. Method for treating a patient undergoing a bone marrow transplant through intravascular administration of busulfan
U-265	Use as laxative

代码	定义
U-266	Relief of the signs and symptoms of osteoarthritis; relief of the signs and symptoms of rheumatoid arthritis in adults; management of acute pain in adults; treatment of primary dysmennorrhea; acute treatment of migraine attacks in adults
U-267	Preventing heartburn episodes following ingestion of heartburn-inducing food/beverage, comprising admin to pt, 30 min prior to consumption by the pt the food/beverage, a composition comprising 10mg famotidine
U-268	Acromegaly
U-269	Excess gh-secretion or gastro-intestinal disorders
U-270	Method of improving the time for administration or the time between changes of giving sets for the drug product
U-271	Method of treating tumors
U-272	Method of treating carcinoma
U-273	CutaneousT-cell lymphoma
U-274	Zanamivir for inhalation
U-275	Method of use of the drug substance
U-276	Method of use of levobupivacaine
U-277	Neurological and other disorders (treatment of epilepsy, bid oral dosing)
U-278	Method of use of the indication of the drug product
U-279	Method of use of the approved product
U-280	Treating precipitated acute urinary retention with finasteride
U-281	Antimycotic uses, specifically treatment of onychomycosis
U-282	Method of treating bacterial infections
U-283	Method for treating menopausal symptoms in a postmenopausal female
U-284	Menopausal and postmenopausal disorders (including vasomotor symptoms associated with menopause, and vulvar and vaginal atrophy) and osteoporosis
U-285	Depression and social anxiety disorder/social phobia
U-286	Depression
U-287	Treatment or prevention of osteoporosis
U-288	Therapy of influenza
U-289	Treatment of non-hyperkeratotic actinic keratoses of face and scalp
U-290	Inhibiting transplant rejection using rapamycin (sirolimus)
U-291	Inhibiting transplant rejection using rapamycin (sirolimus) in combination with cyclosporin
U-292	Inhibiting transplant rejection using rapamycin (sirolimus) in combination with azathioprine
U-293	Inhibiting transplant rejection using rapamycin (sirolimus) in combination with a corticosteroid
U-294	Treatment of hyperpigmentary disorders
U-295	Treatment of seasonal and perennial allergic rhinitis symptoms
U-296	Treating migraine pain and one or more of a cluster of symptoms characteristic of a migraine attack symptoms being selected from photophobia, phonophobia nausea and functional disability
U-297	Prevention or treatment of reversible vasoconstriction by the inhalation of nitric oxide with an oxygen containing gas

续表

代码	定义
U-298	Method of combating bacteria in a patient
U-299	Treatment of adenomatous polyps
U-300	Indicated for the reduction of elevated total and ldl cholesterol levels in patients with primary hypercholesterolemia
U-301	Use of troglitazone in combination with sulfonylureas and biguanides in the treatment of type ⅱ diabetes
U-302	To reduce the risk of stroke in patients who have had transient ischemia of the brain or completed ischemic stroke due to thrombosis
U-303	Method of use patent-product approved for treatment of osteoporosis，paget's disease，prevention and treatment of glucocorticoid induced osteoporosis
U-304	A method of treatment of a condition involving an antibody antigen reaction
U-305	Methods for using the drug product
U-306	Treatment of post-menopausal urogenital symptoms associated with estrogen deficiency
U-307	Claims an olanzapine polymorph useful for treating any number of listed conditions，including specific psychoses，employing olanzapine as per the indication of this nda
U-308	Claims a solid oral formulation including tablets and granules of olanzapine useful for treating any number of listed conditions，including specific psycholes，employing olanzapine as per the indications of this nda
U-309	Treating sjoegren syndrome
U-310	Treatment of xerostomia
U-311	Hormone replacement
U-312	Panic disorder，obsessive-compulsive disorder，posttraumatic stress disorder
U-313	Treatment of congestive heart failure
U-314	Method for treating hyperparathyroidism which comprises suppressing parathyroid activity
U-315	Method for administering drug to gastrointestinal tract
U-316	Method of treating a subject suffering from prostate cancer
U-317	Method of using troglitazone to treat patients having insulin resistance
U-318	Treatment of patients with an overactive bladder with symptoms of urinary frequency，urgency，or urge incontinence
U-319	Treatment of microbial infections
U-320	Inhibiting or eliminating acute myeloid leukemia
U-321	Reduction of elevated ipth levels in the MGT of secondary hyperparathyroidism in patients undergong chronic renal dialysis
U-322	Treatment of alzheimer's dementia
U-323	Use as a bile acid sequestrant
U-324	Method of treating an animal，including a human，suffering from or susceptible to psychosis or acute mania employing olanzapine
U-325	Method of treating a patient suffering from any of a number of listed conditions，including "bipolar disorder nos" employing olanzapine
U-326	Method of treating schizophrenia and bipolar disorder
U-327	Method of treating a patient suffering from any of a number of listed psychotic conditons employing olanzapine
U-328	Method of treating a patient suffering from any of a number of listed conditions including "a psychotic condition" employing an olanzapine polymorph

代码	定义
U-329	Use of avandia as monotherapy，in combination with metformin，and in combination with sulfonylureas to improve glycemic control in patients with type 2 diabetes mellitus
U-330	Treatment of nausea and vomiting
U-331	Method of treating hyperlipidemia with nicotinic acid by dosing once per day in the evening or at night
U-332	Treatment or prevention of bronchospasm
U-333	Method of treating ocular hypertension
U-334	Treatment of excessive female facial hair
U-335	Use of pravastatin sodium for secondary prevention of coronary events in men and women who have had a myocardial infarction and have normal cholesterol levels
U-336	Diagnostic radioimaging
U-337	Use of cardiolite/miraluma kit for the preparation of ^{99m}Tc sestamibi
U-338	Methods for treating disturbances of mood，disturbances of appetite，depressed mood，or carbohydrate craving all associated with premenstrual syndrome
U-339	Prevention of cardio-toxicity caused by the administration of doxorubicin
U-340	The long term treatment of growth failure due to lack of adequate endogenous growth hormone secretion in children
U-341	Method for enhancing the treatment oflate luteal phase dysphoric disorder
U-342	Method for treatment of late luteal phase dysphoric disorder
U-343	Reduction of intestinal gas，cramping and anorectal irritation
U-344	Method for inhibiting HIV infection by administering ritonavir in combination with another HIV protease inhibitor
U-345	Ritonavir and another HIV protease inhibitor for concomitant administration for the treatment of an HIV infection
U-346	Method for inhibiting cytochrome p450 monooxygenase with ritonavir and a method for improving the pharmcokinetics of a drug that is mtabolized by cytochrome p450 monooxygenase by admin the drug and ritonavir
U-347	Method of use in combination with reverse transcriptase inhibitors
U-348	Method of use for inhibiting HIV infection
U-349	Method of use which is subject of the application
U-350	Preparation of a pharmaceutical composition for concomitant admin with a reverse transcriptase inhibitor
U-351	Inhibiting protease with lopinavir and inhibiting an HIV infection with lopinaviir
U-352	Inhibiting HIV infection by administering ritonavir in combination with a reverse transcriptase inhibitor
U-353	Prevention and treatment of osteoporosis
U-354	Method of treating hyperlipidemia with nicotinic acid without causing treatment-limiting elevations in uric acid or glucose levels or causing liver damage，by dosing once per day in the evening or at night
U-355	Method of assisting person to quit smoking... transdermally admin nicotine via.. patch adhered to skin at dosing rate approx same as absorbed from smoking
U-356	Delivering a medicinal aerosol formulation using CFC-free propellant 134A
U-357	Use of the drug product in photodynamic therapeutic protocols for the treatment of age-related macular degeneration and related conditions involving unwanted neovasculature in the eye
U-358	Depression，obsessive compulsive disorder，panic disorder and social anxiety disorder
U-359	Method of use of visicol

续表

代码	定义
U-360	Method of treating a patient suffering from any of a number of pathological psychological conditions including mental disorders employing olanzapine as per the indication which is the subject matter of this SNDA-011
U-361	Management of anxiety disorders and the short-term relief of the symptoms of anxiety
U-362	Use of approved formulations to treat all approved disease indications
U-363	Method of treating a patient suffering from any of a number of pathological psychological conditions that relate to the use of a psychoactive substance employing olanzapine as per the indication the subject matter of supplement 011
U-364	Treating a patient suffering from or susceptible to any number of listed conditions including psychosis, employing olanzapine as per the indication which is the subject matter of this SNDA-011 SNDA-011
U-365	Method for the treatment of cardiovascular disease through the administration of a calcium blocking vasodilator in our extended, controlled release formulation
U-366	Method for the treatment of cardiovascular disease through the administration of a calcium blocking vasodilator in a delayed release formulation
U-367	Treatment of cardiovascular disorders
U-368	Heartburn
U-369	Method of controlling and lowering intraocular pressure
U-370	Intravaginal treatment of vaginal infections with buffered metronidazole compositions
U-371	Approval for marketing only under a special restriction program approved by fda called "system for thalidomide education and prescribing safety" (S. T. E. P. S.)
U-372	Method for administering a beneficial drug to the gi tract of an animal, which method comprises admitting an osmotic device orally into the animal. . .
U-373	General use claim submitted for 12 nexium patients stating "pertinent to the capsule formulation for nexium and its indications for the treatment of GERD and eradication of H. pylori to reduce the risk of duodenal ulcer recurrence "
U-374	Kit adapted and designed to provide both data on the current reproductive status of a patient and contraception for those who are not pregnant, but recently engaged in unprotected sex
U-375	Method of using ribavirin for treating a disease responsive to ribavirin, e. g. hepatitis c
U-376	Treatment of influenza
U-377	Method of treating pt with chronic hepatitis c having hcv genotype 1 and viral load greater than 2 million copies/mL to eradicate detectable hcv-rna by admin combination of ribavirin and Interferon alfa-2b for a least 24 weeks
U-378	Method for treating incontinence
U-379	Method of treating onychromycosis
U-380	Combinations of taxol (paclitaxel) and cisplatin which are suitable for the treatment of ovarian and non-small cell lung carcinomas
U-381	Treatment of hyperphosphatemia
U-382	Method of stablizing prostaglandin
U-383	Method for treating glaucoma and ocular hypertension
U-384	Treatment of cmv retinitis
U-385	Treatment of peptic ulcers
U-386	Treatment of patients suffering from a late asthmatic reaction or late phase asthma
U-387	Treatment of patients with respiratory disorders

续表

代码	定义
U-388	Smoking cessation aid applied to the skin
U-389	Smoking cessation aid applied to the skin on waking and removed prior to sleep after about 16 hours
U-390	Method of using the drug to treat neuroimmunologic diseases (including multiple sclerosis)
U-391	Use of casodex in combination with LHRH agonists for the treatment of prostate cancer
U-392	Treatment of patients for inflammation
U-393	Management of incontinence，MGT of hormone replacement therapy，treatment of involuntary incontinence，MGT overactive bladder and increasing compliance in such PT
U-394	Method of use of Alphagan
U-395	Method of use of Alphagan P
U-396	Method of treating people suffering from depression
U-397	Method of treating people suffering from depression without an increase in nausea
U-398	Treatment of generalized anxiety disorder
U-399	In-the-eye use of chlorine dioxide containing compositions
U-400	Use of ribavirin to increase type 1 cytokine response and suppress type 2 cytokine response to lymphocytes，including methods that take advantage of such modulation to treat infections and infestations
U-401	Use of lopinavir in combination with reverse transcriptase inhibitors for treating HIV infection and in combo with other HIV protease inhibitors
U-402	Treatment of actinic keratoses
U-403	Anti-allergic for various allergic diseases
U-404	Treatment of allergic conjunctivitis
U-405	For women with severe diarrhea-predominant irritable bowel syndrome (IBS)
U-406	Method of use of atovaquone and proguanil
U-407	Method of treating otopathy
U-408	For inducing ovulation in conjunction with a gonadotropin releasing factor antagonist and recruiting oocytes for in-vitro fertilization
U-409	Method of treating inflammation using drug substance
U-410	Method of reducing amount of respective active components administered to a diabetic patient by administering a chemical compound having a particular formula (including pioglitazone) in combination with an insulin secretion enhancer
U-411	Method of reducing the side effects of active components administered to a diabetic patient by administering a chemical compound having a particular formula (which includes pioglitazone) in combination with an insulin preparation
U-412	Treatment of type 2 diabetes
U-413	Use of the active ingredient for inhibiting the biosynthesis of cholesterol and treatment of atherosclerosis
U-414	A method of treating glycometabolism disorders by administering an insulin sensitivity enhancer (including pioglitazone) in combination with a biguanide
U-415	A method for reducing the amount of active components administered to a diabetic patient by administering an insulin sensitivity enhancer (including pioglitazone) in combination with a biguanide as said active components
U-416	A method for reducing side effects of active components administered to a diabetic patient by administering an insulin sensitivity enhancer (including pioglitazone) in combination with a biguanide as said active components

代码	定义
U-417	Combination use of ad-4833 with a biguanide
U-418	A method of treating lipid metabolism disorders by administering a chemical compound having a particular formula (which includes pioglitazone) in combination with an insulin secretion enhancer
U-419	A method of treating lipid metabolism disorders by administering an insulin sensitivity enhancer (including pioglitazone) in combination with a biguanide
U-420	Method of treatment of type Ⅱ diabetes
U-421	Use for sedation
U-422	Method of treating at least one of attention deficit disorder and attention deficit hyperactivity disorder
U-423	Method of treating at least one of attention deficit disorder，attention deficit hyperactivity disorder，or aids related dementia
U-424	For once daily，bolus administration to a patient in order to engender treatment for a nervous disorder for substantially an entire day on a chronic basis
U-425	Method of reducing side effects of active components admin to a diabetic by admin a chemical compound having formula (incl pioglitazone) in combination with an insulin secretion enhancer
U-426	Prevention of premature LH surges in women undergoing controlled ovarian stimulation
U-427	Method of treating allergic reactions in mammals
U-428	Method of treating allergy in a mammal using this active metabolite
U-429	Method of using desloratadine to treat allergic rhinitis
U-430	Method of treating a diabetic by administering an insulin sensitizer in combination with an insulin secretion enhancer，and a drug product comprising an insulin sensitizer and an insulin secretion enhancer
U-431	Posttraumatic stress disorder
U-432	Reduction of atherosclerotic events (myocardial infarction，stroke，and vascular death) in patients with atherosclerosis documented by recent stroke，recent myocardial infarction or established peripheral arterial disease
U-433	Use of levocaritine in prevention and treatment of carnitine deficiency in patients with end stage renal disease who are undergoing dialysis
U-434	Controlled symptoms of diarrhea，bloating pressure and cramps，commonly referred to as gas
U-435	A titration dosing regimen for the treatment of pain using an initial dose of about 25mg
U-436	Acute treatment of migraine attacks with or without aura in adults
U-437	Method of use equal to process of preparation
U-438	Treatment/prevention of neurodegenerative disease
U-439	Treatment of obesity
U-440	Method for transdermal administration of a drug through non-scrotal skin using a transdermal drug delivery device containing the drug and having an adhesive surface
U-441	Method of treating ms by administering copaxone
U-442	Method for delivering a drug to a patient in need of the drug，while avoiding the occurence of an adverse side effect known or suspected of being caused by said drug
U-443	Management of moderate to severe pain when a continuous，around-the-clock analgesic is needed for an extended period of time
U-444	Treatment of migraine
U-445	Use as an antimycotic agent
U-446	Topical treatment of ocular hypertension and glaucoma
U-447	Method of treating hyperlipidemia with nicotinic acid by dosing once per day in the evening or at night

代码	定义
U-448	Method of treating hyperlipidemia with nicotinic acid without causing treatment-limiting elevations in uric acid or glucose levels or causing liver damage，by dosing once per day in the evening or at night
U-449	Use in combination with 5-fluorouracil and leucovorin for the treatment of metastatic colorectal cancer where the dose of leucovorin is at least 200mg per square meter
U-450	Intermediate rel nicotinic acid formulations having unique urinary metab profiles resulting from absorption profiles of nicotinic acid from the intermediate nicotinic acid formulations，suitable for TX hyperlipidemia following qd dosing
U-451	Treatment of depression and generalized anxiety disorder
U-452	Use of lansoprazole for combatting diseases caused by the genus campylobacter（C. pylori＝H. pylori）
U-453	Treatment of platelet associated ischemic disorders
U-454	Method ofTX a PT suspected of having hepatitis c by admin，in combination，a conjugate comprising PEG 12000 &. Interferon alfa-2b in an amt of from 0. 5mcg/kg to 2mcg/kg，once weekly，and ribavirin
U-455	Treatment of pulmonary hypertension with UTUT-15
U-456	Method of decreasing the production of a-beta using a composition which decreases blood cholesterol in patients at risk of or exhibiting symptoms of alzheimer's disease
U-457	Method of treating a vaginal fungal infection in a female human
U-458	Method of use of imagent
U-459	Treatment of depression and generalized anxiety disorder
U-460	Method of treating psychiatric symptoms associated with premenstrual disorders using sertraline
U-461	Method of treatment of late luteal phase dysphoric disorder（PMDD）using sertraline
U-462	Signs and symptoms of osteoarthritis and adult rheumatoid arthritis and treatment of primary dysmenorrhea
U-463	Venography
U-464	Peripheral arteriography
U-465	CT imagingof the head
U-466	Treatment of irritable bowel syndrome
U-467	Use of eplerenone in combination with an angiotensin converting enzyme（ACE）inhibitor for treating hypertension
U-468	Method of using fexofenadine hcl in treating allergic rhinitis
U-469	Treatment of gastroesophageal reflex disease（GERD）and eradication of H. pylori to reduce risk of duodenal ulcer recurrence
U-470	Therapy in chronichepatitis B virus infection
U-471	Method of treating a patient suffering from diabetes mellitus
U-472	Treatment of attention deficit hyperactivity disorder using methylphenidate bi-modal release profile extended-release capsules
U-473	To reduce plasma cholesterol levels in a mammal
U-474	To reduce plasma cholesterol levels by admin ezetimibe in combo with cholesterol biosynthesis inhib selected from group consisting of hmg coa reductase inhibitors incl simvastatin
U-475	Treatment of cutaneous manifestations of cutaneousT-cell lymphoma in patients who are refractory to at least one prior systemic therapy
U-476	Method of treating androgen responsive/mediated condition in mammal by admin a safe，effective amount of dutasteride or pharmaceutically acceptable derivative thereof. Conditions include benign prostatic hypertrophy

代码	定义
U-477	Method of inhibiting 5 alpha testosterone reductase enzyme with dutasteride or its derivative and treating androgen responsive/mediated disease including benign prostatic hyperplasia
U-478	Method of treating hepatitis c viral infection by continuous parenteral adminInterferon alpha 2～10 million iu weekly，subcutaneously，injection of polymer-Interferon alpha conjugate-polymer is peg-Interferon is alpha 2b
U-479	Method of using peg-intron/rebetol combination therapy and intron/rebetol combination therapy
U-480	Contrast agent for mri
U-481	Disubstituted acetylenes bearing heteroaromatic and heterobicyclic groups having retinoid-like activity
U-482	Method of in vitro fertilization therapy including means for inducing ovulation...
U-483	Method for the administration of drugs using that compound
U-484	Method of treating a skin disease with a corticosteroid-containing pharmaceutical composition
U-485	Method and composition for reducing nerve injury pain associated with shingles（Herpes-Zoster and post-herpetic neuralgia）
U-486	External preparation for application to the skin containing lidocaine-drug retaining layer placed on support and comprises adhesive gel base 1%～10% by weight of lidocaine
U-487	Method and composition for reducing nerve injury pain associated with shingles（Herpes-Zoster and post-herpetic neuralgia）
U-488	Method for reducing the pain associated withHerpes-Zoster and post-herpetic neuralgia
U-489	Expectorant
U-490	Testosterone replacement therapy in males for conditions associated with a deficiency or absence of endogenous testosterone
U-491	Method of delivering a drug to the lung
U-492	Method for the treatment of skin，suffering from a condition selected from a group consisting of nonacne inflammatory dermatoses... Comprising applying to affected area. A therapeutically effective amt azelaic acid
U-493	Treatment of type 2 diabetes mellitus
U-494	Treatment of attention-deficit hyperactivity disorder
U-495	Peritoneal dialysis solution
U-496	Method for treating chronic renal failure
U-497	Relief of the signs and symptoms of osteoarthritis and rheumatoid arthritis
U-498	Intra-arterial and intravenous uses of ultravist
U-499	Method of using rebetol capsules in combination with a conjugate comprising polyethylene glycol（peg）and an alpha interferon，including，for example，peg-intron powder for injection
U-500	Use as an antihypertensive agent
U-501	Treatment of recurrent herpes labialis（cold sores）in adults
U-502	Pityriasis versicolor
U-503	Generator must be used with infusion system specifically labeled for use with generator
U-504	Tinea pedis，tinea cruris，tinea corporis
U-505	Ultrasound contrast agent
U-506	Pharm product container 1st chamber is disposed aqueous diluent sol 2nd chamber pharm active agent comprising acetylcholine，buffer in 1st cham is sufficient to buffer ph of mixed sol resulting mixture of aqueous diluent sol & pharm active

代码	定义
U-507	Acromegaly in patients w/inadequate response to surgery and/or radiation therapy and/or medical therapies，or for whom these therapies are not appropriate
U-508	Method of releasing 17-beta oestradiol precursor in a substantially zero order pattern for at least three weeks
U-509	Treatment of cutaneous manifestations of cutaneousT-cell lymphoma in patients who are refractory to at least one prior systemic therapy
U-510	Topical treatment of cutaneous lesions in patients with cutaneousT-cell lymphoma (stage Ⅰa and Ⅰb) who have refractory or persistent disease after other therapies or who have not tolerated other therapies
U-511	Use of quinolone compounds against anaerobic pathogenic bacteria
U-512	Use of quinolone compounds against atypical upper respiratory pathogenic bacteria
U-513	Methods of use of antimicrobial compounds against pathogenic amycoplasma bacteria
U-514	Prevention of ovulation in a woman
U-515	Treatment of multiple myeloma patients who have received at least two prior therapies and have demonstrated disease progression on the last therapy
U-516	Method of treating a psychotic disease
U-517	Stable gel formulation for topical treatment of skin conditions
U-518	Obsessive compulsive disorder
U-519	Post operative nausea and vomiting
U-520	Premenopausal osteoporosis
U-521	Method of using ribavirin in combination with intron a (Interferon alpha-2 b recombinant) injection to treat patients with chronic hepatitis c
U-522	Treatment of cmv retinitis by intravitreal admin of a phosphorothioate oligonucleotide capable of hybridizing with cmv mrna
U-523	Method of treating infection by cryptosporidium parvum in an immunocompromised mammal
U-524	Method of treating diarrhea
U-525	Method of treating parasitic infections
U-526	Method of providing controlled release of a treating agent using a controlled release composition
U-527	Method of delivering an active ingredient using a progressive hydration bioadhesive
U-528	Prevention of chemotherapy-induced nausea and vomiting
U-529	Once daily treatment of asthma with nebulized budesonide
U-530	Treatment of herpes zoster，treatment of genital herpes，treatment of cold sores，suppression of genital herpes in immunocopetent and HIV-infected individuals，reduction of risk of heterosexual transmission of genital herpes
U-531	Treatment of patients with essential hypertension. May be used alone or given with other classes of anti-hypertensives，especially thiazide derivatives
U-532	Treatment of bronchospasm associated with copd in patients requiring more than one broncho dilator
U-533	Erectile dysfunction
U-534	Humalog is an insulin analog that is indicated in the treatment of patients with diabetes mellitus for the control of hyperglycemia
U-535	Treatment of social anxiety disorder
U-536	Contrast agent for magnetic resonace imaging
U-537	Treatment of conditions related to hyperaldosteronism such as hypertension and cardiac insufficiency，with eplerenone

代码	定义
U-538	First line treatment of severe hypertension，in patients with hypertension severe enough that the value of achieving prompt blood pressure control exceeds the risk of initiating combination therapy in these patients
U-539	Treatment of moderate to severe dementia of the alzheimer's type
U-540	Treatment of fungal infections
U-541	Method of treatment of adults infected with HIV-1
U-542	Method of treating patient with type 2 diabetes by once daily administration
U-543	Treatment of schizophrenia
U-544	Treatment of overactive bladder. Treatment of urinary incontinence
U-545	Method for the prevention and/or treatment of thrombotic episodes，such as myocardial infarction，in a human patient and method for the prevention of venous thrombosis in a postoperative human patient
U-546	Use of repaglinide in combination with metformin to lower blood glucose
U-547	Maintenance monotherapy for bipolar disorder
U-548	A method of reducing flush in an individual being treated for a lipidemic disorder and effectively treating the lipidemic disorder
U-549	Use in the treatment of men with advanced symptomatic prostate cancer
U-550	Treatment of bipolar disorder and schizophrenia
U-551	Method for reducing toxicity of alimta treated patients by administering folic acid
U-552	Treatment of hypertension and hyperlipidemia with a single composition
U-553	Management of pain and discomfort associated with peridontal scaling and root planning procedures by application of an eutectic mixture of local anesthetics to peridontal pockets
U-554	Treating HIV infection with indinavir sulfate in combination with antiretroviral agents
U-555	Treatment of complicated urinary tract infections and acute uncomplicated pyelonephritis
U-556	Use as adjunct diagnostic for serum thyroglobulin（TG）testing
U-557	Nasal treatment of seasonal and perennial allergic rhinitis symptoms
U-558	Indicated for the relief of bronchospasm in patients 2～12 years of age with asthma（reversible obstructive airway disease）
U-559	Method of decreasing or reducing parathyroid hormone level；method of modulating parathyroid hormone secretion；method of treating hyperparathyroidism；method of reducing serum ionized calcium level
U-560	Method of decreasing parathyroid hormone level；method of treating hyperparathyroidism
U-561	Cosopt is indicated for the reduction of elevated intraocular pressure in patients with open-angle glaucoma or ocular hypertension who are insufficiently responsive to beta blockers
U-562	Topical treatment of cutaneous lesions in patients with aids-related kaposi's sarcoma
U-563	Marinol is indicated for，inter alia，anorexia associated with weight loss in patients with aids
U-564	Treatment of HIV in concomitant therapy
U-565	Treatment of seasonal and perennial allergic rhinitis symptoms，and chronic urticaria
U-566	For the long-term，once-daily，maintenance treatment of bronchospasm associated with chronic obstructive pulmonary disease（COPD），including chronic bronchitis and emphysema
U-567	Method of treating infertility
U-568	Method of using FSH alone（without exogenous lh）in in vitro fertilization
U-569	Method of using FSH alone（without exogenous lh）in in vitro fertilization and wherein thereafter an ovulatory inducing amount of hcg is administered

代码	定义
U-570	Method of using FSH alone (without exogenous lh) in in vitro fertilization and wherein the daily amount of FSH is about 5～10 iu/kg
U-571	Treatment of agitation associated with schizophrenia and bipolar Ⅰ mania
U-572	Intensive care unit sedation
U-573	Treatment of acute promyelogenous leukemia (APL)
U-574	Prophylaxis and treatment of the nasal symptoms of seasonal allergic rhinitis and treatment of the nasal symptoms of perennial allergic rhinitis in adults and pediatric patients 12 years of age and older
U-575	Lotemax opthalmic suspension is indicated for the treatment of steroid responsive conditions of the palpebral bulbar conjunctiva, cornea and anterior segment of the globe
U-576	Alrex opthalmic suspension is indicated for the temporary relief of the signs and symptoms of seasonal allergic conjunctivitis.
U-577	Treatment of benign prostatic hyperplasia with finasteride in combination with doxazosin
U-578	Treatment of community acquired pneumonia, acute exacerbation of chronic bronchitis, and acute bacterial sinusitis caused by susceptible strains of designated microorganisms in patients 18 years and older
U-579	Treatment of epilepsy and/or migraine
U-580	Treatment of disorders of the serotonergic system such as depression and anxiety-related disorders
U-581	Method of treating a condition capable of treatment by inhalation, e.g. asthma, comprising administration of a formulation claimed in US patent no. 6743413
U-582	Method for the treatment of a respiratory disorder, e.g. asthma, comprising administering an effective amount of an aerosol composition to a patient from a metered dose inhaler system as claimed in US patent no. 6253762
U-583	Method for the treatment of a respiratory disorder, e.g. asthma, comprising administering to a patient by inhalation, a metered aerosol dose of a drug formulation from the metered dose inhaler system claimed in US 6546928
U-584	Single-dose administration by the epidural route, at the lumbar level, for the treatment of pain following major surgery
U-585	To promote weight gain after weight loss in certain types of patients
U-586	An intermediate release nicotinic acid formulation suitable for oral administration once-a-day as a single dose for treating hyperlipidemia without causing drug-induced hepatotoxicity or elevations in uric acid or glucose or both
U-587	Use of eplerenone in combination with an angiotensin converting enzyme (ACE) inhibitor (and optionally a diuretic) for treating congestive heart failure and hypertension
U-588	Short-term treatment of active duodenal ulcer; treatment of heartburn and other symptoms associated with GERD; short-term treatment of erosive esophagitis; maintenance of healing of erosive esophagitis
U-589	Method for treatment of a respiratory disorder, e.g., bronchospasm, comprising administering an effective amount of an aerosol composition to a patient from a metered dose inhaler system as claimedin US patent no. 6131966
U-590	Method for treatment of a respiratory disorder, e.g., bronchospasm, comprising administering to a patient by oral or nasal inhalation a drug formulation by using the metered dose inhaler system as claimed in US patent no. 6532955
U-591	Treatment of attention deficit hyperactivity disorder using a dosage form which provides once-daily oral administration of a phenidate drug
U-592	Treatment of primary hypercholesterolemia, mixed hyperlipidemia and/or homozygous familial hypercholesterolemia (hofh)
U-593	Treatment of primary hypercholesterolemia, mixed hyperlipidemia and/or homozygous familial hypercholesterolemia (hofh)

续表

代码	定义
U-594	Prevention of postmenopausal osteoporosis
U-595	35mg orally once a week for prevention of osteoporosis in postmenopausal women; 35mg orally once a week for treatment of osteoporosis in postmenopausal women
U-596	Treatment of hormone receptor positive metastatic breast cancer in postmenopausal women with disease progression following antiestrogen therapy
U-597	Forteo is indicated for the treatment of post menopausal women with osteoporosis who are at high risk for fracture
U-598	Prophylactic treatment of migraine
U-599	Method for treating allergic conjunctivitis
U-600	A method of treating a patient in need of ophthalmic antimicrobial therapy with levofloxacin
U-601	Treatment of bipolar disorder
U-602	Signs and symptoms of osteoarthritis, rheumatoid arthritis in adults, and/or pauciarticular or polyarticular course juvenile rheumatoid arthritis, acute pain in adults; primary dysmenorrhea; and/or acute migraine attacks in adults
U-603	Method of treating infections comprising orally administering an effective amount of the fda approved oral suspension
U-604	Method of lowering blood glucose by once daily administration
U-605	Treatment of major depressive disorder (mdd); although the mehcanism of the antidepressant action of duloxetine in humans is unknown, it is believed to be related to its potentiation of seratonergic and noradrenergic activity in the cns
U-606	Use of irinotecan in combination with 5-fluorouracil and leucovorin for the treatment of metastatic colrectal cancer
U-607	Cancidas is indicated for empirical therapy for presumed fungal infections in febrile, neutropenic patients
U-608	Use of quinolone compounds against pneumococcal pathogenic bacteria
U-609	Use of quinolone compounds against quinolone-resistant pneumococcal pathogenic bacteria
U-610	Atrovent HFA (ipratropium bromide hfa) inhalation aerosol is indicated as a bronchodilator for maintenance treatment of bronchospasm associated with chronic obstructive pulmonary disease, including chronic bronchitis and emphysema
U-611	Method of using desloratadine to treat seasonal and perennial allergic rhinitis, pruritis, and chronic idiopathic urticaria in patients 2 years of age and older
U-612	Treatment of seasonal allergy symptoms with nasal congestion in adults and children 12 years of age and older
U-613	Reduction of serum phosphate
U-614	Treatment of sexual dysfunction
U-615	Adjunctive therapy to diet in adults to reduceLDL-C, total-c, triglycerides and apo b, and increase HDL-HDL-Cin patients with primary hypercholesterolemia or mixed dyslipidemia (types Ⅱa, Ⅱb) and to treat hypertrigliceridemia (types Ⅳ, Ⅴ)
U-616	Management of persistent, moderate to severe pain in patients requiring continuous, around-the-clock analgesia with a high potency opioid for an extended period of time generally weeks to months or longer
U-617	Treatment of acute promyelogenous leukemia (APL)
U-618	Use of rosuvastatin calcium to reduce elevated total-c, LDL-C, apob, non HDL-Cor tg levels; to increase HDL-HDL-Cin adult patients with primary hyperlipidemia or mixed dyslipidemia; and to slow the progression of atherosclerosis

代码	定义
U-619	Treatment of malignant neoplasm
U-620	Treatment of insomnia
U-621	Method of treating cancer
U-622	Treatment of vegf mediated ocular disease
U-623	Short term treatment of active benign gastric ulcer
U-624	Reduction of risk of upper gastrointestinal bleeding in critically ill patients
U-625	Allergic rhinitis or nasal polyps
U-626	Clolar is indicated for the treatment of pediatric patients 1 to 21 years old with relapsed or refractory acute lymphoblastic leukemia after at least two prior regimens
U-627	Treatment of patients using extended-release carbamazepine
U-628	Use of avandia in combination with a sulfonylurea，and in combination with metformin and a sulfonylurea to improve glycemic control in patients with type 2 diabetes mellitus
U-629	Method of inducing a hypnotic or sedative effect in a human by administering eszopiclone
U-630	Treating urinary incontinence by administering an extended-release form of darifenacin
U-631	Treating a disease of altered motility or tone of smooth muscle by administering a muscarinic receptor antagonizing amount of darifenacin
U-632	Method of treatment of cancer by administering particles of paclitaxel that have a protein coating
U-633	Method for treatment of tumors by administering paclitaxel at a dose in the range of about 30mg/meter square to about 100mg/meter square in a pharmaceutically acceptable formulation that does not contain cremophor
U-634	Method for delivery of a biologic（including antineoplastic agents）by administering to a patient an effective amount of a biologic as a solid or liquid with a polymeric biocompatible material
U-635	Treatment of GERD，maintenance of healing of erosive esophagitis and risk reduction of nsaid associated gastric ulcers
U-636	Treatment or prevention of bronchospasm or asthmatic symptoms
U-637	Treatment of diabetes with an amylin agonist
U-638	Treatment of diabetes with an amylin agonist，including with insulin
U-639	Treatment of a mammal having a need of or reduced ability to produce insulin with an insulin and an amylin such as pramlintide
U-640	Use of an amylin agonist to reduce gastric motility and treat post prandial hypergylcemia
U-641	Use of an amylin agonist having specified binding activity to reduce gastric motility，including use through parenteral administration
U-642	Treatment and prevention of osteoporosis
U-643	The short term treatment（up to 10 days）in PTS having gastroesophageal reflux disease（GERD）as an alternative to oral therapy in PTS when therapy with nexium capsules is not possible or appropriate
U-644	Treatment of seasonal allergic rhinitis
U-645	Treatment of asthma
U-646	Method of treating otitis
U-647	Treatment of osteoporosis in post menopausal women and/or the treatment to increase bone mass in men with osteoporosis
U-648	The treatment of osteoporosis in postmenopausal women and/or the treatment to increase bone mass in men

续表

代码	定义
U-649	A method for treating a tumor disease
U-650	Treatment of esophageal candidiasis and prophylaxis of candida infections in hsct patients
U-651	Treatment of acute promyelocytic leukemia（APL）
U-652	Treatment of cardiac arrhythmia
U-653	Stimulating insulin release by administering exenatide
U-654	Lowering plasma glucagon in a subject in need thereof，including one with type 2 diabetes，by administering an exedin or analog，such as exendin-4
U-655	Treatment of mild to moderate active chrohn's disease involving the ileum and/or the ascending colon and the maintenance of clinical remission of mild to moderate crohn's disease involving the ileum and/or ascending colon for up to 3 months
U-656	Reducing gastric motility or delaying gastric emptying by administering an exendin，such as exendin-4
U-657	Prevention of osteoporosis in postmenopausal women
U-658	Treatment of advanced hormone-dependent breast cancer
U-659	Treatment of locally advanced or metastatic non small-cell lung cancer（NSCLC）after failure of at least one prior chemotherapy regimen
U-660	Treatment of hypertension and treatment of heart failure
U-661	Treatment of seizure disorder
U-662	Treatment of osteoporosis in postmenopausal women
U-663	The treatment of uncomplicated urinary tract infections
U-664	Treatment of conditions for which an aldosterone receptor blocker is indicated，such as hypertension，heart failure，and post-myocardial infarction
U-665	Method of using the drug substance/drug product for ultrasound imaging
U-666	Method of treating adhd
U-667	Management of incontinence；method for treating incontinence
U-668	Levemir is a long-acting basal insulin analog that is indicated in the treatment of patients with diabetes mellitus
U-669	Indication of type ⅱ diabetes
U-670	Treatment of HIV-1 infection by the co-administration of tipranavir and ritonavir
U-671	Prevention and treatment of secondary hyperparathyroidism associated with chronic kidney disease（CKD）stage 3 and 4
U-672	Treatment of inflammation or an inflammation-associated disorder
U-673	Method of treatment with once-daily doses of 625mg/5mL
U-674	Method of treating insomnia charachterized by difficulty with sleep onset
U-675	Prophylaxis and chronic treatment of asthma；relief of symptoms of allergic rhinitis
U-676	Method of treating attention deficit disorder using oral administration of a bi-modal or pulsatile release composition
U-677	A method of treating disease amenable to treatment with a phenidate drug by once daily oral administration of an extended release dosage form
U-678	Method of treating attention deficit disorder and/or attention deficit hyperactivity disorder
U-679	Adjunct to diet and exercise to improve glycemic control in patients with type 2 diabetes who are already treated with a pioglitazone and metformin

代码	定义
U-680	A method of treating dyslipidemia and dyslipoproteinemia using a dosage form that can provide an effective amount of fenofibrate to a patient in a fasted state which is at least 90% of the auc amount provided by the dosage form
U-681	Treatment of primary igf-1 deficiency
U-682	Non-benzodiazepine hypnotic agent indicated for treatment of insomnia, characterized by difficulties with sleep onset and/or sleep maintenance
U-683	Prevention or treatment of ischemic heart disease
U-684	Treatment of uncomplicated skin manifestations of chronic idiopathic urticaria in adults and children 6 years of age and older
U-685	Expectorant and cough suppressant
U-686	Expectorant and nasal decongestant
U-687	Reducing food intake in a subject with type 2 diabetes by administering an exendin, such as exendin-4
U-688	Treatment of HIV-infection in combination with other antiretroviral agents
U-689	Treatment of patients withT-cell acute lymphoblastic leukemia whose disease has not responded to or has relapsed following treatment with at least two chemotherapy regimens
U-690	To improve glycemic control in patients with type 2 diabetes mellitus
U-691	Use as a monotherapy, in combination with a sulfonylurea, metformin or insulin or in combination with a sulfonylurea plus metformin to improve glycemic control in patients with type 2 diabetes mellitus
U-692	Use of valsartan to reduce cardiovascular mortality in clinically stable patients with left ventricular failure or left ventricular dysfunction following myocardial infarction
U-693	The recommended initial dose of equetro is 400mg/day given in divided doses, twice daily. The dose should be adjusted in 200mg daily increments to achieve optimal clinical response
U-694	Lenalidomide is an analogue of thalidomide. Thalidomide is a known human teratogen that causes severe life-threatening human birth defects. If lenalidomide is taken during pregnancy, it may cause birth defects or death to an unborn baby
U-695	Treatment of patients withT-cell acute lymphoblastic leukemia and T-cell lymphoblastic lymphoma whose disease has not responded to or has relapsed following treatment with at least two chemotherapy regimens
U-696	Treatment of patients withT-cell lymphoblastic lymphoma whose disease has not responded to or has relapsed following treatment with at least two chemotherapy regimens
U-697	A method of using rinfabate recombinant (RHIGFBP-3) with mecasermin recombinant (RHIGF-1) to promote linear growth in the tratment of primary igf-1 deficiency
U-698	Method of using antagonist of arginine vasopressin (AVA) V1a and V2 receptors for intravenous treatment of pateints with euvolemic hyponatremia
U-699	Nasal treatment of seasonal and perennial allergic rhinitis symptoms
U-700	Treatment and prevention of osteoporosis in postmenopausal women
U-701	Treatment of hypercholesterolemia and/or hypertriglyceridemia
U-702	Topical aerosol hair regrowth treatment
U-703	Treatment of protein kinase related disorders, such as gastrointestinal stromal tumor and renal cell carcinoma with sunitinib
U-704	Method of administering insulin via inhalation
U-705	Treating chronic angina by administering an extended release form of ranolazine
U-706	Treatment of benign prostatic hyperplasia
U-707	Allergic rhinitis
U-708	Treatment of chronic non-infectious uveitis affecting the posterior segment of the eye

代码	定义
U-709	Method of combating bacteria in a patient
U-710	A method of treating respiratory disorders, e.g., asthma, which comprises administration by inhalation of an effective amount of a pharmaceutical formulation as claimed in US patent no. 5658549
U-711	Acute and longer-term treatment of major depressive disorder
U-712	A method of using a nicotinic acid formulation to reduce elevated TC, LDL-C and tg levels, and raise HDL-HDL-Clevels in patients with hyperlipidemia
U-713	Treatment of mild to moderate dementia of the alzheimer's type
U-714	Topical treatment of interdigital tinea pedis and tinea corporis due to trichophyton rubrum, trichophyton mentagrophytes or epidermophyton floccosum
U-715	For cleansing the bowel in preparation for colonoscopy, in adults 18 years of age or older
U-716	The treatment or prevention of bronchospasm in adults and children 4 years of age and older with reversible obstructive airways disease and the prevention of exercised-induced bronchospasm in patients 4 years of age and older
U-717	Method of relieving or preventing constipation in a human constipated patient
U-718	Treatment of fungal infections
U-719	Treatent of psychosis
U-720	Treatment of neuroleptic diseases
U-721	Treatment of influenza
U-722	Prophylaxis of influenza
U-723	Prophylactic treatment of migraine
U-724	Method of treating seizures
U-725	Allergic rhinitis and urticaria
U-726	Allergic rhinitis
U-727	For the treatment of attention deficit hyperactivity disorder (ADHD)
U-728	Method for treating bacterial infection
U-729	Treatment of gastroesophageal reflux disease (GERD), risk-reduction of nsaid-associated gastric ulcer, H. pylori eradication to reduce the risk of duodenal ulcer recurrence
U-730	Use as a nasal spray for treatment of the symptoms of seasonal allergic rhinitis and vasomotor rhinitis
U-731	Use in combination with dexamethasone is indicated for the treatment of patients with newly diagnosed multiple myeloma
U-732	Acute treatment of the cutaneous manifestations of moderate to severe erythema nodosum leprosum (ENL)
U-733	Maintenance therapy for prevention and supression of the cutaneous manifestations of enl recurrence
U-734	First line therapy for type 2 diabetes mellitus
U-735	Method of treating chronic iron overload
U-736	Method for iontophoretic transdermal delivery of fentanyl hydrochloride
U-737	Disinfection of patient skin prior to an invasive procedure
U-738	Indicated for the long-term, twice-daily maintenance treatment of asthma in patients 12 years of age or older
U-739	Method for treating constipation by opening cic channels in a mamalian subject
U-740	For the treatment of patients with primary biliary cirrhosis

代码	定义
U-741	Combination therapy with cisplatin for the treatment of late stage cervical cancer
U-742	Twice daily topical treatment of moderate to severe plaque psoriasis
U-743	Once a day topical treatment of the inflammatory lesions of rosacea
U-744	Treatment of HIV infection in antiretroviral treatment-experienced adult patients
U-745	Treatment or prevention of emesis
U-746	Prevention or treatment of nausea or emesis induced by a cancer chemotherapeutic agent
U-747	Prevention or treatment of post-operative nausea and vomiting
U-748	A method for the treatment of a protein tyrosine kinase-associated disorder
U-749	Method of contraception
U-750	Treatment of HIV-1 infection in adults
U-751	Once daily dosing of budesonide via nebulizer for the treatment of asthma
U-752	Sunscreen
U-753	As an adjunct to diet and exercise to improve glycemic control in patients with type 2 diabetes
U-754	Use for the long-term maintenance treatment of asthma
U-755	Treatment of anorexia，cachexia，or an unexplained，significant weight loss in patients with a diagnosis of acquired immunodeficiency syndrome（AIDS）
U-756	Addition of once-weekly dosing for the treatment to increase bone mass in men with osteoporosis
U-757	Use as a bile acid sequestrant for lowering cholesterol
U-758	Treatment of symptoms of premenstrual dysphoric disorder
U-759	Method of use of administering levothyroxine
U-760	Prophylaxis of invasive aspergillus and candida infections and treatment of oropharyngeal candidaiasis
U-761	Treatment of schizophrenia including maintaining stability in patients with schizophrenia
U-762	Treatment of chronic obstructive pulmonary disease
U-763	Administration of aripiprazole by injection
U-764	Treatment of schizophrenia
U-765	Method of treating allergic conjunctivitis
U-766	Treatment of seizures
U-767	Management of breakthrough pain in patients with cancer
U-768	A method of reducing the capacity of extended release nicotinic acid to provoke a flushing reaction by pre-treating an individual with a flush inhibiting agent prior to the administration of the extended release nicotinic acid
U-769	Revlimid (lenalidomide) in combination with dexamethasone is indicated for the treatment of multiple myeloma patients who have received at leaset one prior therapy
U-770	Long-term treatment of pathological hypersecretory conditions
U-771	Method for the treatment of diabetes mellitus，such as type 1 diabetes mellitus or type 2 diabetes melitus，in a human patient
U-772	Relief of symptoms associated with seasonal allergic rhinitis in children 2 to 11 years and for the relief of symptoms associated with uncomplicated skin manifestations of chronic idiopathic urticaria in children 6 months to 11 years

续表

代码	定义
U-773	Pathological hypersecretory conditions
U-774	Method of treating type 2 diabetes mellitus by administering a dipeptidyl peptidaste-Ⅳ inhibitor
U-775	Method of treating type 2 diabetes mellitus by administering a dipeptidyl peptidase-Ⅳ inhibitor in combination with metformin and/or a sulfonylurea
U-776	Treatment of cutaneous manifestation in patients with cutaneousT-cell lymphoma（CTCL1）who have progressive，persistent or recurrent disease on or following two systemic therapies
U-777	Decreasing mortality caused by congestive heart failure
U-778	Reduction of elevated intraocular pressure in pateints with open angle glaucoma or ocular hypertension
U-779	A method for treatment of a cancer，wherein the cancer is chronic myelogenous leukemia
U-780	A method for the treatment of cancer
U-781	For treatment of adult patients with type 2 diabetes mellitus who are naive to pharmacologic therapy
U-782	Treatment of chronichepatitis B in adult patients with evidence of viral replication and either evidence of persistant elevations in serum aminotransferases（ALT or AST）or histologically active disease
U-783	Desonate gel is indicated for the treatment of mild to moderate atopic dermatitis in patients 3 months of age and older
U-784	Treatment of moderate to severe primary restless legs syndrome（RLS）
U-785	Use as replacement solution，hemofiltration solution or hemodiafiltration solution in continuous renal replacement therapy
U-786	Product is approved for the topical treatment of tinea pedis
U-787	Maintenance treatment of asthma as prophylactic therapy in adult and pediatric patients six years of age or older，including patients requiring oral corticosteroid therapy for asthma
U-788	Method of treating psychiatric symptoms associated with premenstrual disorders using paroxetine
U-789	Treatment of known or suspected cyanide poisoning
U-790	Forteo is indicated for the treatment of post menopausal women with osteoporosis who are at risk for fracture. Forteo can be used by people who have had a fracture related to osteoporosis
U-791	Gleevec is also indicated for the treatment of patients with kit（CD117）positive unresectable and/or metastatic malignant gastrointestinal stromal tumors（GIST）
U-792	Treatment of seborrhea dermatitis in humans
U-793	For the long term treatment，twice daily（morning and evening）maintenance treatment of bronchoconstriction in patients with chronic obstructive pulmonary disease（COPD），including chronic bronchitis and emphysema
U-794	Closure of a clnically significant patent ductus arteriosus in premature infants weighing between 500 and 1500g，who are no more than 32 weeks gestational age when usual medical management is ineffective
U-795	Method for inhibiting norepinephrine uptake
U-796	Method of treating depression
U-797	Method of treating anxiety
U-798	Treatment and prevention of osteoporosis in postmenopausal women by once-monthly oral administration of ibandronate sodium monohydrate equivalent to 150mg of ibandronic acid
U-799	Method for inhibiting serotonin uptake
U-800	Treatment of patients with advanced or metastatic breast cancer whose tumors overexpress her2 and who have received prior therapy including anthracycline，a taxane and trastuzumab
U-801	Method of treating cancer
U-802	Method of treating type 2 diabetes mellitus by administering a dipeptidyl peptidase-Ⅳ inhibitor

代码	定义
U-803	Method of treating type 2 diabetes mellitus by administering a dipeptidyl peptidase-Ⅳ inhibitor in combination with metformin
U-804	Treatment of actinic keratoses by photodynamic therapy
U-805	Treatment of impetigo due to staphylococcus aureus or streptococcus pyogenes
U-806	Intrathecal treatment of lymphomatous meningitis
U-807	Prevention of exercise-induced bronchoconstriction
U-808	The treatment of the symptoms of seasonal and perennial allergic rhinitis in patients 2 years of age and older
U-809	Treatment of chronic idiopathic urticaria
U-810	Method of treatment to alleviate inflammation of the eye
U-811	Relief of symptoms associated with seasonal and perennial allergic rhinitis and treatment of the uncomplicated skin manifestations of chronic idiopathic urticaria
U-812	Relief of symptoms associated with seasonal and perennial allergic rhinitis
U-813	Maintenance treatment of bronchoconstriction in patients with chronic obstructive pulmonary disease (COPD)
U-814	Treatment of schizophrenia
U-815	Treats cold sores/fever blisters on the face or lips. Shortens healing time and duration of symptoms: tingling, pain, burning and/or itching
U-816	Depression, panic disorder, premenstrual disorders and social anxiety disorder
U-817	Nasal administration of cyanocobalamin
U-818	Topical treatment of acne vulgaris
U-819	Management of fibromyalgia
U-820	Improved wakefulness in patients with excessive sleepiness associated with narcolepsy, obstructive sleep apnea/hypopnea syndrome, and shift work sleep disorder
U-821	Method of inhibiting enthothelin receptors by administering ambrisentan to a patient to treat pulmonary arterial hypertension
U-822	Use in lipid management
U-823	Relief of symptoms associated with seasonal allergic rhinitis and for the treatment of uncomplcated skin manifestations of chronic idiopathic urticaria in children 6 to 11 years of age
U-824	Method of treating patients infected with ccr5-tropic HIV-1
U-825	Use for prevention of breast cancer
U-826	Relief of moderate to severe pain
U-827	Use for treatment of diabetes, particularly type 2 diabetes
U-828	Prevention of pregnancy in women who elect to use oral contraceptives as a method of contraception
U-829	Treatment of extravasation resulting from Ⅳ anthracycline chemotherapy
U-830	Treatment of relapsed small cell lung cancer
U-831	Method of administering lanreotide acetate
U-832	Zingo is indicated for the use on intact skin to provide local analgesia prior to venipuncture or intravenous cannulation
U-833	Method of treating pain using a pharmaceutically acceptable salt of ropivacaine and administering a composition containing less than 0.25％ by weight of ropivacaine
U-834	Invirase in combination with ritonavir and other antiretroviral agents is indicated for the treatment of HIV infection

续表

代码	定义
U-835	Relief of the inflammatory and pruritic manifestations of atopic dermatitis in patients one year of age or older
U-836	A method for the treatment of leukemias
U-837	Gastrointestinal lavage indicated for cleansing of the colon as a preparation for colonoscopy in adults
U-838	Method of treating pain using a pharmaceutically acceptable salt of ropivacaine and administering a composition containing less than 0.5% by weight of ropivacaine
U-839	Treatment of major depressive disorder (MDD)
U-840	Treatment for type 2 diabetes mellitus
U-841	Indicated for the long-term, maintenance treatment of asthma in patients 12 years of age and older
U-842	Indicated for the treatment of attention-deficit/hyperactivity disorder (ADHD)
U-843	Method for administration of testosterone
U-844	Prefest is indicated in women who have a uterus for the treatment of moderate to severe vasomotor symptoms associated with menopause; treatment of vulvar and vaginal atrophy; prevention of osteoporosis
U-845	Treatment of patients with candidemia, acute disseminated candidiasis, candida peritonitis and abcesses
U-846	Use for delineation (visualization) during a vitrectomy surgical procedure
U-847	Adjunctive therapy to diet in adults to reduceLDL-C, triglycerides and apo b, and increase HDL-HDL-Cin patients with primary hypercholesterolemia or mixed dyslipidemia (types Ⅱa, Ⅱb) and to treat hypertriglyceridemia (types Ⅳ, Ⅴ)
U-848	Acute treatment of migraine with or without aura
U-849	Reduction of elevated intraocular pressure (iop) in patients with glaucoma or ocular hypertension who require adjunctive or replacement therapy due to inadequately controlled iop. Dose is one drop of combigan in the affected eye twice daily
U-850	Prevention or treatment of nausea or emesis induced by a cancer chemotherapeutic agent
U-851	Treatment of type 2 diabetes mellitus
U-852	Relief of symptoms associated with seasonal and perennial allergic rhinitis
U-853	Treatment or prevention of emesis
U-854	Prevention of cmv disease in kidney, heart, and kidney-pancreas transplant patients at high risk (donor cmv seropositive/recipient cmv seronegative)
U-855	Method to induce natriuresis, diuresis and/or vasodilation
U-856	Support embryo implantation and early pregnancy by supplementation of corpus luteal function as part of an assisted reproductive technology (ART) treatment program for infertile women
U-857	Inhibition of transplant rejection
U-858	Pediatric use aged 1~11 years, GERD and erosive esophagitis
U-859	Erosive esophagitis, hypersecretory conditions including zollinger-ellison syndrome, maintenance of healing of erosive esophagitis and reduction of symptoms in patients withGERD
U-860	For the approved uses and conditions of use, including depression
U-861	Relief of the inflammatory and pruritic manifestations of corticosteroid responsive dermatoses in patients 12 years of age or older
U-862	Adjunct to diet to reduce elevated total-c, LDL-C, non-hdl-c, apo b, TG, and lp (a) levels and to increase HDL-HDL-C in patients with primary hypercholesterolemia, mixed dyslipidemia, and hypertriglyceridemia
U-863	Taking aspirin or non-steroidal anti-inflammatory medications approximately 30 minutes before dosing can minimize flushing, a common side effect of niacin therapy

代码	定义
U-864	Pediatric use ages 1～2 years, GERD and erosive esophagitis
U-865	Treatment of a woman with osteoporosis and a high risk for bone fracture by reducing the risk of vertebral and nonvertebral bone fracture
U-866	The label references the effects of the active ingredient of revlimid upon cytokines
U-867	Treatment of migraine
U-868	Method of using antagonist of arginine vasopressin (AVA) v1a and v2 receptors for intravenous treatment of patients with hypervolemic hyponatremia
U-869	Method for stimulating coronary vasodilation for purposes of imaging the heart
U-870	Method of producing coronary vasodilation without peripheral vasodilation
U-871	Method of reducing risk of myocardial infarction, stroke and death
U-872	Twice daily maintenance treatment of airflow obstruction in patients with chronic obstructive pulmonary disease (COPD), including chronic bronchitis and emphysema. To reduce exacerbations of copd in patients with a history of exacerbations
U-873	Method of treating constipation in a patient with irritable bowel syndrome by opening chloride channels (CIC)
U-874	Method of treating constipation in a patient with irritable bowel syndrome
U-875	First-line treatment of locally advanced unresectable or metastatic pancreatic cancer, in combination with gemcitabine
U-876	Treatment of migraine with or without aura
U-877	For use as adjunctive therapy in the treatment of peptic ulcer
U-878	A method for binding a peripheral opioid receptor
U-879	A method of treating or preventing ileus
U-880	Endometrin is a progesterone indicated to support embryo implantation and early pregnancy by supplementation of corpus luteal function as part of an assisted reproductive technology (ART) treatment program for infertile women
U-881	Treatment of non-small cell lung cancer
U-882	Management of fibromyalgia (FM)
U-883	Treatment of gastrointestinal stromal tumor with sunitinib
U-884	Treatment of patients with multiple myeloma
U-885	Treatment of patients with mantle cell lymphoma who have received at least 1 prior therapy
U-886	Administering desloratadine to treat the symptoms of perennial allergic rhinitis, seasonal allergic rhinitis, or chronic idiopathic urticaria
U-887	Treatment and prevention of osteoporosis
U-888	Female hormone replacement therapy for postmenopausal women
U-889	Menopausal and postmenopausal disorders (including vasomotor symptoms assocciated with menopause)
U-890	Reduction of serum phosphate in patients with end stage renal disease
U-891	Use as an intraocular irrigating solution during surgical procedures involving perfusion of the eye
U-892	Treatment of cutaneous manifestations in patients wtih cutaneousT-cell lymphoma (CTCL1)
U-893	Cleviprex is a dihydropyridine calcium channel blocker indicated for the reduction of blood pressure when oral therapy is not feasible or not desirable
U-894	Treatment of cold sores in pediatric patients twelve years of age and older

代码	定义
U-895	Treatment of HIV infection in combination with other antiretroviral agents
U-896	Treatment of nasal symptoms of seasonal and perennial allergic rhinitis in adults and children two years of age and older
U-897	Method of treating tonsillitis and/or pharyngitis secondary to streptococcus pyogenes in a once-a-day amoxicillin product
U-898	Use of glutamine together with growth hormone for the treatment of patients with short bowel syndrome
U-899	Use of thalidomide in combination with dexamethasone for the treatment of patients with newly diagnosed multiple myeloma
U-900	Integrase inhibition for the treatment of HIV infection
U-901	Prevention of postoperative nausea and vomiting
U-902	Use in the treatment of the signs and symptoms of benign prostatic hyperplasia (BPH)
U-903	Treatment of human immunodeficiency virus (HIV) in adult patients
U-904	Treatment of moderate to severe vasomotor symptoms associated with menopause
U-905	Treatment of moderate to severe vaginal dryness and pain with intercourse, symptoms of vulvar and vaginal atrophy, associated with menopause
U-906	Prophylaxis of organ rejection in kidney, liver and heart allogenic transplants; treatment of patients with severe active, rheumatoid arthritis; treatment of adult, nonimmunocompromised patients with severe, recalcitrant, plaque psoriasis
U-907	For the maintenance of remission of ulcerative colitis in subjects 18 years of age and older
U-908	Prophylaxis of organ rejection in patients receiving allogeneic renal transplants
U-909	Treatment of cystic fibrosis patients with pseudomonas aeruginosa
U-910	Treatment of metastatic carcinoma of the ovary after failure of initial or subsequent chemotherapy
U-911	Method of treating, as adjunctive therapy, partial-onset seizures in a patient with epilepsy aged 17 years and older when oral treatment is temporarily not feasible
U-912	Sedation of non-intubated patients prior to and/or during surgical and other procedures
U-913	Treatment of overactive bladder with symptoms of urge urinary incontinence, urgency, and frequency
U-914	Method of treating, as adjunctive therapy, partial-onset seizures in a patient with epilepsy aged 17 years and older
U-915	Treatment of musculoskeletal conditions
U-916	Topical treatment of acne vulgaris in patients 12 years or older
U-917	Treatment of inflammatory lesions of non-nodular moderate to severe acne vulgaris
U-918	To treat or prevent infections caused by susceptible bacteria using delayed-release tablets consisting of doxycycline hyclate coated pellets in a tablet
U-919	For the treatment of dermatitis
U-920	Steroid-responsive inflammatory ocular conditions for which a corticosteroid is indicated and where superficial bacterial ocular infection or a risk of bacterial ocular infection exists
U-921	Treatment of acne vulgaris
U-922	For the treatment of fungal infections
U-923	Method of treating ophthalmic inflammation and infection
U-924	Treatment of mild to moderate infection caused aby susceptible strains
U-925	Treatment of only inflammatory lesions (papules and pustiles) of rosacea

代码	定义
U-926	Mgt specific bacterial infections. Treatment PTS w/ community acquired pneumonia or bacterial sinusitis due to confirmed, or suspected b-lactamase producing pathogens & S. Pneumoniae with reduced susceptibility to penicillin (MIC=2mc/mL)
U-927	Method for increasing tear production
U-928	Treatment of bacterial infectious disease
U-929	Treatment of obsessive compulsive disorder treatable with an ssri
U-930	Treatment of idiopathic thrombocytopenic purpura (ITP)
U-931	Relief of moderate to severe acute pain
U-932	Pylera capsules, in combination with omeprazole are indicated for the treatment of patients with helicobacter pylori infection and duodenal ulcer disease to eradicate H. pylori
U-933	For the treatment of patients with helicobacter pylori infection and duodenal ulcer disease to eradicate h. Pylori. The eradicationof helicobacter pylori has been shown to reduce the risk of duodenal ulcer recurrence
U-934	In combination with granulocyte-colony stimulating factor (G-CSF) to mobilize hematopoietic stem cell to the peripheral blood for collection and subsequent autologous transplantation with non-hodgkins lymphoma and multiple myeloma
U-935	Treatment of human immunodeficiency virus (HIV) infection in adult patients, and treatment of human immunodeficiency virus (HIV) in pediatric patients 6 years of age and older
U-936	Use in combination with granulocyte-colony stimulating factor (G-CSF) to mobilize hematopoietic stem cells to peripheral blood for collection & subsequent autologous transplantation in patients with non-hodgkin's lymphoma & multiple myeloma
U-937	Treatment of prostate cancer
U-938	Treatment of hair loss and hypotrichosis of the eyelashes by increasing their growth including length, thickness and darkness
U-939	Treatment of hypotrichosis of the eyelashes by increasing and stimulating their growth including length, thickness and darkness
U-940	Method to treat aids-related kaposi's sarcoma
U-941	Method to treat ovarian cancer
U-942	Method to treat multiple myeloma
U-943	Gnrh antagonist indicated for treatment of patients with advanced prostate cancer
U-944	Treatment of patients with b-cell chronic lymphocytic leukemia (CLL)
U-945	Sedative-hypnotic agent indicated for monitored anesthesia care (MAC) sedation
U-946	Treatment of breast cancer
U-947	When patients are unable to take the oral formulations, prevacid IV, for injection is indicated as an alternative for the short-term treatment (up to 7 days) of all grades of erosive esophagitis
U-948	Treatment of diabetes mellitus
U-949	Healing of all grades of erosive esophagitis (EE) for up to 8 weeks
U-950	Maintain healing of erosive esophagitis (EE) for up to 6 months
U-951	Treatment of heartburn associated with non-erosive gastroesophageal reflux disease (GERD) for 4 weeks
U-952	Use as an analgesic
U-953	Method of treating ophthalmic inflammation and infection
U-954	Chronic management of hyperuricemia in patients with gout. Not recommended for the treatment of a-symptomatic hyperuricemia

续表

代码	定义
U-955	Prophylactic treatment of migraine
U-956	Treatment of patients with H. pylori infection and duodenal ulcer disease
U-957	A method of treating cancer in a patient comprising administering ixabepilone or pharmaceutical compositions comprising ixabepilone
U-958	Method of treating patient comprising mixing first and second vials of product comprising lyophilized ixabepilone to provide an epothilone analog solution, diluting solution with a suitable diluent to prepare intravenous formulation for pt
U-959	Method of treating cancer, IV admin, lyophylized ixabepilone diluted, every week or 3 weeks; lyophilized ixabepilone with solvent (dehydrated ethanol) diluted to concentration of 0.1mg/mL to 0.9mg/mL
U-960	Method of treating cancer in a patient comprising intravenously administering to the patient ixabepilone diluted in a parenteral diluent
U-961	Method of treating breast cancer by administering ixabepilone; a method of treating a cancer responsible to microtubule stabilization by administering ixabepilone
U-962	Symbyax is indicated for the acute treatment of treatment resistant depression in adults
U-963	Prozac and olanzapine in combination for the acute treatment of treatment resistant depression in adults
U-964	Zyprexa zydis and fluoxetine in combination for the acute treatment of treatment resistant depression in adults
U-965	Use of ixabepilone in combination with capecitabine in treatment of metastasis breast cancer
U-966	Treatment of asthma (maintenance and prophylactic therapy)
U-967	A method of reversing soft-tissue anesthesia i.e. anesthesia of the lip and tongue, and the associated functional deficits resulting from an intraoral submucosal injection of a local anesthetic
U-968	A method for improving glycemic control in adults with type 2 diabetes mellitus
U-969	Treatment of migraine
U-970	Topical treatment of lice infestations
U-971	Indicated for the acute treatment of adults with schizophrenia
U-972	Monotherapy or as adjunctive therapy to lithium or valproate for the maintenance treatment of bipolar i disorder
U-973	Adjunct to diet and exercise to improve glycemic control in adults with type 2 diabetes mellitus who are already treated with pioglitazone and metformin or who have inadequate glycemic control on pioglitazone or metformin alone
U-974	Adjunct to diet and exercise to improve glycemic control in patients with type 2 diabetes who are already treated with a pioglitazone and metformin
U-975	Treatment of pulmonary hypertension
U-976	Improvement of glycemic control in individuals with type 2 diabetes
U-977	Treatment of acute, uncomplicated malaria infection due to plasmodium falciparum in patients of 5kg bodyweight and above
U-978	Method of treating hyponatremia
U-979	Relief of muscle spasm
U-980	Nonsteroidal anti-inflammatory drug indicated for relief of mild to moderate acute pain
U-981	Management of mild to moderate pain, management of moderate to severe pain as an adjunct to opioid analgesics, reduction in fever through anti-inflammatory, analgesic, and antipyretic activity
U-982	A method of treating osteoporosis

代码	定义
U-983	Method of treating osteoporosis in a post-menopausal woman at risk for fracture
U-984	Method for the treatment of a woman with osteoporosis and at risk for bone fracture
U-985	Treatment of macular edema following branch retinal vein occlusion (BRVO) or central retinal vein occlusion (CRVO)
U-986	Treatment of patients infected with pediculus humanus capitis (head lice and their ova) of the scalp hair
U-987	Treatment of secondary hyperparathyroidism in patients with chronic kidney disease on dialysis
U-988	Treatment of rhinitis comprising the nasal application of a pharmaceutical formulation as claimed in US patent 7541350
U-989	For reducing blood phenylalanine levels in a human suffering from hyperphenylalaninemia
U-990	Treatment of protozoal infection
U-991	Treatment or prophylaxis of thrombosis or embolisms
U-992	Reduction of the risk of cardiovascular hospitalization
U-993	Method of treating infertility
U-994	Method of treatment of osteoporosis wherein the osteoporosis is steroid-induced
U-995	Method for treating type Ⅱ diabetes by administering saxagliptin
U-996	An adjunctive therapy to diet to reduct elevated total chloresterol (TC), low-density lipoprotein cholesterol, apolipoprotein b, triglycerides, and to increase HDL-HDL-Cin adult patients with primary hyperlipidemia or mix dyslipidemia
U-997	Treatment of major depressive disorder by dosing at intervals of 24 hours
U-998	Adjuncitve therapy to diet to reduce elevated total cholesterol, low-density lipoprotein cholesterol, apolipoprtein b, triglycerides and to increase HDL-HDL-Cin adult patients with primary hyperlipidemia or mixed dyslipidemia
U-999	Treatment of chronichepatitis B in adult patients
U-1000	Adjunctive therapy to diet in patients with hyperlipidemias
U-1001	Method for delivering drug to lung of mammal, comprising administering drug product by inhalation. Treating a mammal having a condition capable of treatment by inhalation, comprising administering to the lung the drug product by inhalation
U-1002	Method of treating inflammatory conditions
U-1003	A method of myocardial perfusion imaging and increasing coronary blood flow
U-1004	Treatment of patients with relapsed or refractory peripheral T-cell lymphoma
U-1005	Method of treating a staphylococcal infection
U-1006	New combination product for the early treatment of recurrent herpes labialis (cold sores) to reduce the likelihood of ulcerative cold sores and to shorten the lesion healing time in adults and adolescents (12 years of age and older)
U-1007	Method of treating gout flares
U-1008	Application of antiseptic with moisturizers for surgical and healthcare personnel skin disinfection
U-1009	Method for administration of testosterone
U-1010	To reduce blood phenylalanine levels in patients with hyperphenylalaninemia due to tetra hydrobiopterin responsive phenylketonuria. Kuvan should be taken orally with food to increase absorption
U-1011	Use of granisetron transdermal system to treat/prevent chemotherapy induced nausea and vomiting

续表

代码	定义
U-1012	Method for treating insomnia while reducing the risk of an adverse drug interaction
U-1013	Method of using ribavirin in combination with pegylatedInterferon alpha-2b to treat patients with chronic hepatitis c
U-1014	Method of using ribavirin in combination with Interferon alpha-2b（pegylated and nonpegylated）to treat patients with chronic hepatitis c
U-1015	Treatment of patients with relapsed or refractory peripheralT-cell lymphoma
U-1016	In combination with other antiretroviral agents for the treatment of HIV-1 infection in treatment-experienced adult patients，who have evidence of viral replication and HIV-1 strains resistant to an nnrti and other antiretroviral agents
U-1017	A method of treating nasal and non-nasal symptoms of seasonal allergic rhinitis
U-1018	Treatment of pulmonary hypertension by inhalation
U-1019	Treatment of pulmonary hypertension
U-1020	Method of using colchicine for the prophylaxis of gout flares
U-1021	Short-term treatment（4～8 weeks）of active benign gastric ulcer
U-1022	For the preparation of skin prior to surgery；helps reduce bacteria that can potentially cause skin infection
U-1023	Treatment of atrophic vaginitis due to menopause
U-1024	Reduction of elevated intraocular pressure in patients with glaucoma or ocular hypertension who require adjunctive or replacement therapy due to inadequately controlled iop
U-1025	Treating frequent heartburn
U-1026	A method of treating human suffering from or susceptible to psychosis
U-1027	Reduction of elevated plasma sterol and/or stanol levels in a mammal
U-1028	A method of distributing sodium oxybate under control of a central pharmacy
U-1029	Method for treating acute elevations of blood pressure in human subject in need thereof
U-1030	Improvement of walking in patients with multiple sclerosis（MS）
U-1031	Improve respiratory symptoms in cystic fibrosis in patients with pseudomonas aeruginosa
U-1032	Use of rosuvastatin calcium for the primary prevention of cardiovascular disease in individuals without clinically evident coronary heart disease but with increased risk factors
U-1033	Topical treatment of acne vulgaris
U-1034	Treatment of attention deficit hyperactivity disorder（ADHD）in adults
U-1035	Nonsteroidal anti-inflammatory drug indicated for relief of mild to moderate acute pain
U-1036	Method of treating type 2 diabetes mellitus by administering a dipeptidyl peptidase-4 inhibitor in combination with insulin
U-1037	Method of treating type 2 diabetes mellitus by administering a dipeptidyl peptidase-Ⅳ inhibitor in combination with a ppar-gamma agonist
U-1038	Method of treating type 2 diabetes mellitus by administering a dipeptidyl peptidase-4 inhibitor in combination with metformin and a ppar-gamma agonist
U-1039	Method of treating type 2 diabetes mellitus by administering a dipeptidyl peptidase-4 inhibitor in combination with metformin
U-1040	Inhibition of thrombin in a patient
U-1041	Treatment of disorders responsive to growth hormone
U-1042	Method for stimulating coronary vasodilation for purposes of imaging the heart

代码	定义
U-1043	Management of moderate to severe pain
U-1044	Topical treatment of scalp psoriasis
U-1045	Maintenance treatment in patients with locally advanced or metastatic nsclc who have not progressed on 1st-line treatment wth platinum-based chemotherapy
U-1046	Maintenance treatment of patients with locally advanced or metastatic nsclc whose disease has not progressed after four cycles platinum-based chemotherapy
U-1047	Treatment of biopsy-confirmed，primary superficial basal cell carcinoma（SBCC）
U-1048	Works through the induction of Interferon and other cytokines
U-1049	Prophylaxis of organ rejection in adult patients at low-moderate immunologic risk receiving a renal transplant
U-1050	Use of metaxalone for treatment of musculskeletal conditions
U-1051	Treatment of oropharyngeal candidiasis
U-1052	Relief of signs and symptoms of arthritis and risk-reduction of nsaid-associated gastric ulcer
U-1053	Risk-reduction of nsaid-associated gastric ulcer
U-1054	Onychomycosis of the toenail caused by tricophyton rubrum or trichophyton mentagrophytes，once daily use for 12 consecutive weeks
U-1055	An adjunct to diet and exercise to improve glycemic control in adults with type 2 diabetes mellitus who are already treated with a thiazolidinedione（TZD）and metformin or who have inadequate glycemic control on a tzd or metformin alone
U-1056	Treatment of pain using a nasal spray of ketorolac tromethamine
U-1057	Treatment of inflammation and pain using a nasal spray of ketorolac tromethamine
U-1058	Use of thalidomide in combination with dexamethasone for the treatment of patients with newly diagnosed multiple myeloma
U-1059	Adjunctive therapy to diet to patients with hypertriglyceridemia
U-1060	Adjunctive therapy to diet in patients with elevated cholesterol and/or lipid levels
U-1061	Adjunctive therapy to diet in patients with mixed dyslipidemia
U-1062	Administration of approved product for treatment of alzheimer's disease
U-1063	Treatment of only inflammatory lesions（papules and pustules）of rosacea
U-1064	Treatment of bipolar disorder and schizophrenia
U-1065	Method of treating androgen responsive or medicated condition in a mammal by administering a safe & effective amount of dutasteride or a pharmaceutically acceptable solvate thereof. Conditions include benign prostatic hypertrophy
U-1066	Method of treating an androgen response or mediated disease in a mammal by admininstering an effective androgen responsive or medicated disease amount of dutasteride. Conditions include benign prostatic hyperplasia
U-1067	Treatment of cancer
U-1068	Treatment of asthma
U-1069	A method of treating a patient with a prescription drug using an exclusive computer database in a computer system for distribution
U-1070	A method to control abuse of a sensitive drug by controlling with a computer processor the distribution of the sensitive drug via an exclusivity central pharmacy that maintains a central database
U-1071	Method of treating bladder dsyfunction with once a day trospium salt formulation

代码	定义
U-1072	The management of moderate to severe chronic pain in patients requiring a continuous, around-the-clock opioid analgesic for an extended period of time
U-1073	Use for the treatment of asthma and copd
U-1074	Use of exenatide may result in reduction in body weight
U-1075	Use for the treatment of asthma
U-1076	Reduce chronic severe drooling (i. e., sialorrhea) in patients with neurologic conditions associated with problem drooling
U-1077	Pretreatment of patients with vitamin B12 and folic acid prior to pemetrexed disodium administration
U-1078	Treatment of acne
U-1079	Revlimid (lenalidomide) is indicated for the treatment of patients with transfusion-dependent anemia in myelodysplastic syndromes (MDS)
U-1080	Method to treat pulmonary hypertension by administering ambrisentan to a patient
U-1081	Lumigan is a prostaglandin analog indicated for the reduction of elevated intraocular pressure in patients with open angle glaucoma or ocular hypertension
U-1082	Use of a combination of tobramycin and dexamethasone to treat ocular inflammation where an infection or risk of infection exists
U-1083	Acute treatment of migraine attacks, with or without aura, and the treatment of cluster headache episodes
U-1084	Relief of the inflammatory and pruritic manifestations of corticosteroid responsive dermatoses in patients 12 years of age or older
U-1085	Method for treating irritable bowel syndrome and method for treating abdominal discomfort associated with irritable bowel syndrome
U-1086	Treatment of autoimmune disease
U-1087	Detection of non-muscle invasive papillary cancer of the bladder by photodynamic cystoscopy
U-1088	Relief of muscle spasm
U-1089	Inhibition of thrombin
U-1090	Lo loestrin fe is indicated for the prevention of pregnancy in women who elect to use oral contraceptives as a methof of contraception
U-1091	Assessment of bronchial hyperresponsiveness in patients 6 years of age or older who do not have clinically apparent asthma
U-1092	Treatment of breast cancer
U-1093	Treatment of pseudobulbar affect
U-1094	Management of chronic musculoskeletal pain
U-1095	Method of treating ocular inflammation
U-1096	Treatment of patients with metastatic breast cancer
U-1097	Adjunct to diet and exercise to improve glycemic control in adults with type 2 diabetes mellitus when treatment with both saxagliptin and metformin is appropriate
U-1098	Method of treating hyperparathyroidism; method of treating hypercalcemia
U-1099	Treatment of pain, including neuropathic pain associated with diabetic peripheral neuropathy, postherpetic neuralgia, and fibromyalgia
U-1100	Reduction of excess abdominal fat in HIV-infected patients with lipodystrophy
U-1101	Method of treating excessive daytime sleepiness in patients with narcolepsy
U-1102	Method of treating cataplexy in patients with narcolepsy

代码	定义
U-1103	Testosterone replacement therapy in males for conditions associated with a deficiency or absence of endogenous testosterone
U-1104	Use of tramadol for the management of moderate to moderately severe chronic pain
U-1105	Topical treatment of head lice infestation in patients four (4) years of age and older
U-1106	Treating hypertriglyceridemias with reduction of food effect
U-1107	Treating hypercholesterolemias with reduction of food effect
U-1108	Treating type 2 diabetes mellitus with exenatide by stimulating insulin release
U-1109	Treatment of cutaneous manifestations of erythema nodosum leprosum (ENL) in connection with a special program approved by fda called "system for thalidomide education and prescribing safety" (S. T. E. P. S.)
U-1110	Method of treating a patient with a prescription drug using a computer database in a computer system for distribution
U-1111	Nonsteroidal anti-inflammatory drug indicated for relief of mild to moderate acute pain
U-1112	Method of mr imaging of a mammal
U-1113	Treatment and prophylaxis of influenza
U-1114	Treatment with gabapentin, including treatment of neuropathic pain, including neuropathic pain associated with postherpetic neuralgia
U-1115	Treatment to reduce the risk of copd exacerbations in patients with severe copd associated with chronic bronchitis and a history of exacerbations
U-1116	Method of administering colchicine to familial mediterranean fever patients
U-1117	Treatment of breast cancer
U-1118	Use for the treatment of chronic obstructive pulmonary disease (COPD), including chronic bronchitis and emphysema
U-1119	Contrast agent for magnetic resonance imaging
U-1120	To reduce gastrointestinal side effects administer with a meal; as starting dose administer once daily with evening meal
U-1121	Method of treating travelers' diarrhea
U-1122	Treatment of secondarily infected traumatic skin lesions due to s. Aureus and s. Pyogenes
U-1123	Treatment of alcohol dependence
U-1124	Prevention of relapse to opioid dependence, following opioid detoxification
U-1125	Method for the detection of neuroendocrine tumors
U-1126	Use in combination with prednisone for the treatment of patients with metastatic castration-resistant prostate cancer who have received prior chemotherapy containing docetaxel
U-1127	Treatment of patent ductus arteriosus
U-1128	Treatment of chronic hepatitis c(CHC) genotype 1 infection in combination with pegInterferon alfa and ribavirin in adult patients (≥18 years of age) with compensated liver disease
U-1129	Treatment of hypercholesterolemia by dosing once per day in the evening or at night, with pretreatment with a flush inhibitin agent such as aspirin
U-1130	Secondary prevention of cardiovascular events by dosing once per day in the evening or a night with pretreatment with a flush inhibiting agent such as aspirin
U-1131	Treatment of hypertriglyderidemia by dosing once per day in the evening or at night, with pretreatment with a flush inhibitin agent such as aspirin
U-1132	Treatment of hypercholesterolemia by dosing once per day in the evening or at night

代码	定义
U-1133	Secondary prevention of cardiovascular events by dosing once per day in the evening or at night
U-1134	Treatment of hypertriglyceridemia by dosing once per day in the evening or at night
U-1135	Treatment of hypercholesterolemia by dosing once per day in the evening or at night，through reduction of LDL-C，TC，TG，lp（a）and increase of HDL-HDL-C
U-1136	Secondary prevention of cardiovascular events by dosing once per day in the evening or at night，through reduction of LDL-C，TC，TG，LP（A），and increase of HDL-HDL-C
U-1137	Treatment of hypertriglyceridemia by dosing once per day in the evening or at night，through reduction of LDL-C，TC，TG，LP（A），and increase of HDL-HDL-C
U-1138	Treatment of primary and mixed dyslipidemia by dosing once per day in the evening or at night
U-1139	Reduction in risk of recurrent nonfatal myocardial infarction by dosing once per day in the evening or at night
U-1140	Reduction in elevated tc and LDL-C by dosing once per day in the evening or at night
U-1141	Reduction in tg by dosing once per day in the evening or at night
U-1142	Treatment of primary and mixed dyslipidemia by dosing once per day in the evening or at night，with pretreatment with a flush inhibiting agent such as aspirin
U-1143	Reduction in risk of recurrent nonfatal myocardial infarction by dosing once per day in the evening or at night，with pretreatment with a flush inhibitin agent such as aspirin
U-1144	Reduction in elevated tc andLDL-C by dosing once per day in the evening or at night，with pretreatment with a flush inhibitin agent such as aspirin
U-1145	Reduction in tg by dosing once per day in the evening or at night，with pretreatment with a flush inhibiting agent such as aspirin
U-1146	Reduction in tg with reduced flushing by dosing once per day in the evening or at night
U-1147	Treatment of primary and mixed dyslipidemia by dosing once per day in the evening or at night，through reduction of LDL-C，TC，TG，LP（A），and increase of HDL-HDL-C
U-1148	Reduction in risk of recurrent nonfatal myocardial infarction by dosing once per day in the evening or at night，through reductino of LDL-C，TC，TG，LP（A），and increase of HDL-HDL-C
U-1149	Treatment of hypertriglyceridemia by dosing once per day in the evening or at night，with pretreatment with a flush inhibiting agent such as aspirin
U-1150	Tretment of hypercholesterolemia by dosing once per day in the evening or at night，through reduction in total-c，LDL-C，TG，LP（A），and increase of HDL-HDL-C
U-1151	Treatment of hypertriglycderidemia by dosing once per day in the evening or at night，through reduction in total-c，LDL-C，LP（A），and increase of HDL-HDL-C
U-1152	Cyanocobalamin administration through nasal infusion
U-1153	In combination with other antiretroviral agents，is indicated for the treatment of human immunodeficiency virus type 1（HIV-1）infection in antiretroviral treatment-naive adult patients，as set forth in the labeling，including i&u section
U-1154	Treatment of protein kinase related disorders，such as gastrointestinal stromal tumors，renal cell carcinoma and advanced pancreatic neuroendocrine tumors，with sunitinib
U-1155	Use of thalidomide in treatment of cutaneous manifestations of erythema nodosum leprosum（ENL）
U-1156	To reduce blood phenylalanine（Phe）levels in patinets with hyperphenylalaninemia（HPA）
U-1157	Relief of symptoms associated with respiratory allergies in adults and children 2 years of age and older and for the relief of symptoms associated with HIVes（urticaria）in adults and children 6 years of age and older
U-1158	Relief of symptoms associated with respiratory allergies and for the relief of symptoms associated with HIVes（urticaria）in adults and children 6 years of age and older
U-1159	Relief of symptoms associated with respiratory allergies，swelling of the nasal passages and sinus congestion and pressure in adults and children 12 years of age and older

代码	定义
U-1160	Relief of symptoms associated with respiratory allergies and for the relief of symptoms associated with HIVes (urticaria) in adults and children 6 years of age and older and 12 years of age and older
U-1161	For the treatment and prophylaxis of gout flares & the treatment of familial mediterranean fever
U-1162	Treatment of seborrheic dermatitis of the scalp
U-1163	Method of treating thrombosis
U-1164	Method of treating an argatroban treatable condition
U-1165	Use for the treatment of multiple myeloma
U-1166	A method for treatment of gout flares during prophylaxis
U-1167	Prophylaxis of deep vein thrombosis (DVT) (DVT)
U-1168	The long term, once-daily maintenance brochodilator treatment of airflow obstruction in patients with chronic obstructive pulmonary disease (COPD), including chronic bronchitis and/or emphysema
U-1169	Management of breakthrough pain in cancer patients 18 years of age and older who are receiving and tolerant to opioid therapy for their underlying persistent cancer pain
U-1170	Treatment of HIV-1 infection in pediatric patients 12 years of age and older
U-1171	Reduction of the rate of thrombotic events in patients with acute coronary syndrome
U-1172	To reduce elevated total-c, apo b, and non-HDL-Cin patients wiht primary hyperlipidemia by administration of ezetimibe in combination with a statin
U-1173	To reduce elevated total-c, LDL-C, apo b and non-HDL-Cin patients with primary hyperlipidemia by administration of ezetimibe alone or in combination with a statin or with fenofibrate
U-1174	Administration of remodulin diluted for intravenous infusion with sterile water for injection, 0.9% sodium chloride injection, or flolan steriile diluent for injection prior to administration
U-1175	Reduction of cardiac tissue damage associated with myocardial infarction
U-1176	Treatment or prevention of stroke
U-1177	Reduction of cardiac tissue damage associated with myocardial infarction
U-1178	Relief of moderate to severe chronic pain
U-1179	Treatment of a cancer mediated by an anaplastic lymphoma kinase (ALK)
U-1180	Treatment of the following infections: complicated skin and skin structure infections and staphylococcus aureus bloodstream infections (bacteremia) including those with right-sided infective endocarditis
U-1181	A method of treating or preventing ocular pain in a patient
U-1182	Treatment of cyclic heavy menstrual bleeding
U-1183	A method for administering follicle stimulating hormone (FSH) for ovarian follicle or testicular stimulation in the human
U-1184	Treatment of erectile dysfunction and the signs and symptoms of benign prostatic hyperplasia
U-1185	Treatment of opioid-induced constipation
U-1186	Administration of an inhalable powder comprising tiotropium via device
U-1187	Treatment of pathological state by antagonizing bradykinin receptor including treatment of acute attacks of hereditary angioedema (HAE)
U-1188	Method of treating type 2 diabetes mellitus in patients for whom treatment with both sitagliptin and simvastatin is appropriate
U-1189	Method of treating type 2 diabetes mellitus in patients for whom treatment with both sitagliptin and simvastatin is appropriate, in combination with metformin
U-1190	Method of treating type 2 diabetes mellitus in patients for whom treatment with both sitagliptin and simvastatin is appropriate, in combination with insulin

续表

代码	定义
U-1191	Method of TX type 2 dm in PTS for whom treatment with both sitagliptin and simvastatin is appropriate，in combo with an agent acting on an atp-dependent channel in beta cells such as a sulfyonylurea（incl glipizide，glimepiriide & glyburide）
U-1192	Method of treating type 2 diabetes mellitus in patients for whom treatment with both sitagliptin and simvastatin is appropriate，in combination with a sulfonylurea（such as glipizide，glimepiride and glyburide）
U-1193	Method of treating type 2 diabetes melitus in patients for whom treatment with both sitagliptin and simvastatin is appropriate，in combination with a ppar-gamma agonist（such as pioglitazone and rosiglitazone）
U-1194	Method for treating insomnia
U-1195	Prevention and treatment of secondary hyperparathyroidism associated with chronic kidney disease（CKD）stage 5，which may result in renal osteodystrophy，while avoiding hyperphosphatemia
U-1196	Relief of signs and symptoms of rheumatoid arthritis and osteoarthritis and to decrease risk of developing upper gastrointestinal ulcers in patients who are taking ibuprofen for those indications
U-1197	Method of treatment of children with central precocious puberty
U-1198	Rectiv is a nitrate vasodilator indicated for the treatment of moderate to severe pain associated with chronic anal fissure
U-1199	Treatment and prevention of postmenopausal or glucocorticoid-induced osteoporosis and treatment to increase bone mass in men with osteoporosis
U-1200	Reducing the risk of stroke and systemic embolism
U-1201	For the treatment of intermediate or high-risk myelofibrosis
U-1202	Method for relieving or treating constipation in a patient with irritable bowel syndrome
U-1203	Method for relieving or treating constipation in a human constipated patient
U-1204	Treatment of uveitis
U-1205	Treatment of macular edema
U-1206	Delivering an ocular implant as described in the dosage and administration section of the approved labeling of ozurdex
U-1207	Infant use aged 1 month to less than one year，GERD and erosive esophagitis
U-1208	Treatment of hypotrichosis of the eyelashes by increasing their growth including length，thickness and darkness
U-1209	Treatment of human immunodeficiency virus（HIV）infection in adult patients，and treatment of human immunodeficiency virus（HIV）infection in pediatric patients 3 years of age and older
U-1210	Use of revlimid（lenalidomide）while preventing the exposure of a fetus or other contraindicated individual to revlimid（lenalidomide）
U-1211	Use of revlimid（lenalidomide）to inhibit the secretion of pro-inflammatory cytokines，including tumor necrosis factor alpha
U-1212	Use of revlimid（lenalidomide）for the treatment of multiple myeloma and transfusion-dependent anemia in myelodysplastic syndromes（MDS）
U-1213	Topical treatment of seborrheic dermatitis in immunocompetetent patients 12 years of age and older
U-1214	Method for relieving constipation in a human patient that comprises administering to the patient a dosage unit comprising（ⅰ）24mcg+/−10% of a drug substance and（ⅱ）a pharmaceutically suitable excipient
U-1215	Use of revlimid（lenalidomide）for the treatment of transfusion-dependent anemia in myelodysplastic syndromes（MDS）
U-1216	Use of revlimid（lenalidomide）for the treatment of multiple myeloma
U-1217	Method of increasing hair growth
U-1218	Method of stimulating hair growth

代码	定义
U-1219	Method of increasing the number of hairs
U-1220	Treatment of renal cell carcinoma
U-1221	To stimulate the immune system to induce t cell proliferation
U-1222	To inhibit the proliferative activity of neoplastic cells
U-1223	Method for treating type 2 diabetes using a sustained-release composition containing exenatide
U-1224	Reductions in body weight are observed with exenatide
U-1225	Accelerating the time to upper and lower gastrointestinal recovery following partial large or small bowel resection surgery with primary anastomosis
U-1226	A method of providing a predetermined concentration of nitric oxide to a patient
U-1227	Method of treating type 2 diabetes mellitus in patients for whom treatment with both sitagliptin and metformin hcl extended release is appropriate
U-1228	Method of treating type 2 diabetes mellitus in patients for whom treatment with both sitagliptin and metformin hcl extended release is appropriate alone or in combination with insulin
U-1229	Treatment of mildly to moderately active ulcerative colitis in male patients
U-1230	A method of providing nitric oxide therapy to a patient
U-1231	Treatment of moderate-to-severe primary restless leg syndrome in adults
U-1232	Use as anticoagulant in PTS w/ unstable angina undergoing ptca; w/ provisional use of glycoprotein Ⅱb/Ⅱa inhibitor, as anticoagulant in PTS undergoing PCI and for PTS w/, or at risk of, hit/hitts undergoing pci. intented for use w/aspirin
U-1233	Treatment of chronic hepatitis c (CHC) genotype 1 infection, administered with food
U-1234	For reducing total cholesterol (total-c), LDL-C, apo-lipoprotein b, or total triglycerides, and treating hypertriglyceridemia
U-1235	Reduction of elevated intraocular pressure in patients with glaucoma or ocular hypertension
U-1236	Use of thalomid (thalidomide) for the treatment of multiple myeloma
U-1237	Combo w/ other antiretrovirals for TX of HIV-1 in antiretroviral tx-experienced pt 6 years up, who have evidence of viral replication and HIV-1 strains resistant to non-nucleoside reverse transcriptase inhibitor and other antiretrovirals
U-1238	Treatment of anemia due to chronic kidney disease
U-1239	Magnetic resonance imaging of the liver
U-1240	Treatment of heavy menstrual bleeding in women without organic pathology who choose to use an oral contraceptive as their method of contraception
U-1241	Management of moderate to severe pain by orally administering an intact composition as claimed
U-1242	Prevention of respiratory distress (RDS) in premature infants
U-1243	With dry hands, gently remove the suprenza (phentermine hydrochloride ODT) tablet from the bottle. Immediately place the suprenza tablet on top of the tongue where it will dissolve, then swallow with or without water
U-1244	Method of treating type 2 diabetes mellitus by administering a dipeptidyl peptidase-4 inhibitor in combination with sulfonlyurea
U-1245	Method of treating type 2 diabetes mellitus by administering a dipeptidyl peptidase-4 inhibitor in combination with pioglitazone
U-1246	Single dose administration into the surgical site to produce postsurgical analgesia
U-1247	Management of postherpetic neuralgia (PHN) in adults

代码	定义
U-1248	Use of topical diclofenac on the knee and a second topical medication on the same knee
U-1249	Treatment of male patient having a disease or condition responsive to a teratogenic drug
U-1250	Treatment of pain，including neuropathic pain associated with diabetic peripheral neuropathy or spinal cord injury，postherpetic neuralgia，and fibromyalgia
U-1251	A method of controlling postoperative ocular pain and burning/stinging in a patient
U-1252	Method for chronic weight management by decreasing food intake
U-1253	Method for chronic weight management by inducing satiety
U-1254	Method for chronic wieght management by controlling weight gain
U-1255	Method for chronic weight management by treating obesity
U-1256	Treatment of seborrheic dermatitis
U-1257	Treatment of ophthalmic disorders
U-1258	Visualization during vitrectomy procedures
U-1259	Prophylaxis of HIV-1 infection
U-1260	Treatment of patients with multiple myeloma who have received at least two prior therapies including bortezomib and an immunomodulatory agent and have demonstrated disease progression on or within 60 days of completion of the last therapy
U-1261	Reduction of the risk of hospitalization for atrial fibrillation
U-1262	Use of qsymia（phentermine and topiramate）for weight management，including，but not limited to effecting weight loss，treating obesity，and/or treating overweight
U-1263	Treatment of chronic obstructive pulmonary disease（COPD）or chronic bronchitis
U-1264	Treatment of a respiratory disease
U-1265	Patented method of using repaglinide in combination with metformin as indicated for improving glycemic control in adults with type 2 diabetes mellitus
U-1266	Method of treating middle-of-the-night insomnia
U-1267	Treatment of rheumatoid arthritis by delayed release formulation of 1mg or 2mg of prednisone
U-1268	Treatment of pulmonary，gastrointestinal and/or rheumatological diseases or conditions by use of delayed release formulations of 1mg or 2mg prednisone
U-1269	Treatment of rheumatologic，allergic，pulmonary，gastrointestinal，dermatologic diseases or conditions by the use of a delayed release 5mg prednisone tablet
U-1270	Method of treating type 2 diabetes mellitus by administering linagliptin in combination with insulin（with or without metformin and/or pioglitazone）
U-1271	Treatment of adult patients with Philadelphia chromosome-negative（Ph$^-$）acute lymphoblastic leukemia（ALL）in second or greater relapse or whose disease has progressed following two or mor anti-leukemia therapies
U-1272	Treatment of signs and symptoms of parkinson's disease by application of claimed transdermal system
U-1273	Treatment of restless legs syndrome by application of claimed transdermal delivery system
U-1274	Treatment of exocrine pancreatic insufficiency due to cystic fibrosis or other conditions
U-1275	Treatment of chronic hepatitis B in adults and pediatric patients 12 years of age and older
U-1276	Management of neuropathic pain associated with diabetic peripheral neuropathy
U-1277	Method of increasing eyelash growth including length，thickness，darkness and/or number of eyelashes by administering bimatoprost to an eyelid margin

代码	定义
U-1278	Method of treating irritable bowel syndrome with constipation in adults
U-1279	Treatment of HIV infection using a composition containing a pharmacoknietic enhancer that inhibits cytochrome p450 monooxygenase
U-1280	Use of a calcipotriene containing foam for the treatment of psoriasis
U-1281	The treatment of patients with metastatic castration-resistant prostate cancer who have previously received docetaxel
U-1282	Prevention of acute and delayed nausea and vomiting
U-1283	A method of treating chronic myelogenous leukemia
U-1284	A method of treating a neoplasm
U-1285	Treatment of patients with relapsing forms of multiple sclerosis
U-1286	A method of reducing the risk of pulmonary edema in patients in need of treatment with inhaled nitric oxide
U-1287	Method of reducing tg levels in patient suffering from severe hypertriglyceridemia
U-1288	Treatement of erectiile dysfunction by administering a film-coated tablet
U-1289	Management of moderate to severe acute pain
U-1290	Treatment of lung cancer
U-1291	Treatment of acute promyelocytic leukemia (APL) in patients whose apl is characterized by the presence of the (15；17) translocation or pml/rar-alpha gene expression
U-1292	Treatment of diseases or conditions by the use of a delayed release 1, 2，or 5mg prednisone tablet
U-1293	A method of lowering intraocular pressure in a patient with open angle glaucoma or ocular hypertension
U-1294	Method of treating glaucoma in a patient
U-1295	A method of treating a patient with glaucoma or ocular hypertension
U-1296	Use of pemetrexed with prior and/or repeated vitamin B12 and folic acid administration
U-1297	Treatment of pulmonary arterial hypertension by inhibiting endothelin receptors
U-1298	Adjunctive therapy in the treatment of partial seizures
U-1299	Treatment of patients with leukemia including chronic myeloid/myelogenous leukemia (CML)
U-1300	Treatment of patients with tyrosine kinase inhibitor (TKI) resistant or intolerant chronic myeloid/myelogenous leukemia (CML)
U-1301	Treatment of deep vein thrombosis (DVT)
U-1302	Treatment of pulmonary embolism (PE)
U-1303	Reduction in the risk of recurrence of deep vein thrombosis (DVT) and pulmonary embolism
U-1304	Use of once-a-day amoxicillin product to treat tonsillitis and/or pharyngitis secondary to streptococcus pyogenes
U-1305	Treatment of HIV-1 infection in adult patients，and treatment of HIV-1 infection in pediatric patients 3 years of age and older，co-administered with ritonavir (prezista/ritonavir) and with other antiretroviral agents
U-1306	Treatment of thrombocytopenia in patients with chronic hepatitis c to allow the initiation and maintenance of interferon-based therapy
U-1307	In combination with other antiretroviral agents for the treatment of HIV-1 infection in treatment-naive adult patients with HIV-1 RNA less than or equal to 100000 at the start of therapy
U-1308	Multiple myeloma

代码	定义
U-1309	Bone metastases
U-1310	For the maintenance of remission of ulcerative colitis
U-1311	Method of treating cystic fibrosis
U-1312	Use for the treatment of hyperglycemia
U-1313	As an adjunct to diet and exercise to improve glycemic control in adults with type 2 diabetes mellitus
U-1314	Use in combination with prednisone for the treatment of patients with metastatic castration-resistant prostate cancer
U-1315	The long term treatment of prophylactic management of ocular hypertension and glaucoma
U-1316	A dosing regimen for the treatment of hypercholesterolemia and hyperlipidemia in patients with homozygous familial hypercholesterolemia using at least three step-wise increasing doses
U-1317	Treatment of hypercholesterolemia，hyperlipidemia and hyperlipoproteinemia in patients with homozygous familial hypercholesterolemia
U-1318	Treatment of hypercholesterolemia by decreasing the amount or activity of microsomal triglyceride transfer protein in patients with homozygous familial hypercholesterolemia
U-1319	Symptomatic relief of non-infectious diarrhea
U-1320	Treatment of adult patients with short bowel syndrome who are dependent on parenteral support
U-1321	Treatment of pulmonary multi-drug resistant tuberculosis
U-1322	Method of reducing ocular hypertension
U-1323	Reducing the risk of stroke
U-1324	Management of cystic fibrosis patients
U-1325	Induction of remission in patients with active，mild to moderate ulcerative colitis
U-1326	Method of inducing contraception in a female of reproductive age who has not yet reached premenopause
U-1327	Method for treating acute migraine in adults，with or without aura，comprising iontophoretic transdermal delivery of sumatriptan or a salt thereof，using a flowable hydrogel formulation
U-1328	Methof for treating acute migraine in adults，with or without aura，comprising iontophoretic transdermal delivery of sumatriptan or a salt thereof
U-1329	Treatment of patients with an overactive bladder
U-1330	Methods of treating lipid metabolism and glycometabolism disorders comprising administering an insulin sensitivity enhancer such as pioglitazone in combination with an insulin secretion enhancer
U-1331	Methods of reducing the amount of active components administered to a diabetic patient comprising administering an insulin sensitivity enhancer such as pioglitazone in combination with an insulin secretion enhancer
U-1332	Methods of reducing the side effects of active components administered to a diabetic patient comprising administering an insulin sensitivity enhancer such as pioglitazone in combination with an insulin secretion enhancer
U-1333	Methods of lowering elevated post prandial blood glucose levels comprising administering a dipeptidyl peptidase inhibitor
U-1334	Methods of treating diabetes comprising administering an insulin sensitivity enhancer such as pioglitazone in combination with an insulin secretion enhancer
U-1335	Methods of modifying glucose metabolism and treating diabetes comprising administering a dipeptidyl peptidase inhibitor and one or more other therapeutic agents such as metformin
U-1336	Methods of treating diabetes comprising administering a dipeptidyl peptidase inhibitor and metformin
U-1337	Method of treating diabetes comprising administering alogliptin

代码	定义
U-1338	Method of treating diabetes comprising administering a compound such as alogliptin
U-1339	Methods of treating diabetes comprising administering an insulin sensitivity enhancer such as pioglitazone in combination with a biguanide such as metformin
U-1340	Methods of treating lipid metabolism disorders comprising administering an insulin sensitivity enhancer such as pioglitazone in combination with a biguanide such as metformin
U-1341	Methods of treating glycometabolism disorders comprising administering an insulin sensitivity enhancer such as pioglitazone in combination with a biguanide such as metformin
U-1342	Methods of reducing the amount of active components administered to a diabetic patient comprising administering an insulin sensitivity enhancer such as pioglitazone in combination with a biguanide such as metformin
U-1343	Methods of reducing the side effects of active components administered to a diabetic patient comprising administering an insulin sensitivity enhancer such as pioglitazone in combination with a biguanide such as metformin
U-1344	Methods of reducing the side effects of active components administered to a diabetic patient comprising administering an insulin sensitivity enhancer such as pioglitazone in combination with an insulin preparation
U-1345	Use in relieving or preventing constipation in a human patient with a dosage unit comprising 24microg+/−10% of a drug substance and a pharmaceutically suitable excipient
U-1346	Use of febuxostat for the management of hyperuricemia in patients suffering from gout and，when used with theophylline without the need for dose adjustment of theophylline
U-1347	Treatment of a skin disorder
U-1348	Treatment of osteoarthritis
U-1349	Treatment of juvenile rheumatoid arthritis
U-1350	Treatment of ankylosing spondylitis
U-1351	Treatment of acute pain
U-1352	Treatment of primary dysmenorrhea
U-1353	Adjunctive therapy to lipid-lowering medications and diet to reduce low density lipoprotein-cholesterol，apolipoprotein b，total cholesterol，and non-high density lipoprotein cholesterol in PTS with homozygous familial hypercholesterolemia
U-1354	Inhibition of premature LH surges in women undergoing controlled ovarian hyperstimulation with FSH
U-1355	Maintenance treatment of asthma as prophylactic therapy in adult and adolescent patients 12 years of age and older. Patent claims method for treating a respiratory disease in a child
U-1356	Treatment of nasal symptoms associated with seasonal allergic rhinitis in adults and children 6 years of age and older. Treatment of nasal symptoms associated w perennial allergic rhinitis in adults and adolescents 12 years of age and older
U-1357	Treatment of symptoms associated with seasonal and perennial allergic rhinitis in adults and adolescents 12 years of age and older. Patent claims methods for treating a respiratory disease in a child
U-1358	Treatment of bacterial infections in the nasal passage of adult patients and health care workers with methicillin resistant s. Aureus
U-1359	Use of pomalidomide to inhibit the secretion of pro-inflammation cytokines，including tumor necrosis factor alpha
U-1360	Use of pomalidomide for the treatment of multiple myeloma
U-1361	Use of pomalidomide while preventing the exposure of a fetus or other contraindicated individual to pomalidomide
U-1362	Treatment of diseases or conditions by the use of a delayed-release 1，2，or 5mg prednisone tablet
U-1363	A method of treating or preventing ocular pain and burning/stinging following corneal surgery

续表

代码	定义
U-1364	Maintenance treatment of major depressive disorder（MDD）
U-1365	Prophylaxis of allograft rejection in adult patients receiving a liver transplant
U-1366	Treatment of infertility through induction of ovulation and pregnancy to anovulatory infertile women
U-1367	Method of administering FSH for the treatment of infertility through induction of ovulation and pregnancy in anovulatory infertile women
U-1368	Treatment of solid excretory system tumors；advanced renal cell carcinoma（RCC），after failure of treatment with sunitinib or sorafenib
U-1369	Treatment of vaginal symptoms of urogenital atrophy by orally administering ospemifene with food to enhance bioavailability of ospemifene
U-1370	Treatment of dyspareunia associated with menopause
U-1371	Reduction of intraocular pressure in patients with elevated intraocular pressure or glaucoma
U-1372	Administration without food for treatment of HIV-1 infection
U-1373	Method of treating acetaminophen overdose with acetylcysteine solutions
U-1374	Treatment of Philadelphia chromosome positive chronic myeloid leukemia（Ph$^+$CML）
U-1375	Adasuve is a typical antipsychotic indicated for the acute treatment of agitation associated with schizophrenia or bipolar Ⅰ disorder in adults
U-1376	Treatment of inflammatory lesions of non-nodular moderate to severe acne vulgaris
U-1377	Improve respiratory symptoms in cystic fibrosis in patients with pseudomonas aeruginosa
U-1378	Treatment of a nitrogen metaolism disorder
U-1379	Improvement of glycemic control in adults with type 2 diabetes mellitus who have one or more specified cardiovascular risk factors
U-1380	Improvement of glycemic control in adults with type 2 diabetes mellitus who have one or more specified cardiovascular risk factors wherein the patient has cardiovascular disease
U-1381	Use of prasugrel and aspirin in patients requiring the reduction of thrombotic cardiovascular events
U-1382	Treatmetn of nausea and vomiting of pregnancy in women who do not respond to conservative management
U-1383	Dosage adjustment of a nitrogen scavenging drug in the treatment of a urea cycle disorder
U-1384	Method of treating multiple sclerosis
U-1385	Method of treating an autoimmune disease selected from autoimmune polyarthritis and multiple sclerosis but not treating psoriatic arthritis
U-1386	A method of increasing the testosterone blood level of a person in need thereof
U-1387	Reduction in risk of hospitalization in patients with a history of paroxysmal or persistent af without severe heart failure and with one or more risk factors by administration twice a daily with morning and evening meals
U-1388	Treatment of patients with a history of paroxysmal or persistent af without severe heart failure and with one or more risk factors by administration twice a day with morning and evening meals
U-1389	Ella is an progesterone agonist/antagonist emergency contraception indicated for the prevention of pregnancy following unprotected intercourse or a known or suspected contraceptive failure. Ella can be taken with or without food
U-1390	A method of increasing the testosterone blood level of an adult male subject in need thereof
U-1391	Method for treating opioid-induced constipation
U-1392	Method of relieving or preventing constipation in a human patient with opioid-induced constipation
U-1393	Method for relieving or treating constipation in a patient with opioid-induced constipation

续表

代码	定义
U-1394	Method for relieving constipation in a patient with opioid-induced constipation that comprises administering to the patient a dosage unit comprising（ⅰ）24microg＋/－10％ of a drug substance and（ⅱ）a pharmaceutically suitable excipient
U-1395	Use in relieving or preventing constipation in a patient with opioid-induced constipation with a dosage unit comprising 24microg ＋/－10％ of a drug substance and a pharmaceutically suitable excipient
U-1396	Treatment of advanced hormone receptor positive，Her2-negative breast cancer in combination with exemestane after failure of treatment with letrozole or anastrozole
U-1397	Use as an antiseptic for the preparation of a patient's skin prior to surgery

注：本表资料来源于美国食品药品监督管理局 FDA 官方网站：http://www.accessdata.fda.gov/scripts/cder/ob/docs/pattermsall.cfm.

附录4　美国药品市场独占权代码定义

独占权代码	独占权代码定义
D	New dosing schedule(see individual references)
D-1	Once a day application
D-2	Once daily dosing
D-3	Seven days/seven days/seven days dosing schedule
D-4	Seven days/fourteen days dosing schedule
D-5	Ten days/eleven days dosing schedule
D-6	Seven days/nine days/five days dosing schedule
D-7	Bid dosing
D-8	Intravenous,epidural and intrathecal dosing
D-9	Narcotic overdose in adults
D-10	Narcotic overdose in children
D-11	Postoperative narcotic depression in children
D-12	Bedtime dosing of 800mg for treatment of active duodenal ulcer
D-13	Increased maximum daily dosage recommendation
D-14	Bedtime dosing of 800mg for treatment of active benign gastric ulcer
D-15	Single daily dose of 25mg/37.5mg
D-16	Continuous intravenous infusion
D-17	400mg every 12 hours for three days for uncomplicated urinary tract infections
D-18	Lower recommended starting dose guidelines
D-19	Bolus dosing guidelines
D-20	Single 32mg dose
D-21	Alternative dosage of 300mg once daily after the evening meal
D-22	Reduction in infusion time from 24 to 4 hours for the 60mg dose
D-23	Increase maximum dose and variations in the dosing regimen
D-24	For ovarian cancer the recommended regimen is 135mg/m² or 175mg/m² intravenously over three hours every three weeks

续表

独占权代码	独占权代码定义
D-25	Additional dosage regimen equal to half the original dosing regimen
D-26	Once weekly application
D-27	Bid dosing in patients 12 years of age and older for prevention of nausea and vomiting associated with moderate emetogenic cancer chemotherapy
D-28	Use of isovue-370 in excretory urography at equivalent grams of iodine to the currently approved isovue-250 and isovue-300
D-29	Increase of cumulative dose to 0. 3mmol/kg for mri of cns in adults
D-30	5000 iu dose for phophylaxix against deep vein thrombosis
D-31	Change in recommended total daily dose to 80mg(40mg bid)
D-32	Removal of the restrictions limiting treatment to two consecutive weeks and to small areas
D-33	Once daily dosing for plaque psoriasis
D-34	Every four months dosage regimen
D-35	For a one week dosing of interdigital tinea pedis
D-36	For a single 2mg dose as an alternative to the 1mg dose given twice daily
D-37	Dosing regimen for administration either once daily(QD)or twice daily(bid)
D-38	Continuous infusion as an alternate method of administration
D-39	Change in time to take the drug prior to a meal to prevent meal-induced heartburn symptoms from "… 1/2 to 1 hour before eating" to"… Right before eating or up to 60min before consuming…"
D-40	Once-a-day dosing regimen
D-41	Drug may be dosed right before a meal or any time up to 30min before eating or drinking food and beverages that would be expected to cause symptoms
D-42	Ten day dosing regimen for triple therapy,prevacid in combination with clarithromycin and amoxicillin, for the eradication of H. pylori in patients with duodenal ulcer disease
D-43	Initiation of treatment with 900mg/day by deletion of the requirement to titrate to 900mg/day over a 3-day period
D-44	In a clinical trial,fewer discontinuations due to adverse events,especially dizziness and vertigo,were observed when titrating the dose in increments of 50mg/day every 3 days until an effective dose(not exceeding 400mg/day)was reached
D-45	Once daily dosing for maintenance only
D-46	New dosing regimen of 80mg daily
D-47	Prevention of heartburn symptoms when administered from 15 minutes up to,but not including,1 hour prior to a provocative meal
D-48	Adimistration of cisatricurium a neuromuscular blocking agent at doses of 3 and 4x the ED95 of cisatricurium following induction with thiopental
D-49	Pediatric dosing guidelines
D-50	Information for use of corvert in post-cardiac surgery patients
D-51	Optional starting dose of 40mg/day
D-52	Alternate dosing regimen of 1250mg twice daily
D-53	Use in pediatric patients from 1 month to 16 years of age
D-54	Use of zyban for maintenance therapy. Treatment up to 6 months was shown efficacious
D-55	Addition of a higher dose of nutropin for pubertal patients(pubertal dose less than or equal to 0. 7mg/kg/week)

续表

独占权代码	独占权代码定义
D-56	Addition of postprandial dosing
D-57	3-hour infusion of taxol given every three weeks at a dose of 175mg/m² followed by cisplatin at a dose of 75mg/m² for the first-line treatment of advanced ovarian cancer
D-58	Change in dosing interval to once-daily administration
D-59	Reduction of elevatedLDL-C in a new, higher strength tablet, 0.8mg, and for extension of the dosage range to 0.8mg daily
D-60	Addition of a post-operative dosing regimen
D-61	Once weekly dosing for the treatment of postmenopausal osteoporosis
D-62	Once weekly dosing for the prevention of postmenopausal osteoporosis
D-63	To allow a titration dosing regimen using a 25mg dose
D-64	Increasing dosage for nerve block anesthesia using naropin 7.5mg/mL and for extending the duration of treatment for postoperative analgesia using naropin 2mg/mL
D-65	Change dosing and administration to indicate maintenance of weight loss over an 18 month period thus extending the use of this drug from one to two years
D-66	Dosing recommendations for patients undergoing PCI
D-67	Shorter treatment course of three days in the treatment of recurrent episodes of genital herpes
D-68	Change of admin rate for infusion of aredia for treatment of moderate and severe hypercalcemia of malignancy from 24 hours to 2 hours up to but not including 24 hours
D-69	Shortened dosing regimen to 5 days for the treatment of acute exacerbation of chronic bronchitis
D-70	80mg once daily dosing regimen
D-71	Eight week dosing regimen
D-72	Information regarding increased rate of infusion for depacon
D-73	Once a week dosing for the treatment of postmenopausal osteoporosis
D-74	Once a week dosing for the prevention of postmenopausal osteoporosis
D-75	Intermittent dosing regimen, starting daily dose 14 days prior to the anticipated onset of menstruation through the first full day of menses and repeating with each new cycle
D-76	For use on an "as needed" or prn basis for the management of nasal symptoms in patients for whom the drug is indicated
D-77	Addition of 20mg and 40mg daily as optional starting doses with 40mg intended for patients who require a large reduction in LDL-C(more than 45%)
D-78	Use of flexeril 5mg for the relief of muscle spasm associated with acute, painful, musculoskeletal conditions
D-79	New lower starting dose for treatment of moderate to severe vasomotor symptoms and/or moderate to severe symptoms of vulvar and vaginal atrophy associated w/ the menopause
D-80	Change of dosing schedule for lantus from once daily at bedtime to flexible daily dosing
D-81	New lower starting dose for the prevention of postmenopausal osteoporsis
D-82	Use of premarin 0.3mg and 0.45mg for the prevention of postmenopausal osteoporosis
D-83	750mg, once daily for 5 days for community acquired pneumonia(CAP)
D-84	Once-a-day dosing of floxacin otic for the treatment of adults and pediatric patients(ages 6 mo & older) w/ otitis externa caused by susceptible strains ofE. Coli, p. aeruginosa and s. aureus
D-85	Lower recommended starting dose guidelines for treatment of moderate to severe vasomotor symptoms associated with the menopause
D-86	For use in select external insulin pumps

独占权代码	独占权代码定义
D-87	Addition of once-weekly dosing for the treatment to increase bone mass in men with osteoporosis
D-88	New dosing range of 200~400mg per day in two divided doses for adults with partial seizures
D-89	Use of reyataz 300mg/ritonavir 100mg once daily for treatment in HIV-infected antiretroviral-experienced patients
D-90	Addition of daytime administration to treat vulvovaginal candidiasis
D-91	Alternate intermittent dosing regimen
D-92	Alternative dosage of 1000mg once daily at bedtime
D-93	Alternate two or three times daily dosing regimens
D-94	New maximum dosage of 72mg/day in adolescents 13~17 years of age with attention defecit hyperactivity disorder(ADHD)
D-95	Broadened initial starting dose for hypertension from 50mg to 100mg to 25mg to 100mg dose range
D-96	Once-monthly treatment of postmenopausal osteoporosis with boniva(ibandronate sodium)150mg tablets
D-97	Ped cancer pt population expanded to include PTS 6 mos up to but not including 4 yrs and dosing instructions to admin 30 min befpre chemo with second and third doses 4 & 8 hours after first dose
D-98	Dosing for ped surgical PTS expanded to include PTS 1 month up to but not including 2 years of age
D-99	Once daily administration for the treatment of HIV infection in therapy naive adult patients
D-100	750mg once daily for five days for the treatment of acute bacterial sinusitis
D-101	Once daily in chronic idiopathic uticaria for adults and children 12 years of age and older
D-102	New dosing regimen of one spray twice daily for seasonal alleric rhinitis in patients 12 yrs of age and older
D-103	New dosing recommendation for the treatment of recurrent genital herpes in immunocompetent patients, specificallya reduction in course of therapy from famciclovir 125mg twice-a-day for 5 days to 1000mg twice-a-day for 1 day
D-104	0.5mg/0.1mg for the treatment of moderate to severe vasomotor symptoms associated with menopause in women who have a uterus
D-105	Use of actonel 75mg two consecutive days per month for the prevention and treatment of postmenopausal osteoporosis
D-106	Five day treatment of selected susceptible strains of streptococcus pneumoniae, haemophilus influenza, mycoplasma pneumoniae, and chlamydia pneumoniae for community-acquired pneumonia
D-107	Provides for the combination tablet of 70mg alendronate and 5600 iu of vitamin d3 for the treatment of osteoporosis in postmenopausal women and to increase bone mass in men with osteoporosis
D-108	Treatment of complicated urinary tract infection and acute pyelonephritis with levaquin 750mg once daily for five days
D-109	Provide for the use of a lower dose for the treatment of adults with chronic phase chronic myeloid leukemia(CML)with resistance or intolerance to prior therapy including imatinib mesylate
D-110	Treatment of schizophrenia in adolescents aged 13~17
D-111	Provides for once daily use of cialis, 2.5mg and 5mg, for the treamtent of erectile dysfunction
D-112	Provides for pediatric pump use
D-113	Once daily dosing regimen for patients who become constipated on twice daily regimen
D-114	New dosing recommendations for use of sirolimus in combination with cyclosporine for the prophylaxis of rejection in high-risk renal transplant recipients
D-115	Starting dose of 15mg/day for monotherapy in acute treatment of bipolar disorder, manic or mixed
D-116	Alternative dosing regimen atazanavir sulate co-administered with ritonavir for the treatment of HIV-1 infection in treatment naive patients

独占权代码	独占权代码定义
D-117	50mg tablet for initiation of dose titration for bipolar disorder
D-118	Two 400mg tablets once daily, co-administered with 100mg ritonavir
D-119	Dosing recommendations for HIV infected pediatric patients 6 to less than 18 years of age
D-120	Dosing regimen adjustments
D-121	Change to remove 20mg maximum dosage restriction
D-122	Use of vagifem 10 mcg for the treatment of atrophic vaginitis due to menopause
D-123	Alternative dosing regimen dose of 20mg/meter square by continuous intravenous infusion over 1 hour repeated daily for 5 days
D-124	Once daily dosing regimen in adult patients with less than three lopinavir resistance-associated substitutions
D-125	Extend current dosing regimen to 900mg(2~450mg tablets)once a day within 10 days of transplantation until 200 days post-transplantation for the prevention of cytomegalovirus(CMV)disease in adult kidney transplant patients at high risk
D-126	Change dosage regimen from 250mg to 500mg
D-127	Dosing regimen for adult patients with chronichepatitis B(CHB)and decompensated liver desease
D-128	Single Ⅳ dose of fosaprepitant 150mg, dosed concomitantly with 5ht3 receptor antagonist & corticosteroid, for prevention of acute & delayed nausea & vomiting associated with initial and repeat courses of highly emetogenic cancer chemo
D-129	800/100mg darunavir/ritonavir, once daily, in treatment-experienced HIV-1 infected patients with no darunivir resistance associated subsitutions
D-130	Dosing recommendations for treatment of HIV-1 infection during pregnancy based on data from study ai 424-182, a study of atazanavir/ritonavir in combination with zidovudine/lamivudine in HIV infected pregnant women
D-131	Every 6 to 8 weeks for the 120mg strength for patients who are controlled on somatuline depot 60mg or 90mg
D-132	45mg for 6 month administration
D-133	New efficacy data and dosing regimen for pregnancy in normal ovulatory women undergoing controlled ovarian stimulation as part of an ivf or intracytoplasmic sperm injection(ICSI)cycle
D-134	Increasing maximum dosing of patients with schizophrenia to 160mg/day
D-135	Update labeling with once daily dosing in HIV-1 infected, treatment-naive pediatric patients 12 to less than 18 years of age
D-136	Alternate dosing regimen for uncomplicated urethral or endocervical infection caused by chlamydia trachomatis, administer 200mg by mouth once-a-day for 7 days
I	New indication(see individual references)
I-1	Dysmenorrhea
I-2	Cholangiopancreatography
I-3	Intravenous digital subtraction angiography
I-4	Peripheral venography(phlebography)
I-5	Hysterosalpingography
I-6	Treatment of juvenile arthritis
I-7	Biopsy proven minimal change nephrotic syndrome in children
I-8	Adult intravenous contrast-enhanced computed tomography of the head and body

续表

独占权代码	独占权代码定义
I-9	Prevention of postoperative nausea and vomiting
I-10	Prevention of postoperative deep venous thrombosis and pulmonary embolism in total hip replacement surgery
I-11	Relief of mild to moderate pain
I-12	Treatment of cutaneous candidiasis
I-13	Urinary tract infection(UTI)prevention for periods up to five months in women with a history of recurrent uti
I-14	Seborrheic dermatitis
I-15	Photopheresis in the palliative treatment of skin manifestations of cutaneousT-cell lymphoma in persons not responsive to other treatment
I-16	Stimulate the development of multiple follicles/oocytes in ovulatory patients participating in an in vitro fertilization program
I-17	Management of congestive heart failure
I-18	Endoscopic retrograde pancreatography
I-19	Herniography
I-20	Knee arthrography
I-21	High dose methotrexate with leucovorin rescue in combination with other chemotherapeutic agents to delay recurrence in patients with nonmetastatic osteosarcoma who have undergone surgical resection or amputation for the primary tumor
I-22	Rescue after high-dose methotrexate therapy in osteosarcoma
I-23	Short-term treatment of active benign gastric ulcer
I-24	Treatment of rheumatoid arthritis
I-25	Adult intra-arterial digital subtraction angiography of the head,neck,abdominal,renal and peripheral vessels
I-26	Treatment of liver flukes
I-27	Adjunctive therapy to diet to reduce the risk of coronary artery disease
I-28	Selective adult visceral arteriography
I-29	Metastatic breast cancer in premenopausal women as an alternative to oophorectomy or ovarian irradiation
I-30	Treatment of tinea pedis
I-31	Contrast enhancement agent to facilitate visualization of lesions in the spine and associated tissues
I-32	Pediatric myelography
I-33	Oral use of diluted omnipaque injection in adults for contrast enhanced computed tomography of the abdomen
I-34	Oral use in adults for pass-through examination of the gastrointestinal tract
I-35	Pediatric contrast enhancement of computed tomographic head imaging
I-36	Arthrography of the shoulder joints in adults
I-37	Radiography of the temporomandibular joint in adults
I-38	Contrast enhancement agent to facilitate visualization of lesions of the central nervous system in children (2 years of age and older)
I-39	Treatment of acute myocardial infarction
I-40	Primary nocturnal enuresis

独占权代码	独占权代码定义
I-41	Migraine headache prophylaxis
I-42	Herpes-Zoster
I-43	Herpes simplex encephalitis
I-44	Maintenance therapy in healed duodenal ulcer patients at dose of 1 gram twice daily
I-45	Acute treatment of varicella zoster virus
I-46	Use in pediatric computed tomographic head and body imaging
I-47	Treatment of pediatric patients with symptomatic human immunodeficiency virus(HIV)disease
I-48	Pediatric angiocardiography
I-49	Treatment of travelers' diarrhea due to susceptible strains of enterotoxigenic escherichia coli
I-50	For use in women with axillary node-negative breast cancer
I-51	Treatment of primary dysmenorrhea and for the treatment of idiopathic heavy menstrual blood loss
I-52	Pediatric excretory urography
I-53	Treatment of panic disorder,with or without agoraphobia
I-54	Renal concentration capacity test
I-55	Hypertension
I-56	Erosive gastroesophageal reflux disease
I-57	Short-term treatment of active duodenal ulcer
I-58	Initial treatment of advanced ovarian carcinoma in combination with other approved chemotherapeutic agents
I-59	Endoscopically diagnosed esophagitis,including erosive and ulcerative esophagitis,and associated heartburn due to gastroesophageal reflux disease
I-60	Single application treatment of head lice in children two months to two years in age
I-61	Female androgenetic alopecia
I-62	Prevention and treatment of postmenopausal osteoporosis
I-63	Once daily treatment as initial therapy in the treatment of hypertension
I-64	Prevention of supraventricular tachycardias
I-65	Prevention of upper gastrointestinal bleeding in critically ill patients
I-66	Uncomplicated gonorrhea
I-67	Treatment of acute asthmatic attacks in children six years of age and older
I-68	Central precocious puberty
I-69	Short term treatment of patients with symptoms of gastroesophageal reflux disease(GERD),and for the short term treatment of esophagitis due to GERD including ulcerative disease diagnosed by endoscopy
I-70	Use in combination with 5-fluorouracil to prolong survival in the palliative treatment of patients with advanced colorectal cancer
I-71	Varicella infections(chickenpox)
I-72	Prevention of cmv disease in transplant patients at risk for cmv disease
I-73	Initiate and maintain monitored anesthesia care(MAC)sedation during diagnostic procedures
I-74	Intravenous digital subtraction angiography
I-75	Treatment of endoscopically diagnosed erosive esophagitis

续表

独占权代码	独占权代码定义
I-76	Prevention of osteoporosis
I-77	Dermal infections-tinea pedis，tinea corporis，tinea cruris due to epidermophyton floccosum
I-78	Contrast enhanced computed tomographic imaging of the head and body and intravenous excretory urography
I-79	Management of chronic stable angina and angina due to coronary artery spasm
I-80	Diagnosis and localization of ischemia and coronary heart disease
I-81	Prophylaxis in designated immunocompromised conditions to reduce the incidence of oropharyngeal candidiasis
I-82	Treatment of travelers' diarrhea
I-83	Angiocardiography，contrast enhanced computed tomographic imaging of the head and body，and intravenous excretory urography in children
I-84	Intraoperative and postoperative tachycardia and/or hypertension
I-85	Treatment of anorexia associated with weight loss in patients with aids
I-86	Treatment of secondary carnitine deficiency
I-87	Renal imaging agent for use in children
I-88	Management of endometriosis
I-89	Epidural use in labor and delivery as an analgesic adjunct to bupivacaine
I-90	Intensive care unit sedation
I-91	Monotherapy use for hypertension
I-92	Adjunctive therapy in the management of heart failure
I-93	Prevention of exercise-induced bronchospasm in children ages 4～11 years
I-94	Use with mri in adults to provide contrast enhancement and facilitate visualization of lesions in the body（excluding the heart）
I-95	Treatment of left ventricular dysfunction following myocardial infarction
I-96	Treatment of symptomatic benign prostatic hyperplasia
I-97	Oral or rectal use in children for the examination of the gastrointestinal tract
I-98	Treatment of children who have growth failure associated with chronic renal insufficiency
I-99	Pediatric anesthesia in children 3 years and older
I-100	To decrease the incidence of candidiasis in patients undergoing bone marrow transplantation who receive cytotoxic chemotherapy and/or radiation therapy
I-101	Treatment of diabetic nephropathy in patients with type ⅰ insulin-dependent diabetes mellitus and retinopathy
I-102	Treatment of obsessive-compulsive disorder
I-103	Prophylaxis against pneumocystis carinii pneumonia in individuals who are immunocompromised and considered to be at risk of developing pneumocystis carinii pneumonia
I-104	Treatment of pulmonary and extrapulmonary aspergillosis in patents who are intolerant of or who are refractory to amphotericin b therapy
I-105	Treatment of metastatic carcinoma of the breast after failure of first-line or subsequent chemotherapy
I-106	Treatment of acromegaly
I-107	Vaginal candidiasis
I-108	Expanded use-for ICU patients undergoing long-term infusion during mechanical ventilation

独占权代码	独占权代码定义
I-109	Typhoid fever
I-110	Prevention of nausea and vomiting associated with radiotherapy
I-111	Treatment of paget's disease of bone
I-112	Management of moderate to severe pain
I-113	Treatment of prostatitis
I-114	Use in children to visualize lesions with abnormal vascularity in the brain(intracranial lesions),spine,and associated tissue
I-115	Use in mri in adults to visualize lesions in the head and neck
I-116	Maintenance of healing of erosive esophagitis
I-117	To slow the progression fo coronany atherosclerosis in patients with coronary heart disease
I-118	Prevention of deep vein thrombosis, which may lead to pulmonary embolism following knee replacement surgery
I-119	Treatment of anemia caused by uterine leiomyomata in women who fail iron therapy
I-120	Maintenance therapy for gastric ulcer patients at reduced dosage after healing acute ulcers
I-121	Expanded patient population-use in ICU patients
I-122	Psoriasis of the scalp
I-123	Relief of mild to moderate pain in patients aged 6 months and older
I-124	Leucocyte labeled scintigraphy as an adjunct in the localization of intra-abdominal infection and inflammatory bowel disease
I-125	Expansion of conscious sedation indication to include short therapeutic procedures
I-126	Adjunct to thallium-201 myocardial perfusion in patients unable to exercise adequately
I-127	Treatment of acyclovir-resistant herpes in immunocompromised patients
I-128	In pt w/ ch disease and hypercholesterolemia:reduce risk total mortality by reducing coronary death; reduce risk non-fatal mi; reduce risk undergoing myocardial revascularization procedures; reduction elevated total andLDL Chol levels...
I-129	Treatment of alcohol dependence
I-130	Maintenance of healing of erosive esophagitis
I-131	Peripheral arteriography
I-132	Treatment of manic phase of bipolar disorder
I-133	Management of chronic stable angina
I-134	Heart failure post myocardial infarction
I-135	Bone metastases associated with multiple myeloma
I-136	Idiopathic chronic urticaria
I-137	Prevention of metal-induced heart burn,acid indigestion,and sour stomach when taken 30 minutes prior to consuming food or beverages
I-138	Treatment of acute recurrent genital herpes
I-139	Palliative treatment of advanced breast cancer in pre-and perimenopausal women
I-140	Prevention of cytomegalovirus(CMV)disease in individuals with HIV infection at risk for developing CMV disease
I-141	Treatment of hemodynamically stable patients within 24 hours of acute myocardial infarction to improve survival

续表

独占权代码	独占权代码定义
I-142	Localize myocardial ischemia(reversible defect) and infarction(non-reversible defects)in evaluating myocardial function
I-143	Episodic treatment of recurrent genital herpes in immunocompetent adults
I-144	Enhancement of mri of the adult body internal organs
I-145	0.1mmol/kg as a single intravenous bolus for mri of the cns in children
I-146	Contrast enhancement and facilitation of visualization of extracranial head and neck lesions
I-147	Prevention of gallstone formation in obese patients experiencing rapid weight loss
I-148	Treatment of acute pneumocystic carini pneumonia(PCP)in HIV-infected patients whose alveolar-arterial oxygen difference(AADO2)is less than or equal to 55 Torr
I-149	Treatment of patients with non-small cell lung cancer
I-150	Treatment of obsessive compulsive disorder and panic disorder
I-151	Prevention of and prevention of further postoperative nausea and vomiting in pediatric patients receiving general anesthesia
I-152	Slowing the progression of coronary atherosclerosis and reducing the risk of acute coronary events
I-153	Management of severe spasticity(encompasses spinal and cerebral origin)
I-154	Patient population altered to include pediatric use
I-155	Treatment of onchomycosis due to dermatophytes(tinea unguium)of the toenail with or without fingernail involvement
I-156	Additional data regarding the safe use of norvasc in patients with heart failure
I-157	Treatment of acute uncomplicated cystitis in females
I-158	Treatment of osteolytic bone metastases of breast cancer
I-159	For hypercholesterolemic patients without clinically evident heart disease reduce the risk of myocardial infarction,revascularization,and death due to cardiovascular causes with no increase in death from non-cardiovascular causes
I-160	Treatment of bacterial corneal ulcers
I-161	Treatment of adult-onset or childhood-onset adult growth hormone deficiency
I-162	For use in patients 6~11 years of age
I-163	Treatment of photophobia
I-164	Chronic bacterial prostatitis
I-165	Management of adults with active,classic and definitive rheumatoid arthritis who have had insufficient therapeutic response to or are intolerant of an adequate trial of full doses of one or more non-steroidal anti-inflammatory drugs
I-166	Treatment of bulimia
I-167	Complicated intra-abdominal infections(used in combination with metronidazole)caused by mixed aerobic/anaerobic pathogens
I-168	Management of locally confined stage B2-Cmetastatic carcinoma of the prostate(in combination with LHRH agonists)
I-169	Use in combination with corticosteroids as initial chemotherapy for the treatment of patients with pain related to advanced hormone-refractory prostate cancer
I-170	Prophylactic use during head lice epidemics
I-171	Relief of symptoms of the common cold
I-172	Treatment of initial episode of genital herpes

独占权代码	独占权代码定义
I-173	Preoperatively for the prevention of infection in transrectal prostate biopsy
I-174	Pelvic inflammatory disease
I-175	Treatment of tinea corporis and tinea cruris
I-176	Treatment of postoperative inflammation in patients who have undergone cataract extraction
I-177	Tx of moderate acne vulgaris in females, greater or equal to 15yrs of age, who have no known contraindications to oral contraceptive therapy, desire contraception, have achieved menarche and are unresponsive to topical anti-acne medications
I-178	Treatment of onchomycosis of the fingernail without concomitant onchomycosis of the toenail with a pulse dosing regimen
I-179	Nosocomial pneumonia-mild to moderate and severe caused by haemophilus influenzae or klebsiella pneumoniae
I-180	Treatment of plantar tinea pedis(moccasin type)
I-181	Treatment of patients with complex partial seizures with and without secondary generalization
I-182	Treatment of growth failure associated with turner syndrome
I-183	Maintenance therapy in the management of mild to moderate asthma in pediatric patients ages 6~11
I-184	Treatment of panic disorder at a recommended dose range of 1 to 2mg/day(maximum of 4mg)
I-185	Prevention of osteoporosis in postmenopausal women
I-186	Treatment of tinea(pityriasis)versicolor caused by or presumed to be caused by pityrosporum orbiculare (also known as malassezia furfur or m. Orbiculare)
I-187	Prevention of fractures in the treatment of postmenopausal osteoporosis
I-188	Treatment of acute sinusitis and acute exacerbation of chronic sinusitis
I-189	Treatment of acute otitis media in pediatric patients
I-190	Planar imaging as a second line diagnostic drug after mammography to assist in the evaluation of breast lesions in patients with an abnormal mammogram or a palpable breast mass
I-191	Endometrial thinning agent prior to endometrial ablation for dysfunctional uterine bleeding
I-192	The prevention of deep vein thrombosis, which may lead to pulmonary embolism, in patients undergoing abdominal surgery who are at risk for thromboembolic complications and a new dosage regimen, 40mg once daily, for this indication
I-193	Treatment of panic disorder in a recommended dose range of 50 to 200mg/day
I-194	Congestive heart failure
I-195	For use of lansoprazole in combination with clarithromycin and amoxicillin for the eradication of helicobacter pylori in patients with active duodenal ulcer disease or a one-year history of duodenal ulcer
I-196	Acute treatment of active benign gastric ulcer
I-197	Maintenance of healing of duodenal ulcer
I-198	For the use of lansoprazole in combination with amoxicillin for the eradication of helicobacter pylori in patients with active duodenal ulcer disease or a one-year history of a duodenal ulcer
I-199	Monotherapy and combination therapy with sulfonyl ureas in the treatment of type Ⅱ diabetes
I-200	Treatment of tinea(pityriasis)versicolor
I-201	Empirical therapy for febrile neutropenic patients
I-202	Second-line treament of aids-related kaposi's sarcoma
I-203	Maintenance of remission of ulcerative colitis

续表

独占权代码	独占权代码定义
I-204	Use in pediatric patients between the ages of 6 and 11 for the treatment of the nasal symptoms of seasonal and perennial allergic rhinitis
I-205	Initial anticonvulsant treatment of status epilepticus
I-206	Treatment of edema associated with chronic renal failure
I-207	For the suppression of recurrent episodes of genital herpes in immunocompetent adults
I-208	Treatment of obsessive compulsive disorder in the pediatric population
I-209	Paroxysmal supraventricular tachycardia(psvt)
I-210	To slow the progression of coronary atherosclerosis in patients with coronary heart disease as part of a treatment strategy to lower total and ldl cholesterol to target levels
I-211	For use in pediatric population
I-212	Treatment of symptoms of dry mouth in patients with sjogren's syndrome
I-213	Temporary relief of pain and photophobia in patients undergoing corneal refractive surgery
I-214	Treatment of osteoporosis
I-215	Pre-procedural application to adult male genital skin prior to site-specific subcutaneous infiltration with lidocaine for the removal of genital warts
I-216	For the long-term twice-daily(morning and evening)administration in the maintenance treatment of bronchospasm associated with copd,including chronic bronchitis and emphysema
I-217	Prevention(during and following hospitalization)of deep vein thrombosis,which may lead to pulmonary embolism,in patients undergoing hip replacement surgery
I-218	Use of lipitor as an adjunctive therapy to diet for the treatment of patients with elevated serum triglyceride levels(Frederickson type Ⅳ)
I-219	Use of lipitor by patients with primary dysbetalipoproteinemia(Frederickson type Ⅲ)who do not respond adequately to diet
I-220	Treatment of episodic-heartburn,acid indigestion and sour stomach
I-221	Treatment of benign prostatic hyperplasia(BPH)in men with an enlarged prostate to improve symptoms, reduce the risk of acute urinary retention and reduce the risk of the need of surgery
I-222	Prevention of ischemic complications of unstable angina and non-q-wave myocardial infarction,when concurrently administered with aspirin
I-223	Use in the symptomatic relief of rhinorrhea associated with allergic and nonallergic-perennial rhinitis in children age 6～11 years
I-224	For the use in pediatric patients 4～11 years of age for the management of the nasal symptoms of seasonal and perennial allergic rhinitis
I-225	Use in patients with previous mi and normal cholesterol levels,to reduce risk of recurrent mi,myocardial revascularization,and cerebrovascular disease events
I-226	First-line therapy for the treatment of advanced carcinoma of the ovary in combination with cisplatin
I-227	Short-term treatment of symptomatic gastroesphageal reflux disease(GERD)
I-228	Prevention of meal induced heartburn at a dose of 75mg taken 30～60min prior to a meal
I-229	Prilosec(omeprazole),amoxicillin,and clarithromycin for the eradication of H. pylori in patients with duodenal ulcer disease
I-230	In combination with cis-platin,for the first line treatment of non-small cell lung cancer in patients who are not candidates for potentially curative surgery and/or radiation
I-231	Treatment of patients with locally advanced or metastatic breast cancer after failure of prior chemotherapy
I-232	Treatment of recurrent mucocutaneous herpes simplex infections in HIV-affected patients at a dose of 500mg twice daily

独占权代码	独占权代码定义
I-233	Prophylactic use to reduce perioperative blood loss and the need for blood transufsion in patients undergoing cardiopulmonary bypass in the course of coronary artery bypass graft surgery
I-234	For use in combination with cisplatin for the first-line treatment of patients with inoperable locally advanced(stage ⅲa or ⅲb)or metastatic(stage Ⅳ)non-small cell lung cancer
I-235	Prevention of exercise-induced bronchospasm in patients 12 years of age and older
I-236	Prevention of exercise-induced bronchospasm in patients 4 years of age and older
I-237	Maintenance treatment of asthma and prevention of bronchospasm in patients 4 years of age and older
I-238	Adjunctive treatment of lennox-gastaut syndrome in pediatric and adult patients
I-239	Treatment of patients with homozygous familial hypercholesterolemia
I-240	Management of secondary hyperparathyroidism and resultant metabolic bone disease in patients with moderate to severe chronic renal failure(ccr 15~55mL/min)not yet on dialysis
I-241	Use in photodynamic therapy(pdt)for reduction of obstruction and palliation of symptoms in patients with completely or partially obstructing endobronchial nonsmall cell lung cancer
I-242	Treatment of moderate to severe vasomotor symptoms associated with the menopause and in the treatment of vulvar and vaginal atrophy in women with an intact uterus
I-243	Use in the symptomatic relief of rhinorrhea associated with the common cold in children age 5~11 years
I-244	Reduce the incidence of breast cancer in women at high risk for breast cancer
I-245	Treatment of acute sinusitis
I-246	Treatment of uncomplicated urinary tract infections
I-247	Use in conversion to monotherapy in adults with partial seizures who are receiving treatment with a single enzyme-inducing antiepileptic drug
I-248	Inpatient treatment of acute deep vein thrombosis with/without pulmonary embolism when admin with warfarin sodim and outpatient treatment of acute deep vein thrombosis without pulmonary embolism when admin with warfarin sodium
I-249	Treatment of chronic hepatitis c in patients with compensated liver disease previously untreated with alphaInterferon therapy
I-250	Primary prevention of coronary heart disease in patients without sympatomatic cardiovascular disease who have average to moderately elevated total-c and LDL-C and below average HDL-HDL-C
I-251	Treatment of generalized anxiety disorder
I-252	New combination use of precose for patients with type 2 diabetes treated with diet plus metformin
I-253	Combination use of precose for patients with type 2 diabetes treated with diet plus insulin
I-254	Prevention of postmenopausal osteoporosis(loss of bone mass)
I-255	Prevention of pneumocystis carinii pneumonia(PCP)
I-256	Use in treatment of small cell lung cancer sensitive disease after failure of first-line chemotherapy
I-257	Treatment of chronic hepatitis B associated with evidence of hepatitis B viral replication and active liver inflamation
I-258	For perennial nonallergic rhinitis for ages 4 and above
I-259	Prophylaxis of deep vein thrombosis(DVT),which may lead to pulmonary embolism,in patients undergoing hip replacement surgery
I-260	Expanded pediatric use in children younger than one month of age to birth(with a gestational age of 37 weeks or greater)
I-261	Treatment of social anxiety disorder

独占权代码	独占权代码定义
I-262	Treatment or prevention of bronchospasm with reversible obstructive airway disease and for the prevention of exercise induced bronchospasm in children ages 4～12
I-263	Treatment of unstable angina and non-q-wave myocardial infarction for the prevention of ischemic complications in patients on concurrent aspirin therapy
I-264	Prevention of nausea and vomiting associated with radiation,including total body irradiation(tbi)and fractionated abdominal radiation
I-265	Treatment of atopic dermatitis in pediatric patients 6 years and older
I-266	Use of topamax as adjunctive therapy in pediatric patients ages 2～16 years with partial onset seizures
I-267	Use in pediatric patients 3 months old and older—for corticosteroid-responsive dermatoses
I-268	Prophylaxis and chronic treatment of asthma in patients 7～11 years of age
I-269	Prevention of nausea and vomiting associated with highly emetogenic cancer chemotherapy,including cisplatin
I-270	Adjuvant treatment of node-positive breast cancer administrered sequentially to standard doxorubicin-containing combination chemotherapy
I-271	Treatment of osteoporosis in postmenopausal women
I-272	Treatment of glucocorticoid-induced osteoporosis in men and women receiving glucocorticoids in a daily dose equivalent to 7.5mg or greater of prednisone and who have low bone mineral density
I-273	Adjunct to diet to increase HDL-HDL-Cin patients with primary hypercholesterolemia(heterozygous familial and non familial)and mixed dyslipidemia(Frederickson types Ⅱa and Ⅱb)
I-274	Use of topamax as adjunctive therapy in the treatment of primary generalized tonic-clonic seizures
I-275	Use in combination with metformin and sulfonylurea in patients with type 2 diabetes
I-276	Use of rezulin in combination with metformin and sulfonylureas in patients with type 2 diabetes
I-277	Treatment of type Ⅲ hyperlipoproteinemia
I-278	Treatment of patients with isolated hypertriglyceridemia(Frederickson type Ⅳ)
I-279	Treatment of post-traumatic stress disorder
I-280	Use of carnitor injection for the prevention and treatment of carnitine deficiency in patients with end stage renal disease who are undergoing dialysis
I-281	Increasing HDL-HDL-Cin patients with primary hypercholesterolemia(heterozygous familial and nonfamilial)and mixed dyslipidemia(Frederickson types Ⅱa and Ⅱb)
I-282	Treatment of patients with locally advanced or metastatic non-small cell lung cancer after failure of prior platinum-based chemotherapy
I-283	To reduce the incidence of moderate to severe xerostomia in patients undergoing post-operative radiation treatment for head and neck cancer,where the radiation port includes a substantial portion of the parotid glands
I-284	To reduce the number of adenomatous colorectal polyps in familial adenomatous polyposis patients as an adjunct to usual care
I-285	Treatment of nasal symptoms of seasonal and perennial rhinitis in adults and children 3 years of age and older
I-286	Treatment of patients with frederickson type Ⅲ
I-287	Use of pravastatin in patients with evident coronary heart disease to reduce the risk of total mortality by reducing coronary death
I-288	Changes in several sections of the insert to incorporate statements concerning the use of high doses of lisinopril to reduce the risk of the combined outcomes of mortality and hospitalization in patients with congestive heart failure

续表

独占权代码	独占权代码定义
I-289	Use of avandia in combination with a sulfonylurea in patients with type 2 diabetes melllitus when diet and exercise with either single agent does not achieve adequate glycemic control
I-290	Prevention of corticosteroid-induced osteoporosis
I-291	Prevention of postmenopausal osteoporosis
I-292	Treatment of postmenopausal osteoporosis
I-293	Treatment of corticosteroid-induced osteoporosis
I-294	Treatment of uncomplicated acute illness due to influenza a and b in pediatric patients 7 years and older who have been symptomatic for no more than 2 days
I-295	Prevention of postmenopausal osteoporosis for women with an intact uterus
I-296	Long-term intravenous treatment of pulmonary hypertension associated with the scleroderma spectrum of disease in NYHA class Ⅲ and class Ⅳ patients who do not respond to conventional therapy
I-297	Short-term treatment of acute manic episodes associated with bipolar ⅰ disorder
I-298	Treatment of patients with frederickson type Ⅱa and Ⅱb hyperlipoproteinemia
I-299	Use of camptosar as a component of first-line therapy in combination with 5-flurouracil and leucovarin for patients with metastatic carcinoma of the colon or rectum
I-300	Prophylaxis for asthma in children 2～5 years of age
I-301	Treatment of signs and symptoms of allergic conjunctivitis
I-302	Treatment of pediatric patients with prader-willi syndrome
I-303	Increasing HDL-cholesterol in patients with primary hypercholesterolemia and mixed dyslipidemias
I-304	Treatment of patients with frederickson type Ⅳ
I-305	Treatment of levofloxacin susceptible strains of penicillin-resistant streptococcus pneumoniae in patients with community acquired pneumonia
I-306	Induction of spermatogenesis in men with primary and secondary hypogonadotropic hypogonadism in whom the cause of infertility is not due to primary testicular failure
I-307	New combination use of metformin and insulin in type 2 diabetes
I-308	Treatment of pediatric patients with polyarticular course juvenile rheumotoid arthritis who responded inadequately to salicylates or other nsaids
I-309	Use of actonel 35mg once a week to increase bone mass in men with osteoporosis
I-310	Reduction in risk of myocardial infarction,stroke,and death from cardiovascular causes
I-311	Adjunctive therapy in the treatment of partial seizures in pediatric patients age 3～12 years
I-312	First line treatment of postmenopausal women with hormone receptor positive or hormone receptor unknown locally advanced or metastatic breast cancer
I-313	Extension of indication to provide for maintenance of response
I-314	Topical anesthetic for superficial minor surgery of genital mucous membranes and as an adjunct for local infiltration anesthesia in genital mucous membranes
I-315	Thromboprophylaxis of deep vein thrombosis,which may lead to pulmonary embolism,in medical patients who are at risk for thromboembolic complications due to severely restricted mobility during acute illness
I-316	Treatment of nsaid-associated gastric ulcer patients who continue nsaid use and reducing risk of nsaid-associated gastric ulcers in patients with history of documented gastric ulcer who require use of an nsaid
I-317	Prophylaxis of influenza in adults and adolescents 13 years and older
I-318	Firstline treatment of postmenopausal women with hormone receptor positive or hormone receptor unknown locally advanced or metastatic breast cancer

独占权代码	独占权代码定义
I-319	Use for suspected or confirmed methanol poisoning, either alone or in combination with hemodialysis
I-320	Treatment of type 2 diabetes in pediatric patients(ages 10~16 years)
I-321	Juvenile rheumatoid arthritis
I-322	Use of diprivan in patients 3 months to 16 years
I-323	Colorectal cancer
I-324	Reducing neurologic disability and/or frequency of clinical relapses in patients with secondary(chronic) progressive, progressive relapsing, or worsening relapsing-remitting multiple sclerosis
I-325	Prevention of relapse and recurrence of depression
I-326	Generalized anxiety disorder
I-327	Symptomatic relief of rhinorrhea associated with seasonal allergic rhinitis in patients 5 years and older
I-328	Prophylaxis and chronic treatment of asthma in patients 5~6 years of age
I-329	Uncomplicated skin and skin structure infections
I-330	Maintenance of healing of erosive esophagitis and control of daytime and nighttime heartburn systoms in patients with GERD
I-331	Treatment of moderate acne vulgaris
I-332	Empiric therapy in febrile neutropenic patients with suspected fungal infections(EFTN)
I-333	Topical treatment of tinea(pityriasis)versicolor due to malassezia furfur(formerly pityrosporum orbiculare)
I-334	Long-term treatment of growth failure in children born small for gestational age who fail to manifest catch-up growth by two years of age
I-335	Adjunctive therapy in patients two years and older with seizures associated with lennox-gastaut syndrome
I-336	Expansion of indication to include the treatment of patients with predominately classic subfoveal choroidal neovascularization due to pathologic myopia or presumed ocular histoplasmosis
I-337	Pathological hypersecretion associated with zollinger-ellison snydrome
I-338	Management of acute pain in adults and treatment of primary dysmenorrhea
I-339	Treatment of hepatitis B in pediatric patients ages 2~17 years
I-340	Atopic dermatitis in pediatric patients ages 2~5
I-341	Breast cancer combination therapy
I-342	Use of foradil for long-term, twice daily(morning and evening)administration in the maintenance treatment of broncho-constriction in patients with copd including chronic bronchitis and emphysema
I-343	Use of coreg for severe heart failure
I-344	Acne vulgaris
I-345	Treatment of posttraumatic stress disorder
I-346	Treatment of symptomatic gastro esophageal reflux disease(GERD)
I-347	Treatment or prevention of bronchospasm in children 6 years of age and older with obstructive airway disease
I-348	Long-term, twice-daily(morning and evening)administration in the maintenance treatment of bronchospasm associated with copd(including emphysema and chronic bronchitis)
I-349	Acute coronary syndrome
I-350	Treatment of heterozygous familial hypercholesterolemia in adolescent boys and girls at least one year postmenarchal, ages 10~17 years, with a recommended dosing range of 10~40mg once daily

独占权代码	独占权代码定义
I-351	Prevention of postmenopausal osteoporosis for all strengths
I-352	Anticoagulant in patients with or at risk for heparin-induced thrombocytopenia undergoing percutaneous coronary interventions(PCI)
I-353	Treatment of signs and symptoms of rheumatoid arthritis
I-354	Management of post herpetic neuralgia
I-355	Premenstrual dysphoric disorder
I-356	Treatment of pathological hypersecretory conditions,including zollinger-ellison syndrome
I-357	Treatment of complicated skin and skin structure infections
I-358	Treatment of panic disorder
I-359	Treatment of vulvar and vaginal atrophy associated with the menopause
I-360	Treatment of nasal symptoms of seasonal and perennial rhinitis in children ages two up to age three
I-361	Treatment of multiple myeloma and documented bone metastases from solid tumors,in conjunction with standard antineoplastic therapy. Prostate cancer should have progressed after treatment with at least one hormonal therapy
I-362	Treatment of panic disorder,with or without agoraphobia
I-363	Adjuvant treatment of post menopausal women with hormone receptor positive early breast cancer
I-364	Treatment of community-acquired pneumonia in adults
I-365	Treatment of heart failure(NYHA class Ⅱ～Ⅳ)in patients who are intolerant to an ace inhibitor
I-366	Prevention of relapse following long-term treatment of major depressive disorder
I-367	Combination therapy with thiazolidinedione to lower blood glucose in PTS whose hyperglycemia cannot be controlled by diet/exercise plus monotherapy with any of the following agents：metformin, sulfonylureas,repaglinide,or thiazolidinediones
I-368	Use of glucovance with a thiazolidinedione when glycemic control is not obtained with glucovance alone
I-369	Prevention and treatment of postoperative nausea and vomiting
I-370	Treatment of heterozygous familial hypercholesterolemia in children,ages 8～13 years,with recommended dose of 20mg once daily and in adolescents,ages 14～18 with a recommended dose of 40mg once daily
I-371	Helicobacter pylori eradication to reduce the risk of duodenal ulcer recurrence
I-372	Nosocomial pneumonia
I-373	Treatment of type 2 diabetic nephropathy
I-374	Short term topical treatment of mild to moderate plaque-type psoriasis of non scalp regions
I-375	First line therapy for the reduction of intraocular pressure in patients with open-angle glaucoma or ocular hypertension
I-376	Treatment of newly diagnosed adult patients with Philadelphia chromosome positive chronic myeloid leukemia(CML)
I-377	Use of bravelle for multiple follicular development(controlled ovarian stimulation)during assisted reproductive technology cycles in patients who have previously received pituitary suppression
I-378	Relief of symptoms of seasonal allergic rhinitis in adults and pediatric patients 2 years of age and older
I-379	Use taxotere in combination with cisplatin for the treatment of patients with unresectable,locally advanced or metastatic non-small cell lung cancer who have not previously received chemotherapy for this condition
I-380	To treat patients with schizophrenia or schizoaffective disorder at risk for emergent suicidal behavior

续表

独占权代码	独占权代码定义
I-381	Treatment of cold sores(herpes labialis)in adult and adolescent patients 12 years of age and older
I-382	For newly-diagnosed high grade malignant glioma patients as an adjunct to surgery and radiation
I-383	Treatment of type 2 diabetic nephropathy
I-384	Use in combination with insulin for the treatment of patients with type 2 diabetes mellitus
I-385	Modification of the indication for community acquired pneumonia to add"including penicillin-resistant strains,mic penicillin≥2mcg/mL to streptococcus pneumoniae"
I-386	Rapamune(sirolimus)within an immunosuppressive regimen that would allow for the withdrawal of cyclosporine 2~4 months after renal transplantation in patients considered at low to moderate immunologic risk for renal transplant rejection
I-387	Adjunctive therapy of partial seizures in pediatric patients greater that or equal to 2 years of age
I-388	Treatment of patients with left ventricular dysfunction following myocardial infarction
I-389	Supression of recurrent genital herpes in HIV-in fected individuals
I-390	Use in PTS at high risk coronary events due to existing coronary heart disease,diabetes,peripheral vessel disease,stroke history,other cv disease to reduce risk total mortality by reducing coronary death,reduce nonfatal mi & stroke...
I-391	Ablation of high-grade dysplasia in barrett's esophagus patients who do not undergo esophagectomy
I-392	Tx of ped patients w/Ph$^+$ chronic phase cml disease recur after stem cell trnsplt or resist to Interferon alpha therapy. no controlled trials demonstrating a clinical benefit such as improve in disease related sx or increased survival
I-393	Chronic bacterial prostatitis
I-394	Use in patients with coronary heart disease to reduce the risk of undergoing coronary revascularization procedures
I-395	To improve physical function
I-396	Expanded indication to include the assessment of ventricular function in subjects being evaluated for heart disease and/or ventricular function
I-397	Extended prophylaxis in patients undergoing hip fracture surgery
I-398	Idiopathic short stature
I-399	Treatment of candidemia and the following candida infections:intra-abdominal abscesses,peritonitis and pleural space infections
I-400	Use of olanzapine in combination with lithium or valproate for the treatment of acute manic episodes associated with bipolar disorder
I-401	Longer-term efficacy of aripiprazole in the treatment of schizophrenia
I-402	Diabetic foot infections without concomitant osteomyelitis
I-403	Use of valtrex in combination with safer sex practices for the reduction of the risk of transmission of genital herpes during suppresive therapy of the source partner in a heterosexual couple
I-404	Maintenance treatment of bipolar Ⅰ disorder to delay the time to occurrence of mood episodes(depression,mania,hypomania,mixed episodes)in patients treated for acute mood episodes with standard therapy
I-405	Treatment of premenstrual dysphoric disorder(PMDD)using an intermittent dosing regimen
I-406	Prevention of cytomegalovirus disease in kidney,heart,and kidney-pancreas transplant patients at high risk(donor cmv seropositive/recipient cmv seronegative)
I-407	Improve survival of stable patients with left ventricular systolic dysfunction(ejection fraction≤40%)and clinical evidence of congestive heart failure after an acute myocardial infarction
I-408	Stimulation of pancreatic secretions to facilitate the indentification of the ampulla of vater and accessory papilla during endoscopic retrograde cholangio-pancreatography(ERCP)

独占权代码	独占权代码定义
I-409	Esophageal candidiasis
I-410	Use of advair diskus 250/50 for chronic obstructive pulmonary disease (COPD) associated with chronic bronchitis
I-411	Expanded indication for use in combination with antidiabetic drugs in the thiazolidinedione class
I-412	Monotherapy for the short term treatment of acute manic or mixed episodes associated with bipolar ⅰ disorder
I-413	Adjunctive therapy for the short term treatment of acute manic or mixed episodes associated with bipolar ⅰ disorder
I-414	Prophylaxis of deep vein thrombosis(DVT), which may lead to pulmonary embolism(PE)in medical patients who are at risk for thromboembolic complications due to severely restricted mobility during acute illness
I-415	Severe hypertension when the value of achieving prompt blood pressure control exceeds the risk of initiating combination therapy
I-416	The use of cipro XR for complicated urinary tract infections and acute uncomplicated pyelonephritis
I-417	Use in the long term treatment of bipolar ⅰ disorder
I-418	Adjunctive therapy w/ mood stabilizers(lithium or divalproex)in the treatment of acute manic episodes associated with bipolar ⅰ disorders
I-419	Monotherapy in the treatment of acute manic episodes associated with bipolar ⅰ disorder
I-420	Topical treatment of clinically typical,nonhyperkeratotic,nonhypertrophic actinic keratoses on the face or scalp in immunocompetent adults
I-421	Treatment of complicated urinary tract infections and pyelonephritis due to E. Coli for ped patients(1～17)not as first choice
I-422	Indicated for the in-hospital short-term(up to 4 hours)reduction in blood pressure in pediatric patients
I-423	Acute treatment of migraine attacks with or without aura in adults
I-424	Management of secondary hyperparathyroidism in patients with moderate to severe chronic renal insufficiency not yet on dialysis
I-425	Floxatin in combination with infusional 5-fluorouracil(5-FU)and leucovorin(lv)for the treatment of patients previously untreated for advanced colorectal cancer
I-426	Treatment of acute pulmonary embolism when administered in conjunction with warfarin sodium
I-427	Treatment of acute deep vein thrombosis without pulmonary embolism when administered in conjunction with warfarin sodium
I-428	For use in combination with paclitaxel for the first-line treatment of patients with metastatic breast cancer after failure of prior anthracycline containing adjuvant chemotherapy unless anthracyclines were clinically contraindicated
I-429	For use in combination with prednisone for the treatment of patients with androgen independent (hormone refractory)metastatic prostate cancer
I-430	For use in the relief of the signs and symptoms of rheumatoid arthritis in adults
I-431	Nosocomial pneumonia and community-acquired pneumonia caused by streptococcus pneumoniae indication expanded to include multi-drug resistant strains
I-432	Treatment of community acquired pneumonia caused by multi-drug resistant streptococcus pneumoniae
I-433	Treatment of biopsy-confirmed, primary superficial basal cell carcinoma in immunocompetent adults, with a maximum tumor diameter of 2.0cm,located on the trunk(excluding anogenital skin),neck,or extremities(excluding hands and feet)
I-434	Prevention of cardiovascular disease in adult patients without clinically evident heart disease,but with multiple risk factors for coronary heart disease to reduce risk of mi and risk for revascularization procedures and angina

续表

独占权代码	独占权代码定义
I-435	Chronic idiopathic constipation
I-436	For use in combination with doxorubicin and cyclophosphamide for the adjuvant treatment of patients with operable node-positive breast cancer
I-437	Treatment of acute manic and mixed episodes associated with bipolar disorder
I-438	Empirical therapy for presumed fungal infections in febrile,neutropenic patients
I-439	Used to treat adults with growth hormone deficiency
I-440	For the replacement of endogenous growth hormone in adults with growth hormone deficiency
I-441	Use combination with infusional 5-fu/lv for adjuvant treatment stage Ⅲ colon cancer PTS who have undergone complete resection primary tumor-based on improvement in disease free survival,no demonstrated benefit overall survival after 4yrs
I-442	Used for candidemia in nonneutropenic patients and the following candida infections:disseminated infections in skin & infections in abdomen,kidney,bladder wall,and wounds
I-443	Treatment of nasal polyps in patients 18 years of age and older
I-444	Use of protonix Ⅳ for injection as stand alone therapy for the short-term treatment of patients having gastroesophageal reflux(GERD)with a history of erosive esophagitis
I-445	To improve(compared to 4.25% dextrose)long-dwell ultrafiltration and clearance of creatinine and urea nitrogen in patients with high average or greater transport characteristics,as defined using the peritoneal equilibration test(PET)
I-446	Extended adjuvant treatment of early breast cancer in postmenopausal women who have received 5 yrs adjuvant tamoxifen therapy-effectiveness based on an analysis of disease free survival in patients treated for a median 24 months
I-447	Use of copegus(ribavirin)for treatment of chronic hepatitis c in adult patients coinfected with HIV in combination with pegasys(pegInterferon alfa-2a)
I-448	Treatment of heart failure(NYHA class Ⅱ~Ⅳ and ejection fraction ≤40%)to reduce the risk of death from cardiovascular causes and to reduce hospitalizations for heart failure
I-449	To improve wakefulness in two new patient populations with excessive sleepiness:those with obstructive sleep apnea/hypopnea syndrome and those with shift work sleep disorder
I-450	Treatment of patients with newly diagnosed high grade gliomas concomitantly with radiotherapy and then as adjuvant treatment
I-451	Management of endometriosis associated pain
I-452	Expanded indication to include treatment of multiple myeloma patients who have received at least 1 prior therapy
I-453	Use in combination with a sulfonylurea plus metformin when diet,exercise and both agents do not result in adequate glycemic control(triple therapy)
I-454	Maintenance of clinical remission of mild to moderate chron's disease involving the ileum and/or the ascending colon for up to 3 months
I-455	Modified heart failure indication to include treatment of heart failure in patients with left ventricular systolic dysfunction(NYHA class Ⅱ~Ⅳ;ejection fraction less than or equal to 40%)
I-456	To reduce cardiovascular death and to reduce heart failure hospitalizations. Includes additional information on the added effect on these outcomes when used with an ace inhibitor
I-457	Treatment of patients undergoing abdominal suregery who are at risk for thromboembolic compliations
I-458	Use of bivalirudin for injection with provisional use of glycoprotein Ⅱ b/Ⅱ a inhibitor(GPI)as listed in the clinical trials replace-2 section for use as an anticoagulant in patients undergoing percutaneous coronary intervention(PCI)
I-459	Non-dialysis dependent chronic kidney disease(ndd-ckd)patients receiving or not receiving an erythropoietin

续表

独占权代码	独占权代码定义
I-460	Treatment of diarrhea caused by cryptosporidium parvum in non-HIV infected patients 12 years of age and older
I-461	Use as a single agent for adjuvant treatment in patients with dukes'C colon cancer who have undergone complete resection of the primary tumor when treatment with fluoropyrimidine therapy alone is preferred
I-462	Long term treatment of idiopathic short stature
I-463	Treatment of patients post myocardial infarction
I-464	Treatment of moderate to severe primary restless legs syndrome
I-465	Perennial allergic rhinitis in adults and pediatric patients 6 months of age and older
I-466	For relief of the signs and symptoms of ankylosing spondylitis
I-467	Use of topiramate as initial monotherapy in patients 10 years of age and older with partial onset or primary generalized tonic clonic seizures
I-468	Use in patients with stable coronary artery disease to reduse the risk of cardiovascular mortality or nonfatal myocardial infection
I-469	Relief of the signs and symptoms of pauciarticular or polyarticular course juvenile rheumatoid arthritis in patients 2 years of age and older
I-470	Diabetic peripheral neuropathic pain
I-471	Indicated to reduce the risk of myocardial infarction and stroke in patients with type 2 diabetes and without clinically evident coronary heart disease but with multiple risk factors for coronary heart disease
I-472	Use in patients with angiographically documented coronary artery disease
I-473	Use in combination with gemcitabine for the first line treatment of patients with locally advanced unresectable or metastatic pancreatic cancer
I-474	Treatment of iron deficiency anemia in peritoneal dialysis dependant chronic kidney disease in patients recieving an erythropoietin
I-475	Prevention of nausea and vomitting associated with initial and repeat courses of moderately emetogenic cancer chemotherapy
I-476	Treatment of diabetic foot infections without osteomyelitis
I-477	Treatment of complicated skin and skin structure infections caused by methicillin susceptible staphylococcus aureus,escherichia coli,klebsiella pneumoniae,or enterobacter cloacae
I-478	For use as adjunctive therapy in the treatment of partial seizures in children with epilepsy aged 2~4 years
I-479	Treatment of complicated intra-abdominal infections caused by E. Coli, B. Fragilis, S. Anginosus, S. Constellatus,E. Faecalis,P. Mirabilis,C. Perfringens,B. Thetaiotaomicron or Peptostreptococcus species
I-480	Prophylaxis of influenza for patients between 1~12 years of age
I-481	Indicated for the adjuvant treatment of postmenopausal women with hormone receptor positive early breast cancer
I-482	Treatment of acute manic or mixed episodes associated with bipolar Ⅰ disorder with or without psychotic features
I-483	Prevention of postmenopausal osteoporosis
I-484	For the risk reduction of nsaid-associated gastric ulcers
I-485	Treatment of postoperative inflammation and reduction of ocular pain in patients who have undergone cataract extraction
I-486	Angiomax is indicated for patients with,or at risk of,hit/hitts undergoing PCI
I-487	Indicated for the relief of the infammatory and pruritic manifestations of corticosteroid responsive dermatoses in patients 12yrs of age or older

续表

独占权代码	独占权代码定义
I-488	Maintenance therapy in bipolar Ⅰ disorder
I-489	For use in pediatric patients with type Ⅰ diabetes
I-490	For use in combination with cisplatin and fluorouracil for the treatment of patients with advanced gastric adenocarcinoma,including adenocarcinoma of gastroesophageal junction,who have not received prior chemotherapy for advanced disease
I-491	Influenza prophylaxis
I-492	Monotherapy in the treatment of acute manic or mixed episodes in bipolar Ⅰ disorder,with or without psychotic features
I-493	Administered in combination with fenofibrate,as adjunctive therapy to diet for the reduction of elevated total-c,LDL-C,apo b,and non-HDL-Cin patients with mixed hyperlipidemia
I-494	Clinical data in support of avandamet as an adjunct to diet and exercise to improve glycemic control in patients with type 2 diabetes mellitus when treatment with dual rosiglitazone and metformin therapy is appropriate
I-495	Adjuvant TX of postmenopausal women with estrogen-receptor positive early breast cancer who have received 2～3 yrs of tamoxifen and are switched to aromasin for completion of a total of 5 consecutive yrs of adjuvant hormonal therapy
I-496	Long term treatment of growth failure associated with turner syndrome in patients who have open epiphyses
I-497	Prevention of seasonal major depressive episodes in patients with seasonal affective disorder
I-498	Prevention of postoperative nausea and vomiting
I-499	Use of gemzar in combination with carboplatin for the treatment of patients with advanced ovarian cancer that has relapsed at least 6 months after completion of platinum-based therapy
I-500	For use in combination with dexamethasone for the treatment of multiple myeloma patients who have received at least one prior therapy
I-501	Treatment of recurrent herpes labialis(cold sores)in immunocompetent patients with a single dose of famciclovir 1500mg
I-502	For PTS with st-segment elevation acute myocardial infarction,plavix to reduce rate of death from any cause and the rate of a combined endpoint of death,reinfarction or stroke. Not known to pertain to PTS who receive primary angioplasty
I-503	Treatment of major depressive episodes associated with bipolar disorder
I-504	Treatment of pathological hypersecretory conditions including zollinger-ellison syndrome
I-505	Treatment of staphylococcus aureus bloodstream infections(bacteremia),including those with right sided infective endocarditis,caused by methicillin-susceptible and methicillin-resistant isolates
I-506	Adjunctive therapy of myoclonic seizures in adults and adolescents age 12 and over with juvenile myoclonic epilepsy
I-507	Adjunct to diet to reduce total-c,LDL-C and apo b levels in adolescent boys and girls who are at least one year post-menarche,10～16 years of age,with heterozygous familial hypercholesterolemia
I-508	Premenstrual dysphonic disorder
I-509	Treatment of irratability associated with autistic disorder
I-510	Adult dermafibrosarcoma protuberans(dfsp)
I-511	Adult myelodysplastic syndrome/myeloproliferative diseases(MDS/MDP)
I-512	Adult Ph$^+$ acute lymphoblastic leukemia(ALL)monotherapy
I-513	Adult aggressive systemic mastocytosis(ASM)
I-514	Adult hypereosinophilic syndrome/chronic eosinophilic leukemia(HES/CEL)

独占权代码	独占权代码定义
I-515	Prophylaxis of surgical site infection following elective colorectal surgery
I-516	Primary generalized tonic clonic seizures in adults and pediatric patients 2 years of age and older
I-517	Treatment of moderate to severe primary restless leg syndrome(RLS)
I-518	Treatment of short stature or growth failure in children with SHOX(short stature homeobox containing gene)deficiency whose epiphyses are not closed
I-519	Use of taxotere(docetaxel)injection concentrate in combination with cisplatin and fluorouracil for the induction of patients with inoperable locally advanced squamous cell carcinoma of the head and neck(SCCHN)
I-520	Use of exenatide in patients with type 2 diabetes mellitus who are using a thiazolidinedione alone or in combination with metformin but have not achieved adequate glycemic control
I-521	Treatment of patients with mantle cell lymphoma who have received at least 1 year prior therapy
I-522	Treatment of moderate acne vulgaris in women at least 14 yrs of age,who have no known contraindications to oral contraceptive therapy,and have achieved menarche,if the patient desires an oral contraceptive for birth control
I-523	Use in adult patients with clinically evident coronary heart disease to reduce the risk of nonfatal myocardial infarction,fatal and nonfatal stroke,angina,revascularization procedures and hospitalization for congestive heart failure
I-524	Generalized anxiety disorder(GAD)
I-525	Use of 0.5mg/0.1mg for prevention of post-menopausal osteoporosis
I-526	Treatment of hyponatremia in hospitalized patients
I-527	Adjunctive therapy in the treatment of primary generalized tonic-clonic seizures in adults and children 6 years of age and older with idiopathic generalized epilepsy
I-528	Treatment of moderate to severe vaginal dryness and pain with intercourse,symptoms of vulvar and vaginal atrophy associated with menopause
I-529	Treatment of dementia of the alzheimer's type in patients with severe alzheimer's disease
I-530	Prevention of exercise-induced bronchoconstriction in patients 15 years of age and older
I-531	Maintenance treatment of schizophrenia
I-532	Treatment of bacterial vaginosis in non-pregnant females
I-533	AcuteSt-segment elevation myocardial infarction(STEMI)
I-534	Extended treatment of symptomatic venous thromboembolism(vte)and/or pulmonary embolism to reduce the reccurence of vte in patients with cancer
I-535	Management of fibromyalgia
I-536	For the treatment of short stature in children with noonan syndrome
I-537	Long term treatment of panic disorder
I-538	Short term treatment of panic disorder
I-539	Reduction in risk of invasive breast cancer in postmenopausal women with osteoporosis or at high risk for invasive breast cancer
I-540	Treatment of schizophrenia in adolescents ages 13～17
I-541	Treatment of bipolar ⅰ disorder in children ages 10～12 and adolescents ages 13～17
I-542	Expansion of patient population for head and neck cancer from "inoperable" patients to all patients
I-543	Use in combination with cisplatin and fluorouracil for the induction treatment of patients with locally advanced squamous cell carcinoma of the head and neck(SCCHN)

独占权代码	独占权代码定义
I-544	Adjunctive therapy of myoclonic seizures in adults and adolescents age 16 and over with juvenile myoclonic epilepsy
I-545	Adjunctive treatment to treat patients with major depressive disorder
I-546	Treatment of unresectable hepatocellular carcinoma
I-547	Adjunctive therapy to diet to slow the progression of artherosclerosis in adult patients as part of a treatment strategy to lower total-c andLDL-C to target levels
I-548	Seasonal allergic rhinitis in patients 6 through less than 12 years of age
I-549	Use of avalide tablets as initial therapy in patients who are likely to need multiple drugs to achieve their blood pressure goals
I-550	Treatment of hypertension in pediatric patients 6～16 years of age
I-551	Treatment of short stature in children with turner's syndrome
I-552	Adjunctive treatment for radioiodine ablation of thyroid tissue remnants in patients who have undergone thyroidectomy for well-differentiated thyroid cancer and who do not have evidence of metastatic thyroid cancer
I-553	For use as an adjunct to diet and exercise to improve glycemic control in adults with type 2 diabetes mellitus
I-554	Treatment of patients with candidemia,acute disseminated candidiasis,candida peritonis and abscesses
I-555	Treatment of acute manic or mixed episodes associated with bipolar ⅰ disorder in pediatric patients aged 10～17 years
I-556	Prevention of post operative nausea and vomiting for up to 24 hours following surgery
I-557	Use of amitiza(lubiprostone)8 mcg twice daily for treatment of irritable bowel syndrome with constipation in women greater than or equal to 18 years old
I-558	Maintenance treatment of airflow obstruction and reducing exacerations in patients with chronic obstructive pulmonary disease(COPD)including chronic bronchitis and emphysema
I-559	Adjunctive therapy added to lithium or valproate in short term treatment of bipolar disorder,manic or mixed
I-560	Maintenance treatment for bipolar ⅰ disorder,as adjunctive therapy to lithium or divalproex
I-561	Long-term treatment of social anxiety disorder
I-562	Maintenance treatment of attention-deficit disorder(ADHD)in children and adolescents
I-563	Adjunctive therapy in the treatment of primary generalized tonic-clonic siezures in adults and children 16 years of age and older with idiopathic generalized epilepsy
I-564	Treatment of patients with multiple myeloma
I-565	Use of dutasteride in combination with tamsulosin for the treatment of symptomatic benign prostatic hyperplasia(BPH)
I-566	Management of fibromyalgia
I-567	Initial therapy in patients likely to need multiple drugs to achieve their blood pressure goals
I-568	Use of aptivus,co-administered w/ritonavir,for combination antiretroviral treatment of HIV-1 infected ped(age 2～18 yrs)patients who are treatment-experienced and infected w/HIV-1 strains resistant to more than one protease inhibitor
I-569	Treatment of chronichepatitis B
I-570	Treatment of chicken pox in immunocompetent pediatric patients 2 to ＜18 years of age
I-571	Non-small cell lung cancer in combination with cisplatin and as single agent for nonsqaumous non-small cell lung cancer

独占权代码	独占权代码定义
I-572	Treatment of growth failure in children born small for gestational age(sga)with no catch-up by age 2~4 yrs
I-573	To treat patients with primary dysbetalipoproteinemia(fredickson type Ⅲ hyperlipoproteinemia)as an adjunct to diet
I-574	Monotherapy in the treatment of bipolar depression
I-575	Monotherapy in the treatment of bipolar mania
I-576	Adjunctive therapy in the treatment of bipolar mania
I-577	Sedation of non-intubated patients prior to and/or during surgical and other procudures
I-578	Expansion of indication to include treatment of HIV in treatment naive adults
I-579	Treatment of moderate to severe dyspareunia，a symptom of vulvar and vaginal atrophy，due to menopause and new twice weekly dosing regimen for this indication
I-580	Indolent b-cell non-hodgkins lymphoma (nhl) that has progressed during or within six months of treatment with rituximab or a rituximab containing regimen
I-581	Treatment to increase bone mass in men with osteoporosis
I-582	Treatment of chronic obstructive pulmonary disease
I-583	Adjuvant treatment of adult patients following complete gross resection of kit(CD117)positive gastointestinal stromal tumors(GIST)
I-584	Treatment and prevention of glucocorticoid-induced osteoporosis in patients expected to be on glucocorticoids for at least 12 months
I-585	Treatment of short stature in pediatric patients small for gestational age who do not manifest catch up growth by age 2~4 years
I-586	Community acquired bacterial pneumonia
I-587	Additional pathogens to complicated skin and skin structure infections indication
I-588	Additional pathogens to complicated intra-abdominal infections indication
I-589	Treatment of treatment resistant depression(TRD)in combination with olanzapine
I-590	Acute treatment of depressive episodes associated with bipolar disorder(in combination with olanzapine)
I-591	Treatment of treatment resistant depression(TRD)in combination with fluoxetine
I-592	Acute treatment of depressive episodes associated with bipolar disorder(in combination with fluoxetine)
I-593	Treatment of treatment resistant depression(TRD)
I-594	Indication expanded to include patients who have experienced a first clinical episode and have mri features consistent with multiple sclerosis
I-595	Prevention of osteoporosis in postmenopausal women
I-596	Use as adjunctive therapy with lithium or valproate for the maintenance treatment of bipolar ｜ disorder
I-597	Monotherapy for the maintenance treatment of bipolar ｜ disorder
I-598	Treatment of pulmonary arterial hypertension indication expanded to include delay in clinical worsening
I-599	Prevention and treatment of secondary hyperparathyroidism associated with chronic kidney disease (CKD)stage 5 in patients on hemodialysis or peritoneal dialysis
I-600	For use as initial therapy in patients who are likely to need multiple drugs to achieve their blood pressure goals
I-601	Maintenance treatment in patients with advanced or metastatic nonsquamous non-small cell lung cancer whose disease has not progressed after four cycles of platinum-based first line chemotherapy
I-602	Treatment of men and women with osteoporosis associated with sustained systemic glucocorticoid therapy at high risk for fracture

续表

独占权代码	独占权代码定义
I-603	Gout flares
I-604	Prevention of cmv disease in kidney and heart transplant patients 4 months to 16 years at high risk
I-605	Adjunct to mood stabilizers and/or antidepressants for schizoaffective disorder
I-606	Treatment of schizoaffective disorder as monotherapy
I-607	Indication expanded to include treatment of pulmonary artenal hypertension(who group Ⅰ)in patients with class Ⅱ symptoms
I-608	ReduceLDL-C levels in boys and postmenarchal girls,10～17 years of age,with heterozygous familial hypercholesterolemia as monotherapy or in combination with a statin after failing an adequate trial of diet therapy
I-610	Treatment of heavy menstrual bleeding for women who choose to use intrauterine contraception as their method of contraception
I-611	Treatment of heterozygous familial hypercholesterolemia in adolescent boys and postmenarchal girls,ages 10～17 years,with a recommendation dosing range of 5～20mg once daily
I-612	Micardis 80mg for reduction of the risk of myocardial infarction,stroke,or death from cardiovascular causes in patients 55 years of age or older at high risk of developing major cardiovascular events who are unable to take ace inhibitors
I-613	Mild to moderate atopic dermatitis in patients 3 months of age to less than 18 years of age
I-614	Short term treatment of erosive esophagitis associated with GERD in pediatric patients ages five years and older
I-615	Maintenance treatment of bipolar disorder as an adjunct to lithium or valproate
I-616	Treatment of irritability associated with autistic disorder in pediatric patients ages 6～17 years of age
I-617	Maintenance of generalized anxiety disorder(GAD)
I-618	Adjunctive therapy in the treatment of major depressive disorder(MDD)
I-619	Intravenous contrast enhanced computer tomography of the head and body
I-620	For use in combination with letrozole for the treatment of postmenopausal women with hormone receptor positive metastatic breast cancer that overexpresses the her2 receptor for whom hormonal therapy is indicated
I-621	Primary prevention of cardiovascular disease,based on the results of justification for the use of statins in primary prevention; an intervention trial evaluating rosuvastatin(jupiter)
I-622	Adjunctive therapy for primary generalized tonic-clonic seizures in patients thirteen years of age and older
I-623	Treatment of signs and symptoms of advanced idiopathic parkinson's disease
I-624	Maintenance treatment of patients with locally advanced or metastatic non-small cell lung cancer whose disease has not progressed after four cycles of platinum-based first-line chemotherapy
I-625	Pancreatic insufficiency due to chronic pancreatitis and pancreatectomy
I-626	Relief of nasal congestion associated with seasonal allergic rhinitis in adults and pediatric patents 2 years of age and older
I-627	Treatment of newly diagnosed adult patients with Philadelphia chromosome positive chronic myeloid leukemia(Ph & CML)in chronic phase
I-628	Maintenance treatment of schizophrenia in adults
I-629	Adjunctive therapy with either lithium or valproate for the acute treatment of manic or mixed episodes associated with bipolar Ⅰ disorder
I-630	Treatment of patients with subependymal giant cell astrocytoma(SEGA)associated with tuberous sclerosis(TS)who require therapeutic intervention but are not candidates for curative surgical resection
I-631	Prevention of relapse to opioid dependence following opioid detoxification

独占权代码	独占权代码定义
I-632	Management of chronic musculoskeletal pain
I-633	Maintenance treatment of bipolar ⅰ disorder as an adjunct to lithium or valproate
I-634	Treatment of severe hypercalcemia in patients with primary hyperparathyroidism who are unable to undergo parathyroidectomy
I-635	Adjunctive treatment with long-acting oral psychostimulants for the treatment of attention deficit hyperactivity disorder(ADHD)
I-636	Treatment of external genital and perianal warts/condyloma acuminata in patients 12 years or older
I-637	Use in combination chemotherapy with 5-fluorouracil in the palliative treatment of patients with advanced metastatic colorectal cancer
I-638	For patients with progressive neuroendocrine tumors of pancreatic origin(pnet)that are unresectable,locally advanced,or metastatic
I-639	Treatment of progressive,well-differentiated pancreatic neuroendocrine tumors in patients with unresectable,locally advanced,or metastatic disease
I-640	Maintenance of remission of ulcerative colitis
I-641	Treatment of the signs and symptoms of benign prostatic hyperplasia(BPH)
I-642	Treatment of erectile dysfunction(ed)and the signs and symptoms of benign prostatic hyperplasia(BPH)
I-643	Reduce the risk of stroke and systemic embolism in patients with nonvalvular atrial fibrillation
I-644	Monotherapy in patients 13 years of age and older with partial seizures who are receiving therapy with a single antiepileptic drug(AED)
I-645	Maintenance treatment of attention deficit hyperactivity disorder(ADHD)in adults
I-646	Signs and symptoms of advanced parkinson's disease(APD)
I-647	Signs and symptoms of moderate to severe primary restless legs syndrome(RLS)
I-648	Treatment of heavy menstrual bleeding in women without organic pathology who choose to use an oral contraceptive as their method of contraception
I-649	Treatment of patients with advanced soft tissue sarcoma(STS)who have received prior chemotherapy
I-650	Treatment of adults with renal angiomyolipoma and tuberous sclerosis complex(TSC),not requiring immediate surgery
I-651	Management of neuropathic pain associated with spinal cord injury
I-652	Management of postherpetic neuralgia
I-653	Treatment of endogenous anterior uveitis
I-654	Magnetic resonance angiography(MRA)to evaluate adults with known or suspected renal or aorto-iliofemoral occlusive vascular disease
I-655	Treatment of postmenopausal women with advanced hormone receptor-positive,Her2-negative breast cancer(advanced hr+bc)in combination with exemestane,after failure of treatment with letrozole or anastrozole
I-656	Management of neuropathic pain associated with diabetic peripheral neuropathy(DPN)in adults when a continuous,around-the-clock opioid analgesic is needed for an extended period of time
I-657	Plaque psoriasis of the scalp
I-658	First-line treatment of locally advanced or metastatic non-small cell lung cancer,in combination with carboplatin,in patients who are not candidates for curative surgery or radiation therapy
I-659	Plaque psoriasis of the body
I-660	Treatment of deep vein thrombosis
I-661	Treatment of pulmonary embolism

续表

独占权代码	独占权代码定义
I-662	Reduction in risk for deep vein thrombosis and the reduction in risk for pulmonary embolism
I-663	In combination with prednisone for the treatment of patients with metastatic castration-resistant prostate cancer
I-664	Treatment of thrombocytopenia in patients with chronic hepatitis c to allow the initiation and maintenance of interferon-based therapy
I-665	Treatment of chronic iron overload in patients 10 yrs of age and older with(NTDT)syndromes and with a (LIC)of at least 5mg of iron per gram of liver dry weight(mg fe/g dw)and serum ferritin greater than 300mcg/L
I-666	Treatment of pediatric patients with newly diagnosed Philadelphia chromosome-positive acute lymphoblastic leukemia(Ph$^+$ ALL)in combination with chemotherapy
I-667	Treatment of patients with locally advanced,unresectable or metastatic gastrointestinal stromal tumor (GIST)who have been previously treated with imatinib mesylate and sunitinib malate
I-668	Prophylaxis of allograft rejection in adult patients receiving a liver transplant
I-669	Scintigrapic assessment of sympathetic innervation of the myocardium by measurement of the heart to mediastinum(h/m)ratio of radioactivity uptake in patients with NYHA class ⅱ or class ⅲ heart failure and lvef less than 35%
I-670	Treatment of opioid-induced constipation(OIC)in adults with chronic,non-cancer pain
M	Miscellaneous exclusivity codes(see individual references)
M-1	Information regarding superiority claim over ranitidine for day and night heartburn added to clinical studies section
M-2	Approval for addtion to clinical pharmacology section of the label regarding(1)improvement in bone mineral density in childhood-onset adult growth hormone deficient patients and（2）increases in serum alkaline phosphatase
M-3	Addition of efficacy and safety information in which fosamax was used concomitantly with estrogen alone or with estrogen plus progestin
M-4	Changes to pediatric use section to provide information regarding safety and efficacy in pediatric patients as young as 2 years old
M-5	Information regarding effects in patients with asthma on concomitant inhaled corticosteroids in clinical pharmacology section
M-6	Additional information regarding clinical studies done with glucophage/glyburide combination added to clinical pharmacology and dosing and administration
M-7	Clinical pharmacology in pediatric patients；dosage and administration information
M-8	Additional information for the use of sonata capsules for up to 5 weeks(35 nights)of treatment in a controlled trial setting
M-9	Addition to the clinical studies section of the labeling of text and two tables containing information for the prescribing physician on blood pressure,heart rate,and heart rate variability
M-10	Information regarding maintenance of an antidepressant effect up to 1 year of dosing
M-11	Use for long-term treatment of posttraumatic stress disorder
M-12	New language for pediatric use
M-13	Information from pediatric studies added to clinical pharmacology,precautions,and dosage and administration
M-14	Additional clinical trial information added to pediatric use subsection
M-15	Longer term efficacy information for risperidone in the treatment of schizophrenia
M-16	Change in wording of the pediatric section of the package insert
M-17	Information regarding use of ultane in pediatric patients with congenital heart disease

独占权代码	独占权代码定义
M-18	Information denoting the efficacy of remeron in maintaining a response in patients with major depressive disorder(MDD)
M-19	Information regarding use in pediatric patients two years of age and older
M-20	Labeling revisions related to mccune albright syndrome
M-21	Comparison data on the antihypertensive effects of atacand and cozaar
M-22	Change in time to onset of action
M-23	Information regarding elimination added to clinical pharmacology,study results in patients with hepatic and renal impairment
M-24	Information on results of a long term longitudinal growth study and pediatric safety information
M-25	Additional safety &. pk information in children 6 months to less than 6 years of age added to pkg insert
M-26	Incorporation of information contained in the peg-intron package insert into the rebetol package insert and medguide-peg-intron was approved for use in combination with rebetol for treatment of chronic hepatitis c virus infection on 8/7/01
M-27	Information describing aspirin endoscopy study and the maximum recommended dose for patients with moderate hepatic insufficiency
M-28	Information from a study in pediatric patients in association with a neurological condition
M-29	Labeling changes to provide information in the management of obesity in adolescents aged 12~16 years
M-30	Changes to clinical pharmacology,precautions,and dosage and administration sections of labeling concerning use of lotensin in pediatric patients with hypertension
M-31	Information for use in pediatric patients with chronic kidney disease stage 5(end-stage renal disease)
M-32	Additional language to clinical pharmacology and clinical studies
M-33	Information for use of advair diskus 100/50 in children 4~11 years of age with asthma
M-34	Expanded information to pediatric use subsection of labeling in response to pediatric written request
M-35	Additional information regarding clinical studies done with actos in combination with metformin,a sulfonylurea,or insulin added to clinical pharmacology
M-36	Addition of information to clinical studies regarding prevention of cardiovascular disease
M-37	Information added to the labeling that details information relative to studies done in pediatric populations in the clinical pharmacology and pediatric use subsections
M-38	Safety and iop-lowering effects of trusopt have been demonstrated in pediatric patients in a 3 month, multi-center double masked active-treatment-controlled trial
M-39	For labeling changes based on results of the SPD422-202 clinical study report(CSR) submitted in response to the written request
M-40	Additional information regarding clinical studies performed in pediatric patients with leukemia added to precautions
M-41	Revision to the pediatric use precautions of the prescribing information to incorporate the results from the capps-169 study entitled "the effect of ortho tricyclen on bone mineral denisty in pediatric subjects with anorexia nervosa"
M-42	Addition of a geriatric use subsection to the precautions section of the package insert and geriatric dosing information
M-43	Inclusion of results of study-"placebo-controlled study to evaluate safety and pilot efficacy of iloprost as add on therapy with bosentan in subjects with pulmonary arterial hypertension"
M-44	Clinical information added to the pediatric use subsection of precautions regarding the use of novolog in adolescents with type ⅰ diabetes age 6~18
M-45	Information added to clinical trials section of labeling-effects of humatrope treatment in adults with growth hormone deficiency

续表

独占权代码	独占权代码定义
M-46	Provision of results of study and proposed revisions to package insert see section on cardiac electrophysiology
M-47	Provides for use of antara without regard to meals
M-48	Changes to the labeling describing the results of a study of the use of novolog mix 70/30 with oral antidiabetic agents in patients with type 2 diabetes
M-49	Clinical data added to the clinical pharmacology section regarding effect of singulair on growth rates in prepubertal children
M-50	New info to the clinical studies, adult growth hormone deficiency (GHD) subsection of the nutropin aq package insert describing the effects of somatropin on visceral adipose tissue in the adult growth hormone deficient patient population
M-51	Information added to labeling regarding osteogenesis imperfecta study
M-52	Information added to the clinical pharmacology/clinical studies section regarding the use of risedronate administered once a week in the prevention of osteoporosis in postmenopausal women
M-53	For labeling changes to the quality of life (QOL) statement in the approved package insert
M-54	Information from pediatric studies added to label
M-55	Information on results of a study of the use of sandostatin lar depot in pediatric patients with hypothalamic obesity
M-56	Information added to clinical trial section with information on "gemini" trial
M-57	Clinical data added to the clinical pharmacology section regarding the pharmacokinetics of ezetimibe in asian subjects
M-58	Changes to the clinical studies, primary hypercholesterolemia, vytorin subsection of the package insert to add efficacy data for the ezetimibe/simvastatin combination product and for an atorvastatin product on LDL-C and other lipid prmtrs
M-59	Results of the t20-310 study which evaluated the pharmacokinetics, safety, and antiviral activity of fuzeon in treatment experienced pediatric subjects and adolscents was added to the pediatric subsection of precautions
M-60	Changes to clinical studies, primary hypercholesterolemia, to add efficacy data for the ezetimibe/simvastatin combination product and for a rosuvastatin product on LDL-C and other lipid parameters in patients with hypercholesterolemia
M-61	Revisions to labeling based on data submitted in response to pediatric written request
M-62	Clinical information from one clinical study investigating the use of avandamet plus insulin in patients with type 2 diabetes mellitus who have not achieved adequate glycemic control with previous antidiabetic therapies
M-63	Detailed information on an inconclusive pediatric study
M-64	Changes to clinical pharmacology detailing study results
M-65	Addition of information to label to include information regarding use in patients with HIV-associated adipose redistribution syndrome (HARS)
M-66	Use in specific populations-patients with concomitant illness subsection of the labeling regarding use of strattera in patients with adhd who have comorbid tic disorder
M-67	Indication expanded to include patients on peritoneal dialysis
M-68	Description of results of study of initial therapy in combination with metformin when diet and exercise do not provide glycemic control
M-69	Results of study of combination therapy and non-inferiority study

独占权代码	独占权代码定义
M-70	Provision of information of the results of a phase 2 randomized trial of sprycel 70mg twice daily or imatinib 800mg daily
M-71	Revisions to provide for results of maintenance data in adult patients with major depressive disorder
M-72	Information about use of inspra(eplerenone)for hypertension in pediatric patients
M-73	New information added regarding the tumor shrinking potential of sandostatin lar depot injection on gh-secreting pituitary adenomas
M-74	Revisions to clinical studies-children and adolscents based on clinical trial data to support a duration of action claim up to 12 hours
M-75	Provision for use of argagatroban in certain pediatric patients with heparin-induced thrombocytopenia (hit)or heparin-induced thrombocytopenia with thrombosis(HITTS)
M-76	Removal of screen requirement in PTS with G6PD deficiency prior to initiating aczone treatment; removal of blood count & reticulocyte monitoring during treatment in G6PD deficient PTS and in patients with history of anemia
M-77	Use in combination with the new aktilite CL128 lamp for the treatment of thin and moderately thick, non-hyperkeratotic,non-pigmented actinic keratoses of the face and scalp in immunocompetent patients
M-78	Clinical trial info on use of strattera in patients with attention deficit hyperactivity disorder(ADHD)and comorbid anxiety disorder without causing worsening of anxiety
M-79	Labeling revisions related to smoking and erlotimb exposure
M-80	Additional time point of 30 minutes(0.5 hour)in children aged 6～12 years with a diagnosis of attention-deficit hyperactivity disorder(ADHD)
M-81	Additional info for pediatric use for casodex(studied in combination with arimidex)in the pediatric population,specifically boys with familial male-limited precocious puberty(testoxicosis)
M-82	Labeling revisions related to clinical studies
M-83	Additional information added to labeling regarding establishment of efficacy in additional clinical trials and one maintenance trial
M-84	Study information added to label regarding bone mineral density
M-85	Information added to labeling regarding use of prevacid in patients less than 1 year with symptomatic GERD
M-86	Labeling changes submitted in response to pediatric written request for infants ages birth to 11 month inclusive reflecting lack of efficacy for GERD indication for this patient population
M-87	Inclusion of results from two drug interaction studies with lipitor and crestor in clinical pharmacology section
M-88	Addition of information regarding abuse potential of concerta versus immediate-release methylphenidate
M-89	Provides for revisions to multiple sections of the package insert to reflect results of clinical trials 205.235(uplift)and 205.266(VA study)in support of exacerbation claim
M-90	Labeling changes based on data from clinical studies NV20235 and NV20236 studies of seasonal prophylaxis of influenza in immunocompromised patients and children ages 1～12
M-91	Updated labeling based upon study:a single-dose,single-blind,placebo-and moxifloxacin-controlled 2-period,randomized,crossover,3rd period sequential study of side effects of temsirolimus on cardiac repolarization in healthy subjects
M-92	Updates to the package insert based upon the trial entitled "a phase i pharmacokinetic and pharmacodynamic study of temsirolimus in patients with advanced malignancies and normal and impaired liver function"
M-93	Expansion of labeling to include information on safety and efficacy of creon in patients ages 7 years through 11 years with pancreatic exocrine insufficiency due to cystic fibrosis

续表

独占权代码	独占权代码定义
M-94	Info added to label related to newly diagnosed Philadelphia chromosome positive(Ph$^+$)chronic myeloid leukemia ic chronic phase
M-95	Information for treatment of chronichepatitis B(CHB)in adult patients with decompensated liver disease based on data from clinical trial gs-us-174-0108
M-96	Updated information in the clinical studies section related to the loss and recovery of bone mineral density in adolescent girls during and following the use of depo-provera contraceptive injection
M-97	Labeling changes in response to pediatric studies—not indicated for use in pediatric population
M-98	New information from a study which evaluated the safety and efficacy of famvir in treating recurrent genital herpes in immunocompetent black/african american subjects
M-99	Addition of findings from a single pediatric clinical trial(p04292)of nasonex nasal spray in the treatment of nasal polyps in patents 6 to <18 years of age to the package insert
M-100	Information added to label based upon completed clinical trial reports
M-101	Inclusion of data from an additional 19 subjects with hypercalcemia from parathyroid carcinoma to the information currently presented in the label
M-102	Information from pediatric study report MLL6633,"intravenous granisetron(kytril)in the prevention of post-operative nausea and vomiting(ponv)in pediatric subjects undergoing tonsillectomy or adenotonsillectomy"
M-103	Safety,efficacy and pharmacokinetic info for faslodex in the pediatric population,specifically for girls with progressive precocious puberty associated with mccune-albright syndrome added to the pediatric use section of the labeling
M-104	Information added to dosing and administration regarding a 26 week study
M-105	New language added to clinical studies regarding use in smokers with cardiovascular disease,chronic obstructive pulmonary disease,and use according to an alternative set of directions for setting a quit date
M-106	Addition of the t1-weighted gd-enhanced lesion efficacy variable in the clinical studies section 14 of the package insert
M-107	Information to the clinical studies section of the lupron depot-ped,1-month,based upon the phase 3/4 completed clinical study report for study m90-516,entitled "study of lupron depot in the treatment of central precocious puberty"
M-108	Changes are based on results from study CV181057
M-109	Changes to the package insert to reflect the results of the study of heart and renal protection (SHARP)trial
M-110	Changes to the package insert to reflect the results of the study of heart and renal protection (SHARP)trial
M-111	Labeling changes based on study hw80-ew-gwci entitled a placebo and positive controlled study of the electrophysiological effects of a single 10 mcg dose of exenatide on the 12 lead electrocardiogram qt interval in healthy subjects
M-112	Revisions to the pediatric use section of the package insert to add information from a pediatric study in patients aged 12 years to less than 18 years of age with recurrent herpes labialis
M-113	Labeling changes based on study h80-us-gwco entitled a randomized trial comparing exenatide with placebo in subjects with type 2 diabetes on insulin glargine with or without oral antihyperglycemic medications
M-114	Changes in section 14 of the package insert to include data from the switchmrk studies(switch of suppressed subjects from lopinavir/ritonavir to raltegravir)
M-115	Revisions to the pi based on results from study NN2211-1842,entitled the effect of insulin detemir in combination with liraglutide and metformin compared to liraglutide and metformin in subjects with type 2 diabetes

续表

独占权代码	独占权代码定义
M-116	Labeling changes based on results from clinical study 01-06-t1-opimet-008
M-117	Addition of results of pediatric trial to label
M-118	Labeling changes based upon safety and efficacy results from trial 1218. 36
M-119	Labeling changes regarding missed doses
M-120	Changes to clinical trials detailing study results
M-121	Labeling changes based upon safety and efficacy results from trial 1218. 43
M-122	Labeling changes to include the results of the paramount trial
M-123	Updated results of overall survival from "confirm" study
M-124	Long term safety and efficacy data from study cldt600a2303 for subjects previously enrolled in the original two year globe(NV-02B-007/CLDT600A2302) and NV02B-015 studiesgg who continued telbivudine treatment for up to 208 weeks
M-125	Labeling changes to include lack of efficacy in children 6 months to 4 years of age
M-126	Updates to the clinical studies section 14, of the package insert(PI), with the results of clinical trial p06086
M-127	Revisions to the pediatric use section of the package insert to reflect the results from clinical study c-10-004
M-128	Clinical trial study results
NC	New combination
NCE	New chemical entity
NDF	New dosage form
NE	New ester or salt of an active ingredient
NP	New product
NP*	New product(mint flavored)
NPP	New patient population
NR	New route
NS	New strength
ODE	Orphan drug exclusivity
PC	Patent challenge
PED	Pediatric exclusivity
RTO	Rx to otc switch or otc use
W	Exclusivity on this application expiring on this date has been waived by sponsor—see section 1. 8 of orange book preface waived exclusivity

注：本表资料来源于美国食品药品监督管理局 FDA 官方网站：http://www. accessdata. fda. gov/scripts/cder/ob/docs/excltermsall. cfm。

附录 5 美国 FDA 于 2010—2014 批准上市的药物名单

2010 年批准上市的新药

FDA 申请号；药品商品名；药物通用名	化学结构	研发公司，批准上市时间，适应证
FDA 申请号：NDA 022250 药品商品名：Ampyra 药物通用名：Dalfampridine	（结构：吡啶环，对位 NH_2 取代）	研发公司：Acorda Therapeutics Inc 批准上市时间：2010/1/22 适应证：Indicated to improve walking ability in patients with multiple sclerosis(MS). This was demonstrated by an increase in walking speed
FDA 申请号：NDA 022341 药品商品名：Victoza 药物通用名：Liraglutide	该药物是一种多肽类化合物 （化学结构略）	研发公司：Novo Nordisk Inc 批准上市时间：2010/1/25 适应证：Indicated as an adjunct to diet and exercise to improve glycemic control in adults with type 2 diabetes mellitus
FDA 申请号：NDA 022575 药品商品名：Vpriv 药物通用名：Velaglucerase Alfa	该药物是一种生物药物 （化学结构略）	研发公司：Shire Human Genetic Therapies Inc 批准上市时间：2010/2/26 适应证：Indicated for long-term enzyme replacement therapy(ERT)for pediatric and adult patients with type 1 gaucher disease
FDA 申请号：NDA 022562 药品商品名：Carbaglu 药物通用名：Carglumic Acid	（结构：含 H_2N、HO、OH、羧基的化合物）	研发公司：Orphan Europe 批准上市时间：2010/3/18 适应证：Indicated for use in pediatric and adult patients as an adjunctive therapy for the treatment of acute hyperammonemia due to nags deficiency, and as maintenance therapy for chronic hyperammonemia due to nags deficiency

续表

FDA申请号·药品商品名·药物通用名	化学结构	研发公司·批准上市时间·适应证
FDA申请号:NDA 021201 药品商品名:Asclera 药物通用名:Polidocanol	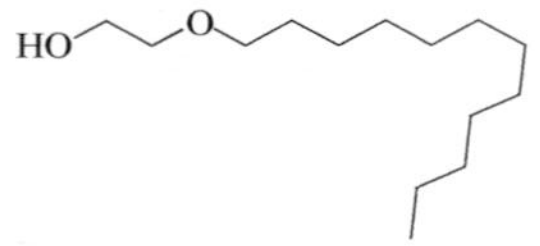	研发公司:Chemische Fabrik Kreussler And Co GMBH 批准上市时间:2010/3/30 适应证:Indicated to treat uncomplicated spider veins(varicose veins <= 1mm in diameter)and un-complicated reticular veins(varicoxe veins 1 to 3mm in diameter)in the lower extremity
FDA申请号:NDA 022252 药品商品名:Natazia 药物通用名:Estradial Valerate/Dienogest Tabs

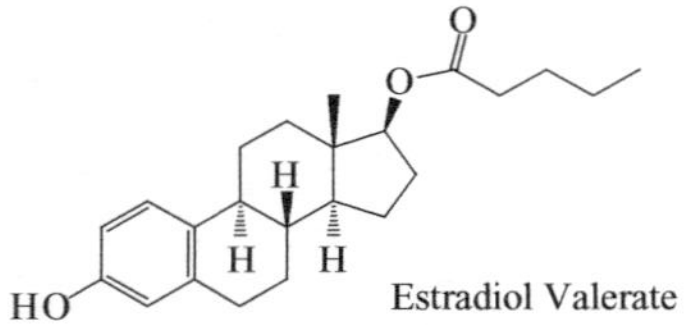

Estradiol Valerate

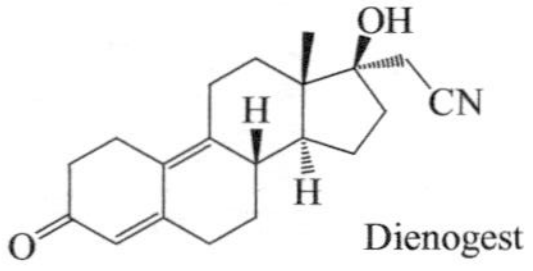

Dienogest | 研发公司:Bayer Healthcare Pharmaceuticals Inc
批准上市时间:2010/5/6
适应证:Indicated for prevention of pregnancy |
| FDA申请号:NDA 201023
药品商品名:Jevtana
药物通用名:Cabazitaxel | 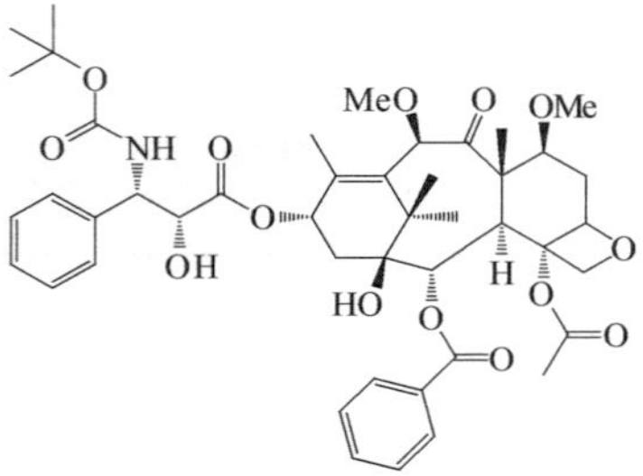 | 研发公司:Sanofi Aventis Us Inc
批准上市时间:2010/6/17
适应证:Indicated for the treatment of patients with hormone refractory metastatic prostate cancer previously treated with a docetaxel-containing treatment regimen |

续表

FDA 申请号、药品商品名、药物通用名	化学结构	研发公司,批准上市时间,适应证
FDA 申请号:NDA 022134 药品商品名:Lastacaft 药物通用名:Alcaftadine	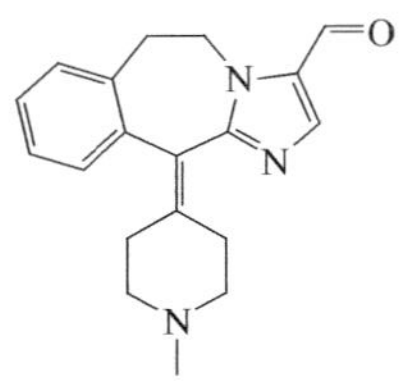	研发公司:Vistakon Pharmaceuticals Llc 批准上市时间:2010/7/28 适应证:Indicated for the prevention of itching associated with allergic conjunctivitis
FDA 申请号:NDA 022474 药品商品名:Ella 药物通用名:Ulipristal Acetate	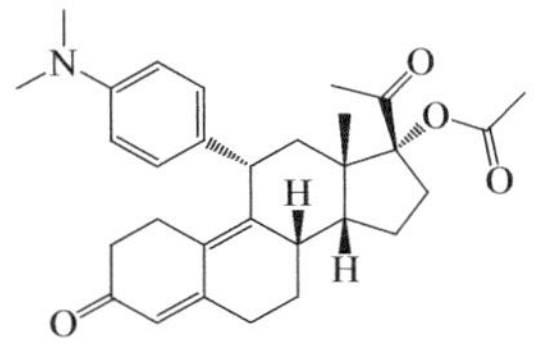	研发公司:Laboratoire Hra Pharma 批准上市时间:2010/8/13 适应证:Indicated for the prevention of pregnancy following unprotected intercourse or a known or suspected contraceptive failure. Ella is not intended for routine use as a contraceptive
FDA 申请号:NDA 022527 药品商品名:Fingolimod HCl Oral Capsules 药物通用名:Fingolimod HCl Oral Capsules	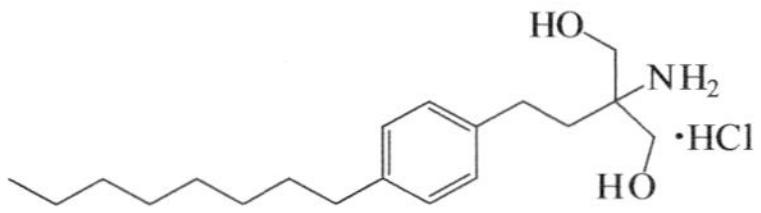	研发公司:Novartis Pharmaceuticals Corp 批准上市时间:2010/9/21 适应证:Indicated for the treatment of patients with relapsing forms of multiple sclerosis to reduce the frequency of relapses and to delay the accumulation of physical disability
FDA 申请号:NDA 022512 药品商品名:Pradaxa 药物通用名:Dabigatran Etexilate Mesylate	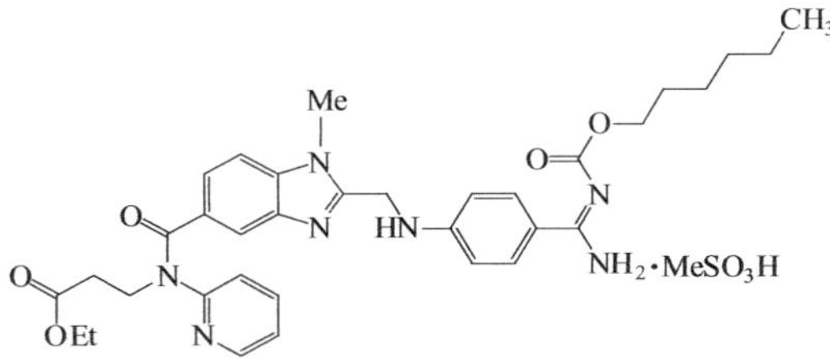	研发公司:Boehringer Ingelheim Pharmaceuticals Inc 批准上市时间:2010/10/19 适应证:Indicated to reduce the risk of stroke and systemic embolism in patients with non-valvular atrial fibrillation

续表

FDA申请号、药品商品名、药物通用名	化学结构	研发公司、批准上市时间、适应证
FDA申请号：NDA 200603 药品商品名：Lurasidone HCl 药物通用名：Lurasidone HCl	·HCl	研发公司：Sunovion Pharmaceuticals Inc 批准上市时间：2010/10/28 适应证：Indicated for the treatment of schizophrenia in adults
FDA申请号：NDA 200327 药品商品名：Ceftaroline Fosamil For Injection 药物通用名：Ceftaroline Fosamil For Injection		研发公司：Cerexa Inc 批准上市时间：2010/10/29 适应证：Indicated for the treatment of acute bacterial skin and skin stucture infections and community acquired pneumonia
FDA申请号：NDA 022505 药品商品名：Egrifta 药物通用名：Tesamorelin	该药物是一种生物药物 （化学结构略）	研发公司：Theratechnologies Inc 批准上市时间：2010/11/10 适应证：Indicated for the reduction of excess abdominal fat in hiv-infected patients with lipodystrophy
FDA申请号：NDA 201532 药品商品名：Eribulin Mesylate 药物通用名：Eribulin Mesylate	·MeSO₃H	研发公司：Eisai Inc 批准上市时间：2010/11/15 适应证：Indicated for the treatment of patients with metastatic breast cancer who have previously received at least two chemotherapeutic regimens for the treatment of metastatic disease

续表

FDA 申请号、药品商 品名、药物通用名	化学结构	研发公司、批准上市时间、适应证
FDA 申请号:L 125276/0.0 药品商品名:Actemra 药物通用名:Tocilizumab	该药物为生物药物 (化学结构略)	研发公司:Genentech Inc 批准上市时间:2010/1/8 适应证:Provides treatment for reducing signs and symptoms in adult patients with moderately to severely active ra
FDA 申请号:L 125338/0.0 药品商品名:Xiaflex 药物通用名:Clostridial Collagenase	该药物为生物药物 (化学结构略)	研发公司:Auxilium Pharmaceuticals Inc 批准上市时间:2010/2/2 适应证:Provides treatment of non-infantile-onset patients with pompe disease
FDA 申请号:L 125291/0.0 药品商品名:Lumizyme 药物通用名:Alglucosidase Alfa2	该药物为生物药物 (化学结构略)	研发公司:Genzyme Corporation 批准上市时间:2010/5/24 适应证:Provides treatment for prevention of osteoporosis in postmenopausal women
FDA 申请号:L 125320/0.0 药品商品名:Prolia 药物通用名:Denosumab To	该药物为生物药物 (化学结构略)	研发公司:Amgen,Inc. 批准上市时间:2010/6/1 适应证:Provides treatment of cervical dystonia
FDA 申请号:L 125360/0.0 药品商品名:Xeomin 药物通用名:Incobotulinumtoxina	该药物为生物药物 (化学结构略)	研发公司:Merz Pharmaceuticals GMBH 批准上市时间:2010/7/30 适应证:Provides for the treatment of intravenous infusion
FDA 申请号:L 125293/0.0 药品商品名:Krystexxa 药物通用名:Pegloticase	该药物为生物药物 (化学结构略)	研发公司:Savient Pharmaceuticals Inc 批准上市时间:2010/9/14 适应证:Intended for patients with treatment failure gout to control hyperuricemia and manage the signs and symptoms of gout

2011 年批准上市的新药

FDA 申请号 . 药品商品名 . 药物通用名	化学结构	研发公司 . 批准上市时间 . 适应证
FDA 申请号：NDA 022454 药品商品名：Datscan 药物通用名：Ioflupane ^{123}I Injection	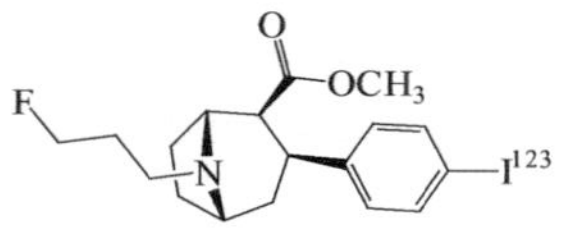	研发公司：Ge Healthcare Inc 批准上市时间：2011/1/14 适应证：Indicated for striatal dopamine transporter visualization using single photon emission computed tomography（spect）brain imaging to assist in the evaluation of adult patients with suspected parkinsonian syndromes(ps)
FDA 申请号：NDA 022408 药品商品名：Natroba 药物通用名：Spinosad	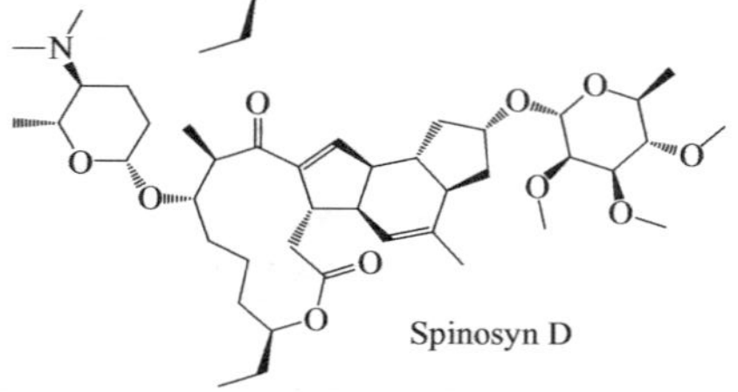 Spinosad是一种化合物，含有Spinosyn A和 Spinosyn D，比例为5:1(Spinosyn A:Spinosyn D) 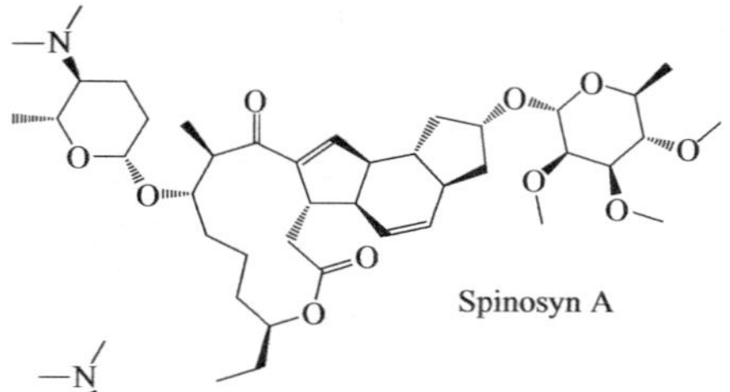	研发公司：Parapro Pharmaceuticals Llc 批准上市时间：2011/1/18 适应证：Indicated for the treatment of head lice and nits for patients aged 4 years and above

续表

FDA 申请号、药品商 品名、药物通用名	化学结构	研发公司、批准上市时间、适应证
FDA 申请号:NDA 022567 药品商品名:Viibryd 药物通用名:Vilazodone Hydrochloride	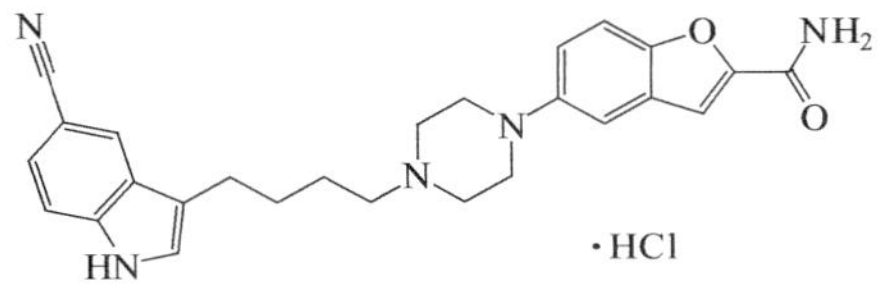	研发公司:Trovis Pharmaceuticals Llc 批准上市时间:2011/1/21 适应证:Indicated for the treatment of major depressive disorder
FDA 申请号:NDA 20079 药品商品名:Edarbi 药物通用名:Azilsartan Medoxomil	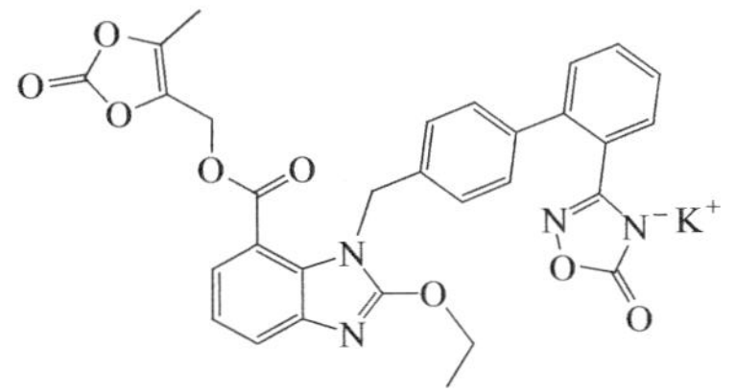	研发公司:Takeda Pharmaceuticals North America Inc 批准上市时间:2011/2/25 适应证:Indicated for the treatment of hypertension
FDA 申请号:NDA 022522 药品商品名:Daliresp Tablets, 500 mcg 药物通用名:Roflumilast	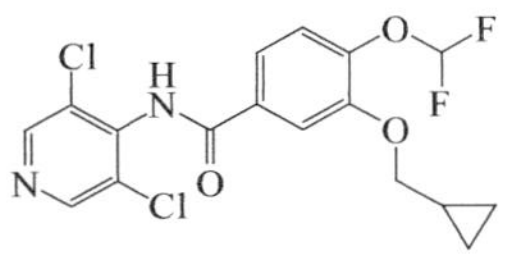	研发公司:Forest Research Institute Inc 批准上市时间:2011/2/28 适应证:Indicated as a treatment to reduce the risk of copd exacerbations in patients with severe copd associated with chronic bronchitis and a history of exacerbations
FDA 申请号:NDA 201277 药品商品名:Gadavist 药物通用名:Gadobutrol	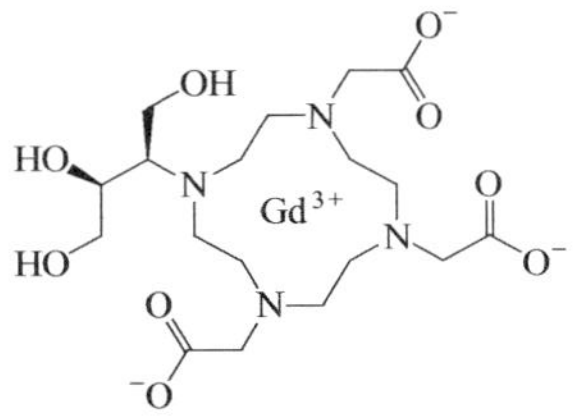	研发公司:Bayer Healthcare Pharmaceuticals Inc 批准上市时间:2011/3/14 适应证:Indicated for intravenous use in diagnostic mri in adults and children(2 years of age and older)to detect and visualize areas with disrupted blood brain barrier(bbb)and/or abnormal vascularity of the central nervous system

续表

FDA申请号·药品商品名·药物通用名	化学结构	研发公司·批准上市时间·适应证
FDA申请号:NDA 022405 药品商品名:Vandetanib 药物通用名:Vandetanib	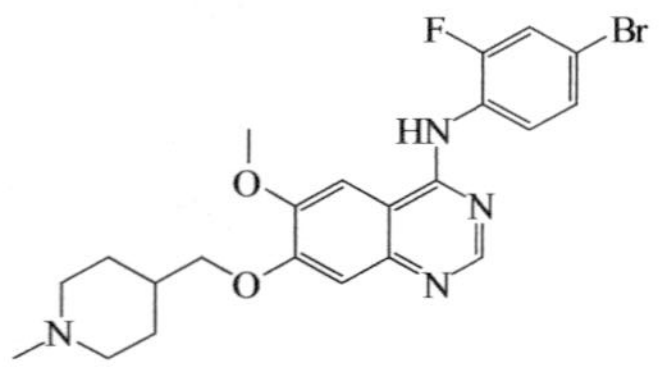	研发公司:Ipr Pharmaceuticals Inc 批准上市时间:2011/4/6 适应证:Treatment of symptomatic or Progressive medullary thyroid Cancer in patients with Unresectable locally advanced Or metastatic disease. Syndrome (rls) in adults
FDA申请号:NDA 022399 药品商品名:Horizant 药物通用名:Gabapentin Enacarbil	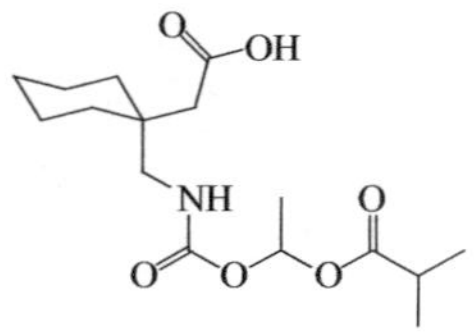	研发公司:Glaxo Group Ltd Dba Glaxosmithkline 批准上市时间:2011/4/6 适应证:Treatment of moderate to Severe primary restless legs
FDA申请号:NDA 202379 药品商品名:Zytiga 药物通用名:Abiraterone Acetate	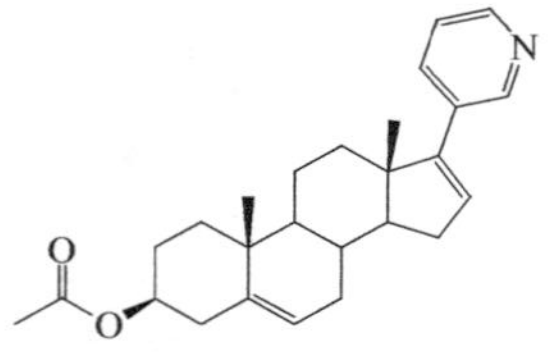	研发公司:Centocor Ortho Biotech Inc 批准上市时间:2011/4/28 适应证:For use in combination with prednisone for the treatment of patients with metastatic castration-resistant prostate cancer who have received prior Chemotherapy containing doxetaxel
FDA申请号:NDA 201280 药品商品名:Tradjenta 药物通用名:Linagliptin	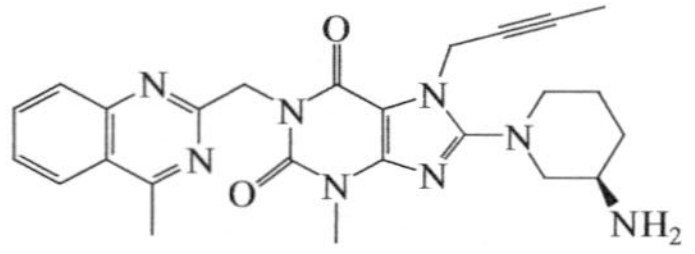	研发公司:Boehringer Ingelheim Pharmaceuticals Inc 批准上市时间:2011/5/2 适应证:Provides for the use of tradjenta (linagliptin) tablets as an adjunct to diet and exercise to improve glycemic control in adults with type 2 diabetes mellitus

续表

FDA 申请号·药品商品名·药物通用名	化学结构	研发公司·批准上市时间·适应证
FDA 申请号：NDA 202022 药品商品名：Edurant™ 药物通用名：Rilpivirine		研发公司：Tibotec Inc 批准上市时间：2011/5/20 适应证：Provides for the use of Edurant™ (rilpivirine) tablets in combination with other antiretroviral agents for the treatment of HIV-1 infection in treatmentnaïve adult patients
FDA 申请号：NDA 202258 药品商品名：Victrelis™ 药物通用名：Boceprevir		研发公司：Schering Corp 批准上市时间：2011/5/13 适应证：Provides for the use of Victrelis™ (boceprevir) 200mg capsules for the treatment of chronic hepatitis c(chc) genotype 1 infection, in combination with peginterferon alfa and ribavirin, in adult patients, 18 years of age and older, with compensated liver
FDA 申请号：NDA 201917 药品商品名：Incivek™ 药物通用名：Telaprevir		研发公司：Vertex Pharmaceuticals Inc 批准上市时间：2011/5/23 适应证：Provides for the use of Incivek™ (telaprevir) in combination with peginterferon alfa and ribavirin, for the treatment of genotype 1 chronic hepatitis c(chc) in adult patients with compensated liver disease, including cirrhosis, who are treatment-naive or
FDA 申请号：NDA 201699 药品商品名：Dificid 药物通用名：Fidaxomicin		研发公司：Optimer Pharmaceuticals Inc 批准上市时间：2011/5/27 适应证：Provides for the use of dificid (fidaxomicin) tablet for the treatment of clostridium difficile-associated diarrhea in adults(≥ 18 years of age)

续表

FDA申请号、药品商品名、药物通用名	化学结构	研发公司、批准上市时间、适应证
FDA申请号：NDA 022345 药品商品名：Potiga 药物通用名：Ezogabine		研发公司：Glaxosmithkline 批准上市时间：2011/6/10 适应证：Provides for the use of potiga as adjunctive treatment for adult patients with partial-onset seizures with or without secondary generalization
FDA申请号：NDA 022383 药品商品名：Arcapta Neohaler 药物通用名：Indacaterol Maleate Inhalation Powder		研发公司：Novartis Pharmaceuticals Corp 批准上市时间：2011/7/1 适应证：Provides for the long-term,once-daily maintenance bronchodilator treatment of airflow obstruction in patients with chronic obstructive pulmonary disease(copd),including chronic bronchitis and/or emphysema
FDA申请号：NDA 022406 药品商品名：Xarelto 药物通用名：Rivaroxaban		研发公司：Johnson And Johnson Pharmaceutical Research And Development Llc 批准上市时间：2011/7/1 适应证：Provides for the prophylaxis of deep vein thrombosis and pulmonary embolism in patients undergoing hip replacement surgery or knee replacement (surgery infarction)
FDA申请号：NDA 022433 药品商品名：Brilinta 药物通用名：Ticagrelor		研发公司：Astrazeneca Lp 批准上市时间：2011/7/20 适应证：Provides to reduce the rate of thrombotic cardiovascular events in patients with acute coronary syndrome (acs) (unstable angina, non-st elevation myocardial infarction,or st elevation myocardial)

续表

FDA 申请号·药品商品名·药物通用名	化学结构	研发公司·批准上市时间·适应证
FDA 申请号:NDA 202429 药品商品名:Zelboraf 药物通用名:Vemurafenib		研发公司:Hoffmann La Roche Inc 批准上市时间:2011/8/17 适应证:Unresectable or metastatic melanoma with the brafv600e mutation as detected by an fda-approved test
FDA 申请号:NDA 022150 药品商品名:Firazyr 药物通用名:Icatibant Acetate		研发公司:Shire Orphan Therapies Inc 批准上市时间:2011/8/25 适应证:Provides for the treatment of acute attacks of hereditary angioedema in adults 18 years of age and older
FDA 申请号:NDA 202570 药品商品名:Xalkori 药物通用名:Crizotinib		研发公司:Pfizer Inc 批准上市时间:2011/8/26 适应证:Provides for the treatment of patients with locally advanced or metastatic non-small cell lung cancer(nsclc)that is anaplastic lymphoma kinase(alk)-positive as detected by an fda approved test
FDA 申请号:NDA 021825 药品商品名:Ferriprox 药物通用名:Deferiprone		研发公司:Apopharma Inc 批准上市时间:2011/10/14 适应证:Provides for the treatment of patients with transfusional iron overload due to thalassemia syndromes when current chelation therapy is inadequate

续表

FDA申请号、药品商品名、药物通用名	化学结构	研发公司、批准上市时间、适应证
FDA申请号:NDA 202067 药品商品名:Onfi 药物通用名:Clobazam		研发公司:Lundbeck Inc 批准上市时间:2011/10/21 适应证:Provides adjunctive treatment of seizures associated with lennox-gastaut syndrome(lgs)in patients 2 years of age or order
FDA申请号:NDA 202192 药品商品名:Jakafi 药物通用名:Ruxolitinib		研发公司:Incyte Corp 批准上市时间:2011/11/16 适应证:Provides for the treatment of patients with intermediate or high-risk myelofibrosis, including primary myelofibrosis, post-polycythemia vera myelofibrosis and post-essential thrombocythemia myelofibrosis
FDA申请号:L 125370/0.0 药品商品名:Benlysta 药物通用名:Belimumab	该药物为生物药物 （化学结构略）	研发公司:Human Genome Sciences Inc 批准上市时间:2011/3/9 适应证:Treatment of adult patients with active, autoantibody-positive systemic lupus erythematosus (sle)who are receiving standard therapy
FDA申请号:L 125377/0.0 药品商品名:Yervoy 药物通用名:Ipilimumab	该药物为生物药物 （化学结构略）	研发公司:Bristol-Myers Squibb Company 批准上市时间:2011/3/25 适应证:Treatment of unresectable or metastatic melanoma
FDA申请号:L 125288/0.0 药品商品名:Nulojix 药物通用名:Belatacept	该药物为生物药物 （化学结构略）	研发公司:Bristol-Myers Squibb Company 批准上市时间:2011/6/15 适应证:Prophylaxis of organ rejection in adult patients receiving a kidney transplant

续表

FDA 申请号，药品商品名，药物通用名	化学结构	研发公司，批准上市时间，适应证
FDA 申请号：L 125388/0.0 药品商品名：Adcetris 药物通用名：Brentuximab Vedotin	该药物为生物药物（化学结构略）	研发公司：Seattle Genetics Inc 批准上市时间：2011/8/19 适应证：Treatment of patients with hodgkin lymphoma after failure of autologous stem cell transplant (asct) or after failure of at least two prior multi-agent chemotherapy regimens in patients who are not asct candidates
FDA 申请号：L 125359/0.0 药品商品名：Erwinaze 药物通用名：Asparaginase Erwinia Chrysanthemi	该药物为生物药物（化学结构略）	研发公司：Eusa Pharma(USA)Inc 批准上市时间：2011/11/18 适应证：For the treatment of patients with acute lymphoblastic leukemia (ALL) who have developed hypersensitivity to e. coli-derived asparaginase
FDA 申请号：L 125387/0.0 药品商品名：Eylea 药物通用名：Aflibercept	该药物为生物药物（化学结构略）	研发公司：Regeneron Pharmaceuticals Inc 批准上市时间：2011/11/18 适应证：For the treatment of neovascular "wet" age-related macular degeneration(AMD)

2012 年批准上市的新药

FDA 申请号，药品商商品名，药物通用名	化学结构	研发公司，批准上市时间，适应证
FDA 申请号：NDA 202833 药品商品名：Picato 药物通用名：Ingenol Mebutate		研发公司：Leo Pharma As 批准上市时间：2012/1/23 适应证：For actinic keratoses on thetrunk and extremities

续表

FDA申请号·药品商品名·药物通用名	化学结构	研发公司·批准上市时间·适应证
FDA申请号:NDA 202324 药品商品名:Inlyta 药物通用名:Axitinib	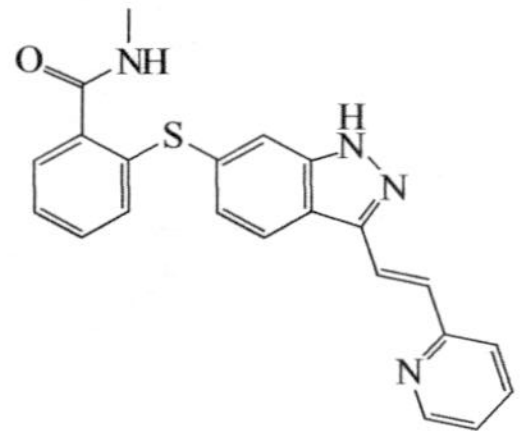	研发公司:Pfizer Inc 批准上市时间:2012/1/27 适应证:For the treatment of advancedrenal cell carcinoma after failure of one prior systemic therapy
FDA申请号:NDA 203388 药品商品名:Erivedge 药物通用名:Vismodegib	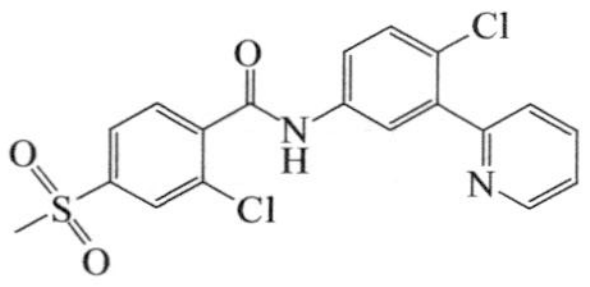	研发公司:Genentech Inc 批准上市时间:2012/1/30 适应证:For the treatment of adults withmetastatic basal cell carcinoma, or with locally advanced basal cell carcinoma that has recurred following surgery or who are not candidates for surgery, and who are not candidates for radiation
FDA申请号:NDA 203188 药品商品名:Kalydeco 药物通用名:Ivacaftor	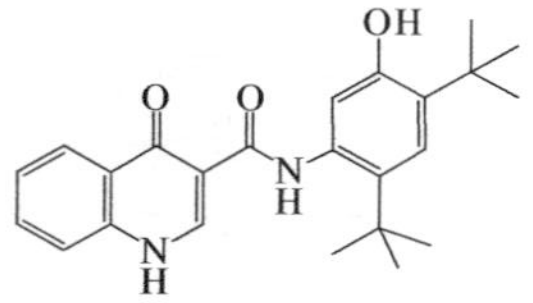	研发公司:Vertex Pharmaceuticals Inc 批准上市时间:2012/1/31 适应证:For the treatment of cysticfibrosis in patients age 6 years and older who have ag 551d mutation in the cftr gene
FDA申请号:NDA 202514 药品商品名:Zioptan 药物通用名:Tafluprost Ophthalmic Solution	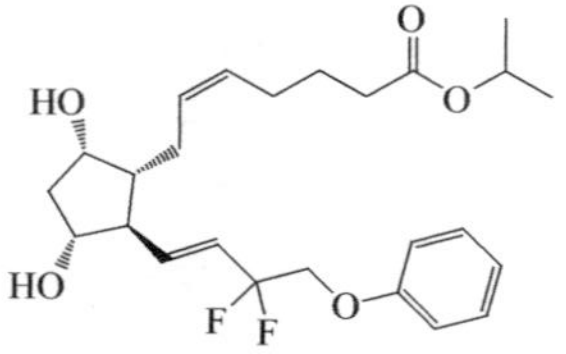	研发公司:Merck Sharp And Dohme Corp 批准上市时间:2012/2/10 适应证:Provides for the reduction ofelevated intraocular pressure (iop) in patients with open-angle glaucoma or ocular hypertension

续表

FDA 申请号,药品商品名,药物通用名	化学结构	研发公司,批准上市时间,适应证
FDA 申请号:NDA 021746 药品商品名:Surfaxin 药物通用名:Lucinactant	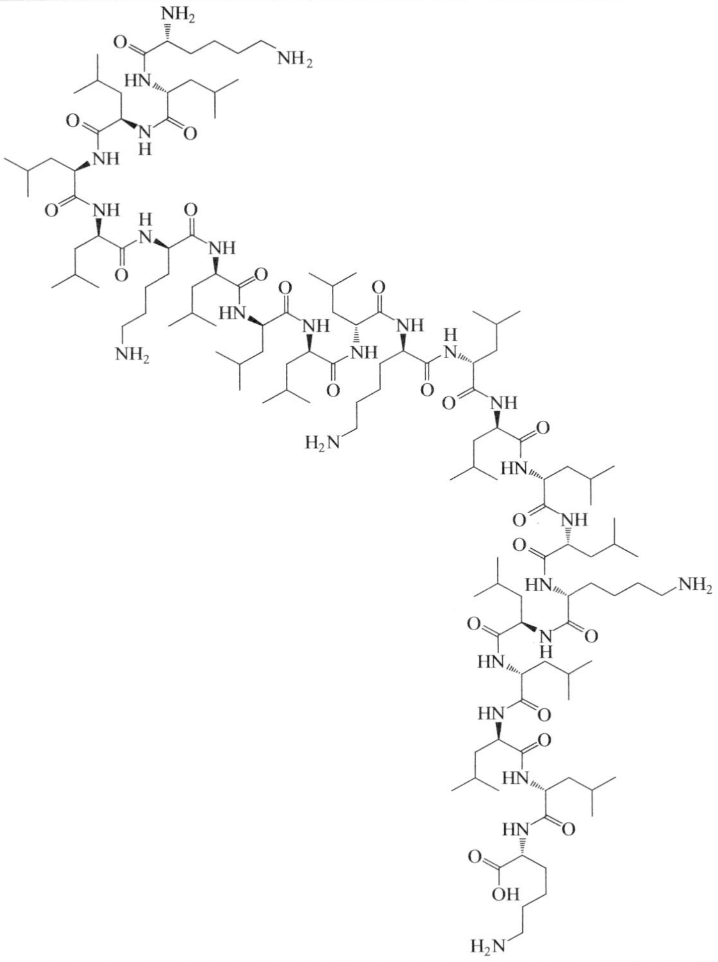	研发公司:Discovery Laboratories Inc 批准上市时间:2012/3/6 适应证:For the prevention of respiratory distress syndrome in premature infants

续表

FDA申请号;药品商 品名;药物通用名	化学结构	研发公司;批准上市时间;适应证
FDA申请号:NDA 202799 药品商品名:Omontys 药物通用名:Peginesatide		研发公司:Affymax Inc 批准上市时间:2012/3/27 适应证:For the treatment of anemia dueto chronic kidney disease(CKD)in adult patients on dialysis
FDA申请号:NDA 202008 药品商品名:Amyvid 药物通用名:Florbetapir F 18		研发公司:Avid Radiopharmaceuticals Inc 批准上市时间:2012/4/6 适应证:For use as a radioactivediagnostic agent for positron emission tomography(PET)imaging of the brain to estimate b-amyloid neuritic plaque density in adult patients with cognitive impairment who are being evaluated for alzheimer'sdisease(AD) and other causes of cognitive decline
FDA申请号:NDA 202276 药品商品名:Stendra 药物通用名:Avanafil		研发公司:Vivus Inc 批准上市时间:2012/4/27 适应证:For the treatment of erectiledysfunction (ED)
FDA申请号:NDA 022458 药品商品名:Elelyso 药物通用名:Taliglucerase Alfa		研发公司:Pfizer Inc 批准上市时间:2012/5/1 适应证:For use as long-term enzymereplacement therapy in patients with type 1 gaucher disease

续表

FDA 申请号、药品商品名、药物通用名	化学结构	研发公司、批准上市时间、适应证
FDA 申请号：NDA 022529 药品商品名：Belviq 药物通用名：Lorcaserin Hydrochloride	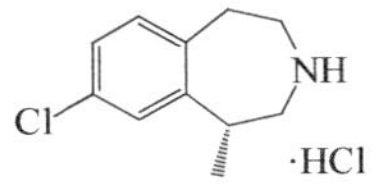	研发公司：Arena Pharmaceuticals Inc 批准上市时间：2012/6/27 适应证：Provides for the use as an adjunct to reduced-calorie diet and increased physical activity for chronic weight management in adult patients with a body mass index greater than or equal to 30kg/m² (obese), or adult patients with a body mass index greater than or equal to 27kg/m² (overweight) in the presence of at least one weight-related comorbid condition
FDA 申请号：NDA 202611 药品商品名：Myrbetriq 药物通用名：Mirabegron	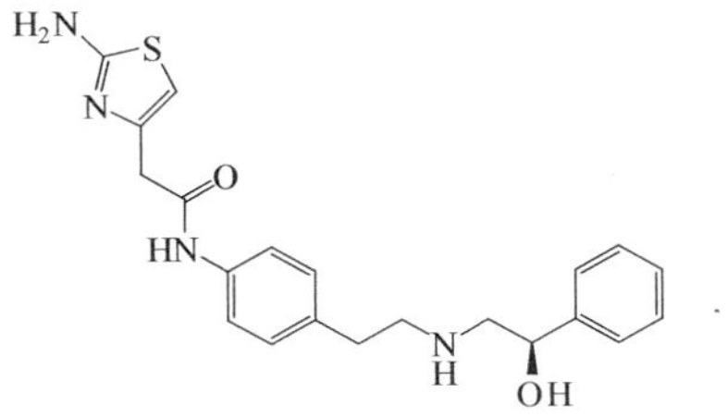	研发公司：Astellas Pharma Global Development Inc 批准上市时间：2012/6/28 适应证：Provides for the treatment of overactive bladder
FDA 申请号：NDA 202535 药品商品名：Prepopik 药物通用名：Sodium Picosulfate/ Magnesium Oxide/ Citric Acid	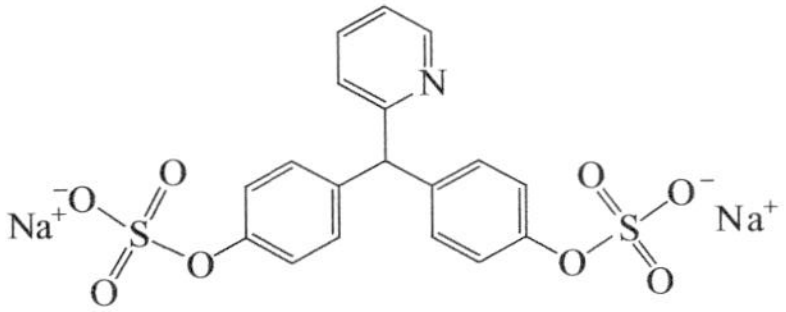	研发公司：Ferring Pharmaceuticals As 批准上市时间：2012/7/16 适应证：Provides for cleansing of the colon as a preparation for colonoscopy in adults

续表

FDA 申请号、药品商品名、药物通用名	化学结构	研发公司、批准上市时间、适应证
FDA 申请号：NDA 202714 药品商品名：Kyprolis 药物通用名：Carfilzomib	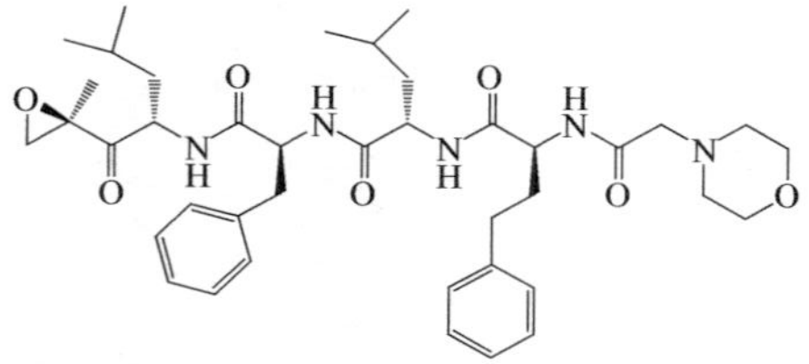	研发公司：Onyx Pharmaceuticals Inc 批准上市时间：2012/7/20 适应证：Provides for the treatment of patients with multiple myeloma who have received at least two prior therapies including bortezomib and an immunomodulatory agent and have demonstrated disease progression on or within 60 days of completion of the last therapy
FDA 申请号：NDA 202450 药品商品名：Tudorza Pressair 药物通用名：Aclidinium Bromide	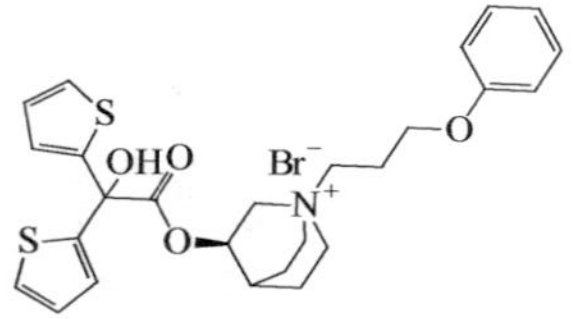	研发公司：Forest Laboratories Inc 批准上市时间：2012/7/23 适应证：Provides for the long-termmaintenance treatment of bronchospasm associated with chronic obstructive pulmonary disease（copd）, including chronic bronchitis and emphysema
FDA 申请号：NDA 203100 药品商品名：Stribild 药物通用名：Elvitegravir/ Cobicistat/ Emtricitabine/ Tenofovir Disoproxil Fumarate	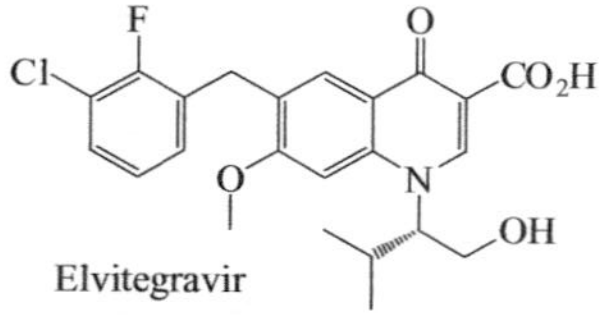 Elvitegravir 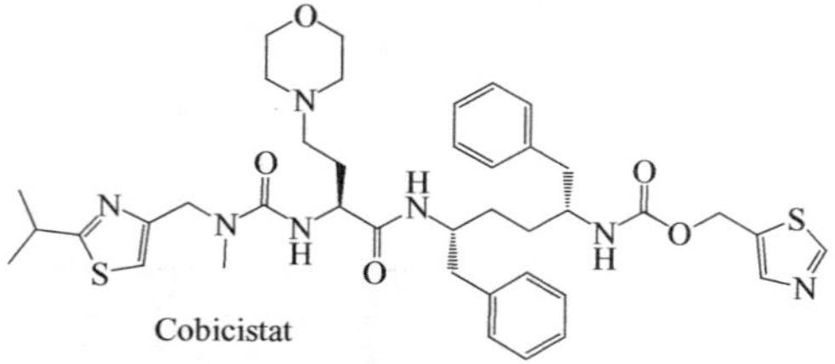 Cobicistat	研发公司：Gilead Sciences Inc 批准上市时间：2012/8/27 适应证：Provides for the use of fixed-dose combination tablet for the treatment of HIV-1 infection in treatment-naive adult patients

续表

FDA 申请号、药品商品名、药物通用名	化学结构	研发公司、批准上市时间、适应证
FDA 申请号:NDA 202811 药品商品名:Linzess 药物通用名:Linaclotide	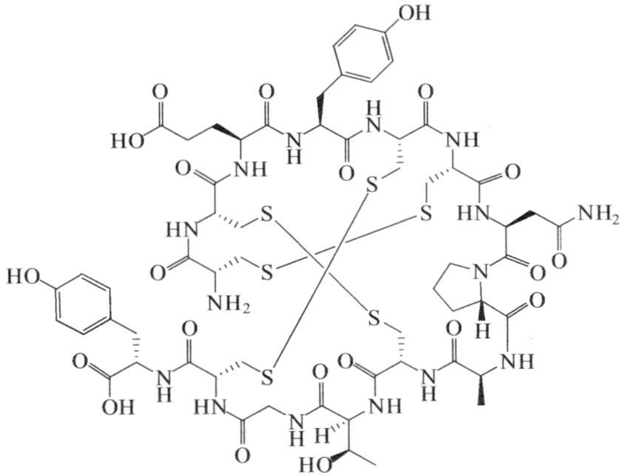	研发公司:Forest Laboratories Inc 批准上市时间:2012/8/30 适应证:Provides for the treatment of irritable bowel syndrome with constipation and chronic idiopathic constipation
FDA 申请号:NDA 203415 药品商品名:Xtandi 药物通用名:Enzalutamide	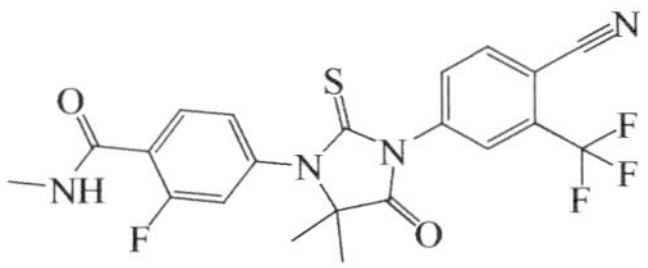	研发公司:Medivation Inc 批准上市时间:2012/8/31 适应证:Provides for the treatment of patients with metastatic castration-resistant prostate cancer who have previously received docetaxel
FDA 申请号:NDA 203341 药品商品名:Bosulif 药物通用名:Bosutinib	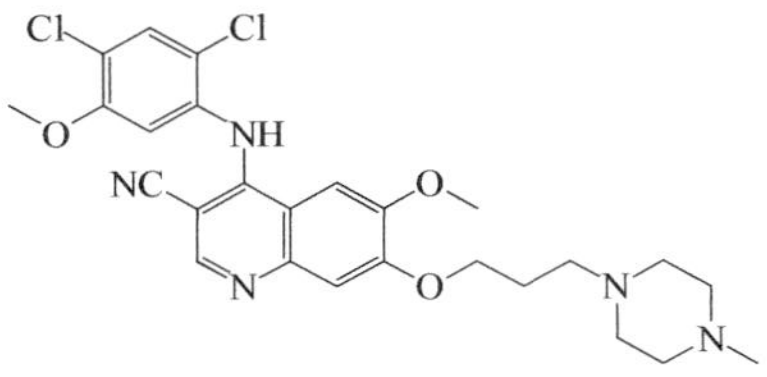	研发公司:Wyeth Pharmaceuticals Inc 批准上市时间:2012/9/4 适应证:Provides for the treatment of adult patients with chronic,accelerated,or blast phase Ph+ chronic myelogenous leukemia(cml) with resistance,or intolerance to prior therapy

续表

FDA申请号、药品商 品名、药物通用名	化学结构	研发公司、批准上市时间、适应证
FDA申请号:NDA 202992 药品商品名:Aubagio 药物通用名:Teriflunomide		研发公司:Sanofi Aventis Us Llc 批准上市时间:2012/9/12 适应证:Provides for the treatment of relapsing forms of multiple sclerosis
FDA申请号:NDA 203155 药物通用名:Choline C 11		研发公司:Mayo Clinic Pet Radiochemistry Facility 批准上市时间:2012/9/12 适应证:For positron emissiontomography(PET) imaging of patients with suspected prostate cancer recurrence and non-informative bone scintigraphy, computerized tomography(CT)or magnetic resonance imaging(MRI)
FDA申请号:NDA 203085 药品商商品名:Stivarga 药物通用名:Regorafenib		研发公司:Bayer Healthcare Pharmaceuticals Inc 批准上市时间:2012/9/27 适应证:For the treatment of patients with metastatic colorectal cancer(CRC) who have been previously treated with fluoropyrimidine-, oxaliplatin-and irinotecan-based chemotherapy,an anti-VEGF therapy,and if kras wild type,an anti-EGFR therapy
FDA申请号:NDA 202834 药品商品名:Fycompa 药物通用名:Perampanel		研发公司:Eisai Inc 批准上市时间:2012/10/22 适应证:Indicated as adjunctive therapy for the treatment of partial-onset seizures with or without secondarily generalizedseizures in patients with epilepsy aged 12 years and older

续表

FDA 申请号、药品商品名、药物通用名	化学结构	研发公司，批准上市时间，适应证
FDA 申请号：NDA 203385 药品商品名：Synribo 药物通用名：Omacetaxine Mepesuccinate	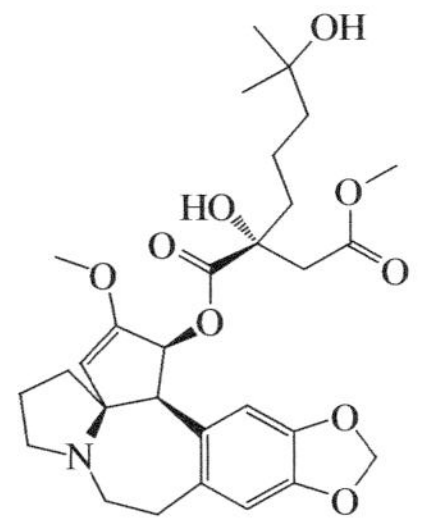	研发公司：Ivax International Gmbh 批准上市时间：2012/10/26 适应证：Indicated for the treatment of adult patients with chronic or accelerated phase chronic myeloid leukemia (CML) with resistance and/or intolerance to two or more tyrosine kinase inhibitors (TKI)
FDA 申请号：NDA 203214 药品商品名：Xeljanz 药物通用名：Tofacitinib	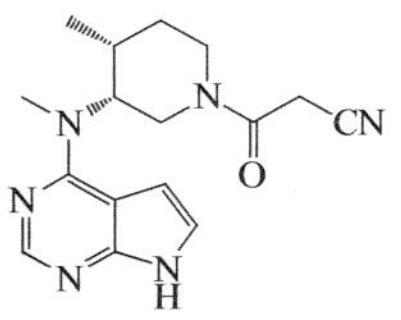	研发公司：Pfizer Inc 批准上市时间：2012/11/6 适应证：Indicated for the treatment of adult patients with moderately to severely active rheumatoid arthritis who have had an inadequate response or intolerance to methotrexate; may be used as monotherapy or in combination with methotrexate or other nonbiologic disease-modifying antirheumatic drugs(DMARDS)
FDA 申请号：NDA 203756 药品商品名：Cometriq 药物通用名：Cabozantinib	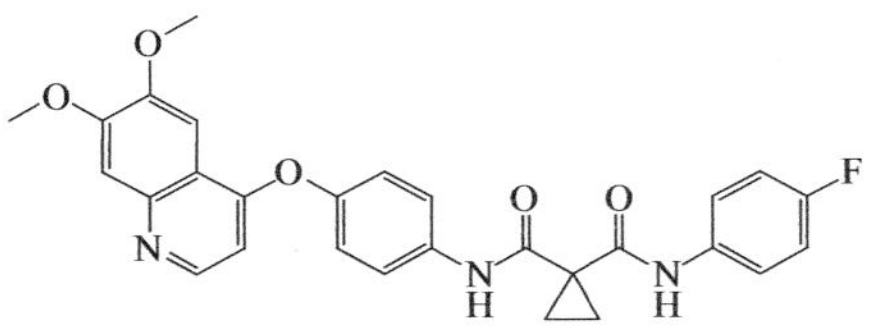	研发公司：Exelixis Inc 批准上市时间：2012/11/29 适应证：Indicated for the treatment of patients with progressive, metastatic medullary thyroid cancer(mtc)

续表

FDA申请号,药品商品名,药物通用名	化学结构	研发公司,批准上市时间,适应证
FDA申请号:NDA 200677 药品商品名:Signifor 药物通用名:Pasireotide Diaspartate		研发公司:Novartis Pharmaceuticals Corp 批准上市时间:2012/12/14 适应证:Indicated for the treatment of adult patients with cushing's disease for whom pituitary surgery is not an option or has not been curative
FDA申请号:NDA 203469 药品商品名:Iclusig 药物通用名:Ponatinib		研发公司:Ariad Pharmaceuticals Inc 批准上市时间:2012/12/14 适应证:Indicated for the treatment of adult patients with chronic phase, accelerated phase, or blast phase chronic myeloid leukemia(cml)that is resistant or intolerant to prior tyrosine kinase inhibitor therapy or Philadelphia chromosome positive acute lymphoblastic leukemia(Ph+ ALL)that is resistant or intolerant to priortyrosine kinase inhibitor therapy
FDA申请号:NDA 203441 药品商品名:Gattex 药物通用名:Teduglutide	该药物是一种多肽类化合物 （化学结构略）	研发公司:NPS Pharmaceuticals Inc 批准上市时间:2012/12/21 适应证:Indicated for the treatment of adult patients with short bowel syndrome(sbs)who are dependent on parenteral support

续表

FDA 申请号、药品商品名、药物通用名	化学结构	研发公司、批准上市时间、适应证
FDA 申请号:NDA 203858 药品商品名:Juxtapid 药物通用名:Lomitapide		研发公司:Aegerion Pharmaceuticals Inc 批准上市时间:2012/12/21 适应证:Indicated as an adjunct to a low-fat diet and other lipid-lowering treatments, including ldl apheresis where available, to reduce low-density lipoprotein cholesterol(LDL-C), total cholesterol(TC), apolipoprotein b(APO B), and non-highdensitylipoprotein cholesterol(NON-HDL-C)in patients with homozygous familial hypercholesterolemia(HOFH)
FDA 申请号:NDA 202155 药品商品名:Eliquis 药物通用名:Apixaban		研发公司:Bristol Myers Squibb Co Pharmaceutical Research Institute 批准上市时间:2012/12/28 适应证:Indicated to reduce the risk of stroke and systemic embolism in patients with nonvalvular atrial fibrillation
FDA 申请号:NDA 204384 药品商品名:Sirturo 药物通用名:Bedaquiline		研发公司:Janssen Therapeutics Div Janssen Products Lp 批准上市时间:2012/12/28 适应证:Indicated as part of combinationtherapy in adults(≥18 years)with pulmonary multidrug resistant tuberculosis(mdrtb)
FDA 申请号:NDA 202292 药品商品名:Fulyzaq 药物通用名:Crofelemer	该药物是一种 Proanthocyanidin(原花青素)类低聚合物,含有多种化学成分	研发公司:Salix Pharmaceuticals Inc 批准上市时间:2012/12/31 适应证:Indicated for the symptomaticrelief of non-infectious diarrhea in adult patients with hiv/aids on anti-retroviral therapy

续表

FDA申请号·药品商品名·药物通用名	化学结构	研发公司·批准上市时间·适应证
FDA申请号:L 125327/0.0 药品商商品名:Voraxaze 药物通用名:Glucarpidase	该药物为生物药物 (化学结构略)	研发公司:BTG International Inc 批准上市时间:2012/1/17 适应证:Indicated for the treatment of toxic(＞1 micromole per liter)plasma methotrexate concentrations in patients with delayed methotrexate clearance due to impaired renal function. Glucarpidase is not indicated for use in patients who exhibit the expected clearance of methotrexate(plasma methotrexate concentrations within 2 standard deviations of the mean methotrexate excretion curve specific for the dose of methotrexate administered)or those with normal or mildly impaired renal function because of the potential risk of subtherapy
FDA申请号:L 125409/0.0 药品商商品名:Perjeta 药物通用名:Pertuzumab	该药物为生物药物 (化学结构略)	研发公司:Genentech Inc 批准上市时间:2012/6/8 适应证:Indicated for use in combination with trastuzumab and docetaxel for the treatment of patients with her2-positive metastatic breast cancer who have not received prior anti-her2 therapy or chemotherapy for metastatic disease
FDA申请号:L 125418/0.0 药品商商品名:Zaltrap 药物通用名:Ziv-Aflibercept	该药物为生物药物 (化学结构略)	研发公司:Sanofi-Aventis U S Llc 批准上市时间:2012/8/3 适应证:In combination with 5-flourouracil, leucovorin, irinotecan-(FOLFIRI), is indicated for patients with metastatic colorectal cancer(MCRC) that is resistant to or has progressed following an oxaliplatin-containing regimen

续表

FDA 申请号，药品商 品名，药物通用名	化学结构	研发公司，批准上市时间，适应证
FDA 申请号：L 125294/0. 0 药品商品名：Neutroval 药物通用名：Filgrastim	该药物为生物药物 （化学结构略）	研发公司：Sicor Biotech Uab 批准上市时间：2012/8/29 适应证：Indicated for the reduction in the duration of severe neutropenia in patients with non-myeloid malignancies receiving myelosuppressive anti-cancer drugs associated with aclinically significant incidence of febrile neutropenia
FDA 申请号：L 125422/0. 0 药品商品名：Jetrea 药物通用名：Ocriplasmin	该药物为生物药物 （化学结构略）	研发公司：Thrombogenics Inc. 批准上市时间：2012/10/17 适应证：Indicated for the treatment of symptomatic vitreomacular adhesion
FDA 申请号：L 125349/0. 0 药物通用名：Raxibacumab	该药物为生物药物 （化学结构略）	研发公司：Human Genome Sciences Inc 批准上市时间：2012/12/14 适应证：Indicated for the treatment of adult and pediatric patients with inhalational anthrax due to bacillus anthracis in combination with appropriate antibacterial drugs,and for prophylaxis of inhalational anthrax when alternative therapies are not available or are not appropriate

2013 年批准上市的新药

FDA 申请号，药品商 品名，药物通用名	化学结构	研发公司，批准上市时间，适应证
FDA 申请号：NDA 022271 药品商品名：Nesina 药物通用名：Alogliptin		研发公司：Takeda Pharmaceuticals Usa Inc 批准上市时间：2013/1/25 适应证：As an adjunct to diet and exercise to improve glycemic control in adults with type 2 diabetes mellitus

续表

FDA申请号、药品商品名、药物通用名	化学结构	研发公司、批准上市时间、适应证
FDA申请号:NDA 203568 药品商品名:Kynamro 药物通用名:Mipomersen Sodium	该药物是一种硫代磷酸裂核苷酸钠盐,长度20个核苷酸(化学结构略)	研发公司:Genzyme Corp 批准上市时间:2013/1/29 适应证:Adjunct to lipid-lowering medications and diet to reduce low density lipoprotein-cholesterol (LDL-C), apolipoprotein b (apo b), total cholesterol (TC), and non-high density lipoproteincholesterol (non-hdl-c) in patients with homozygous familial hypercholesterolemia (HOFH)
FDA申请号:NDA 204026 药品商品名:Pomalyst 药物通用名:Pomalidomide		研发公司:Celgene Corp 批准上市时间:2013/2/8 适应证:Treatment of patients with multiple myeloma who have received at least two prior therapies including lenalidomide and bortezomib and have demonstrated disease progression on or with in 60 days of completion of the last therapy
FDA申请号:NDA 203505 药品商品名:Osphena 药物通用名:Ospemifene		研发公司:Shionogi Inc 批准上市时间:2013/2/26 适应证:Treatment of moderate to severe dyspareunia, a symptom of vulvar and vaginal atrophy, due to menopause
FDA申请号:NDA 202207 药品商品名:Lymphoseek 药物通用名:Tilmanocept		研发公司:Navidea Biopharmaceuticals Inc 批准上市时间:2013/3/13 适应证:For lymphatic mapping with a hand-held gamma counter to assist in the localization of lymph nodes draining a primary tumor site in patients with breast cancer or melanoma

续表

FDA 申请号·药品商品名·药物通用名	化学结构	研发公司·批准上市时间·适应证
FDA 申请号:NDA 204781 药品商品名:Dotarem 药物通用名:Gadoterate Meglumine	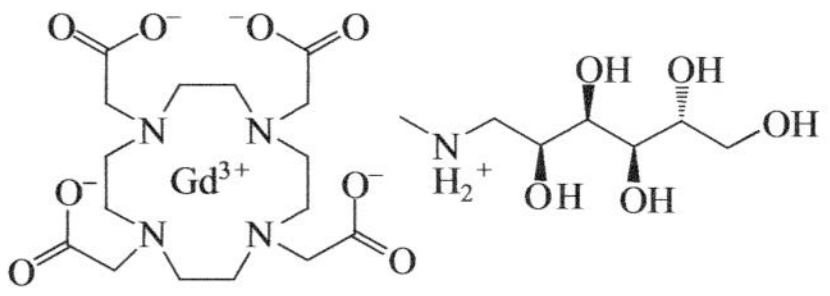	研发公司:Guerbet Llc 批准上市时间:2013/3/20 适应证:For intravenous use with magnetic resonance imaging(mri)in brain,spine and associated tissues in adult/pediatric patients(from 2 yrs of age and older to detect and visualize areas with disruption of the blood brain barrier and/or abnormal vascularity)
FDA 申请号:NDA 204063 药品商品名:Tecfidera 药物通用名:Dimethyl Fumarate		研发公司:Biogen Idec Inc 批准上市时间:2013/3/27 适应证:Relapsing forms of multiple sclerosis
FDA 申请号:NDA 204042 药品商品名:Invokana 药物通用名:Canagliflozin	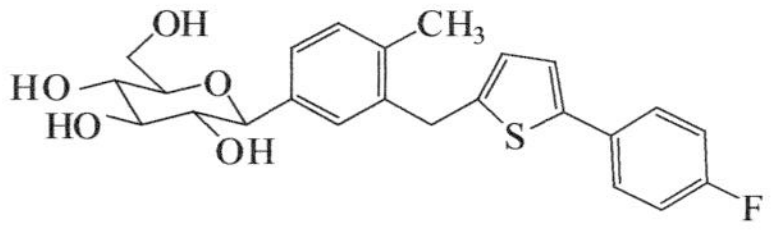	研发公司:Janssen Pharmaceuticals Inc 批准上市时间:2013/3/29 适应证:As an adjuct to diet and excercise to improve glycemic control in adults with type 2 diabetes mellitus
FDA 申请号:NDA 204275 药品商品名:Breo Ellipta 药物通用名:Fluticasone Furoate And Vilanterol Trifenatate	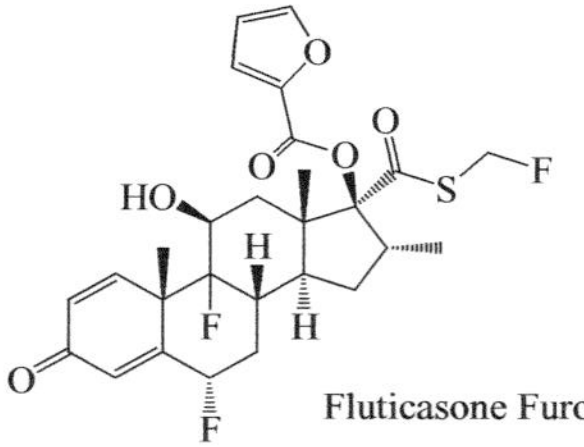 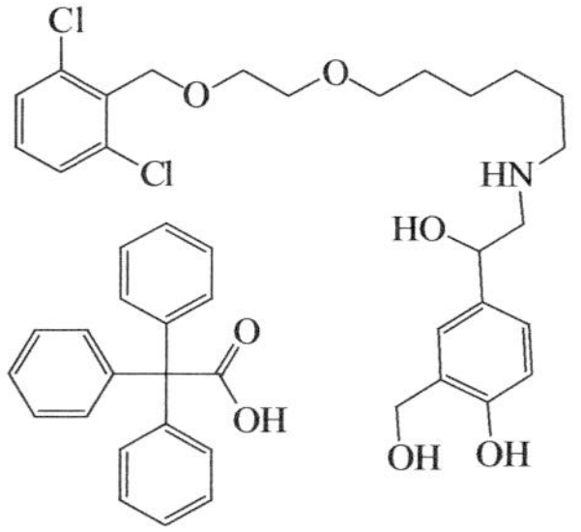	研发公司:Glaxo Group Ltd England Dba Glaxosmithkline 批准上市时间:2013/5/10 适应证:Treatment airflow obstruction in patients with chronic obstructive pulmonary disease(COPD) and for the reduction of COPD exacerbations

续表

FDA申请号・药品商品名・药物通用名	化学结构	研发公司・批准上市时间・适应证
FDA申请号:NDA 203971 药品商商品名:Xofigo 药物通用名:Radium-223 Dichloride		研发公司:Bayer Healthcare Pharmaceuticals Inc 批准上市时间:2013/5/15 适应证:For the treatment of patients with castration-resistant prostate cancer,symptomatic bone metastases and no known visceral metastatic disease
FDA申请号:NDA 202806 药品商品名:Tafinlar 药物通用名:Dabrafenib	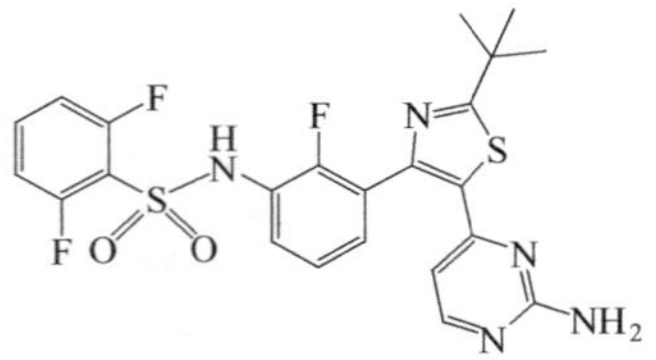	研发公司:Glaxosmithkline 批准上市时间:2013/5/29 适应证:Treatment of patients with unresectable or metastatic melanoma with BRAF V600E mutation
FDA申请号:NDA 204114 药品商品名:Mekinist 药物通用名:Trametinib	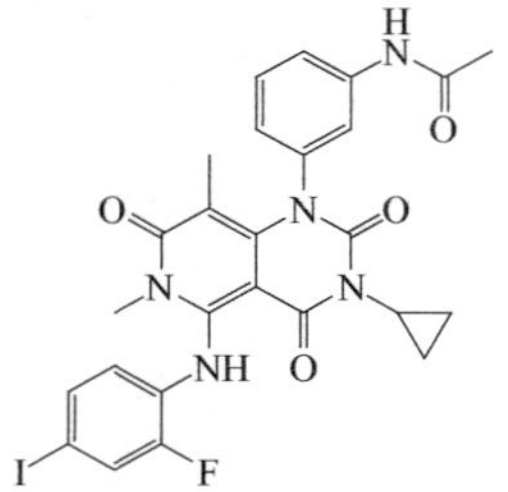	研发公司:Glaxosmithkline Llc 批准上市时间:2013/5/29 适应证:Treatment of patientswith unresectable or metastatic melanoma with braf v600e or v600k mutations
FDA申请号:NDA 201292 药品商品名:Gilotrif 药物通用名:Afatinib	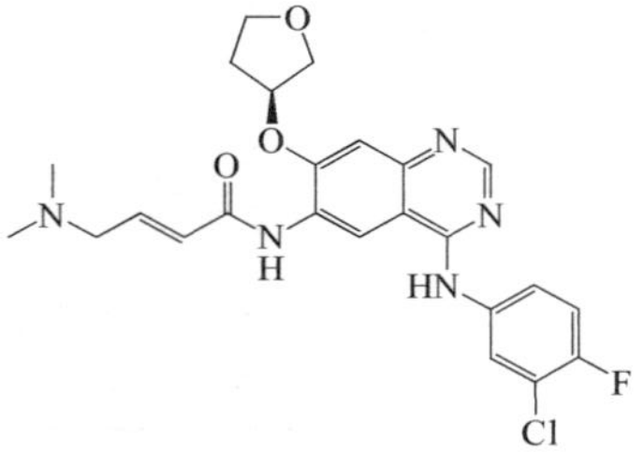	研发公司:Boehringer Ingelheim 批准上市时间:2013/7/12 适应证:First-line treatment of patients with metastatic non-small cell lung cancer(nsclc)whose tumors have epidermal growth factor receptor(EGFR)exon 19 deletions or exon 21（L858R）substitution mutations as detected by an fda-approved test

续表

FDA申请号、药品商品名、药物通用名	化学结构	研发公司、批准上市时间、适应证
FDA申请号：NDA 204790 药品商品名：Tivicay 药物通用名：Dolutegravir		研发公司：Viiv Healthcare Co 批准上市时间：2013/8/12 适应证：Antiretroviral agents for the treatment of hiv-1 infection in adults and children aged 12 years and older and weighing at least 40kg
FDA申请号：NDA 204447 药品商品名：Brintellix 药物通用名：Vortioxetine		研发公司：Takeda Pharmaceuticals Usa Inc 批准上市时间：2013/9/30 适应证：Treatment of major depressive disorder
FDA申请号：NDA 022247 药品商品名：Duavee 药物通用名：Conjugated Estrogens/Bazedoxifene	 Bazedoxifene	研发公司：Wyeth Pharmaceuticals Inc Wholly Owned Sub Pfizer Inc 批准上市时间：2013/10/3 适应证：In women with a uterus, for treatment of moderate to severe vasomotor symptoms associated with menopause and prevention of postmenopausal osteoporosis
FDA申请号：NDA 204819 药品商品名：Adempas 药物通用名：Riociguat		研发公司：Bayer Healthcare Pharmaceuticals Inc 批准上市时间：2013/10/8 适应证：For the treatment of adults with persistent/recurrent chronic thromboembolic pulmonary hypertension (cteph) who group 4, after surgical treatment, or inoperable cteph, to improve exercise capacity and who functional class; and 2) for the treatment of adults with pulmonary arterial hypertension (PAH) who group 1, to improve exercise capacity, who functional class and to delay clinical worsening

续表

FDA 申请号,药品商品名,药物通用名	化学结构	研发公司,批准上市时间,适应证
FDA 申请号:NDA 204410 药品商品名:Opsumit 药物通用名:Macitentan		研发公司:Actelion Pharmaceuticals Ltd 批准上市时间:2013/10/18 适应证:For the treatment of pulmonary arterial hypertension（PAH, who group i）to delay disease progression
FDA 申请号:NDA 203137 药品商品名:Vizamyl 药物通用名:Flutemetamol F 18		研发公司:GE Healthcare 批准上市时间:2013/10/25 适应证:For positron emission tomography(PET) imaging of the brain to estimate β amyloid neuritic plaque density in adult patients with cognitive impairment who are being evaluated for alzheimer's disease or other causes of cognitive decline
FDA 申请号:NDA 022416 药品商品名:Apitom 药物通用名:Eslicarbazepine Acetate		研发公司:Sunovion Pharmaceuticals Inc 批准上市时间:2013/11/8 适应证:For adjunctive therapy in the treatment of partial-onset seizures in patients with epilepsy 18 yearsand older
FDA 申请号:NDA 205552 药品商品名:Imbruvica 药物通用名:Ibrutinib		研发公司:Pharmacyclics Inc 批准上市时间:2013/11/13 适应证:Treatment of patients with mantle cell lymphoma(mcl)

续表

FDA 申请号,药品商 品名,药物通用名	化学结构	研发公司,批准上市时间,适应证
FDA 申请号:NDA 204153 药品商品名:Luzu 药物通用名:Luliconazole	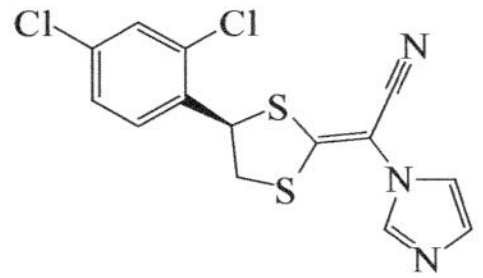	研发公司:Medicis Pharmaceutical Corp 批准上市时间:2013/11/14 适应证:Topical treatment of interdigital tinea pedis,tinea cruris,and tinea corporis caused by the organisms trichophyton rubrum and epidermophyton floccosum,in patients 18 years of age and older
FDA 申请号:NDA 205123 药品商品名:Olysio 药物通用名:Simeprevir	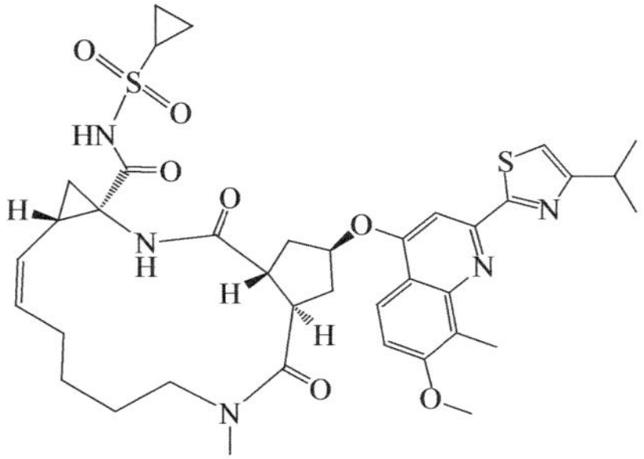	研发公司:Janssen Research And Development LLC 批准上市时间:2013/11/22 适应证:For the treatment of chronic hepatitis c (CHC) infection,as a component of a combination antiviral treatment regimen
FDA 申请号:NDA 204671 药品商品名:Sovaldi 药物通用名:Sofosbuvir	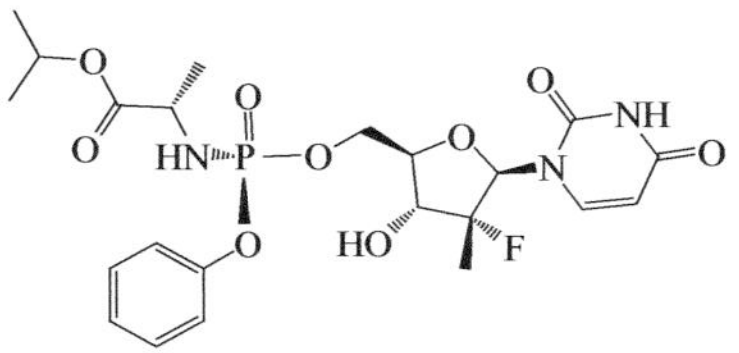	研发公司:Gilead Sciences Inc 批准上市时间:2013/12/6 适应证:Component of a combination antiviral regimen for the treatment of chronic hepatitis c infection
FDA 申请号:NDA 203975 药品商品名:Anoro Ellipta 药物通用名:Umeclidinium/Vilanterol	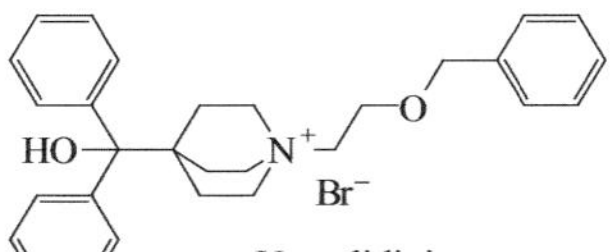 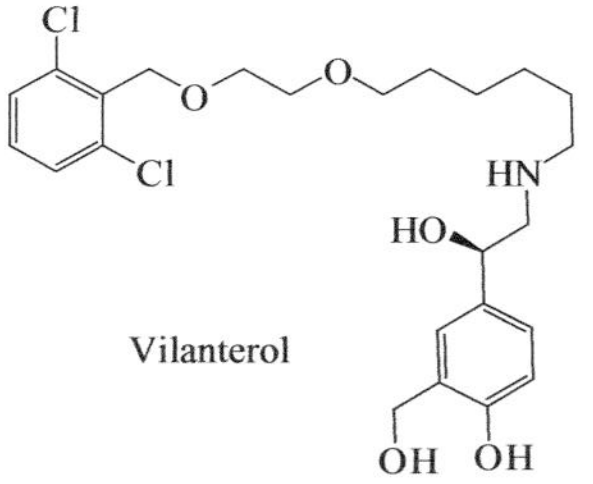	研发公司:Glaxo Group Ltd England Dba Glaxosmithkline 批准上市时间:2013/12/18 适应证:Long-term,once-daily,maintenance treatment of airflow obstructionin patients with chronic obstructive pulmonary disease

续表

FDA申请号、药品商 品名、药物通用名	化学结构	研发公司、批准上市时间、适应证
FDA申请号:BLA 125427/0.0 药品商品名:Kadcyla 药物通用名:Trastuzumab Emtan- sine	该药物为生物药物(化学结构略)	研发公司:Genentech Inc 批准上市时间:2013/2/22 适应证:For the treatment of patients with her2-positive,metastatic breast cancer who previously received trastuzumab and a taxane, separately or in combination
FDA申请号:BLA 125433/0.0 药品商品名:Simponi Aria 药物通用名:Golimumab	该药物为生物药物(化学结构略)	研发公司:Janssen Biotech Inc 批准上市时间:2013/7/18 适应证:For treatment of moderate to severely active rheumatoid arthritis (RA) in adults in combination with methotrexate
FDA申请号:BLA 125472/0.0 药品商品名:Actemra 药物通用名:Tocilizumab	该药物为生物药物(化学结构略)	研发公司:Genentech Inc 批准上市时间:2013/10/21 适应证:For the treatment of adult patients with moderately to severely active rheumatoid arthritis who have had an inadequate response to one or more disease-modifying anti-rheumatic drugs(DMARDS)
FDA申请号:BLA 125486/0.0 药品商品名:Gazyva 药物通用名:Obinutuzumab	该药物为生物药物(化学结构略)	研发公司:Genentech Inc 批准上市时间:2013/11/1 适应证:For the treatment of patients with previously untreated chronic lymphocytic leukemia in combination with chlorambucil

2014 年批准上市的新药

FDA 申请号,药品商品名,药物通用名	化学结构	研发公司·批准上市时间·适应证
FDA 申请号:NDA 202293 药品商品名:Farxiga 药物通用名:Dapagliflozin	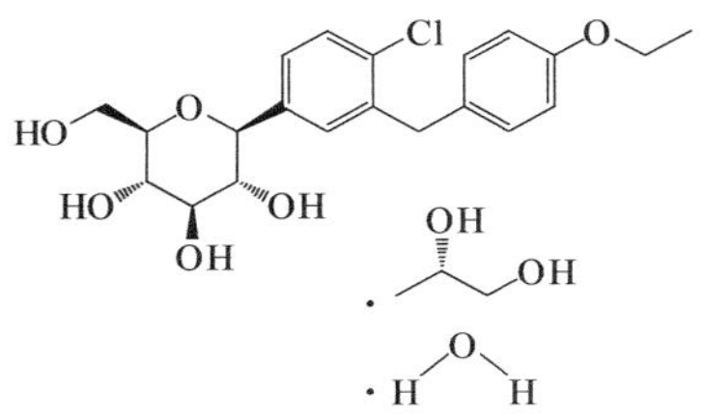	研发公司:Astrazeneca Ab 批准上市时间:2014/1/8 适应证:As an adjunct to dietand exercise to improve glycemic control in adults with type 2diabetes mellitus
FDA 申请号:NDA 205677 药品商品名:Hetlioz 药物通用名:Tasimelteon	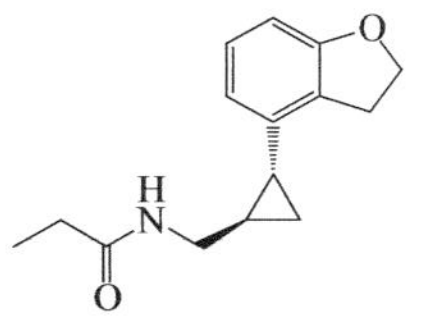	研发公司:Vanda Pharmaceuticals Inc 批准上市时间:2014/1/31 适应证:For non-24 hour sleep-wake disorder in blind patients without light perception
FDA 申请号:NDA 203202 药品商品名:Northera 药物通用名:Droxidopa	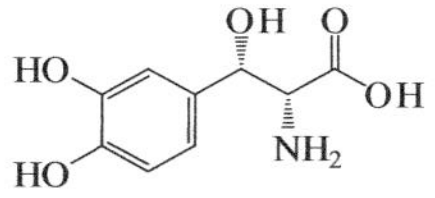	研发公司:Chelsea Therapeutics Inc 批准上市时间:2014/2/18 适应证:For the treatment of orthostatic dizziness, lightheadedness,or the "feeling that you are about to black out" in adult patients with symptomatic neurogenic orthostatic hypotension caused by primary autonomic failure(parkinson's disease, multiplesystem atrophy, and pure autonomic failure), dopamine beta-hydroxylase deficiency, and non-diabetic autonomic neuropathy

续表

FDA申请号；药品商 品名；药物通用名	化学结构	研发公司；批准上市时间；适应证
FDA申请号：NDA 204677 药品商品名：Neuraceq 药物通用名：Florbetapir F 18		研发公司：Piramal Imaging Sa 批准上市时间：2014/3/19 适应证：For positron emission tomography(PET) imaging of the brain to estimate β amyloid neuritic plaque density in adult patients with cognitive impairment who are being evaluated for alzheimer's disease or other causes of cognitive decline
FDA申请号：NDA 204684 药品商品名：Impavido 药物通用名：Miltefosine		研发公司：Paladin Therapeutics Inc 批准上市时间：2014/3/19 适应证：For treatment of visceral leishmaniasis due to leishmania donovani, cutaneous leishmaniasis due to leishmania braziliensis, leishmania guyanensis, and leishmania panamensis and mucosal leishmaniasis due to leishmania braziliensis
FDA申请号：NDA 205437 药品商品名：Otezla 药物通用名：Apremilast		研发公司：Celgene Corp 批准上市时间：2014/3/21 适应证：For the treatment of adult patients with active psoriatic arthritis
FDA申请号：NDA 205755 药品商品名：Zykadia 药物通用名：Ceritinib		研发公司：Novartis Pharmaceuticals Corp 批准上市时间：2014/4/29 适应证：For the treatment of patients with anaplastic lymphoma kinase(ALK)-positive metastatic non-small cell lung cancer (nsclc) who have progressed on or are intolerant to crizotinib

续表

FDA 申请号、药品商品名、药物通用名	化学结构	研发公司，批准上市时间，适应证
FDA 申请号：NDA 204886 药品商商品名：Zontivity 药物通用名：Vorapaxar	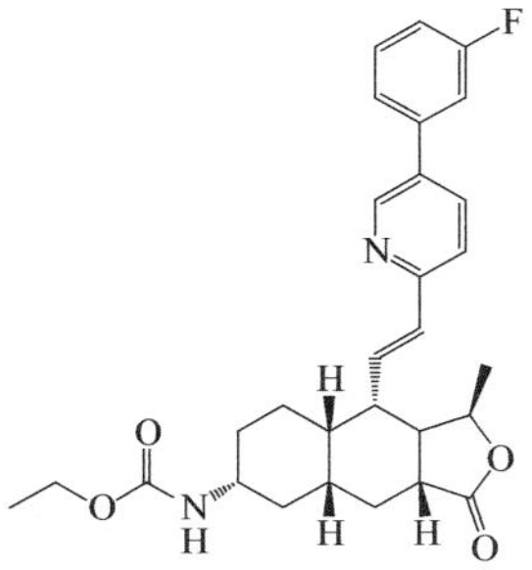	研发公司：Merck Sharp And Dohme Corp 批准上市时间：2014/5/8 适应证：For the reduction of thrombotic cardiovascular events in patients with a history of myocardial infarction（MI）or with peripheral arterial disease（pad）
FDA 申请号：NDA 021883 药品商商品名：Dalvance 药物通用名：Dalbavancin	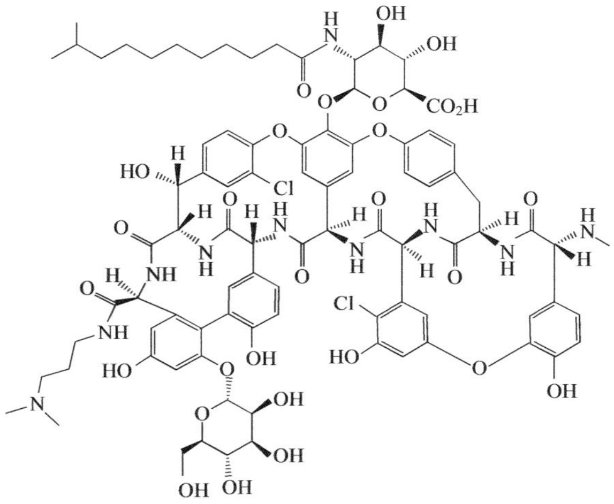	研发公司：Durata Therapeutics International Bv 批准上市时间：2014/5/23 适应证：For the treatment of acute bacterial skin and skin structure infections

续表

FDA 申请号、药品商品名、药物通用名	化学结构	研发公司、批准上市时间、适应证
FDA 申请号：NDA 203567 药品商品名：Jublia 药物通用名：Efinaconazole	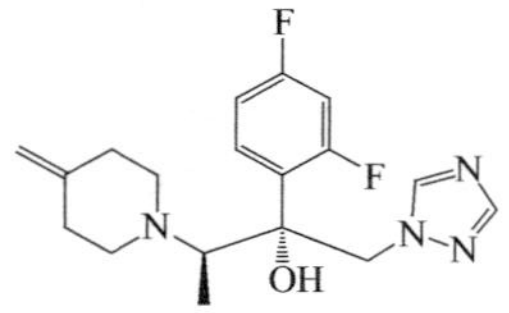	研发公司：Dow Pharmaceutical Sciences 批准上市时间：2014/6/6 适应证：For the topical treatment of onychomycosis of the toenails due to trichophyton rubrum and trichophyton mentagrophytes
FDA 申请号：NDA 205435 药品商品名：Sivextro 药物通用名：Tedizolid Phosphate	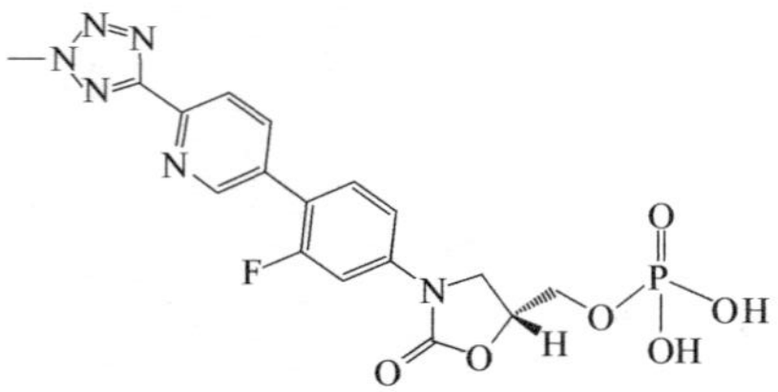	研发公司：Cubist Pharmaceuticals Inc 批准上市时间：2014/6/20 适应证：For the treatment of acute bacterial skin and skin structure infections
FDA 申请号：NDA 206256 药品商品名：Beleodaq 药物通用名：Belinostat	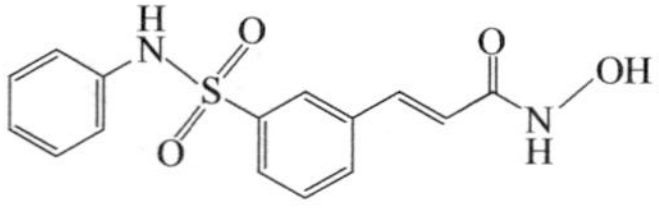	研发公司：Spectrum Pharmaceuticals Inc 批准上市时间：2014/7/3 适应证：For the treatment of patients with relapsed or refractory peripheral t-cell lymphoma
FDA 申请号：NDA 204427 药品商品名：Kerydin 药物通用名：Tavaborole	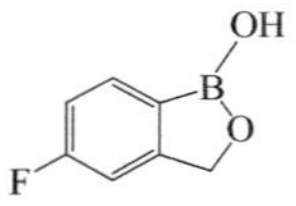	研发公司：Anacor Pharmaceuticals Inc 批准上市时间：2014/7/7 适应证：For the topical treatment of onychomycosis of the toenails due to trichophyton rubrum or trichophyton mentagrophytes

续表

FDA 申请号,药品商品名,药物通用名	化学结构	研发公司,批准上市时间,适应证
FDA 申请号:NDA 205858 药品商品名:Zydelig 药物通用名:Idelalisib	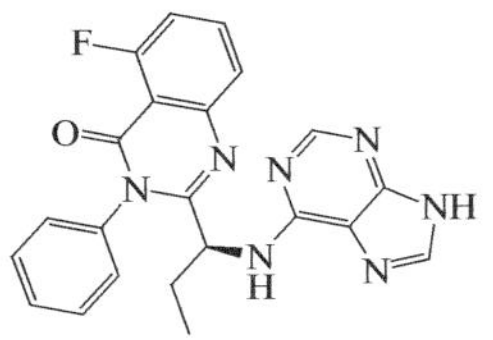	研发公司:Gilead Sciences Inc 批准上市时间:2014/7/23 适应证:For relapsed follicular b-cell non-hodgkin lymphoma(FL)in patients who have received at least two prior systemic therapies and relapsed small lymphocytic lymphoma(SLL)in patients who have received at least two prior systemictherapies
FDA 申请号:NDA 203108 药品商品名:Striverdi Respimat 药物通用名:Olodaterol	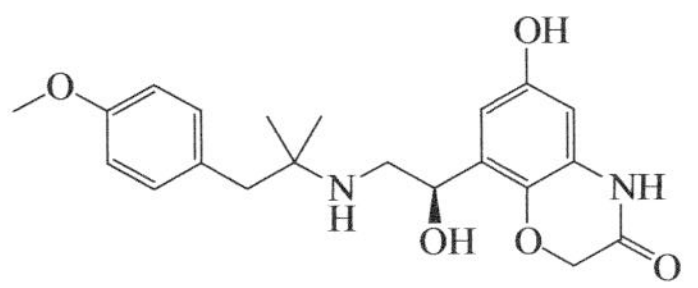	研发公司:Boehringer Ingelheim Pharmaceuticals Inc 批准上市时间:2014/7/31 适应证:Chronic obstructive pulmonary disease(COPD),including chronic bronchitis and/or emphysema
FDA 申请号:NDA 204629 药品商品名:Jardiance 药物通用名:Empagliflozin	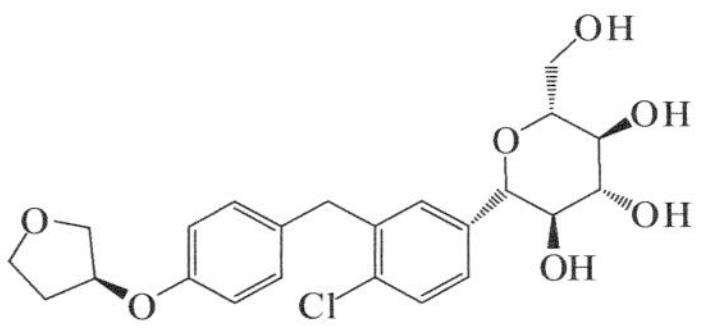	研发公司:Boehringer Ingelheim Pharmaceuticals Inc 批准上市时间:2014/8/1 适应证:As an adjunct to diet and exercise to improve glycemic control in adults with type 2 diabetes mellitus

续表

FDA申请号,药品商品名,药物通用名	化学结构	研发公司,批准上市时间,适应证
FDA申请号:NDA 206334 药品商品名:Orbactiv 药物通用名:Oritavancin Diphosphate	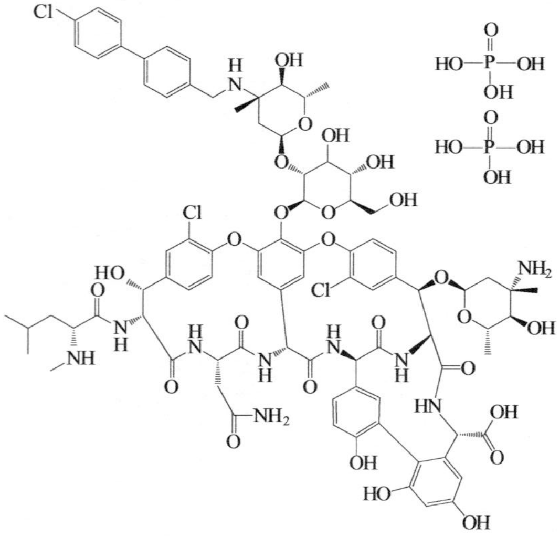	研发公司:The Medicines Co 批准上市时间:2014/8/6 适应证:For the treatment of acute bacterial skin and skin structure infections(ABSSSI)
FDA申请号:NDA 204569 药品商品名:Belsomra 药物通用名:Suvorexant Mk-4305	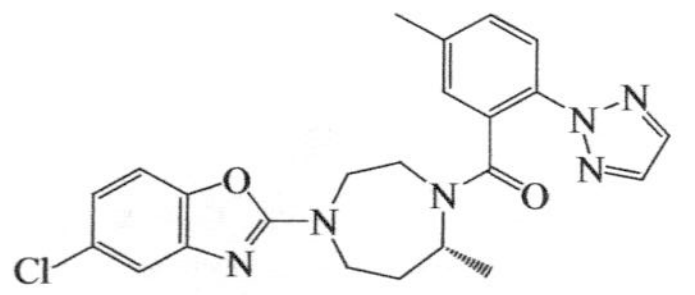	研发公司:Merck Sharp And Dohme Corp 批准上市时间:2014/8/13 适应证:For the treatment of insomnia in adults
FDA申请号:NDA 205494 药品商品名:Cerdelga 药物通用名:Eliglustat	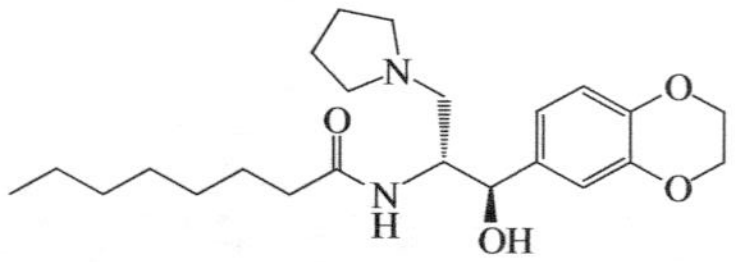	研发公司:Genzyme Corp 批准上市时间:2014/8/19 适应证:For the long-term treatment of adult patients with gaucher disease type 1 who are cyp2d6 extensive metabolizers(ems), intermediate metabolizers(IMS), or poor metabolizers(PMS)

续表

FDA 申请号,药品商 品名,药物通用名	化学结构	研发公司,批准上市时间,适应证
FDA 申请号:NDA 204760 药品商品名:Movantik 药物通用名:Naloxegol	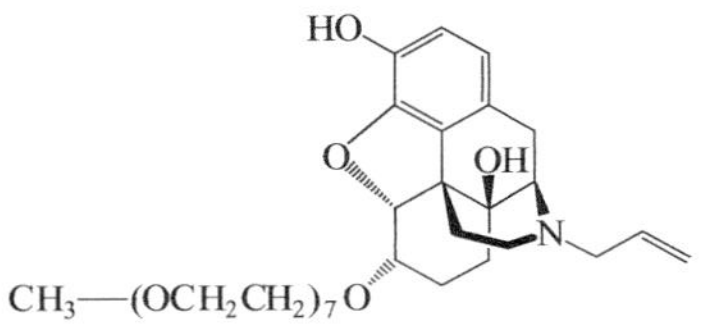 $CH_3-(OCH_2CH_2)_7O$	研发公司:Astrazeneca Pharmaceuticals Lp 批准上市时间:2014/9/16 适应证:For the treatment of opioid-induced constipation(OIC)in adult patients with chronic non-cancer pain
FDA 申请号:NDA 203684 药品商品名:Lumason 药物通用名:Sulfur Hexafluoride Lipid-Type A Microspheres	该药物是属于大分子/聚合物 (化学结构略)	研发公司:Bracco Diagnostics Inc 批准上市时间:2014/10/10 适应证:For use in patients with suboptimal echocardiograms to opacify the left ventricular chamber and to improve the delineation of the left ventricular endocardial border
FDA 申请号:NDA 205718 药品商品名:Akynzeo 药物通用名:Netupitant And Palonosetron	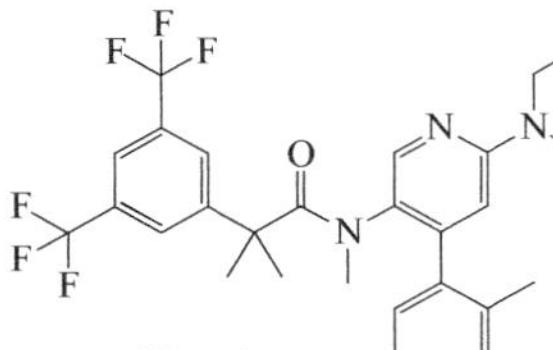 Netupitant	研发公司:Helsinn Healthcare Sa 批准上市时间:2014/10/10 适应证:For prevention of acute and delayed nausea and vomiting associated with initial and repeat courses of cancer chemotherapy,including,but not limited to,highly emetogenic chemotherapy
FDA 申请号:NDA 205834 药品商品名:Harvoni 药物通用名:Ledipasvir And Sofosbuvir	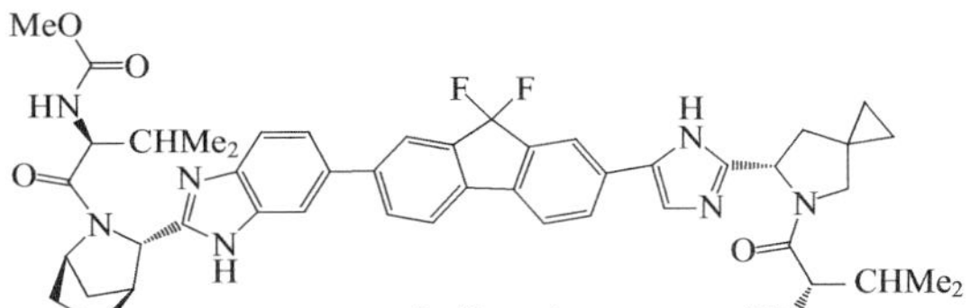 Ledipasvir	研发公司:Gilead Sciences Inc 批准上市时间:2014/10/10 适应证:For the treatment of chronic hepatitis c,genotype 1 infection

续表

FDA申请号、药品商品名、药物通用名	化学结构	研发公司、批准上市时间、适应证
FDA申请号:NDA 022535 药品商品名:Esbriet 药物通用名:Pirfenidone		研发公司:Intermune Inc 批准上市时间:2014/10/15 适应证:For the treatment of idiopathic pulmonary fibrosis(IPF)
FDA申请号:NDA 205832 药品商品名:Ofev 药物通用名:Nintedanib		研发公司:Boehringer Ingelheim Pharmaceuticals Inc 批准上市时间:2014/10/15 适应证:For the treatment of idiopathic pulmonary fibrosis(IPF)
FDA申请号:NDA 206307 药品商品名:Xtoro 药物通用名:Finafloxacin		研发公司:Alcon Research Ltd 批准上市时间:2014/12/17 适应证:For treatment of acute otitis externa(AOE) caused by susceptible strains of pseudomonas aeruginosa and staphlococcus aureusfor patients with deleterious
FDA申请号:NDA 206162 药品商品名:Lynparza 药物通用名:Olaparib		研发公司:Astrazeneca Pharmaceuticals Lp 批准上市时间:2014/12/19 适应证:Suspected deleterious germline brca mutated advanced ovarian cancer who have been treated with three or more prior lines of chemotherapy
FDA申请号:NDA 206426 药品商品名:Rapivab 药物通用名:Peramivir		研发公司:Biocryst Pharmaceuticals Inc 批准上市时间:2014/12/19 适应证:For intravenous use. for the treatment of acute uncomplicated influenza in patients 18 years and older who have been symptomatic for no more than 2 days

续表

FDA 申请号、药品商品名、药物通用名	化学结构	研发公司、批准上市时间、适应证
FDA 申请号：NDA 206619 药品商品名：Viekira Pak 药物通用名：Ombitasvir、Paritaprevir、Ritonavir、Dasabuvir	Ombitasvir Paritaprevir Ritonavir Dasabuvir	研发公司：Abbvie Inc 批准上市时间：2014/12/19 适应证：For the treatment of patients with genotype 1 chronic hepatitis c virus(HCV) infection including those with compensated cirrhosis

续表

FDA申请号、药品商品名、药物通用名	化学结构	研发公司、批准上市时间、适应证
FDA申请号:NDA 206829 药品商品名:Zerbaxa 药物通用名:Ceftolozane/Tazobactam	 Ceftolozane	研发公司:Cubist Pharmaceuticals Inc 批准上市时间:2014/12/19 适应证:For the treatment of complicated urinary tract infections(CUTI)and complicated intra-abdominal infections(CIAI)
FDA申请号:BLA 125460/0.0 药品商品名:Vimizim 药物通用名:Elosulfase Alfa	该药物为生物药物（化学结构略）	研发公司:Biomarin Pharmaceutical Inc 批准上市时间:2014/2/14 适应证:Indicated for patients with mucopolysaccharidosis type Iva(MPS IVa; morquio a syndrome)
FDA申请号:BLA 125390/0.0 药品商品名:Myalept 药物通用名:Metreleptin	该药物为生物药物（化学结构略）	研发公司:Amylin Pharmaceuticals Llc 批准上市时间:2014/2/24 适应证:Indicated as an adjunct to diet as replacement therapy to treat the complications of leptin deficiency in patients with congenital or acquired generalized lipodystrophy
FDA申请号:BLA 125431/0.0 药品商品名:Tanzeum 药物通用名:Albiglutide	该药物为生物药物（化学结构略）	研发公司:Glaxosmithkline Llc 批准上市时间:2014/4/15 适应证:Indicated as an adjunct to diet and exercise to improve glycemic control in adults with type 2diabetes mellitus

续表

FDA 申请号、药品商品名、药物通用名	化学结构	研发公司,批准上市时间,适应证
FDA 申请号:BLA 125477/0.0 药品商品名:Cyramza 药物通用名:Ramucirumab	该药物为生物药物 (化学结构略)	研发公司:Eli Lilly And Company 批准上市时间:2014/4/21 适应证:Indicated for the treatment of advanced gastric cancer or gastro-esophageal junction adeno-carcinoma,as a single-agent after prior fluoropyrimi-dine-or platinum-containing therapy
FDA 申请号:BLA 125496/0.0 药品商品名:Sylvant 药物通用名:Siltuximab	该药物为生物药物 (化学结构略)	研发公司:Janssen Biotech Inc 批准上市时间:2014/4/23 适应证:Indicated for the treatment of patients with multicentric castleman's disease(MCD)who are human immunodeficiency virus(HIV) negative and human herpesvirus-8(HHV-8) negative
FDA 申请号:BLA 125476/0.0 药品商品名:Entyvio 药物通用名:Vedolizumab	该药物为生物药物 (化学结构略)	研发公司:Takeda Pharmaceuticals USA Inc 批准上市时间:2014/5/20 适应证:Indicated for the treatment of adult patients with moderately to severely active ulcerative colitis who have had an inadequate response with, lost response to, or were intolerant to a tumor necrosis factor(TNF)blocker or immunomodulator; or had an inadequate response with, were intolerant to, or demonstrated dependence on corticosteroids
FDA 申请号:BLA 125499/0.0 药品商品名:Plegridy 药物通用名:Peginterferon Beta-1a	该药物为生物药物 (化学结构略)	研发公司:Biogen Idec Inc 批准上市时间:2014/8/15 适应证:For the treatment of patients with relapsing forms of multiple sclerosis

续表

FDA申请号·药品商品名·药物通用名	化学结构	研发公司·批准上市时间·适应证
FDA申请号:BLA 125514/0.0 药品商品名:Keytruda 药物通用名:Pembrolizumab	该药物为生物药物 (化学结构略)	研发公司:Merck Sharp & Dohme Corp 批准上市时间:2014/9/4 适应证:For the treatment of patients with unresectable or metastatic melanoma and diseaseprogression following ipilimumab and,if BRAF V600 mutation positive,a braf inhibitor
FDA申请号:BLA 125469/0.0 药品商品名:Trulicity 药物通用名:Dulaglutide	该药物为生物药物 (化学结构略)	研发公司:Eli Lilly And Company 批准上市时间:2014/9/18 适应证:As an adjunct to diet and exercise to improve glycemic control in adults with type 2 diabetes mellitus
FDA申请号:BLA 125557/0.0 药品商品名:Blincyto 药物通用名:Blinatumomab	该药物为生物药物 (化学结构略)	研发公司:Amgen Inc 批准上市时间:2014/12/3 适应证:For treatment of Philadelphia chromosomenegative relapsed or refractory b-cell precursor acute lymphoblastic leukemia(ALL)
FDA申请号:BLA 125554/0.0 药品商品名:OpdivoNivolumab	该药物为生物药物 (化学结构略)	研发公司:Bristol-Myers Squibb Company 批准上市时间:2014/12/22 适应证:For the treatment of unresectable or metastatic melanoma and disease progression following ipilimumab and, if BRAF V600 mutation positive, a BRAFinhibitor

注：本附录信息来源于 FDA 的官方网页：http://www.fda.gov/Drugs/DevelopmentApprovalProcess/HowDrugsareDevelopedandApproved/DrugandBiologicApprovalReports/NDAandBLAApprovalReports/ucm373420.htm。网页访问时间：2015-04-19。

英文索引

中文索引

CAS 登记号索引